中国杂粮研究

张克强　白成云　马宏斌　牛　斌　主编

中国农业科学技术出版社

图书在版编目（CIP）数据

中国杂粮研究／张克强等主编 . —北京：中国农业科学技术出版社，
2019.1

ISBN 978-7-5116-2397-3

Ⅰ.①中… Ⅱ.①张… Ⅲ.①杂粮-中国-文集 Ⅳ.①S5-53

中国版本图书馆 CIP 数据核字（2015）第 291544 号

责任编辑	姚　欢
责任校对	马广洋

出　版　者	中国农业科学技术出版社
	北京市中关村南大街 12 号　邮编：100081
电　　　话	（010）82106636(编辑室)　（010）82109704(发行部)
	（010）82109709(读者服务部)
传　　　真	（010）82106631
网　　　址	http://www.CASTP.cn
经　销　者	各地新华书店
印　刷　者	北京建宏印刷有限公司
开　　　本	787 mm×1 092 mm　1/16
印　　　张	40.5
字　　　数	1000 千字
版　　　次	2019 年 1 月第 1 版　2019 年 1 月第 1 次印刷
定　　　价	198.00 元

序　言

我国是世界上杂粮作物种类最多、栽培面积最大的国家。许多作物如谷子、黍稷、荞麦等都起源于我国，人工栽培已有7 000多年的历史。悠久的栽培史及多样化的生态环境，孕育了丰富多彩的杂粮种质资源，也造就了中国特有的杂粮产业。我国谷子的面积和总产量居全球第一，黍稷、荞麦面积和总产量居世界第二，蚕豆产量占世界总产量的1/2，绿豆、小麦产量占1/3，荞麦出口量位居世界第一。无论是在古代，还是在现代，我国的杂粮生产在农业生产和农村经济中都具有不可替代的重要地位。

与大宗农作物相比，杂粮兼有营养性、保健性的突出特点。杂粮营养成分全面，蛋白质、维生素含量高，可作为食品工业、酿造工业的原材料，也是防治糖尿病、高血压、心脑血管病和动脉硬化等现代文明病的食疗保健食品，市场开发潜力十分巨大。与大宗农作物相比，杂粮作物的适应性更广，抗逆性更强，更适合在干旱、高寒、瘠薄地区种植，这一特点对提高土地资源的利用效率和农业扶贫开发具有重要意义。

近年来，"全谷物"概念风行全球，我国杂粮产业进入快速发展阶段，迈入杂粮产业化、标准化、现代化的发展之路。大力培育优良杂粮新品种，提高杂粮作物生产力和提高杂粮品质；组装配套杂粮农机农艺一体化发展，提高杂粮生产效率；在杂粮主产区建立不同类型的科技示范园区，实现了杂粮产业化技术的组装集成；杂粮加工业确立了企业、基地和农户紧密联系的生产模式，实行订单农业，大力发展杂粮精深加工业、走加工增值之路，实现了农民和企业的双赢。

为了将我国杂粮产业发展提升一个新的高度，增强我国杂粮产品的市场竞争力，做大、做强杂粮产业，中国农学会杂粮分会自创立以来先后召开了4次杂粮产业发展论坛，出版了3版《中国杂粮研究》论文集。在此基础上我们收集并编辑了我国相关产学研单位近几年来谷子、高粱、荞麦、燕麦、大麦、马铃薯、杂豆等小杂粮作物研究论文 100 多篇，将其汇编成《中国杂粮研究》论文集第 4 版，可优化杂粮高产优质高效可持续发展模式，合理调整农业产业结构，必将带动和促进我国杂粮跨越性发展，同时对提高农业生产水平和发展农村经济具有重要意义。

中国农学会杂粮分会主任委员　陈明昌

目 录

第一部分 谷 子

第二部分 高 粱

第五部分　杂　豆

半干旱区不同施磷量对谷子产量及水分利用效率的影响*

罗世武** 杨军学 张尚沛 王 勇 岳国强 程炳文***

（宁夏固原市农科所，固原 756000）

摘 要：试验结果表明，在宁夏南部干旱半干旱区种植谷子，在基施定量的 N、K 肥的基础上，增施一定比例的磷肥，谷子产量发生明显的变化，各处理谷子产量差异显著，从不施磷到每公顷施纯磷 45kg、90kg、135kg、180kg、225kg 共 6 个磷不同施用水平下，谷子各农艺性状差异不大，但是谷子产量以 P_0 产量最低为 4 855.8kg/hm²；P_{45} 水分利用效率最低为 16.61kg/hm²·mm，P_{225} 处理产量最高为 5 773.95kg/hm²，水分利用效率最大为 20.50kg/hm²·mm，说明施纯磷 225kg/hm²、纯氮 139.2kg/hm²、纯钾 67.5kg/hm² 组合，增产效果最大，水分利用效率最高，增产幅度在 5.2%~15.9%。

关键词：谷子；半干旱区；磷肥；试验

宁夏回族自治区（本文简称宁夏）南部山区属于典型的干旱半干旱地区，近年来随着作物结构的调整和市场需求增加，农户种植谷子效益明显提高，面积逐年增大；针对谷子生产当中的问题，施用肥料的种类和比例对谷子产量及品质在实际生产当中非常重要。磷素对自然系统和农业系统所具有的深远影响仅次于氮而远远高于其他元素[1]。目前，中国土壤和植物营养方面有两个特点：一是土壤养分由大面积缺乏向过量积累方向发展，已有研究表明，在近 20 年间，中国土壤速效磷年均增长了 11%；二是过量施肥极为普遍，养分利用率明显降低[2]。由于磷是受环境因素影响很大的元素，所以磷肥施用及作物利用效率对谷子施磷有很大关系。本研究旨在为合理施磷、保育土壤、充分利用潜在的磷素资源提供技术支撑，以期更好指导当地谷子的科学施肥。

1 材料与方法

1.1 试验地概况

试验地设在宁夏固原市农科所头营科研基地，东经 106°44′，北纬 36°44′，海拔 1 550m。春季干旱少雨多风，冬季寒冷，年均气温 7.4℃，≥10℃ 以上积温 2 500~2 800℃，无霜期 130~150 天，年均降水量 428.7mm，该试验地地势平坦、肥力均匀、整齐、具有代表性。试验区质地是中壤土，前茬胡麻，试验地有机质 11.08g/kg，碱解氮 57.00mg/kg，有效磷 11.76mg/kg，速效钾 248.57mg/kg，pH 值 8.9。

---

* 支持项目："国家谷子糜子产业技术体系（CARS-07）"和"宁南山区小杂粮种质资源和新品种选育"

** 作者简介：罗世武，男，高级林业工程师，主要从事谷子糜子育种栽培研究；E-mail：gy2032678@126.com

*** 通讯作者：程炳文，男，研究员，主要从事谷子糜子育种栽培研究；E-mail：nxgycbw@163.com

1.2 试验设计

小区面积 15m² (5m×3m)，随机区组排列，重复 3 次；行距 25cm，区距 50cm。每小区种 13 行。设施纯磷 45kg/hm²、90kg/hm²、135kg/hm²、180kg/hm²、225kg/hm² 共 6 个处理；一次性基施尿素 300kg/hm²，硫酸钾 150kg/hm²。

1.3 试验材料

供试谷子品种为晋谷 43 号。供试肥料：氮肥：尿素（含 N 46.4%）；磷肥：重过磷酸钙（三料）（含 P_2O_5 43%）；钾肥：硫酸钾（含 K_2O 45%）。

2 试验过程和田间记录

2.1 田间管理

试验于 4 月 28 日播种，全生育期结合间苗、定苗锄草 3 次，亩（1 亩 ≈ 667m²，15 亩 = 1hm²，全文同）留苗 3 万，8 月 2 日喷施 2，4-D 除草剂一次。

2.2 主要物候期

出苗期、拔节期和成熟期各小区之间无显著差异，生育期 145 天。

2.3 土壤水分测定

在试验种植前测定 0～100cm 土壤基础水分，收获后测定各小区 0～100cm 土壤水分，采用烘干法测定土壤含水量。

2.4 全区收获、脱粒，计产

2.5 试验数据采用 Excel 和 DPS 统计软件进行统计分析

3 结果与分析

3.1 不同施磷量对谷子农艺性状的影响

由表 1 可见，各处理株高、穗长、穗码数、主穗粒重差异不大，P_{225} 处理较其他处理表现优良，P_{225} 处理穗长最长为 24.8cm，穗码数最多为 99.3 个，主穗粒重最重为 21.9g，P_0 处理穗长、穗码数最低，分别为 20.0cm、78.8 个；各处理千粒重在 3.9～4.2g，没有明显差异。

表 1 谷子不同施磷量试验考种结果

处理	株高（cm）	穗长（cm）	穗码数（个）	主穗粒重（g）	千粒重（g）
P_0	130.1	20.0	78.8	20.4	4.0
P_{45}	128.5	24.6	99.1	21.7	4.2
P_{90}	129.7	22.7	80.9	17.8	4.1
P_{135}	127.6	23.2	87.7	19.8	3.9
P_{180}	132.1	22.5	89.1	17.4	3.9
P_{225}	136.0	24.8	99.3	21.9	3.9

3.2 不同施磷量对谷子产量的影响

宁南半干旱区种植谷子在基施适量的氮、钾肥的基础上，合理施用磷肥成为提高谷子产量和维持土壤肥力的重要措施，从表2可以看出，P_{225}处理谷子产量最高为5 773.95kg/ hm²，P_0处理谷子产量最低为4 855.8kg/hm²；磷肥不足明显造成谷子产量降低；说明增施磷肥能够促进谷子植株营养器官生长发育，提高生物产量和籽粒产量。单从产量结果来看，谷子在生长阶段增施纯磷225kg/hm²；一次性基施尿素300kg/hm²，硫酸钾150kg/ hm²最为适宜。

表2 谷子不同施磷量试验产量结果

编号	处理	小区产量（kg）			小区合计（kg）	折合产量（kg/hm²）	位次
		Ⅰ	Ⅱ	Ⅲ			
1	P_0	6.22	7.98	7.64	21.84	4 855.8	6
2	P_{45}	7.36	8.02	7.19	22.57	5 018.1	4
3	P_{90}	7.49	8.63	7.36	23.48	5 220.45	3
4	P_{135}	7.95	9.01	7.65	24.61	5 471.55	2
5	P_{180}	7.07	7.87	7.17	22.11	4 915.8	5
6	P_{225}	8.28	9.47	8.22	25.97	5 773.95	1

方差分析结果表明，在5%和1%显著水平下，P_{225}处理和P_{45}、P_{180}、P_0处理之间，P_{135}处理和P_0处理之间达极显著水平，其他处理差异达显著水平（表3）。

表3 谷子不同施磷量试验结果分析——多重比较（LSD法）

处理位次	处理名称	小区平均值（kg）	差异显著性（$LSD_{0.05}$）	差异显著性（$LSD_{0.01}$）
1	P_{225}	8.66	a	A
2	P_{135}	8.20	ab	AB
3	P_{90}	7.83	bc	ABC
4	P_{45}	7.52	c	BC
5	P_{180}	7.37	c	BC
6	P_0	7.28	c	C

3.3 不同施磷量对谷子土壤水分利用效率的影响

在宁南半干旱区种植谷子，合理施肥能促进植株生长发育和良好冠层盖度的形成，减少田间植物株间的无效蒸发，从而提高水分的利用效率[3]，旱地施肥在提高作物产量的同时，也会提高对水分的利用率，起到以肥调水的作用[4]。但不同施肥处理的增产效果不同，它们对水分利用率的影响也不同。谷子各生育期吸收土壤水分不一，试验各处理施入磷肥比例不一，产量有一定差异；从图1可以看出，P_{225}处理水分利用效率最高为20.50kg/hm²·mm，P_{45}处理水分利用效率最低为16.61kg/hm²·mm。合理施肥可增加蓄水保墒能力，抑制土壤蒸发，提高水分利用率，增加作物产量。一般情况下，土壤越肥沃，土壤的矿质养分供应越充足，植物的蒸腾系数越小，水分利用效率越高[5]。

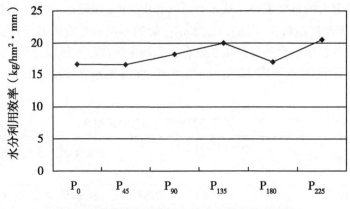

图1 不同施磷水平各田土壤水分利用效率比较

4 小结

磷是植物必需的三大元素之一，磷能促进作物的生长发育与代谢过程，还能促进花芽分化，缩短花芽分化时间，从而使作物的整个生育期缩短。磷可明显改善植株体内的水分关系，增强对干旱缺水环境的适应能力，提高作物抗旱性[6]。因此，增施磷肥，能使作物提早开花，促进早熟。但过量施用磷肥会引起氮、磷比例失调，所以在谷子生产过程中磷肥的合理施用对谷子产量有着至关重要的作用。使用化肥磷5年左右土壤速效磷从9.57mg/hm² 提高到16mg/hm²，因而在农业生产中可以考虑在土壤速效磷含量达到一定水平时逐渐减少磷肥用量[7]。宁夏半干旱区谷子不同施磷试验结果表明，磷肥对谷子产量起一定作用，磷的不同用量情况下增产作用不一致，以每公顷施纯磷225kg 处理亩产5 773.5kg 为最高，说明每公顷纯磷225kg，基施尿素300kg，硫酸钾150kg 组合，增产效果最大，比其他处理增产5.2%~15.9%。该数据为一年数据，受当年春季较长时间的低温干旱及土壤基础养分的影响较大，要提出谷子合理的施磷量还需继续观察试验。

参考文献

[1] 宋春雨. 土壤有效磷及其化学测试方法研究进展 [J]. 农业系统科学与综合研究，2010 (8)：283.

[2] 张福锁. 中国肥料产业与科学施肥战略研究报告 [M]. 北京：中国农业大学出版社，2008：22-47.

[3] 穆兴民. 水肥耦合效应与协同管理 [M]. 北京：中国林业出版社，1999：18-19，38.

[4] 樊廷录. 提高黄土高原旱地抗逆减灾能力的肥定位试验研究 [J]. 水土保持研究，2003，10 (1)：6-8.

[5] 梁运江. 水肥耦合效应的研究进展与展望 [J]. 湖北农业科学，2006 (3)：385.

[6] 梁运江. 水肥耦合效应的研究进展与展望 [J]. 湖北农业科学，2006 (3)：386.

[7] 杨学云. 长期施肥对塿土磷素状况的影响 [J]. 植物营养与肥料学报，2009，15 (4)：837-842.

矮秆、极早熟谷子新品种衡谷 12 号的选育*

李明哲**　刘贵波***　崔海英　郝洪波***

（河北省农林科学院旱作农业研究所，河北省农作物抗旱
研究实验室，衡水　053000）

摘　要：衡谷 12 号是衡谷 9 号的变异株，历经 8 年选育，2013 年 12 月通过鉴定，成果
水平达到"国际先进"水平。该品种早熟、矮秆；分蘖性强，且中下部节间具分枝，成穗率
高，在全国谷子品种中尚属罕见；对光温不敏感，在长治、赤峰、哈尔滨、齐齐哈以及三亚
等地生育期基本都在 60 天左右，各地没有太大差别。可以从以下几个方面加以利用：①种质
资源创新。②与其他作物进行间、复种栽培。③作为救灾作物及错季利用。④秋闲田或冷凉
区种植。

关键词：矮秆；极早熟；谷子；衡谷 12 号

中国广大高寒地区种植作物单一，为解决这一难题，20 世纪 70 年代中后期中国各谷
子科研单位先后开展了超早熟谷子育种工作，曾取得过一定成绩，培育了一批超早熟谷子
品种——内谷 2 号[1]、龙谷 26[2]，但均因适应性问题在坝上不能正常成熟。在国外，日
本、印度曾培育出"50 日粟、60 日粟"、"PCB138、Birsa Gundli1"[3-4]等早熟品种，但由
于生态条件差别较大，引种到中国后并不早熟。河北省农林科学院谷子研究所经过多年的
努力攻关，在育成超早熟 1 号的同时，育成了比超早熟 1 号熟期略晚的超早熟 2 号，在海
拔 1 400m 左右的河北省坝上正常成熟[5]。衡谷 12 号经权威专家鉴定：该品种具有极早
熟、矮秆、分蘖和分枝性强，成穗率高、大粒等特点，实现了极早熟性与现代品种优良农
艺性状的结合，抗逆性良好，该品种在谷子矮秆（节数少）、极早熟种质创新上实现了突
破，达到国际先进水平。本文介绍衡谷 12 号的选育过程并着重介绍品种的特征特性，以
期对该类型品种的科学研究和开发应用问题进行探讨。

1　材料与方法

1.1　亲本来源

衡谷 12 号是从河北省农科院旱作所培育的衡谷 9 号原种繁种田发现的极早熟、矮秆
植株，历经 8 年选育而来。

1.2　选育过程

2005 年 7 月 22 日在河北省农林科学院旱作农业研究所试验站内的衡谷 9 号原种繁种

---

* 基金项目：现代农业产业技术体系建设专项（CARS-07-12.5-B3）；夏谷优质高产新品种选育与
应用（03005-3-1）；油料、杂粮优质高产新品种选育与种质资源创新——优质高产夏谷苗头品种（系）
快繁（06220118D-16）

** 作者简介：李明哲，男，河北衡水人，副研究员，硕士，主要从事谷子新品种选育及栽培研究；
E-mail：guziketi@163.com

*** 通讯作者：刘贵波，郝洪波

田（播期 6 月 19 日）不同行内发现 3 个单株已抽穗、衡谷 9 号此时正处拔节期，正常抽穗尚需 15~20 天，疑为早熟自然变异株，遂标记进行植物学性状调查，跟踪调查发现 3 个单株在 8 月 22 日就成熟，株高较矮，此时衡谷 9 号正处灌浆期。由此初步判断可能是极早熟、矮秆变异材料，故对该早熟材料成熟株及时进行了单株脱粒保存，并初步命名为衡谷 9 号早熟系 1、早熟系 2、早熟系 3，准备第 2 年进一步观测。

2006 年 6 月 18 日将衡谷 9 号早熟系 1、早熟系 2、早熟系 3 三份材料种植在资源圃，进行了生物学特性与抗病性观察，3 份材料生物学特性表现趋向一致，成熟后 3 个区单独收获留种。2007 年继续对 3 个衡谷 9 早熟系进行生物性状与物候期调查，同时进行了播期试验，结果表明 7 月上旬至 7 月下旬播种，生育期分别为 52 天、51 天。通过 3 年观察试验，发现 3 个早熟系生物学性状稳定、一致，无分离情况。

2008 年将 3 个早熟系混合种植，再进一步观察有无分离情况，调查结果表明 3 种早熟系性状稳定一致、无差异，无分离情况，主要表现生育期短、超早熟、分枝性强，遂完成田间生物学性状观察鉴定试验，形成衡谷 9 早稳定系。2009—2010 年进行了品种比较试验，2011—2012 年进行了区域试验及生产试验。2013 年 12 月通过专家鉴定委员会鉴定，定名为"衡谷 12 号"。

2 选育结果

2.1 特征特性

幼苗绿色，生育期 58 天左右，株高 46~50cm，分蘖性强，中下部节间可产生多个分枝，主茎节数 6 节，主茎叶数 6 片，一级分枝数 2~3 个，多数分枝均能成穗；纺锤穗，偏紧，刺毛绿色，短；穗长 7.32cm，单穗重 3.78g，穗粒重 3.36g；千粒重 3.13g；出谷率 88.37%；黄谷黄米。该品种抗倒性为 1 级，对谷瘟病抗性为 1 级，谷锈病为 1 级，白发病为 0.09%。

2.2 产量表现

2.2.1 产量比较试验

2009—2010 年在河北农科院旱作所深州试验站进行了品种比较试验，2009 年品比试验平均亩产 171.9kg，较对照冀谷 19 亩产 180.9kg 减产 4.99%（生育期多次大风雨，大部分品系倒伏致减产，由于衡谷 9 早极早熟，在较大风雨前收获，因此，风雨对产量影响不大）；2010 年品比试验平均亩产 217.2kg，较对照冀谷 19 亩产 278.50kg 减产 22.02%，两年平均亩产 194.6kg。

2.2.2 区域试验

2011—2012 年在华北夏谷区 6 试点进行了区域试验。2011 年区域试验平均亩产 181.15kg，2012 年区域试验平均亩产 199.60kg，两年平均亩产 190.38kg。

2012 年在华北主要夏谷区 4 个试验点进行了生产试验，综合各地试验结果可以得出：衡谷 9 早在所有试验点的产量与对照冀谷 19 比较全部表现减产而且差异明显。但表现为极早熟，分蘖分枝成穗好，植株较矮，适应性较强。

2.3 抗性鉴定

在区域试验中经自然鉴定，该品种抗倒性为 1 级，对谷瘟病抗性为 1 级，谷锈病为 1 级，白发病为 0.09%。其他病虫害未表现。

2.4 适宜种植区域

全国大部分地区均可种植。可作为春玉米、油葵等接茬作物，南方秋闲田填闲作物，也可在河北坝上地区及西北干旱区、青藏高原高等无霜期短的地区开发利用。试验表明，在北方的长治、赤峰、哈尔滨、齐齐哈以及南方的三亚、湖南等地其生育期基本都在 60 天左右，各地没有太大差别。

3 栽培技术要点

3.1 播种

河北省中南部 5 月中下旬可进行晚春播，最晚可在 8 月之前进行播种，但要注意预防早霜为害。条播行距 30~40cm，种植密度 8 万~10 万株/亩，播后苗前喷洒"谷粒多"除草剂，一般用量为 100~120g/亩，沙壤土使用 100g/亩，黏壤土使用 120g/亩。

3.2 苗期管理技术要点

该品种株高较矮，与杂草竞争力差，因此苗期主要是草害防控。在 3~5 叶期间苗、定苗，定苗后在杂草生长初期即进行中耕除草。化学除草可选用 10% 乙羧氟草醚制剂 450mL/hm² 在杂草幼龄期喷雾，对马齿苋等阔叶杂草防治效果较好[6]；也可选用苯磺隆和二甲四氯防治反枝苋、问荆、苦荬菜和刺儿菜等[7]。

因生育期较短，可灵活安排播期，以避开病虫害集中发生期，因此一般不用防治。

3.3 肥水管理

一般农田施磷酸二铵 375kg/hm² 作基肥，拔节期追施尿素 300kg/hm²。提倡有机肥与无机肥结合施用，以培肥地力，建立高产、稳产农田[8]。

4 应用前景展望

4.1 种质资源利用方面可作为育种的基础性材料

衡谷 12 号不仅早熟性突出，株高偏矮，分蘖性强，且中下部节间具分枝，成穗率高，在全国谷子品种中尚属罕见，在谷子育种中可利用其自身具有的突出优点，用于选育早熟性、抗倒性强、分蘖成穗率高、优质高产、抗逆性强的谷子新品种。

4.2 与其他作物进行间、复种栽培

干旱缺水是河北平原农区的主要生态特点，选择抗逆性强、抗旱节水的作物品种，且筛选出适宜当地的栽培种植模式，在不影响作物产量的前提下能达到最大的经济效益就显得尤为重要。

棉花属经济作物在河北平原农区种植面积较大，但单播棉花时行间距较宽，造成了土地的浪费。可以在棉花行间进行种植，在不影响棉花产量的前提下，可收获谷子，此外，衡谷 12 号还可与饲用小黑麦、油葵、西瓜等作物进行复种栽培，有效的节约利用了土地资源，经济效益较显著提高。

4.3 可作为救灾作物及错季利用

衡谷 12 号新品系因其生育期短、抗逆性强的特点，如遇恶劣性自然条件及灾害性年际可作为抗灾、减灾性的短季型作物进行补充种植，可显著降低因灾害所造成的经济损失。在河北省中南部 7 月下旬和 8 月上旬天气多变，多数年份大雨和大风天气多集中在这段时间，有的地方因自然灾害导致受害严重，致使玉米、棉花出现绝收现象，衡谷 12 号

利用其自身优势，可作为减灾作物早秋种植。

4.4　秋闲田或冷凉区种植

可作为春玉米、油葵等接茬作物，南方秋闲田填闲作物，也可在河北坝上地区及西北干旱区、青藏高原高等无霜期短的地区开发利用。

参考文献

［1］李荫梅. 谷子育种学［M］. 北京：中国农业出版社，1997：58.

［2］李景春，张太民. 中国最北部高寒地区谷子新品种的选育和开发利用［M］//谷子新品种选育技术，西安：天则出版社. 1990：43-44.

［3］VirK D S, Mangat S K, Rai K N, et al. PCB138 variety of pearl millet for Punjab［J］. Madras-Agricultural-Journal. 1990, 77（3），183-185.

［4］Haider Z A, Ahmed S, Birsa Gundil. Little-millet for Bihar's tribals［J］. Indian-Farming. 1991, 41（4）：28.

［5］刘正理，孙世贤，程汝宏，等. 富铁营养保健型超早熟谷子新种质的创新［J］. 中国农业科学，2006，39（5）：1044-1048.

［6］李明哲，郝洪波. "削阔"水乳剂防治谷田阔叶杂草效果研究［J］. 河北农业科学，2009，13（12）：18-19，49.

［7］刘瑞芳，刘金荣，王素英，等. 苯磺隆、2甲4氯防除谷田杂草的药害与增产效果［J］. 杂草科学，2010（1）：59-60.

［8］李明哲. 农田化肥施用污染现状与对策［J］. 河北农业科学，2009，13（5）：65-67.

不同地区谷子小米黄色素含量与外观品质研究[*]

杨延兵[**] 管延安 秦 岭 石 慧 王海莲 张华文

（山东省农业科学院作物研究所，济南 250100）

摘 要：小米含有丰富的维生素、矿物质和膳食纤维，是重要的营养保健食品，小米黄色素的主要成分为天然类胡萝卜素。为了解不同地区谷子小米黄色素含量的差异以及黄色素含量与外观品质的关系，为培育高类胡萝卜素含量的谷子品种提供理论依据，2009 年冬把来自不同地区的 169 份谷子品种（系），其中包括黄米材料 154 份，白米材料 12 份，绿米材料 3 份，种植在海南省三亚南滨农场，成熟收获后测定小米黄色素含量，鉴定小米外观品质。结果表明，小米黄色素含量变幅较大，黄小米黄色素含量 5.40~19.55mg/kg，绿小米黄色素含量 10.14~16.44mg/kg，白小米黄色素含量较低，变幅为 1.10~2.49mg/kg。小米黄色素含量地区之间差异较大，赤峰、大同、兰州、呼和浩特等地的谷子小米黄色素含量较低，低于 10mg/kg；汾阳、保定、安阳、石家庄等地的谷子小米黄色素含量较高，高于 13mg/kg。不同地区小米的外观品质差异较大，太原、长治、大同、延安等地的谷子小米外观品质较差，优质米所占比例较低；而衡水、沧州、保定、安阳、石家庄等地谷子小米外观品质较好，优质米所占比例较高。小米的黄色素含量与外观品质呈显著相关，黄色素含量是衡量小米外观品质的重要因素，可作为品质育种的重要指标。

关键词：谷子；黄色素含量；外观品质；品质育种

随着生活水平提高，人们越来越重视健康，世界范围内杂粮热的兴起，主要在于杂粮所独有的食疗保健功能，比如荞麦、绿豆等杂粮作物具有很高的食疗价值[1-3]。谷子是中国种植面积最大的杂粮作物之一，去壳后为小米，小米营养价值较高，含有丰富的维生素、矿物质和膳食纤维，具有很好的食疗保健作用[4-5]，其中黄色素是小米重要的营养成分，其化学成分与玉米黄色素基本相同，主要有玉米黄素（3，3′-二羟基-β-胡萝卜素），隐黄素（3-羟基-β-胡萝卜素）和叶黄素（3，3′-二羟基-α-胡萝卜素）等，属天然类胡萝卜素，其最大吸收波长为 445nm[6-7]。近些年来，国内外大量研究和临床试验证明，天然类胡萝卜素不仅具有保护视觉与上皮细胞的作用，而且可以提高人体免疫力，淬灭体内过多自由基，防治多种癌症，同时，对口腔溃疡、皮肤病等都有很好的疗效[8-9]。所以选育黄色素含量较高的品种，有利于提高小米食疗保健功能，应作为品质育种的一个重要方向。虽然对小米的营养作用有相关报道，但是对不同地区小米黄色素含量（主要为类胡萝卜素）差异以及黄色素含量与小米外观品质的关系，相关研究资料很少。

本试验通过研究不同地区小米黄色素含量的差异与小米外观品质的鉴定，探讨小米外观品质与黄色素含量的关系，旨在为谷子品质育种提供理论依据和参考。

本文发表于《中国粮油学报》2012 年第 1 期

* 基金项目：现代农业产业技术体系建设专项资金（CARS-07-12.5-A11）

** 作者简介：杨延兵，男，副研究员，谷子杂粮研究

1 材料与方法

1.1 材料

来自不同地区的谷子品种（系）169 份，其中：黄米 154 份，白米 12 份，绿米 3 份。2009 年 11 月 2 日播种，种植地点海南省三亚南滨农场，成熟后收获籽粒。

1.2 仪器

JLGJ4.5 检验性砻谷机：浙江台州粮仪厂；超离心磨：德国 RETSCH（莱驰）公司；台式多用离心机——冷冻型：美国 SORVALL（索福）公司；DU©800 紫外/可见光分光光度计：美国 BECKMAN COULTER（贝克曼库尔特）公司。

1.3 黄色素测定

参考 AACC 方法[10]。制作标准 β-胡萝卜素曲线。用砻谷机把谷子籽粒脱壳，超离心磨粉碎，称取 2.000g 粉末放入约 30mL 具塞的离心管内，加入 10.0mL 水饱和正丁醇，盖紧塞子，混旋器上混合，使样品充分湿润。把离心管放在往复振荡机上振荡提取 1h，然后静置 10min。4 000r/min 离心约 10min 至液体清亮为止。以水饱和正丁醇作对照，在 440nm 测定吸光度，计算黄色素含量。

1.4 小米外观品质鉴定

根据小米的外观，包括色泽、米色一致性、均匀度等感官评价将小米分为 1~5 个等级，1 级最优，依次递减，5 级最差。选择 1~5 等级的标准样品，放入培养皿中，把被鉴定的小米倒入培养皿中和标准小米样品比对，依据 3 人对小米外观的综合评价，给不同小米划分为 1~5 不同的等级。

2 结果与分析

2.1 黄小米黄色素含量与外观品质鉴定

154 份黄小米黄色素含量与外观品质鉴定结果如表 1。黄色素含量最低的材料内 9999 黄色素含量为 5.40mg/kg，最高的品种安 04-4117 黄色素含量 19.55mg/kg，最高品种黄色素含量是最低品种的 3.62 倍。154 份黄小米材料中黄色素含量低于 10mg/kg 材料 60 份，占 38.96%，其中，1 级米材料 2 份，为陇谷 5 号和内大毛谷；2 级小米 8 份，3~5 级小米 50 份，占 83.3%，优质米材料所占比例较低。黄色素含量 10~15mg/kg 材料共有 71 份，占 46.1%，其中，1 级小米 9 份，2 级小米 26 份，3~5 级小米 36 份，1~2 级小米占 49.3%。154 个小米材料中黄色素含量超过 15mg/kg 的材料有 23 份，占 14.94%，其中有 16 份材料外观品质 1~2 级，占 69.6%；有 4 份小米黄色素含量超过 15.0mg/kg 外观品质为 4 级，这 4 份材料有 3 份来自山西汾阳，另外 1 份来自山西长治。外观品质为 5 级的小米黄色素含量都低于 15mg/kg，黄色素含量较高的材料优质米所占比例较大。对 154 份黄小米黄色素含量与外观品质进行相关性分析，结果二者显著相关，相关系数 0.4596。黄色素含量高，外观品质一般较好；黄色素含量较低，小米外观品质较差。黄色素含量可以作为衡量外观品质的一个重要指标。当然，存在例外，如晋谷 20、晋谷 21 黄色素含量分别为 15.26mg/kg、15.16mg/kg，黄色素含量相近，而外观品质鉴定晋谷 20 为 4 级，而晋谷 21 为 1 级。

表 1 154 份黄小米黄色素含量与外观品质鉴定结果

序号	品种名称	黄色素含量（mg/kg）	外观品质	序号	品种名称	黄色素含量（mg/kg）	外观品质
1	赤谷 4 号	10.35	4	32	晋谷 37	6.91	4
2	赤谷 5 号	8.65	4	33	晋谷 39	7.52	3
3	赤谷 6 号	8.80	4	34	晋谷 43	6.49	5
4	赤谷 7 号	8.07	4	35	大同 8	7.44	3
5	赤谷 8 号	8.73	4	36	大同 14	7.27	4
6	赤谷 9 号	10.01	4	37	大同 25	11.24	2
7	赤谷 10 号	9.41	2	38	大同 32	8.91	4
8	赤 90-2603	13.02	1	39	晋谷 20	15.26	4
9	赤 90-2606	8.56	4	40	晋谷 21	15.16	1
10	赤 90-2614	7.30	4	41	晋谷 40	13.78	2
11	赤 90-2958	7.21	4	42	晋汾 01	14.76	1
12	敖 07-6	11.27	1	43	晋汾 03	14.93	2
13	太选 7 号	13.25	4	44	晋汾 06	13.69	2
14	晋谷 17	6.05	4	45	晋汾 8 号	9.40	4
15	晋谷 34	9.24	3	46	晋汾 98	15.55	4
16	晋谷 36	5.80	3	47	晋汾 99	12.56	3
17	晋谷 41	12.18	4	48	晋汾 100	12.04	4
18	晋谷 42	13.65	4	49	余三/偏关小红谷	12.11	3
19	晋谷 45	12.01	5	50	余三	12.01	3
20	晋谷 46	13.08	4	51	特选 4 号	10.17	2
21	晋 77-322	13.16	4	52	特选 5 号	9.62	2
22	长生 04	13.82	4	53	97-68X 晋谷 21	16.12	4
23	长生 06	16.78	4	54	甘 7910-4-6-9	10.36	4
24	长生 07	16.45	3	55	陇谷 3 号	9.40	4
25	长生 18	12.89	4	56	陇谷 5 号	9.58	1
26	长 0301	11.20	4	57	陇谷 9 号	7.47	4
27	长 0302	11.81	4	58	什社黄毛谷	11.10	3
28	晋谷 23	7.04	4	59	陇粟 2 号	9.31	4
29	晋谷 25	6.01	3	60	等身齐	9.31	3
30	晋谷 31	7.42	4	61	巩昌谷	6.31	3
31	晋谷 33	6.98	4	62	陇谷 8 号	5.92	3

（续表）

序号	品种名称	黄色素含量（mg/kg）	外观品质	序号	品种名称	黄色素含量（mg/kg）	外观品质
63	陇谷 10 号	6.97	4	92	延绿穗谷	16.26	1
64	陇谷 11 号	7.71	3	93	延农家种	8.71	4
65	陇南场 60 黄	7.65	3	94	延 009-1	12.06	3
66	甘 63051	11.84	2	95	延 093	13.79	4
67	甘 741-134-2-2	8.21	4	96	九谷 8	8.96	3
68	甘 741-134-4-9	10.10	3	97	九谷 11	14.68	2
69	甘 741-134-6-1	8.86	4	98	九谷 15	8.68	3
70	内 99112	9.47	4	99	衡 81	13.12	1
71	内 99142	12.68	1	100	衡 831	9.21	3
72	内 99156	9.96	4	101	衡 836	10.86	2
73	内 99169-3	6.9	4	102	衡 861	14.63	1
74	内 1160	8.28	5	103	衡 968	12.83	2
75	内 1103	8.12	5	104	衡 8310	9.61	2
76	内 9967	7.48	2	105	衡 8326	10.79	2
77	内 9999	5.40	4	106	衡 8735	13.23	3
78	内滑谷 8180	9.22	2	107	衡 8362	10.96	3
79	内大毛谷	9.09	1	108	衡 8112	8.77	2
80	内小香玉	9.50	3	109	衡 8162	9.48	3
81	内 4	9.73	2	110	衡选 2008	12.73	2
82	内 K97 混 2	10.83	1	111	衡优 17	16.86	2
83	延谷 2 号	6.69	5	112	衡 80108	10.89	2
84	延谷 11 号	11.44	5	113	沧 125	11.51	2
85	延谷 12 号	9.74	3	114	沧 131	11.86	3
86	延谷 13 号	7.99	4	115	沧 215	11.96	2
87	秦谷 3 号	10.24	3	116	沧 228	12.44	2
88	延皮脸谷	7.41	3	117	沧 239	12.42	2
89	延阴天旱	7.67	2	118	沧 252	11.16	2
90	延红龙爪	8.92	3	119	沧 300	12.88	2
91	延老黄谷	9.21	3	120	沧 324	11.91	2

（续表）

序号	品种名称	黄色素含量（mg/kg）	外观品质	序号	品种名称	黄色素含量（mg/kg）	外观品质
121	沧 409	12.29	2	138	安 04-4111	17.35	1
122	沧 540	12.66	2	139	安 06-6082	18.04	1
123	保 32072	12.28	2	140	安 04-4117	19.55	1
124	保 3100101	18.15	2	141	冀谷 18	16.67	2
125	保 31811	18.67	2	142	冀谷 19 号	16.70	2
126	保 30726	13.89	2	143	冀谷 20	14.04	1
127	保 3040120	13.00	4	144	冀谷 21	15.04	1
128	保 4131	12.55	4	145	冀谷 22 号	14.13	3
129	保 42401	16.55	2	146	冀谷 24	12.59	3
130	保竹叶青	11.93	3	147	冀谷 25	11.82	2
131	保齐头白	13.38	4	148	冀谷 26	13.15	2
132	豫谷 1 号	12.00	4	149	冀谷 29	11.55	3
133	豫谷 9 号	14.31	1	150	小香米	15.13	1
134	豫谷 11 号	15.95	3	151	冀谷 32	15.29	2
135	豫谷 14 号	10.49	4	152	冀谷 31	13.34	3
136	安 4783	14.75	1	153	小香米/冀谷 19	15.90	2
137	安 04-5173	16.52	3	154	冀谷 19/石 96355	17.06	1

2.2 依据来源地分析黄小米黄色素含量与外观品质

不同来源地黄小米黄色素含量与外观品质分析如表 2。来自内蒙古自治区（全文简称内蒙古）赤峰、山西大同、甘肃兰州、内蒙古呼和浩特等地的谷子小米黄色素含量低于10mg/kg；来自山西汾阳、河南安阳、河北石家庄、河北保定的材料小米黄色素含量较高，其中，河南安阳的材料小米黄色素含量最高，平均 15.33mg/kg。赤峰、太原、长治、大同、兰州、延安等地的材料小米外观品质 1、2 级米少，所占比例低，其中，太原、长治的材料小米外观品质都没有达到 1~2 级标准。内蒙古呼和浩特的材料小米黄色素含量虽然较低，平均为 8.97mg/kg，但 1、2 级米有 6 份材料，占 46.2%。衡水、保定、沧州、安阳、石家庄等地的材料小米外观品质 1、2 级米份数较多，所占比例较高，其中，沧州10 份材料 9 份为 2 级米，河南安阳的 9 份材料 5 份为 1 级米。西北春谷区中山西汾阳的材料不仅小米黄色素含量高于西北春谷区其他地方，而且外观品质 1、2 级米所占比例较高，达到 46.7%，其中，晋谷 21 和晋汾 01 为 1 级米，黄色素含量分别为 15.16mg/kg、14.76mg/kg。总之，黄色素含量及外观品质与谷子原产地有一定的关系，来自华北夏谷区安阳、保定、石家庄的材料小米黄色素含量相对较高，外观评级 1、2 级米所占比例较高；西北春谷区赤峰、太原、长治、大同、兰州、延安等地的材料小米黄色素含量相对较低，外观品质 1、2 级米所占比例较低。

表 2　不同来源地黄小米黄色素含量与外观品质分析

序号	来源	品种编号	品种数	黄色素平均值（mg/kg）	变幅（mg/kg）	不同等级外观品质材料份数					1、2级小米占比（%）
						1	2	3	4	5	
1	内蒙古赤峰	1~12	12	9.28	7.21~13.02	2	1	0	9	0	25
2	山西太原	13~21	9	10.94	5.80~13.65	0	0	2	6	1	0
3	山西长治	22~34	13	10.01	6.01~16.78	0	0	3	9	1	0
4	山西大同	35~38	4	8.72	7.27~11.24	0	1	1	2	0	25
5	山西汾阳	39~53	15	13.14	9.40~16.12	2	5	3	5	0	46.7
6	甘肃兰州	54~69	16	8.76	5.92~11.84	1	1	7	7	0	12.5
7	内蒙古呼和浩特	70~82	13	8.97	5.40~12.68	3	3	1	4	2	46.2
8	陕西延安	83~95	13	10.01	6.69~13.79	1	1	6	3	2	15.4
9	吉林市	96~98	3	10.77	8.68~14.68	0	1	2	0	0	33.3
10	河北衡水	99~112	14	11.71	8.77~16.86	2	8	4	0	0	71.4
11	河北沧州	113~122	10	12.11	11.16~12.88	0	9	1	0	0	90
12	河北保定	123~131	9	14.49	11.93~18.67	0	5	1	3	0	55.6
13	河南安阳	132~140	13	15.33	10.49~19.55	5	0	2	2	0	55.6
14	河北石家庄	141~154	14	14.42	11.55~17.06	3	7	4	0	0	71.4
合计			154			19	42	37	50	6	12.3

2.3　不同来源地白小米、绿小米黄色素分析及外观品质鉴定

白小米、绿小米黄色素含量及外观品质鉴定结果如表 3 所示。12 份白米材料黄色素含量在 1.10~2.49mg/kg，比黄小米和绿小米明显低；其中，外观品质 1 级的材料 2 份，为内金香玉和九谷 13，黄色素含量分别为 1.10mg/kg、1.35mg/kg，其他 9 份材料都为 3 级。3 份绿小米材料黄色素含量在 10.14~16.44mg/kg，外观品质为 2 级。

表 3　不同地区白米、绿米黄色素含量和外观品质鉴定结果

	品种名称	来源	黄色素含量（mg/kg）	外观等级	米色		品种名称	来源	黄色素含量（mg/kg）	外观等级	米色
1	通渭黄腊头	兰州	2.49	3	白	9	九谷 10	吉林市	1.48	3	白
2	陇谷 7 号	兰州	1.60	3	白	10	九谷 13	吉林市	1.35	1	白
3	金裹银	兰州	1.87	3	白	11	白米	石家庄	1.81	3	白
4	内 2000-38	呼和浩特	2.41	3	灰白	12	冀谷 14/冀谷 19	石家庄	2.26	3	白
5	内金香玉	呼和浩特	1.10	1	白	13	绿米	石家庄	16.44	2	绿
6	内 T01	呼和浩特	2.10	3	白	14	绿谷子	吉林市	10.14	2	绿
7	吉 455（恢）	吉林市	2.07	3	白	15	保乌绿谷	保定市	12.92	2	绿
8	吉 9414-4	吉林市	1.38	3	白						

3 讨论

谷子作为杂粮作物，突出的作用在于小米的营养保健功能，如果把谷子单纯作为粮食作物对待，路子会越走越窄。因此，谷子育种应重视品质，其中提高小米的β-胡萝卜素含量，选育高黄色素含量品种是谷子品质育种的一个重要方向。据王玉文等[11]研究，小米外观色泽越黄，米色的评分越高；米色与米饭的香味、色泽、适口性有极显著的正相关，米色越黄，米饭的香味、色泽和适口性越好，色泽与香味的相关系数高达0.9250，米饭色泽越黄、越亮，米饭的香味越浓适口性越好，小米色泽是选育优异食用品质谷子品种的首要指标。小米外观光泽也和小米脂肪组成有关，小米脂肪含量为2.8%~8%，因品种和产地不同含量略有差异，平均含量为4%~4.5%，都是优质脂肪[4]，而脂肪是影响小米香味的重要成分。本研究结果显示黄色素含量高的品种，优质米所占比例较高，因此，应重视谷子后代小米外观品质鉴定，选择外观品质好，黄色素含量高的品种。

研究中西北春谷区的品种小米黄色素含量较低（山西汾阳除外），外观品质较好的材料占比较小；华北夏谷区的品种小米黄色素含量较高，外观品质较好的材料占比较高。可能的原因：一方面与谷子品种基因型有重要关系；另一方面与繁育试验材料的环境有一定关系。春谷区的品种在海南三亚南滨农场的长相与原产地长相差异较大，而夏谷区材料长相差异相对较小，会对小米外观品质产生一定的影响。作物的产量、品质等大多数农艺性状均表现为数量性状遗传特点[12]，环境条件有一定影响，而品种基因型起了更大的作用，如同为山西汾阳经作所育成品种晋谷20、晋谷21，外观品质晋谷20较差，为4级，而晋谷21的外观品质很好，为1级，这和原生态产地表现基本一致。因此在进行品质育种亲本选配时，要尽可能选择小米外观品质好、黄色素含量高的材料作为亲本，避免品质较差的材料，以提高后代优良品系出现的概率。研究显示谷子品种间黄色素含量可相差3~4倍，后代选择潜力较大。

4 结论

黄色素含量高低和外观品质显著相关，小米籽粒黄色素含量高，外观品质好，可把黄色素含量作为高类胡萝卜素品种选育的一个参考指标，重视小米外观品质鉴定选择。小米的外观品质、黄色素含量与谷子来源地有重要关系，亲本选配时应根据育种目标选择合适的亲本材料。

参考文献

[1] 阮景军，陈惠. 荞麦蛋白的研究进展与展望 [J]. 中国粮油学报，2008，23（3）：209-213.

[2] 唐文，周小理，吴颖，等. 24种荞麦中矿物元素含量的比较分析 [J]. 中国粮油学报，2010，25（5）：39-41.

[3] 邓志汇，王娟. 绿豆皮与绿豆仁的营养成分分析及对比 [J]. 现代食品科技，2010，26（6）：656-659.

[4] 王海滨，夏建新. 小米的营养成分及产品研究开发进展 [J]. 粮食科技与经济，2010，35（4）：36-38，46.

[5] 张超，张晖，李冀新. 小米的营养以及应用研究进展 [J]. 中国粮油学报，2007，22（1）：51-55.

[6] 王海棠，尹卫平，阳勇，等. 小米黄色素的初步研究——化学成分及应用研究 [J]. 中国粮油学报，2004，

19 (3)：26-30.

[7] 谭国进，蒋林斌，韩耀玲. 食用粟米黄色素的提取及稳定性研究 [J]. 广州食品工业科技, 2004, 20 (3)：34, 54-55.

[8] 韩雅珊. 类胡萝卜素的功能研究进展 [J]. 中国农业大学学报, 1999, 4 (1)：5-9.

[9] 赵文恩，韩雅珊，乔旭光. 类胡萝卜素清除活性氧自由基的机理 [J]. 化学通报, 1999 (4)：25-27.

[10] AACC. Approved methods of the american association of cereal chemists (9th ed). MN, St. Paul, USA, 1995.

[11] 王玉文，李会霞，田岗，等. 小米外观品质及淀粉 RVA 谱特征与米饭适口性的关系 [J]. 山西农业科学, 2008, 36 (7)：34-39.

[12] 张天真. 作物育种学 [M]. 北京：中国农业出版社, 2003.

不同生态区主要育成谷子品种芽期耐旱性鉴定[*]

秦　岭[**]　杨延兵　管延安[***]　张华文　王海莲　刘　宾　陈二影

（山东省农业科学院作物研究所，济南　250100）

摘　要：以 -0.5MPa 的 PEG6000 做渗透介质模拟干旱条件，对不同生态区的谷子 [*Setaria italica*（L.）Beauv.] 品种（系）进行种子萌发耐旱鉴定。结果表明：在 PEG6000 胁迫下，萌发耐旱指数与相对根芽比、芽生长抑制率呈极显著负相关；与根生长抑制率呈正相关，但相关系数小，并且相关不显著；与相对发芽势呈极显著正相关，且相关系数达 0.939，可以反映谷子芽期耐旱性。根据萌发耐旱指数，将 201 份谷子品种（系）划分为极抗旱、抗旱、中度抗旱、不抗旱和极不抗旱 5 个等级。

关键词：PEG；干旱胁迫；谷子；萌发耐旱指数；抗旱性

随着全球气候变暖，干旱现象越来越频繁发生，因干旱造成的农业损失相当于全球其他非生物自然灾害造成的损失之和[1]，为了应对干旱胁迫，对作物抗旱性进行遗传改良已迫在眉睫[2]，抗旱种质资源的鉴定及利用是抗旱育种的重要前提[3]。谷子 [*Setaria italica*（L.）Beauv.] 是起源于中国的传统粮食作物，具有突出的耐旱、耐瘠特点，主要分布在西北、华北、东北干旱和半干旱地区。在长期驯化和栽培过程中适应了中国北方干旱、半干旱地区的气候和生态环境，成为一种优良的抗旱作物资源[4]。谷子抗旱性较强，但不同品种间抗旱性差异明显[5]。因此，在利用谷子抗旱种质资源之前，对其加以抗旱性鉴定和筛选具有重要意义。

谷子耐旱性鉴定方法是开展谷子耐旱性研究首先要解决的技术问题。20 世纪 80 年代以来，中国学者从不同角度研究了谷子抗旱性鉴定的方法，包括模拟干旱胁迫渗透法、苗期反复干旱法和全生育期干旱胁迫法等。鉴定的指标包括形态指标、生理生化指标和产量指标等[6-9]。并且鉴定了一批谷子种质资源的耐旱性，在育种与生产实践中发挥了重要作用[10-11]。谷子芽期的耐旱性是谷子早期生长阶段不可忽视的抗逆性状，应引起足够的重视。利用 PEG6000 作为渗透剂对作物种子进行芽期的耐旱性鉴定已有很多报道。李震等[12]研究表明利用 PEG6000 作为渗透剂模拟干旱条件适用于油菜发芽期耐旱的快速鉴定。王俊娟等[13]利用 15% 的 PEG6000 溶液对 41 份棉花品种进行了耐旱鉴定，筛选出相对发芽势、相对发芽率、相对 7 天下胚轴长、相对 7 天胚根长、相对胚根长/胚芽长、芽长生长率等 7 个指标与陆地棉萌发期抗旱性有关。在谷子芽期耐旱性鉴定研究方面，朱学海等[8]研究认为种子萌发耐旱指数与相对根长两个指标宜作为谷子芽期耐旱性鉴定指标，

本文发表于《植物遗传资源学报》，2013，14（1）：146-151

* 基金项目：现代农业产业技术体系建设专项（CARS-07-12.5-A11）

** 作者简介：秦岭，女，硕士，助理研究员，研究方向为谷子遗传育种；E-mail：qinling1021@163.com

*** 通讯作者：管延安，男，博士，研究员，研究方向为谷子遗传育种与栽培；E-mail：Yguan65@yahoo.com.cn

-0.75MPa PEG6000、-1.00MPa 甘露醇处理可以作为谷子芽期耐旱性鉴定的水分胁迫条件。

本研究利用 PEG6000 溶液对 201 份来自不同生态区的谷子进行了芽期模拟水分胁迫研究，对高渗状态下谷子萌发和发芽期的一些形态、生理指标进行了研究。鉴定出芽期抗旱和干旱敏感的品种，为谷子抗旱性和遗传育种研究奠定一定的基础。

1 材料与方法

1.1 材料

来自不同生态区的 201 份谷子品种，其中，华北夏谷区 167 份，东北春谷区 8 份，西北春谷区 23 份，台湾 1 份，日本 2 份。

1.2 方法

1.2.1 高渗溶液的配制

PEG6000 溶液：设计渗透势为 - 0.25、- 0.50、- 0.75、- 1.00 MPa（分别对应 136.27、202.13、252.87、295.71 g/kg H_2O），依据 Michel 等[14]的公式计算浓度：

$\Psi_S = - (1.18 \times 10^{-2})\ C - (1.18 \times 10^{-4})\ C^2 + (2.67 \times 10^{-4})\ CT + (8.39 \times 10^{-7})\ C^2T$，公式中 Ψ_S 是溶液的渗透势（bar），1bar = 0.1MPa，C 是溶液的浓度（g/kg H_2O），T 是溶液的温度（℃）。

1.2.2 种子萌发耐旱指数的测定

每个处理的 50 粒供试种子置于直径 10cm 培养皿中，分别加入 7mL 处理液，以蒸馏水作对照，放入 25℃恒温箱暗中发芽，试验设 3 次重复。调查第 2、第 4、第 6、第 8 天发芽种子数（计数胚芽、胚根长度均超过 1mm 的个体）。按 Bouslama 等[15]的公式计算种子萌发耐旱指数，略有修改。

种子萌发指数（PI）=（$1.00nd_2 + 0.75nd_4 + 0.50nd_6 + 0.25nd_8$）/N

nd_2、nd_4、nd_6、nd_8 分别为第 2、第 4、第 6、第 8 天萌发的种子数，N 为种子总数

每重复的种子萌发耐旱指数 = 每处理每重复的种子萌发指数/对照平均种子萌发指数

种子萌发耐旱指数（GDRI germination drought resistance index）= 3 次重复的种子萌发耐旱指数的平均值

1.2.3 水分胁迫对种子胚芽、胚根的影响

分别测定萌发 8 天后对照及处理的种子胚根及胚芽长度。

相对发芽势（%）= 各处理的平均发芽势/对照平均发芽势×100

芽生长抑制率（%）=（对照平均芽长-处理平均芽长）/对照平均芽长×100

根生长抑制率（%）=（对照平均根长-处理平均根长）/对照平均根长×100

1.2.4 试验数据整理分析

利用 SPSS11.5 及 EXCEL 2007 进行数据整理分析。

2 结果与分析

2.1 PEG6000 胁迫对谷子萌发耐旱指数的影响

从供试品种中随机选取 5 份材料，研究渗透势分别为-0.25、-0.5、-0.75 以及-1.0 MPa 条件下的萌发耐旱指数，随着 PEG6000 浓度的增加，谷子的萌发耐旱指数逐渐下降

（图）。方差分析表明，供试材料在渗透势为-0.5 MPa 时，萌发耐旱指数差异显著，因此以渗透势为-0.5 MPa 的 PEG6000 溶液作为鉴定谷子萌发期抗旱性的浓度。

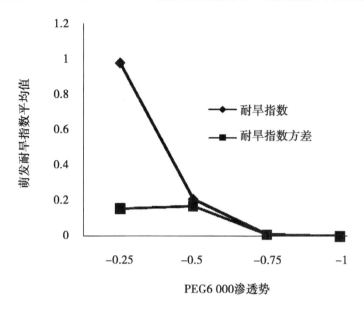

图　不同 PEG6000 渗透势对谷子萌发耐旱指数的影响

2.2　不同生态区主要育成谷子品种的耐旱性鉴定

在渗透势为-0.5 MPa 的 PEG6000 胁迫下，供试材料的芽和根的生长抑制率变异幅度和变异系数较大。201 份谷子材料的芽生长抑制率在-66.96%~92.26%，根生长抑制率在-138.33%~100.00%，其中，少部分谷子的芽和根生长抑制率小于 0，说明种子萌发后，渗透势为-0.5 MPa 的 PEG6000 胁迫对大部分供试品种的芽和根有抑制作用，对少部分供试品种的芽和根有促进作用。相对发芽势的变异系数和变异幅度较大，相对发芽势的变异系数最大达 82.31%（表 1）。

在渗透势为-0.5 MPa 的 PEG6000 胁迫下，品种之间表现不同程度的耐旱性，萌发耐旱指数在 0.035~0.991。以萌发耐旱指数为依据，对 201 个供试品种进行抗旱性的分类，可以把品种分为 5 级：1 级为极抗旱（0.75~0.99），共 22 份；2 级为抗旱（0.6~0.75），共 34 份；3 级为中度抗旱（0.3~0.6），共 73 份；4 级为不抗旱（0.15~0.3），共 40 份；5 级为极不抗旱（0.03~0.15），共 32 份（表 2）。

表 1　谷子品种在模拟干旱条件下性状分析

性状	平均值	标准差 SE	变异幅度	变异系数（%）CV
萌发耐旱指数	0.41	0.24	0.035~0.991	58.19
芽生长抑制率（%）	46.09	25.36	-66.96~92.26	55.02
根生长抑制率（%）	59.25	26.39	-138.33~100.00	44.54
相对根芽比（%）	90.75	53.48	30.25~344.05	58.93
相对发芽势（%）	32.29	26.58	0.00~136.67	82.31

表2　201份谷子来源及萌发耐旱指数

序号	品种名称	来源	萌发耐旱指数	耐旱级数	序号	品种名称	来源	萌发耐旱指数	耐旱级数
1	郑821	河南	0.99	1	32	206058	河北	0.71	2
2	衡8326	河北	0.98	1	33	冀谷24	河北	0.71	2
3	豫谷1号	河南	0.92	1	34	石1230	河北	0.71	2
4	济丰24	山东	0.92	1	35	大同30	山西	0.70	2
5	济丰20	山东	0.92	1	36	200475	河北	0.69	2
6	200131	河北	0.87	1	37	昌潍62	山东	0.69	2
7	沧252	河北	0.87	1	38	济叶冲18	山东	0.68	2
8	沧228	河北	0.85	1	39	保4131	河北	0.67	2
9	郑413	河南	0.83	1	40	晋汾01	山西	0.67	2
10	济优米12	山东	0.82	1	41	陇谷9号	甘肃	0.67	2
11	保竹叶青	河北	0.82	1	42	内99112	内蒙古	0.67	2
12	安03-1371	河南	0.81	1	43	亲创7号	河北	0.66	2
13	保18	河北	0.80	1	44	安阳剑谷	河南	0.65	2
14	衡8310	河北	0.79	1	45	衡谷10号	河北	0.65	2
15	九谷11	吉林市	0.78	1	46	冀谷26	河北	0.65	2
16	麦谷1号	河北	0.78	1	47	京安7505	北京	0.65	2
17	衡优17	河北	0.77	1	48	长生07	山西	0.64	2
18	安07-4585	河南	0.77	1	49	石白米1号	河北	0.64	2
19	沧131	河北	0.76	1	50	山西乌谷	山西	0.63	2
20	衡8735	河北	0.75	1	51	超旱3号	河北	0.62	2
21	冀谷14	河北	0.75	1	52	济8774	山东	0.62	2
22	石923-529	河北	0.75	1	53	冀谷25	河北	0.62	2
23	94C36-1	台湾	0.74	2	54	安93-4078	河南	0.61	2
24	W25	日本	0.74	2	55	冀谷20	河北	0.61	2
25	95-94	河北	0.74	2	56	冀谷29	河北	0.61	2
26	冀LSH	河北	0.73	2	57	济谷15	山东	0.59	3
27	长0301	山西	0.73	2	58	鲁谷2号	山东	0.59	3
28	赤峰5号	内蒙古	0.73	2	59	郑07-1	河南	0.59	3
29	赤峰9号	内蒙古	0.73	2	60	亲创5号	河北	0.59	3
30	陇谷3号	甘肃	0.73	2	61	K1174	河北	0.56	3
31	冀谷22	河北	0.72	2	62	内99142	内蒙古	0.55	3

（续表）

序号	品种名称	来源	萌发耐旱指数	耐旱级数	序号	品种名称	来源	萌发耐旱指数	耐旱级数
63	K384	河北	0.55	3	94	聊农3号	山东	0.45	3
64	济7978-10	山东	0.54	3	95	安4783	河南	0.44	3
65	安06-6082	河南	0.54	3	96	冀谷21	河北	0.44	3
66	大同32	山西	0.53	3	97	济8787	山东	0.44	3
67	济冲5-3	山东	0.53	3	98	济07607	山东	0.43	3
68	聊农4号	山东	0.52	3	99	沧372	河北	0.43	3
69	赤峰8号	内蒙古	0.52	3	100	昌潍74	山东	0.43	3
70	保200302	河北	0.51	3	101	小香米	河北	0.41	3
71	赤峰6号	内蒙古	0.51	3	102	济谷13	山东	0.41	3
72	鲁金3号	山东	0.51	3	103	济8304	山东	0.41	3
73	济谷14	山东	0.51	3	104	衡8362	河北	0.39	3
74	长0401	山西	0.51	3	105	豫谷5号	河南	0.38	3
75	济8309	山东	0.50	3	106	鲁谷4号	山东	0.38	3
76	龙山红谷	山东	0.50	3	107	A2×4170	河北	0.38	3
77	航天绿谷	河北	0.49	3	108	济旱2	山东	0.36	3
78	沧369	河北	0.49	3	109	衡8162	河北	0.36	3
79	K358	河北	0.49	3	110	济0506	山东	0.35	3
80	保31811	河北	0.49	3	111	安1508	河南	0.35	3
81	A2＊夏父	河北	0.49	3	112	保30726	河北	0.35	3
82	保乌绿谷	河北	0.49	3	113	超早2号	河北	0.34	3
83	衡2011	河北	0.49	3	114	保3040102	河北	0.34	3
84	鲁谷1号	山东	0.48	3	115	K492	河北	0.33	3
85	冀433	河北	0.48	3	116	郑041	河南	0.33	3
86	豫谷15	河南	0.48	3	117	鲁谷3号	山东	0.33	3
87	济8207	山东	0.48	3	118	鲁金1号	山东	0.32	3
88	石92-52	河北	0.46	3	119	安04-4117	河南	0.32	3
89	内99156	内蒙古	0.46	3	120	晋谷20	山西	0.32	3
90	陇谷5号	甘肃	0.45	3	121	东路阴天旱	山东	0.32	3
91	鲁谷10	山东	0.45	3	122	保213	河北	0.32	3
92	石3839	河北	0.45	3	123	鲁谷5号	山东	0.31	3
93	沧125	河北	0.45	3	124	沁州黄	山西	0.31	3

（续表）

序号	品种名称	来源	萌发耐旱指数	耐旱级数	序号	品种名称	来源	萌发耐旱指数	耐旱级数
125	济 8062-8	山东	0.31	3	156	鲁谷 6	山东	0.21	4
126	鲁谷 8 号	山东	0.31	3	157	安 1596	河南	0.20	4
127	安 04-4111	河南	0.31	3	158	九谷 15	吉林市	0.20	4
128	沧 300	河北	0.30	3	159	坝低 1 号	河北	0.20	4
129	保 42401	河北	0.30	3	160	石 815	河北	0.19	4
130	冀谷 19	河北	0.29	4	161	长农 38	山西	0.19	4
131	济谷 12	山东	0.29	4	162	粘谷 1 号	河北	0.19	4
132	沧 540	河北	0.29	4	163	鲁谷 9 号	山东	0.19	4
133	沧 324	河北	0.29	4	164	保 32072	河北	0.18	4
134	内 2000-38	内蒙古	0.28	4	165	安 04-5173	河南	0.17	4
135	济 9024-6	山东	0.27	4	166	豫谷 9 号	河南	0.17	4
136	超旱 4 号	河北	0.26	4	167	保齐头白	河北	0.16	4
137	赤峰 7 号	内蒙古	0.26	4	168	衡 836	河北	0.16	4
138	内 99169-3	内蒙古	0.26	4	169	冀特 5 号	河北	0.16	4
139	沧 156	河北	0.26	4	170	济谷 11	山东	0.15	5
140	安 388	河南	0.254	4	171	衡 81	河北	0.15	5
141	冀谷 18	河北	0.25	4	172	济 9144	山东	0.14	5
142	绿谷子	吉林	0.24	4	173	DSB98-623SR	河北	0.14	5
143	安 4004	河南	0.24	4	174	夏矮谷-1	河北	0.14	5
144	衡 2015	河北	0.24	4	175	沧谷 4 号	河北	0.14	5
145	沧 215	河北	0.24	4	176	豫谷 14	河南	0.14	5
146	豫谷 17	河南	0.23	4	177	郑 737	河南	0.13	5
147	K314	河北	0.23	4	178	沧 239	河北	0.13	5
148	安利绿谷	河南	0.22	4	179	DSB98-116-20AR	河北	0.12	5
149	豫谷 11	河南	0.22	4	180	9414-4	吉林	0.12	5
150	沧 409	河北	0.21	4	181	济 9026-4	山东	0.12	5
151	鲁谷 7 号	山东	0.21	4	182	九谷 8 号	吉林	0.12	5
152	S80	河北	0.21	4	183	小红谷	山东	0.12	5
153	衡 80108	河北	0.21	4	184	W35	日本	0.11	5
154	WR1	河北	0.21	4	185	保 3100101	河北	0.11	5
155	甘 790-4-6-9	甘肃	0.21	4	186	石 93-431	河北	0.11	5

（续表）

序号	品种名称	来源	萌发耐旱指数	耐旱级数	序号	品种名称	来源	萌发耐旱指数	耐旱级数
187	坝矮3号	河北	0.11	5	195	济9104	山东	0.09	5
188	衡2008	河北	0.10	5	196	455恢	吉林	0.08	5
189	济8341	山东	0.10	5	197	九谷13	吉林	0.08	5
190	九谷10	吉林	0.10	5	198	矮88	河南	0.07	5
191	坝矮1号	河北	0.10	5	199	粘谷2	河北	0.05	5
192	衡8112	河北	0.10	5	200	夏矮谷-4	河北	0.03	5
193	衡861	河北	0.10	5	201	M1508	河北	0.03	5
194	抗绣2号	河北	0.09	5					

2.3 谷子萌发耐旱指数与芽期形态指标的关系

种子在PEG6000胁迫下萌发耐旱指数与相对根芽比、芽生长抑制率、根生长抑制率以及相对发芽势的相关分析表明（表3），萌发耐旱指数与相对根芽比、芽生长抑制率呈极显著负相关；与根生长抑制率呈正相关，但相关系数小，并且相关不显著；与相对发芽势呈极显著正相关，且相关系数达0.939。

表3 谷子萌发耐旱指数与芽期性状的相关分析

性状	萌发耐旱指数	相对根芽比	芽生长抑制率	根生长抑制率	相对发芽势
萌发耐旱指数 GDRI	1.000				
相对根芽比 RR/S	−0.460**	1.000			
芽生长抑制率 SGIR	−0.477**	0.424**	1.000		
根生长抑制率 RGIR	0.068	−0.464**	0.461**	1.000	
相对发芽势 RGE	0.939**	−0.406**	−0.426**	0.167	1.000

** 代表0.01水平显著

3 讨论

3.1 谷子芽期耐旱性鉴定方法

耐旱鉴定是选用合适的鉴定指标和评价方法对不同基因型耐旱能力大小进行鉴定、筛选、评价和归类的过程，而在大量种质资源耐旱性鉴定及耐旱品种选育的早期世代，筛选简单、有效的鉴定指标是最关键的环节。谷子芽期耐旱性反映了谷子播种后种子萌发、出土阶段抵抗土壤干旱的能力，是谷子早期生长阶段不可忽视的抗逆性状，研究谷子芽期耐旱性具有重要意义。白玉等[16]采用PEG6000作为渗透剂，5种不同渗透势模拟水分胁迫，以谷子萌发耐旱指数、根芽比、根冠比和贮藏转运率作为鉴定评价指标，研究谷子芽期耐旱性与各指标的关系。结果表明，种子发芽率和芽长两个指标相对值相对独立，可以作为谷子芽期耐旱性鉴定的综合指标，−0.5MPa PEG6000处理可以作为谷子芽期耐旱性鉴定的胁迫条件。

本研究筛选了谷子芽期耐旱性鉴定条件，结果表明，低浓度的 PEG6000 溶液促进种子的萌发，这与前人的研究结果一致[8,17-18]。原因是在低浓度 PEG 处理时，可使种子吸水速度变缓，种子得以在有水环境中慢慢启动萌发，膜系统获得修复，细胞生理生化过程启动，为种子萌发提供基础性代谢物质，从而促进种子发芽。在高浓度 PEG6000 处理时，种子萌发受到抑制，不能正常吸水发芽。在 -0.5MPa PEG6000 溶液处理下，谷子萌发耐旱指数的方差和变异系数最大，因此，该浓度可作为谷子芽期耐旱性鉴定条件。本实验以萌发耐旱指数（相对发芽率）来评价谷子品种芽期的耐旱性，可以避免不同基因型在正常条件下自身所存在的差异对实验造成的影响，较客观的反映测试品种在渗透胁迫条件下的耐旱性差异。

实验还研究了芽、根生长抑制率，相对根芽比以及相对发芽率与芽期耐旱性的关系。结果表明萌发耐旱指数与根生长抑制率的相关性不大，与相对根芽比、芽生长抑制率中度负相关，与相对发芽势相关性最大。因此，在 -0.5MPa PEG6000 溶液处理下，相对发芽势可以作为耐旱性的鉴定指标。

3.2 谷子芽期耐旱材料筛选

PEG 胁迫可以简单、快速鉴定耐旱种质[19-20]，本研究发现，在 -0.5MPa PEG6000 溶液处理下谷子芽期耐旱性存在十分丰富的遗传多样性。根据萌发耐旱指数，201 份谷子品种耐旱性大致分为 5 级。1 级极耐旱品种 22 份，占 10.9%；2 级抗旱品种 34 份，占 16.9%；3 级中度抗旱品种最多，73 份，占 36.3%；4 级不抗旱品种 40 份个，占 19.9%；5 级 32 份极不抗旱品种，占 15.9%。22 份极抗旱品种除 1 份来自东北春谷区外，其他 21 份都自华北夏谷区（表3），其中萌发耐旱性指数最高的是来自河南的郑 821。32 份极不抗旱品种中有 5 份来自东北春谷区，1 份来自日本，其他 26 份来自华北夏谷区。本研究只是对供试材料进行了芽期耐旱性鉴定，它与苗期以及整个生育期的耐旱相关性还需进一步研究。

参考文献

[1] 山仑，康绍忠，吴普特．中国节水农业 [M]．北京：中国农业出版社，2004．
[2] 张木清，陈如凯．作物抗旱分子生理与遗传改良 [M]．北京：科学出版社，2005：407．
[3] 王纶，温琪汾，曹厉萍，等．黍稷抗旱种质筛选及抗旱机理研究 [J]．山西农业科学，2007，35（4）：31-34．
[4] 田伯红，张立新，宋淑贤．谷子新品种在旱作农业中的地位 [J]．中国种业，2000（4）：17-18．
[5] 李荫梅．谷子育种学 [M]．北京：中国农业出版社，1997：421-446，628-638．
[6] 李荫梅．谷子（粟）品种资源抗旱性鉴定研究 [J]．华北农学报，1991，6（3）：20-25．
[7] 张锦鹏，王茅雁，白云凤，等．谷子品种抗旱性的苗期快速鉴定 [J]．植物遗传资源学报，2005，6（1）：59-62．
[8] 朱学海，宋燕春，赵治海，等．用渗透剂胁迫鉴定谷子芽期耐旱性的方法研究 [J]．植物遗传资源学报，2008，9（1）：62-67．
[9] 张文英，智慧，柳斌辉，等．谷子全生育期抗旱性鉴定及抗旱指标筛选 [J]．植物遗传资源学报，2010，11（5）：560-565．
[10] 温琪汾，王纶，王星玉．山西省谷子种质资源及抗旱种质的筛选利用 [J]．山西农业科学，2005，33

(4)：32-33.

[11] 杨官厅，韩淑云，刘明贵．谷子耐旱性鉴定初探 [J]．干旱地区农业研究，1992，10（2）：98-102.

[12] 李震，杨春杰，张学昆，等．PEG 胁迫下甘蓝型油菜品种（系）种子发芽耐旱性鉴定 [J]．中国油料作物学报，2008，30（4）：438-442.

[13] 王俊娟，叶武威，王德龙，等．PEG 胁迫条件下 41 份陆地棉种质资源萌发特性研究及其抗旱性综合评价 [J]．植物遗传资源学报，2011，12（6）：840-846.

[14] Michel B E, Kaufmann M R. The osmotic potential of polyethylene glycol 6000 [J]. Plant Physiology, 1973, 51: 914-916.

[15] Bouslama M, Schapaugh W T. Stress tolerance in soybeans, evaluation of three screening techniques for heat and drought tolerance [J]. Crop Sci, 1984, 24: 933-937.

[16] 白玉．谷子萌发期和苗期抗旱性研究及抗旱鉴定指标的筛选 [D]．北京：首都师范大学，2009.

[17] 史锋厚，朱灿灿，沈永宝，等．PEG6000 渗透处理对油松种子发芽的影响 [J]．浙江林学院学报，2008，25（3）：289-292.

[18] 丁永乐，杨铁钊，郑宪滨，等．PEG 对烤烟种子萌发和幼苗生理特性的影响 [J]．河南农业科学，2000（1）：8-10.

[19] 景蕊莲，昌小平．用渗透胁迫鉴定小麦种子萌发期耐旱性的方法分析 [J]．植物遗传资源学报，2003，4（4）：292-296.

[20] 蒋明义．研究水稻种子萌发特性和抗旱性关系的高渗溶液法 [J]．植物生理学通讯，1992，28（6）：441-444.

不同夏谷品种的产量与氮肥利用效率[*]

陈二影[1**]　杨延兵[1]　程炳文[2]　秦　岭[1]　张华文[1]　刘　宾[1]

王海莲[1]　陈桂玲[1]　管延安[1***]

（1. 山东省农业科学院作物研究所，济南　250100；

2. 宁夏固原市农科所，固原　756000）

摘　要：以 8 个夏谷品种为材料，在大田试验条件下系统研究了谷子产量和氮肥利用效率的品种间差异及对氮肥的响应。结果表明，8 个夏谷品种的平均产量以施氮处理显著高于不施氮处理，平均增产率为 8.2%；氮肥对 8 个品种的增产效应不同，以济谷 14，济谷 17 和济谷 18 增产效果显著，而对其他品种的产量无显著的促进作用。8 个夏谷品种的氮肥利用效率存在差异；氮肥农学效率以济谷 14 最高，与其他品种达显著性差异，而豫谷 18 和济谷 18 的氮肥偏生产力显著高于其他品种。因此，在华北夏谷生产中，应结合当地生产情况和不同品种氮肥利用特性进行选择和应用。

关键词：夏谷；产量；氮效率

　　谷子是起源于中国的传统粮食作物，具有抗旱耐瘠薄的特性[1]，在中国粮食作物的组成和人们的饮食结构中具有重要的地位[2]。在谷子生产中，化肥特别是氮肥施用是实现谷子高产的关键措施之一，在谷子增产中发挥了重要的作用[3-7]。但是，通过增施氮肥进一步提高谷子单产水平受到越来越高的生产成本和环境问题加重的严峻挑战[8-9]，因此如何通过挖掘品种氮高效利用的遗传潜力来实现谷子高产协同氮肥高效利用，已经成为科研工作者关注的科学问题和重要任务。本文以华北夏谷区生产上有代表性的 8 个夏谷品种为材料，分析在无氮胁迫和正常供氮条件下谷子产量和氮肥吸收利用特性差异，综合评价不同基因型谷子品种氮素吸收利用的能力，以期为谷子的高产高效栽培提供依据。

1　材料与方法

1.1　试验材料

　　试验于 2013 年在山东省农业科学院章丘龙山试验基地进行，试验地前茬作物为小麦。试验供试土壤类型为棕壤土，土壤 pH 值为 7.8，土壤有机质（采用重铬酸钾容量法测定）含量 22.4g/kg、全氮（采用浓硫酸消煮凯氏定氮法）1.37 g/kg、速效氮（碱解扩散法）137.5mg/kg、有效磷（碳酸氢钠浸提—钼锑抗比色法）34.5mg/kg、速效钾（醋酸铵浸提—火焰光度法）142mg/kg。供试的品种为夏谷高产品种济谷 12、济谷 14、济谷 15、济谷 16、济谷 17、济谷 18、冀谷 31 和豫谷 18；氮肥用尿素（含 N 46%），磷肥用过

本文发表于《中国土壤与肥料》2015 年 2 期

* 基金项目：现代农业产业技术体系建设专项（CARS-07-12.5-A11）

** 作者简介：陈二影，男，山东临沂人，助理研究员，博士，主要从事作物栽培生理方面的研究；
E-mail：chenerying_ 001@ 163. com

*** 通讯作者：管延安，博士，研究员，研究方向为谷子遗传育种与栽培；E-mail：Yguan65@ 163. com

磷酸钙（含 P_2O_5 14%），钾肥用氯化钾（含 K_2O 52%）。

1.2 试验设计

试验采用裂区设计，主区为施氮水平，为不施氮 0kg/hm²（无氮胁迫）和施纯氮 150kg/hm²（正常供氮），副区为 8 个不同基因型谷子品种。播前施底肥 P_2O_5 90kg/hm²，K_2O 45kg/hm²。磷钾肥全部作为底肥一次性施入，氮肥 50%底施，50%孕穗期追施。小区面积为 2.4m×5m＝12m²，重复 3 次。种植密度为 67.5 万/hm²，其他管理措施同大田生产。试验播种日期为 6 月 26 日，收获日期为 9 月 25 日，全生育期为 92 天。收获时，全小区收获，小区单收计产。

1.3 氮肥利用效率参数测定

氮肥贡献率（Nitrogen fertilizer contribution rate，FCR，%）＝（施氮处理产量−不施氮处理产量）/施氮处理产量×100[10]

氮肥偏生产力（Partial factor productivity from applied N；PFP），指单位投入的肥料所能生产的作物籽粒产量，即 PFPN＝Y/F，Y 为施肥后所获得的作物产量；F 代表化肥的投入量

氮肥农学效率（Agronomic efficiency of applied N；AE），指单位施肥量所增加的作物籽粒产量，即 AEN＝（$Y-Y_0$）/F，Y 为施肥后所获得的作物产量；Y_0 为不施肥条件下作物的产量；F 代表化肥的投入量[11-13]

氮素回收利用率（N recovery efficiency，REN）＝（施氮区地上部总吸氮量−空白区地上部总吸氮量）/施氮量×100%

1.4 数据处理

利用 DPS7.05 软件进行数据处理和统计分析，Excel 2007 软件进行图表制作。

2 结果与分析

2.1 两种氮素水平下籽粒产量的响应特征

氮肥和品种对谷子产量均有显著性的影响，但两因素对谷子产量的影响无显著的交互作用（表1）。8 个品种在正常供氮条件下平均产量显著高于无氮条件下的产量，增产率为 8.23%。在无氮胁迫和正常供氮下，8 个夏谷品种之间均以豫谷 18 产量最高（图1）。在无氮胁迫下，豫谷 18 产量显著高于济谷 14、济谷 15、济谷 16、济谷 17 和冀谷 31，而在正常供氮下仅与济谷 16 和冀谷 31 产量达显著性差异。

表1 谷子产量的显著性分析

因子	自由度	均方	F 值	P 值
氮肥	1	6 560.9	16.4	0.000 9
品种	7	3 148.4	7.9	0.000 3
互作	7	452.8	1.1	0.391 8
误差				

在两种氮素水平下，8 个夏谷品种的产量变化表现出不同的趋势。济谷 14，济谷 17

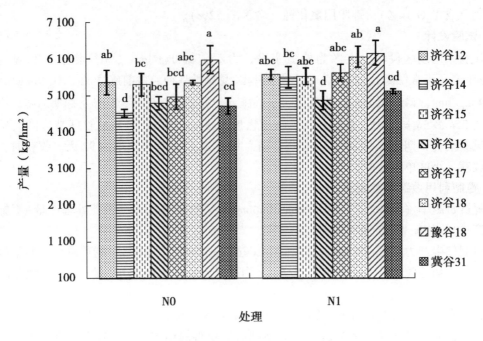

图 1 两种氮素水平下不同谷子品种产量分析

注：图柱不同小写字母表示不同品种间在 $P<0.05$ 水平差异显著

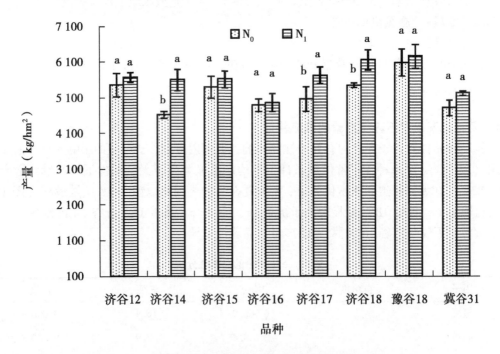

图 2 不同氮素水平对谷子产量的影响

注：图柱不同小写字母表示不同氮肥用量在 $P<0.05$ 水平差异显著

和济谷 18 产量随供氮水平的提高而显著提高，平均增产量为 781.3kg/hm²，增产率达 15.8%，肥料贡献率为 13.4%（图 2、表 2）；而其他品种的产量在两供氮水平下无显著差异，平均增产量仅为218.7kg/hm²，增产率达4.2%，肥料贡献率为3.9%。结果表明济谷14、济谷17和济谷18为氮素敏感型品种，而其他品种为低氮耐受型品种。

表2 谷子产量对氮肥水平的响应

品种	处理	产量 （kg/hm²）	增产量 （kg/hm²）	增产率 （%）	肥料贡献率 （%）
济谷12	N_0	5 458.6	—	—	—
	N_1	5 667.0	208.3	3.8	3.7
济谷14	N_0	4 616.9	—	—	—
	N_1	5 596.1	979.2	21.3	17.3
济谷15	N_0	5 398.2	—	—	—
	N_1	5 619.0	220.8	4.1	3.9
济谷16	N_0	4 883.6	—	—	—
	N_1	4 958.6	75.0	1.5	1.5
济谷17	N_0	5 062.8	—	—	—
	N_1	5 714.9	652.1	13.0	11.5
济谷18	N_0	5 444.0	—	—	—
	N_1	6 156.6	712.5	13.1	11.5
豫谷18	N_0	6 075.3	—	—	—
	N_1	6 254.5	179.2	3.0	2.9
冀谷31	N_0	4 808.6	—	—	—
	N_1	5 219.0	410.4	8.7	7.8

2.2 两种氮素水平下农艺性状的响应特征

施氮肥处理对谷子株高、穗长、千粒重和单穗重影响显著（$P<0.05$），而对穗粗和出谷率无显著影响；除穗粗外，不同品种间的株高、穗长、千粒重、单穗重和出谷率均有显著性的差异；除千粒重外，施肥处理和品种的交互作用对其他谷子农艺性状无显著性的影响（表3）。与不施氮肥处理相比，施氮处理显著提高了济谷14、济谷17和济谷18的单穗重（表4），而对其他品种无显著性影响，这与产量的变化趋势一致。表明氮肥对济谷14、济谷17和济谷18产量的影响主要是通过提高单穗重来实现的。

表3 两种氮素水平下不同谷子品种农艺性状分析

处理	品种	株高 （cm）	穗长 （cm）	穗粗 （mm）	千粒重 （g）	单穗重 （g/穗）	出谷率 （%）
N_0	济谷12	107.8bc	15.7c	18.5a	2.74c	14.3b	85.9bcd
	济谷14	112.3b	18.6ab	17.5a	2.53e	14.6b	85.4cd
	济谷15	102.7cd	20.2a	18.6a	2.76c	14.0b	88.2ab

（续表）

处理	品种	株高 （cm）	穗长 （cm）	穗粗 （mm）	千粒重 （g）	单穗重 （g/穗）	出谷率 （%）
	济谷16	103.6cd	17.4bc	17.0a	2.85b	15.1ab	88.4a
	济谷17	128.4a	18.9ab	17.3a	2.92a	15.0ab	89.6a
	济谷18	112.4b	17.0bc	19.2a	2.49f	16.4a	87.9ab
	豫谷18	99.7d	18.0ab	17.9a	2.53e	14.5b	87.6abc
	冀谷31	103.7cd	19.8a	17.4a	2.68d	14.5b	84.4d
N_1	济谷12	107.0b	16.7b	19.2ab	2.75d	14.4c	84.7c
	济谷14	114.9a	17.1b	17.3b	2.70e	15.9bc	85.7bc
	济谷15	99.1c	20.3a	18.6ab	2.84c	14.4c	86.8bc
	济谷16	102.3bc	20.4a	19.8ab	2.90b	15.1c	87.7ab
	济谷17	118.6a	20.2a	18.1ab	2.97a	17.3b	89.5a
	济谷18	106.0bc	18.7ab	20.7a	2.51g	19.1a	87.4ab
	豫谷18	98.9c	18.3ab	19.4ab	2.56f	15.0c	87.7ab
	冀谷31	103.3bc	20.5a	17.0b	2.72de	14.9c	85.4bc
P	P_T	0.046 1	0.045 4	0.121 5	0.011 8	0.002 7	0.443 7
	P_C	0.000 1	0.000 7	0.228 4	0.000 1	0.000 1	0.000 4
	$P_{T×C}$	0.301 1	0.216 0	0.794 2	0.000 1	0.127 3	0.835 8

注：同列数值后不同小写字母表示不同品种间在 $P<0.05$ 水平差异显著，P_T 表示氮肥用量间 P 值；P_C 表示品种间 P 值；$P_{T×C}$ 表示氮肥用量和品种间交互作用 P 值

表4 不同氮素水平对谷子农艺性状的影响

项目	处理	济谷12	济谷14	济谷15	济谷16	济谷17	济谷18	豫谷18	冀谷31
株高（cm）	N_0	107.8a	112.4a	102.8a	103.7a	128.4a	112.5a	99.8a	103.8a
	N_1	107.0a	115.0a	99.1a	102.3a	118.6b	106.0a	98.9a	103.4a
穗长（cm）	N_0	15.7a	18.6a	20.2a	17.4a	18.9a	17.0b	18.0a	19.8a
	N_1	16.7a	17.1a	20.3a	17.5a	20.2a	18.7a	18.3a	20.5a
穗粗（mm）	N_0	18.5a	17.5a	18.6a	17.0a	17.3a	19.2a	17.9a	17.4a
	N_1	19.2a	17.3a	18.6a	17.8a	18.1a	20.7a	19.4a	17.0a
千粒重（g）	N_0	2.74a	2.53b	2.76b	2.85a	2.92b	2.49a	2.53a	2.68a
	N_1	2.75a	2.70a	2.84a	2.90a	2.97a	2.51a	2.56a	2.72a
单穗重（g/穗）	N_0	14.3a	14.6b	14.0a	15.1a	15.0b	16.4b	14.5a	14.5a
	N_1	14.4a	15.9a	14.4a	15.1a	17.3a	19.1a	15.0a	14.9a
出谷率（%）	N_0	85.9a	85.4a	88.2a	88.4a	89.6a	87.9a	87.6a	84.4a
	N_1	84.7a	85.7a	86.8a	87.7a	89.5a	87.4a	87.7a	85.4a

注：同列数值后不同小写字母表示不同氮肥用量在 $P<0.05$ 水平差异显著

2.3 两种氮素水平下氮肥利用效率的响应特征

氮肥的农学效率（AE）是指单位施氮量所增加的作物籽粒产量，是评价肥料增产效应较为准确的指标。8个夏谷品种氮肥农学效率从高到低分别为济谷14>济谷18>济谷17>冀谷31>济谷15>济谷12>豫谷18>济谷16（表5）。氮肥偏生产力（PFP）是指单位投入的肥料所能生产的作物籽粒产量，八个品种氮肥偏生产力以豫谷18最高，其次分别为济谷18>济谷17>济谷12>济谷15>济谷14>冀谷31>济谷16。济谷18和豫谷18的氮肥回收利用效率（RE）最高，显著高于其他品种，其他品种从高到低分别为济谷12>济谷17>济谷16>济谷14>济谷15>冀谷31。表明不同夏谷品种氮素利用能力存在差异。

表5 不同氮素水平对谷子氮肥利用效率的影响

品种	农学效率（kg/kg）	偏生产力（kg/kg）	回收利用率（%）
济谷12	1.39de	37.8bc	36.0b
济谷14	6.53a	37.3c	33.9c
济谷15	1.47de	37.5c	32.7c
济谷16	0.50e	33.1d	33.9c
济谷17	4.35bc	38.1bc	34.8bc
济谷18	4.75b	41.0ab	39.5a
豫谷18	1.19de	41.7a	39.6a
冀谷31	2.74cd	34.8cd	31.0c

注：同列数值后不同小写字母表示不同品种在 $P<0.05$ 水平差异显著

3 讨论

作物不同品种间对氮肥的效应存在一定差异。李淑文等[14-15]对29个冬小麦品种的产量研究表明，在缺氮条件下小麦籽粒产量有着明显的差异，且在丰氮条件下产量变化表现出不同的规律；氮肥对不同产量水平、穗数水平的粳稻品种的增产效应不同，在缺氮条件下产量越低的品种对氮肥反应越敏感，增产效果越显著[16]；此外，在油菜[17]和花生[18]上也有研究表明不同品种对氮肥的增产效应存在差异。本研究结果表明，八个夏谷品种籽粒产量在缺氮条件下存在着明显的差异，豫谷18籽粒产量显著高于济谷14、济谷15、济谷16、济谷17和冀谷31，而在正常供氮条件下品种间产量差异变小，豫谷18籽粒产量仅与济谷16和冀谷31产量达显著性差异；同时在缺氮到正常供氮条件下，八个夏谷品种产量变化表现出不同的趋势，济谷14，济谷17和济谷18产量随供氮水平的提高而显著提高，而其他品种的产量在两供氮水平下无显著差异。表明济谷14，济谷17和济谷18对氮素反应敏感，为氮素敏感型品种，而其他品种为低氮耐受型品种。

前人关于不同基因型氮效率差异的研究在小麦、玉米等主要粮食作物上做了大量工作。李艳等[19]研究表明小麦各器官的含氮量和氮素利用效率存在着品种差异，这主要与不同品种间的根系活力、叶片硝酸还原酶的活性和谷氨酰胺合成酶的活性存在着差异有关[20]；在不同供氮水平条件下，玉米氮素的吸收、积累和利用存在着差异，但变化的幅度因品种而异[21]。而关于谷子不同基因型氮肥利用效率的研究，前人仅通过单一或两个品种间进行比较[6-7]，并未进行系统研究。在本试验条件下，八个夏谷品种的氮肥利用效率存在差异，缺氮条件下产量表现较低的品种济谷14、济谷17和产量表现较高的品种济谷18对氮肥反应敏感，氮肥的农学利用效率较高，这与水稻[16]上研究结果不尽一致。此外，在正常供氮条件下豫谷18和济谷18的偏生产力和回收利用效率显著高于其他品种。这表明不同夏谷品种的氮肥利用效率存在差异，且不同于其他作物，但产生这种差异的机理仍不清楚，需进一步的研究。

参考文献

[1] 程汝宏, 师志刚, 刘正理, 等. 谷子简化栽培技术研究进展与发展方向 [J]. 河北农业科学, 2010, 14 (11): 1-4, 18.

[2] 杨延兵, 管延安, 秦岭, 等. 不同地区谷子小米黄色素含量与外观品质研究 [J]. 中国粮油学报, 2012, 27 (1): 14-19.

[3] 赵镭, 程绍义, 隋方功, 等. 施用氮磷钾肥对夏谷品质的影响 [J]. 莱阳农学院学报, 1990, 7 (1): 34-38.

[4] 张喜文, 宋殿珍, 刘源湘, 等. 氮肥和氮磷配合对谷子籽粒营养品质和食味品质的影响 [J]. 土壤通报, 1992, 23 (3): 122-123.

[5] 解文艳, 周怀平, 关春林, 等. 旱地春谷子不同生育期吸收氮、磷、钾养分的特点 [J]. 中国农学通报, 2009, 25 (3): 158-163.

[6] 陈素省, 赵国顺, 王欢, 等. 留苗密度与施氮量对不同株型谷子生长发育及产量的影响 [J]. 河北农业科学, 2012, 16 (7): 1-5, 10.

[7] 秦岭, 杨延兵, 管延安, 等. 施氮量和留苗密度对不同株型谷子产量及产量相关性状的影响 [J]. 山东农业科学, 2013, 45 (5): 60-63.

[8] 郑剑英, 吴瑞俊, 翟连宁, 等. 氮磷配施对坡地谷子吸N, P量及土壤养分流失的影响 [J]. 土壤侵蚀与水土保持学报, 1996, 5 (5): 94-98.

[9] 李志军, 贺丽瑜, 梁鸡保, 等. 不同氮磷钾配比对黄土丘陵沟壑区谷子产量及肥料利用率的影响 [J]. 陕西农业科学, 2013 (5): 107-109.

[10] 刘芬, 同延安, 王小英, 等. 渭北旱塬小麦施肥效果及肥料利用效率研究 [J]. 植物营养与肥料学报, 2013, 19 (3): 552-558.

[11] Novoa R, Loomis R S. Nitrogen and plant production [J]. Plant and Soil 1981, 58: 177-204.

[12] Cassman K G, Peng S, et al. Opportunities for increased nitrogen use efficiency from improved resource management in irrigated rice systems [J]. Field Crops Research, 1998, 56: 7-38.

[13] Fageria N K, Baligar V C. Methodology for evaluation of lowland rice genotypes for nitrogen use efficiency [J]. Journal of Plant Nutrition, 2003, 26: 1 315-1 333.

[14] 李淑文, 周彦珍, 文宏达, 等. 不同小麦品种氮效率和产量性状的研究 [J]. 植物遗传资源学报, 2006, 7 (2): 204-208.

[15] 李淑文, 文宏达, 周彦珍, 等. 不同氮效率小麦品种氮素吸收和物质生产特性 [J]. 中国农业科学, 2006, 39 (10): 1 992-2 000.

[16] 王丹英, 章秀福, 邵国胜, 等. 高土壤肥力环境下不同类型粳稻品种产量对氮肥用量的响应 [J]. 作物学报, 2008, 34 (9): 1 623-1 628.

[17] 刘强, 宋海星, 荣湘民, 等. 不同品种油菜子粒产量及氮效率差异研究 [J]. 植物营养与肥料学报, 2009, 15 (4): 898-903.

[18] 孙虎, 李尚霞, 王月福, 等. 施氮量对不同花生品种积累氮素来源和产量的影响 [J]. 植物营养与肥料学

报, 2010, 16 (1): 153-157.

[19] 李艳, 董中东, 郝西, 等. 小麦不同品种的氮素利用效率差异研究 [J]. 中国农业科学, 2007, 40 (3): 472-477.

[20] 韩胜芳, 李淑文, 吴立强, 等. 不同小麦品种氮效率与氮吸收对氮素供应的响应及生理机制 [J]. 应用生态学报, 2007, 18 (4): 807-812.

[21] 黄高宝, 张恩和, 胡恒觉, 等. 不同玉米品种氮素营养效率差异的生态生理机制 [J]. 植物营养与肥料学报, 2001, 7 (3): 293-297.

赤谷 10 号亩产 500kg 高产栽培技术集成 *

柴晓娇** 赵 敏 李书田 张丽媛 赵禹凯

（内蒙古赤峰市农牧科学研究院，赤峰 024031）

谷子是内蒙古赤峰地区的主要粮食作物，年种植面积在 200 万亩以上，谷子产量的高低直接关系到本地区的粮食安全[1]。"赤谷 10 号" 2004 年通过内蒙古自治区谷子新品种认定、同年通过了国家谷子新品种鉴定。"赤谷 10 号" 是内蒙古自治区第一个通过国家鉴定的谷子品种。该品种高产、优质（国家优质米）、多抗，是目前赤峰及周边地区种植面积最大的谷子品种，累计推广种植面积在 150 万亩以上[3]。为了使 "赤谷 10 号" 更好、更快的在赤峰及周边地区推广，良种良法配套，赤峰市农牧科学研究院经过多年试验总结出了 "赤谷 10 号" 亩产 500kg 高产栽培模式。到 2011 年该技术已在赤峰地区累计成功的推广 25 万亩。

1 赤谷 10 的主要技术参数

1.1 选育程序

1985 年春，以承谷 8 号为母本，赤谷 4 号为父本，人工有性杂交，F_5 代选出新品系 91-576；1992—1994 年所内小区产量鉴定试验；1995—1997 年 3 年赤峰市区域试验；2001—2002 年参加国家区域试验；2003 年生产试验，同时进行抗病性鉴定及品质分析；2004 年新品种认（鉴）定。

1.2 生物学特征特性

赤谷 10 号生育期 119 天，株高 160cm，穗长 24.5cm，千粒重 3.2g，穗粒重 23g，全株 26 片叶片，纺锤形，苗色绿色，白谷黄米。如表 1 所示。

表 1 赤谷 10 号生物学特征特性

品种名称	生育天数（天）	株高（cm）	穗长（cm）	穗粒重（g）	千粒重（g）	全株叶片数（片）	穗形	苗色	谷色	米色
赤谷 10 号	119	160	24.5	23	3.2	26	纺锤形	绿色	白	黄

1.3 品质分析

如表 2 所示，赤谷 10 号出谷率 85%，籽实粗蛋白含量为 11.42%，赖氨酸含量为 0.3mg/100g，维生素 B_1 含量为 4.82mg/100g，维生素 B_2 含量为 1.33mg/100g，维生素 A_1 含量为 4.031mg/100g，Se 含量为 0.021mg/kg。赤谷 10 号以其优良的品质在 2004 年国家优质米评选中，荣获国家级优质米的称号。

---

* 基金项目：国家谷子糜子产业技术体系编号：CARS-07-12.5-B10
** 作者简介：柴晓娇，女，助理研究员，本科，从事谷子糜子育种及谷子糜子种质资源搜集工作

表 2　赤谷 10 号品质分析

品种名称	出米率 （%）	粗蛋白 （%）	赖氨酸 （mg/100g）	维生素 B_1 （mg/100g）	维生素 B_2 （mg/100g）	维生素 A_1 （mg/100g）	Se （mg/kg）
赤谷 10 号	85	11.42	0.3	4.82	1.33	4.031	0.021

1.4　推广面积

赤谷 10 号亩产 500kg 高产栽培技术在赤峰地区得到大面积推广，如表 3 所示，累计推广面积为 25 万亩。

1.5　取得的经济效益

赤谷 10 号亩产 500kg，推广面积达 25 万亩，总增粮食万 2 800 万 kg，总增效益 8 400 万元。

表 3　赤谷 10 号亩产 500kg 高产栽培技术推广面积

项目	推广面积（万亩）				总推广 面积 （万亩）	平均亩 产量 （kg）	增产量 （kg）	赤谷 10 号
	2008 年	2009 年	2010 年	2011 年				
高产栽培	2	6	6	11	25	510.7	112	常规种植

2　赤谷 10 号亩产 500kg 高产栽培模式

2.1　播前准备

2.1.1　选地

选择土壤肥沃疏松，易排水，土层厚度 30cm 以上，熟土层 10cm 以上，经测定土壤有机质含量 1.5% 以上，碱解氮 100mg/kg 以上，速效磷 13mg/kg 以上，速效钾 150mg/kg 以上，有效锌含量 0.7mg/kg 以上，且井渠配套，可保证谷子生育期间灌溉需求的地块。

2.1.2　深耕整地

为了熟化土壤，改良土壤结构，增强保水能力，秋季深耕要在 20cm 以上，冬汇，春季做好耙、糖保墒工作，做到土地平整、土壤疏松、上虚下实。

2.1.3　施足基肥

为了给谷子生长发育创造疏松通气、保水保肥的土壤环境，农家肥施用量高产田以 5 000~7 500kg/667m² 为宜，基肥结合秋翻地施入。

2.2　适期播种

2.2.1　种子处理

种子精选后，选用富含甲霜灵：拌种双 = 1:1 的种衣剂按精选后的种子量的 3‰进行种子包衣，防治白发病和黑穗病。拌种后堆 6~12h 再播种。

2.2.2　适期播种

赤峰地区一般在 4 月下旬至 5 月上旬，10cm 耕层地温稳定在 10℃时播种。

2.2.3　增施种肥

结合播种，施种肥磷酸二铵 15~20kg/667m²，钾肥 5kg/667m²，种肥要和种子隔离，保证肥料施在距种子旁侧 5~6cm 处，与种子分层隔开，以防烧苗。

2.2.4 播种技术

采用小犁和机播两种播种方式。播种深度在 3~5cm，播种量在 0.4kg/667m² 左右。播种后立即镇压，有防止土壤散墒和保证种子吸水发芽的作用。播种时等行距 45cm 种植，株距 5cm，使种植密度控制在 3 万株/667m² 以上[2]。

2.3 田间管理

2.3.1 苗期管理

2.3.1.1 蹲苗

在谷子出苗后 1~2 叶时期，用石砘等工具压谷苗，起到控上促下、延缓叶片生长、促使茎基部粗壮、促进根系发育、防止后期倒伏的作用。压青苗的时间以下午为好，可以减轻对谷苗的伤害。

2.3.1.2 间、定苗

当幼苗 4~5 片叶展开时，结合浅中耕间苗，去除弱苗、杂苗，留匀苗、壮苗；6~7 片叶展开时，结合深中耕定苗。如缺苗时，可就近或邻行留双苗。确保保苗 3 万株/667m² 以上。

2.3.1.3 中耕作业

谷子出苗后，在 4~5 叶期开始间苗，此时结合间苗进行一次浅中耕（3cm 左右），有疏松表土、消灭杂草的作用；除中耕外，在苗期如果土壤湿度大，可进行深耕散墒，深度一般 4~5cm；干旱严重时，采取浅锄保墒。这一时期，这种中耕作业可以进行多次。

2.3.1.4 防治地下害虫

苗期若发生地老虎、蝼蛄为害，可每亩用 50% 辛硫磷乳油 250~300mL 加适量水，40% 甲基异柳磷乳油 250mL 或 2% 甲基异柳磷粉 2~3kg 拌和细土 20kg，撒施地表后浅锄或浅耙地使药剂均匀分散于耕作层，既能杀死地下害虫，又能兼治潜伏在土中的其他害虫。

2.3.2 穗期管理

2.3.2.1 施拔节、孕穗肥

为促进中部以上叶片扩大并延长功能期、提高分化强度、争取穗大粒多，要施孕穗肥，每亩可结合趟地追施尿素 15~20kg。结合趟地，在抽穗前 10~15 天浇孕穗水，防止胎里旱和卡脖旱。

2.3.2.2 防倒技术

谷子进入拔节期后，用磷酸二氢钾以亩用量 150g，对水 40~50kg，在谷子拔节期（7 月上旬）均匀喷于上部叶片，可提高叶片寿命以保证根系有旺盛活力，提高粒重。

2.3.2.3 防治害虫

粟灰螟、玉米螟、二代黏虫等发生为害并达到防治指标时，可选用 5% 高效氯氰菊酯乳油 1 000 倍液喷雾、20% 氰戊菊酯乳油 2 000~2 500 倍液喷雾、或 1.8% 阿维菌素 1 500 倍液喷雾等药剂防治，用药液量 40kg/667m²，防治粟灰螟和玉米螟；用 90% 敌百虫晶体或 20% 氰戊菊酯乳油 2 500 倍液喷雾，用药液量 40kg/667m² 防治黏虫的发生。

2.3.3 花粒期管理

2.3.3.1 补施攻粒肥

花期若发现叶片淡绿，有脱肥现象时，应立即补施氮素攻粒肥，每亩可补施尿素 5kg 左右，或每亩用 1kg 尿素和 150g 磷酸二氢钾对水 40kg，选无雨天下午进行叶面喷洒，以维持中上部叶片功能，有效延长根系寿命，提高后期光合时间和强度，促进籽粒形成和灌浆饱满。

2.3.3.2 浇水

抽穗、灌浆期是谷子一生中的重要需水时期。若土壤墒情不好，应按每亩 $60 \sim 70m^3$ 灌水定额浇抽穗水，以促进授粉结实和籽粒形成。若土壤田间持水量低于 70% 时，按每亩 $50 \sim 60m^3$ 的灌水定额浇灌浆水，以促进籽粒灌浆，增加粒重，提高产量。

2.3.3.3 防倒伏

防倒伏技术贯穿于整个栽培管理过程。此时，谷田最怕积水，影响根系呼吸，注意排水。保持后期根系活力，可提高叶片寿命以保证根系有旺盛的活力，提高粒重。

2.3.4 及时收获

2.3.4.1 及时收获

当谷子籽粒变黄硬化后及时收获，收晚了易受鸟害和风害，收获指数低，影响产量。

2.3.4.2 晾晒

对穗子及时摊开晾晒，降低含水量。

2.3.4.3 脱粒储藏

当谷子晾晒达到安全水分时，开始脱粒储藏。

参考文献

[1] 张辉，曲文祥，李书田. 内蒙古特色作物 [M]. 北京：中国农业科学技术出版社，2010.

[2] 柴岩，冯百利，孙世贤. 中国小杂粮品种 [M]. 北京：中国农业科学技术出版社，2007.

[3] 李书田，赵敏. 赤峰地区优质谷子系列新品种选育及高产栽培技术集成开发 [J]. 河北农业科学，2010.

春谷早熟区谷子种植密度对植株性状及产量的影响研究 *

郭瑞锋** 任月梅*** 杨 忠 张 绶 冯 婧

（山西省农业科学院高寒区作物研究所，大同 037008）

摘 要：为了确定谷子合理的种植密度，为农业生产提供理论依据，采用小区试验、方差分析和非线性回归的方法对密度与谷子植株性状及产量关系进行了研究，结果显示，种植密度对谷子的性状及产量均有明显影响，随着种植密度的加大，谷子植株的株高降低、穗长变短、茎粗变小、全重、穗重、穗粒重都有减少的趋势，产量呈现先增后降的趋势，适宜种植密度为 2.2 万~2.8 万株/亩。通过 SPSS 曲线回归得出二次曲线模型 $y=b_0+b_1x+b_2x^2$ 为描述春谷早熟区谷子种植密度与产量的关系的最优模型，本试验大同 29 号的方程式为 $y=102.751+286.622x-54.48x^2$，计算得出理论最适密度为 2.630 5 万株/亩，与实测值相吻合。

关键词：谷子；种植密度；性状；产量；模型；研究

谷子起源于黄河流域，在中国有着 8700 年的栽培历史，年种植面积高达 987hm²，是中华民族的哺育作物。谷子以其营养保健、抗旱耐瘠薄和耐贮存特性，在中国的农业生产和人民生活中发挥着独特的作用[1-3]。多年来，谷子栽培一直存在种植密度不太合理，管理粗放等技术问题。西北春谷区是全国重点的谷子主产区之一，经调查谷子一般留苗密度为每亩 2 万株左右，普遍存在"稀谷修大穗"的认识，由于近年来普遍推广小垄密植技术，使留苗密度有进一步的增加。

本文通过研究不同种植密度对谷子的农艺性状及产量的影响，并建立密度与产量的曲线模型，从而确定谷子合理的种植密度，以期为谷子的农业生产提供理论依据。

1 材料与方法

1.1 试验材料

本实验的供试品种为山西农科院高寒区作物所选育的谷子品种大同 29 号。

1.2 试验方法

本试验于 2014 年进行。试验地位于山西大同高寒所试验基地东王庄，该地为沙壤土，肥力均匀，前茬作物为胡麻。设 8 个密度处理，分别为 1.6 万/亩、1.8 万/亩、2.0 万/亩、2.2 万/亩、2.4 万/亩、2.8 万/亩、3.2 万/亩、3.6 万/亩。3 次重复，采取随机区组排列，共 24 个小区。每小区长 6.67m，宽 2m，面积 13.34cm²，8 行区，行距 25cm。

　＊ 基金项目：农业部国家谷子糜子产业技术体系项目（CARS-07）；山西省农科院育种工程项目（llyzgc116）；山西省农科院院育种基础（YYZJC1302）

　＊＊ 作者简介：郭瑞锋，男，山西盂县人，助理研究员，硕士，主要从事谷子育种及栽培技术研究工作；E-mail：guoruifeng229@126.com

　＊＊＊ 通讯作者：任月梅，女，山西广灵人，副研究员，本科，主要从事谷子育种及栽培技术研究工作；E-mail：ghsrym@163.com

氮、磷、钾肥全部作种肥施入。人工开沟、撒播，4~5 叶片时先疏苗一次，6~7 叶片时按试验要求定苗。收获后各小区分别选取 10 株植株常规考种，各小区分别脱粒记产。

1.3　数据处理

利用 SPSS 软件对数据进行统计分析。以种植密度与谷子产量为技术指标，通过 SPSS 曲线估计，以决定系数 R^2（拟合优度）、F 值最大为原则选择最优预测模型，同时兼顾运算简单、便于操作的实用性原则[4-5]。

2　结果分析

2.1　种植密度对谷子植株农艺性状的影响

由表 1 可看出，随着种植密度的加大，谷子植株的株高降低，当种植密度为 3.6 万株/亩和 3.2 万株/亩时，植株株高最低，分别为 137.02cm 和 137.04cm，显著低于除种植密度为 2.8 万株/亩外的其他处理。随着种植密度的加大，植株的穗长和茎粗也有减小的规律，当密度为 1.6 万株/亩时，植株的穗长和茎粗均最大，分别为 24.13cm 和 1.2cm；当密度为 3.6 万株/亩时，植株的穗长和茎粗均最小，分别为 19.53cm 和 0.5cm。

表 1　不同种植密度下谷子植株农艺性状

密度（万株/亩）	株高（cm）	穗长（cm）	茎粗（cm）
1.6	151.30 D	24.13 B	1.2 D
1.8	151.50 D	22.82 AB	1.1 CD
2.0	144.33 BCD	22.27 AB	1.0 BCD
2.2	145.03 CD	22.27 AB	0.8 ABC
2.4	145.30 CD	21.13 AB	0.7 AB
2.8	141.57 AB	20.80 AB	0.7 AB
3.2	137.07 A	19.80 A	0.6 A
3.6	137.02 A	19.53 A	0.5 A

注：表中数据为 3 次重复取样 30 株测得数据求平均值所得；同列不同大写字母表示在 0.05 水平上差异显著，下同

2.2　种植密度对谷子植株经济性状的影响

由表 2 可看出，随着种植密度的加大，谷子植株的全重、穗重和穗粒重均有随种植密度的加大而降低的规律。当种植密度最低，为 1.6 万株/亩时，谷子植株的全重、穗重和穗粒重均最大，分别为 57.67g、33.50g 和 29.00g，显著高于其他密度处理。当种植密度最大，为 3.6 万株/亩时，谷子植株的全重、穗重和穗粒重均最小，分别为 29.83g、17.17g 和 14.67g，与处理密度为 3.2 万株/亩时无显著差异，此二处理植株的经济性状显著低于其他密度处理。密度为 2.2、2.4 和 2.8 万株/亩时，植株的经济性状之间无显著差异。

表 2　不同种植密度下谷子植株经济性状

密度（万株/亩）	全重（g）	穗重（g）	穗粒重（g）
1.6	57.67 D	33.50 D	29.00 D
1.8	51.67 C	30.33 C	25.67 C
2	52.30 C	30.17 C	24.33 C
2.2	44.50 B	24.50 B	20.00 B
2.4	43.30 B	25.00 B	20.67 B
2.8	43.30 B	24.30 B	20.30 B
3.2	34.30 A	19.17 A	16.33 A
3.6	29.83 A	17.17 A	14.67 A

2.3　种植密度对谷子产量的影响

对不同密度处理的产量比较分析（表3），可看出，在低密度1.6万株/亩时，产量处于低水平。随着种植密度的加大，产量逐渐增加，当密度为2.4万株/亩时，产量达到最大值，为474.79kg/亩。当种植密度大于3.2万株/亩时，产量明显降低。

通过对不同密度处理之间产量差异显著性比较，结果表明，在8个不同密度处理之中，以2.4万株/亩、2.8万株/亩和2.2万株/亩的3个处理产量最高，显著高于密度为1.6万株/亩和3.6万株/亩的处理。密度为2.4万株/亩处理的产量略高于2.8万株/亩处理和2.2万株/亩处理，但此3个处理之间差异不显著，即可认为适宜种植密度为2.2万~2.8万株/亩。

表 3　种植密度对谷子植株产量的影响

密度（万株/亩）	平均产量（kg/小区）	折合亩产量（kg/亩）
1.6	8.43	421.31A
1.8	8.90	444.80ABC
2	9.11	455.30ABC
2.2	9.45	472.29C
2.4	9.50	474.79C
2.8	9.49	474.29C
3.2	9.38	468.79BC
3.6	8.52	425.81AB

2.4　种植密度与谷子产量的曲线估计及模型选择

利用SPSS统计软件进行回归曲线估计，见下图和表4，拟合的二次曲线更符合谷子产量随种植密度变化规律。此二次曲线模型 $y = b_0 + b_1 x + b_2 x^2$ 的 Sig. < 0.001，表明该数学模型显著有效；而其余模型 Sig. >0.05，说明这些模型均无效，不适合用来对谷子产量和密度关系的模拟。二次曲线模型的决定系数 R^2 值为 0.972，F 值为 86.498，均为 10 种曲线模型中最大值，且拟合优度远远高于别的模型，因此，选择二次曲线模型 $y = b_0 + b_1 x + b_2 x^2$ 为描述春谷早熟区谷子种植密度与产量的关系的最优模型。

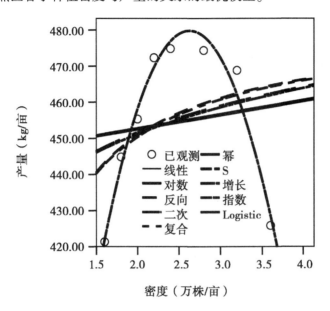

图　谷子产量对种植密度散点

表 4　谷子大同 29 号种植密度与产量模型汇总和参数估计值

因变量	方程	模型汇总					参数估计值		
		R^2	F	df_1	df_2	Sig.	常数	b_1	b_2
大同 29 号	线性	0.016	0.095	1	16	0.768	445.112	3.902	
	对数	0.055	0.348	1	16	0.577	439.061	18.13	
	倒数	0.115	0.777	1	16	0.412	481.575	−61.506	
	二次	0.972	86.498	2	15	0.000	102.751	286.622	−54.48
	复合	0.015	0.090	1	16	0.744	444.849	1.009	
	幂	0.053	0.339	1	16	0.582	438.851	0.04	
	S	0.113	0.764	1	16	0.416	6.178	−0.136	
	增长	0.015	0.090	1	16	0.774	6.098	0.008	
	指数	0.015	0.090	1	16	0.774	444.849	0.008	
	对数	0.015	0.090	1	16	0.774	0.002	0.992	

注：自变量为谷子种植密度（万株/亩）

2.5　春谷早熟区种植密度与谷子产量的预测模型及预测结果

由上文分析可知，本试验得出的春谷早熟区种植密度与谷子产量关系最优预测模型为

$y=b_0+b_1x+b_2x^2$，代入参数，本试验大同 29 号的方程式为 $y=102.751+286.622x-54.48x^2$。此方程为一典型的开口朝下的抛物线方程，其理论最适密度为 $-b_1/2b_2$，理论最高产量为 $(b_0-b_1^2)/4b_2$。经计算得出，理论上最高产量为 $y=(b_0-b_1^2)/4b_2=(102.751-286.622^2)/4\times(-54.48)=479.7342$（kg/亩）；理论上最适密度为 $x=-b_1/2b_2=-286.622/2\times(-54.48)=2.6305$（万株/亩），处于实测适宜种植密度为 2.2 万~2.8 万株/亩，模型预测值与实测值吻合，但精确度更高。这说明本试验得出的谷子产量和密度关系模型较为合理，能较准确描述谷子产量和种植密度的关系。

3 小结和讨论

关于密度对谷子产量的影响研究，已有不少报道[6-10]，本试验是采用小区试验、方差分析和非线性回归的方法进行研究。首先对不同种植密度下谷子农艺性状、经济性状及产量差异进行了考察，结果表明：种植密度对谷子的株高、穗长、茎粗、全重、穗重、穗粒重都有明显影响，即随着种植密度的加大，谷子植株的株高降低、穗长变短、茎粗变小、全重、穗重、穗粒重都减少，这是由于随着密度的增加，个体植株之间出现对光、温、水、气、肥等的竞争，个体植株的发育受到了影响。但随着密度的增加，产量会呈现先增后降的趋势，即在低密度 1.6 万株/亩时，产量处于低水平。随着种植密度的加大，产量逐渐增加，当密度为 2.2 万~2.8 万株/亩时，产量表现最好，当种植密度大于 3.2 万株/亩时，产量明显降低。这是由于栽培密度过小，虽然植株个体能得到充分的发育，但单位面积个体数量小，光能、营养、水分不能充分利用，因而群体产量降低。增加种植密度，虽然单株个体所获得的资源相对减少，但单位面积有效穗数增加，即增加了群体生产能力，因而产量增加。但是栽培密度过大，虽然单位面积穗数多，但单株之间出现明显的对水、肥、气、热、光等资源的竞争，个体发育不良，因此难以高产。只有在合适的密度下，个体与群体发育相协调，产量才能达到最高。本试验密度在 2.2、2.6 和 2.8 万株/亩时的产量均较高，分别为 472.29kg/亩、474.79kg/亩和 474.29kg/亩，三者之间没有显著差异，因此可认为，2.2 万~2.8 万株/亩是春谷早熟区谷子适宜的种植密度。

通过 SPSS 进行曲线回归，确定了二次曲线模型 $y=b_0+b_1x+b_2x^2$ 是春谷早熟区种植密度与谷子产量关系最优预测模型，本试验大同 29 号的方程式为 $y=102.751+286.622x-54.48x^2$，计算得出理论最适密度为 2.6305 万株/亩，与实测值相吻合。

该模型拟合优度（R^2 值）为 0.972，而且运算简便，能很好地描述春谷早熟区谷子种植密度与产量的关系，预测的最适密度较方差分析确定的最适密度更准确。

本研究确定的二次曲线函数模型，具有较强的实用性和广适性，适应于西北春谷区常规种植密度、产量的预测，但该模型的参数值能否适用于杂交种乃至全国不同生态条件的所有谷子品种的预测，需进一步深入研究。

参考文献

[1] 山西省农业科学院. 中国谷子栽培学 [M]. 北京：中国农业出版社，1987.

[2] 古兆明，古世禄. 山西谷子起源与发展研究 [M]. 北京：中国农业科学技术出版社，2007.

[3] 刁现民. 中国谷子产业与产业技术体系 [M]. 北京：中国农业科学技术出版社，2011.

［4］ 刘小虎．SPSS 12.0 for windows 在农业试验统计中的应用［M］.沈阳：东北大学出版社，2007：117-126，235-243.

［5］ 戚佩珊．非线性回归分析中衡量拟合曲线优劣的依据［J］.安徽科技学院学报，1990（1）：31-33.

［6］ 刘正理，程汝宏，张凤莲，等．不同密度条件下 3 种类型谷子品种产量及其构成要素变化特征研究［J］.中国生态农业学报，2007，15（5）：136-138.

［7］ 李书田，赵敏，刘斌．谷子新品种播期·密度与施肥的复因子试验［J］.内蒙古农业科技，2010（3）：33-34.

［8］ 庄云，马尧，牟金明．密度对谷子生长及产量性状的影响［J］.安徽农业科学，2007，35（36）：11 795，11 866.

［9］ 夏雪岩，马铭泽，杨忠妍．施肥量和留苗密度对谷子杂交种张杂谷 8 号产量及主要农艺性状的影响［J］.河北农业科学，2012，16（1）：1-5.

［10］ 何继红，董孔军，杨天育，等．密度与播期对陇东黄土旱塬复种谷子产量与农艺性状的影响［J］.农业科技通讯，2011（6）：73-75，135.

大同朔州地区谷子产业发展存在的主要问题及应对措施和建议

任月梅 杨 忠 张 绶 郭瑞锋

（国家谷子产业技术体系大同综合试验站/山西农科院高寒作物所，大同 037008）

谷子（粟）是中国重要的粮食作物，在国民经济中占有重要位置，在中国有悠久的栽培历史。谷子具有较强的耐旱能力，抗逆性强，适应性广，在中国东北、华北及西北等地区栽培比较广泛，是中国北方人民的主要粮食之一。谷子还是粮、草兼用作物，又是牲畜、家禽的良好饲料。很长一段时期，谷子在中国粮食作物的地位开始逐年下降，已经不再是人们的主要食粮。其种植面积急速缩减，市场需求下滑。随着人们生活水平的不断提高，人们的主食结构也开始向多元化的方向发展，近年来，绿色保健食品开始成为市场需求的主流。经过加工的小杂粮食品逐渐被人们关注和喜爱。其中，谷子因其丰富的营养价值表现更为突出，是公认的食疗粮食，能平衡和补充人类发育所必需的各类营养，因而显示出强劲的市场竞争活力。在新的经济背景下，建立和健全规范、合理的谷子产业体系，应对全球粮食危机和逐年干旱的严峻形势，无论是人们的市场消费需求，还是作为一项重要的战略储备物资，都显得十分必要和务实。

大同朔州地区位于山西省北部，地处黄土高原东北边缘。地理坐标为东经110°53′~114°33′，北纬38°58′~40°44′，平均海拔1 056m。北以外长城为界，与内蒙古自治区相邻，西、南与本省忻州地区相连，东与河北省相接。本地区属温带大陆型季风气候区，降水少、日照多，春夏秋凉爽，昼夜温差大，四季分明。年日照时数为3 000h，无霜期东南部156天、西北部100天，年均气温3.6~7.5℃，大于10℃的有效积温在2 000~3 100℃。年均降水360~450mm，年均蒸发量1 144mm，降水多集中分布于7~9月。

大同朔州地区土地广阔，种植区域地貌多以丘陵为主，土壤以褐土、壤土和黏土为主。主要农作物有玉米、谷子、莜麦、春小麦、黍子、马铃薯、胡麻、黄花菜、黄芪、甜菜、向日葵和蔬菜、瓜果杂豆等。谷子抗旱耐瘠薄的特性非常适合大同朔州地区这样的北方大陆性半干旱季风气候区的干旱环境，是对保护环境有利的好作物，所以，谷子是大同朔州地区仅次于玉米的主要粮食作物。根据山西省统计局权威数据，大同朔州地区谷子种植面积在2007—2008年，均播种面积在42万亩左右，占农作物种植总面积的10%左右，在农作物产值中占有很大比重。因无霜期较短，适合谷子的生育期多为120~130天，均为春谷种植，受所属区域自然条件限制，干旱少雨的年份对谷子的生产影响重大。例如：大同市2007年和2008年谷子播种面积基本上相同，都在30万亩左右，而且2008年还比2007年少种1万亩，但是，总产量却差异很大，2007年总产量只有16 727t，平均单产54.3kg；2008年总产量达到26 339.8t，平均单产88.45kg。究其原因，就与2007年7月降雨只有正常年份的56.4%，造成卡脖旱有关。通过调研得知在谷子生产中存在的问题也不少。

1 主要问题

1.1 品种问题

虽然我所进入 90 年代以后，选育出 8 个优良品种；但当前生产中应用的谷子品种仍然是新选育的和农家种共存的状况，各个县区种植的适宜本地主要品种基本上只有一到两个，谷子新品种的推广面积只占谷子种植面积的 50% 左右，在一些边远山区甚至还种植祖辈留传下来的本地农家种。有相当一部分农家种产量低而不稳，即使是新推广的品种也存在着高产、优质和多样性方面仍不能满足产业需求的问题。

1.2 病虫草害问题

朔州地区谷子主要病害是白发病和红叶病；虫害主要是粟凹胫跳甲、草地螟、粟灰螟、土蝗及蝼蛄、金针虫等地下害虫。本地由于相对偏冷病虫害较少，农民大多数不防治病虫害，只有在黏虫、土蝗等害虫大暴发时才去防治，都是处于被动防治心理，没有积极主动的预防心态。草害则是由于青壮年劳力大多数在外打工，家里只剩下老人、孩子、妇女，不认真中耕所致。鸟害与国家保护动物政策有关。

1.3 地力问题

目前谷子种植地大多选择在丘陵坡地和旱薄地，即使种植也很少施用优质的农家肥，而是为了省工只在播种前使用一些普通化肥，投入严重不足，土壤地力因素对谷子产量和品质都有影响。而且在农民中造成了谷茬不是好茬口的根深蒂固思想。但在有龙头企业带动市场条件较好的广灵县等地区，由于谷子收购价较好，一般种在水浇地和肥旱地，肥力投入也比较高。

1.4 机械化方面的问题

谷子从播种、间苗、除草、打药、追肥、收获等环节基本上都是人工操作，费时费工，特别是间苗尤其麻烦费工。目前谷子播种机械已经开发出来，但由于谷子大多数种植在丘陵坡地、旱薄地，零星分散，面积大小不一，没有形成规模化，所以应用不普遍。谷田除草以手工和化学除草为主，机械除草的较少，生产上没有谷子专用除草机械。仅15%左右的谷子产区在使用收获脱粒机械，收获机械存在的主要问题是破碎率高、收获损失大，谷子生产上缺少专用的谷子收获、脱粒机械。

1.5 谷子加工方面的问题

我区现有的谷子加工产业还处于起步阶段，谷子加工企业多、规模小、加工业基础差；谷子初级产品占主导、深加工产品极少，综合利用尚未提上议事日程；粗加工设施损耗大、资源有效利用率低；消费市场小，缺少拉动力；原料的单纯性，目前难于形成广适、畅销的产品；科研产品缺少成果转化平台；加工设施技术滞后，产品质量亟待提高。产品单一、科技含量较低等因素，很难适应市场需求。其加工工艺和技术还有待于进一步的提高。

2 应对措施

2.1 品种方面

首先科研院所在选育品种的过程中，要注意不仅从高产的方面入手，而且还要从适口性和优质等多样性方面着手选育适合本地栽培的生育期长短搭配，用途各异的系列新品种,用于满足生态区域和市场需求。其次科研院所通过和县区的农业部门的合作,有意识地建立各类新品种的示范基地和举行现场观摩会、技术培训会,加强新品种的推广力度,把新品种推广到从近郊到边远山区、山庄窝铺的各个村庄,最大限度地发挥各类品种的生产潜力。

2.2 病虫草害方面

首先,农业主管部门采取强硬措施制定标准让种子生产部门在分装种子之前,根据不同的作物必须给种子进行不同的药剂包衣,把种子包衣剂作为一项硬性指标下达下来,否则吊销其生产经营执照,这样使所有生产出的种子都能预防地下害虫和部分病害。从种子这个环节上防治住地下害虫和白发病、黑穗病等病虫害。其次,病虫害预测预报部门根据上年成虫的虫口密度和当年气象条件中长期预报,及时作出准确的预测预报,农业有关部门准备好防治所需各类物质农药,控制住暴发性虫害的发生。最后,加大技术培训力度,让农民逐渐认识病虫草害的危害性,自己变被动防治为主动防治,把其他的粟凹胫跳甲、粟灰螟等虫害消灭在生态为害水平之下。把杂草也及时地除掉。

2.3 地力方面

基于目前土壤地力差、农民不肯投入高水肥、田间管理粗放等情况,需要应用科学合理的配套栽培技术,去指导农民用先进的技术提高生产力和获取较高的经济效益,同时逐步提高谷子产品的市场竞争力,以期用较高的收购价使农民得到较好的回报,从而激励农民加大投入力度或者将种植地区选择在高水肥地区,以此寻求更好的规模效益,谷子产业也愈发做大做强。

2.4 机械化方面

在谷子生产加工机械的研发方面,由于谷子种植产区生态和生产条件多样化,因此需要开发研究适宜当地条件的不同农机产品,以满足生产多样化的需要。同时,研发的生产设施要易于操作,成本要充分考虑到产区农户的经济承受能力,使农户能买得起、用得起。

2.5 加工方面

建议政府引导和扶持龙头企业,给其增加科技投入和补贴,研发出适销对路、综合利用率高、节省资源的深加工产品,带动和兼并周边的小型加工企业。只有加工企业高度规模化、现代化,生产出适销对路的产品,企业才能发展,"龙头企业+基地+农民"的模式才能通畅地运行,农民的积极性才能提高,相应的谷子产业化体系才能顺畅建立和良性发展。

3 建议

目前谷子的种植区域零星分散,面积大小不一,没有形成规模化、集约化的生产模式,在一定程度上浪费了资源,而且在市场上也缺乏有效的竞争力,建议在我区进行科学合理的规划,逐步形成规模化的生产模式,因地制宜选择适合本地区的优质品种种植,形成特色产业基地优势,使得各区域的谷子品种具有市场竞争力。

建议加大宣传力度,提倡和挖掘粟文化,用谷子丰富的营养价值来引导人们的健康消费需求,通过市场运作,拓宽谷子消费渠道,打造品牌优势,通过企业的快速发展带动谷子种植面积的增加,形成规模化、产业化的发展态势。

　　建议通过政府、企业、种植户、科研机构的资源合理配置，紧密结合，相辅相成，逐步理顺现有谷子产业的各个环节，将谷子种植生产和科学高效的栽培管理技术相结合，将建立的产业化原料基地产出的优质的小米和深加工企业的高精尖技术相结合，将加工后的产品的品牌优势和消费市场相结合，全面带动谷子产业。

参考文献

[1]　山西省农业科学院．中国谷子栽培学 ［M］．北京：农业出版社，1987：1-9.
[2]　马福山．大同市农业与农村工作手册 ［M］．北京：中国农业出版社，2006：12-21，57-60，130-132.

半干旱区谷农采用化控间苗技术影响因素实证研究[*]

——以山西省长治市为例

刘 斐[1][**] 刘 猛[1] 赵 宇[1] 李顺国[1][****] 王慧军[2]

（1. 河北省农林科学院谷子研究所/河北省杂粮研究实验室/国家谷子改良中心，
石家庄 050035；2. 河北省农林科学院，石家庄 050031）

摘 要：本文运用 Logistic 模型对半干旱区谷农是否采用化控间苗技术的影响因素进行实证分析。结果表明：谷子化控间苗技术较好地解决了谷子人工间苗难题，谷农的受教育程度、谷子种植面积比重以及技术认知效果对谷农是否采用化控间苗技术有显著的影响。依据研究结论，提出了加强农民科技文化和技术培训，加大半干旱区土地流转力度和培育谷子新型经营主体，加强谷子轻简高效生产技术集成等几点建议。

关键词：半干旱区；化控间苗技术；影响因素

谷子是起源于中国的传统特色作物，在中国已有 8 700 多年的栽培历史[1]。目前，谷子主要分布于中国河北、黑龙江、内蒙古、山西、吉林、辽宁、山东、陕西、甘肃、宁夏等半干旱区。本区域属雨养农业，土地面积占全国陆地总面积的 21%，人口占全国总人口的 16%[2]，在中国旱作农业中占有重要地位。中国旱灾频繁，是造成农业经济损失最严重的气象灾害，近年来中国旱灾有逐渐加重的趋势[3]。由于谷子具有抗旱耐瘠、水分利用效率高、适应性广等突出特性[4-5]，半干旱区谷子种植比较优势在旱灾频发的趋势下越来越明显。

谷子是小粒半密植性作物，需要发挥群体顶土优势出苗，难以实现精量播种，传统生产方式一直采用大播种量，再人工间苗。随着现代农业的不断发展，人工间苗已成为制约谷子规模化生产的瓶颈问题。针对谷子间苗生产难题，山西省农业科学院谷子研究所发明了谷子化控间苗技术[6]，该技术的核心是研发出一种能使谷子正常播种出苗的 MND 化学药剂。使用 MND 化学药剂处理谷种，在与正常谷种按一定比例混匀配制成化控间苗谷种，出苗后经 MND 处理过的谷种苗 2 叶自然死亡，留下正常谷种的种苗，从而实现不间苗或少间苗。"谷子化控间苗技术"是国家谷子糜子产业技术体系"十二五"重点任务"谷子轻简高效生产技术研究与示范"内容之一，该技术的显著特点是省工节支、定苗早、操作简便、应用范围广[7]，对加快中国半干旱区谷子规模化生产具有重要意义。本文通过生产调研，运用 Logistic 模型对谷农是否采用化控间苗技术的影响因素进行验证，比较分析各影响因素对技术采用的异同，并从谷农自身特点、技术认知情况等方面分析了形成这种结果的原因，这对于制定该项技术的推广措施、加快该项技术的推广以及提高半干旱区谷子生产水平具有重要意义。

---

[*] 基金项目：农业部/财政部"现代农业产业技术体系专项资金"（CARS-07-12.5-A18）

[**] 作者简介：刘斐，女，助理研究员，主要从事农业经济研究；E-mail：liufei198676@163.com

[***] 通讯作者：李顺国，男，研究员，主要从事栽培与经济研究；E-mail：lishunguo76@163.com

1 数据来源与研究方法

1.1 数据来源

数据来源于国家谷子糜子产业技术体系谷子化控间苗技术生产调研，调研地点为山西省长治市。长治市是山西省谷子主产区，常年种植面积在 2 万~3 万 hm²，传统名米沁州黄、檀山皇远近闻名[8]，全境位于由太行山太岳山环绕而成的上党盆地中。调研涉及襄垣县、武乡县、沁县 3 个种植大县 23 村共 222 个农户，谷子种植全部为丘陵山区，年降水量 500mm 左右，属典型的半干旱区雨养农业。为确保研究中获得谷子种植户技术应用信息的完整性和全面性，问卷囊括了谷农的基本信息、种植规模、投入产出、技术需求、销售行为等内容。对问卷信息进行了筛选和可靠性评估，最后得到有效问卷 205 份，占全部调查问卷的 92.34%。

1.2 研究方法

根据对样本农户调查问卷数据分析，研究侧重于谷农对化控间苗技术需求的影响因素分析，运用 Logistic 模型来对技术采用影响因素进行验证，并比较分析各影响因素对化控间苗技术采用的异同。

2 谷农技术采用情况

调查显示，在 205 份有效问卷中，有 73.17% 采用了化控间苗技术，反映出谷农对谷子这种传统种植方式急需改进的心理，希望采用新技术来消除或减少由于间苗所耗费的工时，基本情况见表 1。

表 1 被调查者基本信息分布

项目	30 岁以下	30~39 岁	40~49 岁	50~59 岁	>60 岁	小计
样本个数	2	14	69	73	47	205
占比（%）	0.98	6.83	33.66	35.60	22.93	100.00
文化程度	文盲	小学	初中	高中	大专及以上	—
样本个数	11	57	109	26	2	205
占比（%）	5.37	27.80	53.17	12.68	0.98	100.00
劳动力人口比重	0%~33%	34%~66%	67%以上	—	—	—
样本个数	48	102	55	—	—	205
占比（%）	23.41	49.76	26.83	—	—	100.00

被调查者的年龄集中于 40~60 岁，平均年龄为 52.11 岁；有 144 个男性，占 70.24%；被调查者的文化程度主要是初中，其次是小学与高中；劳动力人口比重主要分布在 34%~66% 之间，其余两个比重的差距并不大。

表 2　影响化控间苗技术采用的经济特征情况统计

项目	家庭收入（万元）					
	<1	1~2	2~3	3~4	>4	小计
样本个数	69	44	55	18	19	205
占比（%）	33.66	21.46	26.84	8.78	9.26	100
谷子种植面积比重	0%~33%	34%~66%	>67%	—	—	
样本数	124	70	11	—	—	205
占比（%）	60.49	34.15	5.36	—	—	100
兼业情况	是	否	—	—	—	
样本数	43	162	—	—	—	205
占比（%）	20.98	79.02	—	—	—	100

在分析影响谷农采用化控间苗这一技术的生产特征情况中，用家庭收入的分析可以看出，小于 1 万元的谷农所占比重最大，有 69 人，大多数谷农的家庭收入处在 3 万元以下的水平，直接表现就是谷农的兼业情况不理想，只有 20.98% 的人有兼业；被调查的谷农中，谷子种植面积占耕地总面积的比重为 0~33% 的最多（表 2）。

表 3　影响化控间苗技术采用的谷农认知与技术服务情况统计

项目	调查结果					小计
技术成本	一般	高	很高	—	—	
样本数	62	78	65	—	—	205
占比（%）	30.25	38.04	31.71	—	—	100.00
技术认知效果	一般	明显	非常明显	—	—	
样本数	22	45	138	—	—	205
占比（%）	10.87	21.74	67.39	—	—	100.00
谷种获取方式	自己购买	农业局提供	企业提供	—	—	
样本数	9	58	138	—	—	205
占比（%）	4.35	28.26	67.39	—	—	100.00
培训效果	满意	还行	不满意	—	—	
样本数	178	27	0	—	—	205
占比（%）	86.96	13.04	0.00	—	—	100.00
技术信息获得途径	农业局	种子站	其他农户	示范田	村大队	
样本数	151	27	5	9	13	205
占比（%）	73.93	13.04	2.17	4.34	6.52	100.00

在分析影响化控间苗技术的认知与服务中可以看出，对于技术成本来说，69.75%的谷农认为高或很高，并且在采用了这一技术后，有67.39%的谷农认为效果明显。对于谷农来说，谷种获取方式主要有3种：自己购买、农业局提供和企业提供，且谷农对于新技术相关信息的获取也主要是通过农业局来获得，农业局等部门会定期对谷农进行培训，对于培训效果来说，谷农满意度很高（表3）。

3 模型构建与计量选择

3.1 模型构建

化控间苗技术是否采用是一个二元选择模型，每一个被调查者都面临着二选一，根据二元 Logistic 模型的定义，因变量的量化取值，假设谷农采用化控间苗技术取值为1，没有采用取值为0，P 介于0与1之间，表示农户采用化控间苗技术的概率，影响谷农采用意愿的因素有11个，分别是 $X_1 X_2 X_3, \cdots, X_{12}$，则线性 Logistic 模型有如下形式：

$$\ln P/(1 - P) = \beta_0 + \sum_{i=1}^{n} \beta_i X_i + \varepsilon_i \tag{1}$$

更为一般的将（1）式转化为

$$P/(1 - P) = \exp(\beta_0 + \sum_{i=1}^{n} \beta_i X_i) \tag{2}$$

则有

$$P = \exp(\beta_0 + \sum_{i=1}^{n} \beta_i X_i)/[1 + \exp(\beta_0 + \sum_{i=1}^{n} \beta_i X_i)] \tag{3}$$

其中，P 指谷农对化空间秒技术采用的概率，X_i 指影响谷农采用这一技术的第 i 项因素，如年龄、受教育程度等（变量的选择与赋值见表4），n 指样本数量，β_0 表示回归截距，即回归方程的常数，表示第 i 项影响因素的回归系数，ε_i 为随机扰动项。

3.2 变量描述与赋值

表4 变量解释与说明

变量		变量名	定义与赋值	预期影响方向
是否采用化控间苗技术（因变量）		Y	采用=1，不采用=0	
谷农特征	年龄	X_1	30以下=1，30~39=2 40~49=3，50~59=4，>60=5	+/-
	受教育程度	X_2	文盲=1，小学=2，初中=3，高中=4，大专及以上=5	+
	家庭收入（万元）	X_3	<1=1，1~2=2，2~3=3，3~4=4，>4=5	+
家庭特征	劳动力占人口比重	X_4	0~33%=1，34%~66%=2，>67%=3	+
	谷子种植面积比重	X_5	0~33%=1，34%~66%=2，>67%=3	−
	兼业情况	X_6	是=1，否=0	+
谷农技术认知	技术成本	X_7	一般=1，高=2，很高=3	−
	技术认知效果	X_8	一般=1，明显=2，很明显=3	+

（续表）

变量		变量名	定义与赋值	预期影响方向
是否采用化控间苗技术（因变量）		Y	采用=1，不采用=0	
技术服务	谷种购买方式	X_9	自己购买=1，农业局提供=2，企业提供=3	+/-
	培训效果	X_{10}	满意=1，还行=2，不满意=3	+
	信息获取途径	X_{11}	农业局=1，种子站=2，其他农户=3，示范田=4，村大队=5	+/-

注：+/-表示预期影响方向

3.3 模型结果与解释

使用SPSS17.0软件，采用强制进入策略对模型进行估计。模型系数的综合检验显示，模型拟合的Chi-square值为37.659，-2倍的对数似然比值=17.117，Cox & Snell R. Square=0.259，Sig.值为0.000，因此说明模型的拟合优度良好，同时也表示各变量对谷农采用化控间苗技术的影响成度在统计学上具有意义。具体回归结果见表5。

表5　方程中的变量

自变量X	B	S. E,	Wals	Sig.	Exp（B）
X_1-年龄	−0.113	0.268	0.771	0.380	0.329
X_2-受教育程度	0.348	0.057	6.758	0.009	10.208
X_3-家庭收入	−0.854	0.678	1.585	0.208	0.426
X_4-劳动力人口比重	0.395	0.682	0.688	0.407	4.036
X_5-谷子种植面积比重	0.756	0.373	4.027	0.045	5.743
X_6-兼业情况	0.609	0.671	5.745	0.017	5.000
X_7-技术成本	0.019	0.702	0.297	0.585	7.529
X_8-技术认知效果	0.394	0.882	5.452	0.020	0.012
X_9-种购买方式	0.114	0.726	0.167	0.683	3.045
X_{10}-培训效果	0.960	0.137	0.841	0.359	7.099
X_{11}-信息获取途径	−0.597	0.129	1.998	0.157	0.203
常量	−0.593	0.741	0.755	0.385	0.001

注：似然比值=17.117，Cox & Snell R. Square=0.259，综合检验值：Chi-square=37.659，df=7，Sig.=0.000

从模型回归结果来看，谷农的受教育程度、谷子种植面积比重以及技术认知效果对谷农是否采用化控间苗技术有显著的影响。

受教育程度对谷农是否采用化控间苗技术影响程度较高，随着文化程度的增加，对化控间苗相关信息掌握则相对较多，同时所受教育程度越高，谷农自身的观察力、解释力以及对新事物的反应能力更强，农民不仅更加认识到科技的重要性，而且对采用新技术所带来的变化期望也越高，所以受教育程度对化控间苗技术采用的显著程度要高。

谷子的种植面积比重是影响谷农采用化控间苗这一技术的主要因素，因为种植面积比重越大，表明谷农的谷子种植规模越大，对技术需求越大，采用技术的可能性越大，模拟结果正验证了这一正向影响。

技术认知效果是反应谷农在采用化控间苗技术后，是否真的不见苗或减少了间苗时间，技术采用效果越明显，越能加大谷农对这一技术的采用，因此成正相关关系。

而年龄、家庭收入、劳动力人口比重、技术成本、谷种购买方式、培训效果、技术相关信息获取途径等对谷农是否采用化控间苗技术的影响不显著，原因可能是谷子种植本来就是一个烦琐的过程，大部分谷农其实已经接受这种现实，即使出现了如化控间苗这种可以减少谷农间苗用工的技术，谷农的兴趣也不是很大。并且由于大部分谷农认为使用化控间苗这一技术的成本较高，且无法辨别谷种质量，不能确保是否真正能够达到不见苗的效果，具有一定的不确定性，所以谷农普遍存在风险意识，这可能影响化控间苗技术的采用与否，而结果表明技术成本与技术的采用没有相关性，原因是大多数谷农通过自己家庭劳动力投入，对于自身劳动投入，农户在成本核算和风险认知时容易忽略，且这些技术大多是有形的，应用相对简单，效用可以准确把握和预计，同时谷农在一定程度上认可和接受掺有化控间苗技术的谷种购买价格，所以导致谷农的投入成本对技术采用没有相关性。

在信息来源与可获得性方面，谷农在对新技术认知不确定情况下，期望通过信息源的可靠性和权威性来减少风险，而农业局、种子站等机构能够保证技术信息的准确性，然而模型结果却表明，信息获取途径对采用与否影响不明确，主要原因是随着科技的不断发展，谷子无论从栽培、育种、植保、加工等方面的技术越来成熟，新技术的传播途径也越趋于多样化，如邻里、亲朋好友、传媒等都可能传播渠道，这就导致信息获取的途径并不能真正影响谷农是否采用这一技术。对于培训效果而言，纵使谷农的满意度很高，结果也表明了其对技术是否采用没有相关性，直接原因就是谷农普遍存在着有培训就去参加，但是认不认同培训内容、接不接受推广人员的建议就另当别论了。

4 结论与建议

通过上述分析可以看出：谷子化控间苗技术较好的解决了谷子人工间苗难题，对谷子品种和播期没有特殊要求，技术使用较简便。谷农的受教育程度、谷子种植面积比重以及技术认知效果对谷农是否采用化控间苗技术有显著的影响。通过实地调研发现，费工是谷农反映的最大问题，但是在面对解决费工这一问题的新技术的时，谷农的表现却不尽相同，这和谷农自身特征、家庭特征、技术推广模式等有很大的关联性。很多看似关联的因素经模型验证后却不明确，这说明在新技术推广时，我们推广人员不能仅凭自己的主管臆断去决策，还应更多地考虑到实际推广过程中遇到的问题。

根据本文结论以及半干旱区谷子生产的实际问题，提出以下几点建议：①按照农民自愿的原则，加强农民的科技文化与技术培训工作，对提高农民科技文化素质从而提高接农民受新技术的能力。②进一步加大半干旱区土地流转力度，培育谷子新型经营主体，扩大谷子种植规模，加快谷子由传统生产方式向现代生产方式转变，使谷子化控间苗技术充分发挥规模效益。③谷子化控间苗技术只解决了间苗一个环节，科研单位应进一步加强半干旱区谷子化学除草技术、谷子播种、收获环节的农机改制与研发，组装集成化控间苗技术为、化学除草技术、播种机、中耕机、收割机等不同模式的谷子轻简高效生产技术，为提高中国半干旱区谷子生产水平提供技术支撑。

参考文献

［1］ Lv H Y, Zhang J P, Liu K B, et al. Earliest domestication of common millet （*Panicum miliaceum*） in East Asia extended to10 000 years ago ［J］. Proceedings of the National Academy of Sciences of the United States of America, 2009, 106：7 367-7 372.

［2］ 周洪建，孙业红，闵庆文，等. 半干旱区庭院农业旱灾适应潜力的空间格局——基于河北宣化传统葡萄园的分析 ［J］. 干旱区资源与环境，2014, 28（1）：43-48.

［3］ 许朗，李梅艳，刘爱军. 中国近年旱情演变及其对农业造成的影响 ［J］. 干旱区资源与环境，2012, 26（7）：53-56.

［4］ 李顺国，刘猛，赵宇，等. 河北省谷子产业现状和技术需求及发展对策 ［J］. 农业现代化研究，2012（5）：286-289.

［5］ 刁现民. 中国谷子生产与发展方向 ［A］//柴岩，万富世. 中国小杂粮产业发展报告. 北京：中国农业出版社，2007：32-43.

［6］ 王节之，孙美荣，郑向阳，等. 环境条件对谷子化控间苗技术的影响 ［J］. 干旱地区农业研究，2003（21）4：31-34.

［7］ 刘景峰，贺晔. 奇妙的谷子化控间苗新技术 ［J］. 农业技术与装备，2009, 11：41-43.

［8］ 秦理平，马过胜. 长治市谷子机械化播种情况调查与思考 ［J］. 农业技术与装备，2012, 6：30-33.

谷子新品种朝谷 16 号的选育与评价

黄 瑞*

（辽宁省水土保持研究所，朝阳 122000）

摘 要： 本文对谷子新品种朝谷 16 号的选育来源、产量性状、抗逆性、米质等诸多优良特点加以分析，并结合谷子产区的生产实际探讨该品种今后的开发应用潜力。

关键词： 谷子；优良特点；应用潜力

当今消费者食疗保健意识增强，谷子因其营养丰富、医食同源、良好的保健作用而备受消费者关注，国内外市场对谷子产品的需求日益增长。以高产、优质、多抗优良谷子新品种替代混杂品种，以高产高效栽培技术替代粗放管理，提高谷子单位面积产量，提升谷子产品品质，有效地增加农民的经济收入，是旱地农业发展中亟待解决的重要课题。辽西地区丘陵山地较多，土壤有机质含量低，年平均降水量为 450~550mm，降水高峰期集中在 7—8 月，占全年的 55% 左右。谷子抗旱耐瘠、喜光喜温，适合该区独特的自然条件，一直是该区主栽的粮食作物之一，在辽宁省旱地农业发展中发挥着重要作用。根据谷子生产现状和市场需求的新形势，辽宁省水土保持研究所最近培育出优良谷子新品种朝谷 16 号，试验示范表明，该品种高产稳产、抗性突出且性状稳定，深受广大种谷农户喜爱，在未来的几年内辽西地区及自然条件相似地区具有很大的开发应用潜力。

1 品种选育经过

正确制定育种目标。为适应谷子市场的需求并结合生产实际，我们制定的谷子育种目标为高产、米质优良、高抗锈病、抗倒伏、抗旱性强，新品种比生产上主栽的品种增产 10% 以上。

科学地选育品种。朝谷 16 号（代号 06297）是辽宁省水土保持研究所 2001—2006 年以米质优良、抗病性强的谷子自选系 9510 做母本，抗病抗倒伏性强的谷子自选系 9237 做父本，通过有性杂交，经 7 个世代（2005 年加代）的定向选择培育而成，于 2009 年 3 月通过辽宁省非主要农作物品种备案办公室备案登记。

2 品种的突出特点

2.1 株高适中

谷子是靠群体增产的作物，为获得最高产量，必须达到适宜的种植密度。朝谷 16 号株高 150cm，株高适中，株型合理，亩留苗 2.5 万~3.5 万株，留苗密度比其他品种可增加 5%~10%，为谷子群体增产创造了合理的群体密度。研究表明，朝谷 16 号亩留苗 3.5 万株的条件下，亩成穗 3.3 万，成穗率 94.3%。

2.2 生育期适中

辽西地区无霜期为 130~155 天，但辽西地区春季常受移动性冷高压的影响，气温回

---

* 作者简介：黄瑞，男，助理研究员，主要从事谷子育种及推广工作

升快，空气干燥，多风，蒸发强度大，降雨少，易形成春旱，使谷子不能正常播种。秋季常遇初霜早临天气，造成谷子灌浆不充分，空秕粒增多，产量损失大。朝谷16号为中熟品种，生育期110~120天。在4月下旬至5月中旬播种，8月下旬至9月上旬成熟，有较强的可塑性，即可避开春季干旱对播期的影响以及秋季早霜对结实的影响，又使谷子需水高峰期与辽西雨季相遇。另外，在春旱年份播种期可延迟到5月下旬依然能正常成熟，与其他品种相比仍然保持了很强的高产性和稳产性。

2.3 抗旱性极强

示范种植及抗逆性鉴定表明，朝谷16号抗旱性强，水分利用率较高，在辽西半干旱地区及自然条件相似地区可充分发挥品种的增产增收优势。

2.4 抗病性强

近年来辽西地区谷锈病发生严重，导致谷子产量大幅度下降。朝谷16号高抗谷子锈病，同时对谷子瘟病、白发病、黑穗病有较高的抗性。为辽西地区谷子大面积播种提供了优良品种。

2.5 抗倒伏性强

辽西地区降雨高峰期常常伴随大风天气，极易造成包括谷子在内的农作物严重倒伏，不仅使作物减产，也为秋后收获带来不便。朝谷16号主茎高140~150cm，茎秆粗壮，抗倒伏性强。成熟时茎秆直立，为获得较高的籽实产量提供了有力保障。

2.6 丰产性好

该品种幼苗、芽鞘均为绿色，株高140~150cm，纺锤型穗，刺毛紫色，刺毛短，刺毛较少，码紧，穗长20~25cm，黄白谷、黄米。单穗粒重为14.0~16.0g，出谷率80%~85%，千粒重3.0~3.1g。2007年参加品系产量比较试验，亩产440.0kg，比对照品种朝谷12号亩产400.0kg增产10%；2008年参加辽宁省杂粮备案品种区域试验，平均亩产311.2kg，比对照朝谷12号增产22.9%，居第2位；2008年在朝阳市部分县区进行小面积生产示范，结果表明，朝谷16号一般亩产430~460kg，比当地主栽品种增产15%以上，最高亩产可达620kg，适应性强，是一个粮草双丰产的优良新品种。

2.7 性状稳定

朝谷16号自花授粉率高，很少产生异交变异，退化较慢，群体株高、穗型性状稳定一致。为新品种连续多年大面积推广应用创造了条件。

3 结语

目前，朝谷16号以其良好的抗性、优良的品质及高产稳产的特性而在辽西地区及自然条件相似地区大面积推广应用，新品种逐渐发挥增产增收作用，在旱地农业发展中具有广阔应用前景。

参考文献

[1] 刘晓辉. 吉林省谷子推广品种亲缘关系分析与今后育种的商榷 [J]. 粟类作物, 1991, 12 (1)：30-32.

[2] 李东辉. 李东辉谷子论文集 [M]. 石家庄：河北科学技术出版社, 1993.

[3] 朱志华, 李为喜, 刘方, 等. 谷子种质资源品质性状的鉴定与评价 [J]. 杂粮作物, 2004, 24 (6)：329-331.

衡水地区马铃薯、谷子一年两作种植技术 *

李明哲** 张爱岭

（河北省农林科学院旱作农业研究所，衡水市农业科学研究院，衡水 053000）

马铃薯具有生长周期短、耐旱、耐贫瘠、高产稳产、区域适应性广、营养成分全、产业链长等诸多优点，是欧洲、南美等诸多国家的主粮作物。马铃薯在华北地区也有广泛种植。谷子更是本区域重要的抗旱作物，这一模式对于缓解本区域地下水资源紧张同时兼顾国家粮食安全，对于地下水漏斗区农业的可持续发展具有重要战略意义。

1 马铃薯栽培技术

1.1 选地、整地、施肥

马铃薯适宜生长在偏酸性土壤中，因此应避免在盐碱地种植，选择偏酸性壤土或沙壤土地块。另外，马铃薯对连作反应很敏感，如果一块地上连续种植马铃薯不但引起病害严重，而且引起土壤养分失调，因此应选择 3 年内没有种植过马铃薯和其他茄科作物的地块。

提倡在前一年土壤封冻前经行整地，整地前将腐熟的有机肥施入田中（每亩需要有机肥 3 000~5 000kg，氮磷钾复合肥 80kg，硫酸钾 40kg），后尽机械能力深耕，使土壤冻垡、风化，以接纳雨雪，冻死越冬害虫。

1.2 品种选择

马铃薯要在 6 月初收获，为下茬复种谷子保证有足够时间，因此必须选择早熟的品种，如荷兰 15、早大黄、费乌瑞它等。用薯量为 150~200kg/亩。

1.3 种薯处理

栽植前种薯处理是提高马铃薯产量的一项关键技术。通常在种植前 30~40 天将种薯放在 15~18℃的有散射光的室内催芽，并经常翻动，使其受光均匀。当幼芽冒出时，将种薯放在室内地上平摊堆放，2~3 层厚为宜。

待芽长到 1cm 左右时切块，切块时准备好 75%的酒精，每切一个整薯消毒一次，每个芽块保证有 1~2 个健康芽眼，单个芽块重量在 30~40g 为宜，同时要尽量利用顶芽和侧芽，去除尾芽。每 150kg 种薯用滑石粉 2.5kg+甲基托布津 100g+农用链霉素 14g 拌种，薯块拌好后即可播种，切记不可长时间堆放切好的种薯，以免引起烂种。

1.4 播种

确定马铃薯适期的重要条件是生育期的温度，原则上要使马铃薯结薯盛期处在日平均温度 15~25℃条件下。因此应在早春土壤化冻后适时早播，并且使用地膜覆盖，地膜可以

---

* 基金项目：现代农业产业技术体系（CARS-07-12.5-B3），公益性行业（农业）科研专项（201503001）

** 作者简介：李明哲，男，副研究员，河北省农林科学院旱作农业研究所谷子研究室主任，国家谷子产业体系衡水试验站站长。主要从事谷子新品种选育及栽培技术研究；E-mail：guziketi@163.com

起到保墒提温、促早齐苗、增产和提早成熟的作用。

按行距开沟，等垄距单垄种植，垄距以 85cm 为宜，株距 2cm。种薯上覆土 6~8cm，用锄推平垄面，用 90%乙草胺 1 950mL/hm²+70%嗪草酮 450g/hm² 喷洒后培土起垄覆盖地膜，每亩密度 4 500 株左右。

1.5 田间管理

1.5.1 破膜培土

马铃薯出苗期及时破膜引苗，并在破膜处用细土压严，晚霜过后揭膜（4 月 25 日至 5 月 1 日）。揭膜后立即进行第一次培土，培土厚度 5~8cm，封垄前第二次培土，培土后形成垄背高达 20~25cm 的宽肩大垄，这样才能达到结薯所需的土层，还能避免马铃薯露头青。

1.5.2 浇水

马铃薯是比较耐旱的的作物，但是要获得高产必须保证土壤中水分的充足。首先，播种时要造好底墒；其次，在块茎形成初期要注意土壤湿度，如此时期土壤干旱容易引起疮痂病的大量发生；再次，现蕾期应注意浇水。以后根据土壤情况每隔 7 天左右浇水 1 次，收获前 7~10 天停止浇水。

1.5.3 追肥

植株生长期间适当进行追肥，能够明显提升产量和品质。第一次追肥时期以 5~6 叶龄为宜，每亩追施二铵 5kg、硫酸钾 10kg。第二次追肥在块茎膨大初期进行，每亩追施复合肥 10kg，硫酸钾 10kg。

1.5.4 病虫害防治

河北地区病虫害较常发生的是晚疫病和黑胫病。其中，晚疫病对马铃薯危害较重，流行时可减产 20%~50%，叶茎和薯块均可染病。当马铃薯 95%出苗后，用甲霜灵锰锌、代森猛锌等经行预防，以后每隔 10 天交替用药预防一次，如田间发生晚疫病，可使用 72%的克露 600 倍液或金雷多米尔 800 倍液及时喷洒。当幼苗株高 15~18cm 时，易发生细菌性病害黑胫病；田间发现中心病株应及时挖除带出田外掩埋，用农用链霉素或可杀得 2 000 等细菌性杀菌剂全田喷洒并灌根 2 次。苗期发现蚜虫，可用"艾美乐" 2 000 倍液或氧化乐果加吡虫啉 1 000 倍液喷雾；地下害虫蛴螬、蝼蛄、金针虫等，播种时每亩沟撒 3%辛硫磷颗粒剂 3kg 或出苗后用 50%辛硫磷 800 倍液田间傍晚灌杀。

1.6 及时收获

当马铃薯植株中下部叶片开始发黄时标志进入成熟期，即可安排收获。一般 5 月 25 日开始，到 6 月 15 日前全部完成收获。

2 谷子栽培技术

2.1 整地

马铃薯收货后及时整地，旋地前，一般施农家肥 2 500 kg/亩，氮磷钾复合肥 50kg/亩。

2.2 播种

2.2.1 选用良种

选择适宜本地区且通过国家鉴定的抗除草剂品种，如衡谷 13 号、冀谷 31 等，品种生育期 90 天左右, 当地 10 月 1 日前后即可收获。

2.2.2 播种

播种宜在 6 月 30 日前完成, 单垄宽幅直播, 行距 4cm, 播种量 1kg/亩, 播种深度 2~3cm, 条播, 亩留苗 5 万株左右。播后苗前均匀喷洒 "谷友" 或 "谷粒多" 除草剂, 能够有效防除多种杂草, 减轻人工除草的劳动强度。

2.3 田间管理

2.3.1 保全苗

谷子籽粒较小, 所含能量物质较少, 加之干旱等原因, 容易造成谷田缺苗断垄, 因此, 要加强田间管理, 2~3 片叶时可以进行查苗补种, 5~6 片叶时进行间苗、定苗。

2.3.2 中耕除草

谷子的中耕管理大多在幼苗期、拔节期和孕穗期进行, 一般 2~3 次。第一次中耕结合间定苗进行, 中耕掌握浅锄、细碎土块、清除杂草。第二次中耕在拔节期进行, 中耕要深, 同时经行培土。第三次中耕在封行前进行, 中耕深度一般以 4~5cm 为宜, 中耕除松土、除草外, 同时进行高培土, 以促进根系发育, 防止倒伏。生长期杂草可通过喷洒配套专用除草剂进行防除。

2.3.3 防治病虫害

病害主要有白粉病、黑穗病、谷锈病、叶斑病等。白粉病、黑穗病药剂拌种进行防治; 谷锈病, 发病初期用 25% 粉锈宁可湿性粉剂 1 000 倍液或 70% 代森锰锌可湿性粉剂 400~600 倍液进行防治, 每隔 7 天防 1 次, 连防 2~3 次; 谷瘟病可用春雷霉素、稻瘟灵等进行防治。

虫害主要有粟灰螟 (钻心虫)、玉米螟、黏虫等。防治粟灰螟、玉米螟: 每亩用 2.5% 辛硫磷颗粒剂拌细土顺垄撒在谷苗根际, 形成药带, 也可使用 4.5% 高效氯氰菊酯乳油 1 500 倍液或 40% 毒死蜱乳油 1 000 倍液对谷子茎基部喷雾, 并及时拔掉枯心苗, 以防转株为害; 防治黏虫用 40% 毒死蜱乳油 1 000 倍液喷雾。

2.4 收获

谷子适宜收获期一般在蜡熟末期或完熟期最好。收获过早, 籽粒不饱满, 谷粒含水量高, 出谷率低, 产量和品质下降; 收获过迟, 纤维素分解, 茎秆干枯, 穗码干脆, 落粒严重。如遇雨则生芽, 使品质下降。谷子脱粒后应及时晾晒, 一般籽粒含水量在 13% 以下可入库贮存。

3 效益分析

马铃薯每亩成本 1 300 元左右, 产量 2 000~3 000kg, 按近年来市场价格每千克 1.40 元计算, 产值 2 800~4 200 元, 可获纯效益 1 500~2 900 元。谷子每亩成本 400 元, 产量 300~400kg, 每千克按 6.00 元计算, 产值 1 800~2 400 元, 可获纯效益 1 400~2 000 元。这样每亩一年两作可获纯效益 2 900~4 900 元。因此, 上茬马铃薯下茬复种谷子的模式可以获得比较高的经济效益, 适合衡水地区发展的种植模式。

极度干旱地区杂交谷子水分高效利用初步研究[*]

赵治海[1,2][**] 冯小磊[1,2] 史高雷[1,2] 范光宇[1,2] 宋国亮[1,2] 苏 旭[1,2]

（1. 张家口市农业科学院，张家口 075000；

2. 河北省杂交谷子工程中心，张家口 075131）

摘 要：干旱缺水已成为当今中国农业发展的主要限制因素之一，尤其在干旱半干旱地区。通过筛选抗旱高产的谷子杂交组合，配合稀植铺膜栽培技术，实现极度干旱地区谷子水分高效利用。结果表明：①只在播种前灌溉一次 1 200m³/hm² 水，且敦煌基本无降雨补充的情况下，杂交谷子产量普遍达到 5 000kg/hm²，比对照高出 1 倍以上，其中最高为 6 106.05 kg/hm²。②通过 Pearson 相关系数分析杂交谷子在覆膜下单株谷重与其他农艺性状的相关系数，与分蘖的相关系数达到 0.57593，且达到极显著水平。③铺膜稀植技术可以有效地减少土壤水分无效散失，解决了降雨与谷子需水时期不相符合的矛盾。本研究对有效地应对极端气候发生，保护水资源及保证粮食具有重要的意义。

关键词：杂交谷子；抗旱；高效；分蘖

目前，干旱是影响中国粮食稳产增产的主要限制因素之一，每年不同程度的干旱使得中国粮食生产遭受了巨大损失，农业缺水形势尤为突出[1]。在中国，旱作农业区面积占到陆地面积的 56%。它在中国粮食生产中占有极其重要的位置[2]。但是，受到以下两方面的制约，导致粮食生产效率低下。一是水资源数量相对较少，不能满足作物需水要求；二是年内水资源时空分布极不均匀，与作物需水时期不相符合[3]。如何提高旱作地区农业水分利用效率是保证中国粮食安全问题的有效途径之一。

水分利用效率是指作物消耗单位水分所产生的同化物质（干物质）的量。它反映了作物耗水与干物质生产之间的关系，通常以产量来衡量[4]。长期以来，作物水分利用效率一直是研究者比较关注的热点问题之一。已经有大量关于干旱半干旱地区作物水分利用效率的研究报道，且取得了一定的研究进展[5]。许多研究从覆盖[6]、耕作[7]、灌溉[8]及施肥方式[9]等栽培技术方面进行了较为系统的研究。发现覆膜、深松覆盖、适当灌溉次数和水肥配比等可以显著提高水分利用效率，最高可以增加 53.2%。深入开展栽培技术研究对提高水分利用效率有着非常重要的实际意义。同一作物不同品种对土壤水分的响应不同，从而影响其水分利用效率的高低。通过分析它们之间的水分利用效率差异，有助于培育出高水分利用效率的品种[11-12]。邱新强等[12]研究了不同年代冬小麦品种的水分利用效率差异。结果显示，虽然耗水量有一定的变化，但是基本上保持不变。另外，现代冬小麦的水分利用效率比旧品种分别提高了 45.6%（低水）、63.4%（中水）及 57.8%（高水）。在耗水量相对不变的情况下，增加产量是导致冬小麦品种水分利用效率提高的主要原因之一。另外，作物的产量主要来自于光合作用，通过在一定水分条件下加强光合作用，达到增加产量及提高水分利用效率的目的[10]。在河西走廊中部绿洲区，通过设置不

* 基金项目：国家科技支撑计划（编号：2011BAD06B01）

** 作者简介：赵治海，男，研究员，谷子杂种优势研究与利用；E-mail：zhaozhihai58@163.com

同土壤和灌溉量，最终发现壤土最适合甜高粱种植，其叶片光合速率达到了 $30.75 \pm 4.31 \mu molCO_2/m^2/s$，田间水平水分利用效率达到了 $3.48kg/m^3$。但是，以上研究主要在降水量大于 200mm 的地区进行，对于 200mm 以下的地区依然空白。

谷子是一种节水抗旱性强的作物，在旱作农业中占有十分重要的地位[13]。但是，由于产量低及市场需求量小等原因，谷子种植面积不断被玉米等高产作物挤压而减少。经过30 年的谷子杂种优势研究，张家口市农科院培育出了抗旱性更强及产量更高的光温敏两系杂交谷子[14]。目前，杂交谷子在中国北方旱作区得到了大面积的推广。本研究基于敦煌极度干旱气候特点，从抗旱品种选育及配套栽培技术等方面较为系统地进行了杂交谷子高效节水研究。旨在寻找一种适合降水量<200m 地区的抗旱节水技术，提高中国乃至世界旱作地区粮食生产效率，保证粮食安全。

1　材料与方法

1.1　试验地概况

试验于 2011—2013 年 4～10 月在敦煌市甘肃省农业科学院试验站基地进行。该市位于河西走廊最西端，东经 92°13′～95°30′，北纬 39°40′～41°40′。平均海拔 1 138m，多年平均降水量不足 40mm，年蒸发量 2 486mm，年平均无霜期 152 天，土壤为黄土状亚沙土。另外，敦煌党河灌区地下水埋深均超过 20m. 是进行作物抗旱资源筛选和抗旱品种培育的天然场所。

1.2　试验设计

本试验中，供试材料为新选育的 200 份谷子杂交组合，父本都具有抗旱遗传背景，母本为谷子光温敏两系不育系 A2，由张家口市农业科学院提供。对照为常规品种"陇谷 6号"。表 1 为 2011 年筛选的 18 个抗旱谷子杂交组合，用于 2012 和 2013 年试验。

表 1　2012 年和 2013 年在敦煌市试验所用的 18 份杂交谷子材料

组合编号	恢复系来源	组合编号	恢复系来源
13DH1	陇谷 14×晋 29×晋 21×冀 1 核	13DH10	陇谷 14×晋 29×晋 21×冀 1 核
13DH2	陇谷 14×晋 29×晋 21×冀 1 核	13DH11	陇谷 14×3 号父
13DH3	陇谷 14×晋 29×晋 21×冀 1 核	13DH12	陇谷 14×2039
13DH4	陇谷 14×晋 29×晋 21×冀 1 核	13DH13	陇谷 14×3 号父
13DH5	陇谷 14×晋 29×晋 21×冀 1 核	13DH14	甘-6×3 号父
13DH6	陇谷 14×晋 29×晋 21×冀 1 核	13DH15	10 宣 cp109
13DH7	陇谷 14×晋 29×晋 21×冀 1 核	13DH16	10 宣 cp173
13DH8	陇谷 14×晋 29×晋 21×冀 1 核	13DH17	甘-6×3 号父
13DH9	陇谷 14×晋 29×晋 21×冀 1 核	13DH18	甘-6×3 号父

2011 年，在前期谷子恢复系抗旱种质资源创新基础之上，对筛选出的 200 份新抗旱恢复系资源与谷子光温敏两系不育系进行测配，在敦煌试验基地对 200 个杂交组合进行抗旱鉴定初选，对照为陇谷 6 号。顺序排列，重复 3 次。行距 33cm，株距 6.6cm，行长

2.5m，4行。只在播种前灌溉一次（约 1 200m³/ha），整个生育期不浇水。人工手锄点播，其他田间管理依照常规。

2012 年，对初选的 18 个谷子杂交组合进行抗旱试验，以陇谷 6 号为对照。灌溉如上一年。随机排列，重复 3 次，行距 45cm 和 33cm 交替变换，小区面积 13.5m²。

2013 年，在优化试验设计，设置有无覆膜两种处理，对 18 个谷子杂交组合进行抗旱高产研究，以张杂谷 3 号和陇谷 6 号为对照。灌溉如上一年。随机排列，重复 3 次，小区面积为 16.2m²。

1.3 测定指标

1.3.1 土壤含水量

谷子关键需水时期是在拔节期之后，本试验分别在拔节期、抽穗期及灌浆后期进行 0~12cm 土壤含水量调查，以 2cm 土壤为一个测量单位。分别在常规谷子和杂交谷子内以 S 型进行 5 点取土样，烘箱烘干称重。有无覆膜杂交谷子（H）拔节期、抽穗期及灌浆后期分别表示为 JH，NJH，HH，NHH，FH 及 NFH；而有无覆膜常规谷子（T）拔节期、抽穗期及灌浆后期则分别表示为 JT，NJT，HT，NHT，FT 及 NFT。

1.3.2 农艺性状及产量调查

在灌浆后期，每个重复选取 5 株具有代表性且长势一致的植株进行株高、穗长、穗重、穗粒重、草重等农艺性状调查，最后进行产量换算。

通过 Excel 软件进行数据整理，利用 SAS9.2 进行数据分析。

2 结果与分析

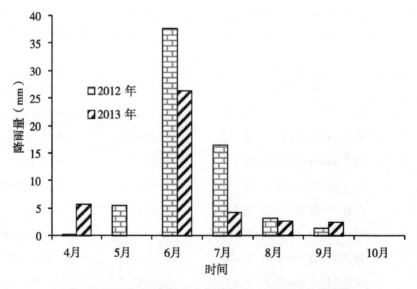

图 1 2012—2013 年谷子生长时期 4~10 月平均降水量

2.1 抽穗期后不同处理土壤含水量变化

图 1 为 2012—2013 年 4~10 月敦煌月平均降水量。从中可以发现敦煌降水量主要集中在 6 月和 7 月。除了 2012 年 6 月 6 日降水量超过 30mm 以外，其余均小于 5mm，属于农业无效降雨。在谷子整个生育期内，降雨对土壤含水量的补充能力非常有限。因此，敦

煌市非常适合作物抗旱资源鉴定及品种选育。

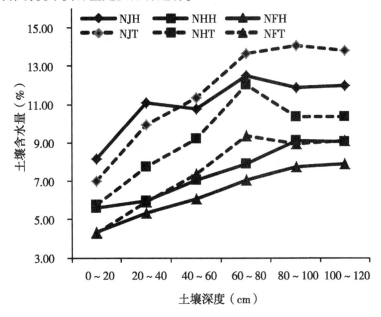

图2　无覆膜处理下谷子土壤含水量变化

作物生长和土壤含水量有着密切的关系。图2为拔节期后无覆膜处理土壤含水量变化。在0~12cm土壤深度范围内，杂交谷子需水量整体要大于常规谷子，分别多出5.15%（拔节期），23.98%（抽穗期）和16.86%（灌浆期）。无论是拔节期、抽穗期还是灌浆期，0~40cm浅土层含水量基本相同，但是40~120cm土壤含水量相差明显，平均值分别为7.20%和8.69%。可能杂交谷子长势旺盛、根深，可以有效利用深层土壤中的水分。在覆膜处理中，也发现在0~120cm土壤深度范围内，杂交谷子的需水量要大于常规谷子的结果（图3）。在灌浆后期，与无覆膜相比较发现，不论是哪层土壤，含水量都显著提高，特别是浅土层。这可能是覆膜有效地减少了水分的无效散失。

另外，对有无覆膜的杂交谷子土壤含水量进行了分析（图4）。结果表明，无覆膜土壤含水量基本上都高于覆膜。可能是无覆膜处理下，杂交谷子植株相对较小，且对水分需求量较小。另外，从图上可以看出，在80~120cm覆膜土壤含水量明显高于无覆膜，但是随着生长发育，它们之间的差异逐渐变小。

2.2　农艺性状显著新及相关性分析

在2013年，对覆膜处理下谷子杂交组合部分农艺性状进行了调查分析，结果见表2。株高、穗长、单穗谷重及单株谷重差异比较小，株高之间的差异未达到显著水平。对于单穗谷重，13DH1和对照陇谷6号最重，分别达到了45.28g和51.33g，几乎为其他材料的2倍以上，达到了极显著水平。但是，它们的分蘖数只有2.1和1，明显低于其他组合。分蘖数少有利于更大穗子的形成，然而单株谷重比较低。因此，适当地增加分蘖数是提高产量的有效途径之一。

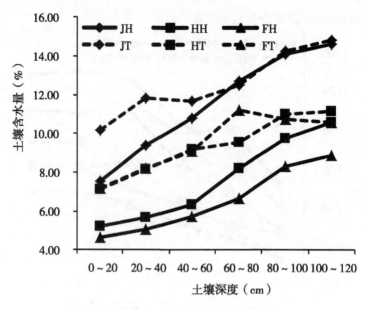

图3 覆膜处理下谷子土壤含水量变化

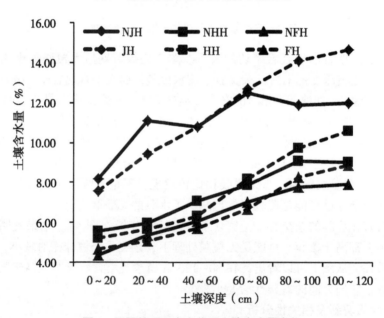

图4 不同处理下杂交谷子土壤含水量变化

表2 2013年覆膜处理农艺性状分析

材料编号	株高 （cm）	穗长 （cm）	分蘖	单株谷重 （g）	单穗谷重 （g）	草重 （g）
13DH1	138.00A	32.03AB	2.50DE	117.72AB	45.28A	114.40BCD
13DH2	133.07A	29.33ABC	7.93A	152.63A	18.74B	162.43ABC
13DH3	126.87A	25.93BC	7.80A	139.07A	17.83B	145.23ABCD
13DH4	135.23A	27.83ABC	7.47AB	132.77A	17.78B	155.43ABC

（续表）

材料编号	株高 （cm）	穗长 （cm）	分蘖	单株谷重 （g）	单穗谷重 （g）	草重 （g）
13DH5	132.13A	27.13ABC	6.80AB	145.31A	21.37B	163.83AB
13DH6	131.13A	28.07ABC	6.07ABC	123.99A	20.44B	157.32ABC
13DH7	131.40A	26.27BC	7.13AB	122.50A	17.17B	155.43ABC
13DH8	135.47A	27.13ABC	8.20A	135.06A	16.89B	157.21ABC
13DH9	139.87A	30.20ABC	5.30BC	139.90A	26.40B	139.17ABCD
13DH10	135.13A	27.93ABC	7.17AB	149.72A	20.89B	158.19ABC
13DH11	137.53A	31.33AB	5.07BC	122.01A	24.08B	96.72DE
13DH12	131.67A	26.93BC	6.07ABC	133.11A	21.94B	178.89A
13DH13	133.33A	27.67ABC	5.27BC	135.10A	25.65B	142.43ABCD
13DH14	135.60A	28.73ABC	5.87ABC	139.61A	23.80B	122.68ABCD
13DH15	133.57A	27.07ABC	5.97ABC	145.50A	24.39B	147.21ABCD
13DH16	136.33A	26.27BC	5.87ABC	116.94AB	19.93B	164.53AB
13DH17	133.67A	24.60C	6.33ABC	129.99A	20.52B	105.56CDE
13DH18	134.87A	28.00ABC	6.27ABC	132.70A	21.17B	139.48ABCD
陇谷6号	138.80A	30.67ABC	1.00E	51.33B	51.33A	56.30E
张杂3号	137.20A	33.40A	4.00CD	116.12AB	29.03B	120.50BCD

注：大写字母表示 α=0.01 水平下显著性。

　　另外，各品种地上部分草重之间的差异也达到了极显著水平。除了对照陇谷 6 号之外，组合 13DH11 的值最小只有 96.72g。通过比较分析发现，地上部分的草重与分蘖，二者存在着相对较高的一致性，分蘖数目少的材料其草重也相对较少。

　　利用 Pearson 相关系数分析不同杂交谷子在覆膜条件下单株谷重与其他农艺性状的相关系数，结果如表 3。从相关系数矩阵的第一列可以看出，杂交谷子单株谷重与分蘖之间的相关系数值最大，达到了 0.575 93，显著性检验的 P 值为 0.009 9，它们之间为中度相关且达到极显著水平。因此，在该种植条件下，谷子杂交组合分蘖越多，单株谷重越大，且最终产量越高。单株谷重与株高、穗长和单穗谷重之间为低度或几乎不存在的负线性相关关系，且显著性检验的 P 值都大于 0.05，相关系数之间都是不显著的。

表3　杂交谷子组合在铺膜条件下单株谷重与其他农艺性状的相关系数

项目	单株谷重	株高	穗长	分蘖	单穗谷重	草重
单株谷重	1.00 000					
株高	−0.263 68 0.275 4	1.000 00				

（续表）

项目	单株谷重	株高	穗长	分蘖	单穗谷重	草重
穗长	−0.286 64 0.234 1	0.637 39 ** 0.003 3	1.000 00			
分蘖	0.575 93 ** 0.009 9	−0.554 65 ** 0.001 37	−0.664 08 ** 0.001 9	1.000 00		
单穗谷重	−0.348 08 0.144 2	0.510 74 * 0.025 4	0.669 33 ** 0.001 7	−0.904 98 ** <0.000 1	1.000 00	
草重	0.375 64 0.113 0	−0.440 93 0.058 8	−0.453 93 0.050 9	0.572 56 * 0.010 4	−0.500 37 * 0.029 1	1.000 00

注：* 表示 0.05 水平显著，** 表示 0.01 水平极显著

2.3 杂交谷子产量分析

表4　2012 年谷子杂交组合在敦煌的产量

组合 编号	产量 （kg/hm²）	组合 编号	产量 （kg/hm²）	组合 编号	产量 （kg/hm²）	组合 编号	产量 （kg/hm²）
13DH1	2 430.30	13DH6	2 812.95	13DH10	2 650.35	13DH15	2 345.10
13DH2	3 357.00 *	13DH7	3 261.90 *	13DH11	2 329.65	13DH16	2 010.60
13DH3	3 038.40 *	13DH8	3 592.20 *	13DH12	2 181.00	13DH17	1 978.05
13DH4	2 320.95	13DH9	3 004.95 *	13DH13	1 980.00	13DH18	2 365.05
13DH5	2 630.40	陇谷 6 号	1 366.80	13DH14	2 539.65	—	—

注：* 表示产量大于 3 000kg/hm²

2012 年，由于受到鸟害等影响，数据只能进行简单比较分析（表4）。在干旱条件胁迫下，材料之间存在着明显的差异。对照常规品种陇谷 6 号的产量只有 1 366.80kg/hm²，而杂交谷子组合最低产量达到 1 980.00kg/hm²，且最高产量达到 3 592.20kg/hm²，杂交谷子产量明显高于常规品种。另外，杂交组合对干旱的响应也存在着明显的差别。其中，产量高于 3 000kg/hm² 的杂交组合有 13DH2、13DH3、13DH7、13DH8 及 13DH9 等 5 个组合，分别是对照的 2.46、2.22、2.39、2.63 和 2.20 倍。从恢复系来源不难发现，都来自于抗旱常规品种陇谷 14 号。杂交种具有更好的抗旱性，而且充分发挥了杂种优势。

表5　2013 年 18 个谷子杂交组合在敦煌的产量

组合编号	无膜产量 （kg/hm²）	覆膜产量 （kg/hm²）	组合编号	无膜产量 （kg/hm²）	覆膜产量 （kg/hm²）
13DH1	2 589.45FGH	4 709.25ABCDE	13DH11	2 187.00GH	4 881.00ABCD
13DH2	2 825.1EFGH	6 106.05A	13DH112	2 478.45GH	5 325.00AB
13DH3	3 193.65CDEFG	5 563.35AB	13DH13	1 837.65GH	5 404.65AB

（续表）

组合编号	无膜产量 （kg/hm²）	覆膜产量 （kg/hm²）	组合编号	无膜产量 （kg/hm²）	覆膜产量 （kg/hm²）
13DH4	2 677.65FGH	5 311.35AB	13DH14	2 838.75EFGH	5 585.10AB
13DH5	2 732.40EFGH	5 813.25A	13DH15	2 484.30GH	5 820.60A
13DH6	2 947.35DEFGH	4 960.20ABC	13DH16	1 983.30GH	4 678.05ABCDE
13DH7	3 664.65BCDEFG	4 900.65ABCD	13DH17	2 057.55GH	5 200.05AB
13DH8	3 691.50BCDEFG	5 403.15AB	13DH18	2 208.00GH	5 308.50AB
13DH9	3 130.05CDEFG	5 596.80AB	CK（陇谷 6 号）	1 085.40H	2 053.65GH
13DH10	2 644.35FGH	5 989.65A	CK （张杂谷 3 号）	2 272.20GH	4 525.95ABCDEF

注：大写字母表示 α = 0.01 水平下显著性

对有无覆膜处理进行了 t 检验，结果显示，正态检验结果为 $W = 0.947\,793$，$Pr <$ $W = 0.391\,5$，说明不同品种两处理间产量差符合正态分布。T 检验结果为 $T = 18.401\,64$，$Pr > |T| < 0.000\,1$，通过覆膜可以显著地提高杂交谷子产量。这可能因为铺膜可以减少土壤水分的无效散失，使得谷子在生长时期，特别是在灌浆期有着比较充足的水分供应，有利于谷子灌浆结实增加产量。同时，比较了同一品种产量的变异程度。所有组合从覆膜到不覆膜产量都有不同程度的下降。差异最大的为 13DH13 和 13DH17，分别下降 65.99% 和 60.43%。而组合 13DH7 和 13DH8 的产量减少幅度最小，只有 25.22% 和 31.68%，都稳定在 3 750kg/hm² 以上。可以看出它们的适应性比较强，适合多种生态环境种植。另外，在覆膜条件下，13DH2 平均产量可以 6 106.05kg/hm²，在所有组合中产量最高。

3 结论与讨论

目前，干旱缺水已经成为当今农业发展的主要限制因素之一，尤其在干旱半干旱地区。在中国北部和西北地区，约有 70% 的耕地属于旱作农业。其农业用水主要来自降雨和地下水灌溉。由于降水量少且时空分布不均，且地下水持续下降[16]，严重影响了该地区农业发展。因此，如何提高旱作区农业水资源利用效率已成为当前研究热点之一[17-18]。

本研究选择年均降水量<40mm，且基本无有效降雨的敦煌市作为试验场所。这样可以通过灌溉量来有效控制土壤水分，极大地避免了传统抗旱遮雨带来的环境改变而使结果与田间试验有差距。通过筛选出一批适合旱作地区种植的谷子杂交组合。配合稀植铺膜栽培技术，实现了谷子播前在灌溉一次（1 200m³/hm²）的情况下，可以实现谷子最高产达到 6 000kg/hm² 以上。长期以来，中国主要作物水分利用效率普遍低下，如水稻[19]、小麦[20]、玉米[21] 等。本研究极大地提高了水分利用效率，为解决降水和植物生长需求不同步以及自然干旱灾害防御的难题提供了新的途径。本研究能够产生较高水分利用效率，主要原因有以下两点：①铺膜稀植。通过铺膜，将灌溉水有效地储存，最大限度地减少了谷子试验地表水分无效蒸发；同时，减少种植密度，相对增加了谷子植株的土壤供水量，使

得整个生育期内土壤水分基本满足谷子生长需求,保证谷子在水分敏感时期有水可用。②抗旱谷子杂交组合的特性。谷子本身是一种适应旱作的农作物,而杂交谷子普遍有着更强的抗旱耐贫瘠能力。本研究中的高产杂交组合 13DH2 株高适中,基部节间短,有着较强的抗倒伏能力。另外,灌浆后期土壤极度干旱,叶片边缘发干,而中间仍然绿色,没有发生萎蔫现象能够正常光合作用,这都可能成为以后谷子乃至其他作物抗旱鉴定筛选的重要指标。由此也可以判断,植物的抗旱性是由若干性状综合表现出来的,基于此杂交谷子对干旱胁迫的有着更强的应急反应,使得更好的生存繁衍。

本研究只有在播种前灌溉 1 200m³/hm² 水,如果在干旱半干旱灌溉区推广可以使得耕地面积增加数倍。这样可以有效地应对极端气候发生,保护水资源,扩增中国粮食种植面积,并且保证粮食高产和稳产,具有重要的意义。

参考文献

[1] 王志成,赵鹏飞,崔英,等.旱作节水技术在农业中的应用 [J].现代农业科技,2013,20:250-251.

[2] 信乃诠,王立祥.中国北方旱区农业 [M].南京:江苏科学技术出版社,1998.

[3] 任小龙,贾志宽,丁瑞霞,等.中国旱区作物根域微集水种植技术研究进展及展望 [J].干旱地区农业研究,2010,28 (3):83-93.

[4] 孙昌禹,董文琦,刘孟雨,等.作物不同品种间水分利用效率差异机理的研究进展 [J].中国农学通报,2009,25 (12):117-121.

[5] 曹生奎,冯起,司建华,等.植物叶片水分利用效率研究综述 [J].生态学报,2009,29 (7):3882-3892.

[6] 纪晓玲,岳鹏鹏,张静,等.不同覆盖方式对绿豆水分利用效率的影响 [J].水土保持通报,2011,31 (3):168-179.

[7] 吴金芝,黄明,李友军,等.不同耕作方式对冬小麦光合作用产量和水分利用效率的影响 [J].干旱地区农业研究,2008,26 (5):17-21.

[8] 王艳,张佳宝,张丛志,等.不同灌溉处理对玉米生长及水分利用效率的影响 [J].灌溉排水学报,2008,27 (5):41-44.

[9] 张冬梅,池宝亮,张伟,等.不同降水年型施肥量对旱地玉米生长及水分利用效率的影响 [J].西北农业学报,2012,21 (7):84-90.

[10] 胡廷积,杨永光,马元喜,等.小麦生态与生产技术 [M].郑州:河南科技出版社,1986:19-23.

[11] 董宝娣,张正斌,刘孟雨,等.小麦不同品种的水分利用特性及灌溉制度的响应 [J].农业工程学报,2007,23 (9):27-33.

[12] 邱新强,黄玲,高阳,等.不同年代冬小麦品种水分利用效率差异分析 [J].灌溉排水学报,2012,31 (2):25-29.

[13] 牛西午,刘作易.中国杂粮研究 [M].北京:中国农业科学技术出版社,2007:16-20.

[14] 邱风仓,冯小磊.中国谷子杂优利用回顾、现状与发展方向 [J].中国种业,2013,3:11-12.

[15] 高振荣,刘晓云,杨庆华,等.河西走廊荒漠—绿洲区气候环境演变特征 [J].干旱地区农业研究,2010,27 (1):31-38.

[16] Zhang X Y, Chen S Y and Liu M Y. Evapotranspiration, yield and crop coefficient of irrigated maize under straw mulch conditions [J]. Progress in Geography, 2002, 21:583-592.

[17] Oweis T, Zhang H, Pala M. Water use efficiency of rainfed and irrigated bread wheat in a Mediterranean environment [J]. Agronomy Journal, 2000, 92:231-238.

[18] Turner N C. Sustainable production of crops and pastures under drought in a Mediterranean environment [J]. Annals of Applied Biology, 2004, 144:139-174.

［19］ 樊红株，曾祥忠，张冀，等．覆盖旱作水稻的生长及水分利用效率研究［J］．西南农业学报，2010，23（2）：349-353．

［20］ 李福，刘广才，李诚德，等．旱地小麦全膜覆土穴播技术的土壤水分效应［J］．干旱地区农业研究，2013，31（4）：73-78．

［21］ 李尚中，樊延录，王勇，等．旱地玉米抗旱覆膜方式研究［J］．核农学报，2009，23（1）：165-169．

抗除草剂谷子新品种朝谷 58 的选育 *

张海金** 陈国秋 张文飞 王凯玺 黄 瑞

（辽宁省水土保持研究所，朝阳 122000）

摘 要：朝谷 58 是 2007 年以高产品种朝谷 9 号为母本，抗除草剂品种懒谷 1 号为父本杂交，经 6 个世代定向选育而成的谷子新品种。该品种生育期 119 天，株高 155.7cm，叶片数 14.6 片，幼苗绿色，芽鞘绿色，穗纺锤型、短刺毛、绿色，码中紧，主穗长 20.2cm，单穗穗粒重 11.91g，千粒重 2.70g，出谷率 80%～83%，黄谷黄米。连续几年在沈阳、辽北、辽西等地种植，表现突出，具有高产、优质，抗病的特点。2012 年通过辽宁省非主要农作物品种备案。

关键词：谷子；朝谷 58；抗除草剂；选育

田间杂草往往造成作物减产，降低作物品质，由于杂草的危害，每年给农作物造成的经济损失占农作物总产量的 10%～20%[1]。为了减少农作物因杂草危害导致的经济损失，除草剂除草已成为当今农田有效地控制杂草、提高农作物产量与质量、发展农业生产的一项基本措施[2]。

谷子抗旱耐瘠、适应性强，在中国旱地农业发展中发挥着重要作用。但是，当前的谷子生产技术仍然十分落后，间苗、除草、收获仍然依赖于人工操作，人工间苗、除草不仅是繁重的体力劳动，而且苗期一旦遇到连续阴雨天气，极易造成苗荒和草荒导致严重减产，常年因此减产 20% 左右，甚至绝收，是谷子种植面积不断萎缩的主要原因之一，成为制约谷子规模化生产的瓶颈问题。为解决此问题，辽宁省水土保持研究所以河北省农林科学院育出的抗除草剂品种懒谷 1 号为父本，以适合当地条件的高产品种为母本，选育适合辽西地区生产的抗除草剂谷子新品种，为谷子简化间苗和集约化生产提供技术支撑。

在国家谷子糜子在产业技术体系的项目支持下，我所选育出谷子新品种朝谷 58（代号 323）经试验研究表明，该品种抗除草剂、适合谷子简化栽培、高产稳产、抗旱抗病、米质优良，综合农艺性状良好，是辽西地区及自然条件相似地区良好的更新换代品种。

1 亲本来源和选育过程

朝谷 58 是辽宁省水土保持研究所 2007 年以高产品种朝谷 9 号为母本，抗除草剂品种懒谷 1 号为父本通过接触杂交和多代选育（海南加代）决选出抗除草剂、高产的稳定品系。2010 年进行产量和品种比较鉴定，同时设定抗病鉴定圃。2012 年通过辽宁省非主要农作物品种备案。朝谷 58 在选育过程中特别注重谷子抗除草剂的选择，为此我们在亲本的选择中，利用抗除草剂中矮秆夏谷材料为亲本。同时进行栽培试验和示范种植。

---

* 基金项目：国家谷子糜子产业技术体系建设专项经费资助

** 作者简介：张海金，女，大学，副研究员，研究方向：谷子遗传育种与植保；E-mail：ymming 123@ 126. com

选育过程，2007 年用接触杂交法配杂交组合，2008 年从 F_1 代中选择真杂交种，2009—2010 年从分离群体中单株选择，在其杂交的低世代选择抗性分离的单株，高世代中分别选择农艺性状相近的抗拿捕净和不抗拿捕净的同型姊妹系，播种时按一定比例将两者混合，这样能够保证发挥集体顶土保全苗，又可以在苗期喷施拿捕净除草剂达到田间除草、间苗定苗的效果。

2010 年根据育种目标选择单株，代号 323（抗除草剂）和不抗除草剂姊妹系 318，同年对 323 品系进行穗行种植，该穗行表现穗部经济性状良好，活秧成熟，抗旱性强，茎秆坚韧，抗倒伏，抗病性强。同年参加产量比较试验，2011 年参加辽宁省杂粮备案品种区域试验及示范种植。

2 主要特征特性

2.1 物候期特征
出苗至成熟 119 天左右，属中熟品种。

2.2 植株性状
幼苗和叶鞘绿色，根系发达，株高 155.7cm，叶片数 14.6 个，茎秆韧性好，抗倒伏。

2.3 穗部性状
穗纺锤型，短刺毛、绿色，颖壳绿色，码中紧，穗长 20.2cm，单穗粒重 11.91g，出谷率 80%~83%，黄谷黄米。

2.4 籽粒性状
籽粒圆形，黄谷黄米，千粒重 2.70g。

2.5 植株形态
中秆，株型披散。

2.6 品质性状
经农业部谷物品质质监督检验测试中心（北京）测定，朝谷 58 小米蛋白质含量 12.03%，脂肪含量 2.36%，淀粉含量 80.61%，直链淀粉/淀粉 20.93%，胶稠度 85mm，糊化温度 3.4 级，赖氨酸含量 0.19%，硒含量 0.015 4mg/kg。经品尝鉴定结果是饭黄色、柔软味香，适口性好，干、稀饭均佳。

2.7 抗性表现
在 2010—2011 年的抗病性调查中，朝谷 58 抗旱、抗倒伏，高抗谷子黑穗病、白发病、纹枯病。

3 产量表现

该品种于 2010 年参加产比试验，朝谷 58 折合产量 6 303kg/hm² ，比对照朝谷 13 号（国鉴品种）产量 5 553kg/hm² 增产 13.5%。

2011 年参加辽宁省杂粮备案品种区域试验，平均亩产 4 465.05kg/hm² ，居第 4 位，比对照朝谷 13 增产 5.5%，在 6 个试点中有 5 点增产。

4 适应性

适宜在沈阳、阜新、朝阳、建平、铁岭、锦州等地进行种植。

5 栽培技术要点

（1）精细整地，配方施肥。播前做好耕、翻、耙、压保墒工作。亩施农肥 1 500~2 000kg，亩施磷酸二铵 10~15kg，或施复合肥 15~20kg，拔节期结合趟地亩追尿素 20~25kg。

（2）适时播种。播前对种子进行水选，清除秕粒，根据土壤墒情 4 月下旬至 5 月中旬播种均可正常成熟，最适宜播期为 5 月上中旬。

（3）播种量。抗除草剂与不抗除草剂的姊妹系比例为 7:13，亩播量为 1kg。

（4）合理密植。谷子是靠群体增产的作物，为获得高产，必须达到适宜的种植密度，该品种亩留苗坡地 2.5 万~3.0 万株，平地 3.0 万~3.5 万株。

（5）早管理细管理。谷子幼苗 2~4 片叶时压青苗蹲苗，利于后期抗倒伏；谷子生育期间要求铲 2 次耘 1 次，趟 1 次，达到土净土松，无杂草危害，培肥根系。有灌溉条件的，遇干旱时要及时灌水。

（6）配套药剂使用方法。在谷子 4~5 叶期，根据苗情喷施间苗剂 80~100mL/亩，对水 30~40kg 喷雾，苗少的部分不要喷施间苗剂。注意在晴朗无风、12h 无雨的条件下喷雾。垄内和垄背都要均匀喷雾，并确保不使药剂飘散到其他谷田或作物上。

（7）病虫害防治。拌种：用 70% 吡虫啉湿拌剂按种子重量 0.3% 拌种可防治粟叶甲、跳甲及地下害虫。发生黏虫、钻心虫为害时优先使用农业防治方法，如灯光诱杀、及时拔除枯心苗，减少转株为害和控制二代螟害。药剂防治用 90% 的敌百虫晶体 1 000~1 500 倍液喷雾防治黏虫。

（8）谷子蜡熟期及时收获。

6 开发应用情况与前景

2010—2011 年，累计在全省推广 600 亩左右，一般亩产为 340.0kg 左右，比当地种植品种增产 16% 左右。高者可达 430kg 以上，表现出良好的丰产性和抗病性，受到广大农民的欢迎。该品种具有产量高、品质优、商品性较好、抗性强的特点，在辽西地区及自然条件相似地区有很高的推广应用价值。

7 讨论

由于谷子光反应比较敏感，育成品种适应性差是比较突出的问题，育种工作者采用多点鉴定筛选、动态育种等提高谷子的适应性[3]。朝谷 58 的选育采用在海南和辽宁穿梭育种方法，不仅解决了谷子光照反应敏感、适应性差的问题，并且加速了育种进程，缩短了育种年限，提高了工作效率。在不同地点进行多年鉴定，为其广泛的适应性奠定了基础。

参考文献

[1] 孟颖颖，李克斌，吴忠义，等. 抗除草剂转基因水稻及其生物安全性的探讨 [J]. 农业生物技术科学，2006，22（10）：70-74.

[2] Gresse, J., Advances in achieving the needs or biotechnologically-derived herbicide resistant crops [J]. Plant Breeding Review, 1993, 11：155-198.

[3] 蒋自可，刘金荣，王素英，等. 谷子动态育种方法的应用 [J]. 河南农业科学，2007（9）：26-27.

宁南干旱区谷子肥料试验研究*

罗世武** 王 勇 杨军学 岳国强 程炳文***

（宁夏固原市农科所，固原 756000）

摘 要：试验采用"3414"最优回归设计，确定谷子最佳氮磷钾施肥配比，为谷子生产实现配方施肥提供科学依据。结果表明：在宁夏南部干旱区谷子最佳施肥方案为尿素 309.9kg/hm²、重过磷酸钙 249.6kg/hm²、硫酸钾 86.85kg/hm²。

关键词：谷子；氮磷钾；产量

氮、磷、钾是农作物生长发育必需的三大营养元素，对作物的生长影响很大，特别是氮素，需求量较大，而土壤中的氮素很难满足作物的正常需求，施肥成为补充土壤营养、满足作物生长的重要途径[1]。氮磷钾的平衡施用不但可以提高产量，还可以促进养分利用率的提高[2]；为进一步提高宁南山区谷子产量，研究同类地区谷子施肥的增产效应、优化施肥水平、提高养分利用效率，深入探讨配方施肥技术在谷子上的应用效果，掌握当地土壤供肥和谷子养分吸收等基本参数，根据项目区土壤化验分析结果及生产实际情况，通过优化施肥方法，确定谷子最佳氮、磷、钾施肥配比，构建施肥模型，为谷子高效、优质生产提供科学依据。

1 材料与方法

1.1 试验地基本情况

试验地设在宁夏固原市农科所头营科研基地，东经 106°44′，北纬 36°44′，海拔 1 586m。春季干旱少雨多风，冬季寒冷，年均气温 7.4℃，≥10℃ 以上积温 2 500~2 800℃，无霜期 130~150 天，年均降水量 428.7mm，该试验地地势平坦，肥力均匀、整齐、具有代表性。试验区质地是中壤土，前茬胡麻，2010 年冬灌。土壤 pH 值 9.08，有机质含量 12.52g/kg，全量氮 0.07 g/kg，全量磷 0.80 g/kg，全量钾 20.50 g/kg，碱解氮 49.16mg/kg，有效磷 12.97mg/kg，速效钾为 225.14mg/kg。

1.2 供试材料

试验肥料为尿素（含 N 46%）、重过磷酸钙（含 P_2O_5 43%）、硫酸钾（含 K_2O 50%），供试谷子品种为晋谷 43 号。

1.3 试验设计与方法

试验采用农业部推荐的"3414"完全试验设计，设氮（x_1）、磷（x_2）、钾（x_3）3 个

* 基金项目：国家谷子糜子产业技术体系（CARS-07），宁夏科技攻关项目"宁南山区小杂粮种质资源研究及新品种选育

** 作者简介：罗世武，男，高级林业工程师，主要从事谷子糜子育种栽培研究；E-mail: gy2032678@126.com

*** 通讯作者：程炳文，男，研究员，主要从事谷子糜子育种栽培研究；E-mail：nxgycbw@163.com

因素，4 水平，14 个处理，3 次重复。其中，0 水平指不施肥，2 水平指最佳施肥量，1 水平＝2 水平×0.5，3 水平＝2 水平×1.5。根据土壤养分含量情况和本区前两年试验结果，确定 2 水平下的 N、P_2O_5、K_2O 分别为 150kg/hm²、120/hm²、30kg/hm²。随机区组排列，小区面积 3m×5m＝15m²，区距 50cm，试验区内设置走道，试验区外设置保护行。试验于 4 月 27 日人工播种，种植密度为 34.5 万株/hm²苗，其他管理同大田。

氮、磷、钾肥具体施用量见表 1。其中，磷、钾肥播种前结合整地一次性基施，氮肥 40%基施，60%于拔节期、抽穗期、灌浆期分期追施。

表 1   谷子 3414 肥料试验氮磷钾施用量

处 理	施肥量（kg/hm²）		
	N（x_1）	P_2O_5（x_2）	K_2O（x_3）
$N_0P_0K_0$	0	0	0
$N_0P_2K_2$	0	120	30
$N_1P_2K_2$	75	120	30
$N_2P_0K_2$	150	0	30
$N_2P_1K_2$	150	60	30
$N_2P_2K_2$	150	120	30
$N_2P_3K_2$	150	180	30
$N_2P_2K_0$	150	120	0
$N_2P_2K_1$	150	120	15
$N_2P_2K_3$	150	120	45
$N_3P_2K_2$	225	120	30
$N_1P_1K_2$	75	60	30
$N_1P_2K_1$	75	120	15
$N_2P_1K_1$	150	60	15

1.4　测定项目与方法

1.4.1　干物质生长量

在谷子各生育期分别收获地上部分（茎、叶）、地下部分（根系），立即用水冲洗干净，放在烘箱内，105℃杀青 15min，然后在 80℃条件下烘干至恒重，称量全部生物量。

1.4.2　农艺性状

谷子收获前全株取样，各处理在第一重复取 4 株，第二、第三重复各取 3 株，混合后室内进行考种。考种方法参照《谷子种质资源描述规范和数据标准》[3]执行。

1.4.3　产量性状

各小区全区实收，脱粒后晒干，达到种子入库水分要求（含水率 13.5%）后计产。

1.4.4　数据分析

使用农业部推荐的 3414 试验分析软件进行方差分析和回归分析，拟合肥料效应方程后计算最佳施肥量、最佳产量、最大施肥量和最大产量。

2 结果与分析

2.1 农艺性状分析（表2和图1）

表2 谷子肥料试验农艺性状

编号	处理	株高（cm）	穗长（cm）	次生根条数（条）	主茎粗（cm）	穗码数（个）	主穗粒重（g）	主穗重（g）	千粒重（g）
1	$N_0P_0K_0$	142.6	21.3	45	9.0	93	17.49	21.48	3.9
2	$N_0P_2K_2$	131.1	22.2	50	9.8	97	15.77	25.11	3.5
3	$N_1P_2K_2$	133.6	24.5	50	10.0	93	19.25	24.24	3.9
4	$N_2P_0K_2$	133.3	23.9	58	10.0	107	20.79	24.77	3.9
5	$N_2P_1K_2$	135.2	22.7	46	10.0	95	18.82	23.25	3.5
6	$N_2P_2K_2$	138.4	21.5	71	10.0	89	18.72	22.70	3.4
7	$N_2P_3K_2$	134.9	23.0	76	10.0	103	19.06	27.76	3.7
8	$N_2P_2K_0$	135.1	24.8	89	10.0	192	20.08	24.69	3.6
9	$N_2P_2K_1$	134.9	22.7	44	9.5	100	18.42	22.91	3.3
10	$N_2P_2K_3$	133.8	23.1	48	9.5	94	17.79	21.24	3.9
11	$N_3P_2K_2$	132.0	22.0	47	12.0	90	15.89	21.05	3.7
12	$N_1P_1K_2$	139.9	23.7	53	9.5	93	16.29	21.49	3.6
13	$N_1P_2K_1$	137.9	24.5	52	10.0	97	19.27	25.00	4.1
14	$N_2P_1K_1$	137.2	23.7	41	11.0	96	18.92	24.14	3.8

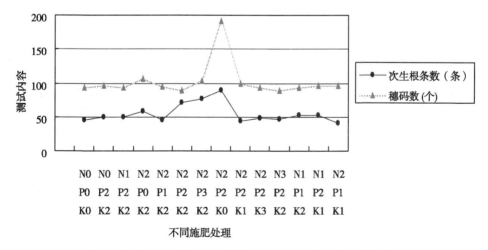

图1 谷子3414肥料试验不同处理次生根条数与穗码数的关系

水分和肥料对谷子生物学产量、籽粒产量和根系发育的耦合影响不同，但有一个共同点，就是肥料的作用大于水分的作用[4]；谷子肥料试验各处理考种结果如表2，$N_2P_2K_2$各项营养指标均表现较好，分别为株高138.4cm、穗长21.5cm、次生根条数71条、主茎粗10.0cm。氮元素过量处理$N_3P_2K_2$营养生长好，株高为132.0cm，穗长22.0cm，主茎粗12.0mm，穗码数90，主穗粒重15.89g，主穗重21.05g、千粒重3.7g，说明营养生长过旺，经济产量转化率低。其他处理规律不明显。

对次生根条数和穗码数进行比较发现，不同处理穗码数与次生根条数增减规律基本一致，次生根多，则穗码数会增加。

2.2 干物质积累量比较

表3 谷子肥料试验干物质积累量 单位：g

编号	处理	苗期	拔节期	拔节—抽穗期	抽穗期	灌浆期	成熟期
1	$N_0P_0K_0$	4.9	10.4	50.0	75.0	102.5	180.0
2	$N_0P_2K_2$	3.0	17.4	60.0	110.0	128.4	190.0
3	$N_1P_2K_2$	4.8	21.9	100.0	155.0	107.9	190.0
4	$N_2P_0K_2$	3.9	23.9	80.0	165.0	111.1	265.0
5	$N_2P_1K_2$	3.3	24.1	120.0	135.0	124.9	175.0
6	$N_2P_2K_2$	2.5	16.8	100.0	120.1	142.3	205.0
7	$N_2P_3K_2$	3.1	30.7	150.0	115.0	140.2	205.0
8	$N_2P_2K_0$	2.9	19.5	150.0	120.0	155.6	230.0
9	$N_2P_2K_1$	1.9	24.7	95.0	120.0	119.5	165.0
10	$N_2P_2K_3$	3.0	14.6	80.0	125.0	132.3	155.0
11	$N_3P_2K_2$	2.9	18.6	70.0	135.0	155.5	296.0
12	$N_1P_1K_2$	2.5	24.2	55.0	135.0	162.4	180.0
13	$N_1P_2K_1$	2.7	16.6	115.0	135.0	125.3	290.0
14	$N_2P_1K_1$	1.9	16.8	80.0	125.0	105.3	160.0

谷子肥料试验各处理生育期干物质积累量如表3，缺氮元素的处理1、2各个生育时期较其他处理干物质积累明显缓慢，由于营养生长差，影响了经济产量（表4）；N元素过量施肥处理$N_3P_2K_2$，在拔节期—成熟期干物质积累量明显增加，成熟期干物质积累最大为296g。苗期—拔节期，干物质积累量较多的处理是8、7、5、13、3、6；拔节期—成熟期，干物质积累量较多的处理是11、13、4、8、6、7，存在差异反映了不同配方处理的肥料利用率，其中8为缺K处理，显然，K元素对谷子干物质积累量的影响较小。

2.3 产量结果分析

从表4可以看出，不同施肥处理都有利于谷子产量的提高。处理4（$N_2P_0K_2$）的产量最高为6 933kg/hm²，N、K为2水平的施肥处理6（$N_2P_2K_2$）产量6 243kg/hm²。经方差分析，处理6与最高产量差异未达5.0%显著水平。其次为两元素达到较佳水平的处理8、

13、3、7、14、5、6、9 产量较高，缺 N 元素的施肥处理的产量最低。P、K 为 2 水平时，N 元素效应处理 2、3、6、11 处理间差异达 5% 显著水平，N、K 为 2 水平的 P 效应处理 4、5、6、7 处理间差异不显著，N、P 为 2 水平的 K 效应处理 8、9、6、10，处理间差异也不显著。结合当地土壤养分情况，说明缺氮对产量的影响最大，磷肥次之，钾肥最小。

表 4　谷子肥料试验产量

编号	处理	平均产量（kg/hm²）	比对照增产（%）	产量位次
1	$N_0P_0K_0$	5 259.00		14
2	$N_0P_2K_2$	5 278.50	0.37	13
3	$N_1P_2K_2$	6 420.00	18.08	4
4	$N_2P_0K_2$	6 933.00	24.15	1
5	$N_2P_1K_2$	6 276.00	16.20	7
6	$N_2P_2K_2$	6 243.00	15.76	8
7	$N_2P_3K_2$	6 357.00	17.27	5
8	$N_2P_2K_0$	6 696.00	21.46	2
9	$N_2P_2K_1$	6 142.50	14.38	9
10	$N_2P_2K_3$	5 932.50	11.35	10
11	$N_3P_2K_2$	5 299.50	0.76	12
12	$N_1P_1K_2$	5 433.00	3.2	11
13	$N_1P_2K_1$	6 426.00	18.16	3
14	$N_2P_1K_1$	6 309.00	16.64	6

2.4　肥料效应方程

使用农业部推荐的 3414 试验分析软件对产量数据进行分析，得到三元二次肥料效应的拟合方程为：$Y = 5\,226.77 + 25.818\,4X_1 - 0.068\,7X_1^2 + 6.258\,2X_2 + 0.071\,6X_2^2 - 71.158\,3X_3 + 0.380\,4X_3^2 - 0.151\,7X_1X_2 + 0.252X_1X_3 + 0.033\,2X_2X_3$。其中，$Y$ 代表理论产量，X_1、X_2、X_3 分别代表 N、P_2O_5、K_2O 用量。对方程进行方差分析和 F 检验（表 5），得到 $F = 6.798\,3$，大于 $F_{0.05} = 6.00$，回归系数 $R = 0.968\,83$，大于 $R_{0.05} = 0.918\,559$，说明该试验中，谷子产量与氮、磷、钾的施用量之间有显著的回归关系，该方程符合典型三元二次肥料效应方程形式。设定尿素 2.20 元/kg（近 3 年价格平均值，以下同），重过磷酸钙 3.92 元/kg，硫酸钾 5.20 元/kg，谷子籽粒 3.00 元/kg，应用该三元二次方程，计算出谷子最大产量施肥方案为：施尿素 321.15kg/hm²、重过磷酸钙 240.75kg/hm²、硫酸钾 80.25kg/hm²，谷子产量可达到 6 027.75kg/hm²，肥料投入为 2 067.90元/hm²，产值为 16 015.35元/hm²。最佳施肥方案为施尿素 309.9kg/hm²、重过磷酸钙 249.6kg/hm²、硫酸钾 86.85kg/hm²，谷子产量可达到 6 030.0kg/hm²，肥料投入为 2 111.70元/hm²，产值为 15 978.30元/hm²。

表5 谷子肥料试验方差分析

	df	SS	MS	F	$F_{0.05}$
回归分析	9	3 665 830	407 314.5	6.798 31	6.00
残差	4	239 656.3	59 914.07		
总计	13	3 905 486			

3 结果与讨论

谷子实行氮、磷、钾合理配方施肥，有利于谷子的生长和产量的提高。单位面积产量与氮、磷、钾施用量之间具有显著的回归关系。其参考回归方程：$y = 5\ 226.77 + 25.818\ 4 X_1 - 0.068\ 7X_1^2 + 6.258\ 2X_2 + 0.071\ 6X_2^2 - 71.158\ 3X_3 + 0.380\ 4X_3^2 - 0.151\ 7X_1X_2 + 0.252X_1X_3 + 0.033\ 2X_2X_3$。

谷子最大产量施肥方案为施尿素 321.15kg/hm²、重过磷酸 240.75kg/hm²、硫酸钾 80.25kg/hm²，谷子产量可达到 6 027.75kg/hm²，亩产值为 16 015.35元/hm²。最佳施肥方案为亩施尿素 309.9kg/hm²、重过磷酸钙 249.6kg/hm²、硫酸钾 86.85kg/hm²，谷子产量可达到 6 030kg/hm²，亩产值为 15 978.3元/hm²。

合理配方施肥不仅能通过调整氮、磷、钾配合比例，提高肥料利用率，也能达到节肥增效，节支增收的技术效果[5]。结合谷子肥料试验经济性状，生育期生长状况分析，在宁南干旱区谷子生产中，可以参考以上试验结果进行配方施肥，合理调节氮肥、磷肥和钾肥的用量，提高肥料利用率，促进谷子生产，达到增产增收的目的。

参考文献

［1］ 钦绳武，顾益初，朱兆良，等.潮土肥力演变与施肥作用的长期定位试验初报［J］.土壤学报，1998，35：367-375.

［2］ 马文奇，张福锁，张卫锋，等.关乎中国资源环境安全和可持续发展的化肥产业［J］.资源科学，2005，27（3）：33-40.

［3］ 陆平.谷子种质资源描述规范和数据标准［M］.北京：中国农业出版社，2006.

［4］ 梁运江，依艳丽，许广波，等.水肥耦合效应的研究进展与展望［J］.湖北农业科学，2006，5：387.

［5］ 何继红，李沣，董孔军，等.旱地地膜谷子的施肥效应研究［J］.土壤肥料，2010，15：57.

春谷除草剂筛选及防效研究[*]

王丽霞[**]　郭二虎[***]　范惠萍　李瑜辉　张艾英　王秀清　程丽萍

（山西省农业科学院谷子研究所，长治　046011）

摘　要：选用 12 种除草剂对春谷田间杂草防效进行了研究。田间试验结果表明，播后苗前进行土壤处理，12 种除草剂中有 4 种使谷苗致死，其余 8 种对谷子幼苗均有一定的抑制作用，但拔节前可恢复正常。施药后 15，30，45 天调查，莠去津和 2，4-D 丁酯 2 种除草剂的防效较好，对双子叶杂草的株防效、鲜重抑制率，综合株防效、综合鲜重抑制率均超过 80%，莠去津优于 2，4-D 丁酯。

关键词：除草剂；筛选；春谷；防效

谷子［*Setaria italica*（L.）Beauv.］属单子叶植物纲禾本目禾本科狗尾草属[1]，为中国最古老的栽培作物之一。中国种植谷子距今已有 7000 多年历史，目前约占世界种植面积的 80%[2-3]。中国谷子种植面积逐年减少，已由建国初期的 1 000 万 hm² 降到 2010 年的 87 万 hm²，山西省常年稳定在 27 万 hm²[4-7]。影响谷子产量和规模化种植的因素很多，其中草害是其中重要因素之一。特别是苗期影响很大，杂草与谷子争光争肥，导致养分流失，植株生长矮小，严重制约着谷子生产。据调查，阔叶杂草是谷田重要的群落组成，尤其是春播区，阔叶杂草株数是单子叶杂草株数的 2~3 倍。谷子是密植作物，人工除草不仅费工费时，而且很难彻底防除。因此探究谷子田化学除草配套技术有其充分性和必要性[8-10]。目前，中国已经研究出高活性、低用量、选择性强、杀草谱广的水稻、小麦、玉米、棉花、大豆等主要作物的专用除草剂[11]。近年来，关于谷子化学除草方面的研究也有一些报道[12-17]，但国内外尚无谷子等杂粮的专用除草剂[18]，技术也远未配套。谷子对目前生产上常用的除草剂比较敏感[19-20]，由于春夏谷生态类型的差别，谷田除草剂在防效上有较大的差别。

本试验从筛选适宜春谷田间除草剂着手，通过对杂草的种类、数量及防效的研究和探讨，为春谷区谷田除草剂的应用提供参考。

1　材料和方法

1.1　试验地基本情况

试验于 2013 年在山西省农业科学院谷子研究所试验基地进行，5 月 31 日播种，供试品种长农 35 号，行距 33cm，留苗密度 45 万株/hm²。

1.2　防除对象

试验地主要杂草双子叶杂草有苋科的藜（*Chenopodium album*）、苋科的反枝苋（*Ama-*

---

　* 基金项目：国家现代农业产业技术体系谷子糜子产业体系建设专项（CARS-07-12.5-A10）

　** 作者简介：王丽霞，女，助理研究员，硕士，2008 年毕业于华南农业大学，现主要从事作物育种与植物保护研究

　*** 通讯作者：郭二虎

ranthus retroflexus）、马齿苋科的马齿苋（*Portulaca oleracea*）、大戟科的铁苋菜（*Acalypha australis* L.）、锦葵科的苘麻（*Abutilon theophrasti*）、旋花科的打碗花（*Calystegia hederacea* Wall.）和牵牛花［*Pharbitis nil*（*Linn.*）*Choisy*］等；单子叶杂草有禾本科的狗尾草（*Setaria viridis*）、马唐（*Digitaria ciliaris*）、牛筋草（*Eleusine indica*）等。

1.3　试验处理及剂量

试验选择 12 种常见除草剂，设清水对照和人工除草 2 个对照，共 14 个处理，分别为乙草胺、氟乐灵、二甲戊灵、烟嘧磺隆、硝磺草酮、氯氟吡乙酸异辛酯、精喹禾灵、扑草净、2，4-D 丁酯、氯氟吡氧乙酸、高效氟吡甲禾灵、莠去津、清水对照和人工除草，各处理药剂施用剂量为使用说明推荐剂量（表 1）。各处理重复 3 次，小区面积 23.1m² （3.3m×7m），采用随机区组设计。谷子播种后第 2 天用背负式喷雾器对各小区进行扇形均匀喷雾，喷雾时倒退行走，对土壤表皮进行封闭处理。喷药对水量为 750L/hm²。

表 1　各处理药剂施用量

处理	除草剂名称	剂型	有效成分含量	施用量（g/mL/hm²）
1	乙草胺	乳油	50%	1 500
2	氟乐灵	乳油	480g/L	2 250
3	二甲戊灵	乳油	330g/L	1 500
4	烟嘧磺隆	油悬浮剂	2%	2 250
5	硝磺草酮	可分散油悬浮剂	10%	1 500
6	氯氟吡氧乙酸异辛酯	乳油	200g/L	750
7	精喹禾灵	乳油	10%	600
8	扑草净	可湿性粉剂	40%	1 875
9	2，4-D 丁酯	乳油	57%	729
10	氯氟吡氧乙酸	乳油	200g/L	750
11	高效氟吡甲禾灵	乳油	108g/L	675
12	莠去津	悬浮剂	50%	1 500
13	清水对照			
14	人工除草			

1.4　调查方法

采用绝对数调查法，每小区随机量取 3 个样点，每个样点 0.25m²，分别按杂草种类调查记录每点内杂草株数及覆盖或分蘖情况。于施药后 15 天调查记录谷子的出苗情况和杂草的出苗株数、防效；施药 30，45 天，记录谷子株高以及杂草种类、株数、地上部鲜重，计算防效。于谷子抽穗后调查株高等农艺性状。

株防效（%）＝（对照区杂草株数－处理区杂草株数）/对照区杂草株数×100

鲜重抑制率（%）＝（对照区杂草鲜重－处理区杂草鲜重）/对照区杂草鲜重×100

2 结果与分析

2.1 施药后各处理对杂草的防除效果

施药后 15 天各处理对杂草的防除效果

施药后 15 天，不同除草剂对谷子田杂草的防效列于表 2。从表 2 可以看出，12 种除草剂对杂草均有不同程度的抑制作用，其中对单子叶杂草的株防效超过 90% 的依次为扑草净、高效氟吡甲禾灵、二甲戊灵，超过 80% 的依次为精喹禾灵、氟乐灵、乙草胺；对双子叶杂草的株防效超过 90% 的依次为扑草净、莠去津，超过 80% 的依次为 2, 4-D 丁酯、烟嘧磺隆；综合防效超过 80% 的依次为扑草净、莠去津、乙草胺、高效氟吡甲禾灵。

表 2 施药后 15 天对杂草株防效

处理	单子叶杂草		双子叶杂草		合计	
	株数（株/m²）	防效（%）	株数（株/m²）	防效（%）	株数（株/m²）	防效（%）
乙草胺	17.0	83.7	15.7	77.6	32.7	81.2
氟乐灵	14.0	86.5	25.6	63.4	39.6	77.2
二甲戊灵	8.7	91.7	27.8	60.3	36.5	79.0
烟嘧磺隆	41.6	60.0	12.7	81.9	54.3	68.8
硝磺草酮	37.7	63.8	20.7	70.5	58.3	66.5
氯氟吡氧乙酸异辛酯	26.3	74.7	23.8	66.0	50.1	71.2
精喹禾灵	11.3	89.1	31.4	55.1	42.8	75.4
扑草净	4.0	96.2	4.0	94.3	8.0	95.4
2, 4-D 丁酯	35.4	65.9	9.7	86.2	45.1	74.1
氯氟吡氧乙酸	32.7	68.6	18.3	73.8	51.0	70.7
高效氟吡甲禾灵	4.7	95.5	29.5	57.8	34.2	80.3
莠去津	23.3	77.6	6.7	90.5	30.0	82.8
清水对照	104.0	0.0	70.0	0.0	174.0	0.0

施药后 30 天各处理对杂草的防除效果

施药后 30 天，不同除草剂对谷子田杂草的防效列于表 3。从表 3 可以看出，除去令谷苗死亡的 4 种药剂（乙草胺、氟乐灵、二甲戊灵、扑草净）外，各除草剂对单、双子叶杂草的株防效和鲜重抑制率与施药后 15 天的防除效果趋势一致，效果相对有所减低。分别为对单子叶杂草的株防效和鲜重抑制率超过 80% 的依次为高效氟吡甲禾灵、精喹禾灵；对双子叶杂草的株防效超过 80% 的依次为莠去津、2, 4-D 丁酯、烟嘧磺隆，鲜重抑制率超过 90% 的依次为莠去津、2, 4-D 丁酯、烟嘧磺隆；综合株防效超过 80% 的为莠去津，综合鲜重抑制率超过 80% 的依次为莠去津、2, 4-D 丁酯、氯氟吡氧乙酸、高效氟吡甲禾灵、烟嘧磺隆。

表 3   施药后 30 天对杂草株防效和鲜重抑制率

处理	单子叶杂草				双子叶杂草				合计			
	株数 (株/m²)	防效 (%)	鲜重 (g/m²)	抑制率 (%)	株数 (株/m²)	防效 (%)	鲜重 (g/m²)	抑制率 (%)	株数 (株/m²)	防效 (%)	鲜重 (g/m²)	抑制率 (%)
烟嘧磺隆	47.8	59.9	60.5	58.9	16.0	81.2	38.4	90.4	63.8	68.8	98.9	81.9
硝磺草酮	43.6	63.4	56.3	61.8	25.3	70.3	60.8	84.8	68.9	66.3	117.1	78.6
氯氟吡氧乙酸异辛酯	37.9	68.3	49.2	66.6	29.3	65.7	70.3	82.4	67.1	67.2	119.5	78.1
精喹禾灵	13.3	88.9	18.4	87.5	38.9	54.4	95.9	76.0	52.2	74.5	114.3	79.1
2,4-D 丁酯	40.8	65.8	51.6	64.9	12.3	85.6	29.6	92.6	53.2	74.0	81.2	85.1
氯氟吡氧乙酸	30.6	74.4	38.9	73.6	23.8	72.1	57.2	85.7	54.4	73.4	96.1	82.4
高效氟吡甲禾灵	6.0	95.0	8.6	94.2	36.4	57.3	87.4	78.1	42.4	79.3	96.0	82.4
莠去津	27.0	77.4	34.4	76.6	8.7	89.8	20.8	94.8	35.7	82.6	55.2	89.9
清水对照	119.3	0.0	147.2	0.0	85.3	0.0	398.9	0.0	204.7	0.0	546.1	0.0

施药后 45 天各处理对杂草株数防效的影响

施药后 45 天，不同除草剂对谷子田杂草的防效列于表 4。从表 4 可以看出，各除草剂对单、双子叶杂草的株防效和鲜重抑制率与之前趋势一致，且随着施药时间的延长，株防效和鲜重抑制率逐渐下降。分别为：对单子叶杂草的株防效和鲜重抑制率超过 80% 的依次为高效氟吡甲禾灵、精喹禾灵；对双子叶杂草的株防效超过 80% 的依次为 2,4-D 丁酯、莠去津、烟嘧磺隆，鲜重抑制率超过 90% 的依次为莠去津、2,4-D 丁酯；综合防效超过 80% 的为高效氟吡甲禾灵、莠去津，综合鲜重抑制率超过 80% 的依次为莠去津、高效氟吡甲禾灵、精喹禾灵。

表 4   施药后 45 天对杂草株防效和鲜重抑制率

处理	单子叶杂草				双子叶杂草				合计			
	株数 (株/m²)	防效 (%)	鲜重 (g/m²)	抑制率 (%)	株数 (株/m²)	防效 (%)	鲜重 (g/m²)	抑制率 (%)	株数 (株/m²)	防效 (%)	鲜重 (g/m²)	抑制率 (%)
烟嘧磺隆	74.0	59.8	192.0	57.1	20.0	81.2	63.2	89.2	93.9	67.6	255.2	75.3
硝磺草酮	67.8	63.1	183.1	59.1	31.7	70.1	98.0	83.3	99.5	65.7	281.1	72.8
氯氟吡氧乙酸异辛酯	59.1	67.9	159.0	64.4	36.5	65.6	106.8	81.8	95.6	67.0	265.8	74.3
精喹禾灵	20.6	88.8	59.2	86.8	49.0	53.8	148.0	74.8	69.5	76.0	207.2	80.0
2,4-D 丁酯	63.3	65.6	169.4	62.1	10.8	89.8	48.2	91.8	74.1	74.5	217.6	79.0
氯氟吡氧乙酸	47.4	74.3	126.2	71.8	29.9	71.8	89.9	84.7	77.2	73.4	216.1	79.1

（续表）

处理	单子叶杂草				双子叶杂草				合计			
	株数 （株/m²）	防效 （%）	鲜重 （g/m²）	抑制率 （%）	株数 （株/m²）	防效 （%）	鲜重 （g/m²）	抑制率 （%）	株数 （株/m²）	防效 （%）	鲜重 （g/m²）	抑制率 （%）
高效氟吡甲禾灵	9.0	95.1	39.8	91.1	45.2	57.3	132.0	77.5	54.2	81.3	171.8	83.4
莠去津	41.8	77.3	112.0	75.0	15.7	85.2	38.0	93.5	57.5	80.2	150.0	85.5
清水对照	184.0	0.0	447.2	0.0	106.0	0.0	586.8	0.0	290.0	0.0	1 034.0	0.0

2.2 安全性评价

从表5可以看出，各处理对谷子苗期有明显抑制作用，不同除草剂的抑制作用各有不同，且随着谷苗的生长而降低。施药后15天，谷子出苗率与CK相比分别降低1.12%～14.69%。其中施用乙草胺、氟乐灵、二甲戊灵、扑草净的处理谷子出苗率显著降低，且施药后15天调查时死亡率很高，20天左右全部死亡。施药后30天，各处理小区的谷苗株高均显著低于CK，分别降低1.38～10.65cm。施药后45天，各处理小区的谷苗株高分别降低2～8.65cm。由以上结果可见，随着药剂施用时间的延长，各处理对谷子的抑制作用逐渐降低，植株受影响较之前变弱，植株生长迅速，至穗期时株高无显著差异。

表5 各处理谷子的田间安全性

处理	药后15天		药后30天	药后45天
	株数（株/m²）	出苗率（%）	株高（cm）	株高（cm）
乙草胺	108	30.00	0	0
氟乐灵	102	28.33	0	0
二甲戊灵	110	30.56	0	0
烟嘧磺隆	332	92.22	36.75	65.00
硝磺草酮	320	88.89	34.13	64.00
氯氟吡氧乙酸异辛酯	314	87.22	33.47	63.55
精喹禾灵	302	83.89	28.83	60.35
扑草净	98	27.22	0	0
2，4-D丁酯	340	94.44	37.1	65.30
氯氟吡氧乙酸	329	91.39	35.18	64.85
高效氟吡甲禾灵	310	86.11	32.79	62.4
莠去津	350	97.22	38.1	67.00
清水对照	354	98.33	39.48	69.00
人工除草	360	100.00		

3 结论与讨论

各除草剂对杂草均有不同程度的抑制作用。扑草净、二甲戊灵、乙草胺、氟乐灵四种除草剂对杂草的防效明显,这与梁志刚[22]所做试验结果一致,他的结果为谷田除草剂中扑草净处理表现最佳,其次为2,4-D丁酯。但这四种药剂在施药后15天,谷苗大量死亡。分析原因为今年气候异常,谷子苗期雨量多所致。本试验为播种后出苗前施药,施药后10天有雨,谷子出苗后吸收了大量药剂,导致死亡。

莠去津、2,4-D丁酯、烟嘧磺隆对春谷田中的双子叶杂草的防除效果最好,三者相差不大,氯氟吡氧乙酸、硝磺草酮、氯氟吡氧乙酸异辛酯效果次之,高效氟吡甲禾灵和精喹禾灵效果最差。高效氟吡甲禾灵、精喹禾灵对春谷田中的单子叶杂草防除效果最好,莠去津次之,氯氟吡氧乙酸、氯氟吡氧乙酸异辛酯再次,2,4-D丁酯、硝磺草酮和烟嘧磺隆最差。综合考虑,莠去津、2,4-D丁酯应为首选。但2,4-D丁酯渗透力强、易进入植物体内,不易被雨水冲刷;它有很强的挥发性,药剂雾滴可在空气中漂移很远,使敏感植物受害[23-24]。在谷子上要严格掌握用药量与施药时期;药量过大、施药过早或喷洒不均匀,都容易产生药害。具体选药标准按常年谷子田杂草类别及多少,各有侧重或者混施。极端天气下,只施用化学药剂不足以防除谷子田中的杂草,还要与人工除草等栽培措施共同配合来防除杂草。

参考文献

[1] 郑湘如,王丽.植物学 [M].北京:中国农业大学出版社,2001:311-313.

[2] 张喜文,武钊.谷子栽培生理 [M].北京:中国农业科技出版社,1993:1-20.

[3] 刘旭,黎裕,曹永生,等.中国禾谷类作物种质资源地理分布及其富集中心研究 [J].植物遗传资源学报,2009,10 (1):32-34.

[4] 王丽霞,李瑜辉,郭二虎,等.山西省长治地区谷子生产现状与技术需求 [C] //刁现民.中国谷子产业与产业技术体系.北京:中国农业科学技术出版社,2011:47-51.

[5] 赵宇,刘猛,刘斐,等.2013年谷子糜子产业发展趋势与政策建议 [J].农业展望,2013 (4):56-59.

[6] 田岗,王玉文,李会霞,等.山西省谷子产业现状及发展对策 [J].山西农业科学,2013,41 (3):299-300,306.

[7] 张朝贤,张跃进,倪汉文,等.农田杂草防除手册 [M].北京:中国农业出版社,2000.

[8] 周汉章,任中秋,刘环,等.谷田杂草化学防除面临的问题及发展趋势 [J].河北农业科学,2010,14 (11):56-58.

[9] 周汉章,刘环,薄奎勇,等.44%谷友(单嘧·扑灭)可湿性粉剂防治谷田阔叶杂草的田间试验研究 [J].现代农业科技,2011 (17):150-151.

[10] 周汉章,刘环,薄奎勇,等.除草剂谷友对谷田杂草的除草效果及对谷子安全性的影响 [J].河北农业科学,2010,14 (11):40-43.

[11] 武翠卿.除草剂对谷子生长发育的影响及其杀草效果的研究 [D].太谷:山西农业大学,2003.

[12] 任建跃.除草剂土壤处理对谷子生物学特性的影响 [J].安徽农学通报,2008,14 (5):116-117.

[13] 王节之,王根全,郝晓芬,等.除草剂莠去津对谷子及谷田杂草的影响 [J].山西农业科学,2008,36 (9):57-59.

[14] 梁志刚,郝红梅,王宏富.单嘧磺隆对谷子田杂草的防效 [J].农药,2006,45 (3):204-205.

[15] 王鑫,原向阳,郭平毅,等.单嘧磺隆对谷子营养价值的影响 [J].安徽农业科学,2006,34 (3):

516，518.

[16] 姚满生，郭平毅，王鑫．甲磺隆对高粱和谷子生理代谢的影响［J］．安徽农业科学，2007，35（36）：11753-11754.

[17] 郭青海，王宏富，赵晓玲，等．扑草净不同处理对谷子幼苗过氧化物酶活力及同工酶的影响［J］．山西农业科学，2009.37（7）：11-13.

[18] 田伯红，王建广，李雅静，等．杂交谷子适宜除草剂筛选研究［J］．河北农业科学，2010，14（11）：46-47.

[19] 张海金．谷子田除草剂除草试验初报［J］．河北农业科学，2008，12（2）：58-59.

[20] 郭平毅．农田化学除草［M］．北京：中国农业科技出版社，1996.

[21] 农业部农药检定所．GB/T17980.35—2000 农药田间药效试验准则（一）［S］．北京：中国标准出版社，2005.

[22] 梁志刚．不同除草剂对谷子田杂草的防除效果［J］．应用技术，2008（1）：50-51.

[23] 农牧渔业部农垦局农业处．中国农垦农田杂草及防除［M］．北京：农业出版社，1987：245-246.

[24] 姜德峰，倪汉文.2，4-D 丁酯对麦田杂草演替研究［C］//孙蒲昌．面向 21 世纪中国农田杂草可持续治理．南宁：广西民主出版社，1999：104-106.

谷子不同生育时期水分胁迫抗旱生理特性研究[*]

张艾英[**]　郭二虎[***]　范惠萍　李瑜辉　王丽霞　王秀清　程丽萍

（山西省农业科学院谷子研究所，长治　046011）

摘　要：采用大田遮雨的方法进行水分胁迫试验，研究不同生育时期水分胁迫对谷子抗旱生理的影响。结果表明：拔节期为谷子的抗旱敏感期；苗期适度控水，有利于蹲苗夺高产；抽穗期水分胁迫，谷子的穗重、穗粒重等降低，表现为秕粒数多。灌浆期控水，表现为穗重、穗粒重、千粒重的降低，产量相应降低。

关键词：水分胁迫；谷子；抗旱；生理特性

水分是作物生长发育的必要条件之一，也是限制作物生产力的一个关键生态因素[1]。谷子具有较强的耐旱性，主要种植在干旱地区[2]，但谷子对水分的需求与其所在环境的水分条件经常处于矛盾之中，对于多数谷田来说，水分供应不足以及供需时间不一致的矛盾表现的尤为突出。水分不足仍然是影响谷子生长发育的重要因素之一。现有谷子研究中仅对谷子某一个生育时期水分胁迫的某些性状进行了研究，对谷子全生育期水分胁迫下的研究较少[3-6]。王永丽[7]等对不同时期干旱胁迫对谷子农艺性状影响进行了研究，但品种单一，说服力不强，且采用盆栽，与生产结合不紧密。本试验采取大田遮雨的方法对谷子不同生育阶段的需水规律进行系统、完善的研究，为有效提高谷子的水分利用效率，制定干旱丘陵地区谷子配套栽培技术提供科学依据和理论支撑。

1　材料与方法

1.1　试验地概况及田间设计

试验于 2011—2012 年在山西省农科院谷子所农场内进行，土壤类型为壤土，试验点属中温带半湿润大陆性季风气候，年平均气温 5~11℃，年平均降水量为 600mL 以上，无霜期 155~184 天，2011 年和 2012 年度谷子生育期降水量分别为 357.4mm 和 288.4mm。试验地前茬作物均为玉米，一年一熟，多年秸秆还田。

选春谷区主推品种长农 35 号、晋谷 21 号、晋谷 20 号，采取搭建遮雨棚的方法分别在苗期、拔节期、抽穗期、灌浆期 4 个时期进行控水与不控水处理，处理方法：若降雨采取遮雨为干旱处理，不遮雨为对照处理；若不降雨采取灌水（普通喷灌 2h）为对照处理，不灌水为干旱处理。试验采用裂区设计，处理时期为主区，品种为亚区，区组内随机排列，小区重复 3 次，小区面积 15m² （3m×5m），行距 33cm。亩施纯氮 8kg/亩，P_2O_5 5kg/亩，K_2O 4kg/亩，氮、磷、钾肥全部底施，苗留苗 2 万。生育期取样调查生长生理指标，

---

* 基金项目：国家谷子糜子产业体系建设专项 （CARS-07-12.5-A10）

** 作者简介：张艾英，女，硕士，助理研究员，主要从事作物栽培生理研究与育种；E-mail: zay1012@126.com

*** 通讯作者：郭二虎，男，硕士，研究员，主要从事作物栽培生理研究与育种；E-mail：guoerhu2003@yahoo.com.cn

收获时计产。

1.2 测定项目及方法

1.2.1 SPAD 值测定

谷子抽穗后，用叶绿素测定仪 SPAD-502 直接测定各处理的顶三叶 SPAD 值。

1.2.2 小区测产及常规考种

成熟后每小区随机取样 10 株，对株高、茎粗、穗长、穗粗、穗重、粒重、千粒重等调查。为消除处理间基础性状的差异，采用性状相对值进行抗旱性的综合评价。抗旱系数=干旱产量/对照产量（李德全等，1993）[8]；各指标性状相对值（a）= 水分胁迫下性状测定值/正常供水性状测定值。

2 结果与分析

2.1 不同时期水分胁迫下谷子顶三叶 SPAD 值的变化（表1）

表1 不同时期水分胁迫下不同品种谷子顶三叶 SPAD 值的变化

品种	处理	旗叶			倒二叶			倒三叶		
		均值	5%水平	1%水平	均值	5%水平	1%水平	均值	5%水平	1%水平
长农35号	苗期控	61.89	a	A	63.92	a	A	67.06	a	A
	拔节控	48.24	b	B	55.37	d	D	57.53	d	D
	抽穗控	60.45	a	A	59.06	c	C	61.52	c	C
	灌浆控	60.21	a	A	60.95	b	BC	63.30	b	BC
	对照	60.23	a	A	61.72	b	B	64.73	b	B
晋谷21号	苗期控	61.62	a	A	62	a	A	62.07	a	A
	拔节控	50.80	c	C	53.69	c	C	56.24	c	C
	抽穗控	59.96	a	A	59.47	b	B	61.74	a	AB
	灌浆控	59.92	a	A	61.24	a	AB	61.21	a	AB
	对照	55.08	b	B	58.42	b	B	59.46	b	B
晋谷20号	苗期控	57.86	a	A	61.46	a	A	63.78	a	A
	拔节控	50.95	b	B	53.87	d	C	56.54	c	C
	抽穗控	55.30	a	A	56.56	c	BC	59.18	b	BC
	灌浆控	55.98	a	A	58.77	b	B	62.52	ab	AB
	对照	55.96	a	A	58.73	b	AB	60.91	b	B

相对叶绿素含量和相对光合速率可以作为抗旱性的光合指标，因这些指标与谷子的抗旱性密切相关[3]。通过对 4 个生育时期（苗期、拔节期、抽穗期、灌浆期）水分胁迫处理后进行谷子旗叶、倒二叶、倒三叶 SPAD 值测定，结果表明：不同时期的干旱胁迫中，苗期处理不同叶位 SPAD 值和对照持平，有的显著增加，说明苗期的适度控水有利于 SPAD 值的增加；拔节期水分胁迫谷子不同叶位的 SPAD 值显著下降，且一直停留在一个

较低的水平，说明后期的降雨并不能减轻拔节期水分胁迫对谷子生长发育产生的伤害，因为拔节期是谷子的需水敏感期；抽穗期和灌浆期的水分胁迫对谷子不同叶位 SPAD 值的影响因品种不同且时期不同表现各异，大多表现为和对照持平，只有少数表现为增加或降低，变化不规律，说明抽穗期和灌浆期的水分胁迫对谷子叶位 SPAD 值影响小。

2.2 小区产量及其相关性状分析

表 2 不同处理和自然对照的比值

品种	处理	小区产量	穗重	穗粒重	千粒重	株高	长*宽	绿叶数	茎粗	穗长	穗粗	次生根数	可见叶数	节数
长农 35 号	苗期控	0.98	0.98	0.81	0.96	0.97	1.20	0.89	1.13	1.04	1.18	1.25	1.00	0.97
	拔节控	0.40	0.63	0.57	0.89	0.71	0.60	1.01	0.66	0.68	0.70	0.86	1.13	1.06
	抽穗控	0.80	0.79	0.73	1.09	1.08	1.13	0.93	1.03	1.10	1.21	1.24	1.02	1.01
	灌浆控	0.80	0.81	0.66	0.88	1.01	1.09	0.82	1.14	1.07	1.10	1.10	0.97	0.97
晋谷 21 号	苗期控	1.06	1.21	1.30	0.97	0.96	1.23	0.80	1.06	1.08	1.21	1.25	1.02	0.96
	拔节控	0.72	0.85	1.00	0.96	0.76	0.63	1.20	0.71	0.76	0.68	0.83	0.95	0.93
	抽穗控	0.97	0.90	0.88	1.18	1.20	1.20	0.94	1.13	1.02	1.16	1.31	0.98	0.98
	灌浆控	0.92	0.85	0.87	0.92	1.00	1.21	0.90	1.08	1.10	1.19	1.21	1.04	1.00
晋谷 20 号	苗期控	0.99	1.11	1.10	0.98	1.00	1.19	0.90	1.17	1.02	1.02	1.19	0.97	0.90
	拔节控	0.44	0.56	0.57	1.05	0.71	0.52	1.00	0.60	0.58	0.56	0.92	0.95	0.90
	抽穗控	0.65	1.01	0.91	1.10	1.05	1.14	0.84	1.07	1.01	1.01	1.15	1.05	0.94
	灌浆控	0.68	0.95	0.88	0.94	1.03	1.09	0.90	1.14	1.03	0.99	1.17	1.02	0.95

表 2 为控水处理谷子各个性状和对照的比值，>1 说明该性状比对照高，<1 说明该性状比对照低。从两年的试验结果来看，苗期控水对谷子多个农艺性状及产量影响不大。拔节期控水，植株的株高明显降低，但节数不变，主要表现在穗下部 5 节，节间明显的缩短；茎粗、次生根数、倒二叶面积、穗重、穗长、穗粗、穗粒重、千粒重及产量等都明显降低；抽穗期控水，谷子的穗重、穗粒重等降低，表现为秕粒数多。灌浆期控水，表现为穗重、穗粒重、千粒重的降低，相应的产量上的降低，从总体来看可初步认为拔节期为谷子抗旱的敏感期。

3 结论与讨论

3.1 讨论

苗期的水分胁迫处理与张文英等[3]的研究结果存在一定差异，分析其原因，一方面自然降雨与人工浇水效果上存在较大差异，另一方面采用的品种不同，春夏谷品种间在苗期生育特性上存在一定的差异。苗期的适度干旱能在不影响籽粒产量的同时节约大量的水，从而大幅度提高水分利用效率，因此，在限量灌溉农业中，合理利用干旱锻炼的积极作用，将能充分发掘作物的节水潜力，以提高用水效率。

水分胁迫是当前研究的热点，但是大部分学者都是采用盆栽试验[9-14]，本试验主要是在大田条件下搭建遮雨棚的方法，通过不同生育时期控制降雨进行谷子各个生育时期的干旱模拟，这样更接近于大田生产实际并紧密结合了当地气候因素，其研究结果更能有效地指导生产。由于不同指标对水分胁迫的敏感度不同，如何选择适宜的水分胁迫指标，如何排除遮雨棚的增温效应等，这些问题均有待于进一步改善，从而为节水灌溉提供进一步的理论基础。

3.2 结论

拔节期为谷子抗旱的敏感期，也是谷子需水高峰期，是谷子抗旱夺高产的关键供水时期。抽穗期灌水，有利于增粒增产。灌浆期保水，有助于饱粒的形成，提高千粒重。

参考文献

[1] 山仑，张岁岐. 能否实现大量节约灌溉用水——中国节水农业现状与展望 [J]. 资源环境与发展，2006（1）：1-4.

[2] 张海金. 谷子在旱作农业中的地位和作用 [J]. 安徽农学通报，2007（10）：169-170.

[3] 张文英，杨立军，田再民，等. 苗期水分胁迫对谷子主要农艺性状的影响 [J]. 河北农业科学. 2012，16（9）：1-3.

[4] 李会芬，时丽冉，崔兴国，等. 水分胁迫对不同品种谷子萌发期的影响 [J]. 江苏农业科学，2013，41（5）：67-70.

[5] 张文英，智慧，柳斌辉，等. 干旱胁迫对谷子孕穗期光合特性的影响 [J]. 河北农业科学，2011，15（6）：7-11.

[6] 张文英，智慧，柳斌辉，等. 谷子孕穗期一些生理性状与品种抗旱性的关系 [J]. 华北农学报，2011（3）：128-133.

[7] 王永丽，王珏，杜金哲，等. 不同时期干旱胁迫对谷子农艺性状的影响 [J]. 华北农学报，2012（6）：125-129.

[8] 李德全，郭清福，张以勤，等. 冬小麦抗旱生理特性的研究 [J]. 作物学报. 1993（19）：125-132.

[9] 张文英，智慧，柳斌辉，等. 谷子全生育期抗旱性鉴定及抗旱指标筛选 [J]. 植物遗传资源学报，2010，11（5）：560-565.

[10] 程林梅，阎继耀，张原根，等. 水分胁迫条件下谷子抗旱生理特性的研究 [J]. 植物学通报，1996，13（3）：56-58.

[11] 宋新颖，邬爽，张洪生，等. 土壤水分胁迫对不同品种冬小麦生理特性的影响 [J]. 华北农学报，2014（2）：174-180.

[12] 张军，吴秀宁，鲁敏，等. 拔节期水分胁迫对冬小麦生理特性的影响 [J]. 华北农学报，2014（1）：129-134.

[13] 李芬，康志钰，邢吉敏，等. 水分胁迫对玉米杂交种叶绿素含量的影响 [J]. 云南农业大学学报（自然科学），2014（1）：32-36.

[14] 张进艳，陈芳，李亮，等. 水分胁迫下16个玉米NAC转录因子的序列特征和表达分析 [J]. 山西农业科学，2014（4）：307-312.

[15] 邢宝龙，朱玉，高均平. 谷子高产栽培技术 [J]. 内蒙古农业科技，2011（2）：109-110.

"延安小米"品牌建设思路与对策*

袁宏安[1]**　妙佳源[2]　韩　芳[1]***

(1. 西北农林科技大学延安小杂粮研发中心/延安市农业科学研究所,
延安　716000；2. 西北农林科技大学, 杨凌　712100)

摘　要：谷子是延安的优势和特色农作物,"延安小米"品牌建设对促进延安谷子可持续发展具有重要意义。本文探讨了"延安小米"的产业优势和品牌价值；从农户、政府和企业3个角度出发,说明了"延安小米"品牌建设的现状,分析了该品牌在建设过程中的问题；对于"延安小米"品牌建设提出了品牌宣传、发展思路、标准化生产、科技投入、品牌形象建设和品牌维护等方面的思路和对策。

关键词：延安小米；品牌建设；策略

谷子是延安的传统粮食作物,也是优势作物,在粮食生产中占有重要地位。延安属半干旱山区,也是谷子的优势产区。延安光荣的革命历史与"延安小米"紧密相连,"小米加步枪"为新中国的建立立下汗马功劳,同时,"延安小米"也是"延安精神"的宝贵财富和代表符号,具有独特的文化魅力和品牌价值。如何让延安小米变为优势农业产业,走向品牌化生产和经营之路,重现"延安小米"的辉煌？这也是延安人的"延安梦"。

随着市场经济的飞速发展,以及中国农业生产状况的改善,品牌化成为现代农业发展的重要趋势,具有品牌的农产品特别是名牌农产品更易于被消费者认识和接受[1-2]。因此,现代农业必须要以打造品牌为核心进行运作,加强自身品牌价值的体现和维护,才能提升农产品在市场中的竞争力,在市场竞争中取得主动权[3]。本文在分析"延安小米"产业优势和品牌价值的基础上,探讨"延安小米"品牌建设中的问题,论述"延安小米"品牌建设的思路与对策。

1　"延安小米"产业优势及品牌价值

1.1　谷子是延安的优势作物

延安属黄土高原丘陵沟壑区,土地面积广阔,土层疏松深厚,光照资源丰富,昼夜温差较大,具有生产优质农产品的良好条件。独特的自然优势,充足的光照以及雨热同季的气候特点与谷子的生理需求相吻合,非常有利于谷子高产稳产,加上工业欠发达、水土大气污染少的环境,十分有利于生产优质小米。据中国农业科学院品种资源研究所(现作物科学研究所)对全国不同产地的谷子品种进行测试,全国12个蛋白质含量在16%以上的品种,延安就有5个。延安小米色泽金黄,颗粒浑圆,晶莹明亮,黏糯芳香,油脂丰

---

* 基金项目：国家谷子糜子产业技术体系 (CARS-07-12.5) 及陕西省小杂粮产业技术体系

** 作者简介：袁宏安, 男, 副研究员/主任, 研究方向为谷子育种及优质高产栽培技术；E-mail：nksyha@ sina. com

*** 通讯作者：韩芳, 女, 副研究员/主任, 研究方向为谷子育种及优质高产栽培技术；E-mail：yaz12@ 163. com

富，久贮不变。

1.2 谷子是延安的传统种植作物

谷子的营养价值比较高，延安农民长期有种植谷子和食用小米的传统习惯，民间历来就有把小米作为体弱患病者、妇女"坐月子"和小儿母乳替代必备营养滋补品的习俗，谷子在历史上一直是深受人们喜爱的主粮作物，在粮食生产中占有重要地位。在 20 世纪 80 年代前，延安市谷子种植面积长期保持在 5 万 hm² 以上，最高年份达到近 7 万 hm²。

1.3 谷子生产与延安中国革命光荣历史紧密相连

1935 年 10 月，党中央、毛主席长征到达陕北，延安人民以小米为主粮供养中央领导和革命队伍，创造了用"小米加步枪"打败日本帝国主义和国民党反动派"飞机加大炮"的历史神话，为中国革命胜利立下了不朽功勋。"延安小米"由此声名远扬，它不仅是一个优质农产品的概念，更是中国共产党创造的"延安精神"的宝贵财富和代表符号，具有独特的文化魅力和品牌价值，目前已成为延安市红色旅游来客备受青睐的旅游纪念产品。

2 "延安小米"品牌建设现状

2.1 农户：种植偏冷，近年有回暖迹象

在 20 世纪 80 年代前，延安市谷子种植面积长期保持在 5 万 hm² 以上。近年来，谷子生产规模逐渐萎缩，2013 年延安谷子面积 1.8 万 hm²。延安谷子种植规模减少的原因是多方面的。一是由于谷子的种植收益低于玉米、马铃薯、苹果和大棚蔬菜等，农户种植谷子的热情不高；二是受国家种植业结构调整政策及建设生态城市政策影响，延安市大规模实施退耕还林、封山绿化工程，加之农村劳动力转移进城等因素的影响，使得适宜种植谷子的耕地和农村劳动力不断减少。另外，谷子机械化耕种程度不高，农民大多在坡地耕种，劳动强度大也是农户放弃种植谷子的一个重要原因。

近年来，人们对健康饮食结构认识和追求，使得杂粮市场需求越来越旺盛，小米价格一路看涨，一部分种植玉米的农户开始改种谷子。同时，延安红色旅游产业的发展也为"延安小米"的市场带来活力，"延安小米"潜藏着的成长空间和市场价值正在不断显现，其经济效益也日渐凸显。

2.2 政府：加强扶持，打造"延安小米"品牌

面对谷子生产规模下降的趋势，延安市把提高谷子产业的质量和效益放在更加突出位置，全力推进谷子产业化经营，努力打造"延安小米"品牌。

2.2.1 科技为产业插上腾飞的"翅膀"

2008 年国家现代农业产业技术体系依托农科所设立了延安谷子综合试验站，2012 年市政府与西北农林科技大学在农科所合作建立以谷子为主的小杂粮研发中心。选育谷子优良品种，示范推广谷子新品种及垄沟种植、配方施肥、机械化精量播种、化控间苗、化学除草、病虫害综合防治等技术，总结探索集成化栽培技术模式并推广应用，辐射带动全市谷子生产水平不断提高。

2.2.2 龙头企业为产业发展注入活力

鼓励和支持企业、合作社兴办小米加工企业，建立自己的生产基地，实行订单生产，积极开拓市场，延伸产业链条，提高谷子产业化经营水平、市场化开发水平和整体效益。

目前，全市已发展小米加工企业 35 家，年加工能力 8 000多 t。

2.2.3 "延安小米"品牌建设推动产业发展

延安市政府把"延安小米"列为全市集中打造的四个特色农产品优势品牌之一，利用延安红色文化优势，将"延安小米"产业与红色旅游业发展紧密结合起来。2012 年成功注册"延安小米"国家地理标志保护商标，2013 年入选农业部全国名优特新农产品目录，为进一步开发和提升"延安小米"的品牌价值，促进谷子产业健康发展奠定了基础。

2.3 企业：产品质量参差不齐，多停留在初加工阶段

在延安市目前拥有的 35 家小米加工企业中，各家生产的小米品质有很大差别，造成小米质量参差不齐，严重影响了"延安小米"的品牌化进程。大多数企业在产品生产与营销理念方面仍存在这"军阀割据，各自为政"的现象，把"品牌农业"简单理解为贴上商标就能卖出好价钱，只顾及眼前利益而忽略品牌建设。大多数企业以销售原粮为主，深加工、精加工的产品严重不足，产品附加值不高。

3 "延安小米"品牌建设存在的问题

"延安小米"产业发展和品牌建设过程中还存在着许多问题需要进一步研究解决，主要有以下几个方面。

第一，政策支持不够。政府对谷子产业发展缺少必要的政策支持和资金扶持，特别是在良种繁育推广、农机化发展、规模化生产基地建设以及扶持加工业发展方面缺乏有力支持。

第二，科技投入不足。近年来，从事谷子科研推广的技术人员越来越少，力量严重不足，特别是研究人员青黄不接、后继乏人的问题尤为突出。研究经费投入较少，良种繁育体系缺失，关键性技术研发与推广工作远远不能满足生产发展需要。

第三，机械化水平不高。绝大部分地方在谷子生产的播种、间苗、中耕除草、收获、脱粒等重要环节依然采用的是畜力加人工作业，适用型机具的研发、推广严重滞后。尤其是在当前劳动力价格持续走高、农业劳动力供给不足的情况下，机械化水平提不高，不仅影响着产业效益，更重要的是对稳定和扩大生产规模形成明显制约。

第四，组织化程度较低。谷子生产专业合作组织、经纪人以及各种服务组织少，产业组织化水平远不如其他大宗农产品，加工销售领域缺乏强有力的龙头带动，农户、企业、专业合作社之间的联结机制没有有效建立，生产、服务、加工、营销等环节分散放任，小生产方式依然占主导地位。

第五，产后加工滞后。加工企业数量少，规模小，加工转化能力不足；加工技术研发滞后，工艺简单陈旧，装备水平较差，加工档次低，缺少精细产品和高附加值产品，没有形成真正的产业链条，对生产环节的整体带动能力弱；品牌杂、乱、多、小，不能形成规模优势，市场占有率低，亟须进行整合。

4 "延安小米"品牌建设思路与对策

4.1 政府牵头，做好品牌宣传工作

宣传是品牌建设的关键环节。在信息时代，若不重视品牌的广告宣传，就不能广泛有效的传达品牌信息，很难在市场竞争中取胜[4-6]。广告宣传能快速有效提升品牌的知名

度，在一定程度上影响着消费者的购买决策过程。目前，延安小米生产企业较分散，宣传力度不够。品牌的宣传工作是"公地悲剧"[4]。"延安小米"的广告宣传工作需要政府牵头，担起责任，从长远利益出发，统一协调广告宣传工作。充分利用网络、电视、广告牌等广告载体，把握好农产品博览会、展销会等宣传的好时机，把"延安小米"的品牌唱红唱响。

4.2 理清发展思路，突出品牌价值

发展延安谷子产业，应坚持依托自然资源与红色优势，以实施品牌战略为引领，以科技持续进步为支撑，以产业化经营为方向，切实加大政策扶持力度，更加注重规模化基地建设、农机农艺融合等关键技术集成研究推广、公共品牌集中打造、加工营销升级扩能等薄弱环节发展，促进"延安小米"尽快由自然文化优势转化为产业经济优势，推动产业质量和效益双提高。积极挖掘"延安小米"文化内涵，打响"红色作物"名号，提升"延安小米"品牌价值。充分利用挖掘本地红色旅游市场，积极参加各类展会促销活动，不断提高市场知名度和占有率，力争把"延安小米"打造成国内知名品牌。

4.3 制定行业标准，规范小米生产

就目前延安市小米加工企业的现状，政府的首要工作就是，推进小米生产加工行业的标准化进程[7]。制定行业标准是政府参与"延安小米"品牌建设的重要内容。在"延安小米"品牌的建设过程中，政府要根据国家和国际上相关的质量要求，出台一系列切实可行的标准[8]，建立小米生产加工、产品认证、品牌塑造的标准化体系，规范小米生产、加工及销售，杜绝"各自为政"的乱象。

4.4 强化科技投入，发展小米深加工

科技支撑是产业发展的重要动力[9-10]。目前，延安小米大多以原粮销售为主，产品附加值不高，要加强科技投入，以科技投入带动产品创新。我们要积极学习发达国家的先进生产技术，借鉴发展经验，参考国内同行业不同作物的生产开发与加工状况，重视先进加工技术、设备、工艺的研发引进，加强科技投入，发展小米深加工。

积极引进高端技术人才，充实科研力量，建立完善技术推广服务体系，提升科技研发服务能力。进一步落实各级政府对农业产业化龙头企业的各项优惠扶持政策，支持谷子加工企业发展，对分散的小规模加工企业进行整合，提升加工规模和水平，培育一批能带动谷子产业发展的龙头企业，使"延安小米"真正走向全国和世界。支持企业开展技术改造和新产品、新工艺、新技术的引进与研发，丰富产品品种，提升加工档次，开发大众化食品、馈赠礼品、红色旅游特色纪念品等小米系列加工食品，将"延安小米"变成集方便、营养、保健于一体的多样化优质食品，满足不同人群的消费需求，提高延安谷子产业的经济效益整体竞争力，开拓"延安小米"深加工产品市场。

4.5 加强质量管理，塑造品牌形象

质量是品牌之魂，是品牌建设的前提[11-12]。从市场营销学角度讲，产品质量是品牌建设的核心，良好的产品质量能培育消费者对品牌的信誉认知度，达到顾客满意。所谓顾客满意，是指顾客将产品和服务与其需要的期望值进行比较而形成的感觉状态[5]。顾客满意直接关系到产品的市场反响，关系到能否保持老顾客，同时也关系到能否吸引新顾客。因此，必须千方百计提高"延安小米"的内在品质，塑造良好的品牌形象。

4.5.1 发挥科研优势，选育优良品种

品种是产品质量的根本所在，是农产品品质的内在基础，品种优势就是市场优势，提升延安小米品质必须从改良品种入手。延安小米名优品种众多，延谷7号、延谷8号、延谷10号等优良品种多次获得省级、国家级奖励。近年改良的"延安香米"更是米中佳品，要进一步发挥优良品种和科研优势，培育和改良品种，以科技为支撑，提升"延安小米"产品质量。

4.5.2 加强监管，确保食品安全

由于农产品生产者是具有经济属性的农业企业，对于利益的追逐是企业的根本出发点，一些企业顾及眼前利益而放弃长远利益，导致食品安全事件发生。因此，要加强监管，从小米种植、收获、加工到销售，加强各个环节的监管和检测，积极发挥政府、行业协会和科技服务单位的作用，加大食品安全宣传力度，落实安全责任，建立健全食品安全风险管控机制。

4.6 诚信经营，维护品牌形象

品牌建设是一个长远战略，是一个品牌塑造与品牌维护共进的过程。要诚信经营，维护品牌形象；严厉整治小米生产销售过程中的违规违法行为，对商业纠纷进行公正合理的调查和处理。同时，加强人才引进的同时，重视本地专业人士的培养，与高校合作，对相关人员进行营销和品牌管理知识培训，加快品牌专业人才培养。

参考文献

[1] 邓贝贝，颜廷武．关于中国农产品品牌建设的思考 [J]．山东农业大学学报（自然科学版），2011，42 (4)：622-626.

[2] 崔茂森．从农业现代化的高度看待农业品牌建设问题 [J]．农业科技管理，2009，28 (3)：61-62.

[3] 陈俊华，王子齐．现代农业企业品牌建设研究——以超大现代农业集团为例 [J]．福建农业学报，2009，24 (6)：596-601.

[4] 王克西，任燕．陕西果业的品牌建设研究 [J]．唐都学刊，2006，22 (1)：73-79.

[5] 吴建安．市场营销学（第三版）[M]．北京：高等教育出版社，2007：281-287.

[6] 邱琪，张旭东．关于农产品品牌建设的思考 [J]．黑龙江社会科学，2005，4：54-56.

[7] 张可成．略论农产品品牌建设中的政府行为 [J]．理论学刊，2009，9：87-90.

[8] 刘圣春，张显国．皖西农产品品牌建设的问题与对策 [J]．科技和产业，2009，9 (4)：9-12，64.

[9] 许云霞．新疆特色林果业品牌建设途径分析 [J]．中国林业经济，2010，4：32-35，38.

[10] 许云霞．提升新疆特色林果业品牌建设水平的策略研究 [J]．林业经济问题．2010，30 (5)：439-443.

[11] 顾金兰．品牌意识与品牌建设 [J]．大庆师范学院学报，2007，6：49-52.

[12] 向明圣，普雁翔，宋丽华．云南高原特色农业品牌战略探析 [J]．农业网络信息，2013，6：119-122.

城镇居民小米消费影响因素实证分析[*]
——以石家庄为例的研究

刘　斐[**]　刘　猛　赵　宇　李顺国[***]　王慧军

（河北省农林科学院谷子研究所/河北省杂粮研究实验室，石家庄　050035）

摘　要： 居民小米（谷子）消费水平是谷子产业发展的内生动力，研究城镇居民小米消费影响因素对于谷子产业发展具有重要意义。本文利用石家庄市 513 名消费者调查数据，对城镇居民小米消费的现状及其影响因素进行了分析。结果表明：居民年龄、对小米历史文化或营养价值的认知水平等显著影响城镇居民的消费意愿。最后提出了提高居民小米营养和健康的认知水平，实施小米品牌战略，开发多种层次的产后加工产品、制定不同层次的营销策略等建议。

关键词： 小米；消费意愿；影响因素

1　引言

随着生活水平和收入水平的提高，中国城镇居民恩格尔系数不断下降，消费结构不断优化和升级，从生存型消费结构逐步发展为享受型消费结构[1]。城镇居民对粮食消费的替代选择增多，粮食在食品中的消费份额逐渐减；人们关注维生素和蛋白质使蔬菜及肉蛋奶成为食品消费结构中的重要组成部分[2]。国际经验表明，当人均 GDP 超过 6000 美元后，居民追求健康使营养保健型食品和绿色、有机食品在食品消费中比重逐步增加。谷子是起源中国的传统特色作物，在禾谷类作物中谷子的营养价值最高而且营养相对平衡，能够满足人类生理代谢较多方面的需要[3]。中医认为小米味甘咸，有清热解渴、健胃除湿、和胃安眠等功效。随着中国人均 GDP 逐步提高，居民食品消费结构加快向健康化、营养化转变，以小米为主的特色杂粮作为营养保健食品在居民食品消费中的潜力巨大。居民小米（谷子）消费水平是谷子产业发展的内生动力，深入研究城镇居民小米消费的影响因素对于谷子产业发展具有重要意义。

王志文等[4]对城镇居民兔肉认知及消费行为进行了研究，结果表明居民对兔肉中氨基酸、脂肪热量和胆固醇等成分的认知会显著影响到家庭兔肉的消费行为。殷志扬等[5]对城镇居民猪肉消费影响因素进行了分析发现，中高收入家庭的消费者更加关注猪肉本身的品质。朱宁等[6]对北京市城镇居民家庭鸡蛋消费行为进行实地调研的基础上，定量分析了影响城镇居民鸡蛋消费的主要影响因素表明，鸡蛋的市场价格及相关商品（主要是牛肉和鸡肉）的价格、居民家庭人口规模、家庭人口结构等是影响城镇居民鸡蛋消费的主要因素。赵姜等[7]对城镇居民西瓜消费行为的实证研究表明，西瓜的新鲜程度和口感

* 基金项目：农业部/财政部"现代农业产业技术体系专项资金"（项目编号：CARS-07-12.5-A18）；河北省农林科学院课题"山区谷子产业发展模式研究"（项目编号：A2012030106）

** 作者简介：刘斐，女，助理研究员，研究方向：农业经济管理；E-mail：liufei198676@163.com

*** 通讯作者：李顺国，男，研究员，研究方向：杂粮栽培与经济评价；E-mail：lishunguo76@163.com

是影响消费者购买决策最主要的两个因素。文献检索发现，尽管目前对中国食品消费影响因素的研究较多，但对起源于中国的特色作物谷子消费的研究较少。许俊峰等[8]简要分析了河北省居民谷子消费现状与影响因素分析，没有对影响因素进行深入分析；李玉勤等[9]分析了消费者对杂粮的消费意愿及影响因素，并提出杂粮的营销策略，缺乏对小米消费研究的针对性。本文在充分吸收前人在食品消费研究领域的成果基础上，以石家庄为例对城镇居民小米消费因素进行实证研究，试图揭示城镇消费者小米消费行为的深层规律，并在此基础上探讨促进中国谷子产业发展的对策。

2 数据来源与样本统计描述

2.1 数据来源

调查地点选在石家庄市区各大型商圈，河北省石家庄市地处华北平原腹地，有着一定的小米消费基础，且外来人口较多，具有较强的代表性。涉及商圈有大型超市、农贸市场和居民生活小区，居住人口较多，年龄结构合理，能够较好反映城镇居民的小米消费情况。调查方式采取面对面访谈形式，共发放问卷550份，收回问卷517份，有效问卷513份，有效率达到99.22%。

2.2 样本统计描述（表1）

表1 样本居民的基本情况

类型	选项	人数（人）	样本比例（%）
性别	男	139	27.09
	女	374	72.91
年龄	25岁及以下	34	6.62
	26~45岁	242	47.17
	46~60岁	110	21.44
	60岁以上	127	24.77
受教育程度	小学及以下	92	17.93
	初中	116	22.61
	高中或中专	143	27.87
	大专及以上	162	31.59
家庭人均月收入	1 000元及以下	49	9.55
	1 001~2 000元	129	25.14
	2 001~3 000元	158	30.80
	3 001~4 000元	117	22.80
	4 001~5 000元	35	6.82
	5 001元以上	25	4.89

2.2.1 被调查者基本情况

调查过程采用随机抽样的调查方式。从样本居民的基本特征看，被调查者以女性为主，在513份有效问卷中，被调查者为男性所占比重为27.09%，女性所占的比重为72.91%，且被调查者中79.53%为家庭主要食品购买者，考虑到通常女性在家庭食品消费中作用较大，样本中女性比例较大也能较好代表消费者的态度。年龄分布较均匀，被调查者年龄涵盖所有年龄段，主要集中在26~45岁这一人群，有242个样本，所占比重为47.17%，25岁及以下所占的比例最小，仅有34个样本，所占比例为6.62%。受教育程度的样本数与学历呈正向关系，学历越高样本数越高，被调查者中大专及以上学历的样本数最多，为162个，所占比重为31.59%，这与所调查的年龄段有直接的关系。家庭人均月收入多集中在2 001~3 000元，所占比重为30.80%。

2.2.2 小米消费基本情况

513名样本居民中，经常食用小米的有408人（79.53%），偶尔食用的有88人（17.15%），基本不食用的有17人（3.32%），样本居民年均消费小米26.03kg。

2.2.3 小米文化与功能情况

在513名样本居民中知道"谷子起源于中国，并且是世界上最古老的作物之一"的有249人（占48.53%），听说过但具体不清楚的有103人（占20.07%），完全不知道的有161人（占31.40%）。这一结果表明至少68.60%的消费者具备不同程度的谷子相关概念，但是在调查中也发现与这一现象并存的一个问题是90%的被调查者在看到问卷名称（城镇居民小米消费影响因素调查问卷）时，第一反应都是时下流行的"小米手机"，只有少数老年人在听到"小米"这一词时能最快地反应是粮食。此外，在对小米称谓（谷、粟、黍、粱、稷等）的调查过程中，也发现有241人不知道小米的称谓，158人能直接说出，44人在提醒的情况下能说出"谷子"一词，部分人是凭感觉说出几个词语来。同时调查中还发现，40岁以上的人群对于小米文化了解较多。

2.2.4 样本居民消费意愿统计结果

将问卷中居民对小米的消费意愿进行统计，分为经常消费、偶尔消费、基本不消费3种情况，为便于分析，本文将经常消费定义为愿意消费，偶尔消费与基本不消费定义为不愿意消费。调查结果显示，在513位样本居民中，经常消费的居民有408位，占79.53%，偶尔消费的居民有105位，占20.47%。整体上看，居民消费意愿较强。

3 研究方法与研究假说

3.1 说明

本文要研究影响城镇居民小米消费意愿的因素。综合国内相关研究结果，将城镇居民小米消费意愿的影响因素分为三大类，即城镇居民个体特征（包括性别、年龄、籍贯、受教育程度、职业）、城镇居民家庭经济情况（是否为家庭主要食品购买者、家中是否有16岁以下孩子或60岁以上的老人、家庭人均月收入、家庭月均实物支出）、城镇居民对小米的认知、购买和态度情况（包括是否关心粮食安全问题、购买小米时是否会和大米、面粉等价格作比较、小米被推销或促销时，是否会购买、购买小米地点、饮食习惯、烹饪时间长短是否会影响消费、了解小米历史文化或营养价值后是否会增加消费、小米口感区别程度、小米为原料的加工产品种类、小米在粮食中的地位是否为辅粮）。相关变量的含义、赋值及描述性统计分析结果见表2。

表 2　变量的含义及描述性统计结果

变量	指标变量	指标简单描述
因变量		
消费意愿	Y	基本不食用＝1；偶尔食用＝2；经常食用＝3
自变量		
性别	X_1	男＝1；女＝0
年龄	X_2	1＝25岁及以下；2＝26~45岁；3＝46~60岁；4＝61岁及以上
受教育程度	X_3	1＝小学及以下；2＝初中；3＝高中或中专；4＝大专及以上
籍贯	X_4	1＝东北地区，2＝华北地区，3＝华中地区，4＝华东地区，5＝华南地区，6＝西北地区，7＝西南地区
职业	X_5	1＝政府机关或事业单位；2＝企业职工；3＝文教卫生从业人员；4＝个体经营者；5＝农民；6＝学生；7＝离退休人员；8＝下岗职工
是否为家庭主要食品购买者	X_6	1＝是；0＝否
家中是否有16岁以下孩子或60岁以上的老人	X_7	1＝是；0＝否
家庭人均月收入	X_8	1＝1 000元及以下；2＝1 001~2000元；3＝2 001~3 000元；4＝3 001~4 000元；5＝4 001~5 000元；6＝5 001元及以上
家庭月均食物支出	X_9	1＝500元及以下；2＝501~1 000元；3＝1 001~1 500元；4＝1 501~2 000元；5＝2 001元及以上
关注小米价格程度	X_{10}	1＝非常不关心；2＝比较不关心；3＝一般关心；4＝比较关心；5＝非常关心
小米被推销或促销时，是否会购买	X_{11}	1＝不会；2＝可能会；3＝会
购买小米地点	X_{12}	1＝农贸市场；2＝粮油店；3＝超市；4＝其他
饮食习惯	X_{13}	1＝小米；2＝玉米；3＝大米；4＝小麦
烹饪时间长短是否会影响消费	X_{14}	1＝不会；2＝可能会；3＝会
了解小米历史文化或营养价值后是否会增加消费	X_{15}	1＝不会；2＝可能会；3＝会
小米口感区别程度	X_{16}	1＝没区别；2＝区别不大；3＝有
小米为原料的加工产品种类	X_{17}	1＝不多，品种较单一；2＝还可以，有一些；3＝挺多，种类齐全
小米在粮食中的地位是否为辅粮	X_{18}	1＝是；0＝否

由上表可以看出，小米消费的影响因素多而复杂，因此，需要先运用相关分析方法计算城镇居民小米消费意愿与各影响因素之间的相关性，舍弃与消费意愿相关性不显著的变量，从而找到影响城镇居民小米消费意愿的主要因素，之后再运用 Logistic 回归方法进行分析。

3.2 各影响因素与城镇居民消费意愿之间的相关性分析

变量之间的相关性分析是考察变量与变量之间相关程度的统计分析方法，运用 SPSS17.0 软件计算得出城镇居民小米消费意愿与各影响因素之间的相关系数，具体见表3。

表 3 城镇居民小米消费意愿与各影响因素之间的相关关系

解释变量	相关系数	解释变量	相关系数
性别	−0.136**	是否关注小米价格	0.284**
年龄	0.244**	小米被推销或促销时，是否会购买	0.174**
受教育程度	−0.094	购买小米地点	0.075
籍贯	0.113*	饮食习惯	−0.061
职业	0.029	烹饪时间长短是否会影响消费	−0.074
是否为家庭主要食品购买者	0.234**	了解小米历史文化或营养价值后是否会增加消费	0.224**
家中是否有 16 岁以下孩子或 60 岁以上的老人	0.126**	小米口感区别程度	0.075
家庭人均月收入	−0.069	小米为原料的加工产品种类	0.044
家庭月均食物支出	0.001	小米在粮食中的地位是否为辅粮	−0.206**

注：* 和 ** 分别表示相关系数在 5% 和 1% 的统计水平上显著

3.3 研究假说

在相关性分析后，并借鉴国内相关研究成果的基础上，结合本课题前期研究成果以及实地调研情况，本文对城镇居民小米消费意愿提出以下几种研究假说：

假说1：性别对城镇居民小米消费意愿有影响。就性别而言，一般女性在家庭食品消费中占据支配权，对家庭成员的身体健康状况关心程度普遍高于男性。

假说2：年龄对城镇居民小米消费意愿有影响。李玉勤[10]基于杂粮消费意愿分析，指出杂粮消费随着年龄增长呈现消费增加的趋势，结合本次问卷实地调研情况，本文认为，城镇居民小米消费意愿与年龄呈正相关，即年龄越大对小米的消费意愿越强烈。

假说3：籍贯对城镇居民小米消费意愿有影响。小米曾长期是中国北方的主要粮食作物，北方人民普遍有食用小米的习惯，在调查过程中也发现，华东（除山东）、华南与西南地区的被调查者基本不食用小米，有些甚至不清楚什么是小米，更不知道食用方法，因此，本文认为，籍贯在一定程度上影响着居民对小米的消费意愿。

假说4：是否为家庭主要食品购买者对城镇居民小米消费意愿有影响。家庭主要食品购买者的偏好直接决定了食品消费。

假说5：家庭中是否有 16 岁以下的孩子或 60 岁以上的老人对城镇居民小米消费意愿

有影响。小米营养丰富平衡、医食同源，易于消化吸收，适宜孩子与老人食用，因此会对居民消费意愿产生影响。

假说6：是否关注小米价格对城镇居民小米消费意愿有影响。调查结果显示对价格非常关心和比较关心的居民会有较强的消费意愿，并且会与面粉、大米的价格进行比较，非常不关心和比较不关心的居民对小米的消费意愿不明显。本文认为，对小米价格敏感度较高的居民直接影响着小米的消费量。

假说7：小米被推销或促销时，是否会购买对城镇居民小米消费意愿有影响。调查显示当超市搞小米促销活动时，居民会增加对小米的消费。

假说8：当了解了小米的历史文化或营养价值后是否会增加消费对城镇居民小米消费意愿有影响。现代人更注重健康饮食，且有更深的爱国情结，调查中显示当知道小米起源于中国，具有滋阴养血，膳食纤维丰富等功效时，纷纷表示会增加消费。假说7和8都和商家的营销有直接关系，宣传做得好可以增加居民对小米的认知，相应也会增加消费。

假说9：小米在粮食中的地位是否为辅粮对城镇居民小米消费意愿有影响。小米是否为辅粮是居民的对小米的一种态度，调查发现觉得小米是辅粮对小米消费的意愿较低，他们会更多地消费小麦和大米。相反，觉得小米不是辅粮的一天会食用两次（早晚）。有研究表明消费者态度将影响其对商品的判断与评价，一旦形成某种认知后很难改变。

3.4 基于 Logistic 模型的分析

本文研究城镇居民小米消费意愿的影响因素，被解释变量为城镇居民小米消费意愿（愿意和不愿意），因此，建立二元 Logistic 模型。由于受教育程度、职业、家庭人均月收入、家庭月均食物支出、购买小米地点、饮食习惯、烹饪时间长短是否会影响消费、小米口感区别程度、小米为原料的加工产品种类这9个因素与消费意愿的相关性不显著，因此将性别、年龄、籍贯、是否为家庭主要食品购买者、家中是否有16岁以下孩子或60岁以上的老人、小米价格关注程度、小米被推销或促销时是否会购买、了解小米历史文化或营养价值后是否会增加消费以及小米在粮食中的地位是否为辅粮这9个变量与消费意愿进行 Logistic 回归分析。

4 结果分析

本文运用 SPSS17.0 软件对513个样本进行 Logistic 回归分析，从回归结果（表4）可以看出，居民的年龄、是否为家庭主要食品购买者、家中是否有16岁以下或60岁以上的老人、是否关注小米价格、小米被推销或促销时是否会购买、了解小米历史文化或营养价值后是否会增加消费、小米在粮食中的地位是否为辅粮这7个变量显著影响消费者的小米消费意愿。

表 4　居民小米消费意愿影响因素 Logistic 模型回归结果

步骤	变量	B	S. E.	Wald	df	Sig.	Exp（B）
	性别	0.021	0.295	0.005	1	0.943	1.021
	年龄	0.535	0.160	11.119	1	0.001	1.707
	籍贯	0.214	0.147	2.118	1	0.146	1.239
	是否为家庭主要食品购买者	0.667	0.302	4.887	1	0.027	1.948
	是否有 16 岁以下或 60 岁以上的老人	0.829	0.273	9.248	1	0.002	2.292
	小米价格关注程度	0.372	0.111	11.129	1	0.001	1.450
	小米被推销或促销时是否会购买	0.368	0.168	4.821	1	0.028	1.445
	了解小米历史文化或营养价值后是否会增加消费	0.782	0.196	15.958	1	0.000	2.186
	小米在粮食中的地位是否为辅粮	-1.141	0.278	16.808	1	0.000	0.319
	常量	-4.218	0.855	24.359	1	0.000	0.015

4.1　居民个体特征的影响

年龄的影响。年龄与小米消费的意愿显著，影响系数为正，说明年龄越大的人越愿意消费小米，随着年龄的增长，人们会越来越关注自身健康状况，小米作为保健食品，不可避免地受到青睐，这也与调查中老年人对小米的消费意愿较高相吻合，证实了假说 2。

4.2　居民家庭情况的影响

消费者是否为家庭主要食品购买者这一变量在 1% 的统计水平上显著，对小米消费意愿具有显著的正向影响。家庭主要食品购买者在购买食材时，首要意识是以自己的喜好进行食材的挑选，直接影响着小米的消费意愿，也验证了假说 4。如果家中有 16 岁以下的孩子或 60 岁以上老人，那么他们对小米的消费意愿更强，因为消费者在购买小米时，肯定会首先考虑小米给家中孩子或老人的身体健康所带来的影响，因为孩子和老人同属体弱人群，更需要营养健康的食品，所以，家中有小孩或老人的消费者会影响其小米的消费意愿。

4.3　居民对小米的认知和态度情况的影响

价格是影响消费的主要因素，从消费者对小米价格的关注程度回归分析结果可以看出当价格每提高 0.372 时，消费意愿可能会提高 0.001，说明消费者对价格的变化很敏感，价格的增高可能会抑制消费者的消费意愿，证实了假说 6。小米被推销或促销时是否会购买的系数为正，表明当促销活动增加 0.368 时，小米消费意愿可能会提高 0.028，通过了5% 的检验，验证了假说 7，这也说明消费者更喜好一些促销活动。随着生活水平的提高，肥胖病、高血压与糖尿病等慢性病发生率持续上升，这与居民膳食纤维摄取量逐年下降有关，因此当消费者在了解小米历史文化或营养价值后，可能会增加其消费意愿，同时也验证了假说 8。小米在粮食中的地位是否为辅粮的系数为负，表明当消费者认为小米是辅粮时消费意愿就比较低，虽然现实中小米也确实沦为辅粮地位，但是消费者对小米自身的认知也直接影响着消费意愿，与假说 9 相吻合。

回归结果显示，被调查者的"性别"、"籍贯"两个变量均对消费意愿没有显著影响。"性别"这一变量的预期没有得到证实，说明性别不会影响消费者对小米的消费。"籍贯"这一变量对小米消费意愿的影响不显著，可解释为消费者可能会受周围环境的影响，如南方基本就没有销售小米的，因此消费者消费意愿较低，即使有北方消费者想购买小米，也会受小米购买的难易程度而减少消费，对于生活在北方的南方居民，则会受到北方饮食习惯的影响可能会增加小米的消费，因此整体来看籍贯不会影响小米的消费意愿。

5　结论及建议

通过上面的分析可以看出：居民年龄对小米的消费有重要的影响，随着居民年龄的提高，购买小米的比例会显著增加，25 岁及以下的潜在消费者对小米消费意愿较低，这主要是受日趋发展的快餐影响较大；人们对小米的文化以及功能性认知水平较低，对小米功能性的认知，人们也只停留在养胃的层面，并不知道小米微量元素含量高，具有医用和食疗价值，居民对小米的认知与态度对小米的消费意愿有较强的影响；从调查中发现，对于有小米消费习惯的居民，价格不是影响其消费意愿的因素，且大部分消费者习惯在超市购买小米，这主要源于消费者对超市出售的商品较为信赖。

根据本文研究结论，结合当前中国谷子产业发展现状，提出以下几点建议：第一，提高居民小米营养和健康特性的认知，让居民掌握和了解小米的营养和健康上的诸多优势，增强消费的自主性。深入挖掘谷子营养保健和文化内涵，充分利用各种媒体扩大宣传是提高谷子消费的重要途径。第二，生产企业转变生产观念，实施小米品牌战略，生产适合不同消费人群偏好的品牌小米。研究结果表明，有小米消费习惯的居民对价格不敏感，城镇居民对小米的消费提出了更高的要求，生产企业应当转变生产观念，开发富硒、富铁、高抗性淀粉、高维生素等适合老人、病人、孕妇等食用的小米产品，提高小米产品附加值，以满足不同消费人群的需要。第三，开发多种层次的产后加工产品。开发小米方便粥、小米营养粉、小米方便面等方便食品，满足居民快节奏的生活需求；采用现代食品加工技术，开发主食食品、大众化食品、饮料等方面的产品，满足人们对营养、健康、感官、口味和消费方式的需求；研发高附加值的谷子功能食品、药膳食品、化妆品等，促进高附加值谷子制品的开发从而带动谷子的产业化[11]。第四，相关企业应根据城镇居民的小米消费行为特征以及影响小米消费的主要因素，对城镇居民进行合理和科学的市场细分，制定不同层次的市场营销策略。

参考文献

[1] 郭孟珂. 中国城镇居民消费结构及变动趋势的实证研究 [D]. 北京：首都经济贸易大学, 2012.

[2] 梁凡, 陆迁, 同海梅, 等. 中国城镇居民食品消费结构变化的动态分析 [J]. 消费经济, 2013, 29 (3)：22-26.

[3] 刁现民. 中国谷子生产与发展方向 [A]. 柴岩, 万富世. 中国小杂粮产业发展报告 [M]. 北京：中国农业出版社, 2007：32-43.

［4］　王文智，武拉平．城镇居民兔肉认知及消费行为分析——基于全国 11 个城市调查数据［J］．中国养兔，2012（5）：16-19.

［5］　殷志扬，韩喜秋，袁小慧．中国城镇居民猪肉消费的影响因素及特征分析［J］．江苏农业科学，2013，43（9）：383-385.

［6］　朱宁，高堃，马骥．北京市城镇居民鸡蛋消费影响因素的实证分析［J］．中国食物与营养，2012，18（1）：45-48.

［7］　赵姜，周忠丽，吴敬学．城镇居民西瓜消费行为的实证研究——以北京市和郑州市为例［J］．中国食物与营养，2013，19（12）：36-40.

［8］　许俊锋，王桂荣．河北省居民谷子消费现状与影响因素分析［J］．北方经济，2011（5）：74-75.

［9］　李玉勤．杂粮产业发展研究［D］．北京：中国农业科学院，2009.

［10］　李玉勤，张蕙杰．消费者杂粮消费意愿及影响因素分析——以武汉市消费者为例［J］．农业技术经济，2013（7）.

［11］　刘敬科，刁现民．中国谷子产业现状与加工发展方向．农业工程技术［J］．2013（12）：15-17.

辽宁省春谷新品种特征特性及栽培技术

黄　瑞* 　孔凡信

（辽宁省水土保持研究所，朝阳　122000）

摘　要：论述了辽宁省春谷新品种的特征特性及栽培技术，以期为辽宁省春谷新品种的推广种植提供技术参考。

关键词：春谷；特征特性；栽培技术；辽宁省

辽宁省西部地区光热资源丰富，有利于农作物的光合作用。但该区耕地中75%以上的面积为坡地，土层薄，水土流失严重，土壤有机质含量低。年平均降水量为460～560mm，降水高峰期集中在7～8月，占全年的55%左右。该区旱灾频繁，素有"十年九旱"之说，尤其春旱和伏旱，常常给粮食作物造成严重的产量损失。谷子抗旱耐瘠，适于该区独特的自然条件，有史以来谷子一直作为该区主栽的抗旱救灾粮食作物，在发展农业生产，保障人民生活中发挥着举足轻重的作用。近年来，伴随人们生活水平的提高，食疗保健意识增强，谷子因其营养丰富、医食同源、具有良好的保健作用而备受消费者关注。伴随国内外市场对谷子产品需求的不断增长，谷子价格不断上升，辽西地区谷子播种面积也逐渐加大，种谷农户对谷子新品种的需求也随之增长。如何使谷子新品种和栽培新技术尽快转化为生产力，以满足当今农业快速发展的需要，是农业技术推广部门及服务部门必须思考的问题。笔者多年参加谷子新品种推广工作，不断思索，及时总结经验，认为要进一步做好谷子新品种推广工作需着重解决好以下几个方面的问题。

1　新品种特征特性

即使是同一地区内各个局部地区仍然存在自然条件的差异，要根据品种的生育期、抗旱性、抗倒伏性以及抗病性等特点，重点推广适宜本地区的新品种，使新品种发挥良好的增产增收作用。

选择品种应注重以下几个方面。

1.1　生育期

辽西地区无霜期为140～160天，谷子一般于4月下旬至5月上旬播种，9月上中旬收获，生育期100～130天。但辽西地区春季常受移动性冷高压的影响，气温回升快，空气干燥，多风，蒸发强度大，降雨少，形成春旱，使谷子不能正常播种。秋季常遇初霜早临天气，造成谷子灌浆不充分，空秕粒增多，产量损失大。根据实践经验，我们认为，适宜辽西地区栽培种植的谷子品种生育期以110～120天为宜。如朝谷13号生育期为115天左右，遇春季干旱严重年份，6月5日播种依然能正常成熟，保持了很强的高产性和稳产性。而朝谷12号生育期略长一些，在建平县北部地区须谨慎推广种植。

---

　* 作者简介：黄瑞，男，助理研究员，现从事谷子育种及新品种推广工作

1.2 抗逆性

主要考虑品种的抗旱性、抗倒伏性和抗病性。干旱、土壤瘠薄是辽西地区的自然特点，因此，要把品种的抗旱耐瘠放在重要位置，否则便保证不了新品种在生产中保持高产稳产。该地区雨季经常伴随大风天气，新品种的抗倒伏性不容忽视。在抗病性上主要要求抗白发病、黑穗病和锈病。近年来，谷子锈病在局部地区有较重发生的趋势，特别是矮秆谷子品种，时常发生锈病，推广新品种时一定要考虑区域特点，慎重选择品种。我们推广的新品种朝谷 12 号、朝谷 13 号、朝谷 14 号，抗旱性强，高抗谷子白发病、谷瘟病、中抗锈病，尤其是朝谷 12 号免疫黑穗病，深受广大农户欢迎。

1.3 米质

随着人民生活水平的提高和对小米的进一步开发利用，对谷子的米质也有了更高的要求。目前辽西地区缺乏优质米的谷子品种也是阻碍谷子生产的一个重要原因，因此，在选择要大面积推广的品种时必须把优质米作为一个重要指标。优质米在外观上要求米粒较大，颜色金黄有光泽；在食用品质上要求米质粳性，蛋白质、脂肪含量高，直链淀粉含量低，口感好，饭味香，易于蒸煮，干稀饭均佳。朝谷系列新品种基本上具备上述特点，有利于大面积推广应用。

2 栽培技术

2.1 适期播种

在辽西地区自然条件下，生育期以 110～120 天的品种，我们认为适宜播种期在 5 月上旬至下旬，力争在 9 月中旬收获，这样既可满足谷子生长所需的积温，使谷子需水高峰期与辽西雨季相遇，也避免了秋季早霜对谷子的影响。

2.2 合理密植

谷子是靠群体增产的作物，为夺高产，必须达到适宜的密度，如朝谷 12 号、朝谷 13 号适宜种植密度为坡地每亩 2.5 万～3.0 万株，平地每亩 3.0 万～3.5 万株。而朝谷 14 号株型合理，耐密植，适宜种植密度为坡地每亩 3.5 万～4.0 万株，平地每亩 4.5 万～5.0 万株。

2.3 科学施肥

在作物生产过程中，合理有效地施肥是取得高产的关键栽培因素之一。在新品种推广之前，需进行品种的氮、磷、钾肥试验，明确品种的需肥规律，有条件的地区可根据品种需肥规律进行配方施肥，使新品种新技术同时推广。在辽西地区，朝谷系列新品种一般亩施农家肥 2 000kg，口肥二铵 10～15kg，亩追尿素 15～20kg。

2.4 压青苗

压青苗是指谷子苗期用石磙碾压，与小麦压青相似。据锦州农业科学院 3 年试验数据，当谷苗生长到两叶一心和三叶一心分两次压青苗最为理想，增产效果可达 17.6%。主要原因是控上促下，地上部第三茎节缩短加粗，提高了谷子抗风抗倒伏力；增加了根系条数和长度，提高了根系吸水吸肥能力。我们在新品种推广工作中实际经验类似，两叶一心和三叶一心即使一次压青苗，也可增产 3%～5%。

2.5 适时收获

籽粒收影响籽粒灌浆，收晚落粒严重，最适期为籽粒变为该品种固有色泽，籽粒坚硬，应及时收获。

3　结语

以上几点是我们在承担朝谷系列谷子新品种推广项目过程中积累的经验，在辽西地区自然条件下新品种增产效果比较明显，在自然条件不同的其他地区还有待于实践检验。当然，这仅仅是谷子新品种配套栽培技术中的一部分，其他相关技术本文虽然未做探讨，但也是不可忽视的。

参考文献

[1]　刘晓辉. 吉林省谷子推广品种亲缘关系分析与今后育种的商榷 [J]. 粟类作物，1991 (1)：30-32.

[2]　李东辉. 李东辉谷子论文集 [M]. 石家庄：河北科学技术出版社，1993.

[3]　朱志华等. 谷子种质资源品质性状的鉴定与评价 [J]. 杂粮作物，2004，24 (6)：329-331.

[4]　王英，王秋生，靳开维，等. 旱地地膜覆盖谷子栽培 [J]. 山西农业，2001 (8)：22.

内蒙古谷子产业发展存在的问题与解决对策*

柴晓娇** 李书田 赵 敏 刘 斌 王显瑞

（内蒙古赤峰市农牧科学研究院，赤峰 024031）

内蒙古自治区地理环境独特，高原、山地、平原、丘陵相互交错，其间分布高原、山地和丘陵，水土流失较严重。全区高原面积占全区总面积 53.4%，山地占 20.9%，丘陵占 16.4%，河流、湖泊、水库等水面面积占 0.8%。旱作农业成为我区山地、丘陵的主要农作方式，旱作农业中主要种植的作物有谷子、高粱、莜麦、荞麦、糜黍等。由于我区地域辽阔，地势复杂，70%以上都是丘陵旱地，土质比较瘠薄，早春干旱风沙较大。因此，谷子是这一地区古老延袭的主栽抗旱作物。

内蒙古的谷子主要种植在东部地区的赤峰市、兴安盟、通辽市等区域，呼伦贝尔市、乌兰察布市、呼和浩特市附近有零星种植。全区年谷子种植面积达 280 万亩，干旱季节可达到 600 万亩左右，产量占全国谷子产量的 1/4。赤峰市作为我区谷子的主要种植区，年种植面积达 200 万亩，干旱季节达到 500 万亩左右，种植面积占全区的 70%以上。但我区谷子主产区在中国谷子市场上没有形成相匹配的市场效益和市场影响力。我区谷子产业发展出现了哪些主要问题，如何找出解决谷子发展的瓶颈因素，对全力推进我区谷子产业发展，发挥谷子优势，农民增收，发展企业均具有非常积极的意义。

1 谷子产业发展中存在的主要问题

1.1 科研经费投入不足，科研力量薄弱

内蒙古自治区是粮食的主要产区，主要种植玉米、小麦、水稻等大宗粮食作物，国家农业的主要投入面向小麦、玉米、水稻等解决吃饭问题的粮食作物，对于杂粮中谷子的研究经费投入少之又少，科研工作难以开展。再加上区内研究谷子的专业人员不足 10 人，而且大部分集中在育种方面，在谷子分子研究、产后加工研究方面人才匮乏，使谷子新品种研发、技术创新速度缓慢，科研力量薄弱。2008 年农业部启动国家农业产业技术体系，使谷子研究呈现了崭新的一页，我区乃至全国谷子研究进入新的篇章，新品种、新技术得以在全国范围内交流推广，科研院所于加工企业紧密结合。

1.2 谷子传统生产方式不能满足市场经济的要求

谷子多种植在干旱瘠薄的山坡地，生长环境恶劣，地势高陡不平，难以开展机械化生产。我区谷子种植一直以来不能解决谷子的机械化播种、中耕、收获，使得谷子种植都是粗耕简作模式。"面朝黄土背朝天"，这是农民种植谷子的真实写照，也是谷子产业化发展遇到的瓶颈问题。如此过大的劳动强度、过高的雇工费用，使得农民种植谷子的积极性降低，相比较之下，农民更愿意种植机械化程度高、劳动强度低、管理成熟的玉米和小麦。农民种植的谷子只需满足食用即可，如此落后的种植方式不能满足市场经济的要求。

* 基金项目：国家谷子糜子产业技术体系（编号：CARS-07-12.5-B10）

** 作者简介：柴晓娇，女，助理研究员，从事谷子糜子育种及谷子糜子种质资源搜集工作；E-mail：xiaojiao86816@163.com

1.3 原粮生产基地，龙头企业发展不足

我区谷子种植面积占全国谷子种植面积的1/4，可以说内蒙古谷子的收获情况可以改变全国谷子的价格。我区的谷子加工是以基地型产业发展为主，以加工销售产品为辅。谷子加工企业设备和加工工艺落后，多为私营小加工厂，只能进行简单的原粮加工，将加工的小米远销国内市场，再由二级市场进行包装销售，没有形成自己的品牌和销售渠道。目前谷子的主要加工产品是小米，且主要食用方式是熬粥，小米是北方干旱地区食用粮食，由小米衍生的其他加工产品效益低在市场流通差，不能有效转化大批量的原料，使得种植出的谷子在流通环节问题多多。不稳定的原料生产，较低的转化加工能力，已经不适应市场化需求，不能带动全区谷子产业快速发展。

2 谷子产业发展解决对策

2.1 政府导向，体系技术支持，构建良好发展平台

政府有关部门应站在大力发展我区特色小杂粮作物的角度，把谷子规模化发展定位于国家优势产业之一。组织农业科技部门对其产业进行深入研发，因地制宜、大力扶持发展，积极培育建设集中成规模的生产基地，建立稳定的优质原料基地。同时利用农业部国家现代农业产业技术体系打造谷子产业发展的良好平台，互通技术，解决问题，按照产加销一条龙的发展思路，加快推进谷子生产化、市场化和产业化。

2.2 打破谷子传统模式，大力发展新技术

打破谷子传统种植管理模式，突破谷子播种、中耕、收获等各个环节机械化程度低的难题，根据谷子自身特点，研制相应的生产机械，解决谷子生产机械化程度低、费工费时。通过机械化大幅度的减少田间管理用工，降低生产成本和劳动强度。大力研发省时省工的谷子新品种如抗除草剂谷子新品种，通过品种自身的特性，有效的实现省时省工，从而降低劳动强度。

2.3 扶持谷子加工龙头企业，实施名牌战略

内蒙古自治区谷子生产加工水平低，主要原因是加工手段落后，没有品牌小米、缺少知名加工企业。加工厂加工手段落后，缺乏市场竞争力，在市场经济条件下，没能培养出拥有自己特色的产品。首先要扶持和壮大现有企业，多方筹集资金培育生产能力强、产品质量高的新企业，提升加工规模和水平，改变目前零星分布的小作坊加工格局。其次，要在保护好现有品牌的同时，打造开发新的名、优、特加工品牌，通过引进先进技术和设备，努力提高加工品质和品位，利用品牌效应，培育和开拓国内外市场。通过重组与整合，形成一批能真正带动谷子产业发展的企业和品牌，推进其产业化进程。

参考文献

[1] 张辉，曲文祥，李书田. 内蒙古特色作物 [M]. 北京：中国农业科学技术出版社，2010.

[2] 柴岩，冯百利，孙世贤. 中国小杂粮品种 [M]. 北京：中国农业科学技术出版社，2007.

中国谷子产业现状、发展趋势及对策建议*

李顺国** 刘 斐 刘 猛 赵 宇 王慧军***

（河北省农林科学院谷子研究所/河北省杂粮研究实验室/
国家谷子改良中心，石家庄 050035）

摘 要：本文从中国谷子种植面积、产区布局、种植品种、消费类型、加工企业、市场动态等方面介绍了中国谷子产业现状，分析了中国谷子产业存在问题及发展趋势。最后从强化农机农艺、农牧结合技术配套与集成，提高谷子现代化生产水平；设立谷子科研专项，提高谷子研发原始创新能力；加强对谷子产业发展的政策支持；推动谷子产业环境建设等方面提出中国谷子产业发展的四点建议。

关键词：谷子；产业现状；发展趋势；对策建议

谷子脱壳后为小米，是起源于中国的传统特色作物，河北武安磁山出土文物考证谷子距今已有 8700 多年的栽培历史[1]。谷子在中国农业生产史上曾发挥过举足轻重的作用，数千年来一直作为主栽作物培育了中国北方文明，被誉为中华民族的"哺育作物"[2]。谷子具有抗旱耐瘠、水分利用效率高、适应性广、营养丰富、各种成分平衡、饲草蛋白含量高等突出特点，被认为是应对未来水资源短缺的战略贮备作物，建设可持续农业的生态作物以及人们膳食结构调整、平衡营养的特色作物[3-5]。近年来，随着人们对谷子再认识的逐步提高，中国谷子产业发展势头良好，谷子生产面积有所回升，价格持续上涨，科研单位推出的创新性成果支撑产业发展的能力不断增强。当前中国正在大力推进现代农业建设，2014 年中央 1 号文件更加突出了家庭农场、专业合作社、企业等新型经营主体地位。在新的时代背景下，对中国谷子产业现状、存在问题进行系统梳理分析，研究中国谷子产业发展趋势，探讨中国谷子产业发展对策，对于中国谷子产业可持续发展以及提高产业发展水平具有重要意义。

1 中国谷子产业现状

1.1 谷子种植面积持续下降

谷子作为五谷之首，自夏商、先秦、隋唐以来一直占据着中国主粮地位[6]。唐代后期，由于水利条件的改善、粟麦轮复种的普及，谷子的生产面积逐步下降[7]，直到新中国成立初期，中国谷子面积在 1 000 万 hm^2 左右，在北方仍和小麦、玉米一样为主要粮食作物。新中国成立以来，中国谷子播种面积总体呈下降趋势，并有 3 次快速下降期（图1），数据来源于中国种植业信息网 1949—2012 年）。第一次：1955—1960 年，中国谷子生产面积从 892.9 万 hm^2 下降到 570.4 万 hm^2，5 年间下降 322.5 万 hm^2，平均每年下降

* 基金项目：农业部/财政部"现代农业产业技术体系专项资金"（CARS-07-12.5-A18）；国家科技支撑计划（2011BAD06B02-3）

** 作者简介：李顺国，研究员，主要从事杂粮产业经济研究；E-mail：lishunguo76@163.com
*** 通讯作者：王慧军，教授，博士生导师，主要从事农业经济管理研究；E-mail：nkywhj@126.com

64.5 万 hm²；第二次，1970—1980 年，中国谷子生产面积从 691.3 万 hm² 下降到 387.2 万 hm²，10 年间下降 304.1 万 hm²，平均每年下降 30.4 万 hm²；第三次，1983—2005 年，中国谷子面积从 408.7 万 hm² 下降到 84.9 万 hm²，21 年下降 323.8 万 hm²，平均每年下降 15.4 万 hm²。此后，中国谷子生产面积波动不大，近年来由于市场拉动、轻简化生产技术的推广，部分地区谷子面积有所回升。

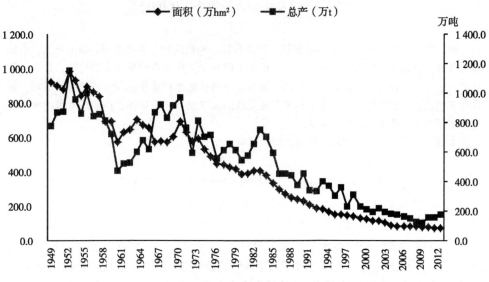

图 1　1949—2012 年中国谷子种植面积、总产量变化情况

1.2　谷子产区布局

谷子在中国分布极其广泛，几乎全国都有种植，但目前产区主要分布在 32°~48°N，108°~130°E 的北方各省的干旱、半干旱地区[8]，其中，种植面积较大的有山西、河北、内蒙古、黑龙江、吉林、辽宁、山东、河南、陕西、甘肃、宁夏等省区。2012 年中国种植业信息网数据表明，山西、河北、内蒙古三地占中国谷子种植面积 68.1%。"十五"以来，国家攻关（科技支撑计划）项目习惯将中国谷子产区分为华北、东北、西北三大生态区。根据各地自然条件、地理纬度、种植方式和品种类型，有专家学者把中国谷子产区划分为东北平原春谷区、华北平原夏谷区、内蒙古高原春谷区、黄河中上游黄土高原春夏谷区这四个谷子栽培区[9]。据本课题组调研发现，越是谷子集中种植、谷子加工企业多的地方谷子销售价格越高，新品种新技术越容易推广，种植谷子的效益越高。越是零星分散种植的地区，谷子价格越低，新品种新技术越不容易推广，种植谷子的效益越低。上述谷子生产的特点促使中国形成了河北邯郸（面积 5.3~6.7 万 hm²）、河北张家口（面积 4.0 万~5.3 万 hm²）、内蒙古赤峰（面积 12.0 万~14.7 万 hm²）、辽宁朝阳（面积 4.0 万~5.3 万 hm²）、河南洛阳（面积 1.3 万~2.0 万 hm²）、山西忻州（面积 2.7 万~3.3 万 hm²）、山西长治（面积 1.2 万~1.5 万 hm²）、山西吕梁（面积 4.0 万~5.3 万 hm²）、陕西陕北（面积 3.3 万~4.7 万 hm²）等谷子优势主产区（根据国家谷子糜子产业信息平台数据汇总整理）。

1.3　谷子种植品种概况

初步统计，目前全国从事谷子育种、栽培、生物技术等领域的科研单位共有 27 家。

2000 年以来，全国各单位育成谷子品种 120 余个，但生产上品种更新速度较慢，存在着种植品种繁杂、主推品种少、品种优势不明显等问题。从 20 世纪 80 年代后期，科研单位开始重视优质品种选育，并育成了多个既优质又高产的品种。中国作物学会粟类作物专业委员会从 1986 年开始组织优质小米品种鉴评，到 2013 年已组织了 10 届优质米鉴评会，对优质米育种起到了引导作用。近年来，企业开发的农家品种、地方品种参评积极性提高，评选出的本堂谷、黄旗皇、汇华金米等获得一级优质米，促进了产业化开发。历届优质米评选出一批优质品种比如金谷米、龙谷 25、沁州黄、冀张谷 5 号、坝谷 214、冀谷19、长农 35、龙谷 31、冀谷 31、豫谷 18 等一级优质米在支撑产业开发中起到了重要作用。

1.4　谷子消费类型与加工企业

目前，中国谷子消费区域主要在河北、山西、内蒙古、天津、北京、山东、河南、陕西、宁夏、甘肃等北方省份，南方市场也有一定量的小米销售。居民谷子消费的类型主要是小米，且以 80% 以上煮粥为主。课题组通过网上调查谷子消费类型，结果表明：目前谷子消费类型的比例为小米 64.85%，小米锅巴 23.37%，饲料谷子 11.29%，小米醋0.41%，小米酒 0.07%，小米挂面 0.01%。目前谷子深加工产品有小米酒、小米醋、小米营养粉、小米方便粥、小米煎饼、小米面条、小米锅巴、小米冰淇淋、小米爆米花、小米饼干、小米茶汤等。近年来，随着人们对谷子等特色杂粮营养保健的认识，谷子市场需求逐步扩大，谷子加工企业发展迅速。初级加工企业主要是优质小米开发，目前全国通过绿色认证小米产品 103 个，有机认证产品 161 个，地理标识保护产品 33 个，并形成了以加工企业为核心的生产基地；在深加工企业方面，主要集中在河北和山西，产能设计达到万吨以上的企业有张家口北宗黄酒酿造有限公司的小米黄酒产品（产能 5 万 t），山西沁州黄小米集团有限公司的小米营养粉产品（产能 5 万 t），山西柏图啤酒公司的小米啤酒（产能 10 万 t）[10]。

1.5　中国谷子市场动态

1.5.1　中国谷子/小米价格走势分析

小米市场主要分为农产品批发市场、小米集散地、超市、电子商务等几种类型。过去的 10 年谷子/小米的价格受年度间播种面积、自然灾害的影响较大，往往陷入"种植面积扩大—总产增加—价格下跌—播种面积减少—总产减少—价格上扬—种植面积扩大"的经济规律。年度内谷子/小米价格波动也较为规律，年初到收获前价格较低，收获后到春节前价格上涨，春节之后回落。图 2 为石家庄桥西农产品批发市场 2008—2014 年小米价格走势图，可以看出小米价格波动较为明显，但上涨趋势更加明显。2010 年以来，谷子/小米价格持续上涨，年度间、年度内价格变化均打破上述规律，谷子单价由 3.0 元/kg上涨到目前 8.0 元/kg，小米单价由 5.0 元/kg 上涨到目前的 12 元/kg，谷子/小米价格较去年上涨 35%~60%，再创近年来价格新高。2013—2014 年谷子/小米市场有以下几个特点：一是谷子/小米价格延续近几年上涨态势，且本年上涨幅度最大，特别是 2014 年初打破以往价格走低的态势，谷子/小米价格持续上涨；二是适口性好、商品性好的优质小米需求旺盛，价格高于普通小米 20% 以上，有机谷、绿色认证小米价格平稳，继续在高价位运行；三是越是集中种植、产业程度高的地区，谷子收购价格越高，表现为规模效益越好；四是电子商务平台小米日成交量在稳步提高，预计未来将在小米贸易中发挥重要作用。

图2 石家庄桥西农产品批发市场 2008—2014 年小米价格走势

1.5.2 价格变化对消费与生产的影响

近年来谷子价格的持续上涨是种植面积回升较少，企业开发态势强劲，人们消费需求增大等共同作用的结果。在小米价格上涨的影响下，最近其他杂粮价格也有上涨趋势。部分粥店调高了一些杂粮粥的价格，不少早餐店也调整了面食价格。面对谷子价格的新高，部分加工厂为了规避风险，选择减少加工或停业。从市场反映来看，虽然大部分居民能感觉出小米价格上涨明显，但由于并不是主食，食用量不是太大，所以对日常消费支出影响不大。通过课题组调研发现，由于谷子价格的走高，2014 年谷子种植大户显著增加，谷子种植合作社、企业建立基地愿望增强，谷子种子销量高于往年，中国谷子种植面积总体呈上升趋势。

2 中国谷子产业存在的问题

2.1 平均单产依然低而不稳，地区间波动较大

由于中国谷子种植区域目前主要在干旱、半干旱的丘陵山区，也是中国的老少边贫地区，受农民年龄层次、知识层次、病虫害以及自然灾害的影响，全国谷子单产地区间差异较大[10]。2012 年中国谷子统计数据产量只有 2 445kg/hm²，国家谷子糜子产业信息平台显示，东北、华北地区谷子平均单产在 3 000~5 250kg/hm²，西北地区谷子平均单产在 2 250~4 500kg/hm²。谷子糜子产业体系示范县由于在品种、技术以及培训等措施到位的情况下，单产优势明显，52%的示范县单产在 4 500kg/hm²以上。示范基地高产典型：怀来县施家营村示范的 2hm²高产新组合"A2×黄八杈"，平均产量 9 375kg/hm²；甘肃省会宁县中川乡高陵村建立的 8.3hm² 谷子留膜免耕穴播栽培技术示范田，平均单产 8 527.5kg/hm²，较当地良谷增产 25%以上。

2.2 新品种、新技术支撑产业发展能力有待加强

晋谷 21、冀谷 19、龙谷 25、东方亮、黄金谷等一批老品种、地方品种和农家种在产业开发中仍然占据重要地位[11]，优质、特色品种急需加快培育和成果转化。由于人工费

用的持续提高，轻简化生产技术得到高度重视。但目前在生产中，谷子简化栽培技术、播种机、割晒机、脱粒机等单项、2项或3项技术的集成在生产中占主导地位，缺乏适合不同生态区、不同生产条件的全程轻简化生产技术。

2.3 大众化食品产业化水平有待进一步提升

虽然中国谷子加工企业目前发展较快，但普遍存在产能小、规模小、技术含量低、销售市场狭窄等问题。目前科研单位在小米面条、小米挂面、小米面粉、小米酒等大众化食品研发方面取得阶段性成果，并小部分上市，但大众化食品产业道路仍然任重道远，缺少主流产品和影响力大的产品，企业生产发展缓慢。科研单位的产后加工成果、专利、产品多数不能进入市场，科研与企业缺乏有效的对接。

2.4 适合农业现代化发展的新型市场主体需要加快培育

目前，家庭农场、种植大户、专业合作社、企业等新型市场主体在中国内蒙古自治区、东北三省、山西省、河北省等谷子主产区发展势头良好，但存在的普遍问题：缺乏专业的市场运行经验、产业信息获取渠道狭窄、产业组织化水平较其他大宗农产品低，农户、企业、专业合作社之间没有建立起有效的利益机制、信用机制。因此，适合农业现代化发展的新型市场主体需要加快培育。

3 中国谷子产业发展趋势

3.1 生产面积稳中有升，规模化生产进一步提高

由于近年来谷子价格快速上涨、科技支撑能力逐步增强、企业发展意愿强劲等因素，预计未来赤峰、邯郸、延安、长治、朝阳等主产区谷子面积稳中有升。随着家庭农场、种植大户、专业合作社快速发展以及轻简化生产技术逐步成熟，规模种植效益优势明显，规模化、标准化生产水平进一步提高。

3.2 谷子价格趋于平稳，电子商务份额不断扩大

由于人工、运输成本增加，消费需求增长旺盛，谷子总产稳中有升，由于供需的共同增长，预计中国谷子价格趋于平稳。年度间在收获后总量的增加将或有小幅回落，但价格回落不显著。随着互联网电子商务的快速发展，谷子产品网上销售所占份额逐步增大，包括产品销售、业务洽谈，可以预见未来谷子产业中的电子商务平台的作用将进一步扩大。

3.3 支撑产业发展的科技创新成果继续扩大应用推广

国家谷子糜子产业技术体系成立以来，在谷子轻简化生产技术、优质品种筛选与选育、农业机械等方面取得阶段性成果，在生产中发挥越来越重要的作用。示范基地建设中，新品种、新技术将继续扩大示范推广，病虫害防控、农机农艺配套、轻简化生产等技术集成促进增产增收的优势将进一步显现。

3.4 谷子产业化水平不断提高，产后加工产品陆续进入市场

2013年谷产业发展势头良好，河北华瑞农源、赤峰八千粟等一批新兴小米加工企业发展迅速，并注重基地建设、文化建设和与体系的结合，产业发展与科技创新相互促进的氛围进一步形成。2013年体系加工岗位与国内龙头企业达成了合作协议，小米馒头、小米营养粉成功试产，并陆续上市销售。可以预见，未来几年中国谷子产业化水平将取得较大突破。

4 中国谷子产业发展对策建议

4.1 强化农机农艺、农牧结合技术配套与集成，提高谷子现代化生产水平

随着新型市场主体的快速发展，谷子规模种植的效益逐步显现，用户对农机农艺配套集成技术需求持续强劲。目前中国在谷子播种机、割晒机、联合收割机、简化栽培技术等单项轻简化技术趋于完善。今后应强化农机农艺的深度融合，组装几套适合不同生态区、不同生产条件的全程轻简化生产技术，支撑产业可持续发展。谷草是禾本科中最优质的饲草，秸秆粗蛋白含量在8%左右，谷子副产品谷草的开发将成为一个拉动产业发展的新型产业，推动这一产业发展对于提高谷子综合效益、促进畜牧产业发展具有重要意义。

4.2 设立谷子科研专项，增强谷子研发原始创新能力

继美国完成了谷子全基因组测序后，中国科学家先后完成了谷子全基因组序列图谱的构建、绘制出谷子基因组单倍型物理图谱，首届国际谷子遗传学大会已于2014年3月在北京召开，这些都表明谷子及其近缘野生种青狗尾草正在迅速发展成为禾本科功能基因组研究的模式植物。为了继续保持中国在谷子研究方面的世界领先地位，建议在谷子产量和品质性状全基因组选择育种基础研究方面设立973项目，在谷子农机农艺配套集成、综合利用研究与示范方面设立国家公益性行业科研专项。通过这两个专项支撑中国抢占谷子科技创新制高点，提高中国谷子原始创新能力，为产业发展提供科技支撑。

4.3 加强对谷子产业发展的政策支持

目前国家还没有专门针对谷子的产业政策，谷子主产县市表明，谷子良种补贴政策对谷子生产具有刺激、促进作用。建议国家设立专门针对谷子等小杂粮的产业政策：一是在谷子优势产区建立完善的良种补贴、农资补贴、农机补贴等支持政策[12]；二是加强对谷子加工企业的政策扶持力度，在税收、贷款以及产业化项目上面加大支持力度；三是建立谷子粮食贮备制度，在各谷子主产区以最低保护价收购一定数量的谷子作为国家储备粮；四是加快培育家庭农场、种植大户、种植合作社等新型市场主体，提高综合生产能力。

4.4 推动谷子产业环境建设

谷子产业环境建设包括3个方面。一是通过国家谷子糜子产业技术体系建立科技成果、学术交流、市场流通、消费需求等现代谷子产业信息平台，使谷子产业信息更加通畅而有效；二是继续深度挖掘和研究粟文化的传承与创新，做好粟文化与产业发展的结合；三是加强对谷子健康营养元素的开发，适宜不同消费人群产品的开发，加大宣传力度，让广大消费者更多地了解谷子的营养价值。

参考文献

[1] Lv H Y, Zhang J P, Liu K B, et al. Earliest domestication of common millet (*Panicum miliaceum*) in East Asia extended to 10000 years ago [J]. Proceedings of the National Academy of Sciences of the United States of America, 2009, 106: 7367-7372.

[2] 刁现民. 中国谷子产业与产业技术体系 [M]. 北京：中国农业科学技术出版社, 2011.

[3] 李顺国, 刘猛, 赵宇, 等. 河北省谷子产业现状和技术需求及发展对策 [J]. 农业现代化研究, 2012 (5)：286-289.

[4] 张海金. 谷子在旱作农业中的地位和作用 [J]. 安徽农学通报. 2007, 13 (10)：169-170.

［5］ 刁现民．中国谷子生产与发展方向［C］//柴岩，万福世．中国小杂粮产业发展报告．北京：中国农业出版社，2007：32-43.

［6］ 华林甫，唐代粟．麦生产的地域布局初探［J］．中国农史，1990（2）：33-42.

［7］ 华林甫．唐代粟、麦生产的地域布局初探（续）［J］．中国农史，1990（3）：23-39.

［8］ 山西省农业科学院主编．中国谷子栽培学［M］．北京：农业出版社，1987.5.

［9］ 王殿瀛，郭桂兰，等．中国谷子主产区谷子生态区划［J］．华北农学报，1992，7（4）：123-128.

［10］ 刘敬科，刁现民．中国谷子产业现状与加工发展方向［J］．农业工程技术，2013（12）：15-17.

［11］ 赵宇，刘猛，刘斐，等．2013年谷子糜子产业发展趋势与政策建议［J］．2013（4）：56-59.

［12］ 李顺国，刘猛，赵宇，等．2012年谷子糜子产业政策建议及趋势分析［J］．农业展望，2012，8（3）：41-44.

免耕播种对麦茬夏谷生长发育及产量的影响初探*

郝洪波** 崔海英 李明哲***

（河北省农林科学院旱作农业研究所，河北省农作物

抗旱研究实验室，衡水　053000）

摘　要：试验表明衡谷 10 号和冀谷 31 号免耕播种在留苗 5 万/666.7m^2 时产量最高，但穗重、穗粒重最低，衡谷 10 号分别为 11.918g、10.847g，冀谷 31 号分别为 11.915g、11.146g。表明常规品种免耕播种的留苗密度应以 5 万/666.7m^2 合适。而免耕播种张杂谷 11 号在留苗 1.5 万/666.7m^2 时的产量最高，为 334.02kg，此时旋耕播种产量最低，为 217.34kg，二者相差 34.93%，表明杂交种免耕播种应稀植，密度以留苗 1.5 万/666.7m^2 为宜，此时张杂谷 11 号免耕处理的穗重、穗粒重低于旋耕处理，分别为 18.43g 和 15.06g；而在 3 万苗/666.7m^2 时穗重、穗粒重最低，分别为 14.46g 和 13.16g。

关键词：谷子；免耕播种；旋耕播种；生长发育；产量

免耕技术始于美国，1943 年，美国的佛克纳（E. H. Fanlkiner）在《犁耕者的愚蠢》一书中首次提出土壤免耕论点[1]后，世界上很多国家开展了免耕法的研究，但由于当时除草与秸秆还田技术尚不成熟，免耕研究进展缓慢[2]，随着农业机械及多种除草剂的发展及应用，免耕农业得以大面积试验和推广。粗略统计，全世界免耕面积约为 45×10^{6}hm^2，其中美国和加拿大占 52%。中国免耕农业始于 20 世纪 50 年代[3]，近年来研究进展较快，全国很多省区开展了免耕研究，主要集中在小麦[4-7]、玉米[8-12]、水稻[12-20]等作物上，但尚未有关谷子免耕的研究报道。本研究以传统的旋耕条播为对照，在麦茬地进行免耕直播夏谷，比较二者经济性状与产量的变化，旨在找出一条方便、快捷、高效的播种方式，以减少劳力和机械投入，提高产投比。

1　材料与方法

1.1　试验地概况

试验在河北省农林科学院旱作农业研究所深州护驾迟试验站进行。试验地前茬为麦地，小麦在 6 月 12 号用联合收割机收获，秸秆粉碎田间，留茬 15～20cm。土壤 pH 值 7.8，耕层土壤各养分含量分别为有机质 1.722%、全氮 0.105 3%、全磷 0.076 8%、全钾 2.419 6%、碱解氮 50.42mg/kg、速效磷 9.96mg/kg、速效钾 108.11mg/kg。

1.2　试验材料

试验谷子品种为常规品种衡谷 10 号、抗除草剂品种冀谷 31 以及杂交谷子品种张杂谷 11 号。

---

* 基金项目：国家谷子糜子产业技术体系（CARS-07-12.5-B3）

** 作者简介：郝洪波，男，河北藁城人，副研究员，主要从事谷子栽培与选育研究

*** 通讯作者：李明哲，男，河北饶阳人，副研，主要从事谷子栽培与选育研究

1.3 试验方法

1.3.1 试验设计

试验采用正交裂区试验设计，以传统的旋耕条播作为对照，共设24个处理（表1和表2），每个处理重复3次，小区面积60 m²。由于取样会造成小区产量下降，为减少影响，将每个小区又分为两部分：1/3为取样区，2/3为产量区。本试验在6月29日机械播种，行距40cm，播后所有处理立即均匀喷洒44%谷友 WP 1 800g/hm²，7月16日定苗，7月18日中耕除草，在抽穗前追施尿素300kg/hm²，9月28日收获。

表1 试验因素及水平

试验因素	水平			
	1	2	3	4
A（播种方式）	旋耕条播	免耕条播		
B（品种）	衡谷10	冀谷31	张杂谷11	
C（密度，万/666.7m²）	3	4	5	6

注：张杂谷11留苗密度分别为表中所列密度的1/2

表2 试验设计

处理代号	处理方式	播种方式	品种	密度	处理代号	处理方式	播种方式	品种	密度
1	A1B1C1	旋耕条播	衡谷10号	3万	13	A1B1C3	旋耕条播	衡谷10号	5万
2	A1B2C1	旋耕条播	冀谷31	3万	14	A1B2C3	旋耕条播	冀谷31	5万
3	A1B3C1	旋耕条播	张杂谷11	1.5万	15	A1B3C3	旋耕条播	张杂谷11	2.5万
4	A2B1C1	免耕条播	衡谷10号	3万	16	A2B1C3	免耕条播	衡谷10号	5万
5	A2B2C1	免耕条播	冀谷31	3万	17	A2B2C3	免耕条播	冀谷31	5万
6	A2B3C1	免耕条播	张杂谷11	1.5万	18	A2B3C3	免耕条播	张杂谷11	2.5万
7	A2B3C2	免耕条播	张杂谷11	2万	19	A2B3C4	免耕条播	张杂谷11	3万
8	A2B2C2	免耕条播	冀谷31	4万	20	A2B2C4	免耕条播	冀谷31	6万
9	A2B1C2	免耕条播	衡谷10号	4万	21	A2B1C4	免耕条播	衡谷10号	6万
10	A1B3C2	旋耕条播	张杂谷11	2万	22	A1B3C4	旋耕条播	张杂谷11	3万
11	A1B2C2	旋耕条播	冀谷31	4万	23	A1B2C4	旋耕条播	冀谷31	6万
12	A1B1C2	旋耕条播	衡谷10号	4万	24	A1B1C4	旋耕条播	衡谷10号	6万

1.3.2 测定项目及方法

谷子成熟期，在谷子产量区剔除小区边行（0.5m），计算小区（面积小于实际小区）籽粒产量，测定产量。同时在取样区选取20株进行考种，调查株高、穗长、穗重、穗粒重、出谷率和千粒重等。

2 结果与分析

2.1 免耕播种对衡谷10号经济性状及产量的影响

试验结果见表3。

表3   衡谷10号免耕播种试验结果

密度（万/666.7m²）	处理代号	旋耕条播							处理代号	免耕条播						
		株高(cm)	穗长(cm)	穗重(g)	穗粒重(g)	出谷率(%)	千粒重(g)	产量(kg/666.7m²)		株高(cm)	穗长(cm)	穗重(g)	穗粒重(g)	出谷率(%)	千粒重(g)	产量(kg/666.7m²)
3	1	128.3	17.8	16.37	15.35	93.80	3.01	234.68	4	128	18.7	13.17	12.2	92.64	2.83	257.35
4	12	127.6	18.6	16.21	14.96	92.29	2.87	236.01	9	134	20.75	16.99	15.98	94.07	3.08	250.68
5	13	121.2	17.9	13.9	12.84	92.39	3.01	213.34	16	132	18.8	11.92	10.85	91.01	2.50	358.68
6	24	121.6	16.6	14.27	13.41	93.97	3.02	191.34	21	129	19.65	14.45	13.11	90.76	2.70	352.68

2.1.1   免耕条播对衡谷10号株高、穗长的影响

由图1可以看出，所有处理中谷子的株高，在同一密度水平上只有在留苗3万/666.7m²时免耕处理略低于旋耕处理，株高降低0.31%，而在其余留苗密度时免耕处理均

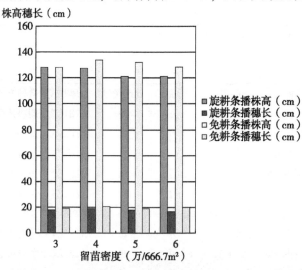

图1   免耕与旋耕播种对衡谷10号株高、穗长的影响

高于旋耕处理，其中以4万苗、免耕处理的株高最高，为133.95cm，比同密度的旋耕处理高5.02%，以旋耕处理、5万苗/666.7m²时株高最低，为121.55cm；比同密度的免耕处理低9.12%。而穗长，所有免耕条播的都高于旋耕播种的，其中，以免耕处理、4万苗/666.7m²时穗长最长，为20.75cm，比同密度的旋耕处理高11.56%；以旋耕处理、6万苗时/666.7m²最短为16.55cm，比同密度的免耕处理低18.73%。另外，由图中还可看出无论免耕处理还是旋耕处理，株高、穗长的变化基本都符合正态分布，旋耕处理时株高、穗长随亩留苗密度的增大而降低，而免耕处理的株高、穗长则以亩留苗4万/666.7m²时最高。

2.1.2   免耕条播对衡谷10号穗重、穗粒重的影响

由图2可以看出，所有处理中谷子穗重、穗粒重只有在留苗4万/666.7m²时免耕处理的高于旋耕处理，在其他密度时则免耕处理的均低于旋耕处理，其中在免耕处理、4万

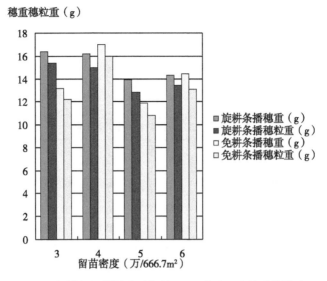

图2 免耕与旋耕播种对衡谷10号穗重、穗粒重的影响

苗/666.7m²时最高，分别为16.989g、15.982g，分别比同密度的旋耕处理高4.83%和6.85%；在免耕处理、5万苗/666.7m²时最低分别为11.918g、10.847g，分别比同密度的旋耕处理低16.59%和18.36%。另外，由图中还可看出无论免耕处理还是旋耕处理，株高、穗长的变化基本符合正态分布，旋耕处理时株高、穗长随亩留苗密度的增大而降低，而免耕处理的株高、穗长则以留苗4万/666.7m²时达到最高值。

2.1.3 免耕条播对衡谷10号产量的影响

由图3可以看出，所有处理中免耕直播的产量都比相应密度的旋耕播种高。其中，以免耕条播、留苗5万/666.7m²时产量最高，为358.68kg，比同密度的旋耕处理高

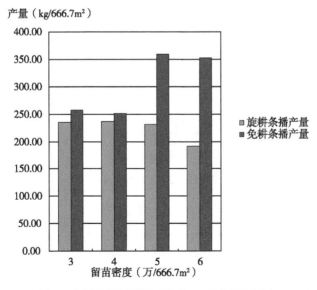

图3 免耕与旋耕播种对衡谷10号产量的影响

51.98%；免耕处理、6万苗/666.7m²最低，为191.34kg，但仍比同密度的旋耕处理高

84.32%。另外，旋耕条播在留苗 4 万/666.7m² 时亩产最高，为 236.01kg，其产量分布基本符合正态分布。免耕播种产量在 5 万苗/666.7m² 时产量为 358.68kg，达到最高，密度增大或减少产量均会减少。

2.2　免耕条播对冀谷 31 号生长发育及产量的影响

试验结果见表 4。

表 4　冀谷 31 号免耕播种试验结果

密度（万/666.7m²）	处理代号	旋耕条播							处理代号	免耕条播						
		株高(cm)	穗长(cm)	穗重(g)	穗粒重(g)	出谷率(%)	千粒重(g)	产量(kg/666.7m²)		株高(cm)	穗长(cm)	穗重(g)	穗粒重(g)	出谷率(%)	千粒重(g)	产量(kg/666.7m²)
3	2	136.3	21.1	16.83	15.38	91.38	2.59	286.01	5	133.7	20.4	13.40	12.19	90.96	2.63	266.68
4	11	132.9	20.1	17.64	16.41	93.02	2.67	291.35	8	131.5	20.9	16.85	14.76	87.62	2.56	314.02
5	14	132.3	19.9	12.72	11.26	88.57	2.61	358.02	17	129.5	22.2	11.92	11.15	93.55	2.70	378.69
6	23	131.7	19.2	14.64	12.99	88.76	2.65	304.68	20	124.2	20.7	17.58	16.11	91.63	2.67	286.68

2.2.1　免耕条播对冀谷 31 株高、穗长的影响

由图 4 可以看出，在同一密度水平上，旋耕处理的株高均高于免耕处理，其中，旋耕

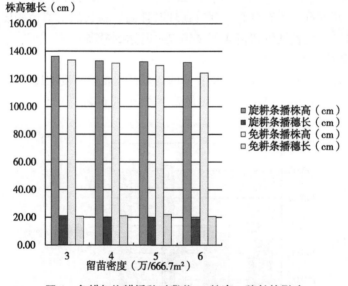

图 4　免耕与旋耕播种对冀谷 31 株高、穗长的影响

播种、3 万苗/666.7m² 时最高，为 136.25cm，免耕播种、6 万苗/666.7m² 时株高最低，为 124.15cm。另外，无论免耕条播还是旋耕条播，株高都是随亩留苗密度的增加而降低。而穗长除在 3 万苗/666.7m² 时免耕处理的长度低于旋耕处理，其余则是免耕处理的大于旋耕处理。其中，在免耕播种、5 万苗/666.7m² 时达到最长，为 22.20cm，在旋耕处理、6 万苗/666.7m² 时最短，为 19.15cm。另外，还可看出旋耕处理的穗长则随留苗密度的增大而缩短，以 3 万苗/666.7m² 时穗长最大为 21.05cm。

2.2.2 免耕条播对冀谷31穗重、穗粒重的影响

由图5可以看出，所有处理的穗重及粒重除在6万苗/666.7m²时免耕处理高于旋耕处

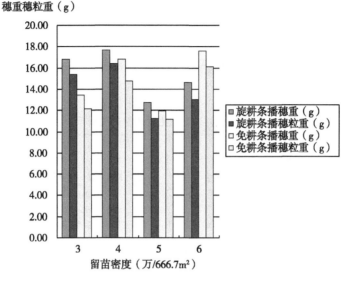

穗重穗粒重（g）

留苗密度（万/666.7m²）

图5 免耕与旋耕播种对冀谷31穗重、穗粒重的影响

理外，在其他密度时则是旋耕处理的高于免耕处理。其中，穗重、穗粒重在旋耕播种、4万苗/666.7m²时最高，分别为17.64g、116.408g；在免耕播种、5万苗/666.7m²时穗重、穗粒重达到最低，分别为11.915g、11.146g。

2.2.3 免耕条播对冀谷31产量的影响

由图6可以看出，留苗密度3万和6万时免耕处理的产量略低于旋耕处理，4万/

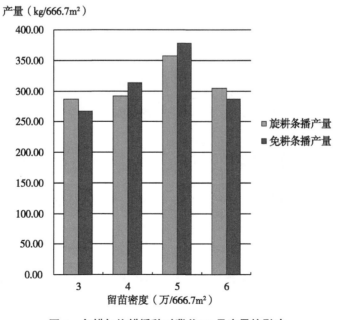

产量（kg/666.7m²）

留苗密度（万/666.7m²）

图6 免耕与旋耕播种对冀谷31号产量的影响

666.7m² 和 5 万苗/666.7m² 时则高于旋耕处理。在所有处理中，免耕处理、5 万苗/666.7m² 时产量最高，为 378.69kg，比同密度的旋耕处理增产 5.46%，其次为免耕处理、4 万苗/666.7m² 时，产量为 314.02kg，比同密度的旋耕处理增产 7.22%，免耕播种、3 万苗/666.7m² 时产量最低，为 266.68kg。另外，无论免耕还是旋耕播种，产量分布基本符合正态分布，在 5 万苗/666.7m² 时达到最高值。

2.3 免耕条播对张杂谷 11 号生长发育及产量的影响

试验结果见表 5。

表 5 张杂谷 11 号免耕播种试验结果

| 密度（万/666.7m²） | 处理代号 | 旋耕条播 | | | | | | | 处理代号 | 免耕条播 | | | | | | |
		株高(cm)	穗长(cm)	穗重(g)	穗粒重(g)	出谷率(%)	千粒重(g)	产量(kg/666.7m²)		株高(cm)	穗长(cm)	穗重(g)	穗粒重(g)	出谷率(%)	千粒重(g)	产量(kg/666.7m²)
1.5	3	135.9	23	18.99	16.55	87.14	2.75	217.34	6	141	22.95	18.43	15.06	81.73	2.78	334.02
2	10	136.9	22.6	14.03	11.85	84.48	2.67	245.35	7	139	22.25	21.49	18.67	86.86	2.64	285.35
2.5	15	135.9	21.5	13.14	11.33	86.18	2.71	246.68	18	141	22.1	16.91	13.98	82.67	2.38	294.68
3	22	134.5	20.9	15.64	13.5	86.33	2.69	258.68	19	134	21.55	16.46	13.16	79.97	2.65	269.35

2.3.1 免耕条播对张杂谷 11 号株高、穗长的影响

株高穗长(cm)

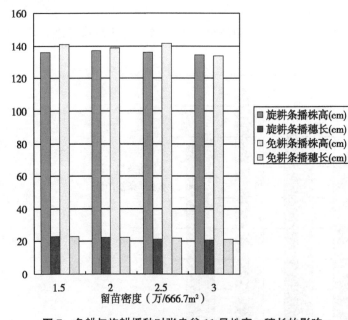

图 7 免耕与旋耕播种对张杂谷 11 号株高、穗长的影响

由图 7 可以看出，所有处理除在 3 万苗/666.7m² 时旋耕处理的株高略高于免耕处理外，其他密度则是免耕处理的高于旋耕处理。其中以免耕播种、2.5 万苗/666.7m² 时株高最高，为 141.45cm，免耕播种、3 万苗/666.7m² 时最低，为 133.70cm。穗长在密度为 2.5 万/666.7m² 和 3 万/666.7m² 时免耕处理的高于旋耕处理，在 2 万苗/666.7m² 时略低于旋耕处理，在 1.5 万苗/666.7m² 时二者同时达到最高值，均为 22.95cm。在旋耕处理、3 万苗/666.7m² 时穗长最短，为 20.85cm。另外，还可看出，无论旋耕还是免耕处理，均是穗长随密度的增加而降低。

2.3.2 免耕条播对张杂谷11号穗重、穗粒重的影响

由图8可以看出在所有处理中，免耕处理的穗重在留苗1.5万/666.7m²时低于旋耕处理，其他密度水平时则高于旋耕处理，而穗粒重在2万/666.7m²和2.5万/666.7m²时免耕处理的高于旋耕处理，在1.5万/666.7m²和3万时/666.7m²则略低于旋耕处理。穗重、穗粒重在免耕播种、2万苗时最大，分别为21.493g、18.668g；在旋耕播种、2.5万苗/666.7m²时达到最小，分别为13.144g、11.328g，分别比同密度的免耕处理降低34.71%和36.50%。

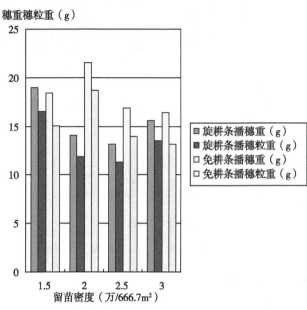

图8　免耕与旋耕播种对张杂谷11穗重、穗粒重的影响

2.3.3 免耕条播对张杂谷11号产量的影响

由图9可以看出，在所有处理中，免耕处理的产量均高于旋耕处理，其中，留苗1.5万/666.7m²时免耕播种的产量最高，为334.02kg，此时旋耕播种产量最低，为217.34kg，二者相差34.93%。而在旋耕处理中，产量穗亩留苗密度的增加而逐步升高，而免耕处理则相反，基本随密度的增加而减产，这一现象还有待于进一步试验。

3　结论与讨论

3.1　免耕播种对株高穗长的影响

所有处理中，衡谷10号和张杂谷11号谷子的株高，在留苗3万/666.7m²时，免耕处理的略低于旋耕处理，而在其余留苗密度时免耕处理的均高于旋耕处理，而冀谷31号则是在同一密度水平上，旋耕处理的株高均高于免耕处理。而穗长，衡谷10号所有免耕条播的都高于旋耕播种的；冀谷31号除在3万苗/666.7m²时免耕处理的长度低于旋耕处理，其余则是免耕处理的大于旋耕处理；张杂谷11号的穗长在密度为2.5万/666.7m²和3万/666.7m²时，免耕处理的高于旋耕处理，在2万苗/666.7m²时略低于旋耕处理，在1.5万苗/666.7m²时二者同时达到最高值，均为22.95cm。造成这一现象的原因可能与冀谷31号和张杂谷11号苗期喷施除草剂有关。

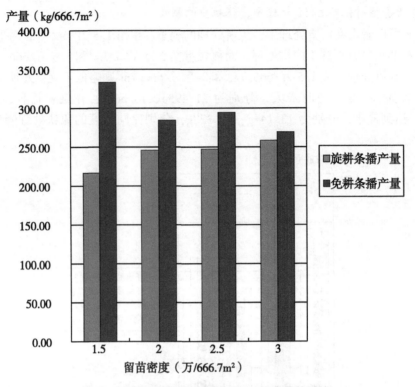

产量（kg/666.7m²）

留苗密度（万/666.7m²）

旋耕条播产量
免耕条播产量

图 9　免耕与旋耕播种对张杂谷 11 号产量的影响

3.2　免耕播种对穗重穗粒重的影响

所有处理中，衡谷 10 号谷子穗重、穗粒重只有在留苗 4 万/666.7m² 时免耕处理的高于旋耕处理，在其他密度时则免耕处理的均低于旋耕处理，其中，以免耕处理、4 万苗/666.7m² 时最高，分别为 16.989g、15.982g，在免耕处理、5 万苗/666.7m² 时最低分别为 11.918g、10.847g；冀谷 31 号穗重及粒重除在 6 万苗/666.7m² 时免耕处理高于旋耕处理外，在其他密度时则是旋耕处理的高于免耕处理。其中，穗重、穗粒重在旋耕播种、4 万苗/666.7m² 时最高，分别为 17.64g、116.408g，在免耕播种、5 万苗/666.7m² 时穗重、穗粒重达到最低，分别为 11.915g、11.146g。张杂谷 11 号免耕处理的穗重在亩留苗 1.5 万/666.7m² 时低于旋耕处理，其他密度水平时则高于旋耕处理，而穗粒重在 2 万/666.7m² 和 2.5 万/666.7m² 时免耕处理的高于旋耕处理，在 1.5 万/666.7m² 和 3 万/666.7m² 时则略低于旋耕处理。其中穗重、穗粒重在免耕播种、2 万苗/666.7m² 时最大，分别为 21.493g、18.668g，在旋耕播种、2.5 万苗/666.7m² 时达到最小，分别为 13.144g、11.328g。

3.3　免耕播种对产量的影响

所有处理中衡谷 10 号和张杂谷 11 号免耕直播的产量都比相应密度的旋耕播种高。其中衡谷 10 号亩留苗 5 万/666.7m² 时产量最高，为 358.68kg，比同密度的旋耕处理增产 51.98%；免耕处理、6 万苗/666.7m² 最低，为 191.34kg，但仍比同密度的旋耕处理增产 84.32%。张杂谷 11 号在留苗 1.5 万/666.7m² 时的产量最高，为 334.02kg，此时旋耕播种产量最低，为 217.34kg，二者相差 34.93%。冀谷 31 号在留苗密度 3 万/666.7m² 和 6 万/666.7m² 时免耕处理的产量略低于旋耕处理，而在 4 万/666.7m² 和 5 万苗/666.7m² 时则高于旋耕处理。在所有处理中其中免耕处理、5 万苗/666.7m² 时产量最高，为 378.69kg，比同密度的旋耕处理增产 5.46%，其次为免耕处理、4 万苗/666.7m² 时，产量为 314.02kg，比同密度的旋耕处理增产 7.22%，免耕播种、3 万苗/666.7m² 时产量最低，为 266.68kg。

由以上分析可知，常规品种衡谷 10 号和冀谷 31 号的免耕播种在留苗 5 万/666.7m² 时产量最高，而此时二者穗重、穗粒重最低，衡谷 10 号分别为 11.918g、10.847g，冀谷 31 号分别为 11.915g、11.146g。表明免耕播种的留苗密度应以 5 万/666.7m² 合适，而杂交品种张杂谷 11 号的免耕播种在留苗 1.5 万/666.7m² 时的产量最高，为 334.02kg，此时旋耕播种产量最低，为 217.34kg，二者相差 34.93%，表明杂交种免耕播种应稀植，密度要小，以留苗 1.5 万/666.7m² 合适。而此时张杂谷 11 号免耕处理的穗重、穗粒重在留苗 1.5 万/666.7m² 时低于旋耕处理，分别为 18.43g 和 15.06g，但并不是最小值，最小值出现在 3 万苗/666.7m² 时，分别为 14.46g 和 13.16g。以上结论还需进一步验证。

综上所述，免耕夏谷产量高于传统的耕播种，但应适当加大密度，而杂交种应减少密度。这一点与前人的基本一致，即免耕能增加土壤水分，减少土壤水分蒸发，提高作物产量[21-22]，但其作用机理还有待于进一步研究。

参考文献

[1] 籍增顺. 国外免耕农业研究 [J]. 山东农业科学，1994，22 (3)：63-68.

[2] 夏敬源. 中国粮食作物免耕技术的集成创新与推广应用 [J]. 中国农技推广，2006 (10)：7-10.

[3] 王宏法. 国内外免耕技术应用概况 [J]. 山东农业科学，2003 (6)：49-53.

[4] 柴婷婷. 湖北省小麦免耕技术推广应用研究 [D]. 武汉：华中农业大学硕士学位论文，2009：1-32.

[5] 王崇，方波，崔香连，等. 免耕晚播小麦生育特点及高产栽培技术 [J]. 山东农业科学，2005 (3)：30-32.

[6] 曾宪成，张曾凡，张德海. 小麦免耕撒播栽培技术 [J]. 安徽农学通报，2006，12 (13)：200.

[7] 朱钟齐，卿明福，郑家国，等. 免耕和秸秆覆盖对小麦、油菜水分利用效率的影响 [J]. 西南农业学报，2005，18 (5)：565-568.

[8] 张树梅，薛宗让. 旱地玉米免耕系统土壤养分研究——土壤有机质、酶及氮变化 [J]. 华北农学报，1998，13 (2)：42-47.

[9] 王均华，闫保罗，李平海. 夏玉米免耕直播密植高产栽培技术 [J]. 现代农业科技，2001 (5)：75，88.

[10] 邵长健，董勤成. 简述黄淮海地区夏玉米丰产配套栽培技术 [J]. 安徽农学通报，2009，15 (6)：66-129.

[11] 朱文珊. 夏玉米免耕增产效果的初步研究 [J]. 北京农业大学学报，1984，10 (1)：41-48.

[12] 邹应斌. 水稻的直播与免耕直播栽培研究进展 [J]. Crop Research，2003，1：52-59.

[13] 杜金泉，方树安，蒋泽芳，等. 水稻少免耕技术研究. I. 稻作少免耕类型、生产效应及前景的探讨 [J]. 西南农业学报，1990，3 (4)：26-32.

[14] 杜金泉，胡开树，高德伟，等. 水稻少免耕技术研究. II. 高产的系列配套技术 [J]. 西南农业学报，1992，5 (3)：18-22.

[15] 刘怀珍，黄庆，李康活，等. 水稻连续免耕抛秧对土壤理化性状的影响初报 [J]. 广东农业科学，2000，(5)：8-11.

[16] 陈友荣，侯任昭，范仕容，等. 水稻免耕法及其生理生态效应的研究 [J]. 华南农业大学学报，1993，14 (2)：10-17.

[17] 张勇勇，顾克章，张顺泉. 水稻免耕旱播耕作法的效益及其对土壤理化性状的影响 [J]. 浙江农业科学，1997 (3)：118-120.

[18] 黄锦法，俞建明，陆建贤，等. 稻田免耕直播对土壤肥力性状与水稻生长的影响 [J]. 浙江农业科学，

1997 (5): 226-228.

[19] 严少华, 黄东迈. 免耕对水稻土持水特征的影响 [J]. 土壤通报, 1995, 26 (5): 198-199.

[20] 谢德体, 曾觉廷. 水田自然免耕土壤孔隙状况的研究 [J]. 西南农业大学学报, 1990, 12 (4): 394-397.

[21] Ojeniyi S. O. Effect of zero-tillage and disc ploughing on soil water, soil temperature and growth and yield of maize (*Zea Mays* L). Soil&Tillage Research, 1986 (7): 173-182.

[22] Derpsh R, Sidiras N and Roth C H. Results of studies made from 1977 to 1984 to control ersion by cover crops and no-tillage techniques in Barana, Brazil. Soil&Tillage Research, 1986 (8): 253-263.

不同糯性高粱光合物质积累特点及源库关系分析*

王艳秋**　邹剑秋***　张　飞　张志鹏　朱　凯

（辽宁省农业科学院创新中心，沈阳　110161）

摘　要： 试验选取当前生产上较有代表性的非糯、半糯和糯高粱杂交种为试材，对光合物质积累、干物质积累、运输和分配等方面的特征特点进行了比较与分析，结果表明：灌浆期净光合速率（Photo）表现为非糯＞半糯＞糯；糯和半糯高粱干物质积累潜力较大，较非糯高粱还有一定的发展空间；干物质平均积累速率表现为非糯＞半糯＞糯，非糯高粱比半糯和糯的平均值分别高出 3.85% 和 6.93%；茎鞘物质转化率非糯比半糯和糯分别高出 56.33% 和 169.06%；非糯、半糯和糯高粱灌浆速率均呈 "慢—快—慢" 的 "S" 曲线变化，符合罗蒂斯蒂方程；非糯高粱灌浆速率较快，灌浆时期更为集中；干物质在茎秆中的比率半糯＞非糯＞糯；在籽粒中的比率糯＞半糯＞非糯，糯高粱收获指数较高，较半糯和非糯高粱可将更多的有机物转移至籽粒。

关键词： 糯性；高粱；光合；物质积累；源库

高粱是中国重要的粮食作物之一，也是重要的粮、饲作物和酿造原料。高粱光合效率高，生理优势强，具有抗旱、耐涝、耐盐碱、耐瘠薄等多重抗性[1-3]。高粱根据应用类型可分为粒用高粱、能源青贮甜高粱、草高粱等类型，而粒用高粱又可分为糯和非糯（粳）高粱。近年来，随着中国国民经济的增长，人民生活水平的提高，高粱的用途正发生着较大的改变，已不仅仅是人们的日常食品，而主要作为工业原料，尤其是酿酒原料。酿酒高粱的研究与开发、糯高粱优良品种的选育和推广受到重视，不同糯性高粱对酿酒品质具有较大影响[4]。张文毅认为优质高粱要有较高的淀粉含量，尤其是支链淀粉含量[5]；宋高友等认为高粱育种应培育粳型高粱[6]。赵甘霖等研究认为高粱品质是高粱产业发展的重要因素，总淀粉含量65%以上，支链淀粉含量90%以上的糯高粱酿酒品质较好[7-9]。

高粱籽粒中的淀粉是胚乳的主要成分，根据其分子结构可分为直链淀粉和支链淀粉。总淀粉含量及支链淀粉与直链淀粉含量的比率与籽粒出米率、适口性及出酒率和风味有重要关系[10-11]。由于高粱糯性不同光合物质积累特点及源库关系上既有共同之处又都各具特点，了解不同糯性高粱的这些特性对优良高粱品种的选育、推广和因地制宜的挖掘不同糯性高粱的应用潜力具有重要意义。然而，国内外对这方面的研究相对较少，因此，本文通过对糯、半糯和非糯高粱光合物质积累、干物质积累、运输和分配等方面的特征特点进行了研究与分析，旨在为明确不同糯性高粱的物质积累特点和物质转化机制，为不同糯性高粱的高产、优质生产提供理论依据。

---

* 基金项目：农业部现代农业产业技术体系项目（CARS-06）；国际合作项目（CFC/FIGG/41）；省攻关项目（2012215001）

** 作者简介：王艳秋，副研究员，主要从事高粱遗传育种研究；E-mail：wangyanqiu73@126.com

*** 通讯作者：邹剑秋，博士，研究员，主要从事高粱遗传育种研究；E-mail：jianqiuzou@126.com

1 材料与方法

1.1 试验设计

试验于 2012—2013 年在辽宁省农业科学院试验地进行。6 个品种 3 个类型，分别为非糯高粱：辽杂 10 号（Lz10）、辽杂 11 号（Lz11）；半糯高粱：辽杂 19 号（Lz19）、辽杂 21 号（Lz21）；糯高粱：辽粘 2 号（Ln2）、辽粘 3 号（Ln3），6 个品种均由辽宁省农业科学院创新中心提供。

土壤养分状况：全氮 0.113%，全磷 0.170%，全钾 2.229%，水解性氮 74mg/kg，有效磷 16.04mg/kg，有效钾 143mg/kg，pH 值 6.2。6 行区，行长 3.5m，3 次重复。2012 年 5 月 6 日播种，9 月 28 日收获；2013 年 5 月 8 日播种，9 月 29 日收获。田间管理同当地生产水平一致。

1.2 测定项目及方法

1.2.1 光合速率的测定

在高粱灌浆期，采用美国 LI-COR 公司生产的 LI-6400 便携式光合作用测定系统测定，采用红蓝光源，设定 PAR 为 1 000μmol/m²/s 作为测定光强，测定时间为上午 9：00 ~ 11：00。测定部位为各品种的旗叶，记录 3 次值求其平均数。净光合速率、气孔导度、胞间 CO_2 浓度、蒸腾速率等参数由光合仪同步探测记录。

1.2.2 干物质积累动态

出苗后每隔 15 天在边行取有代表性的植株 10 株，风干后称重，同时开花前和开花后分别计量干物重，把叶鞘叶片和茎秆分开称重。用罗蒂斯蒂方程模拟，$y = a / (1 + exp(b - cx))$。收获期每小区选取 10 株有代表性的植株将茎秆、根系、籽粒和叶片分离，风干后称重。

茎鞘物质输出率（%）= ［（开花前干物重-开花后干物重）/开花后干物重］×100%

茎鞘物质转化率（%）= ［（开花前干物重-开花后干物重）/开花前干物重］×100%

1.2.3 灌浆速率的测定

在高粱开花后籽粒形成至成熟期间，每处理选定 3 穗有代表性的果穗，挂牌定穗，注明日期。从开花授粉后约 7 天起，每隔 7 天取样 1 次，直至种子成熟为止。每次从挂牌（同一天开花）的果穗上取 50 粒带回室内，取样部位为穗上中部的籽粒。取下籽粒后然后放入铝盒，在恒温干燥箱中，用 60℃温度烘烤 24h 以上，直至籽粒重量不变为止。称得的籽粒重量为干重。

1.3 数据处理与分析

试验数据均采用 GraphPad Prism 5 和 Microsoft Excel 2003 和 DPS v7.50 软件进行数据处理与分析。

2 结果与分析

2.1 不同糯性高粱叶片光合参数的比较

由图 1 可以看出，不同糯性高粱在光合参数上存在差异。灌浆期净光合速率（Photo）表现为非糯>半糯>糯，差异达显著水平；气孔导度（Cond）的变化趋势与净光合速率的变化趋势基本一致。说明在灌浆期非糯高粱在光合物质积累上更具优势，较高的气孔导度是其保持较高净光合速率的重要因素。胞间 CO_2 浓度（Ci）与净光合速率呈正相关；蒸腾速率（$Trmmd$）表现为非糯和半糯高于糯高粱，说明在灌浆期非糯和半糯新陈代谢更旺盛，而糯高粱相对较弱。

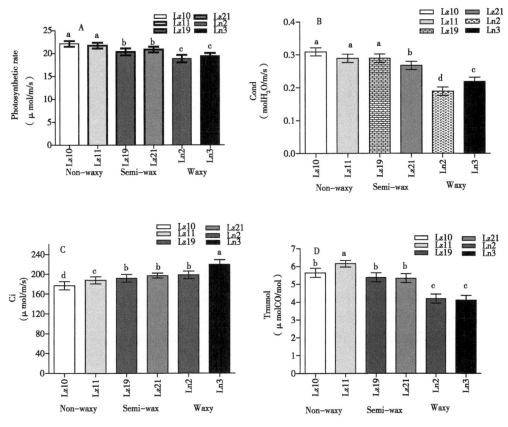

图 1　不同糯性高粱叶片光合参数的比较

2.2　不同糯性高粱干物质积累动态模拟

不同糯性高粱各时期干物质积累呈"慢—快—慢"的增长趋势，符合罗蒂斯蒂方程模拟，差异均达显著水平（R^2 均达到了 0.95 以上）。由表 1 方程可以看出，最大干物质积累出现的天数（T_{max}）糯>半糯>非糯，其中糯高粱比非糯的平均值多 4 天；说明高粱的最大干物质积累时期与糯性密切相关，糯性越强的品种最大干物质积累时期越延后，可能是因为支链淀粉在后期积累较多造成的。干物质平均积累速率表现为非糯>半糯>糯，其中非糯高粱比半糯和糯的平均值分别高出 3.85% 和 6.93%，说明在整个生育期糯高粱虽然在光合参数上较非糯高粱稍弱，但在物质转化上具有优势，可积累较多的干物质。干物质最大积累速率非糯、半糯和糯 3 种类型高粱差异很小，未达显著水平。

表 1 不同糯性高粱干物质积累动态模拟

品种类型	品种	回归方程	R^2	平均干物质积累（g/plant/天）	最大干物质积累（g/plant/天）	T_{max}（天）
非糯	Lz10	$Y=45.69/(1+\exp^{(4.37-0.13X)})$	0.954 7	1.09	2.58	33.61
	Lz11	$Y=45.59/(1+\exp^{(3.98-0.12X)})$	0.966 1	1.07	2.61	33.17
半糯	Lz19	$Y=48.17/(1+\exp^{(3.95-0.11X)})$	0.973 5	1.04	2.63	35.91
	Lz21	$Y=47.86/(1+\exp^{(3.47-0.10X)})$	0.9818	1.03	2.65	34.70
糯	Ln2	$Y=48.29/(1+\exp^{(4.09-0.11X)})$	0.968 3	0.99	2.61	37.18
	Ln3	$Y=49.12/(1+\exp^{(4.25-0.11X)})$	0.983 7	1.02	2.66	38.63

2.3 不同糯性高粱物质运输特点比较

为进一步了解非糯、半糯和糯 3 种类型高粱物质积累的特点和规律，对开花前和开花后干物质积累和物质转化进行了比较（表 2）。可以看出，在开花前和开花后的干物质积累上 3 种类型高粱存在较大差异。花前总积累所占成熟期的比例为糯>半糯>非糯，花前日增干重糯比半糯和非糯分别低 19.90% 和 11.87%，而花后日增干重糯比半糯和非糯分别降低了 18.47% 和 8.62%。茎鞘物质输出率和茎鞘物质转化率 3 种类型高粱差异较大，茎鞘物质输出率非糯比半糯和糯分别高出 36.42% 和 118.75%，茎鞘物质转化率非糯比半糯和糯分别高出 56.33% 和 169.06%，差异均达显著水平。说明非糯高粱在开花前干物质积累的比率更高，在开花前采取一定的栽培措施对其较高干物质的形成影响更大，而糯高粱在生育中后期干物质增长比率更高，因此在灌浆期保证充足的肥水和光照对其物质积累潜力的发挥作用更为明显。

表 2 不同糯性高粱物质运输特点比较

品种类型	品种	花前总积累（g）	花后总积累（g）	成熟期干重（g）	花前日增干重（g）	花后日增干重（g）	茎鞘物质输出率（%）	茎鞘物质转化率（%）
非糯	Lz10	77.53a	53.21bc	130.74a	1.29a	0.89b	31.37 b	45.71 b
	Lz11	79.96a	48.56d	128.52a	1.33a	0.81d	39.27 a	64.66 a
半糯	Lz19	73.55ab	51.67c	125.22bc	1.23b	0.86c	29.75 b	42.35 b
	Lz21	69.59b	54.26b	123.85c	1.16bc	0.90b	22.03 c	28.25 c
糯	Ln2	63.90c	55.21b	119.11c	1.07c	0.92b	13.60 d	15.74 d
	Ln3	62.25c	59.85a	122.10c	1.04c	1.01a	3.86 e	4.01 e

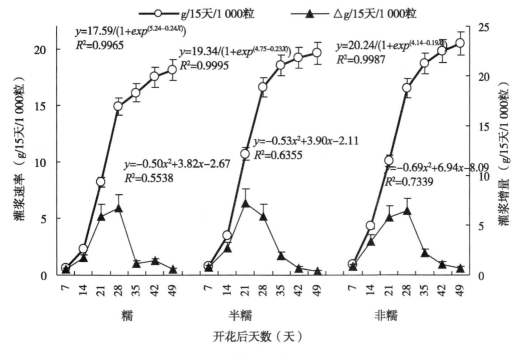

图2　不同糯性高粱灌浆速率动态

2.4　不同糯性高粱灌浆速率比较

不同糯性高粱灌浆速率既有共同之处又各具特点。糯、半糯和非糯高粱灌浆速率均称"慢—快—慢"的"S"曲线变化，符合罗蒂斯蒂方程（图2）。糯、半糯和非糯高粱灌浆速率增量均称单峰曲线变化，分别在开花后28、21和28天达到峰值。糯高粱峰值前期增幅较大，而灌浆后期（20天以后）下降也较为均衡，整个灌浆期灌浆速率相对平缓；半糯高粱在开花后25天以后增量明显变小，在开花后7~42天灌浆变化较大；非糯高粱在灌浆前期（即峰值之前），速率最大，而在灌浆后期（开花后25天以后）则增量很小，在开花后14~35天灌浆增量变化较大。说明非糯高粱灌浆速率较快，灌浆时期更为集中，有利于较高籽粒产量的形成；半糯高粱次之；而糯高粱由于灌浆时期相对较长，因此在灌浆期保证田间良好的温度、光照、水分、养分等条件就显得更为重要。

2.5　不同糯性高粱物质在各器官中的分配

高粱干物质在各器官中的分配表现为茎秆>籽粒>根系>叶片。非糯、半糯和糯高粱干物质在各器官中的分配和收获指数均存在差异（图3）。干物质在茎秆中的比率半糯>非糯>糯；在籽粒中的比率糯>半糯>非糯，差异均达显著水平；在根系和叶片中的分配比率差异不大。说明糯高粱虽然灌浆速率相对较慢，茎秆干物质积累相对较少，但可以将积累的干物质更多转化为籽粒产量。由于糯高粱茎秆重明显低于非糯和半糯高粱，而根系比非糯和半糯高粱下降幅度相对较小，因此可保证其较大的根冠比，增加其抗倒性。三种类型的糯高粱收获指数表现为糯>半糯>非糯，进一步解释了糯高粱干物质积累量低于非糯高粱，而籽粒产量却与其基本持平、甚至略高于非糯高粱的原因。

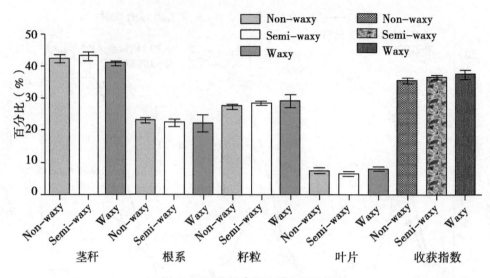

图3 不同糯性高粱物质分配特征

3 结论与讨论

综上所述，本研究认为高粱的糯性与其光合物质生产密切相关。不同糯性高粱在灌浆期表现为非糯和半糯品种新陈代谢更旺盛，而糯高粱相对较弱，这方面研究前人报道较少；干物质积累潜力不同糯性高粱差异不大，糯和半糯高粱干物质积累还有一定的发展空间。这与刘国强研究的结果基本一致[12]。非糯高粱在开花前干物质积累的比率更高，在开花前采取一定的栽培措施对其较高干物质的形成影响更大，而糯高粱在生育中后期干物质增长比率更高。非糯高粱灌浆速率较快，灌浆时期更为集中，有利于较高籽粒产量的形成，在灌浆期保证田间良好的温度、光照、水分、养分等条件就显得更为重要。三种类型的糯高粱收获指数表现为糯>半糯>非糯，这与赵甘霖研究的结果略有差异，可能是因为研究地域及气候条件差异造成的[13]。

糯高粱由于其具有较高的支链淀粉含量而在光合物质积累与分配上较非糯高粱独具特性，掌握糯性和非糯性高粱的光合物质积累特点和其源库关系对提高糯性高粱产量和品质、挖掘不同类型高粱的生产潜力都具有重要意义。因此，在不同地区、不同气候条件及生产水平下应因地制宜的选择高粱品种，充分发挥其生产潜力。同时，不同糯性高粱的生长发育特点还有待于进一步研究。

参考文献

[1] 邹剑秋，王艳秋，张志鹏，等. A₃型细胞质能源用甜高粱生物产量、茎秆含糖锤度和出汁率研究 [J]. 中国农业大学学报，2011，16（2）：8-13.

[2] 卢庆善. 甜高粱 [M]. 北京：中国农业科学技术出版社，2008.

[3] 刘晓辉，高士杰，杨明，等. 浅谈甜高粱的利用价值 [J]. 种子，2006，25（9）：98-99.

[4] 马尚耀，严福忠，成慧娟. 高粱的研究现状与展望 [J]. 内蒙古农业科技，2002（6）：8-9.

[5] 张文毅. 中国高粱生产的发展趋势 [J]. 辽宁农业科学，1985（5）：56-58.

[6] 宋高友，苏益民，陆伟. 不同收获期对高粱籽粒产量及品质的影响 [J]. 国外农学：杂粮作物，1996（1）：

23-25.

[7] 高广金, 唐道廷, 杨艳斌. 酿造高粱泸糯 8 号 "一种两收" 再生栽培技术 [J]. 杂粮作物, 2010, 30 (2): 122-123.

[8] 卢庆善, 丁国祥, 邹剑秋, 等. 试论中国高粱产业发展——二论高粱酿酒业的发展 [J]. 杂粮作物, 2009, 29 (3): 174-177.

[9] 赵甘霖, 丁国祥, 刘天朋, 等. 川东南酿酒 (糯) 高粱栽培技术的研究 [J]. 西南农业学报, 2011, 24 (6): 2 116-2 121.

[10] 唐生佑, 甘兴明. 浅谈重庆市发展高产优质糯高粱的前景 [J]. 南方农业, 2008 (1): 78-79.

[11] 丁国祥, 李天炬, 曾庆羲. 糯高粱籽粒淀粉含量及组分的配合力分析 [J]. 绵阳经济技术高等专科学校学报, 1999 (2): 18-19.

[12] 刘国强, 柳青山, 周福平, 等. 糯高粱杂交种晋糯 2 号的选育 [J]. 山西农业科学, 2011, 39 (8): 788-790.

[13] 赵甘霖. 优质高产糯质酿酒高粱泸糯 9 号 [J]. 四川农业科技, 2007 (11): 22.

粒用高粱超高产群体的产量构成分析[*]

柯福来[**]　朱　凯　石永顺　李志华　邹剑秋[***]

（辽宁省农业科学院高粱研究所，沈阳　110161）

摘　要：对辽宁省近年低、中、高不同产量水平高粱材料的产量和产量构成因素进行了相关性分析，以期为高粱高产栽培和育种材料的选择提供理论参考。结果表明：不同产量水平下，产量构成因素间差异显著。随着产量构成因素的变化，产量水平也相应变化。不同产量水平下，产量因素对产量的贡献不同。低产水平下，单穗重对产量的贡献较大；高产水平下，收获穗数对产量的贡献较大；超高产水平下，仍以单穗重的贡献较大，但收获穗数的直接通径系数也处于较高的水平上。表明，低产到高产阶段，主要依赖于收获穗数的增加；高产到超高产阶段，在保证较高收获穗数的基础上提高单穗重是实现产量跨越的有效途径。

关键词：高粱；产量；产量构成因素

产量构成因素及其相互关系一直受到高粱栽培和育种研究者的重视，有许多研究者对此进行了大量细致的研究，并根据各自的研究背景和目的，提出和设计了许多不同的产量因素结构组合模式，为其后来的高产育种提供了参考[1-5]。高粱产量是由单位面积穗数和单穗重两个因素共同决定的，两个因素既有协调作用又相互制约。然而，不管基因型间差异大小，一定产量水平范围内产量因素结构又有其相对的稳定性组合模式特征。也就是说任何产量水平的提高，都是产量结构各因素在原来平衡协调的基础上达到更高一级的协调平衡。因此，我们必须对特定生态环境下、特定产量水平下和特定类型基因型产量因素构成特征有所了解，才能为进一步改进基因型的产量潜力奠定基础。超高产基因型的产量结构肯定也有其相应的特征和范围，但因高粱超高产育种和栽培研究起步较晚[6]，这方面的研究尚缺乏系统性。因此，本试验利用超高产品种（品系）在高产栽培条件下进行了高粱超高产的产量构成研究，以期为高粱超高产栽培和育种研究提供参考。

1　试验材料和方法

1.1　试验材料

本研究材料取自粒用高粱品种试验实例以及作者收集的小区试验的高产、超高产品种（品系）。所取材料包括 224 个样本，200 个基因型。

1.2　测定指标和方法

为比较不同产量水平下高粱产量构成因素的差异，将所有材料按产量水平进行聚类分析，分为低产、中产、高产、超高产 4 个组。第一组，产量水平低于 6 500kg/hm²，为低

---

　* 基金项目：农业部现代农业产业技术体系项目（CARS-06）；国际合作项目（CFC/FIGG/41）；948 项目（2012-Z54）

　** 作者简介：柯福来，博士，现工作于辽宁省农业科学院创新中心，主要从事高粱育种和栽培生理研究

　*** 通讯作者：邹剑秋，研究员，Email：jianqiuzou@126.com

产组，共有 21 份材料；第二组，产量水平在 6 500~8 500kg/hm²，为中产组，共有 66 份材料；第三组，产量水平在 8 500~12 000kg/hm²，为高产组，共有 115 份材料；第四组，产量水平高于 12 000kg/hm²，为超高产组，共有 22 份材料。调查项目包括收获穗数、穗粒重、籽粒产量。试验数据利用 SPSS 统计软件进行分析。

2 结果与分析

2.1 不同产量水平间产量构成因素的差异

为了比较不同产量水平范围间的产量因素构成，了解超高产水平下产量因素构成的基本特点，将所取材料 4 个组别的产量构成因素分别计算得到平均结果列于表 1。其中，低产组产量水平下产量构成因素：54 372.1 穗/hm²，穗粒重 99.65g，平均产量 5 288.6kg/hm²；中产组产量水平下产量构成因素：83 175.8 穗/hm²，穗粒重 93.95g，平均产量 7 642.1kg/hm²；高产组产量水平下产量构成因素：94 783.4 穗/hm²，穗粒重 107.26g，平均产量 10 061.1kg/hm²；超高产组产量水平下，产量构成因素：111 431.3 穗/hm²，穗粒重 117.55g，平均产量 12 983.4kg/hm²。

表 1 不同产量水平范围的产量构成因素

产量水平范围	样本数	平均穗数 个（hm²）	平均穗粒重 （g/穗）	平均产量 （kg/hm²）
低产组	21	54 372.1a	99.65a	5 288.6a
中产组	64	83 175.8b	93.95a	7 642.1b
高产组	116	94 783.4c	107.26b	10 061.1c
超高产组	21	111 431.3d	117.55c	12 983.4d

注：数字后相同字母表示在 0.05 水平上差异不显著，字母不同表示在 0.05 水平差异显著。

表 2 不同产量水平范围高粱产量和产量构成因素相对百分数的差异比较（%）

产量水平范围	样本数	平均穗数个（hm²）	平均穗粒重（g/穗）
低产组	100	100	100
中产组	153.0	94.3	144.5
高产组	174.3	107.6	190.2
超高产组	204.9	118.0	245.5
中产组比低产组高	53.0	−6.7	44.5
高产组比低产组高	74.3	7.6	90.2
超高产组比低产组高	104.9	18.0	145.5
高产组比中产组高	14.0	14.1	31.7
超高产组比中产组高	34.0	25.1	69.9
超高产组比高产组高	17.6	9.6	29.0

通过以上数据可以看出，产量水平由低产水平提高至中产水平，单位面积穗数增加最

多，提高了 53.0%，穗粒重则降低了 6.7%（表2）。方差分析表明（表1，表3）：两产量水平间单位面积穗数差异显著，穗粒重差异不显著，这表明低产到中产阶段，单位面积穗数增加是产量增加的主要因素。产量水平由中产水平提高到高产水平，单位面积穗数增加了 14.0%，穗粒重增加了 14.1%（表2）。方差分析表明（表1，表3）：两产量水平间单位面积穗数、穗粒重差异均显著，表明单位面积穗数和穗粒重的协同增加是产量提高的主要原因。由表2可见，当产量水平达到超高产时，单位面积穗数比高产水平增加 17.6%，穗粒重增加了 9.6%。方差分析表明（表1，表3）：两产量水平间穗数、穗粒重的差异均显著，表明产量由高产到超高产阶段，穗数增加是主要因素。通过以上分析表明，在产量水平增加的过程中，产量构成因素所起的作用不同。产量水平由低产到中产阶段，主要依赖于收获穗数的增加，穗粒重所起的作用较小；产量水平由中产到高产过程中，穗数和穗粒重的增加都起到重要作用。

表3　不同产量水平范围高粱产量及产量构成因素间差异显著性测验的方差分析

		平方和	df	均方	F
穗数	组间	1.802E8	3	60 067 295.489	104.001**
	组内	1.248E8	216	577 566.479	
	总数	3.050E8	219		
产量	组间	3 769 727.372	3	1 256 575.791	440.706**
	组内	615 876.854	216	2 851.282	
	总数	4 385 604.226	219		
单穗重	组间	11 954.738	3	3 984.913	18.409**
	组内	46 755.612	216	216.461	
	总数	58 710.350	219		

注：** 在 0.01 水平上差异显著

2.2 不同产量水平间高粱产量构成因素的作用

不同产量水平下各产量构成因素对产量形成的作用也有区别（表4，表5）。在低产条件下，只有穗粒重和产量相关达极显著水平，通径分析也表明穗粒重对产量的贡献最大。在中产条件下，收获穗数对产量的直接作用最大，穗粒重和产量没有显著的相关关系，但通径分析表明，穗粒重对产量的直接贡献仍较大。高产条件下，产量和收获穗数、单穗重都表现为极显著正相关，但收获穗数对产量的直接贡献稍大一些。超高产水平下，只有穗粒重和产量间达到显著正相关，但产量二因素对产量的直接作用均较大，其中穗粒重的直接贡献最大。

通过以上分析表明，不同产量水平下，产量构成因素对产量形成的作用发生变化。低产变中产条件下，收获穗数不足是限制产量的主要因素。随着密度的不断增加，收获穗数逐渐增加，穗粒重不足成为中产向高产迈进的限制因素。

产量水平从低产水平到高产水平的过程中，产量因素间的关系也发生变化。在不同的产量水平下，产量因素间均表现显著的负相关，但随着产量的不断提高，产量因素间的负相关程度表现增加—变小—增加的周期性波动，通径分析也表明，产量因素间的关系也出现相似的周期性波动。

通过以上分析表明产量变化是产量因素相协调和制约的结果，在产量变化的过程中，产量因素的相对关系也发生变化，产量由高产向更高产量水平迈进有赖于产量构成因素在更高水平上的协调发展。

表 4 不同产量水平下产量构成因素和产量的相关性分析

		密度	单穗重	产量
穗数个	低产组	1	−0.644**	0.271
	中产组	1	−0.879**	0.372**
	高产组	1	−0.720**	0.388**
	超高产组	1	−0.845**	0.048
单穗重	低产组	−0.644**	1	0.550**
	中产组	−0.879**	1	0.078
	高产组	−0.720**	1	0.341**
	超高产组	−0.845**	1	0.481*
产量	低产组	0.271	0.550**	1
	中产组	0.372**	0.078	1
	高产组	0.388**	0.341**	1
	超高产组	0.048	0.481*	1

注：** 在 0.01 水平上显著相关，* 在 0.05 水平上显著相关

表 5 产量构成因素和产量的通径分析

产量水平	通径系数			间接通径系数	
	单穗重	收获穗数	误差	单穗重-密度	密度-单穗重
低产组	1.239	1.069	0.179	−0.688	−0.798
中产组	1.773	1.930	0.386	−1.696	−1.558
高产组	1.286	1.313	0.230	−0.945	−0.926
超高产组	1.820	1.585	0.232	−1.339	−1.538

3 结论与讨论

3.1 高粱超高产的产量因素构成

不同产量水平范围产量构成因素的组成不同，即使在同一产量水平范围内，由于基因型产量构成的差异，产量构成因素的结构也不相同，但是同一产量水平范围内，产量因素的变化幅度范围是有限的。产量水平在低产水平时，穗数的变化范围为 42 000~78 000 穗/hm²，穗粒重为 68.0~128g；产量水平在中产水平时，穗数的变化范围为 47 000~

100 000穗/hm²，穗粒重为 70～144g；产量水平在高产水平时，穗数变化范围为 67 000～119 000穗/hm²，穗粒重为 78～166g；产量水平在超高产水平时，穗数范围为 89 000～136 000穗/hm²，穗粒重为 94～148g。特定的产量水平下，必定有特定的产量结构模式。那么超高产基因型的产量结构到底如何呢？高士杰等[6]提出，稳定达到或超过 15 000 kg/hm² 的几个产量结构模式分别为穗数 200 000穗/hm²、穗粒重 75g；或是收获穗数 150 000穗/hm²、穗粒重 100g。本试验的研究结果表明，单位面积穗数在 12 000穗/hm²，穗粒重 120g 也是达超高产的理想产量结构模式。

3.2 产量构成因素的变化趋势及对产量贡献

产量水平的变化是不同产量构成因素不断调整而协调平衡发展的综合结果，在这个产量动态发展提高的过程中，各产量因素在不同产量水平下的作用是不同的。本试验分析比较了产量由低产—中产—高产—超高产过程中产量构成因素的作用。结果表明单位面积穗数对产量增加发挥着重要作用；穗粒重适宜是实现高粱超高产的重要保障；超高产情况下由于收获穗数较高，穗粒重有降低趋势。通径分析表明，低产水平下穗粒重对产量的贡献最大，随着产量水平的增加，穗粒重对产量的贡献下降，单位面积穗数对产量的贡献增加。产量由低产到高产过程中，单位面积穗数的贡献最大，产量水平由高产到超高产过程中，穗粒重的贡献最大。

参考文献

［1］ 卢雪宏. 高粱高产创建的尝试浅识 ［J］. 种子世界，2012 (2)：21-22.

［2］ 汪由，王恩杰，王岩，等. 种植密度对高粱食用杂交种辽杂 13 生长发育及产量的影响 ［J］. 辽宁农业科学，2010 (6)：24-27.

［3］ 张燕，吴桂春. 高粱主要生育性状与产量的相关性及通径分析 ［J］. 新疆农垦科技，2008 (1)：13-14.

［4］ 柳青山，周福平，梁笃，等. 糯高粱品种主要农艺性状与产量的灰色关联分析 ［J］. 中国农学通报，2008，24 (7)：478-481.

［5］ 卢峰，邹剑秋，土艳秋，等. 高粱杂交种产量及其重要农艺性状间的关系分析 ［J］. 杂粮作物，2007，27 (6)：391-396.

［6］ 高士杰，刘晓辉，李继洪，等. 粒用高粱超高产育种的思考 ［J］. 中国农业科技导报，2006，8 (1)：23-25.

能源作物 A_1、A_3 型细胞质甜高粱
光合生产及物质分配研究

张　飞　邹剑秋　王艳秋　张志鹏　朱　凯

（辽宁省农业科学院高粱研究所，沈阳　110161）

摘　要： 本试验以 5 个 A_1 细胞质和 5 个 A_3 细胞质能源甜高粱品种为试材，分别对其净光合速率、光合影响因子及光合产物的积累与分配进行了测定与分析，并对茎秆糖分积累进行了比较。结果表明：A_3 型较 A_1 型细胞质甜高粱品种光合生产能力强，且可维持较长的气孔开放时间，较 A_1 型细胞质甜高粱品种在单位时间里可积累更多的光合产物；在光合产物分配方面，A_3 型细胞质甜高粱品种由于不结籽粒，可将光合产物的 1/2 左右转移到茎秆，转移率较 A_1 型细胞质甜高粱品种高出 8.34%，从而增加茎秆重量、出汁量以及总产糖量，可更好地发挥能源甜高粱在生产上的潜力。

关键词： 甜高粱；A_1、A_3 细胞质；光合生产；物质分配

甜高粱是一种新兴的可再生能源作物，它生物产量高，茎秆中含有丰富的糖分汁液，可经加工转化为酒精，是一种取之不尽、用之不竭的再生生物能源库[1-2]。目前，汽车、机械、农用油量急剧增加，能源供求矛盾越来越突出，甜高粱作为一个有效的太阳能转换器，正可以解决这一矛盾。甜高粱茎秆中含 14%～18% 的纤维素，每 360kg 纤维素可生产 140～270L 酒精，所以甜高粱是一个再生地面油田，而且用酒精做能源可以减少 SO_2 等有害气体对环境的污染[3-6]。同时，甜高粱作为一种非粮原料，符合中国人多地少、不宜于用大量粮食转化乙醇的国情[7-10]。近几年，随着人们对甜高粱作为能源作物潜力的进一步深化认识，能源用甜高粱科研和生产有了快速的发展，但是，在能源高粱育种与生产中还存在品种含糖量不高、倒伏严重、生产过程用工过多等问题亟待解决。

甜高粱主要有 A_1、A_2、A_3、A_4、A_5、A_6 和 9E 7 种细胞质，近年来，通过本单位（辽宁省农业科学院高粱研究所）的大量研究及其他研究科研单位的研究结果表明，A_1 和 A_3 型细胞质甜高粱在生产上最具潜力。因此，本研究选取当前生产上种植较多的，较有代表性的 A_1 型细胞质甜高粱品种与新型 A_3 型细胞质甜高粱品种，对其光合生产及物质积累与分配进行研究，探讨不同细胞质育性反应差异的影响，旨在筛选最适合乙醇工业化生产的能源甜高粱品种，解决能源高粱育种与生产中存在的问题，充分发挥其生产潜力。

1　材料与方法

1.1　试验设计

供试品种为 Ta1-1、Ta1-2、Ta1-3、Ta1-4、Ta1-5 共 5 个 A_1 型细胞质甜高粱品种，Ta3-1、Ta3-2、Ta3-3、Ta3、Ta3-5 共 5 个 A_3 型细胞质甜高粱品种，均由辽宁省农业科学院高粱研究所选育，种植密度为 75 000 株/hm²。

试验于 2010—2011 年在辽宁省农业科学院试验地进行，采用随机区组设计，6 行区，行距 0.6m，行长 3m，小区面积 10.8m²，3 次重复。5 月 8 日播种，10 月 8 日收获，田间管理相当于当地一般生产水平（表 1）。

表 1   供试品种代号与组合名称

代号	组合名称	代号	组合名称
Ta1-1	辽甜 1 号	Ta3-1	辽甜 12 号
Ta1-2	7050A1/LTR108	Ta3-2	辽甜 10 号
Ta1-3	7050A1/LTR112	Ta3-3	311A3/LTR108
Ta1-4	辽甜 6 号	Ta3-4	辽甜 9 号
Ta1-5	7050A1/LTR114	Ta3-5	303A3/LTR108

1.2   测定项目及方法

净光合速率：在甜高粱灌浆期，采用美国 LI-COR 公司生产的 LI-6400 便携式光合作用测定系统测定，采用红蓝光源，设定 PAR 为 800μmol/m²/s 作为测定光强，在各试验小区选取生长健康、长势一致、光照均匀的植株 5 株测定其净光合速率，测定时间为 9：30~11：00。测定各品种的旗叶，记录 3 次值求其平均数。气孔导度、胞间 CO_2 浓度、蒸腾速率等参数由光合仪同步探测记录。

生物产量：成熟期收获时，去掉边行，收取中间 4 行，称其鲜重，折合成亩产，并计算单株重量（A_3 细胞质杂交种开花前套袋）。

茎秆重量：成熟期每个品种随机选取 10 株，将茎秆、穗和叶片分开，分别称重。

茎秆出汁率：成熟期收获时，每小区随机选取 10 株植株称茎秆鲜重，去掉叶、叶鞘，用电动榨汁机每株压榨两遍，然后用 PAL-1 型糖度计测量 3 次取平均值，并用电子秤测量茎秆鲜重及出汁量，计算出汁率及总产糖量。由于甜高粱的含糖锤度只是含糖量的近似值，因此用含糖锤度计算的总产糖量也只是近似值。茎秆出汁率 = 出汁量/茎秆鲜重×100%，总产糖量≈茎秆鲜重出汁量×含糖锤度。

1.3   数据处理与分析

试验数据均采用 Microsoft Excel 2003 和 DPSv6.50 软件进行处理与分析。

2   结果与分析

2.1 A_1 和 A_3 型细胞质甜高粱品种净光合速率比较

由下图可知，A_1 型细胞质甜高粱品种的净光合速率较 A_3 型细胞质甜高粱品种存在较大差异。A_3 型细胞质甜高粱品种的净光合速率明显高于 A_1 型细胞质品种，A_3 型细胞质甜高粱品种净光合速率的平均值比 A_1 型细胞质品种高 18.54%，差异达显著水平。说明就物质生产角度来看，A_3 型细胞质甜高粱品种较 A_1 型细胞质品种可更充分地利用光能，在单位时间内可积累更多的有机物。

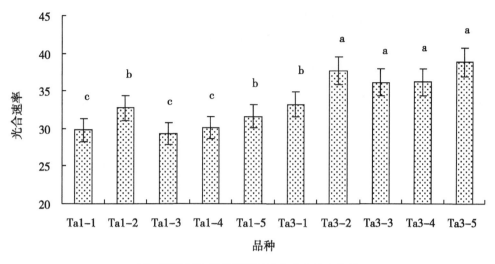

图　不同细胞质甜高粱品种净光合速率比较

2.2　A_1 和 A_3 型细胞质甜高粱品种光合相关因子分析

表2　A_1 和 A_3 型细胞质甜高粱品种光合相关因子分析

品种	相关系数	净光合速率	气孔导度	胞间 CO_2	蒸腾速率	叶绿素
	净光合速率	1				
	气孔导度	0.98**	1			
Ta1	胞间 CO_2	0.35	0.17	1		
	蒸腾速率	−0.45	−0.61	0.3	1	
	叶绿素	0.09	0.06	−0.13	0.06	1
	净光合速率	1				
	气孔导度	0.90*	1			
Ta3	胞间 CO_2	0.82*	0.93**	1		
	蒸腾速率	0.74	0.96**	0.91*	1	
	叶绿素	0.11	0.3	0.33	0.38	1

注：　* $P<0.05$，　** $P<0.01$

为进一步了解 A_3 型细胞质甜高粱品种净光合速率高于 A_1 型细胞质甜高粱品种的原因，对净光合速率及影响因子进行了相关分析。由表2可以看出，各影响因子对两种类型细胞质品种净光合速率的影响有所不同。对 A_1 型细胞质甜高粱品种净光合速率的影响程度为气孔导度>胞间 CO_2 浓度>蒸腾速率>叶绿素，蒸腾速率与净光合速率呈负相关，可能是因为在中午温度较高时，虽然蒸腾速率较强，但叶片气孔关闭，使光合受阻造成的；各因子对 A_3 型细胞质甜高粱品种的影响程度与 A_1 型细胞质甜高粱品种基本一致，但蒸腾速率与净光合速率呈正相关，说明在中午温度较高时，A_3 型细胞质甜高粱品种依然可以保持气孔开放，保持较高的净光合速率，从而较 A_1 型细胞质甜高粱品种可增加较高净光合速率所维持的时间，促进其干物质积累。

2.3 A₁和A₃型细胞质甜高粱品种物质积累与分配比较

由表3可以看出，两种细胞质品种在光合产物的分配上存在差异。A₃型细胞质甜高粱种的生物产量明显高于A₁型细胞质甜高粱品种，供试的5个A₃型细胞质品种的生物产量的平均值可比A₁型细胞质甜高粱品种高出12.78%。积累的有机物在不同器官的分配上，两种品种均表现为茎秆>根系>籽粒>叶片（A₃型细胞质甜高粱品种无籽粒），但主要应用器官茎秆的重量A₁和A₃型细胞质品种分别占各自生物产量的52.73%和57.13%，A₃型细胞质品种比A₁型细胞质品种高8.34%。说明A₃型细胞质甜高粱品种不但生物产量高，而且可将积累的有机物更多地转移到茎秆，使以茎秆为主要收获器官的能源甜高粱在生产上更具优势。同时，A₁和A₃型细胞质品种的根冠比差异较大，A₃型细胞质甜高粱品种比A₁型细胞质甜高粱品种高出17.88%，大大提高了A₃型细胞质品种的抗倒性，更有利于生产应用，而茎叶比未见明显差异。

表3 A₁和A₃型细胞质甜高粱品种物质积累与分配比较

品种	生物产量（kg/株）	茎秆重量（kg/株）	根系重量（kg/株）	籽粒重量（kg/株）	叶片重量（kg/株）	根冠比（%）	茎叶比（%）
Ta1-1	268.5 b	142.9 b	60.2 bc	40.4 a	45.3 b	26.3 c	31.7 a
Ta1-2	257.4 bc	136.3 c	59.1 c	35.3 b	44.4 b	27.4 c	32.5 a
Ta1-3	248.6 c	129.2 c	58.3 c	33.6 b	44.3 b	28.2 b	34.3 a
Ta1-4	242.9 c	127.0 c	58.1 c	34.4 b	40.7 b	28.7 b	32.0 a
Ta1-5	244.5 c	130.1 c	54.9 d	36.7 b	41.1 c	26.4 c	31.6 a
Ta1 平均	252.4	133.1	58.1	36.1	43.1	27.4	32.4
R₁	1.00	0.89	0.81	0.46	0.32	-0.49	0.37
R₂	0.88	0.90	0.56	0.75	0.46	0.03	0.22
Ta3-1	278.7 b	159.8 ab	67.3 b	—	51.6 a	31.8 a	32.3 a
Ta3-2	295.5 a	167.7 a	74.4 a	—	53.5 a	33.6 a	31.9 a
Ta3-3	277.9 b	159.4 ab	68.8 b	—	49.7 a	32.9 a	31.2 a
Ta3-4	272.9 b	157.3 ab	64.8 b	—	50.9 a	31.1 a	32.3 a
Ta3-5	298.0 a	169.0 a	72.6 a	—	56.4 a	32.2 a	33.4 a
Ta3 平均	284.6	162.6	69.6	—	52.4 a	32.3	32.2
R₁	1.00	0.94	0.77	—	0.45	-0.58	0.28
R₂	0.93	0.91	0.72	—	0.13	0.26	0.15

注：R1 表示与生物产量相关，R2 表示与净光合速率相关

2.4　A_1 和 A_3 型细胞质甜高粱品种分积累比较

由表 4 可以看出，A_1 和 A_3 型细胞质甜高粱品种的茎秆含糖锤度、出汁量、出汁率以及总产糖量均存在差异。供试的 5 个 A_3 型细胞质甜高粱品种的含糖锤度和出汁量的平均值分别比 A_1 型细胞质甜高粱品种高出 0.69% 和 30.88%，出汁率 A_3 比 A_1 型细胞质甜高粱品种高 7.43%，其中 A_3 型细胞质甜高粱品种的出汁量占到其生物产量的 31.74%。供试的 10 个品种总产糖量的平均值 A_3 比 A_1 型细胞质高 40.54%。说明 A_3 型细胞质甜高粱品种较高总产糖量的形成主要来源于较多的茎秆出汁量。与总产糖量的相关系数 A_1 型细胞质甜高粱品种为含糖锤度>出汁量>出汁率，而 A_3 型细胞质甜高粱品种为出汁量>含糖锤度>出汁率，说明转移到茎秆中相对较高的光合产物使 A_3 型细胞质品种含糖锤度并未低于 A_1 型细胞质甜高粱品种，而相对较高的茎秆出汁量促使了其总产糖量的增加。

表 4　A_1 和 A_3 型细胞质甜高粱品种糖分积累比较

品种	含糖垂度 （%）	出汁量 （kg/株）	出汁率 （%）	总产糖量 （kg/株）
Ta1-1	19.2 ab	43.9 c	30.7 a	8.4 b
Ta1-2	18.4 b	42.3 c	31.0 a	7.8 c
Ta1-3	18.6 b	33.3 d	25.8 c	6.2 d
Ta1-4	18.9 b	40.4 cd	31.8 a	7.6 c
Ta1-5	18.3 b	37.6 cd	28.9 b	6.9 d
Ta1 平均	18.7	39.5	29.6	7.4 c
总产糖量 R	0.87	0.61	0.27	1.00
Ta3-1	19.3 ab	49.4 b	30.9 a	9.5 b
Ta3-2	21.1 a	55.8 a	33.3 a	11.8 a
Ta3-3	19.5 ab	51.3 ab	32.2 a	10.1 ab
Ta3-4	19.4 ab	49.3 b	31.4 a	9.6 b
Ta3-5	20.9 a	52.6 ab	31.1 a	11.0 a
Ta3 平均	20.0	51.7	31.8	10.4 ab
总产糖量 R	0.36	0.92	0.43	1.00

3　结论与讨论

综上所述 A_3 型细胞质甜高粱品种的光合能力较强，较 A_1 型细胞质甜高粱品种在单位时间里可生产更多光合产物。这与李金梅等的研究结果基本一致[11]。对其光合影响因子的分析结果表明，A_3 型细胞质甜高粱品种可维持较长的气孔开放时间。

在有机物分配方面，A_3 型细胞质甜高粱品种由于没有籽粒，可将更多的光合产物转移到茎秆，较大幅度的提高了以茎秆为主要收获器官的能源甜高粱的茎秆重量、出汁量以及总产糖量，从而可更好地发挥能源甜高粱在生产上的潜力。这与邹剑秋、张福耀等研究的结果基本一致[12-13]。

A₃型细胞质甜高粱品种由于自身不结籽粒，可将糖分更多的转移到茎秆[14-15]。因此，在生产上要考虑与其他高粱属植物隔离种植，以免因接受外来花粉而结实，影响茎秆养分积累。A₃型细胞质甜高粱虽不结籽粒，但可将这部分养分转移到茎秆中，促进茎秆产量增加所而获得较高的经济效益，弥补其没有籽粒造成的经济损失，而且在生产上，更有利于机械化收割，可节省大量的劳动成本与经济投入。因此，A₃型细胞质甜高粱作为新兴的能源作物之一，具有很大的生产潜力和广阔的发展前景。

参考文献

[1] 邹剑秋，王艳秋. 中国甜高粱育种方向及高效育种技术 [J]. 杂粮作物，2007，27（6）：403-404.

[2] 曹俊峰，高博平，谷卫彬. 甜高粱汁酒精发酵条件初步研究 [J]. 西北农业学报，2006，15（3）：201-203.

[3] 邹剑秋，王艳秋，张志鹏，等. A₃型细胞质能源用甜高粱生物产量、茎秆含糖锤度和出汁率研究 [J]. 中国农业大学学报，2011，16（2）：8-13.

[4] 卢庆善，朱翠云，宋仁本，等. 甜高粱及其产业化问题和方略 [J]. 辽宁农业科学，1998（5）：24-28.

[5] 王艳秋，邹剑秋，张志鹏，等. 能源甜高粱茎秆节间锤度变化规律研究 [J]. 中国农业大学学报，2010，15（5）：6-11.

[6] 张志鹏，杨镇，朱凯，等. 可再生能源作物——甜高粱的开发利用 [J]. 杂粮作物，2005，25（5）：334-335.

[7] 刘晓辉，高士杰，杨明，等. 浅谈甜高粱的利用价值 [J]. 2006，25（9）：98-99.

[8] 朱凯，王艳秋，等，不同细胞质甜高粱品种光合作用动态研究 [J]. 江苏农业科学，2012，4（3）：67-69.

[9] 吕建林，陈如凯，张木清，等. 甘蔗净光合速率、叶绿素和比叶重的季节变化 [J]. 福建农业大学学报，1998，27（3）：285-290.

[10] 蔡忠杰，宋仁本，邹剑秋，等. 辽宁省高粱育种工作的现状及展望 [J]. 杂粮作物，2002，22（1）：11-13.

[11] 李金梅、赵威军，等. 高粱 A₂ 类型 CMS 在中国的应用 [J]. 中国酿造高粱遗传改良与加工利用，2006：69-73.

[12] 邹剑秋，王艳秋. 中国甜高粱育种方向及高效育种技术 [J]. 杂粮作物，2007，27（6）：403-404.

[13] 张福耀，牛天堂，韦耀明，等. 高粱非买罗细胞质 A₂，A₃，A₄，A₅，A₆，9E 雄性不育系研究 [J]. 山西农业科学，1996（3）：35-37.

[14] 于永静，郭兴强，谢光辉，等. 不同行株距种植对甜高粱生物量和茎秆汁液锤度的影响 [J]. 中国农业大学学报，2009，14（5）：35-39.

[15] 周宇飞，黄瑞冬，许文娟，等. 甜高粱不同节间与全茎秆锤度的相关性分析 [J]. 沈阳农业大学学报，2005，36（2）：139-142.

A₁ 和 A₃ 细胞质甜高粱品种灌浆期光合参数日变化特点及比较[*]

张志鹏[**]　王艳秋　邹剑秋[***]　朱凯　张飞

（辽宁省农业科学院高粱研究所，沈阳　110161）

摘　要：本试验分别以 5 个 A₁ 细胞质和 5 个 A₃ 细胞质甜高粱品种为试材，对其光合日变化特点及其对产量形成的影响进行了分析。结果表明：A₃ 细胞质甜高粱品种的光合速率在同一天的不同时间段的平均值普遍高于 A₁ 细胞质品种，A₁ 细胞质品种日变化均呈 "单峰" 曲线变化趋势；而 A₃ 细胞质的日变化呈 "单峰" 和 "双峰" 两种曲线变化趋势，但不同品种间存在差异；A₃ 细胞质品种中午气孔导度下降，出现 "午休" 现象。

关键词：细胞质；甜高粱；光合；日变化

光合作用是植物生产最基本的生理过程之一，作物生产的实质是光能驱动的一种生产体系[1-4]。研究表明，作物生物学产量 90%~95% 来自光合作用产物，只有 5%~10% 来自于根系吸收的营养成分[5]。作物的生长发育和产量品质的形成，最终决定于作物个体与群体的光合作用[6]。因此，光合作用对于提高作物的产量潜力具有重要意义。

在一天中光合作用是作物本身特点与外界环境因子共同作用的结果[7]。无论是 C_3、C_4 和 CAM 作物，光合日变化能反映在自然状态下作物的光合作用特点和温光反应特性[8-9]。甜高粱作为 C_4 作物的典型代表具有光合效率高、光补偿点高等特点。因此，本试验对 A₁ 和 A₃ 两种细胞质甜高粱的光合日变化特点进行了研究与比较，旨在探明 A₃ 细胞质品种生物产量高于 A₁ 细胞质品种的内在生理原因，进而筛选出高光合效率的 A₃ 细胞质品种，为进一步挖掘其产量潜力提供理论支撑。

1　材料与方法

1.1　试验设计

供试品种为 A₁-1、A₁-2、A₁-3、A₁-4、A₁-5 共 5 个 A₁ 型细胞质甜高粱品种，A₃-1、A₃-2、A₃-3、A₃-4、A₃-5 共 5 个 A₃ 型细胞质甜高粱品种，均由辽宁省农业科学院高粱研究所选育，种植密度为 75 000 株/hm² （表 1）。

本试验于 2010 年在辽宁省农业科学院试验地进行，采用随机区组设计，6 行区，行距 0.6m，行长 3m，小区面积 10.8m²，3 次重复。5 月 8 日播种，10 月 8 日收获，田间管理相当于当地一般生产水平。

---

* 基金项目：农业部现代农业产业技术体系项目 （nycytx-12）；辽宁省科技基金博士启动项目（20061045）；国际合作项目 （CFC/FIGG/41）

** 作者简介：张志鹏，副研究员，硕士，主要从事高粱遗传种研究；E-mail：zzp906@163.com

*** 通讯作者：邹剑秋，研究员，博士，主要从事高粱遗传育种研究；E-mail：jianqiuzou@yahoo.com.cn

表1　品种代号与品种组合对照

代号	组合名称	代号	组合名称
A_1–1	辽甜1号	A_3–1	398 A3/（111/1022）
A_1–2	7050A1/（111/1022）	A_3–2	654A3/（111/1022）
A_1–3	7050A1/绿能2号	A_3–3	9198A3/（101/1022）
A_1–4	辽甜6号	A_3–4	辽甜9号
A_1–5	7050A1/（M–81E/ICSV298）	A_3–5	矮四A3/（101/1022）

1.2　测定项目及方法

采用美国LI-COR公司生产的LI-6400便携式光合作用测定系统测定，在2010年8月24日高粱灌浆期，在各试验小区选取生长健康、长势一致、光照均一的植株5株。在从顶部向下第1片完全展开叶且距茎基部15cm处叶片进行测定，记录3次值求其平均数。分别在6:00、8:00、10:00、12:00、14:00、16:00进行测定。叶室内的有效光合辐射、大气CO_2浓度、空气相对湿度、气温由光合仪自动调控，净光合速率、气孔导度、胞间CO_2浓度、蒸腾速率等参数等由光合仪同步探测记录。

1.3　数据处理与分析

试验数据均采用Microsoft Excel 2003和DPS v6.50软件进行处理与分析。

2　结果与分析

2.1　A_1和A_3细胞质甜高粱光合日变化比较

对灌浆期1和3品种进行光合速率进行测定，结果如图1所示：

由图1可知，A_1和A_3细胞质能源甜高粱的光合日变化存在较大差异。在一天中的同一时间段，A_3细胞质普遍高于A_1细胞质。A_1细胞质能源甜高粱光合日变化均呈"单峰曲线"，最高光合速率均出现在中午12:00；A_3细胞质能源甜高粱光合日变化品种间存在差异，A_3–1、A_3–3、A_3–5呈"单峰"曲线，但与A_1细胞质相比在光合速率峰值处变化较为平缓，在11:00至14:00均可达到较高的光合速率，A_3–2、A_3–4呈"双峰曲线"变化，在中午12:00光合速率出现明显的降低。A_3–2在12:00的光合速率分别比10:00和14:00低27.3%和43.0%，A_3–4在12时的光合速率分别比10点和14点低36.1%和32.1%。

说明A_3细胞质能源甜高粱品种的光合性能总体上优于A_1细胞质，较高光合速率维持的时间段相对较长，虽然A_3细胞质能源甜高粱中午存在短暂的"午休"现象，但对该品种一天中整体的光合性能不会造成较大影响。

2.2　A_1和A_3细胞质甜高粱气孔导度、胞间CO_2浓度比较

由图2可知，A_1和A_3细胞质甜高粱气孔导度在一天中的不同时间段的变化趋势与光合速率的变化趋势较为接近。A_1细胞质均呈单峰曲线变化，A_3细胞质部分呈单峰曲线部分呈双峰。一天中A_1和A_3细胞质气孔导度的变化幅度分别为0.18～0.27和0.25～0.43$molH_2O/m^2/s$，A_3细胞质总体高于A_1细胞质。说明气孔导度是影响光合速率的重要

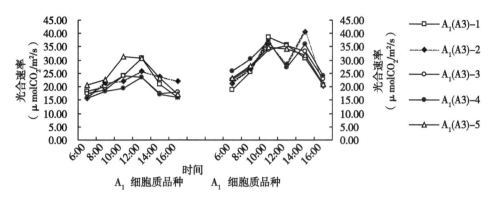

图1 A₁ 和 A₃ 细胞质甜高粱光合速率比较

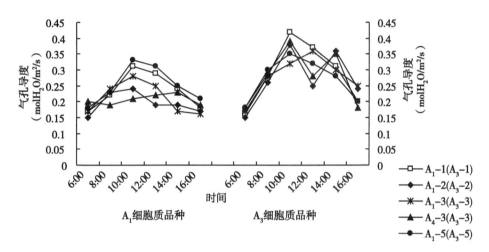

图2 A₁ 和 A₃ 细胞质甜高粱品种气孔导度比较

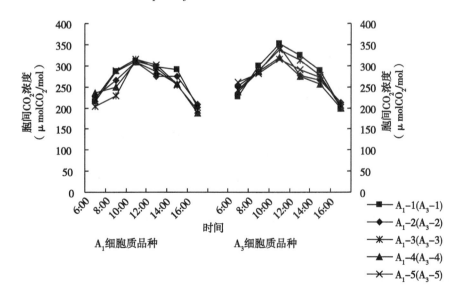

图3 A₁ 和 A₃ 细胞质甜高粱胞间 CO_2 浓度比较

因子，A_3 细胞质气孔导度的变化较 A_1 细胞质更为活跃。

胞间 CO_2 浓度在一天中的不同时间段的变化趋势无论是 A_1 细胞质还是 A_3 细胞质均呈"单峰"趋势变化，且在 10：00~14：00 时段 A_3 细胞质要高于 A_1 细胞质，峰值更为明显（图3）。说明较高的胞间 CO_2 浓度是得到较高光合速率的保证，但并不是决定因子。

2.3　A_1 和 A_3 细胞质甜高粱光合速率影响因子比较（表2）

表2　A_1 和 A_3 细胞质甜高粱在 12：00 时的光合参数比较

品种	光合速率（$\mu mol/m^2/s$）	气孔导度（$mol/H_2O\ m^2/s$）	胞间 CO_2 浓度（$\mu mol/m^2/s$）	蒸腾速率（$\mu molCO_2/mol$）	饱和蒸气压差（Pa）	光合有效辐射（$mol/m^2/s$）
A_1-1	30.81 b	0.26 c	296.47 b	3.36 b	1.66 b	638.44 c
A_1-2	19.79 d	0.19 d	275.39 d	2.81 c	1.69 a	623.15 d
A_1-3	19.56 d	0.18 d	295.41 b	3.53 b	1.56 bc	642.80 c
A_1-4	20.50 c	0.22 cd	286.32 bc	2.22 d	1.49 c	635.22 c
A_1-5	30.89 b	0.27 c	301.49 b	3.79 ab	1.63 b	666.14 b
A_1 平均	24.31	0.22	291.02	3.14	1.61	641.15
A_3-1	35.57 a	0.37 ab	324.74 a	3.90 a	1.71 a	662.13 b
A_3-2	30.51 b	0.25 c	277.58 d	3.21 b	1.54 bc	663.80 b
A_3-3	35.53 a	0.43 a	313.86 ab	3.26 b	1.57 bc	675.93 a
A_3-4	30.23 b	0.28 bc	273.36 d	3.24 b	1.59 bc	643.51 c
A_3-5	34.40 a	0.32 b	289.60 b	3.35 b	1.68 b	660.52 b
A_3 平均	33.25	0.33	295.83	3.39	1.62	661.18

12：00 既是光合速率、气孔导度、胞间二氧化碳等最活跃的时间，也是 A_3 细胞质品种中有两个光合速率出现明显凹陷的时间。在这一时间对光合速率及其影响因子的比较可以看出，A_1 和 A_3 细胞质能源甜高粱在中午时段的光合速率差异较大。A_3 细胞质品种的平均光合速率要比 A_1 细胞质高出 36.8%，且同种细胞质的不同品种间差异也较大，达到了显著水平。

气孔导度、胞间 CO_2 浓度、蒸腾速率、VpdL、PAR 在不同品种间的变化趋势与光合速率的变化都较为接近（表1）。5 个 A_3 细胞质品种的平均气孔导度比 5 个 A_1 细胞质的平均值品种高出 36.2%，胞间 CO_2 浓度高出 1.7%，蒸腾速率高出 8.5%，VpdL 高出 0.7%，PAR 高出 3.1%。

可见，A_3 细胞质品种在中午时间段相对较高的光合参数是是品种本身的一种生理特性，根据不同细胞质的品种的生理特性来平衡各因子间的关系是挖掘其光合潜力的关键。

2.4　光合日变化影响因子与光合速率的相关性分析

为进一步分析 12：00 时各影响因子对 A_3 和 A_1 细胞质光合速率的影响，对其进行了相关性分析（表3）。气孔导度、胞间 CO_2 浓度、蒸腾速率、VpdL、PAR 与光合效率均呈正相关，A_1 细胞质各因子与光合速率的相关系数气孔导度>PAR>胞间 CO_2 浓度>蒸腾速率>

VpdL，其中气孔导度与光合速率差异达到及显著水平，PAR 与光合速率差异达到显著水平。A₁ 细胞质各因子与光合速率的相关系数气孔导度>PAR>胞间 CO_2 浓度>蒸腾速率>VpdL，仅有气孔导度与光合速率差异达到及显著水平。说明在中午 12：00，气孔导度是影响甜高粱光合速率最重要的因子，同时不同细胞质品种间存在差异。PAR 对 A₁ 细胞质品种的光合速率影响较大，气孔导度与 PAR 综合作用是影响其光合速率的重要原因，而对于 A₃ 细胞质品种气孔导度是光合速率的决定因子，中午叶片部分气孔关闭是导致其部分品种（A₃-2 和 A₃-4）光合效率下降的直接原因。

表 3　A₁ 和 A₃ 细胞质甜高粱的在 12：00 时光合参数的相关性分析

12：00	Photo	Cond	Ci	Trmmol	VpdL	PAR
Photo	1					
Cond	0.92**	1				
Ci	0.70	0.62	1			
Trmmol	0.59	0.35	0.74	1		
VpdL	0.33	0.27	0.41	0.43	1	
PAR	0.88*	0.63	0.87*	0.70	0.31	1
Photo	1					
Cond	0.97**	1				
Ci	0.71	0.74	1			
Trmmol	0.57	0.65	0.74	1		
VpdL	0.66	0.67	0.68	0.77	1	
PAR	0.76	0.49	0.62	0.06	0.32	1

注：$P<0.05$ 为显著水平，$P<0.01$ 为极显著水平

3　结论与讨论

综上所述，甜高粱的光合日变化主要是其内在生理因子作用的结果。A₁ 和 A₃ 细胞质在光合性能上既有共性又独具特点。在两种细胞质的光合日变化比较中 A₃ 细胞质的 5 个品种在同一天的不同时间段的总体光合速率均高于 A₁ 细胞质的 5 个品种，A₁ 细胞质的光合日变化呈单峰曲线变化。A₃ 细胞质有两个品种呈双峰曲线变化，分析认为是由于叶片气孔关闭所致，实际上就是光合量子效率中午降低所致。这与许大全等对小麦"午休"的原因分析结果基本一致[10]。

总体来说，A₃ 细胞质的光合性能优于 A₁ 细胞质品种，在相同时间内能够利用更多的光能并转化为物质生产，积累更多的有机物。同时品种间存在差异。A₃-4 和 A₃-5 两个品种在光合性能上优势更为突出，虽然 A₃-4 有短暂的"午休"，但总体光合性能仍然较好。如果根据这该品种的这种光合特性，在育种中通过品种改良或转基因等手段改善该品种的光合"午休"，进一步提高其光能利用率，对其产量的提高及能源转化都会有积极意义。

参考文献

[1] 邹剑秋，王艳秋，张志鹏，等．A_3 型细胞质能源用甜高粱生物产量、茎秆含糖锤度和出汁率研究 [J]．中国农业大学学报，2011，16（2）：8-13.

[2] 王艳秋，邹剑秋，张志鹏，等．能源甜高粱茎秆节间锤度变化规律研究 [J]，中国农业大学学报，2010，15（5）：6-11.

[3] 李霞，刘友良，焦德茂．不同高产水稻品种叶片的荧光参数的日变化和光适应特性的关系 [J]．作物学报，2002，28（2）：145-153.

[4] Safaa Al-Hamdania and Glenn W Todd. Effect of temperature regimes on photosynthesis, respiration, and growth in alfalfa [J]. Proc Okla Acad Sci. , 1990, 70：1-4.

[5] 孙艳，黄炜，田霄鸿，等．黄瓜嫁接苗生长状况、光合特性及养分吸收特性的研究 [J]．植物营养与肥料学报，2002，8（2）：181-185.

[6] 王少先，李再军，王雪云，等．不同烟草品种光合特性比较研究初报 [J]．中国农学通报，2005，21（5）：245-249.

[7] 胡文海，喻景权．低温弱光对番茄叶片光合作用和叶绿素荧光参数的影响 [J]．园艺学报，2001，28（1）：41-46.

[8] Stittle M. Rising CO_2 levels and their potential significance for carbon flow in photosynthetic cells [J]. Plant, Cell and Environment, 1991, 14：741-762.

[9] 葛江丽，姜闯，等．轻度盐胁迫对甜高粱光合作用激发能分配的影响 [J]．沈阳农业大学学报，2007，3（1）：45-48.

[10] 许大全．气孔的不均匀关闭与光合作用的非气孔限制 [J]．植物生理学通讯，1995，31（4）：246-252.

甜高粱茎秆含糖量及其他农艺性状的遗传分析*

段有厚[1]** 卢 峰[1] 王少科[2] 邹剑秋[1]***

（1. 辽宁省农业科学院高粱研究所，沈阳 110161；

2. 邯郸市植物检疫站，邯郸 056001）

摘 要：采用不完全双列杂交方法及遗传分析法，对甜高粱茎秆含糖量和其他农艺性状进行了遗传分析，通过对甜高粱各农艺性状的广义遗传力（h_B^2）进行分析，发现单株生物产量、穗粒重、茎粗和生育期的广义遗传力为中等，而锤度、单株茎秆重、出汁率等其他性状的广义遗传力都较高；通过对甜高粱各农艺性状进行遗传相关分析，发现锤度性状只与主茎秆重之间达到了极显著正相关，而与其他农艺性状相关不显著，单株生物产量与各性状的相关系数，除含糖量和出汁率外，均为极显著正相关。

关键词：甜高粱；含糖量；农艺性状；遗传分析

甜高粱［*Sorghum bicolor*（Moench）L.］又叫芦粟、甜秆、糖高粱等，C_4 植物，属禾本科高粱属，是普通粒用高粱的一个变种。甜高粱作为一种开发潜力巨大的粮食、饲料和能源作物，稳产性好，年产干物质 20～50t/hm²，同时包括籽粒、糖分和木质纤维素，而且能提供可再生能源产品、工业化商品以及粮食、饲料产品，对于实现资源的合理配置和利用，推进中国现阶段以"非粮"原料为主的生物质能源工程，保障能源、粮食和环境安全具有重要意义。茎秆含糖量高和生物产量高是甜高粱亲本选育的目标。与粒用高粱研究相比，甜高粱育种研究进展较慢，特别是优良甜高粱亲本系的创造比较滞后，为了探讨甜高粱茎秆含糖量及其他重要性状的遗传相关规律，同时进行优异甜高粱亲本系选育，为进一步开展的甜高粱育种提供素材。

1 材料与方法

1.1 材料

试验材料为课题组多年选育和引进的材料，共 8 份，分为两组。甜高粱恢复系 4 份：Rio（丽欧）、1022、GD27635 和农家品种 431；粒用高粱恢复系 4 份（均为本单位自选）：2381、LR625、0-01 和 7037。各亲本的表型性状稳定一致。

1.2 方法

田间试验于 2008—2009 年在辽宁省农业科学院作物所试验田进行。对两组亲本进行不完全双列杂交（NC-Ⅱ），杂交方法是母本手工去雄，母本穗用羊皮纸袋严格套袋隔离，待母本吐露柱头，用父本花粉给母本授粉。获得 F_1 后，将杂交组合 F_1 代随机区组设计，

* 基金项目：现代农业产业技术体系项目（编号：nycytx - 12）；辽宁省科技厅项目（编号：2008209001）；辽宁省科技基金博士启动项目（编号：20061045）

** 作者简介：段有厚，助理研究员，硕士，从事高粱育种与栽培研究；E-mail：duanyouhou@163.com

*** 通讯作者：邹剑秋，博士，研究员，从事高粱育种与栽培研究

3 次重复。2 行区、小区行长 4m、行距 0.6m、株距 0.22m。土壤肥力中等偏上，田间管理同大田：每公顷施优质农肥 45 000 kg 作底肥，播种时施口肥磷酸二铵 112.5 ~ 150kg/hm²，配以施钾肥 75kg/hm²，拔节期追施尿素 300~375kg/hm²。

调查项目有出苗期、抽穗期、开花期、成熟期、生育期、株高、茎粗、茎秆锤度、穗重、主茎秆鲜重、汁液重、生物产量、出汁率（调查标准参考全国高粱区域试验）。在植株生长的出苗期至成熟期，每小区随机选取 10 株，调查出苗、开花、成熟等数据，在田间测量植株的株高、穗长和茎粗等性状，除需另外计算的数据外，锤度、茎秆重、生物产量等数据收集均在地头完成。榨汁次数为两次。数据采用 DPS 软件进行分析。

2　结果与分析

2.1　不同组合间各性状的差异显著性测验

对不同杂交组合间各性状的差异显著性进行测验（表1），由一般方差分析（F 值）得出，16 个杂交组合的各农艺性状组合间方差差异均极显著，说明不同基因型效应间存在着显著差异，有必要对各个亲本的配合力进行进一步分析。

表 1　主要性状配合力方差分析结果（F 值）

变异来源	自由度	锤度	单株生物产量	单株茎秆重	出汁率	穗粒重	株高	穗长	茎粗	生育期
区组（重复间）	2	1.38	0.19	0.03	0.51	0.12	2.07	0.25	0.99	0.81
组合（F_1）	15	54.4402**	7.15**	135.27**	29.61**	9.25**	1 278.81**	24.48**	4.73**	11.05**
父本（P_1）	3	10.6073**	14.42**	32.33**	4.94**	1.63	23.75**	4.47**	11.40**	15.00**
母本（P_2）	3	1.1928	8.32**	9.21**	2.01	6.69**	13.39**	26.61**	7.02**	19.65**
父母本互作（$P_1 \times P_2$）	9	18.3918**	1.39	15.19**	14.89**	4.09**	159.31**	3.59**	1.10	1.47
误差	30									

注：$F_{0.05}$（2, 30）= 3.32，$F_{0.01}$（2, 30）= 5.39，$F_{0.05}$（15, 30）= 2.02，$F_{0.01}$（15, 30）= 2.70，$F_{0.05}$（3, 30）= 2.92，$F_{0.01}$（3, 30）= 4.42，$F_{0.05}$（9, 30）= 2.21，$F_{0.01}$（9, 30）= 3.06

*表示达到 0.05 的显著水平，**表示达到 0.01 的极显著水平

2.2　杂交组合亲本的一般配合力效应分析

本研究采用的 8 个亲本的 9 个性状的一般配合力（GCA）效应值列于表 2。由表 2 可以看出同一性状不同亲本间一般配合力效应值存在明显差异。如锤度的变幅在 -13.79 ~ 7.62，变幅极差为 21.41。说明同一性状在不同亲本中的遗传特性存在显著差异。现将各亲本各性状的一般配合力效应值分析如下。

表 2　杂交组合亲本的一般配合力效应值（GCA）

亲本	锤度（%）	单株生物产量（g）	单株茎秆重（g）	出汁率（%）	穗粒重（g）	株高（cm）	穗长（cm）	茎粗（cm）	生育期（天）
Rio（丽欧）	6.62	20.75	30.48	13.76	5.45	17.62	3.94	5.57	1.11

（续表）

亲本	锤度（%）	单株生物产量（g）	单株茎秆重（g）	出汁率（%）	穗粒重（g）	株高（cm）	穗长（cm）	茎粗（cm）	生育期（天）
1022	7.62	6.06	13.39	5.72	−2.81	−2.32	−0.39	−1.08	0.91
GD27635	−0.44	−4.95	−5.77	−9.17	1.61	−8.35	−0.91	0.25	0.71
农家品种431	−13.79	−21.86	−38.10	−10.32	−4.25	−6.95	−2.64	−4.74	−2.74
2381	3.03	−0.77	5.28	5.92	−4.76	4.59	3.25	2.08	−0.51
LR625	2.68	17.83	18.72	−1.90	13.33	5.90	6.28	3.41	1.32
0-01	−2.50	−15.43	−18.04	5.78	−3.09	−13.42	−9.48	−3.91	−2.74
7037	−3.20	−1.63	−5.96	−9.79	−5.48	2.93	−0.04	−1.58	1.93

由表2可知，杂交组合同一亲本不同性状的GCA效应值有着明显差异，部分性状表现较好，而另外一些性状表现一般或较差。说明各亲本各性状的加性效应作用程度不同。如母本2381在锤度、单株茎秆重、出汁率、株高、穗长和茎粗性状的GCA效应值均较大，但单株生物产量、穗粒重和生育期的GCA效应值不高，说明以它为亲本易选配含糖量锤度高的杂交甜高粱组合，但用其配置的杂交甜高粱组合可能单株生物产量和穗粒重较低。不同杂交甜高粱父本中，RIO在各个性状的GCA效应值均表现较好，以它为亲本也易配得锤度高且生物产量高的杂交甜高粱组合，但其配置的杂交甜高粱组合生育期可能偏长。不同杂交甜高粱母本中，LR625在各个性状的GCA效应值均表现较好，以它为亲本也易配得锤度高且生物产量高的杂交甜高粱组合，但其配置的杂交甜高粱组合出汁率可能不理想。

2.3 杂交组合亲本一般配合力与亲本表型值的关系

对16个杂交组合亲本9个性状的一般配合力效应值和表型值进行了相关分析（表3）。

表3 一般配合力效应值和表型值的相关分析

性状	回归方程	相关系数	决定系数	T值
锤度	$Y=211.524+0.239X$	0.0272	0.00074	0.0666
单株生物产量	$Y=448.913+3.949X$	0.6894	0.4752	2.331
单株茎秆重	$Y=229.338+1.639X$	0.6292	0.39586	1.9828
出汁率	$Y=30.954+0.437X$	0.7312**	0.53464	2.6255
穗粒重	$Y=124.238+0.763X$	0.2519	0.06343	0.6375
株高	$Y=211.525+2.391X$	0.3928	0.15431	1.0463
穗长	$Y=24.662+0.2691X$	0.5196	0.26996	1.4895
茎粗	$Y=1.3087-0.00392X$	0.1899	0.03607	0.4738
生育期	$Y=123.625+2.018X$	0.9283**	0.86176	6.1159

从表 3 可以得知，除茎粗一个性状外，其余 8 个杂交组合亲本性状的一般配合力和表型值的相关系数均为正值，表明这 8 个性状的亲本表型值与 GCA 均存在一定程度的正相关。其中出汁率和生育期两个性状，亲本一般配合力效应值和表型值的相关达到极显著水平，其决定系数分别为 0.53464 和 0.86176，表明这两个性状的表现有 53.464% 和 86.176% 是由亲本 GCA 决定的，即亲本这两个性状的表现可以大致反映其一般配合力的高低。而单株生物产量、单株茎秆重、穗粒重、株高和穗长 5 个性状的 GCA 与亲本性状表型值表现正相关但未达显著水平，说明亲本这 5 个性状的 GCA 与亲本性状的表型值关系不是很密切，即亲本性状的水平高，其 GCA 不一定就高；反之，亲本的 GCA 高，其亲本性状也不一定好。因此，这 5 个性状不能由亲本性状水平来推断亲本 GCA 的高低。可见，亲本一般配合力与亲本表型值的关系较复杂。这就要求在杂交组合选育和选配中，既要重视亲本本身的性状表现，又要注意其亲本各性状配合力的高低。

2.4 不同杂交组合的特殊配合力效应值（SCA）分析

杂交高粱特殊配合力是指某些特定的杂交组合在其双亲平均表现的基础上与预期结果的偏差，反映杂交组合非加性效应的大小。将 16 个不同杂交组合 9 个性状的 SCA 效应值列于表 4。从表 4 可以看出，同一性状不同组合的 SCA 值差异非常明显。如杂交组合 0-01/GD27635 锤度 SCA 效应值达 11.14，杂交组合 2381/农家 431 的 SCA 效应值达到 6.73，而杂交组合 LR625/GD27635 锤度的 SCA 效应值只有 -6.50；相同杂交组合不同性状间的 SCA 值也明显不同，可见杂交高粱各性状 SCA 表现甚为复杂。

表 4 不同杂交组合的特殊配合力效应值（SCA）分析

组合	锤度（%）	单株生物产量（g）	单株茎秆重（g）	出汁率（%）	穗粒重（g）	株高（cm）	穗长（cm）	茎粗（cm）	生育期（天）
2381/RIO	-0.97	-0.26	2.98	4.43	-5.38	0.22	-1.86	-1.91	0.71
LR625/RIO	5.97	-1.38	6.79	-10.50	0.44	2.75	-2.12	0.08	0.51
0-01/RIO	-5.32	-1.10	-3.32	6.77	5.43	-7.65	1.86	3.41	-0.30
7037/RIO	0.32	2.75	-6.45	-0.69	-0.49	4.68	2.12	-1.58	-0.91
2381/1022	-2.44	0.87	2.55	-2.59	6.43	3.37	1.43	3.41	-0.71
LR625/1022	2.85	-5.26	-6.83	-12.59	-9.64	-4.24	-2.64	-2.58	-0.10
0-01/1022	-1.85	0.86	-4.46	9.58	5.27	0.39	1.34	-1.91	-0.10
7037/1022	1.44	3.53	8.74	5.60	-2.06	0.48	-0.13	1.08	0.91
2381/GD27635	-3.32	8.19	3.79	-0.19	-3.56	-5.29	-2.21	-1.91	0.30
LR625/GD27635	-6.50	-1.03	-5.23	17.19	9.38	2.49	2.38	0.08	0.91
0-01/GD27635	11.14	-13.27	-8.11	-13.54	-9.16	2.23	-0.56	0.75	-0.71
7037/GD27635	-1.32	6.12	9.54	-3.45	3.34	0.57	0.39	1.08	-0.51
2381/农家431	6.73	-8.80	-9.32	-1.64	2.51	1.71	2.64	0.42	-0.30
LR625/农家431	-2.32	7.68	5.27	5.91	-0.18	-1.01	2.38	2.41	-1.32
0-01/农家431	-3.97	13.51	15.89	-2.81	-1.54	5.03	-2.64	-2.24	1.11
7037/农家431	-0.44	-12.39	-11.84	-1.46	-0.79	-5.73	-2.38	-0.58	0.51

2.5 杂交组合主要农艺性状的遗传分析

2.5.1 杂交组合配合力基因型方差和遗传力的估算

为了更深入地了解杂交组合亲本及双亲互作对其杂种后代的影响，根据配合力方差分析的方法及过程估算了各性状的一般配合力基因型方差（P1GCA 与 P2GCA）和特殊配合力基因型方差（P12SCA），并估算了一般配合力和特殊配合力基因型方差与总方差的比重（Vg 与 Vs），进一步表明这两种配合力在群体性状的遗传上的相对重要性。由表 5 可以看出，群体一般配合力方差所占比例均高于基因型方差，说明群体一般配合力在遗传上更重要一些。

表 5　各性状的基因型方差与群体配合力方差

项目	基因型方差			群体配合力方差	
	P_1GCA	P_2GCA	$P_{12}GCA$	Vg（%）	Vs（%）
锤度	1.771	0.036	0.697	72.15	27.85
单株生物产量	20 018.032	10 920.885	1 667.750	94.89	5.11
单株茎秆重	13 176.255	3 453.916	1 571.556	91.37	8.63
出汁率	11.699	2.999	11.086	57.01	42.99
穗粒重	28.062	254.433	135.005	67.66	32.34
株高	1 132.403	616.819	197.889	89.84	10.16
穗长	0.506	3.740	0.421	90.97	9.03
茎粗	0.003 8	0.002 2	0.000 1	97.76	2.24
生育期	4.764	6.347	0.433	96.25	3.75

为探讨杂交组合各性状的遗传力，将全部基因型方差占表现型方差的百分比作为广义遗传力（h_B^2），将父母本基因型方差视为加性方差，并将父母本基因型方差占表现型方差的百分比作为狭义遗传力（h_N^2），根据文中上述公式将结果列于表 6。

表 6　各性状的广义遗传力（h_B^2）和狭义遗传力（h_N^2）

性状	锤度	单株生物产量	单株茎秆重	出汁率	穗粒重	株高	穗长	茎粗	生育期
h_B^2（%）	95.42	71.66	98.21	91.50	76.08	99.81	90.54	60.70	80.57
h_N^2（%）	68.84	67.99	89.73	52.16	51.48	89.66	82.36	59.34	77.55

根据广义遗传力（h_B^2）分析结果，有单株生物产量、穗粒重、茎粗和生育期的广义遗传力为中等，说明这些性状受环境影响较大，而锤度、单株茎秆重、出汁率等其他性状的广义遗传力都较高，说明这些性状主要取决于基因型效应。根据狭义遗传力的分析，各性状狭义遗传力从大到小的顺序依次为单株茎秆重>株高>穗长>生育期>锤度>单株生物产量>茎粗>出汁率>穗粒重。狭义遗传力高的性状如单株茎秆重、株高与穗长等性状，容易通过对亲本的选择获得所期望的后代，且在亲本改良中早代选择效果好。而出汁率和穗粒重的狭义遗传力低，亲本这些性状的改良中不宜在早代进行选择。

2.5.2 杂交组合各性状间的相关遗传分析

为了探讨各个性状间的遗传相关，现将杂交组合各性状间的表型相关系数、遗传相关系数和简单相关系数结果列于表7和表8。

表7 各性状间的表型相关系数和遗传相关系数

性状	X1	X2	X3	X4	X5	X6	X7	X8	Y
X1	1	0.537 2	0.772 1	0.366 4	0.179 4	0.494 1	0.403 8	0.690 3	0.651 3
X2	0.508 5	1	0.728 7	0.063 3	0.335 4	0.604 9	0.617 4	0.521 2	0.811
X3	0.762 5	0.706 9	1	0.533 1	0.518 4	0.751 5	0.658 1	0.903 6	1
X4	0.356 5	0.048 2	0.519 4	1	0.344 5	0.364 7	0.196 2	0.502 7	0.493 2
X5	0.164 6	0.335	0.497	0.304 9	1	0.412 3	0.613 8	0.731 5	0.664 8
X6	0.488 9	0.576 9	0.748 8	0.356 8	0.389 1	1	0.795 1	0.850 5	0.832 2
X7	0.385 5	0.595 1	0.638 4	0.192 5	0.583 9	0.777	1	0.891 6	0.785 6
X8	0.596 7	0.531	0.812 9	0.425 9	0.629 2	0.753 3	0.798 8	1	0.943 2
Y	0.591 8	0.718 5	0.954 9	0.457 1	0.606 5	0.773 2	0.714 5	0.780 8	

注：左下角为表型相关系数，右上角为遗传相关系数

X1、X2、X3、X4、X5、X6、X7、X8、Y 分别代表锤度、生育期、主茎秆重、出汁率、穗粒重、株高、穗长、茎粗、单株生物产量

从表7可以比较杂交各性状的遗传与表型相关系数，总趋势是遗传相关系数值大于表型相关系数值。说明环境对于杂交组合各性状间的相关是有影响的。

表8 各性状间的简单相关系数和遗传相关系数

性状	X1	X2	X3	X4	X5	X6	X7	X8	X9
X1	1	0.537 2	0.772 1	0.366 4	0.179 4	0.494 1	0.403 8	0.690 3	0.651 3
X2	0.52*	1	0.728 7	0.063 3	0.335 4	0.604 9	0.617 4	0.521 2	0.811
X3	0.77**	0.71**	1	0.533 1	0.518 4	0.751 5	0.658 1	0.903 6	1
X4	0.36	0.05	0.52*	1	0.344 5	0.364 7	0.196 2	0.502 7	0.493 2
X5	0.17	0.33	0.50*	0.3	1	0.412 3	0.613 8	0.731 5	0.664 8
X6	0.52*	0.63**	0.79**	0.37	0.41	1	0.795 1	0.850 5	0.832 2
X7	0.39	0.60*	0.64**	0.19	0.58*	0.77**	1	0.891 6	0.785 6
X8	0.60*	0.53*	0.81**	0.43	0.63**	0.78**	0.80**	1	0.9432
X9	0.60*	0.72**	0.95**	0.46	0.61**	0.82**	0.71**	0.78**	1

注：左下角为各简单相关系数（ * $P<0.05$， ** $P<0.01$），右上角为遗传相关系数。

X1、X2、X3、X4、X5、X6、X7、X8、X9 分别代表锤度、生育期、主茎秆重、出汁率、穗粒重、株高、穗长、茎粗、单株生物产量

从表8可以看出，各性状间的简单相关系数和相应的遗传相关系数表现的趋势是一致

的，因此可用简单相关性来说明试验结果。株高与生育期、主茎秆重、穗长、茎粗状均达到极显著相关程度并均为正相关，说明这些性状的增加均与株高的变化有关，可用株高来对单株生物产量进行间接选择。单株生物产量与各性状的相关系数，除含糖量和出汁率外，均为正的极显著相关，说明单株生物产量的增加是由于生育期、主茎秆重（相关性最大，相关值为 0.95）、穗粒重、株高、穗长、茎粗等因素共同作用的结果。也说明影响甜高粱生物产量的因素主要是主茎秆重（相关性最大，相关值为 0.95）、株高、茎粗，而出汁率和糖锤度与生物产量的关联度较小，在对品种进行选择的时候，如果是将甜高粱作为饲料的，因其是单纯要求其生物产量，因此在选择上应该将主茎秆产量、茎粗、株高作为主攻目标进行攻关。锤度性状只与主茎秆重之间达到了极显著正相关，说明锤度受生育期、株高等其他性状影响不大；生育期与主茎秆重、株高和单株生物产量之间达到了极显著正相关；出汁率只与主茎秆重达到显著相关，与锤度等其他性状相关不显著。

3 讨论

本研究的不足之处及其尚待研究的问题：由于时间的原因，本研究所用杂交组合的数据为一年试验结果，而外界的环境条件、栽培技术措施对数量性状的遗传有一定影响，试验的重复性将是决定数据可靠性的重要依据。因此，本研究提出通过选择配合力高且农艺性状好的亲本进行后代选择，可获得茎秆含糖量锤度高且生物产量高的亲本材料，以解决目前甜高粱亲本材料少的问题。由于本研究条件有限，只是测定和分析了甜高粱的农艺性状，如果把与甜高粱抗病性、抗逆性和品质等相关性状再进行深入分析，将会得到更加全面、更有价值的分析结果，为甜高粱新品种的选育、利用提供更可靠信息。

参考文献

[1] 曹文伯. 甜高粱茎秆糖锤度配合力的测定 [J]. 植物遗传资源科学，2002，3 (4)：23-27.

[2] 卢庆善. 甜高粱 [M]. 北京：中国农业科学技术出版社，2008.

[3] 马育华. 植物育种的数量遗传学基础 [M]. 南京：江苏科学技术出版社，1982：280-375.

[4] 籍贵苏，杜瑞恒，侯升林，等. 甜高粱茎秆含糖量研究 [J]. 华北农学报，2006，21 (增刊)：81-83.

辽杂系列部分高粱杂交种及亲本苗期抗冷性鉴定

李志华　柯福来　朱　凯　邹剑秋

（辽宁省农科院高粱研究所/国家高粱改良中心，沈阳　110161）

摘　要：对辽杂系列部分杂交种亲本的苗期抗冷性标准进行鉴定。其结果 8 份杂交种，有两项指标中达到了 3 级或 3 级以上的抗冷性能力。亲本的抗冷性能力普遍较差，杂交后代的抗冷性能力不会因为亲本的 3 项指标高低而强弱。对于亲本及其杂交种抗冷性的关系还有待于进一步研究。对辽杂 5 号、辽杂 10 号、辽杂 19 号和辽甜 1 号、辽甜 3 号这 5 个杂交种，应给予更多的关注。

关键词：高粱；杂交种；部分亲本；抗冷性

冷害（Cood damage）是一种农业气象灾害，是在农作物生长季节 0℃ 以上低温对作物的损害。冷害的发生范围在世界上分布很广，纬度和海拔越高越易发生。中国的冷害以东北地区最为严重，由其在春秋两季。作物遭遇冷害后，它的生理活动会受到阻碍，严重时某些组织会遭到破坏。

就高粱这一作物而言，如果生育期遇到低温冷害，会造成生理活性下降，生长发育延迟或性细胞生长发育受阻，从而降低产量。高粱受低温冷害影响主要有 3 个类型：延迟型、障碍型和混合型。在中国北部地区，高粱所遭遇的冷害主要表现为延迟型和障碍型。遭遇这两种冷害的结果：生理活性明显减弱，生长滞缓，妨碍生殖细胞正常发育，最后是产量锐减、品质变劣、籽粒不饱满、蛋白质含量低等。

为了给生产和繁育提供一些参考资料，使大家对辽杂系列杂交种和亲本有一个初步的认识，本文就一些主栽杂交种及部分常用亲本的苗期抗冷性加以鉴定。

1　材料与方法

1.1　材料

选择由国家高粱改良中心育成的当前主栽高粱杂交品种和一些亲本。杂交种包括：辽杂 5 号、辽杂 10 号、辽杂 11 号、辽杂 12 号、辽杂 14 号、辽杂 15 号、辽杂 19 号、辽甜 1 号、辽甜 2 号、辽甜 3 号、辽甜 4 号、辽甜 5 号、辽粘 3 号和辽草 1 号；亲本包括：253、0-01、654、9198、三尺三（对照）和 7050A、16A、6A，共计 22 份试材。

1.2　方法

实验采用盆栽方法进行。分 3 个播期：第一期为低温早播期，播种日期在 4 月 5 日（地表温度稳定在 0℃ 以上）；第二期为低温中播期，播种日期在 4 月 15 日（地表温度稳定在 5℃ 以上）；第三期为适时播种期，播种日期在 5 月 5 日（地表温度稳定在 12℃ 以上）。每个播期设 3 个重复，每个重复设一个对照"三尺三"（本材料为抗冷性较强品种），用它来确定各组的调整系数。每个重复播种 50 粒，同一期的试验材料在同日内播完，然后隔日调查一次出苗，直至无新苗出土为止。实验均利用自然低温对各材料进行苗期抗冷性鉴定。

确定抗冷性前两项指标的相关计算公式：调整系数计算公式（每个重复的对照值−这个播期的全部对照均值）／这个播期的全部对照均值，再以调整系数校正组内各材料的实测值；根据低温播期和适播期处理的出苗数，求得相对出苗率（早播期的最终出苗数／适播期的最终出苗数×100%）；计算出苗指数［（某天出苗数×该天播后的日数）／总出苗数］和出苗指数比（早播期的出苗指数/适播期的出苗指数），所得相对出苗率和出苗指数比的结果，即为苗期抗冷性鉴定的前两项指标。

第三项指标是幼苗干重比。在播种 40 天后，在 3 个播期内的各重复随机收取每份材料幼苗样本 10~15 株（地上部分），置入 80~90℃烘箱内烘干，至恒重时取出，称出幼苗干重量，计算出幼苗干重比（早播期的单株平均干重／适播期的单株平均干重）。

上述 3 项指标均分为 5 个级别，分级标准如表 1。

表 1　苗期抗冷性鉴定的 3 项指标分级标准

级别 \ 标准	相对出苗率（%）	出苗指数比	幼苗干重比
1	81~100	2.00 以下	0.26 以上
2	61~80	2.01~2.30	0.21~0.25
3	41~60	2.31~2.60	0.16~0.20
4	21~40	2.61~2.90	0.10~0.15
5	0~20	2.91 以上	0.09 以下

每份材料的 3 项指标等级数的平均值，为抗冷性等级。

2　结果与分析

2.1　结果

表 2 为国家高粱改良中心的主栽杂交种和部分常用亲本的苗期抗冷性鉴定结果。由于 2010 年 4 月份的特殊气象原因（超低温、多雨、寡照），考虑到幼苗干重比的准确性，所以幼苗干重比这项在此不作比较；此外，由于第一期播种后所遇到的气象条件，超出了试验所规定的自然条件，在此也不作比较。但在如此恶劣极端的条件下，有的材料还能破土生长，给我们的抗冷害筛选工作的确带来了意外和惊喜。这些在后面将加以说明。

表 2　第二期苗期抗冷性鉴定结果

材料	相对出苗率（%）	级别	出苗指数比	级别	最终抗冷等级
辽杂 5 号	135.7	1	1.9	1	1
辽杂 10 号	68.9	2	2.42	3	2.5
辽杂 11 号	72.4	2	2.34	3	2.5
辽杂 12 号	7.84	5	4.33	5	5
辽杂 14 号	11.5	5	4.95	5	5

（续表）

材　料	相对出苗率（%）	级　别	出苗指数比	级　别	最终抗冷等级
辽杂 15 号	15.8	5	4.91	5	5
辽杂 19 号	56.1	3	2.51	3	3
辽甜 1 号	114.2	1	2.12	2	1.5
辽甜 2 号	48.2	3	2.90	4	3.5
辽甜 3 号	103	1	2.13	2	1.5
辽甜 4 号	50	3	2.74	4	3.5
辽甜 5 号	22.2	4	3.32	5	4.5
辽粘 3 号	64.4	2	2.15	2	2
辽草 1 号	34.1	4	2.30	2	3
253	20	5	2.69	4	4.5
0-01	51.8	3	2.85	4	3.5
654	47.8	3	2.86	4	3.5
9198	35.2	4	2.55	3	3.5
三尺三	65.5	2	2.25	2	2
7050A	36	4	2.45	3	3.5
6A	13.9	5	3.18	5	5
16A	31.1	4	2.31	3	3.5

2.1.1　相对出苗率

从表 2 中可以看出，辽杂 5 号、辽甜 1 号和辽甜 3 号 3 个杂交种的相对出苗率都在 100%以上，说明一般的低温冷害对它们最终出苗，没有带来过大的伤害，表明它们在发芽出苗期的抗冷害能力是非常强的。另外，有些材料的相对出苗率也很好，如辽杂 10 号、辽杂 11 号、辽粘 3 号，达到了二级水平。相对出苗率低的材料包括辽杂 12 号、辽杂 14 号、辽杂 15 号、辽甜 5 号和辽草 1 号等。

2.1.2　出苗指数比

从表 2 可以看到，辽杂 5 号、辽甜 1 号和辽甜 3 号出苗指数比的级别非常高，从而看到这 3 个杂交种的抗冷害能力较强。辽粘 3 号和辽草 1 号的出苗指数比级别都是 2 级，但是辽草 1 号的相对出苗率不够理想。辽杂 12 号、辽杂 14 号、辽杂 15 号和辽甜 5 号的相对出苗率级别比较低，同出苗指数比中的级别一样差。

2.1.3　最终抗冷等级

根据两项指标的平均值，最终抗冷等级结果：辽杂 5 号为 1 级；辽甜 1 号和辽甜 3 号为 1.5 级；辽粘 3 号和对照（三尺三）为 2 级；辽杂 10 号、辽杂 11 号和辽杂 19 号、辽草 1 号分别为 2.5 到 3 级；其他品种均为 3 级以下。

2.2 分析

2.2.1 亲本与杂交后代的抗冷性关系

下面单独说一下几个常用亲本。实际上它们的抗冷性结果在预料之中。在1987—1990年，辽宁农业科学院高粱研究所对1 292份资源的抗冷性鉴定筛选中，苗期抗冷性达到1级能力的只有7份材料，各项指标基本在4级或4级以下水平，它们后代的抗冷性能力不会因为亲本的3项指标高低而强弱，表3可看到。到目前为止，究竟是哪一部分基因在遗传、从组或裂变中会提高抗冷性能力，我们没有答案。在没有解决这一课题之前，想说明的是：我们在育种工作中，如果想选育抗冷性较强的品种，用以上3项指标来衡量一个亲本，决定其杂交后代抗冷性能力的强弱，所得结果并不一定理想。我认为，首先从理论上深入研究，了解它的遗传规律和特性，是我们解决盲目选育高抗冷性品种的最科学的方法。

表3 部分杂交种与亲本抗冷性对比

杂交种	亲本组合	杂交种抗冷等级	母本抗冷等级	父本抗冷等级
辽杂10号	7050A×9198	2.5	4	4
辽杂12号	7050A×654	5	4	3
辽杂19号	16A×0-01	3	4	3

2.2.2 温度对最终出苗数的影响

第一期试验所遇到的极其恶劣的气象环境，使我们无法用上述二项或三项抗冷性指标来衡量，但是下面这些数据还是应当引起我们的注意，见表4。

表4 第一期和第二期最终出苗数和所用天数比较

材料 \ 比较期	第一期最终出苗数（株）	第一期所用天数（天）	第二期最终出苗数（株）	第二期所用天数（天）
辽杂5号	12	35	19	21
辽杂10号	7	35	19	21
辽杂19号	10	35	15	21
辽甜1号	8	35	9	21
辽甜3号	13	35	17	21

表4所列出的品种，是第一期出苗率较高的5个品种，其他没列入的品种，最终出苗数只有0、1、2株，故此不作分析。从表4中列出的最终出苗数和所用的天数，可以看出这5个品种的抗低温能力。尽管第一期品种在低温冷水中浸泡了很久，最终出完苗用了30多天时间，然而它们的出苗率还是令人震惊。通过图1和图2能证明这一点。

从图1看到，2010年4月中上旬的最低气温基本在0℃以下。而图2的历年4月平均气温比较，更是清晰地表明2010年4月份的平均温度，要比2007年4月份平均气温低5.46℃；比2008年4月份平均气温低8.16℃；比2009年4月份平均气温低7.06℃。

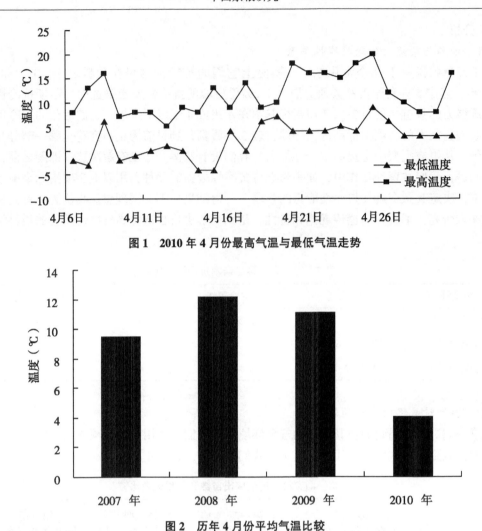

图 1　2010 年 4 月份最高气温与最低气温走势

图 2　历年 4 月份平均气温比较

这 5 个品种的干重，也和第二期同一品种的干重作了比较，结果相近（第一期材料比第二期材料早播了 14 天）。看起来在低温的胁迫下，它们的出苗和生长受到了很大的阻碍，特别对苗前期、种子的萌动阶段。

无论怎样，上述这 5 个品种，在我们今后的研究和生产中，都应该给予更多的关注。

3　结束语

通过鉴定，部分材料在苗期抗冷性的两项指标中，达到了中等或中等以上的水平。但是要给一个品种下结论，还要看它成熟后最终的产量比较。在后续的试验中，我会把一个准确的结果提供给大家。不过苗期的数据对于生产来说，也是很重要的参考资料。民间有一句话叫"有苗不愁长"。这话对作物的整个生育期来说，尽管不是真理，但也有一定的道理。苗期的好坏，对一个作物今后的生长发育的确起到至关重要的作用。由其在当前全球气候异常，各种自然现象频仍的状况下，春季出全苗，毕竟是一个良好的开端。

在科学研究中，我们应培育或引进更多的耐寒、早熟、高产良种，在生产中我们尽量选用早熟高产品种，注意科学种植和有效的田间管理。

大自然的变化是无尽的，但要坚信人定胜天。

参考文献

杨立国. 高粱品种资源苗期和灌浆期的抗冷性研究［J］. 辽宁农业科学，1992，4：23-26。

A₃ 型细胞质能源用甜高粱生物产量、茎秆含糖锤度和出汁率研究 *

邹剑秋** 王艳秋 张志鹏 朱 凯

（辽宁省农业科学院高粱研究所，沈阳 110161）

摘 要：本项研究以 A₃ 型细胞质甜高粱杂交种和 A₁ 型细胞质杂交种为试材，通过套袋和不套袋 2 种处理，研究分析了它们在不同生态区的生物产量、茎秆含糖锤度、出汁率及预期产糖量的变化。结果表明，虽然出汁率降低，但不育化的 A₃ 型细胞质杂交种生物产量、含糖锤度和总产糖量均得到显著提高。A₃ 型细胞质杂交种完全可以在能源用甜高粱生产中有较好的应用，并为解决 A₁ 型细胞质杂交种所存在的倒伏、分期收获、鸟害等问题开辟新的途径。

关键词：甜高粱；A₃ 型细胞质；生物产量；含糖锤度

全球性的能源危机使得能源用甜高粱在生物质能源利用方面的潜力愈来愈受到关注。能源用甜高粱生物产量高、含糖量高、种植范围广，有利于促进边际性土地增产增效[1]。由于其转化乙醇利用的是茎秆，是一种非粮原料，符合中国人多地少、不宜于用大量粮食转化乙醇的国情[2]。近年来，随着人们对甜高粱作为能源作物潜力的进一步深化认识，能源用甜高粱科研和生产有了快速的发展，但是，随着能源用甜高粱乙醇加工产业的发展，原料生产过程中经常面临茎秆含糖量低、倒伏重[3]、防鸟害难及收获时间集中等问题，如何实现优质原料的可持续供应成为亟待解决的关键问题。

为解决上述问题，本课题组依据已有前期研究结果，经充分论证，确定了"利用 A₃ 型细胞质雄性不育系选育不育化的茎秆专用型能源用甜高粱"的研究路线[4-6]。所谓"不育化"是指杂交种自交不结实；"茎秆专用型能源用甜高粱"是指只能用茎秆，不能产籽粒的甜高粱品种。这类品种虽然无籽粒产量，但其茎秆含糖量明显高于粮秆兼用型的甜高粱，所以综合加工效益并未降低。同时，由于穗上没有籽粒，无需防鸟害，也避免了因头重脚轻引起的倒伏。此外，更为重要的是由于茎秆专用型甜高粱不用等待籽粒成熟时收获，因此可以大大缩短生育期，为分期播种及阶段性收获奠定了基础。

A₃ 型细胞质高粱雄性不育系是由 Quinby 于 1980 年发现命名[7]，20 世纪 80 年代引入中国。它的细胞质（IS1112C）来源于都拉-双色族（Durra-bicolor race）的都拉-近光秃群（Durra-Subglabrescens group），源自印度。A₃ 型细胞质是迄今研究过的一种最不寻常的细胞质，它几乎与各种细胞核的任何高粱杂交都能产生雄性不育；许多系都能变成带有这种细胞质的雄性不育系，却很难找到恢复源[8]。A₃ 型细胞质雄性不育系的特点是小花败育发生在花粉粒形成期，花药肥大，花粉可散出，可染色花粉为 3% 左右，但自交套袋

---

* 基金项目：农业部项目（nycytx - 12）；农业部项目（nyhyzx07 - 011）；辽宁省科技厅项目（2006403010）；辽宁省科技基金博士启动项目（20061045）

** 作者简介：邹剑秋，研究员，博士，主要从事高粱遗传育种研究；E-mail: jianqiuzou@ yahoo.com. cn

不结实，抗败育[9]。国内外高粱育种家多年来一直探索 A_3 型细胞质的利用途径，但是由于以 A_3 型细胞质雄性不育系为母本配制的杂交种几乎均表现为自交不育，而高粱生产过程多是以收获籽粒为目的的，因此，目前 A_3 细胞质雄性不育系除用作新育成恢复系的测验系外，只在杂交草高粱选育中有应用[10]，在其他类型高粱上的应用还未见报道。

辽宁省农业科学院高粱研究所对非迈罗细胞质雄性不育系进行了多年的深入研究[11-15]，对 A_3 型细胞质雄性不育系的特点了解深入，并育成了一批 A_3 型细胞质雄性不育系。本项研究即利用以 A_3 型高粱细胞质雄性不育系为母本与甜高粱恢复系为父本配制的杂交组合，分析了其杂交种与普通结实甜高粱在不同生态区的生物产量、茎秆含糖锤度、出汁率及预期产糖量的变化，旨在探讨 A_3 型细胞质应用于选育能源用甜高粱品种的可行性，以解决能源用甜高粱育种中存在的倒伏、分期收获及鸟害等问题。

1 材料与方法

1.1 供试材料

供试 3 个甜高粱杂交种由 2007 年田间组配。其中 A_3 型细胞质杂交种 2 个：303A_3/M-81E、TX398A_3/111×1022，分别简称 A_3-1 和 A_3-2；A_1 型细胞质杂交种 1 个：辽甜 1 号（CK），简称 A_1CK。其中，辽甜 1 号是中国目前推广的能源用甜高粱杂交种中生物产量、含糖量、抗性等综合性状最好的品种。

1.2 试验设计

试验分别于 2008 年在沈阳，2009 年在沈阳、朝阳、锦州、葫芦岛和绥中五个生态区进行。采用随机区组设计，2 次重复，12 行区，行长 3.0m，行距 0.6m，小区面积为 21.6m²，收获时去掉两侧边行，收获面积为每小区 18m²，试验密度为 75 000株/hm²。

正常情况下，如果将 A_3 型细胞质杂交种隔离种植，没有外来花粉，它们是不结实的，是不育植株；如果在开花期接受了外来花粉，则可以结实。为比较相同遗传背景和环境条件下，不育植株与结实植株在生物产量、出汁率、含糖锤度等方面的表现，在开花前对 A_3 型细胞质杂交种分别进行花序套袋和不套袋处理。套袋处理后可防止 A_3 型细胞质杂交种开花期接受外来花粉，模拟出生产中大面积清种状态。辽甜 1 号为 A_1 型细胞质杂交种，自交结实。为了比较其结实与不结实情况下产量、出汁率、含糖锤度等方面的差异，我们对辽甜 1 号分别采取开放授粉和在开花末期砍掉花序两个处理。砍掉花序，使得辽甜 1 号无法结实，类似于对不育植株套袋处理，便于与正常结实植株进行比较。试验栽培管理与当地生产水平一致。

1.3 试验方法

A_3 型细胞质杂交种采取 5 行套袋和 5 行不套袋，对照辽甜 1 号采取 5 行砍掉花序和 5 行不砍掉花序处理，见表 1。收获时，生物产量为取 5 行全部植株称取鲜质量，折算成每公顷产量；含糖锤度采用 PAL-1 型糖度计自上而下测量甜高粱茎秆除穗柄外各节段中部锤度。茎秆混合锤度为每小区随机取 10 株样本，去掉叶、叶鞘，用电动榨汁机每株压榨 2 遍，然后用 PAL-1 型糖度计测量 3 次取平均值。并用电子秤测量茎秆鲜质量及出汁量，计算出汁率。

出汁率（%）＝出汁量/茎秆鲜质量×100

表 1　参试品种及其处理

组合/杂交种名称	组合/杂交种代号	套袋处理	不套袋处理
303A$_3$/M-81E	A$_3$-1	A$_3$-1T	A$_3$-1
TX398A$_3$/111×1022	A$_3$-2	A$_3$-2T	A$_3$-2
辽甜1号（A$_1$，CK）	A$_1$CK	A$_1$CKT	A$_1$CK

1.4　试验统计方法

采用 Excel 和 DPS 统计分析软件进行数据处理。

2　结果与分析

2.1　杂交种生物产量

2.1.1　不同品种生物产量比较

图 1 为不同杂交种在不同生态区套袋和不套袋处理的生物产量比较。从图 1 可以看出，套袋处理条件下，沈阳、朝阳和葫芦岛 3 地的生物产量表现为 A$_3$-1T>A$_1$CKT>A$_3$-2T，锦州和绥中 2 地的生物产量表现为 A$_1$CKT>A$_3$-1T>A$_3$-2T；不套袋处理条件下，沈阳、朝阳 2 地的生物产量为 A$_3$-1>A$_3$-2>A$_1$CK，锦州、葫芦岛和绥中种植 3 地的生物产量为 A$_3$-1>A$_1$CK>A$_3$-2。可见，无论套袋或不套袋，A$_3$-1 的生物产量在大多数生态区明显高于其他 2 个杂交组合。

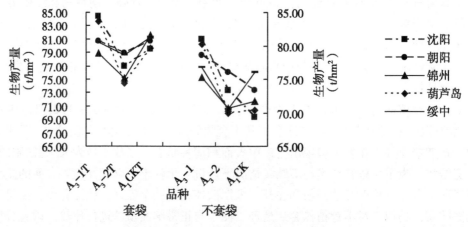

图 1　不同品种在各生态区套袋和不套袋生物产量比较

2.1.2　不同处理生物产量比较

表 2 为各杂交种在 5 个生态区不同处理的生物产量。比较套袋和不套袋处理可以看出，A$_3$-1T 的平均产量为 81.61t/hm^2，A$_3$-1 为 78.36t/hm^2，A$_3$-2T 的平均产量为 76.82t/hm^2，A$_3$-2 为 72.12t/hm^2，A$_1$CKT 的平均产量为 80.52t/hm^2，A$_1$CK 为 72.17t/hm^2。在套袋处理下，A$_3$-1T 比 A$_1$CK 增产 1.35%，A$_3$-2T 比 A$_1$CK 减产 4.60%；在不套袋处理下，A$_3$-1 比 A$_1$CK 增产 8.58%，A$_3$-2 比 A$_1$CK 减产 0.07%。A$_3$-1T 比 A$_1$CKT 增产 13.08%，A$_3$-2T 比 A$_1$CKT 增产 6.44%。可见，不育可以显著增加杂交种的生物产量。

表2 各杂交种不同处理在5个生态区的生物产量比较

项目	A₃-1 产量（t/hm²）		增减（％）	A₃-2 产量（t/hm²）		增减（％）	A₁CK 产量（t/hm²）		增减（％）
	套袋	不套袋		套袋	不套袋		套袋	不套袋	
沈阳	84.33	80.94	4.19	77.00	73.39	4.92	79.44	69.28	14.68
朝阳	80.67	78.55	2.7	78.89	76.09	3.68	80.65	73.39	9.89
锦州	78.87	75.34	4.69	75.12	70.65	6.33	81.54	71.77	13.61
葫芦岛	83.65	80.22	4.28	74.43	69.98	6.36	79.65	70.43	13.09
绥中	80.54	76.76	4.92	78.65	70.51	11.54	81.32	75.99	7.01
平均	81.61	78.36	4.15	76.82	72.12	6.51	80.52	72.17	11.57
与A₁CKT比（％）	1.35	8.58		-4.6	-0.07				
与A₁CK比（％）	13.08			6.44					

2.2 杂交种含糖锤度

2.2.1 不同节间的含糖锤度比较

甜高粱茎秆锤度的高低是衡量其利用价值的主要指标之一。因各个杂交种的节数及节间长度存在差异，所以本试验对茎秆上数（不包括穗柄）第1节至第9节所有节间的含糖锤度进行了测定。每个杂交种取10株样本测定，计算其平均值。由图2可见，节间含糖锤度因杂交种不同而不同，但无论是套袋处理，还是不套袋处理，节间含糖锤度均呈现低—高—低的变化趋势，这与李振武[16]、王艳秋[17]等的研究结果相一致。

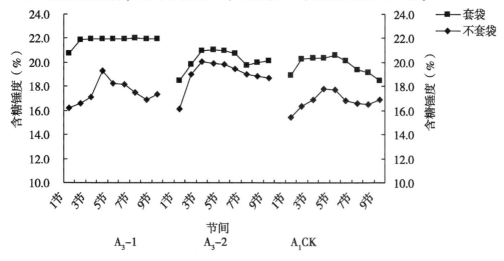

图2 不同杂交种套袋与不套袋处理含糖锤度比较

由表3可见，同一杂交种，套袋处理节间最高含糖锤度和平均含糖锤度均显著高于不套袋处理；就不同杂交种而言，套袋处理节间最高含糖锤度和平均含糖锤度，均为A₃-1T>A₃-2T>A₁CKT，不套袋处理则为A₃-2>A₃-1>A₁CK。可见，虽然杂交种间存在差异，但本试验中A₃型细胞质杂交种含糖锤度明显高于A₁型细胞质杂交种，表明这类杂交种更易于积累糖分。A₃-1T和A₃-2T的含糖锤度明显高于A₁CK，说明不育使得杂交种茎秆的含糖量增加明显。

表 3 套袋和不套袋处理的节间最高含糖锤度及平均含糖锤度——小数点一致

杂交种	处理	最高含糖锤度（%）	平均含糖锤度（%）
A_3-1	套袋	22.0 aA	21.8 a A
	不套袋	19.3 dD	17.5 e C
A_3-2	套袋	21.1 bB	20.2 b A
	不套袋	20.1 cC	19.0 d B
A_1CK	砍掉花序	20.6 bcBC	19.8 c B
	不套袋	17.8 eE	16.8 f C

2.2.2 不同处理对节间糖分的影响

同一杂交种同一节间套袋处理的含糖锤度均高于不套袋处理，除 A_3-2 的个别节间外，其他节间含糖锤度差异均达到显著或极显著水平（图 2，表 4），表明通过套袋处理后均可有效提高各类杂交种的糖分含量。各节间糖分分布的变化也证明了这一点（表 5）。由表 5 可以看出，套袋处理后，各杂交种糖分含量达到 17% 以上的节数均有了较大的提高。其中，A_3-1 由 50 节增加到 88 节，提高了 76%；A_3-2 糖分含量由 55 节增加到 82 节，提高了 49%；A_1CK 糖分含量由 42 节增加到 78 节，提高了 86%。可见，套袋处理使得每节糖分均有所提高，从而提高了平均含糖锤度，提升了总体含糖水平。

表 4 同一节间套袋与不套袋处理含糖锤度变化

节间	套袋比不套袋含糖锤度增幅（%）		
	A_3-1	A_3-2	A_1CK
1	28.27 **	14.62 *	22.88 *
2	32.33 **	4.32	23.98 **
3	28.39 *	4.58	20.89 *
4	13.63 *	5.83 *	14.33 *
5	20.44 *	5.49 *	16.50 *
6	20.97 *	6.37 *	19.92 *
7	25.64 *	4.00	16.71 *
8	29.67 *	5.77 *	16.05 *
9	26.50 **	7.47 *	9.43 *

注：* 表示 0.05 显著水平，** 表示 0.01 显著水平

表5　套袋和不套袋处理的节间糖分分布次数比较

杂交种		不同含糖锤度节数				
		8%~11%	11%~14%	14%~17%	17%~20%	20%~23%
A₃-1	套袋	0	0	2	20	68
	不套袋	9	8	23	20	30
A₃-2	套袋	0	1	7	38	44
	不套袋	0	6	19	27	28
A₁CK	砍掉花序	0	5	7	41	37
	不套袋	2	4	42	33	9

2.3　不同处理对出汁率的影响

出汁率的高低直接影响到茎秆糖产量和乙醇产量。本试验中不同处理对出汁率有很大影响：同一杂交种，不套袋处理出汁率均显著高于套袋处理；套袋处理时出汁率 A₁CKT>A₃-2T>A₃-1T，不套袋处理则为 A₁CK>A₃-1>A₃-2（表6），可见，虽然 A₃ 型细胞质杂交种出汁率不同，但均低于 A₁ 型细胞质杂交种。

2.4　不同处理茎秆产糖预期

由于茎秆产量、出汁率和含糖锤度均与杂交种的产糖量成正相关，因此，我们用茎秆产量×出汁率×含糖锤度来表示某一杂交种的产糖趋势，进而预测其乙醇产量趋势。从表6可见，茎秆产量×出汁率×含糖锤度表现为套袋处理下茎秆乙醇产量为 A₃-1>A₁CK>A₃-2，不套袋的处理下 A₃-2>A₃-1>A₁CK（A₃-1 与 A₃-2 基本持平）。说明在同等条件下，A₃ 型细胞质杂交种茎秆产糖量及乙醇产量会高于 A₁ 型细胞质杂交种，但 A₃ 型细胞质品种间存在差异。

表6　不同处理下茎秆产量、出汁率及含糖锤度的差异

项目		茎秆产量（t/hm²）	出汁率（%）	含糖锤度（%）	茎秆产量×出汁率×含糖锤度（t/hm²）
A₃-1	套袋	81.61	35.87 bB	21.83	6.39 aA
	不套袋	73.87	41.18 aA	17.49	5.32 bB
A₃-2	套袋	76.82	35.88 bB	20.21	5.57 aA
	不套袋	68.31	40.35 aA	19.01	5.24 aA
A₁CK	砍掉花序	80.52	35.91 bB	19.75	5.70 aA
	不套袋	66.53	43.56 aA	16.77	4.86 bB

3　讨论

能源甜高粱生产的目的是乙醇产出最大化，这可以通过提高产糖量或籽粒产量来实现，而产糖量高尤为重要。一个品种能否获得高产糖量决定于生物产量、茎秆含糖量及汁

液含量。

本研究结果表明，虽然 A_3 型细胞质杂交种出汁率低于 A_1 型细胞质杂交种，但茎秆产量×出汁率×含糖锤度高于 A_1 型细胞质杂交种，说明不育化的 A_3 型细胞质杂交种完全可以在能源用甜高粱生产中应用。国外也有类似的研究结果[18]。目前生产中使用的能源用甜高粱杂交种均为 A_1 或 A_2 型细胞质，A_3 型细胞质杂交种的应用，既可以拓宽甜高粱种子资源的利用范围和途径、丰富遗传背景、增加遗传多样性、有效避免高粱细胞质专化性侵染病害的流行，又可增加能源用甜高粱杂交种的类型、促进品种的专用化、供企业和种植者选择。

正常情况下，甜高粱有两个光合产物贮藏库，一个是以糖分为主的茎秆，一个是以淀粉为主的籽粒[2,6]。在套袋处理（大面积清种 A_3 型细胞质杂交种）条件下，甜高粱的光合产物无法运送并贮存到籽粒中，只能用于茎叶等营养器官的生长，从而使生物产量有所提高。当营养生长所需的养分得以满足后，光和产物只能贮存在茎秆中，促使茎秆含糖量不断提高。

当前能源高粱产业化过程中面临的一个很大难题就是集中收获带来的原料贮存、消化问题。大量的秸秆收获后如果不能及时榨汁或发酵，会使糖分含量下降甚至酸败，影响乙醇产量。如果能够分期收获，则可与延长茎秆榨汁或处理时间，保证能源产业原料的可持续供应。种植 A_1 型细胞质能源高粱时，为了提高经济效益，一方面要保证籽粒成熟，另一方面又要使茎秆含糖锤度达到最高，因此必须在籽粒成熟时收获。这就使得甜高粱生育期较长，不容易进行错期播种和分期收获。如果种植 A_3 型细胞质能源高粱，由于没有籽粒，茎秆中的糖分很容易达到较高水平，且不用等待籽粒成熟，因此在生产上可实施提前收获。同时由于生育期变短，也可以进行分期播种，为缓解原材料供应集中、延长加工时间创造了条件。

甜高粱植株高大，倒伏问题一直是能源用甜高粱生产中的一大难题。由于 A_3 型细胞质甜高粱杂交种为不育类型，没有籽粒，有效避免了甜高粱生育后期头重脚轻的现状，大大减少了倒伏的风险。

鸟害是甜高粱生产所要面临的另一个问题。应用 A_3 型细胞质甜高粱杂交种，不必进行籽粒收获，既减少了收获环节节约了用工成本，还不必考虑鸟类的危害。

本试验中，A_3 型细胞质杂交种茎秆出汁率低于 A_1 型细胞质杂交种，未来需通过增加参试品种和进一步的试验来确认。寻找出汁率低的原因并加以解决。

参考文献

[1] Reddy B V S, Ramesh S, Reddy P S, et al. Sweet sorghum-a potential alternative raw material for bio-ethanol and bio-energy [J]. Internaional Sorghum and Millets Newsletter, 2005, 46：79-86.

[2] 卢庆善. 甜高粱 [M]. 北京：中国农业科学技术出版社, 2008.

[3] 郭兴强, 于永静, 谢光辉. 调环酸钙-青鲜素复配剂对甜高粱株高和倒伏的影响 [J]. 中国农业大学学报, 2009, 14 (1)：73-76.

[4] 邹剑秋. 中国甜高粱育种方向及高效育种技术 [J]. 杂粮作物, 2007. 27 (6)：403-404.

[5] 邹剑秋. 新型绿色可再生能源作物——甜高粱及其育种策略 [J]. 杂粮作物, 2003, 23 (3)：134-135.

[6] 马鸿图, 吴耀民, 华秀英, 等. 甜高粱高产生物学研究 [C] //. 全国高粱学术研讨会论文选编, 1996：

113-118.

[7] Quinby J R. Interaction of genes and cytoplasms in sex expression in sorghum [C] //Sorghum in the Eighties: Proceedings of the international symposium on sorghum Vol 1. India: ICRISAT, 1982: 385-391.

[8] 卢庆善, 孙毅. 杂交高粱遗传改良 [M]. 北京: 中国农业科学技术出版社, 2005.

[9] 张福耀, 牛天堂. 高粱非迈罗细胞质 A$_1$、A$_2$、A$_3$、A$_4$、A$_5$、A$_6$、9E 雄性不育系研究 [J]. 山西农业科学, 1996, 24 (3): 3-6.

[10] 张福耀, 平俊爱, 程庆军. 新型细胞质雄性不育系 A$_3$SX-1A 的创制与饲草高粱晋草 1 号的选育 [J]. 中国农业科技导报, 2005, 7 (5): 13-16.

[11] 陈悦, 孙贵荒, 石玉学. 部分高粱转换系与不同高粱细胞质的育性反应 [J]. 作物学报, 1995, 21 (3): 281-288.

[12] 陈悦, 石玉学. 高粱不同细胞质雄性不育性的诱导与应用 [J]. 国外农学——杂粮作物 1991, 1: 8-11.

[13] 邹剑秋, 杨晓光, 杨镇, 等. A$_3$ 型细胞质不育系在高粱育种中的应用 [J]. 国外农学: 杂粮作物, 1995, 4: 19-21.

[14] 赵淑坤. 胞质多元化在高粱杂优利用中的探讨 [J]. 辽宁农业科学, 1997, 1: 36-39.

[15] 张志鹏, 黄瑞冬, 邹剑秋, 等. A$_3$、A$_4$ 细胞质对甜高粱产量及重要性状的影响 [J]. 杂粮作物, 2008, 28 (3): 137-140.

[16] 李振武, 支萍, 孔令旗. 糖高粱节段锤度与主茎秆锤度的关系 [J]. 辽宁农业科学, 1990, 1: 33-35.

[17] 王艳秋, 邹剑秋, 张志鹏. 能源甜高粱茎秆节间锤度变化规律研究 [J]. 中国农业大学学报, 2010, 15 (5): 6-11.

[18] Pfeiffer T W, Bitzer M J, Toy J J, et al. Heterosis in sweet sorghum and selection of a new sweet Sorghum hybrid for use in syrup production in Appalachia [J]. Crop science, 2010, 50 (5): 1 788-1 794.

基于主基因+多基因混合模型的甜高粱
茎秆含糖量基因遗传分析

卢　峰[1,2]　邹剑秋[2]　段有厚[2]　吕香玲[1]

（1. 沈阳农业大学农学院，沈阳　110866；2. 辽宁省农业科学院作物所，沈阳　110161）

摘　要：此文以茎秆含糖量（锤度）较低的粒用高粱品系 LR625（P_1）和茎秆含糖量（锤度）较高的甜高粱品系 Rio（P_2）及其杂交后代 F_1、F_2 群体为研究对象，运用主基因+多基因混合遗传模型对茎秆含糖量的遗传进行了联合分离分析。结果表明：茎秆含糖量性状受 2 对加性—显性—上位性主基因和加性—显性多基因共同控制。2 对主基因的加性效应分别为 −4.004 和 −2.116，显性效应分别为 0.084 和 −0.462，主基因遗传力为 83.27%，多基因遗传力为 7.38%。这说明锤度性状主要受 2 对主基因的作用，而且 2 对主基因均以加性效应为主。这一研究结果为茎秆含糖量性状的基因定位和育种选择提供了理论依据。

关键词：甜高粱；茎秆含糖量基因；锤度；主基因+多基因混合遗传模型

甜高粱是重要的能源作物，是生产燃料乙醇的理想原料，培育适宜的甜高粱新品种是甜高粱燃料乙醇产业化的重要基础。国内外甜高粱育种的主要目标：提高生物学产量；增加茎秆汁液含糖量[1]。目前对茎秆含糖量的遗传及糖分代谢机理方面的研究比较缺乏。对甜高粱茎秆含糖量（锤度）性状进行遗传分析，将为茎秆含糖量性状的基因定位和育种选择提供重要理论参考。已有的研究结果认为：高粱茎汁含糖锤度表现负向杂种优势，茎汁含糖锤度为微效多基因决定的数量性状，以基因的加性效应为主且低含糖锤度基因存在部分显性遗传，甜高粱杂交亲本与 F_1、F_2 和 F_3 之间的含糖锤度具有极显著的亲子相关关系，在优势育种中更要注重选育含糖量高的亲本[2-4]。茎秆汁液锤度的遗传变异幅度较大，与绿色体和籽粒产量组分相比，茎秆锤度具有更高的遗传增益，在育种上有可能取得更显著的选择效果[5]。由于甜高粱在生物能源上的利用价值越来越受到重视，近年来也有茎秆含糖量基因定位方面的研究报道，但针对含糖量性状定位出的 QTL 数目和位置差异较大，在染色体 SBI-01，SBI-02，SBI-03，SBI-04，SBI-05，SBI-06 和 SBI-10 上均定位出与糖含量相关的 QTL，在染色体 SBI-03，SBI-05 和 SBI-10 上的 QTL 重演性较高，但位置并不一致，其研究结果还很难在育种中应用。现代遗传学研究表明：作物的许多有利性状均由主基因与多基因共同控制，表现出主基因与多基因的混合遗传体系。盖钧镒等[6]以这种混合遗传模式为理论基础，提出了分析植物数量性状主基因+多基因遗传体系的分离分析方法，利用该方法可以检测性状主基因与多基因及其基因效应与遗传力等参数。此试验将采用混合遗传 4 世代联合分析方法[7]，以粒用高粱 LR625（P_1）和甜高粱 Rio（P_2）组配的后代 F_1 和 F_2 群体为试材，对甜高粱茎秆含糖量（锤度）性状进行遗传分析。此研究旨在明确所研究材料中茎秆含糖量基因的数目、作用方式及大小，研究结果将为进一步开展含糖量基因的定位提供参考。

1 材料与方法

1.1 试验材料

供试材料为茎秆含糖量（锤度）较低的粒用高粱恢复系 LR625（P_1），茎秆含糖量（锤度）较高的甜高粱品系 Rio（P_2），$P_1×P_2$ 杂交产生的 F_1 和 F_2 群体。2008 年，在辽宁省农业科学院高粱试验田以 LR625 为母本，Rio 为父本进行去雄杂交；2008 年 11 月至 2009 年 3 月在海南三亚试验基地种植 F_1 代，F_1 代自交获得 F_2。

1.2 田间种植方法

试验于 2009 年在辽宁省农业科学院高粱试验田进行。试验小区行长 3m，行距 60cm，株距 15cm，2 个亲本及 F_1 各种植 5 行区、F_2 群体种植 50 行区。5 月 6 日播种，5 月 28 日定苗，田间管理按常规进行。

1.3 项目测定方法

根据每个单株生育期记载情况结合田间植株生长表现，在各单株腊熟期把每株高粱净杆（摘除穗子、叶片、叶鞘和根后的茎秆）用立式电动甘蔗榨汁机（广东产）榨汁 2 遍，用 PAL-1 型手持糖度测量仪（日本产）测量茎秆汁液混合锤度。每个亲本各测量 10 株，F_1 代测量 5 株，F_2 代测量 491 株。

1.4 数据分析方法

利用 SPSS 软件对数据进行统计分析，绘制次数分布表。从南京农业大学生物统计与田间试验精品课建设网站（http://jpkc.njau.edu.cn/swtj/show.asp?classid=35&classtype=26）下载植物数量性状主基因+多基因混合模型软件四世代联合分析方法进行主基因与多基因的存在及基因效应分析。首先对建立的 1 对主基因（A），2 对主基因（B），多基因（C），1 对主基因+多基因（D）和 2 对主基因+多基因（E）5 类 24 种遗传模型求取极大似然函数值和 AIC 值，根据 AIC 值最小的原则及一组适合性测验（包括均匀性检验、Smirnow 检验和 Kolmogorov 检验）结果，选择最佳模型。如果存在 2 个以上模型，可以通过似然比检验（LRT，检验模型间的差异性），确定一个最优遗传模型。之后，根据入选模型的全部一阶、二阶分布参数极大似然估计值，估计出一阶遗传参数，再通过对群体表型方差的剖分估计二阶遗传参数[8]。

2 结果与分析

2.1 P_1、P_2、F_1 和 F_2 四世代茎汁锤度分布

根据茎汁锤度性状，对 P_1、P_2、F_1 和 F_2 群体测定结果进行统计，结果列于表 1。结果可见，LR625 平均锤度为 11.18%，Rio 的平均锤度为 18.37%，F_1 平均锤度为 13.5%，F_2 平均锤度为 13.87%。经计算亲本中亲值为 14.775%，因此 F_1 和 F_2 均偏向于低含糖亲本，这表明对于 LR625/Rio 组合来说低含糖锤度对高含糖锤度表现为部分显性。F_2 群体中含糖锤度呈连续分布，并有明显的超亲现象，说明该性状受多基因控制（表 1）。

表 1　LR625/Rio 的 P₁、P₂、F₁ 和 F₂ 茎汁锤度分布

群体	茎汁锤度的频次分布/%																			株数	均值（%）
	2	3	4	5	6	7	8	9	10	11	12	13	14	15	16	17	18	19	20		
P₁							1		1	4	2	2								10	11.18
P₂																1	4	5		10	18.37
F₁										1			3	1						5	13.5
F₂	2	5	3	8	9	19	15	11	16	29	38	40	45	55	60	57	46	23	10	491	13.87

2.2　茎汁锤度性状的遗传分析

2.2.1　最适遗传模型的确定

利用四世代联合分析方法对组合 LR625/Rio 茎汁锤度进行分析，获得 5 类 24 种遗传模型的极大似然函数值和 AIC 值。从表 2 可知，E-1 模型的 AIC 值最低，为 2 719.29，其次 E-2、E-0 的 AIC 值为 2 724.16 和 2 725.6。对以上 3 个遗传模型进行适合度检验（表 3），统计量达到显著水平个数较少的模型有 E-0 和 E-1。进一步对 E-0 和 E-1 模型进行似然比检验，检验结果表明 E-0 与 E-1 2 个模型间差异显著（$X^2 = 12.62$，$P < 0.05$），而 E-1 模型的 AIC 值最小，因此，将 E-1 模型确定为锤度性状的最适遗传模型。该遗传模型可解释为性状表现受 2 对主基因和多基因混合遗传控制，主基因的基因作用方式表现为加性、显性、上位性作用，多基因表现为加性、显性作用。

表 2　LR625/Rio 的四世代联合分析在不同遗传模型下的极大似然函数和 AIC 值

模型	极大似然函数	AIC 值	模型	极大似然函数	AIC 值
A-1	-1 384.33	2 780.66	D-0	-1 363.99	2 743.99
A-2	-1 414.64	2 839.29	D-1	-1 365.00	2 743.99
A-3	-1 424.70	2 859.41	D-2	-1 400.93	2 813.87
A-4	-1 390.99	2 791.98	D-3	-1 365.00	2 741.99
B-1	-1 356.83	2 735.66	D-4	-1 400.93	2 813.87
B-2	-1 364.21	2 742.42	E-0	-1 350.80	2 725.60
B-3	-1 414.48	2 838.95	E-1	-1 350.64	2 719.29
B-4	-1 415.95	2 839.90	E-2	-1 357.08	2 724.16
B-5	-1 421.53	2 853.06	E-3	-1 400.95	2 807.91
B-6	-1 421.53	2 851.06	E-4	-1 400.95	2 805.91
C-0	-1 400.63	2 813.26	E-5	-1 401.01	2 808.02
C-1	-1 400.93	2 811.87	E-6	-1 400.94	2 805.87

表 3 锤度遗传模型的适合性检验

模型	群体	适合性参数				
		U_1^2	U_2^2	U_3^2	nW^2	Dn
E-0	P_1	0.098（0.753 7）	0.161（0.688 5）	0.151（0.697 8）	0.051 5	0.181 9
	P_2	0.001（0.974 8）	0.177（0.673 8）	3.261（0.070 9）	0.103 7	0.191 7
	F_1	0.318（0.572 6）	0.400（0.527 1）	0.119（0.730 2）	0.153 5	0.432 5
	F_2	0.000（0.990 3）	0.000（0.996 6）	0.004（0.949 0）	0.017 8	0.021 7
E-1	P_1	0.174（0.676 7）	0.255（0.613 5）	0.164（0.685 1）	0.059 1	0.191 7
	P_2	0.027（0.868 3）	0.084（0.772 6）	3.233（0.072 2）	0.106 9	0.182 7
	F_1	0.704（0.401 5）	1.003（0.316 6）	0.573（0.449 2）	0.208 5	0.484 3
	F_2	0.000（0.992 6）	0.000（0.993 9）	0.004（0.947 1）	0.0201	0.022 8
E-2	P_1	0.579（0.446 6）	0.686（0.407 6）	0.133（0.715 2）	0.099 8	0.215 1
	P_2	0.390（0.532 5）	0.024（0.877 9）	3.251（0.071 4）	0.154 3	0.221 6
	F_1	2.563（0.109 4）	4.362（0.036 7）	4.638（0.031 3）	0.438 9	0.628 4
	F_2	0.000（0.989 5）	0.000（0.984 4）	0.017（0.897 2）	0.029 8	0.022 5

注：表中括号外数据是适合性检验值，括号内数据表示显著水平

2.2.2 遗传参数的估计

遗传参数包括一阶参数和二阶参数两类。根据入选模型的全部一阶、二阶分布参数极大似然估计值，估计出一阶遗传参数，即主基因的加性效应值，显性效应值和上位性效应值。通过对群体表型方差的剖分估计二阶遗传参数，即性状主基因遗传力及多基因遗传力。

从表 4 可见，在控制锤度的 2 对主效基因中，第 1 对主基因的加性效应（da）、显性效应（ha）和显性度（ha/da）分别为-4.004、0.084 和-0.02，第 2 对主基因的加性效应（db）、显性效应（hb）和显性度（hb/db）分别为-2.116、-0.462 和 0.22。其中 | da | > | db |，说明第 1 对主基因的加性作用大于第 2 对主基因的加性作用；ha<hb，说明第 2 对主基因的显性作用大于第 1 对主基因的显性作用；二者的显性度均小于 1，说明控制锤度性状的 2 对主基因均以加性效应为主。从主基因间的互作分析结果来看，2 对主基因加性×加性及显性×显性的互作效应绝对值均大于主基因显性效应，显性×显性的互作效应甚至大于主基因加性效应，说明这 2 种互作效应对选择的影响是比较大的。锤度性状的二阶参数分析结果，主基因遗传力为 83.27%，多基因遗传力为 7.38%，主基因遗传力远远大于多基因的遗传力，这说明锤度性状主要受 2 对主基因的作用。此外主基因+多基因决定了锤度表型变异的 90.65%，仅有 9.35% 是由环境因素决定的。这说明该锤度性状的表现主要受遗传因素的影响。

表 4　锤度性状的遗传参数的估计

遗传参数		估计值
一阶参数	加性效应	−4.004
	加性效应	−2.116
	显性效应	0.084
	显性效应	−0.462
	加性×加性互作	−1.61
	加性×显性互作	−0.000 5
	显性×显性互作	4.586
二阶参数	表型方差	14.998
	主基因方差	12.488
	多基因方差	1.106
	环境方差	1.403
	主基因遗传力	83.27
	多基因遗传力	7.38

3　结论与讨论

　　甜高粱茎秆含糖量的研究一直是甜高粱研究工作的重点内容之一。在开展甜高粱育种工作过程中，多数育种者习惯于用茎汁液含糖锤度来评价甜高粱植株的茎秆含糖量[9-11]。李振武等[12]选用 17 个甜高粱品种作试材，研究了甜高粱 21 个性状有关的遗传参数。根据其分析结果，试验群体在株高、主茎秆鲜重、单株鲜重等绿色体性状和籽粒产量性状上，表现出较高的遗传变异潜势，主茎秆锤度和节间锤度的遗传变异潜力更大，这就给甜高粱综合性状改良，特别是含糖锤度的遗传改良提供了较大的可能性。高明超等[13]统计了 22 个甜高粱品种 8 个性状的遗传力，结果表明，生育期、含糖量（锤度）、株高、节数的遗传力较高，可以在早期世代选择。

　　近年来，国内外相继出现了茎秆含糖量基因定位方面的研究报道。Natoli 等[14]利用 2 个甜高粱品系 LP29/1 和 LP113A 杂交获得的 99 个 F₃ 家系未检测出影响茎汁含糖锤度（Brix）的 QTL；Bian 等[10]用一个甜高粱品系 Early Folger 和粒用高粱自交系 N32B 杂交获得的 207 个 F₃ 家系在染色体 SBI-04，SBI-10 上定位出影响茎汁含糖锤度（Brix）的主效QTL；Ritter 等[15]用甜高粱 R9188 和粒用高粱 R9403463-2-1 杂交获得的含有 184 个家系在 SBI-01，SBI-03，SBI-05，SBI-06 和 SBI-10 上定位到了相关的 QTL；Murray 等[16]用甜高粱 Rio 和粒用高粱 BTx623 获得的含有 176 个家系将锤度（Brix）定位于第 3 染色体上；Murray 等[17]利用含有 125 个高粱品系的自然群体和关联分析方法将锤度（Brix）性状定位在第 1 染色体上；Shiringani 等[18]用甜高粱 SS79 和粒用高粱 M71 获得的含有 188 个家系 RIL 群体，将锤度（Brix）定位于 SBI-06 染色体上。以上研究结果可见：不同研究针对含糖量锤度性状定位出的 QTL 数目和位置差异较大，因此有必要继续对茎秆含糖量开展基因定位研究。

此研究采用 P_1、P_2、F_1、F_2 四世代联合分析法，明确该性状表现为 2 对加性—显性—上位性主基因+加性—显性多基因混合遗传，即锤度性状主要受 2 对主基因+多基因控制。其中主基因遗传力为 83.27%，远远大于多基因，表明主基因对锤度的变异度的影响远远大于多基因对锤度的变异度的影响，而且主基因+多基因决定了锤度表型变异的 90.65%，环境因素决定了锤度表型变异的 9.35%。章元明等[19]的研究提出可以通过 3 种途径提高数量性状分离分析的精确度：①采用家系平均数代替单株观察值；②采用联合多世代分析代替单世代分析；③采用家系重复试验方法。此试验采用了四世代联合分析法，在进一步的研究中可以通过引入 $F_{2:3}$ 家系，进行重复试验，进而更精确的分析该性状的遗传效应及各个效应间的互作。同时此研究将进一步利用该群体进行茎汁含糖锤度等性状的 QTL 定位研究，以便从分子遗传角度揭示高粱茎秆含糖量遗传机制。

参考文献

［1］ 高士杰，刘晓辉，李玉发，等.中国甜高粱资源与利用［J］.杂粮作物，2006，26（4）：273-274.

［2］ 马鸿图，徐希德.高粱茎秆含糖量遗传研究［J］.辽宁农业科学，1989，4：15-20.

［3］ 李胜国，马鸿图.高粱茎秆含糖量遗传研究［J］.作物杂志，1993，1：18-21.

［4］ 卞云龙，邓德祥，徐向阳，等.高粱茎秆中糖分含量的变化［J］.杂粮作物，2004，24（5）：282-283.

［5］ 卢庆善.甜高粱［M］.北京：中国农业科技出版社，2008：94-97.

［6］ 盖钧镒.植物数量性状遗传体系的分离分析方法研究［J］.遗传学报，2005，27（1）：130-136.

［7］ 章元明，盖钧镒，张孟臣.利用 P_1、P_2、F_1、F_2 或 F_{2-3} 世代联合的数量性状分离分析［J］.西南农业大学学报，2000，22（01）：6-9.

［8］ 盖钧镒，章元明，王建康.植物数量性状遗传体系［M］.北京：科学出版社，2003：8-223.

［9］ 籍贵苏，杜瑞恒，侯升林，等.甜高粱茎秆含糖量研究［J］.华北农学报，2006，21：81-83.

［10］ Bian Y L，Seiji Y，Maiko I，et al. QTLs for sugar content of stalk in sweet sorghum ［*Sorghum bicolor* （L.）Moench］［J］. Agric Sci China，2006，5（10）：736-744.

［11］ 刘晓辉，朱凯，高士杰，等.不同类型甜高粱含糖量的分析［J］.杂粮作物，2007，27：350-351.

［12］ 李振武，支萍，孔令旗，等.甜高粱主要性状的遗传参数分析［J］.作物学报，1992，18（3）：213-221.

［13］ 高明超，王鹏文.甜高粱主要农艺性状遗传参数估计［J］.安徽农学通报，2007，13：114.

［14］ Natoli A，Gorni C，Chegdani F，et al. Identification of QTLs associated with sweet sorghum quality ［J］. Maydica，2002，47：311-322.

［15］ Ritter K B，Jordan D R，Chapman S C，et al. Identification of QTL for sugar-related traits in a sweet×grain sorghum ［*Sorghum bicolor* （L.）Moench］ recombinant inbred population ［J］. Mol Breeding，2008，22：367-384.

［16］ Murray S C，Sharma A，Roone W L，et al. Genetic improvement of sorghum as a biofuel feedstock I：quantitative loci for stem sugar and grain nonstructural carbohydrates ［J］. Crop Sci，2008，48：2 165-2 179.

［17］ Murray S C，Rooney W L，Hamblin M T，et al. Sweet sorghum genetic diversity and association mapping for brix and height ［J］. Plant Genome，2009，2：48-62.

［18］ Shiringani A L，Frisch M，Friedt W. Genetic mapping of QTLs for sugar-related traits in a RIL population of ［*Sorghum bicolor* （L.）Moench］［J］. Theor Appl Genet，2010，121：323-336.

［19］ 章元明，盖钧镒，戚存扣.数量性状分离分析的精确度及其改善途径［J］.作物学报，2001，27（6）：788-789.

高粱种质资源的多样性和利用

卢庆善 邹剑秋 朱 凯 张志鹏 王艳秋

（辽宁省农业科学院高粱研究所/国家高粱改良中心，沈阳 110161）

摘 要：全世界收集到的高粱种质资源 168 500 份，其中国际热带半干旱地区作物研究所有 36 774 份，占总数的 21.8%，美国 42 221 份，占 25.1%，印度 20 812 份，占 12.4%，中国 12 836 份，占 7.6%，其他国家 55 857 份，占 33.1%。上述国际研究所和国家在对高粱种质资源进行收集、整理、登记的基础上，对其遗传的多样性和各种性状做了鉴定，从中筛选出许多具有优良农艺性状、品质性状、抗性性状的资源，满足了高粱遗传改良的需要，成为当代和未来人类有价值的资源。建立核心种质对种质资源的保存、维护和利用是一种经济、实用和有效的方法。

关键词：高粱；种质资源；多样性；利用

高粱［*Sorghum bicolor*（L.）Moench］起源于非洲，在非洲有许多野生高粱，而且那里也是世界上种植高粱最古老的地区。栽培高粱与野生高粱最大的变异地区是非洲东北部的扇形地区。Vavilov（1935）指出，现代栽培高粱是在阿比西尼亚（Abyssinia，今埃塞俄比亚）栽培植物起源中心发展来的。埃塞俄比亚领地极适于产生高粱的多样性，因此非洲是世界上高粱种质资源最丰富的地区。

1 高粱种质资源的多样性

1.1 种质资源遗传多样性的表述和形成

遗传资源的多样性（diversity）是指某一物种遗传资源丰富的程度，故又称基因多样性。相当数量的高粱遗传资源就组成了高粱遗传多样性。这些遗传资源是经过驯化、歧化、强化和通过农民无数世代的有意识或无意识地选择进化的产物。

DeWet 等报道了两个高粱野生种和主要栽培种的分布。这种自然产生的高粱遗传多样性经历了一系列的自然选择、生境变迁以及经常发生的人类农业实践的不是很多的有目标的选择。来自高粱遗传多样性中心的当地品种和栽培高粱野生类型为当代和未来世界的高粱改良提供了既有战略意义的基本、原始的材料，又是抗病、抗虫、抗逆性（如抗高湿和干旱等）以及提高食用和饲用品质、工业加工品质等高粱改良计划所需要材料的重要来源。为防止高粱品种、栽培高粱的相应野生种的损失，以及推广品种和杂交种的灭绝，40 多年前各国就加快了高粱种质资源的收集、整理和保存。

1.2 高粱种质资源的收集

截至 2006 年，全球共收集到高粱种质资源 168 500 份，其中国际热带半干旱地区作物研究所（ICRISAT）从 90 多个国家收集到 36 774 份，占总数的 21.8%。这些高粱种质资源代表了目前高粱约 80% 的变异性，其中近 90% 来自热带半干旱地区的发展中国家。而 60% 的资源来自 6 个国家，印度、埃塞俄比亚、苏丹、喀麦隆、斯威士兰（恩格瓦尼）和也门。高粱种质资源总数的约 63% 来自非洲，约 30% 来自亚洲。栽培种与野生种比为 99：1，在栽培种中，地方品种资源约占总数的 84.2%。保存在 ICRISAT 的高粱种质资源有

6 个族：双色、几内亚、顶尖、卡佛尔和都拉族，以及中间族。在这些资源中，都拉族占 21.8%；顶尖族占 20.9%；几内亚族占 13.4%；在中间族中，都拉-顶尖族占 12.1%，几内亚-顶尖族占 9.5%，都拉-双色族占 6.6%。埃塞俄比亚是世界高粱种质资源多样性中心之一，从 20 世纪 50 年代就开始在全国收集高粱种质资源。目前种植的高粱种质资源约 8 000 份。其主要高粱类型：（1）ZeraZera（兹拉-兹拉）；（2）都拉；（3）都拉-双色族。ZeraZera 已作为食用高粱改良的种质，正在被广泛应用。印度国家高粱研究中心已收集到高粱种质资源 20 812 份，其中 11 860 份是 20 世纪 60 年代开始收集的 IS 编号高粱返回来的高粱种质，其他 IS 编号的 3 442 份，包括当地种质 3 560 份，国外种质 494 份以及重复的 1 456 份。

美国农业部从 1905 年前后开始收集和分发高粱种质资源，并在德克萨斯农业试验站进行高粱选育来列出。美国现已收集到 42 221 份高粱种质资源，保存在美国国家植物种质资源库里。

中国在全国范围内收集到 12 836 份地方高粱种质资源，其中，10 414 份作为遗传资源登记，并保存在国家遗传资源库里。这些种质包括 9 652 份地方品种、改良品种和品系，来自全国 28 个省、市、自治区。如果按用途分，食用型 9 895 份，饲用 394 份，糖用 125 份。苏丹从 20 世纪 50 年代开始收集当地高粱种质资源 781 份，保存在 Tozi 研究站里。60 年代，苏丹将这些资源完整地提供给印度的罗克菲勒基金会资助的高粱种质收集项目。苏丹有优势的高粱资源是顶尖族，作为抗旱性改良是非常有用的。

1.3 高粱种质资源的保存

目前，高粱种质资源一般都保存在基因库里，基因库保存的目标是延长种子活力和保证其种性。基因库的基本工作是定期种植、繁育、收获新种子。因为即使在最好的保存条件下，样本种子最终也会失去发芽力。

在 ICRISAT，每个种质样本在雨后季自交 20 穗进行繁育。对收获、脱粒、干燥的种子取等量混合后称出 500g，装入铝罐内置于中期贮藏库内，库温 4℃，相对湿度 20%。新繁育的种子发芽率 100%，含水量 5%±1% 的样本贮藏在-20℃的长期库里。

在美国，高粱种质资源保存在位于科罗拉多州 Collins 的国家种子贮藏实验室和位于佐治亚州 Griffin 的美国农业部植物遗传资源保存单位（PGRCU）里。其主要繁育地点是位于波多黎各的美国农业部热带农业研究站。

2 高粱核心种质

尽管高粱种质资源的数量很大，而且一些高粱种质已被高粱研究者在遗传、育种、生理、生化、病虫抗性等方面进行了利用，但是，对于如此庞大的高粱种质资源群体来说，利用的种质资源数目太有限了，也就是说大多数的种质资源没得到更好的利用。为了更有效地利用这些高粱种质，Brown[11] 提出核心种质（core collection）的概念。核心种质是指一种作物的种质资源中，以最小的种质数量代表全部种质的最大遗传多样性。在种质数量庞大时，通过遗传多样性分析，构建核心种质是从中发掘新基因的有效途径。

在 ICRISAT，现已构建了高粱核心种质。组成核心种质的基本原则是用尽可能少的种质数目提供尽可能多的遗传多样性。在 ICRISAT 掌握的全部高粱种质资源中，选择有代表性的和不同地理来源的遗传资源进入核心种质。根据上述原则，按着高粱分类和不同地理来源上从总资源中选择种质进入亚组，这样就形成了种质资源的多个亚组。

下一步针对进入亚组的种质资源，根据资源材料的农艺性状表现资料进行深入分析，选择那些农艺性状优异的、遗传变异性差异大的种质资源分别进入更加密切相关的群。再从每个群中提取有代表性的种质资源，按亚群总数的一定比例进行选择。这样一来，在ICRISAT 就组成了共 3 475 份材料的一个高粱核心种质，约占 ICRISAT 保存的高粱种质资源总数的 10%[12]。美国从其掌握的高粱种质资源总数 42 221 份材料中，选择了 200 余份组成了美国高粱核心种质。该项工作是由美国农业部位于波多黎各的一个高粱管理者协会完成的。美国高粱核心种质选择有代表性的株高、生育期、粒色、抗旱、抗蜡象、蚜虫和抗霜霉病的种质资源（基因）。高粱核心种质对其种质资源的保存、维护和利用是一种经济、实用、适用和有效的方法。

3 高粱种质资源的鉴定和登记

3.1 种质资源的鉴定

目前，对高粱种质鉴定的性状包括生育、农艺、产量、品质性状，以及对生物的（病、虫、草、鸟、鼠害等）和非生物性状的（干旱、渍涝、盐碱、酸土、冷凉、高湿、大风等）抗（耐）性。此外还有蛋白质、同功酶、DNA 分子标记等。种质鉴定最先是由其使用者进行的，包括遗传学家、育种者、昆虫学者，病理学者和农学者等。对每份种质的鉴定包括仔细调查记载其遗传的特殊性状，以及在各种环境下的一致性表现。许多性状对单个种质来说是作为鉴别性状登记的。这种鉴别性状可帮助基因库管理者记录种质和检查种质贮存多年后的遗传完整性。种质资源利用的潜在价值在于对不同种质采取的鉴定技术的有效性和可靠性。

3.2 种质鉴定性状的登记

高粱遗传多样性的正确记载对育种者、研究者利用其多样性是必须的。在利用之前必须了解应该知道的这些资料。种质性状清单是有保障的目检依据，即使用者用同样的语言和标准记录种质的性状。为保证种质的国际间交换，在资料收集、记载、保存等方面的一致性是关键。按标准登记或写成方案对交流信息是必要的，这在大量的信息来源之间建起一个桥梁，掌握大量有关高粱种和品种的资料，并使其成为设计信息管理系统必要的、充足的资料基础。正确地登记种质鉴定资料，形成可操作的系统，以使任何已编入的种质性状资料能很容易找到，并用于育种项目。

3.3 主要国家高粱种质的鉴定和登记

3.3.1 ICRISAT

ICRISAT 在雨季和雨季后季对 29 180 份高粱种质进行 23 项重要的形态学和农艺性状鉴定，栽培种和野生种的一系列有用变异性状被筛选出来，一些极端类型分属不同的种。对鉴定确认的资料按照"高粱描述标准"和 ICRISAT 资料管理系统进行登记，并贮存在1032 系统里（一种基本资料管理软件），以便进行更快更有效的管理。大量有潜力的遗传种质资源有抗虫种质，如抗盲蝇、玉米螟、摇蚊、穗螟等；抗病种质，如抗粒霉病、炭疽病、锈病、霜霉病等；抗寄生杂草种质，如抗巫婆草；以及其他具有特殊性状的种质，如无叶舌、爆裂型籽粒、甜茎秆和带香味籽粒。

3.3.2 美国

美国对约 50% 的高粱种质资源进行了 39 种性状的鉴定，21 661 份资源在位于佐治亚州的格里芬美国农业部的 9 个地点进行鉴定。除了这些最初的种质鉴定之外，许多资源在育种圃里作进一步鉴定和筛选。不同资源已被鉴定出有抗氧化铝中毒（性）、抗盲蝇、玉米螟、摇蚊、巫婆草、锈病和霜霉病等。美国高粱种质鉴定和认定的详细资料已登陆在"种质资源信息网"（GRIN），而且还通过位于波多黎各的高粱管理者协会进行有效管理。

3.3.3 印度

从 2001 年开始，印度国家高粱研究中心（NACS）对 3 012 份高粱种质进行了鉴定。NACS 对已鉴定和认定的种质性状资料整理和登记出来，并贮存在相应的信息资料系统中，可以很容易得到所需要的种质的相关信息。目前，NACS 已完成全所高粱改良协作计划的高粱遗传资源的基础材料有 9 984 份，高粱种质资源地理信息系统图（GIS）也已做好。

3.3.4 中国

中国从 20 世纪 80 年代开始对已注册登记的高粱品种资源的农艺性状、营养性状和抗性性状进行鉴定，从中筛选出许多具有特异性状的品种资源。在已登记的 10 414 份品种资源中，株高 ≥4m 的有 110 份，株高 1m 的有 49 份；穗长 ≥50cm 的有 97 份，单穗粒重 ≥100g 的有 113 份；千粒重 ≥35g 的有 146 份；籽粒蛋白质含量 ≥13% 的有 1 050 份，百克蛋白质中赖氨酸含量 ≥3.5% 的有 209 份，单宁含量 ≤0.3% 的有 30 份；其他还有抗（耐）干旱、水涝、盐碱、冷冻等品种资源。在中国高粱品种资源中，抗病、虫资源较少，如抗高粱丝黑穗的资源只有 37 份，抗蚜虫的资源只有 1 份，抗玉米螟的 2 份。上述 10 414 份中国高粱种质资源共有 23 种性状资源被编入《中国高粱品种资源目录》中，同时被 8 006 期卢庆善等：高粱种质资源的多样性和利用录入国家种质库数据库，对入库的种质资源及其资料实行电脑管理。

4 ICRISAT 高粱种质的利用

ICRISAT 从 1972 年成立以来，通过对高粱种质资源的大量研究工作提高了其选育新品种的产量水平；鉴定筛选出各种抗源，并有效地用来培育"三系"亲本和品种。

4.1 三系亲本和品种选育可利用的种质源

在雄性不育系的选育上，已应用的不育基因源有 CK60、172、2219、3675、3667 和 2947。可作亲本进一步开发的有：CS3541、BTx623、IS624B、IS2225、IS3443、IS12611、IS10927、IS12645、IS571、IS1037、IS19614、E12-5、ET2039、E35-1、LuLu5、M35-1 和 Safra。在恢复系亲本和品种改良中，应用的基本种质源有 IS84、IS3691、IS3687、IS3922、IS3924、IS6928、IS3541、ET2039、Safra、E12-5、E35-1、E36-1、IS1054、IS1055、IS1122、IS1082、IS517、IS18961、Karper1593、IS10927、IS12645、IS12622、IS18961、GPR168 和 IS1151。ZeraZera 高粱因其产量和品质性状均优良已成为选育新的优良杂交种而被广泛利用。

4.2 抗性选育可利用的种质源

4.2.1 抗病源

兼抗炭疽病和锈病的 ICSV1、ICSV120、ICSV138、IS2058、IS18758 和 SPV387；抗粒

霉病、炭疽病、霜霉病和锈病的 IS3547；抗粒霉病、霜霉病和锈病的 IS14332；抗粒霉和炭疽病的 IS17141；抗粒霉和霜霉病的 IS2333 和 IS14387；抗粒霉和锈病的 IS3413、IS14390 和 IS21454。

4.2.2 抗虫源

抗芒蝇和玉米螟的稳定种质，来自印度的 IS1082、IS2205、IS5604、IS5470、IS5480、M35-1（IS1054）、BP53（IS18432）、IS17417、IS18425；尼日利亚的 IS18577 和 IS18554；苏丹的 IS2312；埃塞俄比亚的 IS18511、美国的 IS2122、IS2134 和 IS2146。抗摇蚊的种质有 DJ6514 和 IS3443，并培育出经改良的抗摇蚊品种 ICSV197（SPV694）。

4.2.3 抗杂草源

抗巫婆草的种质源 IS18331（N13）、IS87441（Framida）、IS2221、IS4202、IS5106、IS7471、IS9630 和 IS9951 正用于抗巫婆草的育种中。已证明某些育种系如 555、168、SPV221 和 SPV103 是有效的抗源。ICRISAT 选育的抗巫婆草品种 SAR1 是由 555×168 杂交育成，并已在巫婆草发生地区推广种植。

4.2.4 抗旱源

近 1300 份种质资源和 332 份育种系筛选出来用于抗干旱育种。其中最有希望的耐旱种质有 E36-1、DJ1195、DKV17、DKV3、DKV4、IS12611、IS69628、DKV18、DKV1、DKV7、DJ1195、ICSV378、ICSV572、ICSV272、ICSV273 和 ICSV295。

4.2.5 耐盐碱

在 3 种不同含盐水平下进行 2 年试验，鉴定出耐盐品系有 IS164、IS237、IS707、IS1045、IS1049、IS1052、IS1069、IS1087、IS1178、IS1232、IS1243、IS1261、IS1263、IS1328、IS1366、IS1568、IS19604、IS297891 等。

4.3 优质源

来自埃塞俄比亚的高赖氨酸种质 IS11167 和 IS11758 在育种项目中已将高赖氨酸基因转到农艺性状优良系中，得到了高赖氨酸含量籽粒皱缩品系和丰满品系。一些最有希望高含糖量的甜茎秆高粱种质有 IS15428、IS3572、IS2266、IS9890、IS9639、IS14970、IS21100、IS8157 和 IS15448，并把甜茎秆性状转到农艺性状优良系中。在饲草高粱种质中，含低氢氰酸系有 IS1044、IS12308、IS13200、IS18577、IS18578 和 IS18580；低单宁的 IS3247 和 PJ7R。

参考文献

［1］ 卢庆善. 高粱学［M］. 北京：中国农业出版社，1999，263-265.

［2］ 董玉琛，郑殿升. 中国作物及其野生近缘植物［M］. 北京：中国农业出版社，2006：20-21，388-389.

［3］ De Wet J M J, Harlan J R. The origin and domestication of sorghum bicolor［J］. EconBot, 1971, 25：128-135.

［4］ E berhart S A, Bramel-Cox P J, Prasada Rao K E. Preserving genetic resources//Proceedings of the International Conferenceon Genetic Improvement of sorghum and Pearl Millet［M］. Lubbock, TX, 1997：22-27.

［5］ Elangovan M. Diverse use of sorghum［M］. Course material for the trating on Alternate Uses of Sorghum and Pearl Millet. NRCS, Hyderabad, 2005：16-23.

［6］ Quinby J R.Sorghum improvement and the genetics of growth[M].CollegeStation, TexasA&Muniversity Press, 1974.

［7］ Dahlberg J A, Spinks M S. Current status of the US sorghum germplasm collection［J］. International Sorghum and Millets, Ne-wsletter, 1995, 36：4-12.

［8］ Qinggshan L, Dahlberg J A. Chinese sorghum genetic resources［J］. EconBot, 2001, 55（3）：401-425.

［9］ Rosenow D T, Dalhberg J A. Collection, conversion and utilization of sorghum ［M］//Sorghum, Origin, History, Technology and Production (Smith C W, Frederiksen A R, et al.). Wiley Seriesin Crop Science, NewYork: JohnWiley&Sons, 2000: 309-328.

［10］ Rao N K, Hanson J, Dulloo M E, et al. Manual of seed hand lignin gene banks ［M］. Rome: Bioversity Internationa, l2006.

［11］ Brown A H D. The case for corecollection ［M］//Brown A H D, Frankel O H, Marshall O R, et al. The Use of Plant Genetic Resourses. Cambridge, UK: CambridgeUniversityPress, 1989: 136-156.

［12］ Prasade Rao KE, Romanatha Rao V. Use of characterization datein developing acore collection of sorghum ［M］// (Hodgkin T, Brown H D, Hinthum J L, et al.) Core Collection of Plant Genetic Resources. Chichester, UK: JohnWiley&Sons, 1995: 109-111, 801.

25个饲草高粱恢复系主要农艺性状及其抗旱性的相关分析

吕　鑫　张福耀　平俊爱　杜志宏　李慧明

田兆祥　杨婷婷　乔　婧

（山西省农业科学院高粱研究所，农业部黄土高原作物

基因资源与种质创制重点实验室，晋中　030600）

摘　要：为了在饲草高粱抗旱育种研究中，对现有饲草高粱种质进行抗旱性研究，选择产量高和稳产性好的同时，对其他性状的选择提供了科学依据和种质材料。对25份饲草高粱恢复系材料，采用对饲草高粱抗旱种质同时在水、旱地种植，对其进行抗旱性鉴定，并调查、计算比较出9个性状值水旱地之间的差异。结果表明，以生物产量作为最主要的指标，水旱地之间差值最大达到84 700.00 kg/hm², 最小为6 600.00 kg/hm², 旱地平均减产42 259.20 kg/hm²。计算出8个性状值的抗旱系数和抗旱指数，生物产量抗旱系数范围0.416 7~0.960 3，抗旱指数范围0.248 3~1.508 4，为选择抗旱品种提供了科学依据。估算出在水、旱地中，生物产量分别和7个性状值之间的遗传相关系数：旱地中，生物产量与生育期、株高、茎粗、分蘖数等4个性状呈正相关，遗传相关系数为0.157 6~0.595 6，生物产量与穗长、穗宽和千粒重3个性状呈负相关，遗传相关系数为 -0.256 3~-0.087 0；水地中，生物产量与生育期、株高、茎粗、分蘖数等4个性状呈正相关，遗传相关系数为0.128 8~0.398 4，生物产量与穗长、穗宽和千粒重3个性状呈负相关，遗传相关系数为 -0.448 5~-0.009 8。通过试验研究得出以上数据，体现了在水旱地中生物产量与7个性状的关联性。

关键词：性状值；抗旱系数；抗旱指数；相关系数

干旱是世界性自然灾害之一，提高作物抗旱性是国内外许多学者研究探讨的重要课题。干旱对农业生产影响很大，严重制约了作物的生长发育和产量的提高。在水稻研究方面，缺水是包括中国在内的许多国家水稻产量提高的主要限制因素[1]，全世界水稻种植地区大约有一半是缺水严重的状态，水稻生产受到了严重限制[2]。数十年来，针对玉米[3-4]、水稻[5]、大豆[6]、小麦[7-9]、花生[10]、甘薯[11]、高粱[12-13]等作物的抗旱性，国内外学者已从生化、生态、生理的角度，深入研究其抗旱反应的机理机制、遗传基础以及评价指标等，并取得了一定的进展[14-17]。而主要作物对水分胁迫的敏感性研究表明，马铃薯>油菜>水稻>棉花>小麦>大豆>甘薯>玉米>高粱>粟[18-20]。

对于饲草高粱种质抗旱性评价，20世纪90年代以前，大多数研究者衡量作物的抗旱性采用Chionoy提出的抗旱系数（抗旱系数＝旱地产量/水地产量）。但该指标却有局限性，其只能说明作物品种的抗旱性，而不能说明高产性或高产潜力的可塑性，不能为育种工作者提供选择高产抗旱基因型的依据[18]。由兰巨生[16]提出抗旱指数的概念，在小麦抗旱鉴定工作中，改进了抗旱系数，提出了简单实用的抗旱指数，并被许多研究者应用于其他不同作物抗旱育种中。抗旱指数既反映不同水分条件下品种（系）的稳产性，又能体现品种（系）在旱地条件下的产量水平。作为品种抗旱性的鉴定指标，抗旱指数已在小麦、玉米上应用[16]。只有选择抗旱系数和抗旱指数二者都高的种质，才是选择的目标。

而且，目前国内外学者对饲草高粱抗旱性的研究还很少。因此，更加科学地对饲草高粱种质进行抗旱鉴定和评价是十分必要的，笔者对饲草高粱种质的抗旱性进行研究，以期为饲草高粱抗旱育种提供可靠的研究基础和种质材料。

1 材料与方法

1.1 试验材料

本试验选用 25 份饲草高粱恢复系：ZZ 苏丹草、NM 苏丹草、53423、HG. BMR-2、GW4105、YC 苏丹草、皖草 1-1、约翰逊草、JP 草-8、JB 草-5、SH. BMR/IS722-1、BMR-1、JB 草-7、SH. BMR/苏波丹-1、SH. BMR/苏波丹-3、JB 草-8-2、L 草-6、SH. BMR/苏波丹-5、C954/SH. BMR-1、BMR/IS722-1、BMR/IS722-2、BMRC-5、（BMRC-1）-1、MaMa/SH. BMR-1、BMRC-2-1 作为试验材料。

1.2 试验设计方案

本试验于 2010 年和 2011 年在山西省农业科学院高粱研究所修文试验基地进行。试验设计水、旱地相对应的 2 个种植方式，旱地种植方式即是在自然条件下生长，不进行人工灌溉；水地种植方式则是在饲草高粱材料遇到干旱、最需水的时期进行灌溉（2010 年 7 月 23 日和 2011 年 7 月 21 日各灌溉一次），水地、旱地之间设计 3m 的隔离带；播种日期为 2010 年 5 月 3 日和 2011 年 5 月 5 日，收获日期为 2010 年 10 月 2 日和 2011 年 9 月 28 日。小区行宽为 2.6m，行长 4m，小区面积为 10.4m²，每小区种植 6 行，行距 0.43m、株距 0.31m，每个试验材料种植 2 行。试验期间记录出苗、抽穗、开花、成熟各个时期，收获前调查株高、茎粗、分蘖、穗长、穗宽等农艺性状，成熟后全部收获，测千粒重及生物产量。

1.3 试验方法

1.3.1 水地与旱地性状值的差值

计算出开花期、生育期等 9 个性状进行水地性状值与旱地性状值的差值，每个品种性状的差值与最大差值、最小差值和平均差值。

1.3.2 抗旱系数与抗旱指数

分别对生育期、株高、茎粗、分蘖、穗长、穗宽、千粒重及生物产量 8 个性状，计算其抗旱系数与抗旱指数，用于评价这些饲草高粱材料的抗旱性强弱。

$$抗旱系数 = Y_a / Y_m$$

$$DRI（DI）= Y_a ×（Y_a / Y_m）/ Y_a$$

式中：$DRI（DI）$ 是抗旱指数，Y_a 是指旱地性状值，Y_m 是指水地性状值，Y_a / Y_m 是抗旱系数，Y_a 旱地平均性状值[2-11]。

1.3.3 相关系数估算

对开花期、生育期、株高、茎粗、分蘖数、穗长、穗宽、千粒重及生物产量 9 个性状平均值，估算遗传相关系数[12-17]。采用的公式：性状 x 和 y 的误差项方差 $6_{x1}^2 = MS_{x1}$，$6_{y1}^2 = MS_{y1}$；性状 x 和 y 的误差项协方差 $cov_{Exy} = MP_1$；性状 x 遗传方差成分 $6_{Gx}^2 =（MS_{x2}-MS_{x1}）/r$；性状 y 遗传方差成分 $6_{Gy}^2 =（MS_{y2}-MS_{y1}）/r$；两性状的遗传方差成分 $cov_{Gxy} =（MP_2-MP_1）/r$；遗传相关系数 $r_G = cov_{Gy} /（6_{Gx}^2 × 6_{Gy}^2）^{-2}$。

1.4 数据分析

采用DPS数据软件处理系统进行各项数据的整理分析。分别对开花期、生育期、分蘖、株高、茎粗、穗长、穗宽、千粒重和生物产量等9个性状水、旱地性状值的差值进行计算；并计算出生育期、分蘖、株高、茎粗、穗长、穗宽、千粒重和生物产量等8个性状抗旱系数和抗旱指数及8个性状在水、旱地遗传相关系数。

2 结果与分析

2.1 水、旱地之间不同性状值差值的计算

对9个性状进行水地性状值与旱地性状值的差值计算，其结果见表1。

表1 水、旱地9个性状差值

性状差值	开花期（天）	生育期（天）	分蘖（个）	株高（cm）	茎粗（cm）	穗长（cm）	穗宽（cm）	千粒重（g）	生物产量（kg/hm²）
ZZ苏丹草	1.00	1.00	3.00	50.00	0.30	1.00	1.00	1.50	84 700.00
NM苏丹草	6.00	6.00	6.00	50.00	0.10	7.00	1.00	4.50	72 300.00
53423	11.00	13.00	6.00	20.00	0.10	1.00	2.00	1.50	6 600.00
HG.BMR-2	0.00	0.00	1.00	60.00	0.10	3.00	1.00	1.50	54 000.00
GW4105	4.00	4.00	1.00	20.00	0.10	3.00	1.00	1.00	44 000.00
YC苏丹草	0.00	0.00	1.00	30.00	0.10	2.00	2.00	3.60	15 200.00
皖草1-1	1.00	1.00	1.00	20.00	0.30	3.00	3.00	3.00	36 300.00
约翰逊草	3.00	-7.00	1.00	25.00	0.10	2.00	2.00	3.00	14 300.00
JP草-8	13.00	13.00	1.00	40.00	0.20	1.00	1.00	2.50	41 900.00
JB草-5	-4.00	-6.00	4.00	10.00	0.10	7.00	2.00	1.00	51 200.00
JB草-7	-4.00	-4.00	1.00	90.00	0.10	10.00	3.00	0.40	68 030.00
BMR-1	3.00	0.00	3.00	20.00	0.30	3.00	3.00	3.00	23 900.00
SH.BMR/IS722-1	19.00	9.00	1.00	130.00	0.30	3.00	3.00	0.50	68 800.00
SH.BMR/苏波丹-1	21.00	11.00	2.00	20.00	0.10	2.00	1.00	1.00	51 700.00
SH.BMR/苏波丹-3	-10.00	-10.00	1.00	70.00	0.10	3.00	2.00	2.00	56 200.00
JB草-8-2	10.00	0.00	2.00	30.00	0.10	2.00	1.00	2.00	37 700.00
L草-6	13.00	9.00	1.00	10.00	0.20	2.00	3.00	7.00	16 500.00
BMRC-2-1	-1.00	-1.00	1.00	60.00	0.30	2.00	3.00	0.60	62 900.00
C954/SH.BMR-1	8.00	8.00	0.00	25.00	0.10	2.00	2.00	2.00	30 800.00
BMR/IS722-1	0.00	0.00	1.00	70.00	0.20	5.00	1.00	0.50	64 900.00
BMR/IS722-2	6.00	6.00	1.00	60.00	0.10	2.00	3.00	2.60	17 500.00

（续表）

性状差值	开花期（天）	生育期（天）	分蘖（个）	株高（cm）	茎粗（cm）	穗长（cm）	穗宽（cm）	千粒重（g）	生物产量（kg/hm²）
BMRC-5	-1.00	-1.00	3.00	35.00	0.20	1.00	2.00	2.00	45 100.00
（BMRC-1）-1	10.00	10.00	2.00	20.00	0.10	2.00	3.00	0.50	33 000.00
MaMa/SH.BMR-1	-13.00	-3.00	1.00	15.00	0.20	6.00	5.00	2.00	9 250.00
SH.BMR/苏波丹-5	-14.00	-3.00	1.00	65.00	0.20	3.00	0.00	3.00	49 700.00
差值最大值	21.00	13.00	6.00	130.00	0.30	10.00	5.00	7.00	84 700.00
差值最小值	0.00	0.00	0.00	10.00	0.10	1.00	0.00	0.40	6 600.00
总和	84.00	56.00	46.00	1045.00	4.10	78.00	46.00	52.20	1 056 480.00
平均值	3.36	2.24	1.84	41.80	0.16	3.12	1.84	2.09	42 259.20

从表 1 看出，生物产量水旱地差值最大的达到 84 700.00 kg/hm²，最小的为 6 600.00kg/hm²，旱地平均减产 42 259.20kg/hm²；开花期水旱地差值最大的 21 天，最小差值 0 天，旱地平均降低 3.36 天；生育期水旱地差值最大的 13 天，最小的 0 天，旱地平均降低 2.24 天；分蘖水旱地差值最大的 6.00 个，旱地平均降低 1.84 个；株高水旱地差值最大的 130.00cm，最小差值 10.00cm，旱地平均减少 41.80cm；茎粗水旱地最大差值为 0.30cm，最小差值 0.10cm，旱地平均差值为 0.16cm；穗长水旱地差值最大的 10.00cm，最小的 1.00cm，旱地平均减少 3.12cm；穗宽水旱地差值最大的 5.00cm，最小差值 0.00cm，旱地平均减少 1.84cm；千粒重水旱地最大差值为 7.00g，最小差值 0.40g，旱地平均减少 2.09g。

从上述结果中表现出，不同材料间差异较大，生物产量差异最大的 ZZ 苏丹草与 NM 苏丹草，其株高及其他性状差异也都很高，这说明这 2 个品系的抗旱性差；而 53 423 其生物产量、千粒重、株高、分蘖、茎粗水旱地差值较小，说明这个品系抗旱性好；开花期和生育期水地与旱地差值为负值说明旱地开花期推后，这可能是生物避旱能力差的表现。

2.2 抗旱系数及抗旱指数的计算

对 25 个饲草高粱试验材料的生育期、分蘖、株高、茎粗、穗长、穗宽、千粒重及生物产量 8 个性状抗旱系数与抗旱指数进行计算，结果见表 2。

从表 2 看出，生物产量抗旱系数从 0.416 7~0.960 3 差距比较大，其中，53423 与 Ma-Ma/SH.BMR-1、L 草-6 抗旱系数最高分别为 0.960 3、0.911 9、0.901 3，说明该材料抗旱性强，其余材料抗旱系数超过 0.5 的有 21 份材料，依次是约翰逊草、BMR/IS722-2、（BMRC-1）-1、SH.BMR/苏波丹-5、BMR-1、SH.BMR/苏波丹-1、YC 苏丹草、JP 草-8、JB 草-8-2、皖草 1-1、BMRC-5、C954/SH.BMR-1、GW4105、BMRC-2-1、JB 草-7、BMR/IS722-1、HG.BMR-2、JB 草-5、SH.BMR/苏波丹-3、SH.BMR/IS722-1、NM 苏丹草，最低的 ZZ 苏丹草抗旱系数为 0.416 7；抗旱指数最高的是 53423 与 L 草-6、BMR/IS722-2、SH.BMR/苏波丹-5，抗旱指数达到 1 以上，分别为 1.508 4、1.337 7、

1.077 0 和 1.073 6，最低的是 ZZ 苏丹草，抗旱指数为 0.248 3，其他的为 0.379 8~0.994 1。

株高抗旱系数最高的是 L 草-6 为 0.960 0，最低的是 SH. BMR/IS722-1 为 0.638 9，变化幅度在 0.638 9~0.960 0，抗旱指数在 0.388 3~1.268 6。分蘖抗旱系数最高的是 C954/SH. BMR-1 为 1.000 0，最低的是 BMRC-5 为 0.250 0，变化幅度在 0.250 0~1.000 0变化较大，抗旱指数在 0.088 0~1.810 9。茎粗抗旱系数最高的是 GW4105 为 0.937 5，最低的是 ZZ 苏丹草为 0.700 0，变化幅度在 0.700 0~0.937 5变化不大，抗旱指数在 0.615 4~1.000 0。生育期抗旱系数在 0.904 4~1.078 7，抗旱指数在 0.848 9~1.127 8。穗长抗旱系数在 0.729 7~0.964 3，抗旱指数在 0.487 7~1.357 7。穗宽抗旱系数在 0.634 1~1.000，抗旱指数在 0.371 8~1.363 3。千粒重抗旱系数在 0.611 1~0.970 1，抗旱指数在0.507 7~1.165 3。

上述结果表明，各品系间生物产量的抗旱系数、抗旱指数差距较大，差异最大的是 ZZ 苏丹草与 53423。ZZ 苏丹草生物产量的抗旱系数、抗旱指数都是最小，其他性状分蘖和株高的抗旱系数、抗旱指数也较小；而 53423 生物产量的抗旱系数、抗旱指数是最大的，其他性状生育期、株高、茎粗、穗长、穗宽和千粒重的抗旱系数、抗旱指数也较大；这说明 ZZ 苏丹草的抗旱性差，而 53423 的抗旱性强。这与上述结果基本相同。

表 2　8 个性状抗旱系数及抗旱指数

品系	生育期（天）		分蘖（个）		株高（cm）		茎粗（cm）	
	抗旱系数	抗旱指数	抗旱系数	抗旱指数	抗旱系数	抗旱指数	抗旱系数	抗旱指数
ZZ 苏丹草	0.992 6	1.015 0	0.571 4	0.804 8	0.791 7	0.730 2	0.700 0	0.469 3
NM 苏丹草	0.953 5	0.895 0	0.333 3	0.352 1	0.827 6	0.964 2	0.916 7	0.965 8
53423	0.904 4	0.848 9	0.454 5	0.800 3	0.913 0	0.930 8	0.916 7	0.965 8
HG. BMR-2	1.000 0	0.969 2	0.750 0	0.792 3	0.812 5	1.025 5	0.923 1	1.061 0
GW4105	0.968 5	0.909 1	0.666 7	0.469 5	0.931 0	1.220 3	0.937 5	1.347 0
YC 苏丹草	1.000 0	0.969 2	0.500 0	0.176 1	0.884 6	0.987 7	0.916 7	0.965 8
皖草 1-1	0.992 1	0.954 0	0.857 1	1.810 9	0.933 3	1.268 6	0.750 0	0.646 6
约翰逊草	1.054 3	1.094 2	0.750 0	0.792 3	0.903 8	1.031 1	0.916 7	0.965 8
JP 草-8	0.904 4	0.848 9	0.500 0	0.176 1	0.826 1	0.761 9	0.818 2	0.705 3
JB 草-5	1.046 5	1.078 1	0.500 0	0.704 2	0.954 5	0.973 1	0.916 7	0.965 8
JB 草-7	1.029 9	1.084 5	0.857 1	1.810 9	0.742 9	0.937 6	0.916 7	0.965 8
BMR-1	1.000 0	1.045 5	0.571 4	0.804 8	0.909 1	0.882 6	0.750 0	0.646 6
SH. BMR/IS722-1	0.933 8	0.905 0	0.500 0	0.176 1	0.638 9	0.713 3	0.769 2	0.736 8
SH. BMR/苏波丹-1	0.917 9	0.861 6	0.600 0	0.633 8	0.923 1	1.075 4	0.909 1	0.870 8
SH. BMR/苏波丹-3	1.078 7	1.127 8	1.000 0	1.126 8	0.708 3	0.584 5	0.888 9	0.681 1
JB 草-8-2	1.000 0	1.022 6	0.600 0	0.633 8	0.875 0	0.892 0	0.888 9	0.681 1
L 草-6	0.934 8	0.920 2	0.800 0	1.126 8	0.960 0	1.118 4	0.818 2	0.705 3
BMRC-2-1	1.007 5	1.030 3	0.500 0	0.176 1	0.760 0	0.701 0	0.769 2	0.736 8

（续表）

品系	生育期（天）		分蘖（个）		株高（cm）		茎粗（cm）	
	抗旱系数	抗旱指数	抗旱系数	抗旱指数	抗旱系数	抗旱指数	抗旱系数	抗旱指数
C954/SH.BMR-1	0.940 7	0.911 7	1.000 0	0.352 1	0.800 0	0.388 3	0.916 7	0.965 8
BMR/IS722-1	1.000 0	1.030 2	0.666 7	0.469 5	0.681 8	0.496 5	0.833 3	0.798 2
BMR/IS722-2	0.955 9	0.948 3	0.666 7	0.469 5	0.727 3	0.564 9	0.916 7	0.965 8
BMRC-5	1.007 4	1.053 2	0.250 0	0.088 0	0.847 8	0.802 6	0.833 3	0.798 2
（BMRC-1）-1	0.930 6	0.951 6	0.500 0	0.352 1	0.913 0	0.930 8	0.916 7	0.965 8
MaMa/SH.BMR-1	1.022 4	1.068 9	0.666 7	0.469 5	0.875 0	0.446 0	0.882 4	1.267 7
SH.BMR/苏波丹-5	1.021 9	1.091 8	0.750 0	0.792 3	0.729 2	0.619 4	0.846 2	0.891 5

品系	穗长（cm）		穗宽（cm）		千粒重（g）		生物产量（kg/hm²）	
	抗旱系数	抗旱指数	抗旱系数	抗旱指数	抗旱系数	抗旱指数	抗旱系数	抗旱指数
ZZ苏丹草	0.960 0	0.917 2	0.933 3	0.986 9	0.900 0	0.917 7	0.416 7	0.248 3
NM苏丹草	0.800 0	0.891 7	0.937 5	1.062 1	0.727 3	0.659 2	0.510 8	0.379 8
53423	0.964 3	1.036 5	0.875 0	0.925 2	0.909 1	1.029 9	0.960 3	1.508 4
HG.BMR-2	0.916 7	1.204 2	0.928 6	0.911 7	0.911 8	1.067 4	0.619 7	0.537 1
GW4105	0.900 0	0.967 4	0.950 0	1.363 3	0.937 5	1.062 1	0.669 4	0.587 4
YC苏丹草	0.937 5	1.119 6	0.900 0	1.223 6	0.806 5	0.913 7	0.533 1	0.366 2
皖草1-1	0.900 0	0.967 4	0.875 0	0.925 2	0.857 1	1.165 3	0.715 5	0.643 4
约翰逊草	0.920 0	0.842 4	0.866 7	0.851 0	0.823 5	0.870 8	0.881 8	0.926 6
JP草-8	0.960 0	0.917 2	0.923 1	0.836 6	0.821 4	0.713 5	0.722 0	0.773 6
JB草-5	0.800 0	0.891 7	0.866 7	0.851 0	0.916 7	0.761 6	0.600 6	0.455 5
JB草-7	0.729 7	0.784 3	0.833 3	0.944 1	0.970 1	0.952 6	0.640 1	0.762 8
BMR-1	0.850 0	0.575 2	0.923 1	0.836 6	0.850 0	1.091 4	0.731 8	0.469 9
SH.BMR/IS722-1	0.900 0	0.967 4	0.900 0	1.223 6	0.954 5	0.757 0	0.573 2	0.521 6
SH.BMR/苏波丹-1	0.875 0	0.487 7	0.900 0	0.611 8	0.900 0	0.611 8	0.728 3	0.994 1
SH.BMR/苏波丹-3	0.884 6	0.810 0	0.900 0	1.223 6	0.857 1	0.776 9	0.591 3	0.473 4
JB草-8-2	0.916 7	0.802 8	0.923 1	0.836 6	0.862 1	0.813 9	0.717 4	0.676 1
L草-6	0.928 6	0.961 1	0.769 2	0.581 0	0.611 1	0.507 7	0.901 3	1.337 7
BMRC-2-1	0.928 6	0.961 1	0.800 0	0.725 1	0.952 4	0.863 2	0.647 2	0.735 6
C954/SH.BMR-1	0.920 0	0.842 4	0.900 0	0.611 8	0.833 3	0.629 4	0.678 2	0.433 5
BMR/IS722-1	0.800 0	0.636 9	0.928 6	0.911 7	0.961 5	0.907 8	0.631 3	0.690 7
BMR/IS722-2	0.923 1	0.881 9	0.812 5	0.797 8	0.852 3	0.965 6	0.876 9	1.077 0
BMRC-5	0.961 5	0.956 9	0.857 1	0.776 9	0.888 9	1.074 2	0.698 5	0.718 9
（BMRC-1）-1	0.947 4	1.357 7	0.800 0	0.725 1	0.961 5	0.907 8	0.756 1	0.761 8
MaMa/SH.BMR-1	0.785 7	0.688 1	0.615 4	0.371 8	0.885 7	1.036 9	0.911 9	0.859 4
SH.BMR/苏波丹-5	0.892 9	0.888 6	1.000 0	0.981 9	0.800 0	0.725 1	0.746 2	1.073 6

2.3　水、旱地之间不同性状遗传相关系数的计算

对 25 个饲草高粱试验材料的生育期、分蘖、株高、茎粗、穗长、穗宽、千粒重和生物产量 8 个性状的遗传相关系数进行估算，旱地结果（表 3），水地结果（表 4）。

表 3　旱地 8 个性状遗传相关系数

	生育期	分蘖	株高	茎粗	穗长	穗宽	千粒重	生物产量
生育期		0.121 0	0.364 5	-0.133 7	-0.130 8	-0.152 8	0.106 6	0.047 5
分蘖	0.121 0		0.422 8	-0.243 8	-0.027 4	0.077 1	0.240 4	0.157 6
株高	0.364 5	0.422 8		-0.040 1	0.343 2	0.452 1	-0.179 5	0.595 6
茎粗	-0.133 7	-0.243 8	-0.040 1		0.250 0	0.002 9	0.203 8	0.268 3
穗长	-0.130 8	-0.027 4	0.343 2	0.250 0		0.367 8	0.154 5	-0.087 0
穗宽	-0.152 8	0.077 1	0.452 1	0.002 9	0.367 8		0.171 5	-0.256 3
千粒重	0.106 6	0.240 4	-0.179 5	0.203 8	0.154 5	0.171 5		-0.175 6
生物产量	0.047 5	0.157 6	0.595 6	0.268 3	-0.087 0	-0.256 3	-0.175 6	

表 4　水地 8 个性状遗传相关系数

	生育期	分蘖	株高	茎粗	穗长	穗宽	千粒重	生物产量
生育期		0.083 1	0.296 6	0.091 9	-0.166 7	-0.426 0	0.230 8	0.282 2
分蘖	0.083 1		0.192 4	-0.259 8	0.151 5	0.051 6	0.222 8	0.150 9
株高	0.296 6	0.192 4		-0.101 3	0.380 8	0.558 2	-0.021 3	0.398 4
茎粗	0.091 9	-0.259 8	-0.101 3		0.265 2	0.102 8	0.163 0	0.128 8
穗长	-0.166 7	0.151 5	0.380 8	0.265 2		0.471 0	0.040 4	-0.009 8
穗宽	-0.426 0	0.051 6	0.558 2	0.102 8	0.471 0		0.120 8	-0.080 4
千粒重	0.230 8	0.222 8	-0.021 3	0.163 0	0.040 4	0.120 8		-0.448 5
生物产量	0.282 2	0.150 9	0.398 4	0.128 8	-0.009 8	-0.080 4	-0.448 5	

从表 3 的结果来看，旱地的生物产量与生育期、分蘖、株高、茎粗的遗传相关系数都是正值，与株高达到了 0.595 6，依次为茎粗 0.268 3、分蘖 0.157 6、生育期 0.047 5；生物产量与穗长、穗宽、千粒重的遗传相关系数都是负值，分别为 -0.087 0、-0.256 3 和 -0.175 6。生育期与株高、分蘖、千粒重和生物产量的遗传相关系数为正值，分别为 0.364 5、0.121 0、0.106 6 和 0.047 5；生育期与茎粗、穗长、穗宽的相关系数为负值，分别为 -0.133 7、-0.130 8、-0.152 8。分蘖与生育期、株高、穗宽、千粒重和生物产量的遗传相关系数为正值，分别在 0.077 1 ~ 0.422 8；分蘖与茎粗、穗长的相关系数为负值，分别为 -0.243 8、-0.027 4。株高与生物产量、生育期、分蘖、穗长、穗宽 5 个性状遗传相关系数是正值，相关系数在 0.343 2 ~ 0.595 6，与茎粗、千粒重相关系数为负值，为 -0.040 1、-0.179 5。茎粗与穗长、穗宽、千粒重和生物产量 4 个性状遗传相关系数都是

正相关，相关系数在 0.002 9~0.268 3。穗长与穗宽、株高、茎粗和千粒重 4 个性状遗传相关系数是正相关，相关系数在 0.154 5~0.367 8。穗宽与穗长、分蘖、株高、茎粗和千粒重 5 个性状遗传相关系数是正相关，相关系数在 0.077 1~0.367 8；与生育期、生物产量的性状遗传相关系数是负相关，相关系数为 -0.152 8、-0.256 3。千粒重与生育期、分蘖、茎粗、穗长、穗宽 5 个是正相关，相关系数在 0.106 6~0.240 4；与株高、生物产量的性状遗传相关系数是负相关，相关系数为 -0.179 5、-0.175 6。

从表 4 的结果来看，水地的生物产量与生育期、分蘖、株高、茎粗遗传相关系数都是正值，与株高达到了 0.398 4，依次为生育期 0.282 2、分蘖 0.150 9、茎粗 0.128 8；生物产量与穗长、穗宽和千粒重的遗传相关系数都是负值，分别为 -0.009 8、-0.080 4 和 -0.448 5。生育期与生物产量、分蘖、株高、茎粗、千粒重的遗传相关系数为正值，相关系数在 0.083 1~0.296 6；生育期与穗长、穗宽的相关系数为负值，分别为 -0.166 7、-0.426 0。分蘖与生物产量、生育期、株高、千粒重、穗长、穗宽的遗传相关系数为正值，相关系数在 0.083 1~0.222 8；分蘖与茎粗的相关系数为负值，为 -0.259 8。株高与生物产量、生育期、分蘖、穗长、穗宽 5 个性状遗传相关系数是正值，相关系数在 0.192 4~0.558 2；与茎粗、千粒重相关系数为负值，为 -0.101 3、-0.021 3。茎粗与生物产量、生育期、穗长、穗宽、千粒重 5 个性状遗传相关系数都是正相关，相关系数在 0.091 9~0.265 2；与株高、分蘖的相关系数为负值，为 -0.101 3、-0.259 8。穗长与穗宽、分蘖、株高、茎粗和千粒重 5 个性状遗传相关系数是正相关，相关系数在 0.040 4~0.471 0；与生物产量、生育期的相关系数为负值，为 -0.009 8、-0.166 7。穗宽与穗长相似，只是相关系数比穗长略大。千粒重与生育期、分蘖、茎粗、穗长、穗宽 5 个是正相关，相关系数在 0.040 4~0.230 8，与生物产量、株高的相关系数为负值，为 -0.448 5、-0.021 3。

从上述结果来看，水、旱地的生物产量与生育期、株高、分蘖、茎粗遗传相关系数均为正值，都是正相关关系，而与穗长、穗宽和千粒重为负相关。其中，生物产量的相关系数中，分蘖、株高、茎粗旱地比水地相关系数高，而生育期水地比旱地的遗传相关系数高。生物产量与株高、茎粗之间遗传相关系数水、旱地均较高，且稳定；说明在密度相同的情况下株高、茎粗的数值大的饲草高粱恢复系生物产量也相对高一些，这两个性状是决定饲草高粱恢复系生物产量的关键性状。另外，水、旱地的穗长、穗宽和千粒重与生育期、生物产量都是负相关，说明饲草高粱恢复系的穗部过大，籽粒过重，反而会影响其生育期及生物产量。这就提醒在选择优良饲草高粱恢复系的时候，应该尽量避免选择穗部较大的品系。实际上，饲草高粱恢复系穗部过大会引起倒伏，从而影响生物产量。

3 结论与讨论

水资源缺乏是当今世界的严重问题，节水农业是当今各国科学家研究的主题之一。饲草高粱的生长发育常常会受到缺水影响，造成饲草高粱严重减产。全球干旱、半干旱地区约占土地总面积的 36%，占耕地面积的 43%，中国的干旱土地面积约有 2 000 万 hm²[10,15-16]。中国干旱、半干旱地区占国土面积的 47%，占耕地面积的 51%，每年因干旱缺水而减产粮食近 1 亿 t[12]。而且随着全球气候变暖，干旱土地总面积还在不断增加。干旱对饲草高粱造成的损失仅次于生物胁迫病虫害，排在所有的非生物胁迫之首。

3.1 结论

3.1.1 材料抗旱性的选育

在育种过程中，饲草高粱和其他饲料作物一样，都是以生物产量作为最主要的选育指标，所以饲草高粱耐旱性研究就必须以生物产量作为主要的指标来选择其他性状。

从各品系生物产量的差值及抗旱系数、抗旱指数来看，有苏丹草血缘的材料，其抗旱系数差异和抗旱指数普遍比较低，其中差异最大的是 ZZ 苏丹草与 53 423。ZZ 苏丹草生物产量的差值最大，为 84 700.00kg/hm^2，而抗旱系数、抗旱指数都是最小，为 0.416 7 和 0.248 3，其他性状分蘖、株高和干重产量的差值也比较大，抗旱系数、抗旱指数却比较小；而 53 423 生物产量的差值最小，为 6 600.00kg/hm^2，抗旱系数、抗旱指数最大，为 0.960 3 和 1.508 4，其他性状生育期、株高、茎粗、穗长、穗宽、千粒重和干重产量的抗旱系数、抗旱指数也较大；这说明 ZZ 苏丹草的抗旱性差，而 53 423 的抗旱性强。其他品系中开花期和生育期水地与旱地差值为负值说明材料在旱地中开花期推后，这可能是生物避旱能力差的表现。

3.1.2 不同性状之间的关联性

从上述结果来看，水、旱地的生物产量与生育期、株高、分蘖、茎粗遗传相关系数均为正值，都是正相关关系，而与穗长、穗宽和千粒重为负相关。生物产量与株高和茎粗之间遗传相关系数水旱地较高，株高和茎粗是决定饲草高粱恢复系生物产量的关键性状。

对于 25 个饲草高粱试验材料水、旱地不同性状的关联性不一样，生物产量与株高之间遗传相关系数相差较大，水地相关系数是 0.398 4，而旱地相关系数是 0.595 6。另外，水、旱地株高与茎粗都是负相关，说明在选育抗旱品系时要注意选育株高较适中的材料，株高过高，茎粗就会变小，从而引起倒伏，最终影响生物产量。生物产量与生育期水地相关系数 0.282 2，而旱地是 0.047 5，生育期长对生物产量也有影响，主要是会延长生长期，从而使植株保绿性增强，从而对生物产量的增加有一定促进作用；而生育期水地的相关系数高于旱地，说明在水地中，生育期长对饲草高粱材料的生物产量的影响比旱地更加明显。生物产量与分蘖、株高、茎粗水旱地之间遗传相关系数旱地较高并且稳定，说明在旱地中这些性状对生物产量的影响比水地大。另外，水、旱地的穗长、穗宽与生育期、分蘖、生物产量都是负相关，这就提醒学者在选择优良饲草高粱恢复系的时候，应该尽量避免选择穗部较大的品系，因为穗部过大也会造成倒伏而影响生物产量。

3.2 讨论

在饲草高粱品种育种过程中，首要选择的指标是生物产量。饲草高粱抗旱育种是在选择生物产量高的同时还要选择稳定性好的材料。笔者研究发现，由于在饲草高粱选择恢复系时并不能直接观测到其生物产量大小，因此，有目的地选择与生物产量呈正相关的性状，即可以这些性状为目标来选育生物产量高的品系。此研究表明，不同试验材料各个性状（尤其是生物产量）水、旱地的差异大，而抗旱系数和抗旱指数小，则说明该试验材料的抗旱性差。也就是说水、旱地各个性状（尤其是生物产量）差异小，抗旱系数和抗旱指数大的试验材料才是选择的目标，即旱地生物产量高，且稳定性好；在其他性状的选择中，开花期、生育期旱地比水地的天数短，株高、茎粗、分蘖数水、旱地差异不大且要适中，穗长、穗宽、千粒重不能太大，同时还要考虑每个材料的配合力高低，这样才能选育出抗旱性强的品系材料，同时也有利用的价值。

笔者针对干旱这一农业生产主要限制因子，对抗旱节水饲草高粱恢复系种质资源的抗旱性进行分析与评价，为今后选育抗旱节水饲草高粱品种提供可靠的种质资源保证和理论依据，并对抗旱节水饲草高粱品种的选育有重大意义。

参考文献

[1] 罗利军，张启发. 栽培稻抗旱性研究的现状与策略 [J]. 中国水稻科学，2001，15 (3)：209-214.

[2] Brown L R, Halweil B. China's water shortage could shake world food security [J]. World Water, 1998, 11 (4): 3-4.

[3] 武斌，李新海，肖木辑，等. 53 份玉米自交系的苗期耐旱性分析 [J]. 中国农业科学，2007，40 (4)：665-676.

[4] 杜志宏；张福耀；平俊爱，等 13 个玉米杂交种主要农艺性状与其抗旱性的相关分析 [J]. 中国农学通报 2011，27 (18)：57-63.

[5] 王贺正，马均，李旭毅，等. 水稻种质芽期抗旱性和抗旱性鉴定指标的筛选研究 [J]. 西南农业学报，2004，17 (5)：594-599.

[6] 杨剑平，陈学珍，王文平，等. 大豆实验室 PEG-6000 模拟干旱体系的建立 [J]. 中国农学通报，2003，19 (3)：65-68.

[7] 景蕊莲，昌小平. 用渗透胁迫鉴定小麦种子萌发期抗旱性的方法分析 [J]. 植物遗传资源学报，2003 (4)：292-296.

[8] 王瑾，刘桂茹，杨学举. PEG 胁迫下小麦再生植株根系特性与抗旱性的关系 [J]. 麦类作物学报，2006，26 (3)：117-119.

[9] 张娟，谢惠民，张正斌，等. 小麦抗旱节水生理遗传育种研究进展 [J]. 干旱地区农业研究，2005，23 (3)：231-238.

[10] 贺鸿雁，孙存华，杜伟，等. PEG6000 胁迫对花生幼苗渗透调节物质的影响 [J]. 中国油料作物学报，2006，28 (1)：76-78.

[11] 张明生，张丽霞，戚金亮，等. 甘薯品种抗旱适应性的主成分分析 [J]. 贵州农业科学，2006，34 (1)：11-14.

[12] 张福耀，平俊爱，程庆军，等. 高粱 A_3 细胞质雄性不育系 SX-1A 的培育与饲草高粱晋草 1 号的选育 [J]. 中国畜禽种业，2005 (11)：40-42.

[13] 侯建华. 早熟玉米耐旱性鉴定及其抗旱性状的遗传参数分析 [D]. 呼和浩特：内蒙古农业大学，2007.

[14] 张正斌. 植物对环境胁迫整体抗逆性研究若干问题 [J]. 西北农业学报，2000，9 (3)：117-121.

[15] 栗雨勤，张文英，彭海成，等. 作物抗旱性鉴定指标——抗旱指数研究及进展 [J]. 河北农业科学，2004 (1)：73-75.

[16] 兰巨生. 作物抗旱指数的概念和统计方法 [J]. 华北农学报，1990，5 (2)：20-25.

[17] 董良利，平俊爱，张福耀，等. 抗旱、节水高粱新品种晋杂 101 的选育 [J]. 作物杂志，2006 (4)：48-49.

[18] Bolanos J, Edmeades G O. Eight cycles of selection for drought tolerance in low land tropical maize [J]. Field Crops Research, 1993 (31): 233-252.

[19] Anziger M, Edmeades C O, Lafitte H R. Selection for drought to lerance increase maize yields across a range of nitrogen levels [J]. Crop Sci, 1999 (39): 1 035-1 040.

[20] Andrew R B. Doesmaining green leaf area in sorghum improved yield under drought [J]. Drymatter Production and Yield Crop Sci, 2000 (40): 1 037-1 048.

普通高粱与甜高粱杂交组合株高、糖锤度的主基因多基因模型遗传效应分析[*]

管延安[1,2][**] 张华文[1] 樊庆琦[1] 杨延兵[1] 秦 岭[1] 王海莲[1] 王洪刚[2][***]

（1．山东省农业科学院作物研究所，济南 250100；

2．东农业大学农学院，泰安 271018）

摘 要：对普通高粱与甜高粱杂交组合（石红137×L-甜）的株高与糖度进行主基因多基因遗传模型分析，以期研究株高、糖度的遗传效应。获得了的两个性状的最适遗传模型，株高的最适遗传模型为两对完全显性主基因+加性-显性多基因混合遗传模型，主基因遗传率为74.4%，多基因遗传率为22.1%。糖锤度的最适遗传模型为一对加性-显性主基因+加性-显性-上位性多基因混合遗传模型，主基因遗传率为65.72%，多基因遗传率为20.43%。主基因个数和基因效应的预测与分子检测的主效QTL个数和基因效应基本相符。

关键词：高粱；株高；糖锤度；主基因与多基因；遗传模型

甜高粱 [*Sorghum bicolor* （L.）Beauv] 是粒用高粱的一个变种，抗旱、耐涝、耐盐碱、耐瘠薄，其茎秆液汁丰富，含糖量高，是重要的可再生能源作物，在世界范围内受到广泛的重视[1]。从能源利用的角度讲，甜高粱改良的首要目标是提高单位面积总糖量，也即提高茎秆产量和含糖量，而植株的高低对茎秆产量起决定性作用。株高和茎汁含糖量属数量性状，研究这些性状的基因效应对甜高粱的遗传改良有重要意义。传统的数量遗传学认为数量性状受大量微效多基因控制，多个微效多基因构成多基因系统，把控制数量性状的基因都作为多基因。盖钧镒等[2-3]、Zhang 等[4]、Wang 等[5]提出的主基因与多基因的遗传分析方法，把控制数量性状效应大的基因作为主基因，效应小的基因作为多基因，这样不仅可以鉴别主基因，而且可以检测多基因效应，并估计相应的遗传参数，能更为精确有效的剖分遗传效应。该方法在小麦、水稻、玉米、大豆等主要作物中已广泛应用[3]。

1 材料与方法

1.1 试验材料

利用矮秆紧凑的普通高粱石红137与高秆甜高粱L-甜、杂交F$_1$、后代F$_2$为试验材料。

1.2 试验方法

1.2.1 性状的调查

利用矮秆紧凑的普通高粱石红137与高秆甜高粱L-甜组配杂交组合，种植双亲、F$_1$、

---

* 基金项目：公益性行业（农业）科研专项（3-30-04） "十二五"国家科技支撑计划（2009BADA7B01），现代农业产业技术体系建设专项资金（CARS-06）

** 作者简介：管延安，男，博士，研究员，研究方向谷子高粱遗传育种与栽培。Tel：0531-83178115，E-mail：yguan65@ yahoo. com. cn.

*** 通讯作者：王洪刚，男，博士，教授，研究方向：作物遗传育种；E-mail：hgwang@ sdau. edu. cn.

F_2 共 4 个世代。按行距 60cm，株距 20cm 留苗，行长 5m。双亲、F_1 各种植 4 行，F_2 种植 20 行。

灌浆期调查株高（cm），株高为地面至穗顶部的高度。双亲、F_1 各调查 10 株，F_2 调查 230 株。开花期对 F_2 单株挂牌记载开花期，开花后 42 天（蜡熟末期），用 Master.T 折射式锤度计（Atago N-1E，Atago Co Ltd，Tokyo，Japan）测量植株茎秆糖锤度（%），调查部位为茎秆上部第 4 节。

1.2.2 株高、糖度的遗传分析

利用 P_1、P_2、F_1、F_2 4 个世代，应用章元明等[6]的联合世代主基因—多基因混合遗传模型，对性状进行联合世代遗传模型分析，通过比较 0、1、2 对主基因的 C（无主基因）、A（一对主基因）、D（一对主基因+多基因）、B（两对主基因）、E（两对主基因+多基因）共 24 个遗传模型的 AIC（Akaike's Information-Criterion）值以选最优模型，并且进行遗传模型的适合性检验；包括均匀性检验、Smirnov 检验和 Kolmogorov 检验，共有五个统计量：U_1^2、U_2^2、U_3^2（均匀性检验）、nW^2（Smirnov 检验）和 Dn（Kolmogorov 检验）。在选择遗传模型时，综合考虑极大对数似然函数值、AIC 值和适合性检验。并根据模型估计主基因和多基因的效应值及其方差等遗传参数。计算公式为：表型方差=家系平均数的方差；主基因方差=表型方差-分布方差（$\sigma_{mg}^2 = \sigma_p^2 - \sigma^2$）；多基因方差=表型方差-主基因方差-平均数的误差方差（$\sigma_{pg}^2 = \sigma_p^2 - \sigma_{mg}^2 - \sigma_3^2$）=分布方差-平均数的误差方差（$\sigma_{pg}^2 = \sigma^2 - \sigma_e^2$）；主基因遗传率=主基因方差/表型方差（$h_{mg}^2 = \sigma_{mg}^2 / \sigma_p^2$）；多基因遗传率=多基因方差/表型方差（$h_{pg}^2 = \sigma_{pg}^2 / \sigma_p^2$）。利用 Excel 2007 进行次数分布分析，采用植物数量性状混合遗传模型主基因+多基因多世代联合分析软件进行模型分析和遗传参数估计[7]。本研究利用主基因多基因遗传模型，研究甜高粱的重要能源经济性状株高和糖度的遗传效应，以期为甜高粱的遗传改良提供理论依据。

2 结果与分析

2.1 性状的联合世代分析

利用 P_1、P_2、F_1 和 F_2 4 个世代联合分离分析方法，对株高和茎秆糖锤度进行主基因与多基因混合遗传模型分析。

2.1.1 株高

各世代表型值的次数分布见表 1 和图 1。

表 1 各世代株高的频数分布

株高	-100	120	140	160	180	200	220	240	260	280	300	322	平均	标准差
P_1	5	5											101.2	3.55
P_2							2	1	7				240.5	14.7
F_1									1	4	5		277.2	11.42
F_2	10	6	3	15	20	24	17	34	31	37	23	9	221.9	56.72

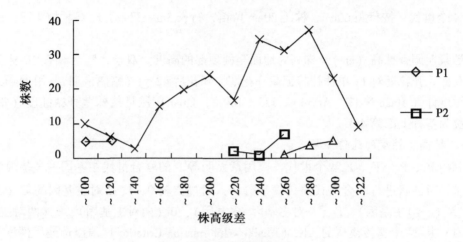

图1　各世代株高频数分布

综合分析各世代株高表现，母本石红137平均株高为（101.2±3.55）cm；父本L-甜为（240.5±14.7）cm；F_1群体为（277.2±11.42）cm，表现为超高亲值，超高亲优势为13.24%，表明株高有较高的超亲优势；F_2群体为（221.9±56.72）cm。同时由图1可以看出，F_2群体呈多峰连续分布，可能为多个分布的混合，存在主效基因。

根据四世代的遗传分析方法，将A～E五类共24个遗传模型的极大似然函数值和AIC值列于表2。

表2　株高不同遗传模型的AIC值和极大似然函数值

模型	极大似然函数值	AIC值	模型	极大似然函数值	AIC值
A-1	-1 403.71	2 819.43	D-0	-1 371.05	2 758.10
A-2	-1 431.57	2 873.13	D-1	-1 371.71	2 757.41
A-3	-1 442.46	2 894.92	D-2	-1 381.22	2 774.45
A-4	-1 407.69	2 825.38	D-3	-1 371.71	2 275.41
B-1	-1 386.33	2 794.67	D-4	-1 381.22	2 274.44
B-2	-1 380.31	2 274.62	E-0	-1 363.35	2 750.69
B-3	-1 429.84	2 869.68	E-1	-1 363.70	**2 745.40**
B-4	-1 429.84	2 867.67	E-2	-1 365.37	**2 740.74**
B-5	-1 441.73	2 893.46	E-3	-1 381.23	2 768.45
B-6	-1 441.73	2 891.46	E-4	-1 381.23	2 766.45
C-0	-1 380.80	2 273.60	E-5	-1 365.22	**2 736.44**
C-1	-1 381.22	2 272.44	E-6	-1 381.22	2 766.44

注：MLV，PHT分别为极大似然函数值的英文缩写

根据遗传模型选择的原则，即AIC值最小准则选定备选遗传模型。E-5模型的AIC值最小（2 736），其次为E-2（2 740.44）和E-1（2 745.40），因此，选定该3个AIC值比较

接近的模型作为备选模型。对备选模型进行适合性检验（表3）。

表3　F_2群体株高入选遗传模型的适合性检验

模型	群体	适合性参数				
		U_1^2	U_2^2	U_3^2	$_nW^2$	Dn
E-1	P_1	0.005（0.942）	0.439（0.507）	**8.611（0.003）**	0.368（>0.05）	0.389（>0.05）
	F_1	0.191（0.662）	0.359（0.549）	0.497（0.481）	0.098（<0.05）	0.226（>0.05）
	P_2	0.464（0.496）	1.021（0.312）	1.976（0.159）	0.169（>0.05）	0.277（>0.05）
	F_2	0.000（0.984）	0.003（0.953）	0.025（0.874）	0.025（>0.05）	0.028（>0.05）
E-2	P_1	0.190（0.663）	0.093（0.760）	**8.462（0.004）**	0.391（>0.05）	0.4247（>0.05）
	F_1	0.849（0.357）	1.271（0.259）	0.885（0.347）	0.166（>0.05）	0.381（>0.05）
	P_2	0.787（0.345）	1.584（0.208）	2.551（0.110）	0.215（>0.05）	0.306（>0.05）
	F_2	0.106（0.745）	0.269（0.604）	0.666（0.415）	0.048（>0.05）	0.035（>0.05）
E-5	P_1	0.205（0.651）	0.083（0.773）	**8.444（0.004）**	0.393（>0.05）	0.423（>0.05）
	F_1	0.892（0.345）	1.328（0.249）	0.904（0.342）	0.169（>0.05）	0.291（>0.05）
	P_2	0.804（0.369）	1.612（0.204）	2.576（0.109）	0.217（>0.05）	0.307（>0.05）
	F_2	0.063（0.801）	0.171（0.679）	0.460（0.498）	0.039（>0.05）	0.033（>0.05）

结果显示，3个模型各有1个适合性测验统计量是显著的，而E-5模型的AIC值最小，由此，可初步认为株高的最适遗传模型为E-5，即两对完全显性主基因+加性-显性多基因混合遗传模型。根据最适遗传模型各个成分分布的均值和权重，用最小二乘法估计模型的遗传参数（表4）。

表4　株高最适模型遗传参数估计结果

一阶遗传参数	估计值	二阶遗传参数	估计值
m	169.54	σ_p^2	3 216.70
d_a	35.79	σ_{mg}^2	2 393.79
d_b	47.05	σ_{pg}^2	712.10
D	−152.49	σ_e^2	110.81
H	22.20	$h_{mg(\%)}^2$	74.42
		$h_{pg(\%)}^2$	22.14

检测出的控制株高的两对主基因为完全显性效应，均为较大的正值，分别为35.79和47.05，多基因的显性效应为较大的负值，为−152，加性效应相对较小，只有22。主基因遗传率为74.4%，多基因遗传率为22.1%。

2.1.2　糖度

各世代表型值的次数分布见表5和图2。综合分析各世代糖度表现，母本石红137平均糖锤度值为 6.28±1.74；父本 L-甜为 12.9±1.56；F₁ 群体为 13.8±1.18，超过高亲值，表明糖度有一定的超亲优势；F₂ 群体为 10.1±3.85。同时由图 2 可以看出，F₂ 群体呈单峰的正态分布。

表 5　各世代糖度的频数分布

糖度	~3	5	7	9	11	13	15	17	19.4	均值	标准差
P1		3	3	4						6.28	1.74
P2					2	4	3	1		12.9	1.56
F1						1	9			13.8	1.18
F2	10	17	30	39	39	38	34	13	7	10.1	3.85

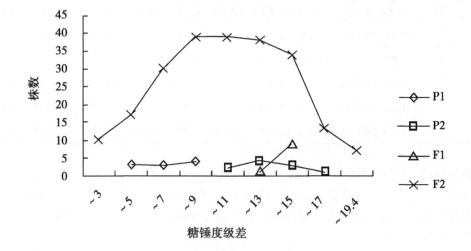

图 2　各世代糖锤度频数分布

A~E 五类共 24 个遗传模型的极大似然函数值和 AIC 值列于表 6。根据遗传模型选择的原则，选择 AIC 值最小且相近的 D-0、E-0、E-1、E-4 等 4 个模型作为备选遗传模型。备选模型的适合性检验显示，E-0、E-1 各有 1 个统计量显著，E-4 有两个统计量显著，而 D-0 所有适合性测验统计量都不显著且模型的 AIC 值最小，因此确定 D-0 为糖度最适遗传模型，即一对加性-显性主基因+加性-显性-上位性多基因混合遗传模型。根据各个成分分布的均值和权重，估计模型的遗传参数（表 7）。检测出的控制糖度的主基因加性效应为较大的负值，为-4.501，显性效应较小，为 0.237。主基因遗传率为 65.72%，多基因遗传率为 20.43%。

表 6　糖度不同遗传模型的 AIC 值和极大似然函数值

模型	极大似然函数值	AIC 值	模型	极大似然函数值	AIC 值
A-1	−705.84	1 423.67	D-0	−690.02	**1 396.04**
A-2	−709.35	1 428.70	D-1	−701.10	1 416.20

模型	极大似然函数值	AIC 值	模型	极大似然函数值	AIC 值
A-3	-719. 89	1 449. 79	D-2	-701. 10	1 414. 19
A-4	-709. 58	1 429. 16	D-3	-700. 40	1 412. 80
B-1	-693. 30	1 408. 60	D-4	-701. 11	1 414. 22
B-2	-698. 86	1 411. 72	E-0	-687. 81	**1 399. 62**
B-3	-708. 46	1 426. 92	E-1	-689. 02	**1 396. 05**
B-4	-712. 09	1 432. 17	E-2	-698. 28	1 406. 56
B-5	-719. 05	1 448. 11	E-3	-699. 21	1 404. 41
B-6	-719. 10	1 446. 21	E-4	-698. 53	**1 401. 05**
C-0	-692. 36	1 396. 71	E-5	-704. 62	1 415. 23
C-1	-701. 10	1 412. 20	E-6	-701. 11	1 406. 22

注：MLV 为极大似然函数值的英文缩写

表 7　糖度最适模型遗传参数估计结果

一阶遗传参数	估计值	二阶遗传参数	估计值
m_1	10. 78	σ_p^2	14. 84
m_2	13. 59	σ_{mg}^2	9. 75
m_3	8. 41	σ_{pg}^2	3. 03
m_4	9. 96	σ_e^2	2. 06
d	-4. 501	$h_{mg(\%)}^2$	65. 72
h	0. 237	$h_{pg(\%)}^2$	20. 43

2.2　同一组合株高糖度的 QTL 定位结果

我们在进行主基因多基因模型遗传分析的同时，还对甜高粱能源相关性状进行了 QTL 定位[8]。利用复合区间作图法，对株高、糖度的 QTL 定位表明，在 4 个环境中共检测到 3 个控制株高的 QTL，分别位于 SBI01、SBI07 和 SBI09 染色体上，对表型的贡献率为 10. 16%~45. 29%（表 8，图 3）。位于 SBI-07 和 SBI-09 上的 2 个 QTL 可在四个环境下同时被检测到，具有较高的环境稳定性，均来自母本 L-甜，表现增效作用，是 2 个主效 QTL。位于 SBI07 染色体 SbAGF06 和 Xcup19 标记区间的 QTL，对表型的贡献率为 21. 56%~45. 29%，来自母本 L-甜的加性效应为 26. 54~41. 08cm，在 E1 表现为超显性，E3 表现为显性，E2 和 E4 表现为部分显性。位于第 9 染色体上 Sb5-206 和 SbAGE03 区间的 QTL，对表型的贡献率为 11. 32%~22. 89%，在 4 个环境中均表现为部分显性，来自母本 L-甜的加性效应为 21. 47~29. 21cm。位于 SBI-01 上的 QTL 可在 E1 和 E3 两个环境中检测到，对表型的贡献率分别为 10. 16% 和 11. 89%，表现为加性效应，来自于父本的石红 137 起增效作用。

糖度 QTL 分析（表8，图3）结果表明，在 2008 年济南春播和夏播的 2 个环境中共检测到 4 个控制糖度的 QTL，分别位于 SBI01、SBI02、SBI033、SBI07 等 4 条染色体上，对表型的贡献率为 11.03%~17.65%。位于第 3 染色体 Xtxp009 和 Sb5-236 区间的 QTL 可在 2 个环境中同时检测到，可解释的表型变异分别为 11.03% 和 17.65%，来自父本 L-甜的增效加性效应为 1.20% 和 0.93%，在两个环境中均表现为部分显性。其他染色体上的 3 个 QTL 虽然效应值也较大（11.3%~17.01%），但都只能在一个环境中检测到，稳定性较差。

表 8 不同环境下株高、糖度的 QTL 定位

性状	染色体	标记区间	环境	LOD	位置(cM)	A	D	D/A	效应	PVE(%)
株高	SBI-01	Xtxp329-Xtxp088	E1	5.71	0.01	-23.71	4.08	-0.17	A	10.16
			E3	7.87	1.01	-22.17	-3.1	0.14	A	11.89
	SBI-07	SbAGF06-Xcup19	E1	12.35	15.01	39.37	50.21	1.28	OD	45.29
			E2	14.97	15.01	41.08	25.84	0.63	PD	36.7
			E3	10.11	14.45	26.54	21.62	0.81	D	21.56
			E4	14.18	15.01	33.39	23.16	0.69	PD	36.65
	SBI-09	Sb5-206-SbAGE03	E1	5.91	4.01	24.36	9.16	0.38	PD	11.32
			E2	10.22	4.01	28.52	11.4	0.40	PD	18.95
			E3	13.78	5.01	29.21	8.16	0.28	PD	22.89
			E4	9.21	4.01	21.47	10.99	0.51	PD	16.18
糖度	SBI-01	Xtxp329-Xtxp88	E3	7.47	0.01	-1.07	-0.09	0.08	A	12.87
	SBI-02	Xcup74-Xcup29	E4	6.97	8.66	1.19	-0.12	-0.1	A	17.01
	SBI-03	Xtxp009-Sb5-236	E3	7.88	7.18	1.20	0.56	0.47	PD	17.65
			E4	5.73	2.18	0.93	-0.4	-0.43	PD	11.03
	SBI-07	SbAGF06-Xcup19	E3	4.27	15.01	0.65	1.14	1.75	OD	11.30

E1 为 2007 年济南种植 F_2 群体；E2、E3、E4 分别代表 2008 年德州夏播、济南春播、济南夏播的 $F_{2:3}$ 家系。a 为加性效应；d 为显性效应；d/a 为显性势。A：加性（显性势 = 0~0.2）；PD：部分显性（显性势 = 0.21~0.80）；D：显性（显性势 = 0.81~1.20）；OD：超显性（显性势 > 1.2）；PVE 为表型贡献率

3 讨论

3.1 株高的遗传效应

多数的研究认为株高的遗传力高，一般在 90% 以上[8-10]，且遗传变异系数较高。杨伟光[11]利用中国地方高粱品种的研究表明，株高主要以加性效应为主，加性效应率 86.88%，上位效应和显性效应贡献率较小。孙贵荒等[12]利用世代平均数法进行的基因效应研究也表明株高的遗传变异主要由加性部分提供，显性分量较小，而 Mall 等[13]利用两

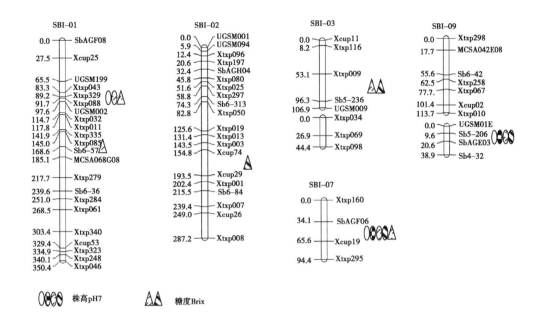

图3 各环境中检测到控制株高、糖度 QTL 及所在连锁群

个甜高粱组合的研究表明株高存在超显性效应。

本研究采用联合世代分析法对株高的主基因多基因效应分析表明，株高遗传为两对完全显性主基因+加性-显性多基因混合遗传模型。两对完全显性主基因的效应，均为较大的正值，分别为35.79和47.05，多基因的显性效应为较大的负值，为-152，而加性效应相对较小，只有22。主基因遗传率为74.4%，多基因遗传率为22.1%。

本研究的完全显性主基因与之前多数报道的株高遗传效应主要为加性效应有所不同，可能与本试验只利用了一个组合，遗传背景单一有关，而其他研究采用了数十个组合，有丰富的遗传背景。

3.2 糖度的遗传效应

Mall 等[13]的研究表明，高糖含量组合 F_1 倾向高糖亲本，表明锤度性状是显性的。F_2 锤度的频数分布表明，糖锤度为多基因性状。世代平均数分析表明，加性和显性效应都显著，因此高糖锤度纯系的选择应在较后世代进行。程宝成等[14]的研究表明，糖锤度遗传效应为加性—显性模型，加性效应为主，隐性基因是糖度的增效基因，显性基因是糖度的减效基因。通过对两组材料的估算，控制显性效应的基因数为0.571和0.739，接近一个基因。并且根据研究推测控制糖度的不只是一个单基因，可能还存在一些分布不均衡的微效多基因。李胜国和马鸿图[15]的研究表明，糖锤度呈数量性状遗传，为部分显性，以加性效应为主。广义遗传力为92.7%，狭义遗传力为87.7%。

李振武[9]研究了甜高粱茎秆锤度的遗传表现。结果表明，甜高粱主茎秆锤度和节段锤度高度相关，并具有很大的遗传变异性，遗传变异系数在31.94%~45.70%；主茎秆和节段锤度遗传力73.12%~79.62%。程宝成等[14]的研究表明，因遗传背景不同所至，两组甜高粱的锤度遗传力分别为40.5%和96.2%。Bian 等[16]利用 $F_{2:3}$ 家系两年的资料估算的糖锤度广义遗传力分别为 64% 和 62%。

本研究表明，糖锤度的遗传为一对加性 - 显性主基因 + 加性 - 显性 - 上位性多基因混合遗传模型。控制糖度的主基因加性效应为较大的负值，为 -4.501，显性效应较小，为 0.237。主基因遗传率为 65.72%，多基因遗传率为 20.43%。该研究主基因数目和基因效应的结果与已有的报道基本相似。

3.3 利用联合世代进行数量性状的分离分析与 QTL 定位相互验证

利用同一组合的 F_2 群体及 $F_{2:3}$ 家系共四个地点的资料进行株高 QTL 定位，获得了两个所有环境中稳定表达的主效 QTL，分别位于第 7 和第 9 染色体，自本研究的 F_2 群体定位到的两个主效 QTL 的表型贡献率分别达到 45.29% 和 11.32%（表 8），基因效应分别为超显性和部分显性。QTL 定位结果与本文中两对完全显性主基因的结果完全吻合，得到了相互验证。

利用同一组合的 $F_{2:3}$ 家系两个地点的资料进行糖锤度 QTL 定位，检测到一个在两个地点稳定表达的主效 QTL，基因效应为部分显性，与本研究中一对加性 - 显性主基因的结论相符。Bian 等[16]利用区间作图的方法，在两个年份环境中检测到一个稳定表达的控制糖度的主效 QTL，基因效应为超显性。以上分析看出，无论是主基因多基因分析，还是 QTL 定位，糖锤度的表达都是一个主效基因。

通过利用同一组合对株高和糖度两个性状主基因—多基因模型分析和 QTL 定位的结果来看，两种分析方法对基因效应的解析结果是非常相似的，实践证明盖钧镒等[3]发展的利用联合世代进行数量性状的分离分析方法是行之有效的。所不同的是，QTL 定位分析能够将 QTL 位点定位于具体的染色体和标记区间，而主基因—多基因模型分析只能明确主效基因的数目和基因效应的方式。但由于模型分析相对步骤简略，花费少，可以作为数量性状基因座精细定位的先行检测手段。

参考文献

[1] Mastrorilli M, Katerji N and Rana G. Productivity and water use efficiency of sweet sorghum as affected by soil water deficit occurring at different vegetative growth stages [J], Eur. J. Agron. , 1999, 11：207-215.

[2] 盖钧镒，章元明，王建康. QTL 混合遗传模型扩展至 2 对主基因 + 多基因时的多世代联合分析 [J]. 作物学报，2000，26（4）：385-391.

[3] 盖钧镒，章元明，王建康. 植物数量性状遗传体系. 北京：科学出版社，2003.

[4] Zhang Y M, Gai J, Yang Y. The ElM algorithm in the joint segregation analysis of quantitative traits [J]. Genetical Research, 2003, 81（2）：157-163.

[5] Wang J, Fodlieh D W, Cooper M, Delacy I H. Power of the joint segregation analysis method for testing mixed major-gene and polygene inheritance models of quantitative traits [J]. Theor Appl Genet, 2001, 103：804-816

[6] 章元明，盖钧镒. 利用 P_1、F_1、P_2、F_2 或 $F_{2:3}$ 家系的联合分离分析 [J]. 西南农业大学学报，2000，22（1）：6-9.

[7] Guan Y, Wang H, Qin L, Zhang H, Yang Y, Li R, Gao F, Wang H. QTL analysis of bio-energy related traits in sorghum [J]. Euphytica, 2011, accepted.

[8] 高士杰. 饲用高粱株高和节数的遗传变异与选择 [J]. 牧草与饲料，1991，（1）：24-26.

[9] 李振武，支萍，孔令旗，韩福光，孟广艳. 甜高粱主要性状的遗传参数分析 [J]. 作物学报，1992，18（3）：213-221.

[10] Geleta N, Mohammed H and Zelleke H. Genetic variability, heritability and genetic advance in sorghum [*Sorghum bicolor* (*L.*) Moench] germplasm [J]. Crop research, 2005, 30 (3): 439-445.

[11] 杨伟光. 高粱主要农艺性状基因效应的研究 [J]. 中国农业科学, 1991, 24 (4): 26-31.

[12] 孙贵荒, 陈悦, 杨晓光, 扬镇, 曹嘉颖. 高粱产量、株高和穗长的遗传研究 [J]. 辽宁农业科学, 1995, (3): 16-20.

[13] Mall A K, Swarnalatha M, Seetharama N, Audilakshmi S. Inheritance of sugar concentration in stalk (brix), sucrose content, stalk and juice yield in sorghum [J]. Biomass & Bioenergy, 2010, 34 (6): 813-820.

[14] 程宝成, 刘巧英, 江宏, 刘乐融. 高粱茎秆含糖量的基因效应分析 [J]. 作物学报, 1986, 12 (1): 39-42.

[15] 李胜国, 马鸿图. 高粱茎秆含糖量遗传研究 [J]. 作物杂志, 1993 (1): 18-20.

[16] Bian YL, Yazaki SJ, Inoue M, Cai HW. QTLs for sugar content of stalk in sweet sorghum [*Sorghum bicolor* (L.) Moench] [J]. Agric Sci China, 2006, 5: 736-744.

机械化栽培高粱新品种晋杂 34 号的选育

平俊爱 张福耀 杜志宏 吕 鑫 李慧明 杨婷婷

（山西省农业科学院高粱研究所，农业部黄土高原作物
基因资源与种质创制重点实验室，晋中 030600）

摘 要：晋杂 34 号是山西省农业科学院高粱研究所，于 2008 年以自选不育系 SX605A 为母本，自选恢复系 SX861 为父本组配而成。于 2013 年通过山西省品种审定委员会审定推广。该杂交种株高较低，适宜机械化栽培。

关键词：高粱；机械化栽培；选育

未来中国农业现代化的发展需要解决的问题是如何实现从分散经营向规模化经营的转变，规模化是实现农业现代化的前提，实现规模化后才会有机械化，才会有真正意义上的农业现代化，而这些与生物技术和农业科学是紧密相关的，当机械化普及程度达到较高水平时，对作物品种的某些性状便会有明确要求，如品种的耐密性、抗倒伏性、熟期一致性等，比如高粱的植株高度、穗茎长短，穗子松紧度、分蘖性、分蘖与主茎熟期的一致性等。目前，中国的农业生产进入新的转型期，劳动力成本逐年提高，农民对机械化栽培高粱的渴求与日俱增，但目前推广的高粱品种基本不适宜机械化栽培，严重制约了杂粮机械化生产的发展。

在中国北方高粱主产区，高粱生产的机械化整地、播种已基本普及，但机械化播种仍以半精量条播为主，高粱间苗难的问题有所缓解，但还没有从根本上得到解决。为了从根本上解决高粱精量播种免间苗，机械化收获等问题，高粱育种家首先在适宜机械化栽培高粱品种选育上取得进展，育成了耐密植、适宜机械单粒点播；植株低，抗倒性好适宜机械化收获的新品种。农机研究专家也对高粱播种机械、收割机进行了高粱专用改造，农机、农艺结合有效促进了高粱生产机械化。近年来，黑龙江、山西等地开展了机械化品种和精量播种技术的推广，高粱生产初步实现了精量播种免间苗，高粱机械化收割也已起步。山西省农业科学院高粱研究所审定推广的机械化专用品种晋杂 34 号已在山西省高粱主产区推广，机械化专用品种配套机械化栽培技术在示范区取得了良好的示范效应，有效推动了高粱机械化生产进程。

1 亲本

1.1 亲本来源

晋杂 34 号是以山西省农业科学院高粱研究所自选不育系 SX605A 为母本，以自选恢复系 SX861 为父本杂交选育而成。

母本是利用大同 10B 与 TX623//TAM428 杂交，连续多代选育而成保持系，然后再转育成不育系。

父本 SX861 是利用 TX7000 与 HC356-602 进行人工去雄杂交，在 F2 代根据目标性状选择叶片上冲，植株较矮，花粉量大，株型较好的单株，连续多代选育而成的恢复系。

1.2 亲本特征特性

SX605A：幼苗叶鞘绿色，叶色深绿，成株叶片深绿细长，株高 132cm，穗长 33cm，穗宽 7.5cm，穗呈纺锤形，中紧穗，红壳红粒，穗粒重 71.5g，千粒重 30.1g，叶片半上冲，抗逆性强。

SX861：幼苗苗势强，叶鞘绿色，叶色绿色，叶脉黄色，株高 143cm，穗长 30cm，穗宽 8cm，穗呈纺锤形，紧穗型，红壳红粒，穗粒重 91.2g，千粒重 30.4g，叶片半上冲，高抗高粱丝黑穗病，抗倒伏。

2 选育经过

晋杂 34 号杂交种，2008 年对新选不育系 SX605A 进行广泛测配，2009 年对所配制的杂交组合进行品种鉴定比较试验，SX605A×SX861 组合表现突出。2010 年参加品种比较试验，综合性状表现优异，并进行丝黑穗病鉴定，SX605A×SX861 组合高抗高粱丝黑穗病，定名为晋中 0943。2011—2012 年参加山西省高粱区域试验，2012 年通过山西省品种审定委员会组织的田间考察，2013 年通过山西省品种审定委员会组织审定推广。

3 特征特性

3.1 生物学性状

晋杂 34 号次生根发达，田间生长整齐一致，生长势强，幼苗绿色，叶绿色，叶脉白色，生育期 131.2 天，株高 135.4cm，穗长 32.2cm，穗宽 13cm，穗呈纺锤形，穗型中紧，穗子较小，红壳红粒，子粒扁圆，穗粒重 90.5g，千粒重 28.3g。该组合抗旱、抗倒性好，高抗丝黑穗病，抗逆性强，适应性强，适宜机械化栽培种植。

3.2 抗病鉴定

2010 年经山西省农业科学院高粱研究所进行抗丝黑穗病鉴定，丝黑穗病自然发病率为 0，接种发病率为 1.8%。

3.3 品质分析

经农业部谷物及制品质量监督检验测试中心（哈尔滨）品质分析，晋中 0943 粗蛋白 8.08%，粗脂肪 3.37%，粗淀粉 73.12%，单宁 1.40%。

4 主要优点

株高矮，抗倒伏，适宜密植和机械化收获。

5 产量结果

2009 年在山西榆次修文试验田进行品种鉴定试验，亩产 605.4kg，比对照晋杂 12 号增产 10.6%。

2010 年进行品比试验，亩产 593.5kg，比对照晋杂 12 号增产 9.1%。

2011—2012 年参加山西省高粱机械化栽培组区域试验，平均亩产 617.3kg，比对照增产 7.1%。其中 2011 年平均亩产 577.4kg，比对照种晋杂 12 号增产 4.5%；2012 年参加山西省区域试验，平均亩产 657.2kg，比对照晋杂 22 号增产 9.5%。两年 9 个点增产，增产点占 100.0%。

6 栽培技术要点

6.1 播期、播量、方法

一般在 4 月下旬至 5 月上旬播种，要求土壤 10cm 耕层地温稳定在 12℃以上，土壤含水量在 15%~20%为宜；亩播量 1.5kg；播种深度 2.5~3.0cm，播后注意镇压、保墒。

6.2 栽培密度

留苗密度为 12 000 株/亩。

6.3 施肥

为确保高产，应做到施足底肥、增施种肥、适时追肥。播前施足农家肥，每亩施复合肥 50kg 左右，尿素 20kg。拔节至抽穗期，每亩追施尿素 15kg。

6.4 化学除草

播种后出苗前可用 40%阿特拉津在地表喷雾防除杂草。

6.5 病虫防治

高粱生长后期要注意防治蚜虫。应及早发现，及时防治。

6.6 收获

机械化栽培高粱一般收获较晚，在通常情况下最好是在高粱完熟期以后，籽粒含水量降至 20%以下或接近安全水分，最好霜后叶片全部枯死、茎秆水分大部分散失时收获。

7 适宜推广区域

山西省忻州以南春播中晚熟区、吉林白城、内蒙古赤峰等地区均可种植。

参考文献

［1］ 张福耀，平俊爱. 高粱的根本出路在于机械化 ［J］. 农业技术与装备，2012（10）：19-21.

［2］ 李继洪，陈冰嫣，王阳，等. 酿造高粱新品种吉杂 131 的选育 ［J］. 吉林农业科学，2013，38（2）：32-33.

［3］ 高振东，肖印乾，智娟，等. 高粱杂交种葫高一号的选育及配套技术 ［J］. 粮食作物，2012（2）：97-98.

［4］ 孔祥林，冯文平，张东娟，等. 高粱新品种锦饲 1 号 ［J］. 中国种业，2011（5）：73.

［5］ 石贵山，刘洪欣，邴志，等. 高粱新品种和吉杂 210 高产制种技术 ［J］. 园艺与种苗，2012（11）：31-32，54.

微生物肥料在中国研究进展以及在高粱上的应用研究[*]

范　娜[1][**]　白文斌[1][***]　董良利[1]　曹昌林[1]　彭之东[1]　史丽娟[1]　张建华[1]

李　光[1]　郑殿峰[2]　杜吉利[2]　张盼盼[2]

（1. 山西省农业科学院高粱研究所，榆次　030600；

2. 黑龙江八一农垦大学，大庆　163319）

摘　要：本文简述了微生物肥料的概念、分类、作用机理；分析了中国以及山西省微生物肥料应用现状，微生物肥料是发展"绿色农业""生态农业"的需要，但还存在许多技术和质量问题，如引进菌种较多，生产技术不过关，肥料质量不稳定等。因此，加强微生物肥料基础科研工作，筛选合适的菌种，研制适合当地条件的微生物肥料。另外结合本课题的研究方向，分析了微生物肥料在高粱上的应用情况情况，目前研究对高粱生长、品质以及土壤微生物活性影响很少，本课题组将通过高粱盆栽试验对从市场产品筛选所得菌株进行验证，初步探索不同菌株对高粱生长过程中的不同作用，以期选择出适合高粱生长的微生物肥料。

关键词：微生物肥；高粱；应用

中国土壤微生物学奠基人、中国科学院院士陈华癸先生对为微生物肥料做了如下定义，该肥料是一类含有活微生物的特定制品，应用于农业生产在，作物可以获得特定的肥料效应，在这种效应的产生中，制品中活的微生物起到关键的作用[1-3]。

随着生态农业和绿色食品的兴起和发展，加之中国土壤中速效磷、钾及其他养分的含量不足，微生物肥料作为生物技术的发展和农业生产的一类重要肥料。它们的作用有：增进土壤肥力，改善植物根际营养环境，分解土壤中难溶的磷、钾化合物；促进营养元素的吸收，产生植物生长刺激素，调节生长；增强植物抗病（虫）和抗旱的能力；减少化肥的使用量和提高作物品质等。因此，在当前农业可持续发展形势下，开辟微生物肥料部分替代化肥越发受到重视[4-5]。

微生物肥料的种类，按照不同的分类标准其类别各不相同，其中按照微生物肥料对改善植物营养元素的不同，可分为根瘤菌类肥料、固氮菌肥料、磷细菌类肥料、硅酸盐类肥料和 VA 菌根真菌肥料和复合微生物肥料等[6-8]。

1　微生物肥料的特点

微生物肥料就是有生命的肥料，发挥微生物肥料的作用就是靠其本身所含微生物在土

---

　*　基金项目：国家科技支撑计划项目"优质高粱高效生产技术研究与示范（2014BAD07B02）"；国家杂粮工程技术研究中心组建项目（2011FU125X07）；山西省科技攻关项目"高粱种质资源创制及专用新品种选育—北方粒用高粱高效控高技术研究（20130311003-2）"

　**　第一作者：范娜，女，硕士，山西太原人，助研，主要从事高粱栽培技术及生物有机肥研究工作；E-mail：glszps@163.com

　***　通讯作者：白文斌，男，硕士，山西长治人，助研，主要从事高粱栽培技术及精准农业研究工作；E-mail：baiwenbin1983@126.com

壤中定殖并大量繁殖来完成的。微生物肥料作用的好坏取决于微生物进入土壤之后的繁殖和新陈代谢情况，繁殖和新陈代谢旺盛才会分泌足够的小分子化合物、蛋白等有益于土壤和作物的代谢物质，土壤微生物区系才会发挥正常的作用，土壤中物质转化才会正常进行，这是区别于化肥的明显特征。因为微生物是有生命的肥料，所以其功效的发挥受到外界因素的影响。所以在施用微生物肥时一定要注意外界温度、土壤水分、土壤酸碱度等因素是否符合微生物肥料中微生物繁殖的要求[9-12]。

2 微生物肥料的作用机理

微生物肥料的促生作用机理不是单一的，而是多种作用的综合。目前，微生物肥料（包括 PGPR 制剂）的作用机理主要有以下几个方面[13-16]。

（1）直接为植物提供营养元素，促进土壤肥力。

（2）活化并促进植物对营养元素的吸收。

（3）产生多种生理活性物质刺激调节植物生长。

（4）产生抑病作用间接促进植物生长。

（5）提高植物的抗逆性。

（6）促进失衡的土壤微生物区系的改善和修复。

（7）产品品质的改善。

（8）促进降低病虫害的发生。

3 微生物肥料在中国以及山西省的应用情况

3.1 微生物肥料在中国的应用情况

中国生产应用的微生物肥料可分为：固氮菌类、解磷菌类、解钾菌类、光合细菌类、菌根菌类、抗生菌类、复合菌类等。目前，中国 20 多个省（市、区）都有微生物肥料的应用。其中华中地区最多，报道的试验次数为 44 次；华北和西北次之，分别为 43 次和 34 次；华南和东北较少，前者为 9 次，后者为 8 次。不同地区又因土壤、温度和气候等各种条件的不同，应用方法和应用效果也不一样[17-21]。西北地区的应用效果最好，华北地区次之，东北略低于华北，华南和华中效果相近，前者略高，西南地区效果最差。微生物肥料在中国应用于 30 多种作物上，其中，禾谷类作物应用最多，其次是油料和纤维类，应用较少的是烟草、糖、茶、药、牧草等。但不同作物因不同的生理特点、环境、接种物的种类和农业措施，应用效果也不一样[22-27]，如菌根菌类肥料，由于其菌丝有助于吸收水分和养分而有利于植物抗旱，用于林业生产上效果较好。糖料作物的增产效果最好，其次为茶叶，蔬果增产 25.4%，牧草类增产 26.1%。纤维、薯类、油料的增产效果分别为 17.1%、17.8% 和 15.0%。微生物肥料对禾本科作物的增幅最低。

3.2 微生物肥料在山西省应用情况

我省地处黄土高原东部干旱半干旱区，微生物肥料的发展起步较晚，总体水平较低，使用量较少。据统计，1999 年全省化肥需求量约为 400 万 t（折纯量约 100 万 t），而微生物肥料仅售出 1 万 t 左右，只有全国平均水平的一半；使用面积约 6.67 万 hm^2，占全省耕地面积的 0.77%，其中以固氮菌和光合菌类为主。我省目前微生物肥料质量有 3 种情况：一是我省微生物肥料生产有国内大型企业和权威科研机构参与，从而保证了质量的稳定性和可靠性，绝大多数菌肥符合国家和企业制定的微生物肥料标准；二是一些厂家无证生产和经营，扰乱了微生物肥料市场，使得市场上出现了一些没有生产许可证、没有产品合格证、没有批准文号、没有产品质量标准的"四无"产品，影响了微生物肥料的信誉；三是假冒产品，从中检测不到有效活菌，甚至根本不属于微生物肥料的范畴[28]。

山西省地处黄土高原东部，黄河之中游，属于温带大陆性季风气候。土壤类型以褐土、棕壤、栗钙土、黄绵土为主，属于石灰性土壤，种植作物以小麦、玉米、棉花、杂粮为主，可种植多种作物，土壤微生物种类和区系与南方明显不同，有自己的特点。我省应从不同地区、不同土壤类型和相应的作物根系筛选菌种，生产专用微生物肥料和筛选适合的微生物菌种。因为微生物肥料的主要机制就是菌种能否在植物根际生长发育同时刺激植物生长，所以应该把能否在作物根际定植，形成优势菌群，当做选择菌种的重要目标。我们应立足山西省的土壤气候和作物条件，筛选合适的菌种系列及其微生物肥料，以促进山西省农业持续发展[29]。

4 微生物肥料生产与研究中存在的问题

中国从 20 世纪中期开始研制并在不同规模上应用微生物肥料，经历了几起几落的局面。现在的微生物肥料市场管理不尽完善，各种各样的微生物肥料充斥着市场，有些品牌的微生物肥料在国家质检总局就找不到相关备案，也没有 3 年以上田间试验报告。关于微生物肥料生物基础方面的研究近几年也没有太大进展。很多品种表里不一，质量得不到保证。尽管近几年来，国内的微生物肥料企业发展很快，但很多企业在生产工艺和技术方面存在着问题，其具体表现为以下几个方面[29-31]。

（1）菌种问题。由于很多工厂缺乏科研投入，没有科研攻关强的研究队伍，所以不能挑选出高效的菌株。一些厂家更是拿一种菌株来支撑场面，产品说明上标明十几、二十几种菌，其实只有一两种。还有就是一些厂家所使用的菌株有的根本就没有经过国家正规部门的鉴定，菌种品质不符合行业要求[32]。

（2）生产设备问题。大多数厂家的生产设备很陈旧，并且所用的生产设备不是正规生产微生物肥料的设备，多是从倒闭的生产味精、柠檬酸等小厂手中购买来稍微加以改装而成的。不仅效率低、而且能耗高，不符合发展经济节约型经济的形势[33]。

（3）技术工艺和生产管理问题。一些厂家在经济利益的驱使下完全不顾产品质量，生产微生物肥料的培养基过于粗糙，并且在生产过程中缺乏尖端的监控和检测手段，有的甚至还是小作坊式的生产方式。大多数生产企业没有专业的研发团队，创新意识不强。一些公司在产品质量检验环节管理薄弱，公司也没有健全的制度化责任制管理，使产品质量得不到完全保证。由于市场管理的不健全使得一些不合格的生物肥料依然在市场上销售，这种现象严重制约了微生物肥料产业的健康发展[34-35]。

5 微生物肥料在高粱上的应用

微生物肥料在中国应用于 30 多种作物上，其中，禾谷类作物应用最多，其次是油料和纤维类，应用较少的是烟草、糖、茶、药、牧草等。仁怀市有机原料生产发展中心赵应[36]研究了沸力佳生物菌肥在高粱上的应用，结果表明：使用沸力佳生物菌肥较常规有机肥产量差异显著，平均增产达 11%；大区肥力水平越低，增产效果越好，在高中低肥力水平上分别为9%、10%和14%；能缩短生育期，增强抗旱能力和抗虫抗病能力。本试验为在有机高粱基地推广使用生物菌肥，解决土壤肥力下降提供了客观依据和理论基础。

内蒙古农业大学生命科学学院张倩[37]研究了一种微生物菌肥对甜高粱种子萌发、幼苗生长和抗逆能力的影响，结果表明：使用含有淀粉芽孢杆菌的菌液对甜高粱进行灌根处理对甜高粱幼苗生长有抑制作用，尤其是降低了甜高粱的株高，但是同时可以提高幼苗的抗旱性和耐盐性，在干旱胁迫下，灌根处理的甜高粱幼苗能存活更长时间，而在盐胁迫下，较对照而言，菌液灌根处理的甜高粱幼苗会更快的产生较高的活性，保护植物体内产生更少的有害物质。内蒙古农业大学生命科学学院崔洪飞[38]研究了不同腐殖酸菌肥及其对高粱种子生长发育的影响。

6 微生物肥料的发展前景及问题

施用微生物肥料可以减少化肥的用量，改善耕地土壤结构，增进土壤肥力，进而达到节约土地资源、增加粮食产量、保护环境、加强生态建设的目的，完全符合国家战略发展要求。国家对微生物肥料产业的发展也越来越重视，2010年国家有关部门划拨大批资金用于支持微生物肥料产业的发展。国家质检监督部门对微生物肥料市场的监管也更加严格，微生物肥料的市场管理正在日益完善，微生物肥料的发展正呈现出一派勃勃生机景象，在可持续生态农业发展中的作用和地位也越来越重要。所以微生物肥料产业的发展前景是非常广阔的[39]。

高粱是全球农业生态系统中重要的作物，具有抗逆性强，光合效率高等显著特性，是干旱、盐碱和瘠薄等边际农田生长的先锋作物、相对高产的作物[40]。在国内，高粱主要作为传统酿造业的主要原料，随着传统酿造业和高粱配合饲料业的不断发展，高粱种植面积呈逐步扩大的趋势[41]。

山西省农业科学院高粱研究所栽培研究室主要开展高粱高产高效栽培技术，同时，依托山西省高粱工程技术实验室，可以开展高粱生理指标测定、养分分析以及土壤微生物活性的测定，目前对高粱生长、品质以及土壤微生物活性影响的研究很少，该课题组将通过高粱盆栽试验对从市场产品筛选所得菌株进行验证，初步探索不同菌株对高粱生长过程中的不同作用，以期选择出适合高粱生长的微生物肥料[42]。

参考文献

[1] 葛诚. 微生物肥料概述 [J]. 土壤肥料, 1993, 6：43-46.

[2] 文化等. 农业接口工程 [M]. 北京：北京科学技术出版社, 1996：74.

[3] 葛诚. 微生物肥料生产及其产业化 [M]. 北京：化学工业出版社, 2007.

[4] 葛诚. 微生物肥料生产应用基础 [M]. 北京：中国农业科技出版社, 2000.

[5] 葛诚, 吴薇. 中国微生物肥料的生产、应用及问题 [J]. 中国农学通报, 1994 (3)：24-28.

[6] 胡可, 王利宾, 杜慧玲. 菌剂与缓释肥配施对复垦土壤微生物生态的影响 [J]. 生态学报, 2011, 25 (5)：86-88.

[7] 汪海静. 氮肥对土壤微生物多样性影响的研究 [D]. 吉林：吉林农业大学, 2011.

[8] 寇永磊. 微生物肥料对玉米的促生作用及G1菌株抗逆性研究 [D]. 河南：郑州大学, 2012.

[9] 唐勇, 陆玲, 杨启银, 等. 解磷微生物及其应用的研究进展 [J]. 天津农业科学, 2001, 7 (2): 1-4.

[10] 张昕. 植物病原拮抗细菌的发酵条件作用机制及定殖规律的研究 [D]. 杭州: 浙江大学, 2005.

[11] Leslie C A, Romani R J. Inhibition of ethylene biosynthesis by salicylic acid [J]. Plant Physiol., 1988, 88: 833-837.

[12] Romani R J, Hess B M, Leslie C A. Salicylic acid inhibition of ethylene production by apple discs and other plant tissues [J]. Plant Growth Regul., 1989, 8: 63-70.

[13] 李俊. 中国微生物肥料行业的现状与发展对策 [J]. 农业质量标准, 2003, 3: 27-29.

[14] 王卫平, 关桂兰, 崔志强. PG微生物制剂对棉花的增产效果 [J]. 土壤肥料, 1996 (6): 44-45.

[15] 王明有, 李光忠, 陈洪美. 小麦、玉米施用微生物接种剂增产效应初报 [J]. 土壤肥料, 2001 (3): 44-47.

[16] Roustan J P, Latche A, Fallot J. Inhibition of ethylene production and stimulation of carrot somatic embryogenesis by salicylic acid. Biol [J]. Plant, 1990, 32: 273-276.

[17] 赵京音, 姚政, 郭强. 菌肥 Al 对结球甘蓝的肥效及土壤微生物的影响 [J]. 上海农业学报, 1997, 13 (1): 49-53.

[18] 李星洪, 黄中鎏, 白凤鸣. 花生施用复合微生物肥的作用和生产效果初探 [J]. 土壤肥料, 1998 (2): 35-37.

[19] 赵良骏, 章无畏. 核酸生物肥料在茶叶生产上的应用研究 [J]. 中国茶叶, 1992, 14 (3): 25.

[20] 段兴美, 罗思江. 农丰菌、增产菌在玉米、水稻上施用效果试验简报 [J]. 耕作与栽培, 1990 (4): 44-45.

[21] 赵士杰, 李树林. VA 菌根促进韭菜增产的生理基础研究 [J]. 土壤肥料, 1993 (4): 38-40.

[22] 沈廷厚. 红壤中菌根对柑橘磷肥效应的研究 [J]. 江西科学, 1990, 8 (3): 13-19.

[23] 刘健, 李俊, 葛诚. 微生物肥料作用机理的研究进展 [J]. 微生物学杂志, 2001, 3 (21): 33-36, 46.

[24] 谢明杰, 宫文红, 曹文伟. 发展中国微生物肥料的对策研究 [J]. 辽宁师范大学学报, 2000, 23 (4): 410-412.

[25] 吴小平. 光合细菌在烟草上的应用 [J]. 福建农业大学学报, 1999, 28 (4): 471-473.

[26] 张和平, 王兴隆, 潘竟平. 紫花苜蓿喷施益微增产菌效果试验初报 [J]. 甘肃农业大学学报, 1997, 32 (1): 80-82.

[27] 章家恩, 刘文高. 微生物资源的开发利用与农业可持续发展 [J]. 土壤与环境, 2001, 10 (2): 154-157.

[28] 邰春花, 刘继青, 董云中, 等. 山西省微生物肥料产业现状及发展建议 [J]. 山西农业科学, 2002, 30 (1): 89-93.

[29] 郝晶, 刘冰, 谢英荷, 等, 不同氮素水平下生物菌肥施用效果研究 [J]. 山西农业科学, 2006, 34 (1), 50-52.

[30] 包建中. 中国的白色农业 [M]. 北京: 中国农业出版社, 1999: 86-113.

[31] 葛均青, 于贤吕, 王竹红. 微生物肥料效应及其应用展望 [J]. 中国生态农业学报, 2003, 11 (3): 87-88.

[32] 杨玉新, 王纯立, 海志刚, 等. 微生物肥对土壤微生物种群数量的影响 [J]. 新疆农业科学, 2008, 45 (S1): 169-171.

[33] 许前欣, 孟兆芳, 于彩虹. 微生物肥料农业应用的效益评价 [J]. 天津农业科学, 2000, 6 (2): 45.

[34] 张立音. 垦易生物有机肥应用效果初析. 微生物肥料的生产应用及其发展 [M]. 北京: 中国农业科技出版社, 1996, 161-165.

[35] 谢明杰, 程爱华, 曹文伟. 中国微生物肥料的研究进展及发展趋势 [J]. 微生物学杂志, 2000, 12 (4): 42-45.

[36] 程萍. 联合固氮微生物的研究进展 [J]. 湖北民族学院学报, 1994, 12 (2): 60-61.

[37] 张倩. 一种微生物菌肥对甜高粱种子萌发、幼苗生长和抗逆能力的影响 [J]. 内蒙古农业大学学报, 2013 (34): 102-108.

[38] 赵应, 冯文豪. 沸力佳生物菌肥在高粱上的应用初探 [J]. 耕作与栽培, 2011 (2): 39-47.

［39］ 崔洪飞. 不同腐殖酸菌肥及其对高粱种子生长发育的影响［J］. 内蒙古农业科技, 2013 (4)：68-70.

［40］ Caldwell C D. A comparision of ethephon alone andin combination with CCC or DPC applied to springbarley［J］. Canadian Journal of Plant Science, 1988 (68)：941-946.

［41］ Ma B L. Apical development of spring barley in relation to chlormequat and ethephon［J］. AgronomyJournal, 1991 (83)：270-274.

［42］ 白文斌, 张福跃, 焦晓燕, 等. 中国高粱产业工程技术研究的定位思考［J］. 中国农学通报, 2013, 29 (11)：107-110.

山西省高粱杂交种选育 50 年历史回顾与展望

孟春钢

（山西省农业科学院高粱研究所，晋中 030600）

摘 要：山西省高粱杂交种的研究和利用始于 20 世纪 60 年代；以 1965 年晋杂 5 号高粱杂交种的育成为标志，山西省高粱杂交育种的研究已经走过了 50 个年头。经过近半个世纪、几代人的不懈努力，累计培育出各类杂交种 50 余个。山西杂交高粱的选育大体上经历了 3 个发展阶段。

关键词：高粱；杂交种；杂种优势

高粱品种之间存在着强大的杂种优势；但由于高粱是雌雄同花植物，人们一直无法在商业生产上利用这一优势。直到高粱不育系的发现，才彻底改变了这一状态。纵观高粱杂交育种的历史，其实也是不断寻找和培育高粱不育系的历史。

1 山西省杂交高粱育种的起步与发展

高粱杂种优势的研究和利用最早始于美国。1954 年，美国得克萨斯州农业试验站的 Stephens 和 Holland，在矮生黄买罗×德克萨斯黑壳卡佛尔的 F_2 代中，发现了核质互作型高粱雄性不育系。并于当年正式将不育系种子对所有需求种子的人发放。

中国高粱杂种优势的研究和利用可追溯到 1956 年；留学美国的徐冠仁先生归国时，带回了美国新选育的雄性不育系及其保持系 TX3197A/B，并在中国科学院遗传研究所和中国农业科学院原子能利用研究所开始用中国高粱恢复系与 TX3197A 组配杂交种。20 世纪 60 年代初期，遗杂号和原杂号高粱杂交种在辽宁、河北等地大面积种植，高粱杂交种开始步入农业生产。

山西省高粱杂种优势的研究和利用起步于 20 世纪 60 年代中期；牛天堂、侯荷亭等一批高粱育种专家，利用矮秆中国高粱地方品种三尺三为恢复系，与 TX3197A 进行杂交，相继育成了晋杂 5 号、晋杂 4 号和晋杂 1 号等十几个高粱杂交种。这些杂交种株高 180～200cm，高产稳产，克服了遗杂号高粱杂交种植株高大，易倒伏，不稳产等问题，在全国 20 多个省、市、自治区迅速推广，使中国高粱杂交种的生产迈上了一个新的台阶。到 1975 年，全国杂交高粱种植面积达到了 267 万 hm^2，占全国高粱种植面积的 50%；1979 年达到 400 万 hm^2，占全国高粱种植面积的 75%；单位面积产量提高 15%～20%。

2 山西杂交高粱 50 年历史回顾

纵观近半个世纪的高粱杂交育种历程，山西杂交高粱的选育大体上经历了 3 个发展阶段。

2.1 直接利用外引雄性不育系与高粱地方品种选配杂交种

20 世纪 60—70 年代，我省高粱杂交育种主要以利用外引雄性不育系 TX3197A 为主，用其组配的杂交种有晋杂 4 号和晋杂 5 号等 8 个品种（表 1）。其特点是高产稳产，适应性好，种植面积大；但大多数品种单宁含量高，蛋白质含量低，适口性较差。

表 1　山西省高粱杂交种

序号	品种名称	原名	组合	育种单位	育成时间	审（认）定时间
1	晋杂 1 号	晋杂 57-1	3197A×晋辐 57-1	汾阳五七干校	1970	1973.12
2	晋杂 2 号	同杂 2 号	黑龙 11A×7884	大同市良种场	1967	1973.12
3	晋杂 3 号	同杂 8 号	黑龙 11A×康拜因 60	大同市良种场	1967	1973.12
4	晋杂 4 号	晋杂 57-4	3197A×晋粱 5 号	汾阳五七干校	1971	1973.12
5	晋杂 5 号	晋杂 5 号	3197A×三尺三	经济作物研究所	1965	1973.12
6	晋杂 6 号	忻杂 52	3197A×忻粱 52	忻州农科所	1970	1973.12
7	晋杂 7 号	忻杂 7 号	3197A×忻粱 7 号	忻州农科所	1967	1973.12
8	晋杂 8 号	晋杂 12 号	3197A×晋粱 4 号	汾阳五七干校	1967	1973.12
9	晋杂 9 号	忻杂 80 号	3197A×忻粱 80	忻州农科所	1971	1975.1
10	晋杂 10 号		3197A×吕梁 1 号	晋中农科所	1971	1985.3
11	晋中 405	405	7501A×晋粱 5 号	高粱研究所	1983	1987.5
12		抗四	TX622A×晋粱 5 号	玉米研究所	1980	1988
13	晋杂 11 号	抗七	TX622A×忻粱 7 号	玉米研究所	1979	1987.5
14	晋杂 12 号	晋中 87-1	V_4A_2×1383-2	高粱研究所	1985	1994.5
15	晋杂 13 号	90-1	A_2F_4A×8643 变	高粱研究所	1988	1996.12
16	晋杂 14 号	92-3	A_2F_4A×265-1Y	高粱研究所	1990	1996.12
17	晋中 86-1	86-1	TX623A×HM65	高粱研究所	1984	1991
18	晋中 88-2	88-2	356A×1383-2	高粱研究所	1988	1994
19	晋杂 15 号	晋早 94-1	黑龙 11A×7 抗 7	高粱研究所	1992	1998.4
20	晋杂 16 号	晋早 94-2	黑龙 11A×2691	高粱研究所	1992	1998.4
21	晋杂 17 号	农大 1 号	378A×89-283	山西农业大学	1991	1998.4
22	晋杂 18 号	组培 1 号	7501A×R111	高粱研究所	1993	1999.4
23	晋杂 19 号	晋草 1 号	A_3SX1A×IS722	高粱研究所	1995	2002.1
24	晋杂 20 号	99-1	L405A×626	品种资源研究所	1998	2004.2
25	晋杂 21 号	晋饲杂 2 号	SS302A×黑恢 1	高粱研究所	1999	2005.2
26	晋杂 22 号	晋中 05-1	SX44A×SXR-30	高粱研究所	2003	2008.4
27	晋杂 23 号	晋中 05-2"	45A×SXR-30-1	高粱研究所	2003	2008.4
28	晋杂 24 号	晋杂 05-1	L802A×345R	高粱研究所	2003	2008.4
29	晋杂 25 号	SW-1	7501A×R112	高粱研究所	2004	2009.2
30	晋杂 26 号	HT-91	H16A×SP195	高粱研究所	2003	2011.8
31	晋杂 27 号	晋中 802	872A×53036R	高粱研究所	2003	2011.8
32	晋杂 28 号	晋中 0825	SX45A×恢复系 SX111R	高粱研究所	2003	2011.8
33	晋杂 29 号	晋中 0925	209A×J7682	高粱研究所	2005	2013.5

（续表）

序号	品种名称	原名	组合	育种单位	育成时间	审（认）定时间
34	晋杂 30 号	夏杂 2 号	黑龙 30A×01－226	山西农业大学	2005	2013.5
35	晋杂 31 号	晋中 0941	SX605A×SX870	高粱研究所	2005	2013.5
36	晋杂 32 号	晋中 1032	10337A6×3037R	高粱研究所	2005	2013.5
37	晋杂 33 号	晋中 0942	SX605A×南 133	山西九源科技有限公司	2005	2013.5
38	晋杂 34 号	晋中 0943	SX605A×SX861	高粱研究所	2005	2013.5
39	晋杂 35 号	Ag1021	SX45A×（47031 早/TCJW·J7030）	高粱研究所	2005	2013.5
40	晋杂 101	晋抗 1 号	A2SX44A×363C/2691	高粱研究所	2001	2005
41	晋杂 102	晋中 06－1	A2SX28A×SXR－30	高粱研究所	2005	2009
42	晋杂 103		SX29A×295	高粱研究所	2004	2009
43	晋杂 104		泸 45A×Z233	高粱研究所	2006	2010
44	晋杂 105		泸 45A×C52－1－1	高粱研究所	2007	2012
45	龙杂 1 号		1282A×S99	晋中龙生种业有限公司	2005	2013.5
46	晋糯 1 号		45A×0853R	高粱研究所	2006	2009.12
47	晋糯 2 号		05732A×05318R	高粱研究所	2007	2010.12
48	晋甜杂 1 号	晋甜 07－1	7050A×05206	高粱研究所	2007	2009.12
49	晋甜杂 2 号	晋甜 09－1	7050A×甜 C－1－1	高粱研究所	2009	2012.2
50	晋草 2 号		$A_3SX-14A×JP$ 草	高粱研究所	2001	2006.2
51	晋草 3 号		$A_3SX-14A×IS722$	高粱研究所	2001	2006.2
52	晋草 4 号		$A_3SX-1A×SCR2-2$	高粱研究所	2003	2008.1
53	晋草 5 号		$A_3SX-14A×SCR2-1$	高粱研究所	2003	2008.1
54	晋草 6 号		$A_3SX-14A×SCR8$	高粱研究所	2005	2010.12
55	晋草 7 号		$A_3SX6A×SCR8$	高粱研究所	2006	2012.2

1973 年晋杂 5 号在全国的推广面积达到了 1 400 万亩，约占全国杂交高粱面积的一半。晋杂 4 号比晋杂 5 号增产 15.2%~32.5%，全国推广面积 600 万亩。晋杂 1 号比晋杂 5 号增产 11.4%~17.5%，1972 年河北省兴隆县种植 4 亩，亩产 900kg。全国推广面积 300 万亩以上。晋杂 2 号现已推广到山西、黑龙江、吉林、辽宁、河北、天津、内蒙古、宁夏、甘肃、新疆、北京。是全国春播早熟区的主要推广品种。

1979 年通过辽宁高粱所从美国引进了高粱雄性不育系 Tx622A、Tx623A 和 Tx624A，先后选育出抗四、抗七和晋杂 86-1 等 3 个品种。实现了高产、优质、多抗的育种目标。

2.2 利用转育的雄性不育系与自选恢复系组配杂交种

外引不育系 7501A 和 356A，幼芽拱土力强，幼苗抗旱，配合力高；新选得恢复系有晋粱五号、R111 等，用其组配的晋中 405、晋杂 18 号和晋杂 88-2 产量高，抗性强，稳产性高。用不育系黑龙 11A，组配出的晋杂 15 号、晋杂 16 号，属早熟酿酒专用品种，高产、优质、抗性强，获山西省科技进步一等奖。

我所李团银、张福耀等高粱专家利用外引不育系 $A_2TAM428$ 为不育源，转育出 A_2V4A 和 A_2F4A 两个 A_2 细胞质不育系，并组配出高粱杂交种晋杂 12 号、晋杂 13 号和晋杂 14 号。在高粱不同细胞质雄性不育性研究上取得了突破。其中，晋杂 12 号是中国育成的第一个 A_2 细胞质杂交种；该杂交种生育期 123 天，株高 200cm，根系发达，抗旱能力强，灌浆速度快，一般亩产 550kg，最高可达 925kg（表 2）。A_2 型细胞质杂交种的选育，克服了单一细胞质杂交种的遗传脆弱性，在高粱生产上产生了积极影响。

表 2　各杂交种的生物学特性

序号	品种名称	生育期（天）	株高（cm）	穗长（cm）	千粒重（g）	穗粒重（g）	备注
1	晋杂 1 号	140	192	26	33	110	
2	晋杂 2 号	120	180		25		
3	晋杂 3 号	130	150		23		
4	晋杂 4 号	136	200	29	35	140	
5	晋杂 5 号	140	190	27	33. 2	90	
6	晋杂 6 号	130	205		34. 3	123. 3	
7	晋杂 7 号	135	200		30	120	
8	晋杂 8 号	130	200		44. 4	89. 9	
9	晋杂 9 号	125	220		30	120	
10	晋杂 10 号	128	180		32	80	
11	晋杂 405	135	190	28	30	100	
12	晋抗四	135	220	30. 5	31. 2	120. 7	
13	晋杂 11 号	125	180	29	33. 6	125	
14	晋杂 12 号	123	200	30	31	108	
15	晋杂 13 号	140	210	34	30	100	
16	晋杂 14 号	130	200	33	30	120	
17	晋杂 86-1	120	200	32	30	120	
18	晋杂 88-2	135	200	31	30	91	
19	晋杂 15 号	127	170	25	22. 5	65. 3	
20	晋杂 16 号	132	180	24	26. 5	75. 4	
21	晋杂 17 号	130	200	26	32	81. 5	

（续表）

序号	品种名称	生育期（天）	株高（cm）	穗长（cm）	千粒重（g）	穗粒重（g）	备注
22	晋杂 18 号	128	180	28	36	110	
23	晋杂 19 号	130	280				饲草专用
24	晋杂 20 号	135	176	32.3	28.4	106.2	
25	晋杂 21 号	130	209	28	31	91	
26	晋杂 22 号	129	179	28.8	27.4	84	
27	晋杂 23 号	130	195	30.4	31.1	102.9	
28	晋杂 24 号	135	175	29.4	30	96.5	
29	晋杂 25 号	135	190	27	31		
30	晋杂 26 号	115	120	30	30	55	
31	晋杂 27 号	137	192	29.5	30.1	105.9	
32	晋杂 28 号	139	206	32.3	28.8	104.8	
33	晋杂 29 号	125	175	28.7	30.7	81.6	
34	晋杂 30 号	99	160	24.5	23.1	55.8	
35	龙杂 1 号	136	192	29.2	33.4	89.9	
36	晋杂 31 号	136	169	33.3	32.3	99.4	
37	晋杂 32 号	137	182	29.9	31.7	91.3	
38	晋杂 33 号	130	160	31.7	29.6	89.6	
39	晋杂 34 号	131	135	32.2	28.3	90.5	
40	晋杂 35 号	135	146	35.3	28.3	92.6	
41	晋杂 101 号	122	180	26.5	28.4	94	
42	晋杂 102 号	123	195.5	30.8	29.3	93	
43	晋杂 103 号	137	110	23	32.8	56.8	
44	晋糯 1 号	112	202	31.9	24.2	65.4	
45	晋糯 2 号	113	169	29	28	62	

　　张福耀、平俊爱等高粱专家以 A_3398A 为细胞质源，经过多代回交，选育出 A_3 细胞质雄性不育系 A_3SX-1A。用该系与苏丹草杂交育成饲草高粱晋草 1 号（晋杂 19 号）；该品种株高 280cm，生育期 130 天，根系发达，生长势强，可刈割 2~3 次，平均亩产鲜草 10 052.8kg。A_3 细胞质在饲草高粱育种中的成功利用，丰富了高粱杂交种的遗传基础，增加了高粱杂交种的类型，对避免和解决高粱细胞质专业化性侵染病害的流行具有重大意义。

2.3 杂交高粱向专业化、多元化方向发展

20世纪90年代以来，由于高粱市场需求的变化，高粱杂交种选育逐渐向专业化方向发展。从"七五"计划开始，酿酒、饲用、甜高粱杂交种的选育取得了较大的进展。

适用于酿酒用的高粱杂交种有晋杂86-1、晋杂88-2、晋杂12号、晋杂13号、晋杂15号、晋杂16号、晋杂18以及晋糯1号、晋糯2号和晋杂102等。这些杂交种的特点是产量高，淀粉含量高，单宁含量适中。出酒率比一般的品种高1~2个百分点(表3)。

表3 部分高粱杂交种的品质特性

序号	品种名称	蛋白质（%）	淀粉（%）	单宁（%）	粗脂肪（%）	赖氨酸（%）
1	晋杂10号	10.42		0.19		0.26
2	晋杂11号	7.41	65.6	0.17		0.179
3	晋杂12号	8.81	70.75	0.64	3.95	0.52
4	晋杂13号	8.79	70.43	1.1	4.04	
5	晋杂14号	10.98	70.83	0.27	4.68	0.67
6	晋杂86-1	7.7	71.05			
7	晋杂88-2	7.64	72.74	1.7		
8	晋杂15号	9.73	75.59	1.92		0.22
9	晋杂16号	10.05	77.68	2.05		0.215
10	晋杂17号	9.16	73.95	0.62	3.75	
11	晋杂18号	9.12	75.7	0.9	3.48	0.21
12	晋杂20号	10.61	73.56	1.08		0.24
13	晋杂21号	10.57	69.64	0.62	3.55	0.27
14	晋杂22号	9.49	74.66	1.38	4.1	
15	晋杂23号	7.9	75.73	1.92	3.8	
16	晋杂24号	8.88	73.68	1.18	4.39	
17	晋杂25号					
18	晋杂26号	8.61	75.59	0.81	2.82	0.25
19	晋杂27号	11.07	73.02	1.24	3.75	
20	晋杂28号	9.36	75.58	0.89	3.26	
21	晋杂29号	8.2	75.49	1.2	3.53	
22	晋杂30号	11.12	71.91	1.73	3.54	
23	龙杂1号	10.65	72.29	1.34	3.83	
24	晋杂31号	8.92	74.16	1.3	3.25	
25	晋杂32号	10.73	72.52	0.56	3.85	
26	晋杂33号	9.3	70.73	1.46	3.47	

（续表）

序号	品种名称	蛋白质（%）	淀粉（%）	单宁（%）	粗脂肪（%）	赖氨酸（%）
27	晋杂 34 号	8.08	73.12	1.4	3.37	
28	晋杂 35 号	8.29	74.91	1.82	3	
29	晋杂 101 号	10.16	72.9	1.11		0.3
30	晋杂 102 号	9.18	73.6	1.28		0.32
31	晋杂 103 号	8.63	73.56	1.36		0.31
32	晋糯 1 号	7.22	75.56	1.16		0.2
33	晋糯 2 号	9.22	73.06	1.04		0.2

李团银、柳青山等于 1990 年，用高赖氨酸恢复系与 A_2 细胞质不育系，培育出饲用高粱杂交种晋杂 14 号（$A_2F_4A×265-1Y$），首开该单位饲料专用高粱杂交种选育的先河。1999 年用自选不育系 SX302A 选育的高粱杂交种晋杂 21 号，是一个优质的饲料专用种，其籽粒含粗蛋白质 10.57%，粗脂肪 3.55%，粗淀粉 69.64%，赖氨酸 0.27%，单宁 0.62%。

饲草高粱作为一种新的饲料作物，受到高粱育种专家的高度重视。张福耀、平俊爱等高粱专家，利用 A_3 细胞质抗败育和中国高粱根茎长，以及亨加利高粱株高、杂种优势强的特点，育成了抗败育、长根茎、抗旱耐深播的新型不育系 A_3SX-1A。继 1995 年培育出高粱晋草 1 号杂交种后，2000 年以来连续育成了晋草 2~7 号 6 个高粱杂交草品种。这些杂交饲草高粱均表现出杂种优势强，生物学产量高，而且具有较高的营养价值。是仅次于苜蓿的优良饲草。

甜高粱茎秆中含有的大量糖分，可用于发酵生产成酒精。程庆军、赵威军等用 7050A 不育系为母本，自选恢复系为父本，组配出能源用甜高粱杂交种晋甜杂 1 号和晋甜杂 2 号，该品种茎秆出汁率为 55.7%，含糖锤度为 19.2%，抗倒性强，是生产燃料乙醇较理想的能源作物品种。发展甜高粱酒精能源工业，对于调整农业产业结构，增加农民收入，改善生态环境，保证能源供应及能源安全都具有重大意义。

随着农业机械化水平的提高，对适用于机械化种植的高粱品种的需求也不断增加。适宜机械化种植的高粱品种有晋杂 26 号、晋杂 34 号、晋杂 35 号和晋杂 103 等；这些品种高产耐密植，株高不超过 150cm，抗倒性强。可以实现精量点播免间苗，机械化收获。对未来真正意义上的农业现代化具有极大的推动作用。

3 山西省高粱杂交种选育的展望

随着农村城镇化，农业人口老龄化，以及农村土地流转带来的农业生产规模化，农业机械化的发展已成必然。这就要求高粱杂交种的选育必须符合并达到高粱机诚化栽培的目的。确定育种目标时，要在高产、优质、多抗、专业化的基础上，严格控制植株高度，提高抗倒、抗旱性；增加种子低温状态下的顶土能力，为高粱机械化栽培提供优异的品种。

在我省高粱杂交育种的历史上，通过外引和转育的不育系，育成了各类杂交种 50 余个。但在产量上，多年来没有较大的突破，各认定品种的产量均未超过对照品种"晋杂12号"（表4）。因此，如何进一步提高高粱的产量，是我们必须要面对的新的挑战。开展超高产高粱杂交种选育，或许能为高粱杂交育种带领新的契机。湖南农科院高粱中心的汤文光等认为，应借鉴袁隆平在超高产杂交水稻育种上的经验，培育超高产高粱杂交种。高粱是碳4（C_4）作物，其光能利用率是碳3（C_3）作物水稻的2倍；同时，高粱杂交优势强大，并具有实现强大杂种优势的保障体系。从理论上讲，亩产2 500kg是有可能达到的。

表4　各杂交种的产量表现

序号	品种名称	区试时间	对照品种	平均亩产（kg）	比对照增加（%）	备注
1	晋杂1号	1970—1972	晋杂5号	650	13	
2	晋杂2号	1968—1969	武大郎	400	62	
3	晋杂3号	1970—1971	同杂2号	366	20	
4	晋杂4号	1971—1972	晋杂5号	750	15.20	
5	晋杂5号	1964—1965	离石黄	650	20	
6	晋杂6号	1970—1971	晋杂5号	750	10	
7	晋杂7号	1969—1970	晋杂5号	725	12.40	
8	晋杂8号	1969—1970	晋杂5号	1200	46.90	
9	晋杂9号	1971—1974	晋杂5号	900	15	
10	晋杂10号	1978—1981	晋杂5号	600	9	
11	晋中405	1984—1986	晋杂4号	595	10	
12	晋杂11号	1982—1984	晋杂5号	543.7	6.20	
13	晋杂12号	1989—1991	晋杂4号	602.8	11.60	
14	晋杂13号	1992—1994	晋杂12号	612.8	9.80	
15	晋杂14号	1994—1996	晋杂12号	528	15.20	
16	晋杂86-1	1986—1987	晋杂4号	563.5	2	
17	晋杂88-2	1991—1993	晋杂12号	563	5.50	
18	晋杂15号	1995—1996	晋杂2号	380.2	20	
19	晋杂16号	1995—1996	晋杂2号	395.2	25	
20	晋杂17号	1995—1997	晋杂7号	433.1	18.90	
21	晋杂18号	1996—1997	晋杂12号	608.2	13.30	
22	晋杂19号	2000—2001	皖草1号	10 052.81	10.80	饲草专用
23	晋杂20号	2001—2002	晋杂12号	755.7	26.70	
24	晋杂21号	2002—2004	晋杂12号	563.5	14.10	

（续表）

序号	品种名称	区试时间	对照品种（kg）	平均亩产（kg）	比对照增加（%）	备注
25	晋杂 22 号	2006—2007	晋杂 12 号	508.8	8.50	
26	晋杂 23 号	2006—2007	晋杂 12 号	550.8	17.40	
27	晋杂 24 号	2006—2007	晋杂 12 号	509.4	8.60	
28	晋杂 25 号	2007—2008	晋杂 12 号	666.2	15	
29	晋杂 26 号	2009—2010	赤育 8 号	368.9	10.70	
30	晋杂 27 号	2009—2010	晋杂 12 号	587	7.90	
31	晋杂 28 号	2009—2010	晋杂 12 号	576	5.90	
32	晋杂 29 号	2011—2012	晋杂 15 号	644.6	13.50	
33	晋杂 30 号	2010—2012	晋杂 15 号	368	13.80	
34	晋杂 31 号	2011—2012	晋杂 12 号	617.4	10.30	
35	晋杂 32 号	2011—2012	晋杂 12 号	598	6.90	
36	晋杂 33 号	2011—2012	晋杂 12 号	632.5	9.80	
37	晋杂 34 号	2011—2012	晋杂 12 号	617.3	7.20	
38	晋杂 35 号	2011—2012	晋杂 12 号	629.5	9.90	
39	晋杂 101 号	2002—2003	敖杂 1 号	571.2	9.50	
40	晋杂 102 号	2007—2008	敖杂 1 号	576.1	20.30	
41	晋杂 103 号	2007—2008	晋杂 12 号	667.73	3.50	

到目前为止，已被确认的不同类型细胞质不育基因，主要有 A1~A6 以及 9E 共 7 种。在生产上应用并已实现"三系"配套的不育系只有 A1、A2 两种细胞质类型，其他类型的细胞质育成的粒用高粱杂交种未见报道；A3、A4、9E 细胞质恢复源少，极大地限制了高粱种质资源在高粱杂种优势利用中的范围，有待进一步研究。

随着科技的进步，作为传统杂交育种手段的重要补充，生物技术在高粱杂种优势上的利用也越来越广泛。实践证明，分子标记技术对选择遗传变异，缩短育种进程，和识别定位基因都十分有效；细胞和组织培养可以诱导变异，在定向培养中的筛选效果好，选择速度快；转基因育种可以快速有效地转移目的基因，实现远缘物种间的基因重组。

参考文献（略）

品种和肥料对苦荞麦产量、芦丁、
总黄酮含量的影响*

李红梅** 李云龙 胡俊君 陕 方 边俊生 梁 霞

（山西省农业科学院农产品加工研究所，太原 030031）

摘 要：通过对苦荞麦品种和肥料种类二因素四水平3次重复随机区组试验研究表明，苦荞麦品种对籽粒产量和籽粒中芦丁、总黄酮含量均有影响，黑丰1号苦荞麦产量和籽粒中槲皮素含量高于黔威2号苦荞麦，而黔威2号籽粒中芦丁、总黄酮含量比黑丰1号分别高出19.70%、45.06%，差异极显著。不同种类肥料在相同施肥水平条件下对苦荞麦产量、芦丁、总黄酮的含量均有明显的提高，产量变幅为9.95%～23.37%、槲皮素变幅为2.38%～33.48%、芦丁变幅为3.12%～40.31%、总黄酮变幅为13.09%～28.89%，以施全有机肥为最好。在生产中应该根据不同目的选用适宜的苦荞麦品种。

关键词：苦荞麦；品种；肥料；芦丁；总黄酮

苦荞是药食两用的蓼科荞麦属植物，学名鞑靼荞麦（*F. tartarjcum*）。苦荞麦的根、茎、叶、种子均含有芦丁、槲皮素等黄酮类化合物，其中，芦丁含量约85%以上，槲皮素较低[1-3]，黄酮类化合物具有抗癌、抗氧化、抗过敏、抗病毒等多方面的药理作用[4-6]。近年来对苦荞品种、栽培技术、以及活性成分功能试验和提取工艺等方面的研究较多，而栽培技术对苦荞黄酮类物质含量的影响研究较少。本研究通过不同品种和不同施肥处理对苦荞籽粒中总黄酮、芦丁、槲皮素含量的影响以及品种之间的差异，为苦荞资源深度开发提供技术支撑。

1 试验材料与方法

1.1 供试土壤环境

试验布设在山西省寿阳县平头镇，栗钙土质，土层深厚，播前耕层土壤有机质1.14g/kg，全氮0.68g/kg，速效氮45.45mg/kg，速效磷3.70mg/kg，速效钾76.0mg/kg。寿阳县多年平均气温7.4℃，无霜期120～135天。

1.2 试验设计

试验采用随机区组设计，A因素为不同苦荞麦品种：黑丰1号（山西农业科学院品资所提供），黔威2号（贵州威宁农科所提供）；B因素为施用相同氮、磷量，不同配合比例的有机肥、无机肥，即：处理Ⅰ为对照不施肥；处理Ⅱ为全施有机肥7 500kg/hm²；处理Ⅲ为全施化肥，其中，尿素260kg/hm²，过磷酸钙1 000kg/hm²；处理Ⅳ为施半量有机肥3 750kg/hm²，半量化肥，其中，尿素130kg/hm²，过磷酸钙500kg/hm²。处理Ⅱ、处理

──────────

* 基金项目：国家现代农业产业体系荞麦加工岗位及山西省构建新型农村社会化服务体系项目"荞麦GAP生产、加工全产业链社会化服务体系建设"

** 作者简介：李红梅，女，副研究员，主要从事植物营养与肥料科学研究；E-mail：hongmei2004@sina.com

Ⅲ、处理Ⅳ的施肥量，折纯 N 120kg/hm²，P₂O₅ 120kg/hm²。试验用 N 肥为尿素，含 N 46%；磷肥为普通过磷酸钙（太原），含 P₂O₅12%；有机肥为加工鸡粪（晋源有机肥料厂），含有机质 355g/kg、全 N 含量 16g/kg、全 P 含量 16g/kg。试验随机区组排列，重复 3 次，小区面积 10m²。肥料于播种前作基肥一次施入。开沟撒播，播种量 37.5kg/hm²，行距 30cm，播种深度 4~6cm。待 85%的籽粒成熟时，按小区单打单收，进行室内考种。

1.3　测定方法

将各小区苦荞麦籽粒分别称重，混匀后分取 100g 为测定样品，经脱壳、粉碎过 40 目筛。称取 0.50g 样品于 50mL 容量瓶中，用 70%甲醇溶液 40mL、70℃ 水浴振荡提取 3h，冷却定容，静置过夜，取上层清液测定。

芦丁、槲皮素含量测定采用液相色谱法[7]，色谱条件如下：

仪器：Agilent 1100Series，色谱柱：Hypesil C18 BOD 4.6×250mm，5μm；检测器：二极管阵列 G1369A；柱温：25℃；流量：1mL/min；检测波长：360nm；进样量：2μl；流动相：甲醇：（0.8%）H₃PO₄：H₂O=6：2：2。

总黄酮采用比色法[8]，方法如下：

仪器：721 型分光光度计；测定波长：420nm；以芦丁为标品，试剂空白为参比绘制工作曲线，计算总黄酮含量。

2　结果与分析

2.1　不同处理对苦荞麦产量的影响

结果表明（表1），两个苦荞麦品种施肥处理产量均比不施肥的对照高，与产量最低的黔威 2 号对照相比，黑丰 1 号对照高 7.48%；除全施无机肥处理外，黑丰 1 号各处理产量比黔威 2 号相应产量高 1.6%~5.4%；两个品种各处理产量分别比对照高 9.95%~20.99%、19.38%~23.37%，增产效果显著；二因素交互作用试结果是全施有机肥的黑丰 1 号产量最高，达 2 905kg/hm²，有机无机各半量处理次之。

表 1　不同施肥处理苦荞麦产量统计

处理序号	品　种	肥　料	平均产量	
			kg/hm²	增产率（%）
1	黑丰 1 号	对照 不施肥	2 305	—
2		全施有机肥	2 759	19.70
3		全施无机肥	2 508	8.81
4		有机肥、无机肥各半量	2 566	11.32
5	黔威 2 号	对照 不施肥	2 122	—
6		全施有机肥	2 618	23.37
7		全施无机肥	2 546	19.98
8		施有机肥、无机肥各半量	2 533	19.37

2.2　品种与施肥对苦荞麦芦丁含量的影响

从表 2 可以看出，苦荞麦两个品种之间芦丁含量的差异十分明显，黑丰 1 号芦丁含量为 1.463%~1.470%、黔威 2 号为 1.626%~1.810%，尽管黔威 2 号产量比黑丰 1 号低 3.08%，但芦丁总量平均高出 16.52%。黑丰 1 号的施肥处理间芦丁含量基本没有差异，黔威 2 号不同施肥处理中，对照芦丁含量最低，与施肥处理差异显著，施肥各处理间几乎没有差异。各因素综合作用的结果是施全有机肥的芦丁总量最高达 40.31kg/hm^2。

表 2　不同施肥处理苦荞麦芦丁、总黄酮含量测定结果与分析

序号	芦丁			总黄酮		
	（%）	总量（kg/hm^2）	增幅（%）	（%）	总量（kg/hm^2）	增幅（%）
1	1.467	35.22	—	1.518	36.45	—
2	1.463	42.50	20.67	1.526	44.33	21.63
3	1.467	38.73	9.97	1.526	40.29	10.53
4	1.470	39.84	13.12	1.521	41.22	13.09
5	1.626	36.32	3.12	1.836	41.02	—
6	1.793	49.42	40.31	1.901	52.39	27.72
7	1.810	48.53	37.79	1.972	52.87	28.89
8	1.794	47.84	35.83	1.926	51.37	25.23

2.3　品种与施肥对苦荞麦槲皮素含量的影响

苦荞麦中槲皮素含量在品种间差异不明显，在 0.244%~0.331%。施肥处理之间有差异但是很不规律，可能与收获后苦荞内源性酶活性有关[7]，在一定的环境条件下，苦荞内源性芦丁酶活性增高，将芦丁母核结构上的芸香糖基脱去，使之转化为槲皮素，因而与施肥处理的影响关系不明显。从槲皮素生物产量看，黑丰 1 号亩产槲皮素平均高出黔威 2 号 13.65%，这是由于黑丰 1 号苦荞的产量高，且槲皮素含量高，综合因素所致。

2.4　品种与施肥对苦荞麦总黄酮含量的影响

品种与施肥对苦荞麦总黄酮含量的影响方差分析结果如表 3 所示。

表 3　苦荞麦裂区试验的方差分析

变异来源	自由度 DF	平方和 SS	均方 MS	F	$F_{0.05}$	$F_{0.01}$
区组间	2	19.07	9.54	3.26	3.74	6.51
处理（组合间）	7	848.5	121.21	41.49**	2.76	4.28
品种	1	468.98	468.98	160.5**	4.60	8.86
肥料	3	328.57	109.52	37.49*	3.34	5.56
品种×肥料	3	50.99	17.00	5.81**	3.34	5.56
误差	14	40.9	2.92			
总变异	23	908.5				

表2、表3 结果表明，不同试验处理的苦荞麦总黄酮含量分别为：黔威2号为 1.836%～1.972%，黑丰1号为1.518%～1.526%。黄酮总量增幅最高达到45.06%，黔威 2号黄酮平均总量为49.41kg/hm²，黑丰1号黄酮平均总量40.57kg/hm²，高出21.79%。 方差分析进一步说明，区组之间差异不显著；处理之间和肥料变异都达到显著水平；品种 差异达极显著水平。

3 结论与讨论

（1）苦荞麦品种和肥料均是构成产量的重要因子。黑丰1号产量明显高于黔威2号， 每公顷施用 N 120kg，P_2O_5 120kg 时，施全有机肥最好，有机无机各半次之，全无机肥最 次，但都比对照明显增产。

（2）苦荞芦丁从含量和亩产总量来看，和总黄酮的趋势一致，品种差异和肥料处理 差异显著。黔威2号明显优于黑丰1号，以施适量的全有机肥最好。

（3）苦荞麦中槲皮素含量在品种和施肥处理之间有差异，但是不规律，可能与收获 后苦荞内源性芦丁酶活性有关，从槲皮素总量看，由于黑丰1号的高产和高含量，黑丰1 号亩产槲皮素平均高出黔威2号13.65%。

（4）苦荞麦品种之间差异达极显著水平，处理间和肥料变异都达到显著水平。作为 黄酮类活性物质提取原料，黔威2号苦荞比黑丰1号苦荞更为适合。

参考文献

[1] 林如法. 中国荞麦 [M]. 北京：中国农业出版社，1994.

[2] 符献琼，胡晓灵. 荞麦叶的营养特性 [J]. 新疆农业科学，1994（3）：105-108.

[3] 唐宇，赵钢. 荞麦中黄酮含量的研究 [J]. 四川农业大学学报，2001（12）：352-354.

[4] 武素平. 荞麦具有降血脂的作用 [J]. 食品科学，1992（2）：10-12.

[5] 韩英华，秦元璋. 芦丁研究现状 [J]. 山东中医杂志，3003.（10）：635-637

[6] 王燕芳，王新华. 槲皮素药理作用研究进展 [J]. 天然产物研究与开发，2003（3）：171-172.

[7] 徐宝才，肖刚，丁霄霖，等. 液质联用分析测定苦荞黄酮 [J]. 食品科学，2003，24（6）：113-117.

[8] 徐宝才，肖刚，丁霄霖. 苦荞黄酮的测定方法 [J]. 无锡轻工大学学报，2003，22（2）：98-101.

旱作苦荞麦籽粒产量与主要性状的相关分析

杨明君　杨　媛　郭忠贤　杨　芳

（山西省农业科学院高寒区作物研究所，大同　037008）

摘　要：本试验以 14 个全国苦荞品种为材料，进行籽粒产量相关性状的分析，结果表明，11 个相关性状对籽粒产量影响的顺序为：株高>主茎节数>出苗日数>单株粒重>单株粒数>现蕾至开花天数>生育日数>千粒重>出苗至现蕾天数>一级分枝>开花至成熟天数。籽粒产量与开花至成熟天数关系不密切。增加株高、主茎节数、单株粒重、单株粒数是增加籽粒产量的主要途径。选择大粒和提高现蕾至开花天数是提高籽粒产量的重要途径。通过增加出苗至现蕾天数和一级分枝数可间接提高籽粒产量。出苗天数增加可导致籽粒产量减少。

关键词：苦荞麦；旱作；产量；性状

1　前言

本文通过旱作苦荞麦 11 个性状对籽粒产量的相关分析，研究在旱作条件下，苦荞麦籽粒产量与构成因素的关系，使相关性状达到序化，为旱作苦荞麦的遗传研究和育种提供科学的理论依据。

2　材料和方法

本研究以 2006—2008 年全国苦荞区域试验的 14 个品种（系）为材料，供试品种由西北农林科技大学从贵州、陕西、江西、山西、云南、四川、甘肃等地收集提供。

采用随机区组法排列，3 次重复，6 行区，小区面积 2m×5m，种植密度 50 000 株/亩。植株自然成熟后测定产量，同时取 20 株测量株高、节数、分枝数、一级分枝、单株粒重、单株粒数、千粒重。

本试验设在山西省农业科学院高寒区作物研究所旱地试验区内，海拔 1 067.6m，土质为淡栗钙沙壤土，春播前施有机肥 1 000kg/亩，不灌水的旱作条件下进行。有机质含量 1.5%左右，全磷 0.04%左右，全氮为 0.08%~0.098%。

3　结果与讨论

本试验为 2006—2008 年的试验调查统计分析结果，研究涉及的 11 个性状经相关分析（表），株高、主茎节数、单株粒重呈极显著正相关；播种至出苗日数呈极显著负相关；单株粒数呈显著正相关；千粒重、现蕾至开花天数、出苗至现蕾天数、生育日数、一级分枝数、开花至成熟天数亦呈正相关，但未达显著正相关。

表 旱作苦荞籽粒产量与相关性状的相关系数

品种	小区产量	生育期（天）	株高（cm）	主茎节数（个）	一级分枝（个）	千粒重（g）	单株粒重（g）	单株粒数（粒）	播种至出苗（天）	出苗至现蕾（天）	现蕾至开花（天）	开花至成熟（天）
兴苦2号	2 088.4	107	117.1	20.0	5.43	20.59	3.99	193.8	7	36	9	62
西农9940	2 134.5	92	116.3	20.4	4.77	20.94	4.35	207.7	7	37	9	46
九江苦荞	1 966.5	82	97.6	17.8	4.50	17.36	2.47	142.3	8	31	8	43
晋苦2号	2 475.4	89	126.6	20.3	6.73	18.60	4.36	234.4	7	38	8	31
昭苦2号	1 720.3	81	85.9	17.4	5.87	16.82	3.72	221.2	9	36	7	38
迪庆苦荞	1 729.8	101	93.2	19.0	6.13	18.30	2.78	151.9	7	39	6	56
凉苦-3	1 945.0	84	103.6	18.5	4.57	18.06	2.92	161.7	8	35	7	42
凉苦-4	1 973.9	92	122.8	19.4	3.83	16.81	2.90	171.7	9	33	11	52
西苦7-3	1 577.3	73	87.3	16.7	4.93	16.28	2.46	151.1	8	29	7	36
西苦6-14	1 909.8	109	130.0	19.5	4.10	19.63	2.73	139.1	8	43	11	55
威苦01-374	2 268.5	86	120.0	20.0	5.17	16.05	4.01	249.8	7	37	9	40
威苦02-286	2 151.2	101	115.9	20.9	6.67	17.43	3.66	210.0	7	36	9	56
平01-043	1 442.9	80	85.4	18.6	5.83	16.95	3.04	179.4	9	36	7	37
云荞67	1 853.3	80	84.9	17.7	4.90	16.59	2.76	166.4	8	34	7	39
合计	27 236.8	1 257	1 486.6	266.2	73.43	250.49	46.15	2 580.5	107	500	115	633
平均	1 945.5	90	106.2	19.0	5.25	17.89	3.30	184.3	7.6	36	8	45
r		0.363	0.783 **	0.728 **	0.155	0.339	0.676 **	0.584 *	-0.726 **	0.267	0.451	0.082

注：* 表示 0.05 显著水平（$r_{0.05} = 0.497$），** 表示 0.01 显著水平（$r_{0.01} = 0.623$）

3.1 株高对籽粒产量的作用

株高与籽粒产量呈极显著正相关（$r = 0.783^{**}$），即籽粒产量随着植株的增高而增加，植株的增高则有利于营养体的增加，营养体的增加有利于开花结实。株高通过单株粒重、单株粒数、千粒重对籽粒产量有较大的间接正效应。因此株高通过单株粒重、单株粒数、千粒重3个性状平均进行间接选择对提高籽粒产量有明显效果。

3.2 主茎节数对籽粒产量的作用

主茎节数与籽粒产量呈极显著正相关（$r = 0.728$），即主茎节数的增加有利于籽粒产量增加。主茎节数的增加则有利于单株粒重、单株粒数的增加。因此主茎节数通过株高、单株粒重、单株粒数3个性状平均进行间接选择对增加籽粒产量亦有明显效果。

3.3 单株粒重对籽粒产量的作用

单株粒重与籽粒产量亦呈极显著正相关（$r = 0.676$），即单株粒重增高籽粒产量则增加。单株粒重通过植株营养体不断生长增大而增加。说明增加单株粒重是籽粒产量的一个重要依据。

3.4 单株粒数对籽粒产量的作用

单株粒数与籽粒产量呈显著正相关（$r=0.584$），在 11 个性状中居第 4 位，说明提高单株粒数是增加籽粒产量的又一个重要的依据。

3.5 籽粒产量与出苗天数的关系

出苗天数与籽粒产量呈极显著负相关（$r=0.726$），这是由于出苗天数与各性状均呈负向间接作用，证明出苗天数与各性状间共同作用于籽粒产量。因此，提早出苗有利于籽粒产量的增加。

3.6 籽粒产量与其他性状间的作用

籽粒产量与现蕾至开花天数、千粒重、出苗至现蕾天数呈正相关，相关系数分别为 $r=0.451$、$r=0.339$、$r=0.267$，但未达到显著效应。证明这 3 个性状增加亦可有利于籽粒产量的增加。籽粒产量与一级分枝数和开花至成熟天数相关不密切。

遗传相关分析结果表明，11 个性状对籽粒产量的影响大小顺序为：株高>主茎节数>出苗日数>单株粒重>单株粒数>现蕾至开花天数>生育日数>千粒重>出苗至现蕾天数>一级分枝>开花至成熟天数。

4 小结

（1）11 个相关性状对籽粒产量的影响大小顺序为：株高>主茎节数>出苗日数>单株粒重>单株粒数>现蕾至开花天数>生育日数>千粒重>出苗至现蕾天数>一级分枝>开花至成熟天数。

（2）选择高杆、主茎节数多、单株粒重高、单株粒数多是提高旱作苦荞籽粒产量的主要有效途径。

（3）出苗天数与籽粒产量的负向间接作用很大。因此，出苗延迟会导致籽粒产量大幅度减少。

（4）千粒重、现蕾至开花天数和出苗至现蕾天数的增加亦可间接起到增加籽粒产量的作用。

（5）一级分枝和开花至成熟天数对籽粒产量的影响不明显。

参考文献

[1] 陶勤南. 农业试验设计与统计方法一百例 [M]. 西安：陕西科学技术出版社，1987.

[2] 杨明君，枋媛，樊民夫，等. 旱作马铃薯块茎产量相关性状的通径分析 [J]. 马铃薯杂志，1994（2）：65-68.

[3] 杨明君，郭忠贤，陈有清，等. 苦荞麦主要经济性状遗传参数研究 [J]. 内蒙古农业科技，2005（5）：19-20.

苦荞麦高产栽培最佳配方研究

赵 萍 杨 媛 杨明君 杨 芳

（山西省农业科学院高寒区作物研究所，大同 037008）

摘 要：本项研究以早中晚熟 3 种不同类型的品种为试验材料，3 种不同播种量，3 种不同施肥量为处理，采用 L_9（3^4）正交试验法进行试验研究。结果表明，不同品种间差异极显著，不同播种量，不同施肥量间达显著水平。综合结果分析，生育期长的晚熟品种，每亩播种量 6 万株，每亩施磷二胺 20kg 作基肥为最佳组合配方。

关键词：苦荞麦；播种量；施肥量

由于人类对膳食改善的要求，食品的质量和营养含量已提到首位。荞麦含有其他粮食作物中没有的芦丁。因此，荞麦食品深受广大消费者的青睐。苦荞麦是一种理想的粮、药兼用粮种，经常食用具有明显的保健功能，越来越受到国内外广大消费者的欢迎。

目前，生产上使用的品种混杂，退化现象严重，耕作粗放，生产方式落后，广种薄收，极大地影响了荞麦生产的发展。针对目前状况，选用简便适宜的高产栽培最佳配方是提高荞麦单产，推动产区农民增收的有效途经。

1 材料与方法

1.1 试验材料

选用 3 个不同类型的品种，早熟种苦荞 05-43，中熟种 03-04，晚熟种蜜蜂。

1.2 试验方法

本试验设在山西大同南郊高寒所试验田，地处北纬 40°06′，东经 113°20′，海拔高度为 1 067.6m，沙壤土，肥力中等，前茬为向日葵，秋深耕，播前浅耕灭草，未施肥。5 月 26 日播种，6 月 2 日出苗，出苗齐全，6 月 18 日和 7 月 7 日各中耕一次。7~8 月雨量极少，因受干旱高温的影响，加上土壤保水能力较差，各供试品种产量水平整体较低，后期雨水偏多，有利于晚熟品种。7 月 9 日追肥，尿素 10kg/亩。

1.3 试验处理

3 个播种量，4 万株/亩，6 万株/亩，8 万株/亩；3 个施肥量，不施肥，10kg 磷二胺/亩，20kg 磷二胺/亩。拟采用 L_9（3^4）正交试验法，小区面积 2m×5m，6 行区，重复 2 次。

2 结果与讨论

2.1 不同品种之间的关系

不同处理下，各品种产量结果见表 1。方差分析结果表明，品种间籽粒产量达极显著水平，F 值为 74.7**（$F_{0.01}=7.20$），即品种不同，籽粒产量亦不同。互比分析结果（表 2），晚熟品种"蜜蜂"极显著高于中熟品种"苦荞 03-04"和早熟品种"苦荞 05-43"。中熟品种"苦荞 03-04"极显著高于早熟品种"苦荞 05-43"。籽粒产量分别为"蜜蜂"

1 635kg/hm², "苦荞 03-04" 1 201kg/hm², "苦荞 05-43" 748. 2kg/hm²。

2.2 不同播种量之间的关系

方差分析结果表明，播种量间籽粒产量达显著水平，F 值为 6.96* ($F_{0.05}$ = 3.98)，即播种量不同，籽粒产量亦不同。互比分析结果（表3），每亩播种 6 万株显著高于播种 4 万株和播种 8 万株，每亩播种 4 万株和每亩播种 8 万株间差异不显著。籽粒产量分别为每亩播种 6 万株 1 339 kg/hm²，每亩播种 8 万株 1 201 kg/hm²，每亩播种 4 万株 748. 2kg/hm²。

2.3 不同施肥量之间的关系

方差分析结果表明，施肥量间籽粒产量达显著水平，F 值为 6.00* ($F_{0.05}$ = 3.98)，即施肥量不同，籽粒产量亦不同。互比分析结果（表3），每亩施磷二胺 10kg 极显著高于施磷二胺 20kg，显著高于不施肥；每亩施磷二胺 20kg 与不施肥差异不显著。籽粒产量分别为每亩施磷二胺 10kg 1 348. 8kg/hm²，每亩施磷二胺 20kg 1 095. 2kg/hm²，不施肥 1 140. 2 kg/hm²。

表 1 苦荞品种产量结果

序号	A		B		C		试验数据（kg/hm²）		
	品种		播种量 （万株/667m²）		施肥量 （kg/667m²）		I	II	I + II
1	1	05-43	1	4	1	0	688	683	1371
2	1	05-43	2	6	2	10	960	1 001	1 961
3	1	05-43	3	8	3	20	491	666	1 157
4	2	03-04-8	1	4	2	10	1 424	1 138	2 562
5	2	03-04-8	2	6	3	20	1 380	1 246	2 626
6	2	03-04-8	3	8	1	0	1 084	934	2 018
7	3	蜜蜂	1	4	3	20	1 431	1 357	2 788
8	3	蜜蜂	2	6	1	0	1 671	1 781	3 452
9	3	蜜蜂	3	8	2	10	1 916	1 654	3 570
T_1	4 489		6 721		6 841				
T_2	7 206		8 039		8 093		$\sum X$ = 21 505		
T_3	9 810		6 745		6 571				
SS	2 359 774. 776		189 563. 11		219 827. 11				

表 2 L_9 (3^4) 正交试验的方差分析

变异来源	平方和	自由度	均方	F	F 0.05	F 0.01
品种	2 359 774.776	2	1 179 887.388	74.70**	3.98	7.20
播种量	219 827.11	2	109 913.555	6.96*	3.98	7.20
施肥量	189 563.11	2	94 781.555	6.00*	3.98	7.20
误差	173 736.614	11	15 794.23764			
总变异	2 942 901.61	17				

表 3 各平均数间的互比

品种				播种量				施肥量			
水平	平均产量	与3比	与2比	水平	平均产量	与2比	与3比	水平	平均产量	与2比	与1比
3	1 635			2	1 339.8			2	1 348.8		
2	1 201	434**		3	1 124.2	215.6*		1	1 140.2	208.6*	
1	748.2	886.8**	452.8**	1	1 120.2	219.6*	4.0	3	1 095.2	2 53.6**	45.0

各水平平均数间的差异显著程度用 * 号表示，极显著程度用 ** 号

3 小结

（1）试验结果表明，不同品种间差异极显著，晚熟种"蜜蜂"籽粒产量最高，中熟种次之，早熟种最低。

（2）苦荞麦适宜的种植密度有利于籽粒产量的增加。播种量以每亩播种 6 万株为最高，每亩播种 8 万株次之，每亩播种 4 万株最低。

（3）施肥量以每亩施磷二胺 10kg 为最高。施肥适当，有利于苦荞麦生长发育和籽粒产量的增加，反之，则对苦荞麦生长发育有极大的影响。

（4）研究结果表明，最佳组合配方为晚熟种"蜜蜂"，每亩播种 6 万株，每亩施磷二胺 10kg。

参考文献

[1] 陶勤南. 农业试验设计与统计方法一百例 [M]. 陕西科学技术出版社，1987.

[2] 杨明君，枋嫒，樊民夫，等. 脱毒马铃薯扩繁技术初探 [J]. 马铃薯杂志，1995 (4)：211-217.

[3] 杨明君，枋嫒，郭忠贤，等. 旱作苦荞麦籽粒产量与主要性状的相关分析 [J]. 内蒙古农业科技，2010 (2)：49-50.

苦荞麦新品种晋荞6号选育及丰产栽培技术 *

杨　媛** 杨明君　王　慧　石金波　杨　芳　郭忠贤

（山西省农业科学院高寒区作物研究所，大同　037008）

　　摘　要：苦荞麦晋荞6号新品种系山西省农业科学院高寒区作物研究所由当地农家种"蜜蜂"经系统选育而成。该品种黄酮类含量较高，达2.51%。适宜于晋西北丘陵区，山西及华北，西北等荞麦产区种植。并配套了相适应的丰产栽培技术。

　　关键词：苦荞麦；选育；栽培技术

　　苦荞麦属蓼科荞麦属，营养价值高，富含黄酮类物质，尤其是其他粮食作物中没有的芦丁，可防治由于血管脆性引起的出血性疾病，具有扩张血管，促进血液循环，减轻血液黏稠度，降低血脂和胆固醇的作用。苦荞中含的镁能促进人体纤维蛋白溶解，使血管扩张，抑制凝血酶的生成，具有抗栓塞的作用。

　　近些年由于人类对膳食改善的要求，食品的质量和营养含量已提到首要位置。荞麦含有其他粮食作物中没有的芦丁。因此，荞麦食品深受广大消费者的青睐。苦荞麦是一种理想的粮、药兼用粮种，经常食用具有明显的保健功能，越来越受到国内外广大消费者的欢迎。随着荞麦食品的加工多样化，适用性极广。现开发的产品有挂面类、点心类、茶类和酒水类，是一种理想的医疗保健食品，国内外市场上十分畅销，需求量日趋增加。目前，生产上使用的品种混杂，耕作粗放，生产方式落后，极大地影响了荞麦生产的发展。荞麦是大同地区的主要土特产品之一。在调整产业化种植结构的过程中，荞麦是"优质小杂粮工程"重点发展的小杂粮之一。扩大苦荞麦种植面积，是推动加工企业盈利和产区农民增收的有效途经。

1　品种来源

　　晋荞麦（苦）6号，试验编号：04-46，于2004年由山西省农业科学院高寒区作物研究所从当地灵丘县农家种"蜜蜂"中单株系统选育而成（图）。

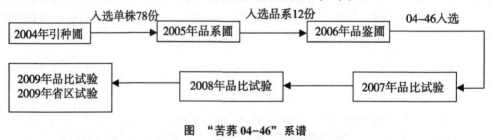

图　"苦荞04-46"系谱

　　* 基金项目：国家科技支撑计划项目（2006BA02B06-015）；山西省科技产业化环境建设项目（2011071006）

　　** 作者简介：杨媛，女，山西应县人，助理研究员，学士，从事荞麦遗传育种及栽培研究工作

2 选育过程

该品种于 2004 年从搜集到的农家种中根据育种目标入选单株起始，经过 6 年的品系圃、品鉴试验、品比试验选优汰劣，最后决选出新品系"04-46"，于 2009—2010 年参加山西省品种区域试验。2011 年经山西省农作物品种审定委员会审定，定名为晋荞麦（苦）6 号（图）。

3 品种特征特性

晋荞麦（苦）6 号田间生长整齐一致，长势中等，生育期 93.7 天，属中早熟品种，适于山西省高寒地区种植。株高 103.6cm，主茎 19.8 节，一级分枝 6.9 个。花色黄绿。株型紧凑。单株粒重 3.76g，株粒数 201.6 粒，籽粒灰黑色，长型，千粒重 18.7g。抗病，抗倒伏，耐旱，适应性强。品质优良。黄酮类含量 2.51%。

4 产量表现

2007 年 182.7kg/亩，比对照广灵苦荞 113.9kg/亩增产 60.4%；2008 年 236.0kg/亩，比对照广灵苦荞增产 25.7%；2009 年 116.2kg/亩，比对照晋荞（苦）2 号增产 25.8%。

2009—2010 年在大同市灵邱县、左云县，朔州市右玉县、长治市、临汾市和晋中市的 11 个区试点进行示范，每个品种示范面积 0.1 亩，结果 9 点增产，平均亩产 148.3kg，增产点占 82%；单产比对照晋荞麦（苦）2 号亩产 134.5kg 增产 10.3%。

5 丰产栽培技术

5.1 合理轮作

苦荞营养生长迅速，根系吸收磷酸的能力很强，最忌连作，连作苦荞不仅地力消耗大，且易发生病虫害。种植苦荞要合理安排土地，实行轮作到茬。苦荞对前作要求不严，适宜于豆茬、薯茬和中耕作物茬。轮作制应为荞麦→马铃薯、莜麦或豆类作物→荞麦。

5.2 优选种子

苦荞籽实成熟延续时间长，成熟度很不一致，往往有三分之一的籽实成熟不饱满，播种后常出现弱苗小苗，造成减产。选用大而饱满的种子播种，可提高产量。据试验，清选后的种子比不清选的增产 7.2%。清选种子的方法一般可用清水选种，将种子倒进清水缸里，弃掉漂浮的瘪籽，将沉在水底的饱满种子捞出凉干，准备播种。

5.3 早施肥

苦荞生育期短，对肥料十分敏感。由于荞麦根分泌有机酸使土壤中不易溶解的磷酸根变为溶解状态，有利于根部吸收，因而苦荞麦对磷、钾有特殊的吸收能力，因此要施足底肥，满足荞麦对肥料的要求。为了减少苦荞籽粒中的有害化学成分，施肥要以农家肥为主，化肥为辅，基肥要重，追肥要早。

5.4 适时播种

晋北地区无霜期短，播种时间推迟，易受早霜危害，造成不能正常成熟，产量减少。苦荞生长发育、籽粒形成时期最有利气温为 18~22℃。温度低于 15℃，或高于 30℃，相对湿度又较低时，花朵、果实常常枯萎，产量降低。适时早播有利于结实，增加籽实产量。晋北地区 5 月下旬至 6 月上旬均可播种。

5.5 合理密植

适宜播量为每亩留苗6~8万株，肥地宜稀，薄地宜密。

5.6 适时中耕

适时中耕可疏松土壤，增加土壤的通透性，起到蓄水保墒，提高土壤温度的作用；同时去除杂草有利于苦荞麦生长；一般中耕两次，苗高5~7cm时第一次中耕；开花封垄前中耕第二次，并结合培土。

5.7 及时防治病虫害

近些年苦荞麦在晋北地区发现有褐斑病、轮纹病，可喷洒多菌灵或代森锌防治。虫害有草地螟、双斑萤叶甲等，可用高效氯氰菊酯或辛硫磷乳液喷洒防治。

5.8 适时收获

苦荞籽实成熟延续时间长达20~45天，成熟很不一致，种子容易脱落，要适时收获避免大幅度减产。荞麦的收获适期，一般在70%的籽实变成黑褐色并呈现出品种固有颜色的时候。过早过迟收获都会严重影响产量。苦荞收回后，宜将收割的植株竖堆保持3~4天，使之后熟。但要避免堆垛，引起垛内发热，使种子霉烂。苦荞收获宜在清晨，此时空气湿度大，籽粒不易碰落。

6 适宜区域

晋西北丘陵区，山西及华北、西北等荞麦产区均可种植。

参考文献

[1] 杨明君. 荞麦高产栽培技术 [J]. 山西农业科学，1989 (8)：17-18.

[2] 陈有清，杨明君. 晋西北黄土丘陵区荞麦高产栽培技术 [J]. 内蒙古农业科技，1992 (9)：12-14.

[3] 陈有清，杨明君. 播期对荞麦产量的影响 [J]. 内蒙古农业科技，1994 (3)：4-6.

[4] 杨明君，杨媛，郭忠贤，等. 旱作苦荞麦籽粒产量与主要性状的相关分析 [J]. 内蒙古农业科技，2010 (2)：49-50.

[5] 杨明君，杨媛，郭忠贤，等. 苦荞麦综合高产栽培技术 [J]. 内蒙古农业科技，2010 (3)：129.

[6] 石金波，杨媛，赵萍. 浅谈荞麦的特征及其种植管理技术 [J]. 中国农业信息，2011 (8)：57.

[7] 杨明君，杨媛，杨芳，等. 旱作苦荞麦最佳栽培组合探讨 [J]. 中国农业科技通讯，2011 (6)：51-53.

不同种植密度对晋荞麦 6 号产量及构成因素的影响*

王 慧** 杨 媛 杨明君 石金波 郭忠贤

（山西省农业科学院高寒区作物研究所，大同 037008）

摘 要：以苦荞晋荞麦 6 号为材料，通过田间试验，研究了不同种植密度对苦荞晋荞麦 6 号产量及产量构成因素的影响。结果表明，种植密度对产量构成因素有显著影响，分枝数、单株粒数、单株粒重在不同种植密度下均差异显著，且与种植密度呈显著的负相关性；不同种植密度下晋荞麦 6 号产量差异显著，30 万～120 万株/hm² 范围内，产量随密度的增加而增加；当密度增加到 150 万株/hm² 时，产量降低。密度在 120 万株/hm² 时产量最高，达 2 479.67kg/hm²。生产上建议晋荞麦 6 号种植密度 90 万～120 万株/hm²。

关键词：晋荞麦 6 号；种植密度；产量；产量构成因素

苦荞麦 [*Fagopyrum tataricum*（Linn）Gaerth]，属蓼科（Polygonaceae）荞麦属（*Fagopyrum*），是一种理想的粮、药兼用作物[1]，其营养丰富，富含蛋白质、脂肪酸、维生素、矿物质和芦丁等营养成分，是一种经济价值很高的天然保健食品[2-3]。大同市地处晋北高寒地带，属温带大陆性季风气候区，受季风影响，形成了四季分明、冬寒夏暖、多风沙的半干旱气候，其山区一带非常适宜种植耐寒、耐旱的荞麦[4]。随着大同市苦荞麦种植规模的不断扩大和龙头加工企业的不断壮大，大同市苦荞麦食品已走向全国，走向世界。扩建的灵丘、左云苦荞保健品厂、益寿面食品厂到 2012 年加工能力达 500×10⁴kg。雁门苦荞茶被誉为"东方神草"，有"中国第一荞"之称。从社会效益、市场效益、经济效益来看，苦荞麦都有着广阔的前景[5]。

长期以来，在苦荞的生产过程中，由于耕作粗放，种植密度随心所欲，单产较低，制约了苦荞的发展和利用[6-7]。前人对影响荞麦产量的因素，如播期、肥料或播期、肥料和密度组合做过相应研究[1,7-15]，但研究结果也不尽相同。晋荞麦 6 号是山西省农业科学院高寒区作物研究所从灵丘县当地农家种"蜜蜂"中单株系统选育而成的优良品种，2011年通过山西省农作物品种审定委员会审定。本研究以晋荞麦 6 号为材料，在大田生产条件下研究不同种植密度对苦荞产量及产量构成因素的影响规律，旨在为晋北地区苦荞生产选着最佳的种植密度提供一定理论依据。

1 材料和方法

1.1 供试材料

供试品种为苦荞晋荞麦 6 号。

* 基金项目：国家现代农业燕麦荞麦产业技术体系大同综合试验站建设专项资金资助（CARS-08-E-7）

** 作者简介：王慧，女，山西浑源人，助理研究员，硕士，主要从事荞麦栽培育种和农业害虫综合治理工作

1.2 试验地概况

试验于 2011 年在山西省农业科学院高寒区作物研究所东王庄试验基地进行，海拔 1 067.6m，纬度 40°06′，经度 113°20′。该区试验地地势平坦，肥力中等，灌溉方便，土质沙壤，前作玉米。

1.3 试验设计

试验设 5 个密度处理，即 30 万/hm²，60 万/hm²，90 万/hm²，120 万/hm²，150 万/hm²。采用随机区组设计，3 次重复，小区长 5m，宽 2m，6 行区，小区面积 10m²。

1.4 田间管理

于 2011 年 5 月 29 日整地施肥，基肥是腐熟的羊粪农家肥，30 000kg/hm²。5 月 31 日播种，人工开沟条播；6 月 22 日第一次中耕，7 月 13 日第二次中耕；试验期间未进行追肥；同一管理措施均在同一天内完成。试验期间气候情况见表 1。

表 1 试验地气象资料

项目	5 月	6 月	7 月	8 月	9 月
平均气温（℃）	15.1	22.3	22.4	22.0	14.5
降水量（mm）	34.1	77.1	42.7	52.7	15.4
日照（h）	271.7	281.4	254.0	256.7	227.7

1.5 测定项目和数据分析

成熟后按小区收获，风干后测籽粒实际产量。收获时每小区随机取样 10 株考察单株株高、茎粗、节数、有效分枝数以及单株粒重、单株粒数和千粒重，3 次重复。数据采用 Excel 和 SPSS 18.0 统计软件进行分析处理。

2 结果与分析

2.1 种植密度对荞麦生育期的影响

表 2 不同种植密度下晋荞麦 6 号的生育期

播种密度	生育时期（月/日）						全生育期
（万株/hm²）	播种期	出苗期	分枝期	现蕾期	开花期	成熟期	（天）
30	05/31	06/07	06/27	07/04	07/14	08/29	91
60	05/31	06/07	06/27	07/04	07/14	08/29	91
90	05/31	06/07	06/27	07/04	07/14	08/29	91
120	05/31	06/07	06/27	07/04	07/14	08/29	91
150	05/31	06/07	06/29	07/04	07/14	08/29	91

由表 2 可见，不同种植密度对苦荞生育期无明显影响。晋荞麦 6 号从播种到出苗需要 8 天，从出苗到现蕾需要 27 天，现蕾至开花需要 10 天，开花至籽粒成熟需要 46 天，全生育期约 91 天。

2.2　种植密度对苦荞产量构成因素的影响

表 3 显示，晋荞麦 6 号在不同种植密度下株高差异不显著（$F = 2.052$，$P = 0.09 >$ 0.05）；节数（$F = 2.739$，$P = 0.031 < 0.05$）、茎粗（$F = 2.909$，$P = 0.024 < 0.05$）、一级分枝数（$F = 9.407$，$P = 0.000 < 0.05$）差异显著，30 万株/hm² 时节数最多、主茎最粗、一级分枝数最多，分别为 18.53 个、0.62cm 和 4.87 个；单株粒数差异显著（$F = 13.871$，$P = 0.000 < 0.05$），30 万株/hm² 时单株粒数最多为 402.69，90 万株/hm² 时最少为 140.34；单株粒重（$F = 12.184$，$P = 0.001 < 0.05$）差异显著，30 万株/hm² 时单株粒质量最大为 7.21g，90 万株/hm² 时最小为 2.57g；千粒重差异不显著显著（$F = 0.261$，$P = 0.896 > 0.05$）。

表 3　不同种植密度下晋荞麦 6 号的产量构成因素

播种密度（万株/hm²）	株高（m）	节数（个）	茎粗（cm）	一级分枝数（个）	单株株粒数（个）	单株粒重（g）	千粒重（g）
30	1.30 a	18.53 a	0.62 a	4.87 a	402.69 a	7.21 a	17.88 a
60	1.26 a	18.43 a	0.51 b	3.60 b	276.39 b	4.93 b	17.80 a
90	1.23 a	17.37 b	0.51 b	3.12 b	140.34 c	2.57 c	18.28 a
120	1.21 a	17.37 b	0.53 b	3.10 b	171.16 c	3.09 c	18.09 a
150	1.30 a	17.87 ab	0.50 b	3.33 b	193.05 bc	3.54 bc	18.41 a

构成苦荞产量的主要因素是单位面积株数、株粒数和千粒重。只有建立合理的群体结构，使单位面积株数、株粒数和千粒重协调发展，才能保证理想的产量[8,16]。对密度与产量构成因素进行相关性分析，结果显示分枝数、单株粒数和单株粒重与种植密度呈极显著负相关，相关系数 r 分别为 -0.769**、-0.723** 和 -0.709**；千粒重与种植密度无显著相关性，相关系数为 0.255。

2.3　种植密度对荞麦产量的影响

图显示，不同种植密度下晋荞麦 6 号产量差异显著（$F = 9.224$，$P = 0.002 < 0.05$）。

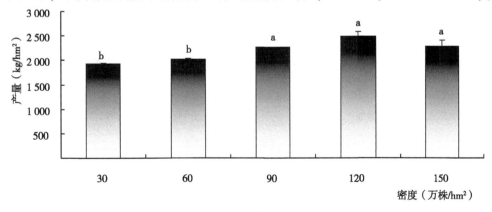

图　不同种植密度下晋荞麦 6 号产量比较

在 30 万 ~120 万株/hm² 范围内，随着播种密度的增加，晋荞麦 6 号产量呈增加趋势，当密度增加到 150 万株/hm^2 时，产量降低。密度 120 万株/hm^2 产量最高，达 2 479.67kg/hm^2；30 万株/hm^2 产量最低，为 1 934.67kg/hm^2。

3 讨论

研究表明，种植密度对产量构成因素有显著影响，分枝数、单株粒数、单株粒重在不同种植密度下均差异显著，且与种植密度呈显著的负相关性；不同种植密度下苦荞晋荞麦 6 号产量差异显著，在 30 万 ~120 万株/hm^2 范围内，产量随着密度的增加而增加，当密度增加到 150 万株/hm^2 时，产量降低。这主要是因为在一定的范围内，群体内透光性和通风性良好，干物质积累多，随着株数的增加产量也增加；当密度超过某个限度后，株数虽多，但田间透光性差，作物光合能力下降，导致干物质积累少而使产量降低[8]。密度 120 万株/hm^2 产量最高，但与 90 万株/hm^2 产量差异不显著，建议晋荞麦 6 号最佳的播种密度为 90 万 ~120 万株/hm^2。

参考文献

[1] 杨明君，杨媛，杨芳，等．旱作苦荞麦最佳栽培组合探讨 [J]．农业科技通讯，2011 (6)：51-53.

[2] 戴丽琼．农艺措施对荞麦产量和品质形成的影响 [D]．呼和浩特：内蒙古农业大学，2011.

[3] 林汝法．中国荞麦 [M]．北京：中国农业出版社，1994.

[4] 高清兰．大同市荞麦种植的气候条件分析 [J]．现代农业科技，2011 (6)：315，318.

[5] 赵军．大同高寒地区苦荞麦高产栽培技术 [J]．农业技术与装备，2012 (245)：45-46.

[6] 李引平．山西省小杂粮生产优势及发展思路 [J]．山西农业科学，2010，38 (2)：3-5，59.

[7] 万丽英．贵州高海拔山区播种密度对苦荞产量及构成因素的影响 [J]．中国农村小康科技，2008 (3)：29-31.

[8] 万丽英．高海拔单作区不同密度对苦荞产量和品质影响的研究 [D]．武汉：华中农业大学，2007.

[9] 高卿，张永伟，林团荣．播种期对荞麦结实率及产量的影响 [J]．内蒙古农业科技，2012 (3)：28-29.

[10] 张卫中，姚满生，阎建宾．不同肥料配比对荞麦生长发育及产量影响的对比研究 [J]．杂粮作物，2008，28 (1)：52-54.

[11] 陈益菊．苦荞麦播期、密度二因子试验报告 [J]．陕西农业科学，2012 (3)：109-110.

[12] 陈有清，杨明君．播期对荞麦籽粒产量的影响 [J]．内蒙古农业科技，1994 (3)：4-6.

[13] 刘纲，熊仿秋，钟林，等．苦荞麦氮磷钾"3414"肥料效应试验初报 [J]．农业科技通讯，2012 (5)：94-97.

[14] 赵永峰，穆兰海，常克勤，等．不同栽培密度与 N、P、K 配比精确施肥对荞麦产量的影响 [J]．内蒙古农业科技，2010 (4)：61-62.

[15] 王迎春，鞠桂清，谢建红，等．荞麦的密度和籽粒产量相关研究 [J]．江苏农业科学，1994 (5)：19-20.

[16] 张耀文，邢亚静，崔春香，等．山西小杂粮 [M]．太原：山西科学技术出版社，2006.

莜麦花梢发生率及对产量的影响研究

李　刚* 李成雄　李荫藩　杨　富　薛龙飞

（山西省农业科学院高寒区作物研究所，大同　037008）

摘　要：通过播期、播量、灌溉和施肥试验研究表明，上述因素与莜麦花稍率及产量密切相关。夏莜区 3 月 26 日播种、公顷播量 105kg、3~4 叶期第一次灌溉、5~6 叶期第二次灌溉、增施 N 肥和 P 肥作基肥，都会有效降低花稍率，提高产量。

关键词：莜麦；花稍；水肥条件；产量

莜麦空铃不实，称为花梢（有的地方叫白铃子、轮花）。莜麦花梢是莜麦生殖生长过程中，自然气候、栽培条件不适以至生理机能障碍所引起的不结实现象。不同品种、同一品种不同的栽培条件形成不同类型的花梢。莜麦花梢对产量影响很大，因此控制花梢是提高莜麦产量的一个重要措施[1,2]。

1　材料和方法

试验于 2009 年在山西省大同市南郊高寒区作物研究所试验基地进行。供试品系XZ04148；播期、播量、灌溉试验均设 3 个处理 3 个重复，施肥试验设 4 个处理 3 个重复；采用随机区组排列，小区面积 13.34m²。每公顷播量 45×10⁵ 粒/hm²（除密度试验）；播前每公顷施农家肥 22 500kg 作基肥。

2　结果与分析

2.1　不同播期对花梢率及产量的影响

不同播期对莜麦花梢率和产量的影响试验结果见表 1。

表 1　不同播期对莜麦花梢率和产量的影响

播期处理 （月/日）	小穗数 （个/穗）	结实小穗数 （个/穗）	花梢数 （个/穗）	花梢率 （%）	产量 （kg/hm²）
3/26	25.22	23.41	1.81	7.18	2 726.25
04/05	22.65	20.38	2.27	10.02	2 562.60
04/15	24.31	21.44	2.87	11.81	2 442.90

表 1 中，由于 3 个处理的播期不同，花梢率随播期的推迟而增加。3 月 26 日比 4 月 5 日早播 10 天，花梢减少 2.85%，产量增产 6.39%；比 4 月 15 日早播 20 天，花梢减少 4.63%，产量增加 11.6%。由此说明夏莜麦区在 4 月 5 日前适当早播可减轻莜麦花梢的发生、提高产量。这与早春气温低、秋冬土壤蓄水和地下返浆水丰富，莜麦根系生长发育

---

* 作者简介：李刚，男，硕士，助理研究员，从事莜麦遗传育种及栽培技术研究工作

好，营养供给充足的情况相吻合[3]。

2.2 不同播量对花梢率及产量的影响

不同播量对莜麦花梢率和产量的影响试验结果见表2。

表2 不同播量对莜麦花梢率和产量的影响

播量 （kg/hm²）	小穗数 （个/穗）	结实小穗数 （个/穗）	花梢数 （个/穗）	花梢率 （%）	产量 （kg/hm²）
105	25.30	23.91	1.39	5.49	2 718.75
127.5	26.27	24.6	1.67	6.36	2 547.75
150	25.02	23.35	1.67	6.67	2 442.75

表2的试验结果表明，花梢率和产量与播种密度密切相关，随着播量的增加花梢率呈递增趋势，产量呈递减趋势。播量105kg/hm²的处理花梢率为5.49%，比150kg/hm²的处理减少1.18%，产量增产11.3%。由此说明，合理的种植密度，能科学协调群体与个体的关系，保证个体充分生长发育，增加穗铃数和结实小穗数，有效减轻花梢发生程度，提高产量。播量过大会影响莜麦个体发育，加重花梢的发生，不仅不能增产，反而会减产。

2.3 第一次灌溉不同处理对花梢及产量的影响

第一次灌溉时间与莜麦生育阶段对应关系及其对莜麦花梢率和产量的影响试验结果见表3。

表3 第一次灌溉不同处理对莜麦花梢率和产量的影响

灌溉处理 （第1水）	小穗数 （个/穗）	结实小穗数 （个/穗）	花梢数 （个/穗）	花梢率 （%）	产量 （kg/hm²）
3~4叶期	26.88	25.07	1.81	6.73	2 733.75
4~5叶期	24.46	22.77	1.69	6.79	2 491.35
5~6叶期	20.39	18.73	1.66	8.14	2 400.15

表3中，由于灌溉时间对应的莜麦生育阶段不同，对花梢率和产量的影响十分明显。3~4叶期灌溉的比5~6叶期灌溉的花梢减少1.41%，产量增加13.90%。试验结果表明及早进行第一次灌溉，有利于分蘖及生殖生长，穗分化较完全，生长旺盛，化梢率低，产量高；相反推迟在5~6叶期进行第一次灌溉的，节间伸长快，植株增高，营养物质消耗增加，不利灌浆，花梢率增加，产量下降。

2.4 第二次灌溉不同处理对花梢及产量的影响

第二次灌溉时间与莜麦生育阶段对应关系及对莜麦花梢率和产量的影响试验结果见表4。

表4 第二次灌溉不同处理对莜麦花梢率和产量的影响

灌溉处理 （第2水）	小穗数 （个/穗）	结实小穗数 （个/穗）	花梢数 （个/穗）	花梢率 （％）	产量 （kg/hm²）
5~6叶期	26.17	24.74	1.43	5.46	2 714.25
6~7叶期	26.05	24.48	1.57	6.03	2 540.25
7~8叶期	23.45	21.59	1.86	7.93	2 352.00

由于第一次灌溉莜麦所处生育阶段不同以及第一次灌溉与第二次灌溉间隔时间对莜麦花粉数量、发育好坏以及结实小穗数都有很大影响，因此本试验第一次灌溉均在3~4叶期完成，第二次灌溉采取3个不同的处理。由表4提供的试验结果，随着灌溉时间的推迟莜麦花梢发生程度在加重，产量在递减。7~8叶期灌溉的比5~6叶期灌溉的花梢增加2.47%、产量减少15.4%。实验证明，第一次灌溉与第二次灌溉的间隔时间不宜太长，5~6叶期灌溉的化稍发生率低、产量高。

2.5 基肥不同处理对花梢及产量的影响

基肥不同处理对莜麦花梢率和产量的影响试验结果见表5。

表5 基肥不同处理对莜麦花梢率和产量的影响

施肥处理 （kg/hm²）	小穗数 （个/穗）	结实小穗数 （个/穗）	花梢数 （个/穗）	花梢率 （％）	产量 （kg/hm²）
氮肥：尿素225	19.61	18.02	1.59	8.11	2 576.70
磷肥：过磷酸钙375	19.19	17.92	1.27	6.62	2 616.30
氮磷肥：尿素225+过钙375	25.86	24.06	1.80	6.96	2 737.50
不施肥	13.78	11.87	1.91	13.86	2 329.80

注：本试验各处理均于播前以基肥施入

从表5的试验结果可以看出，基肥不同处理对花梢率和产量的影响也非常明显，以"尿素225kg/hm²+过磷酸钙375kg/hm²"的氮磷配合施肥效果最明显，花梢减少6.90%，产量提高17.5%。试验证明，土壤缺肥，个体营养供需失调，花梢增加，产量下降。增施氮磷肥，提高土壤肥力，是减少花梢、增加产量的重要途径。

3 结论

综上所述，各种实验提供的数据表明，降低花梢率是增产的重要途径，必须通过综合技术措施去控制。莜麦花梢发生比率与播期、播量、灌溉和施肥都密切关联，对夏莜麦区适当早播，提前在3月26日前后，能有效利用秋冬土壤蓄水及地下返浆水，保证全苗、壮苗；合理密植，公顷播量在105kg左右，群体和个体关系协调，个体生长发育充分；在3~4叶期及早完成第一次灌溉，利于地下根的生长发育以及穗和小穗的分化和形成；在5~6叶期完成第二次灌溉，能促进小花分化，增加小穗数和穗粒数；基肥氮磷配合施肥，有利于莜麦一生的营养需求和吸收利用，以上措施，都是降低花梢率，增加产量的有效措施。

参考文献

［1］ 李刚，田伟，李成雄．莜麦新品种与高产栽培技术［M］．太原：山西人民出版社，2006：101-104.

［2］ 杨海鹏，孙泽民．中国燕麦［M］．北京：农业出版社，1989：56-60，216-219.

［3］ 龚海，李成雄．不同生态区播期对莜麦产量的影响［J］．甘肃农业科技，1999（1）：14-15.

高寒区旱地莜麦生产存在的问题及丰产栽培措施

徐惠云　　王盼忠

（山西省农科院高寒作物研究所，大同　037008）

摘　要：莜麦是北方高寒地区的主要杂粮作物之一，长期以来，由于受气候条件、土壤条件和传统耕作方式的影响，导致山西莜麦产量较低，种植面积逐渐下降。针对目前莜麦生产状况及存在的问题，应采取科学合理的丰产栽培措施，进一步提高莜麦产量和品质。

关键词：莜麦；生产现；丰产；栽培技术

莜麦是中国北方高寒地区重要的粮草兼用作物，主要分布在内蒙古、山西、河北、甘肃等地，近年种植面积在 1 500 万亩左右，以旱地种植为主。长期以来，由于受气候条件、土壤条件和传统耕作方式的影响，导致晋北莜麦产量较低，种植面积逐渐下降。

1　山西莜麦生产现状

山西是莜麦的故乡，"五寨莜麦"至今闻名全国。山西的东西两山地处黄土高原，属温带寒冷型气候区，年平均气温在 4～7℃，山区和丘陵区占总面积的 70% 以上，主要作物为马铃薯、莜麦、油料、杂豆，是人少地多的旱作农业区。在 20 世纪 50 年代初，我省莜麦面积 420 万亩，约占全国莜麦面积的 1/7，60 年代下降为 350 万亩。在 1966—1976 年，由于单一经营倾向十分严重，各地不顾一切的主攻高产，对莜麦等区域性作物比较忽视，致使莜麦面积和产量大幅度下降，种植面积在 200 万亩以下，总产量约 7.5 亿 kg，平均亩产 50kg 左右。"七五"期间由于重视科学技术的推广应用，我省莜麦种植面积一直维持在 250 万亩左右，亩产上升到 70kg 左右，总产量翻了一倍，"八五"至"九五"我省莜麦种植面积逐年减少，由 1990 年的 200 万亩下降到目前的 120 万～150 万亩。种植面积下降的原因：一是国家由计划经济向市场经济转轨，经济效益低的作物，如谷子、高粱、油料、莜麦等的种植面积被一些效益比较好的作物玉米、豆类、马铃薯等代替。二是莜麦本身产后加工落后，市场销路没有打开，造成种植户自给自足而减少种植面积。三是莜麦产区自然气候近几年连续干旱，播种困难或播后未出苗等，造成莜麦生产近年来处于低谷的局面，单产又回落到百斤以内。目前，中国莜麦生产仍处于低而不稳的水平，主要存在以下方面的问题。

1.1　品种退化较重

当前莜麦生产上大面积种植的品种是 90 年代末育成的晋燕九号，由于良种繁殖体系不健全，该品种退化较为严重。虽然科研单位在育种工作中育出些抗旱、高产的新品种，但由于一家一户的生产方式，这些品种在生产上推广的速度相当缓慢。

1.2　气候干旱

莜麦生产区虽属于光热资源充沛的旱作地区，有效降水量为 400～500mm，有的产区在 350mm 左右，干旱年份为 200～300mm，但雨量分布不均匀，常以阵雨、暴雨形式下降，而且多集中在 7～9 月（占全年降水的 70% 左右），形成降水量流失严重，水份有效利用率极低。

1.3 土壤瘠薄

山西省莜麦产区属土壤瘠薄的丘陵土石山区，供肥能力弱。近年来随着化肥施用量的增加，造成耕地有机质不断下降，使得土壤容重加大，孔隙度缩小，通透性变差，土体结构变坏，供给莜麦生长发育需要的营养物质减少，协调莜麦生长发育的功能降低。

1.4 耕作粗放、广种薄收

在人少地多的莜麦产区，传统一年两见面形成了耕作粗放、广种薄收、靠天吃饭的种植方式。由于管理粗放，大量水分因没有深耕蓄水而流失，因未进行耙糖而蒸发；由于施肥水平低或单纯施用化肥而造成土壤瘠薄；由于田间管理跟不上，病害流行造成减产。最终形成越低产越广种、越广种越低产的恶性循环的生产水平。

2 丰产栽培措施

2.1 整地保墒

要抓好四个时期的蓄水保墒工作：①秋耕保墒。在前茬作物收获后，及时深耕、耙糖整地。②冬季镇压保墒。对于天冻地裂，坷垃较多的地块，需压实土壤表层，不留孔隙，防止风蚀跑墒。③早春顶凌镇压。在昼化夜冻，土壤开始返浆时，及时耙糖镇压，顶凌压地不仅能够保墒，而且尚有提墒作用。④在莜麦生育期间进行中耕松土，切断土壤的毛管水，拟制土壤水分蒸发。雨后及时浅锄，破除板结，抑制蒸发，保蓄土壤水分。

2.2 选用良种

选用高质量、高纯度的莜麦原种，选择高产、抗病的优良品种，同时淘汰混杂、退化的落后品种。选用抗旱性强，耐瘠薄、抗病、增产潜力大的标准品种，是一项见效快、成本低、收益高的重要增产措施。优良品种必须经过严格的风选、筛选，选用粒大饱满，成熟度好的完整籽粒作种子。目前在我省高寒区推广种植的莜麦新品种主要有晋燕 9 号等，丰产抗逆性较强，比对照品种增产 10% 以上。

2.3 合理密植

要根据土壤肥力状况和品种特性而确定合理的种植密度。一般土壤适宜的播量为10~12kg/亩，亩留苗 25 万~30 万株，在肥力较高的滩地和二阴地，以及生产水平较高的地块，亩播量可适当增加 2~3kg，反之减少 2~3kg。此外还应根据土壤墒情、种子质量等调整好播量。播种深度要根据情况区别对待，一般以 4~6cm 为宜，早播的要适当深一些，晚播的适当浅一些，干旱少雨和墒情不好的地块要适当深一些。

2.4 适时迟播，抗旱保墒

由于高寒区春季干旱较重，气温偏低，适时迟播可以更好地利用夏季雨水，使莜麦生育期间主要需水阶段与雨季相吻合，减轻干旱的危害。在晋北高寒区，在保证霜前正常成熟的前提下，种植早熟品种，播种期应适当推迟到 5 月中下旬；种植中晚熟品种，一般 5 月中旬播种为宜。如果播种过早，出苗至孕穗期间正处于干旱缺雨时期，影响到莜麦的生长和穗部的发育，造成减产。

2.5 合理施肥

莜麦是须根系作物，有较强的吸收能力，特别是对 N 素肥料非常敏感，因此，在施肥上要以养分含量全的优质有机肥为主，化肥为辅（一般用作追肥），把握重施基肥，巧施种肥，根据苗情追肥的原则。以往"一炮轰"的施肥方法已不适应，最佳的施肥方法是：亩施有机肥 5 000kg 作底肥，每亩 3~5kg 磷酸二铵与种子混合均匀一起播下，到拔节期（需肥的关键时期）乘降雨再追肥，一般亩追施尿素 10~15kg。在灌浆期根据苗情，亩追施尿素 8~10kg，如结合降雨，深施追肥效果更佳。

2.6　中耕除草

应掌握"锄早、锄小、锄了"的原则。第一次锄草应在莜麦长到 10~15cm 时进行，此时中耕，可以增加土壤的通气性，防止脱氮现象，促进新根大量发生，提高吸收能力，增加分蘖。中耕要浅锄、细锄、不埋苗，千万不要伤及莜麦小苗叶片，不要损伤莜麦小苗的根部，因为这时莜麦小苗的根部还很脆弱，如遇损坏很难恢复。第二次中耕在拔节前期进行。这时中耕，不仅可以消灭田间杂草，疏松土壤，提高地温，减少土壤水分蒸发，提高土壤蓄水能力，而且能够促进莜麦根系生长，提高莜麦抗逆性。若条件允许可以进行第三次中耕，应在在拔节后期，封垄前进行。

2.7　防治病虫害

莜麦生长中后期，是病虫害的多发期，莜麦常见的病害有：黑穗病、红叶病、秆锈病。防治这几种常见病的方法基本相同，一是选择抗病品种，二是选择无菌种子进行种植，三是合理轮作倒茬，如同马铃薯、豆类进行轮作。如病情严重，可用化学方法防治。

比较常见的虫害有草地螟、蚜虫、红叶螨。当出现虫害时，可以用氯氰菊酯进行防治，按照每亩用药 30~40mL，稀释成 1 300 倍液后进行喷施来杀灭蚜虫和红叶螨，隔 15 天再喷药一次效果更好。

2.8　适时收获

莜麦的收获是一项时间性很强的工作，一旦成熟，就应及时收获，通常应在 9 月上旬收获，不可延误，否则籽粒脱落，会造成丰产不丰收的结果。莜麦穗上下部位的籽粒成熟是不一致的，当麦穗中上部籽粒进入蜡熟末期时，应及时收获。收获过晚，会增加籽粒脱落，造成减产。

参考文献（略）

超微粉碎对燕麦粉水合性质的影响

张江宁* 丁卫英 杨 春**

（山西省农业科学研究院农产品加工研究所，太原 030031）

摘 要：本文研究了超微粉碎对燕麦微粉粒径以及水合性质的影响，结果表明超微粉碎燕麦调控吸风频率为 40Hz、30Hz、20Hz 得到粒径 d（0.9）分别为 131.6μm、80.58μm、44.11μm 的燕麦微粉 A、B、C，说明微细化程度提高；燕麦微粉 A、B、C 可溶性膳食纤维比例分别为 32.9%、43.9%、62.4%，有显著提高；持水性分别为 1.78g/g、2.56g/g、3.02g/g，溶胀性分别为 2.94mL/g、3.47mL/g、4.12mL/g，呈升高趋势。本研究为燕麦微粉水合性质运用于燕麦加工及其功能性食品开发提供理论依据。

关键词：燕麦；超微粉碎；水合性质

燕麦是谷物中最好的全价营养食品，具有营养与保健双重功效，含有丰富的蛋白质、脂肪、碳水化合物、钙、磷、铁、维生素 B_1、维生素 B_2、尼克酸、膳食纤维等营养成分。其中纤维素含量为 17%~21%，水溶性纤维素 β-葡聚糖 [（1-3）（1-4）-β-D-葡聚糖]达 4%~6%，约是稻米、小麦的 7 倍。膳食纤维被称为"第七营养素"，虽然不被消化吸收，但可以保护人体免遭多种疾病的侵害，是其他任何营养素所不能代替的[1]。膳食纤维具有一定的吸水性，有利于形成产品的组织结构，以防脱水收缩，可明显提高某些加工食品的经济效益，如用于焙烤食品减少水分损失而延长产品货架寿命[2]。

膳食纤维水合性质包括溶胀性和持水性，决定了不同食品加工过程中的最佳用量，以取得期望的质构和有益的生理功能性质[3]，吸水膨胀易使肠道推动食物残渣，将营养吸收完后的废物移走，从而达到排便通畅的功效[4-5]，不同来源的膳食纤维经不同方法处理后其功能性质有所不同[6]。

超微粉碎一般是指将直径为 3mm 以上的物料颗粒粉碎至 10~25μm。物料比表面积和孔隙率大幅度地增加，颗粒微细化，非水溶性膳食纤维分子中的亲水基团暴露几率增大，超微粉体溶解性、分散性、吸附性、化学活性等独特的物理和化学性质变化[7]。同时物料在高剪切力、摩擦力和高频震动的作用下，微粒的结晶状态产生变化，形成结晶疏松区和晶间裂纹，进一步强化破碎效果，降低粗糙感，改善原料的适口性。本文以超微粉碎后燕麦粉为原料，研究水合性质的变化，为燕麦的广泛应用提供理论依据。

1 材料与方法

1.1 材料与仪器

1.1.1 实验材料

燕麦粉：山西金绿禾生物科技有限公司提供。

---

* 作者简介：张江宁，女，山西太原人，助理研究员，硕士，食品科学

** 通讯作者：杨春

1.1.2 实验仪器

HM-7010超微粉碎机：北京环亚天元机械技术有限公司；721型紫外分光光度计：上海佑科仪器仪表有限公司；BS110S分析天平、SHA-CA数显恒温震荡器：常州郎越仪器制造有限公司。

1.2 方法

1.2.1 燕麦微粉制备及粒径测定

分别设定超微粉碎机吸风频率为40Hz、30Hz、20Hz进行超微粉碎得到样品A、B、C。取适量的燕麦微粉置于激光粒度仪容器中，采用乙醇作为分散剂，测定粒径大小及粒径分布。

1.2.2

可溶性膳食纤维含量、不溶性膳食纤维含量、总膳食纤维含量的测定：GB/T5009.88—2008

$$可溶性膳食纤维比例＝可溶性膳食纤维含量/总膳食纤维含量$$

$$不溶性膳食纤维含量＝不溶性膳食纤维含量/总膳食纤维含量$$

1.2.3 持水力测定方法

准确称取样品1g，放入试管中，加入25mL蒸馏水，摇匀后于室温条件下放置1h，然后在4 000r/min离心30min，除去上清液，称量湿样品质量，计算持水力[8]。

$$WHC（\%）＝（湿样品质量-干样品质量）/干样品质量×100$$

1.2.4 溶胀性测定方法

准确称取膳食纤维样品1g，置于量筒中，加入25mL水，振荡均匀后，室温放置24h。测定样品在试管中的自由膨胀体积，计算溶胀性。

$$SW（mL/g）＝（膨胀后体积-干品体积）/样品干质量$$

2 结论与分析

2.1 燕麦微粉的粒径测定

本研究选用的超微粉碎机是通过改变风机频率调整风量，带动不同重量的粉末，从而达到对微细粉末细度的分选。风机频率越高，筛选出的物料粒径越大，风机频率越低，物料粒径越小。通过改变吸风频率得到的三种微粉样品，随着吸风频率的降低，燕麦微粉A、B、C的粒径d（0.9）减小，分别为131.6μm、80.58μm、44.11μm，粒径的分布范围也变窄，说明粉体的微细化程度逐渐提高，均匀性更好。对原料测定前是否进行超声波分散进行比较，结果表明超声波会破坏物料颗粒，影响测定结果；测定过程中分别采用乙醇和水作为分散剂进行比较，对结果影响不明显。

2.2 燕麦微粉膳食纤维含量的测定

由表可知，物料A、B、C可溶性膳食纤维含量及比例呈升高趋势，不溶性膳食纤维含量及比例逐渐降低，说明粉碎处理后，膳食纤维成分重新分布，在各种强剪切力作用下，部分半纤维素以及不溶性果胶类物质发生连接键断裂，转化为水溶性聚合物，物料微细化程度越高，转化程度越高[9]。

表　粉碎处理对膳食纤维含量的影响

微粉	可溶膳食纤维含量（g）	可溶膳食纤维比例（%）	不溶膳食纤维含量（g）	不溶膳食纤维比例（%）
A	1.78	32.9	3.62	67.1
B	2.00	43.9	2.55	56.1
C	2.29	62.4	1.38	37.6

　　研究表明膳食纤维中的可溶性纤维与不溶性纤维比例是影响其营养品质与生物活性的主要指标，可溶性纤维更容易被肠道内的细菌所发酵[6]，其结构与降低血糖、血清胆固醇等的健康因素有关，而不溶性纤维的含量及其结构与消化道疾病预防及健康相关[10]。超微粉碎技术应用于燕麦产品中将不溶性膳食纤维转变为可溶性膳食纤维改变其组成比例，研究结果为制备不同功能的燕麦微粉产品提供了理论依据。

2.3　超微粉碎对燕麦粉持水性的影响

　　由图 1 可知，随着粉碎度的增加，持水性也增大，原因是粉碎度增加，物料粒度减小，纤维素可吸水的表面积增加，其致密的组织结构变疏松，同时物料之间的孔隙增多使水分更容易渗入，能够吸收更多的水分。纤维素持水量不仅与持水力有关，还与束缚水的方式有关，比如能牢固束缚水分的纤维素能明显影响粪的含水量，而有些松弛持留水分的纤维素却很容易增加粪的质量[11]。

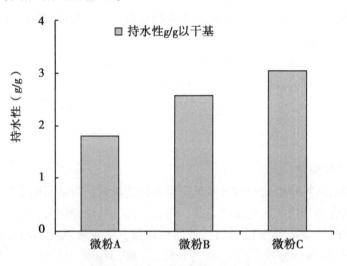

图 1　粉碎处理对微粉持水性的影响

　　衡量纤维素持水力的作用还应该对其进行体内消化影响的综合考察。研究表明，较高持水性的膳食纤维可以增加人体排便的体积和速度，减轻直肠内压力，同时也可减轻泌尿系统的压力，从而缓解了诸如膀胱炎、膀胱结石和肾结石这类泌尿系统的症状，并能使毒物迅速排出体外。

2.4　超微粉碎对燕麦溶胀性的影响

　　由图 2 可知，燕麦微粉 C 溶胀性最大，比燕麦微粉 A、B 显著增加，说明超微粉碎度越高，溶胀性越高，原因是物料经超微粉碎后，纤维素颗粒增加，溶于水后各自膨胀伸展

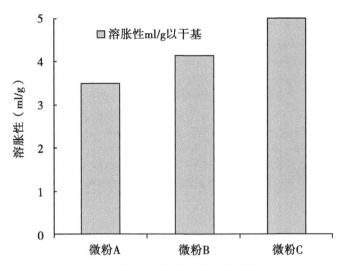

图 2　粉碎处理对微粉溶胀性的影响

产生更大的容积作用，使物料的溶胀性显著增加。纤维素溶胀性的提高，有利于增加它对肠道产生的容积作用，引起饱腹感，同时还可影响机体对食物中其他成分的吸收，对预防肥胖症十分有利。大量研究表明超微粉碎可以提高膳食纤维溶胀性[6,12]。

　　本实验中燕麦经超微粉碎后溶胀性有所提高，该结论与大多数研究结论是一致的。但也有研究显示当粉碎粒度达到某一值后继续下降时，溶胀性会下降，原因是粒度下降引起细胞结构的破损和膳食纤维组成成分的变化，使燕麦麸皮对水分的束缚力减弱[13]。本实验中并未出现此现象，可能是不同来源的膳食纤维结构存在差异从而导致细胞破碎程度不同。

3　结论

　　（1）燕麦通过改变超微粉碎机吸风频率为 40HZ、30 HZ 、20HZ 进行超微粉碎得到粒径 d（0.9）减小，分别为 131.6μm、80.58μm、44.11μm，说明随着微细化程度提高，完整的细胞结构逐渐减少，粒径减小。

　　（2）燕麦微粉 A、B、C 可溶性膳食纤维比例分别为 32.9%、43.9%、62.4%，有显著提高；持水性分别为 1.78g/g、2.56g/g、3.02g/g，溶胀性分别为 2.94mL/g、3.47mL/g、4.12mL/g，呈升高趋势。

参考文献

［1］　修娇．燕麦保健功能及其应用 [J]．食品科学，2005（2）：109-111．

［2］　刘大川，齐玉堂．大豆膳食纤维的研制 [J]．中国油脂，1991，16（1）：8-12．

［3］　Sowbhagya H B, Florence P Suma, Mahadevamma S. Spent residue from cumin-a potential source of dietaryfiber [J]. Food Chemistry, 2007, 104（3）：1 220-1 225.

［4］　王卓．不同工艺条件制备的马铃薯膳食纤维的物化性能比较 [J]．食品科学，2007（8），236-238．

［5］　胡国华．食品胶体 [M]．北京：化学工业出版社，2004．

［6］　陈菊红，顾正彪，洪雁．湿法超微粉碎对马铃薯渣的改性及对其物理性质的影响 [J]．食品与发酵工业，

2008, 34 (10): 60-61.

[7] 李凤生. 超细粉体技术 [M]. 北京：国防工业出版社. 2000：121-122.

[8] Esposito, Farlottig, Boni Fatiam, et al. Antioxidant activity and dietary fiber indurum wheat bran by-products [J]. Food Research International, 2005 (38): 1 167-1 173.

[9] 陈存社, 刘玉峰. 超微粉碎对小麦胚芽膳食纤维物化性质的影响 [J]. 食品科技, 2004 (9)：88-90.

[10] 王晓梅, 木泰华, 李鹏高. 膳食纤维防治糖胖症及其并发症的研究进展 [J]. 核农学报, 2013, 27 (9)：1 324-1 330.

[11] Eastwood M A, Robertson J A, Brydon W G, et al. Measurement of water2 holding properties of fibre andtheir fecal bulking ability in man [J]. Nutr, 1981, 50：539.

[12] 蓝海军. 大豆膳食纤维的湿法超微粉碎与干法超微粉碎比较研究 [J]. 食品科学, 2007 (6)：152-155.

[13] 申瑞玲, 程珊珊, 张勇. 微粉碎对燕麦麸皮营养成分及物理特性的影响 [J]. 粮食与饲料工业, 2008 (3)：17-18.

国家裸燕麦新品种区域试验单点结果分析

韩启亮* 王建雄 韩美善

（山西省农业科学院五寨农业试验站，五寨 036200）

摘 要：通过对第五轮国家裸燕麦新品种区域试验五寨试点的技术总结，为国家筛选、鉴定和示范推广裸燕麦新品种提供了科学依据。客观地反映出当前晋西北裸燕麦平均单产已达 2 424kg/hm²；为本区域鉴定筛选出 Ly05-08 、Ly05-02 两个丰产性、稳定性、适应性极好的裸燕麦新品种；同时指出本轮区试各参试品种单产水平提高的空间非常大，需要进行必要的栽培技术配套。

关键词：五寨；裸燕麦；国家区试；结果分析

裸燕麦俗称莜麦[1]，在中国粮食作物序列中，属小宗作物，但在晋西北则是大面积栽培的主要作物[2]。2012—2014 年，五寨试验站作为全国小宗粮豆品种区域试验点，承担了 9 个品种的裸燕麦品种区域试验，旨在为国家选拔、鉴定和示范推广裸燕麦新品种提供科学依据。

1 试验概况

试验由全国农业技术推广服务中心、西北农林科技大学农学院和内蒙古自治区农牧业科学院组织、设计、定点。试验地设在五寨县城郊东北部水库灌溉区，地势平坦，土质砂壤—中壤，肥力中等，施肥与田间管理水平略高于大田。模拟旱作，遵守保苗、保收原则，一般情况下不春浇，不夏灌[3]。试点位于北纬 38° 55′，东经 111° 49′，海拔 1 398.8m，年均温 5.0℃，7 月均温 20.0℃，年降水量 419.4mm，年日照 1 557.7h，无霜期 115 天[4]。试验连续 3 年，按统一设计的试验方案实施，包括观察记载、取样考种项目与标准，测产、统计、分析检验方法和年度试验报告格式等。

2 材料和方法

2.1 试验材料

参试品种由全国各省（区）裸燕麦育种单位申请提供，汇集于内蒙古自治区农牧业科学院登记、统一编号后通过邮局寄发各试验点（五寨），与品种编号对应的品种名称、供种单位、负责人或联系人可查询。

2.2 试验方法

试验采用区组法随机排列，重复 3 次，小区面积 10m²；每小区 8 行，行距 25cm，基本留苗 450 万株/hm²，记载整地施肥、灌水、中耕、锄草、倒伏情况、病虫防治情况以及生育期间气温、降水、日照等气象资料；观察记载播种、出苗、开花、成熟等生育期和株型、粒型、粒色等形态特征；取样考察株高、主穗长、单株（穗数、粒数、粒重）千

---

* 作者简介：韩启亮，男，山西五寨人，助理研究员，主要从事小杂粮试验研究工作

粒重、小区实产等经济性状。

2.3 统计分析

对每年度各品种小区籽粒产量进行变量分析，差异显著性测验和 Duncan 新复极差测验及多重比较，考察区组间、品种间产量差异的真实性和试验数据的准确性、可靠性；并用 3 年小区平均产量分析检验品种间、年度间产量差异的显著程度。

2.4 鉴定评价

通过对 3 年观察记载资料整理分析，对各品种生物特性、形态特征、经济性状以及抗旱、抗病性作出客观鉴定，结合 3 年产量表现，分析评价各品种的丰产性、稳定性和适应性[5]。

3 试验结果与分析

3.1 产量结果

每一试验年度的产量结果已通过变量分析表明：品种间差异均达显著水平。3 年产量结果汇总（表 1），变量分析（表 2）表明品种间、年度间均存在显著差异，各品种的多重比较（略），产量位次、直观分析（表 1）。

3.1.1 莜麦产量结果与分析

表 1　莜麦产量结果分析

品种名称	小区产量（kg）				折亩产（kg）	折公顷产量（kg）	增减产（%）	位次
	2012 年	2013 年	2014 年	平均				
Ly05-01（CK）	2.30	2.32	2.39	2.34	155.8	2 337	0	6
Ly05-02	2.75	2.71	2.58	2.68	178.8	2 682	14.8	2
Ly05-03	2.05	2.15	2.48	2.23	148.5	2 228	-4.7	8
Ly05-04	2.35	2.47	2.53	2.45	163.4	2 451	5.5	5
Ly05-05	2.23	2.31	2.37	2.30	153.6	2 304	-1.4	7
Ly05-06	2.37	2.42	2.62	2.47	164.9	2 474	5.8	4
Ly05-08	2.68	2.66	2.71	2.68	179.0	2 685	14.9	1
Ly05-09	2.38	2.44	2.67	2.50	166.5	2 498	6.9	3
Ly05-10	1.80	2.26	2.42	2.16	144.1	2 162	-7.5	9
平均	2.32	2.41	2.53	2.42	161.6	2 424	—	—

从表 1 中看出：表现增产的品种有 Ly05-08，增产达 14.9%；Ly05-02，增产达 14.8%；Ly05-09，增产达 6.9%；Ly05-06 增产达 5.8%；Ly05-04 增产达 5.5%，其他 4 个品种表现减产。

表 2　莜麦产量结果方差分析表

变异原因	df	ss	ms	f	5%	1%
年度间	2	854.4	427.2	6.26**	3.63	6.23
品种间	8	3 631.9	453.9	6.65**	2.59	3.89
试验误差	16	1 091.6	68.2			
总和	26	5 577.9				

3.2　观察鉴定结果

观察鉴定结果由 3 年的观察记载、取样考种资料整理而成，其中数据为 3 年平均数见（表3、表4），从表3中看出：莜麦出苗至抽穗天数有差异，抽穗至成熟天数有明显差异，出苗至成熟天数即生育期的差异并不明显，说明各品种产量形成的差异主要在于出苗至抽穗这段时间的生长发育，与灌浆成熟阶段时间长短关系不大；从总茎数、分蘖率及总穗数、成穗率、单株粒数等来看，也有明显差异，说明各品种均需相应的配套技术才能充分发挥各自的生产潜力；其次从表4中看出：根据各品种穗长、穗铃数、穗粒数、穗粒重等产量构成基本要素所形成的理论产量分析[6]，参试各品种单产水平提高的空间非常大，生产力均有潜力可挖。

表 3　观察记载结果统计分析

品种名称	出苗至抽穗（天）	抽穗至成熟（天）	生育期（天）	总茎数（m²）	分蘖率（%）	总穗数（m²）	单株穗数（穗）	单株粒数（粒）	成穗率（%）
Ly05-01（CK）	51	41	92	525	16.7	469	1.12	55.4	89.3
Ly05-02	57	37	94	511	13.4	487	1.05	50.1	95.3
Ly05-03	52	39	91	536	18.8	475	1.13	50.2	88.6
Ly05-04	53	37	90	512	13.7	492	1.04	50.9	96.1
Ly05-05	50	45	95	524	16.4	477	1.10	51.5	91.0
Ly05-06	49	42	91	525	16.7	461	1.14	52.7	87.8
Ly05-08	56	42	98	530	17.8	494	1.07	48.8	93.2
Ly05-09	54	40	94	521	15.8	505	1.03	43.8	96.9
Ly05-10	53	42	95	512	13.7	462	1.11	45.7	90.2

表 4　考种鉴定结果统计分析表

品种名称	株高（cm）	穗长（cm）	穗铃数（个）	穗粒数（个）	穗粒重（g）	千粒重（g）	折亩产（kg）	理论产量（kg）
Ly05-01（CK）	128	15.9	17.4	49.1	0.76	17.4	155.8	228
Ly05-02	116	15.7	18.5	47.7	0.81	19.2	178.7	243
Ly05-03	125	17.1	18.9	44.3	0.69	18.1	148.5	207

（续表）

品种名称	株高（cm）	穗长（cm）	穗铃数（个）	穗粒数（个）	穗粒重（g）	千粒重（g）	折亩产（kg）	理论产量（kg）
Ly05-04	112	17.8	19.1	48.5	0.74	17.3	163.4	222
Ly05-05	115	16.7	17.5	46.8	0.72	16.4	153.6	216
Ly05-06	114	16.1	17.2	46.2	0.78	18.8	164.9	234
Ly05-08	147	17.9	18.9	45.6	0.83	19.9	179.0	249
Ly05-09	126	16.7	15.9	42.5	0.79	20.1	166.5	237
Ly05-10	112	17.3	15.4	41.2	0.71	19.3	144.1	213

3.3 稳定性及适应性分析

应用 Franics 和 Kannenberg 模型[7]，以品种产量平均数和变异系数为参照进行稳定性及适应性分析，参考轴线（参试品种平均产量的平均数 2.423，变异系数平均值 6.579）坐标图略。结果表明：丰产性、稳定性和适应性均好的品种依次为 Ly05-08、Ly05-02、Ly05-06、Ly05-04 等四个品种；Ly05-01、Ly05-05 这两个品种的丰产性差、但稳定性和适应性很好；Ly05-09 的丰产性较好、但不稳定而且适应性也差；Ly05-03、Ly05-10 则属于低产、不稳定、适应性又差的品种（表 5）。

表 5 稳定性及适应性分析

品种	Ly05-01	Ly05-02	Ly05-03	Ly05-04	Ly05-05	Ly05-06	Ly05-08	Ly05-09	Ly05-10	平均数
平均数	2.34	2.68	2.23	2.45	2.30	2.47	2.68	2.50	2.16	2.423
标准差	0.079	0.084	0.204	0.113	0.104	0.126	0.088	0.322	0.285	
变异系数	3.375	3.133	9.138	4.613	4.530	5.101	3.300	12.89	13.21	6.579

4 主要品种评价

4.1 Ly05-08

生育日数 98 天，株高 147cm，穗长 17.9cm，穗铃数 18.9 个，穗粒数 45.6 粒，穗粒重 0.83g，千粒重 19.9g，平均单产 2 685kg/hm²。丰产性、稳定性和适应性极好。

4.2 Ly05-02

生育日数 94 天，株高 116cm，穗长 15.7cm，穗铃数 18.5 个，穗粒数 47.7 粒，穗粒重 0.81g，千粒重 19.2g，平均单产 2 682kg/hm²。丰产性、稳定性和适应性极好。

4.3 Ly05-09

生育日数 94 天，株高 126cm，穗长 16.7cm，穗铃数 15.9 个，穗粒数 42.5 粒，穗粒重 0.79g，千粒重 20.1g，平均单产 2 498kg/hm²。丰产性好、但不稳定、适应性差。

4.4 Ly05-06

生育日数 91 天，株高 114cm，穗长 16.1cm，穗铃数 17.2 个，穗粒数 46.2 粒，穗粒重 0.78g，千粒重 18.8g，2474 平均单产 2 322kg/hm²。丰产、稳定和适应性较好。

4.5 Ly05-04

生育日数 90 天，株高 112cm，穗长 17.8cm，穗铃数 19.1 个，穗粒数 48.5 粒，穗粒重 0.74g，千粒重 17.3g，平均单产 2 451kg/hm²。丰产、稳定和适应性较好。

5 试验小结

本轮区试各参试品种三年单产的"平均数"反映出晋西北裸燕麦当前的生产水平[8]为 2 424kg/hm²；可供选择应用的高产稳产良种依次为：Ly05-08、Ly05-02 和 Ly05-09、Ly05-06、Ly05-04 等。

参考文献

[1] 林汝法，柴岩，寥琴，等．中国小杂粮 [M]．北京：中国农业科学技术出版社，2002.

[2] 张耀文，邢亚静，崔春香，等．山西小杂粮 [M]．太原：山西科学技术出版社，2006.

[3] 韩美善，韩启亮，王素平，等．晋西北荞麦引种试验及应用评价 [J]．山西农业科学，2010，38（2）：60-63.

[4] 王建雄，韩美善，张润桃，等．莜麦生产定位思考与栽培技术规范 [J]．山西农业科学，2007，35（12）：68-70.

[5] 韩美善，崔林，王建雄，等．提高晚播莜麦出苗率试验 [J]．山西农业科学，2009，37（5）：50-52.

[6] 于海峰，李美娜，邵志壮，等．"双季栽培"对青莜麦的产量及光合特性的影响 [J]．华北农学报，2009，24（3）：128-133.

[7] 李秀绒，懂梦雄，周希志，等．晋麦47号高产稳产性及适应性分析 [J]．华北农学报，1996，11（专刊）：52-55.

[8] 李世平，张哲夫，安林利，等．品种稳定性参数和高稳系数在小麦区试中的应用及其分析 [J]．华北农学报，2000，15（3）：10-15.

山西省燕麦生产现状及发展对策[*]

杨　富[**]　李荫藩　杨如达　梁海燕　李　刚

（山西省农业科学院高寒区作物研究所，大同　　037008）

摘　要：燕麦是山西省主要的小杂粮之一，近几年山西省对小杂粮产业开发越来越重视，燕麦已成为晋西北地区粮食生产中的特色产业。文章从燕麦育种、栽培、推广、加工等方面阐述了制约山西燕麦产业的发展的主要因素，并针对性地提出了发展思路，旨在提高山西省燕麦产业市场的竞争力。

关键词：燕麦；生产现状；对策；山西

山西省是中国小杂粮主产区之一，素有"小杂粮王国"之美誉，种植面积大、分布广、品种多[1]。燕麦是山西小杂粮的主要品种之一。燕麦是禾本科燕麦属（Avena）一年生草本植物[2]，分为带稃型和裸粒型两大类，是一种喜欢低温凉爽气候的长日照作物。具有耐寒、抗旱、适应性强、稳产性好、容易栽培、粮草兼用等特点。广泛分布在中国西北、华北、西南等高寒干旱、半干旱地区，是栽培地区重要的粮饲兼用作物[3]。中国栽培的燕麦以裸粒型为主，简称裸燕麦（Avena nuda L.），也叫"莜麦"，绝大多数用于食用，也可粮、饲、草兼用[4]。其他国家栽培的燕麦以带稃型为主，绝大多数用于饲养家畜家禽[5]。

山西是燕麦的故乡，是全国燕麦的主产地之一，主产区在大同、朔州、忻州、吕梁。由于产区日照充足、昼夜温差大、雨量偏少、气候干燥等特殊的自然条件，燕麦生产具有得天独厚的优势，生产的燕麦品质较好，营养成分较高，它已成为当地农村经济发展的重要支柱[6]。近年来，山西省将燕麦等特色杂粮的产业化开发确定为经济结构调整的重要内容，为燕麦产业的健康快速发展注入了新的活力，燕麦产业在科研、生产等各方面都有了很大的发展[7]。育种方法上经历了农家种筛选、系统选育、品种间杂交、远缘杂交4个阶段，已育出一批优良品种[8]；播期、水肥等栽培技术方面的研究也有突出表现；"燕麦规范化栽培技术规程"的大面积推广，也取得了很好的经济效益[9]。

2012年山西省政府实施"振兴小杂粮产业计划"，是山西小杂粮产业发展面临的新机遇[10]，燕麦是重点扶持对象之一。项目的实施为山西燕麦产业的快速发展提高了强有力的经济支撑，但是燕麦产业发展仍然存在诸多问题。本文阐述了山西省燕麦产业现状，探讨了制约山西燕麦产业的发展的主要因素，并针对性地提出了发展思路，旨在提高山西省燕麦产业市场的竞争力。

* 基金项目：国家燕麦荞麦产业技术体系（大同综合试验站）建设项目（CARS-08-E-7）；山西省农科院攻关项目"晋北地区燕麦创高产栽培技术研究"（2013GG02）

** 作者简介：杨富，男，山西朔州人，副研究员，硕士，主要从事燕麦育种及病虫害防治研究

1 山西燕麦产业现状

1.1 山西燕麦产区地理环境概况

山西省是中国华北地区的一个内陆省，境内地貌复杂多样，有山地、丘陵、高原、盆地、台地等多种地貌类型，山区、丘陵区面积占到总面积的80%以上[11]，地形由东北斜向西南倾斜，是一个斜长方形，东西宽约380km，南北长约680km。燕麦产区主要分布在晋西北的冷凉地区，平均海拔在1 500~2 500m，属中纬度温带大陆性季风气候，冬季漫长，寒冷干燥；夏季南长北短，雨水集中；春季气候多变，风沙较多；秋季短暂，雨量偏少、气候干燥[12]。年平均气温在-4~14℃，无霜期南长北短，平川长山地短[13]，无霜期一般在80~155天，平均降水量400~500mm。独特的自然地理环境和燕麦的生理特性决定了山西发展燕麦生产具有得天独厚的自然环境资源优势条件。

1.2 山西燕麦种植现状及生产水平

山西是燕麦的故乡，主产区分布在大同市的新荣区、左云县；朔州市的右玉县、平鲁区；忻州市的神池县、五寨县、静乐县、岢岚县、宁武县；吕梁市的交口县、兴县、岚县；山西也是全国燕麦的重要产地之一，由于当地特殊的气候条件和地里位置，生产的燕麦营养丰富，无公害、无污染，品质好，燕麦已成为当地农村经济发展的重要支柱。据统计，1966—1976年这十年间山西燕麦播种面积下降到13.5万hm²左右，产量徘徊在580~650kg/hm²。"七五"期间，山西省燕麦种植面积基本维持在17.5万hm²左右，平均单产上升到950kg/hm²左右，总产量翻了一倍。1990—2000年，燕麦播种面积逐渐下降到9万hm²左右，占全省粮食作物总播种面积的3.0%左右[14]。2000—2010年，燕麦播种面积缩小到6.5万hm²左右，平均单产达到1 500kg/hm²左右[9]。近几年燕麦种植面积有所回升，面积稳定在8万hm²左右，由于新技术、新品种的推广，单产水平在不断提高。

1.3 燕麦加工贸易现状

山西省各县的燕麦主产区都有大小不等的燕麦加工企业，但绝大部分加工企业规模小，产品单一，加工技术落后，还只停留在加工原粮制面粉的基础上，其主要产品是精莜面。较大的加工企业在加工精莜面的基础上升级为加工燕麦片、燕麦方便面、燕麦挂面等，产品少而档次低，没有市场竞争力，很难进入大型的超级市场[15]，深加工方面有待提高。近年来，随着山西省政府对小杂粮产业化科技的重视和燕麦加工业的蓬勃发展，山西的燕麦产业得到了较好的发展，其中规模较大的燕麦加工企业有山西金绿禾生物科技有限公司、山西鑫邦燕麦食业有限责任公司、朔州市佳维粮油加工有限公司、山西忻州三农特产有限责任公司、朔州市佳维粮油加工有限公司、山阴县玉龙土特产开发有限公司、山西晋西口农副产品有限公司、右玉县塞星杂粮食品公司、河曲县晋西北绿宝食品厂、大同荣康粮油精制品有限责任公司、繁峙县宏钜大磨坊等。这些燕麦加工企业正向燕麦深加工方面发展，如燕麦氨基酸、β-葡聚糖、化妆品基料、燕麦纤维素等，产品也逐渐多元化。

山西的燕麦制品主要销往国内各省、市、自治区，近年来出口量也在增加，但主要以原粮、燕麦片出口，主要出口新加坡、韩国、日本和东南亚等国家。

2　山西燕麦生产中存在的问题

2.1　科研基础薄弱，新品种、新技术推广滞后

近年来，由于财政科研经费长期投入不足，燕麦研究与其他作物相比科研实力比较薄弱，还是常规技术研究较多，高新技术研究较少，课题立项面窄，低水平重复研究较多。研究队伍数量和研究人员较少，研究水平落后，团队精神不强，制约着燕麦新品种、新技术的发展。在生产中农民一家一户、自产自销、各自为阵的种植模式使新品种推广速度相当缓慢。再加上部分品种价格偏高，农民不愿购买新种，而用自留种，许多新品种在生产上过早夭折。由于老品种生产利用多年，一直没有进行更新和提纯复壮，导致品种混杂，进而影响产量和品质，也影响燕麦产业的发展。且燕麦原料生产不稳定，不适应燕麦加工企业日益对燕麦原料的增长需求。

2.2　种植土地瘠薄、肥力不足，产量水平低，基地难形成规模

燕麦一般都种植在贫瘠的旱坡地，平整的土地、肥沃的土地、水浇地农民都种植马铃薯、玉米等高收入作物，所以生产的燕麦基本都是绿色食品。但是产量的高低很大程度上取决于自然降雨，出苗期干旱少雨，出苗得不到保障[16]，产量就低；风调雨顺产量就高。同时我省燕麦产区属土壤瘠薄的丘陵土石山区，种植面积分散，难以形成相对集中、规模较大的生产基地，生产的组织化、规模化、机械化程度较低，再加施肥少或不施肥，农家肥施用量越来越少，土壤肥力严重下降，造成土壤瘠薄[17]，燕麦生长发育需要的营养物质失调，协调燕麦生长发育的功能降低[18]。随着农村青壮年劳动力外出打工，只有老年人和妇女留在农村种地，这就造成了在人少地多的燕麦产区，耕作粗放、广种薄收，单产水平低。

2.3　加工水平低、品牌产品少、缺乏竞争力

尽管燕麦加工业有了较快发展，但大多数企业加工水平低，增值能力弱，规模小，竞争力差，燕麦加工龙头企业少，产品单调，加工转化能力不强，产业拉动力差，特别是缺乏市场意识，还未能真正形成市场上叫得响的名牌系列产品和抢占市场商机的开发态势。大部分企业是传统的手工和半机械作坊加工设备落后，又缺少新技术支撑，科技含量低，因而产品档次低，名牌产品少，商品率十分有限，即使加工出成品，也是低档次食品，市场竞争力不强。

2.4　加工企业与农户之间的利益没有形成机制

燕麦加工企业与农民未形成真正意义上的"利益共沾、风险共担"机制，很少有订单农业，所以原料基地形不成规模，农民根据去年的市场行情决定燕麦种植面积和销售数量，但往往每年的行情有所变动，造成增产不增收的局面，农民的利益受经营者控制，即使有订单农业，订单农业体系不健全，很难形成"农民+基地+技术+企业+产品"的良性循环。绝大多数燕麦加工企业与种植户还是一种自由的买卖关系，而形不成一种固定的合同买卖关系。

3　山西燕麦产业发展对策

3.1　加大科技投入，加快新技术、新品种的推广

产业化发展离不开科技投入的支撑，首先要加大对燕麦基础研究的投入，加强燕麦育

种研究和栽培技术研究，改进育种方法和育种材料，培育具有较强抗逆性的优质高产品种。解决品种退化问题，加快优良品种的繁育、引进和推广，研究和集成燕麦高产高效配套技术、深加工技术研究，制定生产技术规程和栽培、加工技术标准。实施标准化、规模化生产基地建设，实现机播机收的机械化作业，降低成本，减轻农民劳动强度，提高燕麦的产品质量，调动农民种植燕麦的积极性，提升科学技术对燕麦产业的支撑能力。健全技术推广体系，建设新品种、新技术示范基地，通过观摩、宣传、培训，辐射带动本区的燕麦生产[19]。

3.2 加强政府引导，制定优惠政策

随着山西省农业产业结构调整和特色农业建设步伐的加快，农民种植燕麦的积极性不断增高，政府应加大对燕麦产业发展的财政支持力度，进行资金整合，扶持优势产业和产品。要集中各种涉农资金统筹运用，山西省以"转型发展、绿色崛起"为主线，因地制宜实施了"一村一品"、"一县一业"战略，定了一系列有利于燕麦发展的政策措施，加大了对农业产业化项目建设的扶持，扶持了一批具有市场前景的龙头企业。鼓励企业以资金投入、技术参与的形式，互惠互利的参与燕麦基地建设，已取得了显著的成效。

3.3 扶持重点加工龙头企业，促进深精加工

加强龙头企业建设，建立生产、加工、销售一条龙的生产体系，依托龙头企业发展订单生产，鼓励龙头企业引进先进的设备和加工技术，加大研发投入力度，改进传统加工技术。进一步重视燕麦深加工的开发与设计，对燕麦进行精加工、深加工，拓展燕麦的利用渠道，延伸燕麦产业链条，提高产品附加值。不断拓展国内外市场，及时提供农产品生产和贸易信息，提高燕麦商品化水平，促进燕麦产业化发展。

3.4 发展订单农业，稳定加工原料

按照"龙头企业+农户""龙头企业+经纪人+农户""龙头企业+生产大户+农户"和"龙头企业+合作社+基地+农户"等多种经营模式，大力发展订单农业，以订单的形式互相约束，按照订单与农户实行统一供种、统一管理、统一收购。以农户生产优质燕麦为基础，企业提供农产品加工、销售及其他社会化服务的组织形式，农户有了固定的企业依靠，企业也有了可靠的原料基地。农户经营的不确定性因素相对减少，可降低交易的市场风险，其组织成本相对较低，能有效地调动了农户种植燕麦的积极性。使燕麦生产、加工、销售有机结合，形成市场、企业、基地、农户之间的利益共同体，切实解决了农民生产中急需解决的问题，增加了农民的收入，也增加了企业利润，从而促进全省农业和农村经济持续、快速、健康发展。

3.5 打造名优品牌，实施品牌战略

充分利用地区优势，依靠政府力量，积极培育和打造地域名优燕麦产品，实施优质燕麦产业化开发工程，在已有燕麦片、燕麦面的基础上，引进国外系列燕麦加工技术，按照不同人群消费习惯和营养水平，开发针对儿童、学生、妇女、老年人等特定消费人群及具有减肥、降血糖、降血脂等特殊功能的产品，开拓国内外两个市场。推行生产、加工全程标准化管理，建立健全农产品质量跟踪体系，确保燕麦及其产品的质量安全[20]。规范市场秩序，引导市场良性发展，要从上档次，树品牌入手，扩大产业规模，提高燕麦产品的科技含量和品位。增强市场竞争力，形成品牌优势，带动燕麦产业发展再上新台阶。

参考文献

[1] 赵吉平，王彩萍，侯小峰，等. 发挥山西省资源优势 加快小杂粮产业发展 [J]. 农业科技通讯，2011, 12：5-7.

[2] 李扬汉. 禾本科作物的形态与解剖 [M]. 上海：上海科学技术出版社，1979.

[3] 杨海鹏，孙泽民. 中国燕麦 [M]. 北京：农业出版社，1989.

[4] 李成雄，王作柱. 莜麦的栽培与育种 [M]. 太原：山西人民出版社，1981.

[5] 赵世锋，田长叶，王志刚，等. 中国燕麦生产和科研现状及未来发展方向 [J]. 杂粮作物，2007 (6)：428-431.

[6] 王建雄，韩善美，张润桃，等. 莜麦生产定位思考与栽培技术规范 [J]. 山西农业科学，2007, 35 (12)：68-70.

[7] 戴静，和亮，兰惊雷. 对山西小杂粮产业发展的调查与思考 [J]. 山西农业科学，2008, 36 (8)：12-14.

[8] 赵世锋，刘根齐，田长叶，等. 花粉管通道法导入外源 DNA 创造燕麦新种质 [J]. 华北农学报，2008, 18 (3)：53-58.

[9] 刘龙龙，崔林，刘根科，等. 山西省燕麦产业现状及技术发展需求 [J]. 山西农业科学，2010, 38 (8)：3-5, 12.

[10] 白玉英，陈利香. 新机遇下的山西小杂粮产业发展对策研究 [J]. 现代工业经济和信息化，2012, 38：20-22.

[11] 崔克勇，王闰平. 山西省小杂粮产业发展对策探讨 [J]. 中国农学通报，2005, 21 (1)：332-334.

[12] 杨春，田志芳，李秀莲. 山西优质小杂粮产业化条件比较分析 [J]. 中国农业资源与区划，2004, 25 (2)：54-57.

[13] 山西省地方志编纂委员会. 山西通志 [M]. 北京：中华书局，1998.

[14] 褚润根，孙建功. 山西燕麦生产优势及产业化发展建议 [J]. 农业技术与装备，2008 (2)：11-13.

[15] 李耀. 山西燕麦生产现状分析与发展思路 [J]. 农业技术与装备，2012, 12：52-53.

[16] 韩美善，崔林，王建雄，等. 提高晚播莜麦出苗率试验 [J]. 山西农业科学，2009, 37 (5)：50-52.

[17] 任晓丽. 山西莜麦的发展前景及关键技术 [J]. 山西师范大学学报自然科学版研究生论文专刊，2008, 12 (22)：55-56.

[18] 林汝法，柴岩，廖琴，等. 中国小杂粮 [M]. 北京：中国农业科学技术出版社，2002.

[19] 张柯. 山西杂粮生产现状、前景与发展对策 [J]. 山西农业科学，2008, 36 (8)：7-9.

[20] 邢宝龙，冯高. 发挥资源优势 加大小杂粮开发力度 [J]. 农业科技通讯，2011 (2)：14-16.

大麦 β-淀粉酶活性对其种子在干旱胁迫下萌发影响的研究 *

周元成** 董双全*** 陈爱萍****

（山西省农业科学院小麦研究所，临汾 041000）

摘 要：为了鉴选出抗旱性较强的大麦品种，并以期找出β-淀粉酶活性对大麦抗旱性的影响，因此对β-淀粉酶活性不同的9个啤酒大麦品（系）种进行聚乙二醇（PEG6000）模拟干旱胁迫，通过对种子发芽率及发芽势的测定来评价参试品种的抗旱性，并对β-淀粉酶活性与不同 PEG 浓度下的发芽率进行相关分析。研究表明，大麦β-淀粉酶活性与大麦抗旱性在一定范围内，即干旱胁迫剂浓度在20%以下时呈正相关，当 PEG 浓度为15%时，在 0.01 水平上达显著正相关。大麦种子发芽率随着干旱胁迫程度的增加而降低。5%浓度的 PEG 对大麦种子的萌发影响较小，10%、15%浓度显著抑制大麦种子萌发，20%浓度下，大麦个别品种发芽停止。处理样品间，"沪麦16"综合表现出较好的抗旱性，其次"A7-30"，而"邯98-58"、"盐95137"为最差。由此得出，10%的 PEG 干旱胁迫剂浓度可作为大麦发芽期判断大麦抗旱性的适宜胁迫浓度，β-淀粉酶活性可作为大麦抗旱性早期筛选的指标之一。

关键词：大麦；β-淀粉酶活性；聚乙二醇（PEG6000）；干旱胁迫

　　大麦营养丰富，含有多种蛋白质和氨基酸，应用广泛，是酿酒、饲料加工、粮食生产、医药等不可缺少的重要原材料[1,2]。干旱是制约中国大麦生产的主要非生物胁迫因素。选育优质，抗旱的大麦品种一直是大麦育种工作的重要研究方向。作物抗旱性鉴定方法很多，种子在发芽期间的抗旱情况也是用来预判作物抗旱性的鉴选方法之一[3-5]。大麦品质研究方面，β-淀粉酶活性是衡量啤酒大麦品质的重要指标，此方面研究也多见报道，对大麦的育种实践起到了很大的指导作用[6,7]。但β-淀粉酶活性与大麦品种间的抗逆性是否存在一定关系则未见报道。本文以不同浓度的聚乙二醇（PEG6000）溶液作为干旱胁迫剂，对β-淀粉酶活性不同的9个啤酒大麦品（系）种进行发芽的模拟干旱胁迫，鉴选出抗旱性较强的大麦品种，并以期找出β-淀粉酶活性对大麦抗旱性的影响，为大麦抗旱性研究和优质品种选育提供理论基础。

1 材料与方法

1.1 大麦种子干旱胁迫处理

　　本研究选用从中国农业科学院、西安农业科学院、邯郸农业科学院、盐城农业科学

---

* 基金项目：山西省农业科学院育种工程项目（11YZGC060）

** 作者简介：周元成，男，吉林省梅河口人，助理研究员，硕士，主要从事大麦育种与栽培；E-mail：zyc8135@ 163. com

*** 通讯作者：董双全，男，山西省临汾人，研究员，主要从事大麦育种与栽培；E-mail: 1191436240@ qq.com

**** 陈爱萍，女，山西省临汾人，副研究员，主要从事大麦育种与栽培；E-mail：sxlfcap@ 163. com

院、甘肃农业科学院等各育种单位引进的种质材料多份，经生态区域性种植，从中选出比较优异的品（系）种 8 个，分别为：W-03，驻 9125，A7-03，邯 98-58，沪麦 16，盐 95137，09-189，京 984；本课题选育大麦品种 1 个：晋大麦（啤）2 号，共 9 大麦品种为试验材料。

挑选饱满、均匀、无损伤的当年大麦种子，用 2% 的次氯酸钠消毒 15min，然后用蒸馏水反复冲洗干净，浸泡 24h。聚乙二醇（PEG6000）溶液的配制浓度为：0%、5%、10%、15% 和 20% 分别对应水势为：0MPa、-0.1MPa、-0.2MPa、-0.4MPa、-0.6MPa[8]。大麦选取浸泡后露白的种子，放入铺有滤纸的培养皿中，每皿放 30 粒，加入相应浓度的配制液 10mL，加盖后置于培养箱，光照强度为 200μmol/（m·s），光照/黑暗时间为 14h/10h，光照温度为 25℃，黑暗时为 18℃。以后每天加入 2mL 相应溶液，以保持水势不变。

1.2　测定项目与方法

PEG 模拟干旱胁迫下发芽率和发芽势的测定方法：

以出芽长度等于种子长度为发芽标准，连续 7 天，每天数出每一培养皿内发芽种子数，作好记录。按国家种子检验标准，第 3 天计发芽势，第 7 天计发芽率。发芽势=第 3 天发芽的种子数/供试种子总数，发芽率=第 7 天发芽的种子数/供试种子总数。每处理 3 次重复。

淀粉酶活性的测定方法：

β-淀粉酶活性测定采用 3，5-二硝基水杨酸法[9]，酶活力单位用 1g 萌发种子 1min 水解产生的麦芽糖的量（mg）计算；数据分析采用 Excel、SPSS11.5 软件。

2　结果与分析

经测定，9 个大麦品种的 β-淀粉酶活性见表 1。

表 1　不同大麦品种 β-淀粉酶活性

项目	驻 9125	W-03	邯 98-58	A7-30	盐 95137	沪麦 16	晋大麦（啤）2 号	09-189	京 984
β-淀粉酶活力 mg/（g·min）	7.68	9.38	10.24	15.86	7.34	25.3	12.4	12.56	9.16

2.1　不同浓度 PEG 对大麦种子发芽势和发芽率的影响

图 1 显示为实验样品在 PEG 不同浓度下的发芽势。从图中可以看出，随着 PEG 浓度的增加，所有种子的发芽势呈下降趋势。当 PEG 浓度为 20% 时，只有 3 个品种大麦发芽，其余均不再发芽。可见，PEG 能不同程度的抑制大麦种子发芽，且随 PEG 浓度的增高，其抑制效果越强。

通过方差分析，在发芽率方面干旱胁迫下大麦不同品种间的发芽率在不同浓度下差异情况不同，具体情况见表 2。

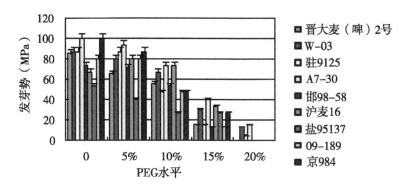

图 1　不同水平 PEG 处理对大麦种子发芽势的影响

表 2　不同浓度 PEG 处理对大麦种子发芽率的影响

品种	0%	5%	10%	15%	20%
驻 9125	97.78ab（a）	91.13a（a）	68.9bc（b）	28.89cdef（c）	8.89b（d）
W-03	94.43ab（a）	92.77a（a）	75.53ab（b）	40.56bcd（c）	11.11ab（d）
邯 98-58	97.78ab（a）	95.55a（a）	66.7c（b）	22.22f（c）	0
A7-30	100a（a）	93.33a（ab）	84.45a（b）	42.22bc（c）	20.55a（d）
盐 95137	93.33b（a）	68.89c（b）	40d（c）	24.44ef（c）	0
沪麦 16	95.55ab（a）	88.89ab（ab）	84.45a（b）	66.67a（c）	0
晋大麦（啤）2 号	97.78ab（a）	80.00b（b）	73.33abc（b）	26.67 天 e（c）	0
09-189	100a（a）	92.77a（a）	44.44d（b）	33.33cde（b）	0
京 984	97.11ab（a）	95.55a（a）	75.55ab（b）	37.78cde（c）	0

注：数据后和括号内的小写字母分别表示同列与同行数据在 0.05 水平上差异显著性

从表 2 中可以看出，大麦种子的发芽率随 PEG 浓度的升高总体呈下降趋势，与发芽势表现出一致性。不同 PEG 浓度间，5%浓度 PEG 对大麦发芽能产生轻微抑制，但抑制幅度不大，只有盐 95137 和晋大麦（啤）2 号达到差异显著，这说明这两个品种对干旱胁迫较为敏感。10%浓度处理的大麦品种在发芽率上与对照相比差异均达显著，除盐 95137 和09-189 发芽率较低外，所有品种发芽率都在 60%以上，A7-30 和沪麦 16 在此浓度下的发芽率最高，达 84.45%，与 5%浓度下的发芽率相比，除 A7-30 和沪麦 16 差异未达显著外，其他品种的发芽率差异均显著，这说明 10%浓度下大麦发芽出现较为明显的抑制现象。在 PEG 浓度为 15%时大麦发芽率下降明显，除沪麦 16 外，其余品种发芽率都低于50%，且该浓度下的大麦发芽率与以上 3 个浓度相比差异均达显著，说明此浓度产生的抑制较严重。当 PEG 浓度达 20%时，只有驻 9125、W-03 和 A7-30 三个品种有种子发芽，但在随后的观察中，发芽种子都不能正常发育成苗，由此推断 20%浓度的 PEG 为胁迫至死浓度。在 10%PEG 浓度下大麦开始出现胁迫现象，且胁迫现象差异较明显，是判断大麦抗旱胁迫的适宜浓度，浓度过高，产生的抑制现象过大，浓度过低，抑制现象不明显，都不利于判断大麦的抗逆性。

从表 2 中还可以看出大麦品种间的抗旱胁迫性差异较大。驻 9125、W-03、邯 98-58、

09-189、京984在PEG浓度梯度变化时，发芽率变化较相似，即在0%和5%浓度下发芽率下降幅度不大，差异不显著，5%、10%和15%之间发芽率差异达显著。A7-30和沪麦16在各浓度时的发芽率都表现好与其他品种，说明这两个品种的抗旱胁迫性强与其他品种。晋大麦（啤）2号虽然对干旱较敏感，但其在10%的浓度下发芽率中等，表现出一定的耐旱性。盐95137在PEG干旱胁迫下，各浓度间的发芽率都表现为较差。

2.2 β-淀粉酶活性对大麦抗旱胁迫的影响

对以上9个大麦品种进行β-淀粉酶活性与不同PEG浓度下的发芽率相关分析，得到图2。

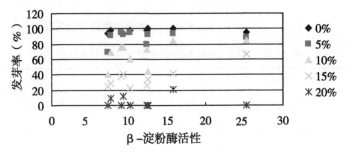

图2 β-淀粉酶活性对大麦抗旱胁迫的影响

从图2可以看出，当PEG浓度达15%时表现为0.01水平上的显著正相关，相关系数r为0.855**（$P = 0.002$），这说明在干旱胁迫程度小（PEG为5%，10%）或过大（PEG为20%）时，大麦β-淀粉酶活性对大麦种子萌发的影响不大，只有在水势为$-0.4MP\alpha$即PEG为15%时，大麦β-淀粉酶活性才表现出与大麦种子萌发的相关性且为显著正相关，即大麦β-淀粉酶活性高的品种在此浓度下的发芽率表现为高。

3 讨论

种子萌发主要是胚乳中储存的大分子物质（如淀粉、蛋白质等）的降解和呼吸代谢，从而为种子的形态建成提供生长所必需的能量[10]。淀粉代谢主要由各种水解酶协作完成的，其中最关键的酶是淀粉酶，包括α-淀粉酶和β-淀粉酶。以前很多研究都认为，种子萌发时首先是α-淀粉酶首先直接水解直链淀粉为支链淀粉，然后由β-淀粉酶和其他几种酶共同作用将其水解为麦芽糖和葡萄糖。因此，α-淀粉酶通常被认为是作物种子萌发过程中的关键酶[11]。然而，近年来越来越多的研究表明，作为调控α-淀粉酶的激素GA主要是在种子萌发后期，尤其是幼苗生长过程中起重要作用[12]，同时也有研究认为贮藏型的淀粉水解酶类及其调控机制在萌发中可能发挥重要作用[13]。与α-淀粉酶不同，β-淀粉酶是在大麦种子籽粒发育和成熟过程中形成，以无活性的聚合体的形式积累并以贮藏蛋白形式贮存于干种子的胚乳中，在萌发时逐步释放和激活[14-18]。Nandi等[19]也发现β-淀粉酶对种子萌发起着至关重要的作用，说明β-淀粉酶的活化、解聚、释放或重新合成也可能是淀粉型种子萌发过程中的关键，β-淀粉酶是淀粉水解为糖的主要酶之一。PEG干旱胁迫剂是通过降低溶液水势达到阻碍水分进入大麦种子内部，进而使大麦种子吸水受到抑制，细胞膨压丧失，生活力降低，使大麦种子萌发受到严重抑制。本次实验中，大麦种子受干旱胁迫时，在PEG浓度为15%时表现为发芽率与β-淀粉酶活性正相关，而在其他

PEG 浓度下不相关，这说明大麦 β-淀粉酶活性对大麦种子在干旱胁迫下的萌发起到一定作用，而这种作用只在一定的水势即-0.4MPa 条件下比较明显。分析其原因，贮存于大麦种子内部的 β-淀粉酶在种子萌发时直接参与淀粉水解，淀粉经水解成糖后，一方面为种子萌发提供所需能量，另一方面也提高了细胞液浓度，维持细胞膨压，降低了细胞内水势，防止原生质过度脱水，增强了大麦种子抗逆适应性，从而在一定程度上起到抗旱作用。实验中，当 PEG 浓度为 5%、10% 时，大麦 β-淀粉酶活性水解淀粉能力未受到影响或影响不大，这一时期大麦其他抗旱胁迫机制发挥主要作用。当 PEG 浓度达到 15% 时，此浓度下，β-淀粉酶活性高的品种其水解能力较强，因此能提供较多水解产物，进而起到平衡大麦种子内外水势的作用，从而起到一定的抗旱作用。当 PEG 浓度达到 20% 时，大麦种子本身受干旱胁迫失活，β-淀粉酶活性失去意义。

4 结论

本实验通过对 9 个大麦品种的 β-淀粉酶活性的测定和其在不同水势条件下即不同 PEG 浓度胁迫下的发芽率及其相关性的分析，得出不同淀粉酶活性的大麦品种（系）受干旱胁迫时，所表现出来的抗逆性有所不同。同一品种（系），随干旱胁迫剂浓度的增加，其发芽率显著降低。通过 β-淀粉酶活性与大麦在干旱胁迫下发芽率的相关分析得出，当 PEG 浓度为 15% 时，相关在 0.01 水平上达显著，而与其他胁迫水平无相关性；10% 的 PEG 干旱胁迫剂浓度可作为大麦发芽期判断大麦抗旱性的适宜胁迫浓度，β-淀粉酶活性可作为大麦抗旱性筛选的指标之一为大麦品种的抗旱性研究和优质品种选育提供早期依据。当然，大麦种子萌发还和众多因素相关，如大麦种子胚乳中所含淀粉的结构以及种子细胞壁结构和大麦种子硬度等。就本次实验而言，"沪麦 16"在 PEG 浓度达 10% 和 15% 时，其发芽率强于其他处理，其次"A7-30"，而"邯 98-58""盐 95137"为最差。在生产实践上，大麦"沪麦 16"和"A7-30"具有较高的 β-淀粉酶活性，从而可以判断出它们具有较好的糖化力，同时，它们抗干旱胁迫性较好，因此，在种植啤酒大麦时，干旱少雨地区应优先考虑。

参考文献

[1] 赵春艳，曾亚文，普晓英，等. 不同大麦品（系）种营养功能成分差异比较 [J]. 西南农业学报, 2010, 23 (3), 613-618.

[2] 徐寿军，杨恒山，范富，等. 大麦籽粒蛋白质含量观测模型 [J]. 中国农业科学, 2009, 42, (1): 3863-3870.

[3] 杨春杰，张学昆，邹崇顺，等. PEG-6000 模拟干旱胁迫对不同甘蓝型油菜品种萌发和幼苗生长的影响 [J]. 中国油料作物学报, 2007, 29 (4): 425-430.

[4] 杨春杰，程勇，邹崇顺，等. 模拟干旱胁迫下不同甘蓝型油菜品种发芽能力的配合力与遗传效应分析 [J]. 作物学报, 2008, 34 (10): 1744-1749.

[5] 鲁守平，孙群，洪露，等. 不同种源地乌拉尔甘草发芽期抗旱性鉴定 [J]. 植物遗传资源学报, 2007, 8 (2): 189-19.

[6] 陈锦新，张国平，汪军妹，等. 氮肥运筹对大麦 β-葡聚糖酶活性和麦芽品质的影响 [J]. 作物学报, 2004, 30 (1): 47-51.

[7] 陈锦新，戴飞，韦康，等. 大麦籽粒 β-淀粉酶活性的棱型效应和灌浆期间的动态研究 [J], 浙江大学学

报，2005, 31 (6)：709-713.

[8] 梁国玲，周青平，颜红波. 聚乙二醇对羊茅属4种植物种子萌发特性的影响研究 [J]. 草业科学, 24 (6)：50-53.

[9] 李合生. 植物生理生化实验原理与技术 [M]. 北京：高等教育出版社, 2007.

[10] 郁飞燕，张联合，李艳艳，等. 干旱胁迫对水稻种子萌发的影响 [J]. 山东农业科学, 2011, 8：36-39.

[11] Lovegrove A, Hooley R. Gibberellin acid and abscisic acid signaling in aleurone [J]. Trends Plant Sci, 2000, 5：102-110.

[12] Gallardo K, Job C, Groot S P C, Puype M, Demol H, et al. Proteomics of Arabidopsis seed germination: A comparative study of wild-type and gibberellin-deficientseeds [J]. Plant Physiol, 2002, 129：823-837.

[13] Collins G G, Jenner C F, Paleg L G. The metabolism of soluble nucleotides in wheat aleurone layers treated with gibberellic acid [J]. Plant Physiol, 1972, 49：404-410.

[14] Ziegler P. Cereal beta-amylases [J]. J Cereal Sci, 1999, 29：195-204.

[15] Swanston J S, Molina-Cano J L. Beta-amylase activity and thermostability in two mutants derived from the malting barley cv. triumph t [J]. Journal of Cereal Science, 2001, 33：155-161.

[16] 张新忠，汪军妹，黄祖六，等. 大麦α-淀粉酶的研究进展 [J]. 大麦与谷类科学, 2009, 3：6-8.

[17] Gibson T S, Solah V, Glennie-Holmes M R, et al. Diastatic power in malted barley: contributions of malt parameters to its development and the potential of barley grain beta-amylase to predict malt diastatic power [J]. joural of the institute of Brewing 1995, 20：63-70.

[18] Arends A M, Fox D. P, Henry R J, et al, Genetic and environmental variation in the diastatic power of Australian barley [J]. Journal of Cereal Science, 1995, 20：63-70.

[19] Nandi S, Das G, Sen-Mandi S. β-amylase activity as an index for germination potential in rice [J]. Ann Bot, 1995, 75：463-467.

山西省发展大麦生产的探讨与思考*

董双全[1]**　赵玉山[2]　李秀英[2]　刘玲玲[1]

（1. 山西省农科院小麦研究所，临汾　041000；2. 山西省临汾市农业局，临汾　041000）

摘　要：通过分析国内外大麦生态优势、生产现状、发展趋势、市场需求、存在问题，阐述了山西省发展大麦生产、建设优质大麦基地的优势所在，提出推动全省大麦产化发展的对策。

关键词：大麦；生产；需求；山西

中国的啤酒工业在 20 世纪 80 年代崛起，带来啤酒产量世界第一，也是啤酒原料大麦的第一进口大国，常年进口大麦占当年啤用大麦需求总量的 60%～70%。此外，随着人民生活水平的不断提高，社会对肉、禽、蛋、奶等畜产品的量和质的要求也随之增大、增强，有专家预测，今后中国新增粮食中约 65% 要用作饲料，在全球对大麦的需求中，饲料大麦的市场份额占到 70% 左右。大麦作为饲料，营养价值高。畜牧业发达国家，以大麦为主的配合饲料中大麦占 70%，在以玉米为主的配合饲料中，大麦也占到 25%～30%，中国每年的大麦需求量至少达 1 000 万 t。可以看出，大麦是中国最具有发展潜力的谷物之一。

1　国内外大麦生态环境和品种区域分布

1.1　生态环境

大麦已成为世界性的商业化经济作物，也是工业原料，也是畜牧业的优质饲草饲料，同时也是医药、食品加工业的重要原料之一，其用途十分广泛。大麦是世界上最古老的农作物之一，在中国距今已有 5 000 多年的栽培历史[1]；全球现种植约 6 100 万 hm²，总产量为 1.7 亿万 t，面积和总产仅次于小麦、水稻、玉米，居谷类作物第四位。世界大麦面积分面依次为欧洲占 50% 以上，亚洲占 20%～25%，美洲占 10%～15%，非洲占 6% 左右，大洋洲占 5% 左右。中国大麦生产 20 世纪初种植面积达 803.7 万 hm²，占世界总面积的 23.6%。40 年代中期种植面积和总产仍居世界各国之首。新中国成立后随着农业生产的发展，人民生活水平的提高，大麦面积呈波浪形下降，然而生产的大麦均为食用和饲用。种植面积从 20 世纪 50 年代的 600 万 hm² 锐减到 2002 年的 130 万 hm²，其中，大麦主产区有江苏省 24 万 hm²、西藏 12.67 万 hm²、黑龙江 10 万 hm²、甘肃 10 万 hm²、云南 6.67 万 hm²、四川 4.93 万 hm²、湖北 4.43 万 hm²、新疆 4 万 hm²、浙江 3.83 万 hm²、内蒙古 1.33 万 hm²。大麦是种植区域最宽广的粮食作物，除南极洲以外，从南纬 42 到北纬 70 的广阔地带，从中国长江口海拔接近零米的滩围垦地到喜马拉雅山海拔 4 750m 高原地区都有种植，是谷类作物中分布最北也是垂直分布最高的价物[2-5]。

＊　基金项目：山西省农业科学院育种工程项目（04YZGC-3）

＊＊　作者简介：董双全，男，副研究员，主要从事大麦育种及栽培研究

1.2　品种区域

现代农业技术的发展为大麦品种的改良提供了新的途径和方法。在加强优异育种材料的创新和开拓利用基础上，应用细胞工程、分子标记辅助选择和早代微量快速鉴定筛选等高效遗传改良技术，并将其与常规育种技术有机结合，进行优质、丰产、多抗、广适性的专用大麦新品种培育。例如，加拿大用组培技术育成了 AC Malone AC Westch 等专用大麦品种，美国运用转基因技术把耐热高活性的 β-葡聚糖酶基因转入到饲料大麦品种中；利用分子标记 ALp 基因选择耐铝材料。中国用花药培养技术育成了单二、花 30、单 95168 等大麦专用品种[3]。北美加拿大，大麦主产区西部草原三省，该地区属大陆性气候，四季分明、冬冷夏热、气候属冷凉，大麦生长期光照、降水量充足，全国春季雨水稍多，8 月麦收时雨水较少，故啤酒大麦品质较好；美国大麦主产区中北部五州，多为丘陵旱地，雨量充实，平原有灌溉条件，无霜期 120 天，更适合大麦生产。主要品种哈林顿（Harrington）种植面积占 50% 以上，其次有 Stander（为多棱品种），Morex 等种植面积较小。澳大利亚产大麦地带属温带干旱大陆性气候。主要品有司库拉（Schooner），斯太林（Sterling）为主要品种，近来有加纳品种也有良好势头。欧洲区域适宜春大麦和冬大麦品种种植。产大麦国有法国、英国、瑞典、保加利亚、西班牙、意大利等十几个国家。春大麦在 2~3 月播种，7~8 月收获；冬大麦 9~10 月播种，6~7 月收获。主要啤酒大麦品种法国有 Nevada、Scarlet 等，六棱冬麦有 Esterel；英国有 Opric、Fermet、Linus（瑞典）；德国 Triumph、Barke 等品种[6]。目前全国大麦种植基本形成三大区域，第一是江浙地区，所种品种有港啤 1 号、扬农啤 2 号、花 30、浙农大等。第二是西北麦区包括甘肃、新疆、宁夏、陕西等，主要品种有甘啤 2 号、3 号、4 号、新啤 1 号，新推广的有 Harrington、西安 91-2、浙农 6 号等品种。第三区域为东北春麦区，以黑龙江的农垦为主体的垦鉴啤麦 5 号，垦啤麦 6 号和 7 号春性二棱啤酒大麦品种[2,7-9]。

2　山西省发展大麦生产的条件和优势

2.1　地理和生态优势

山西省位于太行山以西，故名山西。为古国晋国所在地，简称为晋。地处东经 110°14′~114°33′，北纬 34°34′~43°43′。山西省境内地形复杂起伏颇大，海拔最高为五台山 3 061m；最低为垣曲县西阳河入黄河处，海拔 180m。按自然地理划分，地处沿海湿润森林气候向内陆荒漠干草原气候的过渡带，为海洋系列和内陆系列的交汇外。省境东西窄，南北长，由南而北，为暖温带到温带两个气候带。中南部为半干旱半湿润森林草原的褐土地带；属半湿润气候，年积温 4 500~5 000℃。年降水量 500~700mm，但分布不均匀，多集中于 7~8 月，占全年降水量的 40% 以上。年平均气温 13℃在秋播大麦灌浆期间，常有高温，热风引起青干。无霜期 200 天左右。北部属温带半干旱草原栗钙土，该区气候干燥，寒冷，年积温 2 200~3 700℃，年降水量 300~4 500mm，年平均气温 5~8℃，无霜期平均 140 天左右，但昼夜温差大，有利于干物质的积累，适宜种植春播大麦。属春麦区，山西省为黄土高原的一部分，也华北地区主要河流的发源地。南部界黄河，与河南为邻，10℃以上年积温达 4 500℃，绝对无霜期 205 天。属黄淮麦区，宜栽培秋播（冬性）大麦和春播（春性）大麦；北部与内蒙古自治区接壤，10℃以上年积温 2 100℃。全省东部和西部为山地丘陵，中部为断陷盆地。除晋中、晋南盆外，大部地区海拔高度在

1 000m 以上。由于受地形、地貌、气候、社会、经济诸多因素的影响，农业生产形成具有独特的旱作农业、高寒农业、雨养农业，立体农业等特点，生态条件复杂。全省北部为一年一熟制，南部为一年两熟或二年三熟制。大麦生产可形成从强冬性、冬性、半冬性到春性，从山区到盆地匀可种植，但无论是当地农家优良品种，还是引种、选育品种的配套栽培措施和筛选新育品种的适应性尤为重要。

2.2 大麦生产现状

大麦在山西省有着悠久的栽培历史，它具有生育期短、早熟丰产、耐迟播、耐连作、耐瘠、耐旱、耐盐碱、抗病性强、适应性广特性，历史上全省都新加坡广泛种植，各地并都有自己的的农家品种。大麦为我省秋播和春播作物之一。全省种植面积一直保持在 2 万 ~2.7 万 hm^2，历年总产量保持在 2.8 万~3.7 万 t。20 世纪 70 年代初期以前，基本使用地方农家品种。到 70 年代中期农业科部门和种子部门先后引进了一些适合当地种植的优良品种。早熟 3 号、蒙克尔、康奎斯特、西引 2 号等[10] 才逐步更换了原有的农家品种。山西省一直把大麦视为小杂粮之范畴，曾经既是人们的口粮，又是养殖业的饲料大麦。随着科学技术的进步和人们膳食结构的改变。逐渐被小麦、莜麦、荞麦所取代，有灌溉条件的地区和山西丘陵沟坝地区，玉米又取代了大麦作饲料的生产地位。大麦面积得不到发展。全省从事大麦科研、推广人员屈指可数，大麦科研经费基本为零，至今无有自己的品种，农民在进行大麦生产时，没有政策和商业导向，仍处无序、无组织状态。致使生产上大麦品种混杂退化，产量低、品质差。另一方面，从生产经营者来看，农民的啤麦生产大都分散，没有真正进入产业化的链条中，企业没有将分散的生产者组织起来，更没有给农民提供准确的市场信息，小农经济的生产模式造成大麦种植分散、规模小、效益低、产品销路不畅。全省对大麦的市场需求，大麦生产业化势在必行。

2.3 大麦特性与市场前景

大麦具有晚播早熟生育特点，种植大麦一般较小麦提前 5~10 天成熟，为粮食或经济作物调整种植结构早播早腾出时间和空间，在山西省南部适宜与豆类、花生、芝麻轮作，与玉米、棉花、瓜菜作物间作套种，有利于全年的增产增收。据福建莆田市农科所等单位研究，每公顷种植大麦可获利 1 800~2 250元。山西省在 80 年代后期，随着养殖与啤酒工业的发展，全省大麦供需矛盾就将出现日益突出[10-11]。现本省酿制啤酒（太原啤酒厂、大同啤酒厂、洪洞啤酒厂）基本全靠外省调入和进口。山西人饮用啤酒也依赖于输入。就晋南洪洞啤酒厂一家而言，年需 3 万 t 啤麦，而临汾市、运城市基本无有啤麦种植，完全靠外省调入。这样既增加了啤酒酿造成本，同时也提高了人们的消费标准。结合山西省北部、晋西北大力发展蓄状况，按中国目前人均啤酒消费 18L 计算，我省大麦生产有更大更广的发展空间与潜力。大麦食药两用，李时珍《本草纲目》中记栽 "大麦胜于小麦无燥热" 和 "大麦芽消化一切米面诸果食积，止虚汗"。近年来，利用新鲜的大麦嫩叶经高新工艺浓缩提取精制而成的功能性细胞营养保健食品——麦绿素，富含矿质营养、酶、维生素、叶绿素，是理想的绿色健康营养品。大麦是饲料作物，在英国 80%的大麦秸秆用作蓄禽饲料，在中东，一些国家对利用大麦秸秆作饲料比籽粒更重要[1]。随着酿制啤酒工业的发展大麦成为啤酒工业重要原料。

2.4 发展大麦产业

大麦形成产业化发展，政府部门必须重视与支持，坚持以市场为导向，政府支持科研，以科技为动力、引进、筛选、选育改善品质，提高经济效益为目标，推进品种优良化、布局区域化、生产规模化、经营产业化。在山西南部、北部各建立省内较大的优质啤酒大麦、饲料大麦生产、推广综合配套技术，标准化生产基地。加强市场信息服务，走小农户大产区，因地制宜制建立一个科研、生产、加工、销售以及管理等环节有机联系，相互促进，共同发展的产业化体系。以大麦加工、贮藏企业为龙头，带动种植区的生产销售。通过建立"企业+农户"和"主导产业+农户"等多形式的产业模式，逐步形成产业化开发，把发展优质大麦生作为山西省晋西北、山西南部扩浇地、丘陵边远农村支柱产业和农民群众致富奔小康的重要举措来抓。应充分认识发展优质大麦生产对推动农村农来结构调整提高农业生产效益，增加农民收入，加快农村经济健康发展起着不可估量的推动作用。

参考文献

[1] 陈建澍，潘伟槐，童微量，等. 大麦 β-葡聚糖对小鼠血脂水平的影响 [J]. 大麦科学, 2002 (3): 23-25.

[2] 黄志仁，杨锦昌. 对中国发展啤麦生产的回顾与思考 [J]. 大麦科学, 2003 (4): 1-4.

[3] 杨建明，沈秋泉，汪军妹，等. 中国大麦生产需求与育种对策 [J]. 大麦科学, 2003 (1): 1-6.

[4] 韩波，丁永辉. 浅淡展发我市大麦生产的可行性 [J]. 大麦科学, 2004 (3): 10-11.

[5] 张风英，冯占和，刘志萍，等. 积极建设大麦生产基地推动我区大麦产业化发展 [J]. 大麦科学, 2003 (3): 1-4.

[6] 陈晓静，陈和，陈健，等. 推动大麦生产发的意义及利用价值的探讨 [J]. 大麦科学, 2003 (3): 7-9.

[7] 刘建全，王宝申，修向球，等. 发展东北啤酒大麦基地若干问题的探讨 [J]. 大麦科学, 2004 (3): 42-46.

[8] 崔学智，朱永利，宋璐，等. 陕西省啤酒大麦发展问题探讨 [J]. 陕西农业科学, 2005 (4): 59-61.

[9] 唐子垲，肖猛，段霞，等. 加快樊西啤酒大麦开发走农业产业化之路 [J]. 大麦科学, 2005 (1): 1-8.

[10] 郭裕怀，刘贯文. 山西农书 [M]. 太原: 山西经济出版社, 1992.

[11] 陈德禄. 作物种植结构调整对福建大麦的影响和可发展分析 [J]. 大麦科学, 2002 (4): 8-10.

马铃薯新品种晋薯 21 号高效高产栽培技术

陈 云*　岳新丽　帅媛媛

（山西省农业科学院高寒区作物研究所，大同　037008）

摘　要：目前马铃薯生产中存在栽培管理粗放、多种病虫害并发、产量低、晚疫病发生重、品种退化快等问题。为提高马铃薯品质与产量，我们推出新品种及其配套的栽培技术。本文介绍了马铃薯新品种晋薯 21 号的品种特性，并介绍了其在实践当中的高效高产栽培技术，为该品种的大面积推广起到了技术指导作用。

关键词：晋薯 21 号；高产；栽培技术

近年来，随着改革开放的不断向前发展，政府加大了对农业设施现代化的扶持力度。一些新型的现代化喷灌设施和滴灌技术，以及机械播种、收割机等设备在中国得到了有效的应用。根据联合国粮农组织统计，到 2008 年中国马铃薯的种植面积和总产量均排在世界第一位，但单产却排在第 28 位，低于世界平均水平，严重制约着马铃薯产业的发展。为提高中国马铃薯种植产量和增加经济效益，应加大新品种推广力度，并根据新品种的特征特性采用相应的高效高产栽培技术。

1　品种来源

马铃薯新品种晋薯 21 号是山西省农业科学院高寒作物研究所于 2000 年以 k299-4 作母本，以 NSO 作父本，配制杂交组合，得到实生种子。经多年所内试验及省区试验表现突出选育而成。2010 年 5 月经山西省农作物品种委员会审定，审定号：晋审薯 2010003。

2　品种特征

2.1　植物学特征

晋薯 21 号株型直立，生长势强，植株整齐，株高 78cm，分枝数 3~6 个，叶片较大，叶色深绿色，茎绿色，花冠紫色，天然结实少，浆果有种子。薯形圆形，块大而整齐，薯皮淡黄色，薯肉白色，薯皮光滑，芽眼中等，商品薯数率 65.4%，商品薯重率 86%。

2.2　生物学特征

晋薯 21 号为中晚熟种，生育期 110 天左右。干物质含量 19.2%，淀粉含量 10.5%，还原糖 0.13%，维生素 C 含量 0.18mg/g 鲜薯。抗病性较好，抗早疫、晚疫病，轻感卷叶病、花叶病毒病，未感环腐病、黑胫病。参加两年山西省区试试验，平均比对照晋薯 14 号增产 19.3%，增产点次 100%；山西省生产试验，平均比对照晋薯 14 号增产 16.6%。

3　高产栽培技术要点

3.1　田块选择与精细整地

马铃薯切忌连作，最好与非茄科的作物实行 3~5 年的轮作。首先应选择耕层深厚、

---

*　作者简介：陈云，男，山西大同人，主要从事马铃薯育种及推广工作

质地疏松，肥力中等以上，透气性好，有机质含量高，排灌方便的田块种植。其次要及时深耕，尽早深翻土地，深翻后要细耙，播种前精细整地。

3.2 合理施肥

根据土壤肥力，确定相应施肥量和施肥方法。马铃薯健康生长和取得丰产，离不开肥料和水分。又因地膜覆盖不易追肥，所以必须一次性施足底肥，而底肥又以猪、牛、羊粪及堆肥等有机肥为主。一般施腐熟的农家肥 2 500～3 000kg/亩，磷酸二铵 20kg，硫酸钾 80kg，碳酸氢铵 50kg。农家肥和碳酸氢铵结合耕地整地时施用，其他化肥做种肥，在播种前垄上开沟穴施。无机化肥不能与种薯直接接触，避免烂薯。

3.3 种薯的准备

选用良种是一项经济有效的措施，良种较一般品种可增产 10% 以上，播前提前将种薯取出后，精选种薯，把具有本品种特征、薯块整齐、无病虫害、无霜冻、薯皮光滑、色泽鲜艳的幼嫩薯块做种薯。把选好的种薯放到背风向阳的温暖室内，摊开，底下铺一层干草，或 2～3cm 厚的细沙，上面铺二、三层种薯进行日晒催芽。每隔 3～5 天把薯堆上下翻动一次，待长出粗壮的短芽即可切种。

3.4 切薯

播种前 2～3 天，进行种薯切块。针对旱情严重的地区，最好选用（20～30g）小整薯播种，能避免切刀传病，还能利用顶端优势，能保存种薯中养分和水分，增强抗旱能力，出苗整齐粗壮，提高产量。马铃薯种薯切块重量以 30g 为宜，切刀一般用 0.3% 的高锰酸钾溶液消毒。切好后用 50kg 滑石粉加 2kg 多菌灵加 0.4kg 甲基硫菌灵混合均匀后拌种，并进行摊晾 2～3 天，待切口愈合后即可播种。

3.5 播种和盖膜

中国北方一季作区覆膜播种适宜在 3 月下旬起垄播种。当土壤 10cm 深处，低温到达 8～10℃ 时，土壤墒情好的地块及时深翻播种。科学制垄，垄距 80cm，垄高 30cm，株距 25～30cm，开沟点播。播种后覆土，用 48% 氟乐灵乳油 250mL 对水 50kg，或用 70% 赛克津 100mL 对水 30kg，均匀喷施土壤表层封闭储藏。并用规格 900mm×0.005mm 地膜机械覆垄。覆膜要求整平、贴紧垄面，膜面均匀覆土，保证自然破膜出苗。两边压紧，防止大风吹开地膜降温，防止水分散失，提高锄草效果。一般种植密度 2 800～3 300株/亩。

3.6 土壤药剂处理

整地前每亩地用 50% 的锌硫磷乳油 400～500g，加细土 50kg 拌成毒土，或者用 80% 的敌百虫可湿性粉剂 500g 加水稀释后，与炒熟的菜籽饼 20kg 拌匀，顺垄撒施后覆土。可以防治蛴螬、蝼蛄、金针虫等地下害虫。

4 田间管理

4.1 及时破膜

出苗后及时破膜，放出幼苗并用细土将苗孔四周的膜压紧压严，破膜过晚，容易烧苗，影响生产。

4.2 及时灌溉

马铃薯取得最高产量时，全生育期的耗水量在 500mm 左右，马铃薯在整个生育期补充灌溉时间选择上，第一次灌水时间以幼苗期为最佳。第二次宜选择在耗水最多的块茎增大期，配以浇水施肥，每亩追施尿素 20kg。广大北方干旱地区，生育期间降水量往往不能满足马铃薯对水分的需求，必须及时灌溉。

4.3　化学调控

在开花期当植株高度超过 70cm 时，每亩用 15% 多效唑 35g 对水 50kg，或矮壮素 50g 对水 50kg，均匀喷雾一次，能有效控制茎叶生长，促使光合产物及时向块茎转运，提高产量。

4.4　叶面喷肥

在马铃薯开花期和结薯期，每亩施用 0.5% 磷酸二氢钾 100g 和氨基酸类叶面肥 50g 对水 50kg 进行叶面喷施，每隔 7 天喷施 1 次，共喷施 2~3 次。

4.5　病虫害防治

4.5.1　蚜虫

应在现蕾期配合防治早疫病同时进行，用 40% 的氧化乐果乳剂 1 000~1 500 倍液加多菌灵可湿性粉剂 800 倍液，或者 50% 的灭蚜松乳剂 100 倍液加 46% 的杀毒矾 500 倍液进行交替轮换使用，每周 1 次，连续 2 次。

4.5.2　二十八星瓢虫

幼虫专食叶肉，被食后的叶片只留有网状的叶脉，叶子很快黄枯。严重减产，用 50% 的敌敌畏乳油 500 倍液和氧化乐果 1 000 倍液进行喷杀，或者用 60% 的敌百虫 500 倍液进行喷杀。对成虫和幼虫杀伤力都很强，效果很好。

4.5.3　晚疫病

在雨水偏多和植株花期前后、低温高湿条件下，容易发生晚疫病。应早发现早治疗，用 40% 疫霉灵 200 倍液，或用 50% 的甲基硫菌灵可湿性粉剂 500 倍液，72% 霜脲锰锌可湿性粉剂 500 倍液，以上药剂对马铃薯晚疫病均有一定防效，建议在生产上轮换使用[5]。每 7 天喷 1 次，连续防治 3 次。

4.6　收获与分级包装

马铃薯植株的茎叶由绿色变黄色，基部叶片枯黄脱落，就应及时收获，收获前 10 天用人工或机械方法杀秧。为了便于储藏，收获后挑出破薯、烂薯，并按照大薯（≥于 150g），中薯（150~50g），小薯（≤50g）的等级进行分级包装。

参考文献（略）

马铃薯"晋早1号"的选育及高产栽培技术*

齐海英** 杜 珍*** 白小东 杜培兵 杨 春 张永福

（山西省农业科学院高寒区作物研究所，大同 037008）

摘 要：晋早1号是1998年以75-6-6作母本，9333-10作父本有性杂交，经各代鉴定选育而成的马铃薯品种。该品种2011年通过山西省农作物品种审定委员会审定，为中早熟鲜食品种，商品薯率高，品质优良，适应山西省各地种植。本文介绍了晋早1号的选育过程、品种特性及配套栽培技术。

关键词：马铃薯；晋早1号；选育；栽培技术

1 亲本来源和选育过程

晋早1号由山西省农业科学院高寒区作物研究所以75-6-6作母本，9333-10作父本有性杂交选育而成。父母本均是山西省农业科学院高寒作物研究所选育的品系材料。有较好的开花结实性，配合力强。

母本"75-6-6"由坝薯7号实生种子后代系谱选择育而成。生育期90天左右，株高60cm，长势强，薯形为圆形，黄皮白肉，芽眼较浅，淀粉含量13%~16%，抗花叶、皱缩花叶病；轻感卷叶，田间未发现感染黑胫病，疮痂病。抗旱、抗逆性强。

父本"9333-10"，生育期100天左右，株高70cm，薯块圆形，白皮白肉，商品薯率85%以上。干物质含量23.2%，淀粉含量17.5%，粗蛋白含量2.51%。抗PVY、PVX，高抗晚疫病，抗环腐病、黑胫病。产量高且稳定，平均单产为30 000kg/hm²。

1998年配制杂交组合，1999年培育实生苗，选择单株，编号为9902-12，2000年株系选择，2001年品系鉴定，2002—2004年参加品比试验，2005—2007年在广灵等地示范种植，2008—2009年参加山西省马铃薯早熟组区域试验，2010年参加山西省马铃薯早熟组生产试验，2010年通过山西省农作物品种审定办公室组织的田间鉴定，2011年5月通过山西省农作物品种审定委员会审定，定名为晋早1号，审定编号：晋审薯2011001。

2 特征特性

晋早1号为中早熟鲜食品种，生育期80天左右，株型直立，株高50~60cm，茎绿色，叶绿色，花冠白色，开花繁茂性中等，天然结实性弱。薯块圆形，淡黄皮白肉，皮较光滑，芽眼浅，块茎大小整齐。匍匐茎短，结薯集中，单株结薯数3~4个，块茎膨大快。商品薯率85%以上。

植株田间中抗晚疫病，抗卷叶、疮痂病，中感花叶病。无环腐病、黑胫病。经农业部

* 基金项目：山西省科技厅攻关项目（20100311009）；山西省农科院育种工程（11yzgc111）

** 作者简介：齐海英，女，副研究员，主要从事马铃薯遗传育种研究

*** 通信作者：杜珍，研究员，主要从事马铃薯遗传育种研究；E-mail：du-zhen@126.com

蔬菜品质监督检验测试中心（北京）检测，块茎干物质含量 24.9%，淀粉含量 15.6%，维生素 C 含量 24.2mg/100g，还原糖含量 0.21%，粗蛋白含量 2.34%。

3 产量表现

2002—2004 年 3 年品比试验，平均产量 22 524~34 440kg/hm²，分别位于参试品种的第 1、第 5、第 2 位，2008—2009 年参加山西省马铃薯中早熟组区试，6 个点全部增产，两年平均产量 22 666.5kg/hm²，比对照津引薯 8 号（19 405.5kg/hm²）平均增产 16.8%；2010 年参加山西省马铃薯中早熟组生产试验，6 个参试点 5 点增产，平均产量 27 471kg/hm²，比对照津引薯 8 号增产 9.4%。

4 栽培技术

4.1 播前准备

4.1.1 田块选择与精细整地

选择耕层深厚、质地疏松、肥力中等以上，地势平坦、排灌方便、前茬非茄科作物的壤土或沙壤土种植。土壤酸碱度在 pH 值 = 5.6~7.8。秋深耕 25cm 以上，春季耕翻耙耱、平整土地。

4.1.2 种薯催芽

在播种前 20 天将种薯出窖，剔除烂薯，淘汰尖头、有裂痕、薯皮老化、芽眼突出、皮色暗淡的薯块，在 15~20℃的散射光条件下催芽，每隔 3~5 天翻动 1 次，剔除芽细弱薯块，待长出 0.5~1cm 的绿色短壮芽时即可播种。

4.1.3 切种

50g 以上较大的种薯可在播前 3~5 天进行切块。切块时，切刀每使用 10min 后或切到病薯、烂薯时，可用 0.5% 的高锰酸钾溶液或 75% 的酒精溶液浸泡 1~2min 消毒，2~3 把切刀交替消毒使用，以防止切刀传播病害。

4.1.4 拌种

切块后的种薯用 70% 甲基托布津拌种，每 1 000kg 种薯用甲基托布津 600g+滑石粉 10kg，随切随拌，切后的种薯避免太阳暴晒。

4.1.5 施足基肥

每公顷用农家肥 45 000kg、史丹利复合肥（18∶18∶18）600kg，随整地均匀撒施翻入。

4.2 播种

山西一季作区 4 月下旬至 5 月上旬播种，晋早 1 号为中早熟品种，为提早上市，可采用地膜覆盖于 3 月中下旬到 4 月初播种，二季作区可于 2 月中下旬到 3 月初播种，种植密度 60 000~67 500株/hm²。平原地区采用机播，开沟、播种、覆土、铺膜一次性完成，山坡丘陵地区可采用人工挖穴点播。

4.3 田间管理

晋早 1 号为中早熟品种，中耕、培土、追肥、浇水都应以早为主。

4.3.1 中耕培土

覆膜播种，当播种 20 天后，部分种薯开始顶土时，要及时上土压膜，上土厚度 5cm

左右，要将地膜彻底掩埋，这样便于幼苗自动破膜出土，防止烧苗；不覆膜的情况下，当出苗达到 30%~50%，能认清苗垄时，立即进行第一次中耕、培土，用犁距垄中心约 20cm 对扣培土，培土 5cm，除较大苗外，将大部分小苗埋入土中。第二次中耕培土在苗高 20cm 左右时进行，使种薯到土表茎基部达到 20cm 左右。

4.3.2 化学除草

苗前除草，上土后要在地表湿润时及时喷施除草剂，每亩施用田普 170mL，或 96% 金都尔 50~80mL 或乙草胺 200mL 防除杂草。

苗后除草，现蕾前每亩喷施宝成 5~8g，或田普 170mL，或盖草能 40mL。

4.3.3 追肥

全苗后和现蕾期追施尿素，追肥量每次 150kg/hm^2；花期视情况追施硫酸钾。

4.3.4 及时灌溉

马铃薯是喜水作物，全生育期的耗水量在 500mm 左右。苗齐后进行第一次灌水，在块茎形成期和膨大期进行第二次和第三次灌水，使土壤田间持水量保持 70%~80%。

4.4 病虫害防治

4.4.1 黑痣病

播种后，可用 25% 阿米西达悬浮液 40~60mL/亩在播种沟内喷施，使土壤和芽块都沾上药液后覆土。机播时，可使用带喷药装置的播种机，使开沟、播种、喷药、覆土一次完成。

4.4.2 地下害虫

可顺播种沟用锐胜 20g/亩加细土 10kg，撒于播种沟内；或用 60~80mL/亩高巧配成 20kg 溶液喷在沟内。

4.4.3 晚疫病

当气温在 10~25℃，且当日有较大降雨（中雨以上），或连续两天内都有降雨，相对湿度达到 95% 以上持续 48h，喷施保护性杀菌剂进行预防。施用 70% 代森锰锌可湿性粉剂 600 倍液，间隔 7~10 天，连喷 3~7 次。

当发现中心病株时，每亩选用 72% 克露可湿性粉剂 100~150g 或用阿米西达 1 500 倍液喷雾，每隔 7~10 天喷一次，发病严重时或多雨季节用药间隔期应缩短为 5~7 天，视病情发生情况连续使用 3~7 次。

4.4.4 早疫病

在发病初期，每亩用世高或用阿米西达 1 500 倍液喷雾，每隔 7~10 天喷 1 次，连续喷 2~3 次。

4.4.5 蚜虫

每亩可使用艾美乐 3~4g，或用功夫 25g 对水 40mL 等药剂均匀喷雾，每隔 7~10 天喷一次，轮换喷施。虫害严重时，每亩可用 40mL 敌杀死。

4.4.6 二十八星瓢虫

在幼虫分散前与幼虫为害期，每亩可用 2.5% 保得乳油 30~40mg，或 25% 快杀灵乳油 40~50mL，每 10 天喷药 1 次，在植株生长期连续喷药 3 次。注意叶背面和叶面均匀喷药，以便把孵化的幼虫全部杀死。

4.5 收获

当植株茎叶 2/3 变黄时，薯皮老化，是最佳收获时期，及时收获可以防止病害侵染薯块，便于运输和贮藏。

5 适宜种植地区

晋早 1 号适宜在晋中、晋南、晋东南二季栽培，大同、朔州、长治、吕梁间作套种及城郊二季栽培。

参考文献（略）

马铃薯膜下滴灌高效生产技术 *

白小东** 杜 珍 杨 春 杜培兵 齐海英 张永福 范向斌

（山西省农业科学院高寒区作物研究所，大同 037008）

摘 要：针对山西省的生产状况，从设备安装、土壤、品种、播种、灌溉、田间管理、设备管理维护等方面，提出了本地区的马铃薯膜下滴灌高产技术，以期为生产实践提供技术指导。

关键词：马铃薯；膜下滴灌技术

山西省马铃薯 80% 以上种植区域分布在干旱、半干旱的丘陵山区，自然条件恶劣，干旱少雨，传统的耕作在水分利用上主要靠天吃饭，不能有效地利用有限的水利资源，在营养供给上不能平衡供应，肥料利用率极低，严重影响了马铃薯的产量和效益，干旱已成为制约山西省马铃薯产量提高的最大障碍。马铃薯膜下滴灌是地膜覆盖栽培技术和滴灌技术的有机结合，同时具有地膜覆盖和滴灌的优点，各地的实践证明，该技术具有增温保墒、促进微生物活动和养分分解、改善土壤物理性状、促进作物生长发育、防除杂草、减少虫害等作用，应用前景广阔。就山西省而言，在马铃薯生产上应用膜下滴灌尚处于起步阶段，亟须一个具有较强操作性、规范性的技术来指导实践生产。

1 安装滴灌系统

滴灌是根据作物生长发育的需要，将灌溉水通过输水管道和特制的滴水器，输送到作物根系附近土壤的一种局部灌溉。膜下滴灌是在滴灌带上覆盖一层地膜的节水灌溉栽培模式，是把工程节水（滴灌技术）与农艺节水（覆膜栽培）两项技术集成后的一项崭新的农田节水技术。

1.1 滴灌系统

通常一套完整的滴灌系统主要由水源工程、首部枢纽、输配水管网和滴水器 4 个部分组成。

1.1.1 水源工程

江河、湖泊、水库、井泉水、坑塘、沟渠等均可作为滴灌水源，但其水质需要符合滴灌要求。

1.1.2 首部枢纽

包括水泵、动力机、压力需水容器、过滤器、肥液注入装置、测量控制仪表等。首部枢纽是整个系统操作控制中心。

1.1.3 输配水管网系统

输配水管道包括将首部枢纽处理过的水按照要求输送、分配到每个灌水单元和灌溉水

* 基金项目：国家马铃薯产业技术体系专项（CARS-10-ES02）资助

** 作者简介：白小东，男，副研究员，主要从事马铃薯栽培实用技术研究；E-mail：bxd5561@126.com

器的地下主支管道、地上主支管。

1.1.4 滴水器

它是滴灌系统的核心部件，水由毛管流入滴头，滴头再将灌溉水流在一定的工作压力下注入土壤。水通过滴水器，以一个恒定的低流量滴出或渗出以后，在土壤中向四周扩散。

1.2 滴灌系统安装

首部枢纽、地下主支管道、地上主支管和滴灌带设计、安装应按照 GB 50485《微灌工程技术规范》要求实施。

播种前铺设地下主管道，安装水泵、过滤系统、施肥系统，包括过滤器、水表、空气阀、安全阀、球阀、施肥罐、电控开关等设备。

播种后铺设地上主、支管，并与输水管道连接好，进行冲洗，然后连接滴灌带，进行试水，如有堵漏，及时修复或更换；同时调整减压阀压力，使滴灌带处于正常工作压力范围内。

滴灌带一般选用内镶贴片式，滴头出水量 1.5~2.0L/h，根据株距选用滴头距离规格，一般 20~40cm。根据地上支管连接处出水口压力、滴灌带质量、滴灌带性能指标，以及滴水垄向的地形、地貌、坡度、坡向，确定滴灌带铺设长度，一般为 80~120m，且采用"非"字形设计，以保证滴头灌水均匀。

2 选择土壤与整地

选择土层深厚、质地疏松、土壤肥沃、地势平坦、前茬非茄科作物的地块。秋深耕 25cm 以上，春季耕翻耙糖、平整土地。

3 品种选择

选用符合种植目标的不同用途的马铃薯品种（鲜食型，淀粉、全粉、油炸加工型等）。种薯选用纯度高、健康无病虫、无损伤的优质脱毒良种。

根据各地无霜期长短，选择不同熟期马铃薯品种。中晚熟品种包括：同薯 20 号、同薯 22 号、同薯 23 号、同薯 28 号、晋薯 16 号、晋薯 24 号、大同里外黄、冀张薯 8 号、青薯 9 号、夏波蒂等；中早熟品种包括：克新 1 号、大西洋；早熟品种包括：晋早 1 号、费乌瑞它、中薯 3 号、中薯 5 号等。

4 种薯处理

播前 15 天出窖，放在室内温度 15~20℃的散射光暖房内催芽，当薯芽伸出 0.3~0.5cm 时上下翻动，均匀形成小绿芽。播前 2~3 天按芽切块，薯块重量不低于 30g。切块时每人应准备 2~3 把切刀，切除病烂薯应及时换刀并注意切刀消毒，消毒液采用 0.5%高锰酸钾溶液。

切块后的种薯用 70%甲基硫菌灵拌种，每 1 000kg 种薯用甲基硫菌灵 700g+滑石粉 10kg，随切随拌，切后的种薯避免太阳暴晒。

5 施肥管理

按照每生产 1 000kg 马铃薯块茎，需氮（N）5kg、磷（P_2O_5）2kg、钾（K_2O）10kg 的需肥规律、土壤养分状况和肥料效应确定肥料品种、施肥量和施肥方法，按照"有机和无机结合，基肥与追肥结合"的原则平衡施肥。基肥一般施用有机肥 1 000~3 000kg/亩。种肥采用马铃薯配方肥 50~80kg/亩，或复合肥（N∶P∶K=15∶15∶15）50~80kg/亩+磷酸二铵 20kg/亩。追肥选用溶解性好的肥料，最好选用液体肥料。

具体施肥方法：有机肥结合春季翻耕施入，磷肥作为种肥一次性施入，氮肥 70%、钾肥 70% 做种肥随播种施入，30% 做追肥结合灌溉分次施入。追肥前期以氮肥为主，后期以钾肥为主。

6 播种

播种时期：气温达到 10~12℃，地温稳定在 7~8℃ 时即可播种。为了使结薯期与雨季吻合，可适当晚播。根据数学模型推算结果，大同地区一般在 4 月 20 日至 5 月 10 日播种较为适宜。

种植密度：膜下滴灌种植采用以下两种模式：宽垄双行种植模式，垄距 100~120cm，小行距为 25~40cm，株距为 30cm，播种密度 3 700~4 450株/亩；单垄单行种植模式，垄距 90cm，株距为 18~20cm，播种密度 3 700~4 100株/亩。早熟品种宜密，中晚熟品种宜稀。

播种方式：膜下滴灌采用机械化作业，播种、覆膜、铺设滴灌带一次性完成。宽垄双行种植模式滴灌带铺设在小行中间，一带两行，地膜幅宽采用 90~100cm。单垄单行种植模式，滴灌带铺设在植株基部，地膜幅宽采用 80cm。地膜厚度采用 0.008mm 以上，便于回收，减少白色污染。

7 灌溉追肥

7.1 灌溉标准

马铃薯不同生育阶段需水要求不同，播种至出苗（发芽期）田间持水量 60%~65%，出苗至现蕾（幼苗期）田间持水量 65%~70%，现蕾至开花（块茎形成期）田间持水量 75%~80%，开花初期至终花期（块茎膨大期）田间持水量 75%~80%，终花期至叶枯黄（淀粉积累期）田间持水量 60%~70%。

根据马铃薯灌溉标准和山西省马铃薯种植区域降水情况，膜下滴灌马铃薯全生育期灌溉定额一般为 80~120m³/亩。马铃薯生育期灌溉 8~10 次，每 10~12 天为一个灌溉周期，单次灌水 10~15m³/亩。具体灌溉时间和灌水量，要根据不同生育阶段、自然降水和土壤墒情变化调整。发芽期、幼苗期需水较少，块茎形成期是水分临界期，不能缺水，块茎膨大期是需水高峰期，要保证供水。块茎形成期、块茎膨大期可用真空负压计-29.5kPa 作为灌溉指标，指导滴灌。

7.2 追肥

选用易溶性肥料。追肥种类有尿素、硝酸钾和液体肥料等。马铃薯生长前期以追氮肥为主，后期以追钾肥为主，坚持少量多次原则。追肥前要求先滴清水 15~20min，再加入肥料；追肥完成后再滴清水 30min，清洗管道，防止堵塞滴头。

田间追肥一般采用压差式施肥罐。追肥时打开施肥罐，加入肥料，固体肥料加入量不应超过施肥罐容积的 1/2，注满水后搅动，使肥料完全溶解；提前溶解好的肥液或液体肥加入量不应超过施肥罐容积的 2/3，注满水后，盖上盖子并拧紧螺栓，打开施肥罐水管连接阀，调整出水口闸阀，开始追肥。每罐肥需要 20~30min 追完。第一次追完后，根据施肥方案，进行第二次、第三次装肥。

一般结合灌水追施尿素 15kg/亩，其中，苗期追施 6kg/亩，现蕾期追施 6kg/亩，膨大期追施 3kg/亩；追施硝酸钾 10kg/亩，现蕾期追施 6kg/亩；膨大期追施 4kg/亩。膨大期为保证养分充分供给，酌情追施磷酸二氢钾 2kg/亩。

8 田间管理

8.1 苗前上土

播种 20 天后，部分种薯开始顶土，要及时上土压膜，上土厚度 5cm 左右，要将地膜彻底掩埋，这样便于幼苗自动破膜出土，防止烧苗。出苗期间要及时查苗放苗，部分带膜出土的要人工破膜放苗，发现缺苗应立即补种发芽种薯。

8.2 化学除草

苗前除草，上土后要在地表湿润时及时喷施除草剂，可用田普 170mL/亩、96%金都尔 50~80mL/亩或乙草胺 200mL/亩防除杂草。

苗后除草，现蕾前喷施宝成 5~8g/亩、田普 170mL/亩或盖草能 40mL/亩。

8.3 中耕培土

现蕾期（块茎形成期）进行中耕培土，培土后垄高 20cm。

8.4 病虫害防治

马铃薯病虫害防治以农艺防治为重点，选用抗病虫品种，结合化学农药进行综合防治。马铃薯常见病害：病毒病、真菌病（晚疫病、早疫病、干腐病、黑痣病）、细菌病（环腐病、黑胫病）；马铃薯常见虫害：地下害虫（地老虎、金针虫、蛴螬）、地上害虫（蚜虫、瓢虫、草地螟、芫菁）。

病毒病防控主要采用脱毒种薯；真菌病防控药剂有代森锰锌、阿米西达、克露、银法利、甲基立枯灵等；细菌病害以防为主，一般采用农用链霉素、多菌灵、甲基硫菌灵等药剂拌种；地下害虫的防治用适乐时、高巧拌种或用3%毒死蜱颗粒剂 2~4kg/亩随有机肥整地翻入地下。地上害虫可以喷施啶虫脒、吡虫啉、高效氯氰菊酯、功夫等药剂防治。

9 滴灌设备管理维护

9.1 防止滴孔堵塞。为防止泥沙等杂质在管内积累而造成堵塞，滴灌时逐一放开滴灌带和主管的尾部，加大流量冲洗。定期清理过滤装置，追肥时一定要溶解好，并清除杂质。滴灌带中的孔通常向上铺设，并覆盖地膜后使用。

9.2 施肥后，应继续一段时间灌清水，以防化学物质积累堵塞孔口。注意水压。压力要适中，避免软带破裂。

9.3 秋天可将滴灌设备收回，清洗过滤网。保管好塑料管材。拆除妥善保存在阴凉处。再用时要检查是否有破裂漏水或堵塞，维修后再重新布设。

9.4 杀秧前破开地膜，机械回收滴灌带，盘成卷保存，以便第二年继续使用。不能使用的送厂家以旧换新。

10 收获贮藏

在 2/3 的茎叶枯黄或收获前 7~10 天机械杀秧。

杀秧后 7~10 天选择晴好天气收获，机械挖掘人工分拣装袋。

在 16~25℃ 避光通风环境下预贮 10~14 天后入窖贮藏，贮藏温度 3~5℃，空气相对湿度 80%~90%。

参考文献

[1] 刘富强，李文刚，杨钦忠，等. 马铃薯滴灌机械化高效栽培技术优化模式 [J]. 中国马铃薯，2014，28 (5)：278-279.

马铃薯种质离体保存技术研究 *

岳新丽[1]**　　湛润生[2]　　帅媛媛[1]　　陈　云[1]

（1. 山西省农业科学院高寒区作物研究所，大同　037008；

2. 山西大同大学农学与生命科学学院，大同　037009）

摘　要：限制生长保存是植物种质离体保存的主要方法。本试验以马铃薯晋薯 16 号为试验材料，以节间作为外植体，进行了种质资源缓慢生长保存研究。结果表明，在常温条件下马铃薯种质离体保存的最佳蔗糖浓度为 90g/L，最佳 PP_{333} 浓度为 1.0mg/L；在低温 4℃条件下马铃薯种质离体保存的最佳 PP_{333} 浓度为 0.5mg/L。离体保存后的试管苗转入继代培养基中进行恢复培养，其生长情况与正常继代苗无显著差异。

关键词：马铃薯；种质；离体保存

近年来，植物种质资源流失的情况越来越严重，植物种质资源保存已成为全球性关注的课题[1]。缓慢生长离体保存被证明是行之有效的种质保存方法，以组织培养技术为基础，通过改变培养物生长的外界环境条件，使细胞生长降至最小限度，以延长继代间隔时间，减少继代次数，实现植物种质资源的中长期保存目的[2]，此法已经成功地应用于多种植物[2-5]。本文以马铃薯无菌苗为外植体，以 MS 为基本培养基，研究了蔗糖、多效挫在常温和低温条件下对马铃薯试管苗离体保存的影响，以期为马铃薯树种质资源的离体保存提供技术支持和理论依据。

1　材料与方法

1.1　试验材料

以山西省农业科学院高寒区作物研究所育成的新品种晋薯 16 号无菌苗为试验材料。

1.2　试验方法

1.2.1　预培养

取整齐一致的马铃薯节间作为外植体，以 MS+IAA0.5mg/L+KT0.1mg/L 为基本培养基，在温度（25±1）℃、光照时间为 14h/天、光照强度 1 600~3 000lx 条件下进行增值扩繁以备用。

1.2.2　蔗糖对马铃薯试管苗常温保存的影响

以 MS+IAA0.5mg/L+KT0.1mg/L 为基本培养基，在培养基中分别添加蔗糖浓度 10g/L、30g/L、50g/L、70g/L、90g/L、110g/L 共 6 个试验处理，对马铃薯试管苗进行保存。

1.2.3　PP_{333} 对马铃薯试管苗常温保存的影响

以 MS+IAA0.5mg/L+KT0.1mg/L 为基本培养基，在培养基中添加不同 PP_{333} 浓度 0mg/L、0.5mg/L、1mg/L、1.5mg/L、3mg/L 共 5 个试验处理，对马铃薯试管苗进行保存。

* 基金项目：山西省农业科学院育种工程项目（Yyzjc1117）

** 作者简介：岳新丽，女，助理研究员，主要从事马铃薯遗传育种及栽培技术研究

1.2.4　PP₃₃₃对马铃薯试管苗低温保存的影响

培养基同1.2.3，试验时，先将各处理的马铃薯试管苗在常规条件下培养10天，再转入4℃低温冰箱里避光保存。

每试验处理接种10瓶，每瓶接种5株马铃薯无菌苗，共3次重复。试验材料为剪取1~1.5cm长带叶茎段，插入培养基中进行离体保存试验。培养温度为（25±1）℃、光照时间为14h/天、光照强度为1 000~1 500lx。连续培养保存150天，每隔1个月检查1次并且观察记录其生长分化情况和保存存活率。

1.2.5　恢复生长

将经过离体保存后的马铃薯试管苗与1个月继代1次正常培养的试管苗同时接种到继代培养基中（MS+IAA0.5mg/L+KT0.1mg/L），增殖培养30天后统计试管苗的高度，生长情况。

2　结果与分析

2.1　蔗糖对马铃薯试管苗常温保存的影响

由图1可以看出，10~50g/L范围的蔗糖处理马铃薯试管苗时，对试管苗的生长没有起到抑制作用，当保存时间到150天时，保存的马铃薯试管苗枯黄死亡，茎变细，根细长发黄，培养基呈黑色。蔗糖浓度在50g/L的培养基与正常蔗糖含量以及低浓度蔗糖（10g/L）的培养基相比，对试管苗没有抑制作用，但植株茎秆、根系粗壮，叶色深绿。但70~110g/L范围的蔗糖处理时，对试管苗生长的抑制作用明显。添加70g/L、90g/L蔗糖保存150天后，试管苗较对照健壮，叶色绿，培养基无明显变化，存活率为70.7%、87.3%，而110g/L蔗糖的浓度过高，抑制作用过于强烈，致使试管苗的存活率下降至56.3%，保存期缩短。因此，得出有利于保存马铃薯试管苗的蔗糖浓度是90g/L。

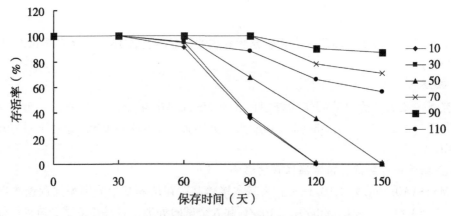

图1　不同浓度蔗糖对马铃薯试管苗常温保存的影响

2.2　PP₃₃₃对马铃薯试管苗常温保存的影响

从图2可以看出，不添加PP₃₃₃的马铃薯试管苗120天后全部死亡，而经过PP₃₃₃处理后，其成活率显著提高。从总体上来看生长延缓剂PP₃₃₃对马铃薯试管苗的保存是具有抑制生长的作用，浓度对试管苗保存的效果影响较大，低浓度的PP₃₃₃可以促进马铃薯试管苗的健壮生长，其茎秆粗壮，根系发达，分枝增多，但保存的时间有限，高浓度的PP₃₃₃

使试管苗生长缓慢，茎秆粗壮矮小，但试管苗的叶片数目增加，颜色加深，根变粗短而根数减少，并出现大量的丛生芽。当生长延缓剂 PP_{333} 浓度为 1.0mg/L，试管苗保存的效果最好，连续保存 5 个月还有 93% 的试管苗存活；PP_{333} 浓度为 1.5mg/L、0.5mg/L 的处理次之，试管苗的存活率分别为 74%、54%。当浓度比较大幅度提高到 3.0mg/L，对试管苗表现出毒害作用，死苗现象严重，保存存活率随着时间的延长而快速下降。综合分析认为，生长延缓剂 PP_{333} 在马铃薯试管苗保存中应用的适宜处理浓度为 1.0mg/L。

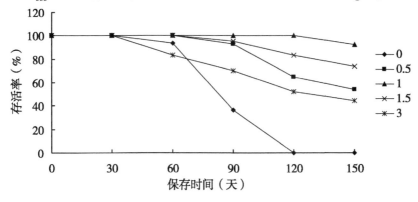

图2　不同浓度 PP_{333} 对马铃薯试管苗常温保存的影响

2.3　PP_{333} 对马铃薯试管苗低温保存的影响

从图 3 可以看出，4℃ 的低温能显著延长所有不同 PP_{333} 浓度处理的马铃薯试管苗的离体保存时间。在低温下，对照虽然没有加入 PP_{333}，但由于低温的作用，其保存时间也比常温保存的时间要长，至 150 天时还有 30.3% 的成活率；在低温下，低浓度的 PP_{333} 有利于提高试管苗的成活率，而高浓度的 PP_{333} 则可对试管苗产生毒害，使其成活率下降，马铃薯试管苗低温下保存的最佳 PP_{333} 浓度为 0.5mg/L，低于常温保存时的最佳浓度。可见，PP_{333} 对马铃薯试管苗的低温保存效果优于常温保存。

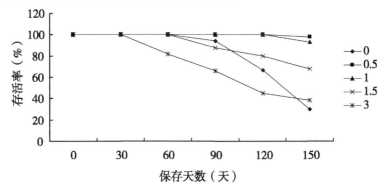

图3　不同浓度 PP_{333} 对马铃薯试管苗低温保存的影响

2.4　保存马铃薯试管苗的恢复生长

从下表可以看出，马铃薯试管苗经保存处理后再生苗与对照常温继代苗在株高、茎粗、根的数量等方面差异不显著，即对试管苗继代生长没有影响。说明蔗糖、PP_{333} 用来保存马铃薯种质是合适的，能够保证遗传资源的稳定性。

表 马铃薯离体保存后再生苗与继代苗形态指标的比较

处理	成活率（%）	株高（cm）	茎粗（mm）	根数（条）
蔗糖保存后继代	100	9.14a	0.93a	5.76a
PP₃₃₃常温保存后继代	100	9.17a	0.91a	5.78a
PP₃₃₃低温保存后继代	100	9.21a	0.96a	5.68a
普通继代培养	100	9.20a	0.94a	5.70a

3 讨论

本试验在培养基中添加低浓度的蔗糖对马铃薯的生长没有抑制作用，当蔗糖浓度提高至 70g/L 时，有效抑制了马铃薯的生长。这是由于提高蔗糖浓度，使培养基的渗透压超过了其承受范围，使水分、养分吸收受阻，从而抑制了生长。

本试验证明，在马铃薯的离体保存中，PP₃₃₃的使用可以减缓试管苗的生长速度，延缓继代时间，从而能显著提高马铃薯试管苗常、低温保存的成活率，PP₃₃₃浓度过高则容易产生毒害作用，成活率反而降低。这与PP₃₃₃对草莓[6]的保存效果一致。

在试管苗离体保存中，低温对试管苗生长有明显的抑制作用，低温下的成活率明显高于常温条件。因此，低温处理是试管苗保存的常用方法[7]。本试验表明，在常温 25℃ 条件下，马铃薯试管苗保存 150 天后成活率显著低于 4℃ 条件下试管苗的成活率。这与地黄[8]的低温保存效果一致。

参考文献

[1] 巩振辉，申书兴. 植物组织培养 [M]. 北京：化学工业出版社，2007.

[2] 陈辉，陈晓玲，陈龙清，等. 百合种质资源限制生长法保存研究 [J]. 园艺学报，2006，33（4）：789-793.

[3] 赵海红，贝丽霞，丁俊杰. 不同生长延缓剂对马铃薯脱毒试管苗保存的影响 [J]. 黑龙江农业科学，2010（5）：1-2.

[4] 付传明，黄宁珍，赵志国，等. 广西地不容种质离体保存技术研究 [J]. 广西科学，2007，14（2）：155-159.

[5] 王艳芳，房伟民，陈发棣，等. "神马"菊花的离体保存及遗传稳定性 [J]. 西北植物学报，2007，27（7）：1341-1348.

[6] 赵密珍，刁曼妮，钱亚明，等. 多效唑对草莓种质离体保存的影响 [J]. 植物遗传资源学报，2003，4（3）：242-244.

[7] Yin M H, et al. Cryopreservation of *Dendrobium candidum* Wall. ex Lindl. protocorm-like bodies by encapsulation-vitrification [J]. Plant Cell, Tissue and Organ Culture, 2009, 98（2）：179-185.

[8] 温学森，等. 地黄种质资源的离体保存研究 [J]. 中国中药杂志，2003，28（1）：17-20.

马铃薯品种比较试验及应用性评价

王建雄　张姝鑫　王志虹　韩启亮

（山西省农业科学院五寨农业试验站，五寨　036201）

摘　要：为了使马铃薯品种应用更规范，进行现有推广品种的比较试验和评价，并提出指导性意见。结果表明冀张薯 8 号、青薯 9 号、晋薯 16 号、晋薯 15 号、晋薯 9 号等生育期较长，单株块茎产量和小区产量都较高，对晚疫病有较好的抗性的品种适宜在五寨马铃薯种植区大面积应用推广，鉴于近两年晚疫病连续暴发，种植紫花白等不抗晚疫病的品种必须慎重。

关键词：五寨；马铃薯品种；应用评价；指导意见

五寨县属于山西马铃薯春播一作区，位于晋西北高寒山区，气候寒冷，无霜期仅 120 天左右[1]，昼夜温差大，适应马铃薯的大面积种植。

五寨马铃薯种植面积有约 10 万亩，占总耕地面积的 25%[2]。近年来随着种植业结构的调整、农村城镇化的推进和"一县一业"马铃薯示范基地的建设，极大地刺激了马铃薯种薯的生产与销售，受利益驱动，农民种植马铃薯的热情很高，短短几年内就有大量的品种涌入。从各地调用的马铃薯种薯未进行严格的适应性检验就投入生产，而且通过各种渠道进入市场的马铃薯种薯等级层次不齐，这极大的制约了马铃薯产业的健康发展[3]。2012 年 8 月，由于种薯的原因以及结薯期雨水较多，马铃薯晚疫病在五寨县大面积爆发，给很多农户带来了巨大的损失。

2013 年，山西省农业科学院五寨农业试验站收集了近年来五寨县推广面积较大的 16 个品种[4]，通过茎尖脱毒生产了脱毒种薯，集中在五寨农业试验站的田间试验区（前所村）高水肥地上进行试验，旨在用比较规范的田间试验统计方法进行科学的分析、归纳、评价，综合考虑生育期、抗病性和产量，就五寨县马铃薯各品种的推广应用给出合理的建议。

1　材料和方法

1.1　试验材料

试验选用的 16 个马铃薯品种分别来源于五寨县良种场、马铃薯种植大户以及山西省农业科学院五寨农业试验站自行培育的一些推广面积较大的品种，具体的品种名称如表 1。品种类型既有鲜食菜用型品种，也有加工专用型品种；就生育期而言大部分为适应五寨县气候特点的春播中晚熟品种。各品种都在前一年统一进行茎尖脱毒，以保证试验的准确性。

1.2　试验方法

试验各处理以紫花白为对照，采用随机区组排列方法，重复 3 次，小区面积 20m²（6.67m×3m），每小区留苗 100 株。四周各种两行保护行（品种为对照紫花白）。

1.3　试验条件

试验田地力均匀，水肥条件较高。与历年气象条件相比，马铃薯开花期至成熟期降水量偏高，大部分品种生育后期都有晚疫病发生。

2 结果与分析

2.1 生育性状表现

各供试品种的生育性状表现如表1所示。

表1 各供试品种的主要生育性状观察统计

品种名称	现蕾期（月/日）	开花期（月/日）	成熟期（月/日）	生育期（天）	茎色	叶色	花繁茂程度	花冠色	匍匐茎（长/短）	株高（cm）
晋薯9号	06/30	07/06	09/11	101	绿	黄绿	繁茂	白	短	70
晋薯22号	06/26	07/06	09/07	98	绿、褐	深绿	中等	白	短	72
冀张薯8号	06/28	07/07	09/14	106	绿	绿	繁茂	白	中	70
晋薯10号	06/27	07/07	09/8	100	绿带褐	深绿	中等	白	短	66
晋薯12号	06/26	07/06	09/8	100	绿带褐	深绿	中等	紫	短	70
荷兰无花	06/24	07/01	08/18	79	绿	绿	中等	白	短	40
晋薯11号	06/26	07/04	09/07	98	紫	淡绿	稀	白	中	55
后旗红	06/24	07/02	09/09	101	紫	绿	中等	白	长	56
青薯9号	06/26	07/06	09/15	105	紫	深绿	稀	淡红	中	89
紫花白	06/24	07/01	08/25	86	绿	绿	中	淡紫	长	33
晋薯7号	06/30	07/07	09/14	106	黄绿	黄绿	繁茂	白	中	78
晋薯15号	06/26	07/06	09/02	93	绿	深绿	中等	白	长	90
晋薯16号	06/26	07/01	09/10	102	绿	深绿	繁茂	白	中	98
夏波蒂	06/24	07/04	08/08	69	绿	绿	稀	浅紫	短	76
大西洋	06/24	07/06	08/03	64	紫褐	深绿	稀	浅紫	短	56
静石2号	06/24	07/06	09/01	92	绿	深绿	稀	白	中	55

根据各品种生育性状观察统计，直观分析认为：①从出苗到成熟，生育天数大于90天有晋薯9号、晋薯22号、冀张薯8号、晋薯10号、晋薯12号、晋薯11号、后旗红、青薯9号、晋薯7号、晋薯15号、晋薯16号、静石2号，生育天数小于90天的有荷兰无花、紫花白、夏波蒂、大西洋，种植这四种马铃薯品种不能充分利用五寨县的无霜期。②后旗红、紫花白、晋薯15号结薯不集中，收获时对薯块很容易造成损伤，降低薯块的商品率。

2.2 块茎性状表现

各供试品种块茎性状调查统计情况如表2所示。

表 2　块茎性状表现

品种名称	薯形	皮色	肉色	薯皮类型	芽眼深浅	商品率（%）	淀粉含量（%）	裂薯率（%）	单株结薯（个/株）	单株薯重（g株）
晋薯 9 号	扁圆	淡黄	淡黄	光滑	浅	74	15.2	1	3.5	493
晋薯 22 号	扁圆	淡黄	白	麻	浅	86	16.28	0	3.5	457
冀张薯 8 号	椭圆	淡黄	白	光滑	浅	76	14.8	0	5.5	623
晋薯 10 号	扁圆	土白	白	光滑	浅	73	18.7	0	4	420
晋薯 12 号	圆	淡黄	白	光滑	中等	70	17.1	0	3	440
荷兰无花	圆	淡黄	白	光滑	中等	80	16.1	0	3	310
晋薯 11 号	扁圆	黄	淡黄	光滑	中等	77	15.5	0	3.5	443
后旗红	椭圆	红	黄	光滑	中等	82	16.3	0	4.5	437
青薯 9 号	椭圆	红	黄	麻	浅	70	19.76	5	5.5	563
紫花白	椭圆	白	白	光滑	中等	88	13.2	0	2	327
晋薯 7 号	扁圆	黄	黄	光滑	中等	72	17.2	0	5	443
晋薯 15 号	扁圆	淡黄	淡黄	光滑	中等	80	17.5	0	4	497
晋薯 16 号	长扁圆	黄	白	光滑	中等	86	16.6	0	5	537
夏波蒂	长圆	白	白	光滑	浅	81	16.26	0	3	263
大西洋	椭圆	淡黄	白	麻	浅	70	15.3	0	3	270
静石 2 号	椭圆	粉红	白	光滑	深	85	16.5	1	3	473

　　根据各品种的块茎性状观察统计可以看出：①商品薯率大于等于 80% 的马铃薯品种有晋薯 22 号、荷兰无花、后旗红、紫花白、晋薯 15 号、晋薯 16 号、夏波蒂、静石 2 号，商品薯率小于 80% 的品种有晋薯 9 号、冀张薯 8 号、晋薯 10 号、晋薯 12 号、晋薯 11 号、青薯 9 号、晋薯 7 号、大西洋，其中，青薯 9 号有一定数量的裂薯；②淀粉含量大于 16% 有晋薯 22 号[5]、晋薯 10 号、晋薯 12 号、荷兰无花、后旗红、青薯 9 号[6]、晋薯 7 号[7]、晋薯 15 号[8]、晋薯 16 号[9]、夏波蒂、静石 2 号，淀粉含量小于 16% 的有晋薯 9 号[10]、冀张薯 8 号[11]、晋薯 11 号、紫花白、大西洋。

2.3　抗病性及产量表现

　　各供试品种抗病性及产量结果统计情况如表 3 所示。

表 3　抗病性及产量结果统计

品种名称	抗病性				小区产量（kg）	折公顷产量（kg）	比 CK ±%	显著性测定（LSD 法，α=0.05）
	花叶病	卷叶病	环腐病	晚疫病				
冀张薯 8 号	中抗	中抗	抗	抗	62.33	31 165	90.79	a
青薯 9 号	中抗	中抗	抗	抗	56.33	28 165	72.42	b
晋薯 16 号	抗	抗	抗	抗	53.67	26 835	64.28	c

（续表）

品种名称	抗病性				小区产量（kg）	折合公顷产量（kg）	比CK ±%	显著性测定（LSD法，α=0.05）
	花叶病	卷叶病	环腐病	晚疫病				
晋薯15号	抗	抗	抗	中抗	49.67	24 835	52.04	d
晋薯9号	抗	抗	中抗	抗	49.33	24 665	50.99	d
静石2号	抗	抗	抗	中抗	47.33	23 665	44.87	de
晋薯22号	抗	抗	抗	中抗	45.67	22 835	39.79	ef
晋薯11号	抗	抗	抗	中抗	44.33	22 165	35.69	fg
晋薯7号	抗	抗	抗	抗	44.33	22 165	35.69	fg
晋薯12号	抗	抗	中抗	中抗	44.00	22 000	34.68	fg
后旗红	中抗	中抗	抗	中抗	43.67	21 835	33.67	fg
晋薯10号	抗	中抗	中抗	中抗	42.00	21 000	28.56	g
紫花白	抗	抗	抗	不抗	32.67	16 335	—	h
荷兰无花	中抗	中抗	中抗	中抗	31.00	15 500	−5.11	h
大西洋	不抗	抗	中抗	不抗	27.00	13 500	−17.36	i
夏波蒂	不抗	抗	抗	不抗	26.33	13 165	−19.41	i

五寨县主要的马铃薯病害有花叶病、卷叶病、环腐病、晚疫病[3]，此次田间试验中花叶病、卷叶病、环腐病发病不严重，对植株性状和产量影响都不大，只有大西洋、夏波蒂有较严重的花叶病发生。康崇全[4]曾通过多年观察发现晋西北地区马铃薯产量与6~8月的降水量呈显著正相关，但本试验中由于马铃薯开花期降水量较大而且后期降水频次较多，晚疫病发生严重，紫花白[12]、大西洋、夏波蒂[13]等不抗晚疫病的品种产量都较低。

从产量统计分析结果来看，小区块茎产量以冀张薯8号最高，显著高于对照以及小区产量排名第二的青薯9号。折合成公顷产量以后，冀张薯8号、青薯9号、晋薯16号、晋薯15号、晋薯9号、静石2号、晋薯22号、晋薯11号、晋薯7号、晋薯12号、后旗红、晋薯10号每公顷的产量均在20 000kg以上。

2.4 综合分析

根据各品种的生育表现、块茎性状、抗病性及产量表现进行综合分析可以看出：①冀张薯8号、青薯9号、晋薯16号、晋薯15号、晋薯9号等品种生育期均较长，能充分利用五寨县的无霜期，单株块茎质量和小区产量都较高，而且对近两年来连续暴发的晚疫病有较好的抗性。②紫花白、荷兰无花、大西洋、夏波蒂的产量表现较差，尤其是大西洋和夏波蒂生育期太短，不能充分利用五寨县的气候条件，而且由于这2个品种成熟较早并且不抗晚疫病，往往成为晚疫病的发病源[14,15]。

3 小结和建议

本试验的试点代表性较强，试验田地力基础、水肥条件较好，试验设计科学合理。8

月底马铃薯晚疫病大规模暴发，对一些品种的产量表现影响较大。另外对花叶病、卷叶病、环腐病等病害的研究仅仅通过田间观察统计，结果可靠程度可能不是很高。但本试验对生产还是有很强的指导意义，根据试验结果，我们建议冀张薯 8 号、青薯 9 号、晋薯16 号、晋薯 15 号、晋薯 9 号应作为主要品种在五寨马铃薯种植区大面积应用推广；鉴于近两年晚疫病连续暴发，种植紫花白等不抗晚疫病的品种应及时做好防治工作，种植大西洋和夏波蒂等生育期短的品种必须慎重考虑当地的各种相关因素和种植条件。

参考文献

[1] 王晋明. 脱毒马铃薯的栽培与管理 [J]. 现代农业，2009 (11)：33.

[2] 孙秀荣. 干旱区马铃薯高效栽培 [J]. 山西农业，2007 (10)：20.

[3] 农业部优质农产品开发服务中心. 中国马铃薯产业发展研究 [M]. 北京：中国农业出版社，2013.

[4] 杨荣香. 浅谈五寨县马铃薯生产现状及发展对策 [J]. 现代农业，2013 (5)：78-79.

[5] 王建雄，韩美善，王文英，等. 马铃薯新品种——"晋薯 22 号"选育 [J]. 中国马铃薯，2013 (1)：63-64.

[6] 王舰，蒋福祯，周云等. 优质抗旱马铃薯新品种青薯 9 号选育及栽培要点 [J]. 农业科技通讯，2009 (2)：89-90.

[7] 樊胜枝. 晋薯 7 号马铃薯的选育 [J]. 中国马铃薯，1989 (4)：46.

[8] 白小东，杜珍，齐海英，等. 优质、抗病马铃薯——晋薯 15 号 [J]. 中国马铃薯，2007，21 (2)：128.

[9] 鲁喜荣，王玉春，王娟. 晋薯 16 号马铃薯高产高效栽培技术 [J]. 中国马铃薯，2010 (5)：296-297.

[10] 康崇全，王建雄，宁秀蓉，等. 马铃薯新品种晋薯 9 号 [J]. 山西农业科学，1992 (2)：34.

[11] 张希近，马恢，尹江. 鲜食菜用马铃薯新品种"冀张薯 8 号"的选育 [J]. 杂粮作物，2008 (5)：296-297.

[12] 张成利. 脱毒马铃薯新品种"紫花白"高产栽培技术 [J]. 安徽农学通报，2010 (11)：265-266.

[13] 董爱书，胡新，邵晓梅，等. 12 个马铃薯品种对晚疫病抗性比较与药剂防治 [J]. 中国马铃薯，2012 (5)：302-307.

[14] 池吉平. 马铃薯主要病虫及防治 [J]. 现代农业，2010 (9)：32.

[15] 康崇全. 降水量同马铃薯产量的关系 [J]. 山西农业科学，1981 (2)：11.

饿苗处理对甘薯营养生长和块根产量的影响*

刘莉莎**　杨洪康　李育明，等

（四川省南充市农业科学院，南充　637000）

摘　要：为了避开甘薯苗剪取后极端天气的影响，剪苗后将其于阴凉处存放几天后再栽插，可以增强甘薯苗抗逆性，利于缓苗。本试验通过饿苗处理不同天数的比较试验，探讨饿苗对甘薯生长状况和产量的影响。结果表明，饿苗处理1天、2天最有利于甘薯苗发根缓苗，缓苗后主茎生长快，对产量的形成最有利；饿苗处理6天、7天的产量次之，因为甘薯苗长期处于低强度胁迫下，促进了根系的早发，利于缓苗，同时主茎芽尖失水严重，促进了其分枝数的增加和养分提前向地下部转移；饿苗处理3~5天的甘薯苗，根系形成慢，不宜插栽。所以剪苗后遇极端天气或者长途运输甘薯种苗后可以在阴凉处存放1天、2天、6天、7天再插栽，有利于产量和品质的提高。

关键词：甘薯；饿苗；移栽；产量

甘薯为旋花科甘薯属的一个栽培种，是具有蔓生习性的一年生或多年生草本块根植物，起源于南美洲、非洲、南亚地区，具有耐旱、耐瘠薄、适应性强、投入少、产量高、用途广等优点，是重要工业原料[1-2]、饲料、保健食品[3-4]、优质非粮淀粉类能源植物[5-6]和重要的粮食作物[7]，在中国其栽培面积和产量仅次于水稻、小麦和玉米而位居第4位[8-9]。

甘薯苗在剪苗后，若遇自然条件不利于薯苗栽插，或者异地引种需要长途运输的，甘薯苗如何保存，可以保存多长时间，不同的保存时间对甘薯移栽后的成活、块根产量和品质的影响是必须解决的问题，目前还没有相关的系统研究。本试验通过饿苗处理不同天数的比较试验，探讨饿苗对甘薯生长状况、最终产量和品质的影响，以期为甘薯延时移栽、长途运输甘薯苗的贮存时间和贮藏条件提供理论依据。

1　材料和方法

1.1　试验材料和地块选择

1.1.1　试验材料

试验选用南充农业科学院育成的西成薯007高淀粉品种，试验薯苗为脱毒薯苗，都采用尖节苗，薯苗质量均匀一致。

1.1.2　地块选择

试验地块选择云溪试验基地C区，土壤肥力中等较均匀，四周无荫蔽。

1.2　试验方法

试验于2012年5月31日早晨剪存放7天的薯苗，以后每天剪下指定数量的薯苗，随

---

　*　基金项目：国家甘薯产业技术体系经费资助基金项目，农业部川渝薯类与大豆科学观测实验站

　**　作者简介：刘莉莎，黑龙江哈尔滨人，女，助理研究员，博士，主要从事甘薯育种与栽培研究；
E-mail：cauliulisha@yahoo.com.cn

即存放于透弱光的阴凉房间内，6月7日剪完最后一次薯苗后，与前7次剪取的薯苗一同栽插。8个处理采用随机区组设计，4次重复，每一重复单垄单行种植，垄距83cm，垄长4m，3行区；小区面积0.015亩。I重复设为挖根调查区，4行区，小区面积0.02亩，栽植密度4 000株/亩。

在甘薯生长的整个阶段，在田间选取有代表性的植株进行取样，每次每小区选5株，分别于移栽不同周数后调查茎粗、主蔓长度、分枝数和叶片数量，测量叶绿素含量和叶面积，折算叶面积指数（LAI），分别称量地上部和地下部的鲜重和干重，计算植株的T/R值，并在收获时测定茎叶产量，鲜薯产量，大中薯率和块根干率，并折算薯干产量。

相关指标测定方法：

叶绿素——使用美国OPTI公司生产的手持活体叶绿素仪CCM-200测定；

LAI——用手持式叶面积仪CI-203测定甘薯叶面积，再根据叶片数折算LAI值；

T/R值——植株地上部鲜重/地下部鲜重；

大中薯率（%）——（大薯重+中薯重）/薯块总重×100；

块根干率（%）——（块根样品烘干至恒重/鲜重）×100，取薯块中部切丝混匀，称取100g，两个重复，装入铝盒摊开，40℃鼓风烘6h后，60~80℃鼓风烘6h，待样品变脆后，再升温至100~105℃烘12h至恒重，然后称量，以%表示。

所有数据采用Excel和DPS进行统计和分析。

3 试验结果分析

3.1 甘薯不同饿苗时间地上部生长动态分析

从表1中可以看出，在各个处理间茎粗没有明显的差别。饿苗处理3天的甘薯的茎长显著高于其他处理，饿苗处理6天和7天的甘薯茎长显著低于其他处理；在8周时，处理7天的甘薯基部分枝数为4.6，显著或极显著地高于其他处理，说明饿苗处理7天有利于甘薯苗早发分枝，在16周时，处理5天和6天的茎长显著高于处理0天和1天的。

表1 甘薯不同饿苗时间对地上部生长的影响

处理时间	茎粗（cm）		茎长（cm）		基部分枝数	
	8周	16周	8周	16周	8周	16周
0天	0.59aA	0.59abA	77.0bBC	106.8bcAB	2.8bB	4.2bAB
1天	0.57abA	0.58abA	83.0bB	121.0abcAB	3.0bB	4.0bB
2天	0.51bA	0.62aA	80.0bB	105.8bcAB	3.0bB	5.0abAB
3天	0.54abA	0.61aA	104.0aA	139.2aA	2.6bB	5.0abAB
4天	0.56abA	0.57abA	78.0bBC	128.4abAB	2.6bB	4.2bAB
5天	0.56abA	0.60abA	73.0bcBC	100.8bcAB	2.6bB	6.0aA
6天	0.57abA	0.56bA	83.0bB	90.8cB	3.0bB	5.6aAB
7天	0.51abA	0.58abA	59.0cC	95.8cB	4.6aA	5.0abAB

注：同一列数据后小写和大写字母分别表示差异达到5%和1%的显著水平

综合来看，饿苗处理3天有利于甘薯苗早期茎蔓的伸长生长，但基部分枝数则相对偏低，营养生长过旺，不利于产量形成[1]；饿苗处理7天有利于促进甘薯苗早发侧枝，但茎的伸长生长则受到一定的抑制，可能与处理时间过长有关，导致水分胁迫已经对茎尖分生组织造成了伤害，影响了成活后的伸长生长，从而营养物质更多的往基部积累，促进了侧枝的发生，为地上部的快速生长创造了条件。

3.2 叶绿素含量的动态分析

如图 1 所示，在甘薯的整个生长过程中，不同的处理都表现出较为一致的同步性，薯

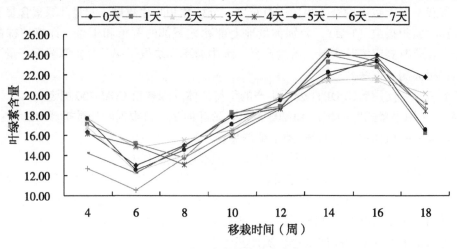

图 1　叶绿素含量的动态变化

苗栽插后，在成活过程中，叶绿素含量都有一个缓慢的下降过程；6 周后，随着薯苗的生长，叶绿素含量逐渐增加，14 周以后随植株老化，叶绿素含量又呈现下降趋势。饿苗处理 7 天与 6 天的甘薯苗可能由于弱光的时间比较长，部分叶绿体已经开始分解，所以生长前期（4~6 周）这两个处理的叶绿素含量相对较低，但 14 周时这 2 个处理反而处于较高的水平。说明饿苗处理 1~5 天，早期对甘薯苗的叶绿体的影响较小，处理超过 5 天，在植株生长前期会对光合系统会产生一定的负面作用。

3.3 叶面积指数 LAI 的动态变化分析

叶片是甘薯进行光合作用和制造养分的主要器官，甘薯植株叶片数，叶面积指数与干物质积累及块根重量增加有密切的关系，较高的叶面积指数是高产的基础[10]。如图 2 所示，LAI 在整个甘薯生长过程中，所有处理表现出较为一致的同步性；随着薯苗的成活，LAI 不断的增加，12 周以后 LAI 缓慢下降。综合来看，分枝较少的饿苗处理 1 天和饿苗处理 2 天的 LAI 最高。

在生长盛期，LAI 从最高往后依次为饿苗处理 1 天、2 天、6 天、7 天的，饿苗处理 1 天和 2 天的 LAI 最高，主要得益于主蔓的较长，前期生长量大，饿苗处理 6 天和 7 天的 LAI 较高主要得益于分枝数多，根系生长旺盛，后期长势强。

3.4 单株地上部总鲜重和单株地上部总干重变化趋势分析

从图 3 中可以看出，甘薯地上部干鲜重在前期逐渐增长，后期呈现下降趋势，不同处理出现下降趋势的时间不同。饿苗处理 6 天和 7 天的地上部鲜重下降出现的最早，12 周以后开始逐渐下降，在 14 周以后，处理 0 天的也开始出现下降，其他处理均是在 16 周后，地上部鲜重开始出现显著的下降。说明饥饿处理 5 天以上的，可能由于茎尖生长点前期受抑制，营养较多的往根部输送，促进了根部的早期膨大，改变了库源关系，地上部营

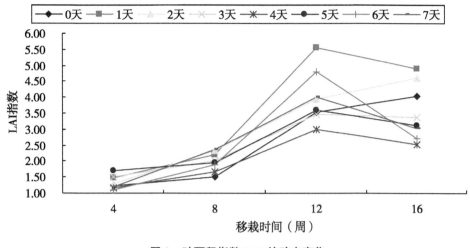

图2　叶面积指数 LAI 的动态变化

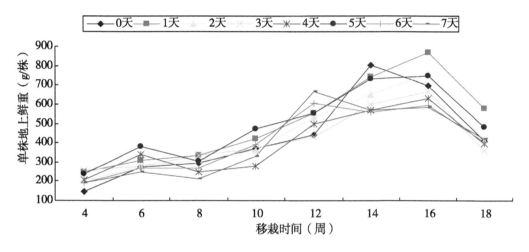

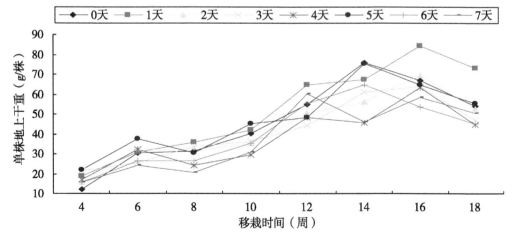

图3　单株地上部总鲜重和总干重变化趋势

养比其他处理更早地向地下部转移。

3.5 单株地下部总鲜重和单株地下部总干重变化趋势分析

从图 4 可以看出，在 16 周之前，甘薯地下部鲜重呈现逐渐上升趋势，在 16 周后，地下部鲜重开始下降，但干重持续增加，说明了后期地下部鲜重的下降主要是由于块根水分的减少。

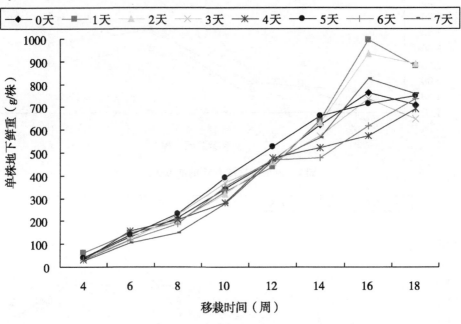

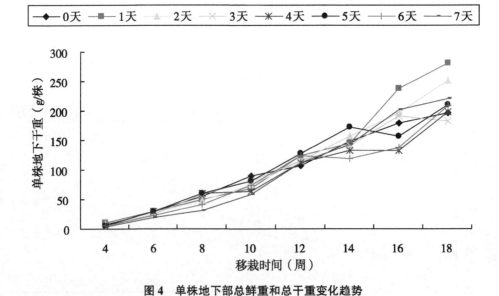

图 4　单株地下部总鲜重和总干重变化趋势

饿苗处理 1 天 和 2 天的干鲜重后期均处在较高的水平，饿苗处理 7 天的次之，饿苗处理 3 天的薯块鲜重和干重都为最低，其他处理没有显著差异。

3.6 T/R 值

由图 5 可以看出，饿苗处理天数越多的早期的 T/R 值就越大，可能是由于其缓苗早，分枝数多。4周后，各处理的 T/R 值同时出现了下降高峰，说明地下根系都进入了快速生长期，在移栽后 6 周时，基本上所有处理 T/R 值均在 2 左右，只有饿苗 5 天处理为 2.69 略高。8~14 周时，所有处理的 T/R 值均在 1~1.5，到了收获期时，所有处理的 T/R 值均在 0.5 左右。综合来看，饿苗处理没有改变甘薯的生长规律，后期的 T/R 值较低，说明饿苗处理有利于后期养分向根部的转移，促进甘薯块根的膨大。

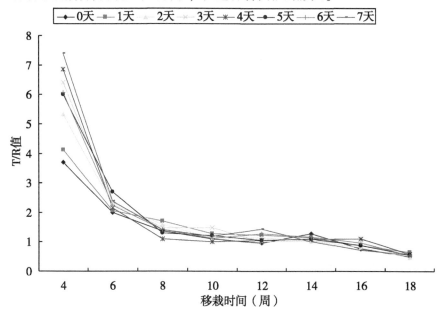

图5　各处理 T/R 值变化趋势

3.7　甘薯收获时大中薯率、块根干率和产量分析

由表2可看出，收获时的大中薯率以饿苗处理 7 天为最高，其次为饿苗处理 1 天和 2 天的，大中薯率和鲜薯产量是正相关的。干率以饿苗处理 1 天的最高，其次为饿苗处理 7 天和 4 天的，一般来说，甘薯的干率越高，品质越好，越有利于贮藏。

表2　甘薯收获时的大中薯率、块根干率、茎叶产量和鲜薯产量

处理时间	大中薯率（%）	块根干率（%）	茎叶产量（kg/亩）	鲜薯产量（kg/亩）
0 天	71.05	27.78	1 431.13a	2 006.36b
1 天	79.80	32.00	1 431.13a	2 293.70a
2 天	79.40	28.22	1 445.02a	2 272.58ab
3 天	75.96	28.22	1 422.79a	2 084.17b
4 天	69.93	28.89	1 442.24a	2 020.25ab
5 天	70.34	28.22	1 478.37a	2 125.85ab
6 天	72.08	28.44	1 550.62a	2 211.44ab
7 天	80.05	29.33	1 517.27a	2 194.77ab

注：同一列数据后小写和大写字母分别表示差异达到5%和1%的显著水平

由表2可知，甘薯的茎叶产量没有显著差异，但是基本是随着饿苗处理时间的延长而略有升高。

试验的所有的处理中,鲜薯产量以饿苗处理1天的为最高,鲜薯折亩产2 293.7kg,较饿苗处理0天的小区增产14.3%;其次是饿苗处理2天的小区,鲜薯折亩产2 272.6kg,较饿苗处理0天的小区增产13.3%;处理6天和7天的鲜薯产量再次之;饿苗处理3~5天的鲜薯产量稍高于处理0天的小区,但低于其余各处理。

饿苗1天、2天的处理产量较高,可能是得益于植物应对干旱胁迫的短期机制,饿苗处理时间短,营养物质消耗少,为了适应水分和弱光胁迫,剪口开始愈合,植物体细胞质适度浓缩,和干旱胁迫抗性相关的小分子渗透物和激素的积累,增强了其抗逆性,移栽后,对初期根系缺乏造成的水分胁迫具有了一定的适应能力,且营养物质消耗少,有利于根的迅速生成,对后期的营养生长和块根的形成具有积极的促进作用。

饿苗6天、7天的处理产量次之,可能是得益于植物应对干旱胁迫的长期机制,低强度长时间的弱光高湿促进了其根系的提前萌发,有利于其移栽到大田后根系的迅速下扎,吸收水分和养分,加上薯苗中下部叶片已经萎焉脱落,移栽后水分散失少,缓苗快,前期生长量较其他处理大,促进了后期产量的形成。

饿苗0天的处理产量最低,主要因为薯苗的早期干旱胁迫是在大田中,光照强,湿度小,叶片多,水分损失量大,导致植株短时间内失水严重,缓苗时间长,导致了产量的降低。

饿苗3~5天的处理也较低,因为饿苗处理时间长养分和水分的消耗比处理1天和2天的大,但根系的发生尚未开始,所以缓苗相对慢,吸收养分晚,影响了产量。

4 结论与讨论

由试验结果可以看出,一定时间的饿苗处理,不仅可以避开恶劣天气的影响,同时甘薯苗短期和长期抗逆机制的启动,有利于增强甘薯苗期抗逆性。饿苗处理1天和2天的,由于失水,提高了原生质浓度,苗期抗逆性增强,不定根萌发快,缓苗快成活早,收到了良好的效果,产量较饿苗0天的处理分别增产14.3%、13.3%,饿苗处理6天、7天的,低强度长时间的饥饿处理,促进了其根系的提前萌发,移栽后根系下扎快,吸收养分早,缓苗快,分枝数多,产量较处理0天的分别增产10.2%、9.4%。

综上所述,甘薯苗剪取后,可以低温弱光高湿存放1天、2天、6天和7天,避开不利天气等待有利天气移栽,有利于鲜薯产量的提高。同时在低温高湿和通风的条件下进行中长途运输,有利于甘薯苗的统一繁育,可促进甘薯品种纯度和产量的提高,有利于新品种和脱毒苗的推广,推动甘薯的产业化发展。

参考文献

[1] 马代夫. 世界甘薯生产现状和发展预测 [J]. 世界农业, 2001 (1): 17-19.

[2] 杨新笋, 雷剑, 苏文瑾, 等. 甘薯新品种鄂薯9号的选育与栽培技术 [J]. 湖北农业科学, 51 (17): 3696-3698.

[3] 唐君, 周志林, 张允刚, 等. 国内外甘薯种质资源研究进展 [J]. 山西农业大学学报, 自然科学版, 2009, 29 (5): 478-482.

[4] 马志民, 刘兰服, 姚海兰, 等. 不同覆膜方式对甘薯生长发育的影响 [J]. 西北农业学报 2012, 21 (5): 103-107

［5］ 张松树，刘兰服．河北省甘薯生产科研概况及产业化发展对策［J］．杂粮作物，2004，24（2）：110-112.

［6］ 史本林，尤瑞玲，李红忠．能源型甘薯高产栽培技术研究［J］．湖北农业科学，51（13）：2688-2690.

［7］ 宋朝建，王季春．甘薯高产潜力研究进展［J］．耕作与栽培，2007（2）：45-47.

［8］ 陆漱韵，刘庆昌，李惟基．甘薯育种学［M］．北京：中国农业出版社，1998.

［9］ 罗小敏，王季春．甘薯地膜覆盖高产高效栽培理论与技术［J］．湖北农业科学，2009，48（2）：294-296.

［10］ 陈晓光，史春余，李洪民，等．氮肥和多效唑对甘薯叶片生理功能和产量的影响［J］．西北农业学报，2013，22（2）：71-75

改性甘薯果胶对癌细胞增殖的影响

张燕燕　木泰华　张　苗

（中国农业科学院农产品加工研究所果蔬加工研究室，北京　100193）

摘　要：探讨 pH 改性和热改性甘薯果胶对结肠癌细胞 HT-29、乳腺癌细胞 Bcap-37 和肝癌细胞 SMMC-7721 增殖的影响。分别对改性前后甘薯果胶的半乳糖醛酸含量、酯化度、分子量、微观结构及癌细胞增殖抑制活性进行测定。果胶改性后半乳糖醛酸含量显著提高（$P<0.05$），而酯化度和分子量降低，微观结构发生明显变化。未改性、pH 改性和热改性甘薯果胶对 3 种癌细胞均有抑制作用，并呈浓度和时间依赖性；改性后甘薯果胶对 3 种癌细胞增殖抑制效果均有显著提高（$P<0.05$），且改性甘薯果胶对 HT-29 和 Bcap-37 的抑制效果更显著。改性甘薯果胶对 HT-29 和 Bcap-37 的增殖抑制效果较好，具有潜在的抗结肠癌和乳腺癌作用。

关键词：甘薯果胶；改性；癌细胞；增殖

癌症是人类的第二大致死疾病，据报道每年全球约有 13% 的病患者死于癌症[1]，化学治疗在癌症治疗中占有重要地位，但存在一定的不良反应和耐药性，如何预防癌症及开发癌症治疗新方法已引起世界各国的普遍关注。植物多糖广泛分布于自然界中，可以直接杀死癌细胞或通过增强机体的免疫功能而间接抑制癌细胞的增殖及转移[2-3]，且不易产生耐药性，对机体的损伤和毒副作用小[4]。因此，研究植物多糖对癌细胞增殖的影响对预防癌症及开发癌症治疗新方法有着重要的意义。果胶是一种天然的复杂植物多糖，富含半乳糖醛酸，存在于蔬菜和水果中。已有研究报道表明，果胶可以抑制癌细胞生长和转移，促进癌细胞凋亡[5-8]，然而分子量较大的果胶其水溶性及抗癌作用相对较差[9]。改性可使果胶变成较短的、分支较少的糖链，并降低果胶分子量和酯化度，提高半乳糖醛酸含量和水溶性[9-13]。近些年来，国内外学者开展了改性果胶在抗癌作用方面的研究，大多是采用高 pH 处理果胶进行改性的研究[14]，也有少量是采用加热方法的研究[12]。Yan 等[15]发现 pH 改性柑橘果胶能抑制人和鼠前列腺癌细胞增殖，并通过抑制促细胞分裂原活化蛋白激酶（MAPK）信号路径和激活半胱天冬酶 Caspase-3 诱导癌细胞凋亡；Nangia-Makker 等[16]给无胸腺的小鼠注射人乳腺癌细胞并饲喂 pH 改性柑橘果胶后，发现 pH 改性柑橘果胶显著抑制了乳腺肿瘤的生长和转移；Hayashi 等[17]通过小鼠实验发现 pH 改性柑橘果胶能够抑制人 colon-25 肿瘤的生长，高剂量果胶的抑制率可达 70%；Jackson 等[12]研究热改性柑橘果胶和商业化分级果胶（FPP）对前列腺癌细胞凋亡的作用后，发现两种果胶的促进凋亡活性相似，均可使癌细胞的凋亡率增加约 40 倍。改性果胶抗癌作用的研究多以 pH 改性柑橘果胶为原料[18]，未见有 pH 改性甘薯果胶，特别是热改性甘薯果胶对癌细胞增殖抑制作用的研究。本研究在分析 pH 改性和热改性前后甘薯果胶基本成分变化及结构特征（半乳糖醛酸含量、酯化度、分子量和微观结构）的基础上，探讨其对结肠癌细胞 HT-29、乳腺癌细胞 Bcap-37 和肝癌细胞 SMMC-7721 增殖的影响。

1 材料与方法

1.1 供试材料

供试甘薯品种为密选 1 号；甘薯渣为密云县小型淀粉加工厂提取淀粉后的废渣，基本成分测定结果见表 1。结肠癌细胞 HT-29、乳腺癌细胞 Bcap-37 和肝癌细胞 SMMC-7721 均购自中国医学科学院基础医学研究所。

表 1 甘薯渣基本成分（w/w）

水分（%）	淀粉（%）	蛋白质（%）	灰分（%）	膳食纤维（%）	果胶（%）
9.22±0.14	50.96±1.15	2.83±0.38	1.99±0.11	28.85±0.52	9.41±0.12

1.2 主要仪器与试剂

1.2.1 主要仪器

1100HPLC：美国安捷伦公司；2300 全自动凯氏定氮仪：瑞典 FOSS 公司；LXJ-IIC 低速大容量多管离心机：上海安亭科学仪器厂；UV 1101 紫外可见分光光度计：上海天美科学仪器有限公司；FD5-3 型冷冻干燥机：美国 SIM 公司；Ro（NaF-40）-UF-4010 实验用膜分离超滤装置：上海亚东核级树脂有限公司；STARTER 3C 型 pH 计：美国 OHAUS 公司；SY-2230 恒温水浴摇床：美国 CRASTAL 公司；RT-6000 酶标仪：深圳雷杜生命科学股份有限公司；CKX41 倒置显微镜：日本 Olympus 公司；S-570 型扫描电子显微镜：日本日立公司；3.5ku 透析袋：美国 Viskase 公司。

1.2.2 主要试剂

四氮甲基唑蓝（MTT）、二甲基亚砜（DMSO）、台盼蓝、结晶紫、α-淀粉酶、咔唑试剂、半乳糖醛酸标准品和 McCoy's 5A 培养基均购于 Sigma 公司；胎牛血清（FBS）购自 Hyclone 公司；浓硫酸为优级纯。试验中所用其他试剂均为分析纯。

1.3 试验方法

1.3.1 未改性甘薯果胶的提取

称取 10g 甘薯渣，按 1:30 加蒸馏水悬浊，用 1mol/L 的 HCL 溶液调 pH 值至 1.7，放入 93℃的恒温振荡器中提取 2.2h，提取液 6 148g 离心 30min，取上清液于旋转蒸发仪中浓缩。浓缩后，加入适量的 α-淀粉酶，60℃下水浴酶解 1.5h。酶解完毕，于 100℃沸水浴灭酶 10min，将酶解液冷却，加入 3 倍体积的无水乙醇沉淀过夜，于 6 148g 离心 30min。收集沉淀，加一定量去离子水溶解后超滤（采用实验用膜分离超滤装置，膜截留分子量为 10ku），收集截留液，冻干得到未改性的甘薯果胶。

1.3.2 pH 改性甘薯果胶的制备

根据 Nangia-Makker 和 Platt 等的方法[16,19]，略作改动。称取 1.5g 未改性甘薯果胶，加入 100mL 水，缓慢滴加 3mol/L NaOH 调 pH 值至 10.0，55℃下水浴 30min，冷却至室温后，用 3mol/L 盐酸调 pH 值至 3.0，室温下静置过夜，然后加入 1 倍体积的 95%乙醇，于 -20℃冰箱中冷冻 2h，抽滤，收集截留固形物，溶于去离子水中，在截留分子量为 3.5ku 的透析袋中透析 48h 除盐后冻干，得到 pH 改性的甘薯果胶。

pH 改性甘薯果胶收率（%）= pH 改性后的甘薯果胶质量/未改性甘薯果胶质量×100

$$(1)$$

1.3.3　热改性甘薯果胶的制备

根据 Jackson 等的方法[12]。将 1g 未改性的甘薯果胶溶于 1 L 去离子水中，在 123.2℃，17.2~21.7 psi 下高温加热 60min 后，冷却至室温，4℃下静置过夜。吸取上清液，冻干后得到热改性甘薯果胶。

热改性甘薯果胶收率（%）= 热改性后的甘薯果胶质量/未改性甘薯果胶质量×100

$$(2)$$

1.3.4　酯化度（degree of esterification，DE）的测定

参照 Pinheiro 等[20]的方法。称取 0.2g 果胶于具塞玻璃瓶中，用乙醇润湿。加入 20mL 蒸馏水，40℃下搅拌溶解 2h，再向该溶液中加入 1 滴酚酞，用 0.1mol/L NaOH 滴定，至滴定终点所用氢氧化钠体积记为 V_1。随后，向该溶液中加入 10mL 0.1mol/L NaOH，盖上瓶塞在室温下搅拌 2h。继续向该溶液加入 10mL 0.1mol/L HCl，过量 HCl 用 0.1mol/L NaOH 滴定，至滴定终点所消耗 NaOH 体积记为 V_2，果胶酯化度（DE）计算公式为：

$$DE（\%）= 100×V_2/（V_1 + V_2）\qquad(3)$$

1.3.5　半乳糖醛酸含量的测定

采用咔唑硫酸比色法[21]进行半乳糖醛酸含量的测定。称取干果胶样品 10mg（W_1），配制成 0.01%（w/v）的果胶溶液，取 1mL 置于具塞试管中，冰浴下缓慢加入 6mL 浓硫酸，涡旋使溶液充分混合，将混合液置于沸水浴 15min 后冷却，加入 0.5mL 0.15% 的咔唑试剂，混匀后置于室温下反应 30min，于 530nm 下测定吸光值。按上述方法用浓度为 0、10μg/mL、20μg/mL、30μg/mL、40μg/mL、50μg/mL、60μg/mL、70μg/mL、80μg/mL 和 90μg/mL 的半乳糖醛酸溶液制作标准曲线，通过标准曲线计算果胶中半乳糖醛酸的含量。

$$Y_1 = A×N×10^{-6}/W_1×100\qquad(4)$$

式中，Y_1 为半乳糖醛酸含量，%；A 为从标准曲线中查得的半乳糖醛酸浓度，μg/mL；N 为稀释倍数；W_1 为果胶样品质量，g。

1.3.6　分子量测定

采用配有 TSK5000 柱（7.5mm×300mm，日本 Tosoh Bioscience LLC）和 3 个检测器的高效液相色谱仪（1100 HPLC），利用高效分子排阻色谱法测定果胶的分子量。3 个检测器分别为：装有 690nm 的激光光源的多角度激光检测器（DAWN EOS，美国 Waytt Technology）、示差检测器（Optilab DSP，美国 Wyatt Technology）和准弹性光散射器（QELS，美国 Wyatt Technology）。用含有 0.15mol/L 硫酸钠的 50mmol/L 磷酸钠（pH 7.4）作为洗脱液，流速 0.5mL/min。果胶溶液折光指数 dn/dc（mL/g）为 0.135。

1.3.7　果胶微观结构观察

采用扫描电子显微镜（scanning electron microscope，SEM）对果胶微观结构进行观察。果胶样品经过用双面胶粘台和在真空状态下喷金后，用 SEM 在加速电压为 12kV 的条件下进行观察并拍照。

1.3.8　甘薯渣和果胶基本成分测定

蛋白质、总膳食纤维、灰分和水分含量均采用 AOAC 的方法测定[22]；果胶含量测定

参照 Claye 等[23] 的方法。

1.3.9 细胞培养

将 HT-29、SMMC-7721 和 Bcap-37 细胞置于含 10%胎牛血清的 McCoy's 5A 培养基中，37℃、5%浓度 CO_2 及饱和湿度培养箱中培养。

1.3.10 癌细胞存活率测定

为观察甘薯果胶的细胞毒性，添加 1.00mg/mL 果胶于培养基中作用 48h 后，用 PBS 洗液（137mmol/L NaCl，2.68mmol/L KCl，1.47mmol/L KH_2PO_4 和 8.1mmol/L Na_2HPO_4，pH7.4）清洗两次，胰酶消化后，加入一定量的 McCoy's 5A 培养基终止反应。取 100μL 细胞液，加入 100μL 0.40%台盼蓝染液（PBS 配制），混匀后于血球计数板上计数，活细胞被染上蓝色。

$$细胞存活率（\%）= [（细胞总数-蓝色细胞数）/细胞总数] \times 100 \quad (5)$$

1.3.11 MTT 法测定癌细胞增殖抑制作用

癌细胞 HT-29、SMMC-7721 和 Bcap-37 以每孔 5×10^4 的浓度接种于 96 孔板，待细胞贴壁后向培养基中添加不同浓度的甘薯果胶（0.01mg/mL、0.10mg/mL、0.25mg/mL、0.50mg/mL、1.00mg/mL）继续培养不同的时间（12h、24h、36h、48h）。采用 MTT 法，在 492nm 下测定每孔吸光度值，计算细胞增殖抑制率（%）。

$$细胞增殖抑制率（\%）=（1-试验组吸光度值/对照组吸光度值）\times 100 \quad (6)$$

1.3.12 结晶紫染色法测定癌细胞增殖抑制作用

癌细胞 HT-29、SMMC-7721 和 Bcap-37 以每孔 1×10^6 的浓度接种于 6 孔板，细胞处理方法同 MTT 法。24h 后，吸弃培养基，加入含 0.2%的结晶紫（含 10%甲醛的磷酸缓冲液）对细胞进行染色，室温下反应 2min。活细胞被染上颜色，在倒置显微镜（CKX41）下观察，并拍照，放大倍数为 100 倍。

1.4 统计分析

试验数据采用平均数±标准差（mean ± SD）表示，用 SAS8.1 统计软件进行方差分析，以 $P<0.05$ 为显著性检验标准。

2 结果与分析

2.1 改性果胶基本成分及酯化度

经过 pH 改性和热改性后的甘薯果胶收率都较高，分别为 93.62%和 90.21%。由表 2 可知，改性前后果胶的蛋白质、灰分和水分含量无显著差异（$P>0.05$）。未改性果胶的半乳糖醛酸含量为 71.05%，高于酸法提取的香蕉皮果胶的半乳糖醛酸含量 69.3%[24]，但低于柑橘果胶的 79.2%[25]。pH 改性和热改性后，甘薯果胶半乳糖醛酸含量均有显著提高，分别为 77.09%和 76.34%（$P<0.05$）。DE 是反映果胶分子中被酯化的半乳糖醛酸残基的比例，DE 大于 50%的果胶一般称之为高甲氧基果胶，DE 小于 50%为低甲氧基果胶[20]。未改性甘薯果胶的酯化度为 29.45%（表 2），为低甲氧基果胶。pH 改性及热改性后，酯化度分别降至 3.85%和 9.64%（$P<0.05$）。张文博等[11] 发现柑橘果胶经 pH 改性后，酯化度由 37.38%降至 2.13%，且改性后柑橘果胶对肝癌细胞 H22 和宫颈癌细胞 U14 有较强的抑制作用。这表明果胶改性后被酯化的半乳糖醛酸残基比例下降，可能有助于增强果胶的抗癌活性。

表 2　甘薯果胶基本成分与酯化度（w/w）

甘薯果胶类型	蛋白质（%）	灰分（%）	水分（%）	半乳糖醛酸（%）	酯化度（%）
未改性果胶	0.92±0.07[a]	0.58±0.03[a]	7.29±0.18[a]	71.05±1.61[b]	29.45±1.22[a]
pH 改性果胶	0.88±0.11[a]	0.61±0.01[a]	7.24±0.21[a]	77.09±3.23[a]	3.85±0.23[c]
热改性果胶	0.91±0.06[a]	0.57±0.02[a]	7.21±0.14[a]	76.34±1.13[a]	9.64±0.75[b]

同一组内不同字母表示存在显著性差异（$P<0.05$）

2.2　果胶分子量变化

本研究中，改性前后甘薯果胶的分子量（M_w）分布均呈现出两个不同的区域（峰 1 和峰 2），改性后峰 2 的面积明显增大（峰图未给出）。未改性果胶分子量集中分布在 657ku（峰 1）和 257ku（峰 2），pH 和热改性后果胶峰 1 和峰 2 的分子量均显著降低（表 3）。与未改性果胶分子量相比，pH 改性果胶峰 1 和峰 2 分子量分别降低了 10.81% 和 83.31%；热改性果胶峰 1 和峰 2 分别降低 24.35% 和 77.47%。有研究报道商业化柑橘果胶的分子量经 pH 和热改性后分子量由原来的 70~100ku，分别降低至 21~66ku 和 23~71ku，且经过 pH 和热改性的柑橘果胶均具有良好的抗癌活性[9,11-12]。这也许是由于改性使果胶的一些侧链被切掉或长链被打断而生成分子量较小的果胶[10]，而小分子量果胶更易进入癌细胞中发挥作用。

表 3　甘薯果胶分子量分布

甘薯果胶类型	分子量（ku）	
	峰 1	峰 2
未改性果胶	657	257
pH 改性果胶	586	42.9
热改性果胶	497	57.9

2.3　果胶微观结构

图 1 为甘薯果胶的扫描电子显微镜图。从图 1 可以看出，未改性果胶呈片层状结构（图 1-a），热改性后果胶的形态呈丝网状（图 1-b），而 pH 改性后果胶的形态呈不规则片状（图 1-c）。经改性后，果胶的微观结构发生了明显变化，这可能会增加果胶在水中的溶解度，从而使与其相关的生物活性得到增强。

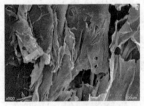 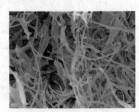 

（a）未改性果胶　　　　　（b）热改性果胶　　　　　（c）pH改性果胶

图 1　果胶的扫描电子显微镜图（×500）

2.4　果胶对癌细胞存活率影响

如表4所示，添加1.00mg/mL甘薯果胶于培养基中分别作用48h后，癌细胞HT-29、SMMC-7721和Bcap-37的存活率与未添加甘薯果胶的对照组相比无显著变化（$P<0.05$）。说明在果胶浓度低于1.00mg/mL及作用时间少于48h时，果胶对三种癌细胞均无毒性。

表4　甘薯果胶对癌细胞存活率的影响

果胶类型	果胶浓度（mg/mL）	癌细胞存活率（%）		
		HT-29	Bcap-37	SMMC-7721
	0.00	95.60±1.21	98.71±2.31	96.52±1.68
未改性果胶	1.00	97.21±2.05	98.89±1.87	93.98±2.68
pH改性果胶	1.00	93.84±0.53	99.13±2.76	92.74±1.14
热改性果胶	1.00	97.49±2.02	94.87±3.12	93.68±1.81

2.5　果胶对癌细胞增殖的影响（MTT法）

2.5.1　对HT-29的影响

MTT法测定的甘薯果胶对HT-29增殖的影响如图2所示，3种类型果胶对HT-29细胞的增殖抑制作用均呈浓度及时间依赖性（图2-a和2-b）。在分别采用不同浓度果胶（0.01~1.00mg/mL）对HT-29细胞进行处理时，与未改性甘薯果胶相比，热改性及pH改性果胶对HT-29的抑制增殖作用均显著增强（$P<0.05$）。果胶浓度为1.00mg/mL、处

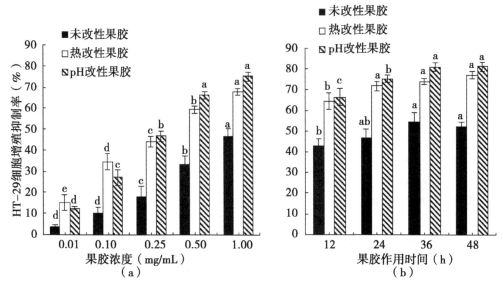

图2　甘薯果胶对HT-29增殖的影响

a：不同浓度果胶处理HT-29细胞24h；b：果胶（1.00mg/mL）处理HT-29细胞不同时间。6次试验取平均值，同一组内不同字母表示存在显著性差异（$P<0.05$）

理时间24h时，未改性、热改性和pH改性果胶对HT-29细胞增殖的抑制率依次为46.64%、67.77%和75.10%（图2-a）；与未改性果胶相比，热改性及pH改性后，细胞

增殖抑制率分别提高了 45.32% 和 61.03%。不同处理时间（12~48h）条件下，热改性及 pH 改性果胶对 HT-29 的抑制增殖作用均显著高于未改性果胶（P<0.05）（图 2-b）。对于热改性果胶，随着处理时间的延长，抑制率增大，当处理时间大于 24h，抑制率没有显著性变化（P>0.05）；对于 pH 改性果胶，随着处理时间的延长，抑制效果增强，36h 的效果最佳。结果表明，改性后甘薯果胶对 HT-29 细胞的抑制作用均显著提高，且果胶浓度 ≥0.25mg/mL 时，pH 改性甘薯果胶的抑制作用显著大于热改性果胶（P<0.05）。

2.5.2 对 Bcap-37 的影响

改性甘薯果胶对 Bcap-37 细胞增殖的影响如图 3 所示。在分别采用不同浓度果胶

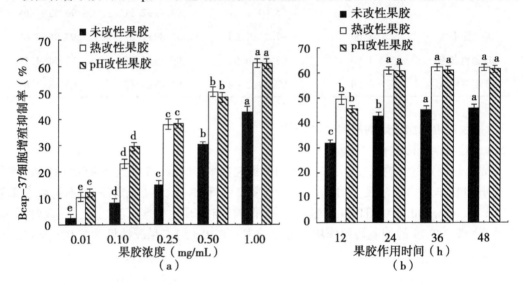

图 3 甘薯果胶对 Bcap-37 增殖的影响

a：不同浓度果胶处理 Bcap-37 细胞 24h；b：果胶（1.00mg/mL）处理 Bcap-37 细胞不同时间。
6 次试验取平均值，同一组内不同字母表示存在显著性差异（P<0.05）

（0.01~1.00mg/mL）对 Bcap-37 细胞进行处理时（图 3-a），与未改性甘薯果胶相比，热改性及 pH 改性果胶对 Bcap-37 的抑制增殖作用均显著增强（P<0.05）。果胶浓度为 1.00mg/mL、处理时间 24h 时，未改性、热改性和 pH 改性果胶对 Bcap-37 细胞增殖抑制率依次为 42.64%、61.10% 和 60.77%（图 3-a）；与未改性果胶相比，热改性及 pH 改性后，细胞增殖抑制率分别提高了 43.31% 和 42.54%。不同处理时间（12~48h）条件下，热改性及 pH 改性果胶对 Bcap-37 的抑制增殖作用均显著高于未改性果胶（P<0.05）（图 3-b）。对于热改性及 pH 改性果胶，随着处理时间的延长，抑制率增大，处理时间 24h 时抑制率均达到最大，此后继续延长处理时间，抑制率均无显著提高（P>0.05）。

2.5.3 对 SMMC-7721 的影响

改性甘薯果胶对 SMMC-7721 细胞增殖的影响如图 4 所示。如图 4-a 所示，在分别采用不同浓度果胶（0.01~1.00mg/mL）对 SMMC-7721 细胞进行处理时，与未改性果胶相比，热改性及 pH 改性果胶对 SMMC-7721 的抑制增殖作用均显著增强（P<0.05）。在果胶浓度为 1.00mg/mL、处理时间 24h 时，未改性、热改性和 pH 改性果胶对 SMMC-7721 细胞增殖的抑制率依次为 21.57%、24.62% 和 29.68%；热改性及 pH 改性后，细胞增殖抑

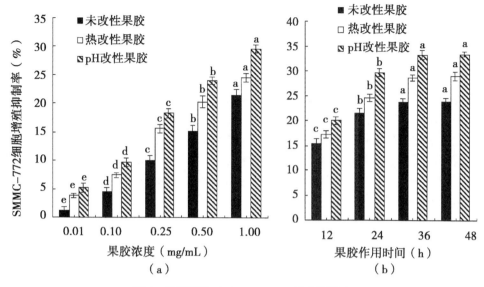

图4　甘薯果胶对 SMMC-7721 增殖的影响

a：不同浓度果胶处理 SMMC-7721 肝癌细胞24h；b：果胶（1.00mg/mL）处理 SMMC-7721 肝癌细胞不同时间。6次试验取平均值，同一组内不同字母表示存在显著性差异（$P<0.05$）

制率分别提高了 14. 16% 和 37. 59%。图 4-b 结果表明，在不同处理时间下，热改性及 pH 改性果胶对 SMMC-7721 细胞增殖抑制作用均显著高于未改性果胶（$P<0.05$）。然而，与甘薯果胶对 HT-29 和 Bcap-37 的抑制作用相比，其对 SMMC-7721 细胞的抑制效果较差。

2.5.4　果胶对癌细胞增殖的影响（结晶紫法）

图 5 是采用结晶紫法测定的改性前后甘薯果胶对 HT-29 细胞增殖的影响。

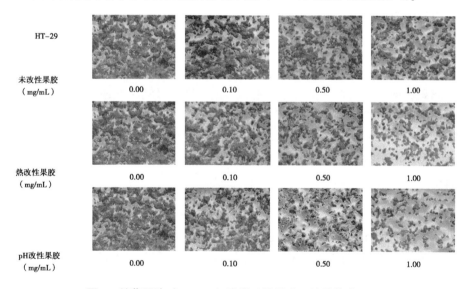

图5　甘薯果胶对 HT-29 细胞增殖的影响（结晶紫法）

未改性、热改性和 pH 改性甘薯果胶随着浓度的增大，染色的活细胞数量呈减少的趋势，且改性后的果胶，活细胞数量减少趋势更显著。甘薯果胶对 Bcap-37 和 SMMC-7721 细胞影响的结晶紫法染色图像与 HT-29 的相似（图未给出）。综上所述，结晶紫法与 MTT 法的结果均显示出改性后的甘薯果胶对 3 种癌细胞的抑制作用均有明显增强。

3 讨论

果胶的分子骨架结构主要是由带负电荷的半乳糖醛酸组成，高半乳糖醛酸含量果胶骨架可能通过电荷与某些细胞因子相互作用而起到抗癌作用[11]。此外，酯化度会影响果胶的疏水性，酯化度降低可增大其溶解性。与未改性的大分子量果胶相比，改性果胶分子量降低，溶解度增加，较易进入癌细胞与药物靶点发生相互作用，从而抑制癌细胞的增殖、转移和促进其凋亡[26-31]。为此，改性果胶与抗肿瘤药物有相似性[27-29]。从改善类药性（一种物质与某种药物的相似性）的角度出发，适度降低分子量、酯化度及选择较高半乳糖醛酸含量的果胶原料是提高果胶抗癌活性的发展趋势[28-29]。在本研究中，改性可使甘薯果胶的半乳糖醛酸含量升高、酯化度和分子量降低且使其微观结构发生显著改变。因此，改性可以作为一种提高甘薯果胶抗癌活性的手段进行应用。

甘薯果胶改性后，对 HT-29、Bcap-37 和 SMMC-7721 细胞的增殖抑制作用均显著提高（图 2、图 3 和图 4），这可能是由于果胶改性后会产生一些较小分子量的活性片段，更易与癌细胞发生相互作用。大量研究表明，pH 改性后生成的较短、末端带有半乳糖残基的果胶链可能与癌细胞中的半乳糖凝素-3 发生相互作用，从而封闭或阻碍半乳糖凝素-3 介导的黏附、聚集和增殖作用[9,17,30]；近期有研究还发现 pH 改性果胶也可以通过激活半胱天冬酶 Caspase-3 和 Caspase-8 等内源性路径诱导癌细胞凋亡[15,31]。Jackson 等[12]研究表明柑橘果胶热改性后，产生带有碱敏感酯键的片段，可能通过激活 Caspase-3 和聚腺苷二磷酸核糖聚合酶（PARP）促进前列腺癌细胞（LNCaP 和 LNCaP C4-2）凋亡，而未经过热改性的果胶诱导凋亡不明显。甘薯果胶 pH 及热改性后产生的活性片段结构及其作用机理还有待于进一步研究。

果胶抗癌活性具有一定的选择性[11]，对不同的癌细胞表现出不同程度的抑制。甘薯果胶对 HT-29 和 Bcap-37 的抑制作用大于 SMMC-7721（图 2、图 3 和图 4）。Bergman 等[32]研究也发现柑橘果胶能够抑制胆管癌细胞 HUCC、结肠癌细胞 HT-29 及红白血病细胞 K562 的增殖，但不影响人 B 淋巴瘤细胞的增殖，推测可能与 B 淋巴瘤细胞未产生半乳凝素-3 而 HUCC、HT-29 及 K562 均产生半乳凝素-3 有关。也有研究发现 pH 改性柑橘果胶能抑制前列腺癌细胞（LNCaP）的增殖，而 LNCaP 并不表达生成半乳凝素-3[12,15]。因此，目前对果胶选择性抑制癌细胞增殖机理研究尚无统一的定论。

4 结论

甘薯果胶改性后，半乳糖醛酸含量提高，酯化度和分子量降低，微观结构发生显著改变。pH 改性和热改性甘薯果胶均显著提高了对 HT-29、Bcap-37 和 SMMC-7721 细胞的增殖抑制作用，且改性甘薯果胶对 HT-29 和 Bcap-37 的抑制效果更显著。

参考文献

[1] Innocenti F, Schilsky R L. Translating the cancer genome into clinically useful tools and strategies [J]. Disease Mod-

els & Mechanisms, 2009, 2 (9-10): 426-429.

［2］ Yuki M, Akihisa M, Toshihiko T, et al. Characterization and antitumor effect of a novel polysaccharide from Grifola frondosa ［J］. Journal of Agricultural and Food Chemistry, 2009, 57: 10 143-10 149.

［3］ Kim Y S, Kang K S, Kim S I. Study on antitumor and immunomodulating activities of polysaccharide fractions from Panax ginseng: comparison of effects of neutral and acidic polysaccharide fraction ［J］. Archives of Pharmacal Research, 1990, 13: 330-337.

［4］ 张杰, 杨旭东, 王崴. 条斑紫菜多糖对人肝癌 Bel7402 抗肿瘤作用的初步研究 ［J］. 中国食物与营养, 2010, (8): 82-84.

［5］ Avivi-Green C, Polak-Charcon S, Madar Z, et al. Dietary regulation and localization of apoptosis cascade proteins in the colonic crypt ［J］. Journal of Cellular Biochemistry, 2000, 77b: 18-29.

［6］ Olano-Martin E, Rimbach G H, Gibson G R, et al. Pectin and pectic-oligosaccharides induce apoptosis in vitro human colonic adenocarcinoma cells ［J］. Anticancer Research, 2003, 23: 341-346.

［7］ Vanamala J, Glagolenko1 A, Yang P, et al. Dietary fish oil and pectin enhance colonocyte apoptosis in part through suppression of PPARδ/PGE2 and elevation of PGE3 ［J］. Carcinogenesis, 2008, 29 (4): 790-796.

［8］ Vayssade M, Sengkhamparn N, Verhoef R, et al. Antiproliferative and proapoptotic actions of okra pectin on B16F10 melanoma cells ［J］. Phytotherapy Research, 2010, 24 (7): 982-989.

［9］ Kidd P M. A new approach to metastatic cancer prevention: modified citrus pectin (MCP), a unique pectin that blocks cell surface lectins ［J］. Alternative Medicine Review, 1996, 1 (1): 5.

［10］ Wai W W, AlKarkhi A F M, Easa A M. Comparing biosorbent ability of modified citrus and durian rind pectin ［J］. Carbohydrate Polymers, 2010, 79: 584.

［11］ 张文博, 刘长忠, 高林. 改性柑橘果胶的制备、表征及抗癌活性 ［J］. 高等学校化学学报, 2010, 31 (5): 964-969.

［12］ Jackson C L, Dreaden T M, Theobald L K, et al. Pectin induces apoptosis in human prostate cancer cells: correlation of apoptotic function with pectin structure ［J］. Glycobiology, 2007, 17 (8): 805-819.

［13］ Azémar M, Hildenbrand B, Haering B, et al. Clinical benefit in patients with advanced solid tumors treated with modified citrus pectin: a prospective pilot study ［J］. Clinical Medicine: Oncology, 2007, 1: 73-80.

［14］ Pienta K J, Nailk H, Akhtar A, et al. Inhibition of spontaneous metastasis in a rat prostate cancer model by oral administration of modified citrus pectin ［J］. Journal of the National Cancer Institute, 1995, 87 (5): 348-353.

［15］ Yan J, Katz A. PectaSol-C modified citrus pectin induces apoptosis and inhibition of proliferation in human and mouse androgen-dependent and independent prostate cancer cells ［J］. Integrative Cancer Therapies, 2010, 9 (2): 197-203.

［16］ Nangia-Makker P, Hogan V, Honjo Y, et al. Inhibition of human cancer cell growth and metastasis in nude mice by oral intake of modified citrus pectin ［J］. Journal of the National Cancer Institute, 2002, 94: 1854-1862.

［17］ Hayashi A, Gillen A C, Lott J R. Effects of daily oral administration of quercetin chalcone and modified citrus pectin on implanted colon-25 tumor growth in balb-c mice ［J］. Alternative Medicine Review, 2000, 5 (6): 546-548.

［18］ Glinsky V V, Raz A. Modified citrus pectin anti-metastatic properties: one bullet, multiple targets ［J］. Carbohydrate Research. 2009, 344: 1 788-1 791.

［19］ Platt D, Raz A. Modulation of the lung colonization of B16-F1 melanoma cells by citrus pectin ［J］. Journal of the National Cancer Institute, 1992, 84 (6): 438-442.

［20］ Pinheiro E R, Silva I M D A, Gonzaga L V, et al. Optimization of extraction of high-ester pectin from passion fruit peel (Pasiflora edulis flavicarpa) with citric acid by using response surface methodology ［J］. Bioresource Technology, 2008, 99: 5561-5566.

［21］ Yeoh S, Shi J, Langrish T A G. Comparisons between different techniques for water-based extracted of pectin from orange peels ［J］. Desalination, 2008, 218: 229-237.

［22］ AOAC. Methods of Analysis (15th ed.) ［M］. Washington: Association 243 of Official Agriculture Chemistry, 1990.

[23] Claye S S, Idouraine A, Weber C W. Extraction and fractionation of insoluble fiber from five fiber sources [J]. Food Chemistry, 1996, 57 (2): 301-305.

[24] Emaga T H, Ronkart S N, Robert C, et al. Characterisation of pectins extracted from banana peels (Musa AAA) under different conditions using an experimental design [J]. Food Chemistry, 2008, 108: 463-471.

[25] Tamaki Y, Konishi T, Fukuta M, et al. Isolation and structural characterisation of pectin from endocarp of Citrus depressa [J]. Food Chemistry, 2008, 107: 352-361.

[26] Guess B W, Scholz M C, Strum S B, et al. Modified citrus pectin (MCP) increases the prostate-specific antigen doubling time in men with prostate cancer: a phase II pilot study [J]. Prostate Cancer and Prostatic Diseases, 2003, 6: 301-304.

[27] Inohara H, Raz A. Effects of natural complex carbohydrates (citrus pectin) on murine melanoma cell properties related to galectin-3 functions [J]. Glycoconjugate, 1994, 11: 527-532.

[28] Johnson K D, Glinskii O V, Mossine V V, et al. Galectin-3 as a potential therapeutic target in tumors arising from malignant endothelia [J]. Neoplasia, 2007, 9 (8): 662-670.

[29] Sathisha U V, Jayaram S, Nayaka M A H, et al. Inhibition of galectin-3 mediated cellular interactions by pectic polysaccharides from dietary sources [J]. Glycoconjugate, 2007, 24 (8): 497-507.

[30] Raz A, Lotan R. Endogenous galactoside-binding lectins: a new class of functional tumor cell surface molecules related to metastasis [J]. Cancer Metastasis Review, 1987, 6: 433-452.

[31] Chauhan D, Li G, Podar K, Hideshima T, et al. A novel carbohydratebased therapeutic GCS-100 overcomes bortezomib resistance and enhances dexamethasone-induced apoptosis in multiple myeloma cells [J]. Cancer Research, 2005, 65: 8 350-8 358.

[32] Bergman M, Djaldetti M, Salman H, et al. Effect of citrus pectin on malignant cell proliferation [J]. Biomedicine & Pharmacotherapy, 2009, 2824: 4.

甘薯 sporamin 蛋白对 3T3-L1 前脂肪 细胞分化和增殖的影响

熊志冬[1] 李鹏高[2] 邓 乐[1] 唐玉平[3] 木泰华[1]

（1. 中国农业科学院农产品加工研究所果蔬加工研究室，北京 100193；

2. 首都医科大学公共卫生与家庭医学学院，北京 100069；

3. 首都医科大学燕京医学院，北京 100069）

摘 要：探讨甘薯 sporamin 蛋白对 3T3-L1 前脂肪细胞分化与增殖的影响，为开发预防和治疗肥胖、糖尿病的保健食品提供理论依据。采用硫酸铵沉淀、离子交换、凝胶过滤层析的方法对甘薯 55-2 中的 sporamin 蛋白进行分离纯化。然后，以黄连素为阳性对照，用不同浓度 sporamin（0mg/mL、0.025mg/mL、0.125mg/mL、0.250mg/mL、0.500mg/mL、1.000 mg/mL）处理 3T3-L1 前脂肪细胞。采用油红 O 染色和比色定量检测细胞内脂肪生成及细胞分化程度，以 MTT 法检测细胞的增殖。经离子交换、凝胶层析可纯化出高纯度的 sporamin 蛋白 A 和 B（相对分子量分别为 31ku 和 22ku）。与空白相比，用不同浓度的 sporamin 蛋白处理后，3T3-L1 前脂肪细胞的分化受到明显抑制。当 sporamin 蛋白浓度增至 0.500mg/mL 时，脂滴生成量明显减少，洗脱液吸光度值降至最低为 0.35（$P < 0.05$）。此外，高浓度的 sporamin 蛋白能有效地抑制 3T3-L1 前脂肪细胞的增殖，且随着处理时间延长抑制效果更加明显（$P < 0.05$）。甘薯 sporamin 蛋白能抑制 3T3-L1 前脂肪细胞的分化和增殖，具有潜在的减肥作用。

关键词：甘薯；sporamin；3T3-L1 前脂肪细胞

肥胖症是指体内脂肪积聚过多和（或）分布异常、体重增加，是导致 II 型糖尿病的重要危险因子，也是导致冠心病、高血压、慢性肾衰等疾病的重要危险因子[1-4]。据报道，全世界的肥胖症正以每 5 年翻一番的惊人速度增长，每年由于肥胖造成的直接或间接死亡人数达 3×10^5 人，如何预防和治疗肥胖已引起世界各国的广泛关注。脂肪组织是一个巨大的内分泌系统，它分泌多种活性因子参与神经-内分泌-免疫网络的调节[5-6]；脂肪组织的总体积取决于脂肪细胞数目的多少和脂肪细胞体积的大小。前体脂肪细胞增殖与分化失常可引起脂肪组织的过多沉积，因此，研究食物对前脂肪细胞增殖与分化的影响对预防肥胖以及其他代谢综合症有着重要的意义。甘薯是广泛栽培于热带、亚热带地区的一种杂粮作物，可作粮食、饲料和工业原料。甘薯可溶性蛋白的必需氨基酸含量高于其他大多数植物蛋白，氨基酸组成模式符合 WHO/FAO 的推荐标准，生物价比较高，因此具有较高的营养价值，可与牛奶、肉类相媲美[7-8]。sporamin 是甘薯中主要的可溶性蛋白，占其总量的 60%~80%，它与马铃薯 patatin 蛋白、薯蓣 dioscorin 蛋白等同属变态根茎器官中的特异贮藏蛋白[9-11]。此外，sporamin 是一种胰蛋白酶抑制剂，具有 Kunitz 型胰蛋白酶抑制剂活性，在转基因抗虫植物中有着潜在的应用前景[12]。同时，sporamin 还有抗坏血酸酶和单脱氢抗坏血酸还原酶活性，其作用机制可能是由于 sporamin 蛋白分子间的巯基能还原自由基所致[13]。国内外关于动植物成分对前脂肪细胞增殖和分化影响的报道，如植物中黄酮类或蒽醌类等物质，具有抑制前脂肪细胞增殖和分化的作用[14-15]。一种单克隆抗体在体内试验中能够通过减少猪皮下脂肪甘油三酯的积累，抑制皮下脂肪组织的发育[16]。人血浆中促酰化蛋白能诱导前脂肪细胞分化，并增加细胞中甘油三酯的含量[17]。此外，大鼠胃内含 23 个氨基酸的多肽 obestatin 对 3T3-L1 前脂肪细胞增殖与分化也具有明显的抑制作用[18]。目前，关于 sporamin 蛋白作为甘薯块茎中的一类特异性贮藏蛋白的研究，主要集中于各种转基因作物抗病育种方面，关于其生物活性的报道不多。且未见有关于甘薯 sporamin 蛋白在预防和治疗肥胖作用效果上的研究。本研究采用硫酸铵沉淀、离子交换层析和凝胶过滤的方法，分离和纯化甘薯中的 sporamin 蛋白，观察其对 3T3-L1 前脂肪细胞分化及增殖的影响。

1　材料与方法

1.1　供试材料

甘薯为收获约 1 周的甘薯品种 55-2（蛋白含量 9.4g/100g 干重），购自北京市大兴区菁阳禾田农产品有限公司；3T3-L1 前脂肪细胞购自中国医学科学院肿瘤医院。

1.2　主要仪器和试剂

1.2.1　主要仪器

高速离心机：TGL-16 型，湘仪仪器厂；SCM 杯式超滤器：上海亚东核级树脂有限公司；超滤膜：截留分子量 10 000，上海医药化验所与上海兴亚净化材料厂；微孔滤膜：孔径 0.22 μm，上海兴亚净化材料厂；电泳系统：AE-6450，日本 ATTO 株式会社；冷冻干燥机：LGJ-10 型，北京四环科学仪器厂；酶标仪：Multiscan MK3，芬兰 Thermo；倒置显微镜：XDS-1B，重庆麦克光电仪器有限公司。

1.2.2　试剂

DEAE-52 树脂、葡聚糖凝胶 G-75、地塞米松、3-异丁基-1-甲基黄嘌呤（IBMX）、牛胰岛素、油红 O、NP-40 异丙醇溶液、胰蛋白酶、四氮甲基偶氮唑盐（MTT）、DMSO 及台盼蓝均购自 Sigma 公司；黄连素购自中国药品生物制品检定研究所；DMEM 培养基购自 Gibco 公司；胎牛血清（FBS）购自杭州四季青生物工程和材料研究所。

1.3　试验方法

1.3.1　甘薯粗蛋白的制备

鲜薯清洗→称重→切碎→含有 0.1% NaHSO$_3$ 50mmol/L Tris-HCl 缓冲溶液（pH 值 = 7.5）中浸泡（1L/kg 鲜重）→打浆→浆液离心（3 000g，10min）→取上清液，冰浴下添加硫酸铵至 60% 的饱和度→静置→离心（3 000g，30min）→沉淀回溶→冷冻干燥→粗蛋白粉。

1.3.2　甘薯 sporamin 蛋白的纯化

称取适量的甘薯粗蛋白粉，加入 100mL 蒸馏水使其溶解，10 000g 离心 40min。上清液经微孔滤膜过滤后，上 DEAE-52 离子交换层析柱。用含 1mmol/L EDTA 和 0.2mol/L NaCl 的 50mmol/L Tris-HCl 缓冲液（pH 值 = 7.5）洗脱，流速 0.30mL/min，将洗脱液在 280nm 下测吸光值并绘制洗脱曲线，收集初步纯化的 sporamin 蛋白组分。然后，将初步纯化后的 sporamin 蛋白用超滤杯浓缩后，用 Sephadex G-75 凝胶层析柱进一步纯化；用含 0.1mol/L NaCl 和 1mmol/L EDTA 的 50mmol/LTris-HCl 缓冲液（pH 值 = 7.5）洗脱，流速 0.45mL/min，4℃操作。收集液在 280nm 下测吸光值绘制洗脱曲线，收集 sporamin 蛋白纯品冻干，-20℃保存。

1.4 测定项目及方法

1.4.1 SDS-聚丙烯酰胺凝胶电泳（SDS-PAGE）

依照 LaemmLi 的方法[19]，在样品溶解液中添加或不添加 5% 的 β-巯基乙醇两种条件下进行。采用 50% 甲醇、10% 乙酸和 0.25% 考马斯亮蓝 R-250 对蛋白进行染色，用含 40% 甲醇和 7% 乙酸溶液作为脱色液。

1.4.2 细胞培养 3T3-L1

前脂肪细胞置于 DMEM 完全培养液中（含 10% FBS+100U/mL 青链霉素），于 37℃，5%CO$_2$、饱和湿度条件下培养。

1.4.3 细胞存活率测定

为观察 sporamin 蛋白的细胞毒性，待细胞汇合后，添加不同浓度 sporamin 蛋白于培养基中，分别作用 24h、48h 后，用 PBS 洗液（137mmol/L NaCl，2.68mmol/L KCl，1.47mmol/L KH$_2$PO$_4$ 和 8.1mmol/L Na$_2$HPO$_4$，pH 值=7.4）洗 2 次，胰酶消化后用台盼蓝排斥法测定细胞存活率。

1.4.4 3T3-L1 前脂肪细胞分化的测定

前脂肪细胞生长至完全融合后（第 0 天），将培养液换成含 0.5mmol/L IBMX、1μmol/L 地塞米松和 10μg/L 胰岛素的分化培养液（differentiation medium，DM）。分化开始的第 0 天，于分化培养基中添加不同浓度 sporamin 蛋白（0mg/mL、0.025mg/mL、0.125mg/mL、0.250mg/mL、0.500mg/mL、1.000mg/mL）作用 5 天后进行油红 O 染色，倒置显微镜下放大 200 倍观察并拍摄照片。4% NP-40 异丙醇溶液洗脱已染色的细胞，用酶标仪在 492nm 下测定洗脱液吸光度值（OD$_{492}$值），定量分析细胞的分化程度。

1.4.5 细胞增殖分析 3T3-L1

前脂肪细胞以每孔 5×10^3 的浓度接种于 96 孔板，待细胞贴壁后培养基中添加不同浓度的 sporamin 蛋白继续培养不同的时间。采用四氮甲基偶氮唑盐（MTT）法，在 492nm 下测定每孔吸光值（OD$_{492}$值）。

1.5 统计分析

试验数据采用平均数±标准差（mean ± SD）表示，用 DPS 7.55 统计软件进行方差分析，以 $P<0.05$ 为显著性检验标准。

2 结果与分析

2.1 sporamin 蛋白的纯化

如图 1 所示，甘薯粗蛋白经 DEAE-52 层析纯化后得到 2 种组分（峰 1 和峰 2）。为了查明这 2 种组分在构成上的差异，分别对其进行了电泳分析（图 2）。在未添加 β-巯基乙醇的条件下，峰 1（图 2 中的 1、2、3）主要有小于 66ku 和大于 20ku 等多条染色带被检出，而峰 2（图 2 中的 4、5）主要有 22ku 和 31ku 这 2 条染色带。当添加 β-巯基乙醇时（图 2-a），峰 2 主要检出 1 条约 25ku 的染色带，这与甘薯 sporamin 蛋白的分子量是一致的[9]，说明峰 2 主要由 sporamin 蛋白构成。将 DEAE-52 层析后回收到的峰 2 溶液用 Sephadex G-75 凝胶进一步纯化，得到 1、2 两峰（图 3），再将两峰分别用电泳对其构成进行进一步分析。从图 4 可见，第 30 管（泳道 1）以及峰 2 中的第 74 管（泳道 5）未检出任何染色条带；而峰 1 中分别有 22ku 和 31ku 的染色带被检出（泳道 2、3、4），说明

经 过凝胶过滤层析进一步纯化处理后，可以得到高纯度 的 sporamin 蛋白，且全部集中于峰 1。因此，回收 1 溶液，冻干后用于后面的细胞试验。

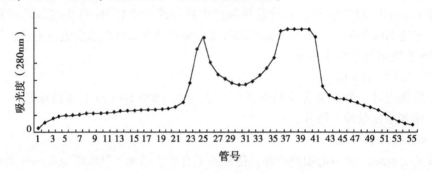

图 1　甘薯 sporamin 蛋白 DEAE-52 离子交换层析

a. 有 β-巯基乙醇　　　　b. 无 β-巯基乙醇

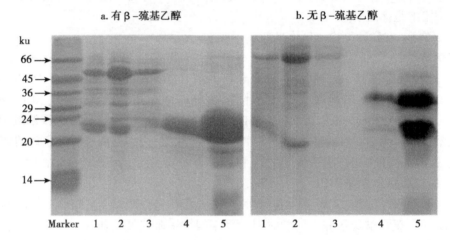

图 2　DEAE-52 离子交换层析组分的 SDS-PAGE 图谱
1：第 24 管；2：第 25 管；3：第 32 管；4：第 35 管；5：第 40 管

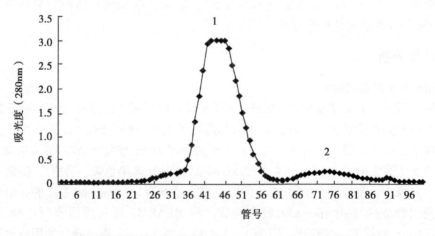

图 3　离子交换层析组分 2 的 Sephadex G-75 凝胶层析

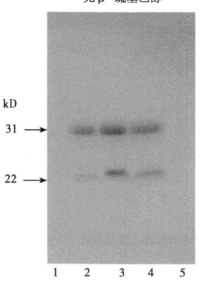

无 β –巯基乙醇

图 4　Sephadex G-75 凝胶层析组分的 SDS-PAGE 图谱

1：第 30 管；2：第 38 管；3：第 43 管；4：第 46 管；5：第 74 管

2. 2　sporamin 蛋白对细胞存活率的影响

如下表所示，添加不同浓度的 sporamin 蛋白于培养 基中分别作用 24h、48h 后，3T3-L1 前脂肪细胞的存活率无明显变化。当 sporamin 蛋白浓度从 0.025mg/mL 增至 1.000mg/mL时，细胞存活率仍然保持在 92%以上。说明浓度在 1.000mg/mL 以内，sporamin 蛋白对细胞没有毒性。

表　不同浓度 sporamin 蛋白处理对 3T3-L1 前脂肪细胞存活率的影响（%）

浓度（mg/mL）	作用时间	
	24h	48h
0.000	93.3±1.30	97.4±0.12
0.025	94.9±1.52	97.8±1.15
0.125	92.2±1.16	95.0±3.07
0.250	93.3±1.33	99.3±0.10
0.500	93.7±1.02	98.5±0.95
1.000	93.1±1.04	97.5±1.61

2. 3　sporamin 蛋白对 3T3-L1 前脂肪细胞分化的影响

油红 O 染色显示分化细胞内的脂滴积累：当用不同浓度 sporamin 蛋白和分化培养基共同处理前脂肪细胞 5 天后，随着 sporamin 蛋白浓度的增加，可观察到分化的 3T3-L1 细胞中被染色的脂滴含量明显下降。同样，用 0.020mg/mL 黄连素作为对照处理也能观察到明显抑制作用（图5-a）。当用4% NP-40异丙醇溶液洗脱细胞后，用黄连素处理的细胞油红O染色洗脱液OD值降低了86.7%（$P=0.0001$）；0.250mg/mL和0.500mg/mL sporamin蛋白处理组的细胞洗脱液OD值分别降低48.6%和84.4%（图5-b，$P=0.0002$和$P=0.0001$），这表明sporamin蛋白和黄连素均对3T3-L1前脂肪细胞的分化具有强烈抑制作用。

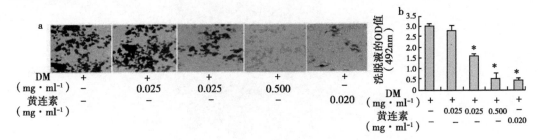

图5　Sporamin蛋白对3T3-L1前脂肪细胞分化的抑制

　　a：3T3-L1前脂肪细胞经油红O染色后的显微图像（×200）；b：油红O被洗脱后的OD值变化。6次试验平均值，＊为0.05水平显著差异

2.4　sporamin蛋白对前脂肪细胞增殖的影响

　　不同浓度sporamin蛋白处理3T3-L1前脂肪细胞，MTT法测定对细胞增殖的影响如图6-a所示。与空白对照相比，在处理时间为36h的条件下，sporamin蛋白浓度为0.025mg/mL时OD值已明显下降，说明该浓度的sporamin蛋白已能有效地抑制3T3-L1前脂肪细胞的增殖（$P=0.0025$）。随着sporamin蛋白浓度的增加，OD值不断降低，表明抑制作用逐渐增强。当sporamin蛋白浓度为1.000mg/mL条件下，随着处理时间（12~48h）延长，所有处理组内的OD值都表现为增长的趋势（图6-b），说明细胞数量增加。然而，与空白相比，作用24h后，sporamin蛋白和黄连素添加组的OD值均显著降低，表明sporamin蛋白和黄连素都显著地抑制了前脂肪细胞的增殖（$P<0.05$）。

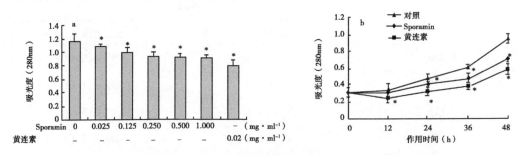

图6　Sporamin蛋白以时间-和浓度-依赖性方式抑制3T3-L1前脂肪细胞增殖

　　a：不同浓度sporamin蛋白及黄连素（0.02mg/mL）处理3T3-L1前脂肪细胞36h；b：sporamin蛋白（1.000mg/mL）及黄连素（0.02mg/mL）处理

　　注：3T3-L1前脂肪细胞不同时间。6次试验平均值，＊为0.05显著差异水平

3　讨论

　　sporamin是甘薯（*Ipomoea batatas* Lam.）块根中一组特殊蛋白质，1985年由

Maeshima 等发现，它主要存在于甘薯块茎中，占甘薯可溶性蛋白的 60%~80%，而其他器官中几乎没有。它是一种贮藏蛋白，在植株发育中为萌发的幼苗提供氮源。成熟的

sporamin 蛋白由 sporamin A 和 sporamin B 两种组分构成，相对分子量分别为 31ku 和 22ku[9,20]，不含糖基，不属于糖蛋白类型，在植物体内主要以单体形式存在，具有胰蛋白酶抑制剂活性。本研究利用 DEAE-52 阴离子交换树脂以及葡聚糖凝胶 G-75 色谱柱对甘薯 55-2 中的可溶性 sporamin 蛋白进行分离和纯化。与文献报道一致[9]，在非还原条件下的 SDS-PAGE 显示该蛋白分别由 22ku 和 31ku 蛋白所构成（图 4）。当添加 β-巯基乙醇后，sporamin 蛋白在电泳图谱中只表现为 1 条染色带，表明两分子之间由共价键-S-S-连接。通过离子交换及凝胶层析得到了高纯度的 sporamin 蛋白。

肥胖为一种综合性疾病，多种原因可以导致肥胖的发生。在关于脂肪组织细胞构成及其动力学变化的研究中，前体细胞的发现是一个重要进步[21]。前脂肪细胞是一种"成纤维细胞"样细胞，存在于脂肪组织的血管基质部分，它可以依照能量需求增殖分化为成熟的脂肪细胞[22]。前体细胞向成熟脂肪细胞分化是一个受多因子调控的复杂过程，过氧化物体增殖剂活化受体家族的 PPARγ 和 CAAT 增强子结合蛋白 α 是目前已知的正向调控脂肪细胞前体分化的主要转录因子[23-24]。由于前脂肪细胞的分化增加导致成熟脂肪细胞的数量增多，进而对肥胖的形成具有重要作用，当成熟的脂肪细胞数量及贮存的脂肪含量超过一定限度时，便出现了肥胖的病理状况。因此，通过一定的方法（如均衡饮食、增加运动、药物）抑制前脂肪细胞的增殖与分化，对预防和治疗肥胖具有一定的现实意义。本研究中细胞试验表明，sporamin 蛋白对 3T3-L1 前脂肪无细胞毒性；同时，MTT 法和油红 O 染色检测结果表明，sporamin 蛋白在一定浓度内（0.025~1.000mg/mL）和黄连素均对体外培养的 3T3-L1 前脂肪细胞具有较强抑制增殖和分化的作用。这就意味着甘薯 sporamin 蛋白可能具有预防或治疗肥胖的作用。

在中国传统的医药中，黄连素作为一种抗菌和抗肿瘤药剂，已证明具有胰岛素增敏活性，能够促进细胞对葡萄糖的吸收，通过降低 PPARγ 的表达，降低前脂肪细胞的分化和甘油三酯的积累[25-26]。此外，艾滋病病毒（HIV）蛋白酶抑制剂——那非那韦也已经被证明具有强烈地抑制 3T3-L1 前脂肪细胞增殖和降低胞质内甘油三酯积累的作用。经那非那韦作用后的细胞内，CCAAT/增强子结合蛋白以及 PPARγ 的表达水平均降低，同时也能显著降低细胞内具有促进脂肪生成活性的一种固醇调节元件结合蛋白的水平[27]。然而，甘薯 sporamin 蛋白抑制 3T3-L1 前脂肪细胞分化与增殖的作用机制是否与黄连素、那非那韦等药物有相似之处，目前尚不明确，今后还需对此展开进一步的研究。

4 结论

本研究采用离子交换和凝胶层析的方法，纯化出甘薯 sporamin 蛋白。将该蛋白用于 3T3-L1 前脂肪细胞试验后发现，sporamin 蛋白能有效地抑制该细胞的分化和增殖。

参考文献

［1］ Petersen K F, Shulman G I. Etiology of insulin resistance ［J］. The American Journal of Medicine, 2006, 119: 10-16.

［2］ Kadowaki T, Hara K, Yamauchi T, et al. Molecular mechanism of insulin resistance and obesity ［J］. Experimental Biology and Medicine, 2003, 228：1 111-1 117.

［3］ Aguilera C M, Gil-Campos M, Cañete R, et al. Alterations in plasma and tissue lipids associated with obesity and metabolic syndrome ［J］. Clinical Science, 2008, 114：183-193.

［4］ Waki H, Tontonoz P. Endocrine functions of adipose tissue ［J］. Annu. Rev. Pathol. Mech. Dis., 2007, 2：31-56.

［5］ Gimeno R E, Klaman L D. Adipose tissue as an active endocrine organ：recent advances ［J］. Current opinion in pharmacology, 2005, 5：122-128.

［6］ Tilg H, Moschen A R. Adipocytokines：mediators linking adipose tissue, inflammation and immunity ［J］. Nature Reviews Immunology, 2006, 6：772-783.

［7］ Mu T H, Tan S S, Xue Y L. The amino acid composition, solubility and emulsifying properties of sweet potato protein ［J］. Food Chemistry, 2009, 112：1 002-1 005.

［8］ 程龙军, 葛红娟. 甘薯块根特异蛋白——Sporamin 的研究进展 ［J］. 植物学通报, 2001, 18（6）：672-677.

［9］ Maeshima M, Sasaki T, Asahi T. Characterization of major proteins in sweet potato tuberous roots ［J］. Phytochemistry, 1985, 24：1 899-1 902.

［10］ Racusen D, Foote M. A major soluble glycoprotein of potato tubers ［J］. Journal of Food Biochemistry, 1980, 4：43-52.

［11］ Harvey P J, Boulter D. Isolation and characterization of the storage protein of yam tubers（Dioscorea rotundata）［J］. Phytochemistry, 1983, 22：1 687-1 693.

［12］ Yeh K W, Chen J C, Lin M I, et al. Functional activity of sporamin from sweet potato（Ipomoea batatas Lam.）：a tuber storage protein with trypsin inhibitory activity ［J］. Plant molecular biology, 1997, 33：565-570.

［13］ Hou W C, Lin Y H. Dehydroascorbate reductase and monodehydroascorbate reductase acticities of trypsin inhibitors, the major sweet potato（Imomoea batatas ［L.］ Lam）root storage protein. Plant Science, 1997, 128：151-158.

［14］ Park H J, Della-Fera M A, Hausman D B, et al. Genistein inhibits differentiation of primary human adipocytes ［J］. The Journal of nutritional biochemistry, 2009, 20：140-148.

［15］ Zhang C, Teng L, Shi Y, et al. Effect of emodin on proliferation and differentiation of 3T3-L1 preadipocyte and FAS activity ［J］. Chinese medical journal, 2002, 115：1 035-1 038.

［16］ Zhao S M, Liu L Y, Zhang X, et al. Effects of monoclonal antibody on fat tissue development, carcass composition, growth performance and fat metabolism of pigs by subcutaneous injection ［J］. Livestock Science, 2009, 122：8-15.

［17］ 卢慧玲, 王宏伟, 林汉华. 促酰化蛋白诱导 3T3-F442A 前脂肪细胞分化的研究 ［J］. 中国病理生理杂志, 2005, 21（2）：243-246.

［18］ 张征, 邹大进, 陈月, 等. Obestatin 抑制 3T3-L1 前脂肪细胞的增殖与分化 ［J］. 第二军医大学学报, 2007, 28（9）：929-932.

［19］ Laemmli U K. Cleavage of structural proteins during the assembly of the head of bacteriophage T4 ［J］. nature, 1970, 227：680-685.

［20］ Murakami S, Hattori T, Nakamura K. Structural differences in full-length cDNAs for two classes of sporamin, the major soluble protein of sweet potato tuberous roots ［J］. Plant Molecular Biology, 1986, 7：343-355.

［21］ Löffler G, Hauner H. Adipose tissue development：The role of precursor cells and adipogenic factors ［J］. Klinische Wochenschrift, 1987, 65：812-817.

［22］ Charrière G, Cousin B, Arnaud E, André M, Bacou F, pénicaud L, Casteilla L. Preadipocyte conversion to macrophage. Evidence of plasticity ［J］. The Journal of Biological Chemistry, 2003, 278：9 850-9 855.

［23］ Hu E, Tontonoz P, Spiegelman B M. Transdifferentiation of myoblasts by the adipogenic transcription factors PPAR gamma and C/EBP alpha ［J］. Proceedings of the National Academy of Sciences, 1995, 92：9 856-9 860.

［24］ Rosen E D, Sarraf P, Troy A E, et al. PPARγ is required for the differentiation of adipose tissue in vivo and in vitro ［J］. Molecular cell, 1999, 4：611-617.

［25］ Ko B S, Choi S B, Park S K, et al. Insulin sensitizing and insulinotropic action of berberine from Cortidis rhizoma ［J］. Biological and Pharmaceutical Bulletin, 2005, 28：1 431－1 437.

［26］ Huang C, Zhang Y, Gong Z, et al. Berberine inhibits 3T3-L1 adipocyte differentiation through the PPARγ pathway ［J］. Biochemical and biophysical research communications, 2006, 348：571－578.

［27］ Dowell P, Flexner C, Kwiterovich P O, et al. Suppression of preadipocyte differentiation and promotion of adipocyte death by HIV protease inhibitors ［J］. Journal of Biological Chemistry, 2000, 275：41 325－41 332.

甘薯茎叶多酚的体外抗氧化活性与加工稳定性研究

席利莎 木泰华 孙红男 张 苗 陈井旺

（中国农业科学院农产品加工研究所，农业部农产品

加工综合性重点实验室，北京 100193）

摘 要：明确甘薯茎叶多酚的体外抗氧化活性与加工稳定性。采用自由基清除法、光化学发光法、氧自由基吸收能力法和三价铁离子还原法评价了西蒙1号和渝紫7号甘薯茎叶多酚对DPPH、·OH、·O_2^-等自由基的清除活性及Fe^{3+}还原活性；并研究了光照、pH值（3.0、5.0、7.0、8.0）和热处理（50℃、65℃、80℃、100℃）对甘薯茎叶多酚的总酚含量和抗氧化活性的影响。20 μg/mL的渝紫7号甘薯茎叶多酚溶液的·O_2^-清除活性分别为抗坏血酸、茶多酚和葡萄籽多酚的3.1倍、5.9倍和9.6倍，氧自由基吸收能力分别是水溶性维生素E、茶多酚、葡萄籽多酚的2.8倍、1.3倍和1.3倍。甘薯茎叶多酚在pH值=5.0~7.0的溶液中最稳定；光照和50℃、65℃热处理对甘薯茎叶多酚加工稳定性影响较小，总酚含量和抗氧化活性的保留率分别达到90%和80%以上。甘薯茎叶多酚具有良好的抗氧化活性和加工稳定性，有潜质成为一种新型天然抗氧化剂。

关键词：甘薯茎叶多酚；光化学发光法；氧自由基吸收能力法；抗氧化活性；加工稳定性

抗氧化剂能有效的降低氧化对食品的损害，提高食品品质，延长货架期等，在食品领域应用广泛[1]。目前在食品制品中常用的抗氧化剂主要有丁基羟基茴香醚（butylatedhydroxylanisole，BHA）、二丁基羟基甲苯（butylatedhydroxyltoluene，BHT）、特丁基对苯二酚（tert-butylhydroquinone，TBHQ）等人工合成的抗氧化剂。然而有研究表明人工合成抗氧化剂因具有化学毒性，会增加人体的癌症风险，损伤肝脏[2-4]。因此，寻找可代替合成抗氧化剂的天然抗氧化剂就显得尤为重要。植物多酚作为天然抗氧化剂之一，广泛存在于水果和蔬菜中，具有抗氧化、抑制癌症、预防心血管疾病、延缓衰老等多种生物活性[5]。

甘薯茎叶富含多酚类物质，其总酚含量大约为常见蔬菜如菠菜、油菜、卷心菜等的2~3倍[6-9]。然而，中国甘薯茎叶除2%~5%被用作动物饲料外，其余的则被直接丢弃，造成资源的严重浪费[10]。目前关于甘薯茎叶多酚的研究报道较少，且缺乏对其体外抗氧化活性的评价研究，更未见关于不同加工条件对甘薯茎叶多酚稳定性影响的报道。

因此，为了综合评价甘薯茎叶多酚的体外抗氧化活性，本研究采用自由基清除法、光化学发光法、氧自由基吸收能力法和三价铁离子还原法评价了西蒙1号和渝紫7号甘薯茎叶多酚对·OH、·O_2^-等自由基的清除活性及Fe^{3+}还原活性，并与天然抗氧化剂–抗坏血酸、水溶性维生素E以及植物多酚–茶多酚、葡萄籽多酚进行对比。此外，本文还研究了pH值、光照和热处理对甘薯茎叶多酚含量及抗氧化活性的影响，从而明确甘薯茎叶多酚的加工稳定性，以期为甘薯茎叶多酚在食品、医药等领域的应用提供一定的理论依据。

1 材料与方法

1.1 供试材料

西蒙1号甘薯茎叶于2012年8月采自江苏徐州；渝紫7号甘薯茎叶于2012年8月采自北京大兴，均为甘薯藤蔓顶端10~15cm的茎叶部分。

1.2 主要仪器与试剂

1.2.1 主要仪器

LGJ-10冷冻干燥机：北京四环科学仪器厂；U-3010紫外可见分光光度计：日本东京日立株式会社；万能粉碎机：北京兴时利和科技发展有限公司；超快速抗氧化剂和自由基全自动分析仪PHTOCHEM：德国Analytik Jena AG；多功能酶标仪：芬兰Hidex公司。

1.2.2 主要试剂

福林酚试剂（Folin-Ciocalteau，FC）、抗坏血酸（ascorbic acid，维生素c）、水溶性维生素E（6-hydroxy-2，5，7，8-tetramethylchroman-2-carboxylic acid，trolox）、绿原酸（chlorogenic acid，CGA）、1，1-二苯基-2-三硝基苯肼（2，2-diphenyl-1-picryl hydrazyl，DPPH）、2，4，6-三吡啶-S-三嗪（2，4，6-tripyridyl-s-triazine，TPTZ）、2，2′-偶氮二异丁基脒-二盐酸盐（2，2′-Azobis（2-amidinopropane）dihydrochloride，AAPH）购于美国Sigma生物科技有限公司；茶多酚、葡萄籽多酚购于西安一禾生物技术公司；AB-8大孔吸附树脂，购自北京索莱宝科技技术有限公司；乙二胺四乙酸（ethylene diaminetetraacetic acid，EDTA）、硫代巴比妥酸（thiobarbituric acid，TBA）、三氯乙酸（trichloroaceticacid，TCA）、荧光素钠等试剂均为分析纯，购于北京化学试剂厂。

1.3 试验方法

1.3.1 甘薯茎叶前处理

新鲜的甘薯茎叶采摘后立即运往实验室进行以下处理：将新鲜的甘薯茎叶洗净、沥干后，-40℃预冻24h，-65℃45Pa进行真空冷冻干燥处理48h。将冻干后的甘薯茎叶粉碎、过40目筛，所得茎叶青粉置于铝箔自封袋中于4℃冰箱储存备用（水分含量6.0%~8.0%）。

1.3.2 甘薯茎叶多酚的提取

参照Galvan等[11]的超声波辅助乙醇溶剂提取法对甘薯茎叶多酚进行粗提取。称取50g的甘薯茎叶青粉按料液比1：20（w/v）加入1L 70%的乙醇→超声波条件下（50℃，59KHz）浸提30min→离心（7 000g，20℃）10min→收集上清液，残渣按照上述方法重复提取两次，合并提取液，45℃旋转蒸发去除乙醇，制得甘薯茎叶多酚粗提液。

1.3.3 大孔吸附树脂法纯化甘薯茎叶多酚

将甘薯茎叶多酚粗提液用蒸馏水稀释到2.0mg CAE/mL→采用2.0mol/L的HCl溶液调节甘薯茎叶多酚粗提液的pH为3.0→以1.0mL/min的流速注入到装有AB-8大孔吸附树脂的层析柱中（样品体积与柱床体积比为5：1）→吸附完成后，以1.0mL/min的流速将蒸馏水注入到层析柱中清洗杂质，直至流出液无色→清洗完成后，将70%的乙醇溶液以1.0mL/min的流速注入到层析柱中（乙醇溶液与柱床体积比为3：1），对吸附在树脂柱上的甘薯茎叶多酚进行洗脱→收集解吸液，于45℃旋转蒸发去除乙醇→浓缩液，-40℃预冻24h，-65℃45Pa进行真空冷冻干燥处理48h，得到纯化后的甘薯茎叶多酚。纯化后的渝紫 7 号和西蒙 1 号甘薯茎叶多酚总酚含量分别为 91.30%±2.56% 和87.16%±3.65%。

1.3.4 总酚含量的测定

样品总酚含量的测定参照 Rumbaoa 等[12] 的福林酚试剂法。具体步骤如下：先向 0.5mL 样品溶液中加入 1.0mL10%（v/v）的福林酚试剂，在 30℃ 水浴锅中反应 30min，然后加入 2.0mL10%（w/v）的碳酸钠溶液，充分混匀后在 30℃ 水浴锅中反应 30min，立即在 736nm 下测定吸光光度值。采用 0.02、0.04、0.06、0.08、0.10mg/mL 的绿原酸标准品溶液建立标准曲线，得线性回归方程 $y = 8.7671x + 0.0068$，$R^2 = 0.9994$。样品溶液的总酚含量表示为 mg 绿原酸当量（chlorogenic acid equivalent，CAE）/mL 样品溶液。

1.3.5 甘薯茎叶多酚体外抗氧化活性的测定

1.3.5.1 DPPH 清除活性

DPPH 清除活性参照 He 等[13] 的方法。具体步骤如下：用蒸馏水将纯化后的甘薯茎叶多酚配制成质量浓度分别为 5.0μg/mL、7.0μg/mL、10.0μg/mL、15.0μg/mL、20.0 μg/mL样品溶液，取 2.0mL 样品溶液加入 2.0mL $6×10^{-5}$mol/L DPPH 乙醇溶液，激烈震荡后，避光保持 60min，立即于 517nm 处测定吸光值。DPPH 清除率计算公式如下：

$$清除率（\%）= [1-(A_1-A_2)/A_0] ×100$$

A_0 为 2.0mL 的 DPPH 乙醇溶液和 2.0mL 的蒸馏水混合后的吸光值；

A_1 为 2.0mL 的 DPPH 乙醇溶液和 2.0mL 的样品溶液混合后的吸光值；

A_2 为 2.0mL 的乙醇溶液和 2.0mL 的样品溶液混合后的吸光值。

由清除率曲线拟合回归曲线，并计算各样品 DPPH 清除率的 IC_{50} 值。

1.3.5.2 羟自由基（·OH）清除活性

·OH 清除活性参照 Amin 等[14] 的方法，采用 Fe^{3+}-EDTA-Vc-H_2O_2 的 ·OH 生成体系。具体步骤如下：该方法中所有溶液均用 20mmol/L pH 值 = 7.4 的磷酸盐缓冲溶液配制。①自由基反应阶段：在具塞试管中分别加入 0.1mL 不同质量浓度（0.05mg/mL、0.10mg/mL、0.20mg/mL、0.50mg/mL）的样品溶液，依次加入 0.1mL 28mmol/L 脱氧核糖溶液、0.1mL 1mmol/L 的 $FeCl_3$ 溶液、0.1mL 1mmol/L 的维生素 c 溶液、0.1mL 1mmol/L的 EDTA 溶液和 0.1mL 10mmol/L H_2O_2 溶液，用磷酸盐缓冲溶液定容至 1mL 后充分混匀，放入 37℃ 水浴锅中保温 1h，以磷酸盐缓冲液代替样品溶液作为空白对照；②显色反应阶段：保温完成后，依次向上述溶液中加入 1.0%（w/v）的 TBA 溶液和 2.0%（w/v）的 TCA 溶液各 1mL，置于 100℃ 的沸水浴中显色 20min，立即于 532nm 处测定吸光值。并按照下述公式计算样品溶液的 ·OH 清除率：

$$清除率（\%）= [1-(A_1-A_2)/A_0] ×100$$

A_0 为空白对照的吸光值；

A_1 为样品的吸光值；

A_2 为磷酸盐缓冲溶液代替脱氧核糖溶液的样品吸光值。

由清除率曲线拟合回归曲线，并计算各样品 ·OH 清除率的 IC_{50} 值。

1.3.5.3 三价铁离子还原活性

三价铁离子还原活性（ferric reducing antioxidant power，FRAP）的测定参照 Maqsood 等[15] 的方法。具体步骤如下：10mmol/L TPTZ 溶液（溶剂为 40mmol/L HCl 溶液）和

20mmol/L FeCl$_3$ 溶液（溶剂为 0.3mol/L pH 值=3.6 的磷酸盐缓冲溶液）及磷酸盐缓冲溶液以体积比 1∶1∶10 充分混匀后，置于 37℃ 水浴锅中保温 30min，制得 FRAP 溶液。用蒸馏水将各样品配制成不同质量浓度的溶液（0.01mg/mL、0.05mg/mL、0.100mg/mL），取 0.15mL 样品溶液，加入 2.85mLFRAP 溶液，室温下避光反应 30min，立即于 593nm 处测定吸光值。以蒸馏水代替样品作为空白对照。采用浓度为 10μg/mL、20μg/mL、50μg/mL、70μg/mL、100μg/mL、200μg/mL 的水溶性维生素 E 标准品建立标准曲线，得线性回归方程 $y = 0.0029x + 0.017$，$R^2 = 0.9918$。样品溶液的三价铁离子还原活性表示为 μg 水溶性维生素 E 当量（trolox equivalent，TE）/mL 样品溶液。

1.3.5.4　超氧阴离子（O$_2^-$·）清除活性

参照 Zieliński 等[16] 所述的光化学发光法（Photochemiluminescence，PCL）测定样品对 O$_2^-$· 的清除活性，样品 O$_2^-$· 清除活性表示为 μg 抗坏血酸当量（ascobic acid equivalent，ACE）/mL。

1.3.5.5　氧自由基吸收能力

参照 Prior 等[17] 所述的氧自由基吸收能力法（oxygen radical absorbance capacity，ORAC），测定各样品对过氧自由基的清除活性。采用浓度为 5μg/mL、10μg/mL、20μg/mL、40μg/mL、60μg/mL 的水溶性维生素 E 标准品建立标准曲线，得线性回归方程 $y = 0.8898x + 2.5805$，$R^2 = 0.9929$。样品溶液的氧自由基吸收能力表示为 μg 水溶性维生素 E 当量（trolox equivalent，TE）/mL 样品溶液。

1.3.6　甘薯茎叶多酚加工稳定性测定

1.3.6.1　不同 pH 值溶剂体系对甘薯多酚加工稳定性的影响

参照 Danila 等[18] 的方法测定不同 pH 值溶剂体系对甘薯茎叶多酚加工稳定性的影响。用磷酸二氢钠和柠檬酸溶液配制成 pH 值分别为 3.0、5.0、7.0、8.0 的磷酸盐缓冲溶液。用不同 pH 值的缓冲溶液将渝紫 7 号和西蒙 1 号甘薯茎叶多酚溶解，配制成 1.0mg/mL 样品溶液，分别采用福林酚比色法和 ORAC 方法测定溶液的总酚含量和抗氧化活性。

1.3.6.2　不同热处理对甘薯茎叶多酚加工稳定性的影响

参照 Lee[19] 等的方法，测定不同温度热处理对甘薯茎叶多酚加工稳定性的影响。用蒸馏水将西蒙 1 号和渝紫 7 号甘薯茎叶多酚配制成 1.0mg/mL 的溶液，分别置于 50℃、65℃、80℃ 和 100℃ 恒温烘箱中进行热处理，在热处理 0min、10min、30min、60min、90min 时采用福林酚比色法和 ORAC 方法测定溶液的总酚含量和抗氧化活性，并根据以下公式计算总酚含量和抗氧化活性的保留率：

$$R_1（\%）= C_1/C_0 \times 100$$

其中 R_1 为总酚含量的保留率；C_0 为样品溶液初始总酚含量，（mg CAE/mL）；C_1 为处理后样品溶液的总酚含量，（mg CAE/mL）。

$$R_2（\%）= A_1/A_0 \times 100$$

其中 R_2 为抗氧化活性的保留率；A_0 为样品溶液初始抗氧化活性（mgTE/mL）；A_1 为处理后样品溶液的抗氧化活性（mg TE/mL）。

1.3.6.3　不同光照条件对甘薯茎叶多酚加工稳定性的影响

参照 Wang 等[20] 的方法，测定光照对甘薯茎叶多酚加工稳定性的影响。用蒸馏水将渝紫 7 号和西蒙 1 号甘薯茎叶多酚配制成 1.0mg/mL 的溶液，一组样品于上午 10 点至下午 3 点置于日光直射处，另一组用锡箔纸做避光处理后置于同样的环境条件下。每间隔 1h 分别采用福林酚比色法和 ORAC 方法测定溶液的总酚含量和抗氧化活性，并按照 1.3.6.2 所述公式计算总酚含量和抗氧化活性的保留率。

1.4 统计分析

试验数据采用平均数±标准差（mean ± SD）表示，用 SAS8.1 统计软件进行方差分析，以 $P<0.05$ 为显著性检验标准。

2 结果与讨论

2.1 甘薯茎叶多酚的体外抗氧化活性

2.1.1 DPPH 清除活性

甘薯茎叶多酚的 DPPH 清除活性如图 1 所示。当样品浓度≤15μg/mL 时，渝紫 7 号和西蒙 1 号甘薯茎叶多酚的 DPPH 清除率随着浓度增加而增加，量效关系较为明显。样品浓度为 15μg/mL 时清除率即可达到 80% 以上，样品浓度为 20μg/mL 时，渝紫 7 号和西蒙 1 号甘薯茎叶多酚的 DPPH 清除率最大，分别为 85.5% 和 88.4%。当样品浓度≥7μg/mL 时渝紫 7 号和西蒙 1 号甘薯茎叶多酚的 DPPH 清除率显著高于茶多酚和葡萄籽多酚，而在样品浓度增至 15μg/mL 时两个品种甘薯茎叶多酚和抗坏血酸、葡萄籽多酚的 DPPH 清除率未见有显著差异。此外，各样品 DPPH 清除率的 IC_{50} 值由小到大的顺序依次为抗坏血酸（5.75μg/mL）＜渝紫 7 号甘薯茎叶多酚（6.78μg/mL）＜西蒙 1 号甘薯茎叶多酚（6.95μg/mL）＜葡萄籽多酚（7.46μg/mL）＜茶多酚（8.49μg/mL）。

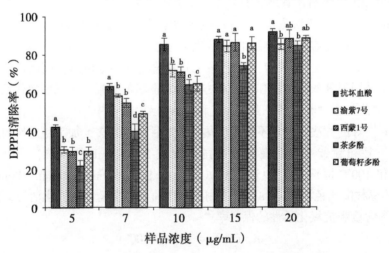

图 1 甘薯茎叶多酚及其他植物源多酚的 DPPH 清除活性

2.1.2 ·OH 清除活性

甘薯茎叶多酚的 ·OH 清除活性如图 2 所示。在所测的溶液浓度范围内，甘薯茎叶多酚的 ·OH 的清除率随着浓度的增加而增大，浓度为 0.5mg/mL 时，渝紫 7 号和西蒙 1 号甘薯茎叶多酚的 ·OH 的清除率增至最大，分别为 80.29% 和 76.38%。当浓度为 0.05 mg/mL 和 0.10mg/mL 时，甘薯茎叶多酚的 ·OH 的清除率与茶多酚、葡萄籽多酚未见有显著差异，当浓度≥0.20mg/mL时，甘薯茎叶多酚的·OH清除活性与水溶性维生素E相当且显著高于茶多酚和葡萄籽多酚。各样品的·OH清除率的IC_{50}值由小到大的顺序依次为：渝紫7号（0.10mg/mL）<水溶性维生素E（0.11mg/mL）<西蒙1号（0.12mg/mL）<葡萄籽多酚（0.15mg/mL）<茶多酚（0.21mg/mL）。

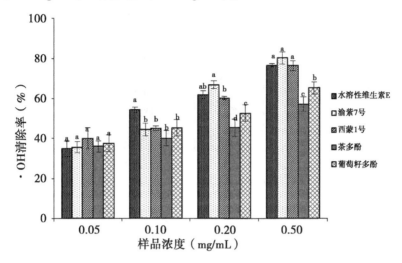

图2　甘薯茎叶多酚及其他植物源多酚的·OH清除活性

2.1.3　Fe^{3+}还原活性

甘薯茎叶多酚的Fe^{3+}还原活性如图3所示。甘薯茎叶多酚的Fe^{3+}还原活性随着浓度的增加而增大，100μg/mL时，渝紫7号和西蒙1号甘薯茎叶多酚的Fe^{3+}还原活性增至最大，分别为92.07μg TE/mL和82.22μg TE/mL，显著地高于茶多酚（65.17μg TE/mL）和葡萄籽多酚（73.33μg TE/mL）。Fe^{3+}还原活性主要取决于样品的供氢能力，供氢能力越强其Fe^{3+}还原活性越强[21]。

2.1.4　·O_2^-清除活性

甘薯茎叶多酚对·O_2^-的清除活性如图4所示。甘薯茎叶多酚对·O_2^-的清除活性呈现显著的剂量依赖型。所测的3个溶液浓度下渝紫7号和西蒙1号甘薯茎叶多酚的·O_2^-的清除活性均显著高于茶多酚和葡萄籽多酚。浓度为20μg/mL时，渝紫7号甘薯茎叶多酚的·O_2^-的清除活性最大，为62.61μg ACE/mL，分别为抗坏血酸、茶多酚和葡萄籽多酚的3.1倍、5.9倍和9.6倍；西蒙1号甘薯茎叶多酚的·O_2^-的清除活性为47.06μg ACE/mL，分别为抗坏血酸、茶多酚和葡萄籽多酚的2.4倍、4.4倍和7.2倍。

2.1.5　氧自由基吸收能力

甘薯茎叶多酚的氧自由基吸收能力如图5所示。其氧自由基吸收能力随着溶液浓度的增加而增大。浓度为5μg/mL和10μg/mL时甘薯茎叶多酚的氧自由基吸收能力与茶多酚和葡萄籽多酚未见显著差异。浓度为20μg/mL时，渝紫7号甘薯茎叶多酚的氧自由基吸收能力为55.78μg TE/mL，显著优于其他样品，分别为水溶性维生素E、茶多酚和葡萄籽多酚的2.8倍、1.3倍和1.3倍，西蒙1号甘薯茎叶多酚的氧自由基吸收能力为43.72μg TE/mL为水溶性维生素E的2.2倍，与茶多酚、葡萄籽多酚差异性不显著。

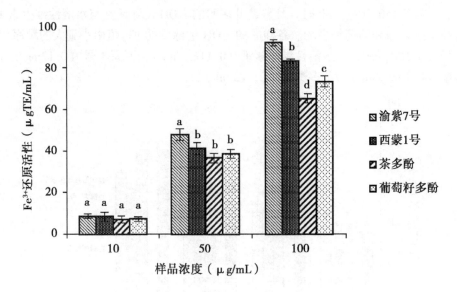

图 3　甘薯茎叶多酚及其他植物源多酚的 Fe^{3+} 还原活性

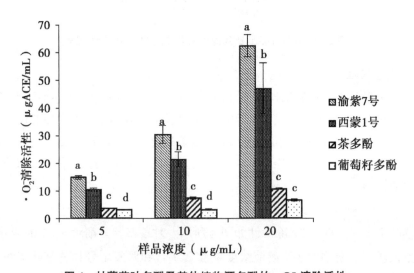

图 4　甘薯茎叶多酚及其他植物源多酚的 $\cdot O_2^-$ 清除活性

　　以上结果显示,甘薯茎叶多酚具有较强的体外抗氧化活性,这与其组成及各组分的分子结构密不可分。已有研究表明甘薯茎叶多酚主要为绿原酸类物质,其中,以 3 种双取代的咖啡酰奎宁酸:3,5-二-咖啡酰奎宁酸、4,5-二-咖啡酰奎宁酸和 3,4-二-咖啡酰奎宁酸的含量为主[22]。Iwai 等[23]通过研究发现,绿原酸类物质的自由基清除活性跟分子中咖啡酰基的数目呈正相关,双取代的咖啡酰奎宁酸的自由基清除活性是单取代绿原酸的 2倍,是抗坏血酸的 1.0~1.8 倍,这与本研究的结果一致。Medina 与 Rice-Evans 等[24-25]发现,酚型抗氧化剂的抗氧化活性不仅与酚羟基的数目有关,还与分子的供电子能力有关,咖啡酸的供电子能力强于儿茶素(茶多酚的主要组分),而绿原酸类物质特别是双取代的咖啡酰奎宁酸分子中含有两个咖啡酰基,与本研究中甘薯茎叶多酚的抗氧化活性优于茶多酚的结果相符。

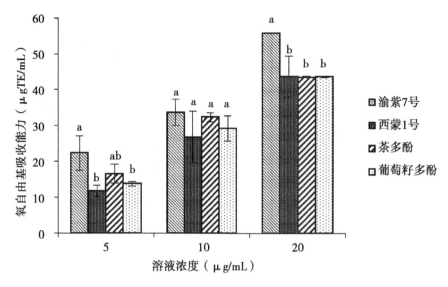

图5 甘薯茎叶多酚及其他植物源多酚的氧自由基吸收能力

2.2 甘薯茎叶多酚的加工稳定性

2.2.1 不同 pH 溶剂体系对甘薯茎叶多酚加工稳定性的影响

不同 pH 溶剂体系对甘薯茎叶多酚加工稳定性的影响如图6所示。渝紫7号甘薯茎叶多酚在 pH 值=3、5、7的溶剂体系中总酚含量未见显著差异，pH 值=8时总酚含量低于其他 pH 体系；西蒙1号甘薯茎叶多酚在4种 pH 溶剂体系中总酚含量无显著差异。渝紫7号甘薯茎叶多酚在 pH 值=7的溶剂体系中抗氧化活性显著高于其他溶剂体系，为2.68mg TE/mL，其次是 pH 值=5的溶剂体系（2.06mg TE/mL），在 pH 值=8的溶剂体系中最低（1.45mg TE/mL）；西蒙1号甘薯茎叶多酚的抗氧化活性同样在 pH 值=7的溶剂体系中最高，为2.05mg TE/mL，且与 pH 值为3和5溶剂体系差异不显著，pH 值=8时抗氧化活性最低（1.33mg TE/mL）。综上可知，甘薯茎叶多酚在中性和弱性酸性体系中的加工稳定性较好，溶剂体系的最适 pH 值=5.0~7.0。

2.2.2 热处理对甘薯茎叶多酚加工稳定性的影响

热处理对甘薯茎叶多酚的总酚含量和抗氧化活性的影响如图7所示。由图7-a可知，50℃、65℃、80℃、100℃加热处理90min，渝紫7号甘薯茎叶多酚总酚含量保留率始终保持在92%以上，可知热处理对其总酚含量影响较小；由图7-b可知，渝紫7号甘薯茎叶多酚抗氧化活性保留率在50℃和60℃热处理期间无显著变化，热处理90min后其抗氧化活性保留率分别为82.9%和97.6%；80℃和100℃热处理过程中，渝紫7号甘薯茎叶多酚的抗氧化活性保留率出现显著降低趋势，热处理90min后其抗氧化活性保留率分别为63.3%和62.9%；相同处理时间来看，100℃对其抗氧化活性的影响最大，抗氧化活性保留率显著低于其他处理温度，可知较低温度热处理对渝紫7号甘薯茎叶多酚的抗氧化活性影响较小，而高温热处理会使其抗氧化活性大幅下降。由图7-c可知，西蒙1号甘薯茎叶多酚在4个温度热处理过程中总酚含量保留率始终大于90%；由图7-d可知，65℃热处理对西蒙1号甘薯茎叶多酚的抗氧化活性影响最小，处理90min后抗氧化活性保留率为99.50%。在80℃和100℃热处理过程中，西蒙1号甘薯茎叶多酚抗氧化活性保留率下降

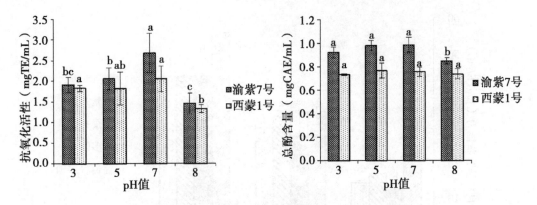

图6 不同 pH 体系对甘薯茎叶多酚加工稳定性的影响

注：图中字母表示同一品种甘薯茎叶多酚的总酚含量或抗氧化活性在不同 pH 值溶剂体系中的差异性

趋势显著，90min 后保留率分别为 69.33% 和 64.82%；相同处理时间来看，80℃ 和 100℃ 热处理对西蒙 1 号甘薯茎叶多酚抗氧化活性影响较大，处理 30min 后抗氧化活性保留率显著低于 50℃ 和 65℃ 的热处理。总体来说，甘薯茎叶多酚对低温热处理的稳定较高，而高温长时处理对其抗氧化活性影响较大。

2.2.3 光照对甘薯茎叶多酚的加工稳定性的影响

光照对甘薯茎叶多酚加工稳定性的影响如图 8 所示。光照处理 5h 内两个品种甘薯茎叶多酚总酚含量均无显著变化，相同处理时间内光照组和避光组间未见显著差异，光照处理 5h 后渝紫 7 号和西蒙 1 号甘薯茎叶多酚总酚含量保留率分别为 97.53% 和 91.40%。渝紫 7 号甘薯茎叶多酚抗氧化活性在光照处理 5h 内无显著变化，同避光组相比也未见显著差异，光照处理 5h 后渝紫 7 号甘薯茎叶多酚保留率为 91.6%；西蒙 1 号甘薯茎叶多酚抗氧化活性虽在光照 2h 时出现显著下降，但之后无显著变化，且同避光组相比无显著差异，处理 5h 后保留率为 91.4%。可知在所测定时间内光照对甘薯茎叶多酚的总酚含量和抗氧化活性影响较小。

甘薯茎叶多酚的主要组分绿原酸类物质为咖啡酸和奎宁酸的酯化物，在酸性和碱性条件下都能发生水解，产生咖啡酸和奎宁酸[26]，咖啡酸为小分子酚酸类，因此，不会引起溶液总酚含量的显著变化，而绿原酸类物质的抗氧化活性与分子结构中咖啡酰基数目呈一定的正相关[23]，在碱性和强酸性条件下发生水解，分子中的咖啡酰基数量减少，降低了分子的抗氧化活性，与本研究中甘薯茎叶多酚在 pH 值 = 8 的溶剂体系中抗氧化活性较低的结果一致，因此，甘薯茎叶多酚在中性和弱酸性体系中能更好发挥其抗氧化活性。有研究指出绿原酸类物质的邻苯羧基结构高温加热易分解，影响其抗氧化活性[26]，与本研究中甘薯茎叶多酚 100℃ 加热处理 90min 后抗氧化活性明显下降的结果一致，因此甘薯茎叶多酚在加工过程中应尽量避免高温长时加热。

3 结论

综上所述，渝紫 7 号和西蒙 1 号两个品种的甘薯茎叶多酚均具有较高的体外抗氧化活性，能够有效清除 DPPH、·OH、·O$_2^-$ 等自由基，具有良好的 Fe^{3+} 还原活性和氧自由基

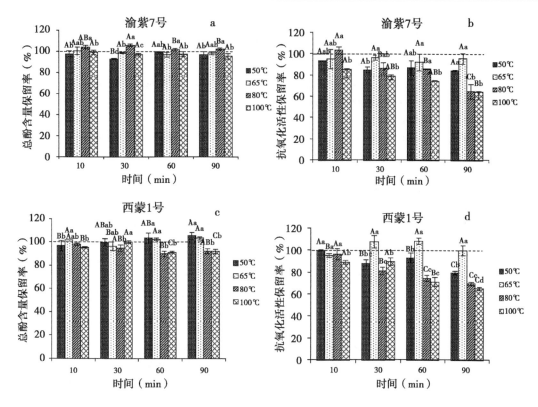

图 7　不同温度热处理对甘薯茎叶多酚加工稳定性的影响

注：大写字母表示同一温度不同处理时间点的差异性；小写字母表示相同处理时间点不同处理温度间的差异性；虚线表示未经加热处理的控制组，并设定其保留率为 100%

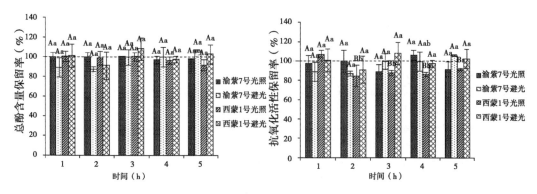

图 8　光照对甘薯茎叶多酚加工稳定性的影响

注：大写字母表示同一样品在不同光照时间点的差异性；小写字母表示不同样品在相同光照时间点的差异性；虚线为样品初始值，设定其保留率为 100%

吸收能力；甘薯茎叶多酚在中性和弱酸性溶液中具有较高的稳定性，光照和低温加热处理对甘薯茎叶多酚的总酚含量和抗氧化活性无显著影响，高温长时加热会降低甘薯茎叶多酚溶液的抗氧化活性。总之甘薯茎叶多酚具有较高的体外抗氧化活性和加工稳定性，可作为一种优良的天然抗氧化剂进行开发利用。

参考文献

［1］　Hotta H，Nagano S，Ueda M，et al. Higher radical scavenging activities of polyphenolic antioxidants can be ascribed to chemical reactions following their oxidation ［J］. Biochimicaet Biophysica Acta（BBA）-General Subjects，2002，1572（1）：123-132.

［2］　Imaida K，Fukushima S，Shirai T，et al. Promoting activities of butylatedhydroxyanisole and butylatedhydroxytoluene on 2-stage urinary bladder carcinogenesis and inhibition of γ-glutamyltranspeptidase-positive foci development in the liver of rats ［J］. Carcinogenesis，1983，4（7）：895-899.

［3］　Namiki M. Antioxidants/antimutagens in food ［J］. Critical Reviews in Food Science & Nutrition，1990，29（4）：273-300.

［4］　Bertoncelj J，Doberšek U，Jamnik M，et al. Evaluation of the phenolic content，antioxidant activity and colour of Slovenian honey ［J］. Food Chemistry，2007，105（2）：822-828.

［5］　Ignat I，Volf I，Popa V I. A critical review of methods for characterisation of polyphenolic compounds in fruits and vegetables ［J］. Food Chemistry，2011，126（4）：1 821-1 835.

［6］　Islam M S，Yoshimoto M，Yahara S，et al. Identification and characterization of foliar polyphenolic composition in sweetpotato（Ipomoea batatas L.）genotypes ［J］. Journal of agricultural and food chemistry，2002，50（13）：3 718-3 722.

［7］　Xu W，Liu L，Hu B，et al. TPC in the leaves of 116 sweet potato（Ipomoea batatas L.）varieties and Pushu 53 leaf extracts ［J］. Journal of Food Composition and Analysis，2010，23（6）：599-604.

［8］　Jung J K，Lee S U，Kozukue N，et al. Distribution of phenolic compounds and antioxidative activities in parts of sweet potato（Ipomoea batata L.）plants and in home processed roots ［J］. Journal of Food Composition and Analysis，2011，24（1）：29-37.

［9］　Huang M H，Chu H L，Juang L J，et al. Inhibitory effects of sweet potato leaves on nitric oxide production and protein nitration ［J］. Food Chemistry，2010，121（2）：480-486.

［10］　Hue S M，Boyce A N，Somasundram C. Antioxidant activity，phenolic and flavonoid contents in the leaves of different varieties of sweet potato（Ipomoea batatas L）　［J］. Australian Journal of Crop Science，2012，6（3）：375-380.

［11］　Galvan d' Alessandro L，Kriaa K，Nikov I，et al. Ultrasound assisted extraction of polyphenols from black chokeberry ［J］. Separation and Purification Technology，2012，93：42-47.

［12］　Rumbaoa R G O，Cornago D F，Geronimo I M. Phenolic content and antioxidant capacity of Philippine sweet potato（Ipomoea batatas L）varieties ［J］. Food Chemistry，2009，113（4）：1 133-1 138.

［13］　He J，Alister-Briggs M，Lyster T，et al. Stability and antioxidant potential of purified olive mill wastewater extracts ［J］. Food Chemistry，2012，131（4）：1 312-1 321.

［14］　Ardestani A，Yazdanparast R. Antioxidant and free radical scavenging potential of Achilleasantolinaextracts ［J］. Food Chemistry，2007，104（1）：21-29.

［15］　Maqsood S，Benjakul S. Comparative studies of four different phenolic compounds on in vitro antioxidative activity and the preventive effect on lipid oxidation of fish oil emulsion and fish mince ［J］. Food Chemistry，2010，119（1）：123-132.

［16］　Zieliński H，Zielińska D，Kostyra H. Antioxidant capacity of a new crispy type food products determined by updated analytical strategies ［J］. Food Chemistry，2012，130（4）：1 098-1 104.

［17］　Prior R L，Hoang H，Gu L，et al. Assays for hydrophilic and lipophilic antioxidant capacity（oxygen radical absorbance capacity（ORACFL））of plasma and other biological and food samples ［J］. Journal of Agricultural and Food Chemistry，2003，51（11）：3 273-3 279.

［18］　Danila Di Majo，Laura La Neve，Maurizio La Guardia，et al. The influence of two different pH levels on the antioxidant properties of flavonols，flavan-3-ols，phenolic acids and aldehyde compounds analysed in synthetic wine and in a phosphate buffer ［J］. Journal of Food Composition and Analysis，24（2），265-269.

［19］ Lee S C，Jeong S M，Kim S Y，et al. Effect of far-infrared radiation and heat treatment on the antioxidant activity of water extracts from peanut hulls ［J］. Food chemistry，2006，94（4）：489-493.

［20］ Wang S Y，Chen C T，Wang C Y. The influence of light and maturity on fruit quality and flavonoid content of red raspberries ［J］. Food chemistry，2009，112（3）：676-684.

［21］ Benzie I F F，Strain J J. The ferric reducing ability of plasma（FRAP）as a measure of "antioxidant power"：the FRAP assay ［J］. Analytical biochemistry，1996，239（1）：70-76.

［22］ Wang Z，Michael N C. Profiling the chlorogenic acids of sweet potato（Ipomoea batatas）from China ［J］. Food Chemistry，2008，106（1）：147-152.

［23］ Iwai K，Kishimoto N，Kakino Y，et al. In vitro antioxidative effects and tyrosinase inhibitory activities of seven hydroxycinnamoyl derivatives in green coffee beans ［J］. Journal of agricultural and food chemistry，2004，52（15）：4 893-4 898.

［24］ Medina I，Gallardo J M，González M J，et al. Effect of molecular structure of phenolic families as hydroxycinnamic acids and catechins on their antioxidant effectiveness in minced fish muscle ［J］. Journal of Agricultural and Food Chemistry，2007，55（10）：3 889-3 895.

［25］ Rice-Evans C A，Miller N J，Paganga G. Structure-antioxidant activity relationships of flavonoids and phenolic acids ［J］. Free radical biology and medicine，1996，20（7）：933-956.

［26］ 涂北平. 杜仲叶中高纯度绿原酸的提取及稳定性研究 ［D］. 南昌：南昌大学，2012.

甘薯乙醇发酵醪渣膳食纤维的制备及物化特性研究 *

张　庆　靳艳玲　沈维亮　方　扬　赵　海**

（中国科学院成都生物研究所，成都　610041）

摘　要：以甘薯乙醇发酵醪渣为原料，采用碱性蛋白酶水解法制备膳食纤维，通过单因素试验和正交试验分析表明，在反应体系 pH 值=8.0、温度55℃时，最佳提取条件是：碱性蛋白酶添加量为0.4%，反应时间为3h，料液比为1：8。在此优化工艺条件下，膳食纤维的得率为30.38%，蛋白去除率为80.92%。制备获得膳食纤维成分分析表明，总膳食纤维含量为58.74%，主要以不溶性膳食纤维为主，蛋白含量为11.62%，脂肪为2.18%，水分为6.18%，符合商品化膳食纤维的主要指标要求。膳食纤维中纤维素、半纤维素、酸性洗涤木质素和果胶含量分别为35.95%、6.58%、6.16%和16.18%；膳食纤维的溶胀力（SWC）、持水力（WRC）和持油力（ORC）分别为5.52mL/g 干重、3.76g/g 干重、1.39g/g 干重。

关键词：甘薯；发酵醪渣；膳食纤维；碱性蛋白酶水解法

膳食纤维是指来源于植物的可食部分或碳水化合物及其类似物的总和，这些化合物具有抗消化特性，不能被人体小肠消化和吸收，但在结肠能部分或完全发酵代谢[1]。膳食纤维包括多糖（纤维素、半纤维素、果胶、树胶及抗性淀粉等）、低聚糖、木质素以及各种非消化性低分子量碳水化合物（多酚类物质、皂甙、蜡质、角质及抗性蛋白等）[2]。自20世纪70年代，有关膳食纤维有益健康的生理功能特性已引起公众关注，并开展了广泛研究[3]。研究表明，膳食纤维在保障人体营养健康方面起重要作用，很多疾病如便秘、冠心病、糖尿病、肥胖、结肠癌等的发生与发展与膳食纤维的摄入量不足有很大关系[4]。按照美国食品营养委员会建议，膳食纤维平均每天推荐摄入量为 25~38g[5]。在食品中添加膳食纤维是弥补日常饮食中膳食纤维摄入量不足的有效途径。膳食纤维在食品中的添加不仅有利于开发具有低热量、低胆固醇和低脂肪的保健食品，还能赋予食品一些特有的功能特性，如提高产品的持水性能及持油性能，增强产品的乳化、胶凝能力，延长食品货架期等[2]。

中国甘薯（*Ipomoea batatas* Lam.）资源丰富，是世界上最大的甘薯生产国，每年的甘薯产量约 1.3 亿 t。在20世纪中期，甘薯作为主要的粮食作物，在解决中国粮食短缺，抵抗自然灾害等方面发挥了重大作用。随着社会发展，目前甘薯作为单一的粮食作物已成为历史，甘薯的用途更加多样化。由于甘薯淀粉含量一般在 20%~30%，且产量巨大，是相对理想的生物乙醇生产原料[6]。甘薯作为新型能源作物，在发酵生产乙醇的过程中会产生大量的甘薯乙醇发酵醪渣副产物。在通常情况下，这些甘薯发酵醪渣被当作废渣丢弃或作为饲料以简单利用，这样不仅浪费了大量膳食纤维资源，薯渣废弃物的堆积也会对环境造成污染。而甘薯乙醇发酵醪渣主要由粗纤维（28.56%）和蛋白（14.71%）组成，同时还含有多种维生素和多种氨基酸等有益成分[7]。因此，从甘薯乙醇发酵醪渣中制取具

　＊ 项目资助：现代农业产业技术体系建设专项（CARS-11-B-17）资助

　＊＊ 通讯作者：赵海；E-mail：zhaohai@cib.ac.cn

有高附加值的膳食纤维，合理有效利用薯渣资源，对提升甘薯乙醇发酵产业良性发展，提高企业经济效益有重要促进作用。

本试验以高浓度甘薯乙醇发酵后甘薯醪渣为原料，在分析甘薯发酵醪渣基本成分的基础上，利用酶解法从薯渣中提取、制备膳食纤维，并对薯渣膳食纤维基本成分、化学组成（多糖）、单糖构成及功能特性进行了分析，为从甘薯乙醇发酵醪渣中开发、制备高附加值的膳食纤维提供理论依据。

1 材料与方法

1.1 供试材料

酿酒酵母高浓度甘薯发酵生产乙醇后残留甘薯发酵醪渣。甘薯发酵醪渣经自来水冲洗3次，挤压，60℃烘干，粉碎机粉碎后过35目筛，真空干燥器内贮藏备用。

1.2 主要试剂

热稳定α-淀粉酶和淀粉葡萄糖苷酶，购自诺维信中国公司；蛋白酶和碱性蛋白酶，购自英国BDH公司；木糖、半乳糖、阿拉伯糖及甘露糖，购自Sigma公司；三氟乙酸（TFA），购自天华试剂有限公司；2-（N-吗啉代）-磺酸基乙烷（MES），三羟基甲基氨基甲烷（TRIS），购自Amresco公司；其他常规试剂无水葡萄糖、无水乙醇、氢氧化钠、盐酸、硫酸、乙醚、石油醚、甲苯、丙酮、乙酸铅、硫酸钠、硫酸铜、硫酸钾、硼酸、乙二酸四乙酸二钠、四硼酸钠、无水磷酸氢二钠、草酸铵、十六烷三甲基溴化铵（CTAB）、十二烷基硫酸钠（SDS）和乙二醇乙醚，等试剂均为分析纯，购自成都科龙化工试剂厂。

1.3 实验方法

1.3.1 甘薯乙醇发酵醪渣基本成分测定

（1）蛋白含量测定参照 AOAC 955.04，采用凯氏定氮法。基本原理是：样品中的蛋白质在催化加热条件下被分解，产生的氨与硫酸结合生成硫酸铵，再碱化蒸馏使氨游离，用硼酸吸收后以硫酸或盐酸标准滴定溶液滴定，根据酸的消耗量乘以转换系数6.25，即为蛋白质的含量。

（2）脂肪含量测定参照 GB/T 5009.6—2003，采用酸水解法。

（3）淀粉含量测定参照 GB/T 5009.9—2008，采用酶水解法，其中还原糖的测定采用3，5-二硝基水杨酸（DNS）比色法。其基本原理是：样品经去除脂肪及可溶性糖类后，用α-淀粉酶水解淀粉成小分子糖，再用盐酸水解成单糖，最后按还原糖测定，并折算成淀粉。淀粉含量=葡萄糖含量×0.9。

（4）灰分含量测定参照 GB 5009.4—2010，样品置于马弗炉中，在550℃±25℃灰化4h，剩余残渣量与试样重量比例即为灰分含量。

（5）水分含量测定参照 GB 5009.3—2010，采用直接干燥法，样品于105℃干燥箱中干燥4h，恒重后的失重量即为水分含量。

（6）果胶含量测定参照 Claye 等[8]方法。

（7）参照 AOAC 991.43 方法分别测定总膳食纤维（TDF）、可溶性膳食纤维（SDF）和不溶性膳食纤维（IDF）；纤维素、半纤维素和酸性洗涤木质素的含量测定参照 Van Soest 等[9-10]和 Claye 等[8]的方法，通过测定 DF 中的中性洗涤纤维（NDF）和酸性洗涤纤维（ADF）的含量计算而得。

（8）单糖测定参照实验室方法。采用 Arnous 等方法[11]水解膳食纤维，色谱柱采用 Aminex HPX-87P 糖分析柱，柱温为 80℃。以超纯水为流动相，流速为 0.6mL/min。ELSD 检测器检测器漂移管温度为 110℃，载气（氮气）压力为 3.2 Bar。进样量为 20μL。

1.3.2 甘薯乙醇发酵醪渣膳食纤维的提取

取一定量粉碎过的甘薯乙醇发酵醪渣→热水（90~95℃）漂洗 5min→调 pH 值至 8.0，0.4%（w/w）碱性蛋白酶水解 3h →过滤、漂洗、离心（6 500g，10min）→残渣 60℃烘干→粉碎过 60 目筛→即得膳食纤维（DF），干燥器中贮存备用。

1.3.3 膳食纤维功能特性测定

参照文献［12~14］方法测定溶胀力（SWC）、持水力（WRC）和持油力（ORC）。

2 结果与分析

2.1 甘薯乙醇发酵醪渣成分分析

甘薯乙醇发酵醪渣主要成分测定结果见表 1。由表 1 结果可知，薯渣中总膳食纤维含量占 30.52%，主要由不溶性膳食纤维组成，为 29.75%；甘薯淀粉在酵母乙醇发酵中被淀粉酶、糖化酶等转化为单糖已基本被耗尽；且薯渣中脂肪含量极低，因此，酵母发酵后的甘薯醪渣是一种良好的膳食纤维来源。由于蛋白含量较高，18%左右，因此，去除蛋白是提取膳食纤维的主要步骤。薯渣是甘薯乙醇发酵后的副产物，目前对其综合利用研究较少，如能开发出具有高附加值的膳食纤维，可极大促进甘薯乙醇发酵产业的良性发展。

表 1 甘薯乙醇发酵醪渣主要成分分析

主要成分	含量（%干重）
总膳食纤维	30.52±1.22
不溶性膳食纤维	29.75±1.62
可溶性膳食纤维	0.78±0.39
蛋白质	18.43±0.06
淀粉	0.002±0.00
脂肪	0.98±0.06
灰分	10.07±0.19
水分	10.89±0.16

注：表中数据为三次实验平均值±标准误差

2.2 碱性蛋白酶添加量对膳食纤维提取指标的影响

为了获得较高纯度的膳食纤维，需要尽可能的除去薯渣中的蛋白质。本实验中采用碱性蛋白酶的处理方法。反应体系控制在碱性蛋白酶的最适 pH 值=8.0，最适温度 55℃，料液比为 1:8（g/mL），水解时间 3h。以蛋白去除率和膳食纤维得率为指标，研究适宜的碱性蛋白酶用量，结果见图 1。

由图 1 可知，膳食纤维的得率在不同碱性蛋白酶下差别不明显。而蛋白的去除率则有明显差异，当蛋白酶量在 0.2%~0.4%时，蛋白质的去除率随着酶量的增加而明显增大；当蛋白酶量大于0.4%时，酶与底物的结合趋于饱和，蛋白去除率增加不明显，趋于平稳。因此，确定碱性蛋白酶的添加量为0.4%。

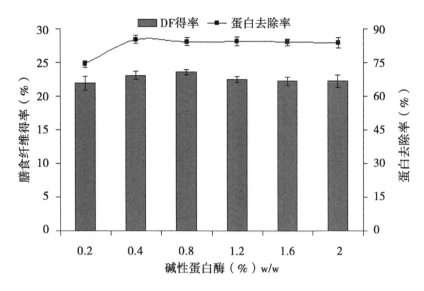

图1 碱性蛋白酶添加量对膳食纤维提取效果的影响

2.3 料液比对膳食纤维提取指标的影响

反应体系控制在 pH 值=8.0，温度55℃，碱性蛋白酶的添加量为0.4%，反应时间3h，研究不同料液比对膳食纤维蛋白去除率及得率的影响。结果见图2。

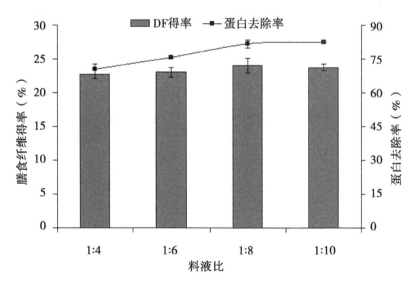

图2 料液比对膳食纤维提取效果的影响

由图2可知，在料液比为1：4到1：8之间时，随着用水量的增加，蛋白质的去除率逐渐增加。碱性蛋白酶可将蛋白水解成水溶性的小分子肽或氨基酸，体系中水量的增加可使小分子肽或氨基酸加速溶解，从而在后面的漂洗中更好去除。而当料液比为1：8和1：10时蛋白去除率趋于平衡，并没有明显增加。为了得到高纯度的膳食纤维，结合膳食纤维的得率，兼顾节约水量，确定料液比为 1∶8。

2.4 时间对膳食纤维提取指标的影响

反应体系控制在 pH 值 = 8.0，温度 55℃，碱性蛋白酶的添加量为 0.4%，料液比为 1∶8时，考察时间对膳食纤维蛋白去除率及得率的影响。结果见图 3。

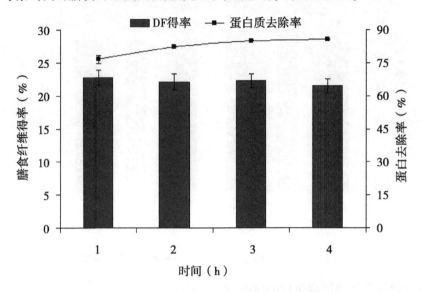

图 3 碱性蛋白酶处理时间对膳食纤维提取效果的影响

由图 3 结果可知，随着时间的延长，蛋白去除率逐渐增大。在 1~3h 内，蛋白去除率呈明显上升趋势，随后趋于平缓。初始反应，酶与底物结合，底物蛋白逐渐被酶水解，蛋白去除率增加。而蛋白的水解是可逆反应，随着时间延长，底物的消耗与高产物浓度的变化可能对蛋白的水解产生抑制，蛋白去除趋于平稳。水解时间的不同对膳食纤维的得率没有明显差别。因此，确定时间为3h。

2.5 膳食纤维提取正交实验结果

在膳食纤维提取单因素试验分析的基础上，以料液比、碱性蛋白酶用量和反应时间为实验因素设计正交实验（表 2），以蛋白去除率为考察指标，同时兼顾膳食纤维得率的变化，实验结果见表 3。

表 2 膳食纤维提取正交因素水平表

水平	因素		
	料液比	酶用量（%）	时间（h）
1	1∶8	0.3%	2.5
2	1∶9	0.4%	3
3	1∶10	0.5%	3.5

表 3　膳食纤维提取正交试验结果

试验编号	料液比	酶用量（%）	时间（h）	蛋白去除率（%）	膳食纤维得率（%）	综合评价值（%）
1	1∶8	0.3	2.5	78.73	30.63	54.68
2	1∶8	0.4	3	80.92	30.38	55.65
3	1∶8	0.5	3.5	77.60	29.25	53.43
4	1∶9	0.3	3.5	79.70	28.00	53.85
5	1∶9	0.4	2.5	78.04	30.25	54.15
6	1∶9	0.5	3	80.38	27.75	54.07
7	1∶10	0.3	3	77.67	30.13	53.90
8	1∶10	0.4	3.5	77.40	30.88	54.14
9	1∶10	0.5	2.5	77.48	29.80	53.64
k_1	54.59	54.14	54.16			
k_2	54.02	54.65	54.54			
k_3	53.89	53.71	53.81			
R	0.69	0.94	0.73			

由极差分析可知，在实验所选因素中，对蛋白去除率和膳食纤维得率的影响主要因素依次为碱性蛋白酶添加量、反应时间和料液比；较佳的提取条件是：碱性蛋白酶添加量为0.4%，反应时间为3h，料液比为1∶8。在此优化工艺条件下，膳食纤维的得率为30.38%，蛋白去除率为80.92%。

2.6　膳食纤维基本成分

在优化条件下对甘薯乙醇发酵醪渣进行膳食纤维的提取，获得的膳食纤维基本成分测定结果见表4。商品化的膳食纤维一般要求总膳食纤维含量要高于50%，脂肪含量低于5%，水分含量要低于9%[15]。由表4可知乙醇发酵薯渣提取的DF中，总膳食纤维含量达到58.74%，脂肪含量为2.18%，水分含量为6.18%，主要指标符合商品化的DF的标准。薯渣膳食纤维中，主要以不溶性膳食纤维（57.17%）为主，可溶性膳食纤维仅占约1.57%。

表 4　甘薯醪渣膳食纤维组成分析

主要成分	含量（%干重）
总膳食纤维	58.74±2.26
不溶性膳食纤维	57.17±2.17
可溶性膳食纤维	1.57±0.09
蛋白质	11.62±0.24
淀粉	1.53±0.18

（续表）

主要成分	含量（%干重）
脂肪	2.18±0.01
灰分	8.87±0.23
水分	6.18±0.12

注：表中数据为三次实验平均值±标准误差

2.7 膳食纤维化学成分

甘薯乙醇发酵醪渣提取膳食纤维中纤维素、半纤维素、酸性洗涤木质素和果胶测定结果见表5。结果表明从发酵后薯渣提取的 DF 中，纤维素含量最高，约为 36%，其次为果胶，半纤维素和酸性洗涤木质素含量相近。

表5 膳食纤维中果胶、纤维素、半纤维素、酸性洗涤木质素含量

成分	纤维素	半纤维素	ADL	果胶
含量（%干重）	35.95±0.28	6.58±0.29	6.16±0.22	16.18±0.06

注：表中数据为三次实验平均值±标准误差

2.8 膳食纤维单糖组成

甘薯乙醇发酵醪渣提取膳食纤维中各单糖的含量结果见表6，结果显示甘薯醪渣膳食纤维中葡萄糖含量最高，约占膳食纤维干重的 6.72%。其他几种单糖含量由高到低依次为甘露糖（5.06%）、木糖（4.94%）、阿拉伯糖（4.13%）和半乳糖（3.78%）。

表6 薯渣膳食纤维中单糖组成结果

单糖	葡萄糖	木糖	半乳糖	阿拉伯糖	甘露糖
含量（%干重）	6.72±0.86	4.94±0.21	3.78±0.11	4.13±0.31	5.06±0.39

注：表中数据为三次实验平均值±标准误差

2.9 膳食纤维功能特性

2.9.1 膳食纤维可溶性物质含量

膳食纤维的溶解性对其生理功能有一定影响，可溶性膳食纤维更易被肠道内菌群发酵。膳食纤维的结构稳定性能决定了其溶解性能。结果表明，膳食纤维中可溶性物质的含量为（0.098±0.01）g/100mL，这可能与膳食纤维中不溶性膳食纤维的含量过高有关。

2.9.2 膳食纤维溶胀力、持水力及持油力

膳食纤维的生理作用与其功能特性有关。水合性能是衡量膳食纤维品质的重要指标。膳食纤维的水合性能是指其基体的持水能力，可以通过测定其吸水后的溶胀力和持水力来衡量[2]。在研究膳食纤维在饮食及食品添加中的作用时，水合性能是必须考虑的因素。表7显示了膳食纤维溶胀力、持水力及持油力的结果。

表7 薯渣膳食纤维功能特性

功能特性	溶胀力（mL/g 干重）	持水力（g/g 干重）	持油力（g/g 干重）
膳食纤维	5.52±0.28	3.76±0.11	1.39±0.03

注：表中数据为三次实验平均值±标准误差

结果发现，甘薯醪渣膳食纤维的溶胀力为 5.52mL/g，高于豌豆壳提取 DF 的溶胀力（5.2mL/g），低于可可粉 DF 的溶胀力（6.51mL/g）、苹果果胶溶胀力（7.42mL/g）和柑橘提取 DF 的溶胀力（10.45mL/g）[16-17]；薯渣 DF 的持水力为 3.76g/g，高于商品化纤维素持水力（0.71g/g）及大麦持水力（2.54g/g），也高于蘑菇中提取 DF 的持水力（2.78g/g）[13]。低于一些水果来源膳食纤维的持水力，如柑橘 DF（7.3g/g）、桃 DF（12.1g/g）及海枣果肉 DF（15.6g/g）[18-20]；薯渣 DF 的持油力为 1.39g/g，低于海枣 DF 的持油力（9.75g/g）和商品化大麦 DF 的持油力（1.88g/g），但高于桃（1.09g/g）、柑橘（1.27g/g）及豌豆（0.9g/g）DF 的持油力[2,16]，与蘑菇（1.37g/g）及可食用海藻（1.32g/g）DF 的持油力相近[13-14]。Figucrola 等[21]研究表明，不同苹果和柠檬品种 DF 的持油力值介于 0.60~1.81g/g。

3 结论与讨论

前人研究中，淀粉生产加工过程后产生的甘薯渣是制备甘薯膳食纤维的主要原料。制备方法主要有酶解去淀粉法、发酵法和物理筛分法等[22-24]。目前，甘薯作为新型能源作物，在发酵生产乙醇的过程中会产生大量的甘薯发酵醪渣，同时在发酵中甘薯经 α-淀粉酶液化、糖化酶处理后，淀粉和一些可发酵性糖已基本被酵母完全利用；甘薯发酵醪渣成分分析表明，膳食纤维是薯渣中的主要组成成分，约占干重的 30%，且脂肪含量低，可以作为理想的膳食纤维原料。除膳食纤维外，发酵醪渣中还含有约 18% 的蛋白。蛋白是利用甘薯发酵醪渣提取膳食纤维的主要障碍，有效去除或降低蛋白含量是制备薯渣膳食纤维的关键。

蛋白的去除主要有酶解法和碱水解的方法，本实验中利用碱性蛋白酶水解去除蛋白生产膳食纤维，通过对蛋白酶添加量、反应时间及料液比单因素实验和正交实验设计，结合蛋白去除率及膳食纤维得率分析，获得了最优化的膳食纤维制备条件。由此方法制备膳食纤维的各项指标均超过 Larrauri[15] 对商品化膳食纤维的主要指标描述（总膳食纤维含量要高于 50%，脂肪含量低于 5%）。另外，在实验中我们还对中性蛋白酶和酸性蛋白酶对薯渣蛋白去除率进行过分析，结果发现这两种蛋白酶的蛋白去除效果均低于碱性蛋白酶，所以本实验选择碱性蛋白酶水解去蛋白。

在最优化工艺条件下制备甘薯发酵醪渣膳食纤维中总膳食纤维含量为 58.74%，此外，还含有 11.62% 的蛋白，8.87% 的灰分及 2.18% 的脂肪。发酵醪渣膳食纤维产品中总膳食纤维含量明显高于芒果（28.05%）、桃（30.7%）柑橘（36.9%）以及香蕉（31.8%）等水果膳食纤维产品中膳食纤维的含量[25-28]，但是，低于采用筛分法从淀粉生产薯渣中提取膳食纤维的含量 75.19%[29]。另外，与梅新的研究[29]从淀粉薯渣提取膳食纤维的纤维素、半纤维素及果胶组成相比，纤维素、半纤维素含量较低，而果胶含量相近。这可能与甘薯的品种和提取方法的不同有关，同时也可能与原料的来源有关。本实甘薯经液化酶、糖化酶处理，同时酿酒酵母发酵，一些多糖被水解成酵母可发酵糖，使得纤维素及半纤维素含量降低。葡萄糖是薯渣膳食纤维中含量最高的单糖，含量为6.72%，主要来自纤维素和半纤维素，甘露糖的含量次之，随后依次为木糖、阿拉伯糖和半乳糖。梅新[29]及Salvador等[30]分别测定了甘薯膳食纤维及甘薯细胞壁物质的单糖组成，结果表明，单糖种类与本实验中膳食纤维基本相同，含量有所差异。

对甘薯发酵醪渣膳食纤维的功能特性研究表明，与其他来源的膳食纤维相比，在溶胀力、持水力及持油力性能上各有优劣。目前许多研究对影响膳食纤维功能特性的因素进行了探讨，研究发现膳食纤维中不溶性膳食纤维和可溶性膳食纤维的比例[21]，样品粒径的大小及分布[31]，指标测定时的温度[28]，样品干燥温度和干燥方法[32]等均可导致功能特性的差异。Kethireddipalli等[33]研究发现，将干的纤维原料磨成细粉后其溶胀力和持水力性能下降，功能变化不仅与粒径大小有关还与纤维多孔基质结构的改变有关。不同来源、不同方法制备的膳食纤维中多糖比例不同，多糖分子间交联形式的不同，导致了物化特性的差异。膳食纤维中，除多糖物质外，其他物质如淀粉、蛋白、脂肪、可溶性寡糖和色素等也可能对膳食纤维的功能特性产生影响。

参考文献

[1] AACC (American Association of Cereal Chemists) dietary fiber technical committee. The definition of dietary fiber [J]. Cereal Food World, 2001 (46)：112-129.

[2] Elleuch M, Bedigian D, Roiseux O, Besbes S, Blecker C, Attia H. Dietary fibre and fibre-rich by-products of food processing：Characterisation, technological functionality and commercial applications：A review [J]. Food Chem, 2011 (124)：411-421.

[3] Abdul-Hamid A, Luan YS. Functional properties of dietary fiber prepared from defatted rice bran [J]. Food Chem, 2000 (68)：15-19.

[4] Mann JI, Cummings JH. Possible implications for health of the different definitions of dietary fibre [J]. Nutr. Metab. Cardiovas, 2009 (19)：226-229.

[5] Food and Nutrition Board, Institute of Medicine. Dietary reference intakes. Proposed definition of dietary fiber. A report of the panel on the definition of dietary fiber and the standing committee on the scientific evaluation of dietary reference intakes [M]. Washington, DC：National Academy Press, 2001.

[6] Li SZ, Chan-Halbrendt C. Ethanol production in (the) People's Republic of China：potential and technologies [J]. Appl. Energy, 2009 (86)：S162-S169.

[7] 王硕，杨云超，王立常. 甘薯酒精渣饲喂肉牛饲养试验 [J]. 畜禽业, 2010 (4)：8-10.

[8] Claye SS, Idouraine A, Weber CW. Extraction and fractionation of insoluble fiber from five fiber sources [J]. Food Chem, 1996. 57 (2)：303-310.

[9] Van Soest P. Collaborative study of acid-detergent fiber and lignin [J]. J. Assoc office Anal Chem, 1973 (56)：781-784.

[10] Van Soest PJ, Robertson JB. Lewis BA. Methods for dietary fiber, neutral detergent fiber, and nonstarch polysaccharides in relation to animal nutrition [J]. J Dairy Sci, 1991 (74)：3 583-3 597.

[11] Arnous A. Meyer AS. Comparison of methods for compositional characterization of grape (*Vitis vinifera* L.) and apple (*Malus domestica*) skins [J]. Food Bioprod. Process, 2008 (86)：79-86.

[12] 王丽. 高品质麦麸膳食纤维的制备及其单糖组成与性质的研究 [D]. 武汉：武汉工业学院. 2009.

[13] Wong KH, Cheung PCK. Dietary fibers from mushroom *sclerotia*：1. Preparation and physicochemical and functional properties [J]. J. Agr. Food Chem, 2005, 53 (24)：9 395-9 400.

［14］ Gómez-Ordóñez E, Jiménez-Escrig A, Rupérez P. Dietary fibre and physicochemical properties of several edible sea-weeds from the northwestern Spanish coast［J］. Food Res, Int, 2010（43）: 2 289-2 294.

［15］ Larrauri JA. New approaches in the preparation of high dietary fibre powders from fruits by-products［J］. Trends Food Sci, Tech, 1999（10）: 3-8.

［16］ Weightman RM, Renard CMG. C, Gallant DJ, Thibault JF. Structure and properties of the polysaccharides from pea hulls Ⅱ. Modification of the composition and physico-chemical properties of pea hulls by chemical extraction of the constituent polysaccharides［J］. CarbohydPolym, 1995（26）: 121-128.

［17］ Lecumberri E, Mateos R, Izquierdo-Pulido M, Rupérez P, Goya L, Bravo L. Dietary fibre composition, antioxi-dant capacity and physico-chemical properties of a fibre-rich product from cocoa（Theobroma cacao L.）［J］. Food Chem, 2007（104）: 948-954.

［18］ Grigelmo-Miguel N, Martina-Belloso O. Characterization of dietary fibre from orange juice extraction［J］. Food Res, Int, 1999（131）: 355-361.

［19］ Grigelmo-Miguel M, Gorinstein S, Martin-Belloso O. Characterization of peach dietary fibre concentrate as a food in-gredient［J］. Food Chem, 1999（65）: 175-181.

［20］ Elleuch M, Besbes S, Roiseux O, Blecker C, Deroanne C, Drira NE, et al. Date flesh: Chemical composition and characteristics of the dietary fibre［J］. Food Chem, 2008（111）: 676-682.

［21］ Figuerola F, Luz Hurtado M, Estévez AM, Chiffelle I, Asenjo F. Fibre concentrates from apple pomace and citrus peel as potential fibre sources for food enrichment［J］. Food Chem, 2005（91）: 395-401.

［22］ 刘达玉, 左勇. 酶解法提取薯渣膳食纤维的研究［J］. 食品工业科技, 2005（5）: 90-92.

［23］ 邹建国, 周帅, 张晓昱, 等. 采用药用真菌液态发酵甘薯渣获得膳食纤维的发酵工艺研究［J］. 食品与发酵工业, 2005, 31（7）: 42-44.

［24］ 曹媛媛, 木泰华. 筛法提取甘薯膳食纤维的工艺研究［J］. 食品工业科技, 2007, 28（7）: 131-133.

［25］ Vergara-Valencia N, Granados-Pereza E, Agama-Acevedo E, Tovarb J, Rualesc J, Bello-Pereza LA. Fibre con-centrate from mango fruit: Characterization, associated antioxidant capacity and application as a bakery product in-gredient［J］. LWT-Food Sci, Technol, 2007（40）: 722-729.

［26］ Grigelmo-Miguel M, Gorinstein S, Martin-Belloso O. Characterization of peach dietary fibre concentrate as a food in-gredient［J］. Food Chem, 1999（65）: 175-181.

［27］ Grigelmo-Miguel N, Martina-Belloso O. Characterization of dietary fibre from orange juice extraction［J］. Food Res, Int, 1999（131）: 355-361.

［28］ Rodríguez-Ambriz S L, Islas-Hernández J J, Agama-Acevedo E, Tovar J, Bello-Pérez L A. Characterization of a fi-bre-rich powder prepared by liquefaction of unripe banana flour［J］. Food Chem, 2008（107）: 1 515-1 521.

［29］ 梅新. 甘薯膳食纤维、果胶制备及物化特性研究［D］. 北京: 中国农业科学院, 2010.

［30］ Salvador LD, Suganuma T, Kitahara K, Tanoue H, Ichiki M. Monosaccharide composition of sweetpotato fiber and cell wall polysaccharides from sweetpotato, cassava, and potato analyzed by the high-performance anion exchange chromatography with pulsed amperometric detection method［J］. Agr. Food Chem, 2000（48）: 3 448-3 454.

［31］ Raghavendra SN, Rastogi NK, Raghavarao KSMS, Tharanathan RN. Dietary fiber from coconut residue: effects of different treatments and particle size on the hydration properties［J］. Eur. Food Res. Technol, 2004（218）: 563-556.

［32］ Garau MC, Simal S, Rosselló C, Femenia A. Effect of air-drying temperature on physico-chemical properties of di-etary fibre and antioxidant capacity of orange（Citrus aurantium v. Canoneta）by-products［J］. Food Chem, 2007（104）: 1 014-1 024.

［33］ Kethireddipalli P, Hung YC, Phillips RO, Mc Watters KH. Evaluating the role of cell material and soluble protein in the functionality of cowpea（Vigna unguiculata）pastes［J］. Food Sci, 2002, 67（1）: 53-59.

甘薯渣同步糖化发酵生产酒精工艺优化

王贤[1,2]　张苗[1]　木泰华[1]

(1. 中国农业科学院农产品加工研究所果蔬加工研究室，北京　100193；
2. 新疆农业大学食品科学与药学学院，乌鲁木齐　830052)

摘　要：利用甘薯渣发酵生产酒精，并对其同步糖化发酵工艺（SSF）进行优化。研究同步糖化发酵时影响酒精发酵工艺的9个因素，采用 Plackett-Burman 试验设计筛选出显著因素，并在筛选结果的基础上，用最陡爬坡途径逼近最大响应区域，然后利用响应面分析法确定其最佳参数。结果表明，影响酒精发酵工艺的显著因素为糖化酶，接种量和发酵温度。酒精发酵优化工艺为：糖化酶151U/g，接种量0.3%，发酵温度36℃。在此条件下，验证试验得到的酒精体积分数达到17.15%（v/v），接近理论预测值16.95%。Plackett-Burman 试验设计和响应面分析法相结合可用于甘薯渣同步糖化发酵酒精工艺条件的优化。

关键词：甘薯渣；同步糖化发酵；酒精；Plackett-Burman 试验设计；响应面分析法

酒精广泛应用于化工、农业、医药、国防和食品工业等领域。自20世纪70年代的石油危机以来，酒精作为可再生的替代能源，其制造工艺已经作为重要的课题被加以研究[1]。据 FAO（2009年）统计资料显示，中国甘薯年产量0.81亿t，约占世界的90%，而目前甘薯加工主要以生产淀粉为主，淀粉生产过程中产生大量的废渣，通常被当做废物丢弃或作为饲料简单利用，造成资源浪费和环境污染，如何开发和利用薯渣资源已成为当前中国淀粉行业迫切需要解决的难题。而甘薯渣中富含淀粉和膳食纤维[2]，可作为一种具有很大潜力的酒精生产再生资源。近年来，同步糖化发酵工艺（SSF）工艺因其产量高、能耗低和制备时间短而广泛应用于工业生产[3-6]。SSF 是糖化和发酵同时进行，代替传统的先糖化后发酵（SHF）的分步过程。Bao 等[7]利用响应面分析法研究新鲜木薯高浓度醪液 SSF 的优化工艺，试验得到优化后的酒精浓度可从原有的8.21%（wt,%）提高到15.03%（wt,%）。Sathaporn 等[8]对高浓度马铃薯醪液 SSF 的研究表明，在最佳工艺条件下糖化酶添加量为1.65AGU/g，硫酸铵浓度和发酵时间分别为30.2mmol/L，61.5h，发酵得到16.61%（v/v）的酒精浓度[8]。Watanabe 等试验证明了高浓度的马铃薯和甘薯醪液同步糖化发酵酒精的可行性，并得到最大酒精产量和体积分数分别为9.1g/L，92.3%[9]。目前国内外对甘薯、木薯和马铃薯传统酒精发酵工艺的研究较多[7-11]，尽管 SSF 技术的应用逐渐增多，但以甘薯淀粉工业废渣为原料，研究 SSF 生产酒精的优化工艺鲜见报道。为此，本研究以甘薯淀粉工业废渣为原料，探索 SSF 生产酒精的可行性，并利用 Plackett-Burman 试验设计和响应面分析法优化甘薯渣 SSF 生产酒精的工艺，确定最佳工艺参数。

1　材料与方法

1.1　供试材料

甘薯的品种为密选1号；甘薯渣为密云县小型淀粉加工厂提取淀粉和蛋白后的废渣，温风（50℃）干燥后，粉碎后过100目筛，避光保存，甘薯渣基本成分测定结果见表1。

表1 甘薯渣基本成分质量分数

水分	淀粉	蛋白质	脂肪	灰分	膳食纤维
8.85±0.04	56.4±2.34	1.98±0.24	0.26±0.12	1.74±0.15	19.17±0.18

1.2 主要仪器和试剂

1.2.1 主要仪器

RE-2000旋转蒸发器（上海亚荣生化仪器厂）；SY-2230恒温水浴摇床（美国CRASTAL）；TD-45手持式折光仪（浙江托普仪器有限公司）；UV1101（紫外可见分光光度计（上海天美科学仪器有限公司）；HYQ-2121A涡旋混匀器（美国精骐公司（CRSTAL））；FW-100万能粉碎机（天津泰斯特仪器有限公司）；UB-7 pH计（美国Denver）；LXJ-IIC低速大容量多管离心机（上海安亭科学仪器厂）；DGG-9240B电热恒温鼓风干燥箱（上海森信实验仪器有限公司）；酒精计（河北省冀州市耀华玻璃仪表厂）。

1.2.2 试剂

安琪耐高温酿酒高活性干酵母，湖北宜昌安琪酵母股份有限公司生产。耐高温 α-淀粉酶（活性2 0000U/L），高转化率糖化酶（活性100 000U/L）购于杰诺生物酶有限公司。DNS（3，5-二硝基水杨酸）、氢氧化钠、丙三醇，试剂均为化学纯。

1.3 试验方法

1.3.1 SSF流程

称取的甘薯渣100g，按料水质量比1：2.5与60℃水混合均匀，配成高浓度醪液[12-13]，加入耐高温 α-淀粉酶后混匀，置于恒温水浴摇床液化，液化后冷却至30℃，调节pH，加入硫酸铵，糖化酶，活化后的酵母，静置发酵。

1.3.2 还原糖测定3，5二硝基水杨酸（DNS）比色法[14]

发酵醪液中还原糖的测定：取发酵醪液10g于带磨口三角瓶中，加1mol/L的盐酸10mL，混匀后沸水浴，瓶口加回流管，反应1h后，冷却，用质量分数10%的NaOH中和，过滤后用DNS比色法测其还原糖含量。

1.3.3 酒精浓度测定

取100mL发酵液于500mL蒸馏瓶中，加入100mL蒸馏水，蒸馏出100mL溶液，用酒精比重计测定溶液中的酒精浓度，同时用温度计测定溶液温度，根据《酒精计温度浓度换算表》换算成20℃时的酒精体积分数（%）。

1.3.4 pH测定

UB-7型数显pH计测定。

1.4 试验设计

1.4.1 影响发酵工艺的显著因素筛选

Plackett-Burman试验设计是两水平试验设计方法，用最少的试验分析各因素主效应，筛选出显著影响因素[15-16]。采用Plackett-Burman试验设计对影响酒精SSF的9个因素（α-淀粉酶用量、液化时间、液化温度、糖化酶用量、接种量、硫酸铵用量、pH值、发酵温度、发酵时间）进行筛选。

1.4.2 发酵工艺的优化设计

利用最陡爬坡试验，以试验值变化梯度方向为爬坡方向，根据各因素效应值的大小确定变化步长，从而快速逼近最大值，最大响应区域作为响应面试验的中心点[17]。按照 Box-Behnken 设计，每个显著因素取 3 个水平，以（-1，0，1）编码进行试验。

1.5 试验设计及数据处理

试验设计和数据分析使用 Design Expert 7.0 软件，每组试验重复 3 次，结果取平均值，选择 $P<0.05$ 的因素作为显著性检验标准。

2 结果与分析

2.1 影响 SSF 的显著因素

根据单因素试验的结果，选择与发酵工艺相关的 9 个影响因素，用 Plackett-Burman 试验设计中变量 $n=12$ 的设计，另外两个虚拟变量用于估计实验误差，每个因素取两水平，响应值为最终发酵酒精浓度（Y），试验设计及结果见表 2。

表 2 Plackett-Burman 试验设计及结果

	单位	水平		F 值	P 值
		-1	1		
模型				41.11	0.024
A α-淀粉酶用量	U/g	8	15	13.63	0.064 9
B 液化温度	℃	90	100	7.09	0.116 9
C 液化时间	h	1.5	2	1.47	0.384 2
D 虚拟变量		—	—		
E 糖化酶用量	U/g	100	150	214.08	0.004 8
F 接种质量分数	%	0.1	0.3	41.23	0.023 4
G 硫酸铵	g/100g	0.15	0.3	0.035	0.868 7
H 虚拟变量 2		—	—		
I pH 值		4	5	1.73	0.318 8
J 发酵温度	℃	30	38	17.77	0.024 4
K 发酵时间	h	36	48	0.18	0.714 6

由表 2 中分析结果可知，模型概率值（P 值）0.024<0.05，表明模型显著，糖化酶（P=0.004 8），接种量（P=0.023 4）和发酵温度（P=0.024 4）对响应值（酒精浓度）影响显著（P<0.05），其他因素无显著影响。因此选择糖化酶用量，接种质量分数和发酵温度作为显著因素进行进一步的优化试验。在进一步的试验中，其他因素分别采用：α-淀粉酶 8U/g，液化时间 1.5h，液化温度 90℃，硫酸铵质量分数 0.15g/100g，pH 值=4，发酵时间 36h。

2.2 最陡爬坡试验确定显著因素的最适范围

对 Plackett-Burman 试验筛选出的 3 个显著因素糖化酶用量（E）、接种质量分数（F）和发酵温度（J）进行最陡爬坡试验，确定显著因素的最适范围，试验设计和结果见表 3。

表3 最陡爬坡试验设计及结果

编号	E（U/g）	F（%）	J（℃）	酒精浓度（%）
1	100	0.1	29	12.8
2	120	0.2	32	14.2
3	140	0.3	35	16.7
4	160	0.4	38	15.5
5	180	0.5	41	14.1

注：E：糖化酶用量；F：接种质量分数；J：发酵温度

由表3可以看出，随着糖化酶和接种质量分数的增加、发酵温度的升高，酒精浓度的变化呈先上升后下降的趋势。最优发酵条件可能在试验3与试验4之间，所以，选择最大响应区域试验3的水平（糖化酶用量140U/g，接种质量分数0.3%，发酵温度35℃）作为响应面试验的中心点。

2.3 响应面分析法优化发酵工艺显著因素

2.3.1 二次多项回归方程的建立及检验

根据最陡爬坡试验确定的中心点，以酒精浓度为响应值，采用Box-Behnken试验设计对糖化酶、接种质量分数和发酵温度进行三因素三水平共17个试验点的响应面分析试验，Box-Behnken设计因素水平表见表4，试验设计及结果见表5。

表4 Box-Behnken 试验设计因素水平及编码

编码	因素	编码水平		
		−1	0	1
E	糖化酶用量（U/g）	120	140	160
F	接种质量分数（%）	0.2	0.3	0.4
J	发酵温度（℃）	32	35	38

表5 Box-Behnken 设计及结果

试验点 NO.	因素水平			酒精质量分数（%，v/v）	
	E	F	J	试验值	预测值
1	−1	0	1	15.11	15.12
2	−1	1	0	15.54	15.58
3	1	−1	0	15.97	15.93
4	0	0	0	16.79	16.87
5	0	−1	1	15.32	15.31
6	−1	0	−1	16.23	16.18
7	1	0	−1	15.54	15.53

（续表）

试验点	因素水平			酒精质量分数（%，v/v）	
NO.	E	F	J	试验值	预测值
8	0	0	0	16.92	16.87
9	0	−1	−1	15.45	15.50
10	0	1	−1	15.36	15.37
11	1	1	0	15.71	15.71
12	1	0	1	16.78	16.83
13	0	1	1	15.84	15.79
14	0	0	0	17.12	16.87
15	−1	−1	0	15.01	15.01
16	0	0	0	16.68	16.87
17	0	0	0	16.85	16.87

注：E：糖化酶用量；F：接种质量分数；J：发酵温度

利用 Design Expert 7.0 软件，对 Box-Behnken 设计试验结果（表5）进行二次多项回归拟合，获得酒精浓度对糖化酶用量、接种质量分数和发酵温度的多元二次回归方程：

$$Y = 16.87 + 0.26E + 0.088F + 0.059J - 0.20EF + 0.59EJ +$$
$$0.15FJ - 0.45E^2 - 0.87F^2 - 0.51J^2$$

式中 Y 为酒精浓度理论预测值，糖化酶用量（E）、接种质量分数（F）、发酵温度（J）分别为上述3个自变量。从回归模型的方差分析（表6）可知，二次响应面回归模型显著（$P < 0.0001$），回归方程的拟合程度较好（决定系数 $R^2 = 0.9835$），预测值和实测值之间具有高度的相关性；模型回归 P 值 <0.0001，拟合不足 P 值 $= 0.9206$，说明该模型失拟不显著，回归极显著，所以该模型可用于甘薯渣同步糖化发酵酒精工艺优化的理论预测。

上述方程的回归系数显著性检验表明：对酒精质量分数（Y）影响最大的是接种质量分数（F^2）的二次项，然后依次是糖化酶用量和发酵温度的交互项（EJ）、发酵温度（J^2）的二次项、糖化酶用量（E^2）的二次项、糖化酶用量（E）的一次项、糖化酶用量和接种质量分数的交互项（EF）及接种质量分数和发酵温度的交互项（EJ）（$P<0.05$）；而接种量（F）的一次项和发酵温度（J）的一次项对酒精质量分数（Y）的影响不显著（$P>0.05$）。

表6 二次响应面模型方差分析

变异来源	平方和	自由度	均方	F 值	P 值
模型	7.93	9	0.88	51.17	< 0.0001
E	0.56	1	0.56	32.33	0.0007
F	0.061	1	0.061	3.56	0.1012

（续表）

变异来源	平方和	自由度	均方	F 值	P 值
J	0.028	1	0.028	1.60	0.245 9
EF	0.16	1	0.16	9.06	0.019 6
EJ	1.390	1	1.390	80.88	<0.000 1
FJ	0.093	1	0.093	5.40	0.053 0
E^2	0.84	1	0.84	48.65	0.000 2
F^2	3.18	1	3.18	184.49	<0.000 1
J^2	1.10	1	1.10	63.87	<0.000 1
残差	0.12	7	0.017		
拟合不足	0.013	3	0.004 2	0.16	0.920 6
纯误差	0.11	4	0.027		
总误差	8.05	16			

注：$R^2 = 0.985\ 0$；E：糖化酶用量；F：接种质量分数；J：发酵温度

2.3.2 发酵工艺显著因素交互作用的响应面分析与优化

二次多项回归方程所作出的响应面曲线图及其等高线图见图 1 和图 2，该组图直观反映出各因素及其交互作用对响应值的影响。

糖化酶和接种量交互作用的响应面分析图及等高线图见图 1，当发酵温度位于中心水平 35℃ 时，糖化酶用量和接种质量分数交互作用显著。在 120~130U/g 范围内，随着糖化酶用量的增加，酒精浓度显著增加。但糖化酶用量过高，酵母菌体的生长会受到底物抑制，导致酒精浓度降低和产量下降。酵母接种量增加，发酵效率提高，降低了底物抑制作用，增加了酒精浓度。同时糖化酶用量和接种质量分数之间存在协同效应。在本次试验水平范围内，糖化酶用量和接种质量分数分别处于 130~160U/g 和 0.25%~0.35% 范围内时，酒精浓度可以达到试验的最大值。

由图 2 可看出在接种质量分数处于中心水平 0.3% 时，糖化酶用量和发酵温度交互作用影响较显著。糖化酶添加量较低时，随着发酵温度的增加，酒精浓度先增加后下降，而在高糖化酶用量时，酒精浓度随着发酵温度的增加呈增加趋势。

为获得发酵工艺优化的最佳点，对多元回归模型方程方差进行分析，当糖化酶用量（E）为 150.70U/g，接种质量分数（F）为 0.3%，发酵温度（J）为 36.1℃ 时，模型预测的最大酒精体积分数为 16.95%。通过验证实验对模型的可靠性进行验证，确定建立的模型与实验结果是否相符。在验证实验中，取糖化酶用量（E）为 151U/g，接种质量分数（F）为 0.3%，发酵温度（J）为 36℃，3 次重复实验获得的平均酒精体积分数为 17.15%（v/v），与模型预测值无显著性差异（$P>0.05$）。实验值接近理论预测值，说明该模型可以较真实地反映各筛选因素对酒精浓度的影响，并与预测值有较好的拟合性，可见该模型能较好地预测实际发酵情况，从而也证明了响应面法优化 SSF 的可行性。

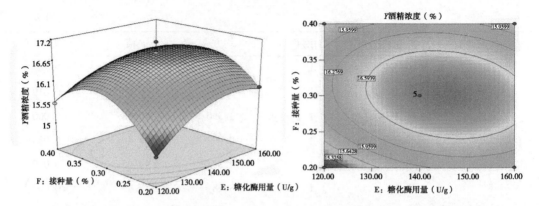

图 1　糖化酶用量与接种质量分数对酒精体积分数交互影响效应响应面分析图及等高线

注：发酵温度为 35℃

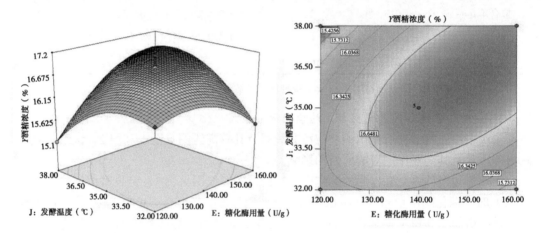

图 2　糖化酶用量与发酵温度对酒精体积分数交互影响效应响应面分析图及等高线

注：接种质量分数为 0.3%

3　讨论

通常发酵工艺优化多采用单因子方法，无形中加大了工作量并延长了试验周期，二水平设计的 Plackett-Burman 设计适用于从众多的考察因素中快速有效地筛选出最重要的几个因素，以供进一步研究；响应面分析法是一种寻找多因素系统中最佳条件的数学统计方法。所以本文以甘薯淀粉工业废渣为原料，采用同步糖发酵工艺，通过 Plackett-Burman 试验设计，Box-Behnken 设计和响应面分析法相结合的方法优化发酵工艺参数，结果表明影响 SSF 的主要影响因素为糖化酶用量，接种量和发酵温度；而糖化酶用量和接种量，糖化酶用量和发酵温度均对酒精浓度有交互影响。

从表2可知糖化酶用量是 SSF 的主要影响因素之一，这是由于糖化酶在发酵过程中水解发酵醪中的淀粉糊精、多糖和二糖为可发酵糖，直接控制葡萄糖的释放率，影响酒精发酵的产量。糖化酶用量少，发酵不彻底，残糖较高，糖化酶用量过大虽对酵母菌无抑制作用，但会增加成本[18]。

SSF 的另一主要影响因素为接种质量分数，因为发酵过程中酵母菌将可发酵糖转化为酒精和二氧化碳，接种量对酒精发酵影响较大。接种量大，总发酵时间短，但会导致酵母菌繁殖太快，可发酵糖浓度降低，代谢产物增加，原料出酒率降低；接种量少，发酵能力低，发酵时间延长[19]。

发酵温度对酒精发酵工艺也有着重要影响。同步糖化发酵的温度低于糖化酶最适温度50~60℃[4,7-8,11,18-20]。酵母的最适生长温度为 29 ~ 30℃，发酵时的温度一般为 30 ~ 32℃[21]，本文研究选取的是耐高温酿酒高活性干酵母，这种酵母的主发酵温度可以达到42℃，具有较强的耐高温性和抗酒精毒性[22]。因此酒精发酵工艺优化后得到的最佳点为36.1℃，比普通酵母菌的发酵温度 30~32℃高[23]。

SSF 法不仅能简化发酵工艺、降低能耗，还明显提高了发酵酒精的浓度。有研究报道新鲜木薯高浓度醪液 SSF 得到的最终酒精质量分数从优化前的 8.21%增加到 15.03%[7]；高浓度马铃薯醪液在最佳 SSF 工艺条件下，得到 16.61%的酒精体积分数[8]；高浓度鲜甘薯醪液同步糖化发酵 36h 得到的酒精体积分数大约为 17%[24]，这些结论与本文的工艺优化结果相近。

何华坤等[25]分别对鲜甘薯进行传统的 SHF 和 SSF 对比，SHF 制得的酒精浓度为13.3%，SSF 制得的酒精浓度为 16%；在本研究的预实验中，我们采用传统的 SHF 工艺发酵甘薯渣制备酒精，得到平均酒精浓度为 14.1%，通过本文的工艺优化提高到 17.15%，这都说明 SSF 工艺能明显简化生产工艺，提高酒精产量。

本研究以提取淀粉后的甘薯渣为原料，一方面充分利用工业废弃物，降低酒精生产成本；另外，发酵得到的酒精质量分数也相对较高。以平均 400 元/t 薯渣计算（其他原料和人工费用等不计算在内），依据本研究的酒精发酵最佳工艺所得酒精浓度为 17.15%，则 1 t 废渣可生产约 430 L 酒精（约 2 000元）。因而该工艺的推广和应用将产生一定的经济效益。

4 结论

4.1 通过 Plackett-Burman 试验设计确定影响酒精 SSF 的显著因素为：糖化酶、接种量和发酵温度。

4.2 利用 Box-Behnken 试验设计建立了酒精浓度与各显著因素的回归模型。

4.3 确定了甘薯渣 SSF 法生产酒精的最佳工艺参数：糖化酶为 151U/g 淀粉，接种量为0.3%原料，发酵温度为 36℃，α-淀粉酶 8U/g，液化时间 1.5h，液化温度 90℃，硫酸铵质量分数 0.15g/100g，pH 值 4，发酵时间 36h。在此条件下，所制得酒精浓度为 17.15%（v/v），说明本文建立的模型能较好地预测实际发酵情况，同时 Plackett-Burman 试验设计和响应面分析法可用于同步糖化发酵条件的优化。

参考文献

[1] Tao F, Miao J Y, Shi G Y, et al. Ethanol fermentation by an acid-tolerant Zymomonas mobilis under non-sterilized condition [J]. Process Biochemistry, 2005, 40 (1): 183-187.

[2] 周虹，张超凡，黄光荣. 甘薯膳食纤维的开发应用 [J]. 湖南农业科学, 2003, (1): 55-56.

[3] Ohgren K, Bura R, Lesnicki G, et al. A comparison between simultaneous saccharification and fermentation and separate hydrolysis and fermentation using steam-pretreated corn stover [J]. Process Biochemistry, 2007, 42 (5):

834-839.

[4] Nikolić S, Mojović L, Rakin M, et al. Bioethanol production from corn meal by simultaneous enzymatic saccharifica-tion and fermentation with immobilized cells of Saccharomyces cerevisiae var. ellipsoideus [J]. Fuel, 2009, 88 (9): 1 602-1 607.

[5] Marques S, Alves L, Roseiro J C, et al. Conversion of recycled paper sludge to ethanol by SHF and SSF using Pichia stipitis [J]. Biomass and Bioenergy, 2008, 32 (5): 400-406.

[6] Wmgrcn A, Galbe M, Zacchi G. Techno-Economic evaluation of producing ethanol from softwood: comparison of SSF and SHF, and identification of bottlenecks [J]. Biotechnoi. Prog, 2003, 19 (1): 1 109-1 117.

[7] Bao Y L, Yan Z C, Wang H L, et al. Optimization of bioethanol production during simultaneous saccharification and fermentation in very high-gravity cassava mash [J]. Antonie Van Leeuwenhoek, 2011, 99 (2), 329-339.

[8] Srichuwong S, Fujiwara M, Wang X H, et al. Simultaneous saccharification and fermentation (SSF) of very high gravity (VHG) potato mash for the production of ethanol [J]. Biomass and Bioenergy, 2009, 33 (5): 890-898.

[9] Watanabe T, Srichuwong S, Arakane M, et al. Selection of stress-tolerant yeasts for simultaneous saccharification and fermentation (SSF) of very high gravity (VHG) potato mash to ethanol [J]. Bioresource Technology, 2010, 101 (24): 9 710-9 714.

[10] 方毅, 印培民, 黄筱萍. 红薯干原料同步糖化发酵生产燃料乙醇的研究 [J]. 江西科学, 2008, 26 (5): 719-723.

[11] John R P, Nampoothiri K M, Pandey A. Simultaneous saccharification and fermentation of cassava bagasse for L-(+)-lactic acid production using *Lactobacilli* [J]. Appl Biochem Biotechnol, 2006, 134 (3): 263-272.

[12] Thomas K C, Hynes S H, Jones A M, et al. Production of fuel alcohol from wheat by VHG technology: effect of sugar concentration and fermentation temperature [J]. Appl Biochem Biotechnol, 1993, 43 (3): 211-226.

[13] Thomas K C, Dhas A, Rossnagel B G, et al. Production of fuel alcohol from hull-less barley by very high gravity technology [J]. Cereal Chemistry, 1995, 72 (4): 360-364.

[14] Saqib A A N, Whitney P J. Differential behaviour of the dinitrosalicylicacid (DNS) reagent towards mono- and di-saccharide sugars [J]. Biomass and Bioenergy, 2011, 35 (11): 4 748-4 750.

[15] Magallanes J F, Olivieri A C. The effect of factor interactions in Plackett-Burman experimental designs: Comparison of Bayesian-Gibbs analysis and genetic algorithms [J]. Chemometrics and Intelligent Laboratory Systems, 2010, 102 (1): 8-14.

[16] Rao P, Divakar S. Lipase catalyzed esterification of α-terpineol with various organic acids: application of the Plack-ett-Burman design [J]. Process Biochemistry, 2001, 36 (11): 1 125-1 128.

[17] Li C, Bai J H, Cai Z L, et al. Optimization of a cultural medium for bacteriocin production by Lactococcus lactis u-sing response surface methodology [J]. Journal of Biotechnology, 2002, 93 (1): 27-34.

[18] 刘振, 王金鹏, 张立峰, 等. 木薯干原料同步糖化发酵生产乙醇 [J]. 过程工程学报, 2005, 5 (3): 353-357.

[19] 易弋, 黎娅, 伍时华, 等. 木薯粉酒精浓醪发酵条件的优化 [J]. 中国酿造, 2008, (23): 61-69.

[20] 汪伦记, 董英. 以菊芋粉为原料同步糖化发酵生产燃料乙醇 [J]. 农业工程学报, 2009, 25 (11): 263-268.

[21] Kotarska K, Czupryński B, Kłosowski G. Effect of various activators on the course of alcoholic fermentation [J]. Journal of Food Engineering, 2006, 77 (4): 965-971.

[22] 李志军, 王敏, 李家飚. 安琪耐高温酿酒高活性干酵母在酒精浓醪发酵中的应用 [J]. 酿酒科技, 2004, (01): 91-93.

[23] 许宏贤, 段钢. 温度对超高浓度酒精生料发酵体系的影响 [J]. 生物工程学报, 2010, 26 (3): 330-334.

[24] Zhang L, Chen Q, Jin Y L, et al. Energy-saving direct ethanol production from viscosity reduction mash of sweet potato at very high gravity (VHG) [J]. Fuel Processing Technology, 2010, 91 (12): 1 845-1 850.

[25] 何华坤, 刘莉. 高浓度发酵制备红薯燃料乙醇的研究 [J]. 三峡大学学报, 2008, 30 (4): 67-71.

高产粮用和能源型甘薯新品种桂粉 2 号的选育及配套技术*

陈天渊**　黄咏梅***　李慧峰　李彦青　吴翠荣　卢森权　马　琳

（广西农业科学院玉米研究所，南宁　530227）

摘　要：甘薯新品种桂粉 2 号是广西农业科学院玉米研究所用富硒 11 选作母本，以桂薯 2 号等 8 个甘薯品种作父本自然受粉获得杂交种子选育而成。2006 年、2008 年参加广西生产试验中表现突出，各点综合表现良好。2008—2010 年参加国家甘薯品种南方薯区区域试验及生产试验结果表明：该品种稳定性好，适应性广，在广西各地和西南部分地区均可种植，该品种高产、高淀粉、优质、抗病、综合性状好，尤其优质、高淀粉产量是本项目核心技术创新的难点，既可作粮食又可作能源原料。适宜种植密度为 3 000 ~ 3 200 株/666.7m²。

关键词：新品种；甘薯；桂粉 2 号；品种选育；配套技术

甘薯适应性强、易栽培、产量高，含有丰富的淀粉，随着社会经济的发展和人民生活水平的提高，甘薯已逐渐告别了作为粗粮和饲料的地位，而成为新兴的淀粉工业的重要原料。化石能源紧缺是当今世界面临的首要问题之一，生物质能技术的研究与开发已成为世界重大热门课题之一。因此，开展以高产、优质、淀粉含量高为目标的甘薯新品种选育并应用，对缓解广西以木薯为主要原料的生物质能源的原料供应，实现粮食安全农民增产增收有着积极的现实意义。

1　育种目标

以烘干率达 34% 以上，淀粉含量达 25% 以上；熟食味好；薯形美观；耐贮藏；薯块萌芽性好；适应性广等为主要选（育）种目标。

2　选育依据

品种间杂交一直是甘薯育种的最重要途径，通过各种杂交方式，可以使存在于不同亲本的优良基因组合在同一后代个体上实现性状互补，可以通过微效多基因的累加和互作，在后代出现超亲现象和杂种优势。甘薯是一种遗传上高度杂合的作物，它的有性杂交实生苗当代（F_1）发生广泛分离，经过选择之后可通过无性繁殖将优良性状和杂交优势固定下来，从而育成能在生产上较长时间利用的新品种[1-2]。因此，甘薯品种间杂交育种是一种有预见性和有成效的育种途径。随着甘薯种质资源的不断挖掘和创新，以及亲本选配、

---

* 基金项目：广西科技成果转化与应用资助项目（桂科转 0998001-13）、广西科技合作与交流资助项目（桂科合 1140010-2）、广西农科院基本科研业务专项资助项目（桂农科 2011YZ05）及广西科学技术厅基本科研业务专项资助项目［玉 200905（基 Z）］内容之一

** 作者简介：陈天渊，男，壮族，广西隆安县，副研究员，硕士，主要从事甘薯遗传育种及栽培技术研究；E-mail：tiyuanchen@126.com

*** 通讯作者：黄咏梅

后代选拔和鉴定技术的日益完善，特别是和生物工程等高新技术的结合，甘薯品种间杂交育种将有可能发展成为一种高效的育种新程序，从而能在较短时间内育成产量、各种营养成分含量和抗性水平都高的甘薯优良品种[3]。目前广西生产应用的甘薯品种，包括应用面积最大的桂薯2号及近年新培育的新品种，都是通过品种间杂交培育而成的。

3 选育过程

3.1 亲本来源

母本"富硒11选"是广西农业科学院玉米研究所于1991年11月从广薯85-111中筛选出结薯多、大、集中、薯形美观无病的变异植株育成的甘薯新品种。该品种表现高产稳产、品质好和适应性强等特点。父本选用以桂薯二号等8个甘薯品种作父本。

3.2 杂交后代鉴定及选育过程

甘薯品种间杂交获得种子，播种后产生的后代植株称为实生苗，实生株及其剪苗繁殖形成的无性一代群体，称为F_1实生系。由于甘薯亲本基因型高度杂合，F_1实生系表现广泛的性状分离，从而进入育种的选择阶段，入选的实生系，可以通过无性繁殖，稳定优良的遗传性状，无性后代不再分离出新的基因型，因而这一世代的选择结果对甘薯育种能否成功至关重要[3]。桂粉2号是2002年10月用"富硒11选"作母本，以桂薯二号等8个甘薯品种作父本放任自然授粉而获得种子，2003年实生苗观测优良，2004年和2005年进行品系产量比较，普遍表现高产、优质、高淀粉、抗病性好、薯形光滑美观，熟食味香、口感好。随后进入区试或生产试验程序，暂定名为桂薯16号。

4 试验结果

2004年进行品系产量比较试验，鲜薯亩产1 766.7kg，比对照种桂薯二号增产12.3%，干薯产量比桂薯二号增产30.2%；2005年继续进行产量比较试验，鲜薯亩产1 666.7kg，比对照增产8.1%，干薯产量比桂薯二号增产40.7%。

2006年参加广西五个试点（邕宁、武鸣、靖西、藤县、来宾）的区域试验，鲜薯平均亩产2 094.4kg，比优质对照广薯111增产29.58%，比高产对照桂薯二号增产8.45%，居第2位，全部试点增产。干薯平均亩产720.47kg，比优质对照种广薯111增产53.49%，比高产对照桂薯二号增产32.57%，居第1位。平均干率为34.35%。食味香、甜、粉、黏细，平均评分80分，达到优质水平。

2008年参加广西八个试点（邕宁、来宾市，藤县，武鸣县，合浦县，都安县，田阳县，平南县）的生产试验。鲜薯平均亩产1 846.3kg，比对照桂薯二号增产12.1%，居第2位，71.4%试点增产；干薯平均亩产596.4kg，比对照桂薯二号增产63.8%，居第2位，全部试点都增产，平均干物率为32.3%。熟食味较甜、粉、香、粘、细、无纤维，评分79分，品质优。

2008—2009年参加国家甘薯品种南方薯区区域试验（淀粉型），两年综合：淀粉平均亩产408.84kg，比对照金山57增产9.08%，达极显著水平，排名第三，有66.7%试点增产。干物率平均34.80%，比对照高8.78个百分点；淀粉率23.91%，食味分平均3.85，均高于对照。

2010年参加国家南方薯区甘薯品种生产试验，在江西、福建、广西3个试点的试验结果：干薯产量平均亩产 605.7kg，比对照金山 57 增产 38.23%；淀粉平均亩产 417.27kg，比对照增产 54.22%。干物率平均 35.17%，比对照高 10.2 个百分点；淀粉率平均 24.23%，比对照高 8.71 个百分点；食味分平均 3.83，均高于对照。

5　品种特征特性

该品种植株匍匐，顶叶色、叶脉色、叶柄色和茎色均为绿色，叶形尖心型或带齿，茎粗为中细，叶片中等大，分枝数 20 条左右，中蔓，最长蔓 190cm 左右。薯形美观，紫红皮，中短纺锤形，黄肉。结薯性好，一般单株结薯 4 个左右，中薯率高，大薯率少。蒸熟品尝，食味香、甜、粉、肉细腻。烘干率高，生育期长，干率可达 36% 以上，淀粉率高，经广西测试中心测试，淀粉率为 27.4%。

6　适应性及推广区域

广西各地及西南部分地区均可种植。

7　高产综合配套栽培技术

7.1　种苗培育

选用无病虫害，表皮光滑美观的中大薯进行薯块育苗，复育后采用 45~50 天的嫩壮苗栽插。有条件采用脱毒苗栽插能有效提高其产量。

7.2　种植方式

适宜采用单垄单行、水平栽插法种植，垄距 1m，垄高 30~35cm。

7.3　种植密度

适宜种植密度：每亩插苗 3 000~3 200 株。

7.4　肥水管理

起畦时，亩施土杂肥（有机肥）1 500kg，钙镁磷肥 25kg，插后 15~20 天亩施尿素 5kg，复合肥 10kg，插后 50 天左右中耕松土，亩施硫酸钾 30kg，尿素 10kg 或花生麸 20kg，可获产量 2 250kg/亩。选择土壤湿度适宜的下午种植，种后 3 天内，要做好防晒保湿措施，保证全苗。中期如雨水多，需提蔓防疯长。

7.5　病虫害防治

采用 70% 甲基硫菌灵 700 倍液或 50% 多菌灵 500 倍液浸泡薯种或薯苗可有效防治甘薯的疮痂病、蔓割病、黑斑病；对于薯瘟病高发区采用无病种薯和种苗，适当施用石灰和草木灰，加强水旱轮作等措施；对于甘薯病毒病高发区，应采用脱毒种苗栽插。

南方甘薯主要虫害有蚁蟓、茎螟、蛾类等，其中最为严重的是蚁蟓，应采取水旱轮作、清理残留薯块茎叶来消灭虫源，栽前栽后可用乐斯本乳油浸泡种苗基部 1~2 分钟或喷施。其他虫类可用敌百虫防治。

7.6　适时收获

秋薯生育期 135 天以上收获，才能获得更高产量。

7.7　安全贮藏

以温度为 12~14℃，湿度为 85%~90%，且保持良好的通风透气条件，可安全贮藏较长时间。

参考文献

［1］ 卢森权，李彦青，黄咏梅，等．优质高产甘薯新品种桂薯 96－8 的选育［J］．作物杂志，2006，6（15）：59.

［2］ 卢森权，谭仕彦，李彦青，等．优质高淀粉甘薯新品种桂粉 1 号的选育［J］．作物杂志，2007（4）：73.

［3］ 陆韵，刘庆昌，李惟基，等．甘薯育种学［M］．北京：中国农业出版社，1998.

高淀粉甘薯新品种 "西成薯007" 优化栽培技术研究[*]

何素兰[**] 李育明 杨洪康 黄迎冬

（四川省南充市农业科学研究所，南充 637000）

摘 要：为了摸清高淀粉甘薯新品种 "西成薯007" 配套高产栽培技术，为该品种大面积推广和增产增收提供科学依据，试验以 "西成薯007" 原种为材料，采用四元二次正交旋转回归组合设计方法，研究栽培密度和施用氮、磷、钾肥料对 "西成薯007" 鲜薯和淀粉产量的影响。研究结果表明：各因素对鲜薯和淀粉产量的作用顺序为：密度>磷肥用量>氮肥用量>钾肥用量；在较大密度，较多氮、磷肥的前提下，增施钾肥可获得鲜薯和淀粉的高产；"西成薯007" 的鲜薯、淀粉高产综合配套栽培措施：5月下旬至6月上旬栽插密度为 3 500~4 000株/亩，每亩施尿素 9~11kg、过磷酸钙 10~14kg、硫酸钾 11~14kg，立冬前后收获，在中等肥力田块种植即可获得鲜薯 2 000kg/667m²、淀粉 500kg/667m² 以上的产量。

关键词：甘薯；西成薯007；栽培技术；密度；施肥

甘薯（*Ipomoea batatas* Lam）在中国栽培面积仅次于水稻、小麦和玉米，居第四位[1]，是主要粮食作物和饲料作物，同时又是工业原料作物，常年种植面积在 $6.0 \times 10^6 hm^2$ 左右，栽培面积和总产量均居世界首位。四川省常年种植面积在 100 万 hm^2 左右，一般产量在 $15t/hm^2$ 左右。"西成薯007" 是四川省南充市农业科学研究所新选育的一个燃料乙醇专用型高淀粉甘薯新品种，2008 年通过四川省审定，2010 年通过国家鉴定。2006—2007 年参加四川省区试，两年 13 点次平均薯干 $631.33kg/667m^2$，比对照南薯 88 增产 16.19%；淀粉 $427.38kg/667m^2$，比对照增产 23.45%；两年平均淀粉率 22.20%，较对照高 4.3 个百分点。2008—2009 年参加全国长江流域薯区区试，平均薯干 $693.30kg/667m^2$，比对照南薯 88 增产 18.33%；淀粉 $474.60kg/667m^2$，比对照增产 26.26%；平均淀粉率 23.36%，比对照高 5.53 个百分点。

本试验研究从密度、施氮量、施磷量、施钾量四个影响因子入手，探讨改变农艺措施对该品种产量的效应，从而制定合理栽培方案，以推广应用。

1 材料与方法

供试品种为 "西成薯007" 原种。试验于 2009 年在四川省南充市农科所云溪试验基地进行，试验地土壤为紫色土，中壤，肥力均匀。以鲜薯产量和淀粉产量为目标函数，选择了与甘薯产量、品质、种植成本较密切的 4 个栽培因子，即栽插密度（X_1）、氮肥（X_2）、磷肥（X_3）、钾肥（X_4）为控制变量，采用四元二次正交旋转回归组合设计[2]，共设置 36 个小区。其中四因子二水平全因子试验 16 个，星号点试验 8 个，中心点试验 12

---

* 基金项目：国家甘薯产业技术体系专项经费资助（CARS-11-C-23）

** 作者简介：何素兰，女，四川仪陇人，副研究员，主要从事甘薯育种与栽培研究；E-mail: hsL5219@163.com

个，设计水平及编码见表1。试验除被控因子外，各小区的田间管理一致；厢距0.83m，2厢区（4.0m×1.67m），6月4日单行栽插。3种肥料全部在栽后施用，过磷酸钙、硫酸钾在栽后第40天一次破厢施用；尿素亩施5kg、10kg的，在栽后第40天一次施用；亩施15kg、20kg尿素的，在栽后第40天施用60%，栽后70天施用余下的40%。11月3日收获，生育期152天。小区全收计产，采用四元二次正交旋转回归组合设计的统计分析对数据进行处理，建立产量函数模型，并对模型寻优，寻求"西成薯007"高产的综合栽培技术方案。

表1 试验因子及水平编码

因素	间距	R=2 变量设计水平及编码				
		-2	-1	0	1	2
X_1 密度	800株/亩	2 400	3 200	4 000	4 800	5 600
X_2 尿素	5kg/亩	0	5	10	15	20
X_3 过磷酸钙	7.5kg/亩	0	7.5	15	22.5	30
X_4 硫酸钾	6kg/亩	0	6	12	18	24

注：尿素含氮46%、过磷酸钙含五氧化二磷14%、硫酸钾含氧化钾50%

2 结果分析

2.1 试验结果

将36个小区的试验产量结果列于表2。

表2 "西成薯007"密度和氮磷钾肥配方优化栽培试验结果

试验号	编码值				试验结果（kg/亩）	
	X_1	X_2	X_3	X_4	鲜薯产量（y_a）	淀粉产量（y_b）
1	1	1	1	1	1 914	479.27
2	1	1	1	-1	1 834.5	430.74
3	1	1	-1	1	1 973	488.67
4	1	1	-1	-1	1 867	433.52
5	1	-1	1	1	2 024	474.76
6	1	-1	1	-1	1 757	423.26
7	1	-1	-1	1	2 148	534.21
8	1	-1	-1	-1	1 848	446.66
9	-1	1	1	1	1 945	462.75
10	-1	1	1	-1	2 151	527.43
11	-1	1	-1	1	1 954	446.88

（续表）

试验号	编码值				试验结果（kg/亩）	
	X_1	X_2	X_3	X_4	鲜薯产量（y_a）	淀粉产量（y_b）
12	−1	1	−1	−1	2 171	549.48
13	−1	−1	1	1	2 095	479.13
14	−1	−1	1	−1	2 050	477.86
15	−1	−1	−1	1	2 058	502.98
16	−1	−1	−1	−1	1 924	478.5
17	−2	0	0	0	2 048	488.04
18	2	0	0	0	1 893	442.32
19	0	−2	0	0	1 920	492.48
20	0	2	0	0	1 759	429.9
21	0	0	−2	0	2 191	516.42
22	0	0	2	0	1 851	444.24
23	0	0	0	−2	2 095	506.36
24	0	0	0	2	2 039	485.89
25	0	0	0	0	2 029	529.37
26	0	0	0	0	2 031	543.9
27	0	0	0	0	2 092	525.72
28	0	0	0	0	2 032	500.08
29	0	0	0	0	2 051	504.75
30	0	0	0	0	1 933	458.89
31	0	0	0	0	2 106	540.19
32	0	0	0	0	2 024	542.03
33	0	0	0	0	2 062	540.51
34	0	0	0	0	2 118	484.39
35	0	0	0	0	1 902	434.99
36	0	0	0	0	2 065	510.06

2.2 产量函数模型的建立及分析

2.2.1 数学模型建立及检验

使用回归旋转组合设计方法，可获得描述甘薯产量结果的多维反应数学模型，即回归方程。

鲜薯产量：

$$Y_a = 2\,037.08 - 53.85X_1 - 17.35X_2 - 35.52X_3 + 16.52X_4 - 15.38X_1^2 - 48.13X_2^2 - 2.76X_3^2 +$$
$$8.74X_4^2 - 17.66X_1X_2 - 27.53X_1X_3 + 62.28X_1X_4 - 4.28X_2X_3 - 61.47X_2X_4 - 8.59X_3X_4 \qquad (1)$$

淀粉产量：

$$Y_b = 509.57 - 12.72X_1 - 5.16X_2 - 11.25X_3 + 2.51X_4 - 10.84X_1^2 - 11.84X_2^2 - 7.05X_3^2 - 3.10X_4^2 -$$
$$5.92X_1X_2 - 4.02X_1X_3 + 24.02X_1X_4 + 5.56X_2X_3 - 14.28X_2X_4 - 1.75X_3X_4 \qquad (2)$$

对方程（1）进行检验，F_1 不显著（$F_1 = 1.47 < F_{0.05} = 2.86$），$F_2$ 极显著（$F_2 = 4.81 > F_{0.01} = 3.07$）；对方程（2）进行检验，$F_1$ 不显著（$F_1 = 0.41 < F_{0.05} = 2.86$），$F_2$ 显著（$F_2 = 2.53 > F_{0.05} = 2.21$）。检验结果表明未加控制因素所引起的误差对试验结果无明显影响，试验控制因素所引起的误差达显著或极显著水平，说明所建立的回归方程是有效的，与实际情况拟合较好，具有实际意义（回归方程检验结果见表3）。

表 3　试验结果方差分析

变异来源	df	SS		MS		F		理论 F 值	
		鲜薯产量（y_a）	淀粉产量（y_b）	鲜薯产量（y_a）	淀粉产量（y_b）	鲜薯产量（y_a）	淀粉产量（y_b）	0.05	0.01
回归	14	339 162.8	31 710.5	24 225.9	2 265.0	4.81**	2.53*	2.21	3.07
剩余	21	105 715.9	18 768.9	5 034.1	893.8	1.22ns	<1	2.64	4.08
失拟	10	60 429.0	5 110.7	6 042.9	511.1	1.47ns	0.41ns	2.86	4.54
误差	11	45 286.9	13 658.1	4 117.0	1241.6				

2.2.2　模型分析

2.2.2.1　主因子效应

由于回归设计对各试验因素的取值进行了水平编码，经过无量纲处理，回归系数绝对值的大小可以反映该因素作用的大小。从方程的线性看，四种栽培因子的线性效应对鲜薯产量的影响程度为：密度>磷肥用量>氮肥用量>钾肥用量；对淀粉产量的影响程度为：密度>磷肥用量>氮肥用量>钾肥用量。

2.2.2.2　因素效应

采用"降维法"将任意3个变量固定在零水平上，建立一元回归子模型。

$$Y_{a1} = 2\,037.08 - 53.85X_1 - 15.38X_1^2 \qquad (3)$$

$$Y_{a2} = 2\,037.08 - 17.35X_2 - 48.13X_2^2 \qquad (4)$$

$$Y_{a3} = 2\,037.08 - 35.52X_3 - 2.76X_3^2 \qquad (5)$$

$$Y_{a4} = 2\,037.08 + 16.52X_4 + 8.74X_4^2 \qquad (6)$$

$$Y_{b1} = 509.57 - 12.72X_1 - 10.84X_1^2 \qquad (7)$$

$$Y_{b2} = 509.57 - 5.16X_2 - 11.84X_2^2 \qquad (8)$$

$$Y_{b3} = 509.57 - 11.25X_3 - 7.05X_3^2 \qquad (9)$$

$$Y_{b4} = 509.57 + 2.51X_4 - 3.10X_4^2 \qquad (10)$$

密度、氮肥、磷肥三因素对鲜薯产量的效应方程的二次项系数为负值，表明这三因素对鲜薯产量的效应曲线是一条开口向下的抛物线，Y_i 有极大值；而钾肥对鲜薯产量的效应方程的二次项系数为正值，表明在 $-2 \leqslant X_4 \leqslant 2$ 范围内增加钾肥用量，鲜薯产量有增加的趋势。密度、氮肥、磷肥及钾肥四因素对淀粉产量的效应方程的二次项系数均为负值，表明各因素对淀粉产量的效应曲线是一条开口向下的抛物线，Y_i 有极大值。

2.2.2.3 模型的频数分析

由于生产上受各种因素的影响，根据回归方程求得的最优解在生产上不一定最优，应用计算机寻优的频数分析法较多考虑出现的频数，因而求得的目标值可供生产上直接利用。

对回归方程（1），令各变量取值为 -2、-1、0、1、2，有 625 套方案，在约束范围 $-2 < x_i < 2$ 内，将鲜薯亩产量预测值大于 2 000kg 的结果列出，共有 256 套方案，x_i 取值频率分布见表 4。

从表 4 可知，只要满足密度 3 518 ~ 3 776 株/亩，每亩施尿素 8.795 ~ 10.225kg、过磷酸钙 10.65 ~ 13.14kg、硫酸钾 11.058 ~ 13.224kg，即可获得鲜薯 2 000kg/亩以上的产量。

表 4　鲜薯产量>2 000kg，x_i 取值频率分布

变量		密度		尿素		过磷酸钙		硫酸钾	
		次数	频率	次数	频率	次数	频率	次数	频率
自变量水平	-2	69	0.269 5	30	0.117 2	74	0.289 1	55	0.214 8
	-1	68	0.265 6	70	0.273 4	59	0.230 5	51	0.199 2
	0	56	0.218 8	79	0.308 6	50	0.195 3	43	0.168
	1	33	0.128 9	49	0.191 4	45	0.175 8	47	0.183 6
	2	30	0.117 2	28	0.109 4	28	0.109 4	60	0.234 4
合计		256	1	256	1	256	1	256	1
x_i		-0.441		-0.098		-0.414		0.023	
S_{xi}		0.083		0.073		0.085		0.092	
95%置信域		-0.603 ~ -0.280		-0.241 ~ 0.045		-0.580 ~ -0.248		-0.157 ~ 0.204	
农艺措施		3 518 ~ 3 776		8.795 ~ 10.225		10.65 ~ 13.14		11.058 ~ 13.224	

对回归方程（2），令各变量取值为 -2、-1、0、1、2，有 625 套方案，在约束范围 $-2 < x_i < 2$ 内，将淀粉亩产量预测值大于 500kg 的结果列出，共有 191 套方案，x_i 取值频率分布见表 5。

表5 淀粉产量>500kg，x_i 取值频率分布

变量		密度		尿素		过磷酸钙		硫酸钾	
		次数	频率	次数	频率	次数	频率	次数	频率
自变量水平	-2	43	0.225 1	19	0.099 5	58	0.303 7	52	0.272 3
	-1	48	0.251 3	50	0.261 8	49	0.256 5	45	0.235 6
	0	51	0.267	58	0.303 7	36	0.188 5	20	0.104 7
	1	28	0.146 6	40	0.209 4	29	0.151 8	27	0.141 4
	2	21	0.109 9	24	0.125 7	19	0.099 5	47	0.246 1
合计		191	1	191	1	191	1	191	1
x_i		-0.335		0		-0.513		-0.147	
S_{xi}		0.092		0.085		0.096		0.113	
95%置信域		-0.516~-0.154		-0.166~0.166		-0.701~-0.325		-0.368~0.074	
农艺措施		3 587~3 877		9.17~10.83		9.743~12.563		9.792~12.444	

从表5可知，只要满足密度 3 587~3 877株/667m²，667m² 施尿素 9.17~10.83kg、过磷酸钙 9.743~12.563kg、硫酸钾 9.792~12.444kg，即可获得淀粉 500kg/667m² 以上的产量。

3 结论

本研究采用四元二次正交旋转回归组合设计方法，选择栽插密度和 N、P、K 肥施用量为试验因素，通过田间试验，测定有关参数，建立了"西成薯007"栽插密度，N、P、K 施用量和鲜薯产量及淀粉产量关系的回归数学模型。分析得出：各因素对"西成薯007"鲜薯和淀粉产量的作用顺序为：密度>磷肥用量>氮肥用量>钾肥用量；在较大密度，较多氮、磷肥的前提下，增施钾肥可获得鲜薯和淀粉的高产；"西成薯007"的鲜薯、淀粉高产综合配套栽培措施：5月下旬至6月上旬栽插密度为 3 500~4 000株/亩，每亩施尿素 9~11kg、过磷酸钙 10~14kg、硫酸钾 11~14kg，立冬前后收获，在中等肥力田块种植即可获得鲜薯 2 000kg/亩、淀粉 500kg/亩以上的产量。

参考文献

[1] 江苏省农业科学院，山东省农业科学院. 中国甘薯栽培学 [M]. 上海：上海科学技术出版社，1984.

[2] 徐中儒. 农业试验最优回归设计 [M]. 哈尔滨：黑龙江科学技术出版社，1988.

基于形态性状的甘薯核心种质取样策略研究[*]

李慧峰[1,2**] 黄咏梅[2] 吴翠荣[2] 李彦青[2] 陈天渊[2] 卢森权[2] 陈雄庭[3]

（1. 海南大学，海口 570228；2. 广西农业科学院玉米研究所，南宁 530227；
3. 中国热带农业科学院热带生物技术研究所，海口 571101）

摘 要：选取 15% 的总体取样比例，采用 2 种分组方法、3 种确定组内取样量比例和 2 种组内个体选择方法，分析了 476 份广西甘薯种质资源的 18 个农艺性状数据，构建出 13 个甘薯初级核心种质样本。为确定这些样本代表性，分别与总体进行了 5 个指标的比较，包括表型保留比例、表型频率方差、遗传多样性指数、变异系数、极差符合率。结果表明，按资源类型分组优于按来源地分组；3 种确定组内取样量的方法以对数法代表性最好，简单比例法的代表性其次，平方根法最差；在个体选择中，最小距离逐步取样法优于随机法；按资源类型分组，再按对数比例法确定组内取样量，通过最小距离逐步取样法选择个体是甘薯核心种质构建的最佳取样策略。

关键词：甘薯；核心种质；取样策略

甘薯（*Ipomoea batata*）是起源于南美洲热带地区的一种作物，自 16 世纪起引入中国，因其具有高产、稳产、适应性广等特点而深受国人的喜爱，种植范围非常广泛。但是，甘薯是无性繁殖作物，为保持种苗健壮，甘薯圃保存资源需要在一年中进行多次的繁苗和更新，费时费力。同时，没有经过充分的特性描述和较深入的基因评价的种质资源，利用率较低，保存费用较大，并难于实现其应有的价值[1]。核心种质概念的提出及发展[2-5]，为解决这一问题提供了方法。据国际植物遗传资源研究所统计，至 2005 年已有 15 个国家建立了包括牧草、大田作物、园艺作物、油料及经济作物等 60 多种作物的核心种质[6]。中国学者在核心种质研究的理论及方法上也有不少新的建树和作为[7-12]，并在小麦[13]、花生[14]、蜡梅[15]、黍稷[16]、青蒿[17]、马铃薯[18]等作物上建立了核心种质。本研究的目的是通过比较不同取样方法构建的初级核心种质，探索最佳取样策略，为构建甘薯核心种质提供理论依据。

1 材料与方法

1.1 材料

试验材料为广西农科院玉米研究所保存的 476 份甘薯种质资源。

1.1.1 形态指标的测量

甘薯的性状鉴定及其生长期记载根据通用的标准"甘薯种质资源描述规范和数据标

---

* 基金项目：国家甘薯产业技术体系南宁综合试验站资助项目（CARS-11-C-19）；广西科技合作与交流项目（桂科合 1140010-2）；广西农科院基本科研业务专项资助项目（桂农科 2011YZ05）；广西农业科学院科技发展基金项目（201002）

** 作者简介：李慧峰，在读博士，助理研究员，研究方向：主要从事甘薯遗传育种研究；E-mail：lihuifeng2010@126.com

准"[19]进行，全生育期随机抽取典型性状的植株5株，调查、测量、记载18项形态性状：茎叶生长势、顶叶色、叶片形状、中裂片形状、叶色、叶脉色、茎色、株型、自然开花习性、丰产性、薯形、薯皮色、薯肉色、最长满长、节间长、茎直径、基本分枝、干物率。

1.1.2 形态性状的赋值和标准化处理

在上述18项性状中，可分为两类性状：①质量性状，包括茎叶生长势、顶叶色等13个性状，对其进行赋值处理，赋值情况如表1；②数量性状，包括基部分枝数、最长蔓长、茎粗、节间长和干物率等，对这些性状的基本分析采用原数值数据，在计算形态性状的表型保留比例、表型频率方差和多样性指数以及综合用质量性状和数量性状对种质进行聚类时，所有的数量性状进行质量化处理，即数据均依均值（$\overline{X}$）和标准差（σ）分为10级，1级 $X_i \leqslant \overline{X}-2\sigma$，10级 $X_i > \overline{X}+2\sigma$，中间每级间差为 0.5σ。

表1 甘薯质量性状的赋值

性状	赋值
茎叶生长势	强=1，中=2，弱=3
顶叶色	浅绿=1，绿=2，紫绿=3，褐绿=4，浅紫=5，紫=6，褐=7，金黄=8，红=9
叶片形状	圆=1，肾=2，心=3，尖心=4，三角=5，缺刻=6
中裂片形状	齿状=1，三角=2，半圆=3，半椭圆=4，椭圆=5，披针=6，倒披针=7，线形=8
叶色	浅绿=1，绿=2，紫绿=3，褐绿=4，浅紫=5，紫=6，褐=7，金黄=8，红=9
叶脉色	浅绿=1，绿=2，黄=3，浅紫=4，紫=5，紫斑=6
茎色	浅绿=1，绿=2，紫红=3，浅紫=4，紫=5，深紫=6，褐=7
株型	直立=1，半直立=2，匍匐=3，攀缘=4
自然开花习性	偶然=1，少=2，中=3，多=4，不开花=5
丰产性	低=1，中=2，高=3
薯形	球形=1，短纺锤=2，纺锤=3，长纺锤=4，上膨纺=5，下膨纺=6，筒形=7，弯曲=8，不规则=9
薯皮色	白=1，淡黄=2，棕黄=3，黄=4，褐=5，粉红=6，红=7，紫红=8，紫=9，深紫=10
薯肉色	白=1，淡黄=2，黄=3，橘黄=4，橘红=5，粉红=6，红=7，紫红=8，紫=9，深紫=10

1.2 方法

1.2.1 总体取样比例

总体取样比例选择了15%取样水平。为了避免主要生物类型的遗漏，每个分组内保证至少有1份样品入选。

1.2.2 取样策略

取样策略包括分组原则、组内取样比例的确定和组内个体的选择。分组原则包括来源地和资源类型 2 种原则以及全部材料不分组的完全随机。来源地是以品种在不同省份或国家育成为标准划分；资源类型分为选育品种、地方品种、品系、野生资源共 4 个类别。分组后，组内取样比例的确定分别采用按组内个体数量的简单比例（Simple proportion，P）、平方根比例（Proportion of square root，S）和对数比例（Proportion of logarithm，L）3 种方法。组内取样采用最小距离逐步取样（Least distance stepwise sampling，LDSS）[23] 法。平方根取样、对数取样、比例法取样的公式如下。

（1）简单比例
$$N_P = \frac{X_i}{\sum\limits_{i=1}^{n} X_i}$$

（2）平方根比例
$$N_S = \frac{\sqrt{X_i}}{\sum\limits_{i=1}^{n} \sqrt{X_i}}$$

（3）对数比例
$$N_L = \frac{Log X_i}{\sum\limits_{i=1}^{n} Log X_i}$$

式中，X_i 为第 i 组中样品数。

1.2.3 评价指标

根据前人的研究结果[9,12,20,21]，本研究选择了表型保留比例、表型频率方差、遗传多样性指数、变异系数、极差符合率等 5 个参数作为不同取样方案的评价指标。各指标计算公式如下：

（1）表型保留比例（Ratio of Phenotype Retained，RPR）

$$RPR = \frac{\sum\limits_{i} M_i}{\sum\limits_{i} M_{i0}}$$

（2）表型频率方差（Variance of Phenotypic Frequency，VPF）

$$VPF = \frac{\sum\limits_{i} \dfrac{\sum\limits_{j} (P_{ij} - \overline{P_i})^2}{M_i - 1}}{N}$$

（3）遗传多样性指数（Index of Genetic Diversity，I）

$$I = \frac{-\sum\limits_{i} \sum\limits_{j} P_{ij} \log P_{ij}}{N}$$

（4）变异系数（Coefficient of Variation，CV）

$$CV = \frac{\sum\limits_{i} \dfrac{\dfrac{\sum\limits_{j} (X_{ij} - \overline{X_i})^2}{M_i - 1}}{\overline{X_i}}}{N}$$

（5）极差符合率（Coincidence Rate of Range，CR）

$$CR = \frac{1}{N} \sum_{N}^{1} \frac{R_{C(i)}}{R_{I(i)}} 100\%$$

式中，M_{i0} 为原始群体第 i 个性状的表现型个数；M_i 为所得核心样本第 i 个性状的表现型个数；P_{ij} 为第 i 个性状第 j 个表现型的频率；$\overline{P_i}$ 为第 i 个性状各表型频率的平均；X_{ij} 为第 i 个性状第 j 个材料的表型值；$\overline{X_i}$ 为第 i 个性状各表型的平均值；$R_{C(i)}$ 为核心样品第 i 个性状的极差，$R_{I(i)}$ 为原始群体第 i 个性状的极差；N 为计算过程中所涉及的性状总数。

1.2.4 数据统计分析

数量性状的质量化、各指标的计算、方差分析和多重比较均在 Excel 中进行，各组材料的聚类分析在 SPSS16.0 软件中进行。

表 2 不同取样策略构建的甘薯核心种质样本

样本	分组原则	组内取样方法	个体选择	样本容量	取样规模
S-1	来源地	简单比例	最小距离逐步取样法	84	17.65%
S-2	来源地	平方根比例	最小距离逐步取样法	79	16.60%
S-3	来源地	对数比例	最小距离逐步取样法	87	18.28%
S-4	来源地	简单比例	随机法	84	17.65%
S-5	来源地	平方根比例	随机法	79	16.60%
S-6	来源地	对数比例	随机法	87	18.28%
S-7	资源类型	简单比例	最小距离逐步取样法	73	15.34%
S-8	资源类型	平方根比例	最小距离逐步取样法	71	14.92%
S-9	资源类型	对数比例	最小距离逐步取样法	74	15.55%
S-10	资源类型	简单比例	随机法	73	15.34%
S-11	资源类型	平方根比例	随机法	71	14.92%
S-12	资源类型	对数比例	随机法	74	15.55%
S-13	—	—	完全随机	80	16.81%

注：—表示未分组

2 结果与分析

2.1 采用不同取样策略构建甘薯初级核心种质样本

以 15% 的总体取样比例，将甘薯材料按来源地和资源类型分为 2 组，然后采用简单比例（P）、平方根比例（S）和对数比例（L）3 种方法确定分组后每一组的取样量，最后采用随机法和最小距离逐步取样法选取组内个体，加上完全随机法抽取的 1 个样本，共形成了 13 个甘薯初级核心种质库（表 2）。不同核心种质的样本容量变化范围为 71~87，取样比例变化范围为 14.92%~18.28%。

表3 取样方法在不同参数中的秩次分析

参数	分组原则			取样比例			个体选择	
	来源地	资源类型	不分组	简单比例	平方根比例	对数比例	最小距离逐步取样法	随机法
表型保留比例	1	2	3	3	2	1	1	2
表型频率方差	3	1	2	3	2	1	1	2
遗传多样性指数	2	1	3	2	3	1	1	2
变异系数	3	1	2	1	3	2	1	2
极差符合率	3	2	1	1	2	3	1	2
秩次	3	1	2	2	3	1	1	2

2.2 不同初级核心种质样本之间相关参数的比较

2.2.1 不同核心种质样本表型保留比例（RPR）的比较

表型保留比例（RPR）表示核心种质中所保留表型值的数量与原始库中表型总量的比例，在一定程度上表现了所保留变异的丰度。核心种质的 RPR 越大，表明在核心种质中包含的变异越丰富。依据表3可知，在分组原则下，按来源地分组的表型保留比例最高，达到了 90.16%，不分组的表型保留比例最低为 85.83%。取样比例中，对数比例的表型比例最高，达到了 91.14%，简单比例最低为 87.99%。个体取样中，最小距离逐步取样法明显高于随机法，达到了 93.44%。依据 18 个农艺性状的表型数据，对 13 个核心样本进行表型保留比例分析（表4）可知，样本 S-3 的表型保留比例最高，达到了 98.43%；样本 S-2 排在第二位为 93.70%；样本 S-10 的最低为 83.46%；完全随机样本 S-13 为 85.83%，排在第八位；样本 S-1、S-7、S-8、S-9 的 RPR 值相同，均为 92.13%。

2.2.2 不同核心种质样本表型频率方差（VPF）的比较

表型频率方差（VPF）主要用于估计群体的均度，所得值越小，所代表的方法越好。由表3可知，在分组原则中，按资源类型分组的表型频率方差值最小，方法最好；按来源地的表型频率方差最大，方法最差；不分组的方法居中。在取样比例中，对数比例最好，平方根比例次之，简单比例最差。个体取样中最小距离逐步取样法优于随机法。由表4可知，样本 S-9 的表型频率方差值最小，其代表的取样方法最好；样本 S-4 的表型频率方差最大，其代表的方法最差；样本 S-13 的表性频率方差居中。

2.2.3 不同核心种质样本遗传多样性指数（I）的比较

遗传多样性指数（I）是一种多样性估计的综合性参数，既考虑了群体中变异的丰度，又考虑了群体中变异的均度。I 值越大，所得核心种质中变异类型越丰富，变异的均度越高。由表3可知，在分组原则中，按资源类型分组的遗传多样性指数最高，不分组次之，按来源地最低。在取样比例中，对数比例最高，简单比例次之，平方根比例最低。个体取样中，最小距离逐步取样法优于随机法。由表4可知，样本 S-9 的遗传多样性指数最高，样本 S-5 最低，样本 S-3 居中。

2.2.4 不同核心种质样本变异系数（CV）的比较

变异系数（CV）在一定程度上表现了各种表现型的分布情况，用于估计群体的均度。

CV 越大，表明所得核心种质中各性状的分布越均匀，遗传冗余度越小。在分组原则下，按资源类型分组的变异系数最大，不分组次之，来源地分组最差；取样比例中，简单比例法变异系数最大，对数比例次之，平方根比例最小；个体取样上最小距离逐步取样法优于随机法（表3）。通过对 13 个核心样本的变异系数分析可知，样本 S-7 的变异系数最大，样本 S-5 的变异系数最小，样本 S-10 的变异系数排名第十（表4）。

2.2.5 不同核心种质样本极差符合率（CR）的比较

极差符合率（CR）是通过各个数量性状的极差占总体样本各性状极差的百分比求均值而得，反映的是各个表型数量性状的变异范围和离散幅度。CR 越大，表明所得核心种质中各数量性状的变异越大。在分组原则下，不分组的 CR 最大，按资源类型次之，按来源地分组最小；取样比例中，简单比例 CR 最大，平方根比例次之，对数比例最小；个体取样上最小距离逐步取样法优于随机法（表3）。通过对 5 个数量性状的极差符合率分析可知，样本 S-7 的 CR 最大，样本 S-8 和 S-9 的 CR 值相同位列第二位，样本 S-12 的最小，样本 S-13 的排名第六（表4）。

表 4　甘薯不同核心种质样本相关参数的综合比较

样本	表型保留比例	表型频率方差	遗传多样性指数	变异系数	极差符合率	总和	综合排名
S-1	3	6	4	4	3	20	4
S-2	2	3	5	6	4	20	4
S-3	1	5	6	7	6	25	5
S-4	5	13	11	12	10	51	10
S-5	6	11	13	13	11	54	11
S-6	4	8	12	11	9	44	8
S-7	3	4	3	1	1	12	3
S-8	3	2	2	2	2	11	2
S-9	3	1	2	3	2	10	1
S-10	6	12	10	9	8	45	9
S-11	9	10	9	8	7	43	7
S-12	9	9	9	8	12	43	7
S-13	8	7	7	10	5	37	6

2.3　不同取样方法和初级核心种质样本的综合分析

2.3.1　不同取样方法的综合分析

就取样策略的各个层次而言，5 个参数的综合比较表明：①分组原则中按资源类型分组为最佳选择，不分组次之，按来源地分组最差；②取样比例中以对数比例为最佳选择，简单比例次之，平方根比例最差；个体取样则以最小距离逐步取样法为最佳选择，5 个参数均优于随机法。

2.3.2 不同初级核心种质样本取样策略的综合分析

通过对表型保留比例、表型频率方差、遗传多样性指数、变异系数、极差符合率5个参数的综合分析比较，按照它们的代表性对13个初级核心种质样本进行综合排序，样本S-9排在第一位，即采取按资源类型分组、对数比例法确定组内取样比例和最小距离逐步取样法选取个体的取样策略为构建甘薯核心种质的最佳方法。样本S-8、S-7分别排在第二位、第三位；样本S-13即采取不分组的完全随机取样策略排在中间位置；样本S-5即采取按来源地分组、平方根比例和随机法取样的策略代表性最差。

3 讨论

3.1 总体取样比例的确定

对于核心种质的总体取样比例，前人已做了多方面的研究。根据中性理论模型，核心种质样品应占整个种质资源的5%～10%[4]。张洪亮等[9]认为，核心种质所占总资源的比例应根据总收集品的大小来决定，总收集品份数多的物种其核心种质所占的比例可小一些，总收集品份数较少的物种核心种质所占比例可相对大一些。农作物上大多是5%～15%[15]。当达到和超过50%时，核心种质的样本量就会很大，这不符合核心种质的特征要求。本研究根据所研究的甘薯种质资源群体大小，结合前人经验，确定了15%的总体比例。在具体构建的13个样本中，有2个样本达到了18.28%，2个样本达到了17.65%，3个样本达到了16.60%，其余6个样本则在15%左右。各个样本具体取样比例的不同主要是由于不同的分组原则引起的，特别是为了保证单个分组中至少有一份入选，从而避免极少数生物类型的遗漏。目前关于甘薯核心种质的构建国内还未见报道，具体的取样规模和取样比例还没有一个依据，在甘薯核心种质的构建研究中，笔者将做进一步的研究。

3.2 具体取样策略的研究

核心种质的构建首先应该确定合适的取样策略。具体的取样策略主要包括3个方面的内容，即分组原则，组内个体比例的确定和组内个体的选择。

Yongezawa等[18]比较5种构建核心种质的取样策略，认为一般情况下比例法是最佳的方法。刘三才等[19]通过研究比较5种取样方法构建的普通小麦核心种质，发现来源地—性状分层法有利于增加核心种质的遗传多样性。本研究也证实，来源地加主要性状分层能够使核心样本的遗传多样性分布更均匀，代表性更好。邱丽娟等[20]利用20种取样方法构建了中国大豆的初级核心种质，通过分析比较，在确定组内取样量时，比例法和平方根法对总体的代表性优于多样性指数法；在个体选择时，聚类法对总体的代表性优于随机法。

本研究也证明，确定取样量时比例法代表性较好，在选择个体材料时聚类法明显优于随机法。本研究在比较不同样本中发现，按照皮裸性状分组优势并不明显。通过比较不同的组内取样量确定方法，认为比例法最好，其次是对数法，平方根法；在组内个体选择上，聚类法好于随机法。

因此，本研究认为，先以省分组，再按比例法确定组内取样量，利用聚类法选择个体为最佳取样策略。李自超等[21]认为，核心种质还应该包括优异种质或基因，每一个性状的极值材料也应人工选入核心种质。笔者认为，无论采取哪一种方法构建核心种质，都应该将分组后组内材料数极少的种质选入核心种质，另外将质量性状某级上份数极少的材料也应人工选入核心种质，以避免优异种质或基因的丢失。由于形态标记数量少，易受环境条件影响，对材料的鉴定和分类比较粗糙，有时不能真实反映品种之间的差异，分子标记与形态学标记相互补充是构建作物核心种质的理想选择[22]。笔者正在利用筛选的 SSR 引物分析比较初级核心样本的遗传多样性，为燕麦核心种质构建进一步提供依据。

参考文献

[1] 李慧峰，卢森权，李彦青，等．广西甘薯核心种质构建初探 [J]．广西农业科学，2010，41（7）：732-735．

[2] Frankel O H. Genetic perspectives of germplasm conservation [M]. ArberW, Llimensee K, Peacock W J, et al. Geneticmanipulation：Impact on man and society. Cambridge：CambridgeUniv Press, 1984：161-170.

[3] FrankelO H, Brown A H D. Plant genetic resources today：acriticalappraisal [M]. Holden JHW. Crop genetic resources：Conservation and evaluation. London：GeorgeAllen andUnwin, 1984：249-257.

[4] Brown A H D. The case for core collections [M]. Brown A HD, FrankelO H, MarshallR D, et al. The use of plant geneticresources. Cambridge：CambridgeUniv Press, 1989：136-151.

[5] BrownAH D. Core collections：a partial approach to genetic resourcesmanagement [J]. Genome, 1989, 31：818-824.

[6] 刘鑫铭，刘崇怀，张国海，等．葡萄核心种质建立的构想 [J]．中国农学通报，2010，26（2）：257-261．

[7] 李自超，张洪亮，曹永生，等．中国地方稻种资源初级核心种质取样策略研究 [J]．作物学报，2002，9（1）：21-24．

[8] 邱丽娟，曹永生，常汝镇，等．中国大豆核心种质构建及其取样方法研究 [J]．中国农业科学，2003，36（12）：1 442-1 449．

[9] 张洪亮，李自超，曹永生，等．表型水平上检验水稻核心种质的参数比较 [J]．作物学报，2003，29（1）：20-24．

[10] 胡晋．构建植物遗传资源核心种质新方法的研究 [D]．浙江大学：杭州，2006．．

[11] 李国强，李锡香，沈镝，等．基于形态数据的大白菜核心种质构建方法的研究 [J]．园艺学报，2008，35（12）：1 759-1 766．

[12] 张恩来，张宗文，王天宇，等．构建中国燕麦核心种质的取样策略研究 [J]．植物遗传资源学报，2008，9（2）：151-156．

[13] 董玉琛，曹永生，张学勇，等．中国普通小麦初选核心种质的产生 [J]．植物遗传资源学报，2003，4（1）：1-8．

[14] 姜慧芳，任小平，廖伯寿，等．中国花生核心种质的建立 [J]．武汉植物学研究，2007，25（3）：289-293．

[15] 赵冰，张启翔．中国蜡梅种质资源核心种质的初步构建 [J]．北京林业大学学报，2007，29（增刊）：16-21．

[16] 胡兴雨，王纶，张宗文，等．中国黍稷核心种质的构建 [J]．中国农业科学 2008，41（11）：3 489-3 502．

[17] 彭锐，钟国跃，李隆云，等．中国青蒿初选核心种质的构建 [J]．中国中药杂志，2009，34（23）：3 008-3 012．

[18] 孙邦升．高淀粉马铃薯种质资源核心样品的初建 [J]．作物杂志，2009，6：26-30．

[19] 张允刚，房伯平．甘薯种质资源描述规范和数据标准 [M]．北京：中国农业出版社，2006：1-117．

［20］ 徐海明，胡晋，朱军．构建作物种质资源核心库的一种有效抽样方法［J］．作物学报，2000，26（2）：157-162.

［21］ 贺学勤．中国甘薯地方品种的遗传多样性分析［D］．北京：中国农业大学，2004.

［22］ 袁志发，周静芋．多元统计分析［M］北京：科学出版社，2002，241-244.

［23］ 王建成，张文兰，陈利容，等．小麦核心种质取样方法及取样比例研究［J］．山东农业科学，2007，6：35-38.

富钾土壤中氮、磷肥不同水平对甘薯
生长及产量的影响[*]

解晓红[**]　　解红娥[***]　李江辉　武宗信　王凌云　陈　丽　李　波

（山西省农业科学院棉花研究所，运城　044000）

摘　要：通过对氮、磷肥不同水平对甘薯生长发育动态、产量的影响研究表明，在氮肥试验中，氮水平 75kg/hm² 处理的薯块鲜质量和茎叶鲜质量都达到最大，鲜薯产量达到 51 519.25kg/hm²，单株结薯数 5.0 个，商品薯比例占 89.43%，平均单株薯质量 948.71g；氮水平 ≤75kg/hm² 处理，薯块鲜质量和茎叶鲜质量随着施氮水平提高而提高；氮水平 ≥75kg/hm² 处理，薯块鲜质量和茎叶鲜质量随着施氮水平的升高而产量急剧下降。在磷肥试验中，磷用量 135kg/hm² 时，鲜薯产量最大 46 802.35kg/hm²，单株结薯数 4.65 个，商品薯比例占 91.0%，平均单株薯质量 978.0g；磷水平低于此，随着磷用量的提高而产量逐增，磷水平高于此随着磷用量的提高而产量降低。合理施肥是甘薯增产增收栽培的有效措施。

关键词：富钾土壤；氮肥；磷肥；甘薯；产量

　　甘薯营养丰富，用途多种多样，适应性广，是中国重要的粮食、饲料、能源和工业原料作物，仅次于水稻、小麦和玉米，居第 4 位[1]。中国常年种植 533.3 万 hm²，产量占世界总产 80% 以上。随着种植业结构的调整和加工业的发展，中国甘薯正以其特有的经济价值而日益受到重视，已由过去分散的瘠薄地、沟坡地种植发展到现在的规模化种植，种植模式也逐步朝着机械化方向发展。同时甘薯耐旱、耐瘠薄、抗风沙，特别适合旱薄地、沙荒地种植，因此甘薯在发展节水农业、旱地农业中占有重要地位。

　　肥料是奠定作物增产基础的重要环节，起着主要和决定性的作用[2-3]。甘薯是块根作物，需肥性很强，每生产 1 000kg 的甘薯要从土壤中吸收 3.5kg 的氮（N）、1.8kg 的磷（P_2O_5）和 5.5kg 左右的钾（K_2O）。前人在甘薯需肥规律及施肥技术上进行过一些研究[4-8]，但在甘薯生产中仍然存在着盲目施肥现象，导致肥料利用率降低，资源浪费。山西省甘薯种植区域，尤其是晋南地区的土壤缺磷、少氮、钾有余，0~20cm 土壤中碱解氮含量在 52.50~79.33mg，大部分速效磷含量在 10mg 以内，速效钾含量在 137.35~221.44mg。针对这一情况，本研究旨在通过不同施肥量，确定氮、磷肥适宜用量及范围，探讨甘薯不同施肥水平的增产效应，为晋南地区甘薯高产栽培提供理论依据。

1　材料和方法

1.1　试验地概况

　　试验地土壤质地为壤土，土壤养分含量碱解氮 68.37mg/kg，速效磷 6.41mg/kg，速

* 基金项目：国家甘薯产业技术体系建设专项资金（CARS-11-C-02）；山西省科技攻关项目（20130311015-3）

** 作者简介：解晓红，女，山西万荣人，副研究员，主要从事甘薯育种与栽培生理研究工作

*** 通讯作者：解红娥；E-mail：xxhwzq@126.com

效钾 220.65mg/kg。供试氮肥为尿素（含 N 46%）、磷肥为过磷酸钙（含 P_2O_5 16%）。由于试验地土壤养分钾含量过高，所有试验统一不施钾肥。

1.2 试验材料

供试品种为商薯 19。

1.3 试验设计

试验于 2012—2013 年在山西省农业科学院棉花研究所牛家凹试验农场进行，2 年重复试验。试验基地年降水量 470~480mm，4 月 13 日左右将氮、磷肥混合按各小区对应肥料纯量折算成相应的实物量作底肥一次性撒施，5 月 4 日种植，全部采用高剪苗，覆膜打孔栽植，密度 49 173株/hm²。除各小区施肥水平不同外，其余管理措施一致。10 月 19 日收获。试验结果计算为 2 年的平均值。

氮肥试验：氮肥为尿素（含 N 46.4%），试验设 6 个处理，空白对照（不施任何肥料，用于计算基础地力产量与评价土壤供肥状况），纯氮用量 5 个水平，分别为 0kg/hm²，37.5kg/hm²，75kg/hm²，112.5kg/hm²，150kg/hm²，纯氮处理每公顷均配施过磷酸钙（含 P_2O_5 16%）750kg（表 1）。试验为 4 次重复，采用随机区组设计，小区面积 30m²。

表 1   氮肥试验方案

处理编号	N1	N2	N3	N4	N5	N6
氮肥用量 N（kg/hm²）	0	0	37.5	75.0	112.5	150.0

磷肥试验：磷肥选用过磷酸钙（含 P_2O_5 16%），试验设 6 个处理，空白对照（不施任何肥料，用于计算基础地力产量与评价土壤供肥状况），纯磷用量 5 个水平分别为 0kg/hm²，45kg/hm²，90kg/hm²，135kg/hm²，180kg/hm²，纯磷处理每公顷均配施尿素 150kg（表 2）。试验为 4 次重复，采用随机区组设计，小区面积 30m²。

表 2   磷肥试验方案

处理编号	P1	P2	P3	P4	P5	P6
磷肥用量 P（kg/hm²）	0	0	45.0	90.0	135.0	180.0

试验分别在栽后 50 天，70 天，90 天，110 天，130 天及 168 天（收获期）进行相关的生育性状田间观察记载。每处理调查 6 株。并计算 T/R（指地上部茎叶鲜质量与地下部块根鲜质量量的比值）的值。

1.4 数据处理

试验数据统计分析用软件 SPSS 20   进行方差分析和多重比较（Duncan abc，α = 0.05）。

2 结果与分析

2.1 氮、磷肥不同水平对茎叶生长的影响

在甘薯生长中，茎叶是一个动态变化过程，存在很强的自身调节作用。由图 1 和图 2

可以看出，氮、磷不同水平处理比空白对照的茎叶鲜质量均有增加，随着用氮、磷量的增加，各时期地上部茎叶总鲜质量呈先升高后降低的趋势，茎叶生长均在 110~130 天达到最大；随着后期养分向地下部转移，薯块生长加快，茎叶出现衰退，部分叶片死亡，茎叶鲜质量逐渐下降。在甘薯生长不同生育期，N4，P5 茎叶生长量最高，较不施肥处理 N1 增加 55.58%~63.54%；较不施肥处理 P1 增加 32.04%~62.53%。

2.2 氮、磷肥不同水平对地下部薯块生长的影响

从图 3 和 图 4 可以看出，氮、磷肥不同处理间地下部薯块生长差异显著，所有施肥处理比不施肥处理均有促进薯块生长的作用。氮处理中，以 N4 处理增幅最大，为 112.44%，N3 次之，为 80.85%；N3，N4 处理在 90~130 天地下部薯块膨大速率最快，增长率分别为 13.06g/天和 12.46g/天。磷肥处理薯块呈 S 生长曲线，以 P5 处理薯块生长增幅最大，为 42.96%，P4 次之，为 37.91%。除 P2 外，各处理在 110~130 天薯块的膨大速率最快。不施肥处理（如 N1，P1）土壤养分贫瘠，施肥过多（如 N5，N6，P6），土壤耕层养分浓度增大，这两类养分胁迫导致薯块生长缓慢，产量较低。

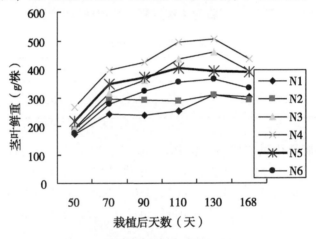

图 1 氮肥不同水平各时期茎叶鲜重

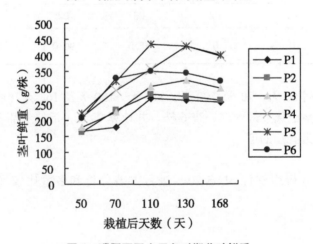

图 2 磷肥不同水平各时期茎叶鲜重

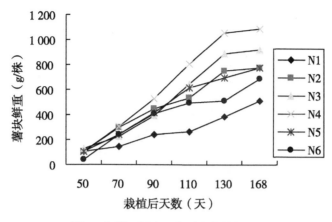

图 3　氮肥不同水平各时期薯块鲜重

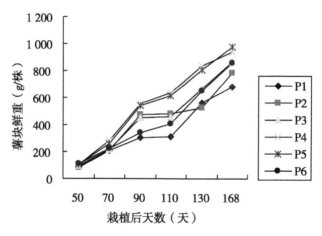

图 4　磷肥不同水平各时期薯块鲜重

2.3　氮、磷肥不同水平下 T/R 值变化趋势

T/R 值也称蔓薯比，表示甘薯地上部和地下部生长的动态变化，是光合产物分配状况及其源库协调与否的标志[9]。在生长中前期（0~70 天）N3，N4 处理的 T/R 值要低于相同时期其他处理的 T/R 值，说明 N3，N4 处理的光合产物向薯块分配运转得比较高，随着甘薯生长，N1，N2 或 N5，N6 处理抑制了地上部茎叶生长，促进了薯块的发育，N3，N4 处理同时促进了薯块和茎叶生长，使得中后期（70~130 天）N3，N4 T/R 值高于其他处理。N1，N2，N5，N6 处理从 90 天到收获期，T/R 值不仅较低，而且下降缓慢，从而导致最终产量低于 N3，N4 处理（图 5）。

在生长前期（0~50 天）随着磷施肥量增加，T/R 值没有显著变化，说明生长前期磷肥的作用不是很明显；生长中期（50~110 天）地上部茎叶合成的同化产物向薯块分配运转，T/R 值下降迅速。高磷水平处理促进了茎叶生长量增大，使得 P4~P6 处理 T/R 值高于其他处理。后期（110 天至收获期）P4，P5 薯块生长强度高于茎叶生长，使得 T/R 值降低迅速；P1~P3 处理 T/R 值不仅较低，而且无变化，从而导致最终产量低于 P4，P5 处理（图 6）。

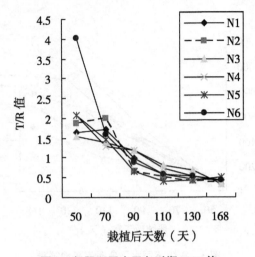

图5 氮肥不同水平各时期 T/R 值

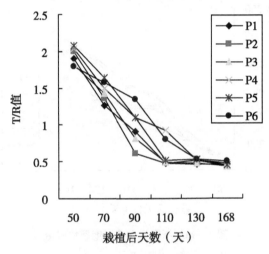

图6 磷肥不同水平各时期 T/R 值

2.4 不同氮、磷肥水平对甘薯产量的影响

氮肥试验表明，在不同氮水平 0 ~ 150kg/hm² 下，商薯 19 产量呈现抛物线变化趋势。N2，N3，N4，N5，N6 产量较不施肥（N1）增产 9.15% ~ 52.86%，且存在极显著差异，其中以 N4 水平产量最高为临界点，达到 51 519.25kg/hm²，增产 52.86%，各经济性状也达到最好，单株结薯数 5.0 条，商品薯比例占 89.43%，平均单株薯质量 948.71g。N1，N2，N3，N4 随着氮肥施量的增加产量显著增加，且产量差异显著，超过 N4 水平则产量显著降低，但 N5，N6 产量差异不显著（表3 和表4）。

磷肥试验表明，P2，P3，P4，P5 甘薯产量较不施肥（P1）增产 10.33% ~ 25.08%，其中以 P5 水平产量最高为临界点，达到 46 802.35kg/hm²，增产 25.08%，各经济性状也达到最好，单株结薯 4.65 条，商品薯比例占 91.0%，平均单株薯产量 978.0g；P4 次之，为 46 102.3kg/hm²，增产 23.21%；P1 ~ P4 随着磷肥施量的增加产量表现为增加趋势（表5 和表6）。

3 结论与讨论

目前，国内外许多学者对甘薯需肥规律和施肥技术进行了大量的研究，但是在生产中仍然存在盲目施肥现象，造成肥料浪费、肥效利用率低，影响甘薯的产量和品质。为了增加甘薯的生产效益，提高农户的种植效益，应根据当地的土壤类型、土壤肥力状况进行合理施肥。山西省甘薯种植区域，尤其是晋南地区土壤养分大都表现为"缺磷、少氮、钾有余"，0~20cm 土壤中碱解氮含量在 52.50~79.33mg，大部分速效磷含量在 10mg 以内，速效钾含量在 137.35~221.44mg，施肥技术上就应当"增磷、补氮、稳钾"。

表 3　氮肥不同水平收获期经济性状比较

处理	茎叶鲜质量（g/株）	薯块鲜质量（g/株）	单株薯数（个）	商品薯数（个）	商品薯率（%）	商品薯鲜质量（g/株）
N1	301.55	710.00	4.5	2.8	79.86	567.0
N2	289.74	777.01	5.45	3.1	89.32	694.0
N3	282.24	883.00	5.65	4	80.92	714.5
N4	436.38	1 084.71	5.00	3.1	89.43	848.5
N5	334.22	790.51	6.00	3.1	91.08	720.0
N6	389.40	773.50	4.90	2.5	74.92	579.5

表 4　氮肥不同水平商薯 19 产量结果分析

处理	小区产量（kg）			小区平均产量（kg）	折合产量（kg/hm²）	差异显著性	
	Ⅰ	Ⅱ	Ⅲ			5%	1%
N1	99.40	102.95	100.95	101.1±1.78	33 701.7	a	A
N2	108.80	112.65	109.65	110.37±2.02	36 785.15	b	B
N3	128.05	123.50	124.90	125.48±2.33	41 835.15	c	C
N4	157.30	151.85	154.55	154.57±2.73	51 519.25	d	D
N5	115.85	110.65	114.60	113.7±2.71	37 901.9	b	B
N6	112.15	113.85	108.55	111.52±2.71	37 168.5	b	B

表 5　磷肥不同水平收获期经济性状比较

处理	茎叶鲜质量（g/株）	薯块鲜质量（g/株）	单株结薯数（个）	商品薯数（个）	商品薯率（%）	商品薯鲜质量（g/株）
P1	363.71	794.00	4.75	3.4	80.04	635.5
P2	388.70	881.50	5.20	3.6	84.23	742.5
P3	368.62	864.01	4.65	3.6	89.12	770.0
P4	422.84	943.50	4.95	3.2	89.93	848.5
P5	459.15	978.00	4.65	4.5	91.00	890.0
P6	328.53	657.51	4.25	3.0	84.94	558.5

表6　磷肥不同水平商薯19产量结果分析

处理	小区产量（kg）			小区平均产量（kg）	折合产量（kg/hm²）	差异显著性	
	I	II	III			5%	1%
P1	110.45	115.10	111.15	112.23±2.51	37 418.55	b	B
P2	116.65	129.60	125.30	123.85±6.6	41 285.4	c	C
P3	122.95	127.80	123.40	124.72±2.68	41 568.75	c	C
P4	138.25	139.80	136.80	138.28±1.5	46 102.3	d	D
P5	139.65	141.80	139.80	140.42±1.2	46 802.35	d	D
P6	97.00	97.35	95.35	96.57±1.07	31 734.95	a	A

　　施氮对产量的影响，结果不完全统一，有的研究者认为施氮肥，降低了经济系数，造成减产[10-11]；有的认为施氮增加叶面积持续期，增加光合总产物，使平均单株薯质量、单株结薯数和产量增加[12-13]，这些研究结果可能与甘薯品种、土壤质地、土壤养分、生态条件等有关。本研究结合试验地的肥力状况，施氮肥75kg/hm²时产量最高，达到51 519.25kg/hm²，增产52.86%，通过施氮肥，在甘薯生长中期，增强了地上部茎叶的生长，使积累的更多的光合同化产物向薯块运转，T/R比值合理，增加了商薯19单株结薯数及商品薯率，促使薯块膨大，提高了甘薯产量。

　　甘薯对磷肥的需要量虽然比氮、钾少，但磷的供给状况对甘薯的正常生长和品质特性有重要影响，适量磷肥有利于甘薯块根内干物质积累，促进产量增加[14]。本研究表明，在速效磷含量极低土壤中（$P_2O_5 \leq 10mg$），在统施氮肥67.5kg/hm²基础上，随磷肥施用量增加，甘薯产量增加，施用磷135kg/hm²，商薯19产量和经济性状都达到最好，达到46 802.35kg/hm²，比不施肥（P1）增产25.08%。

　　通过对山西南部富钾而氮、磷严重缺乏的土壤进行的试验研究，明确了该地区土壤种植甘薯的确切施肥量，即施氮75kg/hm²和磷135kg/hm²，可达到较高的产量及经济效益，为该地区种植甘薯提供了理论依据，同时为该类型土壤的施肥水平提供了参考。

参考文献

[1] 马代夫，刘庆昌. 中国甘薯育种与产业化 [M]. 北京：中国农业大学出版社，2005.

[2] 袁宝忠. 甘薯栽培技术 [M]. 北京：金盾出版社，1992：41.

[3] 黄桂莲，王艳丽，田宏先，等. 不同施肥量对裸燕麦丰产效果的影响 [J]. 山西农业科学，2012，40（2）：120-122.

[4] 张海燕，董顺旭，董晓霞，等. 氮磷钾不同配比对甘薯产量和品质的影响 [J]. 山东农业科学，2013，45（3）：76-79.

[5] 盛锦寿. 氮磷钾配合施用对甘薯的增产效果 [J]. 土壤肥料，2005（5）：29-31.

[6] 解红娥，武宗信，负白茹，等. 甘薯高产施肥技术研究 [J]. 山西农业科学，1996，03：36-39.

[7] 丁凡，于金龙，余韩开宗，等. 川西北地区甘薯高产施肥技术研究 [J]. 耕作与栽培，2012，06：8-9.

[8] 贾赵东，马佩勇，郭小丁，等. 不同密肥条件处理对甘薯产量与干物质积累的影响 [J]. 华北农学报，2011，26（增刊）：121-125.

［9］ 张泽生，王本超. 应用典型相关分析探讨与协调甘薯的库源关系 ［J］. 中国甘薯，1996 （8）：60-64.

［10］ 董晓霞，孙泽强，张立明，等. 山东省主要土壤类型甘薯肥料利用率研究 ［J］，山东农业科学，2010，11：51-54.

［11］ 孙泽强，董晓霞，王学君，等. 施氮量对多用型甘薯济薯 21 产量和养分吸收的影响 ［J］. 山东农业科学，2013 （11）：76-79.

［12］ LARRY K. HAMMETT et al. Influence of N Source, N Rate and K Rate on the yield and Mineral concentration of Sweet Potato ［J］. Amer Soc Hort. Sci, 1984, 109 （3）：294-298.

［13］ J Y KIM et al. Effect of Nitrogen Fertilization on Alcohol soluble Carbohydrate Content in Sweet Potato Roots ［J］. HORT SCIENCE, 1985, 20 （3）：434-435.

［14］ 唐忠厚，李洪民，张爱君，等. 长期施用磷肥对甘薯主要品质性状与淀粉 RVA 特性的影响 ［J］. 植物营养与肥料学报，2011，17 （2）：391-396.

晋甘薯 9 号选育及轻简化高产栽培技术的应用

解红娥　武宗信　李江辉　解晓红　王凌云　贾峥嵘

（山西省农业科学院棉花研究所，运城　044000）

甘薯又名红薯，是一种耐旱耐瘠薄适应性强的粮食作物，全球有 100 多个国家种植，在中国无论是其种植面积还是总产均居世界首位，在国内农作物生产中排第 4 位。与其他作物相比甘薯不仅营养、药用价值越来越被人们所重视，有"抗癌之王"美誉，同时在粮食安全中具有重要作用，联合国粮农组织认为甘薯可能是摆脱未来粮食和能源危机的"最后一张王牌"。

我省的地势地貌特征是沟壑纵横，多山、多丘陵，旱地占耕地面积 74%，而甘薯有较强的耐旱、耐瘠薄能力，适宜丘陵旱垣地区种植，种植效益显著高于小麦、玉米等粮食作物，非常适合甘薯产业的发展。加之由于我省的甘薯种植以外引品种居多，很难适应山西的气候特征及土壤条件，产量、经济效益偏低。而且近年来农村劳动力短缺、成本增高，甘薯的种植面临困境。因此、本课题组选育适宜我省的专用、高产品种以及研究轻简化高产栽培技术很有必要。本项目品种选育以高产、适应性广、适宜轻简化作业为育种目标；研究与品种配套的栽培措施，使其充分发挥品种优势；研制、引进适宜当地的起垄、移栽、切蔓和收获等机械。建立以品种为根本、轻简化高产栽培技术为保障的技术体系，带动周边地区甘薯的生产发展。

1　技术方案

1.1　技术路线（图 1）

1.2　选育过程

高产专用甘薯品种的选育，产量、适应性是主要育种目标；地上部短蔓、分枝多、半直立是甘薯高光效株型的主要选育指标，以更加适应切蔓机作业；地下部结薯集中，以适应收获机作业。广泛采用高干率亲本，结合本地优异特性，为高产培育奠定基础，我们对国内甘薯种质资源，通过多年种植鉴定、筛选，根据性状的优异和互补性选择父母本进行杂交组配。最后以"晋甘薯 5 号"为母本，"秦薯 4 号"为父本，经杂交选育而成，2006年出圃定名运薯 22 号，2011 年 5 月省农作物品种审定委员会审定通过，定名为晋甘薯9 号。

2　技术创新内容

2.1　综述

2.1.1　晋甘薯 9 号特征特性

特征特性：蔓长 95~115cm，叶片心形，叶脉基部淡紫。茎绿色，短蔓，半直立，基部分枝较多，开花。薯块长纺锤形，结薯集中，单株结薯 4~6 个，大薯率高，抗病，耐贮藏，萌芽性好。薯皮紫红，薯肉白色略带淡黄色，熟食干绵甜（图 2）。

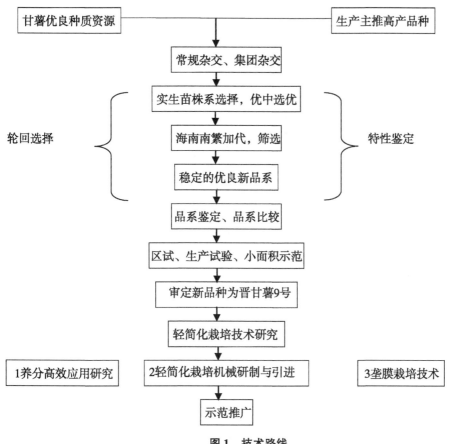

图 1   技术路线

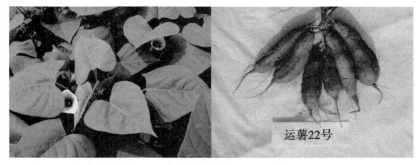

图 2   晋甘薯 9 号

2.1.2   晋甘薯 9 号品质分析

晋甘薯 9 号淀粉含量 16.69%，可溶性糖含量 2.61%，维生素 C 含量 26.6mg/100g，胡萝卜素 0.579mg/100g。

2.2   轻简化高产栽培技术研究

2.2.1   土壤养分高效利用技术研究

生产中多存在盲目施肥现象，造成肥料浪费、肥效利用率低，严重影响了甘薯的产量和品质。2011 年我们对山西南部土壤养分状况进行了调查，结果：0~20cm 土壤中碱解氮

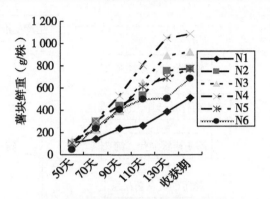

图3 氮肥不同水平各时期薯块鲜重

含量 52.50~79.33mg/100g，速效磷含量小于 10mg/100g，速效钾含量 137.35~221.44mg/100g，大多属于典型的缺氮、少磷、钾有余的中等偏下土壤肥力状况。为此着重对该类型土壤进行了氮、磷单因子试验研究。

结果表明，在不同氮水平 0~150kg/hm²，产量变化趋势如图3。N2~N6 产量较不施肥（N1）增产 9.15%~52.86%，其中以 N4 水平产量最高达到 51 519.25kg/hm²，增产 52.86%，各经济性状也达到最好，单株结薯数 5.0 块，商品薯比例占 89.43%，平均单株薯重 948.71g。N1~N4 随着氮肥施量的增加产量显著增加，超过 N4 水平则产量显著降低（表1）。

表1 氮肥不同水平产量收获期

| 处理 | 小区产量（kg） | | | 小区平均产量（kg） | 折合产量（kg/hm²） | 差异显著性 | |
	I	II	III			5%	1%
N1	99.40	102.95	100.95	101.1±1.78	33 701.7	a	A
N2	108.80	112.65	109.65	110.37±2.02	36 785.15	b	B
N3	128.05	123.50	124.90	125.48±2.33	41 835.15	c	C
N4	157.30	151.85	154.55	154.57±2.73	51 519.25	d	D
N5	115.85	110.65	114.60	113.7±2.71	37 901.9	b	B
N6	112.15	113.85	108.55	111.52±2.71	37 168.5	b	B

磷肥试验表明，P2~P5 甘薯产量较不施肥（P1）增产 10.33%~25.08%，其中以 P5 水平产量最高达 46 802.35kg/hm²，增产 25.08%，各经济性状也最好，单株结薯 4.65 块，商品薯比例占 91.0%，平均单株薯重 978.0g。P4 次之，为 46 102.3 kg/hm²，增产 23.21%。P1~P4 随着磷肥施量的增加产量表现为增加趋势（图4 和表2）。

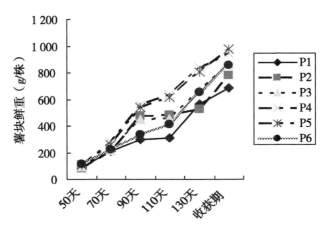

图4 磷肥不同水平各时期薯块鲜重

表2 磷肥不同水平收获期产量

处理	小区产量（kg）			小区平均产量（kg）	折合产量（kg/hm²）	差异显著性	
	I	II	III			5%	1%
P1	110.45	115.10	111.15	112.23±2.51	37 418.55	b	B
P2	116.65	129.60	125.30	123.85±6.6	41 285.4	c	C
P3	122.95	127.80	123.40	124.72±2.68	41 568.75	c	C
P4	138.25	139.80	136.80	138.28±1.5	46 102.3	d	D
P5	139.65	141.80	139.80	140.42±1.2	46 802.35	d	D
P6	97.00	97.35	95.35	96.57±1.07	31 734.95	a	A

通过养分高效利用技术研究，提出"稳钾、增磷、补氮"的施肥原则，即施氮75kg/hm²和磷135kg/hm²，适当施钾75kg/hm²，可达到较高的产量及经济效益。

2.2.2 垄膜栽培技术研究

地膜覆盖可以阻隔水分蒸腾，起到提温、保墒作用，同时收获时可较好地保持垄内土壤疏松，避免雨水较多时土壤泥泞和干旱时的板结现象。试验中黑膜对浅层土壤有较好保水效果，其中以栽前覆黑膜0~10cm的保水效果最好，比不覆盖土壤含水量提高4.64%。不同覆膜方式垄内土壤温度均比不覆膜高，距地表越近，增温效果越明显。覆盖黑膜、白膜温度变化趋势一致，白膜较黑膜升温快，以栽后覆白膜>栽前覆白膜>栽后覆黑膜>不覆膜。栽后30天，10cm土层覆盖白膜平均较黑膜高0.8℃，较不覆膜高3.7℃；覆盖白膜20cm平均温度较黑膜高0.5℃，较不覆膜高2.3℃。一天中以16：00土壤温度最高（表3）。

表3 垄膜试验不同土层土壤含水量

日期（月/日）	取样深度	CK	黑膜	较对照±%	栽前白膜	较对照±%	栽后白膜
6/8	10cm	5.47	9.82	79.52	8.96	63.80	8.32
	20cm	8.69	10.67	22.78	9.90	13.92	9.45

（续表）

日期 （月/日）	取样深度	CK	黑膜	较对照 ±%	栽前白膜	较对照 ±%	栽后白膜
7/8	10cm	6.92	8.85	27.89	7.59	9.68	6.59
	20cm	8.51	9.76	14.69	9.21	8.23	9.23
8/8	10cm	7.25	8.47	16.83	7.36	1.52	6.21
	20cm	8.63	9.05	4.87	8.43	−2.32	8.72
9/8	10cm	3.56	6.25	75.56	5.39	51.40	4.76
	20cm	4.70	7.36	56.60	6.36	35.32	6.80
10/8	10cm	8.74	10.22	16.93	8.97	2.63	8.25
	20cm	9.84	12.56	27.64	10.63	8.03	10.38

不同覆盖方式产量均比露地高，鲜薯增产幅度 28.26%~35.89%，覆黑膜鲜薯产量最高 47 964.0kg/hm²，较露地增产鲜薯 12 669kg/hm²（表4）。

表4　垄膜试验不同处理收获期产量

处理	鲜薯 （kg/hm²）	较对照 ±（%）	干率%	薯干 （kg/hm²）	较对照 ±%
前白膜	45 271.5	28.26	30.82	13 983.0	25.58
后白膜	45 967.5	30.24	30.65	14 089.5	26.80
黑膜	47 964.0	35.89	30.17	14 470.5	30.24
对照	35 295.0	—	31.48	11 110.5	—

2.2.3　轻简化栽培机械的研制与引进

北方甘薯生产的起垄、移栽、收获等环节仍主要靠人工完成，费用 800~1 000 元，甚至更高。在目前农村劳动力严重短缺情况下，用工量多、劳动强度大、生产成本高严重制约了农民的种植积极性。而目前甘薯的起垄覆膜环节和移栽环节是实现甘薯轻简化栽培的瓶颈。

2.2.3.1　甘薯起垄覆膜多行、单行一体机的研究

2011—2013 年与当地的农机修造厂经过多次试验研制了甘薯起垄覆膜多行、单行一体机，垄膜多行一体机由 50 型拖拉机牵引，悬挂于旋耕机之后，实现起垄—覆膜—覆土—压膜等繁杂工序一次完成的两行起垄覆膜工作，达到起垄标准、垄体饱满、快速，适宜大面积地块的田间作业（图5）。垄膜单行一体机是与 25 马力拖拉机连接，实现起垄—覆膜—覆土—压膜等工序一次完成的单行起垄覆膜工作，适宜丘陵地区和较小地块的田间作业。两种机型于 2013 年 3 月获得实用新型和外观四项专利的授权。垄膜一体机的研制大幅度地提高了起垄作业效率和质量，使得甘薯大面积的垄膜种植成为可能。

2.2.3.2　破膜开穴注水移栽机的研制

传统甘薯栽植方式的打孔、栽苗、浇水、埋土等每个环节都要依靠人工完成，劳动强

图5 机械起垄

度大、成本高。2012—2013年与运城市农机研究所合作研制了秧苗移栽机（图6），该机型可一次完成开穴、注水、插苗等作业，大幅度减轻了劳动强度，同时可做到打孔一致、注水等量可控、密度准确等操作，对甘薯的规模化、标准化生产起到较大的推动作用。该机械于2013年4月获得实用新型专利授权。

图6 机械移栽

2.2.3.3 甘薯切蔓机和收获机的引进应用

甘薯收获主要包括割蔓、挖掘、捡拾等，是用工量和劳动强度较大的环节。2012年经过多方考察引进江苏连云港生产的切蔓机和山东滕州生产的收获机。切蔓机可直接将茎蔓粉碎、还田，有利于增加土壤养分，提高有机质含量和改善土壤理化性状和质地。收获机作业时先将薯块拱起，然后经过输送筛传输平铺地面，收获快速、无漏收、无破损。两个机械配套应用极大地减轻了劳动强度，提高了工作效率（图7和图8）。

以上四个机械的配套应用，实现了甘薯的轻简化栽培，也基本实现了甘薯种植的全程机械化，解决了甘薯种植用工量多、劳动强度大的问题，每公顷减少投入6 000~7 500元，对甘薯的规模化、产业化生产起到较大推动作用。

2.3 晋甘薯9号的推广应用

高产专用型晋甘薯9号的选育解决了我省甘薯种植以外引品种主导的局面，结合轻简化高产栽培技术的研究应用，实现了甘薯种植的模式化、机械化，每公顷增加效益

图7 机械切蔓

图8 机械收获

7 500~9 000元，对我省甘薯的持续性、规模化生产有较大促进作用。

项目已在临汾市、运城市和三门峡等地市的技术站进行联合推广。已形成辐射晋、陕、豫、黄河金三角地区，适合当地甘薯产业化发展的规模。

参考文献（略）

氯化钙对甘薯蛋白乳化特性的影响

郭 庆 木泰华

（中国农业科学院农产品加工研究所，北京 100193）

摘 要：研究不同氯化钙浓度（0.05mol/L、0.10mol/L、0.15mol/L、0.20mol/L、0.25mol/L，pH值：7.0）对甘薯蛋白乳化特性的影响，分别对甘薯蛋白乳化液的乳化颗粒平均粒径（$d_{4,3}$）、乳化活性指数、乳析指数、界面性质（界面吸附蛋白浓度及组成）和流变性质进行测定。添加0.05mol/L氯化钙后甘薯蛋白乳化活性指数由未添加的氯化钙的30.3m^2/g显著降低为27.6m^2/g，$d_{4,3}$从4.2μm增大至4.42μm（$P<0.05$），然而随着氯化钙浓度的进一步升高（0.10~0.25mol/L），$d_{4,3}$显著增大（$P<0.05$）而甘薯蛋白乳化活性指数变化不显著（$P>0.05$）。此外，添加较高浓度的氯化钙能显著地增加乳化液的乳析指数和初始表观黏度，且界面吸附蛋白的浓度也显著提高（$P<0.05$）。SDS-PAGE分析发现，Sporamin A 不易被甘薯蛋白乳化界面吸附，且乳化界面和乳化液中均存在>66ku的S-S键高分子聚合物。钙离子与甘薯蛋白结合能改变其结构，进而影响甘薯蛋白的乳化特性。

关键词：氯化钙；甘薯蛋白；乳化活性；乳化稳定性；机理

由于植物蛋白良好的功能特性和广泛的来源，它被越来越多的应用于食品和非食品工业中。在食品工业中，水包油型食品乳化液通常是通过蛋白质来稳定的。植物蛋白是一个非常大的优质蛋白质资源库，至今人们对植物蛋白的研究还相对较少[1]。甘薯是中国第四大产量的粮食作物[2]，而对甘薯蛋白的研究目前还处于初始阶段。研究甘薯蛋白的物化性质可为在食品工业中开发和利用该资源提供理论依据。许多学者致力于研究不同物化条件对蛋白质乳化特性的影响，在这些研究中乳化颗粒大小、颗粒表面电势，流变学特性和颗粒界面性质常作为分析的参数[3-6]，这些参数是决定乳化液品质的重要因子。钙离子能够改变蛋白质分子的电荷分布与分子构象并能与蛋白质分子结合，这些改变能显著地影响乳化过程中蛋白质分子的吸附行为和乳化液的稳定性。钙离子对很多蛋白的乳化特性均有显著的影响[7-9]，其中对酪蛋白和乳清蛋白乳化特性影响的研究已经比较深入。Ye 和Singh发现酪蛋白能与钙离子结合造成酪蛋白聚集，均质前加入钙离子后界面吸附蛋白浓度和乳化微粒平均粒径均显著提高[8]。Dickinson 和 Golding发现均质前加入低浓度的氯化钙能增强酪酸钠油水乳化液的稳定性，这是因为钙离子能诱导产生大的酪蛋白束使界面吸附蛋白增多，未吸附的在乳化液中游离的蛋白减少，故直接导致了排斥絮凝程度下降[10]。Agboola 和 Dalgleish发现β-乳球蛋白与钙离子的结合物吸附到油滴上能引起乳化颗粒的聚集[11]。Baumy 和 Brule发现结合到乳清蛋白上的钙离子降低了蛋白质分子之间的静电斥力作用并促进了其疏水基团的相互作用，最终影响了乳清蛋白的吸附行为和乳清蛋白乳化液的稳定性[12]。目前关于钙离子对甘薯蛋白乳化特性的研究非常少[13]。特别是钙离子对甘薯蛋白界面性质（吸附蛋白浓度和组成），流变性质和乳析稳定性的影响均未见报道。本研究的目标是考察不同浓度氯化钙对甘薯蛋白乳化活性和稳定性的影响，并通过分析乳化颗粒粒度、乳化颗粒界面性质（界面吸附蛋白组成与浓度）和乳化液流变性质来探索中性pH条件下钙离子对甘薯蛋白乳化特性的影响机制。

1 材料与方法

1.1 供试材料

甘薯的品种为密选1号，购于北京市密云区。玉米油购于当地超市。

1.2 主要仪器和试剂

1.2.1 主要仪器

管式分离机：GQLB-Z，辽宁阳光制药机械有限公司；高速离心机：TGL-16M型，湖南湘仪仪器厂；电泳系统：AE-6450型，日本ATTO株式会社；凯氏定氮仪：KIELTEC，瑞典ANALYSISER Foss公司；紫外可见分光光度计：U-3010，日本HITACHI；冷冻干燥机：LGJ-10型，北京四环科学仪器厂；高速分散均质机：FJ-200型，上海标本模型厂；流变仪：Physica MCR 301，奥地利安东帕有限公司；激光粒度分析仪：BT9300H，丹东百特仪器有限公司。

1.2.2 主要试剂

牛血清蛋白、电泳分子量Marker，福林酚、N，N，N′，N′-四甲基二乙胺、β-巯基乙醇、十二烷基硫酸钠、三氯乙酸、去氧胆酸钠、冰醋酸、丙烯酰胺、甲叉丙烯酰胺、溴酚蓝、考马斯亮蓝R-250均购于Sigma公司。所有试剂均为分析纯。

1.3 试验方法

1.3.1 甘薯蛋白的制备

新鲜甘薯清洗，去皮，切块浸泡于含0.1%NaHSO$_3$的0.1mol/L Tris-HCl缓冲液（pH值=7.5）中（1L溶液/1kg鲜薯），然后打浆，取浆液用管式分离机（16 000r/min）除去淀粉等杂质得上清液，将该液用10 000分子量的膜超滤装置超滤后用高速离心机在10 000r/min条件下离心1h，取上清液浓缩脱盐后冻干得蛋白粉，测得该蛋白粉纯度为85.86%。

1.3.2 乳化液的制备

均质前向预先准备好的不同浓度（0mol/L、0.05mol/L、0.10mol/L、0.15mol/L、0.20mol/L、0.25mol/L）氯化钙溶液（pH值=7）中加入一定量的甘薯蛋白粉，磁力搅拌2h，甘薯蛋白粉溶液的最终浓度为1.0%（w/v）。分别取不同氯化钙浓度的该蛋白粉溶液3mL与1mL玉米油混合，用漩涡混合仪混匀，混合液立刻用装配有12mm工作头的高速机械均质机在室温下23 000r/min均质60s得新鲜乳化液立即用于以下的分析。

1.3.3 乳化颗粒粒径测定

新鲜乳化液和室温下静止2h后的乳化液分别溶解在1.0%（w/v）SDS溶液和蒸馏水后，再用激光粒度分析仪测定乳化液的表面积等效平均粒径（d$_{3,2}$）和体积等效平均粒径（d$_{4,3}$）。乳化颗粒的比表面积（Sv）由Walstra的方法计算[14]。

Sv＝6Φ/d$_{3,2}$（m^2/mL），Φ为油相体积分数（0.25），d$_{3,2}$为表面积等效平均粒径。

1.3.4 乳化活性指数的测定

依照Pearce和Kinsella[15]的浊度法测定甘薯蛋白的乳化活性指数（EAI）。均质结束后立刻取20μL不同蛋白浓度的乳化液稀释到5mL0.1%（w/v）SDS溶液中，用漩涡混合仪混匀后在500nm处分别测定不同溶液吸光值。乳化活性指数（m^2/g）被定义为每克蛋白质能形成的乳化颗粒的表面积。

$$EAI = 2 \times 2.303A / (1-\varphi) lC$$

A 表示 500nm 处吸光值，C 表示甘薯蛋白粉溶液的蛋白浓度（0.0086g/L），φ 表示油相的组分数（0.25），l 表示光程（0.01m）。

1.3.5　乳析指数的测定

将新鲜乳化液置于 1.0cm×15cm 的玻璃试管中，在常温下放置后乳化液分成两层，上层为乳析层，下层为清液层。分别记录 24h 内每隔 2h 可视的乳析界面高度的变化。根据 Keowmaneechai 和 McClements 的方法[16]，乳析指数（CI）被定义为下层清液的高度（Hs）除以整个乳化液的高度（Ht）即：

$$CI（\%）= 100 \times Hs/Ht$$

1.3.6　流变性质的测定

使用装配有椎体和平板模头的剪切型流变仪测定乳化液的黏度。椎体的直径 50mm，椎角是 1°。所有的测定均在 25℃下进行。

1.3.7　界面吸附蛋白浓度的测定

参考 Patton 和 Huston[17]的方法，取一定量 2mL 新鲜甘薯蛋白乳化液与同体积 50%（w/v）蔗糖溶液用漩涡混合仪混匀，然后取 2mL 该混合液置入盛有 7mL 5%（w/v）蔗糖溶液的塑料离心管底部，离心管在 3 500r/min 条件下离心 20min 后取出再放在−40℃下冷冻 24h 后取出，离心管中溶液被分为 3 层。其中上层为析出的乳化颗粒，中层为蔗糖，下层为未被油滴吸附的蛋白。用剃须刀将上层和下层分别切下并将上层立刻溶解到 1.0%（w/v）SDS 溶液中充分振荡后得到界面吸附蛋白液；将下层溶于蒸馏水中得到未被界面吸附蛋白液。依照 Peterson 和 Markwell 等的方法[18-19]测定并计算出 1mL 乳化液中的界面吸附蛋白含量 Cad（mg/mL）。界面吸附蛋白浓度 Γ 被定义为：$\Gamma = Cad/Sv$（mg·m^{-2}），Sv 为乳化颗粒的比表面积。

1.3.8　SDS-聚丙烯酰胺凝胶电泳（SDS-PAGE）

用 SDS-PAGE 分析甘薯蛋白乳化液界面吸附蛋白和未被界面吸附蛋白的组成。SDS-PAGE 依照 Laemmli 法[20]进行。采用 1.3.7 的方法将未添加氯化钙的蛋白乳化液和添加 0.15mol/L 浓度氯化钙蛋白乳化液分离出界面吸附蛋白溶液和未被界面吸附蛋白，并分别溶解在添加和不添加 5%β-巯基乙醇的样品溶解液中。用甘薯蛋白作对照，采用不连续的缓冲液系统，浓缩胶和分离胶的浓度分别是 5% 和 15%，用含 50%甲醇、10%乙酸和 0.25%考马斯亮蓝 R-250 的混合液对蛋白进行染色，用含 40%甲醇和 7%乙酸的混合液作为脱色液，摇床振荡 8h 脱色后用凝胶成像系统拍照记录。

1.3.9　统计分析

每个试验 3 次重复，数据用 SAS8.1 进行方差分析和均值比较，以 $P < 0.05$ 为显著性检验标准。

2　结果

2.1　氯化钙对甘薯蛋白乳化颗粒粒径的影响

乳化颗粒 $d_{4,3}$ 是一个表征乳化液品质的重要参数。氯化钙浓度对甘薯蛋白乳化颗粒 $d_{4,3}$ 的影响如图 1 所示。新鲜乳化液的 $d_{4,3}$ 为 4.20μm。均质前向蛋白溶液中加入 0.05mol/L 的氯化钙使乳化液的 $d_{4,3}$ 略有增加为 4.42μm，且随着氯化钙浓度的升高（0.1~

0.25mol/L），乳化液 $d_{4,3}$ 呈逐渐增大的趋势（$P<0.05$）。此外，与未静置的新鲜乳化液相比，不加氯化钙的乳化液静置后 $d_{4,3}$ 未显著增大，而加入不同浓度氯化钙的乳化液静置后 $d_{4,3}$ 均显著增大（$P<0.05$），且这种趋势随着加入氯化钙浓度的增大变得越来越明显。

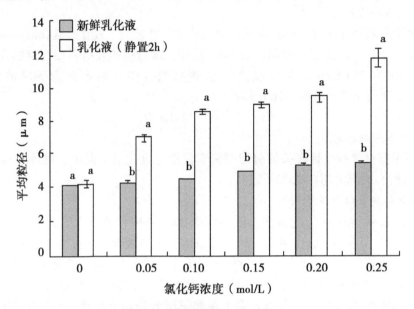

图1　氯化钙浓度对乳化颗粒平均粒径的影响

注：同一组内不同字母表示存在显著性差异（$P<0.05$）

2.2　氯化钙对甘薯蛋白乳化活性的影响

图2表示氯化钙浓度对甘薯蛋白乳化活性指数的影响。不加氯化钙的甘薯蛋白的乳化活性指数为 $30.3m^2/g$，当加入 0.05mol/L 氯化钙后甘薯蛋白乳化活性指数显著地降低为 $27.6m^2/g$（$P<0.05$）。然而，随着氯化钙浓度的上升，氯化钙对甘薯蛋白的乳化活性指数影响的差异并不显著（$P>0.05$）。

2.3　氯化钙对甘薯蛋白乳化液稳定性的影响

乳析指数是衡量乳化液稳定性的一个关键参数。如图3所示，添加和未添加氯化钙乳化液随着乳化液放置时间的延长，乳析指数均逐渐增大。但加入氯化钙能显著加快乳化液的乳析速率。在相同时间条件下，与未加入钙离子乳化液的乳析指数相比，加入不同浓度的氯化钙均能显著增加乳化液的乳析指数（$P<0.05$）。在相同时间条件下氯化钙浓度越高其乳化液的乳析指数越大（$P<0.05$）。

2.4　氯化钙对甘薯蛋白乳化液流变性质的影响

如图4所示，随剪切速率的增大所有乳化液的表观黏度都逐渐下降，这表明所有乳化液均为非牛顿流体即存在剪切变稀行为。与未加氯化钙的乳化液相比，加入 0.05mol/L 的氯化钙，乳化液的初始表观黏度从 $3.19Pa\cdot s$ 显著地增加到 $6.05Pa\cdot s$（$P<0.05$），且随着加入氯化钙浓度的增高（0.05~0.25mol/L）乳化液的初始剪切黏度直线上升（$P<0.05$），氯化钙浓度为 0.25mol/L 时乳化液的初始剪切黏度最大为 $772Pa\cdot s$。在相同剪切速率条件下，随着加入氯化钙浓度的提高乳化液的表观黏度逐渐增大。随着剪切速率的增大，未加氯化钙的乳化液（0mol/L）在高剪切速率区（10~100 1/s）的表观黏度逐渐趋

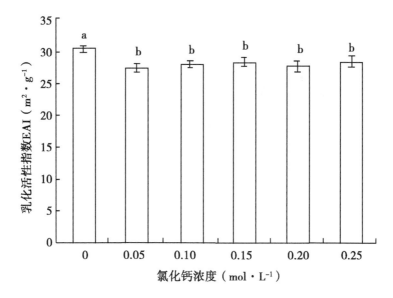

图 2　氯化钙浓度对甘薯蛋白乳化活性指数的影响

注：不同字母表示存在显著性差异（P<0.05）

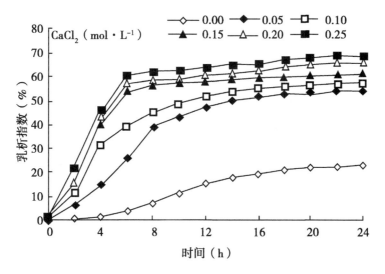

图 3　氯化钙浓度对甘薯蛋白乳化液乳析指数的影响

于稳定达到一个常数，表现出一定的牛顿流体特征，而加入不同浓度氯化钙的乳化液均未发现有此现象。

2.5　氯化钙对甘薯蛋白乳化液界面吸附蛋白浓度的影响

氯化钙浓度对界面吸附蛋白浓度的影响如图 5 所示，添加氯化钙后乳化液界面吸附蛋白浓度呈显著上升（P<0.05），且随着氯化钙浓度的升高（0.05~0.20mol/L），乳化液的界面吸附蛋白的浓度显著增大（P<0.05）。当氯化钙浓度达到 0.2mol/L 后，继续增加其浓度界面吸附蛋白的浓度不再显著增加（P>0.05）。未加氯化钙乳化液界面吸附蛋白浓度仅为 1.73mg/m²，当添加 0.25mol/L 浓度的氯化钙后，乳化液界面吸附蛋白浓度增加至

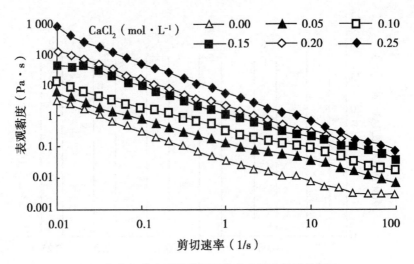

图 4　氯化钙浓度对甘薯蛋白乳化液流变性质的影响

$9.38mg/m^2$，增加了约 5 倍。

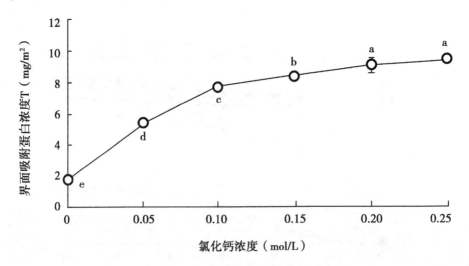

图 5　氯化钙浓度对界面吸附蛋白浓度的影响

注：不同字母表示存在显著性差异（$P<0.05$）

2.6　氯化钙对甘薯蛋白乳化液界面吸附蛋白组成的影响

在非还原条件下，甘薯蛋白主要有 22ku、31ku 和 50ku 3 条染色带，分别相当于 SporaminB、SporaminA 和 Sporamin 二聚体（图 6-b 泳道 1）[21-22]。甘薯蛋白不含钙离子乳化液的未被界面吸附蛋白也存在与甘薯蛋白相类似的三条染色带（图 6-b 泳道 3），而被界面吸附的蛋白质只显示出 22ku 和 31ku 两条染色带，，说明 Sporamin 二聚体未被油滴界面吸附。甘薯蛋白含钙离子的乳化液未被界面吸附的蛋白除显示出与甘薯蛋白类似的 3 条染色带之外，还在泳道顶端发现有>66ku 更高分子量染色条带出现（图 6-b 泳道 5）。而甘薯蛋白含钙离子乳化液的界面吸附蛋白除了有 22、31ku 两条染色带外，也在泳道顶端存在>66ku 高分子量染色带。然而，31ku 染色带显色很淡，说明当加入钙离子后

SporaminA 较难被乳化液油滴界面吸附（图 6-b 泳道 4）。

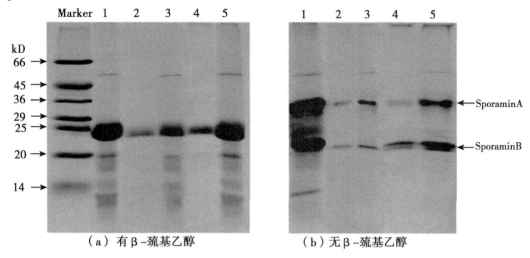

（a）有 β-巯基乙醇　　　　　（b）无 β-巯基乙醇

图 6　还原（a）与非还原（b）条件下的 SDS-PAGE 图谱

1：甘薯蛋白；2：未加氯化钙乳化液界面吸附的甘薯蛋白；3：未加氯化钙乳化液未被界面吸附的甘薯蛋白；4：添加氯化钙乳化液界面吸附甘薯蛋白；5：添加氯化钙乳化液界面未被吸附甘薯蛋白

在还原条件下，SporaminA 和 SporaminB 两条染色带消失并主要生成了约 25ku 的 1 条染色带；上述高分子量的染色带均消失，表明高分子量的物质是由 S-S 键连接而成（图 6-a）[22]。

3　讨论

EAI 表示乳化剂的乳化效率[23]，乳化活性指数越高说明乳化剂的乳化活性越好。蛋白质的乳化活性可能决定于蛋白质分子吸附到乳化颗粒界面动力学过程的早期。蛋白质分子吸附的速率与其在溶液中的扩散系数有关，其扩散系数越大吸附速率也越高，故乳化活性指数也越大[24]。加入不同浓度氯化钙甘薯蛋白乳化液的 EAI 均显著下降，但是加入不同浓度氯化钙后的甘薯蛋白乳化液的 EAI 无显著差异（图 2）。这可能是因为加入 0.05mol/L 的氯化钙能显著地降低甘薯蛋白分子的扩散系数（溶解度下降导致），导致其自由扩散活化能增大使 EAI 降低，然而进一步增大氯化钙浓度（0.05~0.25mol/L）对甘薯蛋白溶解度的影响并不显著[13]，故对扩散系数影响也较小，所以 EAI 没有显著变化。

在中性 pH 条件下，加入氯化钙以后新鲜乳化颗粒 $d_{4,3}$ 显著增大，这可能是因为甘薯蛋白在溶液中与钙离子结合使其构象发生变化，蛋白质分子不能立即覆盖匀质过程中新形成的油滴界面和获得低自由能状态[25]，一些具有高表面自由能的小乳化颗粒会聚结形成更大的乳化颗粒，导致了乳化颗粒 $d_{4,3}$ 增大且这种趋势随着钙离子浓度的增大越来越明显。加入不同浓度氯化钙乳化液静置 2h 后 $d_{4,3}$ 变得越来越大（图 1），其原因可能是由于放置后乳化颗粒形成了絮凝体。这种絮凝体在乳清蛋白添加钙离子后也会产生[8]。乳析指数可间接地表示乳化液中乳化颗粒的凝程度，絮凝程度越高，乳析指数越大[26]。在中性 pH 条件下加入不同浓度氯化钙的乳化液静置 2h 后乳析指数均明显升高（图 3），这与粒径测定的结果是一致的。

乳化液初始表观黏度与其絮凝程度有较大的关系，高黏度表示乳化液絮凝明显[27]。因此，甘薯蛋白乳化液初始剪切黏度随氯化钙浓度的增加而增大（图4），说明钙离子能促进甘薯蛋白乳化液絮凝。此外，未添加氯化钙乳化液的界面吸附蛋白浓度为 1.73mg/m^2（图5），这已接近已报道的单层球蛋白饱和吸附浓度 $2\sim3\text{mg/m}^{2[28]}$。随着氯化钙浓度的增加，甘薯蛋白乳化液界面吸附蛋白的浓度显著增加，这可能是由于添加高浓度的钙离子导致甘薯蛋白结构变化，因此可能会促进其疏水相互作用并在油滴表面形成不规则的多吸附层，但是界面吸附蛋白增加却没有促进乳化液的稳定。这与 Home 和 Leaver 对酪蛋白的研究结果是类似的[29]。其原因可能是钙离子的加入导致乳化颗粒之间相互作用增强。

在中性 pH 条件下添加氯化钙后，SporaminA 不容易被乳化界面吸附，可能是由于 SporaminA 参与形成了 >66ku 的高分子聚合物（图6-b），当加入 β-巯基乙醇后该高分子聚合物被分解（图6-a），表明在乳化液中和乳化颗粒界面上存在的高分子聚合物是由 SporaminA 蛋白与钙离子通过 S-S 键连接而成。这种连接也存在于乳化颗粒之间，并造成乳化液通过架桥产生絮凝。

4 结论

在中性 pH 条件下，加入氯化钙能显著降低甘薯蛋白的乳化活性和乳化稳定性。钙离子与甘薯蛋白结合能引起其结构变化并改变甘薯蛋白乳化液界面吸附蛋白的组成并显著提高界面吸附蛋白浓度。此外，在甘薯蛋白乳化液和乳化颗粒界面上存在的高分子聚合物是由 Sporamin A 蛋白与 Ca^{2+} 间通过 S-S 键连接而成，这种架桥也存在于乳化颗粒之间并造成了乳化液稳定性的降低。

参考文献

[1] Kinsella J E. Functional properties of soy proteins. Journal of theAmerican Oil Chemists' Society, 1979, 56: 242-258.

[2] Mu T H, Tan S S, Xue Y L. The amino acid composition, solubility and emulsifying properties of sweet potato protein. Food Chemistry, 2009, 112: 1 002-1 005.

[3] Zhang T, Jiang B, Mu W M, et al. Emulsifying properties of chickpea protein isolates: Influence of pH and NaCl. Food Hydrocolloids, 2009, 23: 146-152.

[4] Petursson S, Decker E A, Mcclements D J. Stability of oil-in-water emulsions by cod protein extracts. Journal of Agricultural and Food Chemistry, 2004, 52: 3 996-4 001.

[5] Sarkar A, Kelvin K T G, Singh H. Colloidal stability and interactions of milk-protein-stabilized emulsions in an artificial saliva. Food Hydrocolloids, 2009, 23: 1 270-1 278.

[6] Wang B, Li D, Wang L J, et al. Effect of concentrated flaxseed protein on the stability and rheological properties of soybean oil-in- water emulsions. Journal of Engineering, 2010, 96: 555-561.

[7] Srinivasan M, Singh H, Munro P A. Sodium caseinate-stabilized emulsions: factors affecting coverage and composition of surface proteins. Journal of Agricultural and Food Chemistry, 1996, 44: 3 807-3 811.

[8] Ye A, Singh H. Interfacial composition and stability of sodium caseinate emulsions as influenced by calcium ions. Food Hydrocolloids, 2001, 15: 195-207.

[9] Dickinson E, Davies E. Influence of ionic calcium on stability of sodium caseinate emulsions. Colloids and Surfaces B: Biointerfaces, 1999, 12 (3-6): 203-212.

［10］ Dickinson E, Golding M. Influence of calcium ions on creaming and rheology of emulsions containing sodium caseinate. Colloids and Surfaces A-Physicochemical and Engineering Aspects, 1998, 144（1-3）: 167-177.

［11］ Agboola S O, Dalgleish D G. Calcium-induced destabilization of oil-in-water emulsions stabilized by caseinate or by β-lactoglobulin. Journal of Food Science, 1995, 60: 399-403.

［12］ Baumy J J, Brule G. Binding of bivalent cations to α-lactalbumin andβ-lactoglobulin: effect of pH and ionic strength. Le Lait, 1988, 68: 33-48.

［13］ Mu T H, Tan S S, Chen J W, et al. Effect of pH and NaCl/CaCl₂ on the solubility and emulsifying properties of sweet potato protein. Journal of the Science of Food and Agriculture, 2009, 86: 337-342.

［14］ Walstra P. Formation of emulsion//Becher P. Encyclopedia ofEmulsion Technology: Basic Theory. Vol. 3. New York: Marcel Decker, 1983: 57-127.

［15］ Pearce K N, Kinsella J E. Emulsifying properties of proteins: Evaluation of a turbidimetric technique. Journal of Agricultural and Food Chemistry, 1978, 26: 716-723.

［16］ Keowmaneechai E, McClements D J. Influence of EDTA and citrate on physicochemical properties of whey protein-stabilized oil-in-water emulsions containing CaCl₂. Journal of Agricultural and Food Chemistry, 2002, 50: 7 145-7 153.

［17］ Patton S, Huston G E. A method for isolation of milk fat globules. Lipids, 1986, 21: 170-174.

［18］ Peterson G L. A simplification of the protein assay method of Lowry et al. which is more generally applicable. Analytical Biochemistry, 1977, 83: 346-356.

［19］ Markwell M A, Haas S M, Bieber L L, et al. A modification of the Lowry procedure to simplify protein determination in membrane and lipoprotein samples. Analytical Biochemistry, 1978, 87: 206-210.

［20］ LaemmLi U K. Cleavage of structural proteins during the assembly of the head of bacteriophage T4. Nature, 1970, 27: 680-685.

［21］ Maeshima M, Sasaki T, Asahi T. Characterization of major proteins in sweet potato tuberous root. Phytochemistry, 1985, 24: 1899-1902.

［22］ 薛友林, 孟宪军, 孙艳丽, 等. 四种甘薯蛋白粉品质比较. 食品研究与开发［J］. 2006, 27（2）: 51-53. Xue Y L, Meng X J, Sun Y L, et al. Quality comparison of foursweet potato protein powder. Food Research and Development, 2006, 27（2）: 51-53.（in Chinese）

［23］ Agyare K K, Addo K, Xiong Y L. Emulsifying and foaming properties of transglutaminase-treated wheat gluten hydrolysate as influenced by pH, temperature and salt. Food Hydrocolloids, 2009, 23: 72-81.

［24］ Dagorn-Scaviner C, Gueguen J, Lefebvre J. Emulsifying properties of pea globulins as related to their adsorption behaviors. Journal of Food Science, 1987, 52: 335-341.

［25］ Phillips M C. Protein conformation at liquid interfaces and its role in stabilizing emulsions and foams. Food Technology, 1981, 35: 50-57.

［26］ Sun C H, Gunasekaran S. Effects of protein concentration and oil phase volume fraction on the stability and rheology of menhaden oil-in-water emulsions stabilized by whey protein isolate with xanthan gum. Food Hydrocolloids, 2009, 23: 165-170.

［27］ Puppo M C, Speroni F, Chapleau N, et al. Effect of high-pressure treatment on emulsifying properties of soybean proteins. Food Hydrocolloids, 2005, 19: 289-296.

［28］ Bos M A, Vliet T V. Interfacial rheological properties of adsorbed protein layers and surfactants: a review. Advances in Colloid and Interface Science, 2001, 91: 437-471.

［29］ Horne D S, Leaver J. Milk proteins on surface. Food Hydrocolloids, 1995, 9: 91-95.

山西省甘薯产业现状及产业链发展分析

武宗信　解红娥　解晓红　李江辉　王凌云　贾峥嵘

（山西省农业科学院棉花研究所，运城　044000）

摘　要： 本文介绍了中国甘薯产业的发展现状，分析了山西省甘薯产业发展情况以及存在的问题，并就山西省甘薯产业链发展提出来具体建议。

甘薯是中国重要的低投入、高产出、耐干旱、耐瘠薄、多用途的粮食、饲料工业原料作物和新型的生物能源作物。甘薯在世界主要粮食作物产量中排名第 7 位，在中国仅次于水稻、小麦和玉米，居第 4 位。作为重要的粮食作物和经济作物，甘薯具有适应性广、产量高、稳产性好、用途广等优点，甘薯每公顷干物质产量可达 15～20t，可以预见，在未来粮食构成中，甘薯将是最具竞争力的作物之一。甘薯营养丰富，富含淀粉、维生素、食用纤维多种氨基酸和多种矿物质，是世界卫生组织（WHO）评选出来的"十大最佳蔬菜"的冠军，被营养学家称为"营养最均衡的保健食品之一"。随着科学技术的发展和人民生活水平的提高，饮食结构也发生了巨大的变化，甘薯因丰富的营养价值和良好的保健作用越来越受到人们的重视，甘薯的开发利用亦引起国内外的普遍重视。山西省甘薯种植历史悠久，常年种植面积在 6 万～7 万 hm^2，主要分布在运城、临汾等地，种植品种以食用型和淀粉型并重。为此，笔者结合山西省甘薯生产现状，深入了解和探讨山西省甘薯生产的现状及发展过程中存在的问题，对甘薯产业链进行分析，研究其发展对策，推进甘薯产业可持续发展。

1　中国甘薯产业发展现状

中国是世界上最大的甘薯生产国，据 FAO 统计资料分析，20 世纪 50 年代开始种植面积呈先增后降的趋势，变化趋势直接与国民经济发展和政策调整有关。近年来，甘薯种植面积稳定在 400 万 hm^2 左右。甘薯单产平均在 22t/hm^2 左右，单产由 20 世纪 50 年代略低于世界水平，提高到相当于世界水平的 1.67 倍。鲜薯总产量 1.0 亿 t 左右，占世界总产量的 75%。据国家甘薯产业技术体系调查分析，中国目前甘薯种植面积在 460 万 hm^2 左右。另据国际马铃薯中心亚太分中心资料，中国 592 个国家级贫困县中，有 426 个县种植甘薯。

中国甘薯消费大体经历了食用为主（1950—1977 年），饲用、食用、加工并重（1978—1999 年），加工为主、食饲兼用（2000—2005 年），加工为主、食用为辅、饲用较少（2006 年至今）四个历程。第一阶段甘薯作为粮食用的比例占 50% 左右，饲料用约占 30%；第二阶段粮食用、饲料用和加工用甘薯大约各占 1/3；第三阶段加工用占 40% 左右，其余为饲料用和粮食用；第四阶段作为加工用途的比例进一步提高至 45%～50%，除少数边远地区外，甘薯作为充饥用粮食的功能显著衰退，取而代之的是城乡居民作为辅助或保健食品。随着国民对甘薯保健作用认识的不断提高，鲜食用、叶菜用比例有所增加，鲜食甘薯对市场需求的拉动集中表现在城镇郊区甘薯的发展。当前中国许多省区把甘薯作为农业产业结构调整中的优势作物，甘薯正逐步向效益型经济作物转变。

近年来优质食用型品种种植面积进一步扩大，开始出现集约化种植模式。甘薯及淀粉价格的高位稳定，使种植效益明显提高，且随着农户甘薯种植规模的扩大，效益明显增加。受粮食作物种子和种植补贴政策的影响，存在着人为压低甘薯等非补贴作物面积，抬高补贴作物面积的现象，使国家粮食作物统计面积失实，也降低了甘薯产业规模的显示度。由于中国甘薯科技工作者和种植者的共同努力，中国在甘薯种植面积下降，生长环境变差的情况下，仍然维持鲜薯总产 $1.0×10^8$ t 左右的水平。

2　山西省甘薯产业发展现状

山西省的甘薯种植面积在 20 世纪 60~70 年代达到最大，有 10 万 hm² 左右，到 80 年代左右面积大幅度下降到 4 万 hm² 左右，90 年代后期随着人们生活水平的提高及种植结构的调整，面积略有回升，近几年的种植面积基本稳定在 6 万~7 万 hm²，在各地区的分布为：运城地区 43%，临汾地区 41%，忻州地区 12%，其他地区占 4%。近年来山西省甘薯单产平均在 32t/hm² 左右，高于全国平均水平。鲜薯总产量 224 万 t，其中鲜食占 40%，加工占 40%，其他占 20%。山西省甘薯产业年产值达 53.76 亿元。随着人们对甘薯营养价值的认识以及农副产品价格的提高，在山西省出现了不少的甘薯种植专业乡、专业村，如：洪洞的杨岳村、闻喜的淹底乡、芮城的焦芦村、盐湖的张良村和曲沃的北容村等靠种植、加工甘薯过上了小康生活。也为当地的龙头企业如：河津的农之龙公司、襄垣的东宝薯业、闻喜的金土地公司和高平的前和置业等薯类加工企业的发展提供了充足的原材料。

山西省甘薯产业发展呈现以下特点：

甘薯种植继续向规模化、集约化种植发展。甘薯专业合作社和专业户不断增多，甘薯生产合作社种植平均规模超过 300 亩，种植面积占种植总面积的 60% 以上。通过土地流转进行大规模种植来满足自己的原料需求，同时引进优良品种、先进的栽培技术以及实施机械种植甘薯的轻简化生产带动了当地的甘薯生产。甘薯种植专业化程度的提高，增强了市场抗风险能力。

淀粉加工仍是甘薯加工的主体，淀粉类加工是农户从事甘薯产后加工的主要方式。单一从事淀粉加工的农户占 41.3%，甘薯经过简单的短期贮藏，即可获得比较理想的经济收入，长期贮藏经济效益更为可观，甘薯贮藏已成为规避风险、提高效益的重要手段。部分专业合作社和种植大户，已从传统的自由购销，转向适度储存，进行错时销售，出现了部分贮藏专业村。

山西省的甘薯种植多数是以鲜薯品种为主，约占总面积的 60%，加工用品种占总面积的 40%。鲜薯品种主要有晋甘薯 3 号、晋甘薯 9 号、秦薯 4 号等，加工用品种主要有晋甘薯 5 号、商薯 19、徐薯 18 等。鲜薯品种由于土壤质地和小气候的差异，表现出了在当地栽植的独特口味，比如运城盐湖、闻喜，临汾襄汾、洪洞和晋中的汾阳等地，这些地域种植的食用型甘薯在北京、内蒙古、东北、太原当地很受欢迎。

多年来笔者针对山西省降水量少和丘陵旱垣地区面积较大的气候、地理特征，结合黄土高原干旱、半干旱生态特点，笔者研究出了适宜于旱地甘薯栽培的垄膜一体化栽培模式、优化配方施肥技术和病虫害防控技术等。同时针对甘薯种植劳动强度大研制出了甘薯垄膜一体机，该机型可达到一次完成松土、垅土、成型、镇压、覆膜和埋土等作业，可做到起垄规范，垄虚底实。合作研制的甘薯移栽机可自动完成破膜、打孔、注水，在人工放苗后进行压实土壤，同时应用国内江苏连云港、山东滕州等地研究成功的甘薯切蔓机、甘薯收获机等机械，可极大地减轻劳动强度和降低劳动成本，使得甘薯种植的标准化、现代化及规模化成为可能。

甘薯的病毒病目前已成为甘薯生产的制约因素，尤其近年来发现的甘薯 SPVD 病毒，其危害程度远大于国内以往报道的甘薯其他病毒，减产幅度可达 80% 以上，因此用生物技术手段生产脱毒苗尤其重要。多年试验表明甘薯脱毒后产量高、薯块整齐，薯皮光滑，颜色鲜艳，商品率高，一般大田应用增产 20%~30%。针对目前国内 SPVD 病毒大面积发生，脱毒技术是唯一应对 SPVD 发生的对策措施。笔者从 1995 年对甘薯进行的脱毒技术研究以来，目前已对周边地区种植面积较大的 10 余个品种进行了脱毒技术研究，这些脱毒种薯及薯苗常年供给山西、陕西、河南周边地区，因此获得了较好的社会效益。

3 山西省甘薯产业存在问题

山西省的甘薯产业虽然有了长足的发展，但是同世界及国内沿海发达省份相比，在专用型品种及种苗、生产、加工和储存环节还存在一些问题。

（1）专用型品种缺乏。由于《种子法》对主要和非主要农作物不合理的划分，甘薯项目所获支持力度较小，且无连续性，导致育成品种较多，但突破性品种少。现代甘薯产业发展所需要的专用型品种，特别是高淀粉、色素提取和能源专用型甘薯品种比较缺乏。良种种性退化、脱毒种薯种苗繁育体系不健全。甘薯种薯种苗生产销售市场不太规范，脱毒技术推广处于自发状态，甘薯良种种性退化加快，甘薯病毒感染情况有加重的趋势。

（2）甘薯病虫害为害严重。自联产承包责任制以来，随着农村种植业结构的调整，甘薯已成为部分区域经济发展支柱，这就导致部分区域多年来一直种植甘薯，加之薯农科学素养不高，在引种以及病虫害防治不科学，导致甘薯的茎线虫病为害严重，如襄汾的连村，多年前是当地有名的甘薯种植专业村，生产的粉条非常畅销，但是，由于茎线虫病的为害，这几年很少种植甘薯。又如，运城的三管村，2007 年茎线虫病大发作，甘薯在地里几乎全部烂掉，自此以后该地几乎无人种植甘薯。因此，甘薯的茎线虫病很大程度地影响了我省的甘薯种植。近年来由于大范围调种越来越多，甘薯各种病毒病发生较重，特别是 SPVD 病毒病已构成对甘薯产业发展的严重威胁，甘薯感染 SPVD 病毒后产量损失可高达七八成，甚至绝收。另外，由于近几年气候的回暖，南病北移已成趋势，今年我们就在运城发现了蔓割病，这是北方薯区从未见过的病害，应引起我们的高度重视。

（3）甘薯种植机械化程度普遍较低，尤其在山区丘陵地区几乎全部为人工作业，许多地方甘薯面积下降的重要原因不是效益低，而是机械化程度低，种植劳动强度制约了甘薯产业的发展。

（4）山西省甘薯加工的主要产品是淀粉，属于初级产品，且生产工艺为传统扬浆工艺，污染严重。淀粉产品没有统一加工标准，没有品牌，更谈不上产品质量监测，不能进入大市场、大流通。粉条大多为传统生产，产品质量差，且无包装、无品牌，附加值低。甘薯富含淀粉、多糖、黄酮、多酚以及胡萝卜素、花青苷、膳食纤维等保健物质，尤其是在甘薯加工保健食品、功能食品等方面几乎空白，深加工可以大幅度提高产值。甘薯单位面积的能源产量显著高于谷类作物，我省具有大面积的沿河滩涂和山坡丘陵等可利用边际土地，通过提高甘薯品种的产量、干物率、淀粉率和耐旱能力，甘薯作为物质能源原料具有巨大的潜力。

（5）淀粉等加工业污染问题突出，许多产区只要不限制淀粉加工业的发展，甘薯种植面积就呈扩大的趋势。淀粉等加工业的可修复污染问题尚未得到根本解决，部分地方政府已限制甘薯小淀粉加工，如增加环保设备将促进甘薯产业发展。

甘薯贮藏质量不高，贮存损失较大。流通环节不畅、种植收益较低。产地与市场差价较大，季节间差价较大，产品贮藏能力差，抵御缓冲市场风险能力小。

4 山西省甘薯产业发展对策及产业创新链

针对山西省甘薯产业发展现状及存在问题，加快山西省绿色节本增效甘薯产业创新链的建设迫在眉睫。山西省甘薯产业创新链由专用型甘薯新品种选育、优质健康种苗高效繁育、甘薯轻简化生产、甘薯绿色生产、甘薯产后高效加工、鲜食甘薯贮藏及营销等6个部分构成。根据产业近期发展的基础可行性和有效性，首先将在鲜食、淀粉用甘薯品种的选择，优质健康种苗高效繁育、甘薯绿色轻简化生产、产后高效利用及品牌建立等方面开展研究。相应的创新链以甘薯产业节本增效为切入点，推进甘薯产业整体经济效益提升为核心，围绕构建专用型甘薯品种、绿色节本增效、产后加工利用及市场营销3大产业链环节，建设专用型甘薯新品种选育及高效健康育苗技术体系、甘薯节本绿色轻简化生产技术体系、甘薯产后高效利用技术及营销体系3大创新体系，通过龙头企业的带动，进行示范推广，实现山西省甘薯节本增效。

4.1 加强建设专用型甘薯品种及高效健康种苗繁育体系

专用型甘薯品种及高效健康种苗繁育是甘薯节本增效产业链的重要基础。甘薯种质资源创制与专用型品种选育，包括甘薯优异种质资源的评价利用，引进、利用优质野生甘薯资源，拓宽遗传基础，进行新材料创制，进行专用型甘薯新品种选育，确定适宜于山西薯区鲜食甘薯专用品种，一季薯干超吨加工型甘薯品种，特色保健型甘薯品种。优质专用型甘薯品种的脱毒技术研究，对我省主推专用型甘薯品种，病毒病种类及为害程度进行调查，并对其进行脱毒技术研究；脱毒试管苗病毒检测技术研究；诱导脱毒试管苗培养基配方及快繁技术研究。高效脱毒种薯（苗）繁育技术及繁育基地建设与示范，包括脱毒薯苗、原原种、原种隔离防虫网棚栽培、繁育技术研究，种薯的保存及繁育以及高效种苗繁育体系的建设。

从山西省甘薯产业的实际出发，开展专用型新品种选育，主栽品种脱毒技术，健康种苗高效繁育等方面研究，实现山西省甘薯专用品种更新换代，优化鲜食、淀粉、加工产业甘薯品种布局，提供优质脱毒健康种苗为产业发展提供保障。

4.2 重点实施甘薯绿色节本轻简化生产技术体系

针对山西省甘薯茎线虫及地下害虫为害严重，施药混乱，生产绿色甘薯迫在眉睫，种植机械化程度普遍较低，垄膜轻简化栽培体系亟待完善，甘薯配方科学施肥普及率低的情况，系统开展茎线虫、地下害虫的生物防治，甘薯垄膜轻简化高产栽培模式研究，甘薯源库调控技术和缓释肥料高效利用和甘薯轻简化机械配套栽培技术体系研究示范，实现甘薯绿色节本生产，提高机械化应用程度，减轻劳动强度，实现甘薯病虫害绿色防治，做到产量效益同步提高。

4.3 努力提升甘薯产后高效利用技术及营销体系

根据产业调查，山西省甘薯加工占 40%，食用占 40%，超过 10% 因保存不当而霉烂，用作种薯占 10%。我省一批加工企业先后研制出了精白薯粉，方便面薯粉，膨化薯片，食用色素的提取等一系列产品。要实现甘薯产后增值，做到薯农与加工企业双赢，需要在促进现有科技成果转化的同时，进一步加大科技投入与开发的力度，依靠科研单位的技术优势和加工企业的自主创新能力，建立甘薯生产基地，开展甘薯产品加工工艺研究，进行技术攻关和新产品、新工艺开发，开展甘薯新用途，特别是甘薯保健作用及其新产品加工工艺的研究开发，生产高附加值的甘薯制品，提高经济效益。

以市场为引导，政府部门主导，培育甘薯加工规模企业，以此为龙头，组成科、工、农、贸一体化经营模式，政府要创造良好的投资环境，吸引各方资金投入到甘薯加工产业的发展。引导消费，树立甘薯加工制品的品牌优势。要抓住甘薯原料多集中在边远地区、无污染的特点，打好绿色品牌，同时搞好产品的包装设计和企业的形象策划，提升产品档次，以品牌优势促进产品销售，促进甘薯产业的可持续发展。通过开展鲜薯保鲜贮存技术及设施建设，新型甘薯食品加工技术研究与配套装备开发，使山西省甘薯产业产后利用技术达到国内先进水平，甘薯深加工附加值增加 30%，建设甘薯优质品牌 3~4 个，优化经营模式，做到种植户和加工企业双赢。

参考文献

[1] 陆漱韵，刘庆昌，李惟基. 甘薯育种学 [M]. 北京：中国农业出版社，1998.
[2] 马代夫，刘庆昌. 中国甘薯育种与产业化 [M]. 北京：中国农业大学出版社，2005.
[3] 马代夫. 国内外甘薯育种现状及今后工作设想 [J]. 作物杂志，1998 (4)：8-10.
[4] 马代夫，李强，曹清河，等. 中国甘薯产业及产业技术的发展与展望 [J]. 江苏农业学报，2012，28 (5)：969-973.
[5] 张振臣，乔奇，秦艳红. 中国发现由甘薯褪绿矮化病毒和甘薯羽状斑驳病毒协生共侵染引起的甘薯病毒病害 [J]. 植物病理学报，2012，42 (3)：328-333.
[6] 谢逸萍，孙厚俊，邢继英. 中国各大薯区甘薯病虫害分布及为害程度研究 [J]. 江西农业学报，2009，21 (8)：121-122.
[7] 唐君，周志林，张允刚，等. 国内外甘薯种质资源研究进展 [J]. 山西农业大学学报，自然科学版，2009，29 (5)：478-482.
[8] 张立明，王庆美，马代夫，等. 甘薯主要病毒病及脱毒对块根产量和品质的影响 [J]. 西北植物学报，2005，25 (2)：316-320.
[9] 武宗信，冯文龙，解红娥. 山西省甘薯生产现状及发展对策 [J]. 山西农业科学，2004，32 (4)：29-32.
[10] 吴雨华. 世界甘薯加工利用新趋势 [J]. 食品研究与开发，2003，24 (5)：5-8.
[11] 程坷伟，许时婴，王璋. 甘薯中功能性成分的研究进展 [J]. 食品科技，2003 (6)：92-94.
[12] 邓学良，周文化，付希. 甘薯食品产业发展概况与前景分析 [J]. 粮食与饲料工业，2009 (5)：15-16.
[13] 秦宏伟. 甘薯功能性成分研究进展 [J]. 泰山学院学报，2010，32 (3)：110-113.
[14] 何伟忠，木泰华. 中国甘薯加工业的发展现状概述 [J]. 食品研究与开发，2006，27 (11)：176-180.
[15] 胡良龙，田立佳，计福来，等. 国内甘薯生产收获机械化制因思索与探讨 [J]. 中国农机化，2011 (3)：16-18.

鲜甘薯发酵生产燃料乙醇中的降黏工艺 *

黄玉红[1,2]　靳艳玲[1]　赵　云[3]　李宇浩[1,2]　方　扬[1]　张国华[1]　赵　海[1]**

（1. 中国科学院成都生物研究所，成都　610041；2. 中国科学院研究生院，

北京　100049；3. 四川大学生部科学学院，成都　610041）

摘　要： 鲜甘薯是中国用于燃料乙醇生产的主要原料之一，黏度高是鲜甘薯高浓度发酵的瓶颈之一，为了解决这一问题，本文主要通过添加降黏酶系及其作用条件的优化，①确定了降黏效果最好的酶系为四川禾本生物工程有限公司的纤维素酶，黏度由 $1.7×10^4$ mPa.s 降到 $8.8×10^2$ mPa.s；②获得了降黏酶作用前最佳高温处理条件：110℃，20min；③发现降黏酶对大部分品种鲜甘薯降黏效果较好，黏度均约为 $1.0×10^3$ mPa.s 以下，最低黏度只有 $2.7×10^2$ mPa.s，黏度下降率均在95%以上；④将其应用于工业化生产，加入降黏酶2h后发酵醪液的黏度由 $1.8×10^5$ mPa.s 下降到 $2.7×10^3$ mPa.s，发酵后终黏度仅为 $7.9×10^2$ mPa.s，发酵时间仅为23h，乙醇浓度达到10.56%（v/v），进一步验证了该降黏酶系应用于工业化鲜甘薯燃料乙醇生产的实际意义。

关键词： 鲜甘薯；品种；降黏；燃料乙醇；工业化生产

随着社会的发展，石油短缺已严重影响经济的发展和社会的稳定，而且对环境带来了很大的威胁。因此寻找新能源迫在眉睫，而燃料乙醇是一种最有发展前景的生物能源。巴西主要以甘蔗生产燃料乙醇，汽车和飞机以乙醇为燃料；美国主要以玉米生产燃料乙醇，加拿大采用大麦、玉米、小麦等谷物为原料生产燃料乙醇得到广泛应用和推广[1-3]。但是中国是人口大国，人均耕种面积少，必须寻找合适的非粮食原料。2007 年，中国正式宣布停止一切以粮食为原料生产燃料乙醇的项目，鼓励发展甘薯、甘蔗、甜高粱等非粮食原料生产燃料乙醇。甘薯是中国开发潜力最大的生物质能源原料之一。中国占世界甘薯种植总面积和产量的90%，2005 年已超过 100 万 t[4]。以甘薯为原料生产乙醇有很多优点。首先，中国盛产甘薯，四川省是甘薯的主产区。甘薯可以在许多土壤类型上种植，甚至在贫瘠的山区也能快速生长；其次，与玉米和木薯相比，它能效高[5]，原料成本低廉。同时，以甘薯为原料生产燃料乙醇不会威胁中国的粮食安全。而且利用甘薯生产能源乙醇的加工增值效益高也使甘薯成为发展生物质能源的首要选择[6]。

高浓度原料发酵能有效地提高单位时间燃料乙醇产量，以玉米为原料高浓度发酵因为醪液黏度低特性已投入生产，但是以甘薯为原料高浓度发酵的瓶颈之一是醪液黏度很大，给料液的混合、液化、糖化及发酵，特别是大规模发酵的操作带来较大的困难，而且高黏度影响淀粉完全水解为可发酵的糖[7-8]。另外，虽然添加更多的水能降低黏度，但发酵初总糖因稀释降低，导致乙醇浓度较低，乙醇的蒸馏需要消耗更多的能量，发酵效率也不高[9]。Srikanta 发现新鲜木薯高浓度发酵因黏度过高导致固液分离困难，发酵效率降低[10]。因此发酵醪液黏度的降低是提高发酵效率和节约能耗的有效途径之一。降黏酶通

＊ 基金项目：现代农业产业技术体系建设专项（CARS-11-B-17）资助

** 通讯作者：赵海；E-mail：zhaohai@cib.ac.cn

过分解植物细胞壁中的非淀粉类多糖和改变细胞的形态来降低发酵醪的黏度[11]。美国 Martinez Gutierrez 等利用降黏酶如 β-葡聚糖酶和木聚糖酶来降解葡聚糖和木聚糖，降低发酵醪液黏度，从而增加了醪液的流动性，提高了工厂的生产能力，特别是提高了传热效率和有利于管道的运输。zhang[11] 报道利用木聚糖酶能够迅速降低发酵醪液的黏度。但是经降黏酶预处理之后，以鲜甘薯为原料进行燃料乙醇大规模的工业发酵很少有文献报道。因此寻找适合多种甘薯发酵的降黏酶并应用于工业化生产，能够降低能耗和环境负荷，增加经济效益和提高燃料乙醇的生产能力。

本文主要研究最优降黏酶系，优化降黏工艺，不同降黏酶对不同品种甘薯高浓度发酵的降黏效果，并将该降黏酶系应用于工业化生产，进一步验证了该降黏酶系应用于鲜甘薯燃料乙醇工业化生产的实际意义。

1 材料与方法

1.1 甘薯

试验田设在四川南充农业科学研究所试验基地，供试品种为万薯 34、徐薯 22 膜、南薯 007、南薯 88、渝紫薯 263、南薯 99、徐薯 18、徐薯 22、棉粉 1 号、02−12−8、商薯 19，室温保存。

1.2 试剂

1.2.1 液化酶

Liquozyme Supra，购自诺维信公司。是一种具有热稳定性的 α-淀粉酶，标准酶活力为 90KNU/g（KNU 为诺维信液化酶的专有单位）。1KNU 的定义在 37℃，pH 值＝5.6 时，每小时水解 5.26g 淀粉的酶量。

1.2.2 糖化酶

Suhong GA II，购自诺维信公司。是一种由黑曲霉发酵生产的糖化酶，标准酶活力为 500AGU/mL，（AGU 为诺维信糖化酶专有单位）。1AGU 的定义是指在 25℃，pH 值 4.3 标准条件下，每分钟水解 1mmol 麦芽糖所需的酶量。

1.2.3 降黏酶

分别购自宁夏和氏璧生物技术有限公司、四川禾本生物工程有限公司、湖南尤特尔生化有限公司、无锡市雪梅酶制剂科技有限公司和杰能科生物工程有限公司。木聚糖酶、纤维素酶、β-葡聚糖酶和果胶酶标准酶活分别为 1 000 000 u/g、1 000 000 u/g、10 000 000u/g、500 000u/g（宁夏和氏璧生物技术有限公司），50 000u/g、4 200u/g、5 700 u/g、20 000u/g（四川禾本生物工程有限公司），80 000U/g、15 000U/g、35 000U/g、30 000 U/g（湖南尤特尔生化有限公司），20 000IU/g、40 000IU/g、1 000IU/g、30 000IU/g（无锡市雪梅酶制剂科技有限公司）；木聚糖酶、纤维素酶、GC220 标准酶活分别为（75±5）mg/mL、（123±10）mg/mL、184mg/mL（杰能科生物工程有限公司）。

1.2.4 化学试剂

葡萄糖、水杨酸、甘油、HCl、NaOH、醋酸铅、Na_2SO_4 等，以上药品均为分析纯，购自成都科龙化工试剂厂。

1.3 主要仪器

HR-2826 搅拌机（飞利浦公司），恒温摇床（上海精宏实验设备有限公司），754N 分

光光度计（上海奥普勒仪器有限公司），JA2003 电子天平（上海天平仪器厂），RDV-2+
PRO 数字式旋转黏度计（上海尼润智能科技有限公司），pHS~3C 型数字酸度计（上海盛
磁仪器有限公司），全自动蒸汽压力灭菌锅（江苏医疗设备厂），LD5-2A 离心机（北京医
用离心机厂），FULI 9790 气相色谱仪（浙江福立分析仪器有限公司）。

1.4 实验方法

1.4.1 还原糖浓度测定

3, 5-二硝基水杨酸（DNS）比色法[12]：称取样液 1~5g，用蒸馏水稀释至 25mL 容量
瓶中，定容至刻度，摇匀，离心后测定。

1.4.2 总糖浓度测定

酸水解-DNS 法[13]：取样品 10g 左右，加 100mL 蒸馏水和 30mL 6mol/L 的 HCl 于
250mL 的水解瓶中，沸水浴水解 2h 后，调 pH 至中性，用醋酸铅沉淀除去蛋白质，再用
硫酸钠中和去多余的铅离子，利用测定还原糖的方法（DNS）测定总糖。

1.4.3 黏度的测定旋转式黏度计测定。

1.4.4 乙醇浓度测定采用气相色谱法[9]。

1.5 实验流程

鲜甘薯（除特殊说明外均为商薯 19）水洗→切成约 3cm×3cm 块状，打浆（黏度测
定）→80~90℃液化至碘检棕红色（黏度测定）→按实验设计料水比混合→高温处理→
降黏（100g 发酵醪中加入 Xg 降黏酶，50℃，150r/min，2h）→黏度测定（或发酵）。

2 结果与分析

2.1 最适降黏酶系的选择

鲜甘薯处理同 1.5，料水比为 3：1，经过 110℃、20min 处理后，进行正交试验、单
因素实验和酶量交互实验。正交实验以宁夏和氏璧生物技术有限公司为例，以黏度为指
标，选用 L9（34）正交表，各种酶的因素水平见表 1 所示。表 2 是正交实验结果，从表
中数据可以看出木聚糖酶、果胶酶、纤维素酶和 β-葡聚糖酶的极差分别为 3 109.667、
3 017.000、3 087.000 和 3 656.000，极差越大表明酶降黏效果越好，由极差大小顺序排除
因素的影响大小为 β-葡聚糖酶>纤维素酶>果胶酶>木聚糖酶。考虑到黏度下降程度和成本
问题，继续探究 β-葡聚糖酶与另外 3 种酶交互实验，实验结果如表 3。

酶单因素实验和交互实验的结果表明，宁夏和氏璧生物表 1 正交试验因素水平表技术
有限公司的 β-葡聚糖酶添加量为 0.05g，作用效果较好，黏度均低于其他单因素酶和酶之
间交互作用的黏度，但是考虑黏度下降程度和成本问题，选择该酶的添加量为 0.025g。
其他 4 个公司均通过正交实验由 R 值分析得到作用效果较好的降黏酶依次为纤维素酶，
黏度从 17 099mPa.s 降到 884mPa.s；纤维素酶，黏度从 12 444mPa.s 降到 1 381mPa.s；
纤维素酶，黏度从 11 103mPa.s 降到 1 286mPa.s；GC 220，黏度从 12 005mPa.s 降到
2 164mPa.s。均进行了单因素实验和酶量交互实验．研究报道料水比为 2：1，添加纤维
素酶和果胶酶能降低甘薯醪液黏度[14]，甘明哲也提到料水比为 2：1，经过预处理后添加
纤维素酶和果胶酶，黏度降为 $4.5×10^4$mPa.s[15]，而本实验料水比为 3：1，仅添加 0.1g
四川禾本生物工程有限公司纤维素酶，黏度即从 17 099mPa.s 降到 884mPa.s，减少了发
酵用水和降低了乙醇蒸馏时的能耗，同时节约了燃料乙醇生产成本。

因此，综合 5 个公司降黏酶作用后黏度下降程度和成本，最终确定四川禾本生物工程有限公司纤维素酶为最适合的降黏酶，添加量为 0.1g。

表 1　正交实验因素水平表

因素	木聚糖酶（g）	果胶酶（g）	纤维素酶（g）	葡聚糖酶（g）
1	0	0	0	0
2	0.025	0.025	0.025	0.025
3	0.05	0.05	0.05	0.05

表 2　正交实验结果

实验号	木聚糖酶	果胶酶	纤维素酶	葡聚糖酶	黏度（mPa.s）
1	1	1	1	1	
2	1	2	2	2	
3	1	3	3	3	
4	2	1	2	3	
5	2	2	3	1	
6	2	3	1	2	
7	3	1	3	2	
8	3	2	1	3	
9	3	3	2	1	
K_1	4 320.000	4 242.667	4 247.333	4 549.667	
K_2	1 210.333	1 352.333	1 413.000	1 377.333	
K_3	1 290.333	1 225.667	1 160.333	893.667	
R	3 109.667	3 017.000	3 087.000	3 656.000	

表 3　酶单因素实验和交互实验结果

酶	添加量（g）	黏度（mPa.s）
④	0.05	
④	0.025	
④①	均 0.025	
④②	均 0.025	
④③	均 0.025	
④①②	均 0.025	
④①③	均 0.025	
④②③	均 0.025	

注：①、②、③、④分别是木聚糖酶、果胶酶、纤维素酶和 β-葡聚糖酶

2.2 不同的处理温度和时间对降黏酶作用的影响

经过液化和高温处理后，使降黏酶更能充分的与其靶位点接触，因此有利于提高经高温处理后降黏酶作用的效率，而大规模生产燃料乙醇高温处理原料时设备负荷高，能耗大，降低高温处理的温度和缩短处理时间能够延长设备使用寿命，节约能耗，并且提高安全系数。何华坤报道的原料蒸煮条件是130℃[16]，也有文献灭菌条件为115℃，15min[17]。本实验在选择了最适降黏酶的基础上，探究温度为95~110℃，时间为15~40min的不同处理条件对其作用的影响，黏度变化情况见表4。由结果可以看出，降低处理温度，延长处理时间，降黏酶的作用并不是很理想，因此高温处理的条件110℃，20min，既能降低能耗，同时降黏酶的作用效果最好。

表4 不同处理条件黏度下降结果

高温条件	110℃，10min	110℃，20min	105℃，25min	100℃，30min	95℃，40min
黏度（mPa.s）	6 120	939	2 115	1 884	6 495
对照（mPa.s）	18 932	8 066	9 744	11 010	16 355

2.3 降黏酶对不同品种鲜甘薯发酵的降黏效果

根据2.1和2.2结果，进一步验证四川禾本生物工程有限公司纤维素酶能否作用于不同品种的甘薯，以综合评估该降黏酶的降黏情况，为工业化生产燃料乙醇的原料选择提供重要依据。不同品种甘薯总糖和含水量如表5，由表中数据可知鲜甘薯的总糖含量除南薯99外均高于22%，水分在66%~80%，含糖量高。鲜甘薯处理同1.5，料水比为3:1，高温条件为110℃、20min，分别测定打浆后、液化后、高温后及其对照的黏度，其结果见表6。同时可以通过酶处理后相对于打浆后、液化后、高温处理后黏度下降率来评估该酶的作用效果，η_1，η_2，η_3，η_4分别表示酶处理相对于打浆后、液化后、高温后及空白对照黏度下降率，A_1，A_2，A_3，A_4分别表示打浆后、液化后、高温后及空白对照黏度，B表示降黏酶处理后的黏度，结果见表7。

$$\eta_{1,2,3,4}(\%) = (A_{1,2,3,4} - B)/A_{1,2,3,4} \times 100$$

表5 不同鲜甘薯总糖和含水量

甘薯品种	总糖（%）	含水量（%）
万薯34	27.18	69.00
徐薯22膜	27.87	67.50
西成薯007	32.05	64.60
南薯88	22.88	72.70
渝紫薯263	25.67	69.13
南薯99	16.74	78.40
徐薯18	29.37	66.70
徐薯22	26.49	68.00

（续表）

甘薯品种	总糖（%）	含水量（%）
棉粉薯 1 号	28.05	67.00
2-12-8	23.09	72.90
商薯 19	27.18	70.20

表 6　不同甘薯打浆后、液化后、高温预处理后、酶处理后及对照组黏度变化

甘薯品种	黏度（mPa.S）				
	打浆后	液化后	高温后	酶处理后	空白对照
万薯 34	10 476	16 389	9 259	634	4 754
徐薯 22 膜	21 237	24 604	18 610	721	7 474
西成薯 007	33 837	38 204	34 452	2 278	18 059
南薯 88	14 662	16 643	14 593	720	4 730
渝紫薯 263	16 003	15 892	13 803	686	6 904
南薯 99	41 805	27 272	26 337	684	11 322
徐薯 18	42 898	14 478	31 174	2 925	15 591
徐薯 22	21 197	23 752	27 275	643	11 849
棉粉薯 1 号	33 198	25 873	21 084	876	9 728
2-12-8	16 160	20 646	15 142	764	8 786
商薯 19	25 676	34 683	23 559	884	11 016

注：酶处理及空白对照条件均为 110℃，20min 后，50℃，180r/min 2h

表 7　不同甘薯在降黏酶作用下酶处理相对于打浆后、液化后、高温后及对照黏度下降率

甘薯品种	酶处理相对黏度下降率（%）			
	打浆后	液化后	高温后	对照
万薯 34	93.95	96.13	93.15	86.66
徐薯 22 膜	96.60	97.07	96.13	90.35
西成薯 007	93.27	94.04	93.39	87.39
南薯 88	95.09	95.67	95.07	84.78
渝紫薯 263	95.71	95.68	95.03	90.06
南薯 99	98.36	97.49	97.40	93.96
徐薯 18	93.18	79.80	90.62	81.24
徐薯 22	96.97	97.29	97.64	94.57
棉粉薯 1 号	97.36	96.61	95.85	91.00
02-12-8	95.27	96.30	94.95	91.30
商薯 19	96.56	97.45	96.25	91.98

结果表明，除万薯34、西成薯007、徐薯18外，0.1g四川禾本生物工程有限公司纤维素酶对各品种甘薯的降黏效果较好，黏度均约在1 000mPa. S以下，酶处理相对于打浆后、液化后和高温后黏度下降率均在94%以上，高温处理后空白对照实验组的黏度也有些下降，可能主要是因为经过高温以及50℃、150r/min作用条件后，释放出部分鲜甘薯原料的糖类，其结构发生了改变，导致黏度下降，其下降幅度显然没有加入降黏酶的大，但是加入降黏酶组比空白组黏度下降了81%以上。由此可见，在发酵预处理中有必要加入该降黏酶，而且所选择的降黏酶对原料品种作用范围较广，作用效果较好，适合用于工业化燃料乙醇的生产。

2.4 降黏酶应用于鲜甘薯工业化乙醇发酵

工业上以鲜甘薯为原料生产燃料乙醇，不仅要考虑鲜甘薯产量和淀粉含量，还要根据当地实际情况和用途分析比较[18-19]，综合考虑，根据在实验室确定的最优降黏酶系和其最佳的作用条件，以徐薯18为原料，将其应用于工业规模的生产。生产系统包括2m³液化罐、30m³灭菌罐、20m³发酵罐以及蒸馏装置等等。目前，在以鲜甘薯为原料的工业化生产中，为了确保发酵醪传输、传质、传热的效果，需要在鲜甘薯中添加1:1的水，增加其流动性，降低其黏度，从而导致所产酒精浓度非常低。我们所开发出的高效降黏酶系可以大幅度降低原料黏度，而不依赖于添加过多的水，因此，料水比可高达16.4:1。实验结果如表8，在较高的料水比（16.4:1）的情况下，加入降黏酶2h后发酵醪液的黏度由188 647mPa. s下降到2 713mPa. s，发酵后终黏度仅为790mPa. s，发酵时间仅为23h，乙醇浓度达到10.56%（v/v）。和2.3结果相比较，可以看出在工业化生产中，选择的最优降黏酶系对徐薯18仍有很好的降黏效果，进一步验证了该降黏酶系应用于工业化生产的实际意义。

表8 在降黏酶作用下鲜甘薯工业化乙醇发酵结果

甘薯品种	料水比	拌料后黏度（mPa. s）	综合降黏处理后黏度（mPa. s）	发酵醪终黏度（mPa. s）	乙醇浓度（v/v%）	发酵时间（h）
徐薯18	16.4:1	188 647	2 713	790	10.56	23

3 结论

甘薯是一种可以用于燃料乙醇生产的能源作物，在中国有广阔的应用前景。而利用甘薯高浓度发酵燃料乙醇的瓶颈之一是黏度过高，通过添加降黏酶能够水解鲜甘薯细胞壁中的复杂多糖的糖苷键使其成为单糖和寡糖，从而降低醪液的黏度，有利于料液的混合、液化、糖化和发酵，特别是大规模的发酵。

本文主要通过正交试验，单因素实验和酶量的交互实验，确定了降黏效果较好的酶是是四川禾本生物工程有限公司纤维素酶，黏度由$1.7×10^4$mPa. s降到$8.8×10^2$mPa. s；得到降黏酶作用效果较好的高温条件是110℃，20min，节约了能源和提高了安全系数；将B公司的②号酶作用于11种鲜甘薯，大部分甘薯的降黏效果较好，黏度均约为1 000mPa. s以下，下降率均在95%以上，在确定了最佳降黏酶系和其作用条件后，将其应用于工业化生产，鲜甘薯料水比为16.4:1，加入降黏酶2h后发酵醪液的黏度由188 647mPa. s下降到 2 713 mPa. s，发酵后终黏度仅为 790mPa. s，发酵时间仅为 23h，乙醇浓度达到 10. 56% （v/v），大大减少了能源消耗，节约了发酵用水，缩短了发酵时间，进一步验证了该降黏酶系应用于工业化鲜甘薯燃料乙醇生产的实际意义。

参考文献

［1］ Jacques K，Lyons T P，Kelsall D R. The Alcohol Textbook ［M］. Third Edition，Nottingham University Press，Nottingham，United Kingdom，1999：257.

［2］ California Energy Commission staffs. U. S. energy industry production capacity outlook ［M］. 2001 （8）：60001-017.

［3］ Farrell AE，Plevin RJ，Turner BT，Jones AD，Hare MO，Kammen DM，Ethanol can contribute to energy and environmental goals ［J］，Science，2006，311 （5 756）：506-508.

［4］ Lu GQ，Huang HH，Zhang，DP. Application of near-infrared spectroscopy to predict sweet potato starch thermal properties and noodle quality ［J］. Zhejiang University （Eng. Sci. ）. 2006，7 （6）：475-481.

［5］ Fu XZ （傅学政），Zhu W （朱薇），Guan TQ （管天球）. Comprehensive benefit analysis of fuel ethanol production from sweet potato in China ［J］. Journal of Hunan University of Science and Engineering （湖南科技学院学报），2006，27 （11）：183-186.

［6］ Nie LH （聂凌鸿）. The development and utilization of sweet potato resources ［J］. Modern Business Trade Industr （现代商贸工业），2003 （5）：44-47.

［7］ Wang D，Bean S，McLaren J，Seib P，Madl R，Tuinstra M，Shi Y，Lenz M，Wu X. ，Zhao R. Grain sorghum is a viable feedstock for ethanol production ［J］. J. Ind. Microbiol. Biotechnol，2008，35 （5）：313-320.

［8］ Ingledew WM，Thomas KC，Hynes SH，McLeod JG. Viscosity concerns with rye mashes used for ethanol production ［J］. Cereal Chem，1999，76 （3）：459-464.

［9］ Zhang L，Zhao H，Gan MZ，Jin YL，Gao XF，Chen Q，Guan JF，Wang ZY. Application of simultaneous saccharification and fermentation （SSF） from viscosity reducing of raw sweet potato for bioethanol production at laboratory，pilot and industrial scales ［J］. Bioresource Technology，2011，102 （6）：4573-4579.

［10］ Srikanta S，Jaleel SA，Ghildyal NP，Lonsane BK. Techno-economic feasibility of ethanol production from fresh cassava tubers in comparison to dry cassava chips ［J］. Food，1992，36 （3）：253-258.

［11］ Zhang L，Chen Q，Jin YL，Xue HL，Guan JF，Wang ZY，Zhao H. Energy-saving direct ethanol production from viscosity reduction mash of sweet potato at very high gravity （VHG） ［J］. Fuel Process Technol，2010，91 （12）：1845-1850.

［12］ Maldonado MC，Strasser de Saad AM. Production of pectinesterase and polygalacturonase by Aspergillusniger in submerged and solid state systems ［J］. Ind. Microbiol. Biotechnol，1998，20 （1）：34-38.

［13］ Wang LS，Ge XY，Zhang WG. Improvement of ethanol yield from raw corn flour by *Rhizopus*sp ［J］. *World J*. Microbiol. Biotechnol，2007，23 （4）：461-465.

［14］ Wang XX （王晓霞），Zhang KC （章克昌），Zhang LX （张礼星），Xu R （徐柔）. Study on the application of pectinase in ethanol-high gravity fermentation ［J］. Food&FermentationInd （食品与发酵工业），2001，27 （3）：44-47.

［15］ Gan MZ （甘明哲），Jin YL （靳艳玲），Zhou LL （周玲玲），Qi TS （戚天胜），Zhao H （赵海）. Low Viscosity and Rapid Saccharification Pretreatment of Fresh Sweet Potato for Ethanol Production ［J］. Chin J Appl Environ Biol （应用与环境生物学报），2009，15 （2）：262-266.

［16］ He HK （何华坤），Liu L （刘莉），Wang HX （王红霞），Yan T （晏涛），Luo Xx （罗西）. Study of Technology of Fermentation of Producing High Concentration Fuel Alcohol with Fresh Sweet Potato ［J］. J of China Three Gorges Univ. （*Natural Sciences*） 三峡大学学报 （自然科学版），2008，30 （4）：67-71.

［17］ Jin YL （靳艳玲），Gan MZ （甘明哲），Zhou LL （周玲玲），Xue HL （薛慧玲），Zhang L （张良），Zhao H

（赵海）. Ethanol Production with 4 Varieties of Sweet Potato at Different Growth Stage［J］. Chin J Appl Environ Biol（应用与环境生物学报），2009，15（2）：267-270.

［18］ Wang XQ（王贤清）. 关于发展生物质能源应注意的几个问题［C］. Oil Forum（石油科技论坛），2008，27（1）：29-31

［19］ Lu SJ（陆漱韵），Liu QC（刘庆昌），Li WJ（李惟基）. SweetpotatoBreeding［M］. Beijing, China（北京）：China Agriculture Publishing House，1998.

高密度种植对不同绿豆株型品种农艺
性状及产量的影响[*]

陈　剑[**]　葛维德

（辽宁省农业科学院，沈阳　110161）

摘　要：试验于2011—2012年在朝阳市凌源市旱田试验地进行，选用直立型辽绿8号、半蔓生型辽绿6号为试验材料，采用随机区组排列，3次重复。3个密度处理：处理1为1.2万株/667m²；处理2为1.6万株/667m²；处理3为对照，0.8万株/667m²；小区行距0.6m，行长4m，5行区；小区面积12m²。试验目的是通过增加种植密度改变原生产种植的密度，提高产量，指导生产。试验初步结果：辽绿8号直立株型品种随种植密度加大，植株分枝数、荚数、粒数增加，植株根系、叶片、茎秆干物质积累增加，最高产量达2 835kg/hm²，种植密度24万株/hm²；辽绿6号半蔓生型品种随种植密度增加，植株荚数、粒数减少，干物质积累降低，产量下降；在适宜种植密度18万株/hm²产量达3 085kg/hm²。但两种株型品种的单株荚长、单荚粒数和百粒重差异不大。虽绿豆株型品种种植密度产量表现不一，可能是因在干旱半干旱条件下，由于气候变暖，二氧化碳浓度增高、温度提升，光照充裕，群体生长发育协调，绿豆植株干物质积累增加，提高了产量。

关键词：绿豆；植株类型；高密度种植；干物质积累；产量

绿豆高产栽培产量的提高首先是品种，其次是栽培技术和环境的影响。绿豆产量增加与植株形态有关，相同密度种植是半蔓生株型高于直立株型，增加直立株型的密度才能取得同样的产量。据高晓丽研究表明，在提高绿豆产量时随气候变暖，大气二氧化碳含量的增高，绿豆的施肥水平增加和密度加大，产量随之提高。在适宜的种植密度条件下，绿豆植株分枝数增多、单株产量增加。在一定时间内分配到生殖器官籽粒中的干物质量越多，产量就越高。密度加大与品种增产潜力的关系也较大[1]。郭中校研究绿豆和红小豆新品种产量和密度试验结果表明，公主岭中上等肥力条件下，绿豆密度13株/m²产量，270 kg/hm²，其次是11株/m²，产量1 232kg/hm²；产量最低19株/m²。中上等肥力种植绿豆密度不能太高，密度大，植株间郁蔽，通风透光不好，落花落荚严重，而易倒伏[2]。胡业功等人研究绿豆密度和播期试验研究，结果：播种密度以12万株/hm²表现最好，经济性状、产量均好于24万株/hm²，中肥水下种植密度以12万株/hm²效果较好。产量随播期推迟而下降。如选用株型较大的品种，密度小些，选用株型较矮小的品种，可适当增加密度[3]。闫锋研究种植密度对半直立型绿豆主要形状及产量的结果：在半干旱地区的黑龙江省齐齐哈尔碳酸黑锈土种植绿丰5号，最佳密度20万株/hm²，株高随密度增加而升高，分枝数、单株荚数、单株粒重随着密度的增加而降低。

绿豆节数、荚长、单荚粒数和百粒重是相对稳定的，不同密度变化不大，主要决定于品种本身的遗传特性。提高单位面积产量应在一定的单荚粒数和百粒重条件下，通过单株

---

[*] 基金项目：国家食用豆产业技术体系建设专项（CARS-09-Z8）

[**] 作者简介：陈剑，助理研究员，主要研究方向为食用豆育种与栽培

荚数来实现[4]。

王旋和石英等研究种植密度是群体发展的起点，适宜的种植密度则是协调群体和个体生长发育的最基本、最重要的调控措施[5-6]。

李萍等研究大气 CO_2 浓度升高对绿豆生长发育与产量的结果：大气 CO_2 浓度升高后，绿豆叶面积、株高、节数、茎粗增加；收获后株高、节数、茎粗增加，叶绿素含量下降；收获时单株干物重增加，单荚粒重，百粒重变化不大。未来大气 CO_2 浓度升高但绿豆生长发育，使绿豆地上部分生物量和产量增加[7]。据梁杰等对不同密度和施肥条件对绿豆产量研究结果说明，在吉林地区种植半蔓生吉绿 8 号，适宜种植密度在 17 万株/hm^2，产量最高[8]。

本研究试图从高密度种植对不同株型绿豆品种的农艺性状、干物质积累、叶片光合生理、产量等影响，探讨其变化规律，在干旱半干旱的辽宁朝阳市凌源地区，随大气温度升高，二氧化碳含量增加条件下，选择适宜种植密度，为高产栽培，提供理论依据。

1 试验材料与方法

1.1 试验材料

试验于 2011—2012 年在凌源市旱田试验地进行，选用直立型绿豆品种辽绿 8 号、半蔓生型绿豆品种辽绿 6 号为试材。前茬作物为玉米，土壤质地是壤土，地势平坦，土壤肥力较肥沃，无灌溉条件。

1.2 试验设计

试验采用随机区组排列，3 次重复。试验设 3 个密度处理：处理 1 为 1.2 万株/$667m^2$；处理 2 为 1.6 万株/$667m^2$；处理 3 为对照，0.8 万株/$667m^2$。小区行长 4m，行距 0.6m，5 行区，小区面积 $12m^2$。

1.3 试验测定项目与方法

1.3.1 生育性状、干物质积累测定

在绿豆株型品种的分枝期、开花期、结荚期、成熟期，将各处理中选择具有代表性的绿豆植株 3 株，测定根长、株高、主茎叶片数，并将根系、茎秆、叶片剪下，装入纱网袋中，采用自然风干法称量干物重。

1.3.2 植株叶片 SPAD 值测定

采用日本产的活体叶绿素仪（SPAD502），在绿豆株型品种各处理的开花期、结荚期、成熟期，选择有代表性的植株 3 株，测定植株主茎倒数第三叶片 SPAD 值。

1.3.3 光合特性测定

利用美国产的 LI-6400-光合仪，在绿豆参试品种的开花期、结荚期、成熟期的各处理中，选取有代表性的植株 3 株，测定植株主茎倒数第三叶片光合速率、胞间二氧化碳浓度、气孔导度、蒸腾速率。

1.3.4 产量测定和室内考种

在绿豆参试品种的成熟收获前，在各处理的每个小区中分别连续取有代表性的植株 10 株进行室内考种，测定株高、主茎分枝数、主茎叶片数、单株荚数、单荚长度、单株粒数、单株粒重、百粒重。小区产量实打实收，计算单位面积产量，最后折算为公顷产量。

1.4 试验结果处理

用 Excel 对原始数据进行处理和制图，用 DPS v7.05 数据处理软件进行方差分析。

2 试验结果与分析

2.1 高密度种植对不同绿豆株型品种生育性状的影响

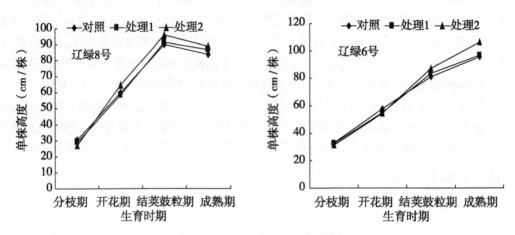

图1 高密度种植对不同绿豆株型品种植株高度的影响

2.1.1 株高

由图1看出，在不同绿豆株型品种的结荚期和成熟期，各处理都高于对照。辽绿8号的处理2高于处理1，与对照比分别增加6.5%、5.9%，1.5%、3.4%；辽绿6号的处理2高于处理1，与对照比分别增加7.5%、11.2%，3%、1.2%。一般绿豆的株高随密度的增加而增高，两个不同绿豆株型品种随密度加大，植株高度增加，试验结果说明，株高变化符合一般生长规律。绿豆参试品种间，辽绿6号高于辽绿8号。经显著性差异测验，处理与对照的株高差异都不显著，说明增加密度后对株高影响不明显，$P_{辽绿8号} = 0.2371$，$P_{辽绿6号} = 0.4425$。

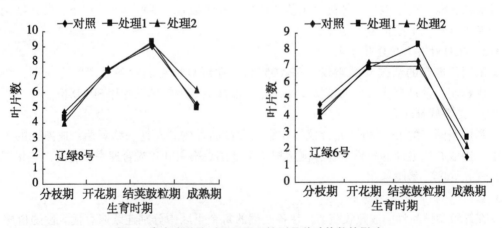

图2 高密度种植对不同绿豆株型品种叶片数的影响

2.1.2 主茎叶片数

由图2可知，两个绿豆株型品种的叶片数的变化，由分枝期开始，随生育进程加快，叶片数逐渐增加，在结荚鼓粒期达到最高，在成熟期降至最低。生育后期叶片变黄脱落，叶片数逐渐减少。在结荚鼓粒期和成熟期，辽绿 8 号的处理 2 分别比对照增加了 2%、18%；辽绿 6 号的处理 1、处理 2 分别比对照增加了 13.7%、44.4%；-4.1%、46.7%。表明随着密度的加大和生育进程的推进，不同绿豆株型品种生长前期的叶片数并没有增加反而低于对照，但生长中期叶片数增加；辽绿 8 号处理 2 多于处理 1，而辽绿 6 号处理 1 多于处理 2。可能是因为不同株型绿豆品种所处理密度不同所致。经显著性差异测验，两个品种处理与对照的叶片数差异都不显著，表明高密度种植对两个绿豆株型品种植株叶片数影响不大 $P_{辽绿 8 号} = 0.7643$，$P_{辽绿 6 号} = 0.4246$。

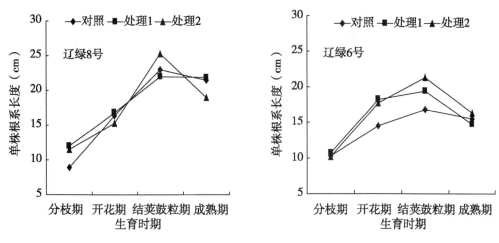

图 3　高密度种植对不同绿豆株型品种植株根系的影响

2.1.3　根系长度

由图 3 看出，辽绿 8 号的处理 1 和处理 2 对根系长度的影响，变化趋势不规律；处理 1 与对照比增加 34.8%、2.4%、-4.3%、1.9%，处理 2 与对照比增加 29%、-6.7%、10%、-11.6%。辽绿 6 号处理 1 与对照比增加 3.7%、25.5%、15.5%、-5.2%，处理 2 与对照比增加-9.7%、22.1%、26.8%、5.2%。辽绿 6 号处理 1 的植株根系长度在成熟期低于对照，其他时期均高于对照；处理 2 植株根系长度在结荚鼓粒期、成熟期高于对照外，其他时期都低于对照，处理 2 好于处理 1。经差异显著性测定，差异不显著 $P_{辽绿 8 号} = 0.8290$，$P_{辽绿 6 号} = 0.1468$。

2.2　高密度种植对不同株型绿豆品种干物质积累的影响

2.2.1　茎秆干重

由图 4 看出，两个不同绿豆株型品种的茎秆干物质积累的变化趋势基本相似，在分枝期开始逐渐增加，结荚鼓粒期升至最高，成熟期缓慢下降，且处理都高于对照。辽绿 8 号的处理 1、处理 2 分别与对照增加了 35.5%、38.8%、5.8%、22.2%，2%、40.8%、10.8%、15.7%，处理 2 高于处理 1。辽绿 6 号处理 1 和处理 2 分别比对照高 69.8%、56.6%、41.3%，49.1%、23.7%、11.3%、32%、39.6%，处理 1 高于处理 2。经差异显著性测验；各处理与对照茎秆干物质积累的差异达显著水平 $P_{辽绿 8 号} = 0.0381$、$P_{辽绿 6 号} = 0.0404$；表明在适宜的密度条件下，随着绿豆生育进程的推进，植株充分生长，单位面积茎秆的干物质积累增多。

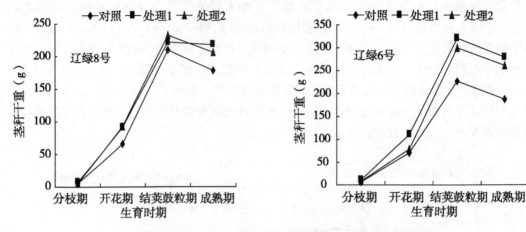

图4 高密度种植对不同绿豆株型品种植株茎秆干物质积累的影响

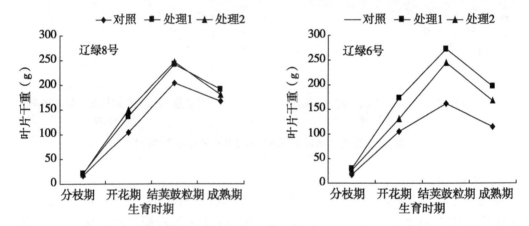

图5 高密度种植对不同绿豆株型品种植株叶片干物质积累的影响

2.2.2 叶片干重

由图5看出，两个不同绿豆株型品种的叶片干物质积累变化趋势相似，都是在结荚鼓粒期达到最高，在成熟期降至最低，且各处理高于对照。辽绿8号的处理1和处理2分别比对照高27%、31%、18.6%、14.5%，20.3%、43%、20.8%、8%，处理2大于处理1；辽绿6号的处理1处理2分别比对照高70.6%、64.2%、68.8%、71.4%，51.5%、24.3%、51.5%、46.1%，处理1大于处理2。从而可看出适宜的种植密度，利于植株充分生长和光合作用，单位面积叶片干物质积累增加，有利于产量提高。经差异显著性测验，处理与对照差异达显著水平 $P_{辽绿8号}=0.0275$、$P_{辽绿6号}=0.0144$。

2.2.3 根系干重

由图6看出，植株根系从开花期到成熟期干物质积累，辽绿8号处理1和处理2比对照分别高34.8%、−9.1%、60.2%，17.6%、49.5%、73.7%，处理2高于处理1；辽绿6号处理1、处理2比对照分别高60%、70.9%、38.2%，47.8%、51%、21.5%，处理1高于处理2。经差异显著性测验，辽绿8号和辽绿6号植株根系干物质积累与对照的差异都达到了显著水平 $P_{辽绿8号}=0.0576$、$P_{辽绿6号}=0.0110$。

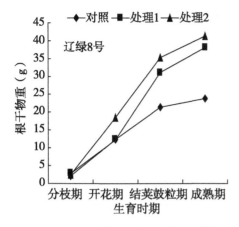
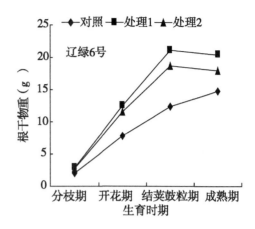

图6 高密度种植对不同绿豆株型品种植株根系干物质积累的影响

2.3 高密度种植对不同株型绿豆品种叶片生理特性的影响

表1 高密度种植对不同绿豆株型品种的生理特性测定结果

品种名称	密度处理	净光合速率 （$\mu mol/m^2 s$）	气孔导度 （$molh_2 om^{-2} s^{-1}$）	胞间 CO_2 浓度 （$\mu mol/m^2 s$）	蒸腾速率 （$\mu mol/H_2 Om^2 s$）
	处理 1	24.73	0.87	274.7	8.01
辽绿 8 号	处理 2	24.32	0.96	280.6	9.09
	CK	23.58	0.78	271.3	7.89
	处理 1	23.08	0.89	289.1	8.41
辽绿 6 号	处理 2	17.45	0.42	261.1	6.03
	CK	20.1	0.86	277.6	7.86

从表1看出，高密度种植对不同绿豆株型品种生理特性的影响，直立型辽绿8号处理2的叶片净光合速率低于处理1外，其他指标都高于处理1；处理1、处理2的净光合速率、气孔导度、胞间二氧化碳浓度、蒸腾速率分别比对照高4.9%、11.5%、1.3%、1.3%；3.1%、23.1%、3.4%、15.2%，处理2高于处理1。半蔓生型辽绿6号处理1与对照比增加14.8%、3.5%、4.1%、7.0%；处理2低于对照是13.2%、51.2%、5.8%、23.3%。处理1高于处理2。

2.4 高密度种植对不同绿豆株型品种叶片 SPAD 值的影响

从图7看出，辽绿8号处理的SPAD值高于对照，处理1、处理2与对照比增加了7.6%、8.7%、5.2%、10%、10.8%、4.2%，处理2大于处理1。辽绿6号处理1和处理2的植株叶片SPAD值在分枝期、开花期都低于对照，而成熟期却高于对照，处理1比对照增加了5%，处理2比对照增加了4.5%；处理1高于处理2。经差异显著性测验，辽绿8号叶片SPAD值处理与对照差异达显著水平（$P_{辽绿8号} = 0.0150$）；而辽绿6号叶片SPAD值没有达到显著水平（$P_{辽绿6号} = 0.5400$）。

2.5 高密度种植对不同绿豆株型品种的产量构成因素的影响

在绿豆成熟收获前，各处理取样10株，对绿豆株型品种的产量构成因素进行了测定，其测定结果见表2。

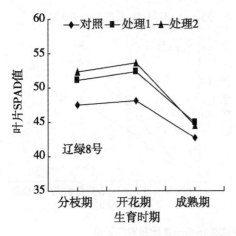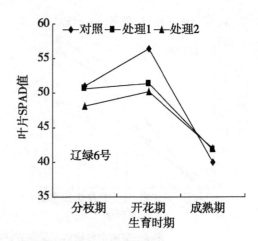

图 7　高密度种植对不同绿豆株型品种植株叶片 SPAD 值的影响

表 2　高密度对不同绿豆株型品种产量构成因素的影响考种结果

品种名称	密度处理	株高（cm）	主茎分枝（个/m²）	主茎荚数（个/m²）	荚数（个/m²）	粒数（个/m²）	单荚荚长（cm）	百粒重（g）
辽绿 8 号	处理 1	73.5	48.6	185.4	336.6	1 593.0	8.5	6.1
	处理 2	77.3	35.0	242.5	355.0	2 175.0	8.6	6.2
	CK	80.6	28.8	150.0	271.2	1 329.6	9.4	6.2
辽绿 6 号	处理 1	91.7	60.0	175.0	412.5	2 222.5	9.6	6.2
	处理 2	87.8	48.6	144.0	282.6	1 674.0	9.5	6.1
	CK	86.5	40.8	117.6	318.0	1 244.4	10.1	6.2

　　表 2 说明，辽绿 8 号每平方米的分枝数、主茎荚数、荚数、粒数都高于对照，处理 1 比对照增加了 68.7%、23.6%、24%、19.8%，处理 2 比对照增加了 21.5%、61%、30%、63%，处理 2 大于处理 1。但单株荚荚长和百粒重差异不明显。辽绿 6 号每平方米的分枝数、主茎荚数、荚数、粒数也都高于对照，处理 1 比对照分别增加了 47%、48%、29%、78%，处理 2 比对照增加了 19%、22%、−11%、34%。从而看出辽绿 6 号处理 1 的植株各性状比对照增加的较多，处理 1 大于处理 2；但单荚荚长和百粒重都低于对照。

2.6　高密度种植对不同绿豆株型品种产量的影响

表 3　高密度种植对不同绿豆株型品种产量的影响测定结果

品种名称	密度处理	小区产量（kg/12m²）			平均产量（kg/12m²）	公顷产量（kg/hm²）
		Ⅰ	Ⅱ	Ⅲ		
辽绿 8 号	处理 1	3.2	3.4	3.2	3.2	2 668
	处理 2	3.4	3.5	3.4	3.4	2 835
	CK	2.8	3.1	3.0	3.0	2 501
辽绿 6 号	处理 1	3.7	3.8	3.7	3.7	3 085
	处理 2	3.1	3.4	3.3	3.3	2 751
	CK	3.0	3.3	3.2	3.2	2 668

从表 3 看出，辽绿 8 号处理 1、处理 2 的每公顷产量是 2 668kg、2 835kg；分别比对照增加了 6.7%、13.4%；处理 2 高于处理 1；辽绿 6 号处理 1、处理 2 的公顷产是 3 085kg、2 751kg，分别比对照增加了 15.6%、3%，处理 1 高于处理 2。品种之间辽绿 6 号的产量高于辽绿 8 号。经差异显著性测验，处理与对照产量差异达到了极显著水平，区组间 $P_{辽绿8号} = 0.0494$，处理间 $P_{辽绿8号} = 0.0025$；区组间 $P_{辽绿6号} = 0.0316$，处理间 $P_{辽绿6号} = 0.0010$。

3 结论与讨论

不同株型品种随种植密度增加，株高增高，每平方米群体的株数、分枝数、荚数、粒数增多提高了产量。单株荚长，单荚粒数和百粒重差异不大，表现出相对稳定。本试验初步结果与闫锋[4]在研究种植密度对半直立型绿豆主要性状及产量的影响结果以及梁杰[8]对不同密度和施肥条件对产量影响研究结果相一致。

不同绿豆株型品种的根系、茎秆、叶片干物质积累增加；可能是由于在干旱半干旱的朝阳市凌源地区因气候变暖，温度增高，二氧化碳含量增加；环境资源条件发生变化，温光气充裕，光照强度增大、种植不同绿豆株型品种密度加大群体生产潜力得于发挥，为产量提高奠定了基础，改变了原生产上种植 0.8 万株/667m² 的适宜密度。这与李萍[7]等研究大气 CO_2 浓度升高对绿豆生长发育与产量的结果相近。

但不同绿豆株型品种的种植密度表现不同，本试验初步结果：辽绿 8 号直立型品种，随密度增大产量增加，24 万株/hm² 产量最高达 2 835kg/hm²；辽绿 6 号半蔓生型品种，随密度增大产量下降，适宜种植密度是 18 万株/hm²，产量高达 3 085kg/hm²。这可能因绿豆株型品种群体适宜密度及形态有所差别。所以本试验的初步结果，有待于进一步深入研究。

参考文献

[1] 高小丽，孙健敏，高金锋，等．不同基因型绿豆叶片光合性能研究 [J]．作物学报，2007 (7)：19-21.

[2] 王明海，郭中校．绿豆和红小豆新品种产量和密度试验初报 [J]．现代农业科技，2006 (7)：85.

[3] 胡业功，刘成江，刘庭府．绿豆密度和播期试验研究 [J]．现代农业科技，201 (20)：56-57.

[4] 闫锋，崔秀辉，李清泉，等．种植密度对半直立型绿豆主要形状及产量的影响 [J]．中国种业，2011 (9)：57-58.

[5] 王旋，杨晓明，杨发荣，等．陇豌 1 号在西北豌豆种植区最适密度研究 [J]．中国种业，2011 (2)：47-48.

[6] 石英，张爱军，王红，等．太行山区鹦哥绿豆种植密度的试验研究 [J]．安徽农业科学，2008，36 (6)：2 289-2 312.

[7] 李萍，郝兴宇，杨宏斌，等．大气 CO_2 浓度升高对绿豆生长发育于产量的影响 [J]．核农学报，2011，25 (2)：358-362.

[8] 梁杰，尹智超，王英杰，等．不同密度和施肥条件对绿豆产量的影响 [J]．园艺与种苗，2011 (6)：81-83.

不同种植密度和种衣剂处理对小豆生长和生理特性的影响[*]

薛仁风[1][**]　陈剑[1]　赵阳[1]　王英杰[1]　李韬[1]　庄艳[1]
金晓梅[1]　李令蕊[2]　葛维德[1][***]

（1. 辽宁省农业科学院作物研究所，沈阳　110161；2. 河北省
植保植检站，石家庄　050011）

摘　要：本研究比较了 3 个种植密度和 3 个种衣剂处理对辽引红小豆 4 号生长及生理特性的影响，从而探讨适合小豆生产的最佳栽培模式。结果表明：10 万株/hm² 小豆主茎节数、主茎分枝数、单株荚数、单荚粒数和百粒重最大，20 万株/hm² 小豆豆荚长度最大。10 万株/hm² 小豆的单株产量最大，但 15 万株/hm² 小豆小区产量和折合公顷产量最高。6.25% 亮盾-精甲·咯菌腈处理的小豆单株产量、小区产量和折合公顷产量均最高。10 万株/hm² + 6.25% 亮盾-精甲·咯菌腈处理能够显著提高小豆叶绿素含量、净光合速率、气孔导度和蒸腾速率等光合特性指标，而对胞间二氧化碳（CO_2）浓度没有明显影响。10 万株/hm²+6.25% 亮盾-精甲·咯菌腈处理小豆叶片中丙二醛（MDA）含量最低，而可溶性蛋白含量最高，同时叶片中超氧化物歧化酶（SOD）和过氧化氢酶（CAT）的活性也均达到最高值。本研究中 10 万株/hm²+6.25% 亮盾-精甲·咯菌腈处理对小豆植株生长和生理特性的影响最显著，而 15 万株/hm²+6.25% 亮盾-精甲·咯菌腈处理的公顷产量最高，是辽引红小豆 4 号最佳的田间栽培模式。这些结果为中国小豆高产高效综合栽培技术的研究提供重要的理论基础。

关键词：小豆；种植密度；种衣剂；产量；生理特性

小豆（*Vigna angularis*）属豇豆属植物，生育期短，耐贫瘠，适应性强，是禾谷类作物间作套种的适宜作物和良好前茬[1]。小豆籽粒营养丰富，含有大量人体必需氨基酸，是传统的出口创汇作物，更是贫困欠发达地区发展的潜力产业，同时小豆又有重要的药用价值，随着人们生活水平的提高，国内外对小豆的需求逐渐增加[2]。不同种植密度对作物产量和生理的影响多集中于玉米[3-4]、大豆[5-6]、小麦[7-8]、棉花[9-10]等大宗作物上。张福喜比较了 4 个春玉米品种在冀东地区适宜种植密度，结果表明，郑单 958 和郑单 18 适合密植，最适种植密度为 67 500~90 000 株/hm²，中单 9409 和农大 108 4 500 株/667m² 左右，农大 108 的最适种植密度较低，为 45 000~67 500 株/hm²[2,4]。章建新等研究表明，随密度的增加，大豆株高、最大叶面积指数及光合势呈上升趋势，45 万株/hm² 处理产量最高（5 547.81kg/hm²），干物质积累总量为 14 663.1kg/hm²[6]，然而小豆在不同种植密

---

* 基金项目：国家食用豆现代农业产业技术体系专项（CARS-09-Z8）、国家自然科学基金（31401447）和辽宁省科技厅特色杂粮育种及综合配套技术创新团队项目（201401651-3）

** 作者简介：薛仁风，男，汉族，辽宁省沈阳人，博士，助理研究员，从事绿豆、小豆育种工作；E-mail：xuerf82@163.com

*** 通讯作者：葛维德，男，汉族，辽宁省沈阳人，硕士，研究员，从事食用豆选育工作；E-mail：snowweide@163.com；李令蕊，女，汉族，河北省隆尧人，高级农艺师，从事病虫害农业技术推广工作

度条件下产量和主要农艺性状的研究却鲜有报道。陈志斌等对 5 个密度处理下小豆单株的荚数、粒数、荚重等产量指标进行了研究，结果证明不同种植密度对各产量指标影响很大[11]。

种衣剂是由杀虫剂、杀菌剂、复合肥料、微量元素、植物生长调节剂、缓释剂和成膜剂等经过先进工艺加工制成的，可直接或经稀释后包裹于种子表面，形成具有一定强度和通透性保护膜的农药制剂[12]。李薇等研究表明，试验所选取的 5 个不同种衣剂均能提高玉米种子的发芽势、发芽率、发芽指数，缩短发芽时间，同时提高叶绿素含量，增强幼苗根系活力，促进保护酶过氧化氢酶（CAT）和过氧化物酶（POD）的活性，增强植物的抗逆性[13]。郭澈研究表明，大豆种衣剂对红小豆相对防效均达 50% 以上，平均增产达12.3%[14]。本研究采用田间试验方法，通过对不同种植密度和不同种衣剂处理下辽引红小豆 4 号主要农艺性状、产量、丙二醛（MDA）和可溶性蛋白含量、光合特性指标以及超氧化物歧化酶（SOD）、CAT 活性的测定，揭示种植密度和种衣剂处理对小豆产量和生理表型性状形成状况的影响，为中国小豆高产、优质、高效栽培和育种技术研究提供理论基础，对制定小豆高效丰产栽培方案具有重要的指导意义。

1 材料和方法

1.1 供试材料

供试小豆材料为辽引红小豆 4 号，该品种籽粒大，饱满，产量高，属中熟品种，由河北省农林科学院粮油作物研究所选育，为目前辽宁地区小豆主栽品种。试验药剂：EM 菌（康源绿洲生物科技有限公司）、6.25% 亮盾-精甲·咯菌腈种衣剂（先正达作物保护有限公司）、多克福种衣剂（中种集团黑龙江种衣剂有限责任公司）。

1.2 试验设计

试验时间为 2013 年 5~10 月，试验地点设在辽宁省农业科学院小豆试验地，土壤肥力中等，试验地前茬为大豆，2013 年 6 月 4 日播种，田间常规管理。试验密度设计为：10 万株/hm²，米间保苗 10 株，株距 20cm；15 万株/hm²，米间保苗 15 株，株距 15cm；20 万株/hm²，米间保苗 20 株，株距 10cm。栽培试验设计如表 1。

表 1 小豆栽培试验设计

处理	种植密度（万株/hm²）	种衣剂
1	10	EM 菌
2	10	6.25% 亮盾-精甲·咯菌腈
3	10	多克福
4	15	EM 菌
5	15	6.25% 亮盾-精甲·咯菌腈
6	15	多克福
7	20	EM 菌
8	20	6.25% 亮盾-精甲·咯菌腈
9	20	多克福

不同种衣剂使用方法参照产品说明书，进行种衣剂处理和播种密度二因素三水平随机区组设计。小区面积 12m²，每个重复设小区 9 个；3 次重复共计 27 个小区。

田间调查项目及记载标准：播种期、出苗期、开花期、成熟期、生育日数、株高、主茎节数、主茎分枝、单株荚数、裂荚性、单荚粒数、百粒重、单株产量、小区产量，按照小豆种质资源描述规范和数据标准进行调查，用于生理指标测定的样品分别于开花后 5 天、15 天、30 天、45 天、60 天采集。

1.3 丙二醛（MDA）积累量和蛋白质含量的测定

以 Heath 等（1998）的硫代巴比妥酸（TBA）法测定小豆叶片中 MDA 的积累量[15]。用考马斯亮蓝 G-250 蛋白染色法测定可溶性蛋白含量[16]。

1.4 叶绿素含量和光合特性的测定

在不同时间点和不同处理中分别选择 3 个小豆植株，测定叶片的叶绿素含量和光合特性。叶绿素 a 含量、叶绿素 b 含量和叶绿素总含量采用丙酮提取法进行测定[17]。净光合速率、胞间二氧化碳（CO_2）浓度、气孔导度、蒸腾速率采用 GB-1102 便携式光合蒸腾仪进行测定，在每个时间点和每个处理中取不同重复小区不同的植株近同一部位的 10 张叶片测定，然后取平均值。

1.5 超氧化物歧化酶（SOD）和过氧化氢酶（CAT）活性的测定

在不同时间点和不同处理中分别选择 3 个小豆植株，测定叶片的 SOD 和 CAT 活性。取 0.5g 剪碎的新鲜样品，置预冷研钵中，加 8mL 含 1%PVP 的 50mmol/L，pH 值：7.8 的冷磷酸缓冲液及少量石英砂，在冰浴中研磨成匀浆，于 4 ℃ 条件下，12 000×g 冷冻离心 20min，上清液即为酶提取液。参照宋慧等的方法测定此酶液 SOD 和 CAT 活性[16]。

1.6 数据调查、记录和分析

应用 SAS 统计分析软件对各试验结果进行方差分析，并进行显著性测验，评价各试验处理的效果[18]。

2 结果与分析

2.1 不同处理小豆生理表型性状和产量

试验结果如表 2 所示，2013 年 6 月 4 日田间播种后，9 种不同处理小豆均在 6 月 18 日出苗，处理 2，5，8 于 8 月 6 日开花，处理 1，4，7 开花期为 8 月 7 日，而处理 3、6、9 分别于 8 月 13 日，15 日，14 日开花。此外，处理 1，2，4，5，7，8 成熟期均为 10 月 8 日，生育日数均为 126 天，而处理 3，6，9 成熟期则分别为 10 月 11 日，12 日，11 日，生育日数分别为 129 天，130 天，129 天。由此可见，多克福种衣剂处理推迟了小豆开花期和成熟期，并延长了生育日数。处理 3，6，9 小豆株高明显低于其他处理，仅为 116cm，113cm，125cm，说明多克福种衣剂降低小豆植株高度。处理 2，3，7 的主茎节数最多，分别为 20.8 节，20.9 节，21.0 节；处理 1，3，7 的主茎分枝数最多，分别为 3.3 个，3.6 个，3.0 个；处理 1，2，3 的单株荚数最多，分别为 50.0 个，51.5 个，46.0 个，单荚粒数最多，分别为 9.0 个，8.7 个，8.6 个，百粒重也最大，分别为 13.4g，13.5g，14.2 g。处理 7，8，9 的小豆荚长均在 8.7cm 以上，说明 20 万株/hm² 种植密度对豆荚长度影响最大。此外，不同处理对小豆荚裂性并没有任何影响。

表 2　不同处理小豆生理表型性状测定结果

处理	播种期	出苗期	开花期	成熟期	生育日数	株高（cm）	主茎节数
1	6.4	6.18	8.7	10.8	126	149.2±11.2a	20.7±1.1a
2	6.4	6.18	8.6	10.8	126	131.7±9.2ab	20.8±1.2a
3	6.4	6.18	8.13	10.11	129	116.3±8.2c	20.9±0.5a
4	6.4	6.18	8.7	10.8	126	145.1±8.8a	20.0±0.7a
5	6.4	6.18	8.6	10.8	126	152.2±7.9a	19.3±0.4ab
6	6.4	6.18	8.15	10.12	130	113.5±6.8c	19.4±1.0ab
7	6.4	6.18	8.7	10.8	126	155.4±9.2a	21.0±0.9a
8	6.4	6.18	8.6	10.8	126	145.3±5.7a	18.3±0.6b
9	6.4	6.18	8.14	10.11	129	125.1±7.7b	19.1±0.6ab

主茎分枝	单株荚数	荚长/cm	裂荚性	单荚粒数	百粒重/g
3.3±0.2b	50.0±2.1a	8.4±1.1ab	无	9.0±0.9a	14.4±1.1a
2.9±0.2ab	51.5±1.2a	8.0±0.6ab	无	8.7±0.5a	14.5±1.0a
3.6±0.1a	46.0±2.0b	8.5±0.5ab	无	8.6±0.6a	13.2±0.8b
2.7±0.5ab	34.3±1.1d	7.6±1.3b	无	7.3±0.7b	13.6±0.6b
2.4±0.3b	24.6±1.3ef	7.9±1.5b	无	8.3±1.4ab	12.8±0.7bc
2.8±0.3ab	23.3±1.4f	8.4±1.1ab	无	6.7±1.5c	11.7±0.8c
3.0±0.4ab	39.6±1.7c	8.7±1.1a	无	7.3±1.7b	12.6±0.6bc
2.5±0.3b	33.4±2.1d	9.0±1.4a	无	8.3±1.2ab	12.8±0.5bc
2.4±0.2b	26.0±1.1e	8.7±0.8a	无	7.3±1.4b	12.0±0.4c

注：同列数据后不同字母分别表示在 0.05 水平上差异显著，下同。

如表 3 所示，种植密度 10 万株/hm² （处理 1、2、3）的小豆单株产量高于其他 2 个种植密度，说明种植密度为 10 万株/hm² 对小豆的单株产量影响最大，但种植密度为 15 万株/hm²（处理 4、5、6）的小区产量和折合公顷产量均显著高于种植密度 10 万株/hm² 和 20 万株/hm² 的处理，可见 15 万株/hm² 种植密度对小豆的小区产量和折合公顷产量影响最大；在同一种植密度条件下，6.25%亮盾-精甲·咯菌腈处理的（处理 2、5、8）单株产量、小区产量和折合公顷产量均最高，EM 菌处理（处理 1、4、7）次之，多克福处理小区（处理 3、6、9）的产量最低，由此可见，6.25%亮盾-精甲·咯菌腈处理对小豆产量的影响最显著。

表 3　不同处理小豆产量测定结果

处理	单株产量（g）	小区产量（g）	折合公顷产量（kg）
1	12.1±0.3a	1 500.2±24.1cd	1 250.2±30.1cd
2	13.8±0.5a	1 541.1±31.4c	1 284.3±36.2c
3	12.0±0.1ab	1 423.2±32.2d	1 186.0±26.8d
4	10.2±0.4de	1 620.4±11.2b	1 350.3±29.3b
5	11.1±0.2c	1 680.3±24.1a	1 400.3±25.1a
6	10.7±0.1d	1 481.2±21.1cd	1 234.3±37.6cd
7	9.8±0.1e	1 540.6±29.5c	1 283.8±54.6c
8	10.4±0.1de	1 560.2±18.5c	1 300.2±45.4c
9	8.7±0.2f	1 424.5±16.3d	1 187.1±23.6d

2.2 不同处理小豆叶片叶绿素含量的变化

如图 1 所示，各时间点种植密度为 10 万株/hm² 的小豆叶片叶绿素 a、叶绿素 b 和总

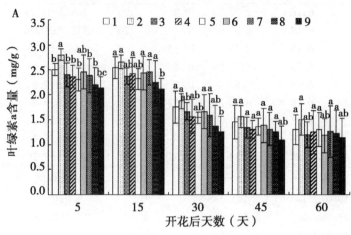

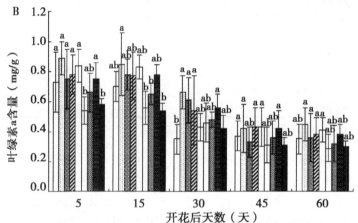

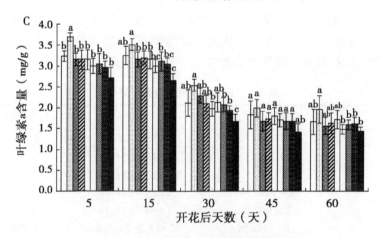

图 1　小豆叶片叶绿素含量的检测

A：叶绿素 a 含量测定；B：叶绿素 b 含量测定；C：叶绿素总含量测定；

柱形图上不同字母分别表示在 0.05 水平上差异显著

叶绿素含量均大于 15 万株/hm² 和 20 万株/hm²，而在种植密度为 10 万株/hm² 的 3 个处理中，6.25%亮盾-精甲·咯菌腈处理的小豆叶绿素含量均高于其他两组处理，结果表明，处理 2 小豆植株叶绿素含量均高于其他处理，说明 6.25%亮盾-精甲·咯菌腈种子包衣+10 万株/hm² 能够显著提高小豆叶片叶绿素含量，促进小豆光合作用。

2.3　不同处理小豆光合特性的变化

净光合速率、气孔导度、胞间 CO_2 浓度以及蒸腾速率等指标变化如图 2 所示，其中，净光合速率、气孔导度和蒸腾速率 3 项指标在 9 个处理中均随着时间的变化逐渐降低，开花后 5 天达到最高，开花后 60 天降至最低，这可能与植株生长和衰老的程度有关；胞间 CO_2 浓度在不同时间点并没有显著差异，随着时间变化略有升高，小豆开花 60 天后叶片胞间 CO_2 浓度略微升高。结果表明，处理 2 小豆净光合速率、气孔导度和蒸腾速率均显著高于其他处理，6.25%亮盾-精甲·咯菌腈种子包衣+10 万株/hm² 能够显著提高小豆叶片净光合速率、气孔导度和蒸腾速率 3 项光合特性指标，而各处理对叶片胞间 CO_2 浓度变化的影响并不显著。

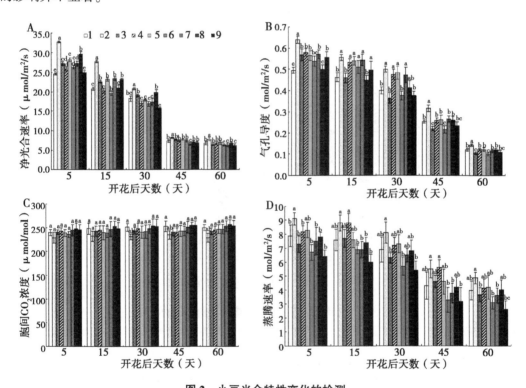

图 2　小豆光合特性变化的检测

A：净光合速率测定；B：气孔导度测定；C：胞间 CO_2 浓度测定；

D：蒸腾速率测定；柱形图上不同字母分别表示在 0.05 水平上差异显著

2.4　不同处理小豆叶片 MDA 含量和可溶性蛋白含量

试验结果如图 3 所示，各个处理小豆叶片 MDA 含量随着时间变化逐渐升高，其中，在 10 万株/hm²、15 万株/hm² 和 20 万株/hm² 3 个种植密度下 6.25%亮盾-精甲·咯菌腈处理的叶片 MDA 含量均较高，其中，处理 6 小豆叶片中 MDA 含量显著高于其他处理，最高达 26.4μmol/g；可溶性蛋白含量测定结果表明，小豆植株开花 15 天后，各处理小豆叶片可溶蛋白质含量显著降低，在各种植密度下，处理 2 可溶性蛋白质含量普遍高于其他处理，处理 2 在开花后 5 天和 15 天蛋白质含量最高，分别为 49.2mg/g 和 53.1mg/g。

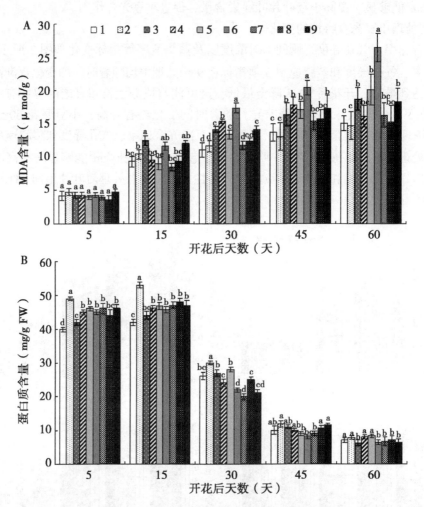

图 3 小豆叶片中丙二醛和可溶性蛋白含量的检测

A：丙二醛含量测定；B：可溶性蛋白含量测定；柱形图上不同字母分别表示在 0.05 水平上差异显著

2.5 不同处理小豆叶片的 SOD 和 CAT 活性

如图 4 所示，小豆叶片 SOD 和 CAT 活性随着时间变化逐渐降低，处理 2 小豆叶片中 SOD 和 CAT 活性在各时间点中均显著高于其他处理，开花后 15 天，小豆叶片 SOD 活性最高，达 1 540.0U/g，开花后 5 天次之，为 1 350.0U/g；开花后 5 天，小豆叶片 CAT 活性最高，为 1 134.0U/g，开花后 15 天次之，为 1 073.0U/g。

3 讨论与结论

小豆既是传统口粮，又是现代保健珍品。随着人们生活水平的提高，国内对优质小豆的需求也在增长[19]。近年来，随着美国、加拿大等国小豆栽培与生产规模的逐渐扩大，

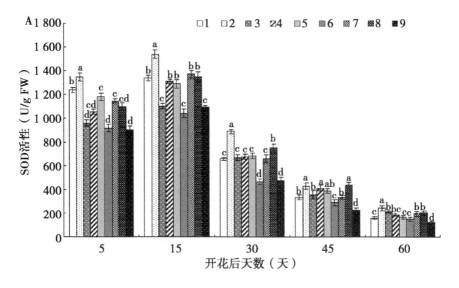

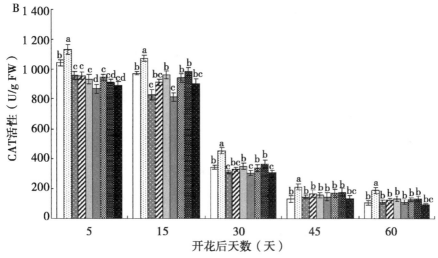

图 4　小豆叶片超氧化物歧化酶和过氧化氢酶活性的检测

A：超氧化物歧化酶活性测定；B：过氧化氢酶活性测定；

柱形图上不同字母分别表示在 0.05 水平上差异显著

中国小豆产业所面临的挑战也在加剧[20]。因此，深入研究小豆高产高效栽培技术已经成为中国小豆生产中急需解决的关键问题。前人有关种植密度和种衣剂对小豆生长过程中产量和各生理特性影响的相关研究较少，更少有对两个因素间互作的研究报道。赵秋等研究表明，播期和密度对'辽红小豆 8 号'的产量和主要性状有较大影响。辽红小豆 8 号在辽阳地区的适宜播期为 6 月 20~30 日，适宜密度 19.5 万~21 万株/hm²[21]。徐宁等研究表明，在不同种植密度条件下，株高、百粒重的差异不显著，分枝数、主茎节数、单株荚数和单株产量有随着密度增大而减少的趋势，种植密度 10.5 万株/hm² 的产量最低，其他种植密度产量差异并不显著[22]。此外，郭潋研究表明，"天衣"大豆种衣剂在红小豆上的相对防效均达 50% 以上，促进了小豆苗期根系的生长发育，提高了植株抗性，平均增产达 12.3%[14]。本研究以辽引红小豆 4 号为试验材料，设计了 3 个种植密度和 3 个种衣剂处理，对供试小豆主要生长和生理特性指标的变化进行研究，结果表明，10 万株/hm²+6.25%亮盾-精甲·咯菌腈种子包衣处理的小豆植株主茎节数、主茎分枝数、单株荚数、单荚粒数、百粒重、单株产量等指标均显著提高，叶片叶绿素含量、净光合速率、气孔导度和蒸腾速率等指标也明显升高；15 万株/hm²+6.25%亮盾-精甲·咯菌腈种子包衣处理的小豆小区产量和公顷产量均是各处理中的最高值，而 10 万株/hm² 种植密度的产量则相对较低，这与徐宁等的研究结果基本相符。当植物在开花后进入快速生殖生长时期，营养物质主要运往籽粒，叶片和根系受到营养胁迫，而能量代谢失调，产生大量自由基，从而引发膜脂过氧化作用，合成大量 MDA，并伴随大量活性氧的产生，从而造成植物细胞损伤[16]。植物细胞存在多种清除活性氧的机制，其中，激活 SOD 和 CAT 等重要保护酶类是主要的细胞自我保护途径。这些酶类能有效地阻止高浓度氧的积累，防止膜脂的过氧化作用，同时细胞内可溶性蛋白含量也会显著增加，从而增强植物细胞诱导抗逆反应的能力[16,23]。本研究中，10 万株/hm²+6.25%亮盾种衣剂处理的小豆叶片中 MDA 含量低于或与其他处理差异不显著，而可溶性蛋白含量、SOD 和 CAT 活性却显著高于其他处理，其变化趋势与宋慧等的研究结果基本一致[16]。

本研究结果表明，种植密度为 10 万株/hm²+6.25%亮盾-精甲·咯菌腈的处理组合能最大程度地促进辽引红小豆 4 号植株的生长发育、提高光合效率和抗逆生理等活性指标，而 15 万株/hm²+6.25%亮盾-精甲·咯菌腈处理的小区和公顷产量最高，是 9 个组合中最适合辽引红小豆 4 号的田间栽培模式，这些结论为中国小豆高效综合栽培技术的研究打下理论基础，具有重要的指导意义。

参考文献

[1] 林汝法，柴岩，廖琴，等. 中国小杂粮 [M]. 北京：中国农业科学技术出版社，2002：192-209.

[2] 郑卓杰. 中国食用豆类学 [M]. 北京：中国农业出版社，1997：173-196.

[3] Sharratt B S, Mcwilliams D A. Microclimatic and rooting characteristics of narrow-row versus conventional-row corn [J]. Agronomy Journal, 2005, 97 (4): 1 129-1 135.

[4] 张福喜. 种植密度对不同株型玉米品种生长及籽粒产量的影响 [D]. 杨凌：西北农林科技大学，2009.

[5] 刘晓冰，金剑，王光华，等. 行距对大豆竞争有限资源的影响 [J]. 大豆科学，2004，23 (3)：215-219.

[6] 章建新，翟云龙，薛丽华. 密度对高产春大豆生长动态及干物质积累分配的影响 [J]. 大豆科学，2006 (1)：1-5.

[7] 查菲娜. 种植密度对两种穗型冬小麦品种主要生理特性及产量的影响 [D]. 郑州：河南农业大学，2007.

[8] 雷钧杰，赵奇，陈兴武，等. 播期和密度对冬小麦产量与品质的影响 [J]. 新疆农业科学，2007，44 (1)：75-79.

[9] Reta-Sanchez D G, Fowler J L. Canopy Light environment and yield of narrow-row cotton as affected by canopy architecture [J]. Agronomy Journal, 2002, 94 (6): 1 317 -1 323.

[10] Heitholt JJ, Pettigrew WT, Meredith WR. Light interception and lint yield of narrow-row cotton [J]. Crop Science, 1992, 32: 728-733.

[11] 陈志斌，孙振权，王海英，等. 红小豆产量形成和调控措施的研究 II. 种植密度对红小豆生长发育及产量的影响 [J]. 杂粮作物，1997，4：42-44.

[12] 刘青，王恩文. 中国种衣剂的研究进展 [J]. 林业调查规划，2012，5：44-46.

[13] 李薇，徐宁彤，曲琪环，等. 不同种衣剂对玉米种子活力及幼苗生理指标的影响 [J]. 东北农业大学学

报，2008，12：1-4.

［14］ 郭澈．黑豆红小豆种衣剂药效比较试验［J］．农业开发与装备，2013（6）：49-50.

［15］ Heath R L, Packer L. Photoperoxidation in isolated chloroplasts：1. Kinetics and stoichiometry of fatty acid peroxida-tion［J］. Archives Biochem. Biophysics, 1968, 125：189-198.

［16］ 宋慧，冯佰利，高小丽，等．不同品种小豆根系活力与叶片衰老的关系［J］．西北植物学报，2011，31（11）：2 270-2 275.

［17］ 张志良．植物生理学实验指导［M］．2 版．北京：高等教育出版社，1990：154-155.

［18］ Institute S. SAS9. 1. 3 intelligence platform：single-user installation guide［M］. SAS Institute Cary, NC, 2005.

［19］ 黄桂莲，杨富，冯高．山西大同、朔州地区红小豆优质高产栽培技术［J］．内蒙古农业科技，2010，6：123-124.

［20］ 张志宏，张颜宇，童敏强．红小豆国际市场需求与变化［J］．黑龙江对外经贸，2001，3：46.

［21］ 赵秋，徐敏．不同播期与密度对辽红小豆 8 号产量及主要性状的影响［J］．农学学报，2013，3（12）：1-5.

［22］ 徐宁，王明海，王桂芳，等．小豆（*Vigna angularis*）不同种植密度效应研究［J］．作物杂志，2009，4：63-67.

［23］ Yang S S, Gao J F. Influence of active oxygen and free radicals on plant senescence［J］. Acta Botanica Boreali-Occidentalia Sinica, 2001, 21（2）：215-220.

氮、磷、钾不同配比对绿豆产量效应的研究*

王桂梅　邢宝龙　张旭丽　刘飞

（山西省农业科学院高寒区作物研究所，大同　037008）

摘　要：以同绿1号为供试材料，研究了不同氮、磷、钾肥配比对绿豆产量构成因子以及对产量的影响。通过对绿豆"3414"肥料效应试验，建立肥料施用量与产量的回归方程，求出最佳施用量，结果表明：科学合理的氮、磷、钾肥配比，不仅能满足绿豆生长发育所需要的营养元素，而且能够促使单株生长发育协调。推荐的最佳施用量为 N56.7kg/hm²、P（P₂O₅）76.2kg/hm²、K（K₂O）53.5kg/hm²，可获 1 526.7kg/kg 的籽粒产量。该研究结果可为绿豆农业生产提供理论依据。

关键词：绿豆；施肥配比；产量

绿豆是粮食兼经济作物，富含多种营养成分且医食同源，是人类理想的保健食品。具有适应性广，抗逆性强，兼具固氮养地能力等特点[1]。绿豆在中国各地都有种植，是中国传统出口商品，晋北区独特的地理和生态条件为发展绿豆生产提供了得天独厚的优势，该地区所产的绿豆是具有区域特色优势的名优产品，以其色泽鲜绿、品质优良、营养丰富等诸多优点而名扬海内外。但在绿豆种植过程中，不合理施肥现象十分突出，不仅不能充分发挥肥效，而且影响绿豆的生长。为了使绿豆获得较好的产量，研究氮、磷、钾的施肥配比对绿豆产量的影响，旨在为绿豆的合理施肥提供理论依据。

1　材料与方法

1.1　供试材料

供试肥料为尿素（含 N 46%），2.6 元/kg，过磷酸钙（含 P₂O₅ 12%），0.7 元/kg，硫酸钾（含 K₂O 51%），5.2 元/kg。供试品种为同绿1号，价格 7 元/kg。

1.2　供试土壤

试验设在高寒所试验地进行，土质沙壤，0~20cm 土层全氮含量为 10.2%，有效磷为 40.3mg/kg，速效钾为 111mgN/kg。地势较平坦，中等肥力水平，前茬作物为谷子。

1.3　试验处理

试验采用"3414"设计方案，包括 14 个处理：①N₀P₀K₀、②N₀P₂K₂、③N₁P₂K₂、④N₂P₀K₂、⑤N₂P₁K₂、⑥N₂P₂K₂、⑦N₂P₃K₂、⑧N₂P₂K₀、⑨N₂P₂K₁、⑩N₂P₂K₃、⑪N₃P₂K₂、⑫N₁P₁K₂、⑬N₁P₂K₁、⑭N₂P₁K₁（下标为养分施用量水平，0 水平即不施用，1 水平养分施用量为 2 水平的 1/2，3 水平为 2 水平的 1.5 倍）[2]。绿豆"3414"试验处理设计见表1。每个处理 3 次重复，随机区组排列。小区面积 20m²（4×5），密度为 18 万株/hm²。每小区 8 行，四周设立保护行。播种时在靠近播种行旁开沟施肥。氮肥、磷肥、钾肥全做基肥，严格按照试验方案，施肥时把纯养分量换算成小区实际肥料用量。

---

* 基金项目：国家现代农业产业技术体系专项资金资助项目（nycytx-18-Z4）

1.4 田间管理与调查记载

5月28日播种，条播，行距50cm，种子与肥料分沟施入，施肥量严格按照试验方案称取施入。6月10日出苗，6月22日定苗，定苗株距为12cm，中耕除草3次，7月12日和22日分别喷农用链霉素和磷酸二氢钾两次，整个生育期灌水两次。

表1 绿豆3414试验因素水平

水平	施肥量（kg/hm²）		
	纯N	P_2O_5	K_2O
0	0	0	0
1	45	60	50
2	90	120	100
3	135	180	150

2 试验结果和分析

2.1 氮、磷、钾各因子不同处理对绿豆经济性状的影响

8月14日对绿豆进行经济性状调查，氮、磷、钾各因子不同施用量的主要经济性数据见表2。

表2 不同处理对绿豆经济性状的影响

序号	处理	株高	单株分枝数	单株荚数	单荚粒数
1	$N_0P_0K_0$	31.4	3.2	30.8	10.4
2	$N_0P_2K_2$	35.2	3.6	32.2	11.2
3	$N_1P_2K_2$	36.4	3.8	36.0	11.4
4	$N_2P_0K_2$	37.4	3.4	32.8	11.6
5	$N_2P_1K_2$	37.2	3.4	33.8	11.0
6	$N_2P_2K_2$	39.2	3.8	36.0	12.0
7	$N_2P_3K_2$	38.9	3.4	33.2	10.7
8	$N_2P_2K_0$	33.4	3.1	32.6	10.6
9	$N_2P_2K_1$	41.8	3.6	37.8	12.6
10	$N_2P_2K_3$	32.6	3.6	32.8	11.8
11	$N_3P_2K_2$	40.8	3.2	32.3	11.2
12	$N_1P_1K_2$	33.6	3.0	34.2	10.6
13	$N_1P_2K_1$	34.8	3.0	33.1	11.0
14	$N_2P_1K_1$	35.6	3.4	32.7	10.6

由表2可以看出，不施肥处理绿豆株高、单株分枝数、单株荚数、单荚粒数都表现较差，选取处理2、3、6、11[3]，观察氮因子的结果可知，施用氮肥对绿豆单株分枝数影响不大，株高、单株荚数、单荚粒数有一定的影响。选取处理4、5、6、7，观察磷因子的

结果可知，施用磷肥对株高、主茎分枝数影响不大，对单株荚数、单荚粒数有一定的影响。选取处理 8、9、6、10，观察钾因子的结果可知，施用钾肥对绿豆单株分枝数影响不大，对株高、单株荚数、单荚粒数有一定的影响。综合 3 个因素，单株分枝数与施用氮、磷、钾肥差异不大，氮、磷、钾肥对株高、单株有效荚数、单荚粒数均有影响，以最佳配比 $N_2P_2K_1$ 最高。

2.2　氮、磷、钾三因子不同施用量与绿豆产量效应的关系

9 月 5 日对绿豆进行收获，并对每个处理进行测产，统计数据，具体结果见表 3。

表 3　不同处理施肥量与绿豆产量结果

序号	处理	肥料养分用量（kg）			产量（kg/hm^2）
		纯 N	P$_2$O$_5$	K$_2$O	
1	$N_0P_0K_0$	0	0	0	1 234.4
2	$N_0P_2K_2$	0	120	100	1 262.3
3	$N_1P_2K_2$	45	120	100	1 554.3
4	$N_2P_0K_2$	90	0	100	1 236.6
5	$N_2P_1K_2$	90	60	100	1 565.4
6	$N_2P_2K_2$	90	120	100	1 598.4
7	$N_2P_3K_2$	90	180	100	1 510.8
8	$N_2P_2K_0$	90	120	0	1 282.7
9	$N_2P_2K_1$	90	120	50	1 661.9
10	$N_2P_2K_3$	90	120	150	1 311.6
11	$N_3P_2K_2$	135	120	100	1 366.7
12	$N_1P_1K_2$	45	60	100	1 352.0
13	$N_1P_2K_1$	45	120	50	1 410.3
14	$N_2P_1K_1$	90	60	50	1 322.4

2.2.1　氮对绿豆产量的影响

将表 3 中处理 2、3、6、11 的产量结果挑出，即为氮因素表，试验结果表明，在一定施 N 量范围内，随着施 N 量的增加，绿豆产量逐渐提高，但继续增加施 N 量，绿豆产量则明显下降。用 SPSS 软件进行回归分析得到回归方程为：$Y = 1\ 260.905 + 428.505X - 130.925X^2$（$R = 1.000$）。

经上述方程计算，最高产量施 N 量为 73.8kg/hm^2，最高产量为 1 611.6kg/hm^2，最大效益产量施 N 量为 67.7kg/hm^2，最大效益产量为 1 609.1kg/hm^2。

2.2.2　磷对绿豆产量的影响

将表 3 中处理 4、5、6、7 的产量结果挑出，即为磷因素表，试验结果表明，在一定施 P 量范围内，随着施 P 量的增加，绿豆产量逐渐提高，但继续增加施 P 量，绿豆产量则缓慢下降。用 SPSS 软件进行回归分析得到回归方程为：$Y = 1\ 245.360 + 397.860X - 104.100X^2$（$R = 0.991$）。

经上述方程计算，最高产量施 P 量为 114.6kg/hm^2，最高产量为 1 624.5kg/hm^2，最

大效益产量施 P 量为 100.2kg/hm^2，最大效益产量为 1 505.0kg/hm^2。

2.2.3 钾对绿豆产量的影响

将表 4 中处理 8、9、6、10 的产量结果挑出，即为钾因素表，试验结果表明，在一定施 K 量范围内，随着施 K 量的增加，绿豆产量逐渐提高，但继续增加施 K 量，绿豆产量则明显下降。用 SPSS 软件进行回归分析得到回归方程为：$Y = 1 293.670 + 501.820X - 166.500X^2$（$R = 0.989$）。

经上述方程计算，最高产量施 K 量为 74.7kg/hm^2，最高产量为 1 671.8kg/hm^2，最大效益产量施 K 量为 64.2kg/hm^2，最大效益产量为 1 522.7kg/hm^2。

2.3 氮、磷、钾三因素对绿豆产量的影响

将表 3 的试验结果用 SPSS 软件进行回归分析，分别拟合得到绿豆产量与 N（N）、P（P$_2$O$_5$）、K（K$_2$O）养分施用量的三元二次效应方程为：$Y = 1 207.285 + 83.993X_1 + 93.484X_2 + 239.488X_3 + 77.218X_1X_2 + 51.072X_1X_3 + 7.463X_2X_3 - 93.897X_1^2 - 53.225X_2^2 - 112.611X_3^2$（$R = 0.839$），回归拟合较好，可以进行回归模拟。

依据三元二次效应方程，分别求 N、P、K 的导数，并令其为零，得出其联立方程组：

$$\begin{cases} 83.993 + 187.794X_1 + 77.218X_2 + 51.072X_3 = 0 \\ 93.484 + 77.218X_1 - 106.45X_2 + 7.463X_3 = 0 \\ 239.488 + 51.072X_1 + 7.463X_2 - 225.222X_3 = 0 \end{cases}$$

解该联立方程组得到：N = 84.15kg/hm^2、P（P$_2$O$_5$）= 141.0kg/hm^2、K（K$_2$O）= 81.15kg/hm^2，此时获最高产量 1608.0kg/hm^2。

当施肥的边际成本等于边际产量时，施肥效益最大。对回归方程分别求 N、P、K 的导数，并令其等于施肥边际成本[4]，得出其联立方程组：

$$\begin{cases} 83.993 + 187.794X_1 + 77.218X_2 + 51.072X_3 = 34.7 \\ 93.484 + 77.218X_1 - 106.45X_2 + 7.463X_3 = 49.7 \\ 239.488 + 51.072X_1 + 7.463X_2 - 225.222X_3 = 74.3 \end{cases}$$

解该联立方程组得到经济最佳施肥量分别为：N = 56.7kg/hm^2、P（P$_2$O$_5$）76.2kg/hm^2、K（K$_2$O）53.5kg/hm^2，产量最高 1 526.7kg/hm^2。

3 结论和讨论

3.1 氮、磷、钾肥配比对绿豆的生长发育有重要影响，试验结果表明，施肥处理各项生理指标都要优于不施肥处理，施肥对单株有效荚数、单荚粒数等产量性状均有影响。处理 9（N$_2$P$_2$K$_1$）的各项生理指标最优，说明科学合理的氮、磷、钾肥配比，不仅能满足绿豆生长发育所需要的营养元素，而且能够促使单株生长发育协调，株高适中，结荚多，同时光合产物能顺利向籽粒转移，能优化产量构成因素。

3.2 在本试验条件下，绿豆要获得最高产量的施肥配比为 N∶P$_2$O$_5$∶K$_2$O = 1∶1.68∶0.96。推荐施用量分别为：N 为 84.15kg/hm^2、P（P$_2$O$_5$）141.0kg/hm^2、K（K$_2$O）81.15kg/hm^2，此时获最高产量为 1 608.0kg/hm^2。获得最佳施肥量配比为 N∶P$_2$O$_5$∶K$_2$O = 1∶1.34∶0.94。推荐施用量分别为：N 为 56.7kg/hm^2、P（P$_2$O$_5$）76.2kg/hm^2、K

（K_2O）53.5kg/hm^2，此时获最佳产量 1 526.7kg/hm^2。

3.3 因肥料差异和试验误差等，"3414" 试验结果拟合的产量与施用养分量的效应方程及其预测结果各有差异。但按照三元二次肥料效应方程确定指标的方法是可行的，且仍需进行多年的试验。

参考文献

［1］ 王永新，王 辉 . 绿豆高产栽培技术［J］. 现代农业科技，2013（7）：52，54.

［2］ 吴秋艳，罗家传 . "3414" 肥料试验分析方法探讨［J］. 山东农业科学，2010（8）：90-94.

［3］ 祁大成，冯旭东，董红梅，等 . 花生 "3414" 肥料效应试验及推荐施肥分析［J］. 湖北农业科学，2011（14）：2 831-2 834.

［4］ 赵存虎，孔庆全 . 绿豆田氮、磷、钾最佳用量及平衡施肥技术研究［J］. 内蒙古农业科技，2013（5）：60，87.

用灰色关联分析法评价沈阳绿豆
新品种联合鉴定试验*

赵 阳** 庄 艳 王英杰 葛维德

（辽宁省农业科学院 沈阳 110161）

摘 要：［目的］为沈阳地区绿豆育种提供理论依据，并筛选适宜本地区种植的绿豆品种。［方法］运用灰色关联度分析方法，对 2011—2012 年绿豆新品种联合鉴定试验的 19 个供试品种，8 个主要性状进行综合评价。［结果］绿豆不同性状与产量的关联度大小为：单株荚数>株高>生育日数>主茎节数>荚长>主茎分枝>百粒重>荚粒数。［结论］在进行单株选择时，应尽量选择单株荚数多、株高矮、早熟的材料。

关键词：绿豆；产量性状；灰色关联分析

绿豆是辽宁省主要的小宗粮豆作物之一，主要集中在辽宁西、北部地区。绿豆适应性广，抗逆性强，耐旱、耐瘠、耐荫蔽，生育期短，播种适期长，并有固氮养地能力，是禾谷类作物、棉花、薯类间作套种的适宜作物和良好前茬，在农作制度改革和种植业结构调整中起着重要的作用[1-2]。根据食用豆产业技术需求，在主产区相关综合试验站进行绿豆新品种联合鉴定试验，以期筛选出适宜在不同生态区种植、具有抗病虫、抗旱耐瘠、或适宜间套种的等特性的优良品种，为新品种示范推广和配套栽培技术研究集成提供科学依据。一份材料的优劣是多性状综合表现出来的，各性状之间存在着一定的相关性，而现在通用的数学模型难以把这些性状综合起来评价材料的真实价值，而灰色系统理论为解决这一问题开辟了广阔的前景[3]。为此，我们运用灰色系统理论中的灰色关联度分析法，对2011—2012 年绿豆新品种联合鉴定试验的 19 个供试品种，进行主要产量性状的灰色关联分析，旨在从量的角度进行综合分析、评价，揭示绿豆各性状间的主次和依存关系，探讨影响绿豆产量的主要因素[4]，为沈阳地区绿豆育种提供理论依据，并筛选适宜本地区种植的绿豆品种。

1 材料与方法

1.1 供试材料

本试验数据来源于食用豆产业技术体系沈阳综合试验站 2011—2012 年绿豆新品种联合鉴定试验。参试材料包括 19 个品种，见表 1。

表 1 参试品种

编号	品种名称	供种单位
L01	保 942-34	保定综合试验站

* 基金项目：国家食用豆产业技术体系建设专项（CARS-09-Z8）
** 作者简介：赵阳，助理研究员，主要研究方向为食用豆育种与栽培

（续表）

编号	品种名称	供种单位
L02	保 942	保定综合试验站
L03	张家口鹦哥绿豆	张家口综合试验站
L04	晋绿豆 3 号	大同综合试验站
L05	内蒙古绿豆	呼和浩特综合试验站
L06	潍绿 7 号	青岛综合试验站
L07	潍绿 8 号	青岛综合试验站
L08	辽绿 8 号	沈阳综合试验站
L09	绿丰 3 号	齐齐哈尔综合试验站
L10	吉绿 3 号	长春综合试验站
L11	吉绿 7 号	长春综合试验站
L12	白绿 6 号	吉林白城市农科院
L13	白绿 8 号	吉林白城市农科院
L14	中绿 11 号	黑龙江省农科院
L15	冀绿 7 号	河北省农林科学院
L16	冀绿 9 号	河北省农林科学院
L17	中绿 5 号	中国农业科学院作物科学研究所
L18	中绿 8 号	中国农业科学院作物科学研究所
L19	苏绿 2 号	江苏省农业科学院

1.2 试验设计

本试验于 2011—2012 年在辽宁省农业科学院作物研究所试验地进行。试验地肥力中等，土质为黏壤土，前茬大豆。播种时亩施种肥磷酸二铵 10kg，田间管理同一般生产田。本文主要以两年试验的平均数据进行相关的处理和分析。

田间试验采用随机区组排列，重复 3 次，4 行区，小区面积 10m^2，每小区留苗 120 株。成熟时按小区收获，以实产计算亩产。每小区选取 10 株为样本进行室内考种，调查株高、主茎分枝数、主茎节数、单株荚数、荚长、荚粒数、百粒重等 7 个主要性状并计算生育日数。

1.3 分析方法

1.3.1 确定参考数列和比较数列

按灰色系统理论要求，将 13 个芸豆的产量及 8 个相关性状视为一个灰色系统[6-7]。每一个参试品种（系）看作系统的一个因素，设产量为参考数列 X_0，相关性状为比较数列 X_i（株高 X_1、主茎分枝 X_2、主茎节数 X_3、单株荚数 X_4、荚长 X_5、荚粒数 X_6、百粒重 X_7、生育期 X_8）。各供试品种主要性状平均值列于表 2。

1.3.2 数据标准处理

由于各性状因素（原始数据）（表 2）量纲不一致，难以直接比较，因此，需将原始数据进行无量纲化处理，消除量纲转换为可比较的数据序列，结果见表 3。

表 2　参试品种各性状的平均值

品种	生育日数（天）	株高（cm）	主茎分枝（个）	主茎节数（节）	单株荚数（个）	荚长（cm）	荚粒数（粒）	百粒重（g）	产量（kg）
L01	81	48.2	3.9	10	48.6	9.8	12.2	5.22	109.52
L02	76	47.2	3.8	9.8	40.1	9.5	11.2	5.2	114.8
L03	99	73.2	4	11.1	16.8	7.2	11	3.86	38.39
L04	99	77.7	3.7	11.5	24.1	8.6	11.5	4.37	79.25
L05	88	71.2	4.4	10.3	27.6	10.7	12.2	5.62	100.75
L06	72	54.5	2.4	9	34	9.4	11.6	5.18	111.62
L07	72	46	2.8	8.9	38.9	9.1	12	4.77	111.06
L08	83	84.7	4.2	12	28.2	10.8	11.4	5.82	98.62
L09	88	77.2	3.4	11.6	20.2	11.5	12.8	5.57	66.8
L10	88	88.6	4.6	13.5	32.6	10.1	12.2	5.7	93.06
L11	83	84.9	3.8	11.9	28.2	10.8	11.6	6.05	90.43
L12	83	83.4	4.4	11.5	35.8	10.2	12.5	6.08	92.69
L13	83	89.1	4.3	11.5	27.2	11	12.1	5.96	90.5
L14	83	68.2	2.7	10.3	31.5	8.9	11.3	5.38	95.85
L15	72	45	2.5	8.9	29.9	10.7	12.3	6.09	128.77
L16	72	47.5	3.1	10	29.8	9.6	12.1	4.93	108.5
L17	83	64.2	3.2	10.2	32.5	10.1	12.3	5.89	84.74
L18	83	67.2	2.4	10.7	19.8	9.4	11.7	5.78	80.18
L19	79	50.8	4	9.9	38.7	9.5	11.1	5.47	97.31

1.3.3　关联系数及关联度的计算

利用公式（1）求出各品种灰色关联系数 $Li(k)$，再综合各点的关联系数由公式（2）计算各性状对产量的关联度 r_i。

$$Li(k) = \frac{\overset{minmin}{i\ k}|X_0(k) - X_i(k)| + \rho \overset{maxmax}{i\ k}|X_0(k) - X_i(k)|}{|X_0(k) - X_i(k)| + \rho \overset{maxmax}{i\ k}|X_0(k) - X_i(k)|} \tag{1}$$

$$r_i = \frac{1}{N}\sum_{K=1}^{N} Li(K) \tag{2}$$

式中，$Li(k)$ 为 X_i 对 X_0 在 K 点的关联系数，ρ 为分辨系数，取值范围在（0~1），一般取 0.5。$\overset{min}{k}|X_0(k) - X_i(k)|$ 和 $\overset{max}{k}|X_0(k) - X_i(k)|$ 分别为第一层次最小差和第一层次最大差，即在绝对值 $|X_0(k) - X_i(k)|$ 中按不同的 k 值分别挑选其中最小者和最大者，$\overset{minmin}{i\ k}|X_0(k) - X_i(k)|$ 和 $\overset{maxmax}{i\ k}|X_0(k) - X_i(k)|$ 分别为第二层次最小差和第二层次最大差，即 $\overset{maxmax}{i\ k}|X_0(k) - X_i(k)|$ 中挑选最小者和最大者。由 r_i 依大小排成的数列为关联序列，根据排序位次确定各性状对产量的影响程度。

2 结果分析

2.1 数据标准化

由于考察指标的量纲不一致，需对原始数据做初始化处理，使之无量纲化，标准化处理后的结果见表3。

表3 原始数据标准化结果

品种	生育日数	株高	主茎分枝	主茎节数	单株荚数	荚长	荚粒数	百粒重	产量
L01	−0.025	−0.077	0.678	−0.419	0.312	−0.038	1.417	−0.572	0.040
L02	−0.108	−0.083	0.476	−0.550	0.157	−0.353	−2.613	−0.636	0.054
L03	0.277	0.024	0.872	0.312	−0.251	−2.740	−3.416	−4.509	−0.149
L04	0.277	0.043	0.278	0.577	−0.123	−1.287	−1.407	−3.035	−0.040
L05	0.093	0.016	1.665	−0.219	−0.062	0.893	1.407	0.578	0.017
L06	−0.175	−0.053	−2.299	−1.081	0.050	−0.457	−1.005	−0.694	0.046
L07	−0.175	−0.088	−1.506	−1.147	0.136	−0.768	0.603	−1.879	0.045
L08	0.009	0.072	1.269	0.908	−0.051	0.996	−1.809	1.156	0.011
L09	0.093	0.041	−0.317	0.643	−0.191	1.723	3.818	0.434	−0.073
L10	0.093	0.088	2.061	1.903	0.026	0.270	1.407	0.809	−0.003
L11	0.009	0.072	0.476	0.842	−0.051	0.996	−1.005	1.821	−0.010
L12	0.009	0.066	1.665	0.577	0.082	0.374	2.613	1.908	−0.004
L13	0.009	0.090	1.467	0.577	−0.069	1.204	1.005	1.561	−0.010
L14	0.009	0.004	−1.705	−0.219	0.006	−0.976	−2.211	−0.116	0.004
L15	−0.175	−0.092	−2.101	−1.545	−0.022	0.893	1.809	1.936	0.092
L16	−0.175	−0.082	−0.912	−0.418	−0.023	−0.249	1.005	−1.416	0.038
L17	0.009	−0.013	−0.714	−0.285	0.024	0.270	1.809	1.358	−0.026
L18	0.009	0.000	−2.299	0.046	−0.198	−0.457	−0.603	1.040	−0.038
L19	−0.058	−0.068	0.872	−0.484	0.132	−0.353	−3.014	0.145	0.008

2.2 灰色关联系数及关联度的计算

利用表3数据求参考因素 X_0 与比较因素 X_i 的绝对差值列于表4。

表4 X_0 与 X_i 的绝对差值

品种	生育日数	株高	主茎分枝	主茎节数	单株荚数	荚长	荚粒数	百粒重
L01	0.065	0.117	0.638	0.459	0.272	0.079	1.377	0.612
L02	0.163	0.137	0.421	0.605	0.102	0.407	2.667	0.690
L03	0.426	0.173	1.021	0.461	0.102	2.591	3.267	4.359
L04	0.317	0.083	0.318	0.617	0.083	1.247	1.366	2.994
L05	0.076	0.001	1.648	0.236	0.079	0.876	1.390	0.561
L06	0.221	0.099	2.345	1.127	0.004	0.503	1.051	0.740

（续表）

品种	生育日数	株高	主茎分枝	主茎节数	单株荚数	荚长	荚粒数	百粒重
L07	0.220	0.132	1.551	1.191	0.091	0.813	0.558	1.923
L08	0.002	0.060	1.257	0.897	0.063	0.985	1.820	1.145
L09	0.166	0.114	0.244	0.716	0.118	1.797	3.892	0.507
L10	0.096	0.091	2.065	1.906	0.029	0.273	1.410	0.813
L11	0.019	0.083	0.486	0.852	0.041	1.007	0.994	1.831
L12	0.013	0.071	1.669	0.581	0.086	0.378	2.617	1.912
L13	0.019	0.100	1.477	0.587	0.058	1.214	1.015	1.571
L14	0.005	0.000	1.709	0.223	0.003	0.980	2.215	0.120
L15	0.267	0.184	2.193	1.636	0.113	0.801	1.717	1.845
L16	0.213	0.119	0.949	0.455	0.061	0.287	0.967	1.454
L17	0.035	0.013	0.688	0.259	0.050	0.296	1.834	1.384
L18	0.047	0.037	2.262	0.084	0.160	0.419	0.565	1.078
L19	0.066	0.076	0.864	0.492	0.125	0.361	3.022	0.137

利用公式 1 和表 4 数据求关联系数。从表 4 可知 $\overset{minmin}{i\ k}|X_0(k)-Xi(k)|=0.001$，$\overset{maxmax}{i\ k}|X_0(k)-X_i(k)|=2.515$，将这两个数代入公式 1，分辨系数 ρ 取 0.5，则 $Li\ (k)=\dfrac{0.001+0.5\times2.515}{\Delta i(k)+0.5\times2.515}$，将表 4 中相应数值代入上式，即可得到 X_0 对 X_i 各因素的关联系数。计算结果列于表 5。

表 5　产量与不同性状的关联系数

品种	生育日数	株高	主茎分枝	主茎节数	单株荚数	荚长	荚粒数	百粒重
L01	0.971	0.949	0.774	0.826	0.890	0.966	0.613	0.781
L02	0.931	0.941	0.838	0.783	0.956	0.843	0.450	0.760
L03	0.837	0.927	0.681	0.826	0.956	0.457	0.400	0.333
L04	0.873	0.964	0.873	0.780	0.964	0.636	0.615	0.421
L05	0.967	1.000	0.570	0.903	0.966	0.714	0.611	0.796
L06	0.908	0.957	0.482	0.660	0.999	0.813	0.675	0.747
L07	0.909	0.943	0.585	0.647	0.960	0.729	0.796	0.531
L08	0.999	0.974	0.634	0.709	0.973	0.689	0.545	0.656
L09	0.930	0.951	0.900	0.753	0.949	0.548	0.359	0.812
L10	0.958	0.960	0.514	0.534	0.987	0.889	0.607	0.729
L11	0.992	0.964	0.818	0.719	0.982	0.684	0.687	0.544
L12	0.994	0.969	0.567	0.790	0.962	0.853	0.455	0.533
L13	0.992	0.957	0.596	0.788	0.974	0.642	0.683	0.581

（续表）

品种	生育日数	株高	主茎分枝	主茎节数	单株荚数	荚长	荚粒数	百粒重
L14	0.998	1.000	0.561	0.908	0.999	0.690	0.496	0.948
L15	0.891	0.923	0.499	0.571	0.951	0.732	0.560	0.542
L16	0.911	0.949	0.697	0.828	0.973	0.884	0.693	0.600
L17	0.985	0.995	0.760	0.894	0.978	0.881	0.543	0.612
L18	0.979	0.984	0.491	0.963	0.932	0.839	0.794	0.669
L19	0.971	0.967	0.716	0.816	0.946	0.858	0.419	0.941

关联度是关联系数的算术平均值 $r_i = \dfrac{1}{N} \sum_{K=1}^{N} L_i(K)$，将表 5 中各因素的关联系数代入上公式中，分别求出各因素 X_i 与产量 X_0 的关联度，并按关联度大小排序。

表 6　关联度及排序

因素	生育日数	株高	主茎分枝	主茎节数	单株荚数	荚长	荚粒数	百粒重
关联度	0.947	0.962	0.661	0.774	0.963	0.755	0.579	0.660
位　序	3	2	6	4	1	5	8	7

从表 6 的计算结果可以看出，绿豆不同性状与产量的关联度大小为：单株荚数>株高>生育日数>主茎节数>荚长>主茎分枝>百粒重>荚粒数。绿豆主要性状对产量的影响以单株荚数最大，其后依次为株高、生育日数、主茎节数、荚长、主茎分枝、百粒重、荚粒数。首先是单株荚数、株高和生育日数与其产量的关联度在 0.9 以上，与产量关系最为密切；其次是主茎节数和荚长与产量的关联度在 0.7 左右；再次是主茎分枝、百粒重和荚粒数与产量的关联度在 0.5~0.6。

3　结论与讨论

结果分析表明，绿豆不同性状与产量的关联度大小为：单株荚数>株高>生育日数>主茎节数>荚长>主茎分枝>百粒重>荚粒数。其中，单株荚数、株高、生育日数与小区产量的关联度均在 0.9 以上，说明这几个性状对小区产量的影响较大。对比表 2 也能看出，产量高的绿豆品种单株荚数多、株高矮、生育日数短。因此，在进行单株选择时，应尽量选择单株荚数多、株高矮、早熟的材料。

王明海等[5]运用灰色关联度分析法对新选绿豆品种（系）的 7 个性状与产量间的关系进行了分析。结果表明：各性状与产量间关联度大小顺序为单荚粒数>荚长>株高>生育期>分枝数>单株荚数>百粒重，与本研究有一定出入，可能是由于所用材料不同和气候原因所致。申慧芳等[6]用相关分析系统分析了与绿豆产量相关的 12 个农艺性状，结果表明单株荚数与产量关系最为密切，与本研究的结果一致。我们认为，在今后的育种工作中，对抗性的选择也是必不可少的，同时也不能忽视其他性状对产量的影响，要注意协调好各性状之间的相互关系，最终选育出综合性状良好的绿豆新品种（系）。

参考文献

［1］ 林汝法，柴岩，廖琴，等．中国小杂粮 ［M］．北京：中国农业科学技术出版社，2002：242-258.

［2］ 孙桂华，任玉山，杨镇，等．辽宁杂粮 ［M］．北京：中国农业科学技术出版社，2006：226-243.

［3］ 崔秀辉．灰色关联度分析法在绿豆育种中的应用 ［J］．杂粮作物，2005，25（4）：238-239.

［4］ 刘辉．超高产小麦主要性状的灰色关联度分析 ［J］．商丘师范学院学报，2001（4）：87-90.

［5］ 王明海，郭中校，李玉发．绿豆新品系主要农艺性状及其与产量间的相关分析 ［J］．杂粮作物，2007，27（3）：193-194.

［6］ 申慧芳，李国柱．绿豆产量构成因素的相关与通径分析 ［J］．山西农业大学学报，2005，25（2）：164-167.

普通菜豆镰孢菌枯萎病抗病相关基因 *PvCaM*1 的克隆及表达分析 *

薛仁风** 朱振东 王晓鸣 王兰芬 武小菲 王述民***

（中国农业科学院作物科学研究所/农作物基因资源与基因改良

国家重大科学工程，北京 100081）

摘 要：钙调素蛋白（calmodulin，CaM）作为植物细胞内介导多种功能的 Ca^{2+} 结合蛋白，在调节植物的生长发育和抗病性方面具有重要作用。利用普通菜豆（*Phaseolus vulgaris* L.）表达序列标签（expressed sequence tag，ESTs）克隆了一个编码普通菜豆 *CaM* 基因的全长 cDNA 序列，命名为 *PvCaM*1（GenBank 登录号：JN418801）。序列分析表明，*PvCaM*1 基因片段全长 687 bp，其开放读码框（ORF）长 453 bp，编码 150 个氨基酸，预测蛋白质分子质量为 17.16ku。蛋白质结构分析表明，PvCaM1 蛋白含有 4 个 Ca^{2+} 结合结构域（EF-hand）。同源分析结果显示，*PvCaM*1 基因与百脉根、西瓜的 *CaM* 基因亲缘关系最近，分别达到 77%、76%。荧光定量 PCR 分析表明，*PvCaM*1 基因受镰孢菌枯萎病病原菌诱导表达，接种病原菌 96h，抗病品种 260205 中 *PvCaM*1 基因的表达量达到最高，而感病品种 BRB-130 达到最低。*PvCaM*1 基因表达量也受外源植物激素脱落酸、茉莉酸甲酯和乙烯诱导上调，在根、茎、叶等不同组织中均有不同程度的表达。本研究表明 *PvCaM*1 基因可能通过茉莉酸和乙烯等信号途径参与菜豆对枯萎病菌的防御反应，推测菜豆 *PvCaM*1 基因与镰孢菌枯萎病的抗病性有一定关联。

关键词：普通菜豆；镰孢菌枯萎病；*PvCaM*1 基因；基因表达分析

菜豆镰孢菌枯萎病是由尖孢镰孢菌菜豆专化型（*Fusarium oxysporum* f. sp. *phaseoli*）引起的为害维管束组织的重要土传病害。该病原菌在世界范围内大部分菜豆种植地均有发现，在拉丁美洲、非洲和美国西部尤为严重，造成了巨大的经济损失[1-3]。实践证明，选育和合理利用抗病品种是防治普通菜豆病害最安全、经济、有效的方法[4]。植物受生物胁迫和环境刺激过程中，产生一系列防御反应机制。钙离子（Ca^{2+}）、活性氧（ROS）、水杨酸（SA）、茉莉酸（JA）、乙烯（ET）等均是植物防御反应发生过程中重要信号分子，是细胞应答外界刺激反应中重要的第二信使。钙调素（Calmodulin，简称CaM）是植物细胞内结合 Ca^{2+} 的小分子蛋白质，不同来源的 CaM 在结构和功能上都具有很高的同源性，说明 CaM 类蛋白具有决定功能的保守结构域，CaM 在传导生物反应信号过程中首先结合其识别的靶蛋白，通过改变空间结构而改变生物活性以应答细胞内 Ca^{2+} 浓度的变化，从而调控生理代谢及基因表达[5]，这些生物反应过程与 Ca^{2+} 介导的信号传导途径存在着功能上的密切联系。植物中存在多种 CaM 亚型（isoform），它们编码相同或相似的蛋白，不同亚型 *CaM* 基因的表达具有器官、组织和细胞特异性[6]，这些蛋白都具有能够与 Ca^{2+} 结合

* 本研究由现代农业产业技术体系专项（CARS-09）资助

** 作者简介：薛仁风；E-mail：xuerf@ yahoo. cn

*** 通讯作者：王述民；E-mail：smwang@ mail. caas. net. cn

的 EF-手型结构域（EF-hand）[7]。目前，在苹果、藻类、苜蓿、拟南芥、马铃薯、大豆、小麦、玉米、豌豆、蚕豆、粟等植物中都克隆到了不同 *CaM* 基因家族[6,8-17]。Lee 等[12]从大豆中分离到 4 个 CaM 亚型；Duval 等[11]从豌豆种子中鉴定了 3 个 CaM 亚型，Ling 和 Assmann[13]从蚕豆中分离纯化 CaM 蛋白，并对 CaM 在蚕豆不同组织中的分布情况做了研究，但目前在菜豆中还未见有 *CaM* 基因的报道。此外，CaM 具有多种生物学功能，除了参与植物对病原菌的响应，还参与植物本身的生长发育、对渗透胁迫、盐害、冻害等环境刺激的应答[18,19]。因此，CaM 蛋白的深入研究为揭示和理解 Ca^{2+} 介导的植物抗病、抗逆机理奠定理论基础。

我们前期以普通菜豆感病品种 BRB-130 和抗病品种 260205 为材料构建了抗镰孢菌枯萎病原菌 FOP-DM01 菌株的 cDNA-AFLP 差异表达文库，从中获得了大量表达序列标签（Expressive Sequence Tag，EST），经过测序、比对和信息注释，获得一条与百脉根 *CaM* 基因（AJ251808）相似性高达 77% 的 EST 序列。本研究以该 EST 序列为基础，利用 RT-PCR 和 Race 技术，克隆获得普通菜豆钙调素基因 *PvCaM*1（JN418801），利用生物信息学方法分析 *PvCaM*1 的核苷酸序列及编码蛋白质的结构特征，采用实时荧光定量 PCR 技术揭示其在菜豆与枯萎病菌互作中不同时间点和不同组织中的诱导表达特征，为明确 *PvCaM*1 在普通菜豆与枯萎病菌互作中的功能奠定了基础。

1 材料和方法

1.1 试验材料

供试普通菜豆（*Phaseolus vulgaris* L.）品种 BRB-130 和 260205，普通菜豆镰孢菌枯萎病原菌 FOP-DM01 菌株（*Fusarium oxysporum* f. sp. *phaseoli*）由本实验室保存。将菜豆种子播种于灭菌的营养土（黏土：蛭石，1：3，v/v）中，23～28℃条件下，每日光照 12h，黑暗 12h，培养 7～10 天的幼苗用于病原菌的接种。病原菌首先接种于含 PDA（Potato Dextrose Agar）培养基的培养皿（直径 9cm）中，25～28℃培养 7 天备用。

1.2 接种体繁殖

将玉米粉与蛭石按 1：2（v/v）的比例制成玉米粉混合物，取 400mL 混合物于 1 000mL 三角瓶中，121℃，0.2 MPa 条件下灭菌 30min，2 次。向玉米粉混合物中加入 50mL 灭菌蒸馏水，混合均匀后接入一皿病原菌，25～28℃条件下培养 7～10 天，每天摇晃三角瓶使病原菌生长均匀。

1.3 接种方法

将接种体与灭菌的营养土按照 1：10 的比例混合，取 0.01g 接种体悬浮于 1mL 灭菌水，用血球计数板计算病原菌的含量，将接种混合土的接种浓度调整至 5.0×10^6 cfu/g，再取 50μl 悬浮液按 1：10、1：100 比例稀释后涂布于酸性 PDA 培养基（pH 值 5.0）上计算病原菌的接种浓度，验证接种浓度的准确性。将 7～10 天的菜豆幼苗移栽至上述接种混合土中，实验条件不变，分别在接种后 24h、48h、72h、96h 和 120h 根部以及 120h 的茎和叶取样，用于不同组织表达量的研究，以移栽于未接种病原菌混合土的菜豆根组织为对照。参照 Brendan 等[20]和 Leon-Reyes 等[21]的方法用吲哚乙酸（IAA）、脱落酸（ABA）、茉莉酸甲酯（MeJA）、水杨酸（SA）、乙烯利（ETH）处理生长 7～10 天的菜豆 BRB-130 的根组织，分别在处理后 0h、3h、6h、12h、24h、48h、96h 取样，以分别喷施 0.001%

（wt/vol）乙醇溶液和 0.015%（vol/vol）Silwet L77 为对照。剪取的组织样品迅速置于液氮中，-80℃保存备用。

1.4 总 RNA 的提取与 cDNA 合成

采用 Trizol 试剂（TianGen，China）提取处理和对照各时间点样品的总 RNA，按照 Reverse Transcriptase System 试剂盒（Promega，USA）操作说明书合成第一链 cDNA，反转录引物采用 Oligo d（T）15。

1.5 *PvCaM*1 基因的全长 cDNA 克隆

根据本实验室构建的 cDNA-AFLP 差异表达文库中获得的一条 EST 序列 CBFi59，以此为模板设计基因特异引物进行 3'cDNA 末端快速扩增（3'-Full RACE Kit，TaKaRa，Japan），使用 5'-Full RACE Kit（TaKaRa，Japan）克隆 *PvCaM*1 基因的全长 cDNA。基因特异引物 3'-GSP1（5'-CCTTGTAGTTCACCATGCCA-3'）和 3'-GSP2（5'-GTC-CGCTTTCACGATCATCT-3'）作为上游引物，试剂盒中的 3'RACE Outer Primer 和 3'RACE Inner Primer 作为下游引物。3'-GSP1 用于 3'末端的第一轮 PCR 扩增，3'-GSP2 用于第二轮 PCR 扩增。将 3'RACE 获得的序列送上海生工生物工程有限公司测序，将得到的序列与原有的 EST 序列进行拼接。根据拼接序列设计引物 5'-GSP1（5'-AGT-GATGAATGGATTCGGAT-3'）和 5'-GSP2（5'-AACAGAGTAATGAAGGAAGA-3'），以菜豆根组织所提 RNA 反转录的 cDNA 为模板，进行 *PvCaM*1 基因 cDNA 全长的扩增。PCR 程序为 94℃ 3min；94℃ 30 s，53℃ 30 s，72℃ 1min，30 个循环；72℃ 延伸 10min。将回收的 PCR 产物克隆至 pDM18-T 载体（TaKaRa，Japan），送上海生工生物工程有限公司测序。

1.6 *PvCaM*1 序列分析

利用 NCBI 中 Blastn 程序（www.ncbi.nlm.nih.Gov/BLAST/）、氨基酸序列翻译工具（http://au.expasy.org/tools/dna.html）、蛋白质理化参数计算工具（http://expasy.org/tools/protparam.html），蛋白质一级结构分析工具（http://www.expasy.org/tools/scanprosite/）、信号肽预测工具 SignalP（http://www.cbs.dtu.dk/services/SignalP/）、蛋白质跨膜结构域预测工具（http://genome.cbs.dtu.dk/services/TMHMM/）、蛋白质疏水结构预测工具（http://us.expasy.org/tools/protscale.html）、二级结构预测工具（http://bioinf.cs.ucl.ac.uk/psipred）、三级结构预测工具（http://swissmodel.expasy.org/workspace/index.php？func=modelling_ simple1）等在线软件对 *PvCaM*1 进行序列分析。根据推测的 PvCaM1 氨基酸序列，利用 ClustalX 1.83、DNAMAN 和 MEGA4.0 软件分别进行氨基酸序列同源性比对和进化树分析。

1.7 实时荧光定量 PCR 分析基因表达量

根据 *PvCaM*1 的 cDNA 序列设计定量 PCR 引物（F：5'-CAAATGGCAGACCAACTTACCG-3'；R：5'-ATAACAGTGCCGAGTTCCTTGG-3'）。以普通菜豆的 Action 基因作为内参（F：5'-GAAGTTCTCTTCCAACCATCC-3'；R：5'-TTTCCTT-GCTCATTCTGTCCG-3'）。用 SuperReal PreMix（SYBR Green，TianGen，China）荧光定量 PCR 试剂和 ABI PRISM7300 实时定量 PCR 仪以各个取样点的 cDNA 为模板进行 *PvCaM*1 的 Real-time PCR 分析。反应体系与程序参照试剂说明。反应结束后分析荧光值变化曲线和融解曲线，以 PCR 产物电泳确认扩增产物特异性。采用 $2^{-\Delta\Delta CT}$ 法分析数据，确定基因的

相对表达量。每个取样点设 3 个重复，在同一个批次完成内参基因和目标基因的 PCR 反应。试验重复 3 次。

2 结果与分析

1.1 *PvCaM*1 的全长 cDNA 序列的克隆和分析

包含 *PvCaM*1 基因的片段全长为 687bp，经 ORF finder 预测，具有完整开放阅读框。通过 PCR 扩增得到预期长度的产物，并命名为 *PvCaM*1。将完整的 *PvCaM*1 基因开放阅读框序列连接至克隆载体 pMD18-T，并进行测序分析。结果显示，该序列从 208 位到 660 位核苷酸为开放阅读框，长 453bp，编码 150 个氨基酸组成的蛋白质（图 1）。

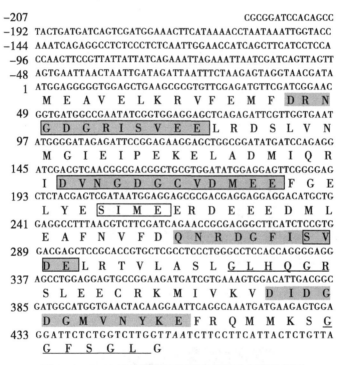

图 1 *PvCaM*1 的核苷酸序列及其推测的氨基酸序列

起始密码子、终止密码子为粗斜体字；阴影部分为 EF-hand 结构域；
矩形代表酪蛋白激酶Ⅱ的磷酸化位点；下划线表示 N 端十四酰基化位点

2.2 *PvCaM*1 编码蛋白质序列的分析

*PvCaM*1 所编码的蛋白质预测分子量为 17.16ku，理论 pI 值为 4.27，含有 4 个 EF-hand 保守结构域，分别在 14~25 位、50~61 位、87~98 位和 125~136 位氨基酸，每个 EF-hand 内都有 Ca^{2+} 结合位点。蛋白质结构预测结果表明，该蛋白不含跨膜区，无明显的疏水结构域，无信号肽序列，不属于分泌蛋白。PvCaM1 的氨基酸序列与百脉根（CAB63264.3）、西瓜（BAI52955.1）、胡杨（ADC80735.1）、蓖麻（XP_002533357.1）等植物的 *CaM* 基因所编码蛋白质的氨基酸序列均具有较高的相似性（图 2），二级结构预测 PvCaM1 含有 8 个 α-螺旋结构，其余为 Loop 结构，不具有 β-折叠结构，同源建模结果显示 PvCaM1 主要是以 α-螺旋结构为主，α-螺旋之间以 Loop 相连（图 3）。系统进化树

分析结果表明（图 4），*PvCaM*1 与百脉根的 *CaM* 基因的亲缘关系最近，达到 77%，与西瓜次之，达到 76%。目前在大豆、豌豆等豆类作物中都克隆了不同 *CaM* 基因家族[11-12]，但在普通菜豆中尚无 *CaM* 基因的报道，而参与菜豆抗枯萎病相关反应的 *CaM* 基因更是首次发现。

```
CfCaM    . . . . . . . . . . . . . . . . . . . . . . MDP TELRRVFQMFDRNGDGRI TKKELSDSLENLGIFIP.    60
AfCaM    . . . . . . . . . . . . . . . . . . . . . . . . . . . . . . . . . . . . . . . . . . . . . . .   60
LjCaM    KTTDDCDPCQLLPLDTSLI PKMDPTELKRVFQMFDRNGDGRI TKKELNDSLENLGIFIP.                              60
PtCaM    . . . . . . . . . . . . . . . . . . . . . . . . . . . I TKKELNDSLENLGIYIP.                    60
CfCaM    . . . . MATNTEQLTEEQI AEFKEAFALFDKDGDGTI TTKELGTVMRSLGQNPT.                                 60
PvsCaM   . . . . MADKLTEEQI AEFKEAFSLFDKDGDGTI TTKELGTVMRSLGQNPT.                                   60
ZmCaM    SSKKMSSSAQQQQQQQAGSSKAES AELARVFELFDKDGDGRI TREELAESLRKLGMGVPG                             60
RcCaM    ELQQQEEEETLVVPSAARKRMDSTELKKVFQMFDTNGDGRI TKEELNGSLENLGIFIP.                              60
MaCaM    I LSLS. . LLQLLCI WS I AS AMDPSELKRVFQMFDRNGDGRI TKAELTDSLENLGI LVP.                         60
PvCaM1   . . . . . . . . . . . . . . . MEAVELKRVFEMFDRNGDGRI SVEELRDSLVNMGI EIP.                       60


CfCaM    DKDLTQMI EKI DVNGDGCVDI DEFGELYQSI MD. . . . . . . . . ERDEEEDMREAFNVFDQNG          120
AfCaM    . . . I I QKI DVNGDGCVDI EEFGELYKTI MV. . . . . . . . EDEDEVGEEDMKEAFNVFDRNG          120
LjCaM    DKELTQMI ERI DVNGDGCVDI DEFGELYQSI MD. . . . . . . . . EKDEEEDMREAFNVFDQNG          120
PtCaM    DKELTQMI ETI DVNGDGCVDI DEFGELYQSLMD. . . . . . . . . EKDEEEDMREAFKVFDQNG          120
CfCaM    EAELQDMI SEVDADGNGTI DFPEFLMLMARKMK. . . . . . . . . ETDHEDELREAFKVFDKDG          120
PvsCaM   EAELQDMI NEI DTDGNGTI DFPEFLTLMARKMK. . . . . . . . . DTDTEELI EAFRVFDRDG          120
ZmCaM    DDELAS MMARVDANGDGCVDAEEFGELYRGI MDGAAEEEEEEEDDDDMREAFRVFDANG                      120
RcCaM    DKELSQMMETI DVNGDGGVDI EEFGALYQSI MD. . . . . . . . . EKDEDEDMREAFNVFDRNG          120
MaCaM    EAELAS MI ERI DANGDGCVDVEEFGTLYRTI MD. . . . . . . . . ERDEEEDMREAFNVFDRNG          120
PvCaM1   EKELADMI QRI DVNGDGCVDMEEFGELYES I ME. . . . . . . . . ERDEEEDMLEAFNVFDQNR          120


CfCaM    DGFI TVDELRSVLASLGLKQGRTVEDCKKMI MKVDVDGDG. . . . . . . MVNYKEFKQMMKG           180
AfCaM    DGFI TVDELKAVLS SLGLKQGRTLEECRKMI MQVDVDGDG. . . . . . . RVNYMEFRQMMKK           180
LjCaM    DGFI TVEELRTVLASLGLI KQGRTVEDCKKMI MKVDVDGDG. . . . . . . MVDYKEFKQMMKG          180
PtCaM    DGFI TVDELRSVLASLGLKQGRTLEDCKRMI MKVDVDGDGMVDY.                                    180
CfCaM    NGFI SAAELRHVMTNLGEKLSE. . EVDEMI READVDGDG. . . . . . . QVNYEEFVRMMTS           180
PvsCaM   DGYI SAAELRHVMTNLGEKLTN. . EVDEMI READI DGDG. . . . . . . QI NYEEFVKMMI A          180
ZmCaM    DGYI TADELGAVLS SLGLRQGRTABECRRMI GRVDRDGDG. . . . . . . RVDFREFRQMMRA           180
RcCaM    DGYI TGDELRSVLASLGLKQGRTAEDCKKI I MKVDVDGDDRENNGDDLCHVAVPHWFI KG                   180
MaCaM    DGFI TVEELRSVLASLGLKQGRTAEDCRKMI NEVDVDGDG. . . . . . . VVNFKEFKQMMKG          180
PvCaM1   DGFI SVDELRTVLASLGLHQGRSLEECRKMI VKVDI DGDG. . . . . . . MVNYKEFRQMMKS           180
```

图 2　*PvCaM*1 编码蛋白与不同生物 CaM 的氨基酸序列比对
黑色与灰色分别代表 10 个比对序列中相似性达到 100% 和 75%

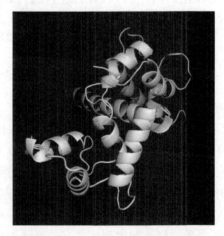

图 3　PvCaM1 蛋白质高级结构预测

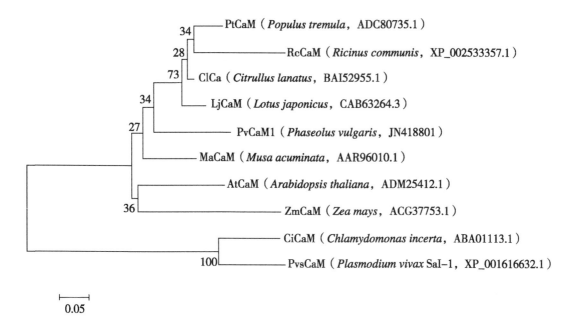

0.05

图 4　PvCaM1 与 9 个其他来源的 CaM 的进化关系分析

进化树分支处的数字代表 bootstrap 值（重复抽样次数为 500），直线标尺代表 5% 序列差异

2.3　*PvCaM*1 基因的诱导表达分析

2.3.1　病原菌诱导 *PvCaM*1 基因表达分析

*PvCaM*1 基因的转录表达受枯萎病菌的诱导（图 5），在菜豆与枯萎病菌互作过程中，接种后 24h 抗病品种中 *PvCaM*1 表达量约达到对照的 1.5 倍，显著高于感病材料；48h、72h *PvCaM*1 表达量受到抑制，感病品种 BRB-130 和抗病品种 260205 分别与对照相比表达量均下调；96h 时 BRB-130 的表达量达到最低，而 260205 中的表达量却迅速升高，达到对照的 3 倍左右，之后表达量有所下降，约达到对照的 1.5 倍，但仍显著高于 BRB-130 中的表达量。

2.3.2　外源激素诱导 *PvCaM*1 基因表达分析

利用不同外源激素处理菜豆根组织，实时荧光定量 PCR 分析结果表明（图 6）：乙烯利处理 48h 前，*PvCaM*1 表达量无明显的变化，48h 时表达量迅速上升至最大值，约为对照的 5 倍，随后 96h 急剧下降；茉莉酸甲酯处理 12h 时，其表达量迅速上升，达到对照的 4 倍左右，之后迅速下降，96h 时再次迅速升高，达到对照的 5 倍左右；脱落酸处理仅 3h，其表达量就达到最大值，约为对照的 6.8 倍，此后各时间点 *PvCaM*1 的表达量一直维持在较低的水平，直到 48h 时再次迅速上升，达到对照的 4.8 倍。水杨酸和吲哚乙酸处理后，所有时间点的表达量均无显著变化。

2.4　*PvCaM*1 基因组织表达分析

为明确 *PvCaM*1 基因在不同器官中的表达特征，采用荧光定量 PCR 技术对接种 120h 时 *PvCaM*1 基因在 BRB-130 和 260205 根、茎、叶中的表达量进行了分析，结果表明，该基因在根、茎、叶中均有不同程度的表达（图 7），抗病品种 260205 在 3 个不同组织中的表达量均高于感病品种 BRB-130，其中在叶中表达量最高，差异也最显著。

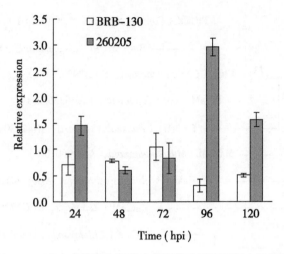

图 5　*PvCaM*1 在菜豆与枯萎病菌互作中不同时间点的表达

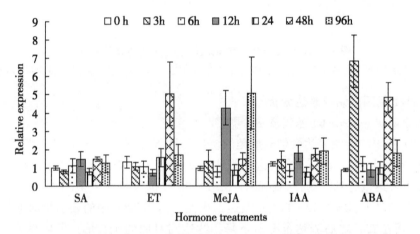

图 6　不同外源激素诱导普通菜豆根组织中 *PvCaM*1 基因表达水平分析

SA：水杨酸；ETH：乙烯利；MeJA：茉莉酸甲酯；IAA：吲哚乙酸；ABA：脱落酸

3　讨论

　　CaM 是植物细胞内高度保守的 Ca^{2+} 结合蛋白，是植物细胞中 Ca^{2+} 介导的信号传导途径中的主要组分，它通过结合并调控许多下游蛋白的活性或功能来调节细胞的生理功能，如：蛋白激酶，Ca^{2+} 通道等[22-23]。研究者们已经从多种植物中分离或克隆出 *CaM* 基因，植物中的 *CaM* 存在多种亚型，不同 *CaM* 亚型分别介导不同生物功能的信号传导途径，从而使得 *CaM* 在生物体复杂多样的代谢途径中发挥重要的作用[6,8-17]。为研究普通菜豆抗镰孢菌枯萎病相关的 *CaM* 基因，本研究利用前期构建的 cDNA-AFLP 差异表达文库中获得的一个 EST 片段为"种子"序列，应用 RT-PCR、RACE 技术，从普通菜豆中分离出 1 个与菜豆抗镰孢菌枯萎病相关的 *CaM* 基因的 cDNA 全长序列，该基因编码蛋白具有 4 个完整 Ca^{2+} 结合域，相对于已经鉴定或克隆到的不同来源的 *CaM* 基因在核苷酸和氨基酸水平上都有较大的差异，因此，可以确定为一个新的 *CaM* 基因，定名为 *PvCaM*1，是 CaM 蛋

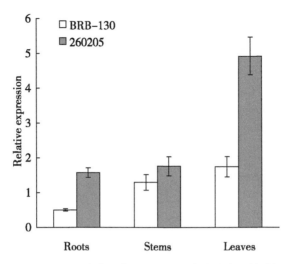

图 7 *PvCaM*1 在普通菜豆不同组织中表达水平的分析

白在普通菜豆中的首次报道。

病原与寄主互作的过程中植物 *CaM* 基因都可以被诱导表达。例如：大豆细菌性斑点病菌（*Pseudomonas syringae* pv. *glycinea*）诱导大豆 *SCaM*-4 和 *SCaM*-5 基因诱导表达[24]。烟草花叶病毒（tobacco mosaic virus，TMV）侵染烟草叶片后可引起 *NtCaM*1、*NtCaM*2 和 *NtCaM*13 基因的表达上调，同时诱导 PR-1 和 PR-3 等防御基因的表达[25]。小麦受叶锈病菌侵染过程中，钙调素 *TaCaM*2-3、*TaCaM* 4-1、*CaMSF*-1 和 *CaMSF*-4 表达量明显上调，可能参与了小麦抗叶锈病相关应答途径[26]，*TaCaM*5 亚型则是与小麦抗条锈病菌相关的基因[27]。玉米在大斑病菌产生的 HT 毒素胁迫下，*CaM* 基因参与了玉米的防卫应答反应[17]。Herman 等[28]利用绿色荧光蛋白（Green Fluorescence Protein，GFP）技术研究了枯萎病菌在甜瓜中的侵染过程，抗病品种中病原菌侵染的速度慢，且能把病菌的侵染限制在根茎处，抗病反应大约在第 3 天被激发，即病菌侵入根部，通过皮层，试图到达木质部时被激发。本研究表明：菜豆枯萎病菌侵染菜豆根组织 96h，抗病品种中 *PvCaM*1 表达量迅速上升，达到最大值，说明病原菌侵染 96h，诱导寄主产生的抗病反应最强烈，研究结果与甜瓜相似，因此，推测 PvCaM1 参与了细胞内由 Ca^{2+} 介导的抗病反应，细胞内 Ca^{2+} 可能是枯萎病抗病途径中很重要的信号分子。植物的系统获得抗性（Systematic Acquired Reaction，SAR）是植物体抵抗外界病原物侵染非常重要的抗病机制，主要通过水杨酸或茉莉酸、乙烯、脱落酸等激素信号分子介导抗病信号在抗病途径中的传导[29-32]。CaM 是介导植物细胞内多种信号传导途径的重要分子，本研究中 *PvCaM*1 对茉莉酸甲酯、乙烯利和脱落酸均有明显的响应，表明该基因可能通过茉莉酸、乙烯和脱落酸介导的信号传导途径诱导菜豆对枯萎病菌的防御反应；水杨酸和生长素处理后，*PvCaM*1 的表达并未受到明显影响，表明水杨酸可能并非是参与菜豆对枯萎病菌防御反应的信号分子。

植物 *CaM* 基因的表达具有组织和各种发育时期的特异性。*CaM* 广泛地分布于几乎所有已知的真核生物中，但在不同组织、器官和原生质体中，或不同的生长期，含量都不同，分布也存在差异[12,15,33,34]。研究表明：大豆[12]、马铃薯[15]、小麦[33]发育过程中不同器官中的 *CaM* 基因的表达有差异。黄花梨 *CaM* 基因在子房和幼果中大量表达，表达的部位主要集中在果皮、果肉、胚珠、维管束、细胞间隙及胞间层，可能与果实钙的增加有一定关系[34]。本研究表明：$PvCaM1$ 在普通菜豆根、茎、叶等组织中均有表达，表达量在叶部最高，茎部和根部较低，抗感品种间有很明显的差异，叶部差异最显著，可能是由于在寄主受病原菌侵染过程中叶部表现出的症状最为明显，发生的抗病反应也最强烈[20]。

本研究结果表明，$PvCaM1$ 基因的表达能够被枯萎病菌显著诱导表达，因此，$PvCaM1$ 基因可能是参与菜豆对枯萎病菌的抗病反应的相关基因。PvCaM1 作为普通菜豆细胞内 Ca^{2+} 信号转导的重要信使其具有十分重要的功能，研究表明 $PvCaM1$ 基因参与了菜豆对枯萎病菌侵染的抗病反应，关于其在菜豆与病原菌的互作中如何发挥抵抗病原菌侵染的功能，我们将通过转基因技术和 RNAi 技术进一步验证。

4 结论

从普通菜豆中克隆出 1 个编码钙调素蛋白的 cDNA 全长序列，命名为 $PvCaM1$。PvCaM1 蛋白是植物钙调素蛋白在普通菜豆中的首次报道。$PvCaM1$ 基因能够被枯萎病原菌诱导表达，而且在不同器官中的表达量也不相同，叶片中的表达量要显著高于茎和根中的表达量，推测 PvCaM1 参与调控菜豆对枯萎病菌的抗性反应。$PvCaM1$ 受枯萎病菌诱导表达，不依赖水杨酸和生长素介导的信号通路，可能通过茉莉酸、乙烯和脱落酸等信号途径参与了防御反应。

参考文献

[1] Buruchara R A, Camacho L. Common bean reaction to *Fusarium oxysporum* f. sp. *phaseoli*, the cause of severe vascular wilt in Central Africa [J]. *J Phytopathol*, 2000, 148 (1)：39-45.

[2] Pastor C, Abawi G S. Reactions of selected bean germplasm to infection by *Fusarium oxysporum* f. sp. *phaseoli* [J]. *Plant Dis*, 1987, 71：990-993.

[3] Salgado M O, Schwartz H F, Brick M A. Inheritance of resistance to a Colorado race of *Fusarium oxysporum* f. sp. *phaseoli* in common beans [J]. *Plant Dis*, 1995, 79：279-281.

[4] Miklas P N, Kelly J D, Beebe S E, Blair M W. Common bean breeding for resistance against biotic and abiotic stresses: From classical to MAS breeding [J]. *Euphytica*, 2006, 147 (1)：105-131.

[5] Zielinski R E. Calmodulin and calmodulin-binding proteins in plants [J]. *Annu Rev Plant Biol*, 1998, 49 (1)：697-725.

[6] Yang T, Segal G, Abbo S, Feldman M, Fromm H. Characterization of the calmodulin gene family in wheat: structure, chromosomal location, and evolutionary aspects [J]. *Mol Gen Genet*, 1996, 252 (6)：684.-694.

[7] Snedden W A, Fromm H. Calmodulin, calmodulin-related proteins and plant responses to the environment [J]. *Trends Plant Sci*, 1998, 3 (8)：299-304.

[8] Barnett M J, Long S R. Nucleotide sequence of an alfalfa calmodulin cDNA [J]. *Nucleic Acids Res*, 1990, 18 (11)：3395.

[9] Chandra A, Thungapathra M, Upadhyaya K C. Molecular cloning and characterization of a calmodulin gene from *Arabidopsis thaliana* [J]. *J Plant Biochem Biotachnol*, 1994, 3 (1)：31-35.

[10] Chye M L, Liu C M, Tan C T. A cDNA clone encoding Brassica calmodulin [J]. *Plant Mol Biol*. 1995, 27 (2)：419-423.

[11] Duval F D, Renard M, Jaquinod M, Biou V, Montrichard F, Macherel D. Differential expression and functional analysis of three calmodulin isoforms in germinating pea (*Pisum sativum* L.) seeds [J]. *Plant J*, 2002, 32 (4)：

481-493.

［12］ Lee S H, Kim J C, Lee M S, Heo, W D, Seo H Y, Yoon H W, Hong J C, Lee S Y, Bahk J D, Hwang I. Identification of a novel divergent calmodulin isoform from soybean which has differential ability to activate calmodulin-dependent enzymes ［J］. *J Biol Chem*, 1995, 270（37）: 21 806-21 812.

［13］ Ling V, Assmann S M. Cellular distribution of calmodulin and calmodulin-binding proteins in*Vicia faba* L. ［J］. *Plant Physiol.*, 1992, 100（2）: 970-978.

［14］ Nath M, Goel A, Taj G, Kumar A. Molecular cloning and comparative in silico analysis of calmodulin genes from cereals and millets for understanding the mechanism of differential calcium accumulation ［J］. *J Proteomis Bioinformatics*. 2010, 3（10）: 294-301.

［15］ Takezawa D, Liu Z H, An G, Poovaiah B W. Calmodulin gene family in potato: developmental and touch-induced expression of the mRNA encoding a novel isoform ［J］. *Plant Mol Biol*, 1995, 27（4）: 693-703.

［16］ Watillon B, Kettmann R, Boxus P, Burny A. Cloning and characterization of an apple（*Malus domestica* ［L.］ Borkh）calmodulin gene ［J］. *Plant Sci.* 1992, 82（2）: 201-212.

［17］ Wang Y-H（王艳辉）, Jia H（贾慧）, Si H-L（司贺龙）, Ma J-F（马继芳）, Hao H-F（郝会芳）, Dong J-G（董金皋）. Change of calmodulin in corn leaf cell with different resistant genes under stress of HT-toxin from *Exserohilum turcicum* ［J］. *J Hebei Agric Univ*, 2007, 30（5）: 4-7（In Chinese with English abstract）.

［18］ Hong Bo S, Li Ye C, Ming An S. Calcium as a versatile plant signal transducer under soil water stress ［J］.*Bioessays*, 2008, 30（7）: 634-641.

［19］ Zhu J K. Salt and drought stresssignal transduction in plants ［J］. *Annu Rev Plant Biol*, 2002, 53（1）: 247-273.

［20］ Kidd B N, Kadoo N Y, Dombrecht B, Tekeo Lu M, Gardiner D M, Thatcher L F, Aitken E A B, Schenk P, Manners J, Kazan K. Auxin signaling and transport promote susceptibility to the root infecting fungal pathogen *Fusarium oxysporum* in *Arabidopsis* ［J］. *Mol Plant Microbe In*, 2011, 24（6）: 733-748.

［21］ Leon-Reyes A, Du Y, Koornneef A, Proietti S, P. Körbes A, Memelink J, Pieterse C M J, Ritsema T. Ethylene signaling renders the jasmonate response of *Arabidopsis* insensitive to future suppression by salicylic acid ［J］. *Mol Plant Microbe In*, 2010, 23（2）: 187-197.

［22］ Kim M C, Chung W S, Yun D J, Cho M J. Calcium and calmodulin-mediated regulation of gene expression in plants ［J］. *Mol Plant*, 2009, 2（1）: 13-21.

［23］ Wang Q, Chen B, Liu P, Zheng M, Wang Y, Cui S, Sun D, Fang X, Liu C M, Lucas W J. Calmodulin binds to extracellular sites on the plasma membrane of plant cells and elicits a rise in intracellular calcium concentration ［J］. *J Biol Chem*, 2009, 284（18）: 12 000-12 007.

［24］ Heo W D, Lee S H, Kim M C, Kim J C, Chung W S, Chun H J, Lee K J, Park C Y, Park H C, Choi J Y. Involvement of specific calmodulin isoforms in salicylic acid-independent activation of plant disease resistance responses ［J］.*P Natl Acad Sci USA*. 1999, 96（2）: 766-771.

［25］ Yamakawa H, Mitsuhara I, Ito N, Seo S, Kamada H, Ohashi Y. Transcriptionally and post-transcriptionally regulated response of 13 calmodulin genes to tobacco mosaic virus-induced cell death and wounding in tobacco plant ［J］. *Eur J Biochem*. 2001, 268（14）: 3 916-3 929.

［26］ Huo J-F（霍建飞）, Song S-S（宋水山）, Li X（李星）, Yang W-X（杨文香）, Liu D-Q（刘大群）.Research on CaM and its isform genes involved in the resistance response of wheat to *Puccinia triticina*. *Acta Agron Boreali-Sin*（华北农学报）, 2010, 25（4）: 175-179（In Chinese with English abstract）.

［27］ Liu X-Y（刘新颖）, Wang X-J（王晓杰）, Xue J（薛杰）, Ning X（夏宁）, Deng L（邓麟）, Cai G-L（蔡高磊）, Tang C-L（汤春蕾）, Wei G-R（魏国荣）, Huang L-L（黄丽丽）, Kang Z-S（康振生）. Cloning and expression analysis of a novel calmodulin isoform *TaCaM5* from wheat ［J］. *Acta Agron Sin*（作物学报）, 2010, 36（6）: 953-960（In Chinese with English abstract）.

［28］ Herman R, Zvirin Z, Kovalski I, Freeman S, Denisov Y, Zuri G, Katzir N, Perl-Treves R, Pitrat M. Characterization of *Fusarium* race 1. 2 resistance in melon and mapping of a major QTL for this trait near a fruit netting locus. In: Pitrat M, eds. The IXth EUCARPIA meeting on genetics and breeding of Cucurbitaceae. Avignon (France): INRA. Centre de Recherche d´Avignon. Unité Génétique et Amélioration des Fruits et Légumes, Montfavet, 2008. pp 149-156.

[29] Berrocal-Lobo M, Molina A. Arabidopsis defense response against *Fusarium oxysporum* [J]. *Trends Plant Sci.* 2008, 13 (3): 145-150.

[30] Kazan K, Manners J M. Jasmonate signaling: toward an integrated view [J]. *Plant Physiol*, 2008, 146 (4): 1459-1468.

[31] Koornneef A, Pieterse C M J. Cross talk in defense signaling [J]. *Plant Physiol*, 2008, 146 (3): 839-844.

[32] Lorenzo O, Solano R. Molecular players regulating the jasmonate signalling network [J]. *Curr Opin Plant Biol*, 2005, 8 (5): 532-540.

[33] Yang T, Lev-Yadun S, Feldman M, Fromm H. Developmentally regulated organ-, tissue-, and cell-specific expression of calmodulin genes in common wheat [J]. *Plant Mol Biol*, 1998, 37 (1): 109-120.

[34] Yue H-L (岳海林), Deng X-X (邓秀新), Peng S-A (彭抒昂). Expression of calmodulin mRNAs in ovaries and fruitlets of pear [J]. *Sci Agric Sin* (中国农业科学), 2008, 41 (1): 176-181 (In Chinese with English abstract).

半无叶豌豆品协豌1号的选育与栽培技术*

畅建武** 郝晓鹏 王 燕

（山西省农业科学院农作物品种资源研究所/农业部黄土高原作物基因
资源与种质创制重点实验室，太原 030031）

摘 要：品协豌1号是山西省育成的第一个半无叶豌豆品种，该品种直立、防风、抗倒，可以密植、一次性收获，使豌豆生产实现机械化作业，减少生产成本，达到高产高效，对豌豆育种和生产都具有重要的利用价值和现实意义。

关键词：半无叶豌豆；品协豌1号；选育；栽培技术

豌豆耐寒耐瘠、生育期短、适应性广，是世界上第二大食用豆类，豌豆籽粒富含20.0%~24.0%的蛋白质，碳水化合物占55.5%~60.6%，脂肪大约占2%，同时还富含尼克酸和维生素 B_1、B_2，从而具有较高的营养价值。豌豆固氮能力强，每亩豌豆可固定氮素5.25kg左右，相当于25kg硫铵[1]，是培肥地力、改良土壤的优良作物；豌豆的茎、叶、荚壳及加工后的废料又是营养价值很高的畜禽饲料，可促进畜牧业发展，生产优质有机肥，解决土壤培肥问题。因此，发展豌豆生产，建立"豌豆—食品加工—畜牧业"的生态农业系统，可促进农牧副业全面发展。

1 品协豌1号的选育

1.1 选育思路

豌豆是一个古老的作物，在全世界大约有65个国家种植，自20世纪50年代发现第一个无叶豌豆变异植株后，欧美国家加大了研究力度，1986年世界第一个无叶豌豆品种Solara在法国登记，改变了豌豆生产的历史，无叶豌豆直立不倒伏，通风透光良好，适合高密植、高水肥，产量有了大幅度提高，豌豆的生产由传统的手工作业变为机械化作业，欧美的豌豆种植面积得到迅速发展，而中国豌豆由于产量低、成本高，失去了市场。因此，在90年代，豌豆科技工作者，积极引进国外无叶豌豆种质，加快研究步伐，在进行种质创制的同时，选育适合中国种植的无叶豌豆品种。我们的育种目标是选育具有适宜密植，防风抗倒，品质优良，增产潜力大和适合机械化作业的半无叶豌豆品种。促进豌豆生产和相关产业的发展。

1.2 品种来源与选育过程

1.2.1 品种来源

品协豌1号是我所从中国农业科学院作物科学研究所引进的国外无叶豌豆资源Celeste

---

* 基金项目：现代农业产业技术体系（CARS-09-Z5）；山西省青年科技研究基金（2013021024-5）；山西省科技攻关项目（20120311006-2）

** 作者简介：畅建武，男，山西万荣人，副研究员，主要从事食用豆资源与利用研究工作；E-mail：changjianw2005@163.com

中系选而成。

1.2.2 选育过程

面对山西省豌豆资源缺乏无叶豌豆种质的情况，我们引入 50 多份不同类型的欧美国家无叶豌豆种质材料，对这些无叶豌豆材料进行详细的观察鉴定和评价，并在田间选择生育期短，植株粗壮，节间短，结荚 8~14 个，抗病性好的优良变异单株，第二年进行单株种植，观察植株生长情况和产量表现，如果田间生长性状不整齐，继续选择优良单株，稳定的株行进行田间比较和产量比较，然后选择好的株行再进行株系比较，在比较过程中突出观察直立抗倒性、耐水肥性和适应性，经过株行、株系鉴定比较，将选育出的优良株系定名为品协豌 1 号；2006—2007 年参加本所豌豆品种比较试验，2008—2009 年参加山西省豌豆新品种区域试验和生产试验，2009 年 7 月通过专家田间考察鉴定，2010 年 5 月 23 日通过山西省农作物品种审定委员会认定。

1.3 产量表现

2008—2009 年参加山西省豌豆新品种区域试验，两年平均亩产 194.3kg，比对照晋豌豆 2 号平均亩产 149.3kg，增产 30.1%。试验点 8 个，8 个点增产，增产点率 100%。其中，2008 年平均亩产 272.2kg，比对照晋豌豆 2 号增产 35.9%，2009 年平均亩产 116.4kg，比对照晋豌豆 2 号增产 18.5%，在参试的 4 个品种中排名第一。

1.4 品种特征特性

品协豌 1 号豌豆生育期 95~105 天，植株直立半无叶（托叶正常，羽状复叶全部变异为卷须互相缠绕直立），叶片深绿，株高 55~65cm，主茎节数 11 个，单株分枝 2.4 个，多花多荚，每个花序 2 朵花，花白色，有限结荚习性，单株结荚为 10~12 个，荚长 5~6cm，荚宽 1.5cm，单荚粒数 5~6 粒，籽粒白色，圆形，百粒重 26~28g，该品种防风抗倒能力强，群体结构综合性状优异，适应性广，适合各种地块种植，高中等肥力的地块能充分发挥高产潜力。

1.5 品质分析

2009 年经农业部谷物品质监督检验测试中心检测，品协豌 1 号籽粒粗蛋白含量 24.63%，粗脂肪含量 1.04%，粗淀粉含量 52.76%。

1.6 品种创新点

1.6.1 种质创新

该品种以优良的国外引进无叶豌豆为基础选育而成，丰富了山西省豌豆遗传基础，填补了山西省无叶豌豆品种的空白，开创了山西省豌豆生产和育种新的领域。

1.6.2 直立抗倒

品协豌 1 号茎叶互相缠绕，形成一个强大的网络，绝不会发生倒伏现象，改变了豌豆易倒伏的情况，开创了豌豆生产新的局面。

1.6.3 成熟一致、适合机械化作业

由于是有限结荚习性，单株结荚 10~12 个，灌浆速度快，上下荚成熟相对一致，适合机械化播种、收获，减少人工作业，降低生产成本，达到增产增效，实现现代化农业管理。

2 配套栽培技术[2-3]

2.1 播种

在地表解冻后，5cm 地温稳定在 2℃时，采用旋耕、施肥、播种、镇压一体机进行作业，亩施尿素 15kg、过磷酸钙 50kg，调节行距至 25cm，株距 4～6cm，亩用种量 10～12kg，一次作业，完成旋耕、施肥、播种、镇压的全套工作。

2.2 中耕除草

豌豆出苗后不需间苗定苗，亩留苗 3.5 万~5.0 万株，在苗高 5~7cm 时，进行第一次中耕，促进幼苗生长，苗高 15cm 左右时进行第二次中耕，随后豌豆植株封垄，不再进行耕作。

2.3 灌溉

豌豆的孕蕾期至开花期是豌豆的需水临界期，在孕蕾期浇第一水，在花荚期浇第二水，每次水量不宜过大。

2.4 虫害防治

豌豆潜叶蝇是为害豌豆的主要虫害，在苗高 20cm 时即进行防治，用 24.5%绿维虫螨乳油 50mL 对水 50kg 或用 25%斑潜净乳油 1 500 倍液等进行喷雾。视虫情喷 2~3 次。

2.5 收获

在植株茎叶和荚果变黄，豆荚尚未开裂时连株收获，可采用收割机进行收获。收回后及时晾晒，籽粒含水量在 12%时就可入仓保存[3]。

3 品种推广及应用

品协豌 1 号豌豆品种充分体现了半无叶豌豆的优良特性，植株茎秆粗壮，相互紧密连接，灌浆快，成熟期一致；具有防风抗倒、高产稳产、优质抗病、适应性广、适合机械化作业的特点，我们采取了"育、试、繁、推"四同步的方法，构建了产区选育—品种示范—种子生产—品种推广网络体系。在参加新品种区试的同时，在主产区进行种子繁殖和品种展示示范，在示范过程中，一是充分利用电视、广播、报纸、板报、散发材料等多种形式进行广泛宣传，讲授品协豌 1 号新品种的增产优势及配套栽培技术；二是先后在 10 多个主产县（市）培训 2 000 多人次，集中讲解半无叶豌豆品种品协豌 1 号的生育特点及栽培技术，并发放技术资料 15 000 余份；三是采取"集中示范、广泛布点"的方式，在产区精心组织大面积高产示范样板，组织技术人员和种植户参加现场观摩会，"做给农民看，教会农民干"。2010—2013 年累计推广种植 26.13 万亩，净增产豌豆 734.06 万 kg，新增社会经济效益 2 936.24万元。

参考文献

[1] 郑卓杰，王述民，宗绪晓，等 . 中国食用豆类学 [M]. 北京：中国农业出版社，1997：93-133.

[2] 汪凯华，王学军，陈伯森，等 . 食粒型半无叶豌豆苏豌 1 号高产栽培的密度与施肥 [J]. 江苏农业科学，2007（6）：140-142.

[3] 王凤宝，董立峰，付金锋，等 . 超高产豌豆新品种引种及配套栽培技术研究 [J]. 河北农业技术师范学院学报，1998（4）：17-22.

辽宁省以豌豆为前作高效栽培模式及效益分析

李 玲[*]

（辽宁省经济作物研究所，辽阳 111000）

摘 要：介绍了辽宁省以豌豆为前作的 8 种高效栽培模式的特点、种植规模及效益情况，为种植业结构调整及生产栽培提供科学指导，以便提高单位土地面积利用率，促进农民增产增收。

关键词：豌豆；栽培模式；效益

豌豆作为一种重要的倒茬作物，其特点是生育期短，适宜冷凉条件种植，在辽宁，豌豆常与茄果类、瓜类、玉米等间作套种，或作为玉米、蔬菜类等作物的前作。豌豆作为禾谷类作物的前茬不仅可以提高禾谷类作物的产量，还能改善禾谷类作物种质的品质，提高其蛋白质含量。种植豌豆不仅能促进土壤中氮素的积累，而且能改善土壤的物理性状，是轮作中较好的前茬作物。在长期的栽培实践中，各地都创造了不少轮作复种模式。该文对辽宁地区豌豆作为前茬作物的栽培模式进行研究，以期对农作物生产提供参考依据。

1 辽宁省早春保护地豌豆单作模式

1.1 模式特点

早春保护地栽培比较适宜中国北方，既可提早上市，满足春季市场需求，又可增加农民收入，保护设施可采用小拱棚覆盖或利用冬暖大棚覆盖，2 月中下旬播种，并覆盖地膜，幼苗出土后，及时划破地膜，帮助幼苗伸出膜外，并用细土将破口封严。3 月下旬可撤掉小拱棚，冬暖大棚则全面通风，5 月初开始采收。

1.2 模式规格

做畦穴播，畦宽加沟 110cm，畦面高 15cm，荷兰豆每畦播 2 行、每穴点播 2~3 粒种子，穴距 15cm，用种量 75kg/hm²。食鲜籽粒豌豆每畦播 3 行、每穴点播 3~4 粒种子，穴距 10cm，用种量 180~225kg/hm²。应用此种模式，豌豆上市可提早 25 天，产量 9 000kg/hm²，食鲜籽粒豌豆青荚 12 000kg/hm²。

2 豌豆玉米套种模式

2.1 模式特点

豌豆套种玉米是一种用养结合的生态性套种模式，其优点：①豌豆是良好的固氮作物，能提高土壤肥力，促进农田生态系统良性循环；②方法简单、便于操作，适应性广，生产成本低，易于被广大农民接受。豌豆易选择早熟、高产、抗病的白花豌豆品种，于 3

---

* 作者简介：李玲，女，辽宁辽阳人，硕士，副研究员，主要从事豌豆新品种选育及高效复种模式研究工作

月中下旬播种，6月中上旬收获。玉米宜选择矮秆、株型紧凑，抗病、抗倒的高产品种，于5月上旬播种，9月末至10月上旬收获。

2.2 模式规格

窄带套种，总带距130cm，豌豆带50cm，玉米带80cm，豌豆播2行，玉米种2行。豌豆用种量187.5.5~225kg/hm²，玉米行距40cm，株距15cm，基本苗37 500株/hm²左右。应用此种栽培模式青荚豌豆平均6 000kg/hm²，干籽粒玉米平均7 500kg/hm²。

3 豌豆与蔬菜复种模式

3.1 模式特点

是北方菜区、大宗城市附近及周边最常见的一年两熟复种模式，豌豆可选择植株稍高、商品性好的中早熟品种或早熟品种，于3月中下旬播种，6月中上旬收获鲜荚，收获后及时整地于6月下旬至7月初播种下茬蔬菜，9月下旬至10月上旬收获。

3.2 模式规格

豌豆条播，行距25~30cm，下茬蔬菜主要包括有大葱、黄瓜、菜豆、白菜等不同作物类型，每年根据市场价格的波动，每种蔬菜类型的播种面积略有变化。应用此种栽培模式经济效益为豌豆鲜荚在15 000kg/hm²以上，蔬菜分别为菜豆平均22 500kg/hm²，黄瓜37 500kg/hm²左右，白菜约37 500kg/hm²。大葱平均45 000~60 000kg/hm²。

4 早春露地豌豆与鲜食玉米复种模式

4.1 模式特点

豌豆宜选择早熟、矮秆品种，于早春3月中下旬播种，6月上旬收获鲜豌豆，收获后及时整地播种甜糯玉米，不要晚于7月10日，一般选择京科糯系列白粘玉米品种，9月末至10月初收获。

4.2 模式规格

豌豆条播，行距25~30cm。下茬玉米种植为2行玉米空1行，保苗37 500株/hm²。应用此种栽培模式上茬豌豆产量15 000kg/hm²以上，下茬鲜食玉米可收获37 500余穗/hm²，经济效益可观。

5 豌豆与早熟玉米复种模式

随着近几年全球气候变暖，北方部分地区开始摸索变传统的"一年一熟有余，两熟不足"地区改为"一年两熟"，并取得了良好的经济效益，主要适宜北方中低纬度地区，辽宁中南部、河北、陕西等省（区），水热资源丰富，自然条件优越地区。

5.1 模式特点

豌豆宜选用矮秆、早熟的品种，一般3月中下旬顶凌播种，5月末至6月10日以前鲜荚即可上市。玉米宜选择早熟、稳产品种，豌豆收获后及时整地播种于10月上旬下霜之前收获。

5.2 种植规格

豌豆条播，行距25~30cm，保苗约90万株/hm²。下茬玉米保苗52 500株/hm²。应用此种栽培模式平均鲜荚豌豆1 200kg/hm²以上，干籽粒玉米9 000kg/hm²。2007年在辽宁台安县试验示范结果显示：上茬豌豆产鲜荚 16 800kg/hm²，平均每千克售价 1.40 元，收入 23 520元/hm²，扣除生产费用 7 275元/hm²，纯收入 16 245元/hm²。下茬玉米郑单 958 产量达到 11 340 kg/hm²，每千克按 1.4 元计算，扣除生产费用 4 200元/hm²，纯收入 11 670元/hm²，两茬合计收入 27 915元/hm²。

6 豌豆苗一年两季生产栽培模式

豌豆苗富含叶绿素和多种人体必需的氨基酸，营养价值高。其味清香、鲜美、质柔嫩、润滑适口，色香味俱佳，用来热炒、做汤、涮锅都不失为餐桌上的上乘蔬菜，备受广大消费者的青睐。在中国北方也越来越受欢迎，为了满足日益增长的市场需求，北方也逐渐形成了一种新型的豌豆苗栽培模式—豌豆苗上下茬复种模式。

6.1 模式特点

露地种植一般一年两茬，分别于 4 月中旬和 9 月下旬播种，一般每茬可收获 4~5 次，播种后 30~40 天第 1 次采摘茎尖，以后每隔 4~5 天再收获 3~4 次，从播种到收获共需 50~60 天。

6.2 种植规格

秋收后灭茬施肥耕翻作畦，畦宽 1.2~1.5 m，畦距 0.3~0.5 m，行距 25~30cm，条播，播量 300~375kg/hm²。应用此种栽培模式平均 15 000kg/hm²，以每千克批发价 12 元计算，每年效益可接近 75 000元/hm²，去掉成本，每年净效益可达 52 500元/hm²。

7 豌豆与葡萄套作模式

7.1 模式特点

可充分利用空闲田，增加单位面积复种指数，提高经济效益。豌豆于 3 月中下旬播种，6 月上旬收获，葡萄一般 4 月下旬栽植，多年生长，常年 9 月份采摘结束。

7.2 种植规格

葡萄可实行单立架栽培，架高 2 m 左右，行距 1~1.3 m、株距 1 m，栽植 9 750 株/hm²，豌豆在葡萄行中间拉行条播，行距 25~30cm。应用此种栽培模式豌豆产鲜豌豆 9 000kg/hm² 以上，额外获纯收益 12 000元/hm²。

8 豌豆与果园套作模式

8.1 模式特点

可充分利用空闲田，增加单位面积复种指数，提高经济效益。豌豆于 3 月中下旬播种，6 月上旬收获鲜荚，幼龄果树一般 4 月下旬栽植，多年生长，常年 9 月采摘结束。

8.2 种植规格

果树行距 3m、株距 2m，栽植 1 650株/hm²，豌豆在果树行中间拉行条播，行距 25~30cm。应用此种栽培模式豌豆产鲜豌豆 9 000kg/hm² 以上，额外获收益 12 000元/hm²。

参考文献

[1] 张季霞．豌豆栽培技术［J］．内蒙古农业科技，2013（4）：108．

［2］ 李晶，张士良．豌豆下茬复种早熟玉米郑单958高产高效栽培技术研究［J］．杂粮作物，2007，27
（6）：415.

［3］ 张裕生．豌豆苗露地栽培技术［J］．上海农业科技，2006（3）：86.

［4］ 陈家远．鲜食玉米高产栽培技术［J］．现代农业科技，2011（22）：89-90.．

［5］ 李春梅．玉米促早熟栽培技术［J］．农业与技术，2007（6）：108.

不同播期对春播红小豆干物质
积累和产量的影响[*]

赵　阳[**]　葛维德

（辽宁省农业科学院作物研究所，沈阳　110161）

摘　要：［目的］研究不同播期对春播红小豆干物质积累、生育性状和产量的影响。［方法］以红小豆品种辽红小豆1号为供试材料，通过8个不同时期播种，研究不同播期对红小豆生育期、根干重、茎干重、叶干重、叶面积、株高、主茎节数、分枝数、单株荚数、荚长、单荚粒数、株粒重、百粒重和产量的影响。［结果］随着播期的推迟，生育期逐渐缩短，根干重、茎干重、叶干重、叶面积、产量性状和产量均呈先增加后降低的趋势。荚长受播期的影响较小。［结论］两年试验结果表明：除了7月9日和7月19日两个播期不能正常成熟外，其他6个播期均能正常成熟。沈阳地区春播红小豆的最佳播期为5月20日，综合表现最好，产量最高。

关键词：播期；红小豆；干物质；产量

适时播种，不仅能保证作物高产丰收，还能提高作物抵御外界不良环境的能力，播期的选择影响到作物的生育进程，进而影响作物的产量与质量[1]。作为重要的栽培因子的播种期，前人在多种大田作物上都有研究，但对北方春播区的红小豆合理播期涉及的却很少。本文通过研究辽宁省春播红小豆的最佳播期，阐明了播期对红小豆形态指标和产量形成的影响，从而为该地区红小豆的高产优质栽培和田间生产提供理论指导。

1　材料与方法

1.1　供试材料与试验设计

1.1.1　供试材料

试验于2007年和2008年在辽宁省农业科学院作物研究所试验地进行。试验地前茬为玉米，土壤为沙壤土，肥力中等。供试品种为辽红小豆1号。本文主要以两年试验的平均数据进行相关的处理和分析。

1.1.2　试验设计

该试验根据生产实际设10天为1个播期间隔，分别于5月10日，5月20日、5月30日、6月9日、6月19日、6月29日、7月9日、7月19日等8个时期进行播种。

试验小区行长5m，行距0.6m，4行区，小区面积12m²，随机区组排列，3次重复。产量结果采用变量分析。播种时亩施种肥磷酸二铵10kg，田间管理同一般生产田。

＊　基金项目：现代农业产业技术体系（CARS-09）专项资金资助

＊＊　作者简介：赵阳，女，辽宁沈阳人，助理研究员，学士，现从事食用豆育种与栽培研究；E-mail：zhaoyang1108@163.com

1.2　测定内容及方法

1.2.1　干物质测定

出苗后从第一片复叶出现时开始取样，以后，每隔 7 天取样一次，每个处理取 5 株，采用自然风干法，测定根、茎、叶的干重。

1.2.2　叶面积测定

在取样的植株上，选取倒数第 3、4 片复叶上的叶片 5 片，将其重叠，用打孔器（直径 1cm）在叶片基部至叶尖，沿叶脉分上、中、下 3 个位置打 4 个孔，取 20 片样，自然风干后，称叶片干重，计算单株叶面积。

1.2.3　产量测定

在红小豆成熟后连续取 10 株，分别测定株高、分枝数、主茎节数、单株荚数、荚长、单荚粒数、株粒重、百粒重。成熟时全区收获，以实产计算公顷产量。

2　结果与分析

2.1　不同播期对春播红小豆物候期的影响

表 1　不同播期对春播红小豆物候期的影响

播种期	出苗期	开花期	成熟期	全生育日数
5 月 10 日	5 月 22 日（12 天）	7 月 17 日（56 天）	9 月 7 日（52 天）	120
5 月 20 日	5 月 29 日（9 天）	7 月 20 日（52 天）	9 月 9 日（51 天）	112
5 月 30 日	6 月 9 日（10 天）	7 月 25 日（46 天）	9 月 14 日（51 天）	107
6 月 9 日	6 月 16 日（7 天）	8 月 1 日（46 天）	9 月 18 日（45 天）	101
6 月 19 日	6 月 28 日（9 天）	8 月 11 日（44 天）	9 月 21 日（41 天）	94
6 月 29 日	7 月 8 日（9 天）	8 月 18 日（41 天）	9 月 28 日（41 天）	91
7 月 9 日	7 月 17 日（8 天）	8 月 25 日		
7 月 19 日	7 月 27 日（8 天）	9 月 15 日		

从表 1 中可以看出，5 月 10 日播种的红小豆的生育期最长，为 120 天；6 月 29 日播种的红小豆生育期最短，为 91 天，相差 29 天。由此可见，播种越早，生育期越长，播种越晚，生育期越短。从各播期营养生长和生殖生长天数来看也有差别，随着播期的延迟，营养生长期和生殖生长期都是呈递减的趋势。晚播缩短了营养生长和生殖生长，从而影响了春播红小豆的产量。

7 月 9 日和 7 月 19 日两个播期则不能正常成熟。

2.2　不同播期对春播红小豆干物质积累的影响

由图中可以看出：不同播期红小豆的根干重都是在盛花期达到最高值，随后呈下降趋势。其中，5 月 10 日、5 月 20 日、5 月 30 日这 3 个播期红小豆的根干重为最高，之间差异不明显；从 6 月 9 日播期开始，呈逐渐下降趋势，播期越晚，根干重越低，差异也明显。

不同播期红小豆的茎干重，都是在出苗期到分枝期间增长速度缓慢，差异不明显，但到分枝期时增长速度开始加快，鼓粒期达到最高值，随后呈下降趋势。其中，以 5 月 10 日播期的红小豆茎干重为最高，为 50.58g/株，5 月 20 日播种的红小豆茎干重次之，为 47.82g/株，6 月 29 日播种的红小豆茎干重最低，为 19.49g/株。由此可见，播期越早，红小豆的茎干重越重，反之越低。

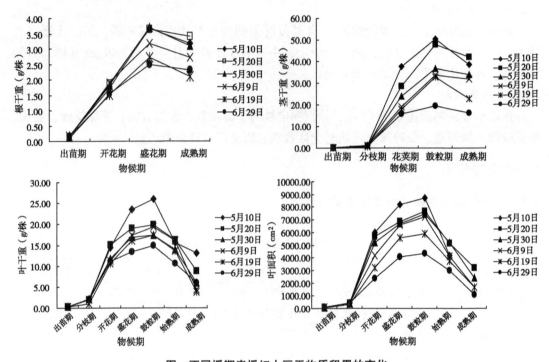

图　不同播期春播红小豆干物质积累的变化

不同播期红小豆的叶干重，都是在出苗期到分枝前期增长速度缓慢，到分枝期开始，增长速度加快，鼓粒期达最高值，随后又逐渐减慢，到成熟期时最低。其中，以 5 月 10 日播种的红小豆叶干重最高，为 25.99g/株，其次是 5 月 20 日播期红小豆的叶干重，为 19.97g/株；6 月 29 日播期的红小豆叶干重最低，为 14.86g/株。

不同播期的红小豆叶面积都是在进入分枝期时，增长速度开始加快，鼓粒期达到最大值，随后迅速下降。其中，以 5 月 10 日播期的红小豆叶面积最大，为 8 698.21cm²，其次是 5 月 20 日播期的叶面积，为 7 666.59 cm²，6 月 29 日播期的叶面积最小，为 4 350.17cm²。由此可见，播期越早，红小豆叶面积越大，反之越小。5 月 20 日、5 月 30 日和 6 月 9 日这 3 个播期的红小豆叶面积差异不明显。

2.3　不同播期对红小豆主要形态学性状和产量性状的影响

表 2　不同播期对春播红小豆主要形态学性状和产量性状的影响

播期	株高（cm）	主茎节数	分枝数	荚长（cm）	单株荚数	百粒重（g）
5 月 10 日	155.9	25.5	6.1	7.5	96.7	10.46
5 月 20 日	157.3	25.8	6.5	7.5	112.5	10.55
5 月 30 日	155.4	23.2	5.8	7.3	92.0	10.66

（续表）

播期	株高（cm）	主茎节数	分枝数	荚长（cm）	单株荚数	百粒重（g）
6月9日	141.2	21.7	5.3	7.7	82.7	11.04
6月19日	124.8	19.4	5	7.4	58.8	11.55
6月29日	86.9	16.2	4	7.6	41.4	10.83

从表2中可看出，5月20日播种的红小豆株高、主茎节数、分枝数和单株荚数都是最高的，5月10日播期的次之，其他几个处理随着播期的延迟，都是呈减少的趋势。百粒重在不同处理间，播期越晚，百粒重越大，6月19日播种的红小豆百粒重最高。荚长在不同播期处理间变化不大，说明荚长主要受基因的控制，而受外界环境因素影响较小。

2.4 产量

采用2007—2008年两年试验平均产量结果进行统计分析，其结果见表3。

表3 不同播期下红小豆产量的变化

播期	籽粒产量（kg/hm²）			
	Ⅰ	Ⅱ	Ⅲ	均值
5月10日	1 865.47	1 974.42	2 033.88	1 957.92
5月20日	2 023.41	2 069.78	2 083.33	2 058.84
5月30日	1 880.16	1 801.79	1 937.53	1 873.16
6月9日	1 810.9	1 946.86	1 717.9	1 825.22
6月19日	1 679.01	1 650.25	1 706.06	1 678.44
6月29日	1 067.2	1 098.47	1 217.28	1 127.65

从表3中可以看出，5月20日播种的红小豆产量最高，依次是5月10日和5月30日播期、6月29日播种的红小豆产量最低。

表4 不同播期对红小豆产量差异显著性多重比较

处理	产量均值（kg/hm²）	5%显著水平	1%极显著水平
5月20日	2 058.84	a	A
5月10日	1 957.92	ab	AB
5月30日	1 873.16	b	ABC
6月9日	1 825.22	b	BC
6月19日	1 678.44	c	C
6月29日	1 127.65	d	D

利用数据处理软件DPS（版本dps7.05）中Duncar新复极差法对不同播期红小豆产量

结果进行分析见表4。从表4中可看出，5月20日播期的产量最高，虽与5月10日播期的产量差异不显著，但与其他几个播期的产量比较都达到了显著或极显著水平。

3　结论与讨论

（1）本试验设计的8个播期中，除了7月9日和7月19日两个播期不能正常成熟以外，其他6个播期均能正常成熟；随着播期的推迟，春播红小豆的生育天数越来越短。

（2）不同播期红小豆的根干重都是在盛花期达到最高值，随后呈下降趋势，播期越晚，根干重越低，差异也更加明显。而茎干重在出苗期到分枝期间增长速度缓慢，差异不明显，在鼓粒期达到最高值，随后呈下降趋势，播期越早，红小豆的茎干重越重，反之越低。不同播期红小豆的叶干重是在出苗期到分枝前期增长速度缓慢，到分枝期开始，增长速度加快，鼓粒期达最高值，随后又逐渐减慢，到成熟期时最低。不同播期的红小豆叶面积都是在进入分枝期时，增长速度开始加快，鼓粒期达到最大值，随后迅速下降。由此可见，播期越早，红小豆叶面积越大，反之越小。

（3）红小豆形态指标变化和播期关系密切，5月20日播期的红小豆株高、主茎节数、分枝数和单株荚数都是最高，5月10日播期次之，其他几个处理随着播期推迟而下降。百粒重在不同处理间，播期越晚，百粒重越大，6月19日播种的红小豆百粒重最高。播期对荚长的影响不大。

（4）在8个播期中，以5月20日播期的红小豆产量为最高，为2 058.84kg/hm^2；从5月30日之后，播期越晚，红小豆的产量越低。从差异显著性来看，5月20日与5月10日播期的红小豆产量无显著差异但与5月30日播种的红小豆产量间差异显著。

综上所述，沈阳地区春播红小豆在5月10~30日期间播种均可，但以5月20日播期最佳，播期最晚不可超过6月29日，否则将不能正常成熟，严重影响产量。

参考文献

[1]　鹿文成，刘英华，闫洪睿，等.播期对大豆生长发育和产量构成因子的影响[J].黑龙江农业科学，2001（3）：17-19.

[2]　谢甫绨，孙振权，栾彤，等.红小豆产量形成和调控措施的研究：Ⅰ盆栽条件下不同品种生育性状的比较[J].国外农学——杂粮作物，1997（3）：43-46.

[3]　赵波，吴丽华，金文林，等.小豆生长发育规律研究：小豆群体干物质生产与产量形成的关系[J].北京农学院学报，2006，21（1）：24-27.

[4]　王石宝，周建萍，余华盛，等.光、温、水和红小豆生育及开花结荚的关系[J].山西农业科学，1997，25（3）：40-43.

[5]　张亚芝.小豆产量与主要产量性状关系的研究[J].干旱地区农业研究，2004，22（1）：94-96.

[6]　刘振兴，周佳梅，李君，等.栽培因子对红小豆产量及色泽的影响[J].河北农业科学，2008，12（8）：1-2.

[7]　赵志强，王巍.红小豆不同密度、播期、施肥量对产量性状的影响[J].安徽农学通报，2011，17（01）：86-87.

[8]　罗高玲，陈燕华，吴大吉，等.不同播期对绿豆品种主要农艺性状的影响[J].南方农业学报，2012，43（1）：30-33.

[9]　范保杰，刘长友，曹志敏，等.播期对春播绿豆产量及主要农艺性状的影响[J].河北农业科学，2011，

15 (8)：1-3.

[10] 包淑英，张凌，汪孟丽，等．不同播期对绿豆品种洮绿 5 号生育性状和产量的影响 [J]．园艺与种苗，2011（6）：78-80.

[11] 高运青，徐东旭，尚启兵，等．播期和施肥量对绿豆产量的效应研究 [J]．河北农业科学，2011，15（6）：4-6，11.

用灰色关联分析法评价沈阳
芸豆联合鉴定试验*

王英杰[1**] 王晓琳[1] 孙滨[2] 庄艳[1]

（1. 辽宁省农业科学院，沈阳 110161；2. 四平市农业技术推广中心，四平 136000）

摘 要：应用灰色关联度分析方法，对 2011—2012 年种植的芸豆联合鉴定试验的 13 个品种的，8 个主要性状进行了综合评价，计算结果表明，芸豆各农艺性状与产量有密切的关系，芸豆不同性状与产量的关联度大小为：株高>单株荚数>百粒重>生育日数>主茎节数>荚长>主茎分枝>荚粒数。本研究表明，在进行单株选择时，要按照关联度从大到小的顺序依次对各性状进行选择，首先要选择合适的株高，其次选择的是单株荚数和百粒重，沈阳地区芸豆的百粒重要选择小一些的，最后选择生育日数、主茎节数、荚长、主茎分枝、荚粒数。

关键词：芸豆；产量性状；灰色关联分析

芸豆（*Phaseolus vulgaris* L.）又名普通菜豆、多花菜豆，是世界上种植面积最大的食用豆类，也是中国主要的豆类作物和出口作物[1-2]。芸豆在出口创汇、调整种植结构、改善人们膳食结构等方面具有重要作用，但由于芸豆育种起步较晚，生产上缺乏多抗、优质、高产的突破性品种，并且优异芸豆品种利用率较低，在个别地区已经形成规模的优良品种，但在不同生态区没有进一步推广，在一定程度上限制了优异品种的推广利用。随着人们保健意识的提高和深加工技术的发展，对优质、专用品种的需求越来越迫切，因此，大力推广利用优质、适应性广、出口及加工专用等具有优异性状的品种，是缓解目前芸豆产业品种缺乏，时间短、见效快的有利途径。针对上述问题，"十二五"期间，食用豆产业技术体系展开芸豆品种联合鉴定试验，筛选适合不同生态区域的优异品种，扩大优良品种（品系）推广利用范围，缓解食用豆产业技术体系快速发展中品种缺乏等问题，促进食用豆产业健康发展。但由于芸豆产量性状间的关系均呈隐含状态（即灰色状态），且受外界环境影响较大，用传统的统计方法，需要大量的试验数据，而且要求这些数据具有典型的概率分布[3]。在实际工作中往往难以实现，事实上，芸豆性状间的关系未知因素很多，可称为信息部分清楚，部分不清楚的灰色系统。为此，我们运用灰色系统理论中的灰色关联度分析法[4]，对 2011—2012 年芸豆品种联合鉴定试验的 13 个品种试验资料，进行主要产量性状的灰色关联分析，旨在从量的角度进行综合分析、评价，揭示芸豆各性状间的主次和依存关系，明确影响芸豆产量的主要因素[5]，给沈阳地区芸豆育种提供理论依据。并在芸豆品种联合鉴定试验中找出适合本地的品种。

───────────────

* 基金项目：国家现代产业技术体系（CARS-09）

** 作者简介：王英杰，男，硕士，从事小麦、杂粮品种选育工作，主持选育辽慧苡 4 号，参加小麦、绿豆、小豆等杂粮品种选育 6 个。国家食用豆体系，沈阳试验站成员

1 材料与方法

1.1 试验地点

本试验于 2011—2012 年在沈阳市东陵路 84 号，辽宁省农业科学院作物研究所试验地进行。

1.2 供试材料

本试验采用芸豆品种联合鉴定试验的 13 个品种试验资料为研究对象。设 Y01（品芸2 号）、Y02（龙芸豆 5 号）、Y03（恩威）、Y04（Nary ROG）、Y05（龙芸豆 4 号）、Y06（英国红）、Y07（吉芸 1 号）、Y08（芸丰 2 号）、Y09（坝芸 1 号）、Y10（张芸 4 号）、Y11（芸豆 NY-ZL-Y-91）、Y12（毕芸 1 号）、Y13（当地品种）。试验地肥力均等，试验地前茬为大豆，土质为黏壤土。田间试验采用随机区组排列，重复 3 次，4 行区，5m行长，小区面积 12m²，每小区留苗 210 株。收获后计产，并对样本进行株高、主茎分枝、主茎节数、单株荚数、荚长、荚粒数、百粒重等 7 个主要性状室内考种并计算生育日数。各性状的值为两年试验的平均值。

1.3 分析方法

1.3.1 确定参考数列和比较数列

按灰色系统理论要求，将 13 个芸豆的产量及 8 个相关性状视为一个灰色系统[6-7]。每一个参试品种（系）看作系统的一个因素，设产量为参考数列 X_0，相关性状为比较数列 X_i（株高 X_1、主茎分枝 X_2、主茎节数 X_3、单株荚数 X_4、荚长 X_5、荚粒数 X_6、百粒重 X_7、生育期 X_8）。各供试品种（系）主要性状平均值列于表 1。其中，Y09（坝芸 1 号）在沈阳地区两年感染花叶病毒病绝产，计算时忽略此品系。

表 1 参试组合各性状的平均值

品种	生育日数（天）	株高（cm）	主茎分枝（个）	主茎节数（节）	单株荚数（个）	荚长（cm）	荚粒数（粒）	百粒重（g）	产量（kg/666.7m²）
Y01	86	89.4	1.8	12.4	34.1	8.3	5.4	17.5	129.45
Y02	85	89.4	4.3	16.3	34.3	9.5	7.7	15.86	85.00
Y03	79	81.8	6.8	11.9	46.6	9.3	6.4	15.92	83.89
Y04	79	93.5	4.4	15.0	39.1	8.9	5.5	15.30	107.23
Y05	85	84.1	3.7	14.1	35.2	8.7	5.3	17.91	128.34
Y06	85	57.2	3.7	7.9	15.7	11.6	4.6	37.60	90.56
Y07	86	73.8	3.8	12.1	29.3	9.0	6.2	19.08	127.23
Y08	88	56.2	3.6	9.2	18.2	8.9	3.2	42.15	68.34
Y09	—	—	—	—	—	—	—	—	—
Y10	105	122.0	3.6	16.2	10.9	8.7	4.3	24.80	40.56
Y11	100	53.0	3.5	7.5	16.3	9.3	2.9	39.48	10.56
Y12	88	51.0	4.0	9.3	16.7	5.0	3.2	40.73	8.89
Y13	89	79.9	3.4	14.0	23.6	10.7	5.6	18.27	117.23

1.3.2 数据标准处理

由于各性状因素（原始数据）（表1）量纲不一致，难以直接比较，因此，需将原始数据按下列公式标准化进行无量纲化处理，消除量纲转换为可比较的数据序列。

$$x_{ij}' = \frac{x_i - x_j}{s_j}$$

1.3.3 关联系数及关联度的计算

利用公式（1）求出各品种灰色关联系数）$Li(k)$，再综合各点的关联系数由公式（2）计算各性状对产量的关联度 r_i。

$$Li(k) = \frac{\overset{minmin}{i\ k}|X_0(k) - X_i(k)| + \rho\ \overset{maxmax}{i\ k}|X_0(k) - X_i(k)|}{|X_0(k) - X_i(k)| + \rho\ \overset{maxmax}{i\ k}|X_0(k) - X_i(k)|} \tag{1}$$

$$r_i = \frac{1}{N}\sum_{K=1}^{N} Li(K) \tag{2}$$

式中 $Li(k)$ 为 X_i 对 X_0 在 K 点的关联系数，ρ 为分辨系数，取值范围在（0~1）之间，一般取 0.5。$\overset{min}{k}|X_0(k) - X_i(k)|$ 和 $\overset{max}{k}|X_0(k) - X_i(k)|$ 分别为第一层次最小差和第一层次最大差，即在绝对值 $|X_0(k) - X_i(k)|$ 中按不同的 k 值分别挑选其中最小者和最大者，$\overset{minmin}{i\ k}|X_0(k) - Xi(k)|$ 和 $\overset{maxmax}{i\ k}|X_0(k) - X_i(k)|$ 分别为第二层次最小差和第二层次最大差，即 $\overset{maxmax}{i\ k}|X_0(k) - X_i(k)|$ 中挑选最小者和最大者。由 r_i 依大小排成的数列为关联序列，根据排序位次确定各性状对产量的影响程度。

2 结果分析

2.1 数据标准化

由于考察指标的量纲不一致，需对原始数据做初始化处理，使之无量纲化，标准化处理后的结果见表2。

表 2　原始数据标准化结果

品种	生育日数（天）	株高（cm）	主茎分枝（个）	主茎节数（节）	单株荚数（个）	荚长（cm）	荚粒数（粒）	百粒重（g）	产量（kg/666.7m²）
Y01	-0.036	0.030	-1.796	0.027	0.064	-0.310	0.195	-0.070	0.027
Y02	-0.055	0.030	0.359	0.471	0.065	0.228	1.391	-0.084	0.001
Y03	-0.170	0.011	2.515	-0.029	0.171	0.138	0.715	-0.084	0.000
Y04	-0.170	0.040	0.446	0.323	0.106	-0.041	0.247	-0.089	0.014
Y05	-0.055	0.016	-0.158	0.221	0.073	-0.131	0.143	-0.066	0.026
Y06	-0.055	-0.051	-0.158	-0.484	-0.094	1.169	-0.221	0.108	0.004
Y07	-0.036	-0.010	-0.072	-0.007	0.023	0.004	0.611	-0.056	0.026
Y08	0.002	-0.054	-0.244	-0.336	-0.072	-0.041	-0.949	0.148	-0.009
Y10	0.325	0.112	-0.244	0.459	-0.135	-0.131	-0.377	-0.005	-0.025
Y11	0.230	-0.062	-0.331	-0.529	-0.089	0.138	-1.105	0.125	-0.042
Y12	0.002	-0.067	0.101	-0.325	-0.085	-1.789	-0.949	0.136	-0.043
Y13	0.021	0.006	-0.417	0.209	-0.026	0.766	0.299	-0.063	0.020

2.2 灰色关联系数及关联度的计算

利用表 2 数据求参考因素 X_0 与比较因素 X_i 的绝对差值列于表 3。

表 3　X_o 与 X_i 的绝对差值

品种	生育日数（天）	株高（cm）	主茎分枝（个）	主茎节数（节）	单株荚数（个）	荚长（cm）	荚粒数（粒）	百粒重（g）
Y01	0.063	0.003	1.823	0.001	0.037	0.337	0.168	0.097
Y02	0.057	0.029	0.358	0.470	0.064	0.227	1.390	0.085
Y03	0.170	0.010	2.515	0.030	0.170	0.138	0.714	0.084
Y04	0.184	0.026	0.432	0.309	0.092	0.055	0.233	0.103
Y05	0.082	0.010	0.184	0.194	0.047	0.157	0.117	0.092
Y06	0.060	0.056	0.162	0.488	0.098	1.165	0.225	0.104
Y07	0.062	0.035	0.097	0.032	0.003	0.022	0.585	0.081
Y08	0.010	0.045	0.236	0.328	0.064	0.033	0.940	0.157
Y10	0.350	0.136	0.220	0.484	0.110	0.106	0.352	0.019
Y11	0.272	0.020	0.289	0.487	0.047	0.180	1.063	0.167
Y12	0.045	0.024	0.144	0.282	0.042	1.746	0.906	0.179
Y13	0.001	0.014	0.437	0.190	0.046	0.746	0.279	0.083

利用公式 1 和表 3 数据求关联系数。从表 3 可知 $\min\limits_{i}\min\limits_{k}|X_0(k)-X_i(k)|=0.001$，$\max\limits_{i}\max\limits_{k}|X_0(k)-X_i(k)|=2.515$，将这两个数代入公式 1，分辨系数 ρ 取 0.5，则 $Li(k)=\dfrac{0.001+0.5\times2.515}{\Delta i(k)+0.5\times2.515}$，将表 3 中相应数值代入上式，即可得到 X_0 对 X_i 各因素的关联系数。计算结果列于表 4。

表 4　产量与不同性状的关联系数

品种	生育日数（天）	株高（cm）	主茎分枝（个）	主茎节数（节）	单株荚数（个）	荚长（cm）	荚粒数（粒）	百粒重（g）
Y01	0.953	0.999	0.409	1.000	0.972	0.789	0.883	0.929
Y02	0.958	0.979	0.779	0.729	0.952	0.848	0.475	0.937
Y03	0.882	0.993	0.334	0.978	0.882	0.902	0.638	0.938
Y04	0.873	0.980	0.745	0.803	0.932	0.959	0.844	0.925
Y05	0.940	0.993	0.873	0.867	0.965	0.890	0.916	0.932
Y06	0.955	0.958	0.886	0.721	0.928	0.520	0.849	0.924
Y07	0.954	0.974	0.929	0.976	0.998	0.984	0.683	0.940
Y08	0.993	0.966	0.843	0.794	0.952	0.976	0.573	0.890
Y10	0.783	0.903	0.852	0.723	0.920	0.923	0.782	0.986
Y11	0.823	0.985	0.814	0.721	0.965	0.875	0.542	0.884
Y12	0.967	0.982	0.898	0.818	0.968	0.419	0.582	0.876
Y13	1.000	0.990	0.743	0.870	0.965	0.628	0.819	0.939

关联度是关联系数的算术平均值 $r_i = \dfrac{1}{N} \sum\limits_{K=1}^{N} Li(K)$ ，将表 4 中各因素的关联系数代入上公式中，分别求出各因素 X_i 与产量 X_0 的关联度，并按关联度大小排序。

表 5　关联度及排序

因素	生育日数（天）	株高（cm）	主茎分枝（个）	主茎节数（节）	单株荚数（个）	荚长（cm）	荚粒数（粒）	百粒重（g）
关联度	0.923	0.975	0.759	0.833	0.950	0.809	0.715	0.925
位序	4	1	7	5	2	6	8	3

从表 5 计算结果可以看出，芸豆不同性状与产量的关联度大小为：株高>单株荚数>百粒重>生育日数>主茎节数>荚长>主茎分枝>荚粒数。根据关联度分析原理，灰色系统中各因子的重要性以关联度表示，关联度越大，则表示该因子越重要，与参考数列的关系越密切；反之，关联度越小的因子与参考数列的关系越疏远。因此，芸豆主要性状对产量的影响以株高最大，其后依次为单株荚数、百粒重、生育日数、主茎节数、荚长、主茎分枝、荚粒数。目前，芸豆联合鉴定试验品种，没有限定芸豆的结荚习性，所以，株高、单株荚数和百粒重为产量的主要影响因素。首先是株高和单株荚数、百粒重、生育日数其与产量的关联度在 0.9 以上，与产量关系最为密切；其次是主茎节数和荚长，这两个性状与产量的关联度在 0.8~0.9；再次是主茎分枝和荚粒数，这两个性状与产量的关联度均小于 0.8。

3　结论与讨论

本文运用灰色系统理论和方法，充分地利用试验信息，对影响沈阳地区芸豆产量的主要性状进行了较为客观的分析。计算结果表明，芸豆各农艺性状与产量有密切的关系，芸豆不同性状与产量的关联度大小为：株高>单株荚数>百粒重>生育日数>主茎节数>荚长>主茎分枝>荚粒数。为在沈阳地区选育高产、优质芸豆提供了科学的理论依据。芸豆联合鉴定中适合沈阳地区的品种是 Y01（品芸 2 号）、Y04（Nary ROG）、Y05（龙芸豆 4 号）、Y07（吉芸 1 号）。

本研究表明，在进行单株选择时，要按照关联度从大到小的顺序依次对各性状进行选择，首先要选择合适的株高，株高过高增加了生物学产量，但倒伏的几率大影响产量，株高过矮生物学产量低，同样影响产量。其次选择的是单株荚数和百粒重，沈阳地区芸豆的百粒重要选择小一些的，最后选择生育日数、主茎节数、荚长、主茎分枝、荚粒数。注意协调好各性状的关系，发挥芸豆增产的最大潜力。

由于芸豆各性状组成的系统是一动态的系统，不同的地点、环境、品种及栽培技术条件可能对某些性状有较大的影响。徐淑霞等[8]研究表明，对大豆产量影响最大的性状是单株粒数，其后依次为株高、百粒重、单株粒重、单株荚数、主茎节数、底荚高度、有效分枝数。张君等[9]研究表明，对大豆单株产量影响最大的是单株粒数，其次是单株荚数和主茎节数，分枝数和株高对单株产量的影响较小。因此，要对不同环境条件下的不同育种材料要进一步做具体的分析。

芸豆各性状之间存在着灰色性，用灰色系统理论来研究它们之间的关系，不仅具有科学的理论依据，而且在实际工作中也是切实可行的。但芸豆的性状还很多，本研究对联合鉴定芸豆品种进行综合评判时，仅分析了对芸豆产量影响较大的 8 个性状，进行了初步探索。还有一些性状如根系、抗性、品质等性状间的关系有待于进一步研究。若能更多地考查一些性状，对芸豆品种（系）的评价将更加客观、公正。

参考文献

［1］ 林汝法，柴岩，廖琴，等．中国小杂粮［M］．北京：中国农业科学技术出版社，2002：242-258.

［2］ 孙桂华，任玉山，杨镇，等．辽宁杂粮［M］．北京：中国农业科学技术出版社，2006：226-243.

［3］ 郭瑞林．作物灰色育种学［M］．北京：北京农业科技出版社，1995：8.

［4］ 邓聚龙．农业系统灰色理论与方法［M］．济南：山东科学技术出版社，1988.

［5］ 刘辉，超高产小麦主要性状的灰色关联度分析［J］．商丘师范学院学报，2001，（4）：87-90.

［6］ 张强，李自超，吴长明，等．不同株穗型水稻超高品种产量构成因素分析［J］．西南农业学报，2005，19（5）：518-519.

［7］ 李玉发，何中国，李淑芳，等．东北地区春小麦主要性状与产量间的灰色关联分析［J］．麦类作物学报，2005（1）：81-84.

［8］ 徐淑霞，李振贵，张光，等．大豆区试产量与主要农艺性状的灰色关联度分析［J］．大豆科技，2012（1）：28-30.

［9］ 张君，王丕武，杨伟光，等．大豆主要性状间的灰色关联度分析［J］．沈阳农业大学学报，2004，35（1）：1-3.

嗜线虫致病杆菌 Sy1a 菌株粗提液
杀虫活性的研究 *

庄 艳[1]** 薛仁风[1]*** 葛维德[1] 张 玲[2]

（辽宁省农业科学院作物研究所，沈阳 110161；2. 吉林省
农业科学院农业生物技术研究所，长春 130033）

摘 要：以桃蚜（*Myzus persicae*），豌豆蚜（*Acyrthosiphon pisum* Harris）和白粉虱（*Trialeurodes vaporariorum*）作为供试昆虫，对 Sy1a 菌株粗提液的杀虫活性和总蛋白酶活性进行测定。结果表明：桃蚜取食浓度分别为 400μg/mL、600μg/mL、1 000μg/mL Sy1a 菌株粗提液 48h 后 LC_{50} 值为 987.7μg/mL，IC_{50} 值为 5 941.2μg/mL；豌豆蚜取食浓度分别为 250μg/mL、500μg/mL、1 000μg/mL Sy1a 菌株粗提液 36h 后，LC_{50} 值为 227.2μg/mL，IC_{50} 值为 508.3μg/mL；采用浓度为 1 200.0μg/mL 的 Sy1a 菌株粗提液处理后 7 天、14 天和 21 天的温室中白粉虱虫口减退率分别为 51.6%、83.7%、89.1%，校正防效分别达到 62.0%、88.7%、93.1%。研究结果表明：Sy1a 菌株粗提液对桃蚜、豌豆蚜及白粉虱等害虫均有显著的防治效果，具有开发成为环境友好型生物农药的前景。

关键词：嗜线虫致病杆菌；粗提液；杀虫活性；总蛋白酶活性

长期以来，人们一直探索从天然产物中寻找具有杀虫活性的物质，以期直接利用天然杀虫物质或进行仿生合成，从而研制高效，广谱的新型杀虫剂。苏云金芽孢杆菌（*Bacillus thuringiensis*，Bt）是目前使用最多的生防细菌，但随着 Bt 产品的大量使用，一些转基因抗虫作物上非靶标害虫的防控问题已经越来越受到重视，研究发现转 Bt 基因抗虫棉上烟粉虱（*Bemisia tabaci*）、棉蚜（*Aphis gossypii*）、棉叶蝉（*Empoasca biguttula*）和绿盲蝽（*Lygocoris lucorum*）等；转 *cry3A* 基因马铃薯上蚕豆小绿叶蝉（*Empoasca fabae*）以及 Bt 水稻上黑尾叶蝉（*Nephotettix cincticeps*）等的发生与为害均明显加重。因此，寻找和筛选新型的生防细菌替代 Bt 菌株已迫在眉睫。

嗜线虫致病杆菌（*Xenorhabdus* spp.）作为一种新的生防菌具有安全性高、杀虫效果好、杀虫谱广等优点，研究此类细菌及其杀虫物质，对开发新型微生物杀虫剂、杀虫基因具有重要意义，并将为害虫生物防治提供新途径和新方法。为此，本试验研究嗜线虫致病杆菌 Sy1a 菌株粗提液对桃蚜（*Myzus persicae*），豌豆蚜（*Acyrthosiphon pisum* Harris）和温室白粉虱（*Trialeurodes vaporariorum*）的杀虫活性，以期为进一步开展共生菌杀虫物质的研究提供理论依据和试验方法，并为农业重要害虫的生物防治提供新材料和新方法。

＊ 本研究由国家食用豆现代农业产业技术体系专项（CARS-09-Z8）资助

＊＊ 作者简介：庄艳，从事食用豆病虫害防治工作；E-mail：443430009@qq.com

＊＊＊ 通讯作者：葛维德，研究员，E-mail：snowweide@163.com；薛仁风，助理研究员，E-mail：xuerf82@163.com

1 材料与方法

1.1 供试昆虫及菌株

本试验的供试桃蚜、豌豆蚜由本实验室人工饲养；白粉虱防治试验设在辽宁省农业科学院试验基地温室；嗜线虫致病杆菌 Sy1a 菌株采自沈阳郊外（*Xenorhabdus* spp. strain Sy1a），由本实验室分离并保存。本试验于 2013 年 5~10 月进行。

1.2 Sy1a 菌株粗提液的制备及蛋白浓度测定

接种 Sy1a 菌株于 5mL LB 液体培养基中，28℃，200r/min 条件下过夜培养。取 2mL 过夜培养的菌液转接于 200mL LB 液体培养基中相同条件下继续培养 30h，收集菌体，将菌体用 10mmol/L PBS 缓冲液清洗 3 次后悬浮于 20mL PBS 缓冲液中，超声波破碎，12 000r/min，4℃离心 30min 弃沉淀，上清液即为 Sy1a 菌株粗提溶液，测定粗提液蛋白浓度，蛋白浓度的测定参照 BCA™Protein Assay Kit（Pierce，USA）说明书操作。

1.3 Sy1a 菌株粗提液室内条件对桃蚜生物活性的测定

采用改进的叶圆片法。以等量的 PBS 缓冲液为对照，粗提液浓度为 400μg/mL、600μg/mL、1000μg/mL，计算死亡率、校正死亡率、致死中浓度 LC_{50} 值，计算公式如下：

死亡率（%）= 处理组死亡数/对照组死亡数×100

校正死亡率（%）=（处理组死亡率−对照组死亡率）/（1−对照组死亡率）×100

将各个处理的存活试虫按照 1 头蚜虫加 1.5μl 预冷 PBS 缓冲液的比例，冰浴条件下磨碎虫体，14 000r/min，4℃离心 30min，提取上清液，制成总蛋白酶粗提液，测定总蛋白酶粗提液的蛋白酶活性，方法参照 Cohen 等，使用酶标分析仪读取 450 nm 波长下的紫外吸收值，重复 3 次。总蛋白酶活性抑制率计算公式如下：

抑制率（%）=（对照组 OD 值−处理组 OD 值）/对照组 OD 值×100

1.4 Sy1a 菌株粗提液室内条件对豌豆蚜生物活性的测定

试验方法和计算公式参照 1.3，以浓度为 250μg/mL、500μg/mL、1000μg/mL 的粗提液做处理，每个对照和处理各 9 次重复。试验开始后 0h、24h 和 36h 的对照和处理中分别取 3 个重复观察并记录豌豆蚜死亡数，计算死亡率、校正死亡率及致死中浓度 LC_{50} 值。将存活试虫用于豌豆蚜总蛋白酶粗提液的制备及总蛋白酶活性测定。

1.5 Sy1a 菌株粗提液温室防治白粉虱生物活性的测定

在辽宁省农业科学院试验基地种植番茄的温室中，采用随机区组的方法选取 9 个实验小区，小区面积 5.2m²，小区内种有 16 株番茄，纱罩为 60 目尼龙纱。对照和处理的每个重复分别用 200mL PBS 缓冲液和 Sy1a 菌株粗提液，处理 1 和处理 2 的蛋白浓度分别为 600.0μg/mL 和 1 200.0μg/mL，每个对照和处理各 3 次重复，自上而下均匀喷施于小区内随机选取的 8 株番茄植株。分别于实验前 1h 及实验后的 7 天、14 天和 21 天记录所选取的实验植株上白粉虱的虫口数，计算实验后 7 天、14 天和 21 天的虫口减退率及校正防效，计算公式如下：

虫口减退率（%）=（药前活虫数−药后活虫数）/药前活虫数×100

校正防效（%）=（处理区虫口减退率−对照区虫口减退率）/

（1−对照区虫口减退率）×100

1.6 数据分析

桃蚜生物活性测定的试验数据采用 SAS 统计分析软件中 Duncan 法进行单因素方差分析；豌豆蚜生物活性测定的试验数据通过 Duncan 双因素方差分析方法分析；利用 POLO 软件计算致死中浓度 LC_{50} 值；利用 Microsoft Excel 2003 软件根据抑制率与蛋白浓度做出回归方程，求出抑制中浓度 IC_{50} 值；温室防治白粉虱试验的数据采用 Duncan 双因素方差分析。

2 结果与分析

2.1 Sy1a 菌株粗提液室内对桃蚜的生物活性

桃蚜取食浓度分别为 400μg/mL、600μg/mL、1 000μg/mL 粗提液 48h 后的平均死亡率为 41.8%、48.9%、62.8%，对照组死亡率为 20.6%，对照与处理组间差异显著，校正死亡率分别为 26.7%、35.6%、53.1%（图 1A）。结果表明：Sy1a 菌株粗提液对桃蚜的生长具有明显的抑制活性，在试虫取食粗提液 48h 后，LC_{50} 值达到 987.7μg/mL。总蛋白酶活性测定结果表明，取食 48h 后，粗提液显著抑制桃蚜体内的总蛋白酶活性，抑制率分别为 2.9%，7.2%，8.0%（图 1B），IC_{50} 值为 5 941.2μg/mL。

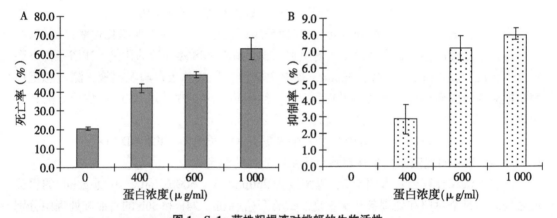

图 1 Sy1a 菌株粗提液对桃蚜的生物活性

A：粗提液对死亡率的影响；B：粗提液对总蛋白酶活性的影响

2.2 Sy1a 菌株粗提液室内对豌豆蚜的生物活性

豌豆蚜取食浓度分别为 250μg/mL、500μg/mL、1 000μg/mL Sy1a 菌株粗提液 24h 的平均死亡率为 23.3%、36.7% 和 40.0%，相比于对照组死亡率 16.7% 差异并不显著，三组处理的校正死亡率也仅有 7.9%、24.0% 和 28.0%；取食 36h 后，对照组的死亡率为 16.7%，浓度不同三组处理死亡率分别达到 66.7%、80.0% 和 100.0%，校正死亡率分别为 60.0%、76.0% 和 100.0%（图 2A），结果表明：Sy1a 菌株粗提液对豌豆蚜的生长具有明显的抑制活性（$F4_{, 22} = 19.53$，$P = 0.0001$），在试虫取食蛋白 36h 后，抑制效果明显增强，LC_{50} 值达到 227.2μg/mL。豌豆蚜总蛋白酶活性的测定结果表明，实验进行 24h，粗提液引起豌豆蚜体内的总蛋白酶活性降低，各浓度处理引起的蛋白酶活性抑制率分别达到 −0.4%、12.0%、33.6%；36h 时抑制效果更加明显，分别达到 32.1%、40.5%、100.0%（试虫全部死亡），IC_{50} 值为 508.3μg/mL（图 2B），Sy1a 菌株粗提液能够有效地抑制豌豆蚜体内蛋白酶的活性，从而抑制其生长和发育。

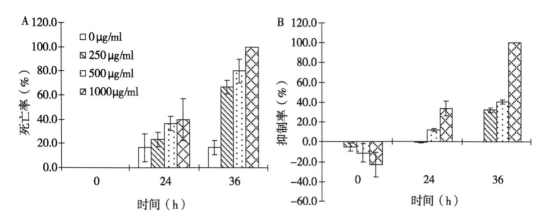

图2 Sy1a 菌株粗提液对豌豆蚜的生物活性

A：粗提液对死亡率的影响；B：粗提液对总蛋白酶活性的影响

2.3 Sy1a 菌株粗提液温室防治白粉虱的生物活性

结果表明，浓度 600.0μg/mL 的 Sy1a 菌株粗提液处理后 7 天、14 天和 21 天的虫口减退率分别为 21.5%、62.4%、56.7%，校正防效分别达到 38.4%、73.9%、72.4%；而浓度 1 200.0μg/mL 粗提液处理后，虫口减退率分别为 51.6%、83.7%、89.1%，校正防效分别达到 62.0%、88.7%、93.1%。与对照组虫口减退率分别为呈现负增长相比，两组处理中白粉虱的种群数量受到明显的控制，结果表明 Sy1a 菌株粗提液在温室中防治白粉虱的效果非常显著（$F_{4,22}$ = 12.57，P = 0.0001），对控制温室白粉虱种群有很好的效果，具有良好的应用前景（图3）。

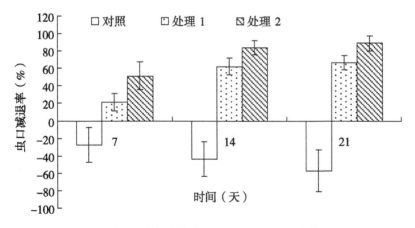

图3 Sy1a 菌株粗提液对温室白粉虱的防治效果

对照：PBS 缓冲液；处理1：600.0μg/mL 粗提液；处理2：1 200.0μg/mL 粗提液

3 讨论与结论

长期以来，以蚜虫和白粉虱为代表的刺吸式害虫的防治主要依靠化学农药，随着化学农药在农业害虫防治中的大面积使用，害虫产生的抗药性也日趋严重，从而导致常用的农药品种对其防治效果不断下降。目前大约有 20 种蚜虫已经产生了抗药性，桃蚜和豌豆蚜便是其中重要的两种。本试验结果表明：不同浓度的 Sy1a 菌株粗提液对桃蚜和豌豆蚜均有很强的致死活性，浓度越高对桃蚜生长的抑制活性也越显著。Sy1a 菌株粗提液对豌豆蚜具有较高的口服致死活性，对其体内的蛋白酶活性也有很强的抑制作用。在豌豆蚜取食粗提液 36h 后，Sy1a 菌株粗提液杀虫活性更加明显，而且豌豆蚜体内的总蛋白酶活性也明显受到抑制，Sy1a 菌株很可能分泌一种能够显著抑制昆虫体内蛋白酶活性的抑制因子，从而影响蚜虫的生长和发育。此外，Sy1a 菌株粗提液对桃蚜体内总蛋白酶活性的抑制率并不高，但却能引起桃蚜死亡率的显著升高，因此，推测 Sy1a 菌株分泌的蛋白酶抑制因子作用的目标蛋白酶是蚜虫体内功能非常关键的一类蛋白酶。Sy1a 菌株粗提液对温室中的白粉虱同样有很好的防治效果，与对照组相比，处理组白粉虱种群数目均呈现出明显下降的趋势。本研究分离嗜线虫致病杆菌 Sy1a 菌株对桃蚜、豌豆蚜和温室白粉虱均有显著的防治效果，具有广阔的应用前景，然而针对该菌株生物活性的研究尚属初探，对其杀虫机理还有待于进一步深入的研究。

参考文献

［1］ Wilson F D, Flint H M, Deaton W R, *et al*. Resistance of cotton lines containing a *Bacillus thuringiensis* toxin to pink bollworm（Lepidoptera：Gelechiidae）and other insects［J］. Journal of Economic Entomology, 1992, 85（4）：1 516-1 521.

［2］ 崔金杰, 夏敬源. 麦套夏播转 Bt 基因棉田主要害虫及其天敌的发生规律［J］. 棉花学报, 1998, 10（5）：255-262.

［3］ 崔金杰, 夏敬源. 一熟转 Bt 基因棉田主要害虫及其天敌的发生规律［J］. 植物保护学报, 2000, 27（2）：141-145.

［4］ Riddick E W, Dively G, Barbosa P. Effect of a seed-mixdeployment of*cry3A*-transgenic and nontransgenic potato on the abundance of *Lebia grandise*（Coleoptera：Carabidae）and *Colemegilla maculate*（Coleoptera：Coccinellidae）［J］. Annals of the Entomological Society of America, 1998, 91（5）：647-653.

［5］ 周霞等, 程家安, 胡阳, 等. 转 Bt 基因水稻克螟稻对黑尾叶蝉种群增长的影响［J］. 中国水稻科学, 2005, 19（1）：74-78.

［6］ 俞志华. 抗虫基因的抗虫机理及其应用现状和展望［J］. 生物学通报, 2000, 35（7）：8-10.

［7］ Bowen D J, Ensign J C. Purification and characterization of a high-molecular-weight insecticidal protein complex produced by the entomopathogenic bacterium Photorhabdus luminnescens［J］. Applied and Environmental Microbiology, 1998, 8：3 029-3 035.

［8］ 金丹娟, 薛仁风, 张河庆, 等. 伯氏嗜线虫致病杆菌蛋白酶抑制剂 *Xbpi*-1 对豌豆蚜 *Acyrthosiphon pisum Harris* 生物活性的研究［J］. 中国生物防治学报, 2012, 28（4）：508-513.

［9］ Zeng F, Zhu Y C, Cohen A C. Molecular cloning and partial characterization of a trypsin-like protein in salivary glands of *Lygus hesperus*（Hemiptera：Miridae）［J］. Insect Biochemistry and Molecular Biology, 2002, 32：455-464.

［10］ Zeng F, Zhu Y C, Cohen A C. Partial characterization of trypsin-like protease and molecular cloning of a trypsin-like precursor cDNA in salivary glands *Lygus lineolaris*［J］. Biochemistry and Physiology. Part B, Biochemistry and Molecular Biology, 2002, 131（3）：453-463.

［11］ Cohen A C, Zeng F, Crittenden P. Adverse effects of raw soybean extract on survival and growth of *Lygus hesperus*［J］. Journal of Entomological Science, 2005, 40：390-400.

［12］ SAS Institute Inc., 2005. SAS® 9. 1. 3 Intelligence Platform：Single-User Installation Guide. Cary, North

Carolina, USA.

［13］ Finney D J. Probit Analysis. Cambridge University Press, Cambridge, UK, 1971.

［14］ Russell R M, Robertson J L, Savin N E. POLO: a new computer program for probit analysis ［J］. Bulletin of the ESA, 1977, 23: 209-215.

［15］ Zeng F, Xue R, Zhang H, et al. A new gene from *Xenorhabdus bovienii* and its encoded protease inhibitor protein against *Acyrthosiphon pisum* ［J］. Pest Management Science, 2012, 68: 1 345-1 351.

绿豆田间豆象防治药剂筛选试验*

邢宝龙　冯高　王桂梅　刘飞

（山西省农业科学院高寒区作物研究所，大同　037008）

摘　要：为了筛选出有效防治绿豆豆象的药剂，采用同绿1号绿豆品种在大同地区进行田间豆象的防治试验，结果表明：用40%辛硫磷乳油500倍液浸种2h+40%辛硫磷乳油500倍液喷雾、80%敌敌畏乳剂500倍液浸种2h+80%敌敌畏乳剂500倍液喷雾、种子重量0.3%的45%马拉硫磷乳油浸种2h+45%马拉硫磷乳油喷雾，相对防效分别达到了88.38%、85.12%、83.85%，防治效果最好。是防治绿豆豆象较理想的药剂。

关键词：绿豆；豆象；杀虫剂；药效试验

豆象在中国绿豆产区普遍发生，严重影响着绿豆的生产、仓储及出口。目前，为害中国绿豆的豆象主要有绿豆象、四纹豆象和鹰嘴豆象[1]。其中，绿豆象最为厉害，田间绿豆象成虫在嫩豆荚上产卵，幼虫穿过豆荚蛀入种子内部取食，并随绿豆收获带入仓内进行为害，在豆象的一个生活周期内，其造成的为害可损失产量约40%，成虫羽化后引起第二次侵染，再侵染为害更加严重，可在3~4个月内造成整仓绿豆被损[2]。受为害后绿豆重量降低，质量严重下降。如何有效地防治豆象为害以成为亟待解决的问题。目前生产上除选用抗病品种外，化学防治仍然是关键措施，主要采用田间喷药的方法[3]。本研究通过对6种药剂10种处理田间小区药效试验，以筛选出防治豆象最佳药剂及方案，为豆象大面积防治提供科学依据。

1　材料与方法

1.1　供试作物

绿豆（品种为同绿1号）。

1.2　供试药剂

①40%辛硫磷乳油（南京红太阳股份有限公司）

②80%敌敌畏乳剂（山西科丰农药科技有限公司）

③45%马拉硫磷乳油（山西科丰农药科技有限公司）

④2.5%联苯菊酯乳油（山东淄博百禾生物农药有限公司）

⑤20%瓢甲敌（氰戊·马拉松）乳油（江苏宏泽化工实业有限公司）

⑥2.5%敌杀死乳油（山西省农科院棉花所三联农化实验厂）

1.3　药剂用量与处理

药剂用量与处理详见表1。

---

* 基金项目：国家现代农业产业技术体系专项资金（nycytx-18-Z4）

表 1　药剂用量与处理

处理编号	药剂及处理
①	40%辛硫磷乳油 500 倍液浸种 2h
②	80%敌敌畏乳剂 500 倍液浸种 2h
③	用种子重量的 0.3%的 45%马拉硫磷乳油浸种 2h
④	2.5%联苯菊酯乳油 2 000 倍液喷雾
⑤	20%瓢甲敌（氰戊·马拉松）乳油 1 000 倍液喷雾
⑥	2.5%敌杀死乳油 30mL/亩喷雾
⑦	40%辛硫磷乳油 500 倍液浸种 2h+喷雾
⑧	80%敌敌畏乳剂 500 倍液浸种 2h+喷雾
⑨	种子重量 0.3%的 45%马拉硫磷乳油浸种 2h+喷雾
⑩	清水喷雾（种子不处理）

1.4　试验设计

试验共设 10 个处理，每个处理重复 3 次，小区面积 13.5m^2（3m×4.5m），共 30 个小区，随机区组排列，四周设保护行。

试验在山西省农业科学院高寒区作物研究所试验地内进行，海拔 1 050m，活动积温 3 500℃，试验地土壤、肥力、水分条件一致，前茬作物马铃薯，施复合肥 450kg/hm^2 作基肥，追尿素 225kg/hm^2，在绿豆播种后 42 天开始施第 1 次药，以后每间隔 7 天施药 1 次，共施药 3 次。采用背负式工农–16 型手动喷雾器进行茎叶均匀喷雾。

2　调查、记录与测量方法

2.1　调查方法

调查方法采用小区以对角线 5 点取样，每点固定调查 4 株，调查全部叶片数，每小区共查 20 株。第 1 次施药前调查病情基数，第 1 次施药后 7 天、第 2 次施药后 7 天和第三次药后 7 天、14 天、21 天调查病级，整个试验期共计调查 6 次，并计算防效，用方差分析各处理之间差异显著性。

2.2　虫害情况分级标准

1 级：受害植株百分率<10%；3 级：受害植株百分率 10%~35%；5 级：受害植株百分率 35%~65%；7 级：受害植株百分率 65%~90%；9 级：受害植株百分率>90%。

2.3　药效计算公式

$$病情指数 = [\Sigma（各级虫害×相对级数值）/（调查总数×9）] ×100$$

$$防治效果（\%） = [1-（CK_0×PT_1）/（CK_1×PT_0）] ×100$$

式中：CK_0——空白对照区施药前虫情指数；

　　　CK_1——空白对照区施药后虫情指数；

　　　PT_0——药剂处理区施药前虫情指数；

　　　PT_1——药剂处理区施药后虫情指数。

3 结果与分析

3.1 播种后 42 天调查出苗率、虫害发生率、虫害指数

由表 2 可知，出苗后 42 天后调查，处理⑧⑨⑥⑦⑩出苗率较好，分别达到了 93.7%，92.9%，92.4%，91.7% 和 90.6%。处理①⑦、②⑧及③⑨由于分别采用了 40% 辛硫磷乳油 500 倍液浸种 2h、80% 敌敌畏乳剂 500 倍液浸种 2h、种子重量 0.3% 的 45% 马拉硫磷乳油液浸种 2h，所以虫情指数较低，但各药剂防治之间差异不明显。

表 2 播后 42 天出苗率、虫害发生率、虫害指数调查

处理	出苗株数（株）	出苗率（%）	虫害发生率（%）	虫害指数
①	188.3	89.7	1.01	1.96
②	184.0	87.6	1.16	2.13
③	187.0	89.0	1.13	2.01
④	188.0	89.5	1.74	2.78
⑤	171.3	81.6	1.89	2.83
⑥	194.0	92.4	1.95	2.90
⑦	192.7	91.7	1.30	2.43
⑧	196.7	93.7	1.12	2.10
⑨	195.0	92.9	1.28	2.32
⑩	190.3	90.6	1.81	2.73

3.2 防治试验虫害调查

由表 3 可知，参试的 9 种药剂处理对绿豆田间豆象均有一定的防治效果。

表 3 10 种药剂处理对绿豆豆象防治效果的影响

处理	虫害指数	第一次施药 7 天后		第二次施药 7 天后	
		虫害指数	平均防效（%）	虫害指数	平均防效（%）
①	1.96	5.23	48.79	9.57	62.67
②	2.13	5.96	50.34	9.98	61.32
③	2.01	5.61	49.22	9.43	62.15
④	2.78	4.67	51.47	6.83	63.76
⑤	2.83	4.85	52.17	8.75	60.38
⑥	2.90	4.81	52.64	6.06	65.43
⑦	2.43	3.51	54.33	5.24	69.19
⑧	2.10	3.18	55.16	5.35	68.76
⑨	2.32	3.23	54.24	5.61	69.01
⑩	2.73	7.06		15.84	

（续表）

处理	第三次施药 7 天后		第三次施药 14 天后		第三次施药 21 天后	
	虫害指数	平均防效（%）	虫害指数	平均防效（%）	虫害指数	平均防效（%）
①	13.87	68.03	17.53	71.71	21.73	77.79
②	14.12	66.21	16.84	72.28	22.79	74.34
③	13.50	68.44	16.66	72.19	21.64	75.85
④	11.59	67.29	14.85	75.76	18.53	78.26
⑤	12.37	65.37	17.76	70.31	24.70	70.43
⑥	11.77	70.44	13.17	77.26	17.06	80.76
⑦	8.36	79.21	10.53	82.41	12.45	88.38
⑧	9.68	77.69	11.65	80.88	13.99	85.12
⑨	9.84	77.54	11.47	79.67	15.28	83.85
⑩	22.96		35.43		48.21	

由表 4 可知，用 40%辛硫磷乳油 500 倍液浸种 2h+40%辛硫磷乳油 500 倍液喷雾、80%敌敌畏乳剂 500 倍液浸种 2h+80%敌敌畏乳剂 500 倍液喷雾、种子重量 0.3%的 45%马拉硫磷乳油浸种 2h+45%马拉硫磷乳油喷雾，相对防效分别达到了 88.38%、85.12%、83.85%，防治效果最好。用 2.5%敌杀死乳油 30mL/亩喷雾、2.5%联苯菊酯乳油 2000 倍液喷雾、40%辛硫磷乳油 500 倍液浸种 2h，相对防效分别为 80.76%、78.26%、77.79%。用种子重量的 0.3%的 45%马拉硫磷乳油浸种 2h、80%敌敌畏乳剂 500 倍液浸种 2h、20%瓢甲敌（氰戊·马拉松）乳油 1 000 倍液喷雾，相对防效分别为 75.85%、74.34%、70.43%。对各药剂处理间防治效果进行差异显著性分析的结果表明，在 α＝0.05 和 α＝0.01 上都达到了极显著水平。

表 4　10 种药剂处理对绿豆豆象防治效果的差异显著性分析

处理	第三次施药 21 天后			
	虫害指数	平均防效（%）	LSD	
			α＝0.05	α＝0.01
⑦	12.45	88.38	a	A
⑧	13.99	85.12	b	B
⑨	15.28	83.85	c	C
⑥	17.06	80.76	d	D
④	18.53	78.26	e	E
①	21.73	77.79	f	F
③	21.64	75.85	g	G
②	22.79	74.34	h	H
⑤	24.70	70.43	i	I
⑩	48.21			

3.3 不同药剂对绿豆的增产效果

由表5可知，在绿豆田间豆象刚开始发生初期喷施不同的药剂，对绿豆有一定的增产作用。用40%辛硫磷乳油500倍液浸种2h+40%辛硫磷乳油500倍液喷雾、80%敌敌畏乳剂500倍液浸种2h+80%敌敌畏乳剂500倍液喷雾、种子重量0.3%的45%马拉硫磷乳油浸种2h+45%马拉硫磷乳油喷雾，处理分别较对照增产42.9%、38.6%、32.6%。但经过方差分析，各处理间没有显著性差异。

表5 10种药剂处理对绿豆产量的影响

处理	小区产量（kg/13.5m²）	折亩产（kg/hm²）	增产（%）
①	1.755	1 300.5	20.4
②	1.904	1 411.5	30.7
③	1.849	1 369.5	26.8
④	1.643	1 218.0	12.8
⑤	1.565	1 159.5	7.4
⑥	1.920	1 422.0	31.7
⑦	2.082	1 543.5	42.9
⑧	2.021	1 497.0	38.6
⑨	1.933	1 432.5	32.6
⑩	1.457	1 080.0	—

4 讨论

通过田间防治豆象试验证明，各处理药剂均未出现药害，对绿豆生长安全，用40%辛硫磷乳油500倍液浸种2h+40%辛硫磷乳油500倍液喷雾、80%敌敌畏乳剂500倍液浸种2h+80%敌敌畏乳剂500倍液喷雾、种子重量0.3%的45%马拉硫磷乳油浸种2h+45%马拉硫磷乳油喷雾、用2.5%敌杀死乳油30mL/亩喷雾，防治效果均在80%以上，而且在药剂的试验剂量范围内对绿豆生长安全。总体而言，防治效果是：浸种+喷雾>喷雾>浸种。而用40%辛硫磷乳油500倍液浸种2h+40%辛硫磷乳油500倍液喷雾防治效果最好。

在防治上首先要掌握最佳防治时期，即发现田间豆象开始第1次喷施药剂，以后每隔7天喷施1次，连喷3次，但是为了避免豆象对上述药剂产生抗性建议生产上配合其他药剂在田间轮换使用。

参考文献

［1］ 程须珍，王素华，金达生，等．绿豆抗豆象遗传特性初步分析［M］//中国农业科学院作物品种资源研究所．中国绿豆产业发展与科技应用［M］．北京：中国农业科学技术出版社，2002.

［2］ 冷廷瑞，金哲宇，杨付军，等．吉林省绿豆象防治技术研究［J］．吉林农业科学，2007，32（1）：42-43，50.

［3］ 孙蕾，程须珍，王丽侠．绿豆抗豆象研究进展［J］．植物遗传资源学报，2007，8（1）：113-117.

绿豆籽粒产量与主要农艺性状的相关分析[*]

杨 芳 杨 媛 冯 高 杨明君

（山西省农业科学院高寒区作物研究所，大同 037008）

摘 要：本试验以 11 个全国绿豆品种为材料，进行籽粒产量相关性状的分析，结果表明，12 个相关性状对籽粒产量的影响的顺序为：单株荚数>株高>开花至结荚天数>一级分枝>结荚至成熟天数>主茎节数>出苗至开花天数>出苗天数>生育天数>荚长>千粒重>单荚粒数。选择高植株和增加结荚数量是提高籽粒产量的主要途径。通过增加开花至结荚天数，可间接提高籽粒产量。减少结荚至成熟天数和一级分枝数亦可间接提高籽粒产量。

关键词：绿豆；产量；农艺性状

本文通过绿豆 12 个性状对籽粒产量的相关分析，研究在晋北地区绿豆籽粒产量与构成因素的关系，使相关农艺性状达到优化，为绿豆的遗传研究和育种提供科学的理论依据。

1 材料和方法

本研究以 2009—2011 年全国绿豆区域试验的 11 个品种（系）为材料，供试品种由西北农林科技大学从河南省、北京市、河北省、山东省、吉林省、江苏省、山西省等地收集提供。

采用随机区组法排列，3 次重复，4 行区，小区面积 2m×5m，种植密度 9 600 株/亩。植株自然成熟后测定产量，同时取 10 株测量株高、节数、分枝数、单株荚数、荚长、荚粒数、千粒重。

本试验设在山西省农业科学院高寒区作物研究所试验区内，海拔 1 067.6m，土质为淡栗钙沙壤土，春播前施氮磷钾复合肥 50kg/亩，开花前后追尿素 10kg/亩。有机质含量 1.5% 左右，全磷 0.04% 左右，全氮为 0.08%~0.098%。

2 结果与讨论

本试验为 2009—2011 年的试验调查统计分析结果，研究涉及的 12 个性状经相关分析（表），株高、单株荚数呈极显著正相关；开花至结荚日数呈显著正相关；主茎节数、荚长、单荚粒数、千粒重、出苗日数亦呈正相关，但未达显著正相关。一级分枝、结荚至成熟日数呈显著负相关；出苗至开花日数、生育期亦呈负相关，但未达显著负相关。

---

* 基金项目：国家现代农业产业技术体系专项资金（nycytx-18-Z4）

表　绿豆籽粒产量与主要农艺性状的相关系数

品种名称	小区产量 (g/10m²)	生育期 (天)	株高 (cm)	主茎节数 (个)	一级分枝 (个)	单株荚数 (个)	荚长 (cm)	单荚粒数 (粒)	千粒重 (g)	播种至出苗 (天)	出苗至开花 (天)	开花至结荚 (天)	结荚至成熟 (天)
郑绿9号	2 526.4	88	49.6	10.0	2.4	48.4	9.1	12.2	66.8	18	43	7	38
保200017-9	1 652.7	87	34.2	7.6	3.6	29	10.0	11.6	62.2	17	43	6	38
品绿2005-353-1	1 963.3	89	43.4	8.0	2.2	38.4	9.2	10.6	67.2	17	44	6	39
白绿522 (ck)	1 849.7	90	43.4	9.0	3.2	37.2	10.4	12.0	72.9	17	44	7	39
汾绿豆2号	2 196.7	87	46.4	8.9	2.4	37.0	9.8	11.8	51.6	18	42	7	38
洮9947-6	2 273.0	87	47.4	9.2	2.8	40.4	13.5	12.4	78.1	17	42	7	38
冀绿9802-19-2	1 494.3	88	32.5	7.8	3.4	22.2	11.2	11.7	62.3	17	43	7	39
白绿8号	2 100.3	88	40.6	9.0	2.4	36.4	11.2	12.0	71.1	18	42	7	38
潍绿2116	2 063.7	88	40.1	9.0	2.4	32.7	11.9	10	75.0	17	43	7	38
安07-3B	1 337.3	88	31.6	9.0	4.2	20.4	8.6	11.4	61.7	18	43	6	39
苏绿04-23	1 726.0	89	51.7	9.4	2.8	26.2	10.5	12.4	78.0	17	43	7	39
合计	21 183.4	968	465.1	96.8	31.4	368.3	114.7	127.5	746.9	191	472	73	423
平均	1 925.8	88.0	42.3	8.8	2.9	33.5	10.4	11.6	67.9	17.4	42.9	6.6	38.5
r		-0.235	0.741**	0.552	-0.687*	0.938**	0.225	0.108	0.180	0.256	-0.334	0.702*	-0.679*

注：* 表示 0.05 显著水平（$r_{0.05}=0.602$），** 表示 0.01 显著水平（$r_{0.01}=0.735$）

2.1　单株荚数对籽粒产量的作用

单株荚数与籽粒产量呈极显著正相关（$r=0.938$），即植株荚数的增多有利于籽粒产量的增加。植株荚数通过荚长、单荚粒数、千粒重对籽粒产量有较大的间接正效应。因此，单株荚数通过荚长、荚粒数、千粒重3个性状平均进行间接选择对提高籽粒产量有极明显效果。

2.2　株高对籽粒产量的作用

株高与籽粒产量呈极显著正相关（$r=0.741$），即籽粒产量随着植株的增高而增加，植株的增高则有利于营养体的增加，营养体的增加有利于开花结实。株高通过单株荚数、单荚粒数、千粒重对籽粒产量有较大的间接正效应。因此，株高通过单株荚数、单荚粒数、千粒重3个性状平均进行间接选择对提高籽粒产量有极明显的效果。

2.3　籽粒产量与开花至结荚天数的关系

开花至结荚天数与籽粒产量呈显著正相关（$r=0.702$），由于开花至结荚天数与单株结荚呈正向间接作用，证明开花至结荚天数与各性状间共同作用于籽粒产量。因此，开花与结荚天数的增加有利于籽粒产量的提高。

2.4　一级分枝对籽粒产量的作用

一级分枝与籽粒产量呈显著负相关（$r=-0.687$），因此，一级分枝的增加使单株结荚数减少，籽粒产量相对降低。即一级分枝增多，不利通风透光，叶片遮光面积增大，致使光合作用减弱，不利结实，降低产量。

2.5　籽粒产量与结荚至成熟天数的关系

结荚至成熟天数与籽粒产量呈显著负相关（$r=-0.679$），因此，缩短结荚至成熟天数有利于籽粒产量的增加。这与生育后期的霜冻有直接关系。

2.6 籽粒产量与其他性状间的作用

籽粒产量与出苗天数、主茎节数、荚长呈正相关，相关系数分别为 r = 0.256、r = 0.552、r = 0.225，但未达到显著效应。证明这 3 个性状增加亦有利于籽粒产量的增加。籽粒产量与出苗到开花天数呈负相关，相关系数为 r = −0.334，也未达到显著效应。证明这一个性状的减少亦可利于籽粒产量的增加。籽粒产量与单荚粒数和千粒重相关不密切。

遗传相关分析结果表明，12 个性状对籽粒产量的影响大小顺序为：单株荚数>株高>开花至结荚天数>一级分枝>结荚至成熟天数>主茎节数>出苗至开花天数>出苗日数>生育天数>荚长>千粒重>单荚粒数。

3 小结

（1）12 个相关性状对籽粒产量的影响大小顺序为：单株荚数>株高>开花至结荚天数>一级分枝>结荚至成熟天数>主茎节数>出苗至开花天数>出苗天数>生育天数>荚长>千粒重>单荚粒数。

（2）选择高秆、主茎分枝少、单株结荚多的品种是提高晋北绿豆籽粒产量的主要有效途径。

（3）延长开花至结荚的天数、减少结荚至开花的天数亦有利于绿豆籽粒产量的增加。

（4）出苗天数、主茎节数、荚长的增加可间接提高籽粒产量。而出苗到开花天数的减少亦可间接提高绿豆籽粒产量。

（5）单荚粒数和千粒重对绿豆籽粒产量的影响不明显。

参考文献

[1] 陶勤南. 农业试验设计与统计方法一百例 [M]. 西安：陕西科学技术出版社，1987.

[2] 杨明君，樊民夫，等. 旱作马铃薯块茎产量相关性状的通径分析 [J]. 马铃薯杂志，1994（2）：65–68.

[3] 杨明君，杨媛，等. 旱作苦荞麦籽粒产量与主要性状的相关分析 [J]. 内蒙古农业科技，2010（2）：49–50.

[4] 刘孝柏. 绿豆品种筛选试验 [J]. 内蒙古农业科技，2010（1）：43–54.

多抗豌豆新品种晋豌5号的选育报告

陈燕妮 刘 飞 刘支平 杨 芳

（山西省农业科学院高寒区作物研究所，大同 037008）

摘 要：在对豌豆种质资源鉴定基础上，选择对山西晋北冷凉地区生态适应的豌豆优良种质，由豌豆Y-22为母本，以保加利亚豌豆为父本配制杂交组合，通过抗旱育种程序，选育出高产、稳产、抗旱、抗病等豌豆新品种晋豌豆5号。该品种早熟，植株直立，生长势强，抗旱性中等，抗寒性强，抗病性强，粗蛋白（干基）29.41%，粗淀粉（干基）53.11%。适宜晋北春播、晋中、南复播及类似生态地区栽培种植。

关键词：多抗；豌豆；晋豌豆5号；选育

豌豆是山西晋北地区的主要抗旱作物，也是山西、陕西、新疆、青海等省（区）的主要作物之一。该区属高寒冷凉区，年降水量400~680mm，光温资源丰富，可满足豌豆生长需要。山西豌豆种植面积为6万~8万 hm²，分布在晋西北干旱、冷凉丘陵山区及类似的生态区，大同市、朔州市、忻州市、吕梁市是山西省豌豆主产区，产量占全省总产量的80%以上。

1 亲本来源及选育过程

1.1 亲本来源

系1999年以豌豆Y-22作母本，保加利亚豌豆作父本杂交经连续选择单株育成。Y-22系从右玉引进的地方品系中筛选出的优良品系。该品系生育期86天，株高76cm，主茎分枝1~2个，主茎节数19节，单株成荚15个，单荚成粒8粒，荚长6.5cm，半无叶类型，宽托叶，花白色，籽粒黄白色，百粒重26g。抗逆性强，综合性状好。保加利亚豌豆系从国外引进的优良豌豆品系。该品系生育期65天，株高48cm，主茎分枝3~4个，主茎节数12节，单株成荚14个，单荚成粒5粒，荚长4.5cm，半无叶类型，宽托叶，花白色，籽粒白色，百粒重19g，结荚集中，丰产性好。

1.2 选育过程

晋豌豆5号（原代号同豌711）是山西省农业科学院高寒区作物研究所1999年由Y-22＊保加利亚豌豆，2000年在东王庄试验地种植F₁，去伪存真按组合混收，2001年在东王庄试验地种植F₂，去伪存真按组合混收，编号9903-7，2002年在东王庄试验地按组合混合种植F₃，不进行选株，只淘汰明显的劣势，收获时每株摘收3~5个荚混合收种，表现优异的单株适当增加收获数量，其他单株正常收获。2003年在东王庄试验地按组合混合种植F₃，不进行选株，只淘汰明显劣势，收获时每株摘收3~5个荚混合收种，表现优异的单株适当增加收获数量，其他单株正常收获。2004年优选株系9903-7成系统，并在病圃进行抗性筛选，淘汰劣势株系。2005年优选株系9903-7-11进行品鉴试验，淘汰劣势，2006—2007年优选株系711进行品比试验，在2008—2010年进行区域试验、生产试验。

2 产量表现

2.1 品比试验

在 2006 年所内品比试验，表现突出，折合亩产 127.6kg，比对照晋豌 1 号增产 27.5%；2007 年所内品比试验，折合亩产 140kg，比对照晋豌 1 号增产 33.7%，两年平均亩产 133.8kg，比对照增产 30.6%。

2.2 区域试验

在 2008 年参加省区试，五点次平均亩产 105.4kg，比对照晋豌 2 号增产 4.0%，居第二位，2009 年参加省区试，五点次平均亩产 114.6kg，比对照晋豌 2 号增产 16.7%，两年平均亩产 110.0kg，比对照晋豌 2 号增产 10.35%，表现出较强的抗逆性和丰产性，具有良好的应用推广价值。

3 主要特性

3.1 生物学特征

晋豌豆 5 号属早熟品种，生育期 82 天，株型直立，株高 65cm，茎绿色，主茎节数 13 节左右，主茎分枝 3.4 个，单株成荚 16 个，单荚粒数 6 粒，荚长 5cm，荚宽 1.7cm，复叶属半无叶类型，花白色，籽粒球形，种子表面光滑，种皮白色，硬荚，成熟荚黄色，百粒重 25g，田间生长整齐一致，生长势强，抗旱性中等，抗寒性、抗病性强，适应性广。

3.2 品质分析

晋豌豆 5 号于 2010 年经农业部谷物品质监督检验测试中心品质分析：粗蛋白含量 29.41%，粗淀粉含量 53.11%。

3.3 丰产性好

在历年育种试验和区域试验中，平均亩产 120~150kg，平均比各类型增产 16% 以上，最高达 33.7%。

3.4 稳产性好

在 2008—2009 年山西省区域试验中，晋豌豆 5 号居供试品种第二位，表明该品种具有较强的稳产性能。

3.5 抗旱性、抗寒性好

晋豌豆 5 号经系统鉴定，抗旱性中等，抗寒性强。

4 栽培技术要点

4.1 合理轮作，忌连作

豌豆最忌连作，连作时病虫害加剧，产量降低，品质下降。因为豌豆根部可分泌多量有机酸，增加土壤酸度，影响次年豌豆根瘤菌的发育。所以有"豌豆能肥田，只能种一年"的农谚，一般至少应间隔 4~5 年种植。其中，白花豌豆又比紫花豌豆更忌连作，轮作年限还要再长些。豌豆对前作要求是田间洁净无杂草，前茬最好是中耕作物，如谷类作物，在晋北春播区，豌豆多以禾谷类作物为前茬，在晋中、晋南复播区多以玉米、高粱为后作作物。

4.2 混作、间作、套种

为了充分利用光、温、水、土等自然资源，豌豆可与其他作物混作、间作和套种，既可抑制杂草，减少病虫危害，又可增加单位面积产量。在晋北地区，豌豆多与马铃薯、玉米间、套作，与小麦混作。

4.3 整地

豌豆的根比其他食用豆类作物较弱，根群较小。播种之前需适当深耕细耙，疏松土壤，能使豌豆根系发育，出苗整齐，幼苗健壮，抗逆力增强。华北地区气候寒冷，豌豆多采用春播。前茬作物收获后先灭茬除草，然后进行深翻。第二年春季土壤表层解冻后随即耙糖保墒，播前再浅耕耙糖。

4.4 合理施肥

合理施用农家肥和化肥，适当施用根瘤菌剂和叶面肥。一般以农家肥作底肥，根据需要适当追施化肥和喷施叶面肥。播前应精细整地和施肥，一般亩施腐熟有机肥 1 000~2 000kg、磷肥 20~30kg、钾肥 5~8kg，最好在施基肥前将化肥与有机肥料混合施入。一般在植株旺盛生长期和开花结荚后结合浇水各追肥一次，亩追施尿素 5~7kg。

4.5 适时播种，合理密植

晋北春播一般为 3 月下旬 4 月上旬为宜。趁墒播种，亩播量 5~7kg，亩留苗 20 000~26 000株，播种深度 3~7cm，播种密度为行距 25~35cm，穴距 10cm 左右。

4.6 田间管理

出苗后中耕一二次，等抽蔓开花时，即可开始灌水，特别是采收嫩荚或鲜豆粒的，更不能缺水，一般灌两、三次水后，即可采收鲜荚。

4.7 病虫害防治

在豌豆开花初期喷洒 15%粉锈宁 1 500 倍液防治豌豆白粉病，用 50%辛硫磷乳油 1 000倍液或 2.5%溴氰菊酯乳油 3 000 倍液防治豌豆潜叶蝇，用 50%多菌灵 500 倍液和 75%百菌清 700 倍液防治蚜虫。

4.8 适时收获

干豌豆当植株茎叶和荚果大部分转黄稍枯干时收获，青豌豆当荚果充分膨大而豆粒尚嫩时采收，软荚（食荚）豌豆应在豆荚已充分长大、豆粒及纤维均未发达时采收。

5 适种区域

适宜晋北春播、晋中、南复播及类似生态地区栽培种植。

参考文献（略）

晋北高寒区豌豆种植适宜密度研究

刘 飞 邢宝龙 陈燕妮 王桂梅 张旭丽

（山西省农业科学院高寒区作物研究所，大同 037008）

摘 要：以晋豌 5 号、DMW0306 为材料进行不同密度田间试验。结果表明不同密度对其株高、主茎节数、分枝、单株结荚、单荚粒数均产生影响，密度对产量的影响呈先增后减的变化趋势。晋豌 5 号最佳密度为 8 万株/667m² 左右为最适，DMW0306 最佳密度为 7 万株/667m² 左右为最适。

关键词：晋北高寒区；豌豆；密度

豌豆是世界性栽培作物之一[1]，是粮食兼经济作物，具有口味好、食用方便且营养丰富的特点，富含蛋白质、脂肪、淀粉、多种矿质素、维生素和氨基酸且医食同源，是人类理想的保健食品。豌豆多为喜凉作物，具有抗逆性强、耐旱、耐瘠、耐荫蔽，生育期短，播种适期长和固氮养地能力。因而在农业种植结构调整和高产、优质、高效农业发展中具有其他作物不可替代的重要作用。

但目前生产中存在的产量低、品种混杂退化严重、耕作管理粗放等因素严重制约了山西省豌豆生产和加工业的发展，种植面积呈逐年下降的趋势，而受市场需求影响，豌豆价格呈逐年上升的趋势，因而本试验为晋北高寒区豌豆种植晋豌 5 号、DMW0306 的合理密植提供科学依据，为农民增产增收提供科技支撑势在必行。

1 材料与方法

1.1 试验材料

晋豌 5 号（矮株材料）、DMW0306（高株材料）由山西省农业科学院高寒区作物研究所提供。

1.2 试验设计

试验设 6 个密度，晋豌 5 号分别为 5 万株/667m²、6 万株/667m²、7 万株/667m²、8 万株/667m²、9 万株/667m²、10 万株/667m²；DMW0306 分别为 3 万株/667m²、4 万株/667m²、5 万株/667m²、6 万株/667m²、7 万株/667m²、8 万株/667m²。试验采用随机区组排列，重复 3 次，小区面积 10m²（2m×5m）。

1.3 试验地概况

本试验设在大同市南郊区水泊寺乡东王庄村，海拔 2 050m，活动积温：≥2 900℃。前茬为麦茬，土壤为沙壤土，地力中等。

2 田间管理

2.1 整地

播种之前需适当深耕细耙，疏松土壤，能使豌豆根系发育，出苗整齐，幼苗健壮，抗逆力增强。前茬作物收获后先灭茬除草，然后进行深翻。第二年春季土壤表层解冻后随即耙糖保墒，播前再浅耕耙糖，按要求划小区、走道和保护行。

2.2 合理施肥

播前应精细整地和施肥，底肥施磷肥 50kg/667m²，一般在植株旺盛生长期和开花结荚后结合浇水各追肥一次，施尿素 10kg/667m²，鼓粒期施尿素 5kg/667m²，共两次。

2.3 适时播种

4 月 20 日人工均匀条播，行距 25cm，播种深度 9~12cm。

2.4 中耕除草

出苗后应早锄，松土保墒，以提高低温促进生长，中耕除草两次，中耕松土不超 15cm。

2.5 收获

当植株茎叶和荚果大部分转黄稍枯干时收获，连同豆秧割去地上结荚部分，留下将近 20cm，豆茬及时翻耕还田[2]。收获时每个小区选取 10 株进行室内考种，每个小区单收、单脱，并折合成亩产。

3 结果与分析

3.1 不同密度对株高的影响

从表 1、表 2 可以看出，不同密度对豌豆株高有影响，晋豌 5 号密度在 8 万株/667m² 时最高，为 60.2cm，密度在 6 万株/667m² 时最低，为 49.7cm；DMW0306 密度在 6 万株/667m² 时最高，为 126.2cm，密度在 3 万株/667m² 时最低，为 94.3cm。

3.2 不同密度对单株结荚的影响

晋豌 5 号密度在 6 万株/667m² 和 8 万株/667m² 时单株结荚数变化最大，8 万株/667m² 时单株结荚最多，为 9 个，6 万株/667m² 时单株结荚最少，为 6 个；DMW0306 密度在 3 万株/667m² 时单株结荚最少，为 12 个，7 万株/667m² 时单株结荚最多，为 19.2 个。

表 1   不同密度对晋豌 5 号产量性状的影响

处理编号	密度（万株/667m²）	株高（cm）	单株结荚（个）	单荚粒数（个）	百粒重（g）	产量（kg/667m²）
1	5	55.3	6.2	5.0	25.2	134.1
2	6	49.7	6.0	5.6	25.4	142.1
3	7	51.4	8.0	4.8	24.7	142.1
4	8	60.2	9.0	5.6	25.5	170.7
5	9	54.4	7.8	5.0	24.8	148.0
6	10	52.4	7.1	5.4	24.6	159.3

3.3 不同密度对单荚粒数的影响

不同密度对晋豌 5 号和 DMW0306 无显著的影响，在密度为 6 万株/667m² 和 8 万株/667m² 时，晋豌 5 号的单荚粒数为 5.6 个，密度为 7 万株/667m² 的时候，晋豌 5 号的单荚粒数最少，为 4.8 个；而 DMW0306 品种在密度为 4 万株/667m²、5 万株/667m² 和 7 万株/667m² 的时候为 4.8 个，在密度为 6 万株/667m² 的时候最少，为 4 个。

表 2　不同密度对 DMW0306 产量性状的影响

处理编号	密度（万株/667m²）	株高（cm）	单株结荚（个）	单荚粒数（个）	百粒重（g）	产量（kg/667m²）
1	3	94.3	12	4.6	21.4	138.1
2	4	108.1	18.6	4.8	21.8	158.7
3	5	111.2	16.2	4.8	21.1	143.4
4	6	126.2	14	4.0	22.3	159.4
5	7	104.0	19.2	4.8	22.1	165.4
6	8	116.2	16.3	4.5	21.1	146.1

3.4　不同密度对百粒重的影响

不同密度对两个豌豆品种的百粒重无明显的差距，在密度为 8 万株/667m² 的时候晋豌 5 号的百粒重为 25.5g，10 万株/667m² 的时候最小，为 24.6g；DMW0306 在密度为 5 万株/667m² 和 8 万株/667m² 的时候最小，为 21.1g，在 6 万株/667m² 的时候为 22.3g。

3.5　不同密度对产量的影响

不同的密度对两个豌豆品种的产量呈现出先增后减的变化趋势，随着密度的增加，产量也随之增加，晋豌 5 号在 8 万株/667m² 的时候产量最高，达 170.7kg/667m²，其后又减少。在 5 万株/667m² 时产量最低，为 134.1kg/667m²；DMW0306 该品种在 7 万株/667m² 的时候产量最高，为 165.4kg/667m²，在 3 万株/667m² 的时候产量最低，为 138.1kg/667m²。

4　讨论

通过试验可知，不同密度对晋豌 5 号和 DMW0306 两个不同高度豌豆品种的产量性状均产生影响。对株高、单株结荚和产量的影响较大，随着密度的增加，均呈下降的趋势。由试验结果可知，晋豌 5 号密度在 8 万株/667m² 时最高，DMW0306 密度在 7 万株/667m² 时最高，在一定范围内随着密度的增加产量也随之增加。如密度过低，则漏光严重，干物质积累较少，产量较低，浪费土地；如密度过高，则群体结构平衡破坏，植株郁闭，通风透光受限，进而影响光合生产能力，最终导致产量的下降[3]。因此，合理密植是提高豌豆产量的重要措施之一，根据试验结果，晋豌 5 号为矮秆作物应当密植，适宜密度为 8 万株/667m² 左右，而 DMW0306 为高秆作物不宜密植，在晋北高寒区种植适宜密度为 7 万株/667m² 左右，过高或过低均不能达到理想的产量及经济效益。

参考文献

[1]　张耀文，等. 山西小杂粮 [M]. 太原：山西科学技术出版社，2006.

[2]　屈海琴. 豌豆肥力与密度试验结果初报 [J]. 农业科技与信息，2012（9）：18-21.

[3]　丁国祥，赵甘霖，刘天朋，等. 种植密度对高粱国窖红 1 号生育及产量的影响研究 [J]. 中国种业，2010（2）：43-44.

黍稷种质资源粒色分类及其特性表现*

王 纶** 王星玉 乔治军 温琪汾 王海岗

（山西省农业科院农作物品种资源研究所，农业部黄土高原作物基因与种质创制

重点实验室，太原 030031）

摘 要：黍稷种质资源的粒色是黍稷的主要农艺性状[1]。粒色分类表明，黄粒种质比例最高，白粒种质次之。但特性鉴定表明，白粒种质的优势最大，黄粒种质次之，说明白粒种质进化程度最高。但黄粒种质适应性和生育期又比白粒种质优势大，以致造成在分类中黄粒种质比例大于白粒种质的结果。红粒、褐粒、复色粒和灰粒种质也各自有自身的特色，在黍稷生产中发挥着不同的作用。

关键词：黍稷种质；粒色；分类；特性

黍稷种质资源的粒色种类繁多，瑰丽多彩，多达 17 种。如果不算单粒色的深浅之分，以及把两种不同颜色组成的粒色统称一种复色的话，黍稷种质资源的粒色主要分为黄、白、红、褐、灰和复色 6 种。不同粒色的种质在各项特性表现上也各有侧重。本文就以编入《中国黍稷品种资源目录》1~5 册中的 8 515 份种质的粒色进行分类，说明在中国每年种植 2 600 万亩的黍稷面积中，不同粒色的黍稷种质所占的比例。同时对山西省的 1 192 份黍稷种质资源也以粒色进行分类，说明山西的黍稷种质资源，在不同粒色种质的种植比例上和全国大同小异，也表明了山西是全国的黍稷主产区，山西的黍稷种质资源在全国是有代表性的。在此基础上我们又对山西不同粒色的黍稷种质资源在生育期、穗型、粳糯性、营养品质和出米率等项特性鉴定数据，进行了归类统计，反映出不同粒色的黍稷种质资源在特性表现上的差异，为今后在黍稷的生产、食用和加工等方面提供选择品种的参考依据。

1 材料和方法

1.1 材料

编入《中国黍稷品种资源目录》1~5 册中的全部黍稷种质资源，共计 8 515 份种质的粒色鉴定数据；《山西省黍稷品种资源研究》[8]一书中 1 192 份种质的粒色以及生育期、穗型、粳糯性、营养品质和出米率的特性鉴定数据。

1.2 试验方法

1.2.1 对全国的 8 515 份黍稷种质资源，以粒色进行分类统计；对山西省的 1 192 份黍稷种质资源，除以粒色进行分类统计外，还要统计在不同粒色的黍稷种质资源中，相对应的生育期、穗型、粳糯性、营养品质和出米率的特性鉴定数据。

* 基金项目：国家作物种质资源保护项目（NB2013-2130135-25-08）；国家农作物种质资源平台专项（2012-027）；国家谷子糜子产业技术体系专项（CARS-07-12.5-A12）；山西省农业科学院育种工程项目（11yzgc107）2013-07-30

** 作者简介：王纶，男，山西太原人，副研究员，主要从事和种质资源研究工作；E-mail：wanglun976pzs@ sina. com

1.2.2 对山西省的 1 192 份种质，以黄、白、红、褐、灰和复色 6 种粒色为主的种质数，与包括在其中的生育期、穗型、粳糯性、营养品质和出米率进行比较，总结出不同粒色的黍稷种质资源，在各项特性中的表现及其相互间的差异。

2 结果与分析

2.1 中国黍稷种质资源的粒色分类

至 2012 年年底止，中国已收集保存黍稷种质资源 9 050 份，居世界第一位。经过 16 项各种农艺性状鉴定后，编入《中国黍稷品种资源目录》1~5 册的种质资源共计 8 515 份。以粒色进行分类，其结果是黄粒的 2 905 份，占 34.12%；白粒的 1 873 份，占 22.00%；红粒的 1 569 份，占 18.43%；褐粒的 1 130 份，占 13.27%；灰粒的 477 份，占 5.60%；复色粒的 561 份，占 6.59%。中国黍稷种质资源的粒色以黄、白、红、褐 4 种为主，以黄粒种质最多，白粒、红粒和褐粒种质居中，灰粒和复色粒种质最少。黍稷起源于中国，是在中国种植最早的作物，据考古发现，黍稷在中国种植的历史已经有 10 300 年，比起源于中国的谷子还早 1 600 年。在悠久的农耕历史中，人类在生产实践中不断的进行择优选择，以至形成了以黄、白、红、褐 4 种粒色种质为主推品种的现状，从不同粒色种质的进化程度来推断，这 4 种粒色的种质，要远远超过灰粒的种质。其中，特别是排在前 3 位的黄、白、红粒色种质进化程度较高。因为黍稷的原始种——野生稷的粒色基本都是条灰色的，其进化过程是由条灰色进化成灰色，由灰色再进化成褐色，然后再由褐色演变成红、黄、白色。至于复色粒的种质，例如，白黄、白红、白褐、白灰等 2 种以上粒色的种质，是在长期的种植过程中，自然杂交的结果。由于黍稷是自交作物，异交率并不是很高，所以，形成的复色种质的数量也不会太多。如果从进化程度的角度来看，复色粒种质还要高于黄、白、红、褐粒色的种质，因为复色粒种质的形成是在黄、白、红、褐粒色种质形成之后才出现的。也表现出一定的杂交优势，但大多数复色粒种质并非人为的定向培育而成，所以直到如今，在黍稷生产上还形不成较大的优势。

2.2 山西省黍稷种质资源的粒色分类

山西省是中国黍稷的生产区，每年种植面积 300 万亩左右。在 20 世纪 80 年代初就从全省各地收集到黍稷种质资源 1 192 份，直到 2012 年底止又在全省各地和省外、国外陆续收集到不同性状和不同类型的黍稷种质资源 1 278 份，目前共拥有黍稷种质资源 2 470 份，资源拥有量居全国第一位。对 20 世纪 80 年代初从全省各地收集的原生态的 1 192 份黍稷种质资源，也以粒色进行分类，其结果是黄粒的 334 份，占 28.02%；白粒的 310 份，占 26.01%；红粒的 219 份，占 18.37%；褐粒的 141 份，占 11.83%；灰粒的 89 份，占 7.47%；复色粒的 99 份，占 8.31%。和全国黍稷种质资源的粒色分类结果一样，仍然以黄、白、红、褐 4 种粒色种质为主，黄粒种质最多，白粒、红粒和褐色粒种质居中，灰粒和复色粒种质最少。只是不同粒色种质所占的比例不同，特别是白粒种质的比例，比全国的比例大，接近于黄粒种质比例，比例结构更加合理。说明山西省的黍稷种质资源在全国是最有代表性的，本文就以山西省的 1 192 份黍稷种质的粒色分类结果为基础，比较不同粒色黍稷种质的主要特性表现。

2.3 不同粒色黍稷种质资源的穗型特性表现

黍稷种质资源的穗型分为侧、散、密 3 种。不同粒色的种质在不同穗型中的种质比例也各有侧重，表1表明，在3种穗型中以侧穗型种质占绝大多数，其次是散穗型种质，密穗型占极少数比例。而在侧穗型种质中又以白粒种质的比例最大，黄粒、红粒和褐粒种质居中，复色粒和灰粒种质最少。在散穗型种质中又以黄粒种质比例最大，灰粒和白粒种质居中，红粒、复色粒和褐粒种质比例最小。

表1 不同粒色黍稷种质资源的穗型特性表现

穗型	种质数(份)	占%	粒 色											
			黄(份)	占%	白(份)	占%	红(份)	占%	褐(份)	占%	灰(份)	占%	复色(份)	占%
侧	938	78.69	221	18.54	264	22.15	199	16.70	128	10.74	41	3.44	85	7.13
散	233	19.55	94	7.89	45	3.78	19	1.59	13	1.09	48	4.03	14	1.18
密	21	1.76	19	1.59	1	0.08	1	0.08	0		0	—	0	—

在密穗型种质中，基本上都是黄粒种质，白粒和红粒的种质均只有1份，没有褐、灰和复色粒种质。由此可以说明3个问题：一是当前在生产上的主推黍稷品种仍然以白、黄、红和褐粒品种为主，复色粒和灰粒种质只是搭配品种。二是从进化的角度来说，侧穗型种质的进化程度最高，而在侧穗型种质中不同粒色种质所占比例的多少，又可反映出不同粒色种质的进化程度，其顺序由低到高是：灰—褐—红—黄—白。白粒种质的进化程度最高，至于复色粒种质进化程度也很高，但由于是自然杂交，在特性表现上没有大的优势，加之数量极少，在生产上还占不了优势地位，但种质数量仍然要比进化程度很低的灰粒种质多。三是侧穗型种质抗旱耐瘠性最强，适宜丘陵干旱山区种植；散穗和密穗型种质抗旱耐瘠性较差，适宜平川水地种植。在侧穗型种质中白粒种质所占比例最大，说明白粒种质的抗旱耐瘠性最强；在散穗和密穗种质中以黄粒种质比例最高，说明黄粒种质抗旱耐瘠性比较差。不同粒色黍稷种质资源的穗型特性表现，也是在长期的特定生态环境下种植，形成的一种固有的生态型表现。

2.4 不同粒色黍稷种质资源的粳糯性特性表现

山西省的1 192份黍稷种质资源近2/3是糯性的种质，这与山西大部分地区喜食糯性的黏糕有很大关系，只有晋西北的河曲县和晋东南的部分县（市）有食用粳性稷米酸粥或捞饭的习惯，因此，粳性的稷米种质只占1/3稍多的比例。而在不同粒色的黍稷种质资源中，糯性种质所占比例最高的是白粒种质，其次是红粒种质，黄粒和褐粒种质居中，复色和灰粒种质最少。在粳性种质中却唯有黄粒种质比例最高，其他粒色种质比例都不大，而复色粒和褐粒种质比例则更小（表2）。说明白粒种质在糯性种质中占居主导的地位，而黄粒种质在粳性种质中又占居更加重要的位置。造成这种情况的原因与长期的生产实践，人工的择优选择有着很大的关系。但从黍稷进化的角度来看，黍稷的粳糯性，粳是原始态，糯是进化态，糯性的黍种质是由粳性的稷进化而来的。由此看来，山西的黍稷种质资源中，大部分是糯性的黍，除了与山西大部分地区人们喜食黏糕的食用习惯有关外，与黍稷的进化也不无关系。而不同粒色的黍稷种质资源在粳糯性特性中的表现，也更加说明白粒种质在糯性种质中的进化程度是最高的，黄粒种质在粳性种质中的进化程度最高，同时也说明黄粒种质的进化程度虽然不及白粒种质，但在其他特性表现上也存在着较大的优势。

表 2　不同粒色黍稷种质资源的粳糯性特性表现

穗型	种质数(份)	占总数(%)	黄(份)	占总数(%)	白(份)	占总数(%)	红(份)	占总数(%)	褐(份)	占总数(%)	灰(份)	占总数(%)	复色(份)	占总数(%)
粳	430	36.07	206	17.28	61	5.12	59	4.95	30	2.52	56	4.70	18	1.51
糯	762	63.93	128	10.74	249	20.89	160	13.42	111	9.31	33	2.77	81	6.85

2.5　不同粒色黍稷种质资源的生育期特性表现

黍稷的生育期分为 4 个标准，90 天以下为特早熟；91～100 天为早熟；101～110 天为中熟；111～120 天为晚熟。在这 4 个标准中，山西的黍稷种质资源有超过一半的种质集中在 91～100 天的早熟品种中。不同粒色的黍稷种质在不同的生育期中所占比例也各有侧重。黄、白、红、褐 4 种粒色的种质，生育期的跨度大，在 90 天以下至 120 天，灰粒和复色粒种质生育期跨度小，在 90 天以下至 110 天。黄、白、红、褐 4 种粒色的种质生育期在 91～100 天的早熟种质比例最大，灰粒和复色粒种质生育期主要集中在 91～110 天的早熟和中熟种质中。由此说明黍稷作物的生育期和其他粮食作物的生育期相比，生育期较短，黍稷种质资源的生育期大都在 100 天以内。在 90 天以下的特早熟种质中，以白粒种质比例最高，黄粒和红粒种质居中，灰粒、复色粒和褐粒种质比例最低，在 91～100 天的早熟种质中又以黄粒种质比例最高，白粒种质次之，红粒和褐粒种质居中，复色粒和灰粒种质最低。在 101～110 天的中熟种质中，仍以黄粒种质比例最高，灰粒、复色粒和褐粒种质居中，红粒和白粒种质最低。在 111～120 天的晚熟种质中还是黄粒种质比例最高，红粒和白粒种质居中，褐粒种质比例最低，灰粒和复色粒种质均没有。如果把 90 天以下和 100 天以内的生育期合在一起，定为早熟种质；把 101 天和 120 天以内的生育期合在一起，定为中晚熟种质。在早熟种质中，白粒种质的比例最高，为 21.98%，黄粒种质次之，为 19.72%，红粒和褐粒种质居中，分别为 13.68% 和 8.31%，复色粒和灰粒种质比例最低，分别为 4.87% 和 4.02%。在中晚熟种质中，黄粒种质比例最高，为 8.30%，其他粒色的种质比例均不大，红粒为 4.70%，白粒为 4.03%，褐粒为 3.52%，灰粒和复色粒均为 3.44%。由此可以看出，白粒种质在早熟种质中优势最大，黄粒种质在中晚熟种质中又鹤立鸡群，占有绝对优势，白粒和黄粒种质在生育期的特性表现中优势是最为明显的（表 3）。

表 3　不同粒色黍稷种质资源生育期特性表现

生育期(天)	种质数(份)	占总数(%)	黄(份)	占总数(%)	白(份)	占总数(%)	红(份)	占总数(%)	褐(份)	占总数(%)	灰(份)	占总数(%)	复色(份)	占总数(%)
90 天以下	225	18.88	51	4.28	94	7.89	38	3.19	17	1.43	11	0.92	14	1.18
90～100 天	640	53.69	184	15.44	168	14.09	125	10.49	82	6.88	37	3.10	44	3.69
100～110 天	220	18.46	52	4.36	23	1.93	26	2.18	37	3.10	41	3.44	41	3.44
110～120 天	107	8.98	47	3.94	25	2.10	30	2.52	5	0.42	0	—	0	—

2.6 不同粒色黍稷种质资源营养品质特性表现

对 1 192 份不同粒色黍稷种质资源的营养品质分析，项目为粗蛋白、粗脂肪、赖氨酸和可溶性糖。表 4 表明，尽管不同粒色的黍稷种质测试种质的数量有多有少，各不相同，但测试结果也显示出明显的差异，从粗蛋白的含量来看，黄粒种质含量最高，其次是褐粒、复色粒、红粒和白粒，这 4 个粒色种质的差异不大。含量最低的是灰粒种质。从粗脂肪的含量来看，白粒种质最高，其次是复色粒和褐粒种质，红粒、黄粒和灰粒种质相对较低，但最低的是灰粒种质。从赖氨酸的含量来看，含量最高的仍然是黄粒种质，褐粒、红粒、复色粒和白粒种质的含量相对较低，但差异很小，在同一档次上。灰粒种质含量最低。从可溶糖的含量来看，尽管差异很小，但也能看出白粒种质含量最高，黄粒种质次之，红粒和褐粒种质并列第 3，复色粒种质第 4，灰粒种质最低。从不同粒色黍稷种质资源的营养品质特性的总体情况来看，在 4 项内容的营养品质分析中，只有白粒和黄粒种质各占有 2 项优势。白粒种质粗脂肪和可溶糖的含量最高；黄粒种质粗蛋白和赖氨酸的含量最高。其他粒色的种质没有显示出明显的优势。在营养品质中除了强调营养的高低外，还很注重适口性，而赖氨酸和可溶糖含量的高低对适口性又起着至关重要的作用。白粒种质不仅粗脂肪含量最高，而且可溶糖含量也最高，说明白粒种质在不同粒色的黍稷种质资源中不仅营养丰富，而且从口感上来看，适口性更好；黄粒种质的表现也不逊色，虽然在可溶糖的含量上比白粒种质略低，但粗蛋白和赖氨酸含量最高，从适口性的角度来看并不次于白粒种质，这也是人们喜闻乐见的。

表 4　不同粒色黍稷种质资源营养品质特性表现

粒色	种质数（份）	占（%）	粗蛋白（%）	粗脂肪（%）	赖氨酸（%）	可溶性糖（%）
黄	334	28.02	12.35	3.72	0.200	2.16
白	310	26.01	11.01	4.24	0.191	2.18
红	219	18.37	11.77	3.82	0.194	2.14
褐	141	11.83	11.91	4.03	0.195	2.14
灰	89	7.47	10.48	3.46	0.186	2.04
复色	99	8.31	11.88	4.22	0.192	2.07

2.7 不同粒色黍稷种质资源出米率的特性表现

出米率不仅是黍稷种质资源的主要特性，而且也是黍稷种质资源的主要经济性状，出米率的高低直接影响到最后产出的多少和经济效益的高低，因此，是黍稷加工产业链倍加关注的问题。不同粒色黍稷种质资源的出米率差异较大，最大差异可达 9.44%。表 5 表明，在测试的 1 192 份种质中，虽然不同粒色的种质份数各不相同，但从测试种质的出米率和皮壳率的平均数来看，白粒种质的出米率最高，皮壳率最低；褐粒种质的出米率最低，皮壳率最高；复色粒、黄粒和红粒种质出米率也高，都在 80% 以上，皮壳率均在 20% 以下；特别是复色粒种质出米率仅次于白粒种质；灰粒种质出米率也较低，稍高于褐粒种质，皮壳率也较高，和褐粒种质一样都在 20% 以上。黍稷种质资源出米率和皮壳率正好相反，出米率越高，皮壳率越低；出米率越低，皮壳率就越高。说明出米率的高低与籽粒皮壳的厚薄有很大关系，而籽粒皮壳的厚薄又与籽粒颜色有关。粒色越浅皮壳越薄，出米率就高；反之粒色越深，皮壳越厚，出米率就越低。白粒种质的粒色最浅，出米率就越高；复色粒种质皮壳颜色虽然是由两种颜色组成，但底色大部分由白色为主，另一种颜色只是点缀，因此皮壳也很薄，出米率仅低于白粒种质；黄粒种质粒色较浅，但比复色粒种质相对要深，所以皮壳又厚一点，出米率又略低复色粒种质；红粒种质和黄粒种质比较，颜色相对要深，皮壳又比黄粒种质厚，出米率又比黄粒种质低；灰粒种质虽然粒色不是很深，但进化程度不高，所以皮壳仍然较厚，出米率又低于红粒种质；褐粒种质颜色最深，皮壳最厚，出米率最低。皮壳的厚薄直接影响到出米率的多少，而从黍稷的进化过程来看，薄皮壳的籽粒也是由厚皮壳的籽粒进化而来，由此更加说明白粒种质进化程度最高。

表 5　不同粒色黍稷种质资源出米率的特性表现

粒色	黄	白	红	褐	灰	复色
种质数（份）	334	310	219	141	89	99
出米率（%）	83.28	86.57	81.42	77.13	79.31	84.15
皮壳率（%）	16.72	13.43	18.58	22.87	20.69	15.85

3　结论与讨论

黍稷种质资源的粒色是黍稷的主要农艺性状，在黍稷种质资源中，很多农家种均是以粒色命名的，例如，红黍、黄稷、黑穄、白黍、灰穄、一点红、一点黄等。从全国和山西黍稷种质资源的分类结果表明，不同粒色的黍稷种质在数量和比例上均有差异，但大同小异，均以黄、白、红、褐 4 种粒色种质为主，以黄粒种质最多，白粒种质次之，说明以山西省黍稷种质资源为基础，来反映不同粒色的黍稷种质特性表现也是最有说服力的。特性表现的内容选择以穗型、粳糯性、生育期、营养品质和出米率等主要质量性状来说明，也是最有代表性的。穗型中的特性表现结果是：在侧穗型中以白粒种质优势最大，在散穗和密穗型中黄粒种质优势最大。粳糯性中的特性表现结果是：白粒种质在糯性种质中优势最大；黄粒种质在粳性种质优势最大。生育期中的特性表现结果是：白粒种质在早熟种质中优势最大；黄粒种质在中晚熟种质优势最大。在营养品质的特性表现结果是：白粒种质以粗脂肪和可溶糖含量高，占首位；黄粒种质也不分上下，以粗蛋白和赖氨酸含量高而夺魁。在出米率中的特性表现结果是：白粒种质居首位；复色粒种质次之，黄粒种质屈居第3 位。综上所述，在全国和山西省黍稷种质的分类中，黄粒种质的数量和比例均居首位；白粒种质次之。在 5 项特性鉴定表现中，有 4 项黄粒种质和白粒种质各有千秋，不分上下。而在出米率的特性鉴定表现中，白粒种质却遥遥领先；黄粒种质首次败下阵来；复色粒种质抢占了第 2 位。权衡之下，最后的结果说明，白粒种质在 5 项特性鉴定中的结果表现要优于黄粒种质，居首位。这与黍稷的粒色进化过程也是相吻合的。至于在粒色分类中，黄粒种质的数量和所占比例高于白粒种质，分析原因有 3 点：一是黄粒种质适应性比白粒种质广泛，不仅适应平川水地种植，在丘陵干旱山区也占重要地位；在生育期上，不仅 91~100 天的早熟种质中比例最高，在 101~110 天和 111~120 天中熟和晚熟种质中比例也最高，明显比白粒种质占有优势。二是白粒种质虽然皮壳薄，出米率高，但也明显表现出贮存时间短，易生虫的弱点，黄粒种质并未出现这种情况。三是黄粒种质皮壳的颜色和脱皮后米粒的颜色很相似，即使加工粗糙一点在表面上也看不出来，不会对商品品质造成大的影响。鉴于以上原因，才出现了黄粒种质在各项特性表现上虽然不如白粒种质占优势，但在粒色的分类中，种质的数量和比例却高于白粒种质的情况。除了黄粒、白粒种质，红粒、褐粒种质在生产中也占有一定位置，究其原因，与各种特殊需要有很大关系，例如，红粒种质每年要满足东南亚各国大量的需求，外贸出口只要红粒种质；褐粒种质中有近80%的种质是糯性种质，而且大部分糯性种质，糯性很纯，支链淀粉的含量达100%，是黏糕用种的最佳选择。尽管在各项特性鉴定表现中崭露不出头角，但仅此一项特殊的需求，在国内外市场上就有立足之地。鉴于以上原因，使得红粒、褐粒种质的种质数和比例仅次于黄粒、白粒种质。复色粒种质和灰粒种质在粒色分类中不论种质数量和比例均很小，在黍稷生产上也属于搭配种质，但复色粒种质的进化程度很高，为什么在特性表现上没有明显优势？那是由于复色粒种质的形成大都是源于自然异交，没有选择性，但也优于灰粒种质。随着黍稷育种水平的提高和发展，有选择的人工定向培育出的新品种，将会像雨后春笋一样不断在黍稷种质资源中涌现出来，人工杂交培育的复色种质将会以各种特性鉴定表现上的优势，在黍稷种质资源中独占鳌头，在中国黍稷生产上发挥重要的作用。灰粒种质的进化程度不高，在特性鉴定表现上没有突出的靓点，在黍稷生产上也没有更大的发展前景，但灰粒种质独特的抗逆、抗病强的特点，却在今后的黍稷育种中大显神威，发挥不可替代的作用。

参考文献

[1] 王星玉，王纶. 黍稷种质资源描述规范和数据标准 [M]. 北京：中国农业出版社，2006.
[2] 王星玉. 中国黍稷 [M]. 北京：中国农业出版社，1996.
[3] 王星玉. 中国黍稷（糜）品种资源目录 [M]. 北京：农村读物出版社，1985.
[4] 王星玉. 中国黍稷（糜）品种资源目录续编一 [M]. 山西省农业科学院农作物品种资源研究所，1987.
[5] 王星玉. 中国黍稷（糜）品种资源目录续编二 [M]. 北京：中国农业科技出版社，1994.
[6] 王星玉. 中国黍稷（糜）品种资源目录续编三 [M]. 山西省农业科学院农作物品种资源研究所，1990.
[7] 王星玉. 中国黍稷（糜）品种资源目录续编四 [M]. 山西省农业科学院农作物品种资源研究所，1995.
[8] 王星玉. 山西省黍稷（糜）品种资源研究 [M]. 北京：农村读物出版社，1985.
[9] 王星玉，王纶，温琪汾. 山西是黍稷的起源和遗传多样性中心 [J]. 植物遗传资源学报，2009，10（3）：465-470.
[10] 王星玉. 中国黍稷品种资源特性鉴定集 [M]. 北京：中国农业出版社，1990.
[11] 王星玉. 中国黍稷优异种质资源的筛选利用 [M]. 北京：中国农业出版社，1995.

不同施硒浓度对糜子产量及相关性状的影响*

李　海**　张翔宇***　杨如达　田宏先　梁海燕

（山西省农业科学院高寒区作物研究所，大同　037008）

摘　要：叶面喷施硒肥可以明显提高糜子籽粒中硒含量，但不同糜子品种富硒能力具有一定差异。60g/ hm² 处理的糜子籽粒中硒含量为 0.04~0.32mg/kg，比对照平均增加了 13.5 倍；120g/hm² 处理的糜子籽粒中硒含量为 0.07~0.46mg/kg，比对照平均增加了 19.4 倍；180g/hm² 处理的糜子籽粒中硒含量为 0.13~0.57mg/kg，比对照平均增加了 21.8 倍；叶面喷施硒肥对糜子产量的影响不明显，对相同处理的不同糜子品种其产量有影响；叶面喷施硒肥能使多数糜子品种籽粒的蛋白质含量略有增加。

关键词：硒肥；糜子；产量；施用方式

硒是人体必需的微量元素，摄入量过多、过少都会引起疾病。人体补充适量的硒可以有效的预防一些疾病的发生，如克山病、心血管病、免疫功能低下等。利用生物体富硒或选育富硒品种来生产富硒食品是一种安全高效的途径。植物可以将硒由无机态转化为有机态，供人体吸收并可提高其生物利用率及作物的生物产量。因此，通过施硒或选育富硒品种来提高作物中硒含量，是满足人类硒需要的一个重要途径。

糜子是中国古老的粮食作物，其生育期短，耐旱、耐瘠薄，能备荒救灾，复种增收，也是中国重要的小宗粮食作物之一。它主要集中在中国无霜期短、年降水量少的西北和华北地区。糜子营养丰富，籽粒中含有大量易被人体吸收的蛋白质、脂肪和淀粉，还含有钾、镁、钙、磷等大量元素和铁、硒、钠、铜等微量元素。程汝宏将富硒品种的培育列为中国谷子育种的重要目标，并开展了新种质的创新。伊虎英等人对谷子进行拌种施硒处理，研究了硒对谷子产量和含硒量的影响。但有关叶面施硒对糜子富硒和品质的影响研究报道较少。本试验通过研究不同浓度叶面喷硒对糜子生物性状的影响、糜子品种富硒差异、施硒对糜子生长特性及籽粒品质的影响，为优化糜子栽培技术和提高糜子硒含量提供理论依据。

1　材料与方法

1.1　供试材料

试验于 2014 年 5~10 月在山西省农业科学院高寒区作物研究所东王庄试验基地进行。供试土壤有机质含量为 6.9g/kg，pH 值为 7.30，土壤硒含量为 0.19mg。糜子品种为农家种、晋黍 1 号、晋黍 3 号、晋黍 4 号、晋黍 7 号。供试硒肥为山西省农业科学院土肥所

---

* 项目来源：山西省科技攻关项目（20120311006-4）；农业部国家谷子糜子产业技术体系项目（CARS-07-12.5-B6）；国家"十二五"科技支撑计划项目（2014BAD07B03）；国家农业科技成果转化项目（2013GB2A300059）

** 作者简介：李海，男，副研究员，主要从事糜子育种与栽培

*** 通讯作者：张翔宇，男，副研究员，主要从事糜子育种与栽培

提供。

1.2 试验设计

试验设计为 3 个重复，小区面积为 2m×5m，各小区随机区组排列。设计 3 个不同梯度的硒处理，每个小区均喷 500mL，浓度分别为 60g/hm²、120g/hm²、180g/hm² 的硒肥溶液，分别用 X_1、X_2、X_3 表示，以清水为对照（CK）。常规管理，适时收获测产。

1.3 数据处理与分析

所有试验数据采用 Excel2003、SPSS 进行数据统计和图像分析。

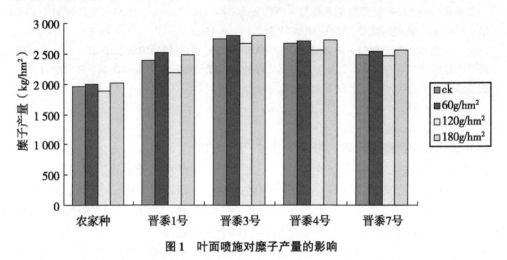

图 1 叶面喷施对糜子产量的影响

2 结果与分析

2.1 不同梯度喷施硒肥对糜子农艺性状的影响

由表 1 和图 1 可看出，农家种产量明显低于其他糜子品种，其中，晋黍 3 号的产量最高，为 2 787kg/hm²。60g/hm² 处理对糜子产量影响不明显，120g/hm² 处理糜子产量略有下降，180g/hm² 处理略有上升，但总的来说叶面喷施对糜子产量的影响不明显，对相同处理的不同糜子品种其产量有影响。

表 1 叶面喷施对不同糜子品种主要农艺性状的影响

品种	株高（cm）	穗长（cm）	千粒重（g）	产量（kg/hm²）
农家种	126.6	30.8	7.26	2 472
晋黍 1 号	118.8	32.3	7.61	2 511
晋黍 3 号	123.1	29.3	8.62	2 787
晋黍 4 号	120.3	33.4	7.89	2 702
晋黍 7 号	134.6	38.3	6.83	2 538

2.2 不同梯度喷施硒肥对不同糜子品种硒含量的影响

从图 2 看，叶面喷施硒肥均能提高糜子籽粒中的硒含量，但不同品种的富硒能力有一定的差异。试验表明，晋黍 3 号的富硒能力最强，农家种的富硒能力最小。对照中各品种籽粒硒含量为 0.01~0.035mg/kg，平均硒含量为 0.017mg/kg；$60g/hm^2$ 处理的糜子籽粒中硒含量为 0.04~0.32mg/kg，比对照平均增加了 13.5 倍；$120g/hm^2$ 处理的糜子籽粒中硒含量为 0.07~0.46mg/kg，比对照平均增加了 19.4 倍；$180g/hm^2$ 处理的糜子籽粒中硒含量为 0.13~0.57mg/kg，比对照平均增加了 21.8 倍。

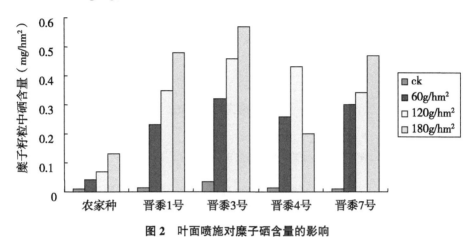

图 2　叶面喷施对糜子硒含量的影响

2.3　不同梯度喷施硒肥对不同糜子籽粒中蛋白质的影响

由表 2 看出，对照处理中糜子籽粒的蛋白质含量变化范围 9.89%~15.97%，其中，晋黍 7 号的蛋白质含量最高，农家种的含量最低，说明糜子品种间蛋白质含量差异明显。$60g/hm^2$ 处理的各个糜子品种中，农家种、晋黍 1 号、晋黍 4 号、晋黍 7 号的蛋白质含量高于对照，晋黍 3 号的蛋白质含量低于对照；$120g/hm^2$ 处理的各个糜子品种中，农家种、晋黍 1 号、晋黍 3 号、晋黍 4 号的蛋白质含量低于对照，晋黍 7 号的蛋白质含量高于对照；$180g/hm^2$ 处理的各个糜子品种中，农家种、晋黍 1 号、晋黍 4 号、晋黍 7 号的蛋白质含量高于对照，晋黍 3 号的蛋白质含量低于对照。

表 2　叶面喷施对不同糜子籽粒蛋白质的影响

处理	蛋白质含量（%）				
	农家种	晋黍 1 号	晋黍 3 号	晋黍 4 号	晋黍 7 号
CK	9.89	14.64	10.98	13.2	15.97
X_1	9.98	14.78	10.02	13.57	16.21
X_2	9.54	13.99	9.89	12.79	16.34
X_3	10.57	15.12	10.17	13.92	17.16

3　讨论

从试验所选取的各个糜子品种中，叶面喷施硒肥均能提高其籽粒中的硒含量，但不同品种的富硒能力存在一定的差异；$60g/hm^2$ 处理的糜子籽粒中硒含量为 0.04~0.32 mg/kg，比对照平均增加了 13.5 倍；$120g/hm^2$ 处理的糜子籽粒中硒含量为 0.07~0.46mg/kg，比对照平均增加了 19.4 倍；$180g/hm^2$ 处理的糜子籽粒中硒含量为 0.13~0.57mg/kg，比对照平均增加了 21.8 倍。试验表明，晋黍 3 号的富硒能力最强，农家种的富硒能力最小；因此，从现有的种质资源中来筛选富硒品种并加以推广是一种补充和提高人体硒摄入量的有效方法。叶面喷施硒肥能影响糜子籽粒的产量，$60g/hm^2$ 处理对糜子产量影响不明显，$120g/hm^2$ 处理糜子产量略有下降，$180g/hm^2$ 处理略有上升，因此，相同处理对糜子籽粒的产量有影响。在试验中叶面喷施硒肥能使多数糜子品种籽粒的蛋白质含量略有增加。在大田生产中，应根据品种间富硒能力的差异，适时调整硒浓度，来满足人安全摄入量的需要。

参考文献

[1] 柴岩. 糜子 [M]. 北京：中国农业出版社，1999：2，1-3.

[2] 罗盛国，徐宁彤，刘元英. 叶面喷肥提高粮食中的硒含量 [J]. 东北农业大学学报，1999，30（1）：18-22.

[3] 周勋波，吴海燕，王海英，等. 喷施硒肥对大豆理化指标和品质的影响 [J]. 中国粮油学报，2004，10（5）：38-42.

[4] 丛建红. 富硒肥对水稻产量及品质的影响 [J]. 现代农业科技，2011，16，267.

[5] 吴永尧，彭振坤，周大寨，等. 高硒区栽培大豆含硒蛋白的初步研究 [J]. 微量元素与健康研究，2002，19（1）：41-42.

不同药剂对糜子黑穗病防治效果研究*

梁海燕** 李 海 杨如达 张翔宇 田宏先

（山西省农业科学院高寒区作物研究所，大同 037008）

摘 要：本文采用先接种菌种再进行药剂拌种的方法，研究了不同药剂对糜子黑穗病的防治效果，结果显示40%福美拌种灵、2%立克秀和50%甲基硫菌灵对糜子黑穗病均有有很好的防治效果，3种药剂间差异不显著，在本次试验中相对防效分别为100%、100%、97.4%，显著高于其他药剂处理和对照。这3种药剂的保苗率均较高，分别为108.90%、102.69%和99.33%。在大同县西后口村和大同市新荣区的重病田进行的大田防治试验中，40%福美拌种灵、2%立克秀和50%甲基硫菌灵在两个试验地区的平均田间防效分别为97.5%、93.9%%和93.2%，控害效果均较理想。综合以上试验结果表明，40%福美拌种灵、2%立克秀和50%甲基硫菌这3种药剂可在糜子生产田中推广应用。生产中最好使用拌种器干拌，使种子与药粉充分拌匀，以提高防治效果。

关键词：糜子；黑穗病；药剂拌种；防效

糜子是山西省晋北、晋西北等干旱、半干旱地区的主要粮食作物，同时也是山西省极其重要的抗旱救灾作物，常年播种面积300多万亩[1]，遇春旱年份播种面积会显著增大。糜子尤其是糯性糜子（黍子）在山西旱作地区具有明显的地区优势和生产优势，对这些地区的粮食生产和粮食安全上具有特别重要的意义。然而，近年来黑穗病对糜子生产为害时有发生，造成了糜子大量减产，品质变劣，大大挫伤了农民种植糜子的积极性。

黑穗病是我国糜子生产上重要病害[1]，又称黍黑穗病、黍小孢黑粉病，俗称灰穗、火穗等，主要分布在北方糜子产区。该病危害糜子花序，一般抽穗前很难识别，抽穗后才出现典型症状[2]。黑穗病的大量流行，不仅降低了糜子产量，而且影响其质量。对于影响糜子黑穗病发病的原因，国内外研究工作者先后有所探索。资料显示[2-3]，无论品种的遗传性，或者环境条件，像温度和水分等，都对黑穗病的感染有影响。该病的发病途径是病菌厚垣孢子粘附在种子上或遗落在土壤中进行传播。种子萌发时厚垣孢子即萌发，产生先菌丝，先菌丝上产生小孢子，不同性系的小孢子融合后形成侵染丝侵入幼芽鞘，在组织内蔓延至穗部而发病。

鉴于当前农药市场上各种拌种剂的防病效果差异较大[4-6]，笔者糜子课题组选择市场上常见的防治该病害的主要拌种剂进行了药剂筛选试验，通过不同药剂的防治效果进行考察，选出防治黑穗病较有效的药剂，并对筛选出的拌种剂进行大田试验，检验其防病效果，为生产上糜子黑穗病的防治提供理论依据。

---

* 基金项目：国家"十二五"科技支撑计划项目（2014BAD07B03）；国家农业科技成果转化项目（2013GB2A300059）；农业部国家谷子糜子产业技术体系项目（CARS-07-12.5-B6）

** 作者简介：梁海燕，女，山西灵石人，助理研究员，硕士，主要从事黍子育种及栽培技术研究工作

1 试验材料

供试品种为晋黍 8 号，供试药剂分别选用 50%多菌灵可湿性粉剂、40%福美拌种灵可湿性粉剂、15%三唑酮可湿性粉剂、50%甲基硫菌灵可湿性粉剂、2%立克秀可湿性粉剂和 75%百菌清可湿性粉剂。

2 试验方法

2.1 试验田不同药剂筛选试验

本试验 2013 在山西省农业科学院高寒所实验基地东王庄进行。对供试材料先进行黑穗病饱和接种，待 20 天左右后，对已接种的种子再进行不同药剂处理，共 7 个处理，随机区组排列，3 次重复，小区长 5m，宽 2m，行距 25cm。

2.1.1 菌种来源及种子接菌方法

黑穗病菌种是 2012 年在农田和试验田采集的糜子病穗，当年秋季晾干，普通库房内保存越冬，冬后搓碎过筛，在室内自然温度下保存。播种前 1 个月对种子进行黑穗病孢子粉饱和拌种，要注意充分掺和拌种。

2.1.2 药剂拌种方法

对于黑穗病饱和拌种接种的种子，播种前按药种比 1∶500 进行药剂拌种处理，不作药剂处理为对照，试验共设 7 个处理。

处理 1：50%多菌灵可湿性粉剂种子重量 0.2%的药量拌种；

处理 2：40%福美拌种灵可湿性粉剂种子重量 0.2%的药量拌种；

处理 3：15%三唑酮可湿性粉剂种子重量 0.2%的药量拌种；

处理 4：50%甲基硫菌灵可湿性粉剂种子重量 0.2%的药量拌种；

处理 5：2%立克秀可湿性粉剂种子重量 0.2%的药量拌种；

处理 6：75%百菌清可湿性粉剂种子重量 0.2%的药量拌种；

处理 7：空白对照，没有进行药剂处理。

2.1.3 考察项目及方法

（1）安全性调查。在糜子出苗时调查各处理出苗时间和出苗率，并观察各处理对糜子苗期生长是否有药害产生，以及对糜子的成熟期是否有影响。

（2）防效调查。防效调查在糜子雌穗出齐后，空白对照田间黑穗病发病症状明显时进行，调查一次。调查方法为每小区除去边行依次调查 200 株，记录总株数、病株数，计算发病率和防治效果。

防效计算方法：

发病率（%）＝病株数/调查总株数×100

相对防效（%）＝（空白对照区发病率−处理区发病率）/空白对照区发病率×100

2.2 大田防治试验

2014 年将筛选出的拌种剂施用于大同县西后口村以及大同市新荣区的重发病田进行大田防效验证。拌种方法和剂量同药剂筛选试验。不进行种子处理的作为对照。两个试验点供试品种均为晋黍 8 号。在糜子成熟期采用 5 点取样的方法调查糜子黑穗病发生情况，每点调查 100 株，每个试验点调查 5 块地，每块地 0.5 亩。每块地调查 500 株，每个试验点共计调查 2 500 株，分别计算黑穗病发病率及相对防效。

3 结果分析

3.1 药剂安全性调查

通过调查，试验各药剂处理均于 6 月 10 日出苗，出苗时期一致。各药剂保苗率均在 95%以上（表1），40%福美拌种灵保苗率最高，为 108.90%，比对照高出 8.90%，显著高于其他药剂，这可能是由于该种药剂对糜子的其他病虫害也有一定控制，因而提高了保苗率。2%立克秀可湿性粉剂保苗率也略高，比对照高出 2.69%，显著高于 50%多菌灵，与 15%三唑酮和 50%甲基硫菌灵差异不显著。出苗后，各处理植株均生长正常，成熟期一致，说明各处理药剂均无药害，有良好的安全性。

表1　各药剂处理保苗情况

处理	苗数			总株数	保苗率（%）
	重复Ⅰ	重复Ⅱ	重复Ⅲ		
50%多菌灵可湿性粉剂	768	764	752	2 284	95.85d
40%福美拌种灵可湿性粉剂	863	881	851	2 595	108.90a
15%三唑酮可湿性粉剂	777	800	796	2 373	99.58bc
50%甲基硫菌灵可湿性粉剂	790	786	791	2 367	99.33bcd
2%立克秀可湿性粉剂	835	802	810	2 447	102.69b
75%百菌清可湿性粉剂	768	773	752	2 293	96.22cd
CK	775	825	783	2 383	100.00b

注：差异显著性分析 $P = 0.05$

3.2 各种药剂对糜子黑穗病的防治效果

由表2可看出，2%立克秀和 40%福美拌种灵对糜子黑穗病有很好的防治效果，在本次试验中相对防效均为 100%，显著高于 50%多菌灵、75%百菌清和 15%三唑酮，分别比这 3 种药剂高出 11.7%、25.4%和 50.8%。50%甲基硫菌灵对糜子黑穗病也有较好的防治效果，相对防效为 97.4%。结合保苗效果，2%立克秀和 40%福美拌种灵和 50%甲基硫菌灵为防治糜子黑穗病的较佳药剂，选这 3 种药剂作为 2014 年大田防治试验的拌种剂。

表2　不同药剂对糜子黑穗病防治效果

药剂名称	发病率（%）	相对防效（%）
50%多菌灵可湿性粉剂	4.5	88.3b
40%福美拌种灵可湿性粉剂	0	100a
15%三唑酮可湿性粉剂	19.6	49.2d
50%甲基硫菌灵可湿性粉剂	2	97.4a
2%立克秀可湿性粉剂	0	100a
75%百菌清可湿性粉剂	9.8	74.6c
CK	38.6	—

注：差异显著性分析 $P = 0.05$

3.3 大田防治试验结果

2014 年对 40%福美拌种灵、2%立克秀和 50%甲基硫菌灵 3 种药剂在大同县西后口村以及大同市新荣区的重病田中的防病效果进行调查，结果（表3）显示采用40%福美拌种灵在两个试验地区的糜子黑穗病平均发病率为1.08%，平均田间防效为97.5%。采用2%立克秀在两个试验地区的糜子黑穗病平均发病率为2.6%，平均田间防效为93.9%。采用50%甲基硫菌灵在两个试验地区的糜子黑穗病平均发病率为2.88%，平均田间防效为93.2%。这表明这3种药剂对糜子田间黑穗病防治均有较好的防治效果。

表3　不同药剂防治田间糜子黑穗病效果

试验地区	药剂名称	调查株数	发病株数	发病率（%）	相对防效（%）
	40%福美拌种灵可湿性粉剂	2 500	23	0.92	97.8
大同县	2%立克秀可湿性粉剂	2 500	38	1.52	96.3
	50%甲基硫菌灵可湿性粉剂	2 500	58	2.32	94.4
	CK	2 500	1 034	41.34	—
	40%福美拌种灵可湿性粉剂	2 500	31	1.25	97.1
新荣区	2%立克秀可湿性粉剂	2 500	92	3.69	91.5
	50%甲基硫菌灵可湿性粉剂	2 500	86	3.44	92.0
	CK	2 500	1 080	43.2	—

4　结论

本研究采用先接种菌种再进行不同药剂拌种的方法，研究了不同药剂对糜子黑穗病防治效果，结果表明40%福美拌种灵、2%立克秀和50%甲基硫菌灵对糜子黑穗病均有有很好的防治效果，3种药剂间差异不显著，在本次试验中相对防效分别为100%、100%、97.4%，显著高于其他药剂处理和对照。这3种药剂的保苗率均较高，分别为108.90%、102.69%和99.33%。在大同县西后口村和大同市新荣区的重病田进行的大田防治试验中，3种药剂的控害效果均较理想。40%福美拌种灵在两个试验地区的糜子黑穗病平均发病率为1.08%，平均田间防效为97.5%。2%立克秀在两个试验地区的糜子黑穗病平均发病率为2.6%，平均田间防效为93.9%。50%甲基硫菌灵在两个试验地区的糜子黑穗病平均发病率为2.88%，平均田间防效为93.2%。综合以上试验结果表明，40%福美拌种灵、2%立克秀和50%甲基硫菌这3种药剂可在糜子生产田中推广应用。生产中最好使用拌种器干拌，即把种子和药粉按比例放入拌种器内，每分钟以30圈的速度摇动拌种器2~3min，使种子与药粉充分拌匀，稍停一会儿，再打开拌种器，倒出种子，以免药粉飞扬。如果没有拌种器，虽然也可用其他办法代替，但常因拌得不均匀而影响药效。为此，更得注意拌得时间长些，用药量适当多些，并可用0.5kg水先喷拌在50kg种子上，使种子潮润后，再与药粉翻拌，以便尽可能使药粉均匀沾在种子表面，提高防治效果。

参考文献

[1]　柴岩.糜子［M］.中国农业出版社［M］.北京：中国农业出版社，1999.

［2］　А.Ф.СОЛДАТОВ，全登庄.糜子黑穗病感染的特点及防治措施［J］.甘肃农业科技，1986（11）：34-36.

［3］　孙志超，刘文国，杨维国，等.吉林省玉米丝黑穗病研究进展及抗病品种选育［J］.玉米科学，2007，15（2）：130-132.

［4］　王婉莹.糜子黑穗病防治药剂筛选试验总结［J］.农业开发与装备，2013（4）：48-49.

［5］　董立，马继芳，郑直，等.3种拌种剂防治玉米丝黑穗病的效果比较［J］.中国植保导刊，2012（1）：52-53.

［6］　翟丽丽，王岩军.不同药剂防治小麦散黑穗病效果研究［J］.植物保护学，2014（14）：110-111.

晋北地区糜子优质高产栽培技术*

杨　富** 杨如达 李　海

（山西省农业科学院高寒区作物研究所，大同　037008）

摘　要：糜子是中国北方干旱和半干旱地区的重要粮食作物，营养价值丰富，在晋西北粮食生产中占有举足轻重的地位，本文从糜子播种选地整地、品种选择、科学施肥、合理密植、科学的田间管理措施等方面进行了介绍，提出了晋北地区糜子高产优质栽培管理措施，对提高糜子的产量和品质，增加农民经济收入，有着十分重要的作用。

关键词：糜子；栽培；田间管理；晋北地区

糜子，学名（*Panicum miliaceum* L.），英文名 proso 或 broom corn millet，禾本科黍属（*Panicum miliaceum*），又称黍、稷、糜，是一年生草本植物。按米粒的性质有粳性和糯性之分，一般栽培地区称粳性的为糜子，糯性的为黍子。由于糜子其具有生育期短、耐盐碱、耐旱、耐瘠薄、适应性强等特点，是中国北方干旱和半干旱地区的重要粮食作物，也是理想的复种作物，对提高农业防灾减灾能力起着十分重要的作用。所以，可作为自然灾害频发地区的灾后补救作物，生育期需水规律与自然降雨规律相吻合，是雨水资源高效利用型作物，在干旱、半干旱地区粮食生产中占有举足轻重的地位。糜子具有很高的营养价值和药用价值。随着世界食品结构的改变，糜子良好的营养品质愈来愈受到市场的青睐，糜子中蛋白质含量相当高，特别是糯性品种，其含量一般在 60% 左右，其蛋白质优于小麦、大米和玉米，籽粒中人体所必需的 8 种氨基酸的含量也均高于小麦、大米和玉米，此外，还含有 β-胡萝卜素、维生素 E、维生素 B_6、B_1、B_2 等多种维生素和丰富的钙、镁、磷及铁、锌、铜等矿物质元素，是人们喜欢的保健食品。糜子秸秆也是当地家畜家禽的主要饲草和饲料。

糜子在山西省粮食生产中虽然是小宗作物，但在晋北、晋西北干旱山区具有明显的地区优势和生产优势。糜子常年播种面积稳定在 10.5 万 hm^2，遇干旱年份播种面积会直线上升。随着人民生活水平的提高和深加工业的发展，糜子的需求量逐年增加，所以，种植糜子对调整农业产业结构、增加当地农民经济收入具有十分重要的意义。

根据山西省农业科学院高寒区作物研究所多年的试验研究，现将总结出的糜子优质高产栽培技术措施介绍如下，供进一步扩大推广。

1　选地整地

糜子对土壤和茬口的要求不太严格，除严重盐碱地及易涝低洼地外，不论山、川、塬地的黏土、壤土、沙土均可种植。但要想获得高产仍然以土层深厚、土质肥沃、保水保肥

* 基金项目：国家农业科技成果转化资金项目（2013GB2A300059）；山西省农科院重点项目（2012yzd02）

** 作者简介：杨富，男，山西朔州人，副研究员，主要从事小杂粮育种及新品种示范推广工作；E-mail：ghs_ yangfu@ 163.com

力强、排水通气良好的坡地、梁地种植糜子最好。精细整地应达到两个目的，一是消灭杂草，二是清洁土壤，使土壤疏松平整，保住底墒，通气良好，为糜子发芽和出苗创造一个良好的环境。整地包括秋耕、春耕以及播前整地保墒等。

前茬作物收获后及时进行秋耕，有利于土壤熟化和接纳雨水。休闲地与夏茬地要及时伏翻早翻。农谚说："头伏犁地满罐油，二伏犁地半罐油，三伏犁地没有油。"耕地愈早，接纳雨水愈多，土壤熟化也愈好。在盐碱地还能降低土壤中的含盐量。秋翻的深度以 20cm 左右为宜。秋耕结合施肥，效果更好。糜子播种时土壤上虚下实，容易保全苗。

秋季深耕，对糜子有明显的增产作用。"深耕一寸，胜过上粪。秋季深耕可以熟化土壤，改良土壤理化结构，增强保水能力，并能加深耕作层，有利于糜根下扎，扩大根系数量，增强吸收肥水能力，使植株生长健壮，从而提高产量。

但深度要因地制宜。一般情况下肥沃的旱地、黏土、表土含盐量高、土层较厚的地块以及雨水偏多、无"风蚀"的地区，耕翻宜深些。反之瘠薄瘦地、砂土地、心土含盐较多、土层较薄的地块以及干旱少雨、风沙较多地区应适当浅些。

耕后要及时耙糖，耙糖在糜子产区春耕整地中尤为重要。山西北部春季多风，气候干燥，土壤水分蒸发快，耕后如不及时进行耙糖，会造成严重跑墒。

镇压是春耕整地中一项重要保墒措施。镇压可以减少土壤大孔隙，增加毛细管孔隙，促进毛细管水分上升，与糖结合还可在地面形成干土覆盖层，防止土壤水分的蒸发，达到蓄水保墒目的。播种前如遇天气干旱，土壤表层干土层较厚，或土壤过松，地面坷垃较多，影响正常播种时，也可进行镇压，消除坷垃，压实土壤，增加播种层土壤含水量，有利于播种和出苗。但镇压必须在土壤水分适宜时进行，当土壤水分过多或土壤过黏时，不能进行镇压，否则容易造成土壤板结。

2 轮作倒茬

糜子忌连作，也不能迎茬。农谚有"谷田须易岁"、"重茬糜，用手提"的说法，说明了轮作倒茬的重要性和糜子连作的危害性。糜子长期连作，不仅会使土壤理化性质恶化，片面消耗土壤中某些易缺养分，加快地力衰退，加剧糜子生产与土壤水分、养分之间的供需矛盾，也更容易加重野糜子和黑穗病的危害，从而导致糜子产量和品质下降。因此，糜田进行合理的轮作倒茬，选择适宜的前作茬口，是糜子高产优质的重要保证。

豆茬是糜子的理想前茬，研究认为，豆茬糜子可比重茬糜子增产 46.1%，比高粱茬糜子增产 29.2%。马铃薯茬一般有深翻的基础，土壤耕作层比较疏松，前作收获后剩余养分较多；马铃薯是喜钾作物，收获后土壤中氮素含量比较丰富；马铃薯茬土壤水分状况较好，杂草少，尤其是单子叶杂草少，对糜子生长较为有利。除此以外，小麦、燕麦、胡麻、玉米等也是糜子比较理想的茬口，在增施一定的有机肥料后，糜子的增产效果也比较明显。在土地资源充分的地区，休闲地种植糜子也是很重要的一种轮作方式，可以利用休闲季节，吸纳有限的雨水，保证糜子的高产。

一般情况下，不提倡谷茬、荞麦茬种植糜子，山西主要的糜子轮作制度有：马铃薯→玉米→糜子→大豆；糜子→燕麦→马铃薯；豆类（或休闲）→春小麦→糜子；春小麦→

玉米→糜子→马铃薯；小麦→胡麻→糜子等轮作方式。

3 合理施肥

俗话说"庄家一枝花，全靠肥当家"。糜子虽然耐瘠薄，但要获得高产，就必须充分满足其对养分的需求，以利形成发达的根系，植株健壮，穗大粒多，籽粒饱满。糜子的施肥方式包括基肥、种肥和追肥3种方式。

①基肥：基肥在播种前结合整地施入，应以有机肥（俗称农家肥）为主。用有机肥作基肥营养全面，肥效长，同时还能改善土壤结构，促进土壤熟化，提高土壤肥力。如将磷肥与农家肥混合沤制作基肥效果更好。基肥的施用时期以秋施或早春施入较好。一般施有机肥 15 000~22 500kg/hm²，并注意氮磷配合。

②种肥：种肥在糜子生产中作为一项重要的增产措施广泛应用。种肥的作用是供应糜子生长前期所需的养分，以氮素化肥为主，一般可增产 10%左右，但用量不宜过多。种肥用量，硫酸铵以 2.5kg/亩为宜，尿素以 1.0kg/亩为宜，磷酸铵以 1.5~2.5kg/亩为宜。此外，农家肥和磷肥做种肥也有增产效果。

③追肥：追肥最佳时期是抽穗前 15~20 天的孕穗阶段，增产作用最为显著。糜子拔节后，由于营养器官和生殖器官生长旺盛，植株吸收养分数量急剧增加，是整个生育期需肥量最多的时期。追肥以纯氮 5.0kg/亩左右为宜。同时在糜子生长发育后期，叶面喷施氮磷钾和多种微量元素肥料，是一种经济有效的追肥方法，可以促进开花结实和籽粒灌浆饱满。

4 精选良种及种子处理

所谓良种就是能适应当地气候条件、耕作制度和生产水平的品种，具有高产、优质、低成本的特点。选用与当地光照条件、温度状况、雨季吻合和轮作制度相适应的对路品种。适合晋北地区的品种主要有：晋黍 4 号、晋黍 8 号、雁黍 8 号、晋黍 9 号、雁黍 11号等，或可选择当地高产优质良种作为生产用种。在土壤肥沃、雨水充沛、栽培条件较好的地区，应选用喜肥水、茎秆粗壮、抗倒伏、丰产性能好、增产潜力大的高产品种；在土壤肥力较差或干旱地区，则应选用耐瘠薄、抗干旱、抗逆性强的品种。良种良法相配套，扬长避短，使地尽其力，种尽其用。选用品种应注意分析本地区病虫、自然灾害特点，选用的大面积推广良种必须对当地主要自然灾害以及病虫害有较强的抗耐性，以达到丰产丰收之目的。

播种前将选好的糜子种子薄薄摊开，在阳光下晾晒 2~3 天，既可增强种子活力和发芽势，还能借助阳光中的紫外线杀死一部分附着在种子表面的病菌，减轻某些病害的发生。也可用拌种双、多菌灵可湿性粉剂或种苗青以种子重量 0.2%~0.3%的用药量进行拌种防治黍子黑穗病。

5 适时播种，合理密植

播种期早晚对糜子生长发育影响很大。适期播种是保证糜子高产、稳产的重要措施之一。一般当土壤 5~10cm 耕层温度稳定通过 12℃时为最佳播种期，晋北地区最佳播期，一般在 5 月下旬至 6 月上旬播种为宜，但可根据土地墒情适当提前，尤其旱地，要注意赶雨抢墒播种。特早熟、晚熟品种的播期应根据品种生育期而确定。

播种量可以控制在每亩 0.6kg 左右，为了保证全苗，可适当增加播种量，但每亩不超 0.75kg。如果土壤黏重，春旱严重，亩播量应不多于 1.0kg。种植密度的确定应掌握肥地稀瘦地稠，水地稀旱地稠的原则。肥水条件好的地块，亩留苗密度以 4 万~5 万株为宜，山旱瘠薄地则以 6 万~7 万株为宜。

6 田间管理

6.1 中耕除草

糜子生育期间一般中耕 2~3 次，第一次以苗期（5~6 叶）应中耕一次，以增温、除草、保墒、发苗；第二次在拔节期进行，中耕深度 5~6cm，清除杂草并进行培土，以防后期倒伏，有利于扎深根、健壮株、抽大穗、创高产。第三次要在抽穗前进行，这次中耕可根据田间杂草和土壤情况灵活掌握。

6.2 追肥

糜子苗期需肥较少，拔节后茎叶生长繁茂，幼穗开始分化，这时期需肥量最多特别是氮素营养的吸收较多。只有吸收充足的氮素，糜子茎叶才能生长繁茂，制造较多的同化产物，为穗大粒多创造条件，夏播糜子尤为重要。生产实践证明，拔节后穗子分化开始，直至小穗分化的孕穗期都是糜子追肥的适期。亩追 5.0kg 纯氮化肥，可增产 15%左右。也可根据作物的生长情况加施一定量的磷肥，追后要覆土盖严，最好开沟施肥后盖土或施后培土。追肥最好根据天气预报在降雨前追完，有利于发挥肥效。

6.3 病虫害防治

黑穗病是糜子的主要病害，一般选用 50%多菌灵可湿性粉剂，或 50%苯莱特（本菌灵），或 70%甲基托布津可湿性粉剂，用种子量的 0.3%拌种双拌种可有效防治病害发生。

糜子主要虫害有蝼蛄、蛴螬，一般采用药剂拌种毒饵诱杀和药剂处理土壤等办法防治。糜子出苗后，如遭蝼蛄为害，可用麦麸、秕谷、玉米渣、油渣等做饵料捕杀，加 25%溴氰菊酯或 20%速灭脂乳油 50~100g，再加适量的水制成毒饵，在傍晚、雨后或者浇水之后撒施，每亩 2.0kg 左右。

7 适时收获

黍子成熟期很不一致，穗上部先成熟，中下部后成熟，加之落粒性较强，黍穗过度成熟，易造成"折腰"和落粒增加，或遇大风天气籽粒大量落粒，产量大幅下降；收获过早，又使秕粒增加、千粒重降低，影响产量的提高。所以，选择黍子适宜收获期十分重要。一般当黍子穗部变黄，籽粒变为其品种固有颜色并硬化后，及时收获，防止落粒，影响产量。

糜子的收获方法有机械收获和人工收获两种。但目前中国大多数糜子产区仍为人工收获。机械收获适用于大面积生产。其中又分为直接收获和分段收获。直接收获是用联合收割机一次性作业完成收割、脱粒、分离、清选、集秆、集糠、运粮等程序。分段收获是先用割晒机把糜子割倒，晾晒 2~3 天，再用脱谷机脱粒，此法由于要在田间晾晒后脱粒，可在最适收获期进行。机械采收时应注意机器行驶速度适中，以免造成糜子漏采、倒伏等现象，严重影响产量。糜子脱粒之后及时晾晒，当籽粒含水量在

14%以下时即可入库贮存。

参考文献

[1]　程炳文.旱地先锋作物—糜子 [M].西宁：宁夏人民出版社，2008：1-2.

[2]　兰春萍，马岩.陕北地区糜子优质丰产栽培技术 [J].农业科技通讯，2010 (2)：111-112.

硼锰锌肥不同施用量对糜子产量及相关性状的影响[*]

杨如达^{**} 张翔宇 李 海 田宏先 梁海燕

（山西省农业科学院高寒区作物研究所，大同 037008）

摘 要：本试验通过研究硼锰锌肥不同梯度的施用量对糜子生物性状的影响，来探索适于糜子单施微肥的最佳施用量，为糜子单项栽培技术的集成，优化配套栽培技术模式和提高糜子产量提供理论依据。结果表明，处理中以 B_3 处理产量最高，为 190.1kg/亩，比对照增产 18.6%，其次是 B_4 处理、Mn_1 处理、Mn_2 处理、B_2 处理产量依次为 185.8kg/亩、180.8kg/亩、175.1kg/亩、169.2kg/亩分别比对照增产 16.7%、14.3%、11.6%、8.5%；B_3 处理还显著增加了糜子的千粒重、单株穗重，使糜子的产量增加了 35.3kg/亩。说明增施硼锰锌肥有利于提高糜子的产量，其中尤以硼肥（2kg/亩）效果最佳。

关键词：硼肥；锰肥；锌肥；施用量；产量

中国糜子栽培历史悠久，分布地域辽阔，具有喜温、耐旱、耐瘠、早熟等特点，在中国粮食生产中属小宗作物，但在北方等省区具有明显的地区和生产优势，特别在北方干旱、半干旱地区，从农业到畜牧业，从食用到加工出口，从自然资源利用到发展地方经济，糜子占有非常重要的地位。随着人们对小杂粮的生产与开发规模不断提高，糜子的营养成分和保健功能越来越受到更多人的喜欢。锌和硼是作物生长发育必需的微量元素，并与蛋白质代谢有关。硼能促进碳水化合物的运输，能促进光合作用。化肥的大量使用，加剧了微量元素的相对不足。近年来，人们对微肥生物性状的研究主要集中在大宗作物上，在小杂粮糜黍中还未见有关报道，为此设计了不同梯度硼、锰、锌肥对糜子产量和生理指标影响的试验，为优化糜子栽培技术，提高糜子产量提供理论依据。

1 材料与方法

1.1 试验地概况

该试验于 2014 年在山西省农业科学院高寒区作物研究所东王庄试验基地进行。本地区年平均气温 6~8℃，年降水量 500mm 左右，无霜期 140 天左右。小区面积 2m×5m，采用随机区组设计，3 次重复。供试土壤为砂质土壤，土壤肥力水平低，其理化性质为有机质含量 20.05g/kg，碱解氮 40.16mg/kg，有效磷 14.25mg/kg，速效钾 134.59mg/kg。

1.2 试验材料

供试糜子品种为晋黍 8 号，试验用肥：锌肥、硼肥和锰肥。锌肥（Zn），主要成分硫酸锌 $ZnSO_4 \cdot 7H_2O$；硼肥（B），主要成分硼砂 $Na_2B_4O_7 \cdot 10H_2O$；锰肥（Mn），主要成分

---

* 基金项目：农业部国家谷子糜子产业技术体系项目（CARS-07-12.5-B6）；国家科技支撑项目（2014BAD07B03）；农业科技成果转化资金项目（2013GB2A300059）；山西省科技攻关项目（20120311006-4）

** 作者简介：杨如达，男，山西朔州人，研究员，主要从事糜子栽培生理研究。张翔宇为通讯作者

硫酸锰（$MnSO_4 \cdot H_2O$）。

1.3 试验设计

该试验共设 15 个处理，分别为 CK、B_1（100g）、B_2（200g）、B_3（300g）、B_4（400g）、Mn_1（200g）、Mn_2（300g）、Mn_3（400g）、Mn_4（600g）、Zn_1（300g）、Zn_2（400g）、Zn_3（500g）、Zn_4（800g）。各处理微肥施用量如表 1 所示。

表 1　各处理微肥施用量

微肥名称	处理水平				
	CK	1	2	3	4
B	0	100	200	300	400
Mn	0	200	300	400	600
Zn	0	300	400	500	800

1.4 测试指标与方法

叶面积的测定：在各处理小区中，选择其中 5 株材料，对糜子主茎的倒二叶进行测定，分别在分蘖期、拔节期、抽穗期、开花期各测定一次，直到成熟。叶面积测定采用便携式激光叶面仪。

1.5 数据处理

试验数据采用 Excel 2003、SPSS 进行数据统计和图像分析。

2　结果与分析

2.1 不同处理对糜子叶面积的影响

由图 1 可以看出，由于糜子生育时期的不断进行，糜子叶面积表现出先上升后下降的

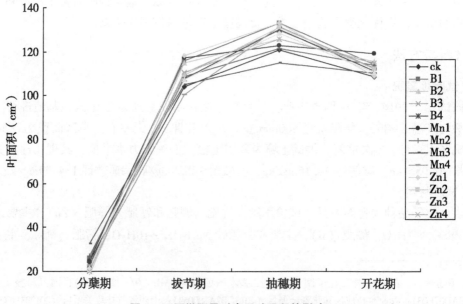

图 1　不同微肥量对糜子叶面积的影响

变化趋势。叶面积以 B_3 处理最为明显，并在抽穗期达最大。这与此处理产量最高是一致的，即叶面积越大，光合作用就越强，从而增加同化物积累进而提高产量。

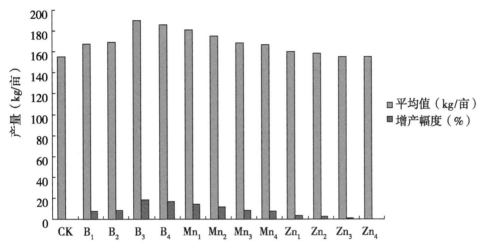

图2 不同微肥处理对产量的影响

2.2 不同处理对糜子产量的影响

表2 不同处理糜子增产幅度

处理	平均值（kg/hm²）	增产幅度（%）
CK	2 322.0a	—
B_1	2 511.0a	7.5
B_2	2 538.0a	8.5
B_3	2 851.5b	18.6
B_4	2 787.0b	16.7
Mn_1	2 712.0b	14.3
Mn_2	2 626.5b	11.6
Mn_3	2 532.0a	8.3
Mn_4	2 506.5a	7.4
Zn_1	2 406.0a	3.5
Zn_2	2 371.5a	2.1
Zn_3	2332.5a	0.5
Zn_4	2332.5a	0.1

从图2和表2看到，B_3、B_4 处理的产量最高，分别为 2 851.5 kg/hm² 和 2 787.0 kg/hm²；分别比对照增产18.6%和16.7%；处理 B_3、B_4、Mn_1、Mn_2 糜子产量与对照之间差异显著；其次 Mn_1、Mn_2，产量分别为 2 712.0 kg/hm² 和 2 626.5 kg/hm²，分别比对照增产 14.3% 和 11.6%，但与对照产量之间差异显著。说明 B 对糜子产量的影响大于 Mn、Zn。

2.3 不同处理对糜子主要形态特征的影响

从表3看到，与对照相比，B_3 处理后对糜子的单穗重、千粒重有明显的影响，糜子产量增加了 529.5kg/ hm²，但对主穗长影响不明显。对糜子主要形态特征的影响程度依次为千粒重、单株穗重、主穗长。

表3 不同处理对糜子形态特征的影响

产量因素	不同处理												
	CK	B_1	B_2	B_3	B_4	Mn_1	Mn_2	Mn_3	Mn_4	Zn_1	Zn_2	Zn_3	Zn_4
千粒重（g）	7.3	7.6	7.7	7.8	7.7	7.6	7.7	7.6	7.5	7.4	7.5	7.5	7.4
单株穗重（g）	7.2	8.1	10.0	10.5	10.3	10.0	9.8	10.0	9.9	9.6	8.5	9.5	8.2
主穗长（cm）	34.8	35.4	34.9	35.7	36.7	35.7	35.9	35.8	34.8	35.3	35.2	31.5	34.6
茎粗（mm）	7.4	7.5	8.0	8.04	8.3	7.6	7.9	8.6	7.5	8.1	7.7	7.5	7.4

3 讨论

本研究表明，增施硼、锰、锌肥对糜子的单株穗重、千粒重和产量都有影响，尤以硼表现最明显。增施硼、锰、锌肥均能提高糜子的叶面积，加大茎粗，增加糜子的产量，提高糜子的抗倒伏能力。与对照相比，单施其中一种微肥，B 的增产效果最大，Zn 的增产效果小；硼肥的应用可有效促进糜子叶面积的增大，从而提高糜子的产量。

由于微量元素对糜子产量影响的研究报道相对较少，仍需要进一步深入的研究。如微量元素之间、微量元素与氮磷钾肥的配合使用等。所以，在以后的试验中将增设试验处理并继续进行试验研究。

糜子主要种植在干旱半干旱的丘陵旱坡地，由于当地土壤贫瘠，耕种粗放，基本还保持传统农业的种植模式。所以，通过糜子微肥试验，总结一套适合当地行之有效的施肥方法。为合理施肥，规范栽培，降低成本，增加收入，提供借鉴。

参考文献

［1］ 甄志高，段莹，吴峰，等 . Zn、B、Mn、Ca 肥对花生产量和品质的影响［J］. 土壤肥料，2005，37（2）：323-325.

［2］ 赵兴宝，王玉芳 . 鲁南地区玉米施用锌肥的效果研究［J］. 甘肃农业科技，2004（2）.

［3］ 周丽娟，牟金明，谢志明，等 . 密度对糜子产量性状的影响［J］. 辽宁农业科学，2010（2）：17-19.

［4］ 贾根良，张社奇，代惠萍，等 . 拔节后糜子干物质积累及分配规律研究［J］. 西北农林科技大学学报，2009，37（4）：86-90.

［5］ 钟忠 . 不同微肥对瓜叶菊开花和结果的影响［J］. 安徽农业科学，2003，31（5）：838-839.

［6］ 张中星，程滨 . 白菜对锌、硼营养的吸收规律及效应的研究［J］. 土壤肥料，1997（2）：27-29.

山西是黍稷的起源和遗传多样性中心[*]

王星玉[**]　王　纶[***]　温琪汾　师　颖

（山西省农业科学院作物品种资源研究所，太原　030031）

摘　要：黍稷是起源于中国黄河流域黄土高原地区最古老的作物。本文从世界农业种植业的历史、作物起源的环境和黍稷的演化过程谈起，结合山西的地理生态特点、悠久的农耕历史文化、新石器时代遗址的发现和山西数量众多、类型丰富的黍稷种质资源，说明山西是黍稷的起源和遗传多样性中心。

关键词：山西；黍稷；起源；遗传多样性；中心

黍稷（*Panicum miliaceum* L.）是起源于中国最早的农作物，比较确切的说，是起源于中国的黄河流域黄土高原地区。那么，黍稷的起源和遗传多样性中心具体在黄河流域的那里呢？本文就笔者一生从事黍稷研究的实践经验，以及在查阅大量古文献资料、实地考察和参考前人研究资料的基础上，以大量的论据说明，黍稷的起源和遗传多样性中心就在山西。

1　世界农业种植业的历史及作物起源的环境

1.1　世界农业种植业的历史

从原始人类至今已有 200 万年历史，最初的原始人类以采集野生植物和狩猎为主，由于人口稀少，靠狩猎和采集野生植物已可以维持人类的生活，有意识的种植作物仅在 1 万年前才开始，在这一段相对比较短暂的历史时期中，由于冰河时期大陆上冰块的融化，带来了气候的回暖，引起了海平面升高和动植物生存环境的改变，几种主要的猎物灭绝了。猎物日益稀少，迫使原始人类转向加强野生植物种子和块茎的收获，赖以生存。在接近新石器时代开始的时候，农耕引出了人类生活革命性的变化，出现了改进野生植物种植、种子的收集方法、贮藏食物的筐子和脱去种子皮壳及粉碎种子的石臼，开始了一个介于野生植物种子采集和作物驯化栽培的过渡阶段。到新石器时期，一个由狩猎、采集以及作物驯化栽培的初级阶段，进化到作物系统生产的被称为"新石器时代的革命"诞生了。这个人类作物生产的革命从它的开始到农业获得成就，以至城市生活的出现，经历了 4 000多年的漫长岁月。

1.2　作物起源的环境

对作物种植起源的地域环境，世界上主要有两种截然不同的观点。一种认为作物起源于具有良好自然环境的地域，最早的说法是作物起源于大河流域的平原地区，这些地区一

---

[*]　基金项目：国家科技支撑计划（2006BAD02B07）；作物种质资源保护项目（NB08-2130135-（25-31）-12）；植物种质资源共享平台建设项目（2005DKA21001-30）

[**]　通讯作者：王星玉，研究员；E-mail：wanglun976pzs@ sina.com

[***]　作者简介：王纶，助理研究员，硕士，主要从事黍稷种质资源研究；E-mail：wanglun976pzs@ sina.com

般来说，自然条件良好，植物资源丰富，人口相对集中，也是古代文明的发展中心，这种观点被认为是传统的观点，例如，俄国学者瓦维洛夫（H. И. Вавилов）的作物起源中心理论。1952 年美国地理植物学家 C. O. Causer 在其《农业起源及传播》一书中进一步提出了作物起源于理想的生态环境下，认为选择和驯化改良动植物，只能靠那些生活比较富裕的原始人类群体来完成。生活处于饥饿状态的原始人群体，根本没有办法和精力去从事驯化动植物的事业。

随着考古事业的不断发展，广泛地发掘出大量早期的农耕遗址。于是，出现了另外一种完全不同的观点，即作物起源于自然环境较差的生态环境。1962 年美国考古学家布雷伍德（R. J. Braidwood）和韦利（G. R. Willey）提出作物起源于半干旱的高原和丘陵地区。这一观点已被西亚、中美洲和埃及等许多早期的原始农耕遗址所证实。这些地区一般来说自然生态环境较差，地势较高，气候干燥，土壤肥沃，植物完全靠天然降水生长。这种认识上的差别，可能与不同地区条件下起源的作物种类不同有关。例如，在中国就存在着北方黄河流域黍稷、粟作农业起源系统和南方长江流域稻作农业起源系统的差异。

2 黍稷起源于中国的黄河流域黄土高原地区

对于黍稷的起源，国内外学者有三种说法，一是起源于印度，二是起源于埃及，三是起源于中国。对于前两种观点由于论据不足，已被否决。以俄国学者瓦维洛夫（H. И. Вавилов），美籍华人学者何柄棣，日本学者星川清亲为首的众多学者认为黍稷起源于中国。笔者在主编的《中国黍稷》和参加编写的《中国农作物及野生近缘植物》一书中，也以黍稷的考古发现、古文献记载、野生祖本、黍稷的栽培史和黍稷种质资源遗传多样性等诸多方面，进一步充分论证了黍稷是起源于中国黄河流域黄土高原地区的作物。

3 黍稷的演化过程

黍稷属同一种作物，粳者为稷，糯者为黍。黍稷是由野生黍稷进化而来，从其进化过程来看，最初作为野草的野生黍稷，籽粒是粳性的，没有糯性的，只能叫做野生稷。由野生稷进化为栽培稷，再由栽培稷进化为栽培黍。作为野草的野生稷，在各类禾本科野草中，不论其生育期、抗旱耐瘠性和籽粒产量上都有明显的优势，由此推断，被当时原始人类作为最早赖以生存的采集植物。又根据现代遗传学的研究，野生稷的染色体和栽培黍稷的染色体完全相同，都是 $2n = 36$，又经脂酶、同工酶的研究，结果表明，野生稷的谱带和栽培黍稷的谱带也基本相同，由此确定，野生稷和栽培黍稷亲缘关系很近，均属同一个种，学名和栽培黍稷一样，也是 *Panicum miliaceum* L.。由于野生稷和栽培稷有很近的亲缘关系，导致了栽培稷成为人类最早的、也是最容易驯化的作物，也是起源于中国最早，比粟的起源还要早的作物。为此，古人又把稷列为五谷之长，百谷之主，作为祭祀祖先的供品，以表达不忘先祖给后代带来赖以生存食粮的恩德。公元 1 世纪下东汉. 班固撰《白虎通义》记载："人非土不立，非谷不食。土地广博，不可偏敬也，五谷众多，不可一一而祭也，故封土立社，示有土也。稷，五谷之长，故立稷而祭之也"。公元 1 世纪东汉的《汉书》记载："稷者，百谷之主，所以奉宇宙，共粢盛，古人所食以生活也"。公元 11世纪末期北宋的《毛诗名物解》记载："稷，祭也，所以祭，故谓之稷。稷和稷同音，由于稷作为祭祀祖先的供品，所以后人又以稷引申出稼来，其实都是指同一种作物，但说明稷在人类历史长河中年代的久远。中国各个朝代的京城也相继修建"社稷坛"，作为皇帝祈求神灵保佑，在新的一年风调雨顺、五谷丰登、百姓平安的地方。这里的稷，也是谷神的意思。直到现在，北京城天安门旁的中山公园里仍然保留着规模宏大的"社稷坛"。由于稷是人类最早驯化栽培的作物，黍和稷是同一种作物，只是不同类型而已，说明在较短的时期内稷就进化成黍，黍稷也就成为古人最早栽培的作物了。中国古农学家胡锡文先生在《粟、黍、稷古名物的探讨》一书中说：在先秦两汉时，黍在当时通称黍，稷也通称稷，由于黍稷在早先是人民大众的食粮，因而在文献中常以黍稷同时出现。至于在先秦两汉时为什么把黍和稷当作两种作物，分开对待呢？我们推测野生稷最主要的形态特征是散穗型的，早期驯化后的栽培稷也主要保持了散穗的特征，而进化了的黍，又出现了穗分枝聚在一起的侧穗类型，所以就有后来"黍穗聚，而稷穗散"的记载，作为黍和稷的区分。另一种原因是食用方法的不同，稷籽粒粳性只作米饭用，而黍籽粒糯性，除作黏糕食用外，还能酿酒，所以，以两种作物对待，出现了那时主要栽培的五谷为黍、稷、稻、麦、菽。

4 山西是黍稷的起源中心

4.1 山西的地理生态特点最适宜野生黍稷的生长

大凡农作物都是由野草进化而来的，黍（粟）类作物的特点反映出它在诸类作物中更具有"野草性"，对环境要求不严，说明它在驯化道路上更容易踏进农业的"门槛"。山西地处黄土高原，黄土特别有利于各种野草的生长，正如美国黄土学家普姆皮利（Raphael pumpelly）所指出：黄土在人类历史上发挥过重要的作用，特别是中国的黄土。因为黄土的土层深厚，物理性能好，保蓄水分的能力强，从而可以保证野草顺利完成生长、发育、繁育后代的全过程。美国芝加哥大学何炳棣教授也说黄土是中国黍（粟）农业的摇篮。山西的地理位置正好是黄河流域的黄土高原，从气候特点来看，山西襄汾丁村遗址出土的动物化石中，有喜欢冷凉的野驴、野马，也有喜欢温热的剑齿象和水牛。这些化石表明在 15 万年前山西气候和现在差异并不很大，冬夏温差较大，降水量较少，是典型的半干旱大陆性气候，高海拔地区气候比较冷凉，低海拔地区气候比较温和。而野生黍稷具有生育期短、抗寒和抗旱耐瘠的特点，这样的地理生态特点正好为野生黍稷的生存繁衍提供了良好的生态条件。直到现在，山西各地还广泛分布着野生黍稷，并且成为栽培黍稷的伴生杂草长期生长在田间地头。

4.2 山西是华夏民族的发祥地，有着悠久的农耕历史文化

作物的起源离不开人工的驯化，从野生植物进化到栽培作物，又从栽培作物中优选出优良的品种来，这要经过一个漫长的历史过程。而原始人类居住的地区，也往往是野生动植物分布密集的地区。这样才能为原始人类的繁衍生存提供了基本条件。随着人类的进步，氏族部落的出现，生产力也得到了发展，为野生植物的驯化栽培起到了至关重要的作用。

4.2.1 山西是发现古人类生存最早的地区

山西的古人类最早可以追溯到 180 万年以前，当时在黄河流经晋西南拐弯处的芮城县境内，生活着西侯度人，西侯度是在中条山南麓，黄河北岸的一个小村庄。当时这里过着

女人采集，男人狩猎的生活。西侯度文化遗址属更新世早期的文化遗址。从出土的文物看，西侯度人有两个特点：一是应用石片技术在中国最早。众所周知，旧石器文化最主要的特征就是应用石片、石器。该遗址出土的刮削器、砍斫器和三棱大尖状器等石器工具有数十件，均是经过人工打造的，器身为单面加工而成。就连大型的石片和砾石等石器，单面加工的比例也很大。二是用火的时间最早。所出土的那些经过砍和刮削的鹿角、兽骨化石都是经火烧过的。过去考古学家曾断言：中国古人类用火最早的是 50 万年前的北京人。但事实上，北京人当时不仅用火，而且已懂得了用篝火保存火种了，但北京人并非中国用火最早的原始人。西侯度人用火比北京人早 130 多万年。而处在同一时期的云南元谋人，河北泥湾人等其他原始人，在工具制作和用火等方面都远不如西侯度人。因此，山西的西侯度人是中国迄今考古发现年代最早的原始人，也是中国用火最早的原始人。

在距西侯度 3.5km 处，居住着距今 60 万年前的匼河人。匼河遗址离黄河更近，出土的肿角鹿、剑齿象、披毛犀等动物化石就多达 11 处。从出土的石器来看，匼河人的制石技术又比西侯度人有了更大的进步。在汾河流域的襄汾县境内，有丁村人遗址，为更新世纪晚期的原始人，距今 10 万～15 万年。他们不仅集中分布在汾河两岸南北长 15km 的范围内，而且，在汾河上、中、下游均有他们活动的足迹。出土的大量石器更加精细，标明他们在制作技术上，采用相互打击的方法，比单面加工更为进步，石器的形状、大小多种多样，出现了明显的进步。在晋南黄河东岸的 13.5km 范围内，就发掘出旧石器时代的遗址有 13 处之多，平均 1km 左右即有一处遗址，可想而知当时这里原始人类的数量之多。

4.2.2 山西是原始农耕的起源地

旧石器时代大量古人类的生存，为原始农耕的起源奠定了基础，而作物的起源与原始农耕的起源息息相关，世界农耕的起源有 3 个中心，一是近东中心地；二是中美洲中心地；三是中国北部中心地。山西地处中国北方的黄土高原黄河流域，1970 年考古发掘证明，中国至今出土年代最早的石磨盘是山西省沁水县下川遗址发现的，距今已有 2.4 万～1.7 万年的历史，说明下川人当时已有加工食粒的实践。地处黄河边上的吉县。被国家公布 2001 年中国考古十大发现"柿子滩旧石器时代遗址"中出土了石磨盘和石磨棒，并发现了篝火遗址，距今约 12 000 年。进一步说明山西吉县柿子滩的古人已具备了原始采集、加工谷物的能力，原始农耕在这里开始萌芽。从新石器时代开始，原始农耕开始，这一时期大自然还是一个原始的状态，人类改造自然的能力很低，在这种情况下孕育的农耕技术，还是原始粗放的，生产上只重视耕种和收获，使用刀耕火种技术，农具主要是翻土用的耒耜和收获用的镰刀，都是用木、石和骨类制成的，生产效率很低，生产的主要是作为粮食用的谷物，在中国北方主要种植的谷物是黍稷。黍稷的特点是在诸类作物中更具有抗旱、耐瘠、生育期短和对环境要求不严的特征，地处黄河流域的山西先民们是在一个颇为独特的环境中，创造出一种具有强烈而鲜明特色的农耕文化。

4.2.3 华夏民族的始祖最早在山西发展黍作农业

华夏民族最早的祖先是炎帝和黄帝，距今有 6 000 多年的历史了，相当于传说中的神农氏时期。炎黄时期对农业的发展就非常重视，除了在农耕上种植以黍稷为主的农作物外，另一方面种桑、养蚕，创造了蚕桑丝绸这一文明瑰宝。那时，我们的祖先就开始了男耕女织，种植、养殖业的生活。到了尧、舜、禹时期，从尧帝开始就继承祖先炎、黄的农桑思想，也十分重视农业生产，并以当时种植的主要粮食作物"稷"，作为主管农业的行政官名，任命周弃为"后稷"，专门管理农业生产，推广农业技术，成为中国第一个农官（《史记·周本记》）。不难看出黍稷是当时人们赖以生存的主要食粮。而山西不论是从炎帝、黄帝开始，一直到尧、舜、禹时期均是这些氏族部落联盟领袖活动、居住和建都的地方，使以黍稷为主的农作物在这里进一步得到了驯化和发展。

炎黄二帝是最原始的氏族部落首领，最初的势力范围都在陕西，以后逐步扩张，沿渭水东下，经黄河到达山西南部。在山西的夏县，黄帝的妃子嫘祖开始了对野生蚕桑的驯化养殖。在1926年10月发掘的山西夏县西荫村新石器时代彩陶文化的遗址中，发现了距今6 000多年前的蚕茧化石和抽丝用的纺锤，经中国最早的考古学家李济先生证实和推断，山西是世界蚕桑的起源地。山西的夏县是华夏民族之"华"的源头。

炎帝，其德火纪，以火师而命名，故曰炎帝。他以农耕为主，教民稼穑，故而被后世尊称为神农炎帝。在山西的许多地方都有炎帝始祖和后世炎帝的活动遗迹，仅晋东南地区就有炎帝庙、炎帝陵等10多处，在高平市羊头山的山洼里有一块小平地，相传是炎帝的五谷畦。在附近的故关村，有炎帝的行宫，至今在左庙门的门楣上仍有四个石刻大字"炎帝行宫"，羊头山上尚存有炎帝的上古庙、中古庙和下古庙。距故关村一里之遥的庄里村，坐落着明万历三十九年所建的炎帝陵，石碑上"炎帝陵"三个大字仍然清晰可见。据《泽州府志》记载："上古炎帝陵相传在县北40里的换马村，炎尝五谷于此，后人思之乃作陵，陵后有庙，春秋供祀"。高平炎帝陵是炎帝始祖和二世炎帝的陵寝。在此期间，炎帝在山西最早开创了中国的黍作农业。2001年8月28日在羊头山的清化寺内挖掘出石碑，现立羊头山清化寺内，为唐代牛之敬撰并书，立石时间为唐天授2年（公元691年）。碑文曰：此山炎帝之所居也，炎帝遍走群山，备尝百草，届时一所获五谷焉。炎帝在此创立耒耜，兴始稼穑，调药石之温毒，取黍稷之甘馨，充虚济众。并记载了第一代炎帝"轨公"的儿子"柱子"出生在羊头山，与父一起教民稼穑，除療延龄，播生嘉谷。柱出兹山矣。

到了尧、舜、禹时期，山西晋南成为人口集中居住的地方，也是尧、舜、禹氏族部落联盟政治和农耕文化的中心。尧都建立在平阳（今临汾市），舜都建立在蒲阪（今永济市），禹都建立在安邑（今夏县）。至今，山西临汾市尚有晋代始建的尧庙，唐代修建的尧陵；在永济市蒲州旧城现仍保存有舜庙，城外有舜宅及二妃坛；在夏县西北仍有禹王城的遗踪。尧、舜、禹继承了祖先炎、黄的农桑思想，十分重视农业生产。尧帝为发展黍作农业建立了以后稷为农官的一整套管理体制；舜帝时期不仅为发展黍作农业创造了许多条件，而且命后稷，教民稼穑，说："弃！黎民阻饥，汝后稷，播时百谷（《玉桢农书》）"。同时舜本人也勤于躬耕，史称"舜耕于山西芮城历山"；到了禹帝时期疏通河流，兴修水利，进一步促进了黍作农业的发展，而且与后稷一起勤于稼穑。《论语·宪间》记载："禹稷躬稼，而有天下"。禹是氏族部落社会末期的领袖，因原系夏氏后代部落，习称夏禹。夏禹废除了部落联盟的选举制度，建立了中国历史上第一个奴隶制王朝—夏朝。并建都于山西的安邑（即今夏县西北的禹王城）。由于安邑在4 500年前夏禹在此建都，后改为夏县，号称华夏第一都。据《竹书纪年》的记载，夏王朝历经17位帝王，执政470多年。在此期间，以山西的晋南地区为起点，疏通河道，兴修水利，使汪洋泽国变成富饶的良田，为黍稷的生产创造了良好的生态条件，大大的促进了黍作农业的发展，这一时期有个叫仪狄的人，又发明了用黍子酿造黄酒的方法，首先在都城夏县做出了世界最早的粮食酒。说明山西不仅是黍稷的起源中心，也是黍子的深加工产品黄酒的起源地。

后稷，是尧、舜、禹时期的农官，后稷善于农耕，于其母姜嫄的关系极大，姜嫄是炎帝之后有邰氏的女儿，继承了炎帝的农耕之业。华中农业大学教授郭开源先生称其是："中国古代农业的创始人之一"。由于尧、舜、禹时期均建都于山西晋南，三都相距各二百余里，所以后稷教稼于民的活动中心也在晋南。稷山县原名高凉县，隋开皇十八年（公元 598 年）改为稷山县。于后稷在这里教民稼穑是分不开的。《上医本草》记载说："稷熟最早，做饭疏爽香美，或云，后稷教稼穑，首种于稷山县，县名取此"。《稷山县志》的序言里就说：稷山是稷王教民稼穑和农业的发祥地。并记载了："稷山县有稷神山，后稷始教稼穑地也，俗呼稷王山，跨闻喜、万荣、夏县界。"《读史方舆记要》记载说："稷王山，相传上古后稷教民稼穑于此，上有稷祠，下有稷亭。"直到现在稷王山上仍有古老的后稷塔，在塔周的土壤里，人们也经常发现形状似黍稷粒的各色"五谷石"。在县城仍保留有规模宏大的"稷王庙"，在庙中的石碑上有诗云："古庙荒祠峙远空，一湾螺黛叠千重。地偏人重名偏重，德并山高祀应隆。圳亩勤劳资粮食，黍禾蓬勃想遗踪。年年社酒鸡豚会，为报当年教稼功"。进一步说明了在距今 4 000 多年的尧、舜、禹时期，后稷在稷山教民稼穑的作物主要是黍稷和禾（谷子）。由后稷培育出许多嘉种，以山西的稷山为中心向周边地区扩散到全国各地。可见黍稷在 4 000 多年前仍然是中国各地种植的主要作物。中国古农书中，也有大量有关这方面的记载。《楚茨》、《信南山》、《莆田》等追述了以往农业兴盛时也是以黍稷长势之好作为庄稼茂盛标志的。《尚书·盘庚》以"不服田亩，越其冈有黍稷。"列入训诰。《酒诰》有："妹土，嗣尔股肱，纯其艺黍稷。"的话，都以黍稷作为农作物的代表。《小雅·莆田》记载："以御田祖，以祈甘雨，以介我黍稷。"说的是为求黍稷丰收而祭祀农神。《黄鸟》记载："无啄我粱，无啄我黍。"表达了对黍稷的珍惜。由此可见，后稷始于在山西发展黍作农业，进而推广到全国各地，为中国的农业发展做出了巨大贡献。至今，和稷山相邻的闻喜县东镇一带，几乎村村都建有稷王庙和稷王娘娘庙，后人世世代代相传下去，永远不忘这位伟大的农业先驱，当时在这里教民稼穑的功绩。

4.3　山西万荣县荆村新石器时代遗址中发现炭化的黍稷

新石器时代遗址中发现的作物，对于研究作物起源具有重要的价值。位于晋南和稷山县相邻的万荣县荆村在新中国成立前发现的新石器时代遗址中，发现有炭化的黍稷和黍稷的皮壳，这一发现为山西是黍稷的起源中心又提供了一项有力的证据。据当时主持发掘的董兴忠先生在报告中说："此外在瓦渣斜遗址之发现中，又有数事可作为引证者：即黍稷及黍稷之皮壳"。这一发现得到了美国弗利尔博物馆的 C. W. 比肖普（Bishop）的重视，他在一篇《华北的新石器时代》的文章中说："在那里大部分土地上种植最广的谷物，看来是 millet 中的普通的一种。黍（*Panicum miliacenm*）已在中国的新石器时代遗址中发现。在早期文献中，这是主要的谷物，是唯一具有宗教意义的作物——其本身就是最古老的标志。比肖普的结论在西方至今仍受到重视，具有一定的权威性。如美籍华人学者何炳棣教授就曾特别指出比肖普对"荆村的小米"有过科学的定名，并以此判定，其他出土粟的记录，也有可能不尽是粟，而是黍。英国汉学家

W. 华生（Watson）在《中国的早期栽培作物》一文中引证了比肖普的意见。再如美籍植物学家李惠林也是采取同样的看法。

4.4 山西各地方志有关黍稷的记载

4.4.1 山西各地方志关于稷的记载

"稷者，五谷之长，故陶唐之命名农官以后稷称"。《山西介休县志》，清乾隆 35 年；

"教民稼穑者，以后稷称。"《山西潞安府志》清乾隆 35 年；

"稷，礼称明粢，一名穄，谓光滑明洁，是以祭祀，故古者称谷神曰稷。"《山西阳城县志》清乾隆 12 年；

"其祀古谷之神与社稷相配，亦以稷为名"《山西介休县志》，清乾隆 35 年；

"稷，别名穄，穄有谓之糜，有黄黑两种，诗曰维糜维秬，即是较别谷早熟，故寒家皆种之，为早接食也"。《山西安邑县志》，民国 23 年；

稷似黍而小，春种夏熟，苗似芦有毛，高三四尺，结穗殊疏散，粒有壳似粟而巨光滑，过之先诸谷熟，刈欲早，过熟即风落米，米色特黄，故古人称黄米"。《山西霍州府志》清道光 6 年；

"高诱曰：关西谓之糜，冀北谓之穄，即诗维糜维秬转音也，《说文》糜，穄也，《广雅》糜，穄也，然则稷，也穄，也糜也，各殊而一物也。"《山西绛县志》，清乾隆 30 年。

4.4.2 山西各地方志关于黍的记载

黍苗穗似稷而大，实圆重，土高燥宜之，似大暑种，故谓之黍，刈割湿打，则秸易脱。《山西霍州府志》，清道光 6 年。

"黍有黄、白、赤、黑四种，米皆黄，可酿酒。明李时珍《本草纲目》云，黍稷一类二种，黏者为黍，不黏者为稷。黏者可做甑糕，其穗枝似芦毛可缚帚。"《山西安邑县志》，民国 23 年。

《通志》云："羊头山有黍二畔，其南阴地黍白，其北阳地黍红，因之以定黄钟，阴地黍白乃高平界也。随律曰：上党之黍有异他乡，其色至乌，其形圆重，用之为量定不徒然。"《山西高平县志》，清乾隆 35 年。

"秬黍出羊头山，定黄钟之律，以生度量权衡，今则无异凡黍矣。"《山西潞安府志》，清乾隆 35 年。

从山西在清代和民国年间的地方志记载中，也可以看出黍稷一直源远流长，在历代山西人民的生活中发挥着不可替代的作用。

5 山西是黍稷种质资源的遗传多样性中心

进入 20 世纪，黍稷仍然是山西的主要杂粮，每年种植面积约 300 万亩左右。在漫长的农耕历史中形成了大量丰富多彩、类型多样的种质资源，据统计，到目前为止，山西共收集到黍稷种质资源 2 470 份，占全国黍稷种质资源的 29.1%，是全国拥有黍稷种质资源最多的省份。根据 2 470 份黍稷种质资源不同的特征、特性进行分类，结果如下。

（1）以粳糯性分类：粳性的稷 870 份，占 35.2%；糯性的黍 1 600 份，占 74.8%。

（2）以花序色分类：绿的 1 986 份，占 80.4%；紫的 484 份，占 19.6%。

（3）以穗型分类：侧穗型 1 865 份，占 75.5%；散穗型 534 份，占 21.6%；密穗型 71 份，占 2.9%。

（4）以米色分类：黄的 1 251 份，占 50.7%；淡黄的 1 154 份，占 46.7%；白的 65 份，占 2.6%。

（5）以粒色分类：红粒 474 份，占 19.2%；黄粒 682 份，占 27.6%；白粒 625 份，占 25.3%；褐粒 257 份，占 10.4%；灰粒 204 份，占 8.3%；复色粒 228 份，占 9.2%。

（6）以粒型分类：6g 以下的小粒型种质 515 份，占 20.85%；6~8g 的中粒型种质 1 929份，占 78.1%；8g 以上的大粒型种质 26 份，占 1.1%。

（7）以茎叶茸毛分类：茸毛多的 954 份，占 38.6%；中等的 842 份，占 34.1%；少的 674 份，占 27.3%。

（8）以生育期分类：90 天以下的特早熟种质 1265 份，占 51.2%；91~100 天的早熟种质 985 份，占 39.9%；101~110 天的中晚熟种质 112 份，占 4.5%；111~120 天的晚熟种质 108 份，占 4.4%。

从以上的结果可以看出，山西黍稷种质资源类型是十分丰富的。和同处黄土高原地区的其他黍稷主产省（区）比较，陕西共收集黍稷种质资源 1 663份，其中，黍 621 份，稷 1 042份；内蒙古 1 055份，其中，黍 422 份，稷 633 份；甘肃 779 份，其中，黍 75 份，稷 704 份，不仅在种质资源数量上山西居多，从类型上仅从黍和稷的比例差异，就可以看出，山西是以黍为主，陕西、内蒙古、甘肃均以稷为主。稷是黍稷演化的初级阶段，黍是由稷进化来的，由此说明，山西栽培黍稷的历史要比其他省（区）久远，在黍稷的遗传多样性上和其他省（区）比较，占有明显优势。

在采用生化或分子标记技术分析中国黍稷遗传多样性结果中，据高俊山等对中国的 93 份黍稷种质资源的酯酶、同工酶谱进行了类型和地理分布的研究，在黄土高原（山西、陕西、甘肃）、内蒙古高原（内蒙古、宁夏）、东北平原（辽宁）、华北平原（山东）、长江中下游（湖北、湖南、江苏）、西部地区（新疆、青海、西藏）等地区的种质类型中，以黄土高原地区种质酯酶、同工酶谱类型最为丰富，变异广泛而复杂。而黄土高原的省（区）中又以山西的酯酶、同工酶类型最为丰富（排在首位），出现了 6 类酯酶、同工酶表型。其他地区，如内蒙古高原只有 3 类，东北平原 1 类，华北平原 1 类，长江中下游 4 类，西部地区 2 类。表型的遗传多样性系数根据 Kahler（1980）提出的公式估算，以山西为代表的黄土高原为 0.69，其他地区为 0.29~0.62。大体上可以看出这样的趋势，栽培历史悠久的遗传多样性系数较大；栽培历史较短的遗传多样性系数较小。这个结论又进一步证明了地处黄土高原的山西是黍稷种质资源遗传多样性中心。

综上所述，黍稷起源于中国黄河流域黄土高原地区，山西是黍稷的起源和遗传多样性中心。

参考文献

[1] 张波. 读诗辩稷. 西北农学学报 [J]，1984，3：1-4.

[2] 李根蟠，吴舒致. 古籍中的稷是粟非穄的确证 [J]. 中国农业科学，2000，5：79-84.

[3] 王纶，王星玉，等. 山西是黍稷的起源和遗传多样性中心 [J]. 植物遗传资源学报，2009，2.

[4] 王润奇. 黍子染色体组型与 Giems-C 带的研究 [J]. 中国黍稷论文选，1990，34-39.

[5] 高峻山、徐新宇，等. 糜黍酯酶同工酶的初步研究 [J]. 中国黍稷论文选，1990，58-69.

[6] 胡锡文. 粟、黍、稷古名物的探讨 [M]. 北京：农业出版社，1984.

［7］ 吴其濬．植物名实图考［M］．北京：中华书局出版社，1963：10-11.

［8］ 柴岩．糜子［M］．北京：中国农业出版社，1999：11-21.

［9］ 董玉琛，郑殿升．中国农作物及野生近缘植物［M］．北京：中国农业出版社，2006：316-318.

［10］ 陈有清．中国发现粟的史前文化遗址［J］．粟类作物，1995，1.2：34-37.

［11］ 王星玉．黍稷史话［J］．种子世界，1986：2：36-37.

2015 年谷子糜子产业发展趋势与政策建议 *

赵　宇[1][**]　刘　猛[1]　刘　斐　夏雪岩　南春梅　李顺国[1][***]　王慧军[1,2]

（1. 河北省农林科学院谷子研究所/河北省杂粮研究实验室/国家谷子改良中心，
石家庄　050035；2. 河北省农林科学院，石家庄　050031）

摘　要：本文根据国家谷子糜子产业信息平台 2014 年数据、生产调研以及问卷调查，分析了 2014 年中国谷子糜子产业发展特点和存在的问题，展望了 2015 年谷子糜子产业发展趋势，最后提出了谷子糜子产业发展的政策建议。

关键词：谷子糜子；发展趋势；政策建议

1　2014 年谷子糜子产业发展的特点及问题

1.1　2014 年谷子糜子产业发展的特点

1.1.1　全国谷子糜子生产面积继续稳步增长，谷子生产面积增幅较大，糜子生产面积增幅较小

2014 年全国谷子生产面积稳中有升，各地谷子生产面积增减分布不均，预计在 1 600 万亩左右，较 2013 年增长 20%～30%。内蒙古赤峰地区由于前两年谷子价格上涨，2014 年种植面积增加 30%左右；陕西、甘肃、河北、河南、山东种植面积增长 10%～20%；山西、辽宁、吉林、黑龙江谷子面积增幅也在 20%～30%。糜子主要分布在陕北、晋西北、冀北坝上、宁夏、甘肃、内蒙古、东北等地，生产面积平稳，由于其种植环境生态条件的特殊性及消费市场，在一些地区糜子仍然是不可替代的作物，2014 年糜子种植面积有小幅增长，预计在 850 万亩左右。

1.1.2　谷糜产区自然灾害、病虫害发生较轻，局部灾害较大，对总产量影响较小

2014 年 6～8 月，华北大部、东北局部和黄淮部分地区连续出现高温少雨天气。6 月下旬以来，内蒙古赤峰市大部地区持续高温少雨，出现不同程度旱情，部分地区旱情严重。河南省中西部和北部地区旱情严重，平均降雨较同期均值偏少 60%。7 月下旬以来，辽宁旱情从西部迅速扩大到全省，大部分地区将由夏旱转为夏秋连旱。东北中南部、华北东部、黄淮、西北东南部等地降水量较常年偏少 2～5 成，对部分地区谷糜产量造成较大影响。针对严重干旱的灾情，各地农民想尽办法进行灌溉抗旱，部分有条件的种植大户和合作社使用大型喷灌设备灌溉谷子，最大限度减轻干旱带来的损失。总体来看，2014 年谷子病虫害发生较轻，主要是白发病、谷瘟病和锈病。由于播种面积扩大，种子需求量较大，部分种子经营公司为了商业利益，经营的不包衣的种子白发病发生严重。

1.1.3　谷糜新品种、新技术、农机技术集成应用进一步扩大

筛选出一批适合机械化收获的谷子新品种，通过配套轻简化生产技术进一步扩大应

　* 基金项目：农业部/财政部"现代农业产业技术体系专项资金"（CARS-07-12.5-A18）

　** 作者简介：赵宇，男，助理研究员，主要从事杂粮产业政策研究；E-mail：yy056@163.com

　*** 通讯作者：李顺国，河北徐水人，研究员，主要从事科技管理与产业经济研究；E-mail：lishunguo76@yahoo.com.cn

用。丘陵旱薄地宽行密植或宽窄行种植、全膜覆盖精量播种、膜下滴灌、糜子大垄双行条播、谷子糜子高效施肥等多种高产高效生产技术在不同生态区示范推广。谷子糜子播种机、覆膜机、割晒机、脱粒机和联合收割机等机械使用率进一步提高，有效提高了生产轻简化水平，节本增效效果显著。如赤峰试验站在喀旗南台子机械全覆膜穴播示范基地豫谷18 亩产达到 690.8kg/亩，较对照（露地）增产 107.1%，亩节省间苗除草用工 2~3 个，亩节本增效 1 000 元以上。

1.1.4　主产区谷子收购价再创历史新高，加工集散地、农贸市场小米价格上涨明显

2014 年各地谷子价格改变以往春节后下降的趋势，延续了 2013 年秋收后的涨势。以赤峰黄金谷为例，销售价格从年初开始上扬，至 5 月初达到第一个峰值，外销装车价为8.7 元/kg 左右。随后谷子价格有所回落，6 月再次开始上扬，8 月上旬到达第二个峰值，外销装车价为 9 元/kg 左右。从 9 月中下旬开始，华北夏谷区开始收获，新谷子收购价格一度达到 9 元/kg 左右，9 月底至 10 月初各产区谷子大批量上市，谷子价格有所回落，但仍高于往年同期，再创同期历史新高。伴随着谷子价格持续上涨，各地糜子、大黄米价格较去年同期有所上涨，上涨幅度在 20%~30%。

1.1.5　企业、合作社、家庭农场等新型经营主体在产业发展中作用进一步增强

初步统计"十二五"以来，已有 100 余家企业、家庭农产、合作社与体系结合建立了示范基地，基地新品种、新技术应用到位率明显提高，基地单产水平、轻简化生产水平明显高于全国平均水平。2014 年体系加强了与中粮集团、河北唐山广野集团、河北瑞禾庄园等一批龙头企业的合作，体系研发的新产品小米即食面、小米方便面、小米馒头等大众化食品上市销售，并取得较好业绩；小米发酵饮料、小米营养乳等一批产品正在企业进行中试生产。

1.2　2014 年谷子糜子产业发展存在问题

1.2.1　谷子糜子单产提高明显，但地区间波动依然较大

统计数据显示，谷子平均单产约 200kg/亩，糜子平均单产约 150kg/亩。体系示范基地谷子平均单产 300kg/亩，最高 690kg/亩；糜子平均单产 200kg/亩，最高 340kg/亩。主要原因是谷子糜子多种植在丘陵旱地，种植条件较差，单产受年度间自然降雨的制约，导致平均单产较低、地区间单产差距较大。相对于生产来说，种植大户、种植合作社等新型经营主体由于新技术接受能力强、技术到位率高，单产水平也较高。

1.2.2　部分地区盲目扩大种植面积，技术措施不到位

一是种子风险，由于种植面积增加较多，种子供不应求，受利益驱动部分种子经销商用商品谷子代替种子，部分农户跨区域购买谷种，可能带来生产风险。二是配套农机不到位，部分地区机械化水平低，播种、收获仍然依靠人工，增加了种植成本；三是缺乏广谱性谷田除草剂，目前市场上也有一些标有适用谷子的除草剂，比如扑草净、谷粒多等，但仍需谨慎使用，部分地区谷子种植面积扩大，因人工费用贵而未采用人工间苗除草，又没有买到合适的谷子除草剂，而造成谷田苗荒草荒。

1.2.3　长期高价位运行影响产业健康发展

2014 年谷子糜子延续近年来上涨态势，并不断创价格新高。散装小米促销售价 12~14 元/kg，精品小米售价 16~20 元/kg，高档的有机小米、礼盒装小米售价甚至在 30 元/kg 以上。小米的价格已经贵过了鸡蛋、鸡肉和鲜鱼。市场对谷子需求旺盛，但高价位使

得采购方不敢轻易采购，而手中有粮的种植户盼望卖个好价，不急于出售，然而又担心价格回落。供求双方的博弈持续进行，使得产地的粮食收购商的处境艰难，高价位使得经销的利润减少了，而风险有所增加。高价位运行也提高了小米馒头、小米方便面等大众化食品开发成本，不利于产业健康发展。

1.2.4 新品种、新技术对谷子产业发展的支撑力度仍然较低

调研表明，部分地区依然存在品种混杂现象，特别是偏远山区农家种依然占据较大比重，品质和产量退化严重。同时依然存在不计成本的人工间苗、人工除草、人工收获等传统生产方式。谷子糜子推广体系、商业化种子开发体系依然存在较大问题，除张杂谷种子经营较成功外，其他品种依然是传统科研单位自己开发模式，科技服务人员少，科技服务不到位，辐射范围小，特别是在谷子糜子种植面积扩大的情况，技术需求与供给的矛盾更加突出。

1.2.5 产后加工与综合利用急需转化开发

当前由于现代农业的发展、生态环境改变以及市场需求是谷子糜子产业发展的战略机遇期，预计谷子糜子生产将有一个跨越式发展。但是目前谷子糜子绝大部分依然原粮消费，急需要在大众化食品开发、功能食品开发、饲料产品开发以及饲草产品开发等取得突破，与龙头企业紧密结合，走大联合、大产业发展的路子，为产业可持续发展奠定基础。

1.2.6 生产条件落后，政策支持不够

目前虽然出现千亩种植大户，但全国大部地区谷子糜子种植仍然小农户小规模种植，受地区的环境条件影响，品种、技术等信息获取不畅，生产仍然很落后，还需要从国家层面制定谷子糜子产业发展的支持政策，促进产业健康发展。

2 2015年谷子糜子产业发展趋势

2.1 谷子糜子种植面积继续稳中有升

谷子糜子价格持续上涨促进了农户、合作社、企业种植意愿，一些非主产区经营实体咨询种植谷子糜子事项明显增加。预计内蒙古赤峰、吉林乾安、辽宁朝阳、河北张家口、邯郸、山西吕梁等谷子主产区谷子面积稳中有升，华北平原、东北平原、新疆等一些平原区的种植大户将会继续增加。陕北、晋西北、坝上、宁夏、甘肃、内蒙古等糜子主产区面积保持稳定或有小幅度增加。

2.2 价格波动趋于平稳，下半年将有所回落

连续几年的价格上涨促进了农户的种植意愿，糜子种植面积增加较为显著。预计2015年上半年价格趋于平稳，9月底可能有季节性上涨，10月大量谷子收获以后，随着总量的增加，价格趋于理性回落。

2.3 种植大户、合作社、企业等新型经营主体发展规模进一步扩大

在组织经营模式方面，由传统的一家一户小规模、分散种植加快向规模化、集约化和标准化生产转变。从事谷子糜子种植的家庭农场、种植大户、种植专业合作社以及企业等新型经营主体快速发展，规模化程度进一步提高。农村经纪人、农机服务队等社会化服务组织逐步发展，合作式、订单式、托管式等服务模式是未来发展趋势。

2.4　轻简高效生产技术集成应用加快发展

适应种植规模的不断扩大，轻简高效生产技术应用将加快发展，由传统人工间苗、除草，分段收获繁琐种植向全程轻简化、农机化转变。简化栽培技术、化控间苗技术、播种机、覆膜机、脱粒机、联合收割机等轻简化生产技术日趋成熟，技术覆盖率逐步提高。

2.5　谷子糜子产后加工产品逐步扩大市场份额

2014 年小米方便面、小米馒头等谷子糜子大众化食品成功上市，是体系与企业合作里程牌。随着国家对谷子糜子等特色杂粮作物的重视，多家知名企业也开始关注谷子糜子等特色杂粮产业发展，预计 2015 年体系与企业合作开发的产品逐步增加，产后加工产品会不断上市销售，市场份额的不断扩大会明显带动谷子糜子生产。

3　2015 年谷子糜子产业发展政策建议

3.1　加强与各级部门的合作力度，搭建谷子糜子产业发展平台，加快成果转化

国家体系要做好与地方创新团队、推广体系对接，将体系创新成果熟化后交给地方团队、推广体系推广，同时不断的从地方技术需求角度选取创新方向，满足产业发展的技术需求。同时国家体系要加强与种植大户、种植合作社、企业等新型经营主体的合作，从品种、技术、产后加工产品开发等全方位的合作，加快国家体系创新成果转化速度，推动谷子糜子产业健康发展。

3.2　建议各级政府加强对谷子糜子产业发展的政策支持

一是在谷子糜子优势产区建立完善的良种补贴、农资补贴、农机补贴等支持政策；二是加强对谷子糜子加工企业的政策扶持力度，在税收、贷款以及产业化项目上面加大支持力度；三是建立谷子糜子粮食贮备制度，在各谷子糜子主产区以最低保护价收购一定数量的谷子糜子作为国家储备粮；四是加快培育家庭农场、种植大户、种植合作社等新型市场主体，提高综合生产能力。

3.3　强化谷子糜子产业原始性创新

继美国完成了谷子全基因组测序后，中国科学家先后完成了谷子全基因组序列图谱的构建、绘制出谷子基因组单倍体物理图谱，2014 年首届国际谷子遗传学大会在北京召开，这些都表明谷子及其近缘野生种青狗尾草正在迅速发展成为禾本科功能基因组研究的模式植物。为了继续保持中国在谷子研究方面的世界领先地位，建议在谷子糜子产量和品质性状全基因组选择育种基础研究方面、谷子糜子农机农艺配套集成与综合利用研究方面设立专项支持，继续保持和提高中国谷子糜子科技创新水平。

3.4　加强谷子糜子饲草及综合利用研究，开拓饲草新产业

随着世界人口的增多，乳制品和牛羊肉的需求量不断上升，且要求食品安全越来越严格，同时加上草场退化，优质饲草越来越缺乏，谷子糜子饲草越来越重要。建议国家加强谷子糜子粮饲兼用品种选育，积极扶持相关企业，开拓谷子糜子饲草新产业，为谷子糜子产业发展及畜牧业做出新贡献。

3.5　整合各级信息资源，构建全国性谷子糜子产业信息平台

建议整合各类信息监测资源，建立公益性、全国性生产经营者信息监测平台，鼓励生产经营者注册动态管理，为产业发展、农业政策精准化提供信息支撑。扶持谷子糜子电子商务软件开发、网站建设与维护等互联网服务业；打造网络推广、数据分析和售后服务等

营销服务业。为农业生产者、经营者、管理者提供及时、准确、完整的与产业相关的资源、市场、生产、政策法规、实用科技、人才、减灾防灾等信息；支持 B2B、B2C 等多种交易模式，为电子商务提供广阔的发展空间，从而降低企业和农户从事电子商务的门槛。

3.6 挖掘粟文化提升产品附加值，引领市场消费新潮流

党的十八大报告指出，"文化是民族的血脉，是人民的精神家园"。通过深入挖掘粟文化来打破传统谷子糜子产业发展的固有思路，传承、弘扬和发展粟文化，有助于把谷农、科研工作者、消费者凝聚到粟文化的旗帜下，创造需求、培育需求，促进谷黍深加工和不断增值，使谷子糜子产业形成从田间到餐桌的完整产业链，使传统低效的谷子糜子种植向着高产优质高效的现代农业迈向新台阶。

感谢：感谢国家谷子糜子产业技术体系全体岗位专家和试验站站长及其团队成员的支持。

参考文献（略）

保健型黑糯玉米的营养价值及综合利用

孟俊文

（山西省农业科学院品种资源研究所，太原　030031）

黑糯玉米和其他白、黄、紫色等糯玉米一样起源于中国西南地区，在中国种植糯玉米已有数百年的历史。它是普通玉米在自然条件下发生基因突变而形成的特殊类型。中国农书《三农记》谓玉米"累累然如茨实大，有黑，红，青之色，有粳有黏。"这里"黑"就是黑糯玉米。

黑糯玉米表面呈蜡质状，不透明，无光泽，又称蜡质玉米。由于黑糯玉米籽粒中含有丰富的营养成分，蛋白质，脂肪，多种维生素均高于稻谷和普通玉米。糯玉米籽粒胚乳几乎全为支链淀粉所组成，糯玉米淀粉分子量比普通玉米小 10 倍，食用消化率比普通玉米高 20% 以上，还具有较好的黏稠性和适口性。随着中国人民生活水平的提高，黑糯玉米已经成为高档酒店和普通人们大众化消费的美味佳肴和营养保健食品。

1　黑糯玉米在国外的进展

目前韩国，日本均已开发出保健型黑糯玉米。据韩国媒体报道，所含有抗癌成分是现在普通玉米 10 倍的紫黑色糯玉米在韩国开发成功。江原大学（韩国）李海翊教授表示："成功开发出了被广泛认知为抗癌物质的天然食用色素花青素的含量是现有玉米 10 倍以上的品种。"日本名古屋市立大学井智之等利用开发成功的紫黑玉米，获得了以下结果：食用了掺有紫黑玉米色素的小白鼠癌症发病率要比不食用这种饲料的小白鼠低 40%，从而证实，紫黑糯玉米的水溶性黑色素有抑制癌症发生的功效。

2　中国黑糯玉米育种进展

糯玉米尽管起源于中国，但从 20 世纪 70 年代才开始糯玉米杂交育种，进入 90 年代，糯玉米育种研究随着中国对外开放的深入、经济的迅猛发展、人民生活水平的提高、市场消费的旺盛需求，中国的糯玉米育种进入快速发展时期。育种部门呈现多样化，科研单位、种子企业、加工企业齐头并进，有力地推进了中国的糯玉米发展。目前通过国审的糯玉米品种达 50 个之多，通过省审的多达 300 个以上，其中，通过国审和省审的黑糯玉米品种也有 30 个左右。

3　黑糯玉米的品种类型

3.1　普通黑糯玉米

普通黑糯玉米种子为紫黑色，乳熟期颜色较浅，采收鲜穗时籽粒顶部为浅黑，色淡，到完全成熟时籽粒才完全变黑，水溶性黑色素含量低，穗轴均为白色。糯性强，口感好。营养品质与白，黄，彩糯玉米相当。如郑黑糯 1 号、黑风等。

3.2　保健型黑糯玉米品种

保健型黑糯玉米品种，突出特点就是在籽粒灌浆开始，花丝、穗轴、籽粒顶部就开始变为紫黑，采收鲜穗时籽粒、穗轴和花丝均为紫黑色，水溶性黑色素（花青素）含量高，在蒸煮时水溶性黑色素宜溶于水，水变为黑褐色。此类品种糯性好、风味独特、营养价值高，具有保健功能。如晋黑糯 3 号、鲜糯 8 号等。

4 保健型黑糯玉米的营养价值

黑糯玉米之所以受到现代人们推崇的主要原因：是天然黑色食品不单营养价值高，而且保健功能强，能满足人体对营养的特殊需要。能预防和食疗多种现代病，具有营养、保健、美容、益智、抗衰的功能。符合当今人们回归自然、崇尚天然的心理，符合未来食品发展的模式。

经大量研究表明，保健型黑糯玉米的营养保健功效除与其所含的三大营养素、维生素、微量元素有关外，其所含丰富的黑色素（花青素）物质也发挥了特殊的积极作用。

2009 年江南大学对黑糯 3 号品质分析如表 1 和表 2。

表 1 黑糯 3 号玉米和普通玉米基本成分分析

成分	黑 301	玉米
水分（%）	22.18	12.7
蛋白质（%）	11.09	9.15
脂肪（%）	4.31	4.3
灰分（%）	1.01	3.67
黄酮类化合物含量（%）	1.22	—
花青素	0.15（籽粒）0.12（棒）	—

4.1 黑糯玉米微量元素含量高，是其他谷物的 2~8 倍，特别是有机硒的含量是普通玉米的 5~10 倍。

4.2 人体每日钠摄入量应为 2%~2.5%，而每日钾摄入量应为 1.9%~5.6%，人类普遍缺钾，尤其妇女。黑甜糯玉米几种微量元素含量远远高于其他谷类作物，尤其是钾含量高达 6 310~9 050mg/kg，是其他谷物的 3~8 倍，它可调节体液平衡抗疲劳，具有预防和治疗高血压、脑血栓、维护心脏功能、有助于调节情感、放松情绪、稳定心理。黑甜糯玉米是少有的碱性谷物，有减肥功能。

4.3 黑糯玉米含铁高，是补血食品。铁是人体很重要的元素之一，它参与血红蛋白、细胞色素及某些酶的合成，而且还与能量代谢有关，摄入量不足将引起生理功能及代谢过程的紊乱，引起缺铁性贫血。

4.4 黑糯玉米锌的含量是其他谷物的 3 倍，是很好的补锌食品。锌在人体内参与核酸、蛋白质的合成和碳水化合物、维生素 A 的代谢，能维护胰腺、性腺、脑下垂体，消化系统和皮肤的正常生理功能。特别是儿童缺锌影响青春期的发育和贫血、腹泻、免疫功能低下等一系列变化。

4.5 黑糯玉米含有丰富的钙、磷，是其他谷物的 8~10 倍。钙、磷的主要生理功能其构成人体骨骼和牙齿。钙能维持神经、肌肉正常的兴奋性，是促进血液凝固，肌肉收缩与松弛及正常神经传导的基础，若人体内缺乏可导致佝偻病、软骨病、骨质疏松等症。

4.6 黑糯玉米蛋白质含量高达 11.09%，比普通玉米含量高 17% 以上。被人们称为"黄金作物"。

4.7 黑糯玉米中氨基酸含量（做成饮料）可高达 5.6mg/mL，比普通玉米氨基酸含量高73%（表2）。

表2　黑糯3号玉米和普通玉米中氨基酸基本成分分析

	黑糯3玉米饮料	普通玉米饮料		黑糯3玉米饮料	普通玉米饮料
天冬氨酸（mg/mL）	1.094 24	3.378 75e-1	半胱氨酸（mg/mL）	4.108 76e-2	1.706 78e-2
谷氨酸（mg/mL）	17.675 92e-1	4.809 76e-1	缬氨酸（mg/mL）	2.032 80e-1	1.563 22e-1
丝氨酸（mg/mL）	2.296 19e-1	1.260 89e-1	甲硫氨酸（mg/mL）	4.762 47e-2	7.453 80e-2
组氨酸（mg/mL）	1.776 11e-1	9.245 17e-2	苯丙氨酸（mg/mL）	1.560 26e-1	1.063 27e-1
甘氨酸（mg/mL）	4.958 92e-1	1.747 20e-1	异亮氨酸（mg/mL）	1.340 48e-1	5.365 94e-2
苏氨酸（mg/mL）	1.901 08e-1	1.029 49e-1	亮氨酸（mg/mL）	3.133 67e-1	1.615 40e-1
精氨酸（mg/mL）	3.677 78e-1	1.705 29e-1	赖氨酸（mg/mL）	2.302 00e-1	1.333 54e-1
丙氨酸（mg/mL）	3.935 09e-1	2.147 19e-1	脯氨酸（mg/mL）	5.317 28e-1	1.442 38e-1
酪氨酸（mg/mL）	2.329 33e-1	4.966 79e-2	总量（mg/mL）	5.606 64	2.597 02

4.8 黑糯玉米维生素C含量高。大部分谷类作物中不含有维生素C，而黑糯玉米百克含4.83mg的维生素C，维生素C对人体糖、蛋白质等代谢起到重要作用。能促进细胞间质和胶原纤维的形成，若维生素C摄入不足会使许多组织萎缩，严重时会患坏血病。此外，维生素C有助于铁质的吸收，有提高造血系统功能的作用，对缺铁性贫血有疗效。

4.9 黑糯玉米水溶性黑色素（花青素）含量特别高，依据笔者与江南大学食品学院重点实验室合作分析黑糯3号玉米品种，黑色素的90%为黄酮类化合物（falconoid，又称生物类黄酮），生物类黄酮是目前国际上公认的清除人体内自由基最有效的天然抗氧化剂。它的自由基清除能力是维生素E的50倍，是维生素C的20倍。现已证实，生物类黄酮具有多种生理功能和药用价值。能够增强血管弹性，改善循环系统和增进皮肤的光滑度，抑制炎症和过敏，改善关节的柔韧性。有助于预防多种与自由基有关的疾病，包括癌症、心脏病、过早衰老和关节炎等。

5　黑糯玉米产品开发与利用

由于黑糯玉米营养丰富，口感甜黏，风味独特，又是天然的营养保健食品。近年来，市场开发十分活跃，前景广阔。目前主要有以下几种开发产品：

5.1 鲜穗直接上市，以黑糯3号为代表的黑糯玉米，由于高产、抗病，适应性强，适宜中国南北方春秋种植。农民自己种植，采摘鲜穗上市，每棒比黄糯白糯多卖0.5元。效益十分可观。

5.2 速冻，真空保鲜穗上市。中国地域辽阔，气候多变，在北方不能周年种植，夏季种植加工，淡季上市销售，实现周年供应市场。尤其真空包装穗可在常温下保存，用微波炉加热 2~3min 即可食用，方便快捷，是现代城市人们生活的理想保健食品。这里特别提示，以黑糯 3 号（籽粒和穗轴）黑色素含量高的品种，鲜穗加工最好是真空包装，这样黑色素不容易流失。从而保证了它的营养保健价值。最好的食用方法是玉米鲜穗切段与排骨炖着吃，由于黑糯 3 号籽粒和穗轴均含有大量黑色素，这样食用营养能充分利用。

5.3 黑糯玉米饮料。利用黑糯玉米鲜穗制作成饮料，不但保持了糯玉米原有的鲜美风味，还保持了糯玉米原有的营养成分，食之有助于预防胆固醇上升、减少动脉硬化、心肌梗塞等其他心血管疾病的发生，解决了糯玉米青食的季节性问题。

5.4 利用黑糯玉米的酿酒。糯玉米全部为支链淀粉，不存在吸附游离的原料。实践证明，用糯玉米酿造白酒、黄酒、啤酒，比普通玉米出酒率高，用糯玉米酿制的浓香型白酒，有利于发扬酒的回甜风味；作辅料酿制的啤酒，能增进啤酒醇厚的口味，优于其他辅料，同时因糯玉米缺少 β-球蛋白，有利于防止啤酒的混浊。

5.5 利用黑糯玉米加工饲料。糯玉米可消化率是 85%，普通玉米仅 69%，而且糯玉米粗蛋白、粗脂肪和赖氨酸含量高，它的饲料单位高于普通玉米和其他作物，所以，糯玉米是一种高产优质饲料，喂养糯玉米的乳牛，不仅产量提高，而且奶中的奶油含量也有所提高。喂养糯玉米的羔羊日增重比普通玉米高 20%，饲料效率高 14.3%，饲养糯玉米的育肥肉牛，饲料效率比普通玉米高 10% 以上，因此，许多美国的牲畜饲养场和奶牛场都在用糯玉米来取代普通玉米。

黑糯 3 号成熟后籽粒和穗轴为紫黑色，将穗轴和籽粒磨碎喂养畜禽是最好的精饲料。据中国农业大学最近的一项饲养试验证明，乌鸡只需在早晨空腹时用黑糯玉米的混合饲料喂一次，其体内不饱和脂肪酸、维生素、微量元素的含量可比喂普通玉米饲料的乌鸡提高 0.5~2 倍，黑色素、硫、硒的含量同比可提高 3.5 倍左右，而且鸡的生长状况得到明显改善，其滋补壮阳，养血补气等药用功能也明显提高。

参考文献（略）

高产、优质、抗病新品种"正甜**68**"的选育 *

韩福光** 郑锦荣*** 张衍荣 卢文佳

（广东省农业科学院作物所，广东省农科集团良种苗木中心，广州 510640）

摘 要：正甜68是以自选粤科06-3为母本，UST为父本的高产、优质、抗病的甜玉米新组合。父本"UST"是从日本品种Bandit当中通过多代自交筛选出的二环系。该组合表现为高产，亩鲜苞1 100kg左右；优质，可溶性糖含量24.38%~29.21%，果皮薄，适口性好；抗病性强，接种鉴定抗纹枯病，中抗小斑病，田间表现高抗纹枯病、茎腐病和大、小斑病；长势旺；整齐度高；适应性强。

关键词：超甜玉米；正甜68；选育

甜玉米是一种集粮、果、蔬、饲为一体的经济型作物，鲜穗可直接上市或加工。与普通玉米相比，其营养价值高，含有人体必需的氨基酸、蛋白质、糖和多种维生素，经常食用能降低胆固醇，防止动脉硬化，并具有预防胃肠癌症及糖尿病和胆石症等疾病的功效[1]。近年，随着中国经济发展、人们生活水平的提高以及甜玉米加工业的发展，甜玉米种植面积迅速扩大，尤其是广东省，目前种植面积已超过170万亩，约占全国的50%左右。当前，国内甜玉米生产中使用的甜玉米品种较多，但多数品种仍然存在着适应性差、产量不稳定及籽粒品质有待进一步提高等问题，真正集高产、优质、抗病于一体的品种寥寥无几，而造成这一现象的原因关键就在于育种种质的缺乏和种质创新。因此，笔者通过广泛引进资源，并结合多系杂交和系谱选育方法，培育出了兼具高产、优质及抗病、且适宜加工的超甜玉米品种"正甜68"。

1 材料和方法

1.1 亲本材料

超甜玉米新品种"正甜68"是以自选"粤科06-3：为母本，"UST"为父本的单交种。

母本"粤科06-3"是1996年利用美国超甜玉米SW56和POP4品种间杂交，再经过连续7代自交筛选，于2001年选育出的优良自交系。该系配合力强，品质好、生长旺盛、抗病、抗倒伏，株高约175cm，穗位65cm左右，叶细长，籽粒长形、黄色，千粒重110g，生育期从播种至抽丝春季69天、秋季53天。

父本"UST"是从2002年引进的日本品种Bandit经连续6代定向自交筛选，于2005年春选育出的二环系。该系的特点是适应性强、品质好、配合力高，株高约150cm，穗位50cm，籽粒扁宽、浅黄色，千粒重128g，生育期从播种至抽雄散粉春季65天、秋季

* 基金项目：广东省科技厅农业攻关项目2004B20101015；星火计划项目200678000001；广东省财政厅粤财工〔2004〕76号、粤财工〔2005〕306号

** 作者简介：韩福光，男，硕士，高级农艺师

*** 通讯作者：郑锦荣

51 天。

1.2 品种的选育

2005 年秋季，在广东省农业科学院广州市白云区钟落潭实验基地利用自有的核心自交系"粤科 A"、"粤科 B"、"粤科 06-3"、"粤科 D"，对包括"UST"在内的自交系通过测配进行配合力鉴定。其中，"粤科 06-3"×"UST"的综合性状表现最优，并定名为"正甜 68"。经 2006 年春季田间品比试验和当年秋季在惠州、博罗等地试种，均表现出优质、高产、抗病，且鲜苞商品性好、适合加工。2007—2008 年，参加广东省区试及生产试验，2009 年春通过广东省品种审定委员会审定。

2 结果与分析

2.1 植物学性状

2006—2008 年经田间调查，"正甜 68"的平均株高和穗位分别为 225.5cm 和86.8cm，比甜玉米国审对照种"粤甜 3 号"分别高 29.5cm 和 20.2cm，但与"华珍"相当（表 1）。其平均穗长为 20.3cm，分别比"粤甜 3 号"和"华珍"长 1.44cm 和1.83cm。单穗重为 390.8g，分别比这两个对照种重 97.8g 和 75.2g。穗粗和芯粗则与两个对照种无明显差异，秃尖较对照种略长，但小于2cm。穗行数平均 14.4 行，与"粤甜 3 号"接近，比"华珍"多2 行。

表 1　2006~2008 年秋季甜玉米杂交组合田间 5 个生长季的性状平均表现

组合	株高（cm）	穗位（cm）	穗长（cm）	穗粗（cm）	秃尖（cm）	穗行数	行粒数	单穗重（g）	芯粗（cm）
正甜 68	225.5+9	86.83+43	20.29	4.69	1.66	14.4	43.14	390.8	2.378
比对照平均±%	15.1	30.4	7.6	2.8	95.3	1.4	7.3	33.4	-1.7
	-1.5	-3.5	9.9	2.4	14.5	16.3	12.0	23.8	3.6
粤甜 3 号	196+2	66.6+3.6	18.85	4.59	0.85	14.2	40.2	293	2.42
华珍	229+5	89.98+10	18.46	4.58	1.45	12.38	38.52	315.6	2.296

2.2 产量

"正甜 68"参加 2007 年广东省区试的结果。在两年区试中，"正甜 68"的平均亩产鲜苞分别为 1 085.31kg 和 1 073.78kg，分别比对照种"粤甜 3 号"增产 16.18% 和14.66%，增产均达极显著水平，增产幅度在 10.69% ~ 20.23%。"正甜 68"的亩产在2007 年春季区试二组 11 个参试品种中名列第一，在 2008 年秋季区试一组 12 个参试品种中名列第四。

表 2 为该品种参加 2008 年广东省生产试验的产量表现。结果 5 个试点全部比对照种"粤甜 3 号"增产，该品种平均亩产鲜苞为1 077.1kg，比对照种增产 13.78%，其中最高产的惠州点高达1 192.0kg，比对照种增产 20%。

表2 2008年秋正甜68产量比对照种区域实验增产情况及稳定性分析表（一组）

组合名称	平均亩产量（kg）	名次	比CK ±%	差异显著性 0.05	差异显著性 0.01	Shukla变异系数	比CK增产情况 增产点数	比CK增产情况 增产幅度（%）
正甜68	1 073.78	4	14.66	abc	ABCD	4.90%	6	10.69~20.23
粤甜3号（CK）	936.51	13	0.00	e	E	0.00%	—	—

2.3 品质

表3中品质性状表明正甜68品种优于对照，可溶性糖含量为24.38%，比对照高出0.44%，适口性品尝评分也高于对照，果皮厚度测定值74.5~74.8μm，少于对照，甜度和皮渣度与对照相当。商品性好于对照，千粒重355~385g、出籽率71.96%~73.47%和一级果穗率88%皆高于对照。

2.4 抗病性

田间表现和接种鉴定都说明正甜68品种的抗病性很强。田间表现对大小斑病、茎腐病和纹枯病都是高抗，优于对照；接种鉴定表现为抗和中抗，与对照相当。

表3 2008年秋植甜玉米正甜68的生产试验主要性状表

组合	生育期（天）	田间表现 纹枯病	田间表现 大、小斑病	田间表现 茎腐病	接种鉴定 纹枯病	接种鉴定 小斑病	千粒重（g）	出籽率（%）	一级果穗率（%）	可溶性糖含量（%）	果皮厚度值（μm）	适口性品尝（100分）	各点品评 甜度	各点品评 皮渣度	各点品评 适口性
正甜68	74±4	HR	HR	HR	R	MR	355	71.96	88	24.38	74.5	86.8	A	B	B
粤甜3号（CK）	71±3	R	R	HR	R	MR	322	68.55	87	23.94	76.0	85.0	A	B	B

3 结论

超甜玉米新品种"正甜68"高产、优质、抗病、抗倒、适应性强，适宜在华南地区春秋推广栽培；其出籽率高、种皮薄脆又适宜加工；秃尖略长于对照，但是不影响商品性。植株和穗位略高，大穗类型，穗长20.5cm左右，穗粗5.1~5.4cm，单苞鲜重339~376g，果穗筒型，籽粒黄色，可溶性糖含量24.38%~29.21%，适口性评分86.8分。高抗纹枯病、茎腐病和大、小斑病。该品种区试表现植株壮旺，整齐度好，前、中期生长势强，后期保绿度好，综合农艺性状优良。果穗长粗，籽粒饱满，穗形美观，商品性好，甜度高，果皮较薄，适口性较好，品质较优。

另外，该品种喜肥，栽培上需加强肥水管理争取高产，并注意适度疏植和深培土，适时追肥，大喇叭口时期追施磷钾肥。

参考文献

赵久然，腾海涛，张丽萍，等．国内外甜玉米产业现状及发展前景［J］.玉米科学，2003.

黄淮海糯玉米育种研究进展分析[*]

汪黎明^{**}　刘玉敬　王志武　李杰文　巩东营

（山东省农业科学院玉米研究所，济南　250100）

摘　要：通过对 2005—2008 年黄淮海地区糯玉米区试结果的分析，从参试品种的数量、来源、品质、产量和抗病虫能力方面，探讨糯玉米研究的进展、存在的问题及发展对策。

关键词：糯玉米；黄淮海；区试；育种进展

糯玉米（*Zea mays* L. *ceratina* Kulesh）籽粒含糖量高、营养丰富、富含人体所必需的多种营养成分，在气味、风味、色泽、糯性和柔嫩性上，远胜于普通玉米，皮薄无渣，适口性好，胚乳淀粉主要为支链淀粉，食用消化率比普通玉米高 20% 以上。因此，随着人民生活水平的提高，糯玉米在鲜食、冷冻加工、食品业、玉米淀粉工业等方面的发展前景十分广阔。

中国糯玉米育种研究发展很快，不但传统科研单位在加大糯玉米的育种力度，而且越来越多的企业参与进来，从育种的深度和广度上都得到了较大的提高。本文通过分析 2005—2008 年国家黄淮海糯玉米区试结果，探讨糯玉米育种研究的进展，并提出发展思路。

1　黄淮海糯玉米参试品种数量和构成

2005 年有 32 个品种参加国家黄淮海糯玉米区试，是 4 年中最多的一年。2006—2008 年参试的品种数变化不大。总体来看，参试品种数量呈下降的趋势（表 1）。

表 1　2005—2008 年参加黄淮海鲜食糯玉米区试品种统计及来源构成

年份	黄淮海	科研	企业
2005	32（8）	18（5）	14（3）
2006	18（2）	11（1）	7（1）
2007	13（1）	10（1）	3
2008	15（2）	8（1）	7（1）
合计	46（13）	29（8）	17（5）

注：不包含对照；括号中数字为黄淮海之外的科研单位或企业参展品种数

从表 1 可以看出，科研单位的糯玉米育种仍然占有优势，但是企业参与的力度已经较大。科研单位提供品种 29 个，占 63.0%，企业提供品种 17 个，占 37.0%。刨去除黄淮海之外的参试品种，科研单位提供品种占 63.6%，企业提供品种占 36.4%。企业提供品种

*　项目名称：国家科技支撑计划"超级玉米新品种产业化开发"（2007BAD31B05）

**　作者简介：汪黎明，男，研究员，主要从事玉米遗传育种研究；E-mail：lmwang@ saas. ac. cn

所占比例，从 2005 年的 43.8%降到 2006 年的 38.9%和 2007 年的 23.1%，2008 年回升到 46.7%。企业是发展糯玉米产业的主力军，企业参与糯玉米的科研育种，有利于进一步促进糯玉米产业的发展。

2 品质

糯玉米的区试品质评价，由外观品质和蒸煮品质构成，外观品质所占比例为 30%，蒸煮品质占 70%。果皮的厚薄和籽粒的糯性 2 个指标，在蒸煮品质 7 个指标的评价中比较重要，所占比例达到 36%。

2005—2008 年参加国家黄淮海糯玉米区试品种的品质评分结果如表 2。参试品种的感官品质评分 2006 年结果较好，其他年份之间的结果没有明显的差异。蒸煮品质中，气味评分多数为 5.2~6.7，色泽 5.2~7.0，风味 7.0~9.1，糯性 13.0~17.3，柔嫩性 7.0~9.3，皮厚薄 13.0~16.7，总评分 72.9~90.0，大部分达到 2 级标准，个别达到 1 级标准。品种间的分值过于集中在二级分数段内，达不到通过品质的好坏加以取舍的目的，还不利于引导新品种的选育向更加重视提高品质的目标。从结果看，参试品种的气味、色泽较好，而决定糯玉米品质的关键指标——糯性和皮厚薄的结果却不理想。可见要选育出显著优于对照的糯玉米品种，育种的主要目标是糯性和果皮的厚薄。

表 2 黄淮海糯玉米参试品种的品质评分总体结果

性状指标（分值）	2005 年	2006 年	2007 年	2008 年
感官品质（21~30）	23~27	24.8~27.6	23.8~26.5	24.3~26.5
蒸煮品质（42~70） 气味（4~7）	5.32~6.75	5.2~6.3	5.1~6.4	5.7~6.4
色泽（4~7）	5.17~7.00	5.1~6.4	5.3~6.7	5.2~6.5
风味（7~10）	7.00~9.10	7.2~8.6	7~8.6	7.4~8.4
糯性（10~18）	13.33~17.25	14.7~16.2	11.7~16.7	14.3~16.2
柔嫩性（7~10）	7.20~9.33	7.5~8.7	7.3~8.3	7.6~8.4
皮厚薄（10~18）	13.20~16.75	15.1~16.5	12.7~16	13.6~15.8
总评分	80.00~88.63	82.9~90.0	72.9~88.1	80.5~87.3

注：总评分 60.0~74.9 为 3 级，75.0~89.9 为 2 级，90~100 为 1 级

3 产量

从表 3 可以看出，2005 年参展品种的产量主要集中在 9 001~12 000kg/hm²，2006—2008 年，集中在 10 501~13 500kg/hm²；处于产量区间 12 001~13 500kg/hm² 的品种，2005 年占 12.5%，2006 年 33.3%，2007 年 30.8%，2008 年 33.3%；2007 年和 2008 年，各有一个品种产量处于 13 501~15 000kg/hm² 区间。产量总体上处于上升的势头，但是升幅不大。糯玉米的产业开发，工业使用所占比例越来越高，在提高糯玉米品质的同时，产量的快速提高对于工业利用的重要性更加迫切。在今后糯玉米的科研育种中，应当注意新品种产量的提升，以满足糯玉米产业开发的新需求。

表 3　黄淮海糯玉米参试品种的产量水平分布

产量水平（kg/hm²）	2005 年	2006 年	2007 年	2008 年
<9 000	4			
9 001~10 500	11	4	1	2
10 501~12 000	13	8	7	7
12 001~13 500	4	6	4	5
13 501~15 000			1	1
>15 000				
品种数合计（个）	32	18	13	15
平均产量（kg/hm²）	10 457.3	11 442.0	11 554.5	1 1601.0

注：表中为符合条件的品种数，最后一行为平均产量

4　抗病虫性

参加黄淮海糯玉米区试品种田间抗病虫害的调查，从 2006 年起增加了粗缩病抗性调查，4 年的病虫害调查结果如表 4。

表 4　黄淮海糯玉米参试品种田间感病虫情况

病虫害	2005 年	2006 年	2007 年	2008 年	平均
大斑病（病级） 范围	1.48 (0.85~2.20)	1.33 (0.9~2.2)	1.19 (0.8~1.7)	1.07 (0.75~1.50)	1.27
小斑病（病级） 范围	1.20 (0.77~1.50)	1.09 (0.8~1.8)	1.12 (0.6~2.0)	1.19 (0.91~2.18)	1.15
弯孢菌叶斑病（病级） 范围	1.09 (0.69~1.50)	0.97 (0.6~1.4)	0.94 (0.6~1.2)	0.76 (0.58~1.25)	0.94
黑粉病（%） 范围	2.23 (0~13.26)	1.95 (0.1~6.3)	1.38 (0.1~5..5)	3.13 (0.22~12.94)	2.17
茎腐病（%） 范围	0.35 (0~2.00)	0.15 (0~0.8)	0.18 (0~0.5)	0.15 (0~0.73)	0.21
矮花叶病（%） 范围	1.51 (0.67~5.20)	0.77 (0.7~1.0)	0.54 (0.5~1.0)	1.61 (0.67~3.86)	1.11
粗缩病（%） 范围		2.09 (0.3~4.8)	3.32 (0.3~12.3)	2.43 (0.59~4.37)	2.61
玉米螟（%） 范围	5.21 (2.94~9.60)	5.09 (2.7~7.7)	5.15 (2.7~8.7)	4.22 (1.80~7.09)	4.92

从结果看，茎腐病和弯孢菌叶斑病发病较轻，而且感病程度呈下降趋势；大斑病、小斑病和矮花叶病的发病程度也不高，而且大斑病的病级下降趋势明显；黑粉病有增高的趋势，个别品种感病平均百分率高达 13.26%，试点最高感病率达到 37.5%；粗缩病的为害，也不容忽视，个别品种感病平均百分率 4.37%，试点最高感病率达到 27.0%；玉米螟的为害程度最高，感病平均百分率 4.92%，个别品种达到 7.09%，试点最高感病率达到 37.5%。

高抗病虫害，尤其是抗玉米生育后期的病害，是鲜食糯玉米育种的另一个重要指标。黑粉病病原菌侵染玉米果穗，引起籽粒腐烂，严重影响品质和降低产量，而且部分病原菌分泌的毒素对人畜有严重的毒副作用。灰飞虱传播的玉米粗缩病，对产量影响很大，一般减产 2~3 成，严重的将会达 5 成以上，甚至绝收。近年来，灰飞虱数量增加、带毒率升高，该病的发病率显著上升，并有继续加重的趋势。由于糯玉米富含营养和甜度高的特点，容易遭受虫害。虫蛀的糯玉米果穗外观品质降低。这些病虫害主要通过化学防治，农药残留伤害人体健康，破坏生态环境。另外，由于鲜食糯玉米果穗的采收期远远早于籽粒收获期，残留农药降解不彻底，更加剧了对人体健康的危害。因此，在糯玉米的整个生育期要少喷或不喷农药，高抗病虫害新品种的选育很重要。

5 讨论

通过对 2005—2008 年黄淮海糯玉米区试结果的比较分析，了解目前育种研究的进展和存在的主要问题，我们提出以下建议。

（1）糯玉米产业的大发展，离不开企业的参与和支持。企业在糯玉米新品种选育中所占的比重越来越大，下一步更应该鼓励企业在糯玉米产业化开发方面参与的力度，使其起到科研和市场开发之间的桥梁和纽带的作用，进一步促进糯玉米产业的大发展。

从黄淮海鲜食玉米区试结果看，甜玉米参试品种 2005 年 7 个，2006 年 5 个，以后就没有了。应该通过政策引导，鼓励科研单位和企业积极参与甜玉米育种和开发，培育甜玉米市场。

（2）糯玉米的糯性和皮厚薄是决定品质的主要限制因素。黄淮海糯玉米区试对照品种是苏玉糯 1 号，其糯性和果皮厚薄特性非常突出，决定了参试糯玉米品种在这两个重要指标上的突破很难。从区试结果品质评价的各项指标来看，与对照相比，在感官品质、柔嫩性、风味等指标上品质有所提高，但是较重要的糯性和果皮厚薄指标并没有得到提高。可见，糯玉米育种的主要方向是糯性和果皮厚薄的提高。

乐素菊等（2003）、罗高玲等（2005）、李余良等（2004）在甜玉米的柔嫩性和果皮厚度方面的研究可以借鉴，提出的果皮厚度的测量方法有参考价值。一种准确、快速、方便和可靠的果皮厚度的测量方法，对糯玉米育种很重要。

（3）评分标准有待改进，避免分值过于集中，不利于引导育种向提高品质的方向发展。史振声等（2006）提出改变鲜食玉米评分标准，重点突出糯（甜）性和果皮厚度的分值和比例，降低外观品质的分值和比例，促进重点品质性状的提高。库丽霞等（2009）在品质评价鉴定的主要方法、程序和技术方面的研究，保证在品质鉴定评价过程中每个技术环节操作的科学合理性。建议将国家糯玉米区域试验方案中规定的黄淮海夏播糯玉米品种适宜采收期为授粉后 23~26 天，更改为授粉后 21~24 天。

（4）产量是糯玉米经济性状的主要指标。糯玉米的产量指标，尤其对于工业和饲用糯玉米的经济性状更为重要。在重视糯玉米品质育种的同时，不能忽视产量育种。研究高产优质栽培技术，采用良种良法配套技术，不仅可以提高产量，更重要的是提高食用品质、加工品质和外观品质。

（5）糯玉米抗病虫能力的提高，不但关系到品质的提升，同时也影响到产量的提高。在今后的糯玉米育种中，注意将新的育种技术如基因工程技术、细胞工程定向加压诱变育种技术、孤雌生殖诱变技术、辐射诱变技术等和常规回交转育方法的有机结合，加速选育抗病虫能力较强的亲本系和杂交种。

参考文献

［1］ 乐素菊，等. 超甜玉米子粒乳熟期碳水化合物变化及食用品质［J］.华南农业大学学报（自然科学版），2003，24（2）：9-11.

［2］ 罗高玲，等. 多隐纯合体甜玉米主要品质性状的遗传规律［J］.玉米科学，2005，13（3）：6-9.

［3］ 李余良，等. 用显微测微尺测定超甜玉米果皮厚度初报［J］.广东农业科学，2004（增刊）：48-49.

［4］ 库丽霞，等. 黄淮海糯玉米区域试验品种品质评价的分析与研究［J］.中国农学通报，2009，25（08）：127-131.

［5］ 史振声. 鲜食玉米品种品质评价及标准的探讨［J］.玉米科学，2006，14（6）：69-70.

控制甜玉米果皮厚度相关 QTL 的初步定位[*]

胡建广[**]　杨子龙　于永涛　孙思思　李高科

（广东省农业科学院作物研究所，广州　510640）

摘　要：甜玉米的果皮厚度是影响甜玉米柔嫩度和口感的一个重要因素。本研究以日超-1×1021 的 BC_1F_2 作图群体为材料，利用 72 个亲本间存在多态性的 SSR 标记对 196 个家系的材料进行多态性分析，通过与表型性状的连锁分析，进行了果皮厚度 QTL 检测。结果发现 5 个影响果皮厚度的 QTL，分别位于第 1、第 2、第 3、第 6、第 8 号染色体上，其中两个表现为加性效应，两个表现为显性效应，一个表现为部分显性。这 5 个 QTL 解释的果皮厚度变异率在 6.6%~15.6%。

关键词：甜玉米；果皮厚度；QTL

食用品质是甜玉米最重要的商品特性。而籽粒柔嫩度和食用时的口感则是影响食用品质的重要因素。研究表明，籽粒果皮厚度是影响柔嫩度的主要因素之一，二者呈负相关关系（Bailey et al，1938；Ito and Brewbaker，1981；Tracy and Galinai，1987）。因此，降低果皮厚度就成为了育种家提高甜玉米食用品质的重要育种目标。先前研究表明，果皮厚度为数量性状，具有较高的遗传力，其中狭义遗传力高达 80%，并且几乎不受环境变化影响（Helm and Zuber，1969，1972；Ito and Brewbaker，1991）。通过世代均值分析（GMA）发现，控制玉米果皮厚度的基因在 2~5 个（Ito and Brewbaker，1991），且控制薄果皮的等位基因具有部分显性效应（Martin et al，1980），但也存在显著的上位性效应。Wang 等（2001）利用 RFLP 标记对一个玉米 RIL 群体进行过果皮厚度 QTL 检测，分别在染色体 1、2 和 6 上检测到了影响目标性状的 QTL，但只是进行了粗略定位，而且多年来一直未有后续研究报道。为了加快果皮厚度的遗传改良和品种选育，深入了解甜玉米果皮厚度的主要遗传机制，本研究以一个构建的 BC_1F_2 群体为研究材料进行了 QTL 定位，期望能够获得与果皮厚度相关的 QTL，为通过分子标记辅助选择降低品种的果皮厚度提供依据。

1　材料与方法

1.1　试验材料

日超—1 是本研究室创新得到的一份优良甜玉米自交系，果皮极薄，甜度高，适口性好。而另一份骨干自交系 1021 则具有相对较厚的果皮。将二者进行杂交获得 F_1，然后经回交和自交，获得了 196 个 BC_1F_2 家系，作为检测果皮厚度 QTL 的作图群体。

1.2　试验方法

1.2.1　群体的种植

亲本和家系材料在广东省农科院大丰试验基地种植。于幼苗期剪取叶片用于基因组 DNA 的提取。开花期后 25 天取玉米鲜苞，置于-3~-4℃冰柜，冷冻备用。

---

*　项目来源：国家"948"项目"甜玉米优质、抗逆资源引进创新利用（2006-G3-A）；国家玉米产业技术体系广州综合试验站资助项目

**　作者简介：胡建广，男，研究员，博士，主要从事特用玉米遗传育种研究；E-mail：jghu2003@263.net

1.2.2 果皮厚度的测量

果皮厚度的测量参照李余良等（2004）的方法进行：取出鲜苞，剥去苞叶，选取果穗中部籽粒，在解冻之前用刀片切下一小条籽粒顶部的果皮。用镊子选取双皮层、不粘糊粉层的果皮切片蘸水侧放紧贴在载玻片上，调焦，读下观测值并换算成果皮厚度值。进行10次重复，以其平均值作为该材料的果皮厚度值。

1.2.3 SSR 基因型鉴定和连锁图构建

从 MaizeGDB 数据库中选取均匀分布在基因组中的 400 对 SSR 引物进行合成。通过 PCR 从中筛选在亲本间有清晰差异的引物，在所有家系中进行基因型检测。PCR 产物采用聚丙烯酰胺凝胶电泳，银染法检测。记录数据时，带型与日超-1 相同的记为 A，与 1021 相同记为 B，杂合的记为 H。

1.2.4 QTL 分析

对表型数据进行重复间的方差分析，如果差异不显著，则取其平均值作为性状鉴定值，然后进行基本统计量分析。对基因型数据，在统计每个 SSR 位点多态性带型的基础上，排除掉偏分离严重的 SSR 位点，将其余的 SSR 位点用 MAPMAKER/EXP v3.0 软件构建遗传连锁图谱，用 MapChart v2.1 软件绘图。QTL 分析应用 WinQTLCart v2.5 和 PlabQTL v1.2 软件进行复合区间作图，采用的 LOD 阈值为 2.5。

根据 Edwards 等的建议，QTL 的基因作用方式用 DR 比值（即显性效应与加性效应的比值的绝对值）大小进行评估。如果 DR≤0.2，则基因效应为加性；如果 0.2<DR≤0.8，则基因效应为部分显性；如果 0.8<DR≤1.2，则基因效应为显性；如果 DR>1.2，则基因效应为超显性。每个 QTL 所解释的表型变异率（R^2）用 PlabQTL Version 1.2 软件分析得到。

2 结果与分析

2.1 群体果皮厚度分析

果皮厚度测定结果显示，日超-1 果皮厚度为 56.565μm，1021 果皮厚度为 100.234μm。196 个 BC_1F_2 家系的变异范围从 53.144μm 到 114.731μm，平均值为 81.632μm。群体整体上呈正态分布（图1），峰度为 0.000472，偏度为-0.00511，因此，可以直接用来进行 QTL 检测。

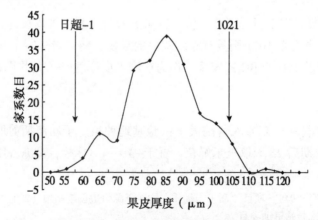

图1 日超-1×1021 的 BC_1F_2 群体中果皮厚度的频数分布

2.2 连锁图构建

经过引物筛选，在 400 对 SSR 引物中，共得到亲本间具有清晰差异且在家系中大致符合 1 : 2 : 1 分离的引物 81 对。获得这 81 对引物的标记数据后构建遗传连锁图。去掉一些无法连锁的标记，最终得到的连锁图谱含有 72 个 SSR 标记。总遗传距离 1 863.7 cM，标记间的平均距离为 26.25 cM（图 2）。

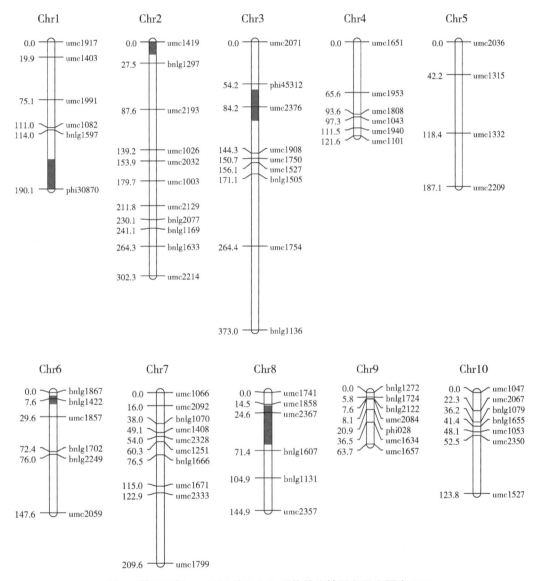

图 2 基于日超-1×1021 的 BC₁F₂ 群体的连锁图和果皮厚度 QTL

2.3 QTL 检测

利用 PLABQTL 软件和 WinQTLcart2.5 软件，通过复合区间作图法，共检测到 5 个影响果皮厚度的 QTL，分别位于染色体 1.09、2.01、3.01、6.01、8.04 区段上。这 5 个

QTL 解释的果皮厚度变异率在 6.6% ~ 15.6%，共解释了总变异的 44.6%（表 1，图 2）。另外，从 QTL 的作用方式上看，5 个 QTL 中的两个表现为加性效应，两个表现为显性效应，另外一个表现为部分显性。

表 1　果皮厚度 QTL 及相关遗传参数

QTL	染色体区段	QTL 位置	LOD	解释的表型变异率（R^2%）	加性效应	显性效应	作用方式
1	1.09	bnlg1597+72	3.32	7.5	-0.021	0.023	D
2	2.01	umc1419+0	3.45	7.9	0.020	0.003	A
3	3.01	phi453121+24	2.92	6.6	0.022	0.000	A
4	6.01	bnlg1422+0	7.23	15.6	0.048	0.046	D
5	8.04	umc2367+11	3.04	6.9	0.025	0.013	PD

＊QTL 位置为峰的位置，用位点加上从该位点向长臂方向的遗传距离（cM）表示

＊＊A 为加性效应，PD 为部分显性，D 为显性效应，OD 为超显性

3　讨论

玉米籽粒果皮厚度对甜玉米柔嫩度的重要影响早在 20 世纪 30 年代就已开始受到重视。后来经过长期研究，逐渐被明确属于数量性状，遗传力较高，受环境影响较小等遗传特征。但其遗传机理和分子机制仍不清楚。Wang 等（2001）曾在染色体 1、2 和 6 上检测到了影响果皮厚度的 QTL，解释了总表型变异的 37.3%。Choe 等也在糯玉米果皮厚度 QTL 研究中检测到 9 个 QTL，分别位于染色体 1.10、2.06、3.00、4.01、4.07、6.00、6.05、8.05 和 9.04 上（Choe et al, 2009）。本研究中初步检测到了 5 个果皮厚度相关 QTL，分别位于 1、2、3、6 和 8 号染色体上，共解释了总表型变异的 44.6%。这个结果与上述两项研究中得出的结论是大体一致的，染色体 1、6、8 上的 QTL 也与 Choe 所报道相应 QTL 处于相近区域。综合上述研究，在染色体 1、2、3、6 和 8 上存在影响果皮厚度的功能位点的可能性较大，这也支持了先前的一项研究中通过世代均值分析法发现控制玉米果皮厚度的基因在 2~5 个之间的结论（Ito and Brewbaker, 1991）。

在遗传效应方面，本研究中的 5 个 QTL 分别表现为加性、显性及部分显性。在前人研究中，Martin 曾报道过控制玉米薄果皮的等位基因具有部分显性效应（Martin et al, 1980）。另外，在爆裂玉米中薄果皮主要由一个显性基因控制，而厚果皮是在一些修饰基因的作用下产生的（Richardson, 1960）。而在甜玉米的研究中也发现，利用多个甜玉米材料与具有薄果皮的大刍草杂交，得到的 F_1 代均表现同大刍草亲本类似的薄果皮，表明相对于所用甜玉米材料，大刍草中也可能存在控制薄果皮的显性基因（Tracy et al, 1978）。而本研究中所用甜玉米材料，特别是薄果皮材料日超-1 中是否也存在一个控制薄果皮的显性等位基因，也还需要进一步研究。

由于籽粒的取样部位不同，果皮厚度也不一致（Wang et al, 2001）。为了尽量减少表型测定过程中的误差，本研究中所测的果皮全部来自于籽粒顶部。另外，本研究在果皮厚度测定时，每个家系材料均取至少 10 个籽粒作为重复进行测定。需要指出的是，果皮厚度也受采收期的影响（Helm et al, 1970）。由于所有家系的授粉期不可能完全一致，因而

这部分表型变异仍然会对结果有一些影响。另外，本研究所构建的图谱标记密度仍然有限，因此，上述 QTL 定位研究还只是初步结果。本研究将继续致力于增加图谱的标记密度，并着重跟踪上述 5 个 QTL 区域，为果皮厚度 QTL 精细作图及随后在育种研究中的应用创造条件。

参考文献

［1］ Bailey D M and Bailey R M. The relationship of pericarp to tenderness in sweet corn ［J］. Proc. Amer. Soc. Hortic. Sci. , 1938, 36: 555−559.

［2］ Ito G M and Brewbaker J L. Genetic advance through mass selection for tenderness in sweet corn ［J］.J Amer Hort Sci. , 1981, 106: 496−499.

［3］ Tracy W F, Galinai W C. Thickness and cell layer number of the pericarp of sweet corn and some of its relatives ［J］. HortScience, 1987, 22: 645−647.

［4］ Helm J L, Zuber M S. Pericarp thickness on dent corn inbred lines ［J］.Crop Sci. , 1969, 9: 803−804.

［5］ Helm J L, Zuber M S. Inheritance of pericarp thickness in corn belt maize ［J］.Crop Sci. , 1972, 12: 428−430.

［6］ Ito G M, Brewbaker J L. , Genetic analysis of pericarp thickness in progenies of eight corn hybrids ［J］.J Amer Soc Hort Sci. , 1991. 116: 1 072−1 077.

［7］ Martin S S, Loesch P J, Wiser W J. A simplified technique for measuring pericarp thickness in maize ［J］.Maydica, 1980, 25: 9−16.

［8］ Wang B, Brewbaker JL. Quantitative trait loci affecting pericarp thickness of corn kernels ［J］.Maydica, 2001, 46: 159−165.

［9］ 李余良, 林瑞德, 胡建广, 等. 用显微测微尺测定超甜玉米果皮厚度初报 ［J］.广东农业科学, 2004, 增刊: 48−49.

［10］ Bassam B J, Caetano−Anolles G, Gresshoff PM. Fast and sensitive silver staining of DNA in polyacrylamide gels ［J］.Anal Biochem, 1991, 196: 80−83.

［11］ Lander E S, Green P, Abrahamson J, et al. MAPMAKER: an interactive computer package for constructing primary genetic linkage maps of experimental and natural populations ［J］.Genomics, 1987, 1: 174−181.

［12］ Voorrips R E. MapChart: Software for the graphical presentation of linkage maps and QTLs ［J］.Journal of Heredity, 2002, 93: 77−78.

［13］ Wang S, Basten C J, Zeng Z B. Windows QTL Cartographer 2. 5 Department of Statistics, North Carolina State University, Raleigh, NC. （http: //statgen. ncsu. edu/qtlcart/ WQTLCart. htm）, 2007.

［14］ Utz H F, and Melchinger AE. PlabQTL: A program for composite interval mapping of QTL ［J］.Journal of Agricultural Genomics, 1996, 2: 1−5.

［15］ Edwards M D, Stuber C W, Wendel JF. Molecular−marker−facilitated investigations of quantitative trait loci in maize. I. Numbers, genomic distribution and types of gene action ［J］.Genetics, 1987, 116: 113−125.

［16］ Choe E, Rocheford T. Marker assisted breeding for desirable thinner pericarp thickness and favorable ear traits in fresh marker waxy corn germplasm. 51th annual maize genetics conference. 2009. Program and Abstracts. P211.

［17］ Richardson D L. Pericarp Thickness in Popcorn ［J］.Agron J. , 1960, 52: 77−80.

［18］ Tracy W F, Chandravadana P, Galinat WC. More on pericarp and aleurone thickness in maize and its relatives ［J］. Maize Genetics Cooperation Newsletter, 1978. 52: 60−62.

［19］ Helm J L, Zuber M S. Effect of harvest date on pericarp thickness in dent corn ［J］.Can J Plant Sci. , 1970, 50: 411−413.

密度对苏玉糯 14 鲜穗的影响 *

陆虎华** 薛 林 胡加如 陈国清 黄小兰 石明亮

（江苏沿江地区农业科学研究所，如皋 226541）

摘 要：设 3 000 株/亩、3 500 株/亩、4 000 株/亩、4 500 株/亩、5 000 株/亩、5 500 株/亩 6 个密度水平，研究密度对苏玉糯 14 鲜穗的影响。结果表明：密度对苏玉糯 14 鲜穗产量的影响是巨大的，而密度主要通过影响有效穗和单穗鲜重来影响产量的。当密度在 4 500 株/亩时，群体有效穗数较多，空秆率较低，鲜穗秃尖较短，单穗鲜重、鲜百粒重、单穗鲜籽重、鲜出籽率均较高，果穗商品性较好，且鲜穗产量达最高，因此，种植苏玉糯 14 的最佳经济密度为纯作 4 500 株/亩。

关键词：密度；苏玉糯 14；鲜穗

苏玉糯 14（原代号 SW503）系江苏沿江地区农科所以自选系 W5 和 W68 组配而成。2008 年 9 月通过国家农作物品种审定委员会审定。2005—2006 年国家东南鲜食糯玉米组品种区域试验中，苏玉糯 14 两年平均亩产（鲜穗）837.5kg，比对照苏玉（糯）1 号增产 29.9%，鲜食品质 86.9 分，超过对照，采收期比对照早 1~2 天，抗病抗倒性强，是早熟、优质、高产的白糯玉米新品种，有着较大的推广应用价值。本试验研究不同密度对苏玉糯 14 鲜穗的影响，旨在为该品种的推广应用提供科学依据。

1 材料与方法

试验于 2008 年秋在江苏沿江地区农科所试验田内进行。试验田地势平坦，灌排方便，沙质壤土，耕作层 0~20cm，土壤含氮 0.18%，速效磷 134.6mg/kg，速效钾 158.8mg/kg。供试品种苏玉糯 14。

1.1 试验设计

密度采用单因素随机区组设计，小区面积 20m²，重复 3 次。设 A₁（3 000 株/亩）、A₂（3 500 株/亩）、A₃（4 000 株/亩）、A₄（4 500 株/亩）、A₅（5 000 株/亩）、A₆（5 500 株/亩）共 6 个处理，其他栽培技术同一般大田栽培。

1.2 测定项目与方法

鲜穗采收期记载小区鲜穗产量，考察鲜穗产量构成、果穗性状、节根数及植株性状。连续调查 50 株确定空秆率和双穗率。

---

* 基金项目：江苏省农科院基金资助项目（编号：6210721）；江苏省高技术研究项目（编号：BG2005309）

** 作者简介：陆虎华，男，江苏启东人，农学学士，助理研究员，从事玉米育种及栽培研究工作。参加育成了普通玉米品种：苏玉 9 号、10 号、13、14、15、19、22、24、25；糯玉米品种：苏玉糯 2 号、3 号、4 号、5 号、8 号、9 号、10 号、11、12、13、14、18 等

2 结果与分析

2.1 不同处理鲜穗产量及产量构成的差异

表 1 指出：苏玉糯 14 的鲜穗产量在 4 500 株/亩时达最高，3 000株/亩时最低；单穗鲜重随密度的增加呈直线下降趋势，仅 A_3 与 A_4 间差异不显著，其他各处理间差异显著；空秆率在 3 000~4 000 株/亩时较低或接近零，在 4 500~5 500 株/时随着密度的增加而显著增加。有效穗在 4 500 株/亩时达最大，此后虽然密度增加，但由于空秆率的上升，有效穗并没有显著增加。鲜穗产量的方差分析（表 2）表明，区组间差异极小，差异主要来自处理间，即密度对鲜穗产量的影响是巨大的，而密度主要通过影响有效穗和单穗鲜重来影响产量的，如密度在 4 500 株/亩时，有效穗数多且有着较高的单穗鲜重，故鲜穗产量最高。

表 1 密度对鲜穗产量及其构成的影响

处理	区产 （kg/20m²）	产量 （kg/hm²）	单穗鲜重 （g）	有效穗 （个/20m²）	空秆率 （%）	产量位次
A_1	21.25a	10 623.9	233.5a	91	0.0	6
A_2	24.06b	12 028.8	227.1b	106	0.0	5
A_3	27.03c	13 513.6	225.9c	119	0.8	2
A_4	28.09d	14 043.6	223.5c	125	7.4	1
A_5	25.22e	12 608.7	209.5d	121	19.3	4
A_6	25.63f	12 813.7	199.8e	128	22.4	3

注：竖向小写字母表示差异在 0.05 水平显著

表 2 鲜穗产量的方差分析

变异来源	DF	SS	MS	F	$F_{0.05}$	$F_{0.01}$
区组间	2	0.34	0.17	3.14	4.10	7.58
处理间	5	86.51	17.3	343.47＊＊	3.33	5.64
误差	10	0.50	0.05			
总变异	17	87.35				

＊＊表示 0.01 水平显著

2.2 密度对穗部性状的影响

表 3 密度对穗部性状的影响

处理	单穗鲜籽重 （g）	鲜百粒重 （g）	鲜出籽率 （%）	穗长 （cm）	穗粗 （cm）	行/穗	粒/行	秃尖长 （cm）
A_1	174.8a	41.25a	74.7a	19.2a	4.87a	13.8a	35.4a	1.5f
A_2	165.5b	41.24a	73.6b	19.0a	4.80b	13.3b	35.0a	1.95e
A_3	165.1c	40.00b	73.2b	18.9a	4.80b	13.1bc	34.4b	2.25d
A_4	164.9c	38.85c	72.5c	18.9a	4.78b	12.9cd	33.3c	2.5c
A_5	150.3d	38.35d	71.7d	18.7a	4.78b	12.7d	33.1c	3.3b
A_6	140.7e	38.00e	70.4e	18.6a	4.76b	12.7d	31.9d	3.8a

注：竖向小写字母表示差异在 0.05 水平显著

表3指出,密度对苏玉糯14的秃尖影响最显著,A_1的秃尖最短,A_6的秃尖最长,各处理间秃尖的差异均达显著水平;而对穗长的影响最小,各处理间穗长差异不显著;对穗粗的影响也不大,除A_1外,其他各处理间穗粗差异不显著。单穗鲜籽重以A_1最高,A_3与A_4的单穗鲜籽重差异不显著,其他各处理间单穗鲜籽重差异显著;A_1与A_2的鲜百粒重差异不显著,其他各处理间鲜百粒重差异显著;鲜出籽率也以A_1最高,A_2与A_3的鲜出籽率差异不显著,其他各处理间鲜出籽率差异显著;A_1的穗行数最大,A_2与A_3穗行数差异不显著,A_4、A_5、A_6三个处理穗行数差异不显著;A_1与A_2,A_4与A_5的行粒数差异不显著。

2.3 密度对植株性状的影响

表4 密度对植株性状的影响

处理	株 高 (cm)	穗位高 (cm)	茎 粗 (cm)	气生根 (条/棵)
A_1	207.5	80.9	2.25	39
A_2	208.4	82.6	2.16	32
A_3	215.4	83.2	2.11	31
A_4	215.6	83.5	2.10	28
A_5	218.4	85.9	2.09	26
A_6	218.5	88.2	2.08	26

由表4可见,苏玉糯14的株高、穗位高随密度的增加而上升,茎粗、气生根随密度的增加而下降,说明稀密度有利于苏玉糯14植株矮壮,发达的气生根形成。

3 结论

密度对苏玉糯14鲜穗产量的影响是巨大的,而密度主要通过影响有效穗和单穗鲜重来影响产量的,密度对鲜穗秃尖的影响最显著,随着密度的增加,鲜穗秃尖显著增长,群体空秆率增加,株高和穗位高均呈上升趋势。当密度在4 500株/亩时,群体有效穗数较多,空秆率较低,鲜穗秃尖较短,单穗鲜重、鲜百粒重、单穗鲜籽重、鲜出籽率均较高,果穗商品性较好,且鲜穗产量达最高,因此,种植苏玉糯14的最佳经济密度为纯作4 500株/亩。

参考文献

[1] 陆卫平,蔡志飞,赵祥祥,等.不同时期施用氮肥对苏玉糯1号产量形成的作用 [J].扬州大学学报,2006(1):自然科学版,14-18.

[2] 陆虎华,陈国清,胡加加,等.氮肥运筹对苏玉糯5号鲜穗产量形成的作用 [J].安徽农学通报,2008(14):63-65.

[3] 杨耿斌,谭福忠,王新江,等.不同密度对青贮玉米产量与品质的影响 [J].玉米科学,2006(5):115-117.

糯玉米支链淀粉与农艺性状的相关及通径分析

刘鹏飞* 曾慕衡 蒋锋 王晓明**

（仲恺农业工程学院农林学院，广州 510225）

摘 要：通过对糯玉米支链淀粉含量与主要农艺性状之间的相关性进行了分析。结果表明：支链淀粉与株高、穗位叶面积呈显著正相关，与雄穗分支数呈显著负相关；与雄穗长、穗长呈极显著正相关。在实践选择中，可以通过这几个农艺性状来选择高支链淀粉。为了进一步明确各农艺性状与支链淀粉的直接效应与间接效应，进行通径分析，各农艺性状对支链淀粉的通径系数顺序为穗位叶面积 > 百粒重 > 株高 > 穗粗 > 穗长 > 雄穗长 > 行粒数 > 茎粗 > 穗行数 > 穗位高 > 雄穗分支数。

关键词：糯玉米；支链淀粉；农艺性状；通径分析

糯玉米作为一种特用玉米其用途主要用作鲜食及工业加工等多种开发利用用途。在国外，糯玉米主要用于工业加工，提取支链淀粉，其透明度和稳定性远高于普通玉米淀粉使糯玉米淀粉特别适合于食品加稠剂、制罐和冷冻食物。而在造纸和民用工业上作粘合剂是糯玉米淀粉的另一重要用途[1]。随着食品工业和经济的发展，中国已成为糯玉米淀粉消费最具潜力的市场，工业型糯玉米品种的选育已经提上日程[2,4-5]。在国内，糯玉米因具有皮薄渣少、软黏细腻、清香微甜的优良口感而被开发成一种鲜食型玉米[3]。多年来糯玉米的育种工作和有关遗传研究也是以此为中心展开的。

在育种实践中，农艺性状表现直接而突出，在后代群体中可以直接选择，农艺性状在玉米育种中是很重要的指标，但是农艺性状与品质性状的关系很少有人研究，支链淀粉是影响糯玉米食用品质、工业加工品质的关键性状[5-7]。在选育优良品质的糯玉米时，应该充分考虑品质性状与各主要农艺性状间的相关性，利用它们之间的相关性，和遗传通径分析可以提高选择的效率和加快育种进程，减轻育种工作量。

1 材料与方法

1.1 试验材料

试验采用仲恺农业技术学院玉米课题组选育和引进的 8 个主要遗传差异较大、籽粒品质不同的糯玉米优良自交系，代号分别为 N4、N7、N8、N23、N27、N28、N34、N46。根据 Griffing 方法 II 组配杂交组合，得到 28 个杂交组合。

1.2 实验设计与方法

2007 年 3 月上旬在仲恺农业技术学院钟村农场种植亲本自交系，按双列杂交 Griffing II 设计组配杂交组合。2007 年 9 月初，种植上半年组配的杂交组合和亲本自交系，田间按随机区组设计，3 次重复。每小区挂牌标记、套袋，严格人工授粉，用来取样作品质分

---

* 作者简历：刘鹏飞，男，助教，研究方向为鲜食型甜糯玉米育种栽培；E-mail：lpf2004buildit@ya-hoo.com.cn

** 通讯作者：王晓明，男，教授，主要从事特种玉米新品种选育及高产优质栽培研究

析。每小区选取连续 10 株具有典型性状的植株调查株高、茎粗、穗位高、穗位叶面积等农艺性状，采收后在室内测量穗长、穗粗、行粒数、穗行数等穗部性状。授粉后 22 天采样，每份材料每小区每次采 3 个果穗，用来测定品质，以单株收获的果穗为单位进行品质指标测定。

1.3 支链淀粉的测定方法

先将鲜籽粒放在干燥箱中 110℃ 下杀青，再在 65～70℃ 下烘干至恒重。测量前先用微量进样粉碎机将籽粒粉碎，过 100 目筛，用电子天平准确称取 0.2g，再采用蒽酮比色法测定籽粒的支链淀粉[8-9]。每个果穗测 3 次重复，取平均值作为该样品的观察值。

1.4 统计方法

使用 DPS v3.01 数据处理系统和 Excel 软件进行数据分析。

2 结果与分析

由表可以看出，支链淀粉与株高（0.404 71*）、穗位叶面积（0.416 99*）呈显著正相关，与雄穗分支数（-0.440 38*）呈显著负相关；与雄穗长（0.554 59**）、穗长（0.559 05**）呈极显著正相关。在实践选择中，可以通过这几个直接性状来选择高支链淀粉。为了进一步明确各农艺性状与支链淀粉的直接效应与间接效应，进行通径分析，结果见表 1。各农艺性状对支链淀粉的通径系数顺序为穗位叶面积＞百粒重＞株高＞穗粗＞穗长＞雄穗长＞行粒数＞茎粗＞穗行数＞穗位高＞雄穗分支数，为进一步研究它们之间是如何相互影响的，进行间接效应比较。

表　糯玉米支链淀粉与主要农艺性状间的遗传相关及通径分析

性状代码	相关系数	直接影响	间接效应											
			总和	株高 X1	穗位高 X2	茎粗 X3	穗位叶面积 X4	雄穗长 X5	雄穗分支数 X6	穗长 X7	穗粗 X8	穗行数 X9	行粒数 X10	百粒重 X11
X1	0.404 71*	0.228 49	0.176 22		-0.167 45	-0.049 96	0.292 46	-0.038 15	0.048 21	0.070 68	0.078 62	-0.037 89	-0.048 25	0.027 95
X2	0.164 51	-0.211 73	0.376 23	0.180 71		-0.067 92	0.264 87	-0.012 07	0.009 89	0.044 98	0.069 01	-0.066 45	-0.025 55	-0.021 24
X3	0.172 84	-0.136 06	0.308 91	0.083 9	-0.105 7		0.273 66	-0.022 1	-0.016 55	0.050 6	0.032 73	-0.046 19	-0.039	0.097 56
X4	0.416 99*	0.425 99	-0.009	0.156 87	-0.131 65	-0.087 41		-0.052 67	0.017 78	0.075 49	0.074 42	-0.042 47	-0.055 48	0.036 12
X5	0.554 59**	-0.077 75	0.632 34	0.112 1	-0.032 87	-0.038 68	0.288 61		0.082 67	0.079 28	0.048 07	0.055 62	-0.067 22	0.104 76
X6	-0.440 38*	-0.360 24	-0.080 14	-0.030 58	0.005 82	-0.006 25	-0.021 03	0.017 84		-0.046 09	0.002 27	-0.066 43	0.012 23	0.052 08
X7	0.559 05**	0.113 42	0.445 64	0.142 39	-0.083 97	-0.060 7	0.283 53	-0.054 35	0.146 39		0.062 6	0.004 37	-0.066 44	0.071 82
X8	0.309 22	0.124 45	0.184 76	0.144 34	-0.117 41	-0.035 78	0.254 72	-0.030 03	-0.006 58	0.057 05		-0.084 28	-0.050 54	0.053 27
X9	-0.200 06	-0.174 79	-0.025 25	0.049 54	-0.080 49	-0.035 95	0.103 5	0.024 74	-0.136 92	-0.002 83	0.060 01		-0.008 38	0.001 53
X10	0.362 33	-0.110 9	0.473 24	0.099 4	-0.048 77	-0.047 85	0.213 1	-0.047 13	0.039 72	0.067 95	0.056 72	-0.013 21		0.153 31
X11	0.299 78	0.347 05	-0.047 28	0.018 4	0.012 96	-0.038 25	0.044 33	0.023 47	-0.054 04	0.023 47	0.019 1	-0.000 77	-0.048 99	

株高与支链淀粉的直接通径系数 P = 0.228 49，是正向的，在所分析的主要农艺性状中雄穗长的间接效应也为正效应（0.176 22）。株高通过穗位叶面积、雄穗分支数、穗长、穗粗、百粒重对支链淀粉有不同程度的正向间接效应，其中，株高通过穗位叶面积对支链

淀粉的正向间接效应最大。通过其他性状所起的间接效应为负效应，最终结果为支链淀粉与株高呈显著正相关。因此，可以通过增高株高高度来提高支链淀粉。

穗位叶面积与支链淀粉的直接通径系数 P = 0.425 99，是正向的，但在所分析的主要农艺性状中雄穗长的间接效应具有较小负效应（-0.009）。穗位叶面积通过株高、雄穗分支数、穗长、穗粗、百粒重对支链淀粉有不同程度的正向间接效应，通过其他性状所起的间接效应为负效应，其中，穗位叶面积通过株高对支链淀粉的正向间接效应最大。最终结果为支链淀粉与穗位叶面积呈显著正相关。因此，可以通过增加穗位叶面积来提高支链淀粉。

雄穗长与支链淀粉的直接通径系数 P = -0.077 75，是负向的，但在所分析的主要农艺性状中雄穗长的间接效应为较大正效应（0.632 34）。雄穗长通过株高、穗位叶面积、雄穗分支数、穗长、穗粗、穗行数、百粒重对支链淀粉有不同程度的正向间接效应，通过其他性状所起的间接效应为负效应，最终结果为支链淀粉与雄穗长呈极显著正相关。因此，可以通过增加雄穗长来提高支链淀粉。

穗长与支链淀粉的直接通径系数 P = 0.113 42，是正向的，在所分析的主要农艺性状中穗长的间接效应为较大正效应（0.445 64）。雄穗长通过株高、穗位叶面积、雄穗分支数、穗粗、穗行数、百粒重对支链淀粉有不同程度的正向间接效应，通过其他性状所起的间接效应为负效应，最终结果为支链淀粉与雄穗长呈极显著正相关。因此，可以通过增加穗长来提高支链淀粉较为理想。

雄穗分支数与支链淀粉的直接通径系数 P = -0.360 24，是负向的，在所分析的主要农艺性状中雄穗分支数的间接效应也为负效应（-0.080 14）。雄穗分支数通过株高、茎粗、穗位叶面积、穗长、穗行数对支链淀粉有不同程度的负向间接效应，其中雄穗分支数通过穗行数对支链淀粉的负向间接效应最大。通过其他性状所起的间接效应为正效应，最终结果为支链淀粉与雄穗长呈显著负相关。因此，可以通过减少雄穗分支数来提高支链淀粉。

3 讨论

支链淀粉是糯玉米的关键品质性状，所以在糯玉米品质育种中，要加强研究其与主要农艺性状间的相关性研究，来指导糯玉米品质育种工作。在甜玉米方面，关于品质性状与农艺性状的相关性研究较多，王振华[10]在研究甜玉米品质性状与部分农艺性状相关性中指出：含糖量与穗柄长、苞叶数呈极显著负相关，因此，可适当减少苞叶数和缩短穗柄长来间接提高甜玉米含糖量和其他品质。但关于糯玉米品质性状与农艺性状的相关性研究鲜有报道。

糯玉米支链淀粉含量与雄穗性状的相关最为密切，与雄穗分支数呈显著负相关，与雄穗长呈极显著正相关。株高、穗位叶面积、穗长与糯玉米支链淀粉含量均呈极显著正相关。穗位高、茎粗对支链淀粉含量的直接影响为负相关，但穗位叶面积的较强正相关，使得它们也显示出与支链淀粉的正相关。穗粗对支链淀粉的直接影响为正相关，穗位叶面积的较强正向影响增强了它与支链淀粉的正相关。穗行数对支链淀粉的直接影响为负的，通过其他性状产生的间接影响也为负的，因此，穗行数与其呈负相关。行粒数对支链淀粉的直接影响为负的，但通过株高和穗位叶面积的间接正向作用，使其与支链淀粉呈正相关；

百粒重通过其他性状对支链淀粉的间接影响为负向的，但其自身的直接影响为正向，最终呈正向相关。

参考文献

［1］ 王琴，冯颖竹，温其标．糯玉米淀粉的改性及其在轻工业中的应用［J］.玉米科学，2006，14（2）：70-174.

［2］ 庄铁城，魏凤乐，王月．玉米淀粉含量的遗传育种［J］.中国农学通报，1993，9（6）：6-9.

［3］ 王晓明，张璧．广东省特用玉米可持续发展的战略选择．食用玉米研究进展——中国首届学术讨论会文集［C］.济南：山东科学技术出版社，2001：70-81.

［4］ 许金芳，贾世锋，刘志先，等．糯玉米杂交种选育和加工利用的研究［J］.玉米科学，1993，1（4）：8-10.

［5］ 党拥华，李克祥，杨德亮，等．糯玉米及其开发利用［J］.黑龙江农业科学，1996（5）：35-36.

［6］ 李新海，白丽，彭泽斌，等．糯玉米育种技术研究进展［J］.玉米科学，2003，11（专刊）：14-16.

［7］ 许崇香．糯玉米的研究进展［J］.玉米科学，1995，3（3）：16-18.

［8］ 周淑梅．甜玉米果皮厚度与可溶性总糖变化规律的研究［D］.广州：华南农业大学，2004.

［9］ 华东师范大学生物系植物生理学教研室主编．植物生理学实验指导［M］.北京：高等教育出版社，1985：26.

［10］ 王振华．甜玉米品质性状与部分农艺性状的相关分析［J］.玉米科学，1998，6（2）：22-25.

迪甜 10 号的选育及其种植方式探讨[*]

王俊花[**1]　邵林生[1]　程永钢[1]　李艳芬[2]　闫建宾[1]　王瑞钢[1]　庞　旭[1]　梁海英[1]

（1. 山西省农业科学院高粱研究所，晋中　030600；

2. 武乡县良种推广服务中心，武乡　046300）

摘　要：迪甜 10 号是以自选自交系 919 为母本，737 为父本杂交育成的超甜玉米杂交种，2011 年通过山西省品种审定委员会审定（晋审玉 2011024）。2008 年、2010 年参加山西省区域试验，平均鲜果穗产量为 11 628.0 kg/hm²。生育期 77.8 天，属于特早熟品种，提早栽培优势明显。籽粒黄白色，品质属于上等水平。2009—2010 年参加生产试验，可进行 2 茬种植，第 1 茬平均鲜果穗产量为 12 802.5 kg/hm²，第 2 茬平均鲜果穗产量为 9 690.0 kg/hm²。上市时间在提早、延后市场，经济效益显著。该品种抗病抗逆性较强，适应性广，高产稳产，适于积温 2 300 ℃以上地区种植。

关键词：迪甜 10 号；选育；种植方式；栽培技术；种子繁育；提早栽培

　　甜玉米是一种水果蔬菜型专用鲜食玉米，水果的特征表现在乳熟时能当水果生食，蔬菜的特征体现为最适宜在蔬菜地里生长，苗期管理与蔬菜相似，采收对象是乳熟时的鲜果穗。种植甜玉米每公顷仅需投入种子、肥料、农药等 3 750 元左右，而每公顷毛收入却能达到 22 500 元左右，纯利润 18 750 元左右。果穗采收后每公顷还可得到 45t 左右、保绿度为 98%的鲜玉米秆，可加工成青贮饲料喂牲畜，进一步提高超甜玉米种植的综合效益，是进行农业结构调整，发展城郊型农业，增加农民收入的有效途径之一。

　　超甜玉米（super sweet corn）是玉米（*Zea mays* L.）的一个类型，主要用于加工罐头食品和作为新鲜水果及速冻食品。超甜玉米的田间管理与普通玉米也很相似，易栽易管，是一种投资少、回报高的优良作物。超甜玉米成株后抗性很强，无须像蔬菜一样经常喷施农药，整个生长期间仅用药 2~3 次防治地下害虫、玉米螟等即可，并且最后一次用药时间是在籽粒发育前就已完成，生产出来的鲜果穗味美、营养、安全。而且采收期和贮藏期可达 1 周左右。目前山西省乃至全国适合商品化生产的超甜玉米品种种类较少，品质一般，产量较低，直接影响到种植户利益[1-4]。因此，选育生育期适中或早熟、高产优质、综合性状优良的超甜玉米新品种及其适宜种植方式就显得尤为重要。

1　亲本选择与选育过程

1.1　亲本选择及特征

　　亲本的选择与组合的配制是决定育种成败的关键。父、母本均为山西省农业科学院高粱所经 7 年系谱法选育出的优良自交系，母本为 919，父本为 737。

　　母本 919 幼苗叶鞘绿色，叶片绿色，叶缘绿色，株高 126cm，穗位 35cm，穗长 16cm，

---

　*　基金项目：山西省农业科学院育种工程项目（11yzgc026）

　**　作者简介：王俊花，女，助研，硕士，主要从事鲜食玉米育种研究工作；E-mail：wangjunhua73@163.com

穗粗 4cm，穗行数 12 行，籽粒白色，植株属松散型，叶片浓绿平披。该自交系配合力高、抗病性好、花粉量大、株型松散、品质上等、穗长、粒大。

父本 737 幼苗叶鞘绿色，叶片浅绿色，叶缘浅绿色，株高 94cm，穗位 17cm，穗长 11cm，穗粗 3.5cm，穗行数 14 行，籽粒橘黄色，植株属半紧凑型，叶窄半上冲。该自交系抗病性强，花粉量大，配合力高、品质中上等、叶片平披、果穗筒形、粒小。

1.2 杂交种选育

父、母本于 2006 年进行组合杂交，杂交后代田间表现整齐、穗位基本一致，抗病抗逆性强，杂交优势明显，经蒸煮、品尝后，品质上等，植株后期保绿好，被确认为优势组合。2007 年在高粱研究所鉴定表现突出，特早熟、品质优良，产量稳定、抗性较强。2008 年、2010 年参加山西省区域试验，2009—2010 年参加生产试验。2011 年通过山西省农作物品种审定委员会审定，定名为迪甜 10 号。

2 选育结果

2.1 特征特性

迪甜 10 号幼苗芽鞘绿色，株形半紧凑，株高 150cm，穗位 32cm，雄穗分枝 18~22 个，花粉黄色，花丝绿色，穗轴白色，穗行 16 行，穗长 19.5cm，穗粗 4.5cm，穗型短锥，粒型马齿粒，籽粒黄白两色。生育期 77.8 天，属特早熟品种，结合优良的栽培措施，在适宜地区可种 2 茬。

该品种适应性广，适于积温 2 300℃以上地区种植。

2.2 抗病性鉴定（表）

表 抗病性鉴定结果

病害名称	病原菌种类及小种	抗性评价
玉米丝黑穗病	玉米丝轴黑粉菌	S
玉米大斑病	大斑凸脐蠕孢混合菌	S
玉米茎腐病	串珠镰刀菌+肿囊腐病菌	MR
玉米穗腐病	串珠镰刀菌	MR
玉米矮花叶病	SMV-MDB	MR
玉米粗缩病	MRDV	S

2.3 品质分析

感官品质好，蒸煮品质佳，总糖含量 20.6%，皮厚度 $78.3×10^{-3}$mm。

2.4 产量表现

2008—2010 年参加山西省鲜食玉米品比试验，平均鲜果穗产量为 11 628.0kg/hm^2，品质属于上等水平。出苗至采收天数为 77.8 天，属于特早熟品种，提早栽培优势明显。

2009—2010 年在榆次东阳、太谷范村参加生产试验，可进行 2 茬种植，第 1 茬平均鲜果穗产量为 12 802.5kg/hm^2，第 2 茬平均鲜果穗产量为 9 690.0kg/hm^2。上市时间在提早、延后市场，经济效益显著，公顷收入可达45 000~52 500 元。

3 栽培技术要点

3.1 选地及隔离种植

迪甜 10 号必须与其他玉米隔离 300m 以上，防止串粉，影响品质。并尽可能选择地块平整、地质松软、水肥条件较好的地块种植。

3.2 精细播种

甜玉米顶土力差，幼苗瘦弱，因此，播种时必须认真选种，精细整地，足墒浅播，细土盖种，防止板结。当 5cm 地温稳定在 12℃ 以上即可播种。山西省一般为 4 月下旬到 5 月上旬进行播种。播后用脚踩实，以保证种子和土壤充分接触，播深 3cm 左右。种植者可以按照实际需要调节播种期，错开采收期，尽可能长时间满足市场需求，达到高效栽培的目的。

3.3 栽培密度

根据试验结果，适宜种植密度为 52 500 株/hm^2。

3.4 及时去分蘖

在幼苗高 40cm 左右时要及时彻底去除分蘖，防止养分浪费、流失。在拔节前也要根据生长情况及时去除又抽出的分蘖。

3.5 合理施肥，及时灌溉

播前应施足基肥，每公顷可施充分腐熟的粪肥 15 000kg 或鸡粪 2 250kg，外加三元复合肥 1 500kg。5 片叶时，结合浅松土、小培土，每公顷追施尿素 150kg，氯化钾 112.5kg。大喇叭口期，每公顷追施尿素 225~300kg，氯化钾 225kg 培土。在抽雄前，每公顷追施尿素 150kg，氯化钾 112.5kg，每次追肥都深施严埋，在拔节期和孕穗期要根据墒情，及时灌溉，保证植株有充足的水分吸收。

3.5 病虫害防治

甜玉米主要虫害是玉米螟[5]，防治玉米螟可在玉米喇叭口前，用 500~600 倍液杀虫单喷雾防治。喇叭口期用苏云金杆菌粉剂 750g 加水 1 500kg 灌心叶，也可用 Bt 乳剂 1.5~3.0kg 与 52.5~75.0kg 细砂充分拌匀制成颗粒撒入心叶。

迪甜 10 号主要病害是玉米大斑病，玉米丝黑穗病。

玉米大斑病防治：发病初期，用 73% 百菌清粉剂 500~800 倍液、50% 多菌灵 500~1 000倍液或 50% 甲基托布津可湿性粉剂 500~800 倍液喷雾防治，7 天左右喷 1 次，连喷 2~3 次。

玉米丝黑穗病防治：用含有戊唑醇的种衣剂包衣[6]。

3.6 适时采收

超甜玉米的收获期对其品质和商品价格影响很大。从外观看花丝变黑褐色为采收适期，采收时间是授粉后 22 天左右比较适宜。

4 种子繁育技术要点

4.1 选择地块

采用空间隔离，甜玉米制种田周围 400m 不得种植其他玉米；若种植高秆作物进行隔离则制种田高秆作物宽度应在 30m 以上；若采用时间隔离，制种田最后一期亲本和周围玉米播期要错开 30 天以上。并选择地块平整、地质松软、排灌条件和水肥条件较好的地块种植。

4.2 适时播种

制种田土壤 5cm 地温稳定在 12℃以上即可播种。父本应推迟母本 10 天左右种植，父母本行数按 1∶4 种植即可。母本在苗高 40cm 左右时要及时彻底地去除分蘖，防止养分流失。在其后生长过程中也要及时去除分蘖。

4.3 去杂

必须把握好苗期去杂、花期去杂、果穗去杂三关，去杂要严格、及时、干净、彻底。

4.4 去雄

根据花期相遇情况及时去除母本雄穗，去雄时务必彻底将雄穗拔出，不可有断枝留下。

4.5 割除父本

花期过后，父本散完粉要及时将父本以及母本行的弱小苗一并铲除，并带出制种田。

4.6 及时采收母本果穗

根据母本穗成熟情况和当地雨水分布情况适时收获。

4.7 及时晾晒

甜玉米种子脱水较慢，需要及时晾晒，及时脱水以保证种子的发芽率高、商品性佳。

4.8 清选加工

先进行穗选，剔除畸形穗、病粒、杂粒，利用已有的加工设备对种子进行脱粒、烘干、精选。

5 配套种植方式

一个优良品种必须配套优良的种植方式、栽培技术才能发挥其最大经济效益[7-16]。针对迪甜 10 号生育期短的特点，我们示范推广了"一年 2 茬甜玉米"栽培种植模式、"甜玉米与蔬菜"间作栽培种植模式。

5.1 "1 年 2 茬甜玉米"栽培种植模式

在山西晋中范围内进行 2 茬种植对于其他粮食作物来说是不可能实现的[17]，但甜玉米由于其采收鲜穗，生育期短，若辅助设施栽培、提早种植、选用早熟品种的措施，实现两季种植应该是可能的事情。2011 年山西省农业科学院高粱研究所甜糯玉米课题组在太谷范村、榆次东阳选择 6.7hm² 进行了 2 茬甜玉米种植的试验示范，收到较好的效果。示范户第 1 茬种植效益分别是 39 450 元/hm²，35 550 元/hm²，种植第 2 茬的效益是 22 800 元/hm²，20 550 元/ hm²。两茬合计的收入分别是 62 250 元/hm²，56 100 元/ hm²。技术要点如下。

5.1.1 品种选择

甜糯玉米第 1 茬选择早熟、品质优的超甜玉米品种迪甜 6 号、迪甜 10 号其中任意一个品种；第 2 茬选择早熟、穗大的迪甜 10 号进行种植。迪甜 6 号适宜栽培密度为 49 500 株/hm²，迪甜 10 号适宜栽培密度为 52 500 株/hm²。

5.1.2 播期选择

尽量早播。晋中平川在 4 月 5 日清明节后即可开始播种。第 1 期由于早种早收，可以抢市场空当，销售价格明显要高，经济效益好。

5.1.3 播种方式

铺膜精细播种，甜玉米种子发芽势低、生长势弱，并且采收期要一致，所以，出苗整齐、苗全苗壮是关键，必须把好播种关。可采用人工点播（播种量 23kg/hm²）或机播（播种量 30kg/hm²）。播深一致，一般为 3cm，覆土良好，镇压严密。

5.1.4 早追肥早浇水

由于选择品种早熟，因此，需要早追肥、早浇水，进行提早管理，早成熟。

5.1.5 适期套播第 2 茬超甜玉米

2011 年在第 1 茬玉米采收前 6 天进行第 2 茬套播，在第 1 茬采收完后，第 2 茬已经露土出苗。但是由于去年春天地温、气温不正常，整体温度偏低，采收期延后有 10~15 天。第 1 期采收期延后到 7 月下旬，第 2 期播种在 7 月 21 日才进行下种。其他管理同常规甜玉米。

5.2 "甜玉米与蔬菜"间作栽培种植模式

2011 年在山西晋中太谷县闫村、榆次区张超村进行了示范种植，效益非常显著。第 1 茬超甜玉米由于早收，市场行情好，每公顷最高收益的达到 35 250 元，平均公顷收益在 31 500 元；第 2 茬种植蔬菜，最高的收益达到 28 050 元，平均公顷收益在 22 500 元。2 茬合计平均公顷收益在 54 000 元，最高的达到 63 300 元。技术要点如下。

5.2.1 品种选择

甜糯玉米选择早熟、品质优的超甜玉米品种迪甜 6 号、迪甜 10 号。

5.2.2 播期选择

宜早播种，晋中平川地区在 4 月 5 日清明节后即可开始播种。

5.2.3 播种方式

铺膜精细播种，增强保温、保墒效果。可采用人工点播（播种量 23kg/hm²）或机播（播种量 30kg/hm²）。播深一致，一般为 3cm，覆土良好，镇压严密。

5.2.4 早追肥早浇水

由于选择品种早熟，因此，需要早追肥、早浇水，进行提早管理，早成熟。

5.2.5 适期种植蔬菜

在 7 月上中旬即可采收甜玉米果穗，收获后人工及时清除玉米秸秆，不要破坏地膜，利用超甜玉米的膜进行蔬菜播种，种植的种类有胡萝卜、萝卜、白菜、芫荽。及时浇水、重施有机肥、综合防治病虫害。其他管理同常规。

6 讨论

迪甜 10 号风味独特，有奶油香味，粒大肉厚，皮薄渣少，适口性好，品质属上等水平，具有甜、黏、嫩、香的特点，是理想的保健、休闲食品，受到城乡人民的普遍青睐。穗大，抗病抗逆性强，可稳产、高产，很受种植者欢迎。

该品种特早熟，结合优良的栽培措施，适宜地区可种两茬或套播蔬菜，在提早、延后市场，经济效益显著。

参考文献

[1] 郑洪建，顾卫红．甜玉米研究现状及发展 [J].上海蔬菜，2001（2）：12，42.

[2] 许金芳，宋国安．鲜食玉米研究现状与发展对策 [J].玉米科学，2007，15（6）：40-42，46.

[3] 俞平高．甜玉米新品种的选育现状及其推广模式的探讨 [D].杭州：浙江大学，2006.

[4] 刘建华，胡建广．甜玉米和糯玉米的生育特性与栽培技术 [J].广东农业科学，2004（增刊）：39-42.

[5] 赵久然，王荣焕．30 年中国玉米主要栽培技术发展 [J].玉米科学，2012，20（1）：146-152.

[6] 王建军，杨书成，王燕．特用玉米品种抗丝黑穗病鉴定与评价 [J].山西农业科学，2011，39（10）：
      1043-1045.

[7] 孙秀华．鲜食玉米的多元种植模式及高效栽培技术 [J].天津农业科学，2010，16（6）：8-12.

[8] 王晓明．超甜玉米周年性生产性能及适宜播种期研究 [J].仲恺农业技术学院学报，2002，15（3）：8-12.

[9] 陆铭昌．水果甜玉米播种期试验初报 [J].上海农业学报，2003，19（4）：120-123.

[10] 李鲁华，陈树宾．鲜食玉米及高产栽培技术 [J].玉米科学，2002，10（4）：50-51.

[11] 童有才，张会南．甜玉米杂交种皖甜 1 号的选育及栽培技术研究 [J].中国农学通报，2006，22（7）：
      272-274.

[12] 王俊花．甜糯玉米杂交种迪糯 278 的选育及栽培技术 [J].玉米科学，2009，17（S1）：16-17.

[13] 赵晓雷，付从贵．极早熟糯玉米星糯 668 的选育报告 [J].天津农业科学，2009，15（3）：60-61.

[14] 王传光，国兆新，谭秀山．"双行交错"种植方式的玉米光合特性研究 [J].河北农业科学，2011，15
      （4）：1-4.

[15] 刘德森．鲜食秋玉米与秋大豆间作栽培技术 [J].内蒙古农业科技，2011（6）：113-114.

[16] 潘彬荣．金玉甜 1 号选育及配套技术研究 [D].杭州：浙江大学，2008.

[17] 邵新胜，梁哲军，赵海祯．山西省作物高产高效综合生产技术研究 [J].山西农业科学，2012，40（1）：
      1-3.

鲜食型糯玉米品质性状的研究进展及育种探讨

王晓明* 蒋 锋 刘鹏飞

（仲恺农业工程学院农林学院，广州 510225）

摘 要：当前中国糯玉米主要用作鲜食，但生产上应用的糯玉米品种符合鲜食要求的品种不多，在品质性状方面不够重视，研究较少，从而影响了糯玉米的食用品质和商品价值，影响了产业化发展。对糯玉米的品质性状的构成和评价、品质性状的研究进展进行了综述。探索鲜食糯玉米品质的鉴定标准和检测技术；拓展种质资源；应用生物技术改良品质；加强糯玉米品质的遗传规律研究；是现今中国鲜食型糯玉米育种及产业化发展的重要方向。

关键词：鲜食型糯玉米；品质性状；育种

鲜食糯玉米是指以收获青嫩果穗直接蒸煮食用或用于速冻保鲜制作食品的糯玉米，又称菜用玉米、果蔬玉米或餐桌型玉米。优质糯玉米青果穗食用时，籽粒黏软清香、皮薄无渣、口感优良、营养丰富，深受中国广大城乡居民的喜爱；其种植成本低、经济效益较高，又受到广大农民的欢迎；糯玉米鲜果穗加工因投资少，收效快，引起不少企业家的关注，从而使中国鲜食糯玉米的育种、生产和产业化都有了较快的发展。今后随着消费量逐年增加，保鲜加工技术的成熟，糯玉米的发展将会更快，产业化开发前景日益广阔。

1 糯玉米的起源及特性

糯玉米起源于中国云南的西双版纳地区。玉米传入中国后，在长期的栽培实践中，选择黏食型玉米突变体培育而成的。1908 年，美国传教士 Farnhaun 牧师将糯玉米从中国带到美国，由此传播到世界各地[1]。

糯玉米（*Zea mays* L. *certina kulesht*）是受隐性突变基因（*wxwx*）控制的一个普通玉米突变类型，基因位于第 9 染色体，位点 9-59，该基因能阻止合成直链淀粉，在胚乳中形成 100% 的支链淀粉。由于胚乳表现致密不透明，像石蜡，故又称蜡质玉米。支链淀粉很容易溶于水生成稳定的溶液，具有很强的黏度，凝滞性很弱，淀粉液贮存过程中不发生沉淀，在食品工业和淀粉工业生产中具有特殊的用途[2]。

2 鲜食糯玉米品质性状的构成和等级评价指标

果穗作鲜食用，直接影响其价值的品质性状主要为外观品质和品尝品质，这也是当前国家鲜食糯玉米品种试验品质性状重点考察内容，主要通过与对照品种作比较评价其优劣，同时也制定了相应品质评价考察指标。具体内容由《国家农作物品种审定规范－玉米》制定，见表 1 至表 3。

目前品种试验所采用的外观品质评价指标如表 1，主要围绕果穗、籽粒两方面进行评

---

* 作者简介：王晓明，教授，主要从事鲜食型甜糯玉米育种及栽培研究；E-mail：wxm1724@ sina. com.cn

价，内容包括穗型、粒形；籽粒饱满、排列情况；色泽；苞叶包裹情况；新鲜嫩绿度；籽粒柔嫩、皮薄；秃尖、虫咬、霉变、损伤情况。目前品种试验中糯玉米品种鲜果穗品尝品质主要通过组织人员，蒸煮鲜穗并进行品尝打分。6 项指标，见表 2，总分 70 分。糯玉米品质等级分 3 个等级，评定指标见表 3。

表 1　鲜食糯玉米外观品质评分指标

评分	27~30 分	22~26 分	18~21 分
外观评价	具本品种应有特征，穗型粒形一致，籽粒饱满、排列整齐紧密，具有乳熟时应有的色泽，苞叶包被完整，新鲜嫩绿，籽粒柔嫩、皮薄。基本无秃尖，无虫咬，无霉变，无损伤	具本品种应有特征，穗型粒形基本一致，个别籽粒不饱满，籽粒排列整齐，色泽稍差，苞叶包被较完整，新鲜嫩绿，籽粒柔嫩性稍差，皮较薄。秃尖 ≤1cm，无虫咬，无霉变，损伤粒少于 5 粒	具本品种应有特征，穗型粒形稍有差异，饱满度稍差，籽粒排列基本整齐，有少量籽粒色泽与所测品种不同，苞叶基本完整，籽粒柔嫩性稍差，皮较厚。秃尖 ≤2cm，无虫咬，无霉变，损伤粒少于 10 粒

表 2　鲜食糯玉米蒸煮品质评分　　　　　　　　单位：分

性状	皮厚薄	风味	柔嫩性	气味	色泽	糯性	蒸煮品质总分
评分	10~18	7~10	7~10	4~7	4~7	10~18	42~70

表 3　鲜食糯玉米品质定等指标

等级	指标（分）
1	≥90
2	≥75
3	≥60

3　鲜食糯玉米品质性状的研究进展

鲜食型糯玉米作为蔬菜或水果鲜食，鲜食食用、营养品质成为决定品种优劣、经济价值高低的最重要因素[3]。宋雪皎，李新海等[4]认为，糯玉米品质主要体现在嫩度、甜度（甜）、糯性（糯）、风味等。主要包括甜度、黏性、果皮厚度、色泽、柔嫩性以及香味等。

陆卫平，刘萍等[4-5]分析糯玉米品尝气味（X_1）、色泽（X_2）、风味（X_3）、柔嫩性（X_4）、糯性（X_5）、皮厚薄（X_6）与蒸煮品尝评分（Y）的关系，2003 年数据得到的回归方程为 $Y = 1.00 + 1.50X_2 + 1.84X_4 + 1.25X_5 + 0.95X_6$，直接通径系数分别为 0.26、0.29、0.41 和 0.29；2004 年数据得到的回归方程为 $Y = 3.33 + 1.14X_2 + 1.48X_3 + 1.05X_5 + 1.35X_6$，直接通径系数分别为 0.18、0.24、0.37 和 0.42；2005 年数据得到的回归方程为 $Y = 8.31 + 1.33X_2 + 1.03X_3 + 1.06X_5 + 1.17X_6$，直接通径系数分别为 0.23、0.33、0.47 和 0.44。可见，糯性和皮厚薄两项指标是鲜食糯玉米食用品质的主要影响因子。

糯玉米支链淀粉含量的多少决定鲜食期糯性的强弱[5-6]，一般认为直链淀粉含量应不超过总淀粉的5%。近年来生产实践表明[7-8]，许多糯玉米品种甜、糯、香，但吃来皮较厚、硬、渣多、口感较差。与世界先进水平相比，果皮偏厚是国产糯玉米品质差的主要原因[9]。籽粒果皮厚度和韧度已成为严重影响鲜食口感的首要因素。此外，有研究表明[10]，果皮柔嫩爽脆度是指果皮因咀嚼而破碎的能力，是影响玉米食味品质和加工品质的主要因素之一[11]，与果皮厚度相关密切。Bailey等研究认为[12]，糯玉米籽粒果皮厚度是决定其口感品质最重要的因子之一，籽粒的柔嫩度是由籽粒种皮的厚度所决定的，且柔嫩度和籽粒种皮厚度呈负相关，果皮越薄，果皮柔嫩性越好[13]。可见，果皮厚薄对评价鲜食糯玉米适口性十分重要。

一些研究表明[14]果皮厚度可能是由几个主基因和一些修饰基因控制的。胚乳突变基因对果皮厚度的影响是显著的。玉米核背景以及核背景与胚乳基因的互作对果皮厚度有显著的影响。常大军，张亚田，刘晓广等[14]研究了糯玉米果皮厚度遗传变异，初步发现糯玉米果皮厚度主要表现为加性遗传，杂交种果皮厚度在两亲本之间，有部分显性效应存在，即在 F_1 代果皮厚度表现为偏向于薄的亲本，这对亲本选育及组合配制有重要的参考价值。

4 糯玉米品质育种的探讨

4.1 加强品质性状的测定技术与鉴定标准的研究

外观品质的重要性前面已作阐述。但目前品种试验外观品质评价指标的操作性和准确性受到质疑。品尝评分的影响因素较多，指标内容的准确性和可操作性不强，且受蒸煮条件影响很大，同时品尝评分通过人为打分，受人的喜好影响较大。目前尚未明确品尝评分的基本要求、品尝评分各项指标的规范性，以及是否寻找客观理化测定代替等。

鉴于鲜果穗品尝品质对糯玉米品种品质评价的重要性，可以将品尝品质评价通过固定试点、评价人员、确定取样时间、规范蒸煮条件等基础上，与对照种作比较，具体指标模糊化，作总体适口性评价则更易于操作。在明确支链淀粉占总淀粉的比例大于95%的基础上，可测定籽粒粗淀粉含量、淀粉黏度特征值和皮渣率来客观反映品种综合品质性状。以实现品种品质评价的准确、客观和可操作性。

4.2 加强糯玉米种质资源创新研究

亲本间遗传互补性越强，杂种优势也就越明显。目前，糯玉米自交系多是将农家糯玉米品种通过杂交回交方法导入到普通玉米骨干自交系中，或直接利用糯玉米杂交种选育而成，由于育种材料遗传基础较狭窄。因此，应大量引进外地或国外的糯玉米品种资源，以丰富糯玉米基因资源库，也可以通过杂交、回交、生物工程等手段创造变异，丰富遗传基础。资源创新是一项巨大的系统工程，在大量引进各类种质资源的基础上，扩大种质资源研究的规模与深度，加强资源的鉴定和遗传分类新方法研究，培育新的优势类群，构建新的鲜食糯玉米杂优模式，选育出配合力更高的自交系，提高杂种优势水平。

4.3 将生物技术与常规育种结合来改良糯玉米品质

糯玉米的许多品质性状是数量性状，受多个基因控制，采用传统的育种方法，品种选育的周期较长且工作量大，在短期内难有较大的突破。在糯玉米育种过程中，以糯玉米基因内或旁侧的 SSR 标记为目标品质性状的选择标记，通过选择 DNA 标记性状来选择基因，对分离群体（回交后代、 F_2 等）目标基因的选择比较便利，可以连续回交，一直到完成糯玉米育种过程，缩短了将近一半的时间[15]。如利用 SSR 分子标记技术可以辅助选择糯质材料，分析不同种质的遗传差异，划分杂种优势群和杂优模式，减少配组的盲目性，提高育种效率。

任何一种生物技术都只能对育种材料的某些遗传特性进行改良，加速育种进程，推动育种向深度方向发展，其改良对象是常规育种得到的育种材料，改良后的材料必须通过常规育种手段选育综合性状优良的选系，再进行测配和试验示范，然后才能推广应用，所以，生物技术育种一定要和常规育种紧密结合起来，才能真正达到高效、低成本的目的。

4.4　加强品质性状的遗传规律研究，为糯玉米品质育种指导方向

以不同基因型糯玉米自交系为亲本，按 Griffing 双列杂交方法配制组合，采用数量遗传学的统计方法，分析在不同基因型、不同遗传背景和不同基因型组合条件下，糯玉米品质性状的遗传特性，分析糯玉米品质性状的各种配合力效应，以便为鲜食型糯玉米品质育种提供理论依据。

加强品质性状的遗传规律研究，充分综合利用鲜食型糯玉米品质性状潜在的杂种优势，改良鲜食型糯玉米的品质，选育高产和优质的鲜食型糯玉米新品种，是现今中国鲜食型糯玉米育种及产业化发展的重要方向。

参考文献

［1］　魏良明，胡学安，贾边章，等. 糯玉米遗传育种及加工利用［J］.杂粮作物，1999，19（3）：12-14.

［2］　陈文俊，中国菜用特种玉米育种研究进展及开发前景［J］.长江蔬菜，2000（6）：1-4.

［3］　刘正. 鲜食糯玉米品质综合评价方法的探讨［J］.安徽技术师范学院学报，2003，17（1）：32-36.

［4］　宋雪皎. 影响糯玉米鲜食品质因素的研究［J］.玉米科学，2005，13（1）：115-118.

［5］　陆芳芳，陆卫平，刘萍，等. 糯玉米淀粉 RVA 黏度的杂种优势分析［J］.作物学报，2006，32（4）：503-508.

［6］　廖琴. 中国玉米品种科技论坛［M］.北京：中国农业科学技术出版社，2001.

［7］　王子明，李小云，王晓明，等. 特用玉米生产研究分析及发展对策［J］.广东农业科学，2000，（5）：19-21.

［8］　王晓明，刘建华，李余良. 广东省特用玉米生产研究科研现状分析及发展设想［A］.华北农学报（专刊），2000，15：29-31.

［9］　李小琴，吴景强，叶翠玉，等. 我国甜玉米育种概况及面临的挑战［J］.作物杂志，2002（5）：45-46.

［10］　禹玉华，段俊，王子明. 影响超甜玉米子粒种皮厚度因子的关联分析［J］.玉米科学，2003，11（2）：19-21.

［11］　洪雨年. 用测微计测定甜玉米果皮厚度［J］.上海农业学报，1995，11（4）：51-54.

［12］　Bailey D M, Bailey R M. The relation of the pericarp to tenderness in sweet corn［J］.Proc Amer Soc Hort Sci，1938，36：555-559.

［13］　王振华. 甜玉米品质性状与部分农艺性状的相关分析玉米科学［J］.玉米科学，1998，6（2）：22-25.

［14］　常大军，张亚田，刘晓广，等. 糯玉米果皮厚度遗传变异初探［J］.现代化农业，1996，2：16-18.

［15］　戴惠学，熊元忠，牛海建. 甜玉米品质性状遗传研究进展［J］.长江蔬菜，2007，10：28-30.

种子生产年份、产地对"迪甜6号"产量影响及相关性分析[*]

闫建宾[**] 王俊花 邵林生 程永钢 王瑞钢

庞　旭 梁海英 张雪彪 张沛敏

（山西省农业科学院高粱研究所，晋中　030600）

摘　要：为了分析不同年份、不同产地生产的种子对超甜玉米发芽率、田间出苗率、单穗重及产量的影响，以"迪甜6号"为试验材料，对3个年份（A1为2010年；A2为2011年；A3为2012年）、2个产地（B1为平遥，B2为海南）生产的种子进行了室内发芽试验和田间测定。结果表明：种子生产年份对种子发芽率、田间出苗率、单穗重、产量4个指标影响较大；除产量外，种子产地对其他3个指标影响不是很大。"迪甜6号"的种子发芽率和田间出苗率随着种子生产年份的久远均呈现下降趋势。种子生产年份各处理间发芽率和田间出苗率存在极显著差异，种子生产地点各处理间发芽率和田间出苗率无显著差异；两处理间交互作用不明显。种子生产年份、产地对单穗重影响不是很大，各处理单穗重依次为 A3B1>A3B2>A2B2>A1B2>A2B1>A1B1。种子生产年份与产地对产量的影响达极显著水平，二处理间交互作用显著。处理A3B2产量最高，为 $14\,235kg/hm^2$。"迪甜6号"田间出苗率与发芽率呈极显著正相关；产量与种子发芽率、田间出苗率、单穗重均呈极显著正相关。

关键词：年份；产地；"迪甜6号"；田间出苗率；产量

引言

"迪甜6号"是由山西省农业科学院高粱研究所育成的超甜玉米新品种，该品种早熟、品质优良、皮薄渣少、果穗商品性好、产量高、抗病、抗逆性强。经多年的栽培试验及推广，适合"迪甜6号+迪甜6号"、"小麦+迪甜6号"、"迪甜6号+蔬菜"、"迪甜6号+花生"等多种栽培模式，每公顷纯收益因不同栽培模式增加 25 500～41 610 元，经济效益极其显著[1-2]。此外，秸秆可回收利用加工成压缩饲料，作为养殖业的青贮饲料应用，每袋饲料可以卖20元。避免以往焚烧秸秆污染环境。既保护了生态环境，为持续稳定地发展农业生产创造了有利环境，又增加了种植者收益[3-4]。

种子是种子植物所特有的延存器官，优质种子是提高产量的必要条件。播种后种子能否迅速发芽，达到早苗、全苗、壮苗，关系到能否为高产打下扎实的基础[5-7]。以往的研究表明：甜玉米由于遗传、生理及环境等因数的影响，种子活力较普通玉米低很多。其种子活力低下的主要原因是由遗传原因造成的胚乳淀粉积累不足，田间出苗率一般仅为50%左右[8-13]。超甜玉米种子出苗率与种子发芽率存在极显著的正相关关系（相关系数为0.983）[14-16]。但多仅限于室内研究，种子芽率、田间出苗率与单穗重及产量间的相关关系也鲜见报道。为满足生产及农业推广需要，课题组每年都要进行"迪甜6号"杂交种

---

* 基金项目：山西省科技厅示范行动项目"晋中盆地甜糯玉米立体高效种植模式示范"（2012.49）

** 作者简介：闫建宾，男，助理研究员，主要从事鲜食玉米育种研究；E-mail：407338568@ qq.com

种子生产，这就不可避免地有陈年种子剩余。笔者以"迪甜 6 号"不同产地的陈年杂交种种子为材料，研究了发芽率、田间出苗率、单穗重及产量间关系，旨在为超甜玉米种子生产与保存提供参考。

1 材料与方法

1.1 供试品种

供试品种为海南、平遥这两个地方 3 个不同年度生产的"迪甜 6 号"，由山西省农业科学院高粱研究所提供。

1.2 试验设计

试验于 2013 年 3 月至 2014 年 1 月在山西省农业科学院高粱研究所修文试验基地进行，基地海拔高度为 700m，年活动积温为 3 410℃。前茬为高粱，试验因素设 2 个，分别为种子生产年份与种子产地。

种子生产年份处理设 3 个：A1 为 2010 年；A2 为 2011 年；A3 为 2012 年。种子产地处理设 2 个：B1 为平遥，B2 为海南。种子生产年份为主处理，种子产地为副处理，共 6 个处理组合，即 A1B1、A1B2、A2B1、A2B2、A3B1、A3B2，3 次重复。小区宽 4m，长 15m，种 8 行，四周设保护行。

1.3 测定方法

种子发芽率参照《国家种子检验规程》[14] 方法测定。苗期测定田间出苗率，乳熟期测定鲜穗重，并计算每公顷鲜穗产量。

1.4 田间管理

播种前施毒土杀地下害虫一次，5 月 11 日播种，穴播，每穴 3~5 粒种子。播前一周浇透水，待旋地播种时，每公顷一次性撒施 NPK 复合肥 1 125kg。其他管理同常规。为便于统计，每株留 1 穗，在各处理的乳熟期进行分区收获，折算成每公顷产量。

1.5 数据处理

采用 DPS 系统进行 LSD 显著性差异分析和相关性分析。

2 结果与分析

2.1 年份与产地对"迪甜 6 号"种子发芽率、田间出苗率的影响

2.1.1 年份与产地对种子发芽率的影响

由表 1 可知，随着种子生产年份的久远，"迪甜 6 号"的种子发芽率和田间出苗率均呈现下降趋势。同一生产年份，不同产地种子发芽率和田间出苗率差别不是很大。但是同一产地田间出苗率随着生产年份的久远下降急速，处理 A1B1 仅为 54.5%，处理 A1B2 为 58%。处理 A3B2 与 A2B1、A1B1、A1B2，处理 A3B1、A2B2、A2B1 与 A1B1、A1B2 之间"迪甜 6 号"种子发芽率存在显著差异。A1B1、A1B2 之间无显著差异。处理 A3B2、A3B1、A2B2、A2B1 发芽率极显著高于 A1B1、A1B2。

由表 2 可知，种子生产年份各处理间发芽率存在极显著差异（$P = 0.0001$），种子生产地点各处理间发芽率无显著差异。两处理间交互作用不明显（$P = 0.4153$）。种子自从成熟后，便经历活力下降不可逆变化，这些不可逆变化的综合效应称为劣变或老化现象。分子和细胞水平上种子劣变达到一定程度时便导致种子萌发、幼苗生长等综合特性变

化[5]。反映到种子发芽率上，就表现为发芽率呈逐年降低趋势。而种子产地由于选择的都是肥力好的地块，土壤条件适宜、管理水平高，因而发芽率无显著差异。

表1 不同年份、不同产地生产的"迪甜6号"种子发芽率和田间出苗率

处理组合	发芽率（%）	田间出苗率（%）
A1B1	78.5 cB	54.5dD
A1B2	77cB	58dD
A2B1	85bA	73cC
A2B2	86.5abA	75cBC
A3B1	87.5 abA	80bAB
A3B2	89aA	85aA

注：不同小写字母和大写字母分别表示在5%和1%水平上差异显著

表2 发芽率方差分析表

变异来源	平方和	自由度	均方	F值	P值
A因素间	481.333 3	2	240.666 7	37.026	0.000 1
B因素间	1.5	1	1.5	0.231	0.636 7
A×B	12	2	6	0.923	0.415 3
误差	117	18	6.5		
总变异	611.833 3	23			

2.1.2 年份与产地对田间出苗率的影响

由表1可以看出，处理A3B2田间出苗率最高，为85%，处理A1B1最低，为54.5%。处理A3B2田间出苗率极显著高于A2B1、A2B2、A1B1、A1B2；显著高于A3B1。处理A3B1田间出苗率极显著高于A2B1、A1B1、A1B2；显著高于A2B2、A2B2、A1B1、A1B2。处理A2B2与A2B1田间出苗率极显著高于A1B1、A1B2，二者之间无显著差异。A1B1与A1B2之间田间出苗率无显著差异。

表3 田间出苗率方差分析表

变异来源	平方和	自由度	均方	F值	P值
A因素间	2 140.7	2	1 070.385	168.697	0.000 1
B因素间	20.48	1	20.48	3.228	0.097 6
A×B	33.97	2	16.985	2.677	0.109 3
误差	76.140 3	12	6.345		
总变异	2 271.36	17			

甜糯玉米种子种用价值通常由标准发芽试验所测发芽率来评价，但由于标准发芽试验是将种子置于最适条件下发芽，而田间很少存在发芽的最适条件，因此，田间出苗率较室内发芽率更能体现种子的活力，更能直观反映种子质量[9]。由表3、表4可知，种子生产

年份各处理间田间出苗率存在极显著差异（$P = 0.000\ 1$），A3 处理极显著高于 A2、A1；A2 极显著高于 A1。

表 4　生产年份对田间出苗率影响多重比较表

处理	均值（%）	5%显著水平	1%极显著水平
A3	82.5	a	A
A2	74.15	b	B
A1	56.35	c	C

2.2　产地与年份对"迪甜 6 号"单穗重、产量的影响

2.2.1　产地与年份对单穗重的影响

由表 5 可知，各处理单穗重依次为 A3B1>A3B2>A2B2>A1B2>A2B1>A1B1。其中，处理 A3B1 单穗重显著高于 A2B1、A1B1；处理 A3B2 单穗重显著高于 A1B1；其他处理间无显著差异。各处理间单穗重均未达到极显著水平。由表 6 可知，种子生产年份各处理间单穗重存在显著差异（$P=0.011$），种子生产地点各处理间单穗重无显著差异。一般地，随着室内贮藏时间延长，不仅出苗率降低，而且单株生产力也降低[5]。本试验中，各处理间单穗重差别不大，一方面是因为种子采用气调贮藏，减缓了种子的老化过程；另一方面田间管理水平较高，最大程度地发挥了种子的生产潜力。

表 5　产地与年份对单穗重影响多重比较表

处理组合	均值（g）	5%显著水平	1%极显著水平
A1B1	334.0	c	A
A1B2	335.6	abc	A
A2B1	335.3	bc	A
A2B2	336.3	abc	A
A3B1	341.0	a	A
A3B2	340.7	ab	A

表 6　单穗重方差分析表

变异来源	平方和	自由度	均方	F 值	P 值
A 因素间	124	2	62	6.723	0.011
B 因素间	2.722 2	1	2.722 2	0.295	0.596 9
A×B	3.111 1	2	1.555 6	0.169	0.846 8
误差	110.666 7	12	9.222 2		
总变异	240.5	17			

2.2.2　产地与年份对产量的影响

由表 7 可知，种子生产年份各处理间产量存在极显著差异（$P = 0.000\ 1$），种子生产

地点各处理间产量差异也达极显著水平（$P = 0.008\ 1$），二处理间交互作用显著。由表 8 可以看出，处理 A3B2 产量最高，为 14 235kg/hm²，极显著高于其他处理；处理 A3B1 极显著高于 A2B2、A2B1、A1B2、A1B1；处理 A2B2 极显著高于 A1B2、A1B1；处理 A2B1 极显著高于 A1B2；处理 A2B2 与 A2B1、处理 A1B2 与 A1B1 间无显著差异。

由产地与年份对单穗重的影响分析可知，各处理间单穗重差别不是很大，那么田间出苗率高低就成了产量高低的决定性因素。除处理 A1B1 和 A1B2 外，其他处理田间出苗率与产量表现出相同的趋势。

表 7　产量方差分析表

变异来源	平方和	自由度	均方	F 值	P 值
A 因素间	5 855 087	2	2 927 543	105.722	0.000 1
B 因素间	277 760.9	1	277 760.9	10.031	0.008 1
A×B	312 026.8	2	156 013.4	5.634	0.018 8
误差	332 292.7	12	27 691.06		
总变异	6 777 167	17			

表 8　产地与年份对产量影响多重比较表

处理	均值（kg/hm²）	5%显著水平	1%极显著水平
A1B1	12 600	d	DE
A1B2	12 525	d	E
A2B1	12 990	c	CD
A2B2	13 240	c	C
A3B1	13 665	b	B
A3B2	14 235	a	A

2.3　发芽率、田间出苗率、单穗重及产量间的相关性分析

由表 9 可知，"迪甜 6 号"产量与种子发芽率、田间出苗率、单穗重均呈极显著正相关（相关系数分别为 0.76、0.88 和 0.65）；单穗重与产量极显著相关，与田间出苗率显著相关（相关系数分别为 0.54），与发芽率相关未达显著水平；田间出苗率与发芽率呈极显著正相关（相关系数分别为 0.83），与产量、单穗重分别达极显著与显著相关。

表 9　发芽率、田间出苗率、单穗重及产量间的相关系数

	发芽率	田间出苗率	单穗重	产量
发芽率	1	0.83**	0.45	0.76**
田间出苗率	0.83**	1	0.54*	0.88**
单穗重	0.45	0.54*	1	0.65**
产量	0.76**	0.88**	0.65**	1

注：* 表示 $P<0.05$，** 表示 $P<0.01$

3 结论与讨论

"迪甜 6 号"的种子发芽率从高到低依次为：A3B2、A3B1、A2B2、A2B1、A1B2、A1B1。"迪甜 6 号"的种子发芽率和田间出苗率随着种子生产年份的久远均呈现下降趋势，这与乐素菊等人的研究结论一致。种子生产年份、产地对单穗重影响不是很大，种子生产年份与产地对产量的影响达极显著水平。"迪甜 6 号"田间出苗率与发芽率呈极显著正相关；产量与种子发芽率、田间出苗率、单穗重均呈极显著正相关。

超甜玉米种子因其带有胚乳突变基因 *sh2*，该基因抑制了籽粒淀粉的合成，使含糖量大大提高，适宜采收期延长；而由于淀粉积累减少，使得胚乳皱缩，粒重降低，造成芽率、田间出苗率低的特性，因此播种时必须认真选种，采用合适的种子处理（种子引发、有机溶剂渗入、包衣）等方法可有效提高甜玉米种子田间出苗率[17-19]，为提高产量奠定良好的基础。种子发芽率试验是种子质量的快速鉴定方法，简单易行，但对于陈年种子，应用小面积种子田间出苗率测定作为发芽试验的补充是非常必要的。

甜玉米田间出苗率低的根本解决办法在于通过遗传育种方法产生高活力种子。以往研究表明：超甜玉米种子活力主要受基因加性效应决定，广义遗传率和狭义遗传率都比较高，可以在早代进行选择[20-23]。这就要求在后续的育种工作中，加强对亲本活力的选择。育出高活力的甜玉米种子，这样甜玉米出苗难将不再是困扰广大种植户的问题。

参考文献

[1] 王俊花，邵林生，程永钢，等. 迪甜 10 号的选育及配套种植方式 [J].山西农业科学，2012，40（7）：719-722.

[2] 邵林生，程永钢，王瑞钢，等. 甜糯玉米优质高产配套栽培模式的示范推广 [J].科技情报开发与经济，2011，21（23）：174-177.

[3] 巩东营，高荣岐，刘强. 特用玉米产业化现状及其发展对策 [J].玉米科学，2005，13（4）：132-134.

[4] 徐帮志，侯维忠，魏文东. 甜糯玉米的研发现状及发展前景分析 [J].玉米科学，2009，17（S1）：86-88.

[5] 山东农业科学院玉米研究所. 玉米生理 [M].北京：农业出版社，1987.

[6] 潘瑞炽，董愚得. 植物生理学 [M].北京：高等教育出版社，2000.

[7] 董树亭. 玉米生态生理和产量形成 [M].北京：高等教育出版社，2006.

[8] 樊龙江，颜启传. 甜玉米种子活力低下原因及提高其田间出苗率研究 [J].作物学报，1998，24（1）：103-109.

[9] 张守润. 玉米种子活力测定及其与田间出苗率的关系初析 [J].甘肃农业科技，1997（2）：13-15.

[10] 赵光武. 甜玉米种子健康及活力研究 [D].北京：中国农业大学，2004.

[11] 王仲，许文娟，曹萍. 甜玉米种子活力与田间出苗率的灰色关联度分析 [J].种子，2005，24（3）：52-53.

[12] 胡晓玲，孙素华. 种子活力在种子质量评估中的重要性 [J].安徽农学通报，2002，8（6）：29-29，33.

[13] 阎富英. 国内外种子生活力和活力测定技术的最新进展 [J].种子，2005，24（6）：48-50.

[14] 农业部农作物种子质量监督检验测试中心. 种子检验知识手册 [M].太原：山西科学技术出版社，2006.

[15] 乐素菊，张璧. 贮藏条件对超甜玉米种子活力及田间出苗的影响试验初报 [J].广东农业科学，2001（6）：18-20.

[16] 乐素菊，张璧，王斌. 储播条件对超甜玉米种子田间出苗率和幼苗整齐度的影响 [J].种子，2002（1）：65-67.

[17] 张文明，梁振华，姚大年，等．砂引发对甜玉米种子萌发及活力的影响［J］.安徽农业大学学报，2005，32（2）：178-182.

[18] 何晓明，谢大森，林毓娥，等．浸种处理对超甜玉米种子发芽率的影响［J］.中国种业，2002（4）：24.

[19] 褚维言，冯斗．三十烷醇浸种对超甜玉米种子萌发和幼苗生长的影响［J］.福建农业科技，2000（06）：7-8.

[20] 刘纪麟．玉米育种学［M］.北京：中国农业出版社，2000.

[21] 王荣焕．不同类型玉米种子形态结构和活力特性研究［D］.保定：河北农业大学，2004.

[22] 叶春萼，张全德．超甜玉米种子发芽性状的遗传效应分析［J］.浙江农业学报，1998，10（3）：113-117.

[23] 王青峰，宫庆友，沈凌云，等．超甜玉米种子活力研究［J］.种子，2007，26（6）：4-7.

优质、高产杂交糯玉米新品种渝糯 3000 选育[*]

蔡治荣[1] 张胜恒[1] 易红华[1] 陈荣丽[1] 蔡成雄[2][**]

（1. 重庆市农业科学院玉米所，重庆 400055；
2. 重庆科光种苗有限公司，重庆 400060）

摘 要：渝糯 3000 是重庆市农业科学院以自选系 A505 为母本，自选系 S181 为父本选育而成的优质型鲜食糯玉米杂交新品种。该品种具有品质特优、丰产稳产、熟期较早、适应性广等特点，适宜重庆及类似生态区种植。

关键词：渝糯 3000；优质；选育

渝糯 3000 是针对市场需要优质、高产鲜食糯玉米选育而成的中早熟、中秆、半紧凑杂交糯玉米新品种。该品种具有甜糯软香、品质特优，高产稳产、群体生产力强，苞叶完整、抗病虫力强，籽粒纯白硬粒、花丝青绿、商品性好，矮壮抗倒、适应性广，熟期较早、经济效益好等突出优点。于 2008 年 3 月通过重庆市审定（渝审玉 2008005），现参加国家鲜食玉米西南区试续试及北京区试续试。

1 品种来源及选育经过

1.1 亲本选育

协调优质与高产的矛盾是糯玉米育种的最大难题，也是鲜食糯玉米选育的技术关键。优良糯玉米自交系 S181 选育，是利用经历了百年育种的普通玉米优良基因改良糯玉米地方种质，聚合普通玉米优良自交系的高配合力、高繁殖制种产量、高抗病性和地方资源的生态适应性。渝糯 3000 选育过程中，特别注重加大食用品质选择压力，通过增加食用品质鉴定次数、提高鉴定标准、提早鉴定时间，在优质的基础上实现丰产。

渝糯 3000 母本 A505 系我院用 S147×YB202 为材料，用系谱法定向自交纯化选育而成优良糯玉米自交系。其中，S147 为重庆市农科院选育的优良糯玉米自交系；YB202 为重庆市农科院选育的优良超甜玉米自交系。A505 表现中早熟，植株较矮，株型半紧凑，叶色浅绿，抗病力较强，籽粒糯质硬粒型。

渝糯 3000 父本 S181 系我院选育的优良糯玉米自交系，来源于"农大 60×万糯"，用系谱法自交纯化选育而成优良糯玉米自交系；其中，万糯亦是从糯玉米优良农家种地方种选出的一环系，农大 60 为优良普通玉米杂交种。

1.2 杂交种选育

2004 年春以 A505 为母本，以 S181 为父本组配杂交种，代号 YN564，2004 年秋至 2005 年进行观察、品比试验，2006—2007 年参加重庆市糯玉米区域试验和生产试验，2008 年参加国家鲜食糯玉米西南组区域试验和北京区试，2009 年均参加续试。

* 资助项目：大穗型耐瘠高产多抗优质玉米新品种培育；项目编号：CSTC，2007AA1017

** 作者简介：蔡治荣，男，研究员，从事玉米育种研究与推广；E-mail：czr667@ yahoo. com. cn

2 产量表现

2.1 预试

2005 年参加重庆市农科院玉米所（原重庆市农科所）多点品比试验，平均亩产鲜穗 740kg，比对照渝糯 7 号增 23.3%。

2.2 重庆市区试

2006—2007 年参加重庆市糯玉米区试，平均亩产鲜穗 716.7kg，比对照渝糯 7 号增产 7.59%。

2.3 重庆市生产试验

2007 年参加重庆市糯玉米生产试验，平均亩产鲜穗 770.1kg，比对照渝糯 7 号增产 7.3%，品质、产量均居首位。

2.4 北京区试

2008 年参加北京市鲜食糯玉米区试，平均亩产鲜穗 1 078.5kg，比对照中糯 1 号增产 32.4%。鲜籽粒亩产量 637.3kg，比对照中糯 1 号增产 21.0%。

2.5 国家区试

2008 年参加国家鲜食糯玉米西南区试，平均亩产鲜穗 999.1kg，比对照渝糯 7 号增产 14.0%，居第 2 位；8 个试验点全部增产。

2.6 浙江展示

2008 年春季，参加来自全国各地的 90 多个甜、糯玉米新品种展示，平均亩产鲜穗 1 013.83kg，名列第一，品质定等 A 级，表现突出。

3 主要特征特性

3.1 品质性状

食用品质性状是鲜食糯玉米最重要的性状之一。渝糯 3000 的品质具有又甜又糯突出特点，蒸煮后口感甜度好、糯性强，皮薄、细腻、化渣，柔嫩性好。

2006—2007 年参加重庆糯玉米区试品质评分结果，各参试点分别为 88.1 分、90.2 分，平均 89.15 分，两年均名列第一；专家组分别为 88.3 分、88.69 分，平均 88.5 分，两年均名列第二。2007 年重庆糯玉米生产试验品质评分 89.3 分，名列第一。表现品质优、稳定性好。

经农业部谷物品质监督检验测试中心（北京）测定（干基），渝糯 3000 容重 749g/L，粗蛋白 11.68%，粗脂肪 5.45%，粗淀粉 68.88%，支链淀粉/粗淀粉 97.44%，赖氨酸 0.31%，达国家糯玉米标准二级以上。

3.2 特征特性

属中早熟类型。出苗至鲜穗采收，重庆地区春播平均 97.2 天，比对照渝糯 7 号长 0.7 天。

苗期：苗期长势强，第一叶鞘绿色，第一叶尖为尖到圆形。

成株期：株型半紧凑，全株总叶片数 19 片，叶片中宽，叶鞘缺乏花青苷。雌穗以上叶片与主茎夹角小，直立。株高 212.3cm，穗位高 82.4cm。雄穗最低位侧枝以上主轴长 33.4cm，最高位侧枝以上主轴长 25.4cm，一级侧枝数 13.5 个，与主轴夹角中等，呈直线型姿态。雄穗小穗排列适中，颖片绿色，颖片基部绿色，花药黄色。雌穗花丝呈绿色。

果穗：中间型，穗柄短，大小均匀、满尖。平均穗长 17.9cm，穗粗 5.0cm，穗行数 16.3 行，行粒数 33.9 粒，穗轴白色；果穗苞叶完整，花青苷颜色无。

籽粒：纯白色硬粒型，排列整齐、一致、饱满、柔嫩，外观性状好。

3.3 抗病性鉴定结果

经四川省农业科学院植保所 2007 年人工接种鉴定，中抗大斑病、小斑病、茎腐病、纹枯病，感丝黑穗病，高感玉米螟，抗病性优于对照渝糯 7 号。

3.4 适应地区

根据试验、示范结果，渝糯 3000 适宜重庆中低山区、浅丘、平坝及类似生态区种植。

4 栽培技术要点

4.1 隔离种植

可采用时间隔离、空间隔离或屏障隔离的方法，与普通玉米或其他玉米隔离种植，防止串粉影响品质。

4.2 适时播种、育苗移栽

春播、秋播均可。春播时，当气温稳定 12℃ 以上即可，秋播最迟须保证鲜穗采收期气温在 18℃ 以上。重庆春播以 3 月初为宜，保护地栽培可提早播种；采用盖膜育苗，培育壮苗，叶龄二叶一心时移栽，不栽老苗，做到苗齐、苗全、苗壮。

4.3 种植密度

亩植 2 500~3 500 株为宜。

4.4 合理施肥

有机肥与无机肥搭配施用，磷、钾肥基施，氮肥 30% 作底肥，70% 在拔节孕穗期追施。攻苞肥应注意提早重施，以保证养分充分供应给鲜籽粒。

4.5 适时采收

鲜穗采收应在吐丝后 22~25 天进行，过早或过迟采收均会影响食用品质、商品品质。

5 制种技术要点

父本分两期播种，第一期播 40%，2 叶 1 心时播其余 60%，母本与第二期父本同播。父母行比以 1 : 5 或 1 : 6。母本亩植 4 000~4 200 株，父本亩植 3 800 株。

参考文献（略）

优质高产甜糯型玉米新品种"粤紫糯"的选育及栽培技术 *

刘建华** 胡建广 李余良

(广东省农业科学院作物研究所,广州 510640)

摘 要:粤紫糯是广东省农业科学院作物研究所用自选系 $N_{41\sim55}$ 与 $N_{21\sim41}$ 杂交育成的甜糯型玉米单交种,经 2004—2006 年 3 年多季连续试验、示范,表现植株清秀,叶色青绿,抗大、小斑病、纹枯病和茎腐病,适应性强,高产稳产,鲜食既糯又甜,口感软滑,皮较薄,品质优,综合性状好,商品性佳。2007 年 5 月通过广东省品种审定,2008 年被评选为广东省农业推广主导品种。

关键词:甜糯型玉米;粤紫糯;品种选育;栽培技术

随着生活水平的不断提高和保健意识的不断增强,人们对鲜食玉米的外观颜色、食味、口感及内在品质提出了更高要求,糯性强、甜度高、口感软滑的紫糯玉米特别受到人们的青睐。广东省农业科学院作物研究所针对广东省及华南地区的生态、气候特点和鲜食玉米的市场要求,选育出优质、高产、抗病甜糯型玉米新组合粤甜紫糯,于 2007 年 5 月通过广东省农作物品种审定委员会审定并定名为"粤紫糯"(粤审玉 2007009)。

1 亲本来源及选育经过

粤紫糯是广东省农业科学院作物研究所 2003 年秋以自育系 $N_{41\sim55}$ 为母本,$N_{21\sim41}$ 为父本杂交选育而成的优质甜糯型玉米单交种(具体选育过程如下图所示)。母本 $N_{41\sim55}$ 是我所用自育的紫糯玉米自交系"中紫糯"与白色超甜玉米自交系"b171"杂交,F_1 经多代自交、粒选和两次回交转育后,再经过 6 代自交定向选育而成的紫黑粒甜糯型玉米稳定系(纯合甜、糯双隐性基因)。具有株型好、茎秆粗壮、叶片较宽厚直、穗大粒多、食味和口感好、皮较薄、抗病性较强、配合力高等特点。父本 $N_{21\sim41}$ 是从福建引进的甜糯复合型玉米品种福龙紫糯经连续 10 代自交选育而成的紫红粒、特优质、抗病抗逆、配合力高、紧凑型甜糯玉米自交系。该组合 2004 年春、秋两造参加组合鉴定,2004 年秋参加所内品种比较试验,2005—2006 年参加广东省糯玉米区域试验,2006 年参加广东省糯玉米生产试验和耐热性试验,从 2005 年开始在省内外进行多点试验和示范。经抗性鉴定和品质分析,结果表明,粤紫糯为优质、高产、抗病、耐热、适应性广的优良甜糯型玉米杂交种。2007 年 5 月通过广东省新品种审定并定名"粤紫糯",2008 年被评选为广东省农业推广主导品种。

---

* 基金项目:广东省科技攻关项目(2005A20102001,2006A20203002);广东省攻关专项(2007A0-20400002);广东省优质旱粮生产基地建设项目

** 作者简介:刘建华,男,研究员,从事玉米遗传育种研究;E-mail:liu_ jhxs@163.com

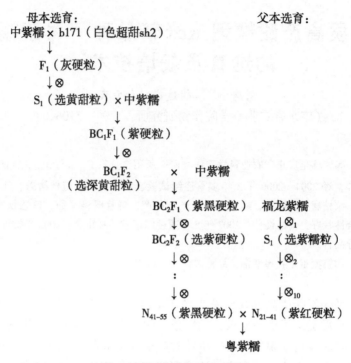

母本选育：　　　　　　　　　　　　　父本选育：

中紫糯×b171（白色超甜sh2）

F₁（灰硬粒）

S₁（选黄甜粒）×中紫糯

BC₁F₁（紫硬粒）

BC₁F₂　　×　中紫糯
（选深黄甜粒）

BC₂F₁（紫黑硬粒）　福龙紫糯

BC₂F₂（选紫硬粒）　S₁（选紫糯粒）

N₄₁₋₅₅（紫黑硬粒）× N₂₁₋₄₁（紫红硬粒）

粤紫糯

图　粤紫糯及亲本的选育过程

2 产量表现

2.1 组合鉴定与品种比较试验

2004 年春参加新组合鉴定，鲜果穗产量 15 900.0kg/hm²，比对照种香白糯增产55.9%。秋造重复鉴定，产量达 19 350.0kg/hm²，比对照粤白糯 1 号增产 13.2%。2004 年秋参加所内品种比较试验，平均产量 19 240.5kg/hm²，比对照种粤白糯 1 号增产 8.0%，增产显著。

2.2 广东省区域试验

2005 年参加广东省糯玉米区域试验，鲜果穗平均产量 12 387.0kg/hm²，比对照种香白糯增产 18.5%，达极显著水平。2006 年省区试复试，平均产量 12 211.7kg/hm²，比香白糯增产 7.14%，未达显著水平。两年省区试 13 点次，11 点增产，2 点减产，平均产量12 300.0kg/hm²，比香白糯平均增产 12.82%。

2.3 生产试验、示范表现

2006 年春在广东省 6 个不同类型区的惠州、云浮、阳春、英德、梅州和电白县参加全省糯玉米生产试验，鲜果穗平均产量 12 075.0kg/hm²。田间表现植株整齐度好，抗纹枯病、茎腐病和大、小斑病，适应性强。品尝评价籽粒糯性较好，果皮较薄，适口性好，食用品质优。耐热试验表现丰产稳产，果穗长大，秃顶短，商品率和一级果穗率高，商品性好，抗病性和耐热性较强。

该组合从 2005 年开始在省内外进行多点试验和示范，先后在广州、梅州、潮州、汕头、清远、韶关、河源、惠州、深圳、东莞、中山、云浮、阳江、茂名等地进行生产示范，两年共 18 点次平均产量 13 404.8kg/hm²，比对照苏玉（糯）1 号增产 19.2%，比香白糯增产 25.4%。2006 年以来，在福建、江西、广西、海南、云南、四川等省区以及菲律宾和马来西亚等国试种、示范，表现优质、高产、抗病、耐热、适应性广、综合性状好、商品性佳，种植面积不断扩大。

3 品种特征特性

3.1 生育期

粤紫糯属中熟品种，在广东省从播种至鲜果穗采收，春植 85 天，秋植 80 天左右，比香白糯晚熟 3~4 天。

3.2 幼苗及植株性状

幼苗叶鞘绿色，叶色青绿，成株期叶片宽直色浓，株型紧凑，植株整齐度好，前、中期生长势强，后期保绿度高。平均株高 218.0cm，穗位高 80.5cm，茎秆粗壮，全株叶片 19 片左右，雄穗发达，分枝数较多，护颖浅绿色，花药黄色。

3.3 果穗及籽粒性状

果穗筒型，大小均匀，穗长 20.8cm，穗粗 4.5cm 左右，秃顶长 1.5~1.8cm，穗行数 12~14 行，穗粒数 517 粒，单苞鲜重 267g，单穗净重 212.5g，千粒重 314.5g，出籽率 68.64%，一级果穗率 82.7%，秃顶较短，千粒重较大，出籽率和一级果穗率较高，穗大粒多，粒深 1.0cm 左右，大多数籽粒为糯质，其间镶嵌少数甜质籽粒，既糯又甜。糯质籽粒呈紫红色，甜质籽粒为金黄色，色彩亮丽，穗轴白色，有商品特色。

3.4 商品外观和食用品质

粤紫糯的果穗长大，穗形美观，采收期果穗苞叶青绿色，苞叶顶端有旗叶，外观商品性佳。品尝评价糯性高，食味甜香，口感软滑，皮较薄，品质优。经广东省区域试验检测，支链淀粉占总淀粉含量的 95.9%~99.6%，果皮厚度测定值 77.2~77.8μm，两年适口性评分均最高，达 92.0~92.2 分。

3.5 抗病性和适应性

经抗病性接种鉴定，粤紫糯中抗纹枯病和小斑病；田间调查抗纹枯病、茎腐病和大、小斑病，抗逆性较强，适应性广，活秆成熟。

4 栽培技术及制种要点

4.1 适宜种植区域

经过多年的试验示范，粤紫糯表现质优、高产、综合农艺性状好、抗逆性和抗病性较强，适应性广，适宜华南地区及其周边省区春、秋季种植。

4.2 主要栽培技术

4.2.1 隔离种植，防止串粉

为保证籽粒颜色及食用品质，必须与其他类型玉米隔离 300m 左右距离种植。如有树林、山岗等天然屏障，可适当缩短隔离距。如果空间隔离距不够，可采用时间隔离，即通过错期播种，使两类玉米的散粉期错开，播种期至少应相差 20 天以上。

4.2.2 施足基肥，精细整地

基肥以有机肥为主，施优质农家肥 15 000~22 500kg/hm²、磷肥 450~600kg/hm²。深

翻整地，耙碎整平，按宽 1.3m 起畦，畦面双行种植，水田种植要开好环田边沟及中沟，以便灌水和排涝。

4.2.3 适时早播，密度合理

在广东省中部地区春播，可在 2 月下旬开始播种，粤北地区在 3 月中旬播种，秋播在 8 月播种，其他省区按当地季节播种。畦面行距约 50cm，株距 33 ~ 35cm，种植密度 4.5 万~4.8 万株/hm²。精心播种，实现一播全苗、苗均、苗壮。

4.2.4 科学施肥，加强管理

施足基肥，轻施苗肥，适施拔节肥，重施攻穗肥。加强苗期管理，及时追施壮秆肥，促壮苗，保平衡，提高抗倒伏能力。结合追肥进行中耕管理，苗期松土，拔节期至大喇叭口期要培土。全生育期保持土壤湿润，苗期注意防渍害，抽雄至灌浆期要防干旱，特别是开花授粉期不能受旱。

4.2.5 及时防治病虫害

重点抓好苗期地下害虫和中后期玉米螟的防治，在阴雨高湿天气要注意防治叶斑病和纹枯病等病害。

4.2.6 适时收获

鲜果穗在授粉后 23 天左右（乳熟期）即为适宜采收期，应及时收获和上市。

4.3 制种技术要点

亲本繁殖和杂交制种必须在严格隔离条件下进行，以防止生物学混杂。制种分三期播种，前两期播父本，第一期父本约占 30%，第二期父本约占 70%，第三期播母本，每期间隔都是 5 天。父母本行比为 1 6。按 1.2m 宽起畦，畦面双行植，行距 40 ~ 50cm，株距 26cm 左右，每亩母本种植 3 600 株，父本种植 600 株左右。施足基肥，重施穗肥，保证开花以后的肥水供应。严格除杂去劣，母本去雄必须及时、彻底。采用人工辅助授粉和增施粒肥等措施，可以提高种子质量和增加产量。

参考文献

［1］ 刘建华，胡建广，李余良，等 . 糯玉米新品种粤紫糯 3 号的选育与利用 [J]. 中国种业，2007（增刊）：90-91.

［2］ 刘建华，方志伟，胡建广，等 . 高产优质多抗糯玉米新品种粤白糯 1 号的选育研究 [J]. 玉米科学，2008，16（S1）：5-6，8.

优质黑糯玉米新品种——晋糯 8 号的选育与利用

陈永欣* 韩永明 董立红 翟广谦 陈 琳 李文和 阮福林

（山西省农业科学院玉米研究所，忻州 034000）

摘 要：晋糯 8 号玉米新品种是山西省农业科学院玉米研究所翟广谦、陈永欣等于 2004 年以自选系 N9603 为母本，自选系 hN3 为父本杂交组配而成早熟黑糯玉米杂交种。经 2005—2007 年的品比、生产试验、专家田间鉴定、抗病鉴定、品质分析，该品种生育期较短、抗逆 性好、品质优良、稳产高产，适宜在中国玉米种植区种植，且可以单种，复（套）种，春、 夏、冬播种，该品种是目前鲜食玉米青穗直接出售或速冻、真空包装保鲜加工的理想品种， 种植密度为每公顷 525 000~60 000 株[1]。

关键词：玉米；晋糯 8 号；选育与利用

1 品种来源及选育经过

1.1 品种来源

晋糯 8 号玉米是山西省农业科学院玉米研究所陈永欣、翟广谦等于 2004 年以自选系 N9603 为母本，自选系 hN3 为父本杂交组配而成，属中早熟黑糯玉米杂交种。于 2008 年 3 月山西省品种审定委员会审定通过，审定编号为晋审玉 2008020。

2004 年冬天在海南育种试验基地种植表现果穗均匀、高产、抗病、黑色特别等特性。 品比鉴定，该品种果穗大小均匀，风味食味好，亩产鲜果穗 700kg，较对照晋单（糯）41 号增产 8.6%；2005 年在玉米所试验场品比，亩产鲜果穗 950kg，较对照增产 8.8%。2005 年冬天又去海南种植观察、风味食味品尝，风味特好，2 年平均亩产鲜果穗 825kg，较对 照增产 8.7%。2006—2007 年参加山西省鲜食甜糯玉米生产试验，2006 年 7 点平均亩产鲜 果穗 3530 穗，亩产鲜穗 786.1kg；2007 年 7 点平均亩产鲜果穗 3 228 穗，亩产鲜穗 722.5kg。2 年平均亩产鲜果穗 3 379 穗，较对照增产 5.8%，亩产鲜穗 754.6kg。

同时在深圳、浙江东阳、山东东营、河北固安、广西、江西、江苏、重庆、山西各地 示范种植，生产加工受到种植者、加工厂家的好评。

1.2 选育经过

晋糯 8 号玉米两个亲本是 N9603XhN3。

1.2.1 母本 N9603 的选育

母本 N9603 为自选系，1994 年引进鲁糯 1 号与 Mo17 杂交，选糯性玉米连续自交，海

* 作者简介：陈永欣，女，1986 年 7 月毕业于山西农业大学，获农学学士学位，现在山西省农科院 玉米研究所工作，甜糯玉米研究室主任，研究员。主要从事甜、糯、爆玉米遗传育种、栽培、保鲜加工 技术研究，现为山西"十一五"科技攻关"黑色糯玉米种质的创造与新品种选育"课题主持人。参加 工作以来先后取得科研成果 18 项，发表学术论文 50 篇。其中"果蔬型型玉米新品种——晋单（糯）41 号的选育与推广应用"、"速冻、真空包装甜、糯玉米栽培及保鲜加工技术研究与应用"获山西省科技进 步二等奖。培育成甜糯玉米新品种 6 个；E-mail：chenyongxin821@163.com

南加代，于 1996 年育成品质好、配合力高、结实封顶、抗性强的中晚熟黄色糯玉米自交系。

1.2.2 母本 N9603 的特征特性

母本 N9603 的特征特性：幼苗叶片黄绿色，叶鞘黄绿色。第一片叶卵形，二叶以上叶较长。苗期叶距短，密集重叠，叶片较长向下披，生长缓慢。拔节后生长速度快，叶片、叶鞘深绿色，节间较短。成株期植株健壮叶色黄绿，叶片半平披，叶距较小。穗上第三叶夹角 35°。株高 172cm，茎粗 2.44cm，穗位高 77cm，总叶片 20 叶。雄穗长 39cm，主轴粗而大，分枝较少，一般 7~9 个，花粉量大，散粉期长，雌雄穗花期一致。雌穗苞叶长，有箭叶，紧抱果穗。花丝粗，黄绿色。果穗筒型，穗长 16cm，穗粗 4.37cm，每穗 16 行，28 粒，单穗粒重 107g，千粒重 260g，结籽到顶秃尖少。籽粒黄色，糯质型，皮稍厚，轴白色。配合力好，产量高，抗矮花叶病、大小斑病、丝黑穗病、黑粉病、青枯病，忻州春播全生育期 115 天。

1.2.3 父本 hN3 的选育

父本 hN3 为自选系，1995 年引进美国黑色爆粒玉米与垦粘 1 号杂交，选糯粒黑色玉米与黄早 4 杂交、与垦粘 1 号回交，选株连续自交，于 2003 年育成抗病、优质、花粉多的早熟黑色糯玉米自交系。

1.2.4 父本 hN3 的特征特性

父本 hN3 的特征特性：幼苗叶片呈深绿色，第一叶匙型，叶鞘紫红色，主叶脉紫红、叶耳紫红色，叶片上冲，叶上有紫红麻点。成株期叶片上冲，叶色黄绿，叶片较宽而短，株高 175cm，茎粗 2.22cm，穗位高 65cm，总叶片 19 叶。雄穗分枝 16~18 个，花粉量大，散粉期长，颖壳、护颖紫红色；雌雄穗花期一致，花丝紫红色，雌穗苞叶由绿→绿中带紫红→紫红色，穗长 12.8cm，穗粗 4.18cm，16~18 行，每行 29 粒，穗重 100g，穗粒重 87g，千粒重 184g，出籽率 87.5%。果穗锥型，籽粒紫黑色，果皮较薄，穗轴紫红色，汁液紫红色，生育期 105 天。抗逆性强，抗大、小斑病、丝黑穗病、粗缩病和矮花叶病。

2 晋糯 8 号特征特性（图）

晋糯 8 号苗期芽鞘绿色，第一叶匙形，叶脉紫红色，第三叶叶缘有波纹。成株期气生根发达，抗倒，叶色深绿，半平披，雄穗分枝 7~9 枝，花粉黄色，花丝紫红色，20 叶片。株高 230cm，穗位高 100cm，茎粗 2.72cm。果穗长锥型，穗长 18.6cm，穗粗 4.51cm，行数 16~18 行，行粒数 36 粒，鲜果穗重 265g。亩产鲜果穗 3 379 穗，755kg。穗型美观，结籽到顶无秃尖；品质好，鲜食糯中带甜，柔软细腻，口感极好。黑色特别（黄色种子，F_1 代黑色果穗，穗轴和汁液紫红色，成熟后籽粒紫红色），属糯质玉米品种。授粉后第 5 天开始上色，而且上色极快，采鲜期籽粒黑亮中透着紫红色，煮熟后色泽更佳乌黑发亮。

晋糯 8 号除具备甜糯玉米鲜嫩、皮薄、口感好等所有优点外，较传统黄、白糯玉米营养更加丰富，维生素、微量元素含量增加，尤其是硒的含量大幅度提高，口感和味道更加纯正。加之食用黑糯玉米因符合营养学家倡导的"黑色、粗食、天然"三重膳食保健理念，是现代都市人倍加青睐的消闲食品。速冻、真空包装保鲜加工后保持了鲜嫩玉米原有的形态、色泽、风味及营养成分可周年供应市场，市场前景十分看好[2-4]。

| 幼苗叶鞘紫红色
主根紫红色 | 叶脉紫红色
叶片上有紫红斑点 | 穗轴紫红色
汁液紫红色 | 真空包装保鲜加工后
籽粒乌黑发亮色泽更佳 |

图 晋糯 8 号黑玉米主要特征特性

3 生物学特性

在山西大部分地区属中早品种，忻州春播出苗至采鲜穗 85~90 天，全生育期 110 天，夏播可提早 7~10 天。该品种适应性广，抗病性强，在中国大部分地区都可种植（除盐碱地外），可春播、夏播、冬播；在山西山地、丘陵、平川中等以上肥力水平的地块均可种植；在高水肥条件下更能发挥增产潜力，平作、间作、套作或大小垄种植。根系发达，抗倒、抗旱性好。

4 抗病鉴定结果

经 2006—2007 年山西省区域试验的人工接种鉴定结果，晋鲜糯 8 号平均抗性为：矮花叶病（R）、大斑病（MR）、青枯病（MR）、穗腐病（MR）、丝黑穗病（S）、粗缩病（HS）。抗矮花叶病、大斑病、茎腐病、穗腐病、感丝黑穗病、粗缩病。

5 品质分析

2007 年由农业部谷物及制品质量监督检验测试中心（哈尔滨）品质分析，晋鲜糯 8 号支链淀粉 98.3%，含糖量 4.5%，赖氨酸 0.33%，氨基酸总量 11.14%，粗蛋白

12.43%，粗脂肪 3.76%，硒（Se）0.473mg/kg。

6 各地种植情况

晋糯 8 号品种育成后，在全国各地进行了推广应用。2006 年在山西、山东、河北、湖南、陕西、新疆、长春、内蒙古等地种植，各地表现良好；2007 年批量生产，在山西、山东、陕西、河北、湖南、内蒙古、广东、吉林、辽宁、黑龙江等地种植，生产加工，产品很受消费者喜爱；2008 年种子供不应求，广西、广东、深圳、浙江、江苏、重庆、山西、山东、河北、河南、湖南、湖北、吉林、内蒙古等地均种植、生产加工。各地示范种植综合评价均表现突出，要求 2009 年供种。深圳市农作物良种引进中心将晋糯 8 号作为 2009 年深圳市种植业新品种推荐品种。2009 年用种单位大幅度增加。

7 栽培要点

7.1 隔离种植

不能与其他类型玉米种在一起，选好隔离区，可采用时间隔离、空间隔离、障碍物隔离。

7.2 保浇水地

有灌溉和排水条件的地块（盐碱地不能种植）。

7.3 适期播种

早种早收是获得高效益最佳措施。上市越早，效益越好。一般气温稳定在 13℃ 以上就可下种，地膜覆盖可提前 7~10 天。

7.4 合理密植

糯玉米一般以出售鲜嫩玉米为主，合格穗高低决定效益。一般每公顷留苗为 45 000~52 500 株。

7.5 适期采收、及时上市或加工

授粉后 25~27 天采收为宜，过迟或过早都将严重影响品质和营养物质的含量。采收后要尽快上市或加工，采收至加工不能超过 8h

7.6 若收颗粒加工，待完全成熟后采收

8 加工利用

晋糯 8 号玉米营养丰富，尤其蛋白质和硒的含量高，加之风味独特，适口性好，具有较高的食用价值和医用价值。无论是鲜嫩果穗、成熟籽粒还是秸秆都有极高的利用价值，合理加工利用将会层层增值，可大大提高种植、加工、销售者的经济效益[7-8]。

8.1 鲜嫩果穗直接出售

糯玉米鲜穗具有甜、嫩、香、软的特点，风味独特。加之中国人民素有喜食鲜嫩玉米的习惯，糯玉米的价值要比同期普通玉米高出 1 倍以上。可以地膜覆盖早种，抢早上市；还可以晚播，淡季热销。春播地区可单种、复（套）种，种植时间达 75 天，采鲜穗出售长达 80 天。夏播地区春播，夏播一年两熟；海南、广东等冬播，一年三熟。这既提高了复种指数，增加了农民收入，又缓解了鲜食玉米淡季紧缺的局面。

8.2 整穗速冻和真空包装保鲜加工

由于糯玉米鲜穗采收时间紧,保鲜难度大,货价寿命短,往往是产地旺季吃不了,异地淡季吃不着,难以满足消费者的需要。而速冻和真空包装保鲜加工正是将鲜嫩果穗适期采收,通过一系列加工工序保存了原有鲜嫩果穗的形态、色泽、营养成分及风味食味,可以周年供应市场,起到淡季热销的作用,给加工厂家和经销商带来较高的收益。但整穗加工对果穗的长度、重量、鲜嫩度、完整性要求很严格,如果种植户的种植、管理、采收技术到位,合格果穗多,效益就高;反之合格果穗少,效益低[5-6]。

8.2.1 晋鲜糯 8 号玉米速冻保鲜加工工艺流程

原料采收→剥皮→去毛→选穗→洗涤→漂烫→预冷→装袋→冻结→低温贮藏。

8.2.2 晋糯 8 号玉米真空包装保鲜加工工艺流程

原料采收→剥皮→去毛→选穗→洗涤→预煮→真空密封→杀菌冷却→保温检查→常温贮存。

8.3 速冻玉米粒

在糯玉米的收获当中,由于种种原因,小穗、破损穗、病穗、虫穗等不完整果穗在所难免,为了减轻种植者的负担,提高种植户的效益,使糯玉米得到充分利用,将上述不合格的果穗去除不完整颗粒,选其精华进行脱粒、装袋、速冻、低温贮藏。

8.4 制作糯玉米糁和糯玉米面

成熟糯玉米→去皮→粉碎→分级→糯玉米糁(糯玉米糁煮粥吃风味尤佳);成熟糯玉米→脱皮→加工→糯玉米面。糯玉米面制做各种食品,柔软细腻,甜黏清香,食后令人回味无穷。

8.5 制作淀粉

由于糯玉米全部为支链淀粉,黏性度较高,含有较低的杂醇油,加工糯淀粉在工业上有着广泛的用途。

8.6 秸秆利用

晋糯 8 号玉米鲜穗采收后,秸秆青绿,汁多柔嫩,是上好的青贮饲料,可以大力发展畜牧业,使生态农业得以良性循环。

8.7 色素利用

晋糯 8 号硒(Se)0.473mg/kg,黑色特别,食用色素较高,可有效进行色素提取和利用。

8.8 蛋白质利用

晋糯 8 号粗蛋白 12.43%,蛋白质含量较高,是一般玉米所不能比拟的,可进行高蛋白产品的开发和利用。

参考文献

[1] 陈永欣,翟广谦,韩永明.黑色糯玉米新种质的创新与利用研究 [J].农产品加工·学刊,2008(11):19-22.

[2] 宋同明.玉米遗传与玉米基因突变性状彩图 [M].北京:科学出版社,1989.

[3] 陈永欣,翟广谦.甜、糯玉米采收与保鲜技术研究 [J].华北农学报,2001,16(4):87-91.

[4] Emerson R A, Beadle C W, and Fraser. A summary of linkages studies in maize. Cornell Univ. Press, 1935.

［5］ 陈永欣，翟广谦，韩永明.黑（果皮）糯玉米主要标志性状及色泽遗传规律的研究初报［J］.山西农业科学，2009，37（1）：19-26.

［6］ 翟广谦，陈永欣，田福海.速冻保鲜甜糯玉米营养品质分析［J］.山西农业科学，1997（3）：49-51.

［7］ 党拥华，李克祥，杨德亮.糯玉米及其开发利用［J］.黑龙江农业科学，1996（5）：35-36.

［8］ 郭彦，杨洪双，张文会.黑糯玉米主要品质性状的遗传分析［J］.玉米科学，2005（4）：44-45.

玉米糯质型的起源与遗传

曾孟潜[1]　　曾　智[2]

（1. 中国科学院遗传与发育所，北京　100101；

2. 北京市长城华泰作物研发中心，北京　100101）

摘　要：简要总结了玉米糯质型的起源与遗传的研究现状。介绍糯质玉米支链淀粉的生物合成，wx 基因与其他碳水化合物调控基因的互作，籽粒胚与胚乳中蛋白质、氨基酸组成的比较，wx 基因定位和部分序列分析，优势群的初步划分及优势利用的模式。分析和讨论了导致糯质型遗传研究能成功发展的重要因素。

关键词：玉米糯质型；糯质玉米起源与遗传；支链淀粉生物合成；杂种优势群

玉米的起源，可以追溯到 7000 年前，玉米从野生状态演变到当今的栽培类型至少也有 4 500 多年的历史。总体上说，玉米原生于中南美洲，现存的不同的玉米类型，可能会有不同的起源地，硬粒型初生于秘鲁，有稃型与甜质型初生于巴拉圭，爆粒型与马齿型起源于墨西哥，粉质型起源于哥伦比亚，糯质型起源于中国。

关于玉米在世界的传播，一般说来，公元 1492 年哥伦布发现新大陆之前，玉米只在美洲范围内传播。16 世纪之后，随着世界性的航线开辟，玉米开始向欧、非、亚洲、大洋洲传播。关于栽培玉米（主指半野生硬粒型、硬粒型、马齿型与粉质型玉米）传入中国，根据万国鼎的考证、研究，最先见于明正德《颖州志》（1511 年，安徽北部）的记述，早期记载玉米的古籍还有明嘉靖《襄城县志》（1551 年，河南），明嘉靖《巩县志》（1555 年，河南），明嘉靖《大理府志》（1563 年，云南）。明嘉靖《平凉府志》（1560 年，甘肃），明万历《本草纲目》（1578 年，李时珍），对玉米形态有较详细的记述。至于栽培玉米传入中国的路线，有的学者认为中南美洲传入欧洲西班牙，再由欧洲陆路传播到印、缅，而后引入到云、贵、川，向北至陕、甘、晋，向东至桂、鄂、湘、浙种植，不过，从世界航线的开辟，葡萄牙人航海技术发展，及《颖州志》（1511）最先记述看，玉米首先从海路传到沿海各省也是一种可能的传播路线[1-2]。

1　玉米糯质型的起源

糯质型玉米起源中国，素有"中国蜡质种之称"。一般认为，它是栽培玉米（主要为半野生硬粒型与硬粒型）传入中国后，发生遗传性突变经人工选择而产生的一种玉米新的类型。

Jugenheimer（1976）称世界上第一个糯质玉米标本是 Farnham 牧师于 1908 年从中国收集后转入美国的，而后中国一些学者发现中国的糯质玉米多数为硬粒型，极少数为马齿型。美国有人报道，在美国南部再次发生突变形成马齿类型的糯质玉米。

关于糯质玉米最初来源于中国的文献，一般并未提出明确的起源时间和地点。有些文献推测，它的起源很早。Wallace 和 Bressman（1949）认为糯质玉米生产至少有数世纪了。中国农书《三农记》谓玉米"累累然如芡实大，有黑、白、红、青之色，有粳有黏"。这里"黏"玉米即糯质玉米，因而可以说糯质玉米在中国的形成必早于1760年。李璠（1979）则认为，糯质玉米最初在西南少数民族地区形成，起源的时间可以追溯到更早的时期。

关于糯质玉米起源的地区，曾孟潜等（1981、1987）根据考察、调查研究分析，中国糯质玉米最初更可能是在云南西双版纳等、广西邕宁等热带、亚热带地区形成的，这种推断的主要根据在于：①那里至今还存在具有一系列玉米原始性状的四路（行）糯、紫秆糯、曼金兰黄糯等；②当地傣族、哈尼族等少数民族栽培的基本上是糯质玉米，人民食用糯质玉米（食籽粒粉、食青穗）非常普遍；③糯质玉米种质资源十分丰富；④从那里收集到的19份糯质玉米材料均具有中国糯质玉米的同工酶标记酶带，即过氧化物酶同工酶的第5带。而第4带则是来源于美国的马齿玉米（包括糯质马齿玉米在内）的标记酶带。它们的遗传方式呢？杂交，测定试验的结果表示，过氧化物酶同工酶第4、第5带主要是玉米绿色组织的特有的酶带，叶绿体中具有这两条酶带，它们的调控基因存在于细胞核染色体上。它们受一对共显性等位基因 PX4、PX5 所控制。在西双版纳州勐海县征集到勐海四路糯和紫秆糯标本，而后又在广西陆续收集巴马糯、三石公平糯等标本，它们具有一系列玉米原始性状：籽粒小、硬粒型、半有稃，小果穗、多果穗、行数少（四路糯为4行），苞叶片数少，果穗顶部有雄花枝梗，时有两性花并能结实繁衍后代，有分蘖性，植株半直立，茎节气生根多等（曾孟潜等，1980，1981），参见下图。这些原始性状，很接近 Weatherwax（1955）所设想和描述的玉米野生祖先的主要特点。Coix 属是玉米的近缘属，它的籽粒的蛋白质含量、氨基酸组成、蛋白质组分及同工酶标志带表现，均与中国糯质玉米很类似，与普通玉米则差异较大。野生种的存在是论断起源地区的见证，鉴于在广西邕宁的一口池塘里找到 Coix 属的原始种——水生（湿生）野生种，由此推断，Coix 属起源的中心地带看来也在广西邕宁等、云南西双版纳等热带、亚热带地区。这些资料，有助于我们从一个侧面探索中国糯质玉米的亲缘关系[3-4]。

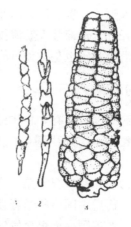

图　四路（行）糯玉米果穗（左）与大刍草穗
（转引自刘纪麟主编《玉米育种》的比较）

2 玉米糯质型的遗传

2.1 淀粉的生物合成

糯质玉米籽粒不透明、晦暗、蜡质状，籽粒中淀粉完全是支链淀粉，而不像普通玉米籽粒淀粉中72%为支链淀粉，28%为直链淀粉。

玉米是一种四碳植物。光合作用同化CO_2的第一个产物是四碳化合物，这种同化CO_2的特殊途径，与三碳途径相辅而行。而后通过四碳循环（C_4途径）及三碳循环（C_3途径），由四碳化合物转变成己糖（葡萄糖与果糖）；由一个葡萄糖与一个果糖合成蔗糖。然后，再在己糖激酶、己糖-6-磷酸酶、葡萄糖磷酸异构酶、磷酸葡萄糖变位酶、尿苷二磷酸—葡萄糖焦磷酸化酶、腺苷二磷酸—葡萄糖焦磷酸化酶、淀粉粒结合淀粉合成酶、可溶性淀粉合成酶、淀粉磷酸化酶、Q酶、植物糖原分支酶与提供能量的UTP和ATP的作用下，由磷酸葡萄糖或尿苷二磷酸葡萄糖转变成植物糖原、直链淀粉和支链淀粉。碳水化合物突变体，包括一级、二级突变体。一级突变体（$sh1$，$sh2$，$sh4$，$bt1$和$bt2$等）是由于尿苷二磷酸—葡萄糖焦磷酸化酶或腺苷二磷酸—葡萄焦磷酸化酶的酶量和活性缩减，导致蔗糖和葡萄糖、果糖不能按正常途径进一步合成植物糖原和淀粉，而积累超量的糖分。糖分含量为正常玉米的6~8倍。

二级突变体（$wx1$，$du1$，$ae1$，$su1$和$su2$等）产生糖分的超量积累，是由于降低淀粉粒结合淀粉合成酶，可溶性淀粉合成酶、淀粉分支酶、淀粉脱分支酶、淀粉磷酸化酶、Q酶及植物糖原分支酶活性的结果。wx突变体缺少淀粉粒结合淀粉合成酶。du1突变体降低了一种可溶性淀粉合成酶的活性水平，降低了Q酶及植物糖原分支酶活性水平。ae1突变体改变了直链淀粉与支链淀粉的比例，ae1突变体含85%以上的直链淀粉，而wx突变体则含几乎100%的支链淀粉[5]。淀粉的合成主要受到4种酶调控。即淀粉粒结合淀粉合成酶、可溶性淀粉合成酶、淀粉分支酶、淀粉脱分支酶。其中，淀粉粒结合淀粉合成酶是直链淀粉的主控酶，其编码基因为wx。wx还编码NDP-葡萄糖-淀粉葡萄糖基转移酶[8]。支链淀粉分子量为$>2×10^7$，聚合度的数值为7 200，均较直链淀粉的大；糖苷连接阿α-D-（$1→4$），α-D-（$1→6$），分子形状分支化，退火感应小；碘复合物最大Lambda值554nm，碘亲和值1.1g/100g，均较直链淀粉的小。含有三类分子链，即C链、B链、A链。一般的说，在玉米胚乳中支链淀粉、直链淀粉及中间体紧密地团聚在一起形成很小的不溶性颗粒（淀粉粒），在细胞质造粉体中形成，它无膜，一般直径5~25μm。糯质玉米淀粉粒大于普通玉米的，多呈圆形、多角形。支链淀粉与碘结合成褐色，而不是蓝色。糯质玉米成熟籽粒表型为不透明、晦暗，而在su1wx组合（su1上位）中表现为皱缩、玻璃质至不透明；在aesh2wx组合（sh2上位）中表现皱缩、不透明，在aeduwx组合（互补）中表现皱缩、不透明至无光泽，在aesu1wx组合（wx上位性）中表现为不透明、晦暗；而在支链淀粉表现上，aewx、duwx、su1wx、aeduwx、aesu1wx、dusu1wx、aedusu1wx组合中成熟籽粒均为100%的支链淀粉，没有直链淀粉。

2.2 蛋白质、氨基酸组成的比较

关于中国糯质玉米籽粒蛋白质（占干重的%）、氨基酸（胚或胚乳中某种氨基酸占干重的百分比或在100g蛋白质中的克数）组成。中国糯质玉米籽粒蛋白质含量，与普通玉米和o2玉米比较起来，平均蛋白质含量略低（低3%~6%），而蛋白质含量变幅较大

（7.0%~14.5%），其中，有蛋白质含量达14.5%的种质资源。中国糯质玉米籽粒氨基酸组成，与普通玉米比较起来，在胚中含较多的谷氨酸、丙氨酸、较少的蛋氨酸、苯丙氨酸，而在胚乳中则含较多的赖氨酸（增加幅度为16%~74%）和精氨酸，含较少的脯氨酸；与o2玉米比较，在胚中含较多的赖氨酸，在胚乳中较多的亮氨酸、丙氨酸和苯丙氨酸，含较少的赖氨酸、甘氨酸和天冬氨酸等。糯质玉米籽粒中蛋白质和氨基酸的组成又受wx基因剂量的影响（曾孟潜等，1981）。根据Pabrov（1967）关于蛋白质组分中氨基酸组成特点的资料推断，中国糯质玉米胚中所含的谷蛋白+清蛋白与胶蛋白之比率，应居于普通玉米和o2玉米之间；在胚乳中谷蛋白+清蛋白与胶蛋白的比率也一样居于中间状态。需要特别指出的是，中国糯质玉米中有高赖氨酸的种质资源，如四路糯、紫杆糯玉米籽粒胚乳中赖氨酸含量达2.5~3.3g/100g蛋白质，比普通玉米白马牙品种增高31.6%~73.7%，有的接近Mertz（1964，1970）筛选到的赖氨酸含量水平[3]。

2.3 糯质基因（wx）的定位、测序

1909年Collins G. N. 把糯质玉米结构基因定名为单隐性基因wx。1935年Emerson G. W. 等又把wx基因定位在第9染色体上，位点为9-59[6]。1995年*Maize Cooperation Newsletter*的69期发布，wx基因位点为9-03，并在核心分子标记连锁图及基因遗传连锁图中标出，wx基因在9s（9染色体短臂）近9-03，umc247处，位点9-63.4，或在mgs3处，位点9-64[7]。wx基因的等位基因有Wx，wx，wx^2，前者为显性后两者均为隐性。wx基因对其他碳水化合物编码基因，如du1，ae1，su1等均有上位性效应[3,8]。wx基因的作用，就淀粉糊的胶黏性和坚实性测定而言，其基因作用是累加的，而就其对直链淀粉百分率的影响而言，其作用大部分则是显性的。

对wx基因分子序列的研究可以追溯到20世纪80年代，从wx基因位点上获得转座子Ac/Ds的序列，而后的20年间，主要有Whitt S. R等和Gaut B. S等的玉米wx基因测序，证实玉米wx基因与水稻、大麦等类似，有13个内含子和14个外显子，3种植物外显子长度相近，且它们之间有很高的序列同源性，但相应内含子长度不同，且同源程度低[9-10]。近年樊龙江，全丽艳等（2007）以中国糯质玉米典型代表四路糯、巧家白糯（硬粒）、宜山糯（马齿）等为材料，测定了wx第1~14外显子全序列及wx与未受人工选择影响的Adh的9~14外显子部分序列。遗传分析表明，第1~14外显子全序列与国外分析结果近似，只有些小的差异，同时发现wx基因受人工选择影响，影响区域大于53kb；实验资料与国际上主要玉米地方品种与自交系进行系统进化分析，结果表明，中国糯质玉米四路糯、巧家白糯与西班牙栽培硬粒Ep1亲缘关系最近，而宜山糯则与来自墨西哥的马齿Tx601，来自美国的黄马齿Mo17及来自泰国的Mo17衍生系Ki21等亲缘关系最接近，由此说明，中国糯质玉米硬粒与马齿的两种类型是栽培玉米从欧洲（西班牙等国）引入中国后，可能经过两次独立的突变形成的，或者是栽培玉米硬粒型首次突变为硬粒糯质，而后经人们转育产生另一种马齿型的糯质同型品系[11]。黄玉碧等报道，有代表性的西南糯质玉米，普通硬粒玉米及近缘种小颖大刍草的*Waxy*基因，第9外显子至第14外显子之间核苷酸序列的比对表明，上述两种玉米与近缘种分别具有14个，19个和40个多态性位点。西南糯质玉米核苷酸序列多态性较之普通硬粒玉米少5个多态性位点，较之小颖大刍草少26个位点。西南糯质玉米缺失的位点恰为糖基转移酶结构域的起始位置。据此作者认为，该缺失是中国糯质玉米独特的突变机制[15]。

2.4 玉米糯质型优势群的初步划分

已有许多学者研究玉米的育种方法，并应用杂种优势理论研究进展结合育种实践，不断进行改进。一些学者比较了糯质玉米与普通玉米的遗传差异，分析了代表性糯质玉米品种的遗传多样性，并从配合力、育种实践和分子标记的角度试图划分其优势群和杂交利用模式。

沈锦根等用配合力、杂种优势的典型测定方法，结合育种实践，把江苏省育成糯玉米杂交种划分为 3 个类群，即 Tongxi，Hengbei 和其他类群。Tongxi×Hengbei 是主要优势模式，参见表 1[17]。雍洪军等用 SSR 荧光标记法对包括黑、吉、鲁、桂、黔、鄂、川等 7 省（市）共 90 个糯质玉米地方品种及测验种 B73，Mo17、Q139，Ye478、Dan340、HZ4 做优势划分。结果将 90 个糯质玉米品种分成 3 个类群，其中，Ⅰ类群，包括测验种 B73；Ⅲ类群，包括测验种 Ye478，Dan340，HZ4。它们又分别划分为 2 个亚群。类群Ⅱ独立成类群，包括测验种 Mo17、Q319 在内共 47 份，包含的糯质地方品种最多，参见表 2[16]。

表 1　江苏自育的糯质玉米系的优势群划分*

类群	代表系	自交系组成
Ⅰ　Tongxi 5 类群	Tx 5	由 Tx5 及其改良系、衍生系组成。包括：Tx5，354，359，361，W15，W150 等
Ⅱ　Henghei 522 类群	Hb 522	由 Hb522 及其改良系、衍生系组成。包括：Hb522，366，367，T137，W31，W448，Fh2，T55，506 等
Ⅲ　其他类群		408，A98-5，W22，T2，96-5，96-6，176，515，W51，BN6 等

*摘自沈锦根等[17]

表 2　90 个糯质玉米地方品种的优势群划分*

类群	地方品种名称	品种数	来源
Ⅰ 类群			B73 和来自桂、黔、川、黑、吉、鲁糯质玉米
①亚群	黑糯（桂）、双阳粘（吉）、打香黄糯（黔）、糯玉米（川）、粘玉（鲁）等	14	
②亚群	B73、黑糯（黔）、那伦糯（桂）、粘苞（吉）、宁安黄粘（黑）等	15	
Ⅱ 类群	Mo17、Qi139、花糯（桂）、糯红（鄂）、粘玉（2）（鲁）、双头糯（黔）、白糯（川）、逊克白粘（黑）、公平糯（桂）等	47	Mo17、Qi319 和来自桂、黔、川、鄂、黑、鲁糯质玉米
Ⅲ 类群			Ye478、Dan340、HZ4 及来自桂、黔、川、鄂、吉、鲁糯质玉米
①亚群	粘苞（2）（吉）、白糯（黔）、琴坪糯（桂）等	10	
②亚群	Ye478、Dan340、HZ4、黄糯（黔）、中间糯（鄂）、糯白（川）、红粘（鲁）等	10	

*引自雍洪军等[16]。加以改制。

如上简述了玉米糯质型遗传研究重要成果，展现学者们认真求索的科学精神和英勇无畏，行为无疆的科研风范。如今他们的科研团队正朝着深入的研究目标挺进。

糯质玉米用途广泛，主要用于鲜食、（粉浆工业、食品工业）淀粉深加工、青饲糯质饲料。美国糯质玉米常年种植面积约 500 万亩。其中，70% 左右收获籽粒用作淀粉深加工，其余 30% 左右用作青饲糯质饲料及少量的鲜食用。中国近年糯质玉米种植面积在 300 多万亩到 450 万亩变动，据估计，40% 左右用作淀粉深加工，50% 左右用于鲜食，少量用于青饲糯质饲料。

育种上已经形成了鲜食、青饲糯质饲料和淀粉深加工等三种育种方向。前两者以品质为主，品质产量兼顾。鲜食用（包括青穗速冻、真空保鲜保存后食用方式）糯质玉米注重外观品质、蒸煮品质与营养品质（参见国家鲜食甜、糯玉米品种试验调查项目和标准。2003；国家鲜食甜、糯玉米品种推荐审定标准。2003）。青饲糯质饲料抗倒性抗病性、丰产稳产和优良品质（蛋白质含量、中性洗涤纤维含量、酸性洗涤纤维含量等）兼顾（参照国家青贮玉米品种试验调查项目和标准。2003；国家青贮玉米品种推荐审定标准。2003）。饲料营养价值高，能提高食物转化率，试验表明，提高饲喂牛、羊等牲畜饲料效率 10%～14%。淀粉深加工育种方向更注重高产、稳产与品质。淀粉深加工用湿磨法提取支链淀粉，经处理后，可以提供予提高食品的均匀性、稳定性、食品的质地应用；可提供给造纸工业，以增强工艺中的胶黏特性，增强大型纸张的强力，改善印刷质量。

中国糯质玉米种质资源较为丰富，长期种质库保存有 500 多个品种，编入《全国种质资源目录》种质有 909 份（其中自交系 8 份）。但是，中国糯质玉米杂种优势利用的历史较短，育种方法研究历史也较短。20 世纪 60～70 年代育成的烟单 5 号（白粒）、鲁糯玉 1 号（黄粒）是糯质玉米早期育种成果的典型代表。前者是烟台地区农科所利用从非糯质品种衡白多穗中分离得到的糯质突变体（系）衡白 522wx，与从白 525 转育成的白 525wx 同型系杂交而成；后者是山东省农业科学院玉米所用黄早四转育成的糯质同型系齐 401wx，与由中国科学院遗传所曾孟潜提供的遗糯 303（简写 303wx）杂交而成的。遗糯 303，为从墨西哥农学院引进的美国玉米带糯质马齿型选择群体，经自交、测交分离而成的黄粒稳定系，由于玉米血缘的差异，与中国糯质硬粒型配合力相当高。如上两个杂交种的亲本系组成，代表了亲本系提取的 3 种典型选育方法，即糯质基因的转育方法（白 525wx，齐 401wx）、选择群体的提取方法（遗糯 303 或称 303wx）和普通玉米突变方法（衡白 522wx）。应该说还有二种典型方法，即一环系、二环系方法，在而后的糯质玉米育种中则是常用的。从目前糯质玉米育种发展的现状推论，用普通玉米优良基因改良糯质玉米杂交种、自交系是中国糯质玉米育种的主要方法，是扩增其种质资源的有效途径；选育二环系（包括从优良杂交种、群体中选系）有可能成为中国糯质玉米育种的主要方法（张恒胜等，2008）[13]。

总而言之，玉米糯质型与甜质型大体类似，育种理论、技术方法研究进展远不如普通玉米，还没有像普通玉米那样现成的杂种优势群及其杂交利用模式、优势阵列可供应用[12,14,18]。说到底它的增产遗传潜力仍然依靠普通玉米。所以，必须重视普通玉米育种经验的应用，重视普通玉米种质对糯质玉米稳产性能和优良品质的提高作用，尤其是对淀粉加工应用的糯质玉米育种更有直接提高作用的意义（曾孟潜，2001，2007）[5,18]。现将普通玉米当前与未来育种中性状选择与改进的成果、几点经验陈述如下。

中国玉米机械化程度较低，尤其是机械收获所占的比例较小，大多数地块仍然是人工收获。当前的育种仍然应重视这个现实。换句话说，一方面仍然应着重于不断改进那19个性状；另一方面又必须选育适宜机械收获的杂交种，即兼顾中小穗、穗轴坚固、籽粒着穗较松、成熟时苞叶松散、苞叶片层较少、籽粒脱水快等等。

未来育种选择与改进的性状有哪些呢？看来可以从过去、现在育种性状选择（改进）情况分析中得到答案。过去育种提高和降低的性状主要是19个，提高的性状中叶角、无蘖株率、籽粒淀粉含量，降低的性状中雄穗大小、穗行数、籽粒蛋白质含量等已不大可能有更多的改进。所以，当前玉米育种也许靠过去育种中改进过了的性状继续均衡的、适度的改进。未来能有效地提高产量遗传潜力并改善品质的最好途径，可能是同时适度提高耐密性、抗病虫抗逆性，和低胁迫下单株潜在产量（低密度无逆境下单株杂交优势），还要选择对抗病虫性、耐热冷害、耐旱湿害、耐低肥性、耐荫蔽性等的内在生理性状（Duvick DN. 1997a，1997b；许启风 2006；柏大鹏 2001，2003；荣廷昭，2003）。从遗传学上讲，与高产、优质相关基因的聚合，才能导致高产、优质。因此，必须重视能有效地利用有限光能、二氧化碳的光能基因，有效地利用土壤中有限的水分基因，能有效地利用土壤中有限的养分基因的聚合研究工作。毋庸置疑，未来育种仍需在杂种优势、优势群优势模式、优势阵列概念理论指导下才能得以顺利开展（曾孟潜，2006）[18]。

参考文献

［1］ 玉米遗传育种学编写组．玉米遗传育种学［M］.北京：中国科学出版社，1979：2-7.

［2］ 郭庆法，王庆成，汪黎明．中国玉米栽培学［M］.上海：上海科技出版社，2004：3-8.

［3］ 曾孟潜．中国糯质玉米亲缘关系［J］.作物品种资源，1987，3：6-10.

［4］ 曾孟潜．中国糯质玉米亲缘关系［M］//玉米育种研究进展.北京：中国科学出版社，1992：206-209.

［5］ 曾孟潜，杨涛兰．甜、笋玉米的起源、遗传及利用［M］//食用玉米研究进展.济南：山东科技出版社，2001：151-157.

［6］ King R C. Handbook of Genetics, 1974.

［7］ Coe E H. Genetist and Working Maps［M］. Maize Probe Bank, Zealand. MNL. 1985, 69：188-279.

［8］ Boyer C D, Shannon J C. The Use of Endosperm Genes for Sweet Corn Improvement［J］. Plant Breeding Reviews, 1983（1）：139-161.

［9］ Whitt S R, L. M. Wilson et al. Genetic Diversity and Selection in Maize Starch Pathway［J］. Proc. Nat. Acad. Sci. USA., 2002, 99：12 959-12 962.

［10］ Gaut B S, Peek A S, et al. Patterns of Genetics Diversification within the Adh Gene Family in the Grasses（Poaceae）［J］.Mol. Bio. Evo. , 1999, 16：1 086-1 097.

［11］ 樊龙江，全丽艳.中国糯玉米蜡质基因位点受到人工选择的分子证据［D］.杭州：浙江大学，2007.

［12］ 曾孟潜，吉海莲，李九云，等．玉米杂种优势及其杂交利用模式概念的形成与发展［J］.华北农学报，2007，22（6）：30-37.

［13］ 张恒胜，易红华，蔡治荣．中国糯质玉米种质研究进展［J］.玉米科学，2008，16（3）：44-46.

［14］ 三森·健葩彤，查芭·健葩彤．泰国玉米杂种优势群和杂交利用模式构建及研究进展［J］.华北农学报，2008（增刊）：10-18.

［15］ 黄玉碧，田孟良，谭功燮，等．西南糯玉米地方品种 *waxy* 基因核苷酸多态性分析［J］.作物学报，2009，35.

[16] 雍洪军，张世煌，谢传晓，等．利用 SSR 荧光标记分析 90 个糯玉米地方品种的遗传多样性 [J].玉米科学，2009，17（1）：6-12.

[17] 沈锦根，胡加如，薛林，等．江苏鲜食玉米育种杂种优势群和优势模式分析 [C] //全国甜糯玉米育种栽培产业化学术研讨会论文集，2007：126-130.

[18] 曾孟潜．玉米过去、现在、未来育种选择与改进遗传性状的比较 [C] //第二届全国鲜食玉米产业大会专集，2006：37-38.

紫黑色糯玉米"沪紫黑糯1号"选育及其转色特性研究*

王义发** 沈雪芳

（上海市农业科学院作物育种栽培研究所，上海 201106）

摘 要："沪紫黑糯1号"是优质、高配合力自交系申W74和申W71杂交选育而成的紫黑色鲜食糯玉米单交种。该品种熟期比对照"苏玉糯1号"早2天，产量增产26.8%以上，糯性品质优良，抗逆性好，适应性广。转色试验表明，该品种上色快，采收期长，鲜食籽粒完全上色为紫黑色时，糯性仍然很好，品质优良，口感香甜糯，商品外观性好。

关键词：紫黑糯玉米；沪紫黑糯1号；选育；转色特性

黑色糯玉米因其独特的营养成分和保健功能，近年来越来越受到消费者的青睐[1-2]。据报道，黑色糯玉米蛋白质、脂肪、铁、钙等营养元素含量高，富含多种氨基酸，为鲜食糯玉米中的保健黄金食品[3-7]。黑色糯玉米发展的关键是培育出真正营养价值高、感官品质好的黑色糯玉米品种，生产上现有的黑色鲜食糯玉米品种上色慢，适宜采收期不能完全上色，感官品质差；完全上色时籽粒发硬而不能食用。针对生产和市场需求，作者经多年的黑色糯玉米育种攻关，筛选出籽粒紫黑色、上色快、适宜采收期长的黑色糯玉米新品种"沪紫黑糯1号"（2008年4月获上海审定，沪农品审玉米（2008）第006号）。

1 材料与方法

1.1 材料

"沪紫黑糯1号"亲本是申W74/申W71，申W74于2001年以田间开放式自由散粉黑、红、黄、白、杂色果穗组成优势类群分离选育的紫黑色糯玉米自交系。申W71于2004年以引进的黑糯1号糯玉米杂交种为种质，以紫黑色为主要目标育成的二环系。

1.2 选育经过

如图1所示。

1.3 转色反应研究

"沪紫黑糯1号"转色反应试验于2007年在上海市农业科学院重固良种试验场进行，供试土壤质地为砂壤，肥力中等。吐丝期选择有代表性植株套袋，同一天集中授粉并挂牌标记。授粉后16天开始取样，每2天采摘套袋果穗，一直到授粉后26天籽粒硬化无法鲜食为止。观察记载果穗籽粒颜色变化并拍照，蒸煮后品尝鉴定鲜食品质。

1.4 测定项目

鲜食品质测定按照部颁糯玉米标准（NY/T524—2002）和糯玉米国家区域试验标准，

* 基金项目：上海市科技兴农重点攻关项目，编号：沪农科攻字（2005）第5-4-1

** 作者简介：王义发，男，研究员，从事玉米遗传育种研究工作。已发表论文30余篇；E-mail：zw4@saas.sh.cn

主要根据感官品质和蒸煮品质等指标进行综合打分（表1）。

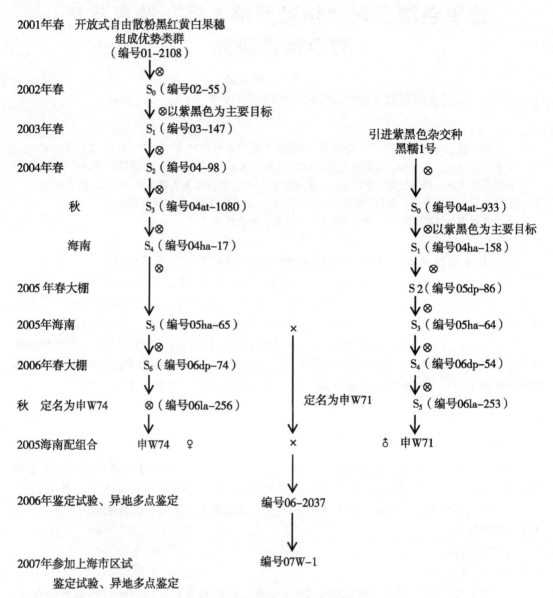

图1 "沪紫黑糯1号"选育经过

表1 鲜食糯玉米品质测定指标（国家标准）

外观品质	蒸煮品质					总评分
	气味风味	色泽	糯度	柔嫩性	皮薄厚	
21~30	11~17	4~7	10~18	7~10	10~18	63~100

2 结果与分析

2.1 产量表现

经2007年上海市鲜食玉米区域试验，平均鲜果穗产量948.7kg/666.7m²，比对照苏玉糯1号（CK）增产26.8%（表2）。经异地多点生产试验鉴定，"沪紫黑糯1号"产量较高，单穗净重240.0g左右，去苞叶鲜穗840kg/666.7m²左右，比CK增产25.2%（表3）。

表2 "沪紫黑糯1号"上海区试产量性状测定

年度	品种	产量（kg/666.7m²）	比CK/±%
2007	沪紫黑糯1号	948.7	26.8
	CK	748.0	

CK=苏玉糯1号，下同

表3 "沪紫黑糯1号"生产试验产量测定表

试点	组合	去苞叶产量		
		单穗重（g）	产量（kg/666.7m²）	比较CK±%
上海作物所	沪紫黑糯1号	235.0	822.5	23.7
	CK	190.0	665.0	
上海浦东	沪紫黑糯1号	245.0	857.5	25.6
	CK	195.0	682.5	
浙江杭州	沪紫黑糯1号	240.0	840.0	26.3
	CK	190.0	665.0	
平均	沪紫黑糯1号	240.0	840.0	25.2
	CK	191.7	670.8	

2.2 主要特征特性

2.2.1 植株性状

"沪紫黑糯1号"长势旺盛，生长整齐，幼苗叶鞘绿色。株型半紧凑，上海地区春种株高195cm，穗位高95cm，茎秆坚硬，抗倒性好，主茎叶片数在19片左右，叶色浓绿（表4）。

2.2.2 果穗性状

"沪紫黑糯1号"雌穗花丝黄白色，花药黄色，颖壳绿色，苞叶适中，果穗筒锥型，穗长18.0cm，比CK长0.8cm，穗行数16.0行，行粒数39.0，穗轴白色，籽粒紫黑色，结实好，排列整齐，商品外观性好（表4）。

表4 "沪紫黑糯1号"与"苏玉糯1号"综合性状比较

组合	株高（cm）	穗位高（cm）	穗长（cm）	秃顶（cm）	行数	行粒数	穗粗（cm）	粒色	穗型
沪紫黑糯1号	195	95	18.0	1.0	16.0	39.0	4.86	紫黑	筒锥
CK	190	87	17.2	1.2	13.6	33.4	4.4	白	锥

2.2.3 生育期

"沪紫黑糯1号"比CK早熟,上海地区春种出苗至吐丝约66天,吐丝后20天左右可以采收,出苗至采收86天,比CK早2天左右(表5)。

表5 "沪紫黑糯1号"与"苏玉糯1号"(CK)生育期比较

组合	播种 (M-D)	出苗 (M-D)	抽雄 (M-D)	吐丝 (M-D)	采收 (M-D)	出苗~ 吐丝(天)	出苗~ 收获(天)
沪紫黑糯1号	4-4	4-13	6-16	6-18	7-8	66	86
CK	4-4	4-13	6-19	6-20	7-6	68	88

2.2.4 品质分析

经上海市作物所、杭州市种子公司、宝山种子公司等异地多点鲜食品尝测定表明,"沪紫黑糯1号"商品外观性好,排列整齐,颜色紫黑色,轴细,皮薄,糯性优良,口感香甜,适口性佳,风味独特,为紫黑色优质糯玉米品种。

经农业部谷物品质监督检验测试中心测定,"沪紫黑糯1号"含粗蛋白10.53%,粗脂肪3.90%,粗纤维2.59%,粗淀粉73.97%,支链淀粉/粗淀粉为98.15%,赖氨酸0.31%,锌24.50mg/kg,铁29.41 mg/kg,钙83.97 mg/kg,锰5.025 mg/kg,铜2.67mg/kg。

2.2.5 抗逆性

经大田诱发鉴定结果,"沪紫黑糯1号"兼抗大斑病、小斑病、弯孢菌病。生产表现,鲜穗采收时秆青叶绿,保绿度好,茎秆坚硬,抗倒性强。

2.3 沪紫黑糯1号转色动态特性

2.3.1 不同采收期(授粉天数)籽粒颜色变化和鲜食口感质变化

不同采收期试验表明,"沪紫香糯1号"不同采收期积温随授粉后天数增加而增加,籽粒颜色变化和鲜食口感质发生相应变化(表6、图2(略))。"沪紫黑糯1号"授粉后16天(有效积温277.5℃)开始上色,鲜食品尝稍有糯性,甜味较大。授粉后20天(有效积温346.1℃)已完全上色,紫黑发亮,鲜食品尝糯性好,皮薄嫩。授粉后22天(有效积温288.1℃)籽粒乌黑发亮,香味浓厚,糯性好,皮薄,有韧性。授粉后24天(有效积温413.8℃)香味较浓,糯性较好,皮仍较薄,稍有渣感。授粉后26天(有效积温476.2℃)籽粒开始发硬,香味变淡,皮厚有渣,口味下降。

表6 沪紫黑糯1号不同采收期籽粒颜色变化和鲜食口感

采收期 (授粉后天数)	有效积温(℃)	颜色变化	鲜食口感
16	277.5	开始上色,紫、黄、白三色	口感香、糯,有甜味,皮薄,脆
18	308.8	基本上色,紫红为主,间有黄色	口感香,糯性好,皮薄,脆
20	346.1	上色完全,紫黑发亮	口感香,糯性很好,皮薄,嫩
22	388.1	乌黑发亮,籽粒饱满	口感香味浓厚,糯性很好,皮较薄,有韧性

（续表）

采收期 （授粉后天数）	有效积温（℃）	颜色变化	鲜食口感
24	413.8	乌黑发亮，指压有弹性	口感香味较浓，糯性很好，皮较薄，稍有渣感，有韧性
26	476.2	乌黑发亮，籽粒发硬	口感香味变淡，糯性降低，皮厚有渣，口味下降

2.3.2 不同授粉天数鲜食品质指标变化

表7 沪紫黑糯1号不同采收期鲜食感官品质指标变化

采收期 （授粉后天数）	外观品质	蒸煮品质						品质分值
		气味风味	色泽	糯度	柔嫩性	皮薄厚	合计	
16	24.0	14.0	5.0	14.0	9.0	17.0	59.0	83.0
18	25.0	14.0	5.0	15.0	9.0	16.0	59.0	84.0
20	27.0	15.0	5.0	15.0	9.0	16.0	60.0	87.0
22	28.0	16.0	7.0	17.0	8.5	16.0	64.5	92.5
24	27.0	16.0	7.0	17.0	8.5	15.5	64.0	91.0
26	27.0	13.0	7.0	15.0	7.0	15.0	57.0	84.0

按照国家鲜食玉米品质测定标准，对沪紫黑糯1号不同采收期鲜食感官品质进行综合打分（表7），结果表明，授粉后22天沪紫黑糯1号外观品质和蒸煮品质分值都达到最高。沪紫黑糯1号不同采收期鲜食感官品质分值随授粉后天数增加呈二次曲线变化，符合二次曲线方程 $y = ax^2 + bx + c$，经数学模拟，得沪紫黑糯1号不同采收期鲜食感官品质分值随授粉后天数增加二次曲线方程 $y = -0.2351x^2 + 10.363x - 24.214$。设置鲜食品质85分值为适宜采收临界值，由模拟方程计算可得，沪紫黑糯1号最早、最晚和最佳适宜采收的临界天数为19.7天、24.3天和22.0天。因此，沪紫黑糯1号适宜采收期为授粉后20天和24天之间，最佳采收期为授粉后22天。

沪紫香糯1号不同采收期鲜食感官品质分值随授粉后有效积温增加呈二次曲线变化（表6、表7），符合二次曲线方程 $y = ax^2 + bx + c$，经数学模拟，得沪紫香糯1号不同采收期鲜食感官品质分值随授粉后有效积温增加二次曲线方程 $y = -0.0009x^2 + 0.6917x - 43.957$。由模拟方程计算可得最佳采收期所需有效积温为384.3℃。

3 讨论

3.1 沪紫黑糯1号的育成是黑色糯玉米遗传育种的突破

本试验表明，沪紫黑糯1号在鲜食感官品质最佳的时期籽粒已完全上色，紫黑发亮；该品种具有较长的适宜采收期，按照国家鲜食玉米品质测定标准，授粉后20～24天，感官品质综合分值都达85分以上。对沪紫黑糯1号转色过程中籽粒色素含量、蛋白质、淀粉组分、微量元素等动态变化研究有待进一步深入。

3.2 栽培技术要点

适宜密度 3 200~3 500 株/666.7m²。注意隔离种植,防止串粉。合理施肥,施用有机肥 1 000 kg/666.7m²以上,重施底肥和攻穗肥,施纯 N 总量 20kg/666.7m² 左右。根据积温掌握采收期,外观苞叶稍黄,上海地区春播的一般为吐丝后 20 天采收上市。地温超过 10℃以上时可以播种。为避免花期高温危害,上海地区 5~6 月不宜播种。防治地老虎、玉米螟、大螟和黏虫要早,并使用无残毒农药,采收前 30 天禁用农药。

3.3 推广应用前景

"沪紫黑糯1号"新品种优质、高产和保健性能居国内领先水平,市场竞争能力极大提高,经济效益更加显著,市场前景可观。适合沪、江、浙、皖、赣、湘、粤、闽、鄂、滇等省(市、自治区)种植,该品种的推广应用对促进中国南方地区特别是长三角地区种植业结构调整,提高农民收入,推动糯玉米产业化发展,将起到积极而重要的作用。

参考文献

[1] 公茂迎.黑玉米的利用价值及高产高效栽培技术 [J].安徽农业科学,2005,33 (5):773-773.

[2] 卢华兵,赵军华,郭章贤,等.谈谈黑糯玉米的利用与开发 [J].种子世界,2005 (4):59-60.

[3] 张效梅,东方龙.黑玉米种植及其美食制作 [M].北京:科学技术文献出版社,1999.

[4] 秦泰辰,邓德祥,卞云龙,等.利用遗传突变基因改良特用玉米—紫(黑)糯玉米育种与市场开拓的探讨 [J].玉米科学,2003,11 (2):6-8.

[5] 周洁.黑糯玉米的研究现状 [J].安徽农业技术师范学院学报,2000,14 (2):76-77.

[6] 彭泽斌等.中国糯玉米产业现状与发展战略 [J].玉米科学,2004,12 (3):116-118.

[7] 史振声,张喜华.鲜食型玉米育种目标和品种标准的探讨 [J].玉米科学,2002,10 (4):16-18.

不同产区谷子营养品质与加工特性研究*

田志芳** 杨 春 石 磊 孟婷婷 孙秋雁 王海平

（山西省农业科学院农产品加工研究所，太原 030031）

摘 要：本文通过对不同产区谷子样品的营养品质与淀粉糊化等加工特性进行比较分析，结果表明不同产地样品粗蛋白含量与人体必需的 8 种氨基酸总量变化趋势基本一致，高纬度与高海拔对提高谷子营养品质有利。淀粉糊化特性是小米加工特性研究的主要内容，评价指标应该是峰值黏度、破损值和回生值。

关键词：谷子；营养品质；淀粉糊化

中国的谷子种植主要分布在华北、东北、西北的大多数省份。由于谷子具有生育期短，适应性广，耐旱，耐瘠薄，耐贮藏，籽粒营养丰富，是干旱丘陵地区的优势作物，谷草品质优良等特点，因而在农业生产中不仅可粮、饲兼用，同时也是赈灾填闲的重要作物[1-2]。

谷子脱壳后称小米，其营养和加工特性直接影响着谷子的用途。小米的主要可食部分是淀粉，含量在 60% 左右，淀粉的结构与性质会直接影响到小米的食用品质和加工工艺品质[3]。同时小米蛋白质不能形成面筋，改变传统煮粥食用方法所需的成型加工等过程主要依靠淀粉糊化。因此，深入研究谷子的营养品质和淀粉糊化等加工特性，对谷子育种、生产和加工利用均具有重要意义。

1 材料与方法

1.1 材料

从全国谷子主产区收集推广面积较大的骨干品种和具有地域特点的代表性样品 13 份，分别来源于黑龙江、辽宁、山东、河南、陕西、甘肃、内蒙古、河北（2 份）、山西（4份）。

1.2 样品处理

采用四分缩减法取风干后的每份谷子样品各约 50g，手工除去杂质和病、霉、瘪谷粒，脱壳加工小米。植物粉碎机粉碎，过 60 目筛孔备用。

1.3 检测方法

采用国标法（GB/T 5009.5—2003）测定样品中的总氮量，乘以系数 6.25 即为粗蛋白含量；氨基酸、粗脂肪、粗纤维、灰分均采用国标法（GB/T 5009—2003）进行测定；采用国标法（GB/T 14490—2008）测定样品淀粉糊化特性。

---

* 基金项目：山西省科技攻关项目（20080312009）

** 作者简介：田志芳，男，副研究员，研究方向：食品工程；E-mail：tianzhif@sina.com

2 结果与分析

2.1 主要营养品质

小米样品粗蛋白、粗脂肪、粗纤维含量和灰分分析结果见表1，表1显示粗蛋白、8种人体必需氨基酸、粗脂肪、粗纤维的平均含量分别为13.14%、5.02%、4.93%、0.73%，变异系数分别为7.19%、7.04%、0.20%、44.00%，灰分平均为1.60%，变异系数11.25%。

按照已有研究结果，同一谷子品种的主要品质性状基本不受产地影响[4]，蛋白质含量是评价小米营养品质的主要指标之一[2]。就不同产地样品而言，粗蛋白最小含量与最大含量相差2.88%，主要由品种差异所致，同时与产地有一定关系，高纬度与高海拔产区样品蛋白质含量相对较高；蛋白质中8种人体必需氨基酸总量最小与最大相差1.08%，来源于高纬度地区的样品8种氨基酸总量相对较高。

表1　小米样品主要营养品质

指标	平均值±标准差	变幅（%）	变异系数（%）
粗蛋白含量（%）	13.14±0.94	11.53~14.41	7.19
8种必需氨基酸总含量（%）	5.02±0.35	4.53~5.58	7.04
粗脂肪含量（%）	4.93±0.01	4.21~5.75	0.20
粗纤维含量（%）	0.73±0.33	0.58~1.04	44.00
灰分（%）	1.61±0.18	1.41~1.94	11.25

2.2 淀粉糊化特性研究

2.2.1 初始糊化时间和糊化温度

糊化时间和糊化温度反映样品糊化的难易程度，糊化时间越短、糊化温度越低，水分子越容易进入淀粉分子间，形成无定形状态，即糊化。小米初始糊化时间和糊化温度分析结果见表2。表2显示初始糊化时间变异1.49%，糊化温度变异为0.72%，其中，内蒙古样品最难糊化，糊化时间10.82min，糊化温度达到81.80℃，山东样品较易糊化，糊化时间8.75min，糊化温度75.4℃。

表2　小米初始糊化时间和糊化温度分析

指标	平均值±标准差	变幅	变异系数（%）	备注
糊化时间（min）	9.95±0.15	8.75~10.82	1.49	
糊化温度（℃）	79.12±0.57	75.40~81.80	0.72	

2.2.2 热黏度及其稳定性

通过测定小米样品的破损值反映样品的热黏度稳定性。小米样品峰值黏度和崩解值分析结果见表3。表3显示峰值黏度（BU值）变异达到21.33%，其中，最小为山西临汾样品146BU，最大为山东样品达到268BU；破损值变异为18.46%，其中，最小为河南样品

39BU，最大为山东样品达到61BU。

表3 小米样品峰值黏度和崩解值分析

指标	平均值±标准差	变幅	变异系数（%）	备注
峰值黏度（BU）	198.92±42.43	146.0~268.0	21.33	
破损值（BU）	50.00±9.19	39.0~61.0	18.46	

2.2.3 冷黏度及其稳定性

通过测定小米样品的回生值反映样品的冷黏度，冷黏度高，易于凝沉；计算△值可反映冷黏度的稳定性，△值越高，表示随着时间的延长，冷黏度增大。

小米样品回生值及△值分析结果见表4。表4显示回生值（BU值）变异达到16.11%，其中，最小为山西临汾样品163BU，最大为山西省农业科学院样品，达到304BU。内蒙古、陕西、河北和山西全部样品的△值为负值，表示随着时间的延长，样品的冷黏度呈降低的趋势，△值的绝对值越大，降低的幅度越大；黑龙江、辽宁、山东、河南、甘肃样品的△值为正值，表示随着时间的延长，样品的冷黏度呈增加的趋势，△值的绝对值越大，增加的幅度越大。

表4 小米样品回生值及△值分析

指标	平均值±标准差	变幅	变异系数（%）	备注
回生值（BU）	250.23±40.31	163.00~304.00	16.11	
△值（BU）		−81~22		

注：△值=冷却阶段结束黏度−最终恒温阶段结束黏度，表示冷黏度稳定性

从下图可以看出，不同产地小米样品的峰值黏度、破损值、回生值等淀粉特性表现出相对较大的差异，除山东样品外均呈显著正相关。

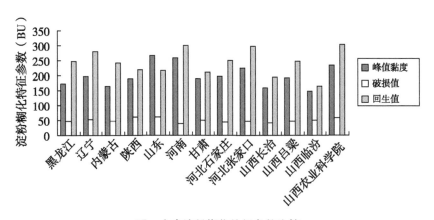

图 小米淀粉糊化特征参数比较

3 讨论

（1）不同产地样品粗蛋白含量与人体必需的 8 种氨基酸总量变化趋势基本一致，高纬度与高海拔对提高谷子营养品质有利。

（2）来源于不同产地的小米样品的粗脂肪变异小于 1%，灰分与粗纤维虽然变化差异较大，但其含量较低，可以认为对小米加工品质影响不大。

（3）所测试样品的淀粉糊化温度变幅小于糊化时间变幅，二者呈正相关，产地差异不大，同时没有明显的产地变化规律。

（4）反映热黏度及其稳定性的破损值最大的为山东样品，除该样品外，其他样品回生值均高于峰值黏度，说明该项指标主要决定于品种，基本与产地无关。

（5）反映冷黏度的回生值基本没有产地变化规律，通过计算△值考察其稳定性，结果表明山西、河北、内蒙古、陕西等中北部产区的全部样品△值均为负值，表示随着时间的延长，样品的冷黏度呈降低的趋势；而东北、山东、河南、甘肃等产区样品的△值均为正值，表示随着时间的延长，样品的冷黏度呈增加的趋势，△值的绝对值越大，增加的幅度越大。

（6）小麦淀粉研究结果表明，淀粉峰值黏度、破损值是影响淀粉品质和面条品质的重要指标[5]。由于小米蛋白质不能形成面筋，后续成型加工主要依靠淀粉糊化。因此，淀粉糊化特性应该是小米加工特性研究的主要内容。不同品种的小米淀粉由于品质不同、贮藏时间不同以及其中 α-淀粉酶活性不同等，其糊化特性也不同，评价淀粉品质的主要指标包括峰值黏度、破损值和回生值。

参考文献

［1］ 朱志华，李卫喜，刘方，等．谷子种质资源品质性状的鉴定与评价［J］.杂粮作物，2004，24（6）：329-331.

［2］ 李荫梅，等．谷子育种学［M］.北京：中国农业出版社，1997：393.

［3］ 陈正宏，乐静，沈爱光．小米淀粉特性的研究［J］.郑州粮食学院学报，1992（3）：38-43.

［4］ 田志芳，冯耐红，周柏玲，等．不同产地晋谷21号品质性状与淀粉特性研究［J］.农产品加工创新版，2009（8）：33-35.

［5］ 徐荣敏，王晓曦．小麦淀粉的理化特性及其与面制品品质的关系［J］.粮食与饲料工业，2005（10）：23-24.

几种杂粮面粉与小麦粉黏度特性比较研究

孟婷婷* 周柏玲 石磊 田志芳

（山西省农业科学院农产品加工研究所，太原 030031）

摘 要：本文对几种杂粮粉与小麦粉的黏度特性进行了比较研究，结果显示：杂粮粉糊化温度和开始糊化的时间、热黏度及其稳定性、冷黏度及其稳定性等黏度特性都存在着明显的不同；以小麦粉作对照，谷子最难形成淀粉糊，燕麦最易形成淀粉糊，谷子的峰值黏度较低，而崩解值较高，燕麦的峰值黏度最高，崩解值也很高，甜荞峰值黏度较高而崩解值较低，苦荞峰值黏度最低崩解值也较低，燕麦的冷黏度很高稳定性也很高，凝沉效果好，甜荞冷黏度较高但其稳定性较差；苦荞冷黏度低但稳定性较好，谷子冷黏度高但稳定性差，小麦粉居中。为进一步了解小麦与这些杂粮面淀粉的特性及应用开发提供了一定的理论依据。

关键词：小麦粉；杂粮面；黏度

杂粮主要指荞麦、谷子、燕麦、绿豆、豇豆、小豆、豌豆、蚕豆、芸豆、扁豆、高粱、黑米等小宗作物[2]。以这一类作物加工的食品为杂粮食品，亦称为粗粮食品。中国是以粮谷类为主食的国家，消费者越来越多地食用精细米面。这种饮食结构，造成了城市居民消费者患冠心病、动脉硬化、乳腺癌、直肠癌等各类疾病的人有所增加杂粮食品中含有大量的蛋白质、矿物质、维生素等对人体有益的物质，其中含有的粗纤维还能增加肠的蠕动，减少肠癌的发病率；杂粮食品还可补充多食细粮导致缺乏的部分营养素，可以增强体质，延缓衰老，避免因长期食用高脂肪食品和过于精细粮食对人体所造成的危害。近年来，人们对杂粮食品越来越重视，越来越多的杂粮食品走上餐桌，成为人们日常饮食中不可缺少的一部分[1]。

从总体发展看，中国杂粮加工技术开发工作起步较晚，普遍存在的问题是产品科技含量和附加值低，生产企业设备简陋，缺少新技术支撑。在以家庭作坊为主的加工过程中，只能提供低档次食品，保质期短，市场占有份额少，规模较小，整体效益不高。据统计，目前中国小杂粮食品深加工转化量占小杂粮总产量的比例为10%左右；出口以原粮为主，约占小杂粮总产量的10%，增值潜力亟待挖掘。与大宗粮食作物相比，杂粮不仅是健康的食物源和功能性食品生产的原料源[3]，同时由于种植区域大多集中在工业欠发达的边远贫困山区，不同的自然生态造就了小杂粮的多样化特点，也使小杂粮成为发展粮食生产的潜力产业和贫困地区的经济源，更是绿色有机食品的优质原料源。

杂粮富含各种营养成分，既是传统的口粮，又是理想的营养保健食品，随着城乡人民生活水平的提高，杂粮及其加工制品愈来愈受到人们的青睐。在现代保健食品中以小杂粮加工的保健食品越来越多。本文通过对小麦与这些杂粮淀粉的特性研究，为杂粮面粉的加工提供一定的参考。

---

* 作者简介：孟婷婷，女，助理研究员，硕士，主要从事农产品加工利用的研究

1 材料与仪器

小麦粉（市售）、谷子（汾阳，晋谷 21 号）、甜荞粉、苦荞粉以及燕麦（市售）；

黏度仪，Viscograph-E，德国布拉本德仪器公司；

高速粉碎机，HY-02，北京环亚天元机械技术有限公司；

分样筛（60 目）。

2 实验方法

2.1 样品处理方法

小麦粉、甜荞粉、苦荞粉以及燕麦粉分别过 60 目分样筛，谷子用高速粉碎机粉碎后过 60 目分样筛，各称取 40g 备用。

2.2 测定方法

水分测定：根据 GB5497-85 粮食水分测定法，用恒重法测定样品的水分含量，测试中样品的称样量均为干基。试验样品水分含量分别为：小麦粉 10.35%，谷子 9.57%，甜荞粉 10.82%，苦荞粉 11.41%，燕麦粉 8.55%。

黏度测定：根据 ICC169 及 GB/T 14490-93 规定的测试标准进行测定。

3 结果与讨论

小麦粉、谷子、甜荞粉、苦荞粉以及燕麦粉的黏度特性曲线见下图，其特征参数见下表。

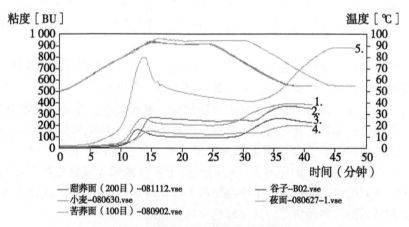

图 小麦和几种杂粮黏度特性曲线

1. 小麦粉　2. 甜荞面（200 目）　3. 谷子　4. 苦荞面（100 目）　5. 莜面

表 小麦粉及其他杂粮的黏度数据比较表

测试项目	谷子	小麦	甜荞	苦荞	燕麦
糊化温度（℃）	78.6	69.8	77.8	71.4	60.7
开始糊化的时间（min）	00:09:45	00:06:25	00:09:25	00:07:15	00:04:10

（续表）

测试项目	谷子	小麦	甜荞	苦荞	燕麦
峰值黏度（BU）	162	265	271	152	802
黏度崩解值（BU）	70	61	27	29	383
回生值（BU）	172	184	123	68	436
△值（BU）	−37	−6	−17	3	21

3.1 糊化温度和开始糊化的时间比较

糊化时间和糊化温度可以反映样品糊化的难易程度，糊化时间越短、糊化温度越低，水分子越容易进入淀粉颗粒无定形区，变成半透明黏稠糊状，即糊化。从开始糊化时间和糊化温度分析，以小麦粉作对照，小麦粉糊化时间和糊化温度居中，谷子糊化时间最长和糊化温度最高，最难于形成淀粉糊；燕麦糊化时间最短和糊化温度最低，最易形成淀粉糊；甜荞和苦荞较难形成淀粉糊。

3.2 热黏度及其稳定性

峰值黏度就是样品的黏度，崩解值反映的是样品的热黏度稳定性。从峰值黏度和崩解值来看，谷子的峰值黏度较低，而崩解值较高；燕麦的峰值黏度最高，崩解值也很高；甜荞峰值黏度较高而崩解值较低；苦荞峰值黏度最低崩解值也较低。因此，燕麦更适宜作为需要黏度较高的食品原料，如燕麦糊等，但应注意在加工过程中不应长时间进行搅拌、粉碎等机械处理，因为燕麦的热稳定性不强；甜荞糊液黏度较高稳定性好，耐加工能力强；谷子糊液黏度不高稳定性差，在加工过程中应扬长避短。

3.3 冷黏度及其稳定性

回生值指的是样品的冷黏度，冷黏度高，易于凝沉；而△值则反映了冷黏度的稳定性，△值越高，表示随着时间的延长，冷黏度增大。从回生值和△值可以看出，小麦粉居中，燕麦的冷黏度很高稳定性也很高，凝沉效果好；甜荞冷黏度较高但其稳定性较差；苦荞冷黏度低但稳定性较好；谷子冷黏度高但稳定性差。因此，在加工冷面食品，燕麦是很好的原料；而在加工粥类制品时，则应克服谷子冷黏度稳定性差的弱点。

4 结论

通过对小麦粉以及谷子、甜荞粉、苦荞粉、燕麦粉的黏度特性分析，可以得出以下结论：

（1）小麦粉、谷子、甜荞粉、苦荞粉以及燕麦粉的黏度特性曲线有显著不同。

（2）从开始糊化时间和糊化温度分析，燕麦最易形成淀粉糊；谷子、甜荞和苦荞较难形成淀粉糊。

（3）燕麦更适宜作为需要黏度较高的食品原料，如燕麦糊等，但应注意在加工过程中不应长时间进行搅拌、粉碎等机械处理，因为燕麦的热稳定性不强；甜荞糊液黏度较高稳定性好，耐加工能力强；谷子糊液黏度不高稳定性差，在加工过程中应扬长避短。

（4）在加工冷面食品，燕麦是很好的原料；而在加工粥类制品时，则应克服谷子冷黏度稳定性差的弱点。

参考文献

［1］　郭淑春，钱丽燕，张凤清，等．荞麦、小米营养成分的开发和利用［J］.粮油食品科技，1998（1）：12-13.

［2］　林汝法，柴岩，廖琴，等．中国小杂粮［M］.北京：中国农业科学技术出版社，2002：126.

［3］　李新华．粮油加工工艺学［M］.郑州：郑州大学出版社，1996：105-108.

抗氧化苦荞酒加工工艺的研究[*]

李云龙[**] 李红梅 胡俊君 陕 方 边俊生

（山西省农业科学院农产品加工研究所，太原 030031）

摘 要：本研究对苦荞蒸馏酒酒糟中黄酮类物质进行提取和纯化，分析其主要黄酮类组分及其抗氧化效果，用于38°和53°两种苦荞酒强化处理。结果表明，提取纯化后的酒糟黄酮组分为芦丁20.1%，槲皮素18.8%，异槲皮苷1.56%，强化后的38°和53°苦荞酒，其DPPH自由基清除率分别达到95.17%和95.50%，是强化前的19.7倍和9.7倍；总抗氧化能力分别达到了28.98和36.5 FeSO$_4$mmol/mL，效果十分显著。本强化处理对酒体品质无任何不良影响，且口感更显醇厚。

关键词：抗氧化；苦荞酒；生物类黄酮；自由基

中国酒类资源丰富，酒品消费是国民饮食文化的重要内容，独具一格的中华酒文化渊源厚重，酒产业亦成为国民经济发展的重要组成。随着健康理念的普及和对饮食健康的关注，未来的酒类消费更趋向于理性，人们在享受口感的同时，更希望获得健康，尤其要警惕酒精易产生的超氧化自由基对肌体的伤害[1-3]。苦荞麦是中国特有的珍贵作物资源，因富含黄酮、原花青素、D-手性肌醇等生物活性物质，具有抗氧化、调节血糖、血脂、防治心血管病等独特效果，是现代营养学最具影响力的谷物资源之一[4-6]。

"土家酒"、"杆杆酒"等苦荞酒是主产区人民的传统产品，极具特色。随着苦荞开发利用的进程，苦荞酒已发展成为一个系列化酒种，受到市场青睐，在区域特色农业发展中成为新的经济增长点。然而笔者对市场上的苦荞酒白酒进行了分析，基本未检测到苦荞黄酮类成分，酒的抗氧化活性也十分微弱。进一步研究发现，受蒸馏工艺的限制，苦荞发酵物料中的黄酮类功能成分主要留存在酒糟中，而未能得到合理利用。为此，本研究拟通过对苦荞酒糟中黄酮类抗氧化活性成分的分析，对苦荞酒糟黄酮提取纯化技术进行优化，确定抗氧化苦荞酒的强化工艺参数，对其产品进行抗氧化功效评价，开发一种具有显著抗氧化活性的苦荞酒，旨在为传统苦荞酒的生产工艺和产品创新提供有益的借鉴。

1 材料与方法

1.1 试验材料及仪器

原料：苦荞酒糟（山西省广灵县壶泉酿酒厂提供）；苦荞黄酮（山西省农业科学院农产品加工研究所）。

---

* 基金项目：国家现代农业（燕麦荞麦）产业技术体系专项经费资助（CARS-08-D-2）；山西省财政支农项目（2013LSCP-02）；山西省农业科学院攻关项目（No.2008YCP0809）

** 作者简介：李云龙，男，硕士，副研究员，主要从事农产品深加工研究；E-mail：liyunlong125@126.com

试剂：TPTZ、DPPH、乙腈（Sigma 制剂）；乙醇、三氯化铁等其余试剂为分析纯。

仪器：1100 型安捷伦液相色谱仪（美国）；KQ-250DB 数控超声波清洗器（昆山市超声仪器有限公司）；EB-330H 型分析天平（日本岛津公司）；HH-2 电子恒温水浴锅（苏州威尔试验用品有限公司）；旋转蒸发浓缩仪（上海医械专机厂 RM—3 型）；756 紫外可见分光光度计（上海光谱仪器有限公司）。

1.2 分析主要方法

1.2.1 酒精度测定

GB/T13662-92 中 6.2.3 法。

1.2.2 芦丁、槲皮素测定

液相色谱法，Hypersil BDS C18 色谱柱（i.d. 4.6×250mm，5μm），DAD 检测器。

1.2.3 自由基清除率测定

测定方法：采用 DPPH 测定法[7]。

向 2mL $2×10^{-4}$ mol/L DPPH 溶液中加入 2mL 样品，摇匀后于室温闭光放置 30min，用无水乙醇作参比，于 517nm 测定其吸光值 Ai；同时以 2mL 无水乙醇为对照，同样品操作测定吸光值 Ac；再测 2mL 样品液与 2mL 无水乙醇混合液的吸光值 Aj，根据以下公式计算样品对自由基的清除率 IR：

$$IR = [1-(Ai-Aj)/Ac]×100\%$$

式中：Ai——加样品液时 DPPH. 溶液的吸光值；

Aj——样品液在测定波长的吸光值；

Ac——未加样品液时 DPPH·溶液的吸光值。

1.2.4 自由基半抑制率（C_{50}）测定

将待测样品配置成系列溶液，测定样品系列浓度与 DPPH 自由基清除率（测定方法同 1.2.3），并计算曲线方程，求出 DPPH 自由基清除率 50% 时所需的待测样品浓度。

1.2.5 总抗氧化能力的测定[8-9]

采用 FRAP 法，实际加样量扩大了 20 倍，即 0.2mL 样品 + 0.6mL 水 + 6mL 预热至 37℃的 FRAP 工作液（10mmol/L TPTZ、20mmol/L $FeCl_3$、0.3mmo l/L 醋酸钠缓冲液以 1∶1∶10 的比例混合），摇匀后放置 4min，于 593nm 测其吸光值；另以 0.1~1.0 mmol/L $FeSO_4$ 的标准溶液代替样品作标准曲线，得到回归方程。样品的总抗氧化能力以毫摩尔 $FeSO_4$/克提取物表示，单位为 mmol/g。

1.3 酒糟黄酮提取工艺

将苦荞酒糟用 60% 的食用酒精，按照 1∶10 的料液比，于 50℃搅拌提取 1h 过滤，滤渣同上重复提取后弃渣，合并滤液浓缩回收乙醇，浓缩液冷却静置，采用 AB-8 大孔径树脂分离提纯、真空干燥，得到酒糟黄酮提取物，经高效液相色谱测定后备用。

1.4 苦荞酒强化处理工艺

将酒糟黄酮提取物，以 0.001g/mL 浓度分别添加到 38°和 53°的苦荞白酒中，静置、微滤后待测。

2 结果与分析

2.1 苦荞黄酮及酒糟黄酮提取物成分分析

表 1 苦荞黄酮及酒糟黄酮提取物 HPLC 测定结果

样 品	芦 丁	槲皮素	异槲皮苷
苦荞黄酮（%）	52.6	2.33	—
酒糟黄酮（%）	20.1	18.8	1.56

从表 1 中可知，从苦荞原料中提取的黄酮主要组分为芦丁，而从酒糟中提取的黄酮主要组分为芦丁和槲皮素，可见苦荞原料在酿酒过程中，经过微生物作用，苦荞中原有的黄酮类物质发生了变化，其中一部分芦丁转化为生物活性更高的槲皮素和苦荞原料中未曾发现过的异槲皮苷，是一种显著区别于苦荞原有成分的转化黄酮。

2.2 两种黄酮提取物的抗氧化活性分析

2.2.1 两种黄酮提取物的自由基清除率能力比较

表 2 苦荞黄酮及酒糟黄酮提取物自由基清除率测定结果

测定项目	酒糟黄酮提取物	苦荞黄酮提取物
DPPH·半抑制率（C_{50}）	1.4×10^{-5}	2.5×10^{-5}

表 2 结果表明，酒糟黄酮提取物清除 DPPH 半抑制率（C_{50}）显著低于苦荞黄酮，由表 1 中的数据可知，可能是因为酒糟黄酮中含有自由基清除效率更强的槲皮素等衍生物的结果，从而在更低的浓度即可达到 C_{50} 值。

2.2.2 两种黄酮提取物的总抗氧化能力分析

表 3 苦荞黄酮及酒糟黄酮提取物总抗氧化能力测定结果

测定项目	酒糟黄酮提取物	苦荞黄酮提取物
总抗氧化能力（$FeSO_4$ mmol/mg）	37.00	20.68

由表 3 结果可知，酒糟黄酮提取物的总抗氧化能力比苦荞黄酮提高了 78.9%，效果十分显著。

2.3 苦荞酒的抗氧化活性分析

2.3.1 苦荞酒的自由基清除率分析

表 4 DPPH 法测定苦荞酒强化处理前后自由基清除率比较

测定项目	38°苦荞白酒		53°苦荞白酒	
	原酒对照	强化处理	原酒对照	强化处理
DPPH·清除率（%）	4.82	95.17	9.86	95.50

由表4可知，苦荞酒清除DPPH的活性很低，其中高度酒略高也仅为9.86%。用酒糟黄酮强化后，其自由基清除能力可达到95%以上，分别比对照提高了18.7倍和8.7倍。

2.3.2 苦荞酒的总抗氧化能力分析

表5 苦荞酒强化处理前后总抗氧化能力比较

测定项目	38°苦荞白酒		53°苦荞白酒	
	原酒对照	强化处理	原酒对照	强化处理
总抗氧化能力（$FeSO_4$ mmol/mL）	0.42	28.98	0.56	36.57

由表5结果可知，用转化黄酮强化处理后，两种苦荞酒的总抗氧化能力分别达到28.98 $FeSO_4$ mmol/mL 和 36.57 $FeSO_4$ mmol/mL，比对照提高了69倍和65.3倍。

3 讨论与展望

3.1 抗氧化能力与健康的关系十分密切，是现代饮食结构追求的重要指标，采用酒糟黄酮强化处理可显著提高苦荞酒的抗氧化功效，且酒糟黄酮提取物与苦荞酒具有良好的相容性，强化处理后不仅保持了酒体原有的品质，且赋予产品醇厚的口感，该工艺是一种简便易行的新产品工艺。

3.2 由苦荞黄酮及酒糟黄酮提取物的成分分析可知，苦荞中原有的黄酮类物质，经过酿酒过程中微生物的作用，一部分芦丁转化为生物活性更高的槲皮素和异槲皮苷；其转化机理有待进一步研究。

3.3 在苦荞蒸馏酒的生产过程中，苦荞原料中富含的生物类黄酮基本存留在酒糟中，提取纯化后应用于酒品的抗氧化处理工艺，既可增加产品的功能活性，又可提高酒糟的综合利用率。

参考文献

[1] 周玉生，阳学风. 槲皮素对大鼠酒精性脂肪肝的治疗作用 [J].中国处方药，2005，43（10）：80-81.

[2] 詹沛鑫. 清除酒的超氧化活性 [J].酿酒，1998，126（3）：48-49.

[3] 王敏，魏益民，高锦明. 苦荞黄酮的抗脂质过氧化和红细胞保护作用研究 [J].中国食品学报，2006，6（1）：278-283.

[4] 严伟，张本能. 苦荞部分营养成分分析及评价 [J].四川师范大学学报，1995，18（6）：103-106.

[5] 任君，毛丽萍，卫天业，等. 苦荞的营养及食品开发 [J].粮油食品科技，2001，9（6）：37-38.

[6] 赵飞，王转花. 荞麦生物活性物质的研究进展 [J]. 食品与药品，2008，10（1）：58-61.

[7] 许宗运，马少宾，张秀萍，等.DPPH·法评价37种植物抗氧化活性 [J]. 塔里木农垦大学学报，2004，16（2）：1-4.

[8] 徐金瑞，张名位，刘兴华，等. 黑大豆种质抗氧化能力及其与总酚和花色苷含量的关系 [J].中国农业科学．2006，39（8）：1 545-1 552.

[9] Sean P G, Ranjeet B. Measuring antioxidant potential in corals using the FRAP assay. Journal of Experimental Marine Biology and Ecology, 2004, 302：201-211.

全谷燕麦香酥饼加工工艺研究

杜亚军* 杨 春 张江宁

（山西省农业科学院，农产品加工研究所，太原 030031）

摘 要：全谷燕麦香酥饼在保持山西民间莜面饼原有的风味和营养特性的基础上研制的高蛋白、高膳食纤维、低脂肪休闲小食品。以 80 目燕麦全粉为主要原料，其面团配方：燕麦全粉 100，食用油 10，泡打粉 4，食盐 1.5，白糖 10，清水 100。主要技术性能和参数：和面加水量（重量）：面粉（重量）= 1.2∶1，水温 38～40℃。烘烤温度：面火 180℃±10℃，底火 180℃±10℃，烘烤时间 30～35min。常温下，普通包装，保质期 2～3 个月，抽真空包装，保质期 6 个月以上。

关键词：燕麦全粉；燕麦香酥饼；加工工艺

山西拥有得天独厚的杂粮生产自然资源优势和产业基础，享有"杂粮王国"之称。其中，燕麦总产量居全国第四位，是山西具有特色的粮饲兼用作物，其特有的营养价值和保健功效引起世人极大关注。与其他谷物相比，燕麦具有抗血脂成分、高水溶性胶体、营养平衡的蛋白质等，它对提高人类健康水平有着非常重要的价值，因而被营养学家誉为"全价营养食品"，而燕麦特有的营养和保健成分主要集中在麸皮中。莜面饼属于山西忻州地区农村民间家制小食品，由当地特产纯莜面粉经简单调味后在锅灶上烤制而成，作为饭前饭后零食，被当地人所喜好。莜面饼所用原料为纯莜面粉，口味清淡，具有特有的莜面香味。由于存在口味单一，口感干硬，放置后易"疲"，不易保存，加工条件原始、简陋等缺点，阻碍了产品进一步开发。本实验旨在保持莜面饼原有的风味和营养特性的基础上，用燕麦全粉作为主要原料，对民间莜面饼进行配方、工艺、设备改进，制定标准化生产参数，开发一种具高蛋白、低盐、低糖、低脂肪、低能量、低胆固醇、高膳食纤维（简称"五低一高"食品）[1]，营养健康、香酥可口、易于保存、方便携带的休闲小食品。

1 材料和方法

1.1 试验材料

1.1.1 莜面粉、燕麦全粉（静乐鸿运综合加工厂提供）。

1.1.2 膨化燕麦全粉（山西金绿禾燕麦研究所提供）。

1.1.3 小麦高筋粉（太原面粉一厂生产）。

1.1.4 食用调和油、泡打粉、食盐、绵白糖均为市售。

1.2 设备

1.2.1 远红外电热食品烤炉（上海宝珠机械科技发展公司 YXD9 型）。

1.2.2 高速粉碎机（北京环亚天元机械技术公司 HY-04B 型，容量250g）。

1.2.3 塑料薄膜封口机（浙江江南实业公司 PFS-300 型）。

---

* 作者简介：杜亚军，女，助理研究员，研究方向：农产品加工研究；E-mail：dyjty@ sohu.com

1.3 工艺流程

原辅材料出库→计量配料（准确称量）→原辅材料混合、搅拌，和成面团→面团成型成饼坯→焙烤→冷却→成品

1.4 操作要点[2]

1.4.1 计量配料

准确称量各原辅料备用。

1.4.2 原辅材料混合、搅拌，和成面团

先将泡打粉、调味料与面粉混合，再加入温水进行搅拌，搅拌好的面团用手揉匀成大块面团备用。用水量计算：水（重量）：面粉（重量）= 1.2∶1。水的温度一般在38～40℃之间。和好的面团用薄膜或盖子覆盖，以免干皮，放置时间少于2h。

1.4.3 面团成型成饼坯

将和好的面团置于案板上，手工搓成直径5.5～6cm均匀长条，分割成厚度为0.7～0.8cm的圆形饼坯。

1.4.4 焙烤

将饼坯在烤盘内摆满，入烤箱中烘烤。温度设定：面火180℃±10℃，底火180℃±10℃，烘烤时间30～35min。测量燕麦饼烤熟与否方法：用手掰开饼，内部全烤干，无粘着物，已烤熟。

1.4.5 冷却

将烤好的燕麦饼烤盘及时从烤箱中取出，在室温下冷却。冷却时间为烘烤时间的150%，冷却至温度38～40℃立即包装。

2 结果与讨论

2.1 不同燕麦粉原料样品试验

分别采用莜面粉、燕麦全粉、膨化燕麦全粉、85%燕麦全粉+15%小麦高筋粉（原料均为60目）样品制作，对不同样品进行加工性和感官评定综合评价，综合评分标准表如表1，评价结果如表2。

综合评价采用成对比较法[3]。由10名评价员组成评价小组进行，要求每位评价员独立完成综合评价，每次取样对照评分标准（表1）进行打分。选取产品的后苦、加工性、酥脆性、燕麦味、麦香味和色泽作为感官评定指标，各项指标满分10分，其中，样品是否有后苦占全部评定分值的30%，酥脆性占20%，加工性和燕麦味各占15%，麦香味和色泽各占10%，将各指标得分进行加权平均即为最后综合加权得分。

表1 不同燕麦粉原料样品综合评分标准表

后苦/得分	加工性/得分	酥脆性/得分	燕麦味/得分	麦香味/得分	色泽/得分	评分
无后苦/3	好/1.5	酥脆/2	燕麦味重/1.5	麦香味重/1.0	浅褐色/1.0	10分
轻微后苦/2.4	较好/1.2	较酥脆/1.6	燕麦味/1.2	麦香味/0.5		8.5分
有后苦/1.8	较差/0.9	不太酥/1.2	燕麦味淡/0.9	无/0.6	棕褐色/0.6	6分
后苦重/1.2	差/0.6	不酥/0.8	无燕麦味/0.6			4分

表2　不同燕麦粉原料样品综合评分结果表

试验号	原料种类	后苦/得分	加工性/得分	酥脆性/得分	燕麦味/得分	麦香味/得分	色泽/得分	总分/分
1	莜面粉	无后苦/3	粗糙、松散，成型性不太好，切片较易破，切面均匀蜂窝状/0.9	较酥脆/1.6	燕麦味/1.2	无/0.6	棕褐色/0.6	7.9
2	燕麦全粉	无后苦/3	粗糙、松散，成型性不佳，切片易破碎，切面均匀蜂窝状/0.9	酥脆/2	燕麦味重/1.5	重/1.0	棕褐色/0.6	9
3	膨化燕麦全粉	无后苦/3	粗糙、松散，成型性不佳，切片易破碎，切面不匀有裂纹/0.6	酥脆/2	燕麦味/1.2	无/0.6	棕褐色/0.6	8
4	85%燕麦全粉	无后苦/3	细腻、紧密，成型性较好，切片不易破碎，切面均匀/1.5	不酥/0.8	燕麦味淡/0.9	无/0.6	浅褐色/1.0	7.8

结果表明，燕麦全粉样品，综合评分最高。综合考虑营养价值和加工成本因素，燕麦饼采用燕麦全粉原料较好。

2.2 粗细度不同燕麦全粉样品试验

分别采用60目、80目、100目和120目燕麦全粉样品制作，对粗细度不同样品进行加工性和感官评定综合评价，综合评分标准表如表3，评价结果如表4。

表3　粗细度不同燕麦全粉样品综合评分标准表

酥脆性/得分	口感/得分	加工性/得分	外观/得分	评分
酥脆/4	好/3	好/2	裂纹窄/1	10分
较酥脆/3.2	较好/2.4	较好/1.6		8分
不太酥/2.4	较差/1.8	较差/1.2	裂纹宽/0.6	6分
不酥/1.6	差/1.2	差/0.8		4分

表4　粗细度不同燕麦全粉样品综合评分表

试验号	粗细度	酥脆性/得分	口感/得分	加工性/得分	外观/得分	总分/分
1	60目	较酥脆/3.2	口感粗，嚼感好颗粒感较好/2.4	松散、较硬，延展性、成型性不佳/0.8	裂纹宽/0.6	7
2	80目	酥脆/4	口感偏粗，嚼感好颗粒感好/3	松散、较硬，延展性、成型性较差/1.2	裂纹宽/0.6	8.8
3	100目	不太酥/2.4	口感偏细，有嚼感无颗粒感较好/2.4	细腻、紧密，延展性、成型性较好/1.6	裂纹窄/1	7.4
4	120目	偏干硬/1.6	口感细，无嚼感无颗粒感较差/1.8	细腻、紧密，延展性、成型性好/2	裂纹窄/1	6.4

综合评价采用成对比较法。由 10 名评价员组成评价小组进行，要求每位评价员独立完成综合评价，每次取样对照评分标准（见表 3）进行打分。选取产品的酥脆性、口感、加工性和外观作为综合评定指标，各项指标满分 10 分，其中，样品酥脆性占全部评定分值的 40%，口感占 30%，加工性占 20%，外观占 10%，将各指标得分进行加权平均即为最后综合加权得分。

结果表明，采用 80 目原料，综合评分最高，其次为 100 目原料。

2.3 食用油和泡打粉添加量试验

对食用油和泡打粉添加量进行试验，结果如表 5。食用油最适添加量 8%～10%，泡打粉添加量 4%。

表 5 食用油和泡打粉添加量试验结果比较表

试验次序	食用油和泡打粉添加量（%）	试验结果/口感
1	5%食用油	干硬
2	10%食用油	偏硬
3	5%食用油和4%泡打粉	略酥
4	8%食用油和4%泡打粉	酥适中
5	10%食用油和4%泡打粉	酥适中
6	15%食用油和4%泡打粉	很酥

2.4 烘烤温度试验

由表 6 试验结果可见，最佳烤温为 180℃。

表 6 烘烤温度试验结果分析表

试验次序	烘烤温度（℃）	烘烤时间（min）	烘烤程度	试验结果
1	220	26	烤糊	烤温太高
2	200	32	烤过火，烤盘四周饼坯已烤焦	烤温偏高
3	190	40	烤过火，烤盘四周饼坯已烤焦	烤温偏高
4	180	47	全部烤干，个别饼坯烤成橘黄色	烤温适宜

2.5 保存试验

由于燕麦全粉中所含油脂比例高，尤其是不饱和脂肪比例特别高；又因为胚乳中含有大量的酶类，故而燕麦全粉与其加工食品在储藏、流通中很容易发生氧化酸败、变质。加之，游离脂肪酸对氧化酸败的敏感性高于甘油三酸酯中相同的脂肪酸，且使产品产生肥皂味，不堪食用[4]。所以，燕麦饼保存期间很容易产生哈喇味和苦味。燕麦饼的油脂含量相对较高，且水分含量相对较低，腐败微生物对样品货架寿命的影响较小，产品货架寿命主要受脂肪氧化速率的影响，因此，可以通过抑制脂肪氧化方式延长货架期[5]。

对燕麦全粉和膨化燕麦全粉两种燕麦饼样品进行保存试验。样品包装后分别采用三种保存方式进行试验：常温、常温+脱氧剂、常温+抽真空，产品每保存 1.5 个月后开袋品尝，同时将 1 小包样品放入冰箱中冷藏（作为对照样，以确保风味不变）。以感官评分为参考指标，进行感官评价，看有无"哈"变和返潮现象，测定常温下该产品的保存期。

感官评价采用成对比较法。由 10 名评价员组成评价小组进行，要求每位评价员独立完成感官评价。每次取样对照评分标准（表 7）进行打分。实验样品在贮藏过程中，选取产品的气味、滋味和口感为感官评定指标，各项指标满分 10 分。其中，气味和滋味分值各占全部感官评定分值的 30%；口感和色泽各占 20%。将各指标得分进行加权平均即为最后感官加权得分。将感官加权得分低于 6 分者视为变质产品（表 8）。

表 7　感官评价评分标准表

气味	滋味	口感	评分
浓郁香气	明显燕麦香味	酥脆可口	10 分
较淡香气	燕麦香味不明显	酥脆性尚可	8 分
无异味	无异味	脆性稍差	6 分
稍有哈喇味	稍有苦味	不脆	4 分
明显哈喇味	明显苦味	明显不脆	2 分

表 8　燕麦饼储存期实验感官评分表

样号	样品名称	3 个月感官评分（得分）	4.5 个月感官评分（得分）	6 个月感官评分（得分）
1	燕麦全粉	5.6	4.8	4.4
2	燕麦膨化全粉	6.4	3.2	—
3	燕麦全粉+脱氧剂	6.4	5.2	3.2
4	燕麦全粉+抽真空	9.2	8	8

保质试验结果表明：燕麦全粉和膨化燕麦全粉两种样品保存效果差别不大。常温下产品保存 3 个月左右，样品有返潮不脆现象，保存 4.5 个月左右就会产生"哈"变，添加脱氧剂对保存期有改善作用，但作用不显著。抽真空保存可达 6 个月以上，样品基本不变。

2.6　产品质量标准

参见国家标准 GB/T 20977—2077 糕点通则。

2.7　产品卫生标准

参见国家标准 GB 7100—2003 饼干卫生标准。

3　结论

全谷燕麦香酥饼采用 80 目燕麦全粉原料制作较好。面团配方：燕麦全粉 100，食用油 10，泡打粉 4，食盐 1.5，白糖 10，清水 100。主要技术性能和参数：和面加水量：水（重量）：面粉（重量）= 1：1，水温 38～40℃。烘烤温度：面火 180℃±10℃，底火 180℃±10℃，烘烤时间 30～35min。产品特性：棕褐色，酥脆可口，特有的燕麦风味，高蛋白、高膳食纤维，营养均衡，低糖、低脂肪、低能量休闲小食品。常温下，普通包装，保质期 2~3 个月，抽真空包装，保质期 6 个月以上。

参考文献

[1] 刘清，杨邦宇. 焙烤食品新产品开发宝典 [M]. 北京：化学工业出版社，2008：4-5.

[2] 李里特，江正强. 焙烤食品工艺学 [M]. 北京：中国轻工出版社，2011：104-131.

[3] 张水华，徐树来，王永华. 食品感官分析与实验 [M]. 北京：化学工业出版社，2006：93-98.

[4] 胡新中. 燕麦的酶活性及其食品加工中抑制工艺研究 [D]. 杨陵：西北农林科技大学，2007：54.

[5] 周露，张丛兰，刘雨，等. 一种市售曲奇饼干基于脂肪氧化货架期的预测 [J]. 北京工商大学学报（自然科学版），2012，30（2）：48-51.

沙蒿胶和谷朊粉对高纤燕麦面包品质的影响

孟婷婷　周柏玲　石磊　刘超

（山西省农业科学院农产品加工研究所，太原　030031）

摘　要：添加沙蒿胶和谷朊粉对改良高纤燕麦面包品质有很大的影响。本研究以高纤燕麦粉和面包粉以 1：1 的比例混合作为复配原料，研究沙蒿胶和谷朊粉添加量对其品质的影响，结果表明：复配添加原料总量的 3% 谷朊粉和 2% 沙蒿胶时的高纤燕麦面包的品质达到最优。

关键词：高纤燕麦面包；谷朊粉；沙蒿胶

燕麦是一种特殊的粮、经、饲、药多用作物，中国种植燕麦历史悠久，区域较为广阔。燕麦作为一种特色杂粮作物，其种子内蛋白质、脂肪、矿物质元素总量及不饱和脂肪酸含量均居谷物之首，特别是属于水溶性膳食纤维的 β-葡聚糖在所有谷物中含量最高[1]。β-葡聚糖可降低低密度脂蛋白（LDL）胆固醇，而升高其高密度脂蛋白（HDL）胆固醇，对维持血糖平衡和抑制胆固醇的吸收具有明显的效果，因此，燕麦具有降低血脂、控制血糖、减肥和美容的功效。国外专家经过研究称：每天食用 140g 燕麦面包能降低胆固醇 21%，不食用燕麦以后血胆固醇又恢复到原来水平（Grout，1963）[1]。

美国食品药品监督管理局于 1997 年正式批准燕麦为首例保健食品。由于燕麦的保健作用，近年来燕麦保健食品开发方兴未艾，已有用燕麦制成的燕麦片、燕麦方便面、幼儿食品和饮料等，燕麦面包也常见，但市售燕麦面包中燕麦的添加比例都是象征性的添加，不超过 10%，要满足人们日益增长的健康需求还远远不够。邱向梅等通过实验获得品质较好的燕麦面包，燕麦粉添加量仅为 10%[2]。李东文等制作燕麦面包时，燕麦粉比例应控制在 25%~45%[6]。

本研究将高纤燕麦粉以高比例添加到面包粉中，并辅之以适量天然增筋剂谷朊粉和沙蒿胶改善其品质制成的富含膳食纤维和 β-葡聚糖的营养保健面包，特别适合作为高血脂和高血糖等特殊人群的日常膳食。因此，本研究将高比例高纤燕麦粉替代部分面包粉制成的高纤燕麦面包，通过特定配方工艺及烘焙小试研究，为燕麦面包的开发和生产提供了一定的理论依据。

1　试验材料和方法

1.1　试验材料

全燕麦特制粉（高纤燕麦粉），山西金绿禾生物科技有限公司；小麦高筋粉，广东省白燕牌；安琪高活性干酵母，安琪酵母股份有限公司；天然增筋剂，上海达望生物科技有限公司；食盐，白砂糖，古城全脂甜奶粉等均为市售。

1.2　仪器设备

真空和面机 3kg，济南普佳面机研究所；ACA 家用电烤箱；醒发箱，LRH-150B，广东省医疗器械厂；TMS-PRO 食品物性分析仪。

1.3 试验设计

1.3.1 加工工艺流程

高纤燕麦粉与小麦高筋粉复配→过筛→天然增筋剂→辅料→和面→静置→切块→整型→装盘→发酵→醒发→烘烤→冷却包装。

操作要点：将计划加入的各种配料按比例由大到小的顺序加入，先在真空和面机中预混，待拌匀后再加水。将和好的面团进行分割和整型，采用二次发酵法进行发酵，将整型后的制品在相对湿度为70%~75%，温度为26~29℃的恒温培养箱中醒发8~15min后再次整形，最后在相对湿度为80%~85%，温度为35~38℃的恒温培养箱中醒发90~95min；成品自然冷却30min后包装。

1.3.2 最佳配方的筛选

根据面包GB/T 20981—2007[2]中规定的调理面包的制作方法和操作要点，主要原料为等比添加的高纤燕麦粉和小麦高筋粉，适量添加食盐、白砂糖、奶粉、鸡蛋、植物油以及酵母，再辅之以适量的天然增筋剂谷朊粉和沙蒿胶来改善面团和面包的品质，以达到面包国标中规定的调理面包的评价指标。

1.3.3 试验方法的确定

将高纤燕麦粉和小麦高筋粉以1∶1的比例制成混合粉，再分别添加原料总量的1%、2%、3%、4%、5%的谷朊粉和0.5%、1%、1.5%、2%、2.5%的沙蒿粉，辅之以配料进行制作，根据单因素实验结果选出最优配方进行全因素实验。

1.3.4 面包制作要点及烘焙工艺的研究

1.3.4.1 原料预处理

将高纤燕麦粉和小麦高筋粉等比例混合均匀，按照配方称取定量的干酵母，加适量的温水（35℃）后在室温下静置6~8min，待酵母体积膨胀，出现大量气泡时即可使用。

1.3.4.2 面团的调制

按配方比例，称取计量好的天然增筋剂及各种粉状辅料，连同混匀后的原料一同放入真空和面机内，加入预先调配好的酵母液搅拌，待搅拌均匀后再加入适量植物油，继续搅拌，直至面团均匀有弹性。

1.3.4.3 面团的分块、揉制和整形

将调制好的大块面团分割成100g重的小面团，搓揉成表面光滑、结构均匀的圆球形，放置10min后整形，最后置入醒发箱内。

1.3.4.4 中间发酵

将整形后的面团在相对湿度为70%~75%，温度为26~29℃的恒温培养箱中醒发8~15min。之后，对面团再次整形。

1.3.4.5 最后发酵

将再次整形的面团在相对湿度为80%~85%，温度为35~38℃的恒温培养箱中醒发90~95min。待面团醒发至一定体积后便可进行烘焙。

1.3.4.6 烘焙

将醒发好的面团表面涂油层后放入烤箱之前，先在烤箱内放入一碗清水，以调解烤箱内湿度，然后于145~150℃的温度下烘焙13~15min，以面包颜色发黄为宜，即得到高纤燕麦面包。

1.3.5 面包品质的评价

1.3.5.1 理化指标的的测定

水分：按照 GB/T 5009.3 规定的方法测定，取样应取面包部分的中心部位。

酸度：按照国标 GB 209—2006 和 GB/T 4348.1—2000 的酸碱中和滴定法测定。

比容：用小颗粒填充剂（小米或油菜籽）置换法测定体积，面包比容为面包体积与面包质量之比。

1.3.5.2 感官品质的评价

采用面包 GB/T 20981—2007 中调理面包规定的感官要求进行评分（表1）。

表1　高纤燕麦面包品质评分

指　标	特　征	分　值
形态	完整丰满，无黑泡或明显焦斑，无龟裂	10
表面色泽	金黄色、浅棕色或棕灰色，色泽均匀正常	10
组织	细腻、有弹性，气孔均匀，纹理清晰	10
滋味与口感	无异味，具有燕麦特有的香气	10
杂质	正常视力无可见的外来异物	10

2　结果与讨论

2.1　高纤燕麦面包单因素试验

单因素实验的结果表明，单独添加沙蒿胶的比例在 1.5%，谷朊粉的比例在 3% 时面团的柔韧性和弹性得到较好改善，醒发后的体积明显增大，烘焙后的面包膨松效果较好，切面空隙较均匀，面包的品质得到很大改善。

谷朊粉又称活性面筋粉，是以小麦为原料，经过深加工提取的一种天然谷物蛋白[3]，可以改善面团的结构，增加面团的延展性，增强加工过程中耐揉混能力；沙蒿胶是附着于沙蒿籽表面的复合物质，含有 D-葡萄糖、D-甘露糖、D-半乳糖、阿拉伯糖和木糖，这些单糖组成了具有交联作用的多糖物质。沙蒿籽中的沙蒿胶对面团有很强的粘结络和力，可提高面团的弹性与强度[4]，也可以提高其保水性，改善加工品质，将二者复配使用可以起到互补增效的作用。

2.2　高纤燕麦面包全因素试验

根据单因素试验筛选出谷朊粉和沙蒿胶的最佳添加量，在此基础上进行全因素试验（表2）。

表2　全因素实验水平表

水平	因　素	
	A 谷朊粉（%）	B 沙蒿胶（%）
1	2	1
2	3	1.5
3	4	2

2.3 高纤燕麦面包感官评价

对照为不添加谷朊粉和沙蒿胶的全小麦粉面包。

由表3可知，感官指标中的各项指标满分均为10分，综合考虑感官指标的各项结果，确定添加量为A2B3时的燕麦高纤面包为最佳。

表3 高纤燕麦面包感官评价结果

指标组别	感官指标				
	表面色泽	形态	组织	滋味与口感	名次
A1B1	5.0	5.0	4.5	5.0	9
A1B2	6.0	6.0	5.0	6.0	8
A1B3	8.0	7.0		7.0	5
A2B1	6.5	7.5	7.0	7.5	4
A2B2	7.0	8.0	7.5	8.0	3
A2B3	8.5	8.5	8.0	8.5	1
A3B1	7.5	9.0	8.0	8.5	2
A3B2	7.0	6.0	6.0	7.0	6
A3B3	7.0	6.5	6.0	7.0	7
对照	8.5	9.0	8.5	9.5	

2.4 高纤燕麦面包加工品质评价

表4 高纤燕麦面包加工品质评价结果

指标组别	理化指标				
	弹性	硬度	酸度	比容（mL/g）	名次
A1B1	0.285	705.4	4.8	1.60	8
A1B2	0.356	734.8	4.8	1.70	7
A1B3	0.469	768.9	4.8	1.80	6
A2B1	0.305	719.8	4.8	1.82	5
A2B2	0.397	743.3	4.8	2.25	3
A2B3	0.483	625.8	4.8	2.40	1
A3B1	0.332	726.5	4.8	2.54	2
A3B2	0.415	752.6	4.8	1.31	9
A3B3	0.505	796.5	4.8	1.84	4
对照	0.501	323.7	2.9	3.56	

对照为不添加谷朊粉和沙蒿胶的全小麦粉面包。

由表4可知，与对照相比，添加了谷朊粉和沙蒿胶的高纤燕麦面包配方的弹性、硬度和酸度的数值均较大，但是样品A2B3的数值相对较小。弹性和硬度与面包品质呈负相关，与面包表面色泽、形态、组滋味与口感呈相关性，这2个指标数值越大，面包的口感就越硬，缺乏绵弹性、柔软的感觉。添加了高纤燕麦粉的面包与全小麦粉面包相比，样品A2B3的弹性和硬度数值和对照最近。从比容理化指标考虑，比容越大，样品的蓬松度越好，因此，综合感官评分和加工品质评价分析，都表明样品 A2B3 是高纤燕麦粉面包的最佳配方。

2.5 高纤燕麦面包质量的测定

以全因素分析结果确定的最佳组合进行试验制作燕麦面包与基本配方制作的面包为空白对照测定面包的蛋白质膳食纤维的量测定结果见表5。

表5 面包中蛋白质膳食纤维的含量

面包种类	燕麦面包	普通面包
蛋白质含量（%）	12.9	12.6
膳食纤维含量（%）	4.56	1.50

由此表可知，添加高纤燕麦粉能够显著提高面包中蛋白质和膳食纤维含量，使燕麦面包的营养价值提高。

2.6 高纤燕麦面包电镜显微特征观察

如图1所示，1、2、3号分别为全小麦粉面包、配方 A2B3 面包、全高纤燕麦粉面包表面的电镜照片。

1 号　　　　　　　　　　2 号　　　　　　　　　　3 号

图1 谷朊粉和沙蒿胶复配对高纤燕麦面包微观结构的影响

在工作条件下，将3种配方样品进行比较，1号的平均气孔尺寸最大，气孔密度最疏松，气孔结构呈片状和不规则多面体；2号的平均气孔尺寸较大，气孔密度较疏松，气孔结构呈片状和不规则多面体；3号的平均气孔尺寸最小，气孔密度的疏松度最小，气孔结构呈片状和不规则多面体。

通过以上观察可以看出，较全小麦粉面包来看，添加适量的谷朊粉和沙蒿胶可以明显改善高纤燕麦面包的组织结构，使面包结构松软，体积膨大。

3 结论

（1）高纤燕麦面包的最佳配方为：高纤燕麦粉和小麦高筋粉以1∶1的比例混合时，复配添加原料总量的谷朊粉3%、沙蒿胶2%时，面团的网络结构得到很好的改善，高纤燕麦面包的品质达到最优。

（2）沙蒿胶对面团有很强的粘结络和力，可提高面团的弹性与强度，在和面过程中会使面团的硬度增大，降低品质和口感。本实验将沙蒿胶与谷朊粉复配使用，可以显著减少单独使用沙蒿胶对面团造成的干硬现象，又可以使保水性增加，从而很好的改善了高纤燕麦面包的品质。

参考文献

［1］ 胡新中，魏益民，任长忠．燕麦品质与加工［M］.科学出版社，2009：1-36.

［2］ GB/T20981-2007. 中华人民共和国国家标准［S］.2007：2-3.

［3］ 徐颖，汪璇，刘小丹，等．谷朊粉的功能特性及应用现状［J］.粮食与饲料工业，2010（10）：8-9.

［4］ 胡新中，杨元丽，杜双奎，等．沙蒿籽粉和谷朊粉对燕麦全粉食品加工品质的影响［J］.农业工程学报，2006（10）：230-232.

［5］ 邱向梅．燕麦面包制作的工艺研究［J］.粮食与饲料业，2007（12）：21-22.

［6］ 李东文，任长忠，胡新中，等．谷朊粉与沙蒿胶对于燕麦面包品质的影响［J］.食品科技，2009（6）：124-127.

响应面法优化苦荞酒糟黄酮提取工艺的研究 *

李云龙[1]** 李红梅[1] 胡俊君[1] 陕　方[1] 边俊生[1] 何志勇[2]

(1. 山西省农业科学院农产品加工研究所，太原　030031；

2. 贵州沿河土家族自治县民族酒业有限公司，沿河　565300)

摘　要： 苦荞酒糟是苦荞酒加工的副产物，分析表明，苦荞酒糟中含有丰富的黄酮组分，采用食用乙醇提取酒糟黄酮还原到苦荞蒸馏酒中，是一种资源合理利用方法。为确定采用乙醇回流法提取苦荞酒糟中黄酮类成分的最佳工艺条件，以黄酮得率为指标，采用响应面法对主要工艺参数进行优化并得到回归模型。方差分析结果表明：回归模型较好地反映了苦荞酒糟黄酮得率与乙醇体积分数、提取时间和液固比的关系；最优工艺条件为乙醇体积分数为 70%vol，提取时间 3.3h，液固比为 24∶1（mL∶g）。此工艺条件下提取酒糟黄酮得率为 1.642 g/100g，回收率为 93.3%，回归模型的预测值与实际值之间具有较好的拟合度（$R^2 = 0.9631$）。

关键词： 苦荞酒糟；黄酮；提取；响应面法

苦荞麦，学名"鞑靼荞麦"（*Fagopyrum tararicum*），俗称苦荞，属蓼科双子叶植物，主要分布于山西、云南、贵州、四川等中西部地区，为中国的特色农作物之一[1]。苦荞不仅营养丰富，并且还含有大量的黄酮类化合物，其主要成分为芦丁，芦丁含量占总黄酮的 70%~90%[2-4]。现代医学研究表明，苦荞中所含有的黄酮类化合物具有抗氧化性、降血糖、降血脂、抗肿瘤等多种药理活性[5-8]。

以苦荞为原料酿制的"土家酒"、"秆秆酒"等是西南少数民族地区的传统酒品，极具特色。苦荞酒糟是其苦荞酒加工过程中的副产物，研究发现，在苦荞酒的酿制蒸馏生产工艺过程中，发酵物料中的这类不具挥发性的黄酮成分基本上存留在酒糟中，未能进入蒸馏酒中。

苦荞酒糟除了被用于饲料加工、食用菌栽培基料之外，很大部分都被当作燃料或废弃物。苦荞黄酮是苦荞资源的标志性成分，在苦荞酒产品中未能得到充分利用。从苦荞酒糟中提取黄酮类物质用于保健食品或功能食品配料具有较好的前景。

现有苦荞黄酮提取方法主要为索氏法或超声法，索氏法仅适于小规模提取，不适于工业化生产，而超声提取由于噪声污染等问题应用受到限制，回流提取在目前工业化生产应用较为广泛[9]。对苦荞酒糟黄酮的乙醇回流提取工艺进行研究具有重要现实意义。因此，本试验主要讨论了乙醇提取剂的浓度、料液比、提取时间对黄酮提取率的影响。利用响应面分析法（Response Surface Methodology，RSM）[10-11]优化苦荞酒糟黄酮的最佳提取工艺参数，以期为苦荞酒糟的综合利用，提高其经济价值提供借鉴。

───────────────

＊ 基金项目：国家现代农业（燕麦荞麦）产业技术体系项目（CARS-08-D-2）；山西省财政支农项目（）；山西省农业科学院攻关项目（No. 2008YCP0809）

＊＊ 作者简介：李云龙，男，助理研究员，硕士，主要从事农产品深加工研究；E-mail：liyunlong125@126.com

1 材料与方法

1.1 材料与设备

苦荞酒糟：贵州沿河土家族民族酒业有限公司；芦丁：sigma 试剂；其他试剂均为分析纯。

756 紫外可见分光光度计：上海光谱仪器有限公司；漩涡混匀器：上海精科实业有限公司；恒温水浴振荡器：苏州威尔试验用品有限公司；EB-330H 型分析天平：日本岛津。

1.2 试验方法

1.2.1 试剂的配制[12]

芦丁对照液：精密称取在 105℃ 干燥至恒重的芦丁对照品 64.4mg，置于 100mL 容量瓶中，用 70%vol 甲醇溶解稀释至刻度，摇匀。再精密吸取 10mL 于 100mL 容量瓶中，用 70%vol 甲醇稀释至刻度，摇匀，即得（每 1mL 中含芦丁 0.0644mg）。0.1mol/L AlCl₃ 溶液：称取 12.1g 三氯化铝（$AlCL_3 \cdot 6H_2O$）置于烧杯中，加水溶解后移入 500mL 容量瓶中，用水稀释至刻度，混匀。1.0mol/L 乙酸钾溶液：称取 49.1g 乙酸钾置于烧杯中，加水溶解后移入 500mL 容量瓶中，用水稀释至刻度，混匀。

1.2.2 芦丁标准曲线制

精密吸取对照品 0.0mL、0.25mL、0.5mL、1.0mL、2.0mL、3.0mL、4.0mL 分别置于 10mL 试管中，分别加入 0.1mol/L 三氯化铝溶液 2mL，1mol/L 的乙酸钾溶液 3mL，再加 70%vol 乙醇至 10mL，摇匀，放置 30min，以试剂作空白，在波长 420nm 处测定吸收度，以吸收度为纵坐标，浓度为横坐标，绘制芦丁标准曲线。

1.2.3 索氏法提取苦荞酒糟中总黄酮

取苦荞酒糟 50℃ 鼓风干燥，待干燥冷却后粉碎过 50 目筛。取苦荞酒糟粉末 5.00g，用 70%vol 乙醇溶液进行索氏提取 48h 至无色，提取液抽滤，定容，按 1.2.2 试验方法测其吸光度并计算总黄酮含量。

1.2.4 苦荞酒糟中总黄酮的回流提取及其含量测定

准确称取 5.00g 过 50 目筛的苦荞酒糟粉末于三角瓶中，加入一定比例、一定浓度的乙醇作为提取剂，在一定的温度下提取一定的时间，将提取液趁热减压抽滤，转移并定容至 100mL 容量瓶中，作为待测液。取 0.5mL 待测液于 10mL 比色管中，按 1.2.2 试验方法测其总黄酮质量，根据下列式计算黄酮得率：

$$黄酮得率\ Y(g/100g) = \frac{C_1 \times V_1}{M_2 \times 1\,000} \times 100\%$$

式中：C_1 为依据标准曲线计算出被测液中的黄酮质量浓度，mg/mL；V_1 为待测液的总体积，mL；M_2 为称取的苦荞酒糟粉的质量，g。

1.3 试验设计

1.3.1 单因素试验

1.3.1.1 乙醇溶液体积份数对总黄酮得率的影响

称取苦荞酒糟 5g 8 份，分别加入体积分数为 20%vol、40%vol、60%vol、80%vol、100%vol 的乙醇溶液 100mL，70℃ 水浴振荡提取 3h，抽滤，定容，测其吸光度，计算总黄酮得率。

1.3.1.2 液固比对总黄酮得率的影响

称取苦荞酒糟 5g 6 份，分别加入 25mL、50mL、100mL、150mL、200mL、250mL 70%vol 的乙醇溶液，70℃水浴振荡提取 3h，抽滤，定容，测其吸光度，计算总黄酮得率。

1.3.1.3 提取时间对总黄酮得率的影响

称取苦荞酒糟 5g 6 份，加入 100mL 70%乙醇溶液，70℃水浴振荡提取 1h、2h、3h、4h、5h、6h，抽滤，定容，测其吸光度，计算总黄酮得率。

1.3.2 响应面试验设计

在单因素试验的基础上，采用 3 因素 3 水平的 Box-Behnken 设计方法，对乙醇溶液体积份数、料液比、提取时间 3 个因素，按照响应面试验设计（表1），以总黄酮得率为指标进行优化试验，重复 3 次。

表 1 变量设计表

变量	编码	未编码	代码		
			−1	0	1
乙醇浓度（%vol）	x_1	X_1	70	80	90
液固比	x_2	X_2	15：1	20：1	25：1
提取时间（h）	x_3	X_3	2.5	3	3.5

$$x_1 = (X_1 - 80)/10 ; \quad x_2 = (X_2 - 20)/5 ; \quad x_3 = (X_3 - 3)/0.5$$

设该模型通过最小二乘法拟合的二次多项方程为：

$$Y = B_0 + B_1x_1 + B_2x_2 + B_3x_3 + B_{12}x_1x_2 + B_{13}x_1x_3 +$$
$$B_{23}x_2x_3 + B_{11}x_1^2 + B_{22}x_2^2 + B_{33}x_3^2 \quad\quad (1)$$

式中：Y——预测响应值；

B_0——常数项；

B_1、B_2、B_3——线性系数；

B_{12}、B_{13}、B_{23}——交互项系数；

B_{11}、B_{22}、B_{33}——二次项系数。

为了求得此方程的各项系数，需 17 组试验来求解，本实验采用实验统计软件 Design Expert（Static Made Easy，Minneapolis，MN，USA. version 6.0.5，2001）进行实验设计与数据分析，试验设计及结果见表2。

2 结果与分析

2.1 标准曲线的绘制

芦丁标准曲线见图 1。

2.2 苦荞酒糟乙醇提取物紫外光谱特征及其总黄酮含量

从图 2 中可以看出，苦荞酒糟乙醇提取物的紫外吸收光谱具有黄酮类化合物的特征吸收峰，即具有在 300~400nm 的吸收带带 I 和在 240~280nm 的吸收带带 II，即在 260nm 处有一最大吸收峰为带 II，在 365nm 处有最大吸收峰为带 I，与典型的黄酮醇的紫外-可见光谱图非常接近，可确定苦荞酒糟乙醇提取物为黄酮苷类。

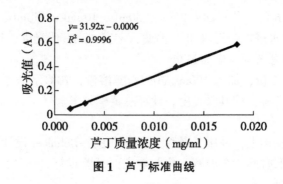

图1 芦丁标准曲线

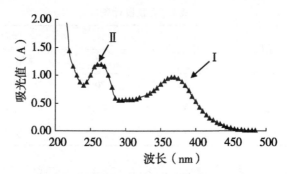

图2 苦荞酒糟乙醇提取物的紫外光谱图

通过比色法测定苦荞酒糟总黄酮含量为1.76%。

2.3 单因素试验

2.3.1 不同乙醇溶液体积分数对总黄酮得率的影响

由图3可知，随着乙醇体积分数的增加，总黄酮的得率随之增加，当体积分数增加到80%vol时得率最大，当体积分数超过80%vol时，得率有下降的趋势。这可能是提高乙醇浓度增加提取剂对物料的渗透性，提高了黄酮类化合物的溶解度，从而提高得率，根据相似相溶原理，乙醇浓度过高也不利于黄酮的析出。

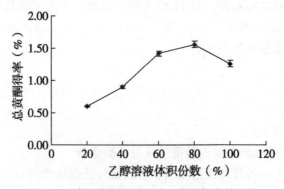

图3 乙醇溶液体积份数对总黄酮得率的影响

2.3.2 不同料液比对总黄酮得率的影响

由图4可知，随着液固比增加，总黄酮的得率呈指数增加，当液固比增加到20∶1后，继续增加料液比对提高提取量的影响变小。

2.3.3 不同提取时间对总黄酮得率的影响

由图5可知，提取3h之前，随着提取时间的增加，总黄酮得率逐渐提高，3h之后，增加提取时间，对得率的影响变小。

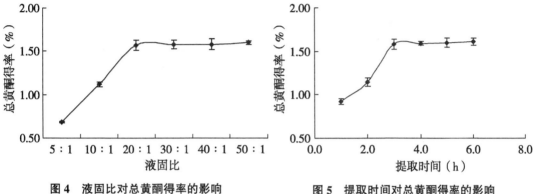

图4　液固比对总黄酮得率的影响　　　　图5　提取时间对总黄酮得率的影响

2.4　苦荞酒糟总黄酮得率的响应面结果分析

采用统计软件 Design Expert（Static Made Easy，Minneapolis，MN，USA. version 6.0.5，2001）进行试验设计以及数据分析，优化出的17组试验，试验值和预测值见表2。

表2　Box-Behnken 实验设计及响应值的实测和预测值

别	乙醇浓度（%）	液固比	提取时间（h）	总黄酮得率（%）	
				实测值	预测值
1	80	20	3	1.566	1.566
2	90	15	3	1.398	1.370
3	80	20	3	1.564	1.566
4	70	20	3.5	1.608	1.616
5	70	20	2.5	1.412	1.393
6	80	25	3.5	1.588	1.590
7	80	20	3	1.568	1.566
8	80	15	2.5	1.253	1.281
9	90	20	3.5	1.458	1.447
10	90	25	3	1.438	1.455
11	80	20	3	1.562	1.566
12	90	20	2.5	1.202	1.224
13	70	15	3	1.540	1.539
14	80	15	3.5	1.504	1.505

（续表）

别	乙醇浓度（%）	液固比	提取时间（h）	总黄酮得率（%）	
				实测值	预测值
15	70	25	3	1.612	1.624
16	80	25	2.5	1.396	1.366
17	80	20	3	1.572	1.566

通过表 2 中总黄酮得率的试验数据对方程（1）进行多元回归拟合，获得总黄酮得率对自变量乙醇浓度、液固比和提取时间的二次多项回归方程（去掉了影响不显著的因素）为：

$$Y = -5.48705 + 0.05927X_1 + 0.051795X_2 + 2.72155X_3 -$$
$$4.2325 \times 10^{-4}X_1^2 - 1.083 \times 10^{-3}X_2^2 - 0.4163X_3^2 \tag{2}$$

通过比较预测值与实测值（图 6），二者十分接近（$R^2 = 0.9631$），说明该模型是有效的。

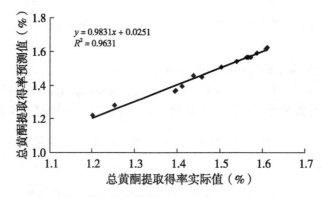

图 6　总黄酮得率的含量实测值与预测值之间的相关关系

2.4.1　方差分析

采用 SAS 软件对所得数据进行回归分析，回归分析结果见表 3。

表 3　RSM 实验的方差分析结果

方差来源	平方和（10^{-3}）	自由度	均方（10^{-3}）	F 值	P 值（Prob>F）
模型	230	6	39	96.94	<0.0001
X_1	57	1	57	143.14	<0.0001
X_2	14	1	14	36.00	0.0001
X_3	100	1	100	250.90	<0.0001
X_1^2	7.543	1	7.543	18.9	0.0014
X_2^2	3.087	1	3.087	7.73	0.0194
X_3^2	46	1	46	114.28	<0.0001

（续表）

方差来源	平方和（10^{-3}）	自由度	均方（10^{-3}）	F 值	P 值（Prob>F）
残差	3.991	10	0.399 1		
失拟项	3.931	6	0.655 2	44.27	0.001 3
误差项	0.059 2	4	0.014 8		
总和	240	16			
			$R=0.988\ 0$	$R^2=0.963\ 1$	$R^2_{\mathrm{Adj}}=0.973\ 0$

从该模型的方差分析（表3）可见，本试验所选用的二次多项模型具有高度的显著性（$P_{\mathrm{Model}}<0.000\ 1$），失拟项在 $a=0.05$ 水平上显著（$P=0.001\ 3<0.05$），其校正决定系数（R^2_{Adj}）为 0.973 0表明此模型拟合度好，仅有约3%的苦荞总黄酮得率变异不能由此模型进行解释。

2.4.2 响应面分析

根据回归作出响应面图，见图7至图9。

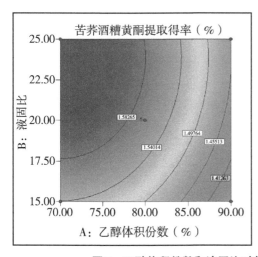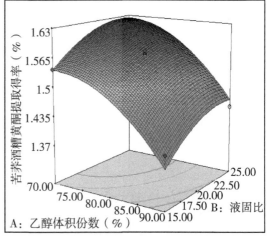

图7 乙醇体积份数和液固比对苦荞酒糟总黄酮得率的影响（$x_3=3\mathrm{h}$）

通过方程（2）所作的等高线图及其响应曲面图见图7、图8、图9。从图7中可以看出，在试验范围内，液固比不变，总黄酮得率随着乙醇体积分数的增加而降低，乙醇体积分数不变，随着液固比的增加，得率也随之增加，但增加幅度较小。从图8中可以看出，液固比不变的情况下，随着提取时间的增加，得率急剧增加。提取时间不变，随着液固比的增加，得率随之增加，但增加幅度较小。从图9中可以看出，乙醇体积分数不变，随着提取时间的延长，得率急剧增加；提取时间不变，随着乙醇浓度的增加，得率随之降低。

2.4.3 模型验证实验

为了验证苦荞酒糟黄酮得率的模型方程（2）适宜性和有效性，通过 SAS8.0 软件的优化功能，得到提取液的乙醇体积分数为 70.1%vol，液固比为 23.9∶1，提取时间 3.268h。考虑实际操作等因素，对其结果进行修正为：乙醇体积分数为 70%vol，液固比为 24：1，提取时间 3.3h。并进行了最适条件的验证试验（结果见表4）。证明此模型是适用有效的，并具有一定的实践指导意义。

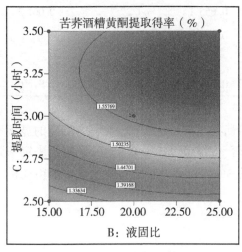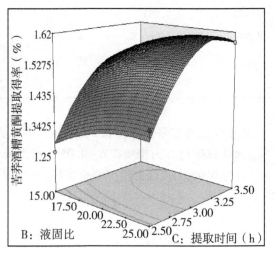

图8　提取时间和液固比对苦荞酒糟总黄酮得率的影响（$x_1 = 80\%$）

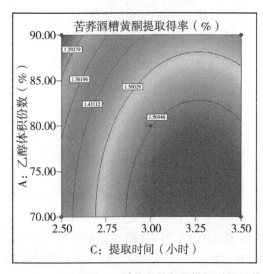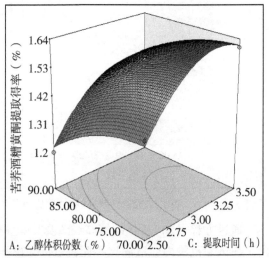

图9　乙醇体积份数和提取时间对苦荞酒糟总黄酮得率的影响（$x_2 = 20：1$）

表4　模型验证

组别	乙醇体积分数（%）	液固比	提取时间（h）	总黄酮提取得率（%）	
				实测值	预测值
优化条件	70	24：1	3.3	1.642	1.655
随机试验	70	20：1	3.0	1.586	1.610

3 结论

（1）采用中心组合设计试验和响应面分析分别表明了乙醇体积分数、液固比、提取时间三因素对苦荞酒糟黄酮得率的影响。苦荞酒糟黄酮热回流提取工艺参数的回归方程为：$Y = -5.487\,05 + 0.059\,27X_1 + 0.051\,795X_2 + 2.721\,55X_3 - 4.232\,5 \times 10^{-4}X_1^2 - 1.083 \times 10^{-3}X_2^2 - 0.416\,3X_3^2$，方差分析结果表明拟合检验极显著，其校正决定系数达0.9730，该方程能较好的预测苦荞酒糟黄酮得率随各参数变化的规律。

（2）试验所用的苦荞酒糟总黄酮含量为1.76%。优化得到的最佳工艺条件为：乙醇体积分数70%vol、液固比24∶1、浸提时间3.3h，此工艺条件下的黄酮得率为1.642g/100g，回收率为93.3%。

（3）响应面法能较好地对苦荞酒糟黄酮的乙醇回流提取工艺进行回归分析和参数优化。

参考文献

[1] 林如法. 中国荞麦 [M].北京：中国农业出版社，1994.

[2] Kim S L, Kim S K, Park C H. Introduction and nutritional evaluation of buckwheat sproutsas a new vegetable [J]. Food Research International, 2004, 37：319-327.

[3] 唐宇. 荞麦中总黄酮和芦丁含量的变化 [J].植物生理学通报，1989（1）：33-35.

[4] 李欣，王步军. 两种苦荞黄酮提取方法的优化及含量测定 [J].食品科学，2010, 31（6）：80-85.

[5] 唐宇，王安虎. 苦荞的成分功能研究与开发应用 [J].四川农业大学学报，2001, 19（4）：355-358.

[6] Jianya Q, Dietmar M, Manfred K, et al. Flavonoids in fine buckwheat（*Fagopyrum esculentum* Mönch）flour and their free radical scavenging activities [J].Deutsche Lebensmittel-Rundschau, 1999, 95（9）：343-349.

[7] Li S Q, Zhang Q H. Advances in the development of functional food from buckwheat [J].Critical Reviews in Food Science and Nutrition2001, 41（6）：451-464.

[8] Steadman K J, Burgoon M S, Lewis B A, et al. Minerals phytic acid, tannin and rutin in buckwheat seed milling fractions [J]. Food and Agric, 2001, 81：1 094-1 100.

[9] 许晖，孙兰萍，张斌，等. 响应面法优化花生壳黄酮提取工艺的研究 [J].中国粮油学报，2009, 24（1）：107-111.

[10] 石太渊，毛红燕，马涛，等. 响应面法优化提取辽五味子黄酮工艺参数研究 [J]. 中国酿造，2011（2）：96-99.

[11] 张净阮，张守媛. 响应面优化黑葵花籽壳中黄酮的提取及抗氧化性研究 [J]. 中国酿造，2011（9）：152-156.

[12] NY/T 1295—2007.荞麦及其制品中总黄酮含量的测定 [S].北京：中国农业出版社，2007.

燕麦品种和产地与 β-葡聚糖含量的关系研究 *

张江宁** 田志芳 梁 霞

（山西省农业科学院农产品加工研究所，太原 030031）

摘 要：对产自山西、河北等地的 22 个燕麦样品的 β-葡聚糖含量进行了测定分析，结果表明，β-葡聚糖含量在 2.00%～6.50%。含量低于 3.00% 和高于 5.00% 的品种较少，含量在 3.00%～4.99% 的品种较多；按品种类型，新育成品种 β-葡聚糖含量高于地方品种，按来源地山西品种相对较高。本研究可为高 β-葡聚糖燕麦品种选育及相关研究提供借鉴。

关键词：燕麦；品种和产地；β-葡聚糖含量

燕麦是禾本科燕麦族燕麦属的一年生草本植物，一般分为带稃型和裸粒型两大类。国外主要以带稃型为主，称为皮燕麦；中国主要以裸粒型为主，称为裸燕麦。全国燕麦种质资源丰富，据燕麦资源编目记载达 4 500 份[1]，品种不同，营养成分含量存在差异。

燕麦含有多种营养成分，籽粒的糊粉层和亚糊粉层中富含 β-葡聚糖，β-葡聚糖是一种水溶性非淀粉多糖，大量研究证实它能够降低血糖和胆固醇，并且还有减少心血管疾病、预防糖尿病等生理功能。因此，1997 年美国 FDA 正式将燕麦批准为保健食品[2]。

已有研究通过探讨燕麦品种、环境等对 β-葡聚糖含量的影响，揭示了中国裸燕麦种质资源 β-葡聚糖含量的多样性[3]，并一直致力于筛选高 β-葡聚糖的种质资源。本研究分别考察了不同燕麦品种、不同产地燕麦样品与 β-葡聚糖含量的关系，旨在为筛选高β-葡聚糖的种质资源并选育优质品种提供借鉴。

1 材料与方法

1.1 原料与试剂

供试品种：从山西、河北等地采集不同品种的燕麦样品 22 个，其中，新育成品种 11 个，由山西省农业科学院提供；山西省内样品 5 个，由神池燕麦生产基地提供；山西省外样品 6 个，由河北省张家口等地提供；燕麦 β-葡聚糖标准样品、β-葡聚糖测定试剂盒：爱尔兰 Megazyme 公司；磷酸钠、乙酸钠均为分析纯。

1.2 仪器与设备

80-2 型离心机，江苏新康医疗器械有限公司；HH 电热恒温水浴锅，江苏金坛金城国胜实验仪器厂；高速粉碎机，天津泰斯特有限公司；XW-80A 漩涡混合仪，上海精科实业有限公司；721 型紫外分光光度计，上海佑科仪器仪表有限公司；BS110S 分析天平。

1.3 测定方法

1.3.1 样品制备

每份品种选取 20g 有代表性的籽粒，粉碎并过 40 目筛备用。

* 基金项目：国家科技支撑计划项目（2012BAD34B08）；山西省科技攻关计划项目（20130311031）

** 作者简介：张江宁，女，助理研究员，研究方向：食品工程；E-mail：17400495@qq.com

1.3.2 β-葡聚糖含量测定原理

利用地衣聚糖酶和β-葡萄糖苷酶对样品β-葡聚糖的酶解作用，由地衣聚糖酶专一性的水解β-葡聚糖成寡糖，β-葡萄糖苷酶则将寡糖水解成葡萄糖，葡萄糖在葡萄糖氧化酶作用下生成葡萄糖酸和过氧化氢，过氧化氢在过氧化物酶作用下与氨基安替比林氧化缩合生成红色醌类物质，此化合物在510nm下吸收，其吸光度值与β-葡萄糖含量呈正比。

1.3.3 β-葡聚糖含量测定方法

精确称取固体样品0.080 0~0.100 0g，放于试管底部，添加0.2mL50%乙醇溶液，于漩涡混合仪上震荡分散，加入4mL磷酸钠缓冲液，充分震荡，试管放入沸水浴中，保持2min。试管在50℃水浴中保温5min，添加0.2mL地衣聚糖酶溶液，加盖试管塞，50℃水浴中保温60min，期间试管震荡2~3次，取出试管，向其中添加5mL 200mmoL/L乙酸钠缓冲液，混合均匀，室温下冷却，离心取上清液备用。分别准确移取0.1mL上清液至三支试管底部，两只试管分别加β-葡萄糖苷酶，另一只加0.1mL50mmoL/L乙酸钠缓冲液，作为反应空白，上述试管在50℃水浴中保温10min。

分别移取3 mL葡萄糖氧化酶-过氧化物酶-缓冲液混合物至各试管（两个测试样、一个反应空白、3个葡萄糖标准工作液、一个试剂空白），50℃水浴中保温20min，取出冷却至室温。试剂空白调零，于510nm比色。

1.3.4 β-葡聚糖含量计算

$$\beta\text{-葡聚糖含量（\%，干基）} = \frac{\triangle A \times F \times 94 \times 10^{-6} \times 100 \times 0.9 \times 100}{W \times (100 - \text{水分含量})}$$

2 结果与分析

2.1 β-葡聚糖含量测定结果

供试材料的β-葡聚糖含量测定结果见下表。表1显示，全部样品的β-葡聚糖含量介于2.00%~6.50%，低于3.00%的品种为2份，占供试品种的9.08%，全部为地方品种；含量为3.00%~4.99%的有18份，占总数的81.82%，含量高于5.0%的品种有2份，含量高于或等于6.0%的样品为1份。

表1 供试品种测定分析统计结果

β-葡聚糖含量（干重%）	品种数（份）	比例（%）	育成品种数（份）	地方品种数（份）
<3.00	2	9.09	0	2
3.00~3.99	9	40.91	3	6
4.00~4.99	9	40.91	6	3
5.00~5.99	1	4.55	1	0
>6.00	1	4.55	1	0

从上述数据可以看出，β-葡聚糖含量低于3.00%和高于5.00%的品种较少，两者合计仅占18.18%，含量在3.00%~4.99%的品种较多，占81.82%。其中，新育成品种β-葡聚糖含量普遍较高，且随着β-葡聚糖含量的提高所占比例进一步增大。含量低于3.00%

的品种中无新育成品种，含量在 3.00%~3.99% 的品种中育成品种数量和地方品种分别占 33.3% 和 66.7%，含量在 4.00%~4.99% 的品种中新育成品种数量和地方品种分别占 66.7% 和 33.3%，含量高于 5.00% 和 6.00% 的品种全部为新育成品种。

2.2　β-葡聚糖含量与产地的关系

　　燕麦 β-葡聚糖含量 <3.00% 的品种 2 个，均来源于山西省外；含量在 3.00%~3.99% 的推广品种山西省外有 4 份，山西省内有 2 份，分别占供试品种的 66.67% 和 40.00%，β-葡聚糖含量大于 4.00% 的推广品种均来源于山西。

3　讨论

3.1　β-葡聚糖含量是燕麦营养品质评价研究的主要内容，已逐步成为燕麦育种、生产与加工利用的重要取向。本项研究测定燕麦样品的 β-葡聚糖含量在 2.0%~6.5%，这一结果与文献报道的国内外研究结论基本一致（2.5%~8.5%）[4]，充分说明了燕麦品种的多样性，在功能性燕麦新品种选育方面仍有较大的潜力。

3.2　从品种类型看，育成品种的 β-葡聚糖含量较高，地方品种的较低，本研究中 β-葡聚糖含量低于 3.00% 的品种均为地方品种，含量在 4.00%~4.99% 的品种中育成品种数量占 66.7%，β-葡聚糖含量高于 5.00% 的品种均为新育成品种，充分说明了育种工作对提高燕麦 β-葡聚糖含量的重要性。

3.3　从产地看，山西燕麦品种的 β-葡聚糖含量相对较高，除一种为 3.01%，其余为 3.81%~6.03%，可以为高 β-葡聚糖燕麦品种选育提供借鉴与支持。

参考文献

[1]　崔林. 山西省燕麦育种技术研究进展 [M].北京：中国农业科学技术出版社，2005：208-211.

[2]　张培. 燕麦全粉和燕麦 β-葡聚糖对大鼠生长和血液生化指标的影响 [J].中国粮油学报，2010（9）：29-30.

[3]　郑殿升. 中国裸燕麦 β-葡聚糖含量的鉴定研究 [J].植物遗传资源学报，2006，7（1）：54-58.

[4]　Turlongh F Guerin, PatrickM Holme. Recent development in oat molecular biology. Plant Molecular Biology Reporter, 1993, 11（1）：65-72.

莜面栲栳栳抗坍塌加工技术及配套设备的研究*

边俊生** 李红梅 胡俊君 李云龙 仲丽佳

（山西省农业科学院农产品加工研究所，太原 030031）

摘 要：莜面栲栳栳是中国北方地区居民十分喜欢的一种传统主食。无论是传统的手工制作还是莜面栲栳栳机（莜面窝窝机）制作的莜面栲栳栳，存在着在蒸制熟化时很容易出现坍塌、无法保持外形、失去了产品外观、影响消费者食用等问题，研究创新莜面栲栳栳机挤压模具，解决了上述问题；利用现代电子技术，结合配套机械，制成了按照程序自动控制挤压时间、往复式自动切割莜面栲栳栳、传送带自动喂包装盒等自动化装置，减少人工、降低了劳动强度、提高了工作效率，实现了自动化生产。

关键词：莜面栲栳栳；挤压模具；自动化装置

莜麦（学名：*Avena nuda*）是燕麦的一种，学名为"裸粒类型燕麦"或"裸燕麦"，原产中国的燕麦品种。莜麦的营养价值很高，蛋白质含量平均达 15.6%，高出大米100%、玉米 75%、小麦面粉 66%、小米 60%，8 种氨基酸组成较平衡，赖氨酸含量还高于大米和小麦面粉；脂肪和热能都很高，脂肪是大米的 5.5 倍，小麦面粉的 3.7 倍。莜麦是营养丰富的粮食作物，在禾谷类作物中蛋白质含量最高，且含有人体必需的 8 种氨基酸，其组成也较平衡，耐饥抗寒，莜麦含糖分少、蛋白多，是糖尿病患者较好的食品。又因脂肪中含有较多的亚油酸，是老年人常用的疗效食品。

莜面（莜麦磨成粉）食品是中国北方地区居民十分喜欢的一种传统主食。莜面的加工花样很多，尤以莜面栲栳栳深受消费者的欢迎。传统的莜面栲栳栳加工方法是将莜面在光滑的面上推成薄片，然后卷起来呈空管状（管直径 15~30mm、高 20~40mm）称之为莜面栲栳栳（或莜面窝窝），该食品要求壁薄、小巧、均匀整齐。由于莜面栲栳栳的手工制作比较费时间和精力，莜面栲栳栳的制作需要的力度也比较大，费时费力效率还不高。是近年来，城乡人民生活水平不断提高，越来越多的人们认识到莜面是低糖，低热量特点的绿色健康食品，而传统的手工制作速度慢，不能满足社会的需要。因此，莜面栲栳栳的制作机械应运而生。

生产实践中，莜面栲栳栳在制熟的过程中，挤压模具中间的圆筒由于在 6 个方向有加强筋连接，抗坍塌能力强，一般不再出现坍塌问题，但是由于外圈的圆筒只有 3 个或 4 个方向的加强筋连接，在没有加强筋连接的部位还是容易出现坍塌现象。本研究对于研发莜面制品，特别是将其变为快捷、方便的加工食品，使更多的消费者可以食用莜面栲栳栳这一传统美食，对莜面传统加工技术的改进和提升以及健康应用等方面均具有重要的现实意

---

* 基金项目：该项目获得"十二五"农村领域国家科技计划课题"地方特色粗粮食品莜面窝窝和荞面碗托工艺提升及产业化示范"、国家现代农业产业体系荞麦加工岗位及山西省构建新型农村社会化服务体系项目"荞麦 GAP 生产、加工全产业链社会化服务体系建设"项目经费支持

** 作者简介：边俊生，男，研究员，主要农产品加工研究，山西省农业科学农产品加工研究所；E-mail：bjsheng66@ sina. com

义。开发莜面健康食品、提高荞麦资源利用率，对于促进中西部农业经济发展具有积极作用。在满足市场需求的同时，可提升莜麦加工附加值，提高农民收入等相关产业的发展，对于促进社会经济效益的作用极为显著。

本项目针对上述存在的问题，拟用两种方法研究解决坍塌难题。其一，研究添加食用胶的方法改善坍塌现象，其二，研究改变莜面栲栳栳机挤压模具的方法改善坍塌现象，结合冷冻保存，从根本上解决蒸制出现坍塌和无法保持外形和莜面栲栳栳储存期的现实问题。

1 材料、设备与方法

1.1 材料
纯莜麦面粉（山西省朔州）；自来水。

1.2 设备
栲栳栳挤压机（河北省巨鹿县）。

1.3 电器元件
时间继电器、交流接触器、小继电器、按钮开关。

1.4 研究方法
针对制作传统莜面栲栳栳时，存在着在蒸制熟化时很容易出现坍塌、无法保持外形、失去了产品的外观、影响消费者食用和加工储存，保质期等问题，拟采用以下方法研究解决。

（1）研究莜面中添加食用胶。

（2）研究创新莜面栲栳栳机挤压模具。

（3）自动化栲栳栳机的研制。

2 结果与分析

2.1 莜面中添加食用胶对莜面栲栳栳抗坍塌作用的影响
制作莜面栲栳栳的工艺路线：

莜面+开水 → 和成面团 → 莜面栲栳栳机挤压 → 成型 → 切割 → 装盒 → 速冻 → 成品→冷冻贮存。

食用时直接蒸制即可见图1。

图1 制作莜面栲栳栳的过程

注：依次为莜面栲栳栳机，挤出莜面栲栳栳，成品，笼屉蒸制熟化

试验选用卡拉胶、海藻酸钠、琼脂3种食用胶，添加量分别为莜面的1%、2%、3%、

4%、5%，按照莜面栲栳栳的工艺路线制作莜面栲栳栳。选择前期试验参数，面水比例 1：1，开水和面，分别把添加 1%、2%、3%、4%、5% 的卡拉胶编号为 A1、A2、A3、A4、A5；海藻酸钠编号为 B1、B2、B3、B4、B5；琼脂编号为 C1、C2、C3、C4、C5；不添加食用胶的对照也分别编号为 D1、D2、D3、D4、D5。共 4 个处理，每个处理平行做 10 份（盘）。在未改进的莜面栲栳栳机上挤压制作莜面栲栳栳。上笼屉蒸制 5min 熟化，每次蒸 10 份，由于研究中没有找到太好的量化指标评价熟化后莜面栲栳栳的性状，因此，邀请了 5 位本所职工对 3 个感官指标进行评价：外形是否整齐、一般、是否有坍塌现象，进行数据统计。统计结果见表 1。

表 1　食用胶对莜面栲栳栳面皮坍塌的影响

评价指标	整齐	一般	坍塌	整齐	一般	坍塌	整齐	一般	坍塌	整齐	一般	坍塌	整齐	一般	坍塌	总成绩
卡拉胶评价结果	A1			A2			A3			A4			A5			整齐 64% 一般 18% 坍塌 18%
	6	2	2	6	2	2	7	1	2	7	2	1	6	2	2	
海藻酸钠评价结果	B1			B2			B3			B4			B5			整齐 62% 一般 20% 坍塌 18%
	6	3	1	6	2	2	6	2	2	7	1	2	6	2	2	
琼脂评价结果	C1			C2			C3			C4			C5			整齐 60% 一般 18% 坍塌 22%
	6	2	2	6	1	3	5	3	2	7	1	2	6	2	2	
对照（不加胶）评价结果	D1			D2			D3			D4			D5			整齐 62% 一般 20% 坍塌 18%
	6	3	1	6	2	2	6	2	2	6	2	2	7	1	2	

由表 1 统计数据表明：添加 3 种食用胶的 3 个处理和对照都有坍塌现象，坍塌的占 18%~22%，整齐的占 60%~64%，一般的占 18%~20%，说明坍塌率还是很高的；添加 3 种食用胶的处理间相差都没有超过 2%，说明处理之间没有显著差异，也就是添加 1%~5% 的效果基本一致；每个处理与对照相比，3 个指标均≤2%，说明了添加食用胶起不到抗坍塌的作用，对改善莜面栲栳栳面皮坍塌没有明显效果。

具体样品见图 2。

2.2　创新莜面栲栳栳机挤压模具研究

针对现有栲栳栳机进行创新性改进，由于坍塌是从外圈开始，所以，要对外圈进行改进。采用逐步改进的方法，

成型模具是以多个单元模具组合在一个圆盘上的装置，所以，就从单元模具开始改进，步骤如下。

（1）从外圈的单元模具开始改进，首先将外圈角的位置改进成一字型拉筋。

图2 添加不同食用胶制作的莜面栲栳栳

（2）再将外圈的单元模具一字拉筋改成十字拉筋。

（3）再将外圈的单元模具一半改成十字拉筋。

（4）最后将外圈的单元模具全部改成十字拉筋，完成所有模具改造。

通过在莜面栲栳栳圆筒内添加一字或十字连接加强筋，观察每一步改进的效果。目的是提高抗坍塌能力，加强了外圈栲栳栳的强度。如图3所示，半边改成"十"字形、外圈改成一字和十字形和最终外圈全部改成十字形。

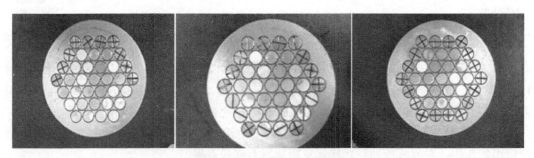

图3 单元模具的改进过程

由图4可以看出，没有十字加强筋的莜面栲栳栳圆筒最外圈的很容易变形，导致坍塌。

2.2.1 改进后对莜面栲栳栳坍塌及无外形的影响

使用新每个批次制作10盘莜面栲栳栳，共做10个批次。分别为1、2、3、4、5、6、7、8、9、10，每一个批次同时蒸制10盘，连续蒸制10次，即为10个批次。观察统计莜面栲栳栳坍塌及无外形的个数。

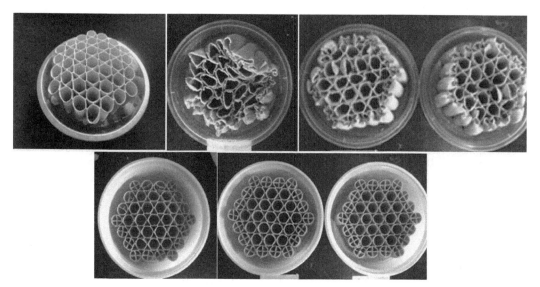

图 4　模具改进前后莜面栲栳栳的对比

由表 2 可以看出，10 个批次的莜面栲栳栳中，只有一个批次中的一盘莜面栲栳栳出现了坍塌现象，坍塌率只有 1%，整齐率达到 86%，一般率是 13%。证明了改进后比改进前绝对坍塌率降低了 17%，相对坍塌率降低了 90% 以上。改进后整齐率大大提高了，达到了抗坍塌和无外形的目标，这一关键技术真正解决了坍塌和无外形的技术难题。试验表明，在不增加莜面栲栳栳面皮厚度的前提下，增加莜面栲栳栳圆筒内部拉筋是解决这一技术难题的关键技术。

表 2　统计每批次的坍塌数

评价 指标	整 齐	一 般	坍 塌	整 齐	一 般	坍 塌	整 齐	一 般	坍 塌	整 齐	一 般	坍 塌	整 齐	一 般	坍 塌	总成绩
批次		1			2			3			4			5		
评价结果	8	2	0	8	2	0	9	1	0	8	1	1	9	1	0	整齐 86% 一般 13% 坍塌 1%
批次		6			7			8			9			10		
评价结果	8	2	0	9	1	0	8	2	0	10	0	0	9	1	0	

2.2.2　莜面栲栳栳机自动化生产设备的研究

目前市场上销售的莜面栲栳栳机（图 5），是用机械代替了人工成型莜面栲栳栳的机械设备，机械挤压后还需要人工去用一个装有钢丝的弓子来切割由机械挤出的成型莜面栲栳栳，人工切割不仅费力，而且费时。做一盘莜面栲栳栳大概需要 25s。每小时 150 盘。

为了提高效率，节省人工，降低劳动强度，尤其是实现标准化生产。利用现代电子技术设计制作了电控箱，结合电机驱动机械配套装置（图 6）。可以连续完成，面团加入莜面栲栳栳机的挤压罐后，到成型装盒的自动挤压，自动切割，自动装盒的加工工序。

图5　常见窝窝机与试制机对比

（1）主要设备：

电控箱：完成所有机械动作的开启，每一个动作的控制时间，包括挤压时间、切割间断时间、传输带移动包装盒的间隔时间，可以根据制作莜面栲栳栳的要求，预先将程序设定好，一键启动后，机械开始连续工作。

图6　电控箱和挤压莜面栲栳栳部分

（2）机械切割装置（图7）：机械切割装置是在挤压罐的下部，设计安装了一个可以沿着固定轨道往返移动的架子，在架子上面固定了可以切割莜面栲栳栳的细钢丝，移动的架子在电机的驱动下，沿着导轨完成往返移动，实现自动切割莜面栲栳栳的工序。

（3）传输带移动包装盒的装置：在电控程序的控制下，由电机驱动传输带移动，准确将包装盒移动到莜面栲栳栳机的下部，完成自动装盒工序。莜面栲栳栳机自动挤压、切割、装盒的电控和机械装置反复试验运行，达到了设计要求，与改进前相比，效率大幅度提高，每10 s就可以制作一盘莜面栲栳栳。比手动切割栲栳栳的效率提高了2.5倍，降低了劳动强度，同时也提高了机械的使用效率。

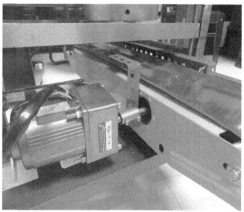

图7 机械切割、传输带移动包装盒装置

2.2.3 研究制定标准化生产的工艺参数

经过试验研究，制作莜面栲栳栳标准化生产的工艺参数为：用1∶1的面水比例开水和成面团，面团将加入莜面栲栳栳机的挤压罐中，电控程序设定为，挤压4s，切割1s，移动包装盒2s，每个工序间隔1s，10s完成一次挤压。

2.3 莜面栲栳栳加工前后主要成分及功能成分的变化

表3 莜面加工前后对其营养及功能成分的影响

样品	总膳食纤维（%）	蛋白质（%）	脂肪（%）	碳水化合物（%）	水分（%）
燕麦面粉	8.90	12.80	9.21	67.59	8.64
莜面栲栳栳	6.36	12.47	8.97	70.72	53.2

注：表中数据均为干基数据

由表3可以看出，加工前后营养及功能成分中，总膳食纤维的含量由8.9%降低到6.36%，蛋白质、脂肪、碳水化合物的含量变化不大，相对相差都没有超过10%。

3 结论

（1）添加三种食用胶制作的莜面栲栳栳，对改善莜面栲栳栳的坍塌和无外形没有明显的效果。

（2）通过对莜面栲栳栳机挤压模具的改进，真正解决莜面栲栳栳面皮薄、强度不够、易坍塌和无外形的难题。抗坍塌新技术与现有技术相比较，具有以下突出优点。

①制作莜面栲栳栳的挤压盘中的单元形状构成简单，方便制作，制作成本低。②在改进外圈单元时，设计的莜面栲栳栳圆筒内十字拉筋，形成加强筋的结构，改变了容易坍塌的外圈圆筒不仅有与内部三或四个相邻圆筒之间径向加强筋连接，还在每个外圈圆筒内有了与圆筒外连接的加强筋，达到增加面皮强度的目的，制成抗坍塌的莜面栲栳栳。③改进后的莜面栲栳栳机挤压模具，操作简单，可以用于各种制作莜面栲栳栳的机械装置上。④利用现代电子技术，结合配套机械，制成了按照程序自动控制挤压时间、往复式自动

切割莜面栲栳栳、传送带自动喂包装盒等自动化装置。

研制创新的抗坍塌莜面栲栳栳加工技术及配套设备，降低了劳动强度，提高了设备的加工效率，集成了现代电子技术、结合机械驱动装置，实现了产品的自动化、标准化生产，为自动化生产莜面栲栳栳开创一条新的途径。

参考文献

［1］ 刘坤．山西特色杂粮莜麦的药用保健价值与发展前景［J］．小麦研究，2008，29（2）．

［2］ 贺荣平．三款精美杂粮食品制作法［J］．粮油食品，2008：6.

［3］ 周礼．莜面栲栳栳［J］．农产品加工，2013：5.